# 图说深度学习

## 用可视化方法理解复杂概念

[美] 安德鲁 · 格拉斯纳 著

赵鸣 曾小健 任玉柱 李现伟 李达莉 译

中国青年出版社

**图书在版编目(CIP)数据**

图说深度学习：用可视化方法理解复杂概念 /（美）安德鲁·格拉斯纳著；赵鸣等译. — 北京：中国青年出版社，2024.3（2024.4重印）

书名原文：Deep Learning: A Visual Approach

ISBN 978-7-5153-6900-6

I.①图… II.①安… ②赵… III.①机器学习 IV.①TP181

中国版本图书馆CIP数据核字（2022）第257345号

版权登记号：01-2021-2654



**图说深度学习：用可视化方法理解复杂概念**

著　　者：[美] 安德鲁·格拉斯纳

译　　者：赵鸣　曾小健　任玉柱　李现伟　李达莉

编辑制作：北京中青雄狮数码传媒科技有限公司

策划编辑：张鹏

责任编辑：张君娜

执行编辑：张沣

封面制作：刘颖

出版发行：中国青年出版社

社　　址：北京市东城区东四十二条21号

网　　址：www.cyp.com.cn

电　　话：010-59231565

传　　真：010-59231381

印　　刷：天津融正印刷有限公司

规　　格：710mm × 1000mm　1/16

印　　张：42

字　　数：806千字

版　　次：2024年3月北京第1版

印　　次：2024年4月第2次印刷

书　　号：ISBN 978-7-5153-6900-6

定　　价：188.00元

如有印装质量问题，请与本社联系调换

电话：010-59231565

读者来信：reader@cypmedia.com

投稿邮箱：author@cypmedia.com

如有其他问题请访问我们的网站：http://www.cypmedia.com

写给尼克（Niko）
它总是在那里
笑着
挠着
还摇着尾巴

# 关于作者

安德鲁·格拉斯纳博士是维塔数码的高级研究科学家，他利用深度学习帮助艺术家为电影和电视制作视觉效果。曾担任SIGGRAPH'94（Special Interest Group for Computer GRAPHICS，计算机图形图像特别兴趣小组）的技术论文主席、*the Journal of Computer Graphics Tools*的创始编辑以及*ACM Transactions on Graphics*的主编。他的著作包括《图形宝石》（*Graphics Gems*）系列和《数字图像合成原理》（*Principles of Digital Image Synthesis*）教科书。格拉斯纳拥有北卡罗来纳大学教堂山分校的博士学位，还会画画、弹爵士钢琴和写小说。他的网站是www.glassner.com，也可以在推特上关注他。

# 关于审稿人

乔治·霍苏是一名软件工程师和环球旅行者，而且对统计学和机器学习有着广泛的兴趣。在一个名为Mindsdb的自动学习和"可解释的人工智能"项目中担任首席机器学习工程师。霍苏先生利用业余时间写作是为了加强对认识论、机器学习和经典数学的理解，并利用这些生成了一幅有意义的世界地图，可以在https://blog.cerebralab.com/网站上找到他的作品。

罗恩·克努塞尔自2003年以来，一直致力于工业领域的机器学习，并于2016年完成科罗拉多大学博尔德分校的机器学习博士学位，目前就职于L3哈里斯科技公司。罗恩在斯普林格出版社出版过两本书，分别为《数字与计算机》（*Numbers and Computers*）和《随机数与计算机》（*Random Numbers and Computers*）。

# 简要目录

# 详细目录

## 第8章 训练和测试 153



## 第9章 过拟合与欠拟合 166



## 第10章 数据预处理 188

## 第11章 分类器 223



## 第12章 集成学习 253

## 第三部分 深度学习的基础 265

## 第13章 神经网络 266



## 第14章 反向传播算法 299

## 第18章　自编码器　418



## 第19章　循环神经网络　456

# 致 谢

作家都喜欢说，没有人能独自写完一本书，我们也这么说是因为这是真的。我非常高兴地感谢我的朋友和同事们，他们帮助我完成了这本书。

感谢他们对这个项目始终如一的热情支持，也感谢他们一直以来帮助我感觉良好。我非常感谢埃里克·布劳恩、史蒂文·德鲁克、埃里克·海恩斯和摩根·麦奎尔。也要感谢佐治亚、詹和迈克尔·安布罗斯，因为当我在计算机前工作很久后，可以和他们愉悦地聊天。

感谢本书第一版的审稿者，他们慷慨而深刻的评论极大地改进了本书的内容。感谢亚当·芬克尔斯坦、亚历克斯·科尔伯恩、艾琳·洛克伍德、安吉洛·佩斯、芭芭拉·莫内斯、布莱恩·怀维尔、克雷格·卡普兰、道格·罗伯、埃里克·布劳恩、格雷格·特克、杰夫·胡特奎斯特、克里斯蒂·莫顿、莱斯利·伊斯泰德、马特·法尔、迈克·泰卡、摩根·麦奎尔、保罗·比尔兹利、保罗·斯特劳斯、彼得·雪莉、菲利普·斯卢萨莱克、塞尔维亚人波伦贝斯库、斯特凡纳斯·杜托伊特、史蒂文·德鲁克、余文浩和扎科里·埃里克森。

特别感谢超级评论员亚历山大·凯勒、埃里克·海恩斯、杰西卡·霍金斯和路易斯·阿尔瓦拉多，他们阅读了第一版的全部内容，并在内容和结构方面提供了极好的反馈。感谢审稿人乔治·霍苏和罗恩·克努塞尔的意见。

感谢托德·西曼斯基就本书第一版的设计和布局提供的建议，以及摩根·麦奎尔提供的Markdeep设计系统，这使我能够专注于写作，而不是文字处理。

感谢No Starch Press出版社的优秀员工承担这个大型项目。感谢我的编辑亚历克斯·弗里德，他通读了本书的整个文稿，提出了许多有见地的评论和建议，大大改进了稿件的内容。感谢排印编辑丽贝卡·莱德和制作编辑莫林·弗利斯。感谢瑞秋·莫纳甘在娴熟的技巧和优雅的风度的带领下完成这个项目。感谢出版商比尔·波洛克对这本书的信任和支持。

当我处理本书第二版中的问题时，维塔数码有限公司的优秀同事们给了我专业的和个人的支持和鼓励。感谢安托万·布托尔斯、杰德泽伊·沃伊托维茨、乔·莱蒂、卢卡·弗兰科内、米莉·梅尔、纳维·布鲁沃、汤姆·布伊斯和扬·普罗文彻。

# 前　言

想象你在擦一盏金灯。你说："精灵，实现我三个愿望吧！第一个是拥有值得爱的人，第二个是拥有巨大的财富，第三个是让我健康长寿。"

再想象一下，你正要走进自己的家。你说："豪斯，把车开过来，问一问莎拉午饭后是否有空，帮我安排理发，然后再给我做杯拿铁。哦，请播放塞隆尼斯·蒙克的钢琴曲。"

在这两种情况下，你都在要求一个具有巨大力量的无实体存在倾听你需求，并理解你，然后满足你的欲望。第一个场景是一个可以追溯到几千年前的幻想；第二种情况是当今很常见的现象，这要归功于人工智能。

我们是如何创造这些魔法精灵的呢？改变当今世界的人工智能革命是三个发展的结果。

首先，计算机的功能每年都变得越来越强大，速度越来越快，最初用于生成图像的专用芯片现在正在为人工智能技术提供动力。

第二，人们不断开发新算法。令人惊讶的是，如今为人工智能提供动力的一些算法已经存在了几十年了。它们比任何人都强大，只是在等待足够的数据和计算能力，让它们大放光彩。更新甚至更强大的算法正在以越来越快的速度推动这一领域向前发展。今天使用的一些最强大的算法属于人工智能的一个类别，称为深度学习，这些是我们将在本书中学习和强调的技术。

第三，也许是最关键的一点，现在有大量数据库可供这些算法学习。社交网络、流媒体服务、政府、信用卡机构，甚至超市都会记录并保留他们能收集到的每一点信息。网络上的公共数据也非常庞大，据估计，截至2020年末，网上有超过40亿小时的免费视频，超过170亿张图像，以及涵盖体育史、天气模式和市政记录等主题的不计其数的文本。

在实践中，这些数据库通常被视为任何新机器学习系统中最有价值的组成部分。毕竟，任何人都可以购买计算机，而且他们运行的算法几乎都可以在研究期刊、书籍和开源存储库中公开获得。这些数据被某些组织收集起来，供自己使用，或者卖给出价最高的人。可以毫不夸张地说，数据库就是新的石油，新的黄金。

与任何全新技术一样，人工智能有乐观的支持者，因为他们预见到了人类巨大的优势；也有悲观的预言者，因为他们只看到人类世界社会和文化的毁灭。谁是对的，谁是错的？我们如何判断这项新技术的风险和回报？我们什么时候应该拥抱人工智能，什么时候应该禁止人工智能？

深思熟虑地处理一项新技术的最佳方式是理解它。当知道它是如何工作的，以及它的优势和局限性的本质时，我们就可以决定应该在哪里以及如何利用它来创造我们想要居住的未来。这本书就是为了帮助我们理解什么是深度学习以及它是如何工作的。当你了解深度学习的优势和劣势时，你将更好地将其用于自己的工作，并了解其对我们文化和社会的实际和潜在影响。它还会帮助你了解掌握权力的人和组织何时使用这些工具，然后确定他们是为了你的利益还是为了他们自己的利益而使用这些工具。

## 这本书是为谁准备的

我写这本书是为所有对深度学习有兴趣的人。你不需要数学或编程经验，也不需要成为一个电脑天才，更不需要成为技术专家！

这本书是为任何有好奇心和想看看标题背后的人准备的。你可能会惊讶地发现，大多数深度学习的算法并不复杂，也不难理解。它们通常简单而优雅，通过在大型数据库上重复数百万次而获得强大的功能。

除了满足纯粹的好奇心（我认为这是学习任何东西的一个很好的理由），这本书还适合那些在自己的工作中或与其他在工作中接触深度学习的人。毕竟，理解人工智能的最好理由之一就是我们可以自己使用它！我们现在可以建立人工智能系统，帮助我们更好地工作，更深入地享受我们的爱好，更全面地了解我们周围的世界。

如果你想知道这些东西是如何工作的，你会觉得很自在。

## 这本书没有复杂的数学和代码

每个人都有自己的学习方式。我写这本书的原因是我觉得有些人想理解深度学习，但又不想通过学习方程或程序来实现。

所以，我使用文字和图片来描述算法，而不是使用方程或程序列表。这并不意味着本书的内容是草率或模糊的，相反，我一直努力做到尽可能清晰，并在适当的时候做到精确。读完这本书后，你会牢牢地掌握一般原理，如果你再决定用数学语言重新理解，或者用特定的计算机语言或库编写程序，你会发现会容易很多，而不是从头开始的。

## 如果你想要的话，这里有代码

虽然阅读这本书不需要编程技能，但如果你想构建和训练自己的系统，将想法转化为实践是很重要的。所以，如果你感到迫切需要去实现，我已经提供了相关的工具。

我已经在我的软件项目托管平台（Github）上（https://github.com/blueberrymusic）提供了三个免费的奖励章节。其中一章介绍如何使用Python的免费scikit学习库，另外两章介绍如何构建我们在书中介绍的深度学习系统。读者通过实际运行的代码来构建和修改，将能够使用现有网络，或者为自己的应用程序设计和训练自己的网络。代码以流行的Jupyter笔记本的形式呈现，因此读者可以进行研究、实验、修改和使用。

所有这些程序都是根据麻省理工学院的许可证共享的，这意味着读者几乎可以以任何自己喜欢的方式使用它们。

## 图片也可以找到！

同样在我的软件项目托管平台（GitHub）上（https://github.com/blueberrymusic）提供这本书中绘制的几乎每一张图片，而且都是高质量的300dpi的PNG格式。这些图片与代码都是在麻省理工学院的许可下提供的，因此你可以在课堂、讲座、演示、论文或任何其他你认为可以帮助你的地方自由使用或修改。

## 勘误

没有一本这种体量的书是没有错误的，从小的打字错误到大的错误。如果你发现本书中任何有问题的地方，请及时通知我们（errata@nostarch.com）。我们将把确认的更正后的列表保存在网站上（https://nostarch.com/deep-learning-visual-approach）。

# 关于本书

这本书的第一部分涵盖了概率论、统计学和信息论的基本思想。这是我们以后需要用到的，但是不要让这些名称吓到！因为我们将坚持基础和基本的概念，几乎没有数学符号。当这些概念以简单的语言和图表呈现时，你可能会惊讶于它们是多么容易。

本书的第二部分介绍了机器学习的基本概念，包括基本思想和一些经典算法。

学习前两部分的内容后，这本书的第三部分和第四部分将所有内容结合在一起，我们开始深入学习了。

以下是每章内容的简要概述。

## 第1部分：基础理论

**第1章：机器学习技术概述。**我们将着眼于全局，为机器学习的工作方式奠定基础。

**第2章：统计学基础。**深度学习的核心思想是在数据中发现模式。统计学语言使我们能够识别和讨论这些模式。

**第3章：性能度量。**当算法回答一个问题时，答案总是有可能是错误的。通过仔细选择衡量方式，我们可以讨论“错误”的真正含义。

**第4章：贝叶斯方法。**可以通过考虑我们的期望结果和到目前为止看到的结果来讨论算法给出正确结果的可能性。贝叶斯公式是实现这一点有效的方法。

**第5章：曲线和曲面。**作为一种在数据中寻找模式的学习算法，它通常利用虚拟空间中的抽象曲线和曲面。为了帮助我们在本书后面讨论这些算法，在这里只讨论这些曲线和曲面的外观。

**第6章：信息论。**机器学习中使用的一个强有力的思想是，我们正在表示和修改信息。信息论的思想使我们能够量化和测量不同种类的信息。

## 第2部分：初级机器学习

**第7章：分类。**我们通常希望计算机能为一段数据分配一个特定的类或类别。例如，照片中有什么动物，或者手机里说了什么？本章将介绍解决这个问题的基本思路。

**第8章：训练和测试。**为了建立一个可以实际使用的深度学习系统，我们必须首先训练它学习如何做我们想做的事情，然后测试它的性能，以确保系统很好地完成工作。

**第9章：过拟合与欠拟合。**训练深度学习系统的一个令人惊讶的结果是，它可以开始记忆我们用来训练它的数据。一个明显的问题是，这使得算法发布时处理新数据的能力变得更差。我们将了解这个问题的来源，以及如何减少其影响。

**第10章：数据预处理。**我们通过提供大量可供学习的数据来训练深度学习系统。我们将了解如何准备这些数据，以便尽可能有效地进行训练。

**第11章：分类器。**我们将研究用于数据分类的特定机器学习算法。在投入时间和精力训练深度学习系统之前，这些通常是了解我们数据的好方法。

**第12章：集成学习。**我们可以将许多非常简单的学习系统组合成一个功能强大的复合系统。有时，许多小系统可以比单个大系统更快、更准确地返回答案。

## 第3部分：深度学习的基础

**第13章：神经网络。**我们研究人工神经元，以及如何将它们连接在一起形成一个网络。这些网络构成了深度学习的基础。

**第14章：反向传播算法。**这是使神经网络实用化的关键算法，它是一种训练神经网络从数据中学习的算法。本章我们仔细研究了构成学习过程的两种算法中的第一种。

**第15章：优化器。**训练深层网络的第二种算法实际上是修改组成网络的数字，从而提高其性能。我们将研究各种有效的方法。

## 第4部分：进阶知识

**第16章：卷积神经网络。**已经开发出强大的算法来处理像图像这样的空间数据。我们将研究这些算法以及它们是如何使用的。

**第17章：卷积网络实践。**在介绍了处理空间数据的技术之后，我们将更仔细地研究如何在实践中使用这些技术来识别对象。

**第18章：自编码器。**我们可以简化庞大的数据集，使其更小，更易于管理。我们还可以消除噪声，能够清理损坏的图像。

**第19章：循环神经网络。**当我们处理序列时，例如文本和音频等，我们需要特殊的工具。我们将在本章介绍其中一个流行的类别。

**第20章：注意力机制和Transformer模型。**理解文本和语言尤其重要。我们将介绍最初设计用于解释和生成文本的算法，但事实证明，这些算法在其他应用程序中也很有用。

**第21章：强化学习。**有时我们也不知道希望计算机提供什么答案，例如安排涉及不可预测人群的真实活动。本章将介绍如何灵活地解决这类问题。

**第22章：生成对抗网络。**我们经常想要创建或生成现有数据的新实例，例如根据原始数据创建报纸故事，或者可能是供人们在游戏中探索的世界。我们将研究一种强大的方法来训练这种生成器。

**第23章：创意应用。**我们最终以一些有趣的方式结束，运用深度学习的工具制作迷幻的图像，将艺术家的标志性风格应用于照片，并以任何作者的风格生成新文本。

## 最后的话

这本书里有很多素材!

一切都在那里，所以当读完这本书时，你会真正了解书中的内容。你将能够与其他人谈论深度学习，分享你的见解和经验，并向他们学习。如果你还有动力，可以从众多免费的深度学习库中挑选一个，并为你能想到的任何目标去设计、训练、测试和部署你自己的系统。

深度学习是一个迷人的领域，它结合了许多智力学科的思想来构建算法，这些算法迫使我们提出关于智能和理解本质的基本问题。这也很有趣!

欢迎开启此次旅程。你会玩得很开心的!

# 第一部分

# 基础理论

# 第1章

# 机器学习技术概述

这是一本关于深度学习的书籍，深度学习是机器学习的分支。“机器学习”描述了一些不断发展的技术，它们拥有共同的目标，即从数据中提取有意义的信息。这里数据指可以用数字表示的任何元素。数据可以是原始数值数据（例如连续几天的股票价格、不同行星的质量或参观展览会的人的身高），也可以是声音（某人对着手机说的话）、图片（花或猫的照片）、文字（报纸文章或小说的文字）、行为（某人喜欢的活动）、偏好（某人喜欢的音乐或电影），或者其他任何可以收集并用数字描述的数据。

我们的目标是发现有意义的信息，要定义什么是有意义的信息，通常需要找到一些模型，帮助人们理解数据。或使用已有的计算方法，去预测未来的事件。例如，基于某人已经评分的电影，预测他们会喜欢的电影；从笔记上识别某人的笔迹；或通过几个音符识别歌曲。

通常我们可以通过三个步骤找到需要的信息：确定想要找到的信息；然后收集蕴含有用信息的数据；最后设计并运行算法，从而尽可能多地提取数据中的有用信息。

本章将介绍机器学习的一些主要方法。从机器学习的早期尝试开始，讨论专家系统，然后讨论机器学习中的三个主要领域：监督学习、无监督学习和强化学习，最后在深度学习的讨论中结束这一章。

## 1.1 专家系统

在深度学习被广泛应用之前，创建专家系统是从数据中学习的流行方法。该方法至今仍在使用，旨在抽象医生、工程师、科学家，甚至音乐家等人类专家的思维过程。这个方法通过研究工作中的人类专家，观察他们做了什么以及如何做，或者让他们细致地描述工作过程。然后使用一套规则来捕捉这种思维和行为，并希望计算机可以根据捕捉到的规则完成专家的工作。

这种系统一旦建成就能很好地工作，但是很难创新和维护。究其原因，在于制定规则的关键步骤需要大量的、不切实际的人工干预以及独创性。而深度学习成功的一部分原因是它通过创建规则来解决问题。

我们可以用一个简单的数字识别的例子，来说明专家系统面临的问题。假设想教会计算机来识别数字“7”。通过与人交谈和提问，我们会想出一套能从其他数字中区分出“7”的三条小规则：第一，在数字“7”的顶部附近有一条几乎水平的线；第二，它们有一条从东北到西南方向的斜线；第三，这两条线在右上角相交。这些规则如图1-1所示。

在得到图1-2的数字“7”之前，专家系统可能会运行得很好。

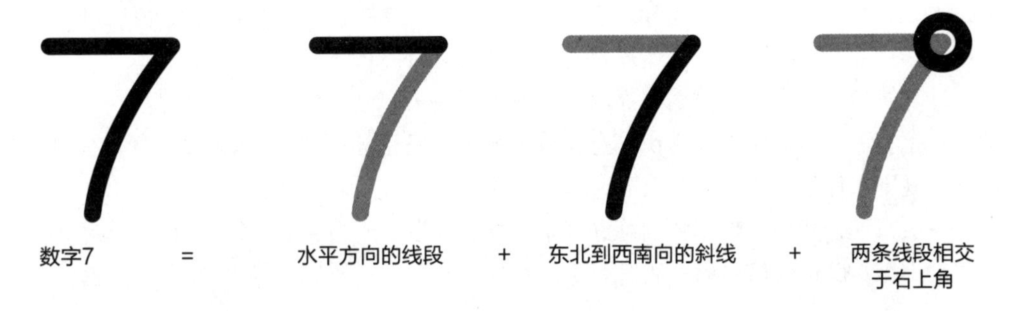


图1-1：等号的左面是数字“7”，等号的右面是一组用来区分数字“7”和其他数字的规则

图1-2：由于额外的水平线，图1-1的规则无法识别的数字“7”

因为最初没有考虑到有横线穿过中间斜线的情况，规则不会认为图1-2是一个数字“7”，所以现在需要为这个特例添加另一个规则。实际上，这种事情在开发专家系统时都会反复发生。为一个复杂问题找到一套好的、完整的规则，是一项极其困难的任务。将人类的专业知识转化为一系列明确的指令，通常意味着，人们需要费力地发现推论和决策，有时在无意中就将这些推论和决策转化为大量的指令，然后调整和人工调试这些指令，以涵盖最初被忽视的所有情况，调整其间相矛盾的规则等，在一系列看似永无止境的任务中，执行一组庞大而复杂的规则。

找到适用规则的过程是一项艰巨的工作：人类专家遵循的规则几乎从来都不是明确的，我们很容易忽略例外和特殊情况。例如，如何找到一套全面的规则来模拟放射科医生的思维过程，以判断核磁共振成像图像上的痕迹是否为良性；空中交通管制员如何处理大量航班，或者某人如何在极端天气条件下安全驾驶汽车。让事情变得更加复杂的是围绕人类活动的技术、法律和社会习俗在不断变化，需要我们不断关注、更新和修复这个错综复杂的规则网络。

基于规则的专家系统在某些情况下是可行的，但是作为一个通用的解决方案是不切实际的，因为我们很难制定一套完美的规则，以确保其在各种各样的数据中正常工作，并保持最新状态。

找到并使用这套规则，让计算机可以模仿一些人类的决策，是深度学习的意义所在。给定足够的训练数据，这些算法可以自动发现决策规则。不需要明确地告诉算法如何识别数字“2”或“7”，因为系统会自己计算出来。系统可以计算出核磁共振图像上的痕迹是否是良性的，手机照片是否被完美曝光，或者一段文字是否真的是某个历史人物所写。这些都是深度学习已经开展的许多应用中的一部分。

计算机通过检查输入数据和提取模式来发现决策规则。系统永远不会像人一样“理解”自己在做什么。它没有常识、意识或理解力，只是计算训练数据中的规则，然后使用这些规则来评估新数据，继而根据所训练的示例做出决策或结果。

一般来说，我们使用哪种训练深度学习算法，取决于数据和训练的目标。接下来将对各种训练算法进行简单的概述。

## 1.2 监督学习

首先介绍监督学习。这里的“监督”是“有标签”的同义词。在监督学习中，通常给计算机成对的值：从数据集中抽取一条数据，并分配标签给该条数据。

例如，要想训练一个名为图像分类器的系统，来获得照片中最突出物体。首先我们会给它一组图像，并给每个图像贴上一个标签来描述最突出的物体。例如，给计算机一张老虎的图片和一个由“老虎”这个词组成的标签。

这种方式可以扩展到任何类型的输入。假设有几本烹饪书，里面全是品尝过的食谱，记录了我们对每一道菜的喜好。在这种情况下，配方是输入信息，对它的评级是该配方的标签。用所有的烹饪书训练一个程序后，给训练好的系统一个新的食谱，它可以预测我们对菜品的喜好程度。一般来说，系统训练得越好（通常通过提供更多的训练数据），预测结果就越准确。

不管是何种类型的数据，通过给计算机大量的数据和标签，为特定任务设计的系统将逐渐从数据中发现完整的规则或模式，从而能够正确预测每个数据的标签。也就是说，通过这种训练，系统已经学会了在每条数据中计算什么，应该返回哪个已经学习过的标签。当它足够频繁地得到正确答案时，这个系统就已经训练好了。

请记住，计算机不知道食谱实际是什么，也不知道食物的味道。它仅使用在训练中学习的规则，通过输入的数据来找到最匹配的标签。

图1-3显示了给一个训练好的图像分类器四张照片的分类结果。

这些照片是在网上找到的，系统从未见过它们。分类器得出训练识别的1000个标签中每一个可能性，作为对每幅图像的响应。这里显示了与每张照片关联度最高的前五个预测结果，以及它们与照片相关的概率。

图1-3左上角的图片是一串香蕉。在理想情况下，我们期望得到一个类似“一串香蕉”的标签，但是这个特定的分类器没有在标有“一串香蕉”的图像上训练过该算法，只能返回曾经训练过的标签，就像只能通过已知的单词来识别物体一样。分类器从训练标签中找到最接近的匹配只有“香蕉”，所以将返回“香蕉”的标签。

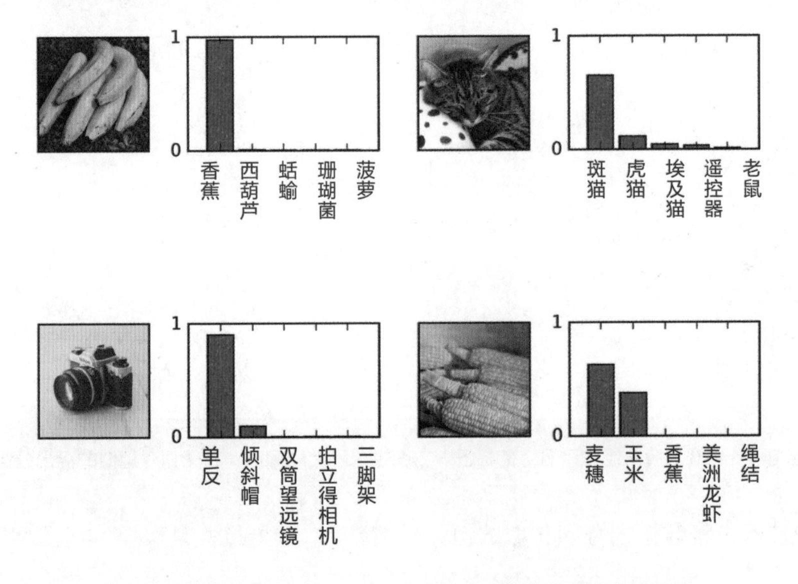


**图1-3：来自深度学习分类器的四张图像和对应的概率分类标签**

图1-3左上角的照片，计算机对“香蕉”这个标签有很高的信心。右下方的照片，计算机大约有60%的把握认为正确的标签是“麦穗”，大约有40%的把握认为是“玉米”。按照通常的做法，每个图像只返回一个标签给用户，将有助于提升计算机对标签正确的信心。如果正确率不能让人放心，比如只有大约60%是“麦穗”的标签，可以使用不同的算法再试一次，或者向人类寻求帮助。

## 1.3 无监督学习

在没有与数据相关联的标签时，使用的技术统称为无监督学习。这些算法学习关于输入元素之间的关系，而不是每个输入与其标签之间的联系。

无监督学习经常用于有关联的数据之间的聚类或分组。例如，假设我们需要为一栋新房子挖掘地基。在挖掘时，我们发现地面上堆满了旧陶罐和花瓶，于是打电话给一位考古学家朋友，这位朋友意识到我们发现了一堆杂乱的古代陶器，陶器显然来自许多不同的地方，甚至可能来自不同的时代。

这些陶器的标记看起来像同一主题的变体，而有些标记看起来像不同的符号。这位考古学家无法辨认这些标记和装饰，所以她也不清楚陶罐是从哪里来的。为了解决这个问题，考古学家把标记拓印出来，然后试着把它们分成几组。但是因为要整理的东西太多，而她所有的学生都忙于其他项目，于是她求助于一种机器学习算法，以一种合理的方式自动将标记组合在一起。

图1-4显示了考古学家采集的标记和算法可能产生的分组。

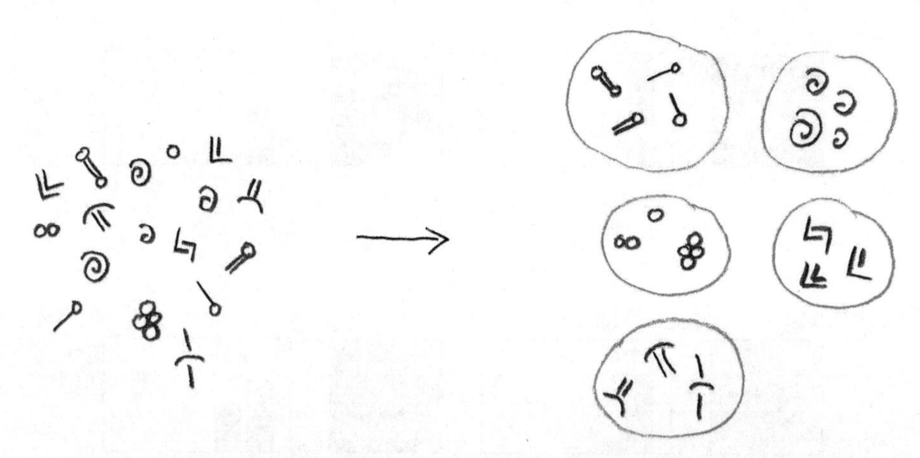

图1-4：用聚类算法组织陶罐上的标记。左图是罐子上的标记，右图为对相似的标记分组

这种技术是将数据划分到相似的组（或类簇），这个过程是聚类，我们称这种算法为聚类算法。

无监督学习算法也可以用来提高数据的质量（例如，消除手机相机拍摄照片中的斑点），或用来压缩数据集，以便数据在磁盘上占据更少的空间，且不会丢失关键信息（例如MP3和JPG编码器对声音和图像的处理）。

## 1.4 强化学习

当我们想训练计算机学习执行一项任务、玩一个复杂的游戏或写一些音乐，但不知道做这件事的最佳方法时，接下来最好的行动或最好的建议是什么？通常没有一个最佳答案，但我们可以粗略地估计出某一个答案比另一个好。如果能够让计算机尝试各种训练方法，并且能够对这些方法做个大致的排名，比如“这个方法很好”或者“这个方法比上一个好”，就能更快地趋向更好的结果了！

例如，假设我们负责设计新办公楼中电梯的运行系统，设计任务是决定电梯轿厢在无人呼叫时应该在哪里等待，以及当有人按下呼叫按钮时哪个轿厢应该响应请求。设计目标是尽量节省所有乘客的平均等待时间，如图1-5所示。

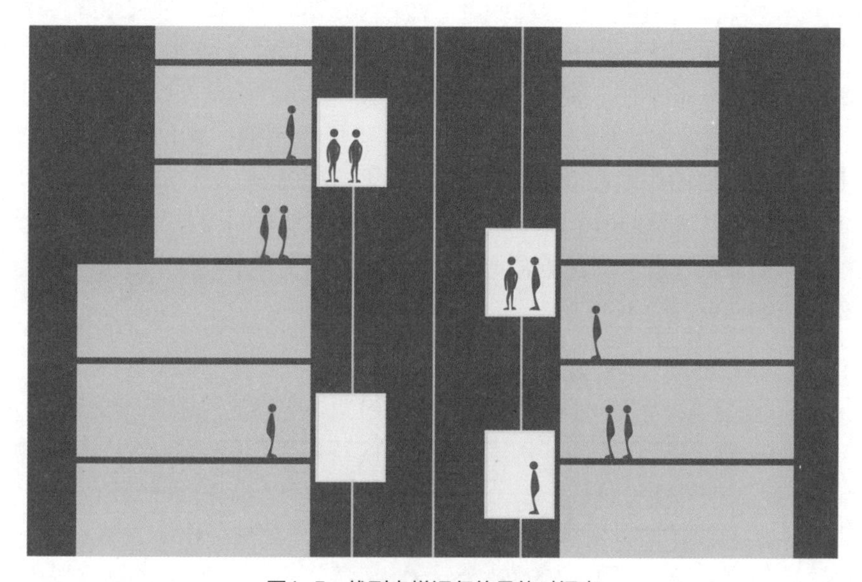

图1-5：找到电梯运行的最佳时间表

我们应该怎么做？所有解决方案的优劣，完全取决于人们到达的时间和楼层。也许早上每个人都来上班，所以应该把空电梯放到一楼，在那里为来上班的人做好准备。但是午餐时每个人都想出去，所以应该把闲置的电梯放在顶层附近，随时准备下来带人们去底层。如果下雨，也许大多数人会想去顶楼的自助餐厅。每一天，每个时段，最好的策略是什么？

因为没有单一的最佳策略，所以计算机不能通过学习将答案提供给我们。我们所能做的就是随着时间的推移尝试不同的方法，并选择一个似乎能得出最好结果的方法。因此，让计算机创造一个策略，或者对现有策略进行修改，接着根据乘客平均等待时间给它打分评价该策略表现如何。在尝试了许多变化之后，选择得分最高的策略。最后，随着时间的推移和模式的变化，尝试新的方法，不断搜索，并保持最佳的分数。

以上是强化学习（Reinforcement Learning，RL）的一个应用实例。强化学习技术是最新的游戏算法的核心，这些算法在围棋，甚至在星际争霸等在线游戏中，击败了人类专业玩家。

## 1.5 深度学习

“深度学习”指的是使用一系列步骤或网络层计算的机器学习算法（毕肖普 2006，古德费洛 2017）。只要算法结构清晰，我们甚至可以在纸上画出这些网络层。如果竖着画，想象从层底部向上看，我们可以说网络层很高；或者从顶部向下看，可以称网络层很深。如果水平画出这些层，我们也可以说网络层很宽。没有特别的原因，“深度”一词就流行起来了，并出现在整个深度学习领域。

重要的是要记住，这些网络层之所以被称为“深”，没有“深刻的理解”或“深远的见解”等含义，只是因为我们竖着画网络层时，它很“深”。当深度学习系统将一个名字联系到照片中的一张脸时，系统不知道什么是脸，或者什么是人，甚至不知道人的存在。计算机只是测量像素，并使用它从训练数据中学习的范例，得出最可能的标签。

让我们跳过前面的许多章节，来看一下深层网络的原理示意，如图1-6所示。在这个简单的网络中，从底部的四个输入数字开始。这些可能是2×2灰度图像中四个像素的值、连续四天的股票收盘价或者是语音数据片段中的四个样本。每个输入值只是一个浮点型数值，例如-2.982或3.1142。

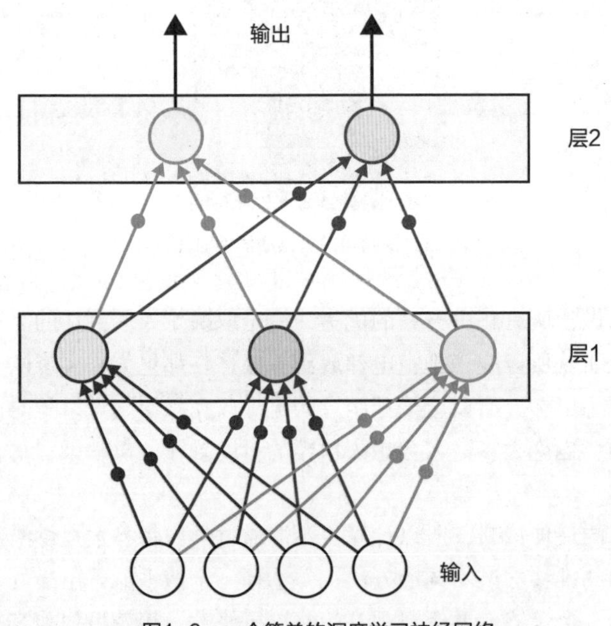


图1-6：一个简单的深度学习神经网络

图1-6底部这四个输入值，向上进入三个人工神经元的层或组。虽然人工神经元的名字中有“神经元”这个词，并且受到了真实神经元的启发，但是这些人工神经元非常简单。我们将在第13章对神经元进行更详细的介绍，这里将它们视为执行微小计算的单元，而不是像真实神经元那样复杂。

在图1-6中，层1的每个神经元接收四个起始数字中的每一个值作为输入。请注意，数据输入神经元的12条线中的每一条线上都有一个小点，每个点表示输入值在到达神经元之前需要乘以一个数字，我们称这个数字为权重。这些权重对网络至关重要，稍后会再讨论它们。

层1每个人工神经元的输出都是一个新的数字。在图1-6中，每一个输出都被输入到层2中的每一个神经元，并且每一个值都乘以一个权重。层2的两个神经元产生的值是网络的输出。我们可以将这两个输出值理解为输入数据被预测成为这两个类的可能性，比如通过一个人说的话预测他的名字和姓氏，或预测出未来两天每一天的股票价格。

在图1-6中，代表人工神经元的每个大圆圈都将其输入值转换为数字（将在第13章中详细介绍这一过程）。这些计算是固定的：一旦建立了网络，对于给定的输入，每一个神经元中总是计算相同的输出。因此，一旦选择了人工神经元，并将它们排列到图1-6的网络中，几乎所有的东西都被指定了。

图1-6中唯一可以改变的是输入值和权重，这是使训练网络成为可能的关键所在。权重从随机数开始，这意味着网络最初的输出将是无意义的，不会得到想要的结果（除非碰巧走运）。

为了让网络可靠地产生需要的答案，我们关心的是在每次错误的输出之后，一次只改变一点点权重，使网络更有可能在输出时产生期望的值。如果修改的方向正确，那么随着时间的推移，输出值会逐渐接近期望结果。最终，网络会对集中训练的几乎所有数据做出正确的响应，然后我们可以将训练好的网络发布到网络上，或者作为产品或服务发布。

简而言之，训练这个网络，无非是找到权重的值，这样每一个输入都会产生期望的输出。令人惊讶的是，这就是它的全部！即使当网络增长到数百层的许多变种，或成千上万的人工神经元和数百万的权重时，学习通常意味着只是逐渐改变权重，直到得到预期的答案。更复杂的网络可能也会学习一些其他的值，但是权重总是重要的。

这个过程的一个优点是它兑现了特征工程的承诺。例如，一个系统以一张照片作为输入，并得出照片中的狗是什么品种。当这个系统的训练过程已经结束，权重已经稳定到最佳值时，就具有将神经元变成小特征检测器的效果。例如，早期网络层的一个神经元如果“看见”一只眼睛，可能会输出一个特别的特征值；如果“看见”一只耷拉的耳朵，可能会输出另一个特征值（我们将在第16章详细介绍这是如何做到的）。然后，后期的神经元可能会寻找这些特征值的组合，比如长尾巴和短腿，或者黑眼睛长鼻子配上庞大身躯，来确定狗的品种。简而言之，我们虽然从未明确引导神经元，但神经元一直在寻找特征。特征检测只是训练权重以产生正确答案的自然结果。

因此，尽管构建一个像放射科医生一样的专家系统几乎是不可能的任务，但创建并训练一个复杂的深层网络，可以轻易实现这一目标。该系统找到自己的方法，将每个图像中的像素值组合成特征，然后使用这些特征来确定该图像是否代表健康的组织（Saba 2019）。

## 1.6 本章总结

本章中，我们大致了解了深度学习的一些主要方法，从需要很多人工作业才能在实践中取得成功的专家系统开始介绍。我们知道了训练深度学习系统通常遵循三种方法之一：监督学习意味着需要为每条数据提供一个标签，以便于训练系统能够预测新数据的正确标签；无监督学习意味着只给系统数据，没有标签，所以训练系统将数据聚类成相似的组；强化学习意味着对计算机提出的各种建议进行评分，期望它最终能给出一个合适的解决方案。

随后，我们介绍了一个小规模深度学习系统实例。其基本结构是将人工神经元组织成层，每一层的神经元与前一层和后一层的神经元进行通信。当我们以这种形式（像一座高塔）画出这个结构时，它的形状赋予了其“深度学习”的名字。

最后，我们了解了权重的重要性，即在每个数字到达人工神经元的输入端之前，对其进行多重加权。训练一个系统时，通常所做的就是调整这些权重，当权重为足够好的值时，系统能够完成要求的工作。

接下来的几章，我们将深入探讨设计和构建深度学习系统所需的背景知识。

# 第2章

# 统计学基础

要设计出一款更优秀的、可以充分利用数据的深度学习系统，就需要对数据有更深刻的理解。

通过深入研究和分析数据，从而使我们可以选择最适合的算法来学习数据。用于数据分析的方法和工具通常都属于统计学的范畴。

从论文、源代码到技术文档，统计学思想与分析方法在机器学习中随处可见。

在学习本章内容时，我们可以通过统计学核心思想来揭示深度学习的原理，而不用深入研究数学公式。这些思想大致分为两类，第一类是关于随机数的应用，以及如何用机器学习中最有价值的方式来描述它们；第二类是关于从集合中选择对象（如数字）的过程，以及如何客观地衡量这些对象对整个集合特征的反应程度。本章的目标是培养我们的理解力和直觉，以便设计出更好的机器学习算法。

如果你对统计学和随机数已经很熟悉，也可以浏览一下本章内容，这样就会了解相关内容在本书里使用的表达方式，以后如果需要复习，就会知道该回到哪里查找。

## 2.1 描述随机性

随机数在许多机器学习算法中都起到了重要的作用。我们可以用随机数来初始化系统或在学习过程中控制步骤，有时随机数甚至会影响输出的结果。挑选适当的随机数是很重要的，一个系统是能够通过学习并产出有价值的结果，还是顽固地学不会任何东西，随机数起到了重要作用。

随机数并不是简单地凭空随意挑选的，我们对产生的随机数的要求不同，最终产生的随机数也会不同。

比如“从1到10这个数值范围内选择一个整数”，这种在给定的最小值和最大值之间选择随机数，意味着我们的选择仅限于有限数量的选项（从1到10的整数）。而如果使用非整数来作为随机数，那么从1到10这个范围内将有无限多个实数可以选择。

当我们讨论由数值组成的集合时，无论是否为随机数，通常绕不开要讨论它们的平均值。平均值是一种快速对数值集合进行特征化的有效方法，常用的计算平均值的方法有三种。我们接下来将借助“1,3,4,4,13”这组数字，对这三种计算平均值的方法进行简单介绍。

平均数是日常所说的平均值，它是所有条目数值的总和除以列表中的条目数所得到的数字。在“1,3,4,4,13”这组数字中，将所有列表元素相加，将得到：1 + 3 + 4 + 4 + 13 = 25。列表有五个元素，所以平均值是25/5，或者表示为5。

众数是列表中最常出现的数值。在“1,3,4,4,13”这组数字中，数字“4”出现两次，其他三个数字各只出现一次，因此众数为“4”。如果一组列表中没有哪个数字比其他数字出现得更频繁，就说明这组列表中没有众数。

而中位数是一组按从小到大排序的数值的中间数字。“1,3,4,4,13”这组数字已经按从小到大进行了排序，“1”和“3”在最左侧，“4”和“13”在最右侧，另一个“4”在中间，所以这个“4”就是中位数。如果一个列表的条日数为偶数时，那么中位数就是中间两个条目的平均数。对于“1,3,4,8”这组数，中位数是“3”和“4”的平均数，即“3.5”。

平均值在机器学习算法中是非常重要的概念，它可以帮助我们弄清楚一个集合中的数据是如何分布的，例如数据是在一个范围内平均分布还是组合成一个或多个簇。接下来，我们一起来学习数据分布的相关知识。

## 2.2 随机变量与概率分布

在深入学习之前，我们先通过一个具体的示例，对随机变量与概率建立初步的认识。假设我们是摄影师，被委托通过拍摄大量故障车辆的照片，来协助某项关于废旧汽车处理厂的调研项目。带着新鲜感，我们来到了一个堆放了很多废旧车辆的处理厂。和管理员交谈后，我们都认为，要快速拍摄大量照片，最好的方式是给管理员支付报酬，让她一辆接一辆地将车辆带来拍照。管理员提议利用办公室里的一个抽奖转盘给枯燥的工作增加点乐趣，如图2-1所示。抽奖转盘为处理厂的每辆车提供了一个大小相同的抽奖区域，抽奖区域和车辆都从1开始编号。

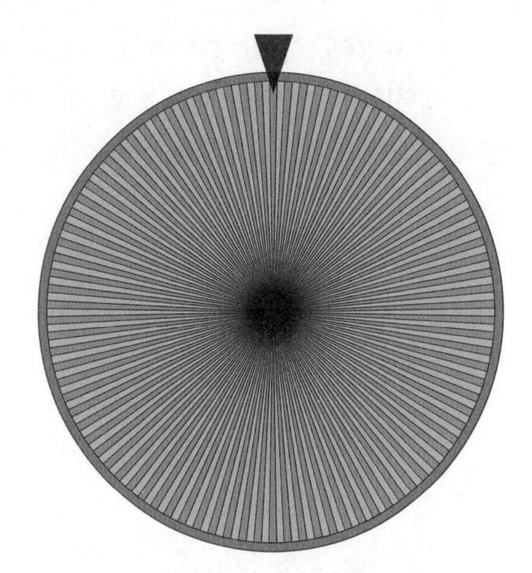

图2-1：废旧汽车处理厂管理员的抽奖转盘，每个同样大小的长条代表一辆车

支付了报酬后，管理员就开始转动转盘。当转盘停止时，管理员记下中奖的编号，并且用她的拖车把带有相应编号的车辆拖来给我们拍照。拍好照片，她把车还回原处。如果要拍摄另一辆车，需要再次支付报酬，管理员再次转动转盘，过程重复。

假设任务要求拍摄五种不同类型汽车的图片：轿车、皮卡、小型货车、SUV和旅行车。我们想知道当管理员转动转盘时，这五种类型的车辆中每一种被选中的机会。为了解决这个问题，假设我们已经进入处理厂检查每一辆车，并且把每一辆车分配到这五个类别中的一个，结果如图2-2所示。

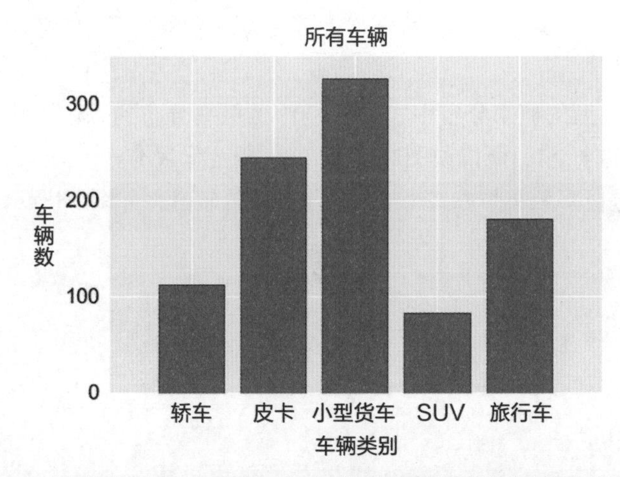


图2-2：废旧汽车处理厂有五种车型，每个柱形图表示有多少辆这种类型的车

在处理厂的近950辆汽车中，最多的是小型货车，其次是皮卡、旅行车、轿车和SUV。因为处理厂的每辆车都有同等的机会被选中，所以转盘每次旋转后，最有可能选中一辆小型货车。

那么得到一辆小型货车的可能性有多大呢？为了确定得到每种车型的可能性有多大，将图2-2中每个柱形的高度值除以车辆总数，其结果是选中当前类型汽车的概率，如图2-3所示。

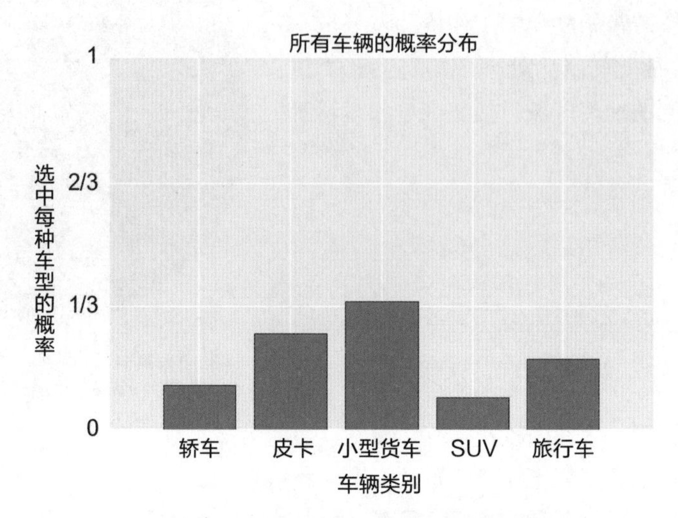


图2-3：在废旧汽车处理厂得到每种车型的概率

为了将图2-3中的概率值转换成百分比的形式，我们将每种车型的概率值乘以100%。例如，小型货车柱形的高度约为0.34，因此有34%的机会获得小型货车。如果把五种车型的柱形高度加起来，我们会发现总和是1.0，所以说每一个柱形的高度就是选中这种车型的概率。这说明了将任何数字列表转化为概率的前提：值必须在0和1之间，并且总和是1。

在图2-3每种车型的概率分布中，是将100%的概率分布到每种类型的车辆中。因为图2-3的所有值加起来是1，所以说图2-3是图2-2的规范化版本。

我们可以通过概率分布的方式来绘制一个简化的转盘，如图2-4所示。

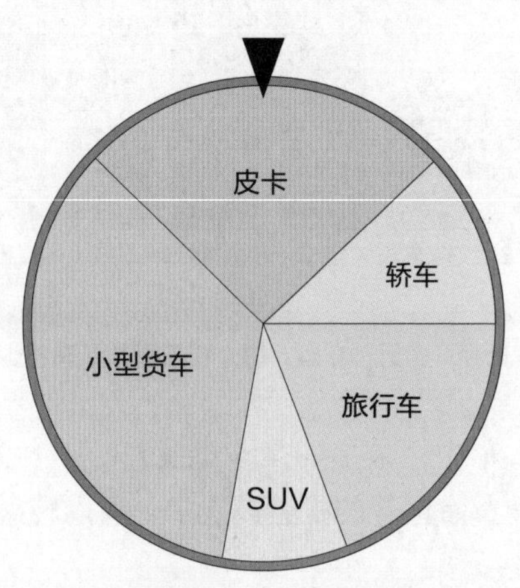


图2-4：简化后的转盘，可以看到管理员旋转图2-1的转盘后，将得到哪种类型的车辆

转盘的某个区域被指针选中的概率，是由该区域占据转盘的圆周角的大小决定的，我们用与图2-3相同的比例绘制了该区域。

大多数时候，我们在计算机上生成随机数时，身边并没有抽奖转盘，而是依靠软件来模拟这个过程。例如，我们可以给函数库一个图2-3中柱形高度值列表，并要求它返回一个值。预计大约有34%的机会选中小型货车，大约26%的机会选中皮卡，以此类推。

从选项列表中随机选择一个值时，每个选项都有一定的被选中的概率。为了方便，我们将这个选择过程抽象成一个程序，称为随机变量。

“随机变量”这个术语也许对程序员来说有些歧义，因为程序员认为变量是一个可以存储数据值的命名存储区域。但是在这里，随机变量不是一个存储区域，而是一个函数（维基百科2017b），它以概率分布作为输入，并以产生的值作为输出。我们将从分布中选择一个值的过程称为从随机变量中抽取一个值。

我们称图2-3为概率分布图，也可以把它看作一个函数。调用函数，会返回一种给定概率的结果。这让笔者找到了概率分布的两个更正式的名字。在图2-3的五个值中，当可能的返回值数量有限且固定时，可以使用“概率质量函数”，简写为pmf（这个缩略词通常用小写字母书写）。pmf函数有时也称为离散概率分布（函数），其核心是只包含固定数量的可能结果输出。

我们也可以创建连续的概率分布函数。当初始化神经网络中的参数值时，可以使用这些函数的近似值。举个例子，假设我们想知道送至处理厂的每辆车还剩多少油。油量可以取任何实数，所以油的量是一个连续变量。图2-5显示了油量测量的连续变化。这个图展示的不仅仅是几个特定值，而是任何真实值返回的概率，概率在0（空）和1（满）之间。

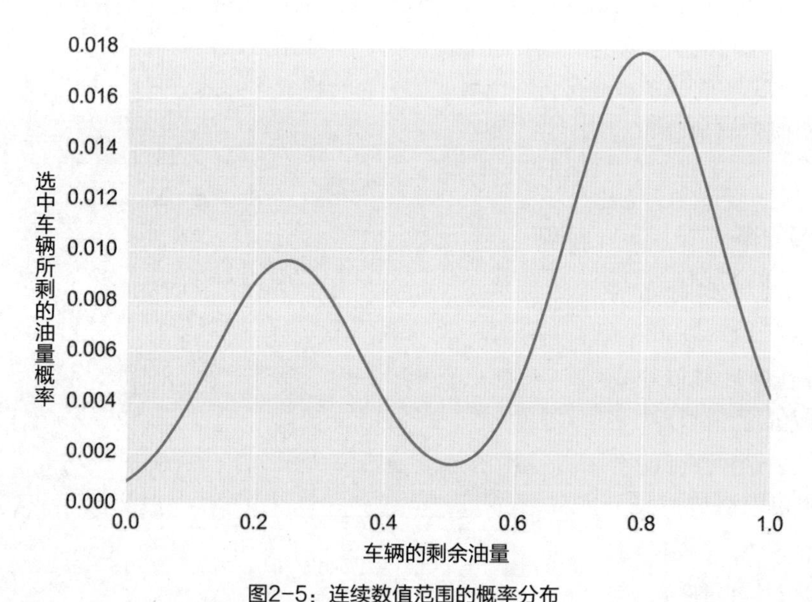


图2-5：连续数值范围的概率分布

类似图2-5的分布，我们称之为连续概率分布（continuous probability distribution，cpd）或概率密度函数（probability density function，pdf）。有时我们也会用概率密度函数来指代离散分布，不过在上下文中通常会清楚地表明意图。

回想一下，对于离散的情况，所有可能的返回值加起来需要等于1。在连续的情况下，意味着图2-5曲线下包含的总面积是1。

大多数情况下，我们可以选择一个概率分布，然后调用函数库从该分布中产生一个值（也就是说，调用函数库从给定的分布中抽取一个随机变量）来获得随机数。虽然大多数函数库已经提供了足够应对大多数情况的分布函数，但我们也可以根据具体需要自定义分布函数。这样一来，在选择随机数时，就可以使用这些预先构建的分布。接下来介绍一些常见分布的知识。

## 2.3 常见的分布

前文提到，我们可以从一个分布中得到一个随机变量。我们每次选中一个随机变量，都是基于分布的：分布中概率值大的数比相对概率小的数更有可能被选中。这使得分布的应用具有很大的实用价值，因为不同的算法希望使用以特定的概率呈现不同值的随机变量。为了实现这一点，我们需要选择一个合适的分布。

### 2.3.1 连续分布

均匀分布和正态分布都是包含在函数库的内置方法，因此它们很容易被选择和使用。为了简单，我们将演示以下两个连续形式的分布。大多数函数库为我们在连续版本和离散版本之间提供了选择，或者可能提供了一个通用方法，即根据需要将任何连续的分布转换为离散的分布，或是将任何离散的分布转换成连续的分布。在2.3.2小节，我们将会介绍两种离散分布的情况。

#### (1) 均匀分布

图2-6为均匀分布的示例。基础均匀分布在0和1之外任何区域值都是0，0和1之间的值是1。

在图2-6中，可能会出现有两处对应值为0，2处对应值为1，但实际上并非如此。按照惯例，空

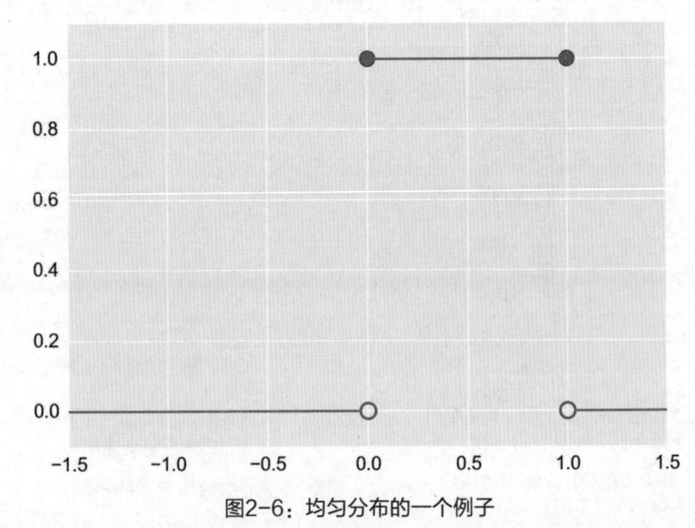

图2-6：均匀分布的一个例子

心的圆圈（如下面的线）意味着“这个点不是当前线的一部分”，实心的圆圈（如上面的线）意味着“这个点是当前线的一部分”。因此在输入值0和1处，图的输出均为1。这是定义这类函数的一种常见方式，但是有些实现方式会使其中一个或两个输出都为0，因此我们需要仔细检查分布规则。

这种分布有两个关键特征。第一，只能输出0到1范围的值，因为所有其他值的概率都是0。第二，输出0到1范围内的每个值，概率都是相等的。输出0.25的可能性和输出0.33或0.793718的可能性一样大。图2-6在0到1的范围内是均匀、恒定的（或者是平坦的），即该范围内的所有值的概率相等。我们也说它是有限制的，这意味着所有非零值都在某个特定的范围内（那么，可以肯定地说，0和1是它可以返回的最小和最大值）。

创建均匀分布的函数库时，经常会让用户选择在哪里开始以及结束的非零区域。默认值是0到1，最常见选择的范围可能是-1到1。函数库会负责调整函数高度等细节，使线下面积始终为1.0（回想一下，如果一个图表要表示概率分布，这是必要条件）。

### （2）正态分布

另一个常用的分布是正态分布，也称为高斯分布。正态分布曲线也称为“钟形曲线”。与均匀分布不同，正态分布的曲线更平滑，没有尖角或突变。

图2-7展示了一些典型的正态分布，其中的四条曲线都具有相同的基本形状。由于经过缩放、水平移动，或缩放且水平移动，会使曲线形状发生变化。通常，函数库在调用时会在内部垂直缩放曲线，这样曲线下的面积加起来就是1。

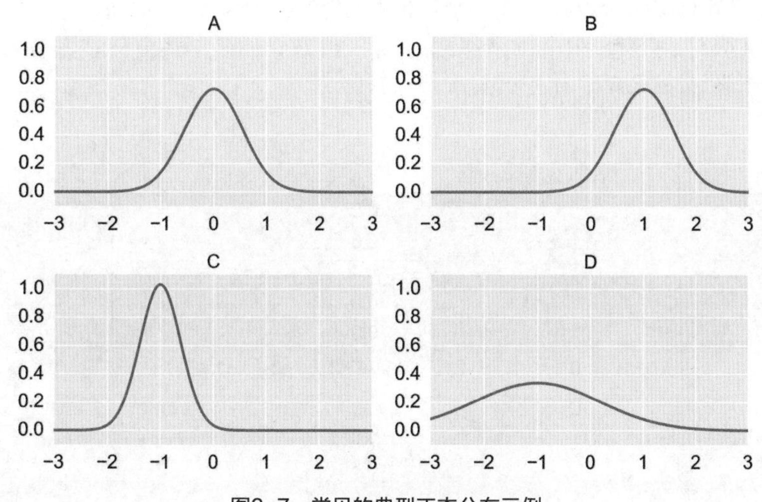


图2-7：常见的典型正态分布示例

图2-8显示了从每个分布中输出值得到的一些代表性样本。这些样本聚集在分布值高的地方（该值获取样本的概率很高），而在分布值低的地方（获取样本的概率很低）比较稀疏。图中样本红点垂直位置的浮动只是为了使样本更容易观察，没有任何其他意义。

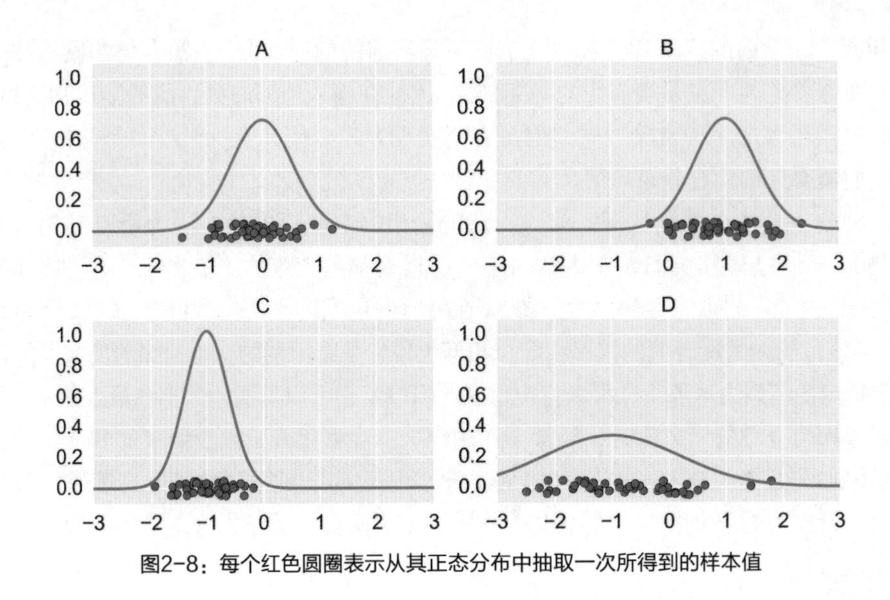

图2-8：每个红色圆圈表示从其正态分布中抽取一次所得到的样本值

除了平滑、凸起的区域，其他地方的正态分布几乎都接近0。尽管这些值在凸起的侧面无限接近0，但它们从未完全达到0，所以这个分布的宽度是无限的。在实践中，通常将任何非常接近0的值视为0，从而给出一个有限的分布。当人们讨论正态分布时，有时会使用一些其他的术语。随机变量从正态分布产生的值，有时被称为正态偏差或正态分布，这些值也符合或遵循正态分布。

每个正态分布由两个数字定义：平均值和标准差。平均值表示凸起中心的位置（横坐标）。图2-9显示了图2-7中的四个高斯函数，以及它们的平均值。正态分布具有一个特殊的性质：它的平均数也是它的中位数和众数。

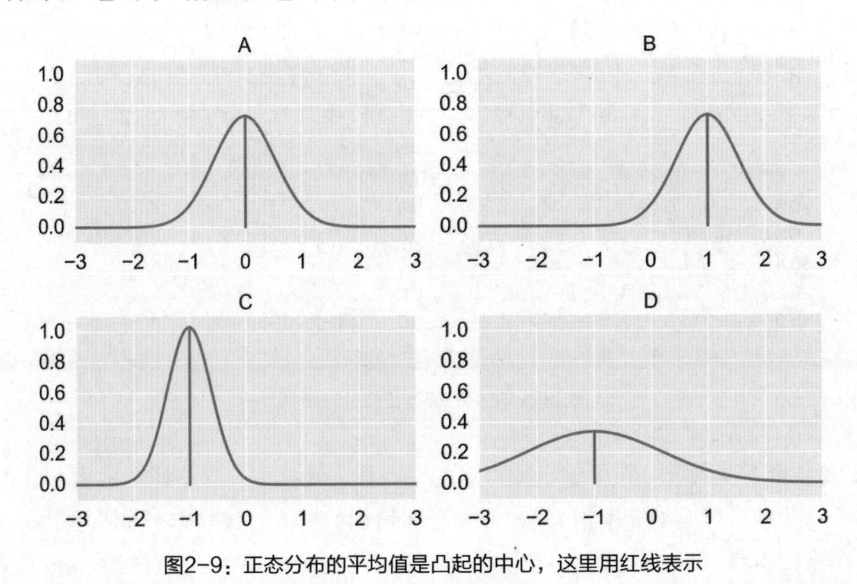

图2-9：正态分布的平均值是凸起的中心，这里用红线表示

标准差的值表示正态分布凸起的宽度，通常用小写希腊字母σ（sigma）表示。我们可以想象从凸起的中心开始，向外对称移动，直到包围了曲线下总面积的68%。从凸起中心到这些端点的距离称为该曲线的一个标准差。图2-10显示了四个高斯分布，其中，一个标准差内的区域用绿色阴影表示。

我们可以使用标准差来描述凸起的特征：标准差越小，意味着凸起的宽度越窄；随着标准差的增加，凸起变得更向水平展开。

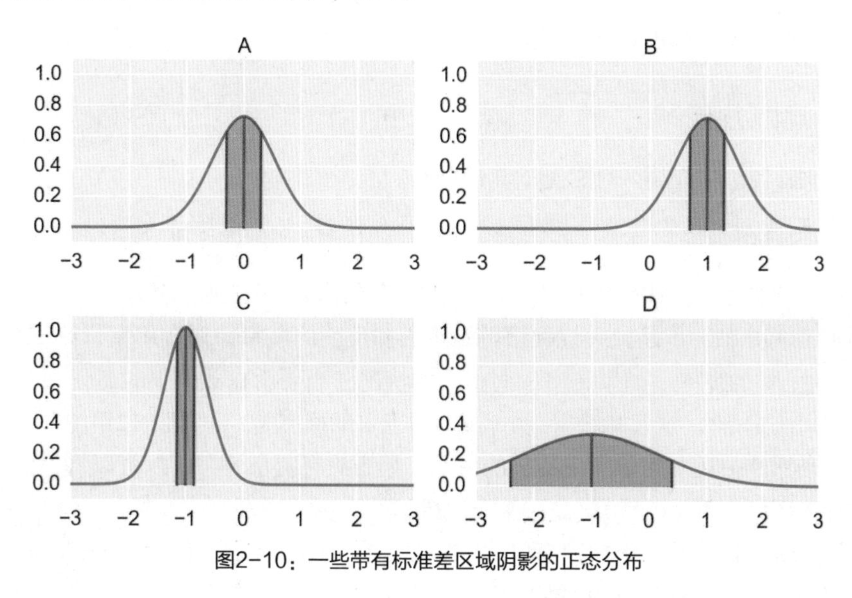


图2-10：一些带有标准差区域阴影的正态分布

如果我们以两倍的标准差（两倍的宽度）从中心向两边覆盖，可以覆盖大约95%的曲线下区域，如图2-11所示。如果再加一个标准差，可以在覆盖大约99.7%的曲线下区域，也如图2-11所示。这个特性有时被称为3σ法则，因为使用σ表示标准差。它有时还被称为68-95-99.7规则。

假设从一个正态分布中抽取1000个样本，我们发现其中大约680个与分布均值的偏差不超过一个标准差，或者说在-σ到σ的范围内；其中约950个偏差在两个标准差范围内，或者说在-2σ至2σ范围内；其中约997个偏差在-3σ至3σ范围内。

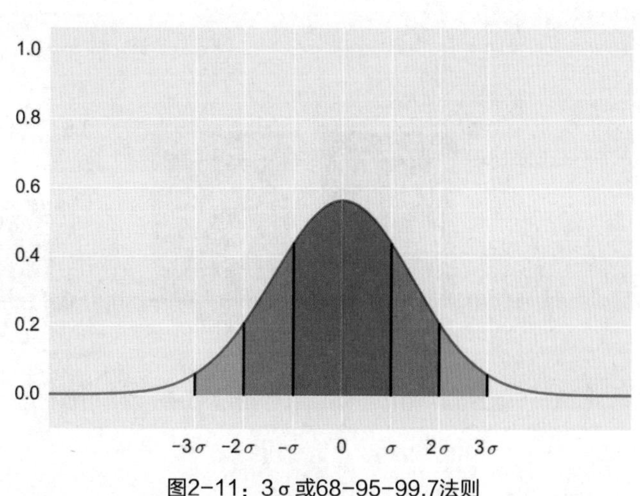


图2-11：3σ或68-95-99.7法则

总而言之，平均值表示曲线的中心在哪里，标准差则表明曲线是如何展开的。标准偏差越大，意味着68%的覆盖距离越远，曲线越宽。

有时候，为了更方便计算，我们可以用另一个相关的值来代替标准差，这个值叫作方差。方差是标准差与它本身的乘积（即标准差的平方）。方差有时在计算中更方便，而且，理解起来也是一样的：方差大的曲线比方差小的曲线更分散。

因为正态分布可以自然地描述了许多真实世界的观察，经常出现在机器学习等领域。如果我们测量某个地区成年马的身高、向日葵的大小或者果蝇的寿命，会发现这些数据分布都倾向于呈现正态分布的形态。

## 2.3.2 离散分布

接下来，我们来介绍两种常见的离散分布。

### （1）伯努利分布

伯努利分布是一种比较特殊又经常使用的离散分布，可能返回两个值：0或1。一个常见的伯努利分布例子是抛一枚硬币得到正面和反面的概率，通常用字母p来描述得到1（正面向上）的概率。如果忽略一些极端的情况，当硬币自然落下时，正面和反面的概率加起来一定是1。这意味着得到0（反面向上）的概率是1-p。图2-12用图形显示了抛一枚普通硬币和一枚非均匀硬币出现的情况。因为只有两个值，所以可以将伯努利分布绘制成柱形图，而不是连续分布的直线或曲线。

使用分布来描述抛硬币这种简单的事情似乎有些小题大做，但我们可以将这种思想用于基于分布输出随机数值的程序库中。给程序设定一个均匀分布后，高斯分布或者伯努利分布，会根据概率从这个分布中输出一个值。这可以简化我们的编程过程。

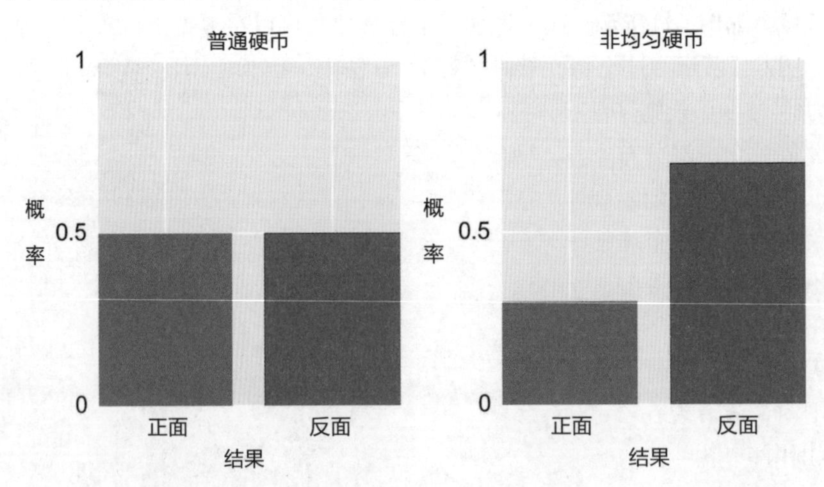


图2-12：伯努利分布表示0或1的概率。左：一枚普通硬币，右：一枚非均匀硬币

### （2）多元分布

伯努利分布只返回两个候选值中的一个。假设我们正在进行的实验会返回多种可能性中的一个，例如，不是掷一枚硬币得到正面或反面，而是掷出一个20面的骰子，它可以输出20个数值中的任何一个。

为了模拟出这个掷骰子的结果，随机变量可以返回一个从1到20的整数。通常情况下，有一个包含所有可能值的列表是必要的，其中除了真实输出的条目设置为1之外，所有条目的概率都设置为0。在构建机器学习系统并将输入分为不同类别时，这样的列表非常有用。例如，描述照片中出现的动物是10种类型中的哪一种。

我们假设有一张鳄鱼的照片，这是列表中的第五个条目。如果算法不确定图像是什么，可能会得到类似图2-13左侧的结果，其中有三种动物被认为是有可能的。我们希望系统产生右边的结果，即除了鳄鱼是1之外，其他条目都是0。这种从列表中表示选择单个条目的方式，是训练具有多个可能类别的分类器的关键步骤。这一思想将在第6章作为“交叉熵”概念的一部分来介绍。因为图2-13中的每个分布，都是由双结果伯努利分布推广到多个结果的，我们可以称之为“多分类伯努利分布”，但是通常情况下称之为多元分布（还有一个不太常用名称：范畴分布）。

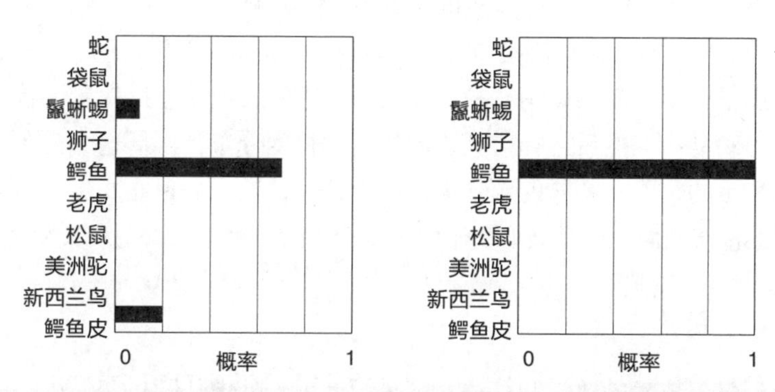


图2-13：左图为鳄鱼图片的可能概率预测，右：我们希望的概率预测

## 2.4 随机值的集合

我们已经了解了如何从分布中生成随机值。接下来将了解如何从基于分布的随机变量中抽取一个值，利用该分布的概率来了解哪些返回值被选中的可能性更大

当我们从一个或多个随机变量中抽取大量值时，有必要对随机变量集合进行特征化，这样就可以将该集合作为一个群体来研究。接下来，将介绍在机器学习中经常出现的三个概念。

### 2.4.1 期望值

假设我们从任意概率分布中选择一个值，然后选择另一个，再选择第三个……由此，建立了一个由被选中的值组成的集合。

如果这些值是数字，它们的平均值称为期望值。期望值对于算法应用来说是非常重要信息。举个简单的例子，假如需要介于–1和1之间的随机数，要求正负数值大致相等，我们只需要挑选期望值是0随机变量，就可以满足要求了。

请注意，期望值可能无法从分布中直接得出。例如，如果值1、3、5和7是随机变量中的候选值，并且它们具有相同的可能性，那么从该列表中得出的随机变量的期望值将是（1 + 3 + 5 + 7）/ 4 = 4，此时期望值是无法从分布中直接得到的。

### 2.4.2 依赖

到目前为止，我们提到的随机变量之间是完全独立的。当从某个分布中抽取一个值时，该值与以前是否抽取过其他值是无关的。每抽取一个随机变量，它都是全新的。

我们称这些为独立变量，因为它们不以任何方式相互依赖。这些是最容易处理的随机变量，因为不必考虑两个或更多随机变量之间的影响。

相对地，有独立变量就有依赖变量。依赖变量之间是相互依赖的，例如，假设有几种分布，是用来描述不同动物（狗、猫、仓鼠等）毛发长度的随机变量。首先从动物列表中随机挑选一种动物，然后选择与其匹配的毛发长度分布，再从这个分布中得出一个值来计算动物皮毛的价值。动物的选择不依赖于其他，是一个独立变量。但是毛发的长度取决于使用的分布，而该分布又取决于前一步选择的动物，所以毛发长度是依赖变量。

### 2.4.3 独立同分布变量

许多机器学习技术的数学和算法，都是设计用于处理从随机变量中提取的多个具有相同分布并且彼此独立的值。也就是说，我们一次又一次地从相同的分布中获取值，并且连续值之间没有相互联系。事实上，一些算法要求我们以这种方式生成随机值，而且当我们这样做的时候其他人工作的效果最佳。

这一要求非常普遍，因此，此类变量有一个特殊的名称：i.i.d.，代表独立同分布（首字母缩略词通常是小写的，且字母之间有句号）。例如，我们可以看到函数库的参数描述为：“确保连续输入为i.i.d.”

“同分布”这个词语只是“从相同分布中选择”的一种简洁表达方式。

## 2.5 采样与替换

在机器学习中，通过随机选择现有数据集的一些元素，从而利用原始数据集构建新数据集（这一方法，将在下一节寻找一组样本的平均值时介绍），新数据集的条目是从原始数据集中选择的。本节我们将介绍两种创建新数据集的方法。

## 2.5.1 替换采样法

替换采样法要求我们先为每个被选中的条目建立副本，再把它加到新数据集中，原始条目保持不变，如图2-14所示。替换采样法也称为SWR，我们可以把它想象成选中物品，然后复制一份，并且将复制品放回原处。

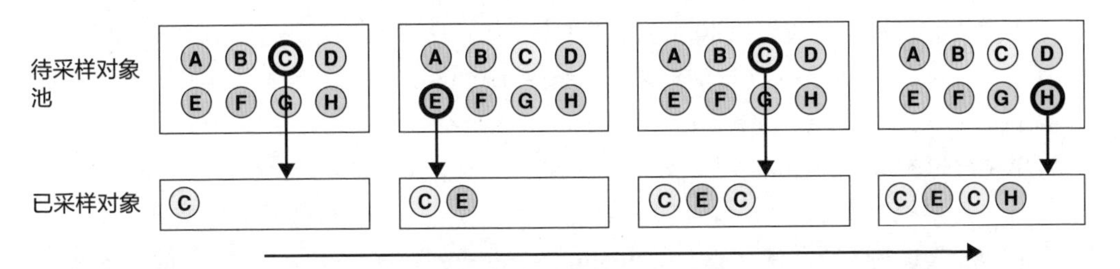


图2-14：替换采样

使用替换采样法，我们可以不止一次地选择同一个对象。在极端情况下，整个新数据集可能全是同一对象的多个副本。通过替换采样法，我们可以得到一个比原始数据集更小、更大或同样大小的新数据集。由于原始数据集从未改变，我们可以根据需要继续选择元素。

替换采样法的一个统计学含义是：采样是相互独立的。因为采样没有历史记录，所以现在的采样完全不受之前采样的影响，也不会影响未来的采样。请注意，图2-14的待采样对象池（或原始数据集）总是有8个对象，因此采样得到每个对象的概率是1/8。在图2-14中，首先采样了元素C。现在新数据集内部有元素C，但是在采样元素C之后我们已经将该元素的复制品放回池中。再次查看该池时，仍然存在8个对象，如果再次采样，每个对象仍然有八分之一的机会被选中。

在库存充足的咖啡店买咖啡，这是日常生活中类似替换采样法的例子。如果我们点了一杯香草拿铁后，它不会从菜单上被删除，而是继续给下一位顾客提供选择。

## 2.5.2 无替换采样法

另一种随机采样新数据集的方法是采样后从原始数据集中移除已采样对象，并将其放入新数据集中。没有副本并放回，所以每次采样原始数据集就会减少一个对象，如图2-15所示。这种方法被称为无替换采样或SWOR。

玩扑克牌等纸牌游戏是生活中常见的无替换采样的例子，我们每发一张牌，手上就少一张牌，在下一局重新开始之前都不能再发这张牌了。

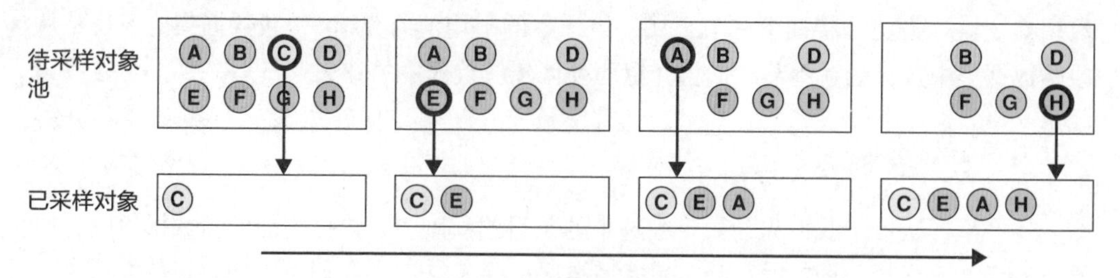


图2-15：无替换采样

下面我们比较一下无替换采样法与替换采样法这两种采样方法。首先，使用SWOR采样方法，因为被选择后该对象将从原始数据集中移除，对象不可以被多次采样。第二，新数据集的规模可以比原始数据集小，或者大小相同，但不会变得更大。第三，SWOR是有依赖的。在图2-15中，每个对象最初都有1/8的概率被选中。当选择C项时，它就从“待采样对象池”移至“已采样对象”区域。下一次采样时，“待采样对象池”只有7个对象可供选择，现在每个对象有1/7的概率被选中。因为竞争选择的对象减少了，这些对象中每一个被选择的概率都上升了。如果再采样一个对象，剩下的每个对象有1/6的概率被选中，以此类推。在采样了7个对象之后，最后一个对象100%会在下一次被选中。

假设我们想通过采样来创建一个比待采样对象池更小的新数据集。不管有没有替换的过程，都可以实现这一点，但是替换采样法比无替换采样法能产生更多的新集合。为了证明这一点，假设待采样对象池中只有3个对象（我们称它们为A、B和C），并且想要得到包含两个对象的新集合。无替换采样法只能给我们3种新集合：（A,B）、（A,C）和（B,C）。替换采样法还可以给出另外三个，它们是（A,A）、（B,B）和（C,C）。一般来说，替换采样法总是能为我们提供更多的新集合。

## 2.6 自采样法

下面我们将对替换采样法和无替换采样法算法的实际应用进行介绍。

有时我们想知道实际生活中一些超大规模数据集的统计数据，例如现在世界上所有人的平均身高。通过逐个测量每个人的身高来计算平均值是不现实的，我们通常会通过提取数据集的代表性部分，然后测量这部分数据集来解决这类问题。我们可以抽取几千人来测量身高，并希望这些测量值的平均值接近真正去测量世界上每个人的身高得到的平均值。

我们将世界上的所有人当作原始数据集。由于原始数据集规模太过庞大，我们需要从原始数据集中抽取一些有代表性的样本，来组成具有统计可行性（适当规模）的新数据集，并将这个较小的数据集称为样本集。我们使用无替换采样法构建这个样本集，因此每次从原始数据集中选择一个值（即一个人的身高），它就会从原始数据集中移除并放入样本集中，并且不能再次被选择。

为了让样本集能够更好地体现我们想要计算的统计值，需要挑选合适的采样方式构建样本集。图2-16显示了由21个数字组成的原始数据集，样本集包含来自原始数据集的12个元素。

现在，我们来计算样本集的平均值，并将其当作原始数据集平均值的估计值。在这个例子中，可以计算得出原始数据集的平均值大约是4.3，样本集的平均值大约为3.8。虽然估计值不是那么准，但也没有错得很离谱。

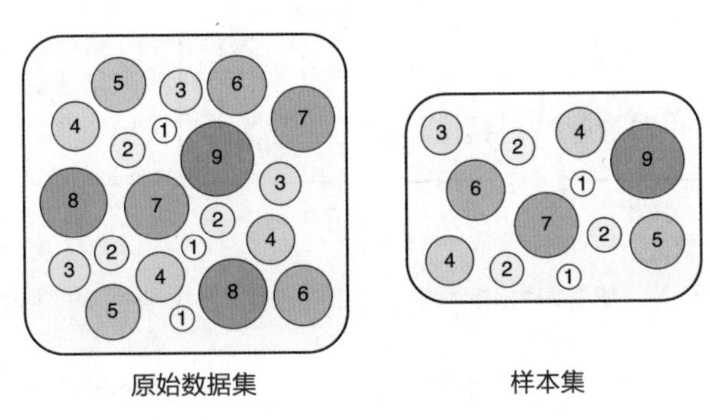


图2-16：通过无替换采样从原始数据集中创建样本集

大多数情况下，我们无法直接计算原始数据集的平均值（这就是构建样本集的原因）。通过计算样本集的平均值，我们得出了一个原始数据集平均值的近似值，但是它的准确性如何呢？是否能够对原始数据集做出准确的估计？估计值的可信程度怎么样？这很难回答。用置信区间来评价采样结果会使这个问题变得简单一些，下面我们以“有98%的把握说原始数据集的平均值在3.1到4.5之间”的声明，来对置信区间作一个介绍。为了做出这样的声明，我们需要知道置信区间范围的上限和下限（这里是3.1和4.5），并且用一个值表示平均值在该范围内的置信度（这里是98%）。通常情况下，我们会为当前的任务选择合适的置信区间，并从中找到相应范围的上限值和下限值。

为了能够对平均值或其他需要的统计指标做出这种声明，我们可以借助自采样法（埃夫隆与蒂施莱尼 1993，特克诺莫 2015）。自采样法涉及两个基本步骤，第一步是使用无替换采样法从原始数据集中创建一个样本集，如图2-16所示。第二步是通过替换采样法对样本集进行重采样，以产生多个新的样本集。这些新集合中的每一个都被称为自采样样本。自采样样本是置信区间的关键。

为了创建一个自采样样本，我们首先要决定从起始样本集中挑选多少元素。虽然可以选择集合中任意数量的元素，不过我们一般会选择较少量的元素。一旦确定了元素数量，我们就使用替换采样法从起始样本集中随机抽取出这么多元素，其间可能会多次选择同一个元素。该过程如图2-17所示。

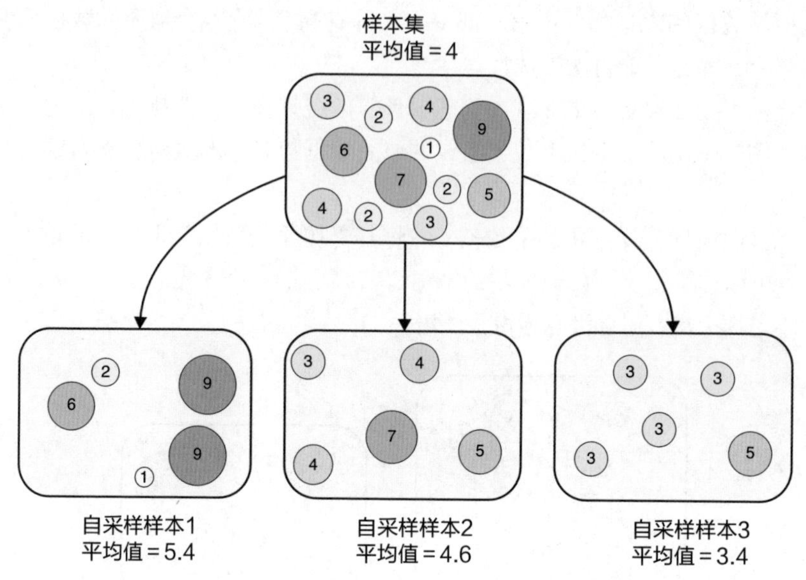


图2-17：使用替换采样法创建三个自采样样本并找到他们的平均值

我们来回顾一下整个过程。从原始数据集开始，我们通过无替换采样法形成一个样本集。随后，使用替换采样法对该样本集进行自采样。注意，因为我们可能会选择构建与样本集大小相同的自采样样本，最后一步需要使用替换采样法。在图2-17的例子中，我们希望包含12个值。如果不使用替换采样法，每个自采样样本都将与样本集相同。

如果我们真的希望计算世界上所有人的平均身高，那么所需要的样本将远超21个测量值。为了方便，我们扩大样本数量，并且缩小年龄差距，将关注点放在两个月大的婴儿身长上面。根据经验得知，两个月大的婴儿身长约为500毫米，因此我们创建了一个包含5000个元素、取值范围在0～1000毫米（1米大约为3.2英尺）、平均值为500毫米的模拟数据集。从这个数据集中随机抽取500个值来创建一个样本集，然后创建1000个自采样样本，每个自采样样本有20个元素，接下来我们计算每个自采样样本的平均值。图2-18表示了将0到1000的范围划分成100个区间，每个区间包含的自采样样本（的平均值）的数量（几乎没有低于200或高于800的平均值）。几乎每次这个过程都形成这种近似钟形曲线的形式，因为其本身的性质决定了自采样样本的平均值会非常接近原始数据集的平均值。当然也有少数自采样样本的平均值距整体平均值较远。

从图2-18我们可以知道，模拟数据集的平均值是500，接近样本集的平均值，约为490。自采样的目的是帮助我们确定应该信任490这个值的程度。在不深入研究数学公式的情况下，自采样样本平均值的近似钟形曲线告诉了我们答案。假设我们想找到80%置信度的整体平均值区间，只需要去除10%平均值最低和最高的自采样值，得到剩下中间的80%（布朗利，2017）。图2-19根据这一思想显示了一个矩形框，80%置信度对应的置信区间包含真实平均值500。从图表上看，现在可以说“我们有80%地把握整体数据集的平均值在410到560之间。”

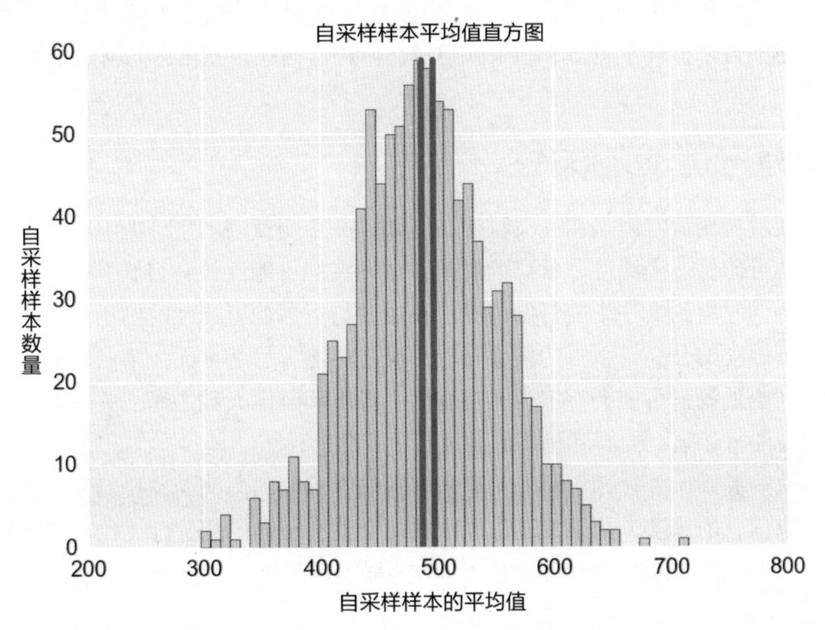


图2-18：直方图显示了平均值属于区间内的自采样样本个数，其中值大约为490的蓝色条是样本集的平均值，值大约为500的红条是模拟数据集的平均值

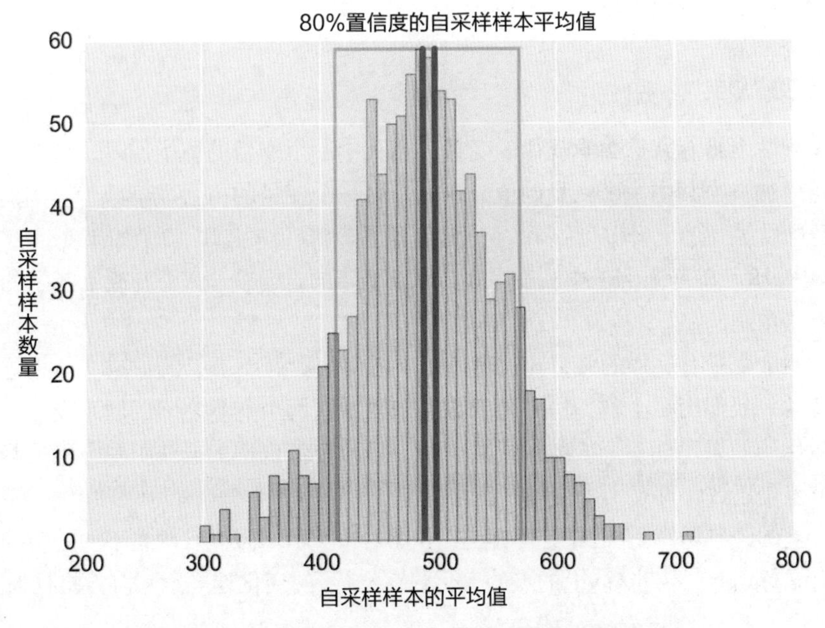


图2-19：我们有80%的把握认为人口的平均值在矩形框之内

自采样法之所以有吸引力，是因为我们可以使用非常小型的自采样样本，每个自采样样本可能只有10个或20个元素，即使整体数据集有百万量级。因为每个自采样样本都很小，所以构建和处理通常很快。为了弥补它们体积小的缺点，经常构建数千个自采样样本，构建的自采样样本越多，结果就越像高斯钟形曲线，置信区间就越精确。

## 2.7 协方差和相关性

有时变量与变量之间是相互关联的，例如，一个变量表示室外的温度，另一个变量表示下雪的可能性。当温度非常高的时候，会下雪的可能性就会很低，所以了解了其中一个变量会同时得到另一个变量的情况。在温度与下雪的可能性的例子中，它们关系是负的：随着温度的升高，下雪的概率降低，反之亦然。另一方面，第二个变量又可能告诉我们，在当地湖里可能会有多少人在游泳。温度和游泳人数之间的关系是正相关的，因为在温暖的日子里，能看到更多的游泳者，反之亦然。

找到这些关系，并计算它们的关联强度是非常重要的。例如，我们要设计一种从数据集中提取信息的算法，如果发现数据中的两个值有很强的相关性（比如温度和下雪的几率），也许可以从数据中删除其中一个。这样可以提高训练速度，甚至可以提升训练精度。

在本节中，将介绍一种来自数学方面的协方差的统计指标，来表示一些关联的强度。此外，我们还会认识一种叫作相关系数的变体。比起协方差，相关系数通常更有用，因为它不依赖于相关数字的大小。

### 2.7.1 协方差

假设有两个具有特殊数学规律的变量，当其中一个变量的值增加时，另一个变量的值会成倍增加；当其中一个变量的值减少时，另一个变量的值会成倍减少。例如，假设变量A上升3，变量B上升6。后来，变量B上升了4，变量A上升了2。如果变量A减少4，则变量B减少8。在这个例子中，变量B上升或下降的量是变量A上升或下降量的两倍，所以固定倍数是2。

如果两个变量有这样的关系（这里适用于任何倍数，而不仅仅是2），就说这两个变量是协变的。我们用一个称为协方差的数字来衡量这两个变量之间的联系强度，或者它们的一致性。如果发现一个值增加或减少时，另一个值也增加或减少一个可预测的量，那么协方差是正数，即这两个变量是正协方差。

协方差的经典示意是在2D空间画点，如图2-20所示。假设有两组不同的协变点，每个点都有坐标x和y，当坐标y上的点的变化跟踪坐标x的变化越一致，协方差越强。

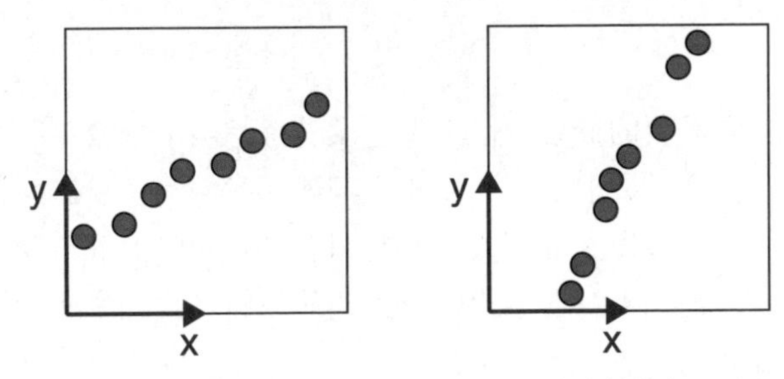


图2-20：每个图显示了一组具有正协方差的点

在图2-20的左侧的图中，每两个水平相邻点之间的y变化大致相同，这是正协方差。在右侧的图中，y的变化在每对水平相邻点之间的数值差稍大，表明正协方差较弱。通过一个非常强的正协方差可以得知这两个变量一起移动，每次其中一个变量变化时，另一个变量会改变一致的、可预测的量。

如果一个值随着另一个值的增加而减少，说明变量具有负协方差。图2-21显示了两组不同的负协变点。

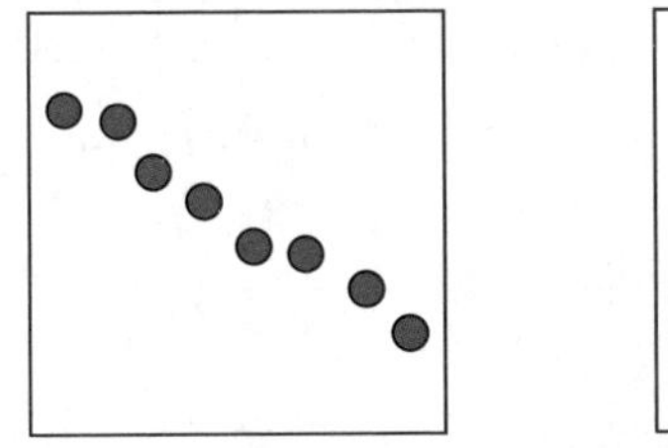
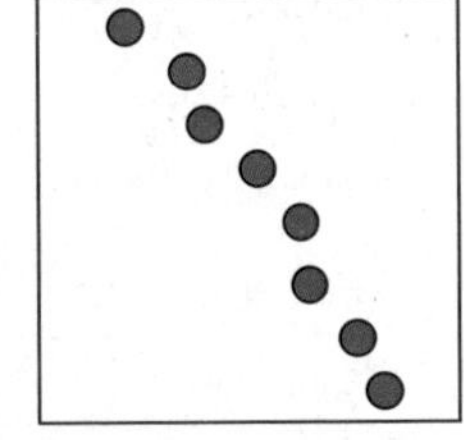

图2-21：每个图显示了一组具有负协方差的点

如果两个变量没有这种一致匹配的运动，那么协方差为零，如图2-22所示。

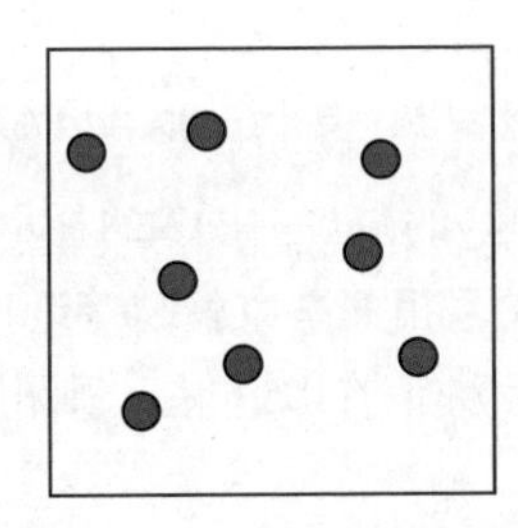
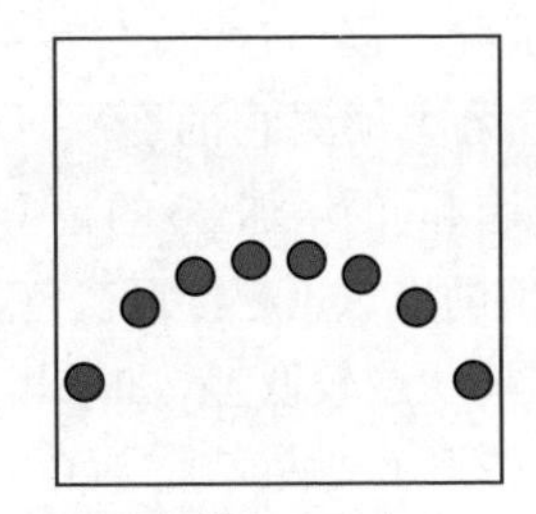

图2-22：每个图显示了一组具有零协方差的点

协方差常用来捕捉变量之间的固定跟随变化关系。图2-22右边的图表显示，数据之间有清晰的规律（这里的点形成了一个圆的一部分），但是协方差仍然为零，因为他们之间的协变关系是不一致的。

### 2.7.2 相关性

协方差是一个非常重要的概念，但由于它没有考虑两个变量单位之间的关系，这使得我们很难比较不同协方差数值之间的强弱。例如，我们测量了影响吉他音质的多个变量：木材的厚度、琴颈的长度、音符共鸣的时间、琴弦的张力等。我们可以计算这些不同变量之间的协方差，但是无法通过比较协方差的数值来找到哪些变量具有最强和最弱的协变关系（每个变量对于吉他音质的协变程度）。计量单位很重要：如果以厘米为单位计算一对测量值的协方差，再以英寸为单位计算另一对测量值的协方差，我们就不能通过比较这些值，来判断哪一对的协变程度更强。

协方差的正负号表示：正值表示正相关，负值表示负相关，零表示无相关。只有正负是不够的，尤其在我们想要比较不同的变量，找出有用的信息（比如哪些变量正相关最强，哪些变量负相关最弱），然后使用这些信息来修剪数据集的大小时。例如，为了移除一个或多个强相关对中的一些值。

为了能够进行上述比较，我们可以使用另一个概念，叫作相关系数，或者理解成相关关系。这个概念以协方差为基础，但包括一个额外的计算步骤。计算的结果是一个不依赖于变量的计量单位的数字。我们可以将相关系数视为协方差的标准版本，因为计算它总是得到一个介于-1和1之间的值。值为1，表示有完美的正相关性；而值为-1，则表示有完美的负相关性。

完美的正相关很容易被发现：所有的点都沿着一条从东北向西南移动的直线排列，如图2-23所示。

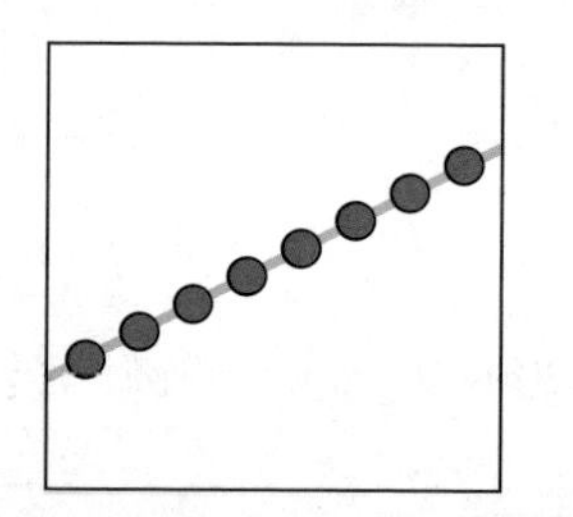
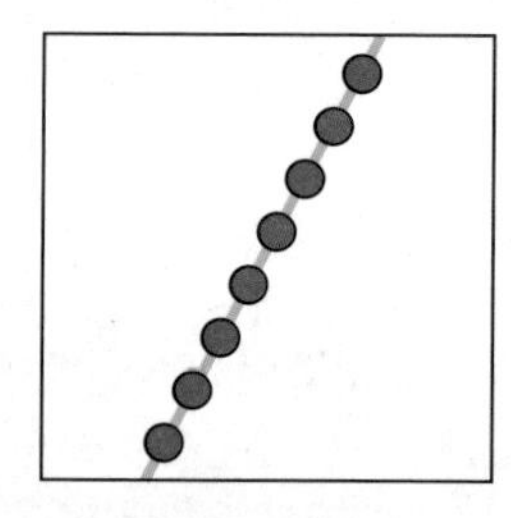

图2-23：完全正相关或相关系数为+1的示意图

我们如何理解点与点之间的相关系数介于0和1之间？这是一个y值继续随着x值增加的情况，因为这个比例不是固定的值，无法预测它的变化，但已知x的增加引起y的增加，x的减少引起y的减少。图2-24显示了相关系数在0和1之间的一些正相关值的点，点越接近蓝色直线，相关系数就越接近1。如果相关系数值接近0，则相关性较弱（或较低）；如果相关系数值在0.5左右，则相关性中等；如果该值接近1，则相关性较强（或较高）。

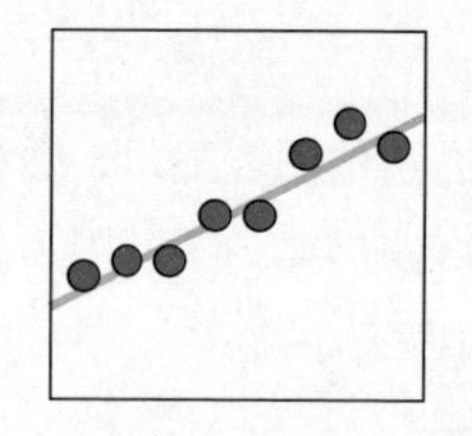
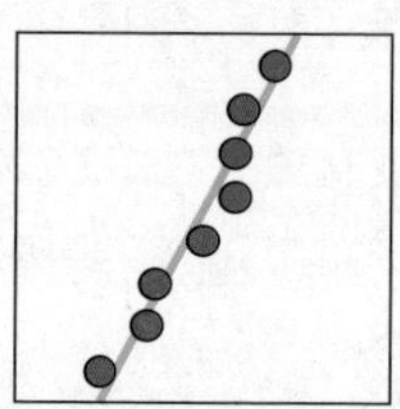
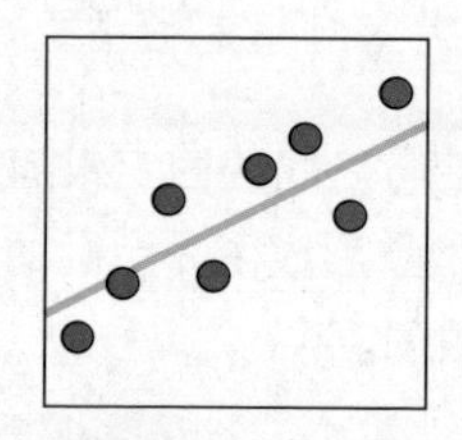
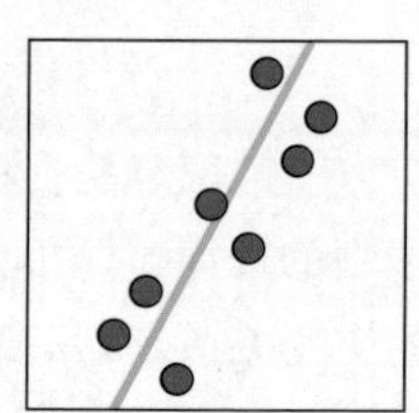

图2-24：从左到右为相关系数递减的正相关示例

下面我们讨论相关值为0的情况。0相关性意味着一个变量的变化和另一个变量的变化之间没有关系，无法预测会发生什么。回想一下，相关系数只是协方差的标准版本，所以当协方差为零时，相关系数也为零。图2-25显示了一些零相关的数据。

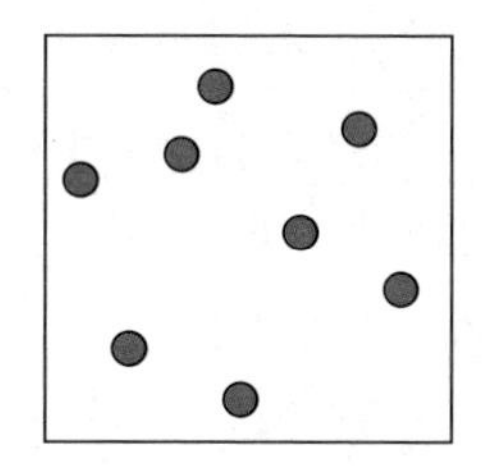 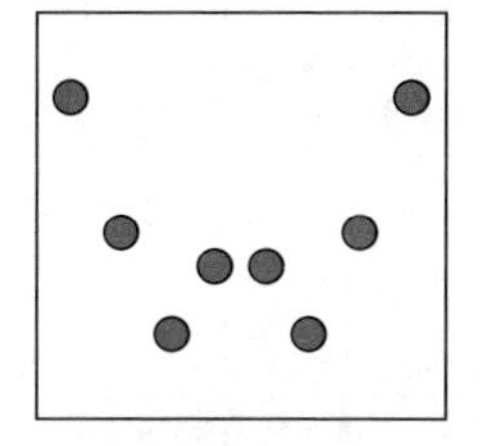

图2-25：这些数据没有相关性

负相关和正相关一样，只是变量向相反的方向移动：x增加，y减少，如图2-26所示。就像正相关一样，如果该值接近零，则相关性较弱（或较低）；如果该值在-0.5左右，则相关性中等；如果在-1附近，则相关性较强（或较高）。

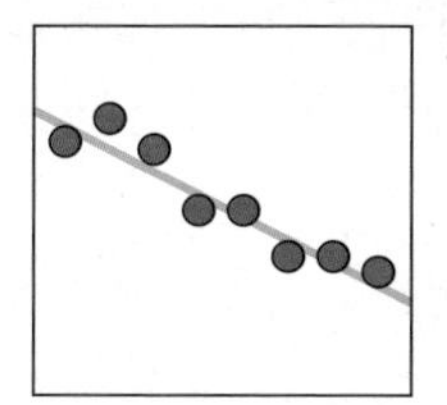 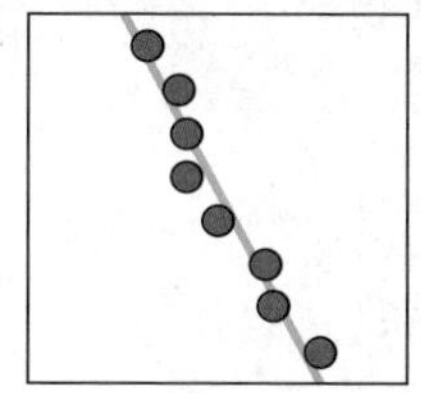 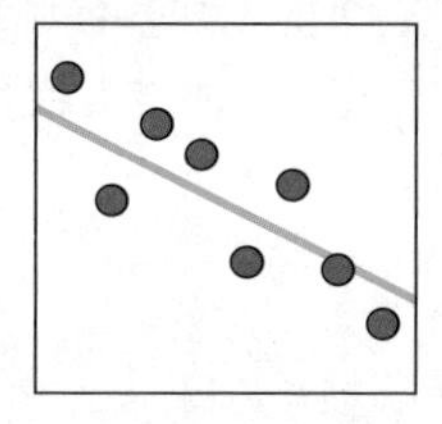 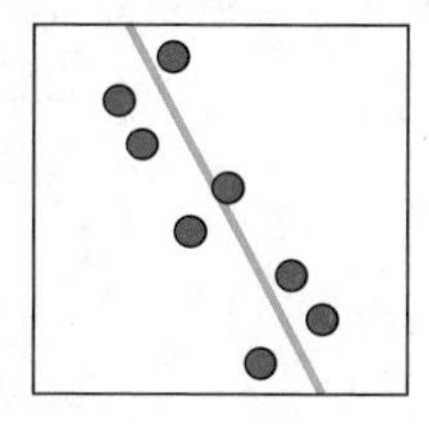

图2-26：从左到右为相关系数递减的负相关示例

图2-27显示了完美的负相关，即相关性为-1的相关。

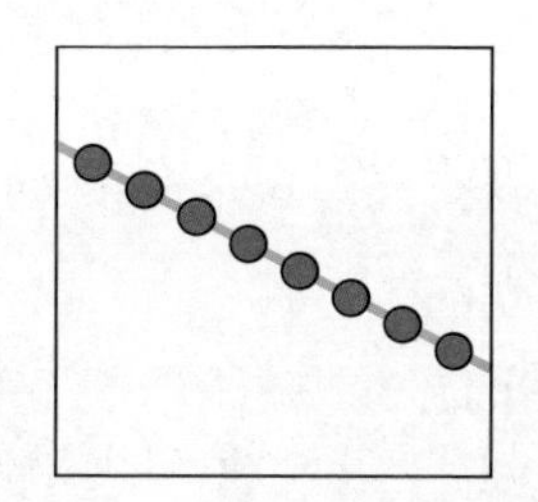 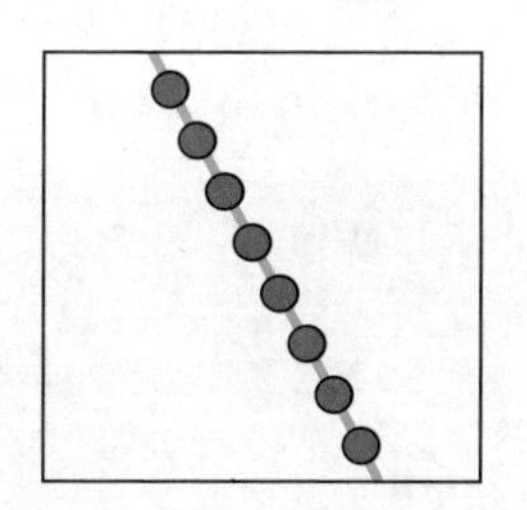

图2-27：这些模式具有完美的负相关性，或者相关性为-1

还有一些比较常用的术语，下面我们简单介绍一下。前面对两个变量的讨论通常被称为简单相关。然而，我们还可以找到更多变量之间的关系，这被称为多重相关性。如果有一堆变量，但只研究其中两个变量如何相互影响，则称为偏相关。

当两个变量具有完美的正相关或负相关（即+1和-1的值）时，说明变量是线性相关的，即点位于一条线上。由任何其他相关值描述的变量，则被称为非线性相关。图2-28总结了不同线性相关值的情况。

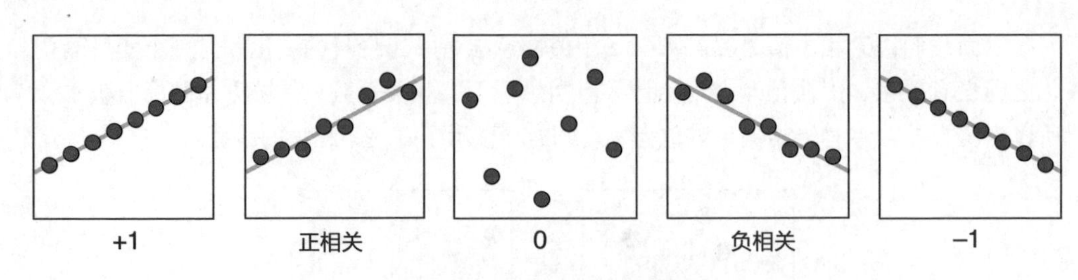


图2-28：不同线性相关值示例

## 2.8 统计数据的局限性

我们在本章中讨论了统计数据中有很多关于一组数据的信息，但是不应该认为统计数据包含数据所有的信息。一个著名的被统计数据愚弄的例子是由四组不同的2维点组成，这些集合看起来一点也不像，但是它们都有相同的均值、方差、相关性和直线拟合。这些数据以构造它们的数学家命名（安斯科姆 1973），被称为安斯科姆四重奏。这四个数据集的值可以在网上获得（维基百科2017a）。

图2-29显示了这个四重奏中的四个数据集，以及最拟合每个数据集的直线。

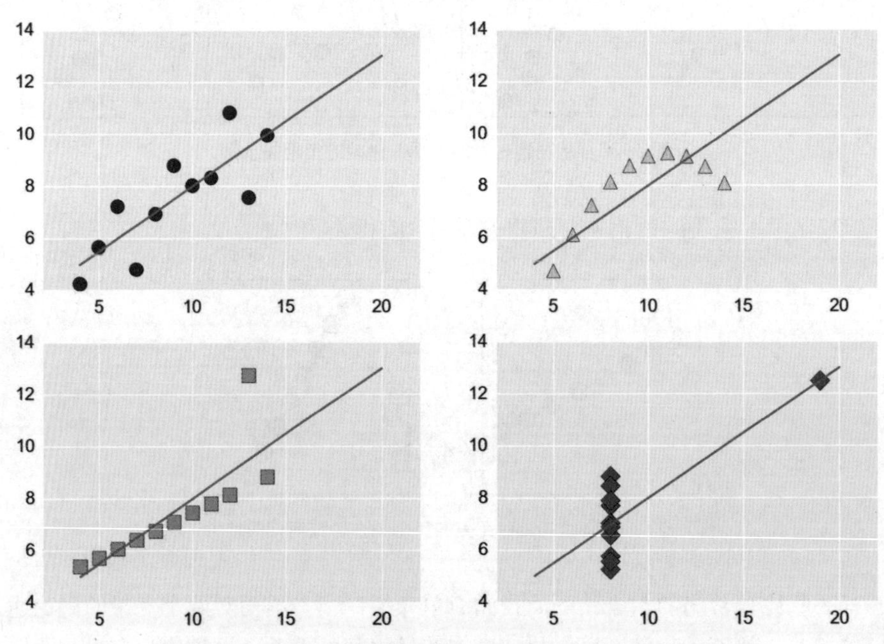


图2-29：安斯科姆四重奏中的四个数据集和最拟合它们的直线

这四组不同数据的惊人之处在于，它们有许多相同的统计数据。每个数据集中x值的平均值为9.0，每个数据集中y值的平均值为7.5；每组x值的标准偏差为3.16，每组y值的标准偏差为1.94；每个数据集中x和y之间的相关性为0.82。并且通过每个数据集的最佳直线的Y轴截距为3，斜率为0.5。

换句话说，这7个统计量对于四组点都具有相同的值（当计算别的统计值时，可能会发现不同）。如果只看统计数据，会发现这四个数据集是相同的。

图2-30叠加了所有四组点及其最佳直线近似值。因为四条直线都是一样的，所以在图中只看到一条。

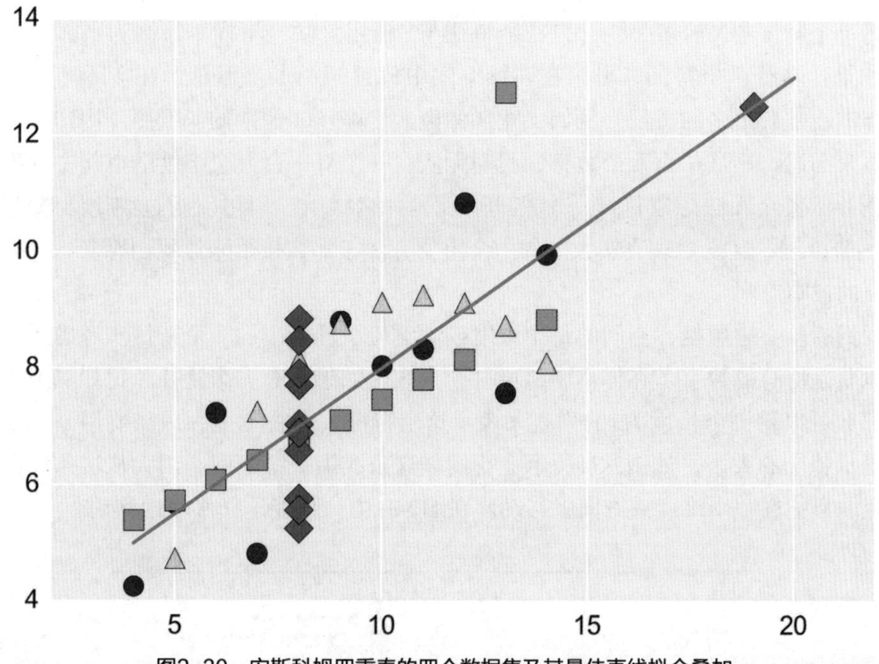


图2-30：安斯科姆四重奏的四个数据集及其最佳直线拟合叠加

这四组数据虽然特殊，但并不少见。实际上我们可以任意制造具有相同（或接近相同）统计数据的不同数据集（马特卡 2017）。这表明我们不应该假设有限的统计数据能代表一组数据的全部特征。

当我们处理一组新数据时，花时间去分析它总是值得的，比如统计计算，分析过程也可以包含绘图和其他可视化方法。一般来说，分析过程越细致，就越能更好地设计算法来学习和训练这些数据。

## 2.9 高维空间

让我们再来聊一个关于数字的论题。这个论题更多的是一个概念，而不是一个统计工具，但它影响了我们在进行统计、机器学习或几乎任何其他大型数据集时对数据的看法。

在机器学习中，我们经常将许多数字捆绑成一个样本或一段数据。例如，通过重量、颜色和大小来描述一个水果，每个数字都是样本的一个特征。照片可以被描述为一个样本，它的特征是描述每个像素颜色的数字。

我们经常将每个样本比作某个巨大空间中的一个点。如果样本有两个特征，可以通过将一个特征与X轴相关联，另一个特征与Y轴相关联，将样本绘制为平面上的一个点；如果样本有三个特征，可以在三维空间中放置一个点。但是，在实际的现实世界中，样本通常有更多的特征。例如，宽1000像素、高1000像素的灰度照片用1000 × 1000像素值来描述。这是一百万个数字，我们无法在一个有一百万个维度的空间中画出一个点的图片，甚至无法想象这样一个空间可能是什么样子。但可以通过类比熟悉的2D和3D空间来推理，这是处理真实数据的一个重要方法。那么接下来让我们感受一下拥有大量特征的样本空间。

我们的核心思想是，空间的每个维度或轴对应于样本中的一个特征。考虑所有的特征（也就是所有的数字）在样本中组成一个列表。如果只有一个特征（比如温度）的数据，那么可以用一个长度为1的列表来表示这个特征。在视觉上，只需要用一条线的长度来显示特征的大小，如图2-31所示。我们称这条线为一维空间，因为从这条线上的任何一点，只能在一个维度或方向上移动。在图2-31中，只能选择水平地移动。

图2-31：一个具有单一值的数据只需要一个轴或维度来表示它的值。左图为X轴，右图为一些数据由任一点代表X轴或不同长度的线段

如果一个样本中有两个值，比如温度和风速，这就需要两个维度来表示，每个维度一个分量，则需要一个长度为2的列表、如图2-32所示。通常使用两个互相垂直的坐标轴来表示，点的位置是通过沿X轴移动第一个测量给定的量，然后沿Y轴移动第二个测量给定的量来给出的，说明这是一个二维空间。

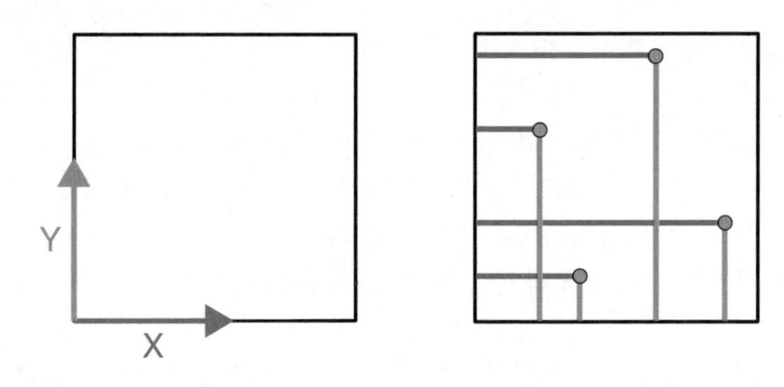


图2-32：如果样本有两个值，我们需要两个维度或轴来绘制数据

如果样本中有三个值，那么需要使用长度为3的列表。同样的，在要绘制的空间中，每个值都有一个对应的维度。这三个维度可以用三个轴来表示，我们称之为三维空间，如图2-33所示。

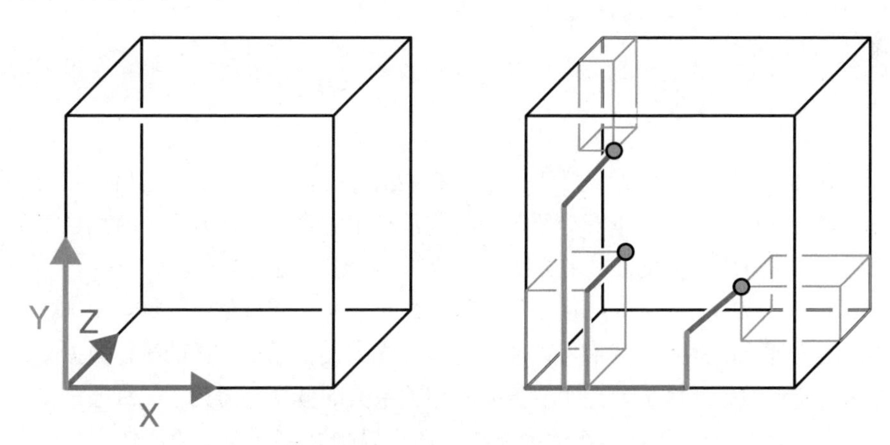


图2-33：当每条数据有三个值时，我们需要三个维度或轴来绘制它

如果样本有四个维度的数据呢？尽管我们做出了一些勇敢的尝试，但没有找到合适的方法来绘制四维空间，尤其是在二维平面上（班乔夫 1990，诺顿 2014，登博斯 2020）。数据一旦达到五个、十个或一百万个维度，想要绘制在一张二维平面上，几乎是徒劳的。

这些高维空间看似深奥而罕见，但实际上我们每天都能看到。正如前文所说的一张1000像素的灰度图片有一百万个值，相当于1,000,000个维度。同样大小的彩色图片有3,000,000个值，所以它是3,000,000维空间中的一个点。我们不可能在二维平面上展示这么多维度的数据，甚至无法在脑海中描绘。然而，机器学习算法可以像处理二维或三维空间一样轻松地处理这样的空间。数学和算法不在乎有多少个维度。

这一切的关键是，每条数据都可以作为某个巨大空间中的一个点进行表示。就像一个二维（2D）点用两个数字表示它在平面上的位置一样，一个750,000维的点用750,000个数字表示它在那个巨大空间中的位置。根据空间的名称就可以知道它们具体描述了什么，所以图像是由空间中的点来表示的。我们把有很多维度的空间称为“高维空间”。对于这个词是何时开始兴起的，目前没有统一的说法，但是我们经常用它来表示空间超过可以画出的三维空间。当然，对于大多数人来说，几十或几百个维度就够高了。

本书中使用的算法的最大优势之一是，它们可以处理任何维数的数据，甚至数百万。当涉及高维度的数据时，计算需要更多的时间。但理论上，可以像处理二维数据一样处理2000维的数据（通常会根据需要处理的数据维度来调整算法和数据结构）。

我们在进行统计或机器学习时，经常需要处理抽象高维空间中的点的数据。与其讨论数学公式，不如对刚刚提到的想法进行直观概括，把空间想象成直线、正方形和立方体，其中每条数据由某个巨大的抽象空间中的一个点来表示，每个方向或维度对应样本中的一个值。不过，我们需要小心，不要过于依赖自己的直觉。在第7章中，将看到高维空间的行为并不总是像我们习惯的二维和三维空间。

## 2.10 本章总结

在进行机器学习时，我们经常需要描述数字集合的特征，而统计学恰恰致力于寻找描述此类集合的有效方法。本章介绍了一些非常有用的基本统计知识，我们了解到，分布是简化机器学习中需要的参数的方法，并介绍了一些常见的分布。

在本章中，我们学习了如何使用替换采样或无替换采样从整体数据集中选择元素，从而给出不同种类的集合。我们可以使用许多这样的集合或自采样的统计数据来估计整体数据集的统计数据。我们研究了协方差和相关系数的概念，得到了一种通过测量一个变量的变化预测另一个变量的变化的方法。还可以把数字列表想象成任意维度空间中的点。

在下一章中，我们将接触概率的概念，还将了解什么是随机事件、尝试描述事件发生的可能性，以及一个事件被另一个事件影响或与另一个事件同时发生的可能性。我们将看到如何严谨地计算一些指标，如预测的精确度，以及为什么会得出错误的结论。当然，我们也会学习如何避免得出错误的结论。

# 第3章

# 性能度量

当我们使用算法来对数据进行预测、分类或应用其他分析模型时，还需要一些方法来评价算法的工作效果。因此，我们需要设计一些性能指标，来清晰地描述算法在哪些方面做得不错，更重要的是当算法得出错误答案时，能够描述这些错误的原因。这些指标是评价算法结果的重要参数。

我们通常基于概率来设计评价指标，这就是为什么这些指标可以评价出我们得到每种结果的可能性分别有多大。在本章中，先从介绍简单的概率知识开始，这里我们只关注最核心的内容。然后应用概率的思想来构建我们的性能指标（杰恩斯 2003，华保利等人 2011，库宁等人 2020）。

# 3.1 不同类型的概率

概率有很多种，本节我们只讨论其中比较核心的部分，首先从一个例子开始。

## 3.1.1 投掷飞镖

投掷飞镖是讨论基本概率的经典案例。这个过程是：在一个房间里，我们手拿着一堆飞镖，面对着一面墙。墙上没有挂靶子，但被粉刷成了不同颜色和大小的色块。我们随意向墙壁投掷飞镖，并记录每一个飞镖落在哪个彩色区域（背景也算作一个区域），如图3-1所示。

图3-1：向粉刷了不同颜色油漆块的墙壁投掷飞镖

假设飞镖总会击中墙壁的某处（而不是击中地板或天花板），所以每个飞镖击中墙壁某处的概率都是100%。我们可以使用浮点数（实数）或百分比来表示概率，因此，1.0的概率可以表示成100%，0.75的概率可以表示成75%，以此类推。

下面我们来详细地观察掷飞镖的场景。在正常情况下，飞镖被投掷出之后，更有可能击中墙的正中间区域，而不是击中边角处。但是，为了便于讨论，我们假设飞镖击中墙上任何一点的概率都是一样的。也就是说，墙上的每个点被飞镖击中的几率都是一样的。使用第2章的语言，还可以说，击中墙上任何一定点的概率是由均匀分布的。

接下来，我们将着重讨论不同区域之间的差异，以及击中每一个区域的机会，其中背景算作一个区域（在图3-1中，它是白色区域）。

图3-2显示了墙上的一个红色方块。当我们投掷飞镖时，100%会击中墙壁的某处，即概率为1。

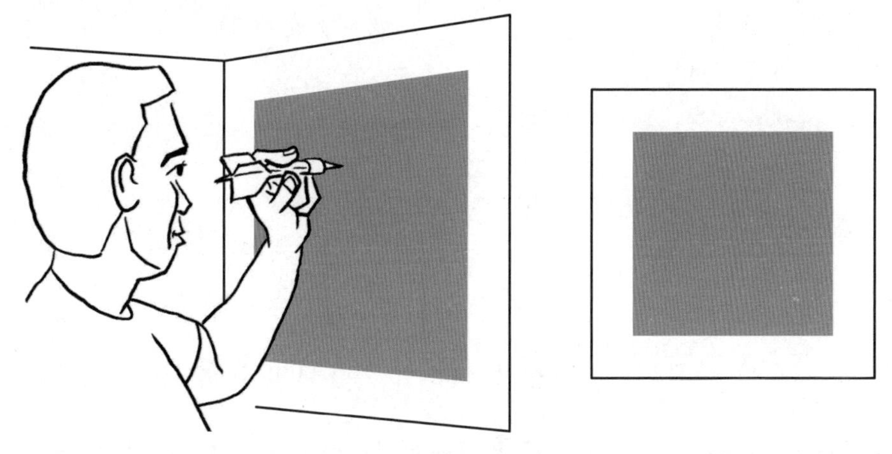

图3-2：假设投掷的飞镖100%会击中墙壁的某处，击中红色正方形区域的可能性有多大

在图3-2中，我们想知道飞镖击中红色正方形区域的概率有多大？假设已知这个图中红色正方形占据了墙总面积的一半，又因为墙上的每一个点都有相等的被击中的可能性。所以投掷飞镖时，飞镖有50%的机会或者说0.5的概率会击中红色区域。概率在这里是面积的比率，正方形面积越大，包围的点就越多，飞镖越有可能击中正方形区域。

我们可以用一张等比例缩小的小图来进行说明。图3-3显示了正方形相对于墙壁的面积比例，上下两个图形（红色区域和整面墙）组成了一个“分数”，从视觉上我们能够更直观地感受它们的相对面积大小。可以看到，红色方块的面积是白色方块面积的一半。当面积比较大时，我们通常会按比例进行缩小，以便生成的图形更适合展示。这对结果没有丝毫影响，因为面积比例不会变。我们描述这些图形的面积比例，是为了说明一个图形与另一个图形的相对面积。

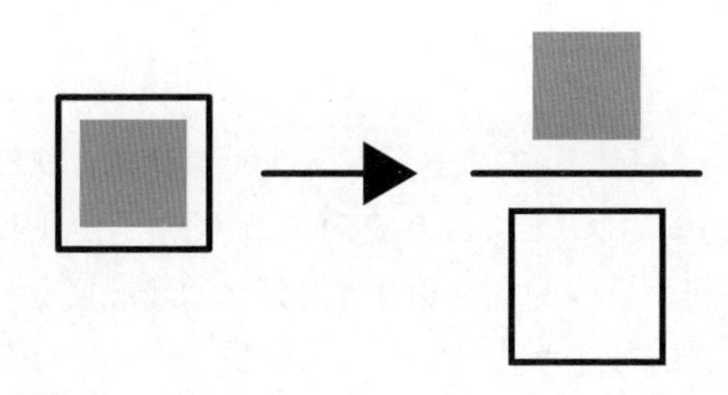

图3-3：等比例缩小并以“分数”的形式展示图3-2红色正方形面积与墙壁面积之比

### 3.1.2 简单概率

在谈论某件事发生的概率时，这里的“某件事”我们可以称之为“事件”。我们经常用大写字母来指代“事件”，比如A、B、C等。“事件A发生的概率”简单来说就是指A发生的概率。为了节省一些篇幅，当我们描述“事件A发生的概率”，或者“A发生的概率”时，通常简写作P(A)［有些作者用小写的p，即写作p(A)］。

假设A是飞镖击中图3-2中红色方块的事件。按照上面的约定，我们可以在图3-4中用一个比率来表示P(A)。

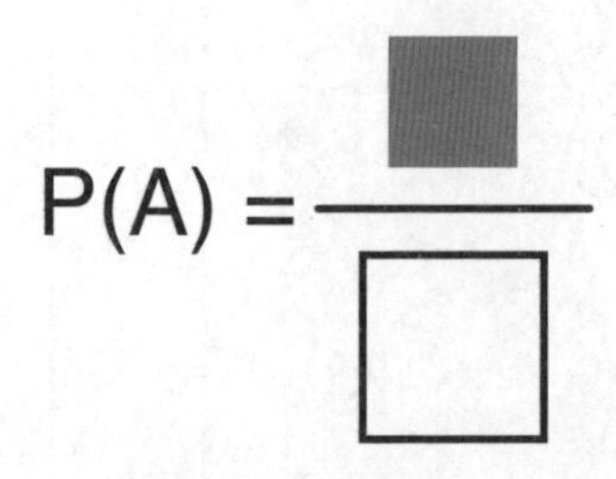


图3-4：图3-3中飞镖击中红色正方形是事件A，其发生概率称为P(A)

这里的P(A)是红色正方形的面积除以墙的面积，所以P(A)是1/2。这是投掷飞镖时，击中红色正方形而不是墙的其余部分的概率。我们称P(A)为简单概率。

### 3.1.3 条件概率

关于两个事件发生的概率，在这两个事件中的任何一个都可能发生，或者两个都发生，也可能都不发生。

例如，房子里有钢琴的概率和有狗的概率，这两种情况（或事件）之间可能没有关系。所以两种不以任何方式相关联的情况（或事件），各自是独立的。

也有许多类型的事件不是独立的，它们之间有着某种联系，我们称之为依赖。当事件相互依赖时，我们需要找到它们之间的关系。例如，路过一所房子，我们听到里面有一只狗在叫，这时“假设知道房子里有一只狗，那么房子里有狗的咀嚼玩具的概率是多少？”也就是说，当已知一个特定事件已经发生（或正在发生）时，我们希望得出另一个事件发生的概率。

概括来说，我们讨论两个叫作A和B的事件，假设知道B已经发生，或者说B是真的，问A也是真的概率有多大？我们把这个概率写成P(A|B)。竖线“|”代表假设，即“假设B为真，那么A也为真的概率”，或者更简单地说：“给定B的情况下A的概率”。这被称为B为真时A的条件概率，因为它只适用于B为真的情况或条件。同样的，P(B|A)表示假设A为真时，B也为真的可能性。

我们还是以飞镖击中墙壁某处的例子来进行说明。在图3-5中，左图表示一面墙壁，墙上两个重叠的色块标记为A和B。P(A|B)是假设已经知道飞镖击中了色块B，问飞镖击中色块A的概率。在图3-5右侧的比例中，分子是A和B共有区域的形状，即色块A和B的重叠区域。我们也可以说图3-5右侧的分子是飞镖可能同时击中色块A和B时的区域。

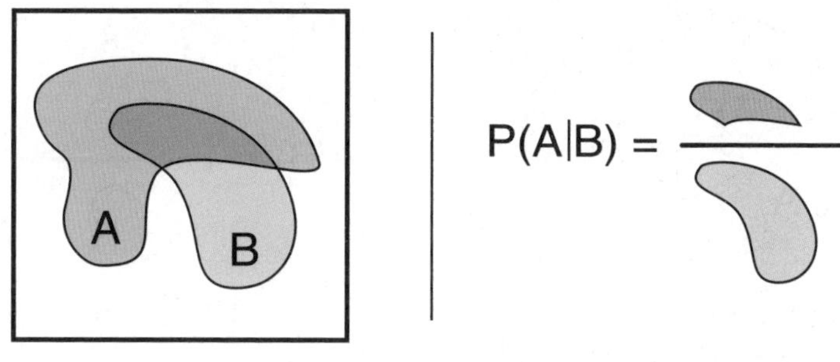


图3-5：左图为墙上画的两个色块。右图为假设飞镖已经击中了B且同时击中了A的概率，是A与B重叠的面积除以B的面积

多次投掷飞镖后，我们统计了击中A和B重叠区域的所有飞镖数，并用这个数字除以击中B的其他区域的飞镖数后，我们估算出P(A|B)是一个正数。

下面来看看计算过程。在图3-6中，我们向包含图3-5中色块的墙壁投掷了许多飞镖，并使用黑点来表示飞镖每次击中墙壁的位置。可以看到这些点大致上平均覆盖了整个区域，并且相邻两个点之间的距离相对均衡。

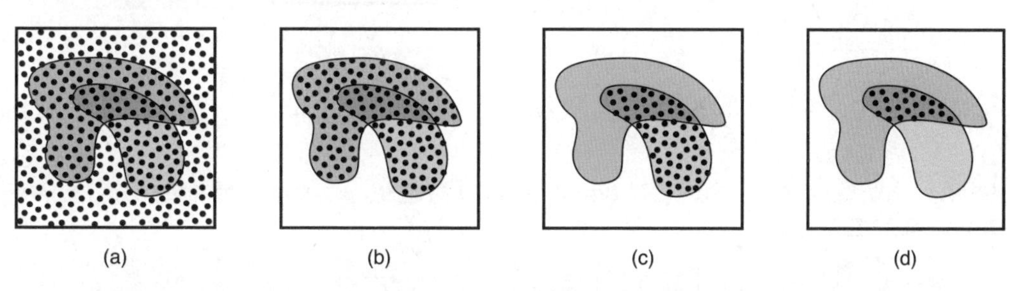


图3-6：通过投掷飞镖计算P(A|B)。(a)为每枚飞镖击中墙壁的位置，(b)为击中A或B重叠区域的所有飞镖，(c)为只击中B区域的飞镖，(d)为同时击中A和B区域的飞镖

图3-6(a)显示了所有的飞镖的击中位置；图3-6(b)显示了只击中A或B区域的飞镖（只有黑色圆圈的中心落入图形范围才算击中）；图3-6（c）有66枚飞镖击中了B区域；图3-6(d)有23枚飞镖击中A和B的重叠区域。由此我们估计同时击中A和B重叠区域的比值为23/66（约0.35），所以P(A|B)约为0.35。也就是说，如果一个飞镖击中了B区域，那么大约有35%的可能性也会击中A区域。

请注意，这个概率不依赖于颜色色块的面积值，例如100平方英寸。只是一个区域相对于另一个区域的相对大小，这是一个固定的衡量标准（如果墙的大小翻倍，彩色区域也翻倍，那么击中每个区域的可能性不会改变）。

A和B区域的重叠面积越大，飞镖击中这个重叠区域的可能性越大。如果A包含B，如图3-7所示。飞镖如果击中B，也一定能击中A。在这种情况下，A和B的重叠部分（以灰色显示）就是B本身的区域。因此，重叠区域的面积与B的面积之比为100%，即P(A|B) = 1。

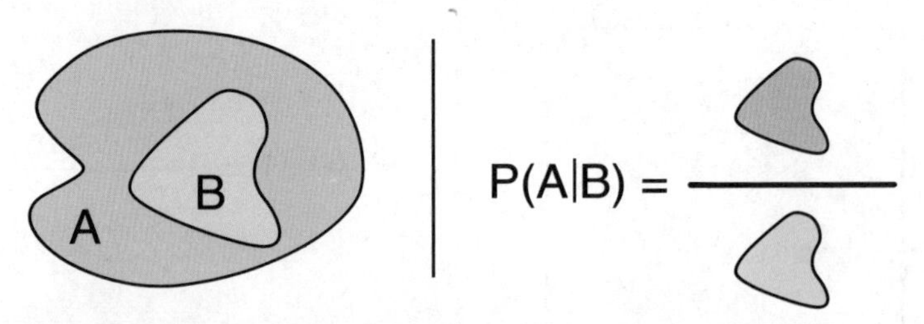


图3-7：左图为墙上的两个新色块；在右图中，假设飞镖击中B色块，则击中A色块的概率是100%。因为A包含B，所以A与B的重叠区域和B区域面积相同

另一方面，如果A和B完全不重叠，如图3-8所示。那么，击中B的飞镖同时击中A的概率为0%，即P(A|B) = 0。

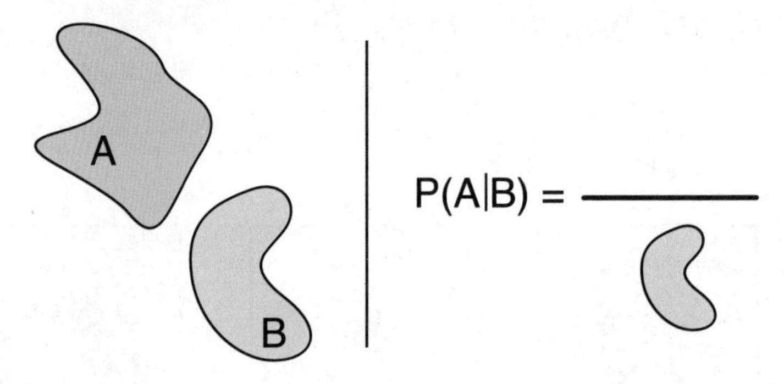


图3-8：左图为墙上的两个新色块；在右图中，假设飞镖落在B区域，则落在A区域的概率是0%，因为A和B色块之间没有重叠

图3-8中的符号比表明重叠的面积是0（0除以任何数仍然是0）。反过来，在图3-5的色块中，要想知道P(B|A)是多少，即假设飞镖已经击中色块A，那么飞镖击中色块B的概率。其结果如图3-9所示。

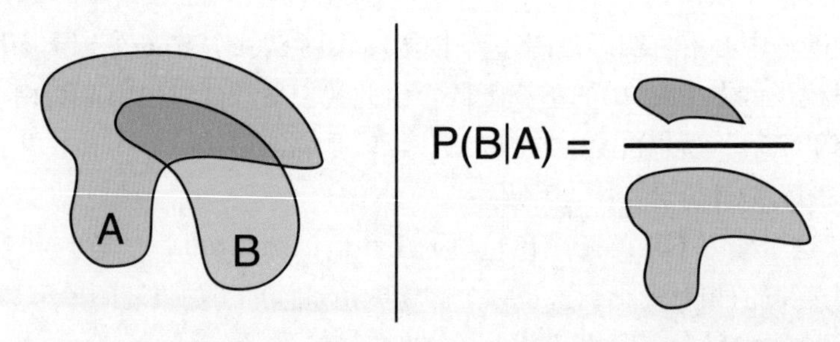


图3-9：条件概率P(B|A)是假设飞镖落在A区域的同时，再落在B区域的概率

逻辑和以前一样。重叠的面积除以A的面积表明B在A中占据了多少比例，它们重叠得越多，击中A的飞镖也击中B的可能性就越大。我们为P(B|A)指定一个数字，参考图3-6，可以看到104个飞镖击中了A，其中23个击中了B，所以P(B|A)是23/104或约为0.22。

注意，顺序很重要。从图3-5和图3-9可以看出，P(A|B)和P(B|A)的值不一样。给定A、B的面积大小以及它们的重叠区域时，飞镖击中B区域的同时击中A区域的几率大于飞镖击中了A区域的同时击中B区域的几率，因为P(A|B)约为0.35，但P(B|A)约为0.22。

### 3.1.4 联合概率

在上一节中，我们讨论了计算假设一个事件已经发生，另一个事件发生概率的方法。但是知道两件事同时发生的概率，也是很重要的。下面继续使用墙壁上的色块的例子来进行说明：投掷到墙壁的飞镖同时落在色块A和色块B上的概率有多大？把A和B同时发生的概率写成P(A,B)，这里的逗号表示“和”。因此，P(A,B)读作“A和B的概率”，我们称P(A,B)为A和B的联合概率。利用色块公式，通过比较色块A和B的重叠面积与墙的面积，可以知道这个联合概率。毕竟，要求是飞镖同时落在A和B的概率，即落在A和B的重叠部分，而不是落在墙上其他地方的概率。图3-10展示了这个过程。

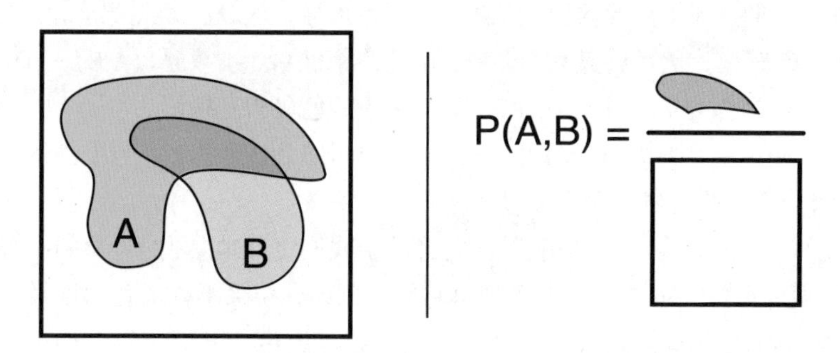


图3-10：A和B同时发生的概率称为它们的联合概率，写作P(A,B)

第4章，我们还会重点介绍另一种表示概率的概念，这种替代联合概率的概念结合了简单概率和条件概率，非常巧妙，也很有说服力，在实际应用中经常出现。

假设知道飞镖击中B，或者说P(B)的简单概率。假设也知道条件概率P(A,B)，或者已知飞镖击中B的概率，同时也知道它击中A的概率。我们可以把这些结合成一个推理链：给定击中B的概率，把它和击中A的概率结合起来，得到同时击中A和B的概率。

下面用一个例子来看看推理链。假设色块B覆盖了墙的一半，那么P(B) = 1/2。此外，假设色块A覆盖色块B的三分之一，因此P(A|B) = 1/3。此时，扔向墙壁的飞镖有一半会击中B，这些已经击中B的飞镖又有三分之一可能会击中A。既然有一半的飞镖落在B区域，其中又有三分之一也会落在A区域，那么同时落在B和A区域的概率是1/2 × 1/3 = 1/6。

这个例子向我们展示了一种规律：将P(A|B)和P(B)相乘，就得到了P(A,B)，如图3-11所示。

这是一个相当了不起的发现：只用条件概率P(A|B)和简单概率P(B)，就找到了联合概率P(A,B)。我们把它写成P(A,B) = P(A|B) × P(B)。在实际应用中，通常不写乘号，只写作P(A,B) = P(A|B) P(B)。

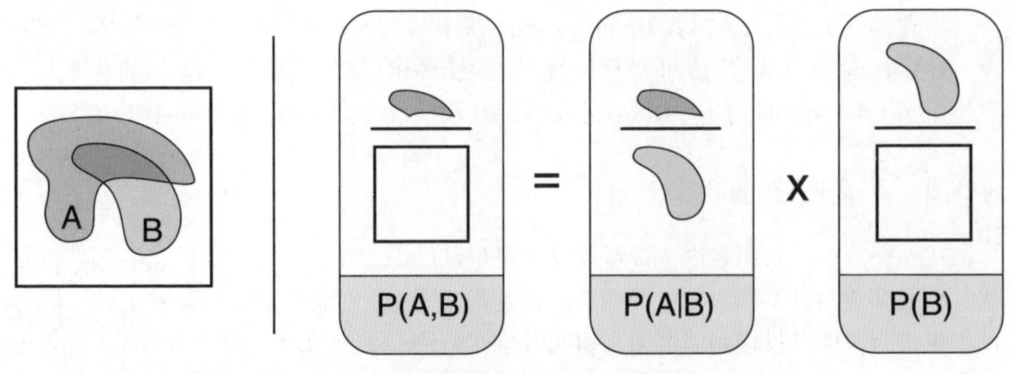


图3-11：联合概率P(A,B)的另一种思考方式

在图3-11的右侧，我们将这些小图形的比例视为分数。B区的绿色色块相互抵消，剩下的是正方形上的灰色区域，这表明等式的左右两边实际上是相等的。

也可以反过来从事件A开始推导验证。从P(B|A)开始推导，假设已知飞镖落在区域A中，求落在区域B中的概率，然后将其乘以落在A中的概率P(A)。结果是P(A,B) = P(B|A) P(A)。从图形上看，这遵循与图3-11相同的模式，现在是A色块相互抵消。

综上所述，P(B,A) = P(A,B)，因为两者都表示同时击中A和B的概率。与条件概率不同，在联合概率中，A和B的命名顺序无关紧要。

这些理论可能有点难以理解，但是掌握它们有助于我们更好地掌握第4章的内容。虚构一些小场景并模拟运行，可能会有助于理解它们。比如，想象不同的色块以及它们如何重叠，甚至将A和B当作实际情况。例如，有一家冰淇淋店，人们可以在那里买到不同口味的冰淇淋，冰淇淋要么用华夫饼干桶装，要么用杯子装。如果有人买了香草冰淇淋，我们说事件V是真的；如果有人买了华夫饼干桶装任意的冰淇淋，我们则说事件W是真的。这样P(V)是随机顾客买了香草冰淇淋的可能性，P(W)是顾客用华夫饼干桶装任意冰淇淋的可能性。P(V|W)表示顾客已经买了华夫饼干筒，用它装香草冰淇淋的可能性有多大，P(W|V)表示顾客已经买了香草冰淇淋，用华夫饼干桶装它的可能性有多大。P(V,W)表示顾客有多大可能性用华夫饼干桶装香草冰淇淋。

## 3.1.5 边缘概率

另一个基于简单概率的术语是边缘概率，理解这个术语的来源将有助于我们理解如何计算多个事件的简单概率。

让我们从“边缘”这个词开始。在正常的语境下，这个词似乎很奇怪。毕竟，“边缘”和“概率”好像没有什么关系。“边缘”这个词来自一本包含预计算概率表的书籍。“边缘”的概念，我们（假设我们是印刷商）可以理解为将概率表中的每行合计汇总，并将这些总数写在页面的空白处（格伦 2014）。

我们回到冰淇淋店的例子，图3-12展示了顾客最近的一些购买行为。冰淇淋店只提供香草和巧克力口味的冰淇淋，可以用华夫饼干桶装，也可以用杯子装。根据昨天150位顾客的购买情况，可以统计顾客选择用杯子装冰淇淋，还是用华夫饼干桶装的次数，也可以统计顾客买香草味和巧克力味冰淇淋的概率。我们将每一行或每一列中的统计数字相加，再除以客户总数，将得到的值写在空白处。

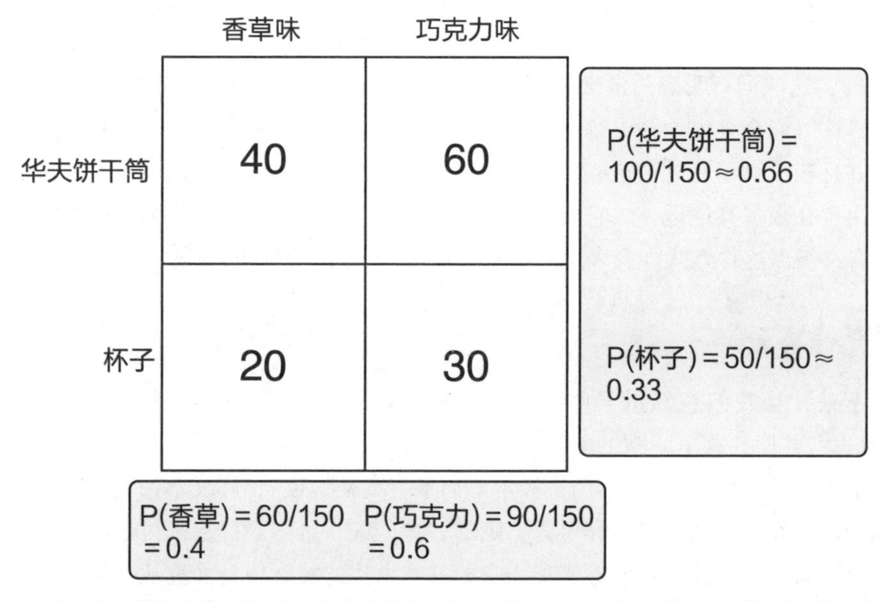


图3-12：在一家冰淇淋店找到150名最近访客的边缘概率。绿色方框中的值（显示网格的边界）是边缘概率

注意，顾客选用杯子装冰淇淋或用华夫饼干桶装冰淇淋的概率加起来是1，因为每位顾客只能买这两种。口味方面，每位顾客要么买香草味冰淇淋，要么买巧克力味的，所以选择这两种口味的概率加起来也是1。也就是说，任何事件的各种结果的所有概率加起来总是1，因为100%确定其中一个选择会发生。

## 3.2 评价正确性

本节我们换个话题，讨论另一个重要的概率问题，给定一个不完美的算法，产生正确答案的可能性有多大？这是机器学习中的一个重要问题，因为很难避免会使用不够精确的算法。所以很重要的一点是，我们必须要了解算法犯了哪种错误。

我们首先来介绍一种只有两个类的简单分类器。这种简单分类器可以输出一个数据在某个特定类中的概率（这两个类代表某个值在或不在一个范围之中）。例如，我们想要知道一张照片中出现一只狗的概率、飓风登陆的概率，或者高科技围栏有多大概率能围住一只基因突变的超级恐龙（剧透：概率不是很大）。

这时，我们当然希望分类器能够做出准确的判断，但重点在我们衡量“准确”的方式。仅计算错误结果的数量是衡量准确率最简单的方法，由于错误的方式不止一种，这种方式并不太合适。如果想利用错误结果来提升准确率，就需要找出或预测出不同的错误类型，并考虑每种类型会带来多少麻烦。下文的方法可以帮助我们诊断和解决通过训练带标签数据来辅助决策的各种问题。

在深入研究之前，我们先简单介绍一下需要使用的一些术语，如精度、召回率和准确率。这些术语经常在博客和非正式的文章中被随意使用，但是在严谨的技术讨论中（如本书），这些词有明确的定义和特定的含义。由于并非所有作者都对这些术语有相同的定义，这可能会导致一些误解。在本书中，将延续讨论概率和机器学习时术语的使用方式，并且在本章稍后讨论这些术语时，将给它们明确的定义。但是请注意，这些术语经常会出现在很多其他地方，它们常常代表不同的含义，或者只是代表了模糊的概念。文字的含义被以这种方式随意表达对学术界是很不幸的，但它的确发生了。

### 3.2.1 样本分类

接下来，当我们想知道某些数据或样本是否属于特定的类别时，请以“是”或“否”来思考并回答这个问题，不允许有“可能是”等其他答案。

如果答案是“是”，称样本为正样本。如果答案是“否”，称样本为负样本。我们将通过比较从分类器得到的答案和事先指定的“是”或“否”的标签来讨论准确率。我们将手动分配给样本的正或负的标签称为它的基本事实或实际值，而称从分类器返回的值是预测值。在一个完美的世界里，预测值总是与实际值相符。但是在现实世界中，经常会出现错误，当前我们的目标是描述这些错误的特征。

接下来我们将使用二维（2D）数据来进行讨论，也就是说，每个样本或数据点都有两个值。这些样本可以是一个人的身高和体重，或是天气湿度和风速的测量值，又或是音符的频率和音量。我们可以在二维网格上绘制每条数据，X轴对应一个测量值，Y轴对应另一个测量值。样本总共包含两个类别，根据所属类别不同，我们称之为正样本或负样本。为了识别一个样本的正确分类，也称为它的基本事实，我们将使用颜色和形状区分，如图3-13所示。

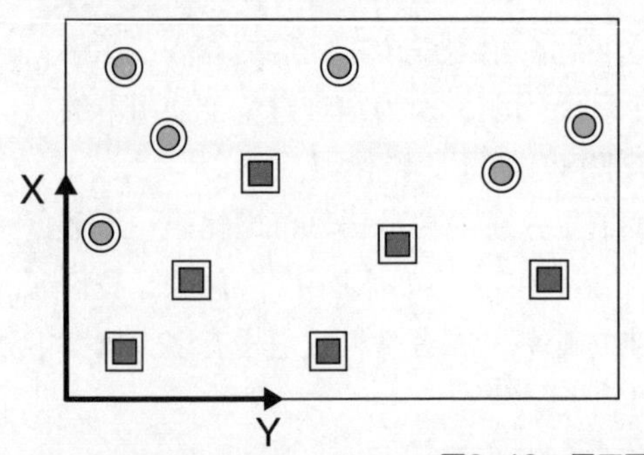


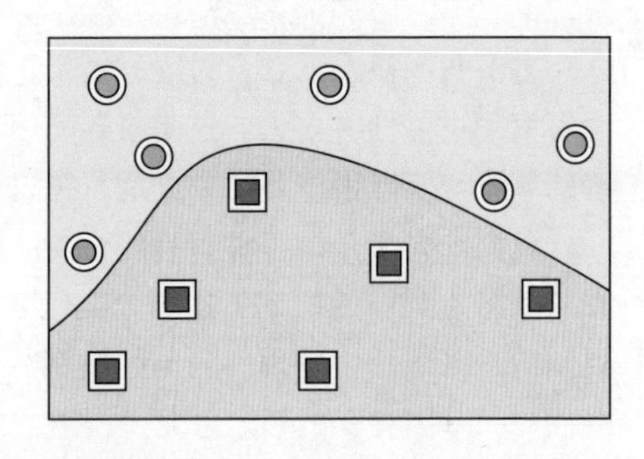

图3-13：属于两个不同类别的二维数据

我们将通过绘制一条边界线，来分隔并展示样本空间中的两类预测结果。边界线可以是平滑的或曲折的，我们可以把它看作是分类器决策过程的一种总结。边界线一侧的所有点将被预测为一类，而另一侧的所有点将被预测为另一类。在图3-13的右图中，分类器很好地预测了每个样本的类别，这是一件罕见的事情。

有时，我们会认为边界有正的一面和负的一面。当分类器需要确认“该样本属于这个类别吗？”如果答案是肯定的，那么预测是“正”，否则预测是“负”。图3-13中所显示的那样，给边界线两侧的区域着色通常有助于让我们更容易地看出哪个区域代表肯定的预测，另一侧区域则代表否定的预测。

我们将使用一组20个样本的数据集，如图3-14所示。基本事实（或手动标签）为正的样本显示为绿色圆圈，而基本事实（或手动标签）为负的样本绘制为红色方块。所以每个样本的颜色和形状对应于它的基本事实，而不是分类器的预测值。

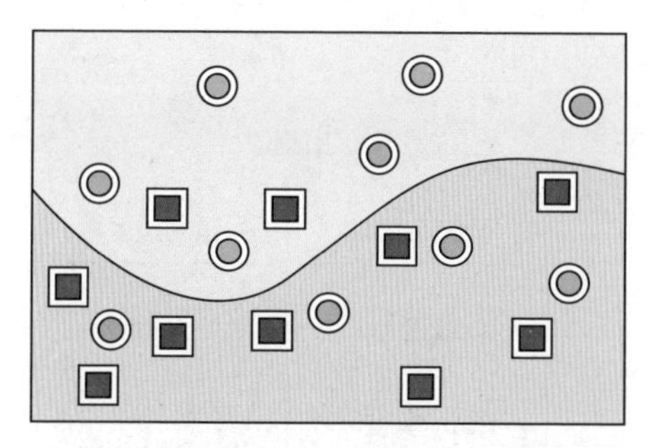

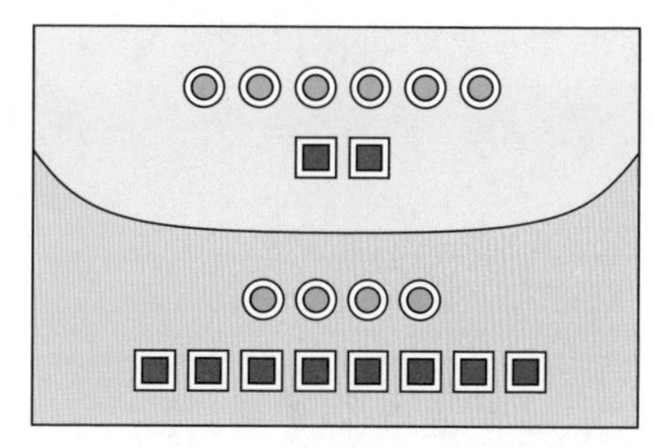

图3-14：左图表示分类器利用边界线对样本进行了分类工作，但是它出了一些错误。右图为同样的示意图，因为实际的边界很少是直线，所以我们用弯曲的线表示

分类器的工作是试图找到一个边界，以便所有正样本落在一边，所有负样本落在另一边。为了查看分类器对每个样本的预测与其基本事实的匹配程度，可以查看该样本是否最终位于分类器边界曲线正确的一边。这条曲线将空间分成两个区域，浅绿色表示正区域，其中的每个点都被预测或分类为正；浅红色表示负区域，其中的每个点都被分类为负。

在一个完美的算法中，所有的绿色圆圈（那些具有正的基本事实的圆圈），都在边界曲线的浅绿色区域（表明分类器预测它们是正的）；所有红色方块（那些基本事实为负的方块），都在曲线另一侧的粉红色区域。但是从图3-14中可以看到，这个分类器出现了一些错误。在图的左边，我们依据分类器的预测结果，使用一条边界曲线分隔了两个预测类别的数据，我们暂时不用关心这些点的具体位置或者曲线的形状。我们关心的是有多少点的分类是正确或错误的，或者说落在边界的正确还是错误的一边。图3-14右图中，我们已经对绿色圆圈和红色方块进行了整理，以便于一目了然地对样本进行计数。

图3-14展示了在一个真实的数据集上运行分类器时通常会发生的情况。有些数据分

类正确，有些则不然。如果分类器表现不够好，我们就需要采取一些手段——可以修改分类器，或重新制作一个新的分类器。所以能够有效地评价分类器的表现是必要的。

我们需要找到一些方法来做到有效的评价。我们希望找到一种方式来描述图3-14中的错误，这种方式能够得出一些关于分类器性能的评价结果，或者说它的预测结果与给定的标签匹配得有多好。了解一些“对”和“错”的本质原因对此很有帮助，因为我们想知道哪些错误是重要的，哪些错误是不那么重要的。

### 3.2.2 混淆矩阵

为了评价分类器的答案，我们可以制作一个小表格，表格的两列分别用于表示每个预测的类，表格的两行则分别用于表示每个实际值或基本事实的类别。我们得到的这个2×2的表格，又称为混淆矩阵，用于展示分类器在预测上的错误。图3-15展示了分类器的输出，以及它的混淆矩阵。

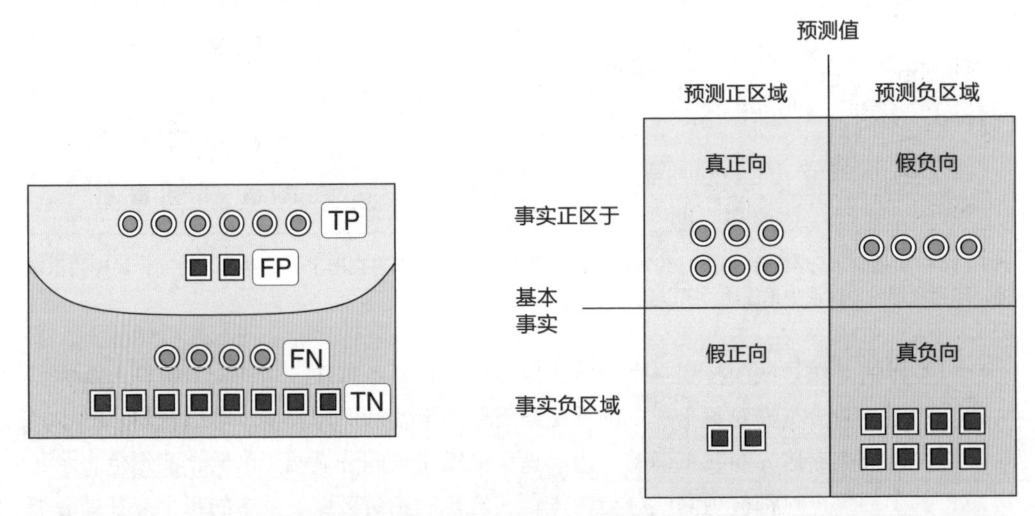


图3-15：可以将图3-14中的内容总结成一个混淆矩阵，它告诉我们四个类中的每个类包含多少个样本

在图3-15中，表格的四个单元格都有一个约定的名称，描述了预测值和实际值的特定组合。六个正向绿色圆圈被正确地预测为正向，所以它们进入了“真正向”类别。换句话说，它们的预测是正向的，实际上也是正向的，所以正向的预测是正确的，或者说是真实的。被错误地分类为负向的四个绿色圆圈属于“假负向”类别，因为它们被错误地预测为负样本。八个红色的方块被正确地归类到负单元格，所以它们都属于“真负向”类别。最后，两个被错误地预测为正样本的红色方块，被纳入了“假正向”类别。

我们可以用两个字母缩写描述四个类别，并用数字描述每个类别中有多少样本，从而更简洁地画出这张表格。图3-16是混淆矩阵通常的形式。

需要注意的是，混淆矩阵图中各种标签的选取没有普遍的一致意见。有些人会将预测值放在表格的左边，而将实际值放在表格的顶部；而有些人则会标记正负位置与之相反。所以在遇到混淆矩阵时，我们必须仔细查看标签并确保每个框代表的意义。

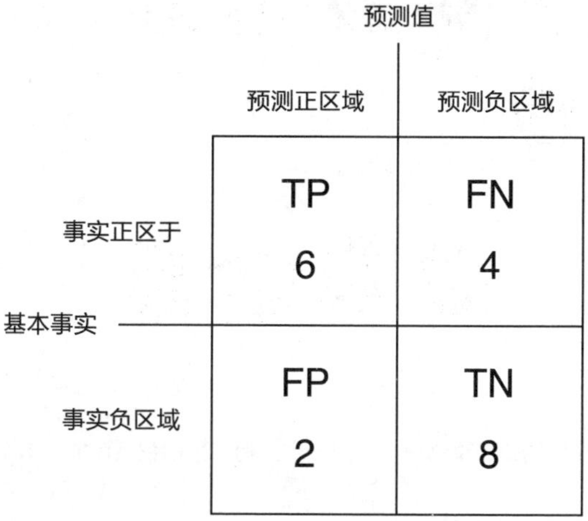

| 基本事实 \ 预测值 | 预测正区域 | 预测负区域 |
| --- | --- | --- |
| 事实正区于 | TP<br>6 | FN<br>4 |
| 事实负区域 | FP<br>2 | TN<br>8 |

图3-16：图3-15常规形式的混淆矩阵

### 3.2.3 错误的特征

之前介绍提到过，使用分类器对数据进行预测的时候，有些错误可能比其他错误更重要。接下来讨论为什么会这样。

假设我们为一家生产流行节目周边玩具的公司工作。我们的工作是把生产的玩具装盒，然后运到零售店。我们的玩具现在很畅销，所以生产线正在满负荷运转。

突然有一天我们被告知，公司失去了生产一款名为“格拉斯·麦克格拉斯菲斯”的特殊角色玩具的授权。如果不小心运送了这些玩具，将会被起诉，所以我们需要确保它们都不离开工厂。但问题是，机器一直在运转，如果我们停止生产线来更新机器，订单就会大受延误。最好的方法是继续生产这款没有授权的玩具，但在制作完所有玩具后将其挑出来，将其扔进回收箱。所以我们现在的目标是识别每一个“格拉斯·麦克格拉斯菲斯”，并把它们扔进回收箱，确保它们不会离开工厂。

图3-17展示了这个过程。

因为这个工作非常繁琐，我们在挑选的过程中可能会犯一些错误。在图3-17中，我们看到了一个被错误回收的玩具。也就是在回答“这是格拉斯·麦克格拉斯菲斯吗？”时，错误地回答了：“是的。”

用上一节的语言来描述，可以说这个玩具是“假正向”的。

在这种情况下，只要不是频繁地发生这种错误，问题并不严重。因为我们的目标是确保每一个“格拉斯·麦克格拉斯菲斯”都被正确识别和移除，漏掉一个会让我们损失惨重。但是假正向的代价很小，因为塑料玩具可以融化并回收使用。所以在这种情况下，假正向虽然不理想，但也是可以容忍的。

图3-17：格拉斯·麦克格拉斯菲斯是第一行的第一个人物。移除任何可能是这个角色的玩具，中间一排是我们的选择

后来我们又注意到一些玩具的眼睛没有画好。给孩子一个没有眼睛的玩具可能会造成不好的影响，所以我们要把它们都找出来。同样的，我们会检查每一个玩具，这次的问题是"玩具的眼睛画了吗？"如果没有，就把玩具扔进回收箱。图3-18展示了这个过程。

图3-18：一组新玩具。现在要找出所有没画眼睛的玩具，最后一排是我们的选择

图3-18的最后一行有一个"假负向"：娃娃的眼睛已经画了，但我们回答"没有"。在这种情况下，只要确定移除了每一个没画眼睛的玩具，错误移除一些有眼睛的玩具也没关系，有一些假负向的代价很小。

综上所述，真正向和真负向都是容易理解的。应该如何应对假正向和假负向取决于实际情况和目标。重要的是要明确问题是什么，策略是什么，这样就可以得到如何应对这些不同类型的错误的方法。

### 3.2.4 评价正确与否

我们回到对真假正向和负向的描述，如混淆矩阵的概念。由于混淆矩阵不太好理解，所以人们创造了各种各样的术语来帮助我们描述分类器表现的好坏程度。

现在我们将使用一个医学诊断场景的例子来介绍这些术语，其中阳性表示某人患有特定疾病，阴性表示他们健康。假设我们是公共卫生工作者，来到一个正在爆发花粉病（MP，一种虚构的可怕疾病）的小镇。任何患有MP的人都需要马上手术切除拇指，否则疾病会在几小时内杀死他们。因此，正确诊断每一个MP患者是至关重要的。但是我们绝不希望做出任何错误的诊断，那会导致在没有生命危险的情况下切除患者的拇指——拇指很重要！

假设现在有一个检测MP的实验室。实验室检测是完美的，总是给出正确的检测结果：阳性诊断意味着某人感染了MP病毒，阴性诊断意味着没有感染MP病毒。现在需要检测镇上的每个人，确认他们是否感染MP病毒。但是实验室检测又慢又贵，我们又对未来的疫情感到担忧。基于这些情况，我们开发了一种快速、廉价且便携的现场检测工具，可以立即预测某人是否感染MP病毒。

不幸的是，现场检测方式并不完全可靠，偶尔会做出不正确的诊断。虽然我们知道现场检测有缺陷，但疫情暴发的时候，它可能是唯一的有效工具。因此，我们想要知道现场检测正确和错误的频率，以及出现错误时的错误类型。

要知道这些，就需要数据。恰好我们刚刚听说另一个镇上有几个人患上MP。用这两种检测方式（完美但又慢又贵的实验室检测，以及不完美但又快又便宜的现场检测）来检查镇上的每个人。也就是说，实验室检测给出了每个人的基本事实，现场检测则给出一个预测结果。由于实验室检测太贵了，虽然不能总是对每个人都进行两种检测，但可以负担得起这一次。

我们通过将现场检测的预测值与实验室检测的标签进行比较，得到现场检测混淆矩阵的四个象限：

真阳性：此人感染MP病毒，现场检测正确地判断已感染。

真阴性：此人没有感染MP病毒，现场检测显示没有感染。

假阳性：此人没有感染MP病毒，但现场检测显示已感染。

假阴性：此人感染MP病毒，但现场检测显示没有感染。

真阳性和真阴性都是正确答案，假阴性和假阳性都是不正确的。假阳性意味着无缘无故地进行手术，而假阴性则会让患者面临死亡的风险。

如果通过为表格四个单元格填充数字的方式为现场检测构建一个混淆矩阵，就可以使用这些值来确定现场检测的执行情况。我们可以用一些已知的统计数据来评价现场检测的结果。准确率表明现场测试给出正确答案的可能性，精度是用来描述假阳性的指标，召回率则用来描述假阴性。这些值是我们评价检测质量时的权威指标。回到现场检测的混淆矩阵，计算这些值，就可以看到它们是如何帮助我们评价检测的预测结果。

### 3.2.5 准确率

在本节中，我们讨论的每个指标都是通过混淆矩阵中的四个值计算得出的。为了讨论方便，我们常使用缩写表示：TP代表真正向（真阳性），FP代表假正向（假阳性），TN代表真负向（真阴性），FN代表假负向（假阴性）。

用来描述分类器质量的第一个指标是准确率。任何样本集合预测的准确率都是介于0和1之间的数字。准确率代表被正确预测的样本的百分比，所以它是两个“正确”值（TP和TN）的总和除以样本总数得到的结果。图3-19用图形表示了这个过程，在这张图中（后面的图也是），只展示了参与计算的样本，数据集的其他部分则被省略了。

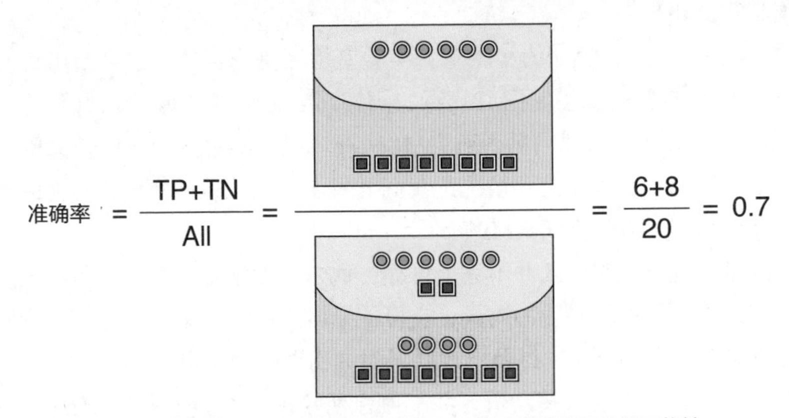


图3-19：准确率是一个0到1之间的数字，它表示预测是正确的可能性

我们当然希望准确率为1.0，但通常它会低于1.0。在图3-19中，准确率为0.7，也就是70%，这并不算高。准确率并没有告诉我们预测错误的具体原因，但是它让我们知道有多大可能得到正确的结果。准确率是粗略的评价指标。

现在来看另外两个指标，它们为预测结果提供了更具体的评价。

### 3.2.6 精度

精度（也称为正向预测正确率，PPV）表明相对于所有被预测为正向的样本，被正确预测的百分比，是TP除以TP + FP的值。换句话说，精度表示有百分之多少的正向预测是正确的。

如果精度是1.0，表示所有被预测为正向的样本都被正确地预测。那么随着百分比的下降，我们对这些预测的信心也随之下降。例如，如果精度为0.8，那么我们只有80%的信心确定被预测为正向的样本确实是正向的。图3-20直观地展示了这个过程。

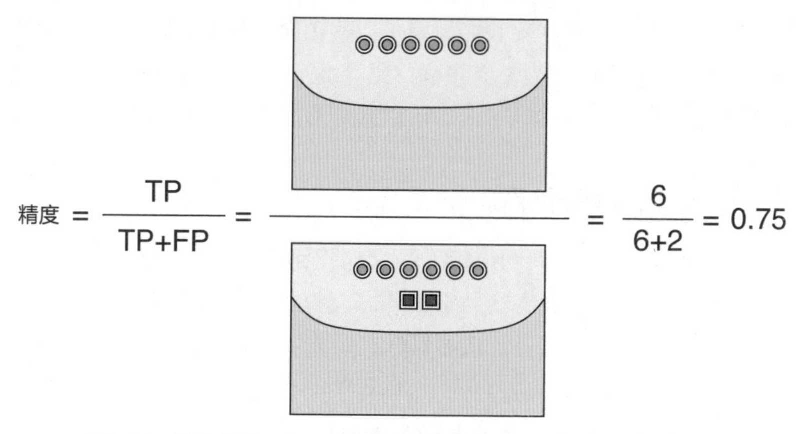


图3-20：精度的值是真正向样本总数除以预测为正向的样本总数

当精度小于1.0时，意味着我们错误地给一些样本贴上了正向的标签。在之前关于假想疾病的医疗检测示例中，精度值小于1.0意味着会执行一些不必要的操作（将一些人错误地检测为了阳性）。精度的一个重要特点是，它不能告诉我们是否真的找到了所有正向对象：所有患有MP的人。精度的评价范围只限定于所有预测为正向的样本，而不是所有。

### 3.2.7 召回率

第三个评价指标是召回率（也称为敏感度、命中率或真实阳性率）。召回率表明相对于所有基本事实为正向的样本，正确预测为正向的样本所占的百分比。即医疗检测示例中正确预测的阳性样本的百分比。

当召回率是1.0时，我们就正确地预测了每一个正向的样本。召回率越低于这个值，错过的正向样本就越多。图3-21直观地展示了这个过程。

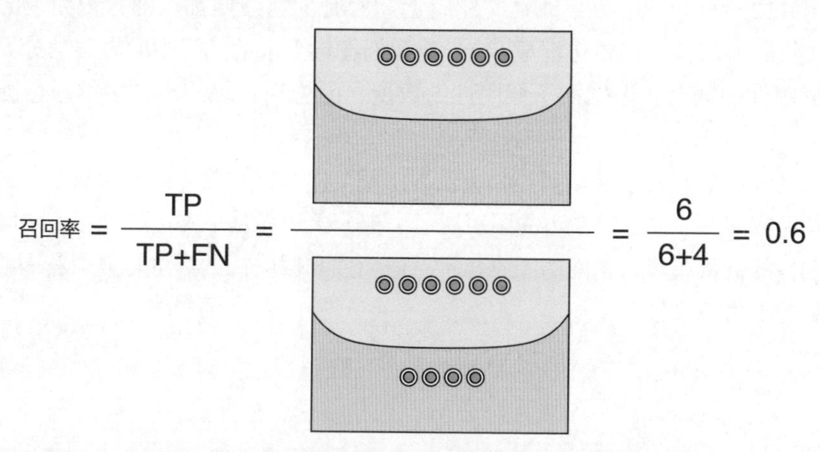


图3-21：召回率的值是正确标记的阳性样本总数除以本应标记为阳性的样本总数

当召回率小于1.0时，意味着我们漏掉了一些正向的样本。在医疗检测的例子中，这意味着会将一些MP患者误诊为没有患病。结果是不会给这些人做手术，使已经感染的他们处于危险之中。

### 3.2.8 精度与召回率的权衡

当我们将数据预测为两类，并且不能完全消除假阳性和假阴性时，在精度和召回率之间有一个折中：让一个上升，另一个下降。因为减少假阳性的数量（从而提高精度）时，必然也会增加假阴性的数量（从而降低召回率）。接下来我们介绍具体原因。

图3-22展示了20条数据，最左边是负向样本（红色方块），往右逐渐变成正向样本（绿色圆圈）。我们在某处画一条垂直分界线，来预测左边的样本都是负的，右边的样本都是正的。我们更希望所有的红色方块被预测为负向，所有的绿色圆圈被预测为正向，但因为它们是混合在一起的，所以这两个类别之间没有完美的分界线。

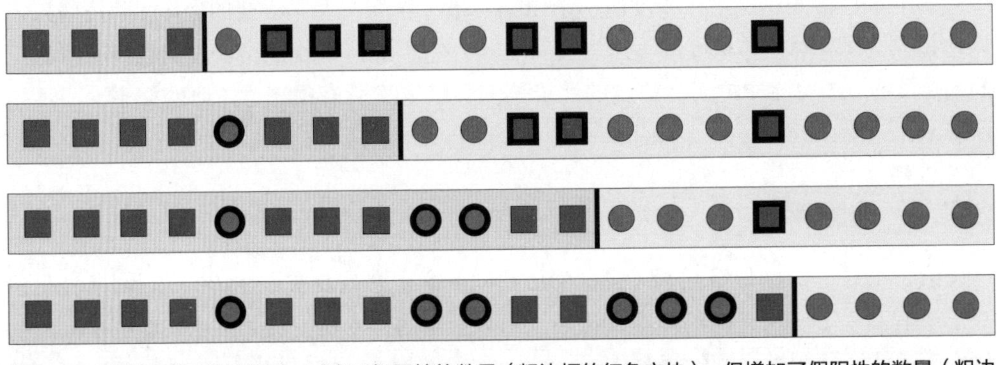

图3-22：当向右移动分界线时，减少了假阳性的数量（粗边框的红色方块），但增加了假阴性的数量（粗边框的绿色圆圈）

在图3-22的第一行，分界线在左侧附近。所有绿色圆圈都正确标记为正向，但许多红色方块是假阳性（用粗边框显示）。当我们在接下来的几行中向右移动分界线时，减少了假阳性的数量，但增加了假阴性的数量，因为现在预测出更多的绿色圆圈是阴性的。

我们将数据集的大小增加到5000个元素，每个样本被预测为阳性的概率与分界线距离左边的距离有关。图3-23左边的图表展示了把分类边界从最左边移到最右边时，真阳性和真阴性的数量趋势；中间的图表显示了假阳性和假阴性的数量趋势；右边的图表显示了结果的准确率趋势。

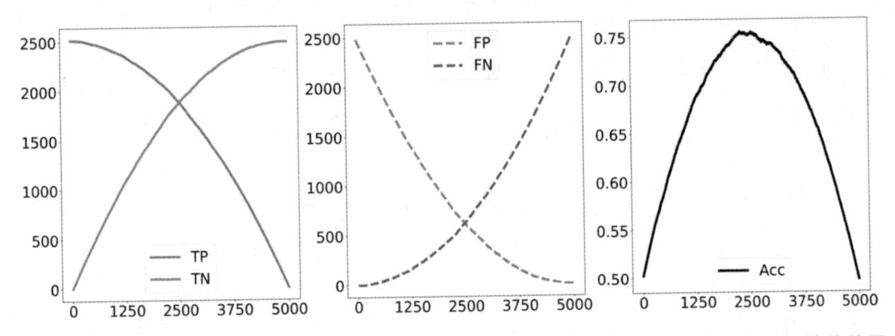


图3-23：左边的图表为移动分界线时，真阳性和真阴性的数量。中间的图表为假阳性和假阴性的数量。右边的图表为准确率的趋势

为了得到精度和召回率，我们将在图3-24的左边图表中展示TP和FP的变化趋势，在中间图表中展示TP和FN的变化趋势，在右边的图表中，展示了利用前两幅图的变化趋势，遵循先前的定义来计算分界线在每个位置的精度和召回率。

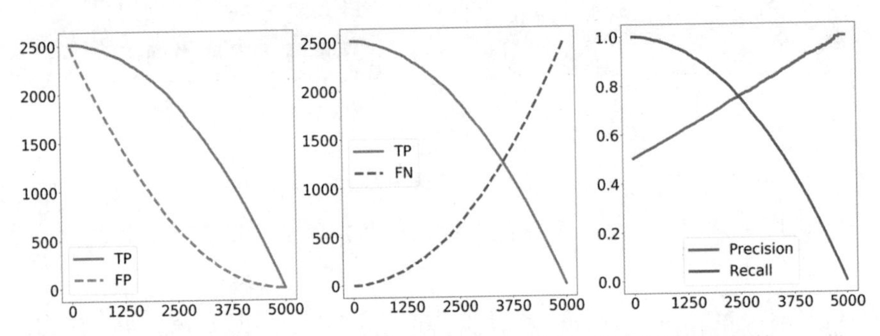


图3-24：TP和FP、TP和FN以及从左向右移动边界线时的精度和召回率

随着精度的提高，召回率会降低，反之亦然。这就是精度和召回率的权衡。

在本例中，精度是一条直线，而召回率是曲线。为了了解原因，我们参考图3-24左边曲线的总和TP + FP是从西北到东南的对角线，而中间曲线的总和TP + FN是水平线。用这两条不同方向的线来划分TP曲线，可以得到不同形状的精度曲线和召回率曲线。

对于其他类型的数据集，所有这些曲线看起来都不一样，但是精度与召回率的权衡仍然存在：精度越好，召回率越差，反之亦然。

### 3.2.9 误导性结果

准确率是一个常见的衡量标准，但是在机器学习中，精度和召回率出现得更频繁，因为它们有助于描述分类器的性能，并将其与其他分类器进行比较。但是，如果只考虑精度和召回率，这两者都会产生误导，因为在某些特定条件下，分类器可能会得出较好的结果，但总体表现会很糟糕。

这些误导性的结果可能来自许多方面，也许最常见、也是最难理解的原因是，我们没有明确地要求计算机的预测策略。例如，我们希望构建一个具有极高的精度或召回率的分类器。这听起来也许没什么问题，下面让我们看看这为什么是不对的。

为了找到其中的问题，需要考虑如果要求极高精度和极高召回率中的一个，会发生什么？我们会得到一个非常糟糕的边界曲线，并用它来执行预测任务。但请记住，这个边界曲线对于要求极高精度或召回率的算法任务而言是最佳的答案。

当我们要创建具有极高精度的边界曲线时，一种简单的方法是查看所有样本，并找到有最大把握能确定是正向的样本，然后画出曲线。这样，该点就是预测出的唯一正向样本，其他都预测为负向样本。图3-25展示了这个过程。

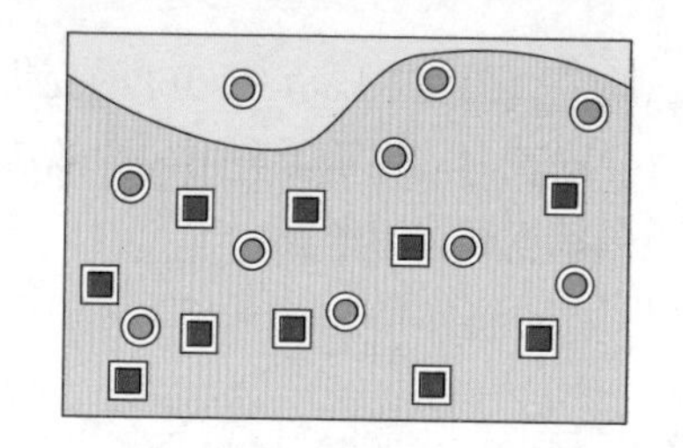
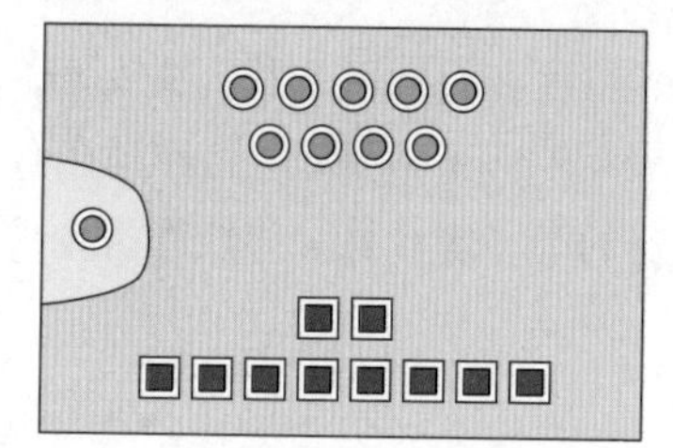

图3-25：左图这条边界曲线具有满分的精度，右图是左图的示意图

这是如何得出极高精度的呢？请记住，精度是真正向样本数（这里是1）除以基础事实为正向的总样本数（同样，只有1）。所以得到分数1/1，或者1.0，这是一个完美的指标。

但是，这种情况下准确率和召回率都非常糟糕，因为我们预测了很多假阴性，如图3-26所示。

准确率 $= \frac{TP+TN}{All} = \frac{1+10}{20} = 0.55$

精度 $= \frac{TP}{TP+FP} = \frac{1}{1+0} = 1$

召回率 $= \frac{TP}{TP+FN} = \frac{1}{1+9} = 0.1$

图3-26：这些图表示边界曲线恰好将一个绿色圆圈标记为正，将其他所有圆圈标记为负

我们接着用召回率举一个类似的例子。画一个具有极高召回率的边界曲线更容易，将全部样本都预测为正向即可。图3-27展示了这个想法。

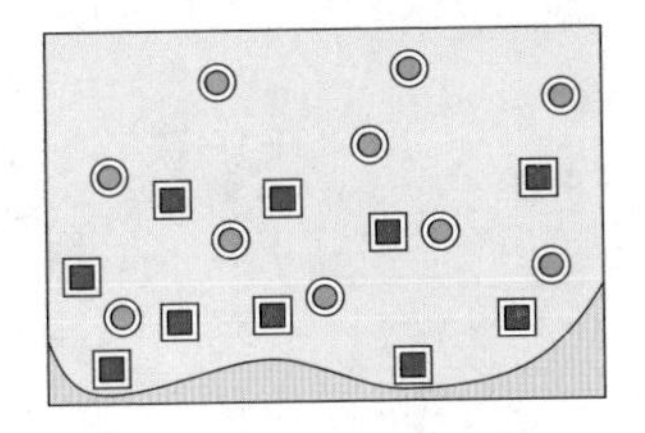
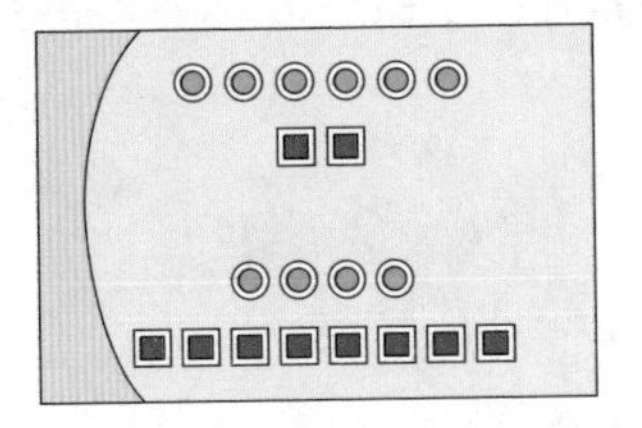

图3-27：左图这条边界曲线具有满分的召回率，右图是左图的示意图

我们由此可以得到极高的召回率，因为召回率是正确预测为正向的样本数量（这里是全部10个）除以基本事实为正向的样本总数（同样是10个）。所以10 ÷ 10 = 1（召回率满分）。但是，准确率和精度都很差，因为每一个阴性样本现在都是假阳性，如图3-28所示。

准确率 $= \frac{TP+TN}{All} =$ $= \frac{10+0}{20} = 0.5$

精度 $= \frac{TP}{TP+FP} =$ $= \frac{10}{10+10} = 0.5$

召回率 $= \frac{TP}{TP+FN} =$ $= \frac{10}{10+0} = 1$

图3-28：最佳召回率。这些图表示边界曲线将每个点都预测为正，得到了一个最佳的召回率。因为每个正向的样本都被正确地预测了。不幸的是，准确率和精度都很低。

从图3-26和图3-28我们可知，要求极高的精度或召回率，不太可能得到我们真正想要的结果，也就是最佳的正确性。我们希望准确率、精度和召回率都接近1，但是如果不小心只将其中一个指标调整到极高的值，再用其他指标评价结果时，会发现其实很糟糕。

## 3.2.10 F1分数

综合考虑精度和召回率是必要的，它们也可以和一些其他的数学概念组合成一个单一的度量指标，叫作F分数。这是一种特殊类型的“平均值”，我们称其为调和平均值。

F1分数是一个结合了精度和召回率（精度和召回率的相关公式如图3-30和图3-32所示）的数值。

图3-29直观地显示了F1分数的变化趋势。

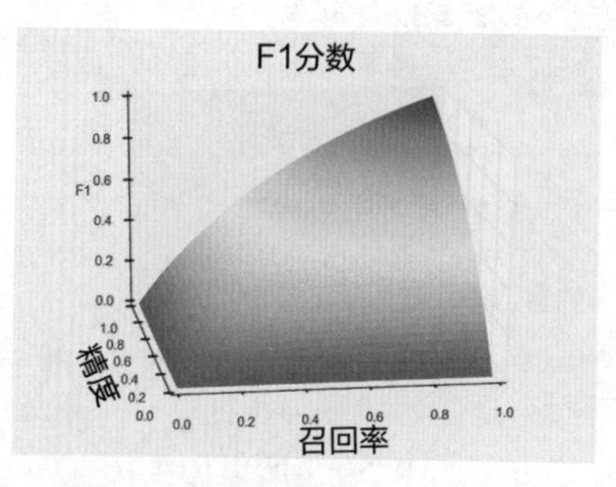


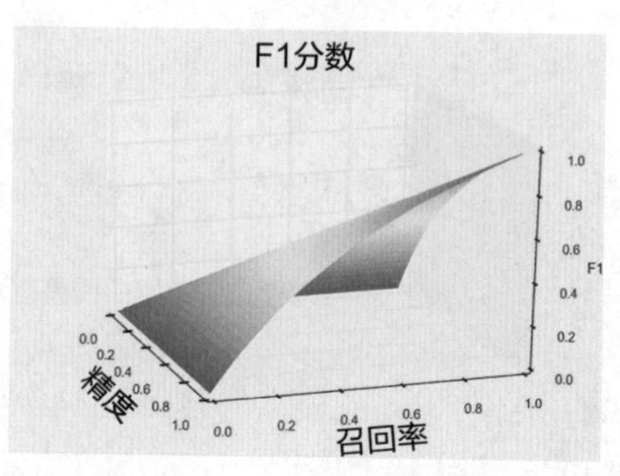


图3-29：当精度或召回率都为0时，F1为0；当精度和召回率都为1时，F1为1。当F1在0和1之间时，随着这精度和召回率的增加，它会慢慢上升

一般来说，当精度或召回率都很低时，F1分数也会很低；当精度或召回率都接近1时，F1分数也会接近1。

当一个算法表现良好时，有时人们会用F1分数作为一种简略的指标来表明准确率和召回率都很高。

### 3.2.11 关于这些指标

准确率、精度和召回率，从字面来看，似乎与它们所评价的内容没有明显的联系。通过建立这些知识的联系，可以帮助我们牢记这些术语的含义。

准确率告诉我们预测正确样本百分比。如果正确地预测了每一个样本，准确率将是1。随着错误百分比的增加，准确率下降到0。为了得到预测错误的原因，我们需要知道误报率和漏报率，这就是精度和召回率的作用。

精度揭示了假正向百分比，或者我们错误地预测了多少样本是正向的。因此，它评价了正向预测的明确性或精确性。精度值越大，我们就越有信心做出正确的正向预测。就疾病的医疗检测例子而言，如果检测具有高精度，那么阳性诊断很可能意味着该患者真的感染了MP。但精度并不能告诉我们有多少感染者被我们错误地预测为没有感染。

召回率揭示了假负向百分比。如果想从数据集中找到或“召回”所有的正向样本，召回率可以帮助我们。召回率越高，我们就越有信心正确地找到所有的正向样本。在医学检测例子中，如果测试有很高的召回率，那么我们几乎可以确信已经将每个患者都识别为了阳性。但是召回率并不能告诉我们有多少健康人被错误地预测为患有MP。

### 3.2.12 其他评价方式

本章我们已经讨论了准确率、精度、召回率和F1的评价标准。在概率和机器学习的讨论中，有时会用到很多其他指标（维基百科2020）。在本书中，很少会提到其他指标，但为了提供一站式参考，它们也在这里进行展示，我们将所有的指标定义集中在本小节。

图3-30展示了所有常见的评价指标。不用费心去记忆这些不熟悉的术语及其含义，展示这张表格的目的是提供一个备忘录，以便需要的时候查询。

| 指标名称 | 别名 | 缩写 | 定义 | 说明 |
|---|---|---|---|---|
| True Positive（真正向） | Hit | TP | 预测正向<br>实际正向 | 正向预测正确 |
| True Negative（真负向） | Rejection | TN | 预测负向<br>实际负向 | 负向预测正确 |
| False Positive（假正向） | False Alarm, Type I Error | FP | 预测正向<br>实际负向 | 负向预测错误 |
| False Negative（假负向） | Miss, Type II Error | FN | 预测负向<br>实际正向 | 正向预测错误 |
| | | | | |
| Recall（召回率） | True Positive Rate | TPR | TP/(TP+FN) | 正向预测正确率% |
| Specificity（特异性） | True Negative Rate | SPC, TNR | TN/(TN+FP) | 负向预测正确率% |
| Precision（精度） | Positive Predictive Value | PPV | TP/(TP+FP) | 预测正向的正确率% |
| Negative Predictive Value（阴性预测值） | | NPV | TN/(TN+FN) | 预测负向的正确率% |
| | | | | |
| False Negative Rate（假负向比率） | | FNR | FN/(TP+FN)=1-TPR | 正向预测错误率% |
| False Positive Rate（假正向比率） | Fall-out | FPR | FP/(FP+TN)=1-SPC | 负向预测错误率% |
| False Discovery Rate（正向误判率） | | FDR | FP/(TP+FP)=1-PPV | 预测正向的错误率% |
| True Discovery Rate（负向误判率） | | TDR | FN/(TN+FN)=1-NPV | 预测负向的错误率% |
| | | | | |
| Accuracy（准确率） | | ACC | (TP+TN)/(TP+TN+FP+FN) | 预测正确的比率% |
| F1 score（F1分数） | | F1 | (2*TP)/((2*TP)+FP+FN) | 精度与召回率的综合指标 |

图3-30：基于混淆矩阵的常见评价指标

这个表格太复杂了，我们使用的图3-14中的样本分布，提供了一个用图形表示的替代方案。

图3-31从上到下有六个正确预测的正向点（TP = 6）、两个错误预测的负向点（FP = 2）、四个错误标记的正向点（FN = 4）和八个正确标记的负向点（TN = 8）。

根据这些信息，我们可以通过这四个数字的不同组合（如图示）来说明图3-30的指标。图3-32显示了如何使用相关的数据来计算这些指标。

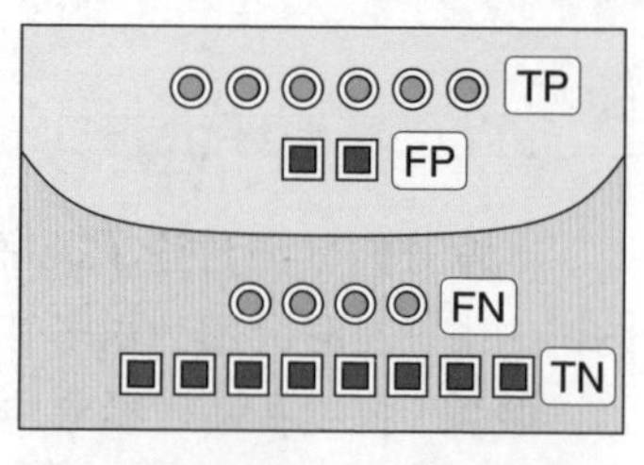


图3-31：将图3-14中的数据标记为真阳性、假阳性、假阴性和真阴性四类

|  |  |  |  |  |
|---|---|---|---|---|
| Recall（召回率） | TPR | $\frac{TP}{TP+FN}$ | 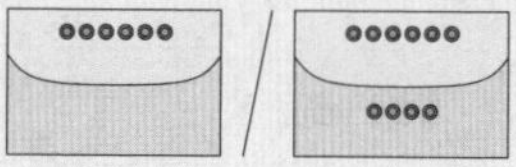 $= \frac{6}{6+4}$ | = 6/10 = 0.6 |
| Specificity（特异性） | TNR | $\frac{TN}{TN+FP}$ | 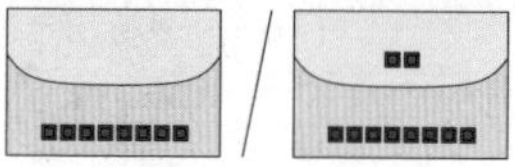 $= \frac{8}{8+2}$ | = 8/10 = 0.8 |
| Precision（精度） | PPV | $\frac{TP}{TP+FP}$ | 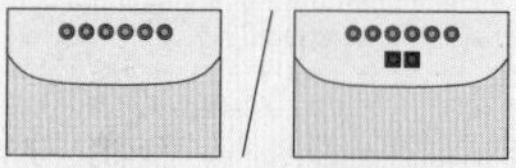 $= \frac{6}{6+2}$ | = 6/8 = 0.75 |
| Negative Predictive Value（阴性预测值） | NPV | $\frac{TN}{TN+FN}$ | 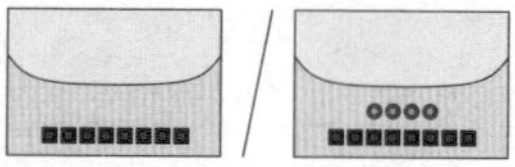 $= \frac{8}{8+4}$ | = 8/12 ≈ 0.66 |
| | | | | |
| False Negative Rate（假负向比率） | FNR | $\frac{FN}{FN+TP}$ | 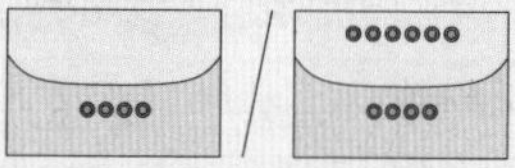 $= \frac{4}{4+6}$ | = 4/10 = 0.4 |
| False Positive Rate（假正向比率） | FPR | $\frac{FP}{FP+TN}$ | 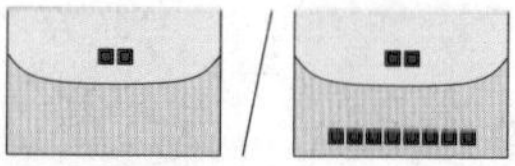 $= \frac{2}{2+8}$ | = 2/10 = 0.2 |
| False Discovery Rate（正向误判率） | FDR | $\frac{FP}{TP+FP}$ | 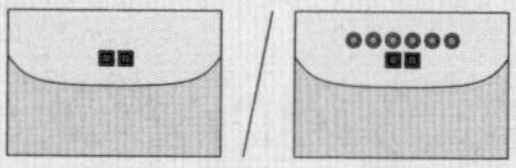 $= \frac{2}{2+6}$ | = 2/8 = 0.25 |
| True Discovery Rate（负向误判率） | TDR | $\frac{FN}{TN+FN}$ | 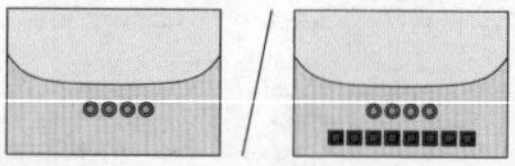 $= \frac{4}{4+8}$ | = 4/12 ≈ 0.33 |
| | | | | |
| Accuracy（准确率） | ACC | $\frac{TP+TN}{TP+FP+TN+FN}$ | 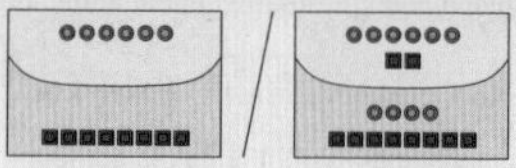 $= \frac{6+8}{6+2+4+8}$ | = 14/20 = 0.7 |
| F1 Score（F1分数） | f1 | $\frac{2\ TP}{2\ TP+FP+FN}$ | 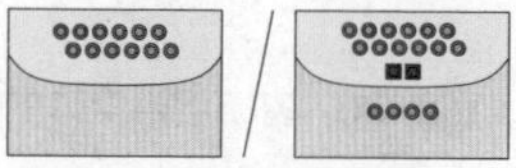 $= \frac{2*6}{(2*6)+2+4}$ | = 12/18 ≈ 0.66 |

图3-32：使用图3-30的数据，以可视化的形式展现图3-29的度量指标

## 3.3 正确构造混淆矩阵

合理地使用统计指标评价一个任务（如分类器）的性能是非常复杂的。系统性地评价一个任务（如分类器）时，有很多需要注意的地方，这对我们来说是一个挑战。我们必须要迎接这个挑战，因为大多数的评价（无论哪个领域）都是不完美的，就像大多数机器学习系统一样。总的来说，需要根据系统的统计指标来评价它们。

混淆矩阵是一种简单而有效的算法评价方法，但我们必须仔细理解和构建它，否则很容易得出错误的结论。在这一章的最后，让我们学习如何正确地理解和建立一个混淆矩阵。

回到虚构的MP疾病的例子，我们在混淆矩阵中填上相关数字，并就快速但不准确的现场检测的质量给出评价。回想一下，我们之前已经用缓慢又昂贵、但完全准确的实验室检测（提供基本事实）以及更快、更便宜但不完美的现场检测（提供预测）检测了镇上的每个人。

假设这些检测结果表明，现场测试的真实阳性率很高：我们发现99%真实阳性率的情况下，患有MP的人被正确诊断。由于真阳性率（TP）为0.99，因此未正确诊断的MP患者的假阴性率（FN）为1-0.99 = 0.01，假阴性包含了没有正确诊断的所有MP患者。

这个测试对没有感染MP的人来说有点糟糕。假设真阴性率是0.98，所以当我们检测一个没有被感染的人时，100次中有98次显示他的确没有被感染。但这意味着假阳性率（FP）为：1-0.98 = 0.02，所以每100个没有感染MP的人中就有2个会得到不正确的阳性诊断。

假设刚刚听说一个包含一万人的新城镇疑似爆发了MP。我们根据历史数据中得到的经验预估1%的人口已经被感染（已知人类感染MP的概率只有1%）。为了正确评价现场检测的结果，我们必须正确理解这些信息。

我们收拾好行李，以最快的速度进城。我们没有时间把样本送到又贵又慢的实验室，所以让新城镇的每个人都来医疗中心接受现场检测。

假设有人被检测出阳性结果。他们该怎么办？他们患MP的可能性有多大？检测结果是阴性的人又该怎么办？他们没有被感染的可能性有多大？

我们可以通过将上面的值放入相应的单元格中，建立一个混淆矩阵来回答这些问题，如图3-33所示。但这不是个好办法！因为这个矩阵是不完整的，它会导致我们的问题得到错误的答案。

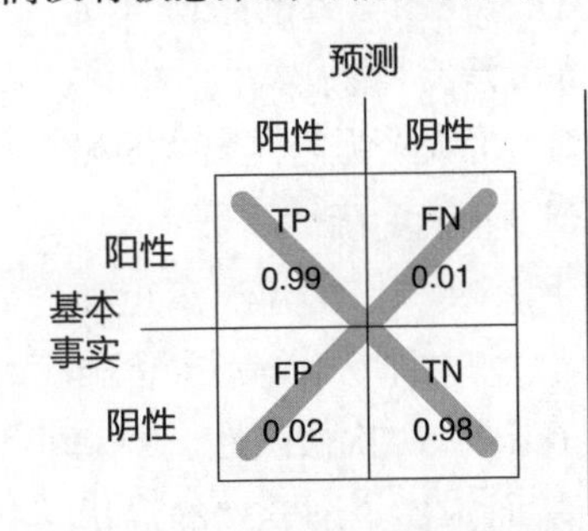


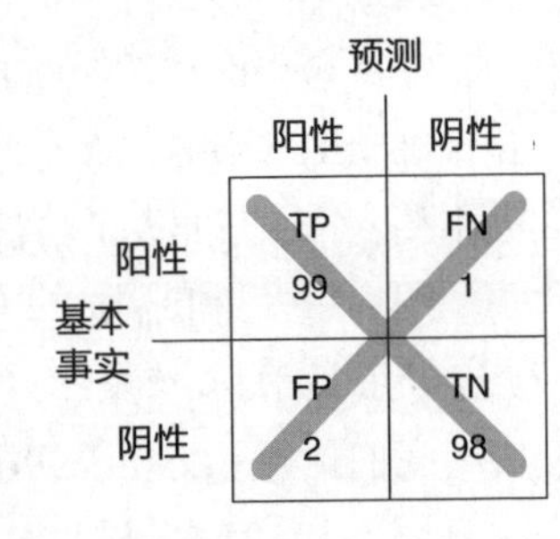


图3-33：这不是我们要找的混淆矩阵。左图是使用我们测量值的矩阵，右图是将每个值乘以100以显示为百分比

导致我们的问题得到错误的答案的原因在于我们忽略了一个关键信息：现在镇上只有1%的人感染了MP。图3-33的图表没有包含这些信息，因此没有得出正确的结果。

在图3-34中，我们考虑到镇上有10000人，并利用我们对感染率的了解和检测结果来得到对检测的评价，从而得出合适的混淆矩阵。

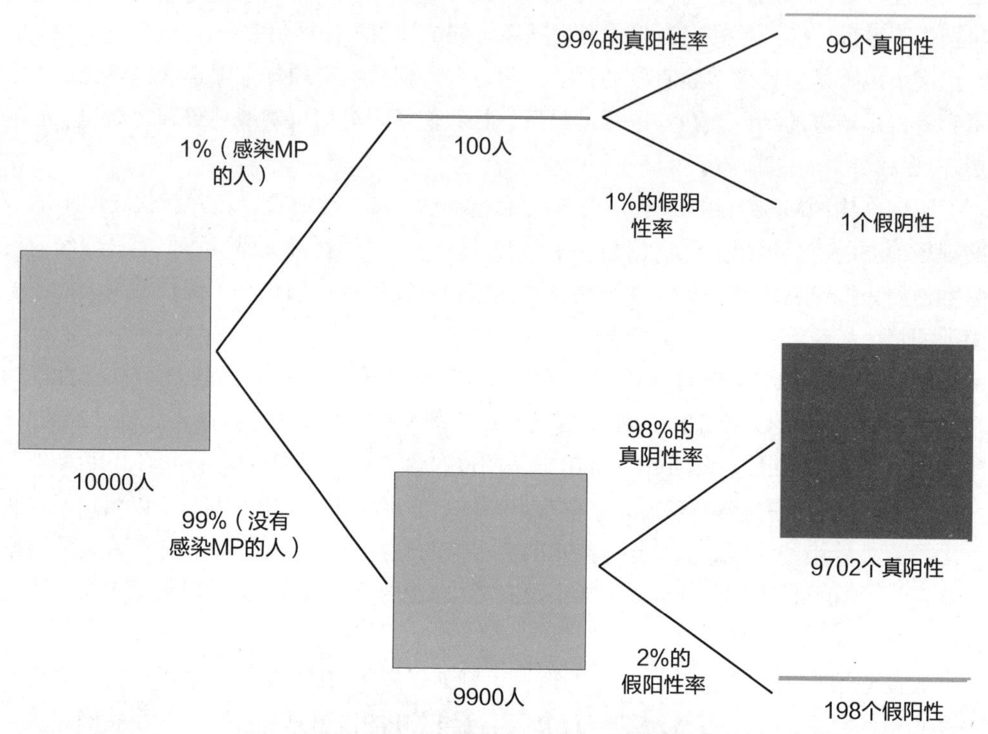


图3-34：从感染率和检测结果计算出可能感染的人群

图3-34体现了正确分析流程的核心过程。在图的左边，我们从以前的经验中知道的最基本的信息是每100人中有1人（即1%的人）会感染MP。镇上有10000人，在图上方的路径分支中，显示了10000人中有1%的人（即100人）感染了MP。检测将正确地得出99个真阳性，只有1个假阴性。在图下方的路径分支中，大概99%的人（即9900人）是没有被感染的。检测将正确识别其中98%的人（即9702人）为阴性。这9900人中的2%（即198人）将得到不正确的阳性结果。

图3-34告诉我们应该使用哪些值来构建混淆矩阵（包含了关于1%感染率的信息），即从10000次检测中，我们预计（平均）99次真阳性、1次假阴性、9702次真阴性和198次假阳性，从而构建了图3-35的混淆矩阵。

| 基本事实 \ 预测 | 阳性 | 阴性 |
|---|---|---|
| 阳性 | TP 99 | FN 1 |
| 阴性 | FP 198 | TN 9702 |

图3-35：MP检测的正确混淆矩阵，包含了1%感染率的信息

与图3-33的混淆矩阵相比，TN（真阴性）的值变化很大，不是98（我们将0.98乘以100得到的结果），而是9702。FP（假阳性）的数值也经历了巨大的变化，从2到198。这些值的改进将对检测结果的评价产生很大的影响。

既然有了正确的矩阵，我们就开始回答上面的问题。假设某人的检测结果是阳性，他们患有MP的可能性有多大？用统计学术语来说，假设检测出他们患有MP，那么某个人患有MP的条件概率是多少？更简单地说，所有的阳性检测结果中有多少人是真正患有MP？这就是性能度量。在本例中，精度为99/（99 + 198），即0.33（或33%）。

等一下，这是什么意思？检测结果有99%的概率能正确诊断MP，但是有2/3的时候虽然得到一个阳性结果，但那个人没有病！一半以上的阳性结果都是错的！

看起来很奇怪，这就是我们用这个例子的原因。这理解起来可能有些困难：有一个99%真实阳性率的检测，听起来很棒。然而，大多数阳性诊断是错误的。

这个令人诧异的结果表示：即使错判一个感染者（假阳性）的机会很小，但因为有大量健康的人接受了检测，所以我们很快就得出了一大堆小概率的假阳性诊断。结果表明：如果某人的检测结果是阳性的，不应该马上进行手术。相反，应该将这个结果解释为一个信号，然后进行更昂贵和更准确的实验室检测。

用区域图来展示这些数字，如图3-36所示。其中，我们放大了图中红色区域的比例，以便观察。

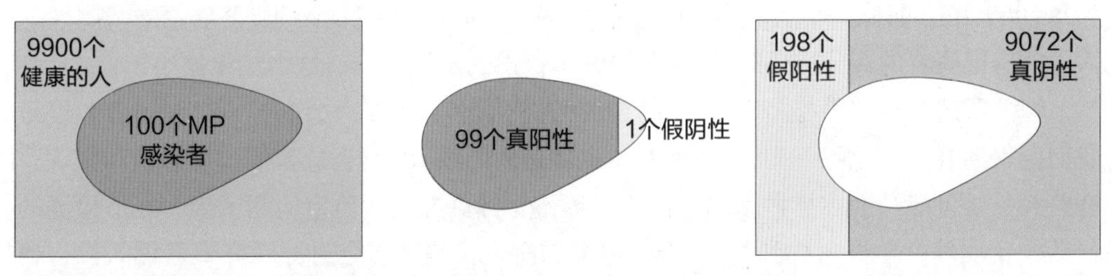


图3-36：左图显示有100人感染了MP，9900人没有感染。中图和右图放大展示了测试的结果（形状的大小不是按比例的）

之前介绍过，精度告诉我们被诊断为阳性的人存在患有MP的可能，这在图3-37的最左侧进行了说明。可以看到，现场检测错误地将没有感染MP的人标记为阳性，使精度值为0.33。这告诉我们要对阳性的结果抱有怀疑，因为有66%（1-0.33≈0.66）的结果是错误的。

如果某人的检测结果是阴性的呢？他真的没有被感染吗？这取决于真阴性与阴性总数的比率，即TN/（TN + FN），图3-30给出了“阴性预测值”这个指标。在本例中，这个值是9702/（9702 + 1），这超过了0.999，即99.9%。因此，如果某人的检测结果为阴性，那么只有大约万分之一检测错误的可能性，即感染了MP。我们可以告诉检测者这一点，让他们自己决定是否接受更慢、更昂贵的实验室检测。

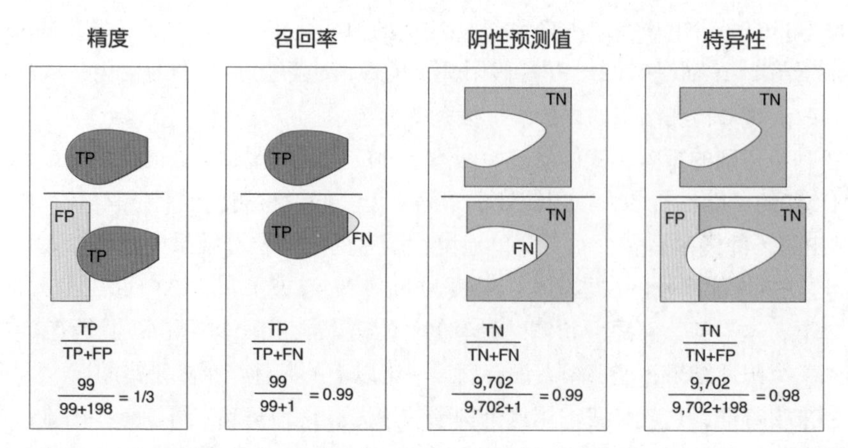


图3-37：根据图3-36的结果描述MP检测的四个统计指标（区域大小不是按实际比例的）。精度表示阳性结果的准确率是多少，也就是真阳性占所有检测阳性的比例。召回率表示真阳性占所有阳性的比例，也就是找到所有阳性的比例。阴性预测值表示阴性中有多少百分比是准确的，也就是真阴性占所有检测阴性的比例。特异性：真阴性占所有阴性的比例，也就是找到所有阴性的比例?

总结一下，检测结果呈阳性，意味着真的患有MP的概率只有33%左右；而检测结果呈阴性，则有99.9%的概率是阴性的。

在图3-37中，召回率告诉我们被正确预测为阳性的人占全部阳性患者的百分比。因为每100人中只漏掉一个人，所以这个值是99%。特异性告诉我们被正确诊断为阴性的人占所有健康者的百分比。因为给出了198个错误的阴性诊断，这个结果略小于1。

综上所述，在这个感染率为1%的10000人的镇上，检测只会漏掉1例MP患者。但是我们会得到近200个不正确的阳性诊断（也就是假阳性），这会让人们过度恐惧和担忧。有些人甚至可能马上选择做手术，而不是等待更慢更准的实验室检测。因为我们检测的目的非常明确，要快速找到每一个MP患者，所以检测结果会过分保守地告诉人们，他们“可能”被感染了。

正如我们前面看到的，如果检测的目的是必须找到所有MP患者，可以简单地将每个人都预测为阳性，但这没有意义。在系统不完善的情况下，我们需要明确检测的目标，以平衡假阴性和假阳性，并同时记录这些错误。

这个MP检测的例子是虚构的，但现实世界充满了人们基于不正确的混淆矩阵或糟糕的问题做出决定的场景，其中一些决定与现实中非常严重的健康问题有关。

例如，许多女性接受了不必要的乳房切除术，因为她们的外科医生误解了乳房检查结果的准确率，给了患者错误的诊断（莱维丁，2016年）。建议人们接受不必要的手术是一个危险的错误。男性中也有许多人由于错误的建议而接受了非必要的手术，因为他们的医生误解了将前列腺特异性抗原水平升高作为前列腺癌证据的统计数据（柯比，2011）。

概率和统计的原理可能很奇妙。重要的是要放平心态，仔细思考问题，并确保以正确的方式解读算法预测的结果。

现在我们知道，不应该被一些“99%准确”的测试的说法所欺骗，比如在“正确识别99%的阳性病例”的例子中，这个只有1%的人感染的小镇上，使用99%真实阳性率的测试，任何确诊为阳性的人都可能没有真正染病。

重要的是，从广告到科学，任何统计声明都需要我们仔细研究并置于实际背景中来理解。类似“精确”和“准确”这样的术语经常被口语化或随意使用。即使在技术层面上使用这些术语，对准确性和相关指标的简单声明也很容易产生误导，并可能导致糟糕的决策。

说到概率，不要相信自己的直觉。生活中，到处都有意想不到的违背直觉的现象，一定要做到严谨细致！

## 3.4 本章总结

本章我们介绍了一些核心的概率概念，也了解了一些术语的含义，比如某个事件A发生的可能性有多大？假设事件B已经发生了，事件A发生的可能性有多大？或者事件A和事件B一起发生的可能性有多大？

随后，我们研究了一些统计指标，这些指标可以评价一个算法任务能够正确识别数据集中元素是正向和负向样本的程度。我们可以使用这些指标来帮助解释任何决策过程的结果。将这些指标组织成一个混淆矩阵，这有助于我们全面地理解所有信息。

我们发现统计数据可能会产生误导。如果不够小心，我们创建的任务（如分类器）根据单一指标看起来做得很好，但在其他指标方面却可能很糟糕。在处理概率时，仔细思考问题，谨慎使用评价方式是很重要的。

在第4章中，将把这些概念应用于机器学习广泛使用的概率推理方法。这将提供另一个工具，帮助我们来设计学习算法，学习并能够有效地执行我们期望的任务。

# 第4章

# 贝叶斯方法

在第3章中，介绍了一些用来描述概率的性能度量指标。当我们深入研究概率及其在机器学习中的应用时，会发现这个主题之下有两种截然不同的思想流派。

一种是学校里经常教授的频率法，另一种是以托马斯贝叶斯的名字命名的贝叶斯方法。托马斯贝叶斯最初在18世纪提出了这一想法，虽然贝叶斯方法鲜为人知，但在机器学习中很受欢迎。造成这种情况的原因有很多，其中最重要的原因之一是，贝叶斯方法为我们提供了一种可以在构建算法时明确识别和使用从历史数据中得到经验值的方法。在本章中，首先介绍频率法和贝叶斯方法之间的区别。然后以贝叶斯概率为基础，介绍一些有助于我们理解基于贝叶斯思想的机器学习论文和文档的相关知识。本章讨论的贝叶斯方法，也称为贝叶斯定理，是贝叶斯统计理论的基石。贝叶斯方法既是一个公式也是一个实质性的话题，所以我们会从广义的角度来讨论它（克鲁施克 2014）。在本章的最后，我们会将贝叶斯方法和频率法放在一起进行对比。

## 4.1 频率法与贝叶斯概率

在数学界，我们总是尝试用很多种方法来解决某个或某个领域的问题。有时这些方法之间的差异是细微的，有时却是巨大的，概率绝对是后者。关于概率，我们将介绍两种概率论中的两种视角和观点：频率法和贝叶斯方法。这两种方法之间的差异有着很深的哲学根源，每种方法都有其优缺点，主要体现在构建各自概率理论所使用的数学基础和逻辑上（范德普斯 2014）。这使我们很难在不涉及理论细节的情况下讨论这些差异。两种学术流派的差异非常大，要想清晰地描述这两种概率方法之间的区别是特别困难的（吉诺维斯 2004）。

在本节中，我们将会跳过那些复杂的论述，用通俗易懂的语言来描述这两种方法，这样既可以感受到它们不同的目标和过程，又无须深入研究理论细节，这有助于我们在概念上对贝叶斯公式的讨论奠定基础。贝叶斯公式又是贝叶斯方法的基石。

### 4.1.1 频率法

一般来说，频率论者指的是不相信任何特定测量值或观测结果的人，他们认为测量值只是潜在真值的近似值。例如，现在频率论者想知道一座山的高度，但每一次测量得到的值都可能会有些偏差。频率论的核心是人们相信真实的答案已经存在，并且致力于找到这个真值。也就是说，这座山有一个清晰明确的高度值，如果我们矢志不渝地观测下去，将有可能会发现这个真值。

为了找到这个真值，需要进行大量的观测。即使每个测量值可能都不精确，但我们也希望每个测量值都是真实值的近似值。进行大量观测后，最频繁出现的值就有可能是真值。频率派成名的原因是对高频值的关注，真值是通过结合大量测量值得出的，频率最高的值对其影响最大（因为在某些情况下，我们只能取所有测量值的平均值）。

当我们第一次在学校讨论概率时，频率论方法通常会被提及，因为它很容易理解，并且很符合常识。

### 4.1.2 贝叶斯方法

相反的，贝叶斯派相信每一次观测都是对某件事的准确测量，尽管我们每次观测得到的值都可能略有不同。贝叶斯派的态度是，根本没有那个等着我们发现的“真”值。回到刚刚的例子，贝叶斯派会说，表示一座山的高度的真值是一个没有意义的概念，相反，每一次测量这座山的高度，都描述了从地面上的某个点到山顶附近某个点的距离，但不会每次都取相同的两个点。因此，即使每一次测量得到了不同的值，但它们都是对山的高度的精确测量。每一次仔细地测量都和其他测量一样真实，没有什么真值等着我们去发现。

这座山只有一个可能的高度范围，每个高度都可以用一个概率来描述。随着观测次数的增多，高度可能性的范围通常会变得更小，但它永远不会缩小到一个单一的值。我们永远不能把山的高度表述为一个数字，而只能表述为一个范围，其中每个值都有自己的概率。

### 4.1.3 频率派与贝叶斯派

这两种研究概率的方法导致了一个有趣的社会现象。一些从事概率工作的人认为，只有频率法有价值，贝叶斯方法是一种无用的分散注意力的方法，而另一部分人的想法恰恰相反。许多人对于究竟哪种方法是思考概率问题的正确方法的态度没有那么极端，同时，他们认为这两种方法实际上是提供了适用于不同情况的两个工具。在处理真实数据时，如何思考并选择概率方法会极大地影响我们可以提出和回答什么样的问题（斯塔克与弗里德曼 2016）。

贝叶斯方法的一个关键特征是，在开始测量之前明确地表达我们的期望。在测量山的高度这个例子中，我们会预设山的高度。一些频率论者对此表示反对，他们认为永远不应该带着先入为主的期望或偏见进入实验。贝叶斯主义者认为偏见是不可避免的，因为它早已融入了每个实验的设计中，并且影响着测量的方式以及结果。贝叶斯派认为，我们最好清晰地描述这些期望，以便对它们进行检验和调整。频率派不同意并提出反驳，然后贝叶斯派又提出反驳，辩论周而复始。

我们通过抛掷一枚普通的硬币并观察这一过程来讨论这两种理论的作用。正面朝上和反面朝上的频率大致相同？还是正面或反面朝上出现的频率更高？我们先讨论频率法是如何解决这个问题的，然后再讨论贝叶斯方法。

## 4.2 频率法抛掷硬币

人们经常以抛掷硬币为例，来讨论概率相关的问题。抛掷硬币之所以受欢迎，是因为大家对它都很熟悉，而且每次抛掷硬币只有两种可能的结果：正面朝上或反面朝上（我们会忽略硬币立起来这样的特殊情况）。只有两种结果可以使数学运算变得足够简单，以至于我们通常可以通过手算得出答案。虽然除了几个小例子之外，我们不会做任何数学运算，但抛掷硬币仍然是一种很好的帮助我们了解潜在规律的方式，因此会将其作为运行示例。

我们在抛掷一枚质地均匀的硬币时，通常有一半的机会出现正面朝上的结果，另一半则出现反面朝上的结果。假设我们还有一枚质地不均匀的硬币，或者说重心偏移的硬币。要描述这样一枚硬币，需要注意它每一面出现的趋势，或者抛掷硬币的结果偏差。正面偏差为0.1的硬币，大约有10%的机会出现正面朝上的结果。正面偏差为0.8的硬币，大约有80%的机会出现正面朝上的结果。如果一枚硬币的正面偏差为0.5，那么它正面和反面朝上的概率是一样的，并且它与一枚质地均匀的硬币没有区别。实际上，一枚偏差为0.5或1/2的硬币正是质地均匀硬币的定义。

因此，我们通过大量测量（抛掷）并结合它们的结果（正面或反面朝上），可以找到真正的答案（硬币的偏差）。图4-1说明了频率学家寻找三枚不同硬币偏差的方法，每一行表示一枚硬币的数据。

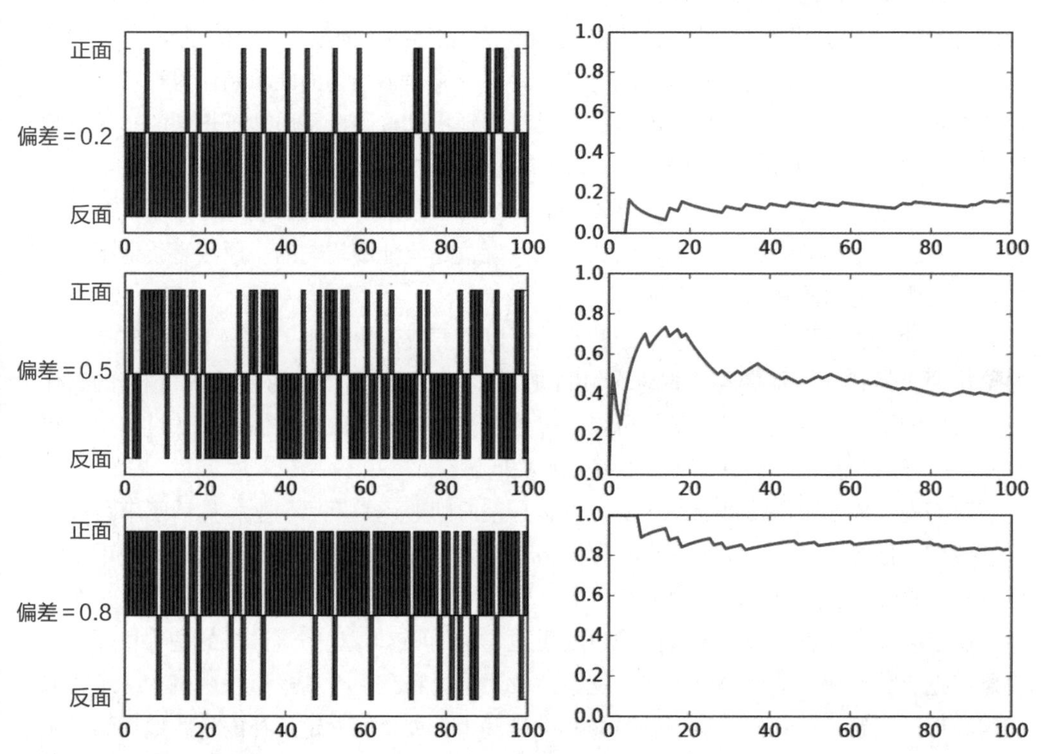


图4-1：第一行：正面偏差为0.2的硬币。中间一行：正面偏差为0.5的硬币。最后一行：正面偏差为0.8的硬币

在图4-1中，每行的左边展示了连续抛掷100次硬币的结果，右边展示了频率学家在每次抛掷硬币后对硬币偏差的估计。这是通过正面朝上的次数除以抛掷总次数得到的。通常，频率论者会仔细观察每一个测量值（这里是硬币的正面或反面朝上），并认为它们只是相对真值的一个近似值。通过结合所有这些近似值（这里为计算平均值），可以收敛到一个接近硬币真实偏差的“真值”。

## 4.3 贝叶斯方法抛掷硬币

本节将介绍如何使用贝叶斯方法估计硬币的偏差。为了做到这一点，我们通过一个稍微复杂的情况，来强调贝叶斯方法如何提问和回答问题。

## 4.3.1 启发性的例子

假设我们有一个深海海洋考古学家的朋友。她最近发现了一艘古老的沉船，船上有一个箱子，里面有一块标记板和两枚看起来一模一样的硬币。她认为这些标记板和硬币是用来娱乐竞猜的，并和同事们重建了一些规则。

关键在于，这两枚看似相同的硬币中只有一枚是质地均匀的，另一枚质地不均匀的硬币有2/3的概率会出现正面朝上（也就是说，它有2/3的正面偏差）。1/2的偏差和2/3的偏差看似差距不大，但足以左右游戏的结果。这枚质地不均匀的硬币制作得很巧妙，无论从外观上看，还是拿起来反复触摸，都无法辨别出这枚硬币是质地不均匀的。游戏规则是玩家通过抛掷硬币，区分出哪一枚硬币是质地均匀的，哪一枚硬币是质地不均匀的，中间也包含各种形式的娱乐和下注环节。当游戏结束时，玩家通过在桌子上轻轻旋转两枚硬币，来判断哪枚是质地均匀的硬币，哪枚是质地不均匀的。原因是质地不均匀的硬币比质地均匀的硬币更快倒下。

考古学家朋友想进一步探索这个游戏，所以需要我们协助她了解硬币的真实情况。她给出两个信封，分别标着“质地均匀的硬币”和“质地不均匀的硬币”，我们的工作是把对应的硬币放在信封里。虽然可以通过抛掷测试来区分硬币，但为了从过程中获得一些不一样的经验，我们决定通过概率来解决问题。

我们先选择一枚硬币抛掷一次，记录它是正面朝上还是反面朝上，然后了解可以利用这些信息做什么。第一步是选择一枚硬币。因为不能通过观察来区分这两枚硬币，所以有50%的机会拿到质地均匀的硬币，也有同样的机会拿到质地不均匀的硬币。这个选择引出了一个大问题：我们选择的硬币是质地均匀的吗？一旦知道选择的是哪枚硬币，就可以把它放在相应的信封里，然后把另一枚硬币放在另一个信封里。用概率的术语来表述我们的问题：选到质地均匀硬币的概率是多少？如果能确定选择的是质地均匀的硬币还是质地不均匀的硬币，我们就完成了这个任务。

因此，我们带着问题抛掷一枚硬币，结果正面朝上。概率推理的意义在于，仅凭这一次抛掷，就可以对一枚硬币做出有效的量化陈述。

## 4.3.2 绘制抛掷硬币的概率

为了绘制接下来在讨论中涉及的各种概率，我们将使用第3章介绍的概率图。想象一下，在一个正方形的墙壁上投掷飞镖，每个飞镖击中墙上每个点的概率是相同的。我们可以用不同的颜色描绘墙上不同的区域，并对应不同的结果。假设一种结果发生的概率有75%，而另一种结果发生的概率有25%，我们可以将墙壁的3/4涂成蓝色，其余1/4区域涂成粉色。如果抛掷100枚飞镖，我们期望其中大约75枚落在蓝色区域，其余落在粉色区域。

第一步是选择一枚硬币。既然分不清两枚硬币的区别，那么选中质地均匀或不均匀硬币的概率是50：50。为了表示这一点，我们可以想象将墙壁分成大小相等的两个区域，使用亚麻色（一种米色）绘制“均匀”的区域，使用红色绘制“不均匀”的区域，如图4-2所示。当我们向墙壁投掷飞镖时，飞镖落在“均匀”区域的概率是50%，对应我们选中质地均匀硬币的概率。

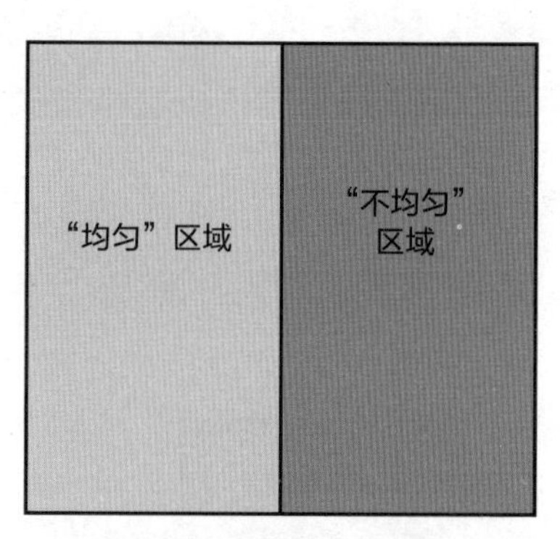


图4-2：随机挑选两枚硬币中的一枚，就像向一面绘有两个相等区域的墙壁上投掷飞镖一样，一枚是均匀的硬币，另一枚是不均匀的硬币

下面使用一种更具信息性的方式来粉刷墙壁，这种方式可以告诉我们第一次抛掷硬币获得正面或反面的可能性有多大。质地均匀硬币正面朝上或反面朝上的概率是50：50，所以可以将“均匀”区域分成两个相等的部分，正面朝上和反面朝上各占一半，如图4-3所示。

在图4-3中，还分割了“不均匀”区域一侧。因为我们从朋友那里得知抛掷质地不均匀硬币有2/3的概率会出现正面朝上，所以把它2/3的面积分配给正面朝上，1/3的面积分配给反面朝上。图4-3展示了我们所知的全部信息，显示了选择每一枚硬币的概率（对应落在黄色或红色区域），以及每种情况下获得正面朝上或反面朝上的概率（根据正面朝上和反面朝上区域的相对大小）。

图4-3：使用已知信息，将墙壁上“均匀”区域和“不均匀”区域分成正面区域和反面区域

如果我们向图4-3的墙壁投掷一枚飞镖，飞镖将落在其中一个区域，这个区域对应的是其中一枚硬币正面朝上或反面朝上的事件。由于之前已经抛出硬币并且是正面，所以要么落在“均匀”区域的正面，要么落在“不均匀”区域的正面。

记住我们的问题：选中质地均匀硬币的概率是多少？我们可以利用之前得到的信息来加深印象。表达问题的最佳方式是以模板的形式提问：“如果事件B为真，那么事件A为真的概率是多少？”这种提问方式在我们这个问题中就是：“如果抛掷硬币得到了正面向上，那么选择的是质地均匀硬币的概率有多大？”

我们可以通过图示描述这个问题。图4-4是“均匀”区域正面的面积与可以抛掷出正面区域的总面积之比，正面区域的总面积是“均匀”区域正面的面积和“不均匀”区域正面的面积总和。

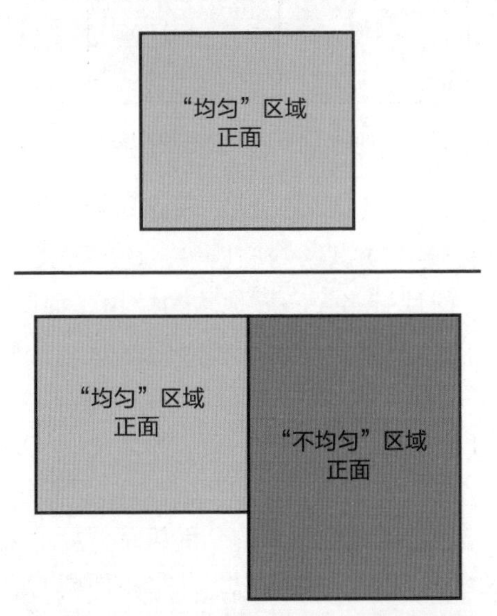


图4-4：如果硬币正面朝上，获得质地均匀硬币的概率有多大？答案是质地均匀硬币的正面区域面积除以所有正面区域的总面积

我们观察一下图4-4，由于质地不均匀硬币的正面区域比质地均匀硬币正面区域大，这使得“正面”的结果更有可能来自于质地不均匀的区域。换句话说，现在看到硬币正面朝上，表明它更有可能是质地不均匀的硬币，就像图4-3中的墙壁，投掷飞镖时，更有可能落在“不均匀”区域的正面，而不是“均匀”区域的正面。

要讨论“某些事情可能发生的方式”或“某些事情可能发生的所有方式”，这意味着，如果我们要寻找某个属性为真，就要考虑所有可能导致这个结果的事件。由此可见，图4-4的下半部分是可以获得正面的所有方式的总和。换句话说，我们可以从质地均匀硬币或质地不均匀硬币中获得正面，所以“获得正面的所有方法”意味着结合这两种可能性。

## 4.3.3 用概率表示抛掷硬币

现在，让我们用概率的术语来重新表述图4-4：抛出质地均匀硬币并且得到正面的概率是P(H,F)（或P(F,H)），抛出质地不均匀的硬币得到正面的概率是P(H,R)。

现在，我们可以将图4-4中的面积比解释为一种概率表示。图4-4展示了一枚正面朝上的硬币，是均匀硬币的概率。P(F|H)代表了“在观察到正面的情况下得到质地均匀硬币的概率”。也就是说，这个条件概率就是问题的答案。

我们可以通过图4-5展示这个过程。

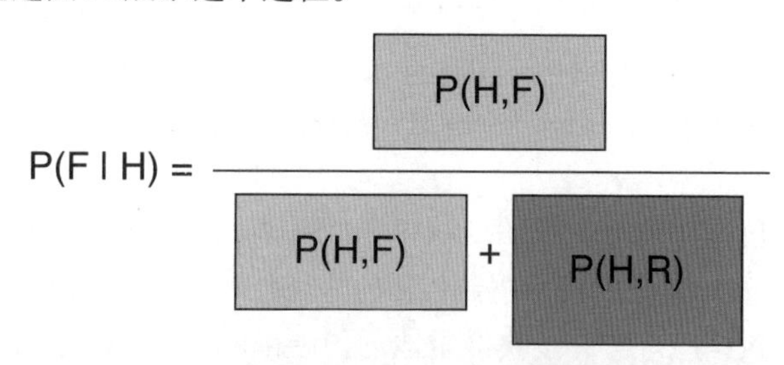


图4-5：将图4-4翻译成概率语言

我们能把数字带入图4-5中并得出一个实际的概率吗？在这种情况下当然是可以的，因为情况被设计得很简单。但是在一般情况下，我们不知道这些联合概率，也不容易算出它们。

不过，别担心。图4-5等式右边的所有方框都表示联合概率，在之前的第3章中我们知道，可以用两种等价的表达式写出任何联合概率，每种表达式都涉及一个简单概率和一个条件概率。对于我们来说，这些表达式通常更容易用数字表示。图4-6和图4-7展示了这两种方法。

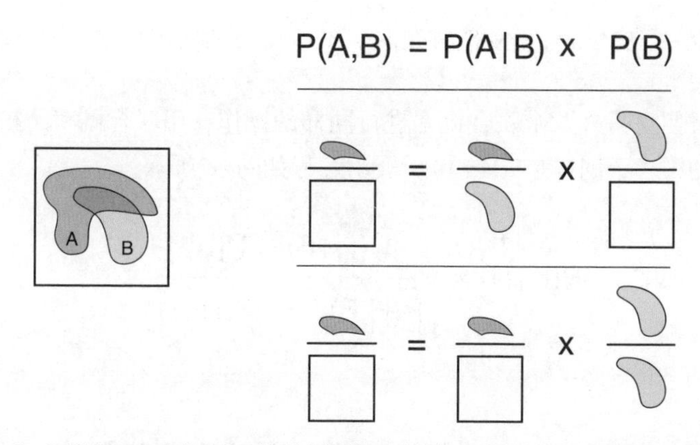


图4-6：可以把两个事件A和B的联合概率写成条件概率P(A|B)乘以B的概率P(B)

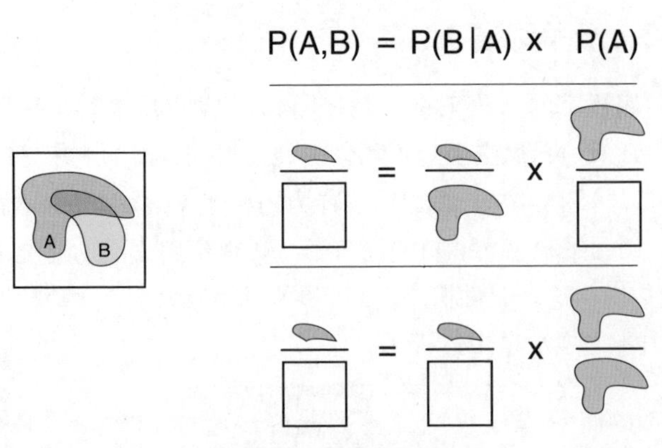


图4-7：可以求出事件A和B的联合概率为条件概率P(B|A)乘以A的概率P(A)

我们先用不带彩色方块的方式把图4-5中P(F|H)的表达式写出来，然后把P(H,F)替换成图4-7中的表达式。表达式表明可以得到P(H,F)的联合概率，或者说，通过将从普通硬币中获得正面的概率P(H|F)与第一步获得质地均匀硬币的概率P(F)相乘，从而得到出现正面硬币是质地均匀硬币的概率。这一过程如图4-8所示。

$$P(F \mid H) = \frac{P(H,F)}{P(H,F) + P(H,R)}$$

$$P(F \mid H) = \frac{P(H \mid F) \times P(F)}{P(H,F) + P(H,R)}$$

图4-8：图4-5中的比例代表P(F|H)，即出现是正面的质地均匀硬币的概率

接下来，我们对另外两个联合概率进行同样的操作，用联合概率的扩展版本替换它们（两个值中的第一个同样是P(H,F)）。展示过程如图4-9所示。

$$P(F \mid H) = \frac{P(H \mid F) \times P(F)}{P(H,F) + P(H,R)}$$

$$P(F \mid H) = \frac{P(H \mid F) \times P(F)}{P(H \mid F) \times P(F) + P(H \mid R) \times P(R)}$$

图4-9：用扩展版本替换图4-8中另外两个联合概率

因为我们通常可以利用这个扩展版本计算得出所有符号表达式的值，所以这是找到P(F|H)的有效方法。

下面用这个表达式计算抛出的硬币是质地均匀的概率。首先我们需要知道图4-9中每个表达式的确切值。P(F)是开始时选中质地均匀硬币的概率，P(F) = 1/2。P(R)是开始时选中质地不均匀硬币的概率，也是1/2。P(H|F)是假设选中质地均匀的硬币，抛出硬币正面的概率。根据定义，该值为1/2。P(H|R)是用质地不均匀的硬币抛出正面的概率，根据我们的考古学家朋友提供的信息得知该值为2/3。

现在我们得到了所有表达式的值，接下来需要计算抛掷硬币得到正面结果时，抛掷的是质地均匀硬币的概率。图4-10展示了计算表达式的过程，我们在计算加法之前先计算乘法（这可以让我们省略一些令人分心的括号）。

$$P(F|H) = \frac{P(H|F) \times P(F)}{P(H|F) \times P(F) + P(H|R) \times P(R)}$$

$$= \frac{\frac{1}{2} \times \frac{1}{2}}{\left(\frac{1}{2} \times \frac{1}{2}\right) + \left(\frac{2}{3} \times \frac{1}{2}\right)}$$

$$= \frac{\frac{1}{4}}{\frac{1}{4} + \frac{1}{3}} = \frac{\frac{3}{12}}{\frac{3}{12} + \frac{4}{12}} = \frac{3}{7} \approx 0.43$$

图4-10：抛掷硬币得出正面，计算出选中质地均匀硬币的概率

计算得出的结果是3/7，大约为0.43，这有点不可思议。它表明只要抛掷一次硬币，就可以在已知既定规则下，说硬币是质地均匀的概率只有43%，而有57%的几率抛掷的是质地不均匀的硬币。仅仅一次抛掷竟然就出现了14%的差异！

此外，一个频率论者绝不敢在仅仅抛一次硬币后就把硬币定性为质地均匀或不均匀的，而贝叶斯方法已经用特定的概率描述了抛掷硬币的结果。

我们回到第一次抛掷硬币，假设硬币抛掷出反面。现在想求出P(F|T)或者得到质地均匀硬币的概率。回想一下，偏差是正面朝上的概率，所以反面朝上的概率是“1-偏差”。对于质地均匀的硬币，它出现的概率是［1-（1/2）］= 1/2。对于质地不均匀的硬币，我们已知偏差是2/3，所以P(T|R)是［1-（2/3）］= 1/3。同样，由P(F)和P(R)给出的硬币是质地均匀或不均匀的概率是1/2。将这些表达式的值代入到公式中，得到P(F|T)的值，也就是假设硬币反面朝上，选择的硬币是质地均匀硬币的概率。具体步骤如

图4-11所示。P(F|T)的表达式类似于P(F|H)的表达式，只不过H和T是相反的。

这是一个更具戏剧性的答案，说明这种反面朝上的结果有60%的概率意味着硬币是质地均匀的（因此有40%的可能性抛掷的是质地不均匀的硬币）。这代表了在仅仅抛掷一次硬币的情况下，自信水平得到了巨大提升！注意，结果是不对称的。如果是正面朝上的结果，那么得到质地均匀硬币的概率为43%。如果是反面朝上的结果，那么得到质地均匀硬币的概率为60%。

从这个例子可知，我们可以从一次抛掷硬币结果中获得很多信息，但即使如此，60%的概率还远远不足以下结论。让我们在后面的章节进行更多的抛掷操作，以便有机会找到更精确的概率。

$$P(F|T) = \frac{P(T|F) \times P(F)}{P(T|F) \times P(F) + P(T|R) \times P(R)}$$

$$= \frac{\frac{1}{2} \times \frac{1}{2}}{\left(\frac{1}{2} \times \frac{1}{2}\right) + \left(\frac{1}{3} \times \frac{1}{2}\right)}$$

$$= \frac{\frac{1}{4}}{\frac{1}{4} + \frac{1}{6}} = \frac{\frac{3}{12}}{\frac{3}{12} + \frac{2}{12}} = \frac{3}{5} = 0.6$$

图4-11：如果抛掷硬币时反面朝上代表什么？

## 4.3.4 贝叶斯公式

下面通过另一种方式表示P(F|H)。在图4-5、图4-8和图4-9中，我们介绍了几种不同的方法来描述得到正面朝上的情况下选中质地均匀硬币的概率。

回顾图4-8中的表达式（图4-12的顶部也重复了这个表达式），请注意，比值的分母P(H,F) + P(H,R)组合了得到正面朝上的所有可能方式的概率（毕竟，结果只能是质地均匀或不均匀的硬币）。如果抛掷20个硬币，那么必须写下20个联合概率的总和，将形成一个非常冗余的表达式。通常我们会用一个简便方法，把这些组合概率简单地写成P(H)，或者“得到正面朝上的概率”。意味着所有可能得到正面的方法总和。如果有20枚不同的硬币，这将是所有硬币抛掷出正面朝上概率的总和。

图4-12展示了这个简化过程。

$$P(F|H) = \frac{P(H|F) \times P(F)}{P(H,F) + P(H,R)}$$

$$P(F|H) = \frac{P(H|F) \times P(F)}{P(H)}$$

图4-12：图4-8的最后一行用符号P(H)替换了表达式的分母

图4-13展示了最新的表达式，这就是本章开头提到的著名的贝叶斯公式（或贝叶斯定理）。这里采用了数学家的习惯，将表达式的乘号省略。

$$P(F|H) = \frac{P(H|F)\ P(F)}{P(H)}$$

图4-13：通常写作贝叶斯公式或贝叶斯定理

贝叶斯公式用通俗的语言解释就是计算P(F|H)的方式，或者说假设刚刚抛掷硬币，得到了正面朝上的结果，问该硬币为质地均匀硬币的概率是多少？为了得到答案，需要结合三个表达式的值。首先是P(H|F)，表示如果抛掷的是一枚质地均匀的硬币，得到正面的概率。将P(H|F)乘以P(F)（选中一枚普通硬币的概率），正如我们所看到的那样，这种乘法只是一种更方便评估P(H,F)的方法，表示硬币是质地均匀的，并且抛掷它出现正面向上的概率。最后，将所有的结果除以P(H)，即得到同时考虑抛掷质地均匀硬币和质地不均匀硬币时出现正面朝上的概率，也就是使用这些硬币得到正面朝上的可能性。

贝叶斯公式通常以图4-13的形式书写，这个公式将事物分解成可以方便计算的部分（字母也许会有变化，以更好地表达正在讨论的内容）。我们只需使用相应的值代入每个表达式，就可以得到一个条件概率，即抛掷硬币出现了正面朝上的结果，该硬币是质地均匀硬币的概率。请记住，P(H)代表联合概率的总和，如图4-12所示。

这就是为什么对贝叶斯公式提出的问题需要采用条件概率的形式（假设事件A为真，那么事件B为真的概率是多少？），因为这就是贝叶斯公式提供的形式。如果不能用这种形式表达问题，那么贝叶斯公式也许不是解答问题的正确方法。

### 4.3.5 关于贝叶斯公式的讨论

贝叶斯公式可能很难记住，因为它由多个表达式组成，每一个表达式都必须放在正确的位置。但好的一点是，我们可以在任何需要的时候快速地重新推导公式。

我们把F和H的联合概率写成两种形式（即P(F,H)和P(H,F)），表达的是相同的概念：抛掷一枚质地均匀的硬币并得出正面朝上结果的概率。我们用在图4-8所做的扩展版本替换它们得到图4-14的第二行。

$$P(F,H) = P(H,F)$$

$$P(F|H)\ P(H) = P(H|F)\ P(F)$$

$$\frac{P(F|H)\ P(H)}{P(H)} = \frac{P(H|F)\ P(F)}{P(H)}$$

$$P(F|H) = \frac{P(H|F)\ P(F)}{P(H)}$$

图4-14：重新得出贝叶斯公式或快速推演公式

要得到贝叶斯公式，只需将每一边除以P(H)，如第三行所示。结果是最后一行，这就是贝叶斯公式。如果需要用的时候忘记了公式，这是一个重新推导得到结果的简便方法。贝叶斯公式中的四个术语都有一个约定俗成的名称，如图4-15所示。

$$\underset{\text{Posterior}}{P(A|B)} = \frac{\overset{\text{Likelihood}}{P(B|A)} \times \overset{\text{Prior}}{P(A)}}{\underset{\text{Evidence}}{P(B)}}$$

图4-15：贝叶斯公式中的四个表达式及其名称

在图4-15中，我们使用了传统的字母A和B，它们可以代表任何类型的事件和例子。有了这些字母，我们知道P(A)是对于硬币是否为质地均匀硬币的初步估计，因为P(A)是在抛掷硬币之前选择质地均匀硬币的概率，称之为先验概率，简称先验。

P(B)表示得到硬币正面朝上结果的概率，称之为证据率。这个词可能会带来一些误导，因为有时这个词指的是犯罪现场的指纹之类的东西。在本文的语境中，证据率是事件B可能以任何方式发生的概率。请记住，证据率是我们选择的所有硬币正面朝上的概率之和。

假设有一枚质地均匀的硬币，条件概率P(B|A)告诉我们抛掷它得到正面朝上的可能性，将其称之为似然度。

最后，贝叶斯公式的结果表明，给定抛掷结果是正面朝上的情况下，这枚硬币是质地均匀硬币的概率。因为P(A|B)是在计算结束时得到的，所以称为后验概率，简称后验。

在本章开头提到过，贝叶斯方法的一个优点是可以有效地使用经验值和期望。现在我们可以看到，它是通过选择先验做到这一点的。一般来说，我们可以从实验过程中得到似然度P(B|A)和证据率P(B)，但不得不给先验P(A)一个猜测值。如果只进行一次实验，可能会产生一个问题，因为如果对先验的估计是错误的，那么后验也是错误的。稍后会看到，如果可以进行多次实验（例如通过多次抛掷硬币），那么可以在每次抛掷后使用贝叶斯公式将最初的猜测值P(A)修正得越来越好，从而能够为我们真正关心的后验概率P(B|A)提供更准确的计算支撑。

在抛掷硬币的例子中，我们很容易得出先验的值，但是在一些复杂的情况下，选择一个好的先验可能会很复杂。有时，它归结为经验、数据、知识的结合，甚至只是对先验应该是多少的预感。因为我们的选择包含一些主观或个性化的因素，所以人为选择一个先验被称为主观贝叶斯。另一方面，我们也可以用一种规则或一个算法来选择先验，这称为客观贝叶斯（吉诺维塞 2004）。

## 4.4 贝叶斯公式与混淆矩阵

在第3章中，我们研究了如何使用混淆矩阵来正确理解检测的结果。这次讨论的是贝叶斯公式，让我们再看一遍这个过程。

假设你是星际飞船“忒修斯号”的船长，正在执行一项深入太空的任务，寻找具有很多石矿并且无人居住的星球进行开采。就在刚才，你遇到了一个充满希望的“岩石星球”，已经迫不及待要去开采它了。但是收到的命令是禁止开采有生命存在的星球，所以最大的问题是：这颗星球上有生命吗？

根据你的经验，这颗“岩石星球”上的大部分生命只是一些细菌或真菌，但生命就是生命。根据协议，你派出一台探测器去调查，探测器成功着陆并给出了“没有生命”的报告。

因为没有一台探测器是完美的，我们现在必须考虑这样一个问题：“假设探测器没有探测到任何生命，这颗星球包含生命的概率是多少？”这个问题非常适合使用贝叶斯公式来求解。一个事件（我们称之为L）是“生命存在”，正向表示星球上有生命，负向表示星球上没有生命（可以立刻开始开采）。另一种情况（我们称之为D）是“检测到了生命”，正向表示探测器检测到了生命，负向表示探测器没有检测到生命。

我们极力想要避免在存在生命的星球上开采，这是假负向：探测器报告负向，但这是错误的结果。这将带来可怕的后果，因为我们不想干涉，更不想破坏任何形式的生命。假正向反而不那么令人担忧：那些明明是荒芜的星球，但是探测器认为它发现了生命迹象。假正向唯一的影响就是我们没能去开采一颗原本可以开采的星球。这虽然带来了一些经济损失，但问题不大。

负责建造探测器的科学家也有同样的担忧，所以他们努力将假负向率降到最低。他们也试图降低假正向率，但这并不是重点。

实际上，一些有生命的星球可能并不是到处都有生命迹象，所以探测器可能会降落在具有生命的星球上的无生命区域，从而导致什么都没有探测到。为了简单，我们不要担心这种情况，并认为任何不正确的结果（即错过了那里的生命或者说没有生命的时候说生命存在），都是由于探测器的错误，而不是星球本身。

探测器的性能如图4-16所示。为了得到这些数字，将探测器下放到1000颗已知情况的星球上，其中101颗星球已知含有生命。这些信息代表了先验：在每1000颗星球中，我们期望其中101颗上有生命。

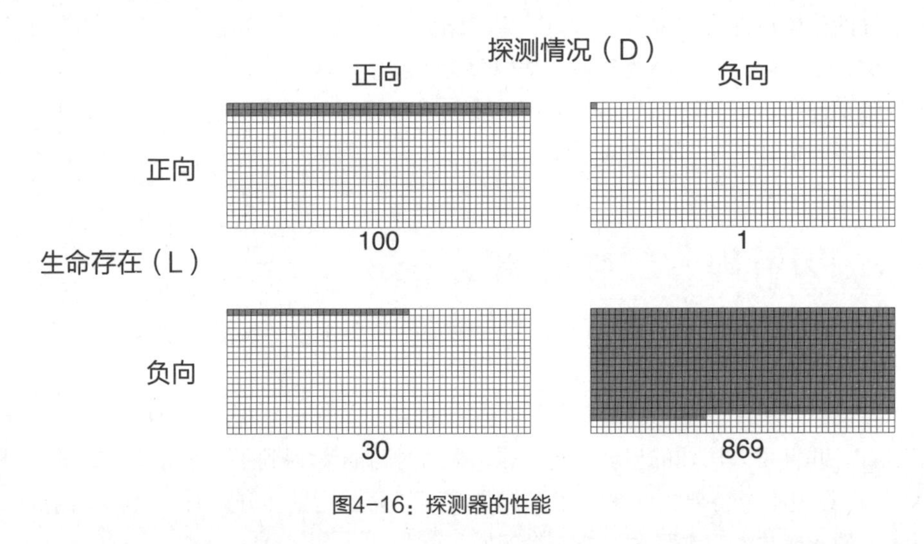


图4-16：探测器的性能

探测器正确地报告了在1000次探测中发现100颗有生命的星球（也就是真正向）。换句话说，在101颗有生命的星球中，探测器只错过了一次生命迹象（假负向）。

在899颗荒芜星球中，探测器正确报告了869次没有生命（真负向）。最后，它错误地报告了30次在一颗荒芜的星球上发现了生命（假正向）。总而言之，这些数字表明探测器的性能还不错，因为它偏向于保护生命（如同它的设计理念）。

我们使用字母D表示“探测到的生命”（探测的结果），用字母L表示“生命存在”（星球上的基础事实），我们可以将这些结果总结为图4-17的混淆矩阵。对于边缘概率，把探测结果“未探测到生命”（即探测器报告没有生命）写成not-D，把“没有生命”写成not-L（即星球上真的没有生命）。

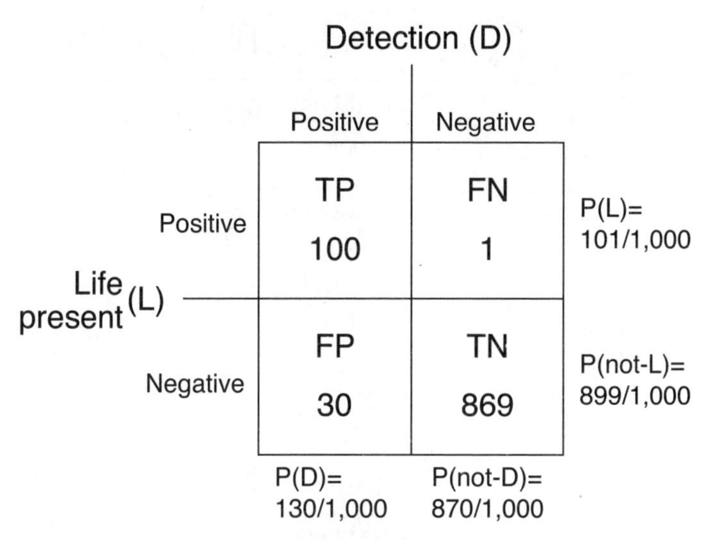


图4-17：总结图4-16的混淆矩阵，展示了生命探测器的性能。四个边缘概率显示在右边和下边

图4-18总结了四个边缘概率和我们将使用的两个条件概率。

P(D) = 130/1,000　　P(not-D) = 870/1,000

P(L) = 101/1,000　　P(not-L) = 899/1,000

P(D|L) = 100/101　　P(not-D|L) = 1/101

图4-18：基于图4-17中的数据，总结使用的四个边缘概率和两个条件概率

为了得到P(D|L)，即假设真的存在生命时探测器报告发现生命的概率，我们找到了探测器发现生命的次数（100），然后除以存在生命的星球数量（101）。也就是发现第3章提到的召回率TP/(TP + FN)，它达到100/101，约为0.99。

为了得到P(not-D|L)，即相反的情况，也就是探测器错误地报告了在第101颗星球中没找到生命的概率。我们在第3章介绍的FN/(TP + FN)称为假阴性率，它达到1/101，约为0.01。为了更深入地了解探测器的行为，我们继续使用第3章中的指标，找到探测器的精确度为969/1000，即0.969，其准确率为100/130，约为0.77。

现在我们可以回答刚刚的问题了。假设探测器报告不存在生命，那么实际存在生命的概率是P(L|not-D)。使用贝叶斯公式，代入上一段或图4-18中的数字，结果如图4-19所示。

$$P(L|\text{not-D}) = \frac{P(\text{not-D}|L) \times P(L)}{P(\text{not-D})}$$

$$= \frac{\frac{1}{101} \times \frac{101}{1,000}}{\frac{870}{1,000}}$$

$$= \frac{\frac{1}{1,000}}{\frac{870}{1,000}} = \frac{1}{870} \approx 0.001$$

图4-19：考虑到探测器报告没有发现生命，计算出星球有生命的概率

计算结果让我们松了口气，可以看到探测器报告星球上没有生命，而星球上有生命的概率大约是千分之一。这给了我们很大的自信心。如果想更加严谨，可以发送更多的探测器。稍后将看到，每一次探测都能增加我们对是否存在生命的信心。

换个方式，假设探测器返回了一个正向的报告，告诉我们确实探测到了生命。这对我们来说是经济损失，所以想确定一下，那颗星球上存在生命有多大概率？为了找到答案，再次使用贝叶斯公式，但这一次计算出P(L|D)，即假设探测器探测到生命的前提下，生命存在的概率。计算结果如图4-20所示。

$$P(L|D) = \frac{P(D|L) \times P(L)}{P(D)}$$

$$= \frac{\frac{100}{101} \times \frac{101}{1,000}}{\frac{130}{1,000}}$$

$$= \frac{\frac{100}{1,000}}{\frac{130}{1,000}} = \frac{100}{130} \approx 0.77$$

图4-20：考虑到探测器报告发现了生命迹象，计算出星球有生命的概率

由图4-20可见，如果探测器报告发现了生命，我们仅凭这一台探测器，有77%的信心相信星球上真的存在生命。这与我们从负向报告中获得的信心水平相差甚远，但这是因为探测器的设计理念是可能出现假正向的几率大于可能出现假负向的几率。由于我们宁愿为了保护生命而犯错误，所以总体来说，这些都是好结果。

正如前面提到的，我们可以发送更多探测器来增加对任何一种结果的信心，但是无论如何都不会得到绝对的确定性。在某个时刻，无论是1台探测器、10台探测器或10000台探测器，我们都需要自己做出否开采这颗星球的判断。

现在让我们看看如何发送更多的探测器来提升信心。

## 4.5 再论贝叶斯公式

在前面几节中，我们介绍了如何使用贝叶斯公式来回答"假设A为真，那么B为真的概率是多少？"的问题。我们将这个问题当作仅发生一次的事件来处理，并代入了对该事件的经验参数，最终获得了一个概率值。

仅仅一个事件或者实验，不足以支撑即将介绍的内容。回到抛掷两个硬币游戏的例子中，一枚硬币是质地均匀的，另一枚硬币是质地不均匀的，抛掷一枚硬币有一半以上的概率是正面朝上。我们随机选择两枚硬币中的一枚，抛掷它，发现正面朝上，然后就产生了一个概率，游戏就这样结束了。

在这一节中，我们可以继续抛掷硬币，把贝叶斯公式用于循环实验中，其中通过每一个先验得到一个新的后验，然后用它作为下一次实验的先验。随着实验次数的增加，如果数据是客观自然的，先验应该越来越趋近于我们真正想要寻找的潜在概率。

在介绍细节之前，首先要有一个基本的直觉：通过实验背景，已知似然度P(B|A)和证据率P(B)，但不知道先验P(A)，贝叶斯公式恰好又需要一个先验值，所以我们需要仔细思考，做出合理的猜测。现在有贝叶斯公式所需要的所有表达式的值，把它们代入公式可以得到后验值P(A|B)。

有趣的地方来了，后验概率告诉我们给定事件B发生的情况下，事件A发生的概率。无论是正面朝上的硬币，还是在星球上发现生命的探测器，首先知道的是事件B发生了，因为我们选择计算P(A|B)，而不是假设B没有发生时A的概率。既然我们知道无论如何B都发生了，那么P(A|B)就等同于P(A)。

让我们用另一个例子来更精确地表达这一观点：假设事件B是"天气变热"，事件A是"人们穿凉鞋了"。那么"人们穿着凉鞋，背景是天气变热"的概率就等于"人们穿着凉鞋"，因为我们已经观察到天气变热了。

换句话说，后验P(A|B)变成了下一次循环中的P(A)，这就是先验！这是关键所在。当我们知道事件B已经发生时，贝叶斯公式的输出是对P(A)的新估计。因此，贝叶斯公式根据实验告诉我们一种方法，来改善和增强对系统的期望或信念。

总之，我们来猜测一下P(A)，然后进行实验。重要的是，我们根据是否看到事件B来选择计算P(A|B)或P(A|not-B)，如图4-19和图4-20所示。选择计算贝叶斯规则的哪个版本是整个循环有效的关键。我们选择P(A|B)或P(A|not-B)是由实际观察到的结果决定的，也为计算过程增加了新的信息。这些新信息有助于完善我们对正在学习的系统的理解。因此，在做出选择后，将数字代入贝叶斯公式，并产生一个后验概率，然后这个后验概率又成为新的先验概率。有了这个新P(A)，继续进行实验，再次使用贝叶斯公式，根据事件B是否发生来计算P(A|B)或P(A|not-B)，并再次更新期望。通过将该结果用作下一个实验的新P(A)，或者说先验概率，以此往复。随着时间的推移，我们对A或P(A)概率的信念或期望，从猜测值逐渐细化为实验支持的值。

让我们把这种想法封装成一个循环，从对先验P(A)的猜测开始，然后通过进行更多的实验来完善它。

## 4.5.1 后验-先验循环

在图4-15中，给贝叶斯公式中的所有表达式取了名称，但是这些名称并不是固定的，我们经常以假设和观察（有时缩写为Hyp和Obs）的形式提及贝叶斯公式中的事件（我们一直称之为事件A和事件B）。假设我们描述了一些想要发现的真相（例如“我们选中了质地均匀的硬币”），观察结果是实验结果（例如“我们得到了正面朝上的结果”）。图4-21展示了带有这些说明的贝叶斯公式。

$$P(\text{假设}|\text{观察}) = \frac{P(\text{观察}|\text{假设}) \times P(\text{假设})}{P(\text{观察})}$$

图4-21：为事件A和事件B编写带有描述性标签的贝叶斯公式

在抛掷硬币的例子中，我们的假设是“选择了质地均匀的硬币”。进行实验后，得到了一个观察结果，那就是“硬币正面朝上”。结合先验概率P(Hyp)和假设下观测值的似然度P(Obs|Hyp)，得到观测值和假设为真的联合概率。然后使用证据率P(Obs)或观察可能以任何方式发生的概率来衡量它，结果是后验P(Hyp|Obs)，它告诉我们假设在给定观测值的情况下，结果为真的概率。

就像之前介绍的那样，现在把它封装成一个循环。计算后验，当重复实验时（因为知道事件B已经发生），用它作为先验，结果得到一个新的后验，下次再用它作为先验，以此类推。由于包含了每个先前实验的结果，每次循环时，先验在描述系统时都会更加精确。

图4-22显示了该循环的示意图。

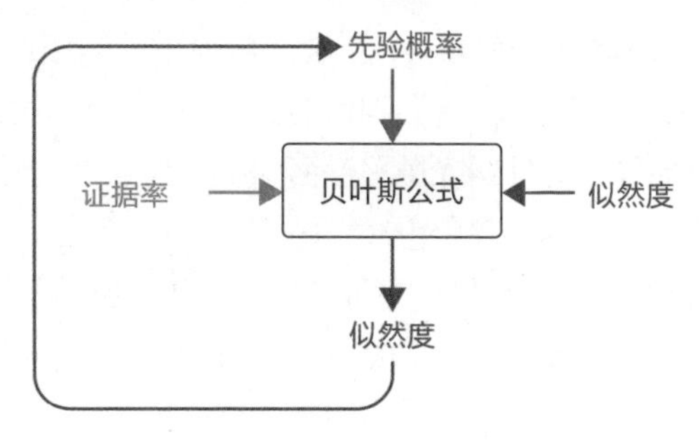


图4-22：每次有新的观察值，结合证据率、观察的可能性和先验来计算后验。评估一个新的观察时，该后验被用作新的先验

我们来概括一下，从一个先验开始，它可能来自分析、经验、数据、算法，或者仅仅是猜测。然后进行一个实验（或做一个观测）并开始循环。结合证据、观察的可能性和先验，用贝叶斯公式计算后验。之后将后验用作新的先验，当下一轮实验开始时，使用新的先验再次进入循环。

这个过程是：每次通过循环，先验会从最初的猜测值向一个极大可能性的范围趋近。先验是不断改进的，因为在每次循环中，先验除了包含所有先前的观测经验之外，还包含最新的观测值。

下面我们用抛掷硬币的例子，来看看这个循环是如何运行的。

## 4.5.2 贝叶斯循环实战

回想一下之前考古学家朋友和她的两枚硬币的问题，让我们概括一下这个问题，并且尝试进行一些改变，以便探索如何使用图4-22中的贝叶斯公式循环来解决问题。

与其说考古学家朋友有一个装有两枚硬币（其中一枚为质地均匀硬币，另一枚为质地不均匀硬币）的袋子，不如假设她发现了很多这样的袋子，其中每个质地不均匀的硬币都具有不同的偏差。每个袋子都标有其质地不均匀硬币的偏差（偏差通常用小写希腊字母 θ（theta）表示）。

考古学家朋友认为，在玩家开始游戏之前，会思考他们希望质地不均匀的硬币会有多少偏差。然后挑选相应的袋子，通常从两枚硬币中挑选一枚，猜测选到的是哪一枚。

像他们一样，我们先选一个袋子，然后从袋子里选一枚硬币，这样就确定了选择质地均匀硬币的概率。我们可以使用贝叶斯公式的循环形式，通过多次抛掷硬币，记录得到的正面和反面，并观察贝叶斯公式通过观测结果对后验概率进行了怎样的修正。

假设进行30次抛掷。即使只有这么少的数据，也可能看到不寻常的结果。例如，我们选中了质地均匀的硬币，但仍然得到25次正面朝上和5次反面朝上的结果。这虽然不太可能，但还是有发生的可能。更有可能的是，从一个带有高偏差质的质地不均匀的硬币中得到这种结果。让我们看看贝叶斯公式如何根据多次抛掷来确定选择的是哪枚硬币。

我们从选择带有质地均匀硬币和偏差为0.2的质地不均匀硬币的袋子开始，这意味着每10次抛掷中会出现2次正面向上。假设我们抛掷这枚硬币30次，只有20%（也就是6次）抛掷正面朝上的可能性，另外24次抛掷反面朝上。那么这是质地均匀硬币还是质地不均匀的硬币呢？由于预估质地均匀硬币30次抛掷中有15次正面朝上，质地不均匀的硬币30次抛掷中有6次正面朝上，所以有6次正面朝上似乎代表该硬币是质地不均匀的。

图4-23显示了每次抛掷后贝叶斯公式的结果。和以前一样，质地均匀硬币的概率用亚麻色（或米色）表示，而质地不均匀硬币的概率用红色表示，这两个概率加起来总和是1。

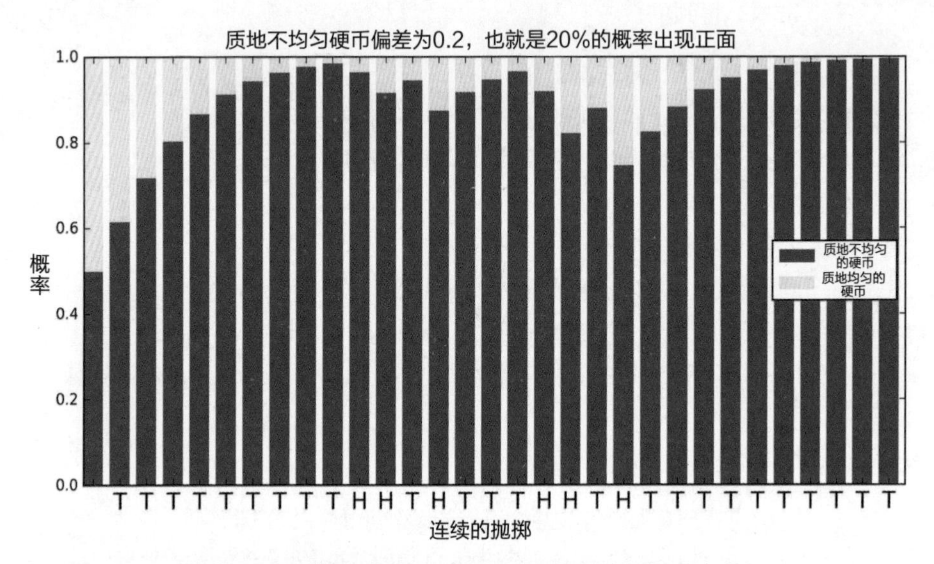


图4-23：连续抛掷，质地均匀硬币的概率用亚麻色（米色）表示

要想理解这张图表达什么，我们看到底部的字母不是“H”就是“T”，这是抛掷的结果。图中有24次反面朝上，6次正面朝上。我们从左边开始仔细看看这个柱形图，最左边一列显示了在抛掷硬币之前是质地均匀硬币或质地不均匀硬币的概率都是0.5。毕竟，选择任何一枚硬币的机会都是相等的，而且还没有抛掷它来获得任何数据。右边的柱形图显示了第一次抛掷时，观察到反面朝上的贝叶斯公式的后验结果。由于从质地均匀硬币中抛掷出反面朝上的几率是0.5，而从质地不均匀的硬币中获得反面朝上的几率是0.8，所以反面朝上表明该硬币更可能是质地不均匀的硬币。继续向右看，大约80%的抛掷结果是反面朝上。这就是对质地不均匀硬币的预期，所以它的概率迅速接近1。请注意，当得到一些连续正面朝上的结果时，该硬币是质地不均匀硬币的概率会下降到大约2/3，但随着新的反面朝上的结果出现，概率又会上升。

每个柱形图中亚麻色块或米色块的高度是P(F)，即质地均匀硬币的概率。每次抛掷后，使用贝叶斯公式来计算P(F|H)或P(F|T)，这样就变成了P(F)的新值，或者说相信是质地均匀的硬币概率。再用它来计算下一次抛掷后的新后验。虽然一开始认为有一半的概率会选择质地均匀的硬币，但连续的抛掷和随后的贝叶斯公式的应用改变了开始的想法。这枚硬币越来越有可能是质地不均匀的硬币，而对质地均匀硬币的期望（用P(A)表示）则变得越来越小。

而结果是质地均匀硬币的概率接近0，但永远不会降到0，因为我们不能绝对肯定这不是一个有着极为特殊结果的质地均匀硬币，所以质地均匀硬币总是至少有一丝概率。

在这个例子中，得到的数据非常清楚地表明我们选中的是质地不均匀的硬币。用这枚硬币再实验一次。假设下一次获得正面朝上的情况更少，可能只有三次，这使得该硬币是质地不均匀硬币的理由更加充分。循环抛掷这枚硬币产生的结果如图4-24所示。

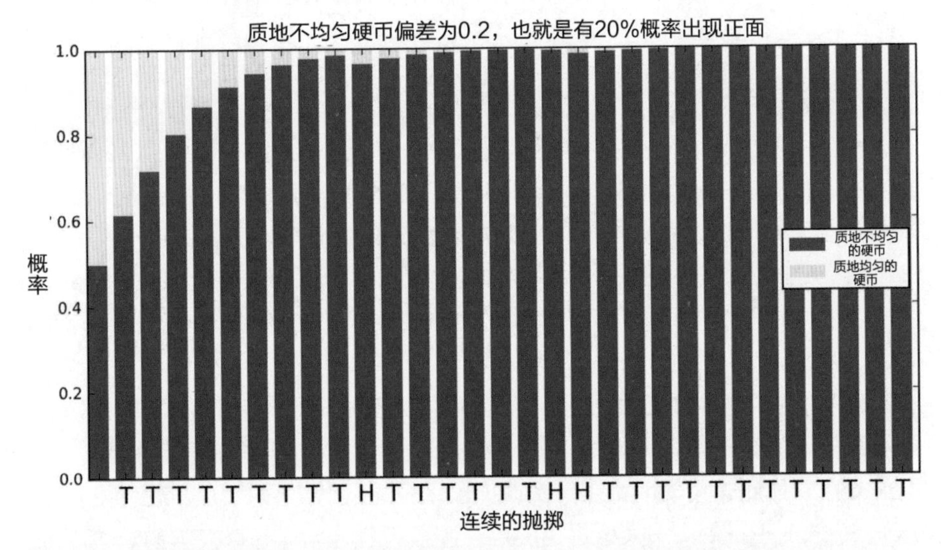


图4-24：使用相同的硬币，偏差为0.2，但这次在30次抛掷后碰巧只得到三次正面朝上的情况

我们仅仅做了四次抛掷之后，确定该硬币为质地不均匀硬币的概率大约是90%。30次抛掷后，是一枚质地均匀硬币的概率再次几乎为0，但并不会真正为0。

假设我们再次进行30次抛掷，这次刚好得到24次正面朝上的结果，结果与这两枚硬币都不太匹配。我们期望质地均匀硬币会有15次正面朝上，质地不均匀硬币只会有6次正面朝上。鉴于这两点，这似乎更有可能是一枚质地均匀的硬币。图4-25显示了根据贝叶斯公式得出的结果。

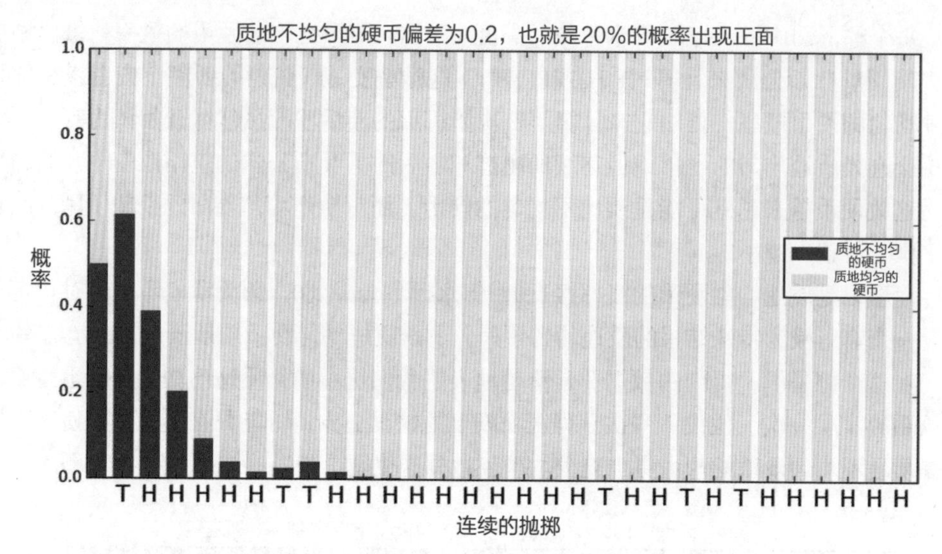


图4-25：使用相同的硬币，偏差为0.2，但这次在30次抛掷后碰巧得到24次正面朝上

质地均匀的硬币有大约一半的概率出现正面，质地不均匀的硬币只有20%的概率出现正面朝上。所有这些正面朝上的情况都不太可能来自任何一枚硬币，但它们更不可能来自质地不均匀的硬币，这增强了我们得到质地均匀硬币的信心。

我们看到这枚硬币三种不同的抛掷结果，包括几乎全部反面朝上和几乎全部正面朝上。通过抛掷10枚不同偏差的硬币来概括这些结果，为每一枚硬币绘出10种不同的抛掷结果图。我们可以对每枚硬币的每种结果使用贝叶斯公式，创造100种场景，结果如图4-26所示。其中，每个单元格都是一个类似图4-23到图4-25的小条形图。

图4-26左下角的位置，横坐标上的值（标记为“质地不均匀硬币的偏差”）约为0.05，这意味着预计这枚硬币将在20次抛掷出现1次正面朝上的情况。在纵坐标上的值（标记为“抛掷序列偏差”）大概也为0.05，这意味着将创建一个人工的观察序列，就像我们之前做的那样，每20个观测中就有1个是正面的。在这种情况下，为网格中这个单元格创建的30个观察图案中的硬币正面朝上的数量与期望从质地不均匀硬币中得到的正面朝上的数量相匹配，因此我们对该硬币是质地不均匀硬币（红色）的信心迅速增长。

目光向上移三格，由于没有水平移动，横坐标的值仍然是0.05，所以抛掷的硬币应该是在20次中出现1次正面朝上。但是现在纵坐标值大约是0.35，所以我们看到的是一个正面朝上频率明显更高的图案。有了这些正面朝上的情况，结果似乎更有可能来自一枚质地均匀的硬币，而不是从一枚质地不均匀的硬币获得了一系列不寻常的抛掷结果。随着抛掷硬币次数的增加，认为是质地均匀硬币的信心越来越强。

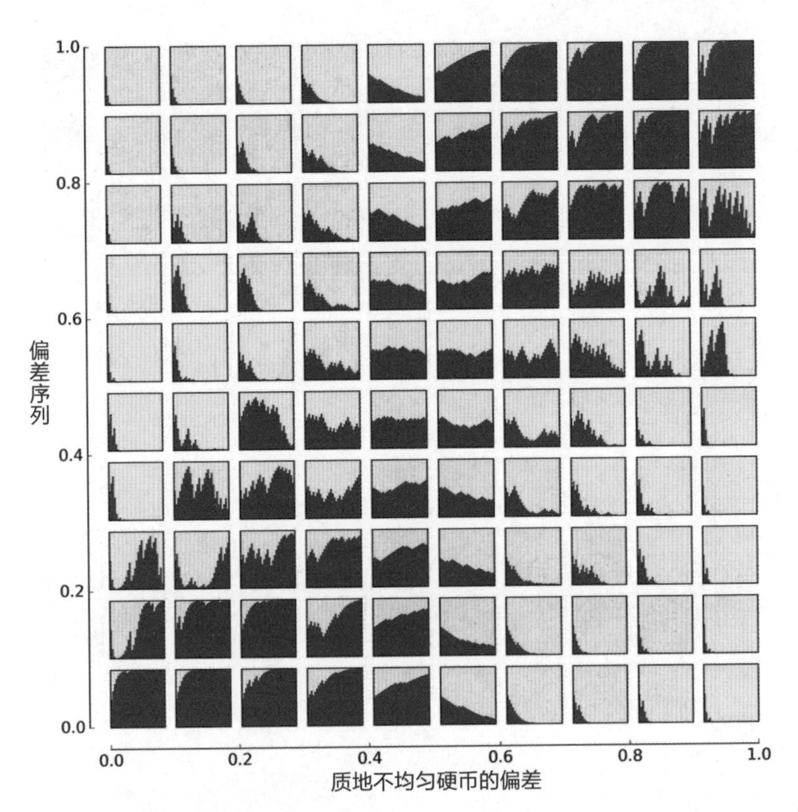


图4-26：抛掷一枚硬币30次，并使用贝叶斯循环决定选中的是哪枚硬币每个单元格只展示30次抛掷中的一次结果。每行使用相同的正面或反面朝上的顺序

我们绘制了一个由30个正面和反面朝上组成的图案，其中每个单元格都可以用同样的方式理解。正面朝上的相对比例由纵坐标给出，问这个图案是否更有可能出现在一枚质地均匀的硬币中，还是来自正面概率由其水平位置给出的硬币。

在网格的中间，两个值都接近0.5，几乎无法分辨。质地不均匀的硬币几乎和质地均匀的硬币一样经常正面朝上，正面和反面的图案几乎是均等的，所以我们可以抛掷任何一枚硬币。虽然两者的概率都在0.5左右，但是，当用更少的正面朝上（图的下半部分）或更多正面朝上的情况（图的上半部分）绘制图案时，我们就可以判断该图案与一枚质地均匀硬币的匹配程度，即出现正面的概率较低（图的左侧）或出现正面的概率较高（图的右侧）。

连续30次抛掷对我们很有启发性，但仍然可能得到不寻常的结果（比如一枚质地均匀硬币出现了25次正面朝上）。如果将每张图中的抛掷次数增加到1000次，这样不寻常的结果会变得更加罕见，图案也会变得更加清晰，如图4-27所示。

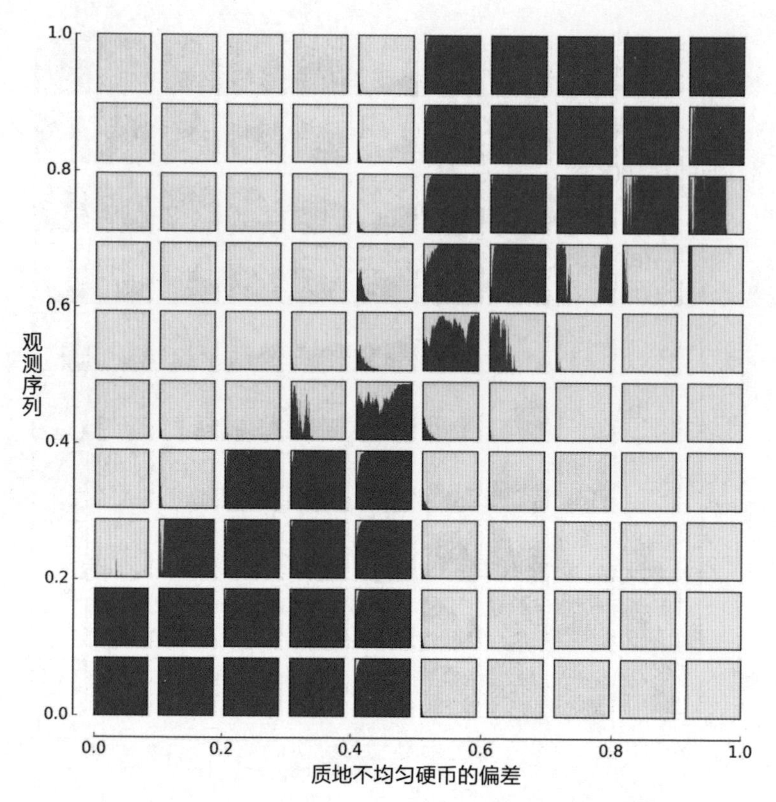


图4-27：这个图表的设置与图4-26相同，但是现在将每个硬币翻转1000次。

在图4-27的左下角和右上角，抛掷的结果图案相比质地均匀硬币而言更接近质地不均匀硬币的偏差，贝叶斯公式将“选择了质地均匀硬币”的先验推向接近于0。在左上方和右下方，抛掷结果与质地均匀硬币更加匹配，先验趋近于1。

图4-26和图4-27的一般经验是：观察值越多，就越能确定假设是对还是错。每次观察实验都会增加或减少信心。当观察结果与先验匹配时（“有质地均匀的硬币”），对先验的信心就会增长。当观察结果与此相反时，信心会下降。因为在这种情况下只有一种选择（“有质地不均匀的硬币”），这种可能性就会变得更大。即使只有很少的观察值，我们也能在早期获得很大的信心。

## 4.6 多重假设

前一小节我们看到了如何使用贝叶斯公式，通过将假设与实验相结合的方式来改进假设。也许这个过程要重复多次，但是假设可能不止一个。实际上，我们一直在进行多重假设，本小节可以清楚地看到“这枚硬币是质地均匀的”和“这枚硬币是质地不均匀的”两种假设同时被更新。因为这两种概率加起来是1，知道其中任何一种就揭示了另一种，所以只需要跟踪其中一种。

但是如果我们需要，可以使用两个贝叶斯公式同时计算这两种概率。假设抛掷硬币是正面朝上，可以独立计算得到一枚质地均匀硬币的条件概率P(F|H)，并得到一枚质地不均匀硬币的条件概率P(R|H)，如图4-28所示。

$$(a)\quad P(F|H) = \frac{P(H|F)\ P(F)}{P(H)}$$

$$(b)\quad P(R|H) = \frac{P(H|R)\ P(R)}{P(H)}$$

$$(c)\quad P(H) = P(H|F)\ P(F) + P(H|R)\ P(R)$$

图4–28：计算两个假设的概率。（c）行明确显示了这两种情况下如何计算P(H)

从图4-28中，我们可以看到质地均匀硬币和质地不均匀硬币的概率是它们在硬币正面出现时两种可能性的分配。如果我们想同时跟踪多个假设，可以通过这种方式使用贝叶斯公式的多个变体，在每次新的观察后更新它们。

通过这种方式可以为我们的考古学家朋友提供更多帮助。她刚刚找到了一个箱子，里面装着用于新游戏的道具，和之前一样，袋子里装着成堆的硬币，质地不均匀硬币具有不同的偏差。我们知道一枚偏差较大的硬币（正面出现的频率远高于反面，或者反面出现的频率远高于正面）总是很容易被猜中。她考虑到玩家的经验层次是不同的，有新玩家也有老玩家，新玩家通常会玩带有高度偏差的硬币，但随着玩家的技巧变得熟练，他们反而会倾向使用偏差越来越接近0.5的质地不均匀硬币。因为这将加大游戏的判断难度，使游戏能持续更长的时间，风险更大，趣味性也更高。

因为考古学家朋友想深入了解她的发现，所以她把所有的硬币都倒在一个大盒子里，并让我们帮忙找出每枚硬币的偏差。目前，假设只有五个可能的偏差值：0、0.25、0.5、0.75和1（回想一下，值为0.5的偏差代表一枚质地均匀的硬币）。因此我们创建五个假设，将它们编号为0到4，对应不同的偏差值。0表示“这是偏差为0的硬币”，1表示“这是偏差为0.25的硬币”，以此类推，直到假设4表示“这是偏差为1的硬币”。

现在我们从盒子里随机拿起一枚硬币反复抛掷，并尝试确定这些假设中哪一个最有可能。首先，我们需要为每个假设设置一个先验。请记住，先验将在每次循环中被更新，因此开始只需要一个近似的猜测。由于对所选的硬币一无所知，我们先假设每枚硬币被选中的概率都是一样的，那么这5个先验值都有1/5（或0.2）的概率是正确的。

请注意，我们可以通过对实际情况的观察，设置更合理的先验。假设有16枚硬币，每对硬币都有一个是质地均匀的，一个是质地不均匀的。这种情况下，就有8枚质地均匀的硬币，8枚质地不均匀的硬币（假设共有4种偏差值，每种包含2枚硬币）。选择一枚质地均匀硬币的几率是8/16（或0.5），而选择每枚质地不均匀硬币的几率是2/16（或0.125）。这也许是一个更好的先验，因为我们使用了更多已知的信息来确定它。一个更合理的先验意味着循环将更快地计算出一个高可能性的答案。而贝叶斯循环的好处在于，我们可以从几乎任何近似的先验开始，最终得到相同的结果。为了简单，我们使用第一个先验，其中每个假设的值都是0.2。

实验中唯一要指定的是每枚硬币的似然度，在这里似然度已经设定成了偏差。也就是说，如果硬币有0.2的偏差，那么它出现正面的似然度是0.2。这意味着反面朝上的似然是：1-0.2 = 0.8。

假设0表示“有偏差为0的硬币”，出现正面的似然度为0，反面为1。假设1表示“有偏差为0.2的硬币”，出现正面的似然度为0.2（或20%），反面为0.8（或80%）。五个假设中每一个得到正面或反面的似然度如图4-29所示。

由于硬币本身不会随着我们抛掷它们并收集观察结果而改变，所以似然度也不会改变。每次在获得新的观察结果后评估贝叶斯公式时，都会反复使用这些相同的似然度。

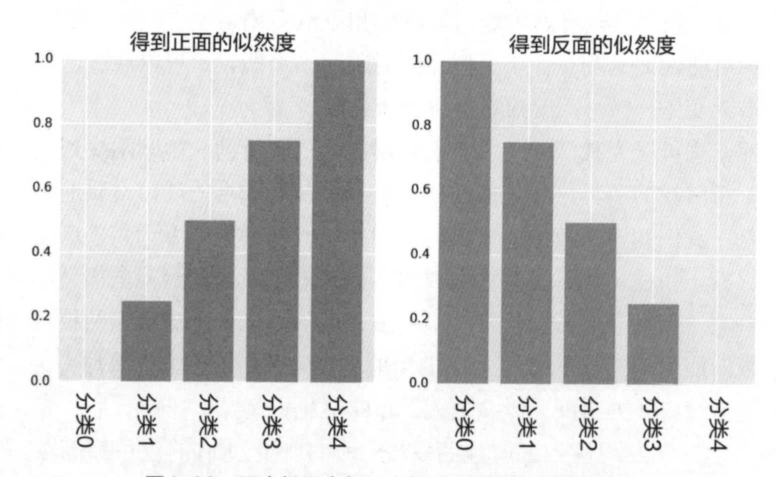


图4-29：五个假设中每一个得到正面或反面的似然度

我们的任务是通过反复抛掷硬币，观察五个先验在演变过程中的变化规律。为了展示每次抛掷时发生的情况，我们用红色柱形图表示五个先验值，用蓝色柱形图表示五个后验值。图4-30展示了第一次抛掷硬币的结果，假设这是正面向上。五个红色柱形代表五个假设中每一个假设的先验均为0.2。由于硬币出现了正面，我们将每个先验乘以图4-29左侧柱形图中相应的似然度，再除以得到正面的所有五个概率之和，就得到后验，即贝叶斯规则的输出，用蓝色表示。

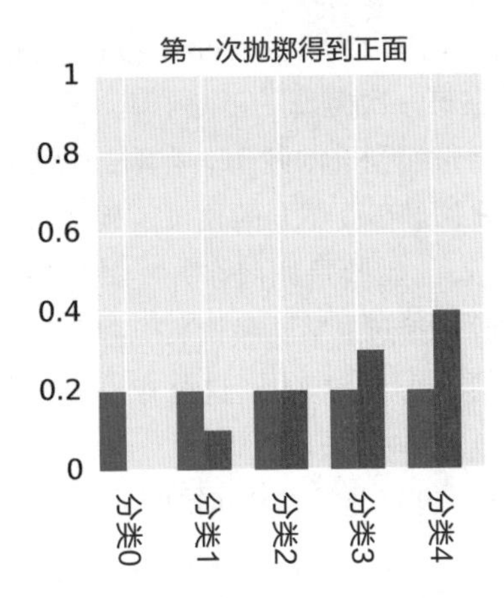


图4-30：检验五个假设，判断硬币有0、0.25、0.5、0.75和1.0的偏差

从每个假设的先验值0.2（红色）开始。抛掷一次硬币后，正面朝上，再计算后验（蓝色）

在图4-30中，每对柱形图显示了单个假设的先验值和后验值。现在我们已经排除了假设0，因为它表示硬币永远不会出现正面，但刚刚已经得到了正面的情况。说这枚硬币总是会出现正面的假设是迄今为止最有力的，因为我们刚刚得到了正面的结果。

现在我们来进行一系列的抛掷，得到了正面朝上概率为30%的100次抛掷结果。也就是说，这对应于从偏差为0.3的硬币中得到的抛掷结果。五个假设中没有一个与此完全匹配，但假设1最接近，它代表一枚偏差为0.25的硬币。我们再看看贝叶斯公式的表现，图4-31的前两行显示了前10次抛掷的结果，最后一行的间隔度将会变大。

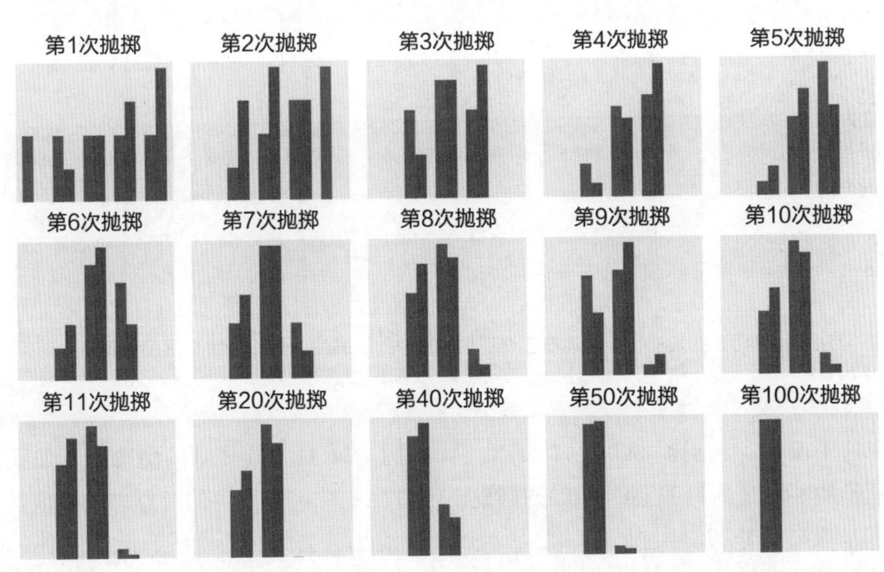


图4-31：先验（红色）和后验（蓝色）对偏差为0.3的硬币产生的一系列抛掷结果。抛掷的次数显示在每个图表的顶部

正如在前两行中看到的，每次抛掷后计算的后验（蓝色）成为下一次抛掷的前验（红色）。我们还可以看到，在第一次抛掷（正面）后，最左边假设0的可能性下降到0，因为该假设是有一枚永远不会正面朝上的硬币。在第二次抛掷时，碰巧是反面朝上，假设4变成了0，因为它表示一枚总是正面朝上的硬币。现在只剩下3个假设。

我们可以看到剩下3个假设的后验是如何在每次抛掷时被修正的。随着更多的抛掷结果出现，出现正面朝上的数量接近30%，假设1占主导地位。当达到100次抛掷时，系统基本上已经确定假设1的可能性是最高的，这意味着该枚硬币比任何其他选择更有可能具有0.25的偏差。

如果我们能检验5个假设，也就能检验500个假设。图4-32显示了500个假设，每个假设对应从0到1等间距的偏差。图4-32增加了第四行来显示更多的抛掷结果，并且用拟合曲线代替了垂直柱形图，这样可以更清楚地看到500个假设的计算结果。

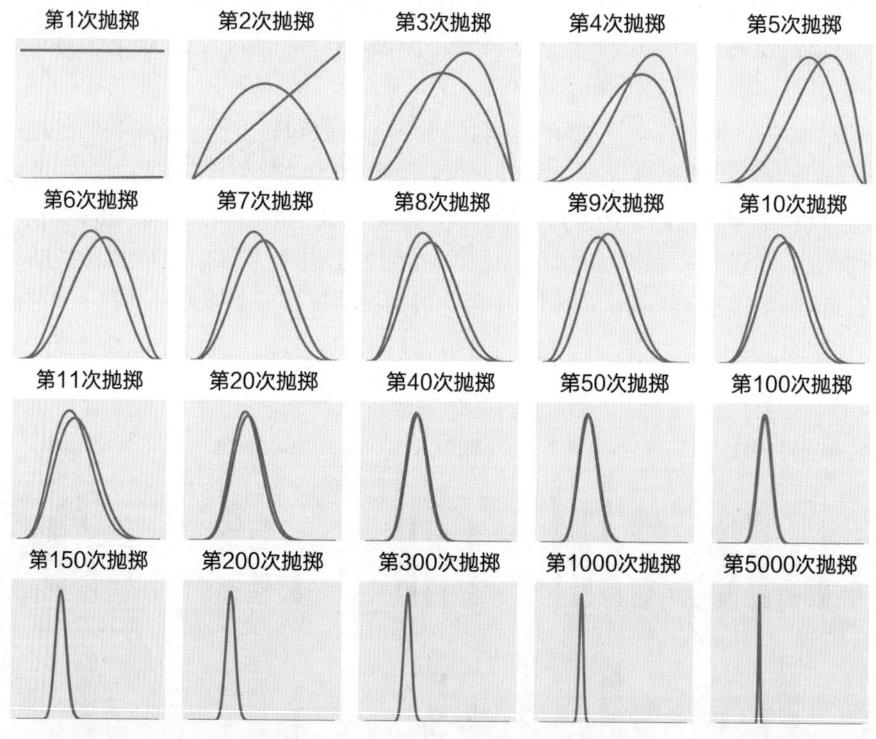


图4-32：与图4-31相同的情况，但是现在正在评估500个同时发生的假设，每个假设都基于一个偏差稍有不同的硬币

在这个图中（和后面的图一样），我们重用了图4-31相同规则的抛掷。正如我们所料，正确的假设是预测偏差约为0.3的假设。但是另一件正在发生的有意思的事情是：后验概率呈现高斯分布。回想一下第2章，高斯曲线是著名的钟形曲线，除了对称的凸起处之外，它是平坦的。这是从贝叶斯公式的数学特性发展而来的典型先验特征。高斯曲

线经常在数据分析结果中出现，这只是其中一例。

请注意，正如本章开头所介绍的，贝叶斯推理并没有集中在一个正确的答案上。相反，随着实验的进行，它逐渐将更多的概率分配给更小范围的答案。我们的想法是，在这个范围内的任何值都有一定的概率成为我们寻求的答案。

如果贝叶斯公式进化到先验呈现出高斯分布，那么如果一开始就使用这个高斯分布的均值作为先验值，会有什么结果？让我们试一下吧！把先验凸起的平均值（也就是它的中心）放在0.8左右会加大系统难度。也就是说，我们认为检验的硬币最有可能有0.8的偏差。这与实际的0.3相差甚远。描述硬币0.3的概率仅仅从0.004开始，所以通过先验断言，这个硬币有0.3偏差的概率是0.4%（或者说4/1000）。系统如何在正确答案只有如此小概率的情况下修正错误的先验？

图4-33显示了多次抛掷硬币的结果。

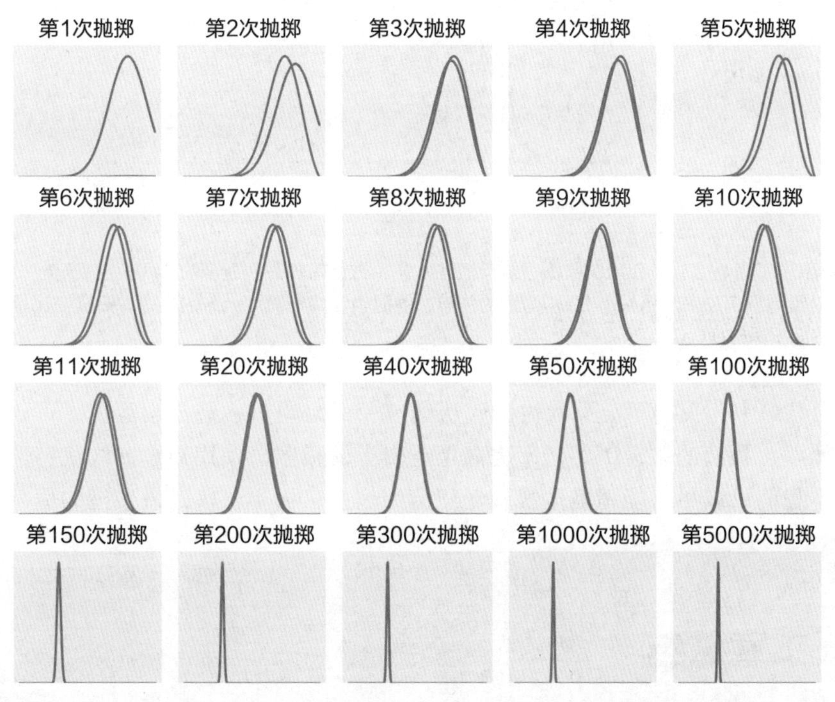


图4-33：该图与图4-32的设置相同，只是现在从一组以0.8为中心的高斯凸块中形成的先验开始

果然！即使我们的先验选择不佳，系统也将偏差修正到了0.3。虽然花了更多时间，但还是达到效果了。

在图4-34中，我们展示了图4-33在评估前3000次抛掷过程中10个步骤的先验分布，这些分布是叠加显示而不是按顺序分别排列显示的。

请注意，我们从一个平均值为0.8的粗略先验开始，但是随着抛掷次数的增加，收集了更多的结果值，先验的平均值向0.3移动。凸块的宽度也变窄了，这表示系统一直在缩小偏差平均值的精确范围。每个曲线对应的抛掷次数是手动选择的，这样曲线对应的抛掷次数间隔大致相等。请注意，随着系统变得成熟，通过产生越来越窄的先验分布，曲线的变化会越来越慢。换句话说，结果越确定，我们对后验进行明显改变需要的实验次数就越多。

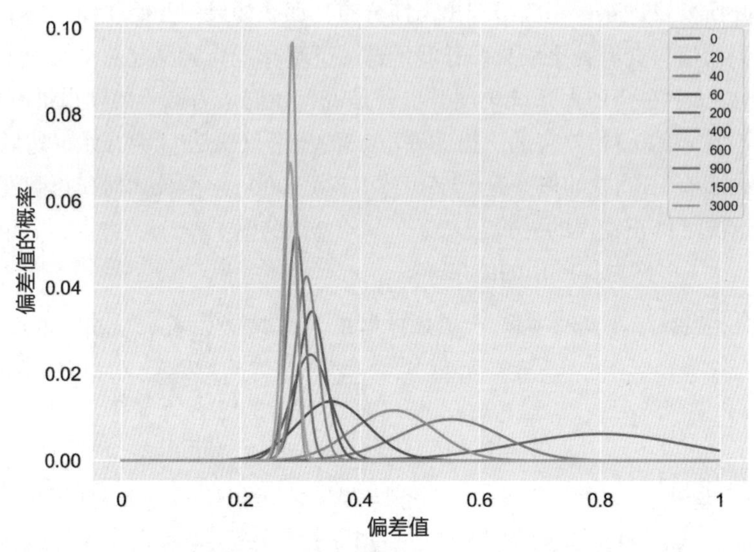


图4-34：展示了图4-33前3000次抛掷，结果相互重叠。右上角的图例显示的不同颜色表示经过了多少次抛掷。可以看到系统越来越重视0.3数值附近的先验，同时也在降低其他地方的概率。高度变化是为了将每条曲线下的面积保持在1.0

在图4-34中，我们不会深入讨论底层细节，但是通过一些数学运算，可以将更有可能的偏差（我们的假设）的概率提高至逻辑上的极限。使用连续曲线代替值列表的好处是，我们可以尽可能精确地找到任何值的偏差，而不仅仅是最接近的值列表中的一个。

## 4.7 本章总结

概率领域有两大阵营：频率派和贝叶斯派。频率派的方法认为，我们选择测量的任何东西都有一个准确或真实的值。因此，每次测量的结果只是该值的近似值。贝叶斯派认为没有单一的真值，只有一系列的可能值，每个值都有自己的概率。每一次测量都是对某种事物的精确测量，但也许不是我们想要测量的。

本章的大部分时间都在使用贝叶斯方法。贝叶斯概率在深度学习中很受欢迎，因为它非常匹配我们面临的各种问题的性质，适合解决想要回答的各种问题。贝叶斯概率的描述可以在深度学习系统的许多论文、书籍和文档中找到，其核心是为我们提供一套描述度量的工具，不是通过寻找一个真正的数字，而是通过找到该度量的一系列可能值，每个值都有自己的概率。

例如，如果深度学习系统通过提供下一个单词的方式帮助人们编写文本消息，它通常会显示几个高概率的猜测，而不是一个最好的下一个词。

在下一章中，我们将研究曲线和曲面的一些性质，并利用这些性质来理解机器学习系统可能会犯的错误类型以及以后如何纠正这些错误。

# 第5章

# 曲线和曲面

在机器学习过程中，我们经常使用各种曲线和曲面，其中最重要的两个概念是导数和梯度。它们描述了曲线或曲面的形状，以及曲线或曲面中某个点需要进行“上坡”或“下坡”运动时的移动方向。这些概念是深度学习系统的核心。了解导数和梯度是理解反向传播（第14章的主题）的关键，从而能够了解如何构建和训练成功的网络。

同样的，我们跳过数学公式，专注于为导数和梯度这两个术语所描述的内容建立直觉。你可以在大多数关于现代多变量微积分的书籍中找到它们严谨细致的数学定义，也可以在许多网站上找到不那么严谨的形式。

## 5.1 函数的性质

在机器学习中，经常要处理各种各样的曲线。大多数情况下，这些曲线是数学函数的图形，我们通常根据函数的输入和输出值来描述其性质。当我们处理二维曲线（2D）时，函数的输入值是通过选择图形横轴上的一个位置来确定的，而输出值是该点正上方曲线的对应值。即我们提供一个数字作为输入值，并得到一个数字作为输出值。

当有两个输入值时，就进入了三维世界。在这里，函数的图形是一个曲面，就像风中飘动的床单，输入值是床单下方地面上的一个点，输出值是床单在该点正上方的高度。在这种情况下，我们需要提供两个数字作为输入值（以识别地面上的一个二维点），并获得一个输出值。

这些思想可以被泛化，因此函数可以接受任意数量的输入值（也称为参数），并且可以提供多个输出值（有时称为返回值，或返回）。我们可以把函数想象成一个将输入转换为输出的机器系统：一个或多个数字输入，一个或多个数字输出。除非故意引入随机性，否则系统都是具有确定性的：每次我们给特定函数相同的输入，都会得到相同的输出。

本书将通过几种方式来运用曲线和曲面。最重要的方法之一，也是本章的重点，是确定如何沿着它们的图形移动，以获得更大或更小的输出，用于该过程的技术要求函数满足几个条件。我们用曲线来说明这些条件，但是这些理论也可以扩展到曲面和更复杂的形状。

我们希望函数的图形曲线是连续的，这意味着可以借助钢笔或铅笔画出它们，中间不用把笔尖从页面上抬起来。我们也希望函数曲线是平滑的，这样它们就没有尖角（称为尖点）。图5-1展示了同时具有这两种相反特征的曲线。

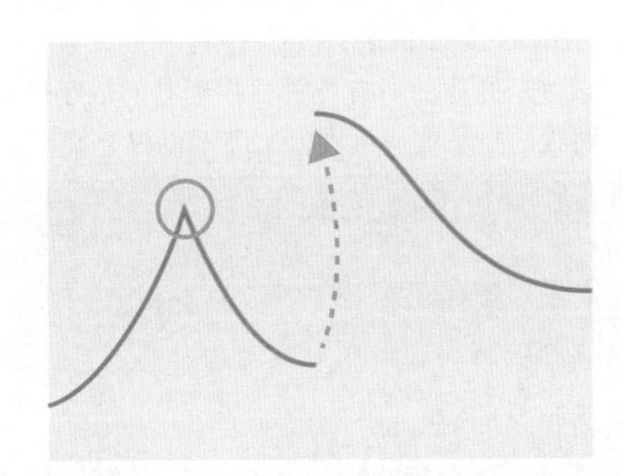

图5-1：圆圈表示一个尖点，虚线箭头表示不连续或跳跃

我们还希望曲线是单值的。在二维模式中，这意味着对于页面上的每个水平位置，如果我们在该点绘制一条垂直线，该线仅与曲线相交一次，因此只有一个值对应该水平位置。换言之，如果我们用眼睛从左到右（或从右到左）跟随曲线，它永远不会反转方向。违反此条件的曲线如图5-2所示。

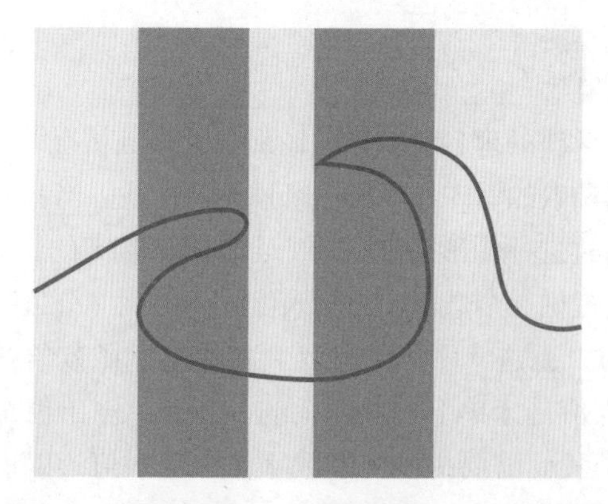

图5-2：在紫色区域内，曲线在垂直方向上有多个值

现在假设所有的曲线都符合这些规则（也就是说，这些曲线是平滑的、连续的和单值的），这是一个安全的假设，因为我们通常会刻意选择具有这些性质的曲线。

## 5.2 导数

导数描述了曲线在任何一点的形状信息，是曲线最重要的一个性质。本节将着眼于一些引导大家了解导数的核心思想。

### 5.2.1 最大值和最小值

深度学习训练的一个重要部分是最小化系统的错误。我们通常通过将误差想象为一条函数曲线，通过搜索该曲线的最小值来实现这一点。

更普遍的方式是搜索整个曲线的所有位置，找到它的最小值或最大值，如图5-3所示。如果这些值是整个曲线的最小值或最大值（而不仅仅是我们碰巧看到的部分），就称这些值为全局最小值或全局最大值。

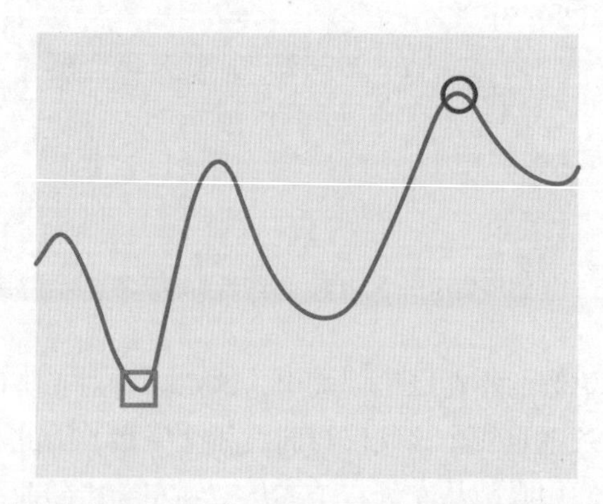

图5-3：曲线的全局最大值（棕色圆圈）和全局最小值（橙色正方形）

有时我们只想知道这些最大值和最小值，但有时也需要知道这些点在曲线上的横坐标位置。找到这些值可能很困难，例如，如果曲线无限在X轴的两个方向上延伸，如何确定找到了最小或最大的值？或者，如果曲线是周期性重复的，我们应该选择哪个高点（或低点）作为全局最大值或最小值的位置？周期性重复曲线如图5-4所示。

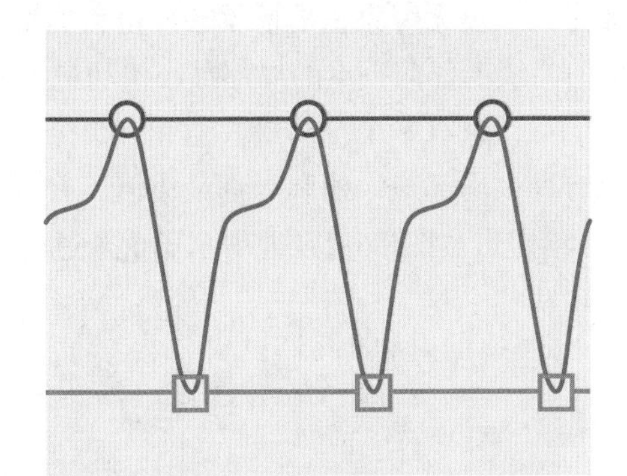

**图5-4：当一条曲线无限周期性重复时，可以有无限多的点作为全局最大值（棕色圆圈）或最小值（橙色方块）的位置**

为了解决这些问题，我们可以只考虑给定点附近的最大值和最小值。要理解这一点，一起来看看下面的思维小实验：从曲线上的某个点开始，向左沿着曲线移动，直到曲线改变方向。如果函数值随着向左移动而开始增加，只要它们增加，就继续移动。但是，一旦它们开始减少，就停止移动。遵循相同的逻辑，如果值随着向左移动而减少，当值开始增加时就停止移动。然后我们再进行同样的思维实验，从同一点开始，但这一次，向右移动。实验中有三个值得关注：起点和左右移动时停止的两点。

这三个点中的最小值是起点附近的局部最小值，这三个点中的最大值是起点附近的局部最大值，如图5-5所示。

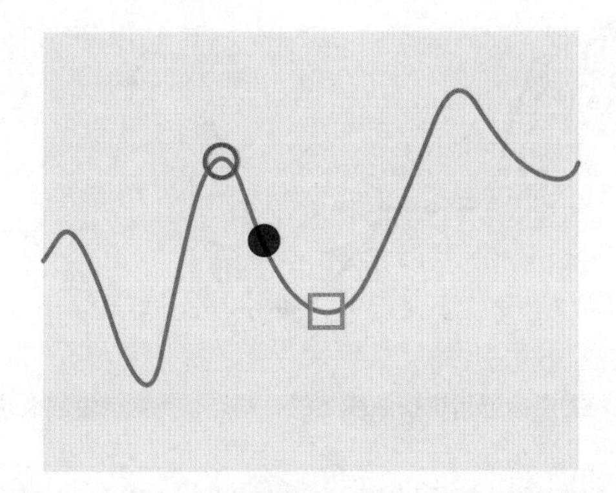

**图5-5：对于黑色的点（起点），棕色圆圈和橙色方框分别是该点的局部最大值和最小值**

在图5-5中，黑色圆点向左移动，直到到达用棕色圆圈标记的点，然后向右移动，直到到达用橙色正方形标记的点。局部最大值是三个点的最大值，在本例中，这个点是棕色圆圈的中心。局部最小值是这三个点的最小值，在本例中，这个点是橙色正方形的中心。

如果曲线延伸到正无穷大或负无穷大，事情就会变得更加复杂。在本书里，我们总是假设可以找到想要的任何曲线上任何一点的局部最小值和最大值。

请注意，对于任何给定点，只有一个全局最大值和一个全局最小值。但是对于任何给定的曲线或曲面，可以有许多局部最大值和局部最小值（有时直接称为最大值和最小值），因为它们的值取决于给定点。图5-6直观地展示了这个过程。

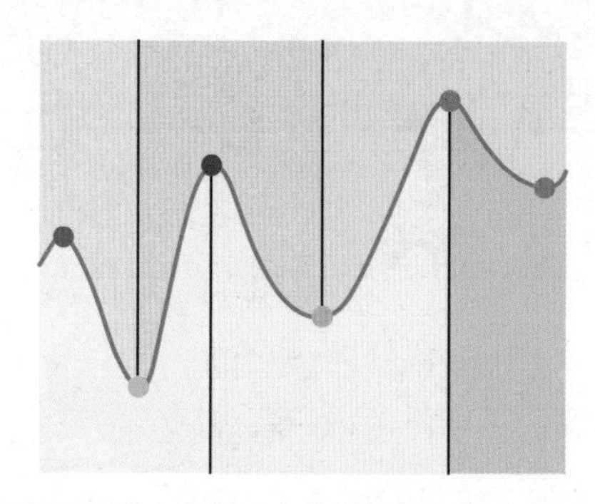

图5-6：这些局部最大值和局部最小值的影响由它们对应的彩色区域表示

## 5.2.2 切线

在通向导数之路的下一步，我们来了解一下切线的概念。为了说明这个概念，在图5-7中标记了一条二维曲线。

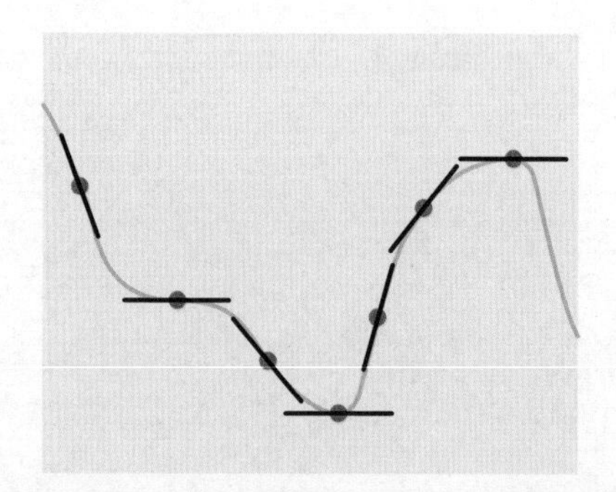

图5-7：用棕色圆点标记了这条曲线上的一些点，用黑色短线表示它们的切线

通过曲线上的每一点，可以画一条线，它的斜率由曲线在该点的形状决定，这条线叫作切线。我们可以把它看作是一条在该点上擦过曲线的直线。如果我们想象自己沿着曲线行进，切线的方向表示眼睛直视的位置（以及如果我们的眼睛在脑后，会直视哪

里）。切线对我们很有用，因为切线在每个局部最大值和局部最小值处都是水平的。找到曲线最大值和最小值的一种方法是在曲线上找到切线水平的点。图5-7左边第二个点处，切线也是水平的，但该点不是最大或最小值，我们暂时忽略这种情况。

有效找到切线的一种方法是：首先选择一个点，我们称之为目标点。我们可以沿着曲线向目标点的左侧和右侧移动相等的距离，分别画两个点，然后画一条连接这两个点的线，如图5-8所示。

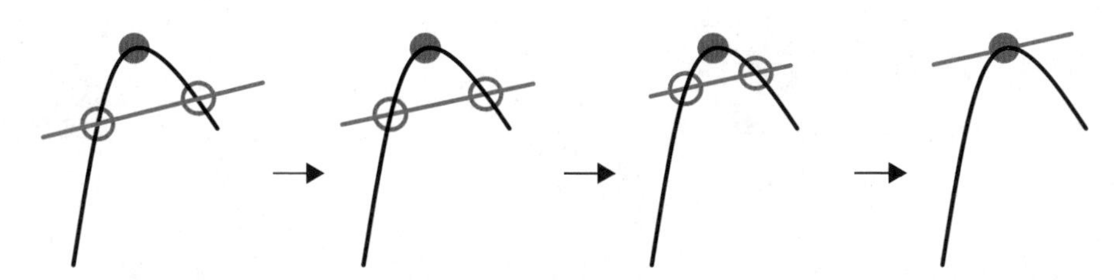

图5-8：为了找到给定点的切线，可以沿着围绕该点的曲线寻找一对距离相等的点，并在它们之间画一条线

现在，我们让两个点以相同的速度同时沿曲线向目标点靠近。在它们合并前的最后时刻，穿过它们的线就是切线。这条线与曲线相切，意思是这条线刚好接触到曲线，这是描述该点曲线的最佳直线。古希腊人称切线为亲吻线。

我们可以测量在图5-8中构造的切线的斜率。斜率是指一个数字，它表明直线相对于水平线形成的角度。水平线的斜率为0。如果逆时针旋转该线，斜率将呈现为越来越大的正值。如果顺时针旋转这条线，斜率将呈现出越来越大的负值。当一条线变得完全垂直时，它的斜率被称为无穷大。

现在我们来讨论导数！导数其实是斜率的另一种叫法。曲线上的每个点之所以都有导数，是因为每个点的切线都有自己的斜率。

图5-9显示了为什么之前创建的规则是需要连续的、平滑的和单值的曲线。这些规则保证了我们总能找到曲线上每一点的切线，从而找到导数。

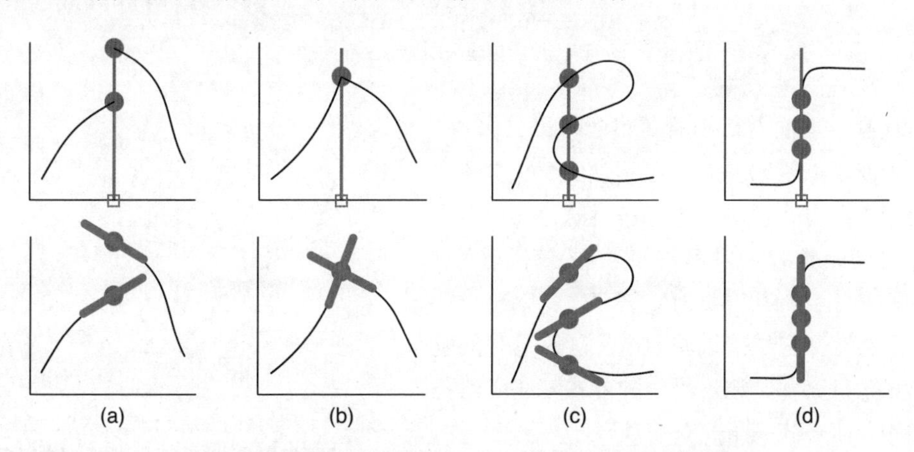


图5-9：第一行是有问题的曲线，第二行展示了求导数的问题

在图5-9（a）中，曲线不是连续的，所以两条不同的曲线端点在我们选择的点（用正方形标记）上有不同的导数。我们无法确定应该选择哪一个导数，所以为了避免这个问题，不允许曲线出现不连续的地方。在图5-9（b）中，曲线并不平滑，所以当从左右到达尖点时，导数是不同的。同样，我们不知道该选哪一个，所以我们也不会处理有尖点的曲线。在图5-9（c）中，曲线不是单值的，在曲线上有不止一个点可以选择，每个点都有自己的导数，我们又一次不知道该选哪一个。图5-9（d）显示如果一条曲线变得完全垂直，也违反了单值规则。更糟糕的是，切线是完全垂直的，这意味着它有一个无穷大的斜率，或者一个无限的导数。处理无限值会使简单的算法变得混乱和复杂。所以，我们就像处理其他问题一样，直接回避这个问题，并表明不会使用可以变成垂直的曲线，因此永远不需要担心无限导数。通过要求曲线是连续的、平滑的、单值的，可以确保它们永远不会产生这些情况。

我们之前说过，曲线是函数的图形化版本：提供一个输入值，通常是沿着水平$X$轴，然后向上（或向下）查找曲线在该$X$处的$Y$值。该$Y$值是函数的输出，如图5-10所示。

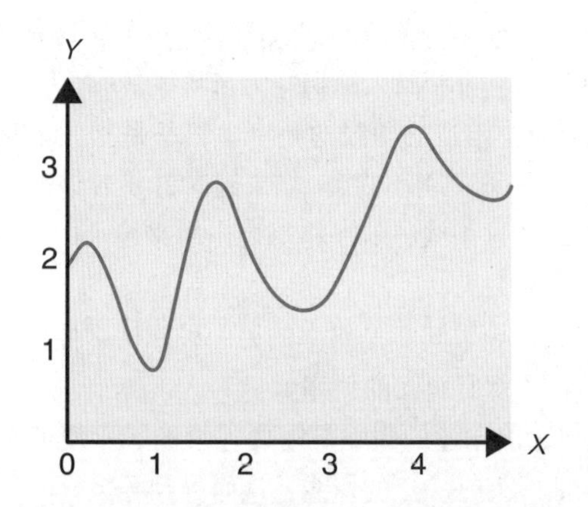


图5-10：在一条二维曲线上，X值随着向右移动而增加，Y值随看向上移动而增加

从某个点向右移动时（也就是说，当$X$的值增加时），曲线$Y$值可以是增加的、减少的，或是根本没有变化。如果$Y$值随着$X$值增加而增加，则切线具有正斜率。如果$Y$的值随着$X$值增加而减小，则切线具有负斜率。斜率越极端（也就是说，它越接近垂直），它的绝对值越大。图5-11展示了通过另一种方式陈述之前关于斜率与水平线夹角关系的概念。

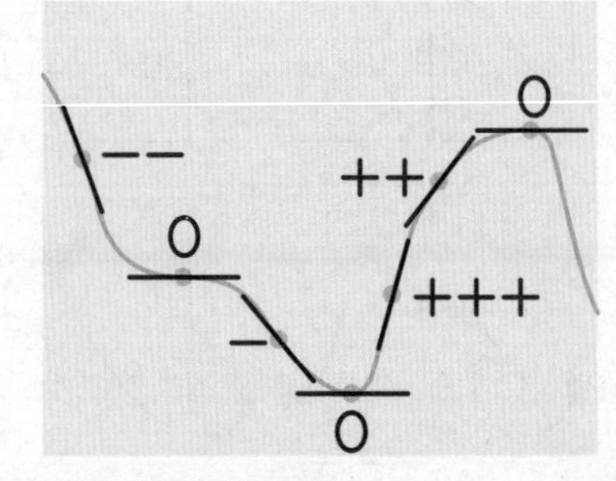


图5-11：根据切线是正斜率（+）、负斜率（-）还是平坦（0）来标记图5-7中的切线

请注意，图5-11左侧第二个点不是“山顶”或“山谷”，但坡度仍为0。我们只可能在“山顶”“山谷”和图5-11左侧第二个点这样的“变化中的停滞期”找到斜率为0的点。

### 5.2.3 用导数求最小值和最大值

下面让我们看看如何使用导数作为引擎来驱动一个算法，从而使用该算法在一个点上找到局部最小值或局部最大值。

首先，我们来找到给定曲线上一个点的导数。如果想沿着曲线移动，使*Y*值增加，我们就沿着导数符号的方向移动。也就是说，如果导数是正的，那么沿着*X*轴向正方向移动，或者向右移动，就会得到更大的值。相反，如果导数为负，想要得到更大的值，需要向左移动。那么现在如果想找到*Y*的较小值，我们要向左移动。图5-12显示了这个过程。

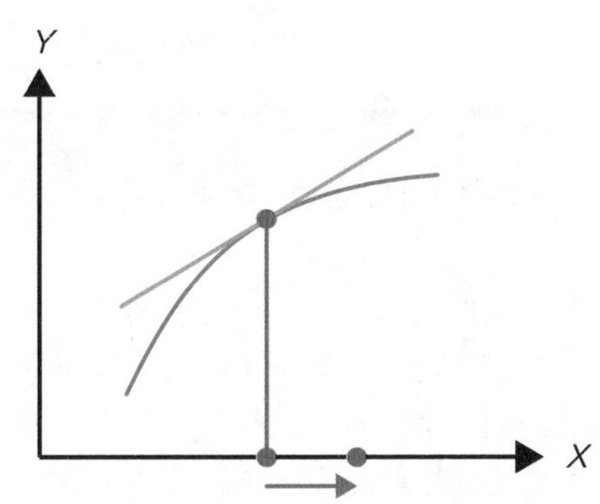


图5-12：某一点的导数表示要找到曲线的更大或更小值，应该往哪个方向移动

我们可以把这两种情况结合起来说：想找到某点附近的局部最大值，先要找到该点的导数，然后沿着*X*轴在导数符号的方向上移动一步。然后再次计算导数，再移动一步。不断重复这个过程，直到导数为0。图5-13显示了从最右侧点开始的实际操作。

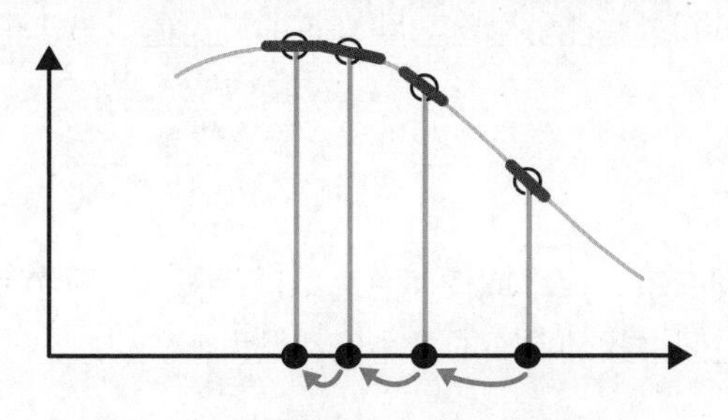

图5-13：用导数求一点上的局部最大值

从最右边起点处开始，我们在这个点会得到一个稍微大的负导数，所以向左迈了一大步。第二个导数稍微小一点（也就是斜率仍然是负的，但是稍微小一点），所以向左

迈了一小步。第三个更小的步伐将我们带到局部最大值，这里切线是水平的，所以导数是0。之后，为了使这个算法更实用，必须解决一些细节问题，比如走的步伐大小怎么控制，以及如何避免走过最大值。但现在我们只是在图形的基础上介绍这个概念。

为了找到一个局部极小值，我们需要做同样的事情，这次是沿着$X$轴向导数符号相反的方向移动，如图5-14所示。这里从最左边的点开始，再次得到负导数，所以一直向右移动，直到找到导数为0的点。

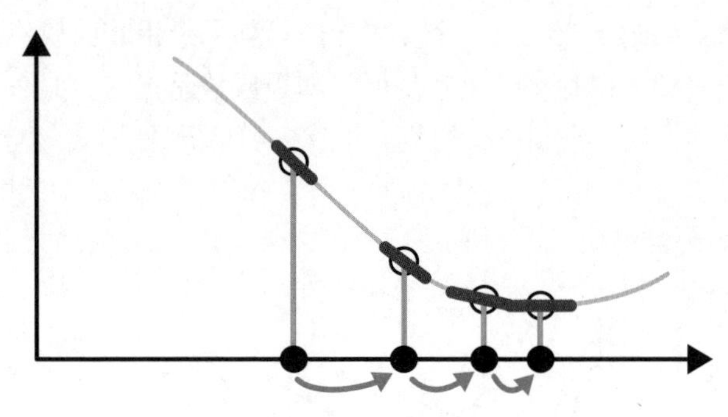

图5-14：用导数求一点的局部最小值

找到局部最大值和局部最小值是贯穿机器学习的核心技术，它的前提是：能够找到符合要求的曲线上每一点的导数。需要特别注意的是，曲线必须满足平滑、连续和单值这三个条件，这样我们总能为曲线上的每个点找到一个单一的有限导数，这意味着我们可以依靠这种曲线跟踪技术来找到局部最小值和局部最大值。

在机器学习中，大多数曲线一般都遵循这些规则。如果我们碰巧使用了一条函数曲线，而这条曲线不满足上述规则，并且无法在某一点上计算切线或导数，通常会有一些数学方式（虽然不是总能行得通）能够自动处理这些问题，这样就可以继续下去了。

前面提到，曲线本身变平会导致导数为0。这可以欺骗我们的算法，让它认为找到了最大值或最小值。在第15章中，我们将看到一种叫作动量的技术，它可以帮助我们的算法避免被这种方式愚弄，并能够继续寻找真正的最大值或最小值。

## 5.3 梯度

梯度是导数推广到三维、四维或任何更高维度的概念。本节我们一起来看看，如何通过梯度在这些高维空间中找到曲面的最小值和最大值。

### 5.3.1 水、重力和梯度

想象一下，我们在一个大房间里，房间上方是一片起伏的织物，没有任何折痕或撕裂的痕迹，如图5-15所示。

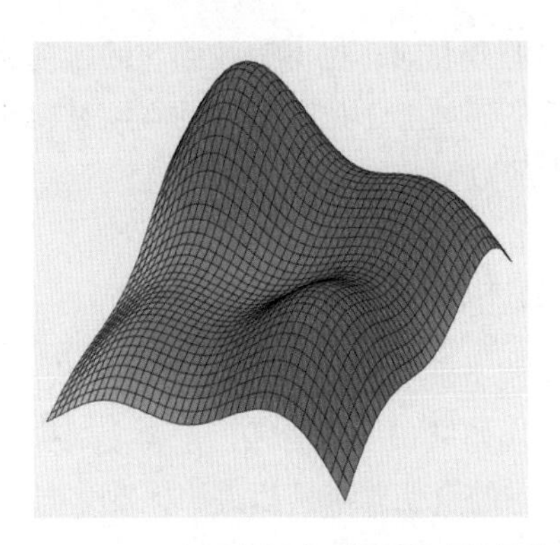

图5-15：一张没有折痕或撕裂的光滑织物

这种织物的表面自然满足之前对曲线的要求：它既光滑又连续，因为它是一块织物，而且它是单值的，因为织物本身不会卷曲（像海浪一样）。换句话说，从它下面的地板上的任何一点向正上方看，都只有一层，我们可以测量目光到达的点距地板的高度。

现在想象一下，我们可以在特定的时刻冻结该织物。如果爬到织物上，在上面走来走去，会感觉像是在高山、高原和山谷中徒步旅行。

假设织物足够致密，水不能漏过。我们站在一个地方，向脚下的织物上倒些水。因为被重力向下方拉，水自然是向下流动的，并以最快的方式沿着下坡路流动。在每一点上，这些水都能有效地搜索本地邻域，并向下坡最快的方向移动，如图5-16所示。

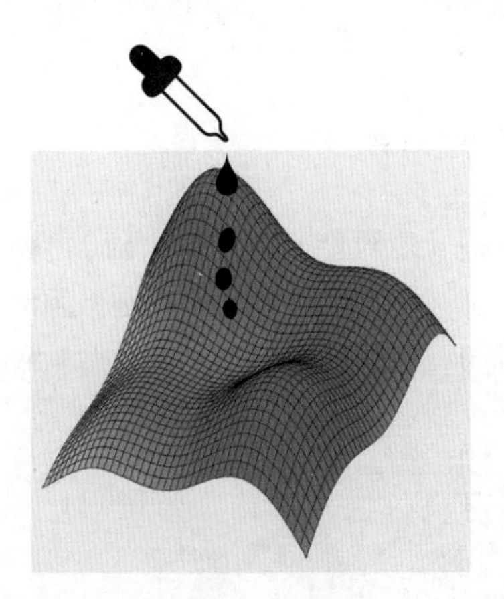

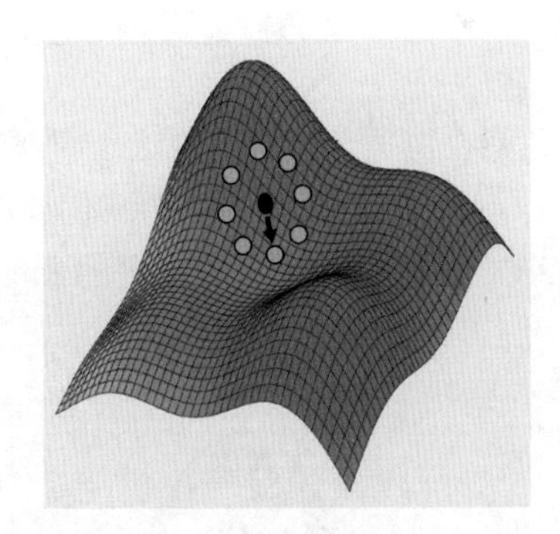

图5-16：左图是水滴在织物上。右图是一滴水探索了附近的多个点（黄色），寻找可以最快下坡的那一点

在所有的移动方式中，水总是沿着最陡的路线下坡。水遵循的方向称为最大下降方向。相反的方向是尽可能快地向上爬，是最大上升的方向。

最大上升的方向称为梯度。如果想下降，就要遵循梯度的负值方向，或者说是负梯度的方向。一个徒步旅行者试图尽快到达最高的山顶，他就需要沿着梯度方向前行。一股水流沿着负梯度方向就能更快地向山下流动。

现在我们知道了最大的上升方向，也可以找到它的幅度、强度或大小，这就是上坡的速度。如果是在一个平缓的斜坡上，那么上升的幅度是很小的。如果是一个陡坡，那么上升的幅度将是一个更大的数字。

## 5.3.2 用梯度求最大值和最小值

我们可以使用梯度在三维空间（3D）中找到局部最大值，就像在二维空间（2D）中使用导数一样。换句话说，如果在一片山区，想爬上周围的最高峰，只需要跟随梯度方向移动，或者说总是从脚下的点朝着与其相关的梯度方向移动。

如果我们想下降到周围的最低点，可以跟随负梯度的方向，并且在下降时总是沿着与脚下每个点相关的负梯度方向走。本质上，我们就像一滴水，以最快的方式向山下移动。图5-17显示了这个逐步进行的过程。

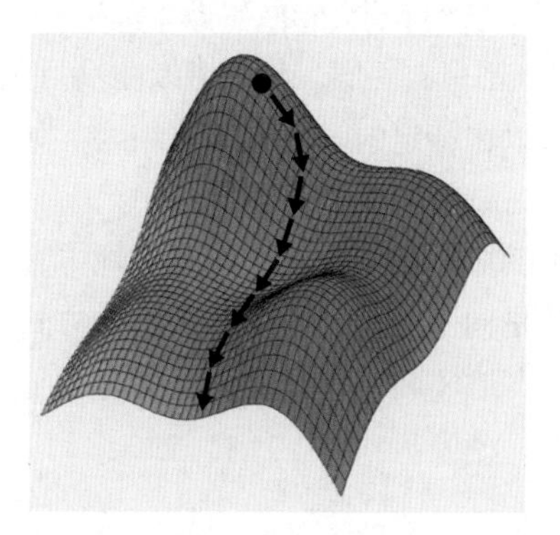

图5-17：为了走下坡路，可以反复寻找负梯度，并向那个方向迈步

假设我们在山顶，就可以说这是局部最大值（也可能是全局最大值），因为这里没有上坡方向，如图5-18所示。如果我们放大山顶，会发现附近的地表是平坦的。因为没有办法上升，最大上升率是0，梯度的大小也是0。也就是说根本没有梯度！我们有时会说梯度消失了，或者说梯度为零。

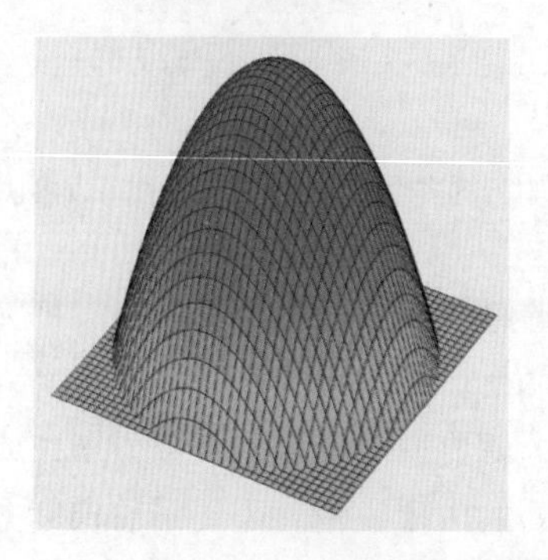

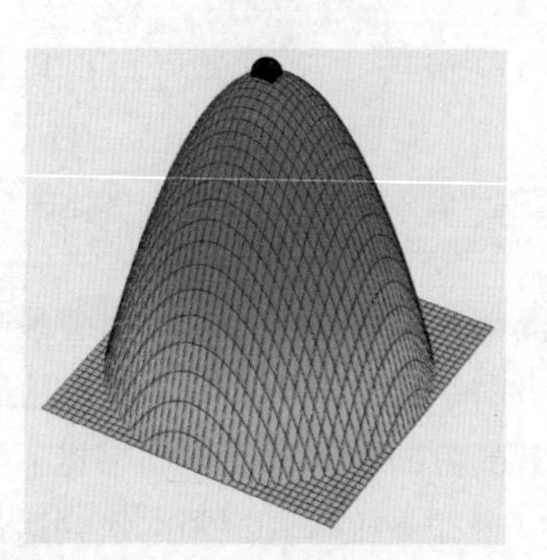

图5-18：左图是山。右图是山顶的位置，在这里没有上坡

当梯度消失时，就像在山顶一样，此时负梯度也消失了。如果在碗状山谷的底部，会怎么样？这是一个局部最小值（也可能是全局最小值），如图5-19所示。

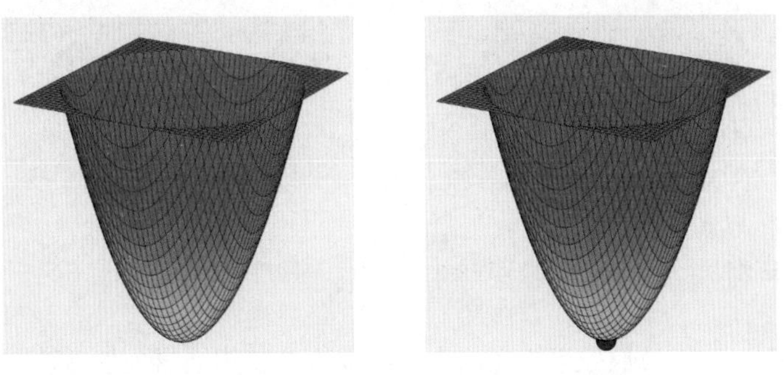

图5-19：左图是碗状山谷。右图中，在碗状山谷最底部的一个点时，每一个动作都是上坡

在碗状山谷的最底部，就像在山顶一样，表面是平的，没有梯度或负梯度。换句话说，没有方向可以向上或向下，梯度又消失了。

如果不在山顶、山谷或山坡上，而只是在平坦的平原或高原上，又会怎么样？平坦的平原或高原如图5-20所示。

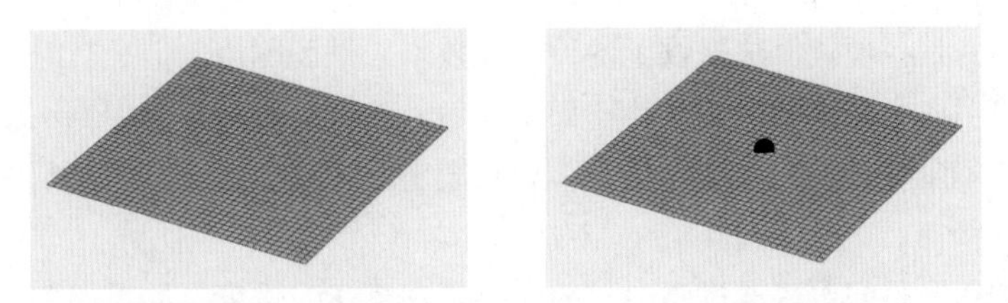

图5-20：左图为平坦的表面、平原或高原。右图为平原上的点（主要在平面上），此点没有梯度

就像在山顶一样，平坦的平原无处可上，也无处可下。在平坦的表面、平原或高原上，也完全没有梯度。

### 5.3.3 鞍点

到目前为止，我们已经看到了局部最小值、局部最大值和平坦区域，就像前文在二维空间看到的一样。但是在三维空间中，有一种全新的现象。在一个方向上，我们在谷底，而在另一个方向上，我们又在山顶。在这样一个点的局部附近，表面看起来像骑马者使用的马鞍。很自然，这种形状被称为马鞍。鞍座示意如图5-21所示。

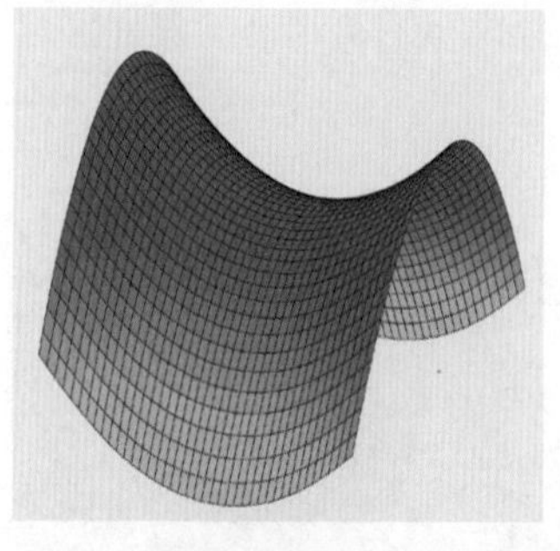
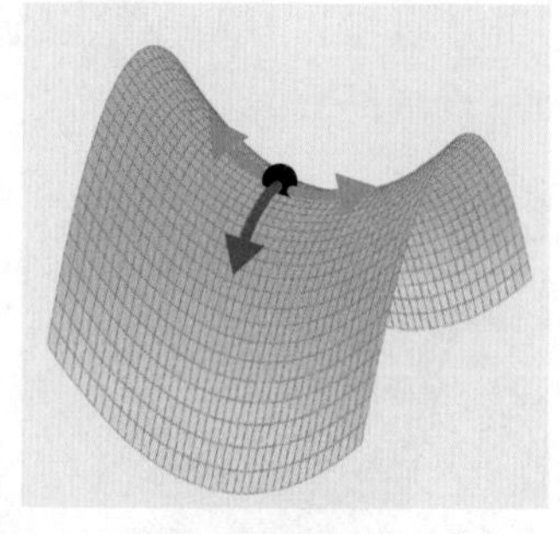

图5-21：左图是一个马鞍。右图是马鞍上的一个点，马鞍在一个方向向上，在另一个方向向下

在图5-21中，如果我们处于鞍座的中间，那么这就像同时处于山顶和山谷。就像之前的例子一样，这里没有梯度。但是如果我们在任意一个方向上移动一点，会发现一点曲率，梯度重新出现，向显示该点的最大上升方向。

我们在训练深度学习算法时，通常希望找到最小的误差。我们可以把误差（函数）想象成一个曲面，最好的情况是能找到"山谷"。但是如果发现自己在山顶上、在马鞍上或者在平原上，就说明我们被困在这些地方，还没有到达最小值，但是梯度已经为0，所以不知道该走哪条路才能向下移动。

令人高兴的是，现代算法提供了各种自动技术来摆脱困境。但是有时它们会失败，除非我们能够引入一些重要的变化，比如提供额外的训练数据，否则算法会停滞不前，无法移动到曲面的较低值。实际上，这意味着算法只是停止学习，其输出只是停止改进。

以后会看到，我们可以通过画出它的误差来观察学习进度。如果误差在结果可以接受之前停止了改进，我们通常会稍微改变一下算法，这样它在学习时会绕过零梯度的特定点，走一条不同的路。

## 5.4 本章总结

本章学习了一些寻找曲线最小值和最大值的方法。在我们训练一个深度学习系统时，通过对其进行调整，可以最小化系统的整体误差。如果把误差看作多维空间中的一个曲面，就要基于这个曲面寻找最小值。为了找到最小误差，需要先找到最陡的下坡方向，这个方向由负梯度负责提供。然后，我们改变系统，使误差向那个方向移动。本质上，梯度指导我们如何改变系统，从而降低系统的整体误差。

在后面的章节中，我们将看到如何在实践中使用这个思想来指导深度学习系统，让它在实际工作中变得越来越好。

在下一章，将进行信息论方面的学习，这将帮助我们更好地理解错误的本质以及如何解释它们。

# 第 6 章

# 信息论

在本章中，我们将了解信息论的基础知识。这是一个相对较新的研究领域，在1948年的一篇开创性的论文中第一次出现。该论文为现代计算机、卫星以及手机和互联网的技术原理奠定了基础（香农 1948）。信息论最初的目标是找到最有效的电子通信方式，但这一理论包含的思想是深刻、广泛、意义深远的。它为我们提供了有效的算法工具，通过将事物转换为支持研究和操作的数字形式，来衡量对任何事物的了解程度。

信息论中的概念和思想构成了深度学习的基石。例如，当我们评估深度网络的性能时，信息论提供的度量方式是非常有效的。在本章中，我们将快速浏览信息论的一些基础知识，与前几章一样，不会涉及抽象的数学公式。

我们将从剖析“信息”这个词开始，这个词既有日常含义，也有专业的科学含义。在这种情况下，这些含义有很多概念上的重叠，虽然它的日常含义广泛，每个人可能做出不同的解释，但它在科学层面的含义是精确的，并且有相应的数学理论作为支撑。让我们从介绍信息的科学含义开始，最终得出一个重要的度量方法，比较两种概率分布（预测结果概率分布与实际概率分布）。

## 6.1 信息带给我们的惊讶感

我们可以接收到任何形式的信息。无论是电脉冲、光子束还是某人的声音，它们总是可以从一个地方传递到另一个地方。从广义上讲，可以说发送方以某种方式将某种信息传递给接收方。接下来我们介绍一些更专业的词汇。

### 6.1.1 为什么会惊讶

在本章中，我们有时会使用“惊讶”一词来表示接收者对收到信息的意外程度。惊讶不是一个正式的术语。事实上，我们在本章的重要目标之一就是为惊讶找到更正式的名字，并赋予它特定的含义和衡量标准。

现在假设我们处于信息的接收端，想描述一下对收到的信息感到多么惊讶。这一点是非常重要的，因为正如我们即将看到的，惊讶感越强，传递的信息量就越大。

假设我们意外地收到一条未知号码发来的短信。打开后看到的第一个词是“谢谢”。我们会感到惊讶吗？当然，至少会有点惊讶。因为到目前为止，我们还不知道这条信息是谁发送的，也不知道它是关于什么的。但收到感谢短信代表之前可能已经发生了一些事情，所以这并非完全出乎意料。

让我们绘制一个假想的、完全主观的惊讶值图表，其中0分表示信息已经完全被我们预料到（毫无惊讶感），100分则表示信息完全出乎意料（充满惊讶感），如图6-1所示。

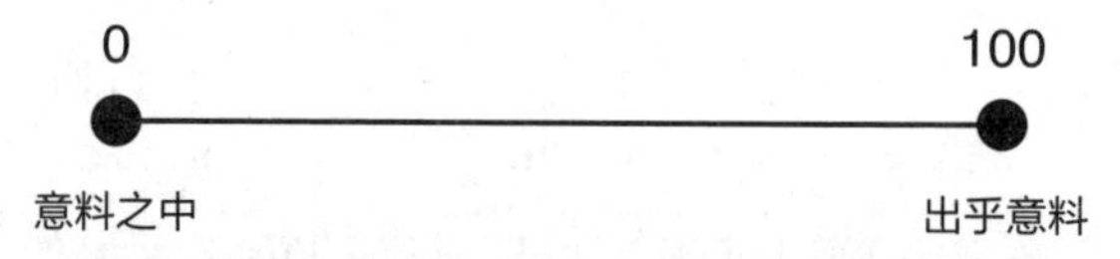


图6-1：惊讶值图表，表示惊讶感从0分到100分

按照这个标准，意外收到以“谢谢”开头的信息惊讶值可以达到20。现在我们假设信息中的第一个词不是“谢谢”而是“河马”，除非平时和这些动物一起工作或者经常以其他方式接触它们，否则这可能是一个非常令人惊讶的信息开头。我们把这个词的惊讶值定为80，如图6-2所示。

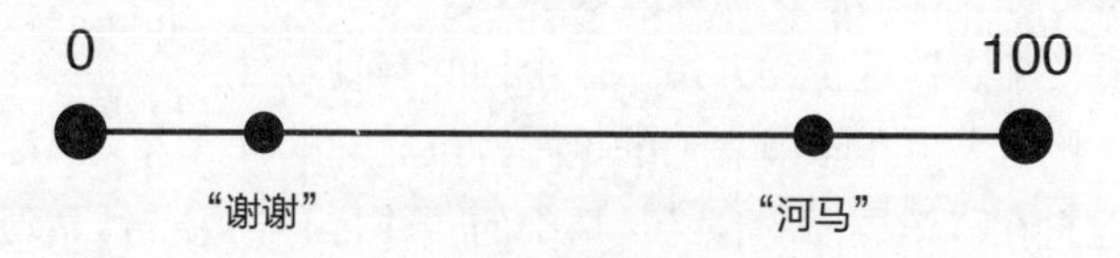


图6-2：将词语放在惊讶值图表中

虽然“河马”这个词出现在信息开头会让人很惊讶，但是结合信息的上下文背景，可能就不会令人这么惊讶了。

### 6.1.2 信息解密

就目的而言，我们可以把“上下文背景”（以下简称背景）视为信息所处的环境。因为我们关注的是每条信息的意义，而不是它的物理传播方式，所以背景代表了发送者和接收者之间的共识，这赋予了信息意义。

当信息是一种语言时，这种共识必须包含双方所使用的词汇，因为“Kxnfq-rnggw”这样的信息没有任何意义。我们可以将这些共识扩展到语法、表达方式、表情符号、缩写和双方共同的文化底蕴等方面，这一切加起来就是“全局背景”。或者说这是我们在阅读任何信息之前就已经掌握的常识。例如在第4章对贝叶斯方法的讨论，就是我们在前文获取的一些全局背景，因为这就是我们对信息环境的理解以及期望从中学习的东西。

与全局背景相反，还有局部背景。这是由信息本身的元素组成的背景。在文本信息中，给定单词的局部背景由该消息中的其他词汇组成。

假设我们是第一次阅读这个信息，此时每个单词的局部背景只由它前面的词汇组成。我们可以利用局部背景来为惊讶感打分。如果“河马”是信息的第一个词，那么此时还没有局部背景，只有全局背景。如果我们不是经常与河马接触，这个词可能会非常令人惊讶。但是如果信息以“去动物园的河边，也许会看到一个灰色大……”开头，在这种背景下，出现“河马”这个词并不会令人十分惊讶。

我们可以通过给一个特定的词赋予一个惊讶值来描述它在全局背景中带来的惊讶程度，如图6-1所示。假设我们给字典中的每个词汇赋予一个惊讶值（这是一项乏味的工作，但肯定是可以实现的）。如果对这些数字（惊讶值）进行标准化，使它们总和为1，我们就创建了一个概率质量函数（pmf），正如在第2章中讨论的那样。这意味着我们可以从pmf中抽取一个随机变量来获得一个词语，多次采样中，最令人惊讶的词语将会比不太令人惊讶的词语出现得更频繁。通常我们会使用pmf表示一个词语有多常见，这与惊讶感完全相反。根据这种设定，与不常见的词相比，我们可以更频繁地得出更不令人惊讶或更常见的词。

下面将在本章的后续内容中使用这个思想来设计一个高效传输信息内容的方案。

## 6.2 衡量信息量

本章将会讨论很多关于“比特”的内容。比特通常被认为是一个由0或1组成的小数据包。例如，当我们用“每秒的比特数”来表示互联网速度时，可以把这些比特数想象成顺流而下的树叶，并在它们经过时对它们进行计数。

我们用技术语言来简单介绍：比特不是像叶子一样的东西，而是一个计量单位，就像一加仑或一克。也就是说，它不是一件实物，而是一种让我们谈论有多少东西的方式。比特是一个容器，它刚好有足够的存储空间来存储目前我们认为是最基本的、不可分割的、最小的信息块。

以这种方式将比特作为计量单位在技术上是没问题的，但这很不方便。大多数时候，我们的表达非常口语化。比如我们经常说“我的网络连接是每秒8000比特”，而不是“我的互联网连接每秒能够传输8000比特的信息”。我们将在本书的后续内容中使用更口语化的语言，但了解标准的技术定义是非常有必要的，因为它经常会出现在一些很重要的论文和文档中。

我们可以使用一个公式来衡量文本消息中的信息量，这个公式会表明该消息包含的信息量需要多少比特来存储。这里不讨论数学公式的细节，但会描述这个过程。这个公式需要输入两个参数，第一个是消息的文本内容，第二个是pmf。pmf描述了消息包含的每个单词在全局背景中的惊讶值（在本章的其余部分，我们将其称为概率分布）。当我们将消息的文本和概率分布输入到公式后，可以得到一个数字，表示消息携带的信息比特数。

这个公式为每个词语（或者更普遍地说是每个消息）生成一个输出结果，它的设计理念具有4个关键特征，这里将使用“办公室”作为全局背景，而不是“河边”，来说明每一个特征。

① 越可能发生的事件包含的信息量越少，例如“订书机”的信息量很低。

②不太可能发生的事件具有较高的信息量，例如“鳄鱼”的信息量较高。

③可能发生的事件比不可能发生的事件信息量少，比如“订书机”提供的信息量比“鳄鱼”少。

④最后，由两个“不相关”的事件组成的信息总量是它们单独出现的信息量的总和。

前三个特征将单个词语与其信息量相关联，但特征4比较特殊，下面详细介绍相关的内容。

通常我们在谈话中，很少有两个连续的单词完全无关。但假设有人向我们要了一个“金桔水仙花”，这些词几乎完全无关，所以特征4表示，我们可以通过对每个词对应的信息量求和来找到这个短语包含的信息量。

通常我们在谈话中，前面的词语往往会缩小后面词语可能的含义范围。如果有人说，“今天我吃了一大块”，那么接下来的“三明治”和“披萨”之类的词语比“浴缸”或“帆船”带来的惊讶感要少。当一个词语被期望出现时，它令人惊讶的程度要比其他词语低。相比之下，假设我们发送的是一个设备的序列号，它本质上是一个由字母和数字组成的任意序列，比如“C02NV91EFY14”。如果字符之间确实没有关系，那么对每个字符包含的信息量求和将会得到整个消息（序列号）的信息量。

从计算每个词语的信息量，到对多个词语的信息量求和从而得出一个短语的信息量。我们可以继续通过这种组合的方式，计算更多短语的信息量，直到得出整个消息的信息量。虽然还没有深入讨论数学公式，但我们已经对信息量做出了完整的介绍：对一个特定公式输入一个或多个消息片段（如词语）与概率分布，公式可以输出一个数字，用来描述该片段有多令人惊讶。根据这些输入的参数，算法为每个消息片段输出了一个数字，并保证这些数字满足刚才列出的4个特征。将每个词语的输出数字称为它的熵，这个概念告诉我们需要多少比特才能传递它。

## 6.3 自适应码

每个事件携带的信息量受我们输入公式的概率分布函数的范围影响。换句话说，我们在交流中用到某个词汇的可能性会影响每个词汇的信息量。

假设我们想把一本书的内容从一个地方传送到另一个地方。我们可能会列出那本书里所有不重复的词汇，然后给每个词汇分配一个二进制数，比如从0开始代表“the”，1代表“and”，依此类推。如果收件人也有该单词列表的对照本，我们就可以从书中的第一个单词开始，通过发送每个单词对应的二进制数来发送该书的内容。苏斯博士的《绿鸡蛋和火腿》只有50个不同的单词（苏斯 1960）。如果用二进制表示0到49之间的数（二进制表示为000000到110001），那么每个数需要6比特。相比之下，罗伯特·路易斯·史蒂文森的著作《金银岛》包含大约10,700个不同的单词（0到10,699，使用二进制表示为00000000000000到10100111001011）（史蒂文森 1883）。我们必须用14比特来唯一地识别那本书里的每个单词。

尽管我们可以使用一个包含所有英语词汇的庞大列表来发送这些书中的内容，但通常更有效的方法是根据每本书包含的词汇来定制列表，这样列表只包含实际需要的单词。换句话说，我们可以通过优化信息传输方式来提高传输效率。

下面将这个思想付诸实施。

### 6.3.1 摩斯电码

摩斯电码是一个很好的优化传输方式的例子。在摩斯电码中，每个印刷字符都是一个由点和短线组成的图案，它们由空格分隔，如图6-3所示。

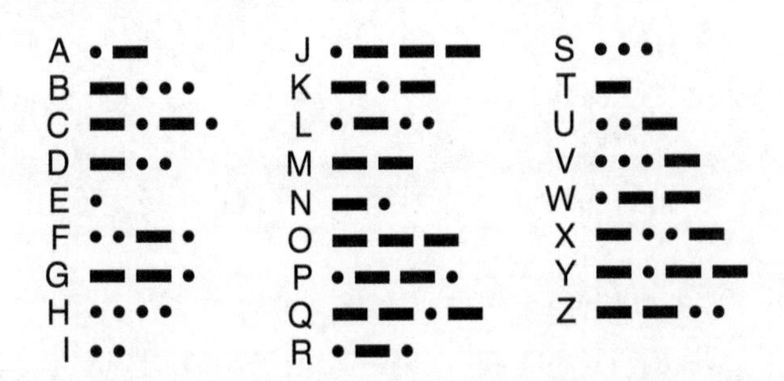


图6-3：摩斯电码中的每个字符都是一个由点、短线和空格组成的图案

传统的摩斯电码是通过控制电报按钮实现信号（清晰的音调）的发送和终止，来传递信息的。摩斯电码中的点代表短暂的信号发送，我们用一个称为dit的单位表示发送一个点需要持续按住按钮的时间。相应的，一个短线需要持续3个dit，我们通常会在符号之间留下一个dit的空闲；在字母之间留下3个dit的空闲；在单词之间留下7个dit的空闲。这些当然是我们理想中的节奏，实际上，人们通常也可以识别对方在敲击摩斯电码时所用的不同节奏（朗顿 1987）。

摩斯电码包含三种类型的符号：点、短线和与点同样大小的空格。假设我们想用摩斯电码发送消息“nice dog”。图6-4显示了短音调（点）、长音调（短线）和空格的顺序。

图6-4：摩斯电码的三个符号：点（实心圆）、短线（实心框）和空格（空心圆）

我们通常谈论摩斯电码时只涉及点和短线，它们被称为“符号”。为任何字母指定的符号集就是该字母的“模式”。发送消息所需的总时间取决于组成消息内容的字母的特定模式，例如，字母Q和H都有四个符号，发送字母Q需要13个dit（3个短线对应9个dit，1个点对应1个dit，3个空格对应3个dit），而发送字母H只需要7个dit（4个点对应4个dit，3个空格对应3个dit）。

下面比较一下不同字母的模式。单看图6-3我们可能不清楚给字母分配各种模式的背后是否有一些原则。图6-5显示了26个拉丁字母按其在英语中的使用频率排序的列表（维基百科 2020）。最常使用的字母E排在首位。

**E T A O I N S H R D L C U M W F G Y P B V K J X Q Z**

图6-5：按在英语中的使用频率排序的拉丁字母。

现在回头看看图6-3中的摩斯电码模式。最常见的拉丁字母E用一个点表示，第二个字母T用一个短线表示，这是仅有的两个只用一个符号表达其模式的字母。我们继续往后看，字母A以一个点开始，后面跟一个短线。接下来是O，它的模式长度超出了两个符号：三个短线，我们稍后再来讨论这个问题。现在按照图6-5的顺序继续往下看，I用两个点表示，N用一个短线和一个点表示。最后一个由两个符号组成模式的字母是M，它包含两个短线。这与我们目前的理解不太一致，为什么O的模式这么长，M这么短？其实是因为摩斯电码只是参照拉丁字母频率表来确定了各字母的模式，但并不完全遵循。

这要从塞缪尔·摩斯开始说起，他在原始摩斯电码的编码中只定义了数字0到9的模式。大约在1844年（贝利齐11年），艾尔弗雷德·韦尔在编码中增加了字母和标点的模式。韦尔的助手威廉·巴克斯特说，当时韦尔没有一个准确的方法来查找字母频率，但他知道设计摩斯代码的模式应该遵循这些频率。

韦尔设计摩斯电码模式的总体思想是用最简单、最短的组合来表示英文字母表中最常出现的字母，其余的用于表示较不常见的字母。例如，他调查后发现，字母E出现的频率比任何其他字母都高，因此给它分配了一个最短的符号，一个点（·）。另一方面，很少出现的J用短线+点+短线+点（–·–·）来表示（波普 1887）[1]。

韦尔认为，他可以通过查看在新泽西州莫里斯镇的当地报纸来估计英语中字母的频率表。当地的人们仍然采用手工排字的方式进行印刷，排字工人需要一页一页地排字。对于每一个字母，他们会选择一个上面印有对应字母浮雕的金属条，并把它们按顺序放入一个大托盘中。韦尔推断，最常使用的字母会拥有最多对应的金属条，因此他计算了每个字母对应的金属条数量。这些数量代表了字母在英语中的出现频率（麦克尤恩 1997）。考虑到此时的样本数非常少，韦尔已经做得相当好了。但他认为还是有一些不完美，比如M比O更频繁出现。

为了了解我们的频率图表（和摩斯电码）排序与一些实际情况的匹配程度，我们用图6-6显示了来自《金银岛》（史蒂文森 1883）的字母频率。对于这个图表，我们只计算了字母，在计算之前将其变成小写字母形式，同时去除了数字、空格和标点符号。

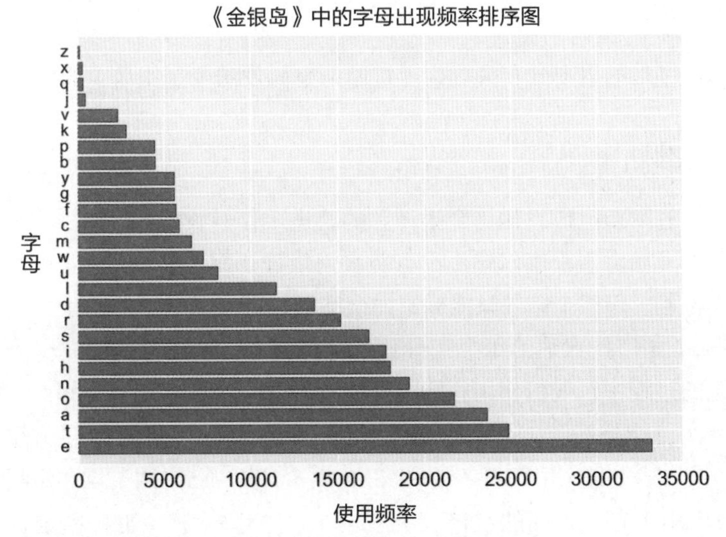


图6-6：罗伯特·路易斯·史蒂文森在写《金银岛》中每个字母出现的次数。

1 符号短线+点+短线+点在这里指的是字母J对应的模式，但图6-3将该模式与字母C联系在一起。这里的符号是指美国摩斯电码早期版本中J对应的模式，现在很少使用了。

图6-6中的字符顺序与图6-5中的字母频率表并不完全匹配，但很接近。图6-6看起来像字母A到Z上的频率分布。为了使它成为“实际的”概率分布，我们必须对其进行缩放，以便所有条目的总和为1，结果如图6-7所示。

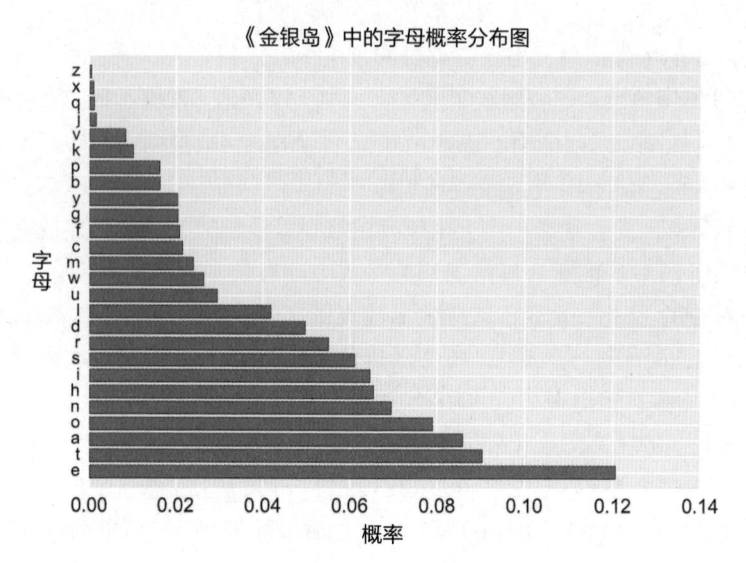


图6-7：《金银岛》字母的概率分布图

现在我们用字母的概率分布来提高通过摩斯电码发送《金银岛》的效率。

## 6.3.2 调整摩斯电码

为了推动通过摩斯电码发送《金银岛》的改进工作，我们先后退一步，从一个假想的摩斯电码版本开始。假设韦尔先生没有费心去报社，而是给每个字母分配了相同数量的圆点或短线符号。用四个符号只能标记16个字母，而五个符号可以标记32个字母。

图6-8显示了如何任意地给每个字母分配这样带有五个符号的模式。为了简单，假设在电报发送的过程中，我们使用相同节奏的不同音调来区分圆点与短线，每个点（这里显示为黑点）可能是一个高音调持续1个dit，每个短线（这里是红色方块）是一个低音调持续1个dit。结果是每个字符需要9个dit的时间发送（5个用于点和短线，或者说高音或低音，4个用于它们之间的空格）。这是一个“定长码”（也称固定长度代码）的例子。

在图6-8中，我们没有按照原始摩斯电码的方式为空格创建一个符号，因为默认情况下可以通过查看消息找出空格应该出现的位置。本着这种思想，在接下来的讨论中，我们将忽略空格。

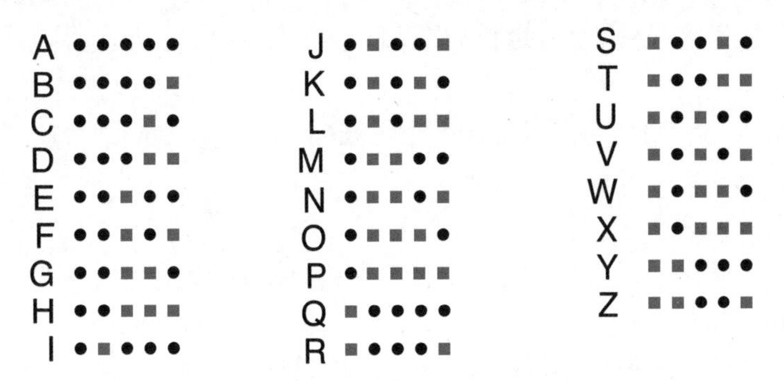


图6-8：给每个字符分配5个符号的定长码

《金银岛》正文的前两个单词是“Squire Trelawney”。由于现在“双音版”（假想的）摩斯电码中的每个字符都需要9个dit表示，所以这个由15个字母组成的短语（请记住，我们忽略了空格）需要9 × 15 = 135个dit的时间来发送。加上字母之间的14个空格，需要3 × 14 = 42位，所以固定长度的消息需要135 + 42 = 177个dit的时间，如图6-9所示。

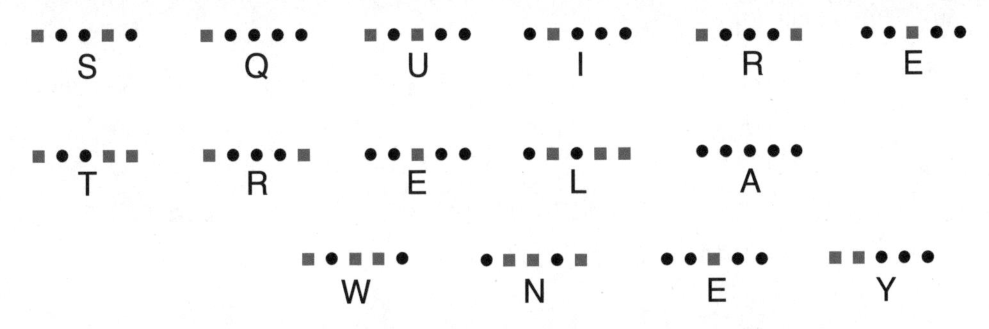


图6-9：用我们的定长码表示《金银岛》的前两个单词

现在将它与实际的摩斯电码进行比较，在大多数情况下，常见的字母比不常见的字母的符号少。图6-10证实了这一点。

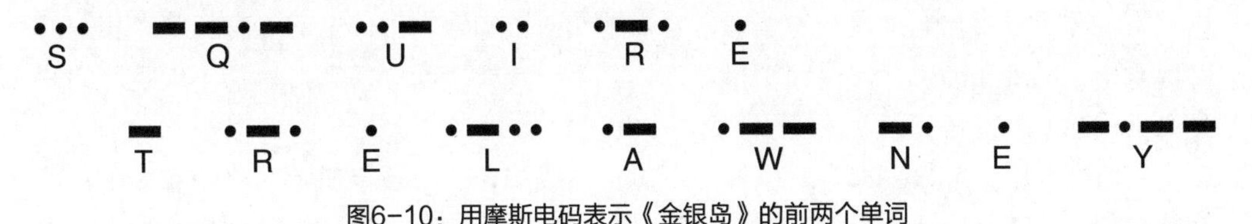


图6-10：用摩斯电码表示《金银岛》的前两个单词

如果我们对所需dit进行计数（注意点和短线现在都是只需要1个dit），发现图6-10中的版本需要101 dits的时间，大约是定长码的一半（101/177≈0.57）。这种节省的情况是因为我们根据发送的内容调整了编码。将这些试图通过匹配短模式和高概率消息片段来提高效率的编码称为“变码率编码”，或者更简单地称为自适应码。即使在这个简单的例子中，自适应码的效率几乎是定长码的两倍，通过使用自适应码，将通信时间缩短了近一半。

《金银岛》的全文大概有33.8万个单词（不包括空格、标点符号等）。自适应码只需要固定长度编码所需时间的42%。我们可以用不到非自适应码一半的时间发送这本书的内容。

如果我们调整符号的分布，使其更接近发送的特定书籍文本中字符的实际概率分布，而不是使用标准摩斯电码（通常适用于英语编码），通常可以做得更好。当然，我们必须另外与收件人分享更高效的编码，但是如果发送一条超长消息，那额外的通信与消息本身相比就不算什么了。如果更进一步创建一个定制的《金银岛》编码，就可以用来完美地适配《金银岛》的内容，期待能够节省更多的时间。

我们用概率的语言来重新表述一下，自适应码为概率分布中的每个对象创建一个模式，概率最高的对象对应最短的码。然后，按照从高概率到低概率的顺序排列这些对象，分配尽可能短而不重复的模式。这意味着每个新模式与分配给前一个对象的模式一样长，或者比它更长。这正是由韦尔先生1844年在当地报纸的排字箱中发现的字母数量为指导的。

现在，我们可以查看想要传达的任何信息，识别每个字符，并将其与概率分布进行比较。该概率分布说明该字符出现的可能性有多大，也告诉我们这个字符携带了多少比特的信息。根据计算信息量公式描述的第四个特征，传输消息所需的总比特数（暂时忽略上下文关联）等于传输每个字符所需的单个比特数的总和，我们可以在发送消息之前对其执行求和，来得到将要向接收者传达多少信息量。

## 6.4 熵

我们在前文讨论了“惊讶值”，它表示了我们没有预料到的事情。与其类似的一个概念是“不确定性”，它表示一些短时间内所有可能发生的事情，但不确定哪一个会真正发生。例如，当我们掷出一个普通的六面骰子时，知道六个面中的每一面都有相等的出现概率，但是在掷出它并得到结果之前，并不确定哪个面会朝上。这种不确定性的一个更正式的术语就是“熵”。

我们可以用一个数字来表示事件的不确定性或熵，这个数字通常取决于有多少种可能的结果。例如，抛硬币只能有2种结果，但是掷出六面骰子可以有6种结果，从字母表中选择一个字母可以有26种结果。这三个结果的不确定性，或者说它们的熵，是一个从硬币到骰子再到字母表，大小不断增加的数字。因为在每种情况下可能的结果数量都在增加，这使得每个具体的结果更加不确定。

在这三个例子中，每个结果的概率是相同的（硬币的每一面是1/2，每个骰子面是1/6，每个字母是1/26）。但是如果结果的概率不同呢？计算熵的公式的确考虑了这些不同的概率。从本质上讲，它考虑了分布中所有可能的结果，并用一个数值表示对分布进行采样时实际产生的结果的不确定性。

事实证明，某个事件发生的不确定性与使用完全适配的编码发送该事件消息所需的比特数相关。从概念上讲，文本消息是从词汇表中提取的一组单词，它与多次投掷骰子得到的值列表没有什么不同。我们对两个列表都使用“熵”这个术语代表事件的不确定性，或者传递该事件所需的比特数。

熵在机器学习中很重要，因为通过它可以比较两种概率分布，这是机器学习的关键一步。例如，我们要建立一个分类器。现在有一张图片，经过人工判别已经确定80%可能是狗，10%可能是狼，3%可能是狐狸，以及较小的概率可能是其他动物。我们希望系统的预测与这些标签相匹配。换句话说，我们希望将人工的概率分布与系统的预测分布进行比较，并使用差异来改进系统。人们发明了很多种方法来比较不同的分布，但是在理论和实践中最有效的是基于熵的方法：从找到单个分布的熵开始，逐步进行比较。

让我们思考一个由单词组成的分布。如果分布中只有一个词，当对分布进行采样时，将不存在不确定性，因此熵为0。如果有很多单词，但它们的概率都是0，除了一个单词概率为1，仍然没有不确定性，所以熵也是0。当所有的词都有相同的概率时，就有了最大的不确定性，因为没有任何选择比其他选择更有可能。在这种情况下，不确定性或者说是熵，处于最大值。虽然最大熵应该是1或100可能很方便，但实际值是通过公式计算的。我们所知道的是，此时没有其他概率分布会给出更大的熵。

在下一节中，将看到如何将熵应用于两种概率分布中。

## 熵这个术语从何而来

熵这个术语已经在热力学领域使用了几十年，热力学是物理学的一个分支，与热和温度有关。在这个领域，熵指的是“无序”。让我们看看物理学版本的熵是如何与信息论版本相比较的。

在热力学中，经常把正在研究的任何东西看作一个系统。系统是我们关心的事情的集合。想象一个每天早上都受很多人欢迎的系统，它由咖啡和牛奶混合而成。物理学家可能会问“这个组合中的咖啡在哪里？”信息理论家可能会问：“如果用勺子舀一些液体，会得到咖啡还是牛奶？”

开始时，咖啡在一个杯子里，牛奶在一个小水罐里。对物理学家来说，这个系统有高稳定性或低无序性，因为所有东西都在自己的位置上。因为它的无序性低，所以熵也低。对于信息理论家来说，把勺子浸入咖啡杯里就一定能得到咖啡，所以不存在不确定性。低不确定性意味着低熵。

把牛奶倒入咖啡中，轻轻搅拌。当物理学家问：“这种组合中的咖啡在哪里？”答案很难描述，因为咖啡和牛奶混在一起了。这里有很多无序，所以有高熵。当信息理论家舀一勺液体时，没有办法预测咖啡和牛奶的比例会上升到什么程度，所以有很多不确定性，因此熵也很高。

无序、不确定性和熵都是指代同一个思想的不同表达方式（塞拉诺 2017）。

## 6.5 交叉熵

当我们训练深度学习网络时，通常希望用一个指标来表明两个概率分布在多大程度上是相同或不同的。我们通常使用一个叫作交叉熵的指标，同样的，它是一个数字。回想一下，熵告诉我们，使用与这条消息适应的编码需要多少比特来发送一条消息。交叉熵告诉我们，如果使用其他不太完美的编码，需要多少位。一般来说，这大于完美编码所需的比特数（如果替代编码恰好与理想编码一样高效，交叉熵的最小值为0）。交叉熵是一种度量指标，让我们可以用数字来对两种概率分布进行比较。相同分布的交叉熵为0，而分布越来越不同的交叉熵值越大。

为了理解这个思想，让我们继续来看这两本小说，并为每本书建立一个基于单词的自适应码。虽然我们的目标是比较概率分布，但在这里讨论的是编码。回想一下，通过构造，较短的编码对应于较高概率出现的单词，而较长的编码对应于较低概率出现的单词。

### 6.5.1 两种自适应码

小说《金银岛》和《哈克贝利·费恩历险记》几乎是同时用英语写成的（史蒂文森 1883,吐温 1885）。《金银岛》的词汇量更大，使用了大约10 700个不重复的单词，而《哈克贝利·费恩历险记》中只有大约7 400个不重复的单词。当然，它们使用的词集是不同的，但有很多重叠。让我们看看《金银岛》最受欢迎的25个词，自下而上如图6-11所示。为了计算单词数，首先将所有大写字母转换为小写字母。因此，单字母代词“I”在图表中以小写字母“i”出现。

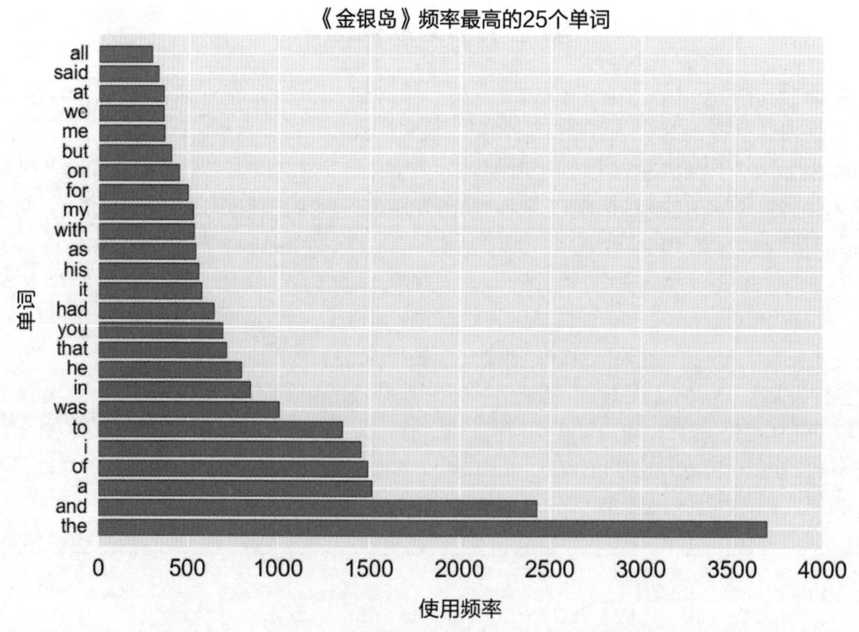


图6-11：《金银岛》最受欢迎的25个词，按出现频率排序

我们将这些与《哈克贝利·费恩历险记》中最受欢迎的25个词进行比较，如图6-12所示。或许不足为奇的是，这两本书中最受欢迎的十几个词是相同的（尽管顺序不同），但随后开始出现分歧。

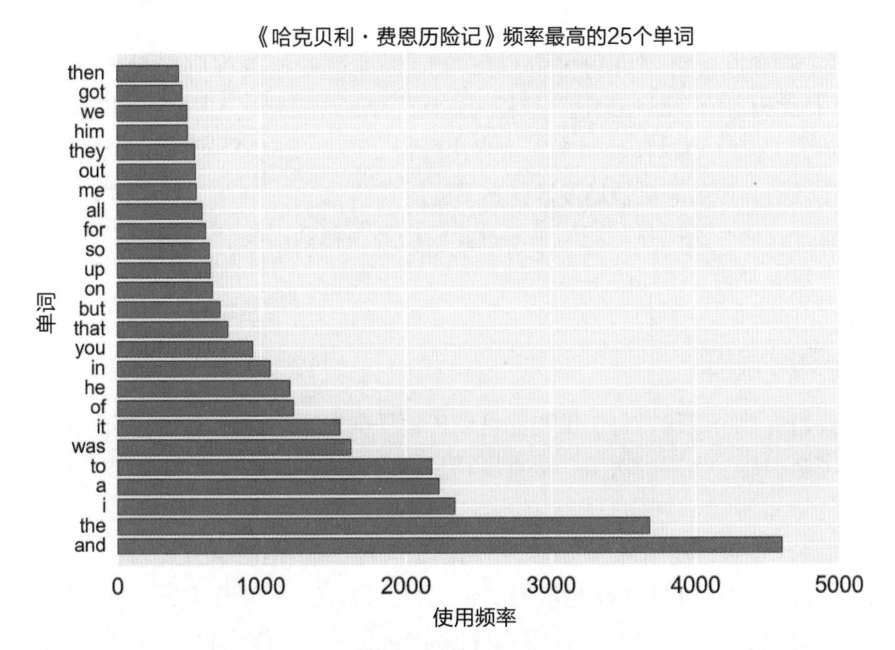


图6-12：《哈克贝利·费恩历险记》中最受欢迎的25个单词，按出现频率排序

假设我们想逐字逐句地传递这两本书的内容，可以用英语词典给每个单词分配一个数字，从1开始，然后是2，接着是3，依此类推。但是我们从早期的摩斯电码例子中知道，通过使用一种自适应编码发送材料，可以更有效地发送信息。创建这样的编码原则是：其中一个单词出现的频率越高，它的编码号就越短。所以像“the”和“and”这样的超高频词可以用短编码发送，而稀有词的编码更长，需要发送更多的比特（在《金银岛》中，大约有2780个词只出现一次；在《哈克贝利·费恩历险记》中，大约有2280个单词只出现一次）。

这两本书的词汇大多重叠，但每本书有另外一本书中没有出现的单词。例如“yonder”在《哈克贝利·费恩历险记》中出现了20次，但在《金银岛》中一次也没有。而“schooner”在《金银岛》中出现了28次，却在《哈克贝利·费恩历险记》中无处可寻。

因为我们希望能够用任何一种代码发送任何一本书的内容，这就需要统一它们的词汇表。对于《哈克贝利·费恩历险记》中每个不在《金银岛》的单词，在制作金银岛编码时会添加一个该单词的实例。《哈克贝利·费恩历险记》同样也这样做。例如，制作金银岛编码时，在书的结尾附加了一个单词“yonder”，这样如果我们愿意的话，就可以用这个代码发送《哈克贝利·费恩历险记》。

先从《金银岛》的词汇开始。我们为这段文字编写一个自适应码，从一个最短编码的“the”开始，一直到像“wretchedness”这样的一次性单词的长编码。现在，可以使用该编码发送整本书，与任何其他编码相比，节省了发送时间。

现在同样的为《哈克贝利·费恩历险记》编写专门的编码，最短的编码留给“and”，将长编码留给“dangerous”这样的一次性单词（虽然令人惊讶，但却是真实的：“dangerous”（危险）在《哈克贝利·费恩历险记》中只出现了一次）。现在的编码，可以让我们比任何其他编码更快地发送这本书的内容。

请注意，这两个编码是不同的。不过我们已经预料到了这一点，因为这两本书有不同的词汇，涵盖了明显不同的主题。

## 6.5.2 使用编码

现在我们有两个编码，每个编码都可以传输任何一本书的内容。金银岛编码适配每个单词在《金银岛》出现的次数，哈克贝利·费恩编码也是适配《哈克贝利·费恩历险记》的。

“压缩率”表明，使用自适应码与使用固定长度编码相比，可以节省多少成本。如果比率正好是1，那么自适应码使用的比特数就和非自适应码一样多。如果比值为0.75，则使用自适应码发送的比特数为使用非自适应码的3/4。压缩率越小，节省的比特数就越多（一些作者用其他顺序的数字定义了这个比率，所以比率越大，压缩效果越好）。我们试着把两本书一字不差地发送出去。图6-13中上面的柱图显示了使用我们构建的编码发送《哈克贝利·费恩历险记》得到的压缩率。我们使用了一种叫作霍夫曼码的自适应码，但是结果对于大多数自适应码来说是相似的（霍夫曼 1852，费里尔 2020）。

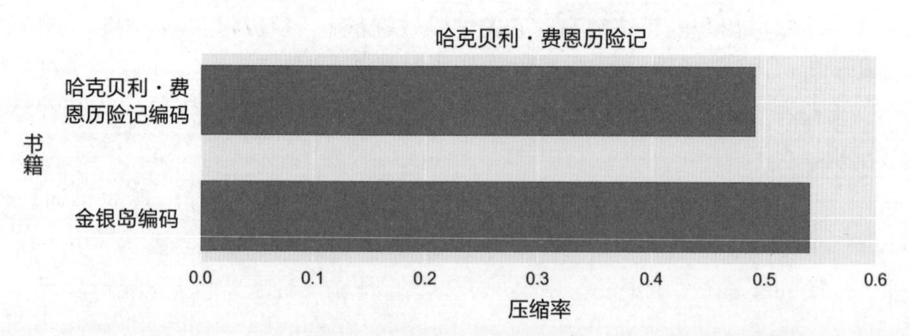


图6-13：上方：使用哈克贝利·费恩历险记编码发送该书的压缩率。下方：使用金银岛编码发送该书的压缩率

这太棒了。霍夫曼码的压缩率略低于0.5，这意味着使用哈克贝利·费恩历险记编码发送该书所需的比特数略低于固定长度编码所需比特数的一半。如果使用从《金银岛》构建的编码发送《哈克贝利·费恩历险记》的内容，应该预料到压缩效果不会那么好，

因为在编码中的数字与编码单词频率不完全匹配。图6-13的下方柱图显示了这个结果，压缩比大约为0.54。这仍然很好，但效率不高。

把情况扭转过来，看看《金银岛》是如何使用为它构建的编码和为《哈克贝利・费恩历险记》构建的编码的。结果如图6-14所示。

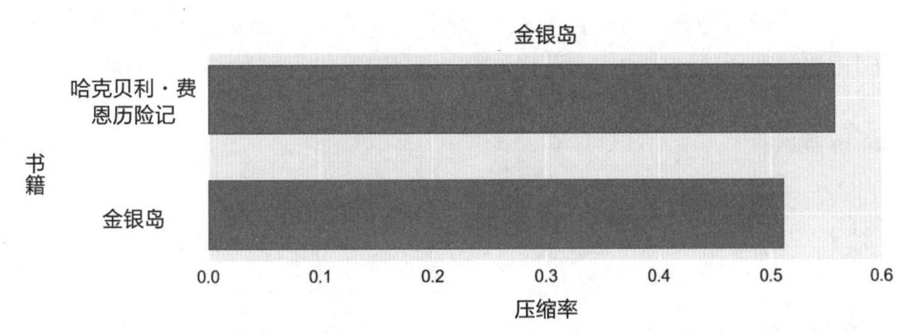


图6-14：上方：使用从《金银岛》构建的代码发送《哈克贝利・费恩历险记》的压缩率。下方：使用相同的编码，发送《金银岛》的压缩率

这次我们发现《金银岛》压缩的比《哈克贝利・费恩历险记》好，这是有道理的，因为使用了一个根据其单词用法调整的编码。一般来说，发送任何消息的最快方法是使用为该消息内容构建的编码。没有其他编码可以表现得更好，大多数编码会表现得更差。

我们已经看到，使用金银岛编码发送《哈克贝利・费恩历险记》会得出更差的压缩率。换句话说，它需要更多的比特来发送这本书，说明这并不完美。这是因为每个编码都基于其对应的概率分布，而这些分布是不同的。

用来衡量两个概率分布差异的量是交叉熵。请注意，情况并不是对称的。如果想用哈克贝利・费恩编码发送《金银岛》，交叉熵将与使用金银岛编码发送《哈克贝利・费恩历险记》不同。或者说交叉熵函数的论证是不对称的，这意味着它们的先后顺序很重要。

一种概念化的方法是想象概率分布空间就像海洋，水流在不同的地方向不同的方向流动。我们从一个点A游到另一个点B所需要的努力通常不同于从B游到A所需要的努力，有时是逆着水流游动，有时是顺水游动。在这个比喻中，交叉熵衡量的是工作量，而不是点与点之间的实际距离。但是随着A和B靠得越来越近，它们之间游泳所涉及的努力，无论从哪个方向，都会下降。

### 6.5.3 实践中的交叉熵

接下来讨论交叉熵的作用。我们在训练照片分类器中使用它，并比较两个概率分布。第一个是通过人工方式描述照片内容所创建的标签，第二个是系统为每张照片预测的概率集。我们的目标是训练系统，使系统输出与标签相匹配。要做到这一点，需要知道系统何时出错，并给出一个数字来说明错误程度。交叉熵是通过比较标签和预测结果得到的，交叉熵越大，误差越大。

在图6-15中，我们得到了一个模拟分类器的输出，它用于预测一张照片中出现狗的概率。在大多数实际情况下，除了“狗”条目为1之外，所有标签值都应该为0。在这里，我们为六个标签中的每一个都分配了概率，以便更好地显示系统如何试图匹配标签分布（可以想象图片是模糊的，因此我们自己也不确定它显示的是什么动物）。

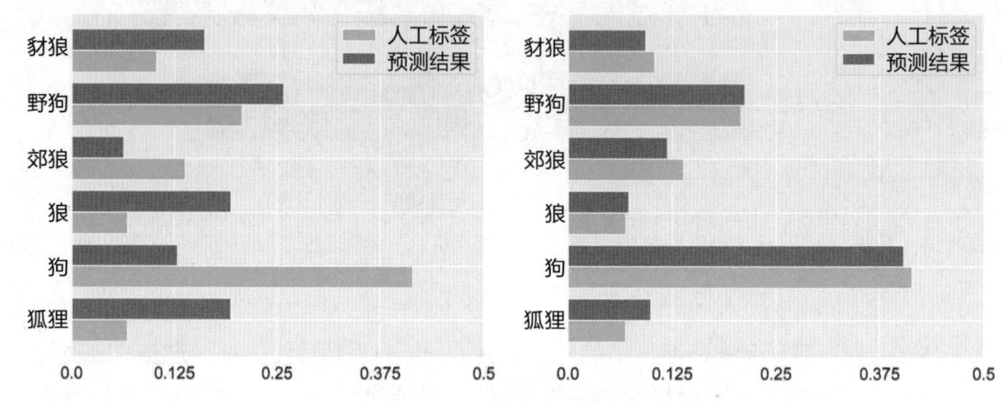


图6-15：对狗的图片进行分类，匹配得越好，交叉熵越低。左图为训练开始时。右图为经过大量训练

左边的图片显示的是训练开始时，该系统的预测与手动标签非常不匹配。如果用交叉熵公式计算这些数字，得到的交叉熵约为1.9。右边的图片，我们可以看到一些训练后的结果，现在这两个分布更加接近，交叉熵下降到了1.6左右。

大多数深度学习库都提供内置的例程，只需一步就可以计算交叉熵。在图6-15中，有六个类别。当只有两个类别时，可以使用专门针对这种情况的例程，通常被称为“二元交叉熵”函数。

## 6.6 KL散度

交叉熵是比较两种分布的一个很好的度量指标。通过最小化交叉熵，可以最小化分类器输出和标签之间的误差，改进我们的系统。

我们只需再进一步，就可以把概念再次简化。再次把单词分布想象成编码。回想一下，熵告诉我们需要多少比特来发送一条具有完美的、调优代码的消息。交叉熵告诉我们，用不完美的编码发送信息需要多少比特。如果用交叉熵减去熵，就得到不完美编码所需的额外比特数。得到的这个数字越小，需要的额外比特数就越少，相应的概率分布也就越相同。

一个不完美的编码所需要的额外比特数（也就是熵的增加）是由大量令人生畏的公

式决定的。最受欢迎的是库尔巴克-莱布勒散度，或简称KL散度，以提出计算该值公式的科学家命名。有些时候，它也被称为信息鉴别、信息发散、定向发散、信息增益、相对熵和KLIC（用于库尔巴克-莱布勒信息准则）。

像交叉熵一样，KL散度是不对称的：参数的顺序很重要。用《哈克贝利·费恩历险记》的编码发送《金银岛》的KL散度写作是KL（金银岛||哈克贝利·费恩历险记）。中间的两条竖线可以看作是一个分隔符，就像更常见的逗号一样，可以认为它们代表了短语“发送使用的编码是”。如果通过数学运算，这个值大约是0.287，可以认为这是在告诉我们，因为使用了错误的编码，每个单词额外“支付”了大约0.3个比特（库尔特 2017）。用《金银岛》的编码发送《哈克贝利·费恩历险记》的KL散度，或KL（哈克贝利·费恩历险记||金银岛），散度更高，约为0.5。

KL散度告诉我们用不完美的编码发送消息需要额外的比特数。思考这个问题的另一种方式是KL散度描述了需要多少信息才能把不完善的编码变成一个完美的编码。我们可以把这想象成贝叶斯公式的一个步骤，从近似先验（不完美的编码）到完美后验（适应的编码）。在这种情况下，KL散度告诉我们，系统从贝叶斯公式的理想化步骤中学到了多少（托马斯 2017）。

我们可以通过最小化KL散度或交叉熵来训练系统，可以根据实际情况选择更方便的那一个。KL散度具有良好的数学性质，并在许多类型的数学和算法讨论甚至深度学习文档中出现。但实际上，交叉熵计算起来总是更快。由于最小化其中任何一个都有改善系统的相同作用，我们通常在技术讨论中介绍KL散度，在深度学习程序中使用交叉熵。

## 6.7 本章总结

在这一章中，我们研究了信息论背后的一些基本思想，以及如何利用它们来训练一个深度学习系统。在机器学习中使用这些思想，将编码转换成概率分布，这意味着将具有最小编码编号的编码元素识别为最频繁的元素，并且随着编号大小的增加，频率降低。按照这种方式解释，我们可以通过比较分类器响应输入产生的预测概率列表和人工指定的概率列表来计算分类器的交叉熵。在训练中的目标是使两个分布尽可能相似，也可以说是试图最小化交叉熵。

本书的第一部分到此结束。在第一部分中我们已经讨论了一些基本思想，它们的价值远远超过深度学习。统计、概率、贝叶斯方法、曲线和信息论都可以帮助我们理解日常生活中出现的各种各样的问题甚至事情。它们可以帮助我们提高对事件的推理能力，从而帮助理解过去，为未来做准备。

有了这些基础知识，现在我们将转向机器学习的基本思想。

# 第二部分

# 初级机器学习

# 第7章

# 分类

机器学习的一个重要应用领域就是分类。简单来说，就是通过观察一组输入参数，将每个输入参数与类别列表进行比较，并将每个输入参数归纳到最可能的类别中，这个过程称为分类。分类过程通常由分类器算法完成。我们可以使用分类完成各种各样的任务，比如识别手机中某人说的话，照片中包含的动物，或者水果是否成熟等。

在这一章中，我们仅仅讨论分类背后的基本思想，本章的目标只是熟悉这些规则，而对一些具体算法的讨论将放在第11章介绍。本章还研究了聚类方法，这是一种自动将没有标签的样本分成不同类簇的方法。事物在超过三个维度的空间中，通常以意想不到或令人诧异的方式存在。本章还总结了四维或四维以上的空间是如何扰乱直觉，从而导致在训练深度学习系统时出现棘手的问题。

## 7.1 二维空间的二元分类问题

分类是个大课题，本节我们将从对分类的抽象概念描述开始，逐渐深入了解一些分类的方法。

要训练一个分类器算法，一种常见的方法是从收集想要分类的样本数据开始，我们称这些数据为训练集。同时还需要准备一个类别列表，例如照片中可能包含什么动物或者音频包含哪些音乐类型。最后，需要逐个审查训练集中的每个样本，并确定应该将其分配到哪个类，这叫作为样本打标签。

训练的时候，我们向分类器逐个提供样本，但不给它与样本匹配的标签。分类器对样本进行分析，并对样本应该归入哪个类别做出自己的预测，然后将分类器的预测结果与样本标签进行比较。如果预测结果与标签不匹配，我们将对分类器进行修改，这样如果分类器再次遇到这个样本，就更有可能预测出正确的类别，这个过程称为训练。人们通常认为，在训练过程中分类器也在不断学习。接着我们用数千甚至数百万个样本，一遍又一遍地训练分类器，因为我们的目标是逐步改进运算法则，直到预测结果与标签高频匹配。我们也期望它能够对以前从未见过的新样本进行正确分类，对此，可以用新的数据对它进行测试，并观察实际工作效果，以及是否达到投入使用的标准。

下面我们将更细致地讨论这个过程。

首先，假设输入数据只可能属于两个不同的类。只使用两个类可以简化我们对分类的讨论，并且不会遗漏任何关键点。因为每个输入只有两个可能的标签（或类别），所以称之为二元分类问题。

另一种简化讨论的方法是使用二维（2D）数据，每个输入样本都由两个数字表示，这给讨论带来了一些趣味性，因为我们可以将每个样本绘制为平面上的一个点。这样一来，可以得到平面上的一堆点，接下来用不同的颜色和形状区分每个样本的标签和分类器的预测结果。我们的目标是开发一种能够准确预测每个类别的分类器算法，当它训练完成，可以在未分类的新数据上使用分类器算法，并依靠它得出哪些数据属于哪个类。我们称以上这种算法为二维二元分类系统，其中“二维”指的是点数据的两个维度，“二元”指的是两个类。

我们将要研究的第一组技术统称为“分界法”。这些方法背后的原理是：我们可以查看在平面上绘制的输入样本，并找到一条分割平面的线（一般是曲线），使所有带有一种标签的样本都在曲线（或称之为边界）的一侧，而所有带有另一种标签的样本在另一侧。我们将看到在预测未知数据时，通常能找到一些效果较好的边界。

下面用鸡蛋的例子进行具体的分析。假设我们是农场主，农场中有很多下蛋的母鸡。这些鸡蛋都可能已受精（可以孵出一只小鸡），或者未受精。如果仔细测量每个鸡蛋的一些特征（比如它的重量和长度），可以判断它是否受精（这是虚构出来的方法，因为挑选鸡蛋的过程不是这样的！但我们假设可以这样判断）。我们将重量和长度这两个特征组合在一起构建样本数据。然后将样本交给分类器，分类器将其分配为“已受精”或“未受精”两个类。

因为用来训练的每一个鸡蛋都需要一个标签，或者一个已知的分类，所以我们使用一种名为“光照法”的技术判断鸡蛋是否受精（内布拉斯加 2017）。擅长光照法的人被称为光照师。熟练的光照师可以在明亮的光源（最初的光源是使用的蜡烛，现在他们可以使用任何强光源）前举起鸡蛋，通过观察鸡蛋内含物投射到蛋壳上的模糊阴影，来判断鸡蛋是否受精。我们的目标是让分类器能够提供与熟练的光照师相同的判断能力。

总而言之，我们希望分类器算法能够充分学习每个训练样本（鸡蛋），并使用其特征（重量和长度）进行类别预测（已受精或未受精）。让我们从一组训练数据开始，这些数据给出了一些鸡蛋的重量和长度。将这些数据绘制在一个网格坐标系中，坐标系的一个轴表示重量，另一个轴表示长度。图7-1显示了训练数据。已受精的鸡蛋用红色圆圈表示，未受精的鸡蛋用蓝色方框表示。有了这些数据，我们可以在两组鸡蛋之间画一条直线。这条线上方的所有鸡蛋都受精了，而另一边的鸡蛋都没有受精。

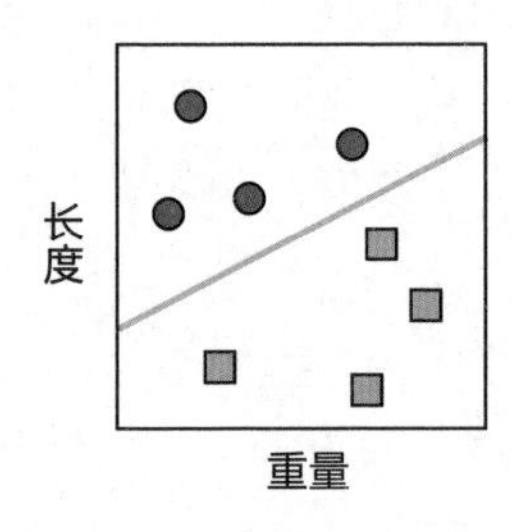


图7-1：鸡蛋分类。红圈表示已受精的鸡蛋，蓝色的方块表示未受精的鸡蛋。每个鸡蛋被绘制成一个点，位置由它的重量和长度提供。橙色的线作为边界将两个类别分开

分类器实现了这种效果。当我们得到新的鸡蛋（没有已知的分类标签）时，可以看看它们绘制到图中是位于线的哪一边。红圈（已受精）一侧的鸡蛋被分配为“已受精”类，蓝色方块（未受精）一侧的鸡蛋则被分配为“未受精”类。图7-2显示了这一过程。

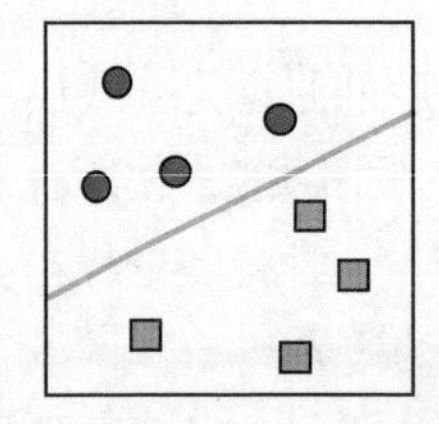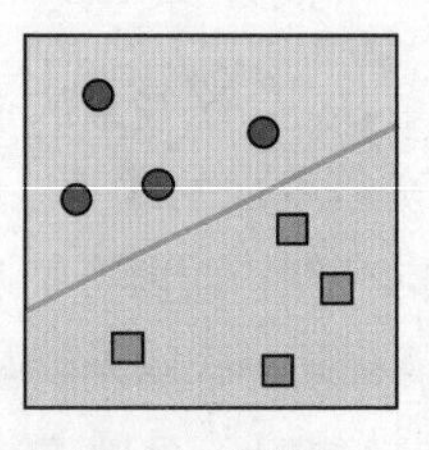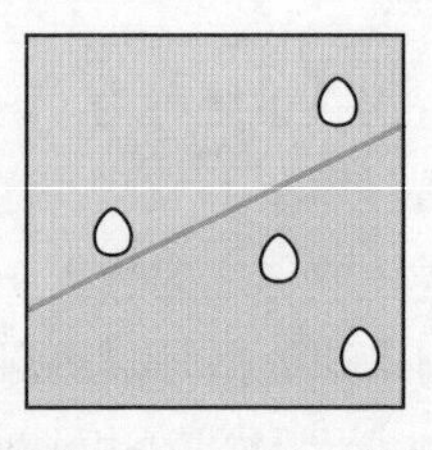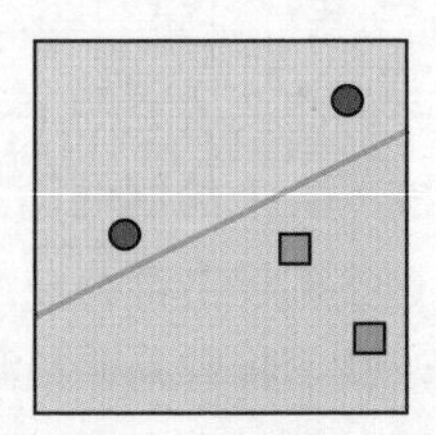

图7-2：新鸡蛋分类。左1图表示训练得到的边界。左2图显示由边界构成的两个区域。左3图表示四个待分类的新样本。右1图表示分配给新样本的类

假设分类器在这一段时间内的效果都很好，然后我们又买了一些新品种的鸡。为了防止它们的鸡蛋与以前训练的鸡蛋不同，于是分别挑选了一些不同品种的鸡蛋，用光照法确定它们是否受精，然后像以前一样绘制结果。图7-3显示了我们的新数据。

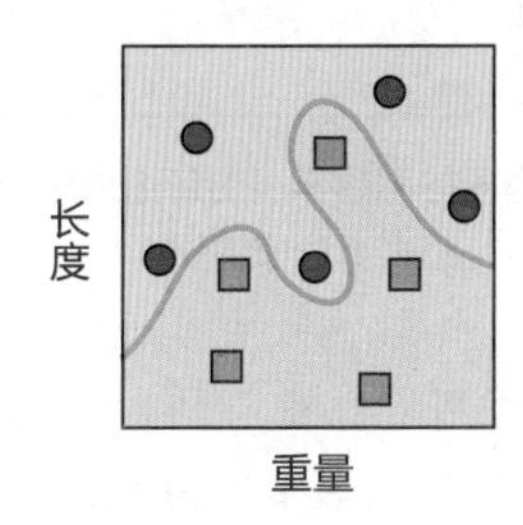


图7-3：添加一些新品种的鸡蛋时，仅仅根据重量和长度来确定哪些蛋受精可能会变得有些困难

这两组数据仍然是可分的，分类器表现得非常好。现在它们虽然被一条弯弯曲曲的曲线而不是一条直线分开，但这并没问题，因为我们可以像以前的直线一样使用曲线。当我们有更多的鸡蛋要分类时，每个鸡蛋都会显示在这个图中。如果鸡蛋在红色区域，预测为已受精；如果鸡蛋在蓝色区域，预测为未受精。当我们可以很好地区分样本数据时，则整个平面称为“决策区域”（或简称区域），我们称它们之间的分割线为“决策边界”。

假设我们农场的鸡蛋卖得特别好，于是第二年又买了第三个品种的鸡。和以前一样，我们手动挑选一些不同品种的鸡蛋并绘制数据，这次得到了图7-4的预测结果。

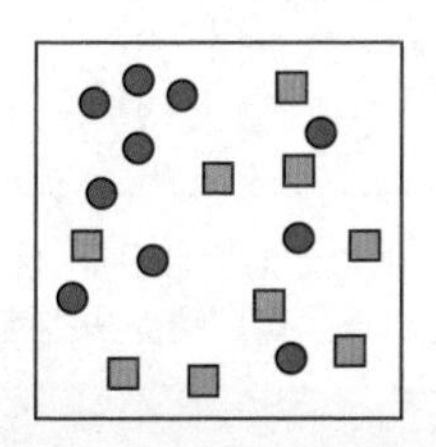

图7-4：新购买的鸡使得区分已受精的鸡蛋和未受精的鸡蛋变得更加困难

我们仍然可以获得一个以红色为主的区域和一个以蓝色为主的区域，但没有办法通过画一条分界线来区分它们。于是我们采用一种更通用的方法：与其绝对地预测单个类别，不如为每个类别分配其可能的概率。

图7-5使用颜色来表示网格中的一个点具有特定类的概率。对于每一个点来说，如果它属于深红色区域，那么我们非常确定鸡蛋已经受精，而红色强度的减弱对应着受精可能性的降低。同样的，未受精鸡蛋的概率如渐变蓝色区域一样。

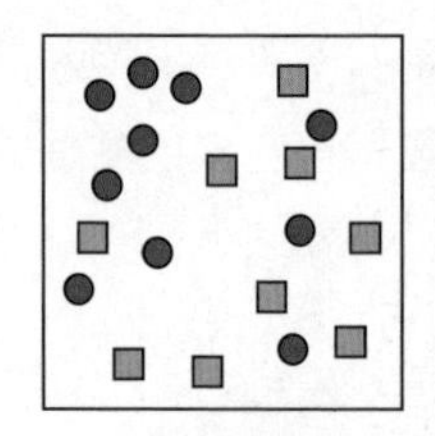

图7-5：左图展示了样本的分类情况，中间的图展示了给每个点分配一个鸡蛋已受精的概率，更深的红色表示鸡蛋更有可能已受精。最右边的图显示了鸡蛋未受精的概率

一个属于深红色区域的鸡蛋很可能已经受精，而在深蓝色区域的鸡蛋则很可能没有受精。若在中间区域，则鸡蛋的类别没有那么明确，如何进行预测取决于农场的经营策略。我们可以利用第3章中关于准确性、精度和召回率的理论来制定经营策略，并明确应该画什么样的曲线来区分类别。例如，假设“已受精”对应“阳性”。如果我们想非常确定捕获了所有的已受精鸡蛋，并且不介意一些假阳性，可以参照图7-6中间的图绘制一个边界。

另一方面，如果我们想找到所有未受精的鸡蛋，并且不介意假阴性，可以绘制图7-6右图的边界。

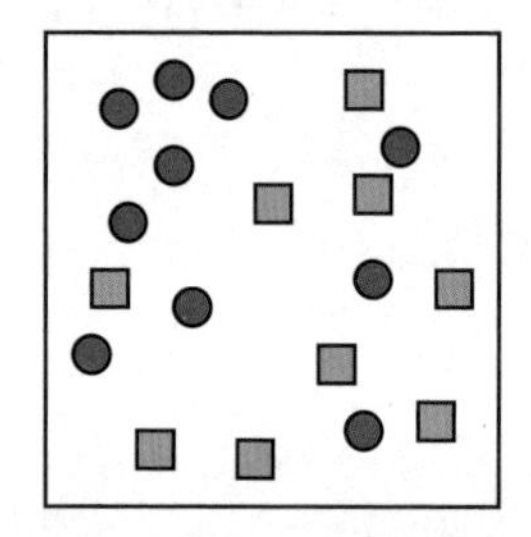
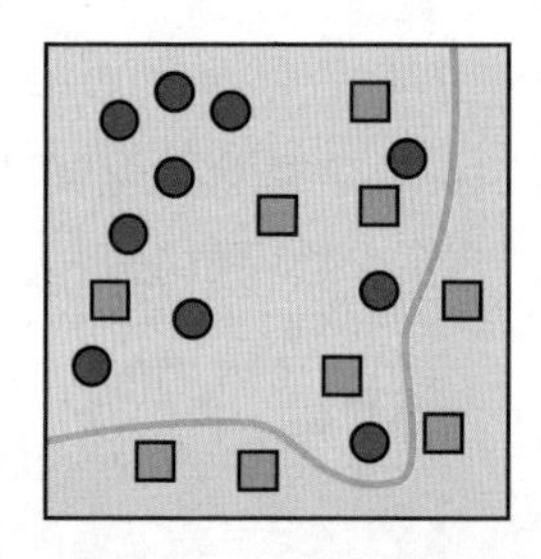
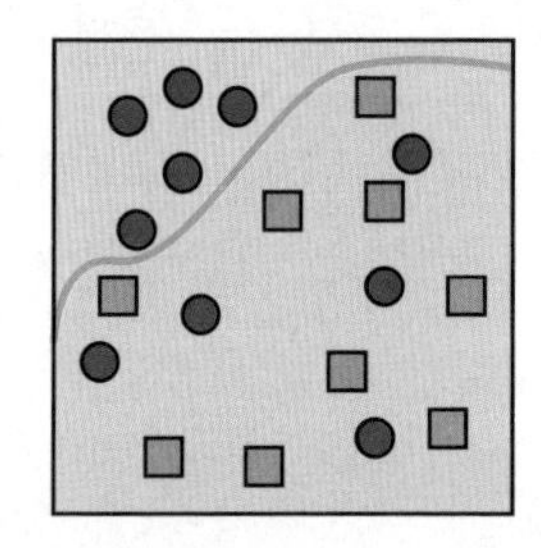

图7-6：左图展示了样本的分类情况，中图的绘制方案接受一些假阳性（未受精鸡蛋被预测为已受精），右图的方案能更正确地对所有未受精鸡蛋进行分类，可以接受一些假阴性

当决策区域具有清晰的边界且不重叠时，像图7-6中图和右图那样，每个样本预测结果的概率都很清晰：样本所在区域的类别概率为1，其他类别的概率为0。但在更常见的情况下，当区域模糊或重叠时，所有类别都可能具有非零概率，如图7-5所示。

在实践中，最终我们必须将概率转化为一个决定：这个鸡蛋是否已受精？虽然我们的决策受到分类器预测的影响，但最终还需要考虑人为因素以及决策的影响力。

## 7.2 二维空间的多分类问题

虽然鸡蛋销量很好，但有个问题，刚刚只区分了已受精鸡蛋和未受精鸡蛋。随着我们对鸡蛋的了解越来越多，发现鸡蛋最终未成功受精有两种不同的原因。正常的未受精鸡蛋叫作“菜蛋”，这些鸡蛋吃起来对身体有好处，也更受顾客欢迎。但在一些早期已受精鸡蛋中，发育中的胚胎由于某种原因停止生长并死亡，这样的蛋被称为“坏蛋”（阿尔库里 2016）。我们不能出售坏掉的鸡蛋，因为它们会意外爆炸并传播有害细菌，所以想挑选出坏蛋并将其处理掉。

现在我们有三类鸡蛋：种蛋（有活力的受精卵）、菜蛋（安全的未受精卵）和坏蛋（不安全的受精卵）。和以前一样，假设我们可以只根据鸡蛋的重量和长度来区分这三种鸡蛋。图7-7显示了一组经过测量的鸡蛋，以及通过对鸡蛋进行光照的方法得出的三种分类。

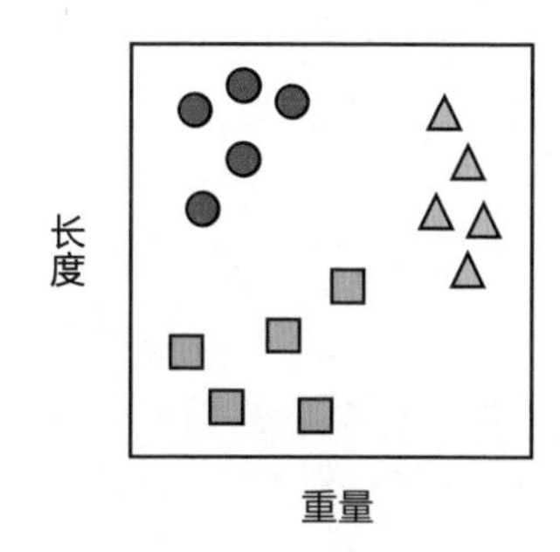

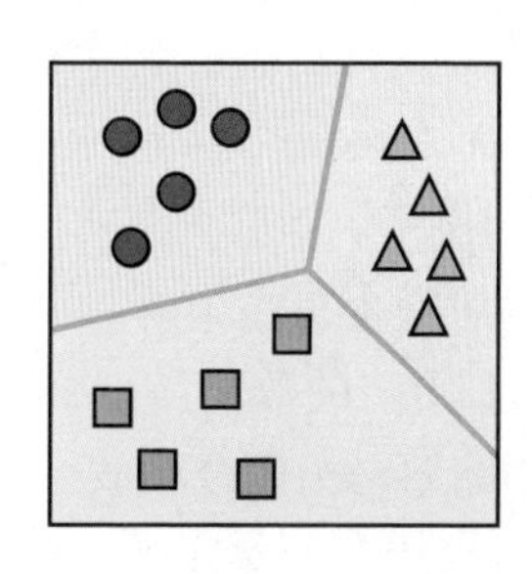

图7-7：左图表示三类鸡蛋：红圈是受精的鸡蛋，蓝色方块是未受精但可食用的菜蛋，黄色三角形是我们想从孵化器中移除的坏蛋。右图表示每个类的边界和区域

我们称将一个类别分配给新数据（鸡蛋）的工作为多分类任务。当我们有多个类时，可以再次找到分割不同类别区域的边界。当一个经过训练的多分类器接收到一个新的样本数据时，它会确定样本属于哪个区域，然后为该样本分配与该区域对应的类。

在我们的示例中，可能会为每个样本添加更多的特征（或维度），例如鸡蛋的颜色、平均周长和产卵的时间。现在为每个鸡蛋提供了五个维度的特征。这五个维度就很难想象了，因为我们无法将其描绘在一幅平面图中，但可以根据可描绘的情况进行类比。在二维空间中，数据点往往根据它们的类别聚集在一起，这使我们能够在它们之间绘制边界线。在更高的维度中，大多数情况下也是如此（我们在本章接近尾声时会细致地讨论这个概念）。正如我们将二维正方形分解为几个较小的二维形状，每个形状对应不同的类一样，我们可以将五维空间分解为多个较小的五维形状。这些五维区域中的每一个都对应了不同的类别。

数学理论不限制有多少维度，我们建立在数学基础上的算法同样也不限制。这并不是说我们不在乎，因为通常随着维度的增加，算法的运行时间和内存消耗也会增加。在本章的最后，我们将讨论在使用高维数据时涉及的更多问题。

## 7.3 多元分类

使用二元分类器（二分类问题）通常比使用多元分类器（多分类问题）更简单、更快捷。但是在现实世界中，大多数据都包含多个类。幸运的是，我们不用构建复杂的多元分类器，而是构建多个二元分类器，并通过组合它们的结果来产生一个多元分类答案。让我们看看这种技术的两种实现方法。

### 7.3.1 一对多

我们讨论的第一种技术有几个名称：一对多（one-versus-rest,OvR）、一对所有（one-versus-all,OvA或one-against-all,OAA）或二元相关性方法。现在假设我们的数据有五个类，分别用字母A到E命名。与其构建一个复杂的分类器来预测这五个类标签中的一个，不如构建五个更简单的二元分类器，并为每个分类器关注的类命名为A到E。分类器A告诉我们给定的数据是否属于类A。因为它是一个二元分类器，所以它有一个决策边界，将空间划分为两个区域：类A和其他所有区域。我们现在可以理解“one-vs-rest”这个名字的由来了。在这个分类器中，类A是一部分，类B到E是其余部分。

我们的第二个分类器名为分类器B，是另一个二元分类器。这一次它告诉我们一个样本是否属于B类。同样，分类器C告诉我们样本是否在C类中，分类器D和分类器E对D类和E类也做了同样的事情。图7-8总结了这个过程。在这里，我们的算法在为每个分类器构建边界时，同时考虑了其他所有类的数据。

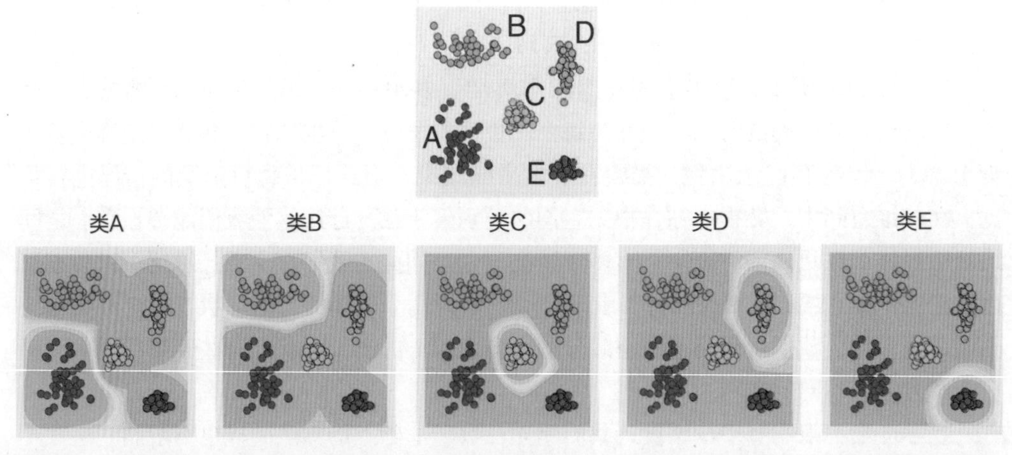


图7-8：一对多分类。第一行表示来自五个不同类别的样本。第二行表示五个不同二元分类器的判定区域，从紫色到粉色的颜色表明一个点属于哪个类别的概率越来越大

请注意，二维空间中的一些点通常有多个可能的类别。例如，右上角的点属于类别A、B和D的概率可能都不为0。

为了对一个样本进行分类，我们依次用五个二元分类器中的每一个进行分类，得到该点属于每个类的概率。然后找到概率最大的类，这就是样本点最终被分配到的类别。图7-9显示了这个过程。

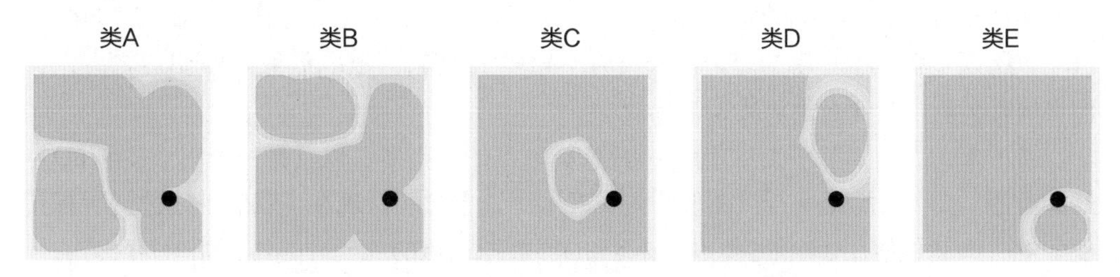


图7-9：使用一对多方法对样本进行分类。新样本是黑点

在图7-9中，前四个分类器都返回较低的概率。E类的分类器赋予该点比其他点更大的概率，因此该点被预测为E类。

一对多方法的好处在于其概念简单，并且预测速度快。缺点是我们必须训练五个分类器，而不是一个，且必须对每个输入样本进行五次分类，以找到它属于哪个类别。当我们的样本有大量具有复杂边界的类别时，通过大量二元分类器预测样本所需的时间可能会增加。不过，如果我们有足够的设备，可以并行运行五个分类器，从而在预测一次二元分类任务时间内得到最终答案。对于任何应用程序，我们都需要根据时间、预算和硬件限制来权衡算法的细节。

## 7.3.2 一对一

对多个类使用二元分类器的第二种方法被称为一对一（one-versus-one,OvO），它使用的二元分类器甚至比一对多（OvR）更多。一般要先将数据中每两个类进行对应，并仅为这两个类构建一个二元分类器。由于可能的配对数量随着类数量的增加而迅速增加，因此该方法中的分类器数量也随着类数量而迅速增加。为了保证讨论的简单性，这次只使用四个类，如图7-10所示。

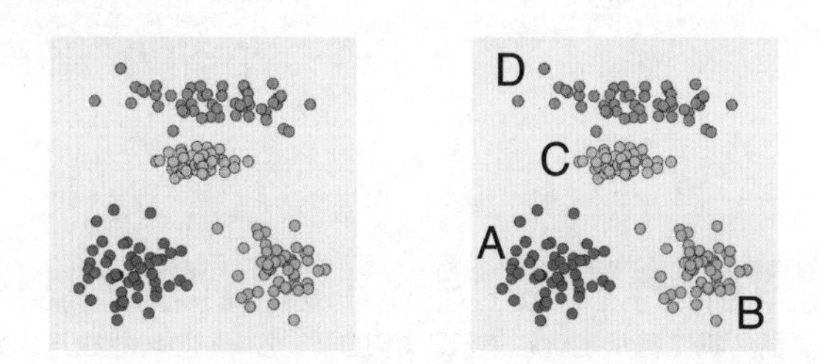


图7-10：左为演示OvO分类的四类点，右图为类型的名称

我们从第一个二元分类器开始，该分类器使用仅来自类A和类B的数据进行训练。为了训练该分类器，我们需要去掉所有不属于A类或B类的样本，就好像它们根本不存在一样。这个分类器掌握了一个分隔A类和B类的边界。现在，每次向这个分类器输入新样本数据时，它都会告诉我们是属于A类还是B类。因为这是这个分类器仅有的两个选项，所以它将数据集中的每个点分类为A或B，即使它们根本不属于A或B。之后，我们很快就会明白为什么这仍然是可行的。

接下来，我们训练一个只使用A类和C类数据的分类器，以及另一个用于A类和D类的分类器。图7-11的第一行以图形的方式展示了这个过程。现在，我们继续进行所有其他配对，构建仅使用B类和C类以及B类和D类数据训练的二元分类器，如图7-11第二行所示。最后，我们在图7-11的最后一行看到了C类和D类的最后一对。结果是有六个二元分类器，分别告诉我们数据属于两个特定类中的哪一个。

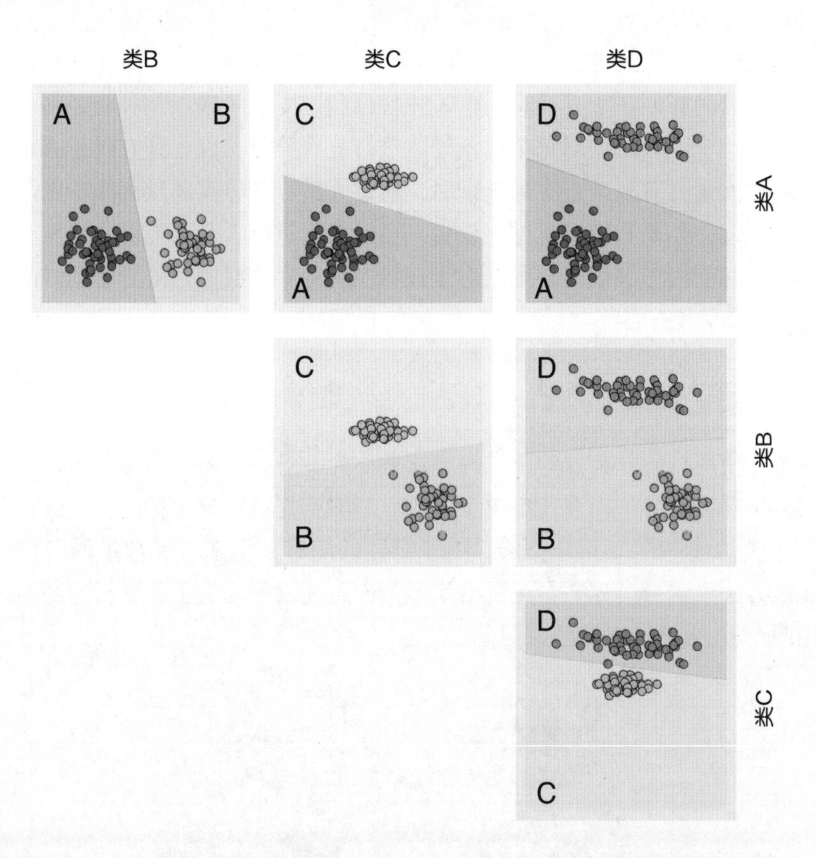


图7-11：构建六个二元分类器，用于在4个类上执行OvO分类。第一行从左到右表示A类和B类、A类和C类、A类和D类的二元分类器；第二行从左到右表示B类和C类、B类和D类的二元分类器；第三行表示C类和D类的二元分类器

为了对一个新的样本进行分类，我们通过所有的六个分类器来预测它，然后选择最频繁出现的标签。换句话说，每个分类器投票给两个类中的一个，获胜者是投票最多的类。图7-12显示了一对一分类的过程。

在这个例子中，A类得了三票，B类得了一票，C类得了两票，D类一票也没有。票数最多的是A类，所以该样本的预测类别是A，如图7-12所示。

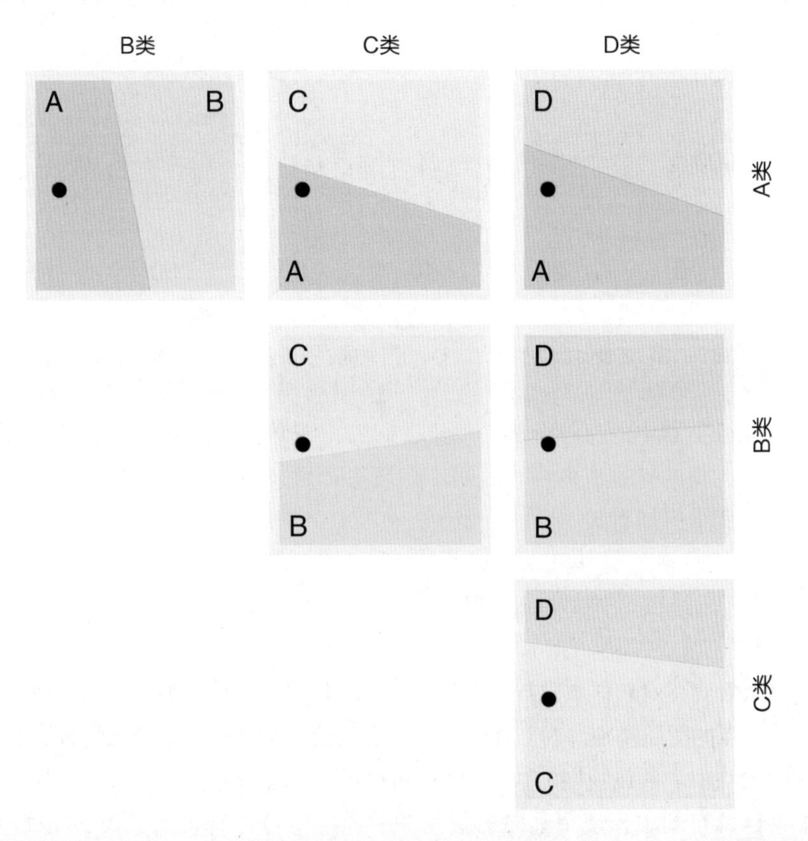


图7-12：执行OvO分类，将一个新样本分类为黑点。第一行有三票投给A类，第二行有两票投给B类;第三行有一票投给C类

一对一方法通常比一对多方法需要更多的分类器，但因为它能更清楚地解释样本是如何针对每一对可能的类进行评估，所以有时候它是很有用的。当我们想知道一个系统是如何得出最终答案时，这种方法可以让结果变得更加透明，或者更容易解释。当多个类之间有许多混乱的重叠时，我们可以更容易地使用一对一方法来理解最终结果。

这种清晰的代价是巨大的。随着类别数量的增加，需要的一对一分类器数量增长得非常快。我们已经看到，对于4个类，需要6个分类器。图7-13显示了需要的二元分类器的数量随着类的数量增长有多快。如果有5个类，需要10个分类器；如果有20个类，需要190个分类器；如果要处理30个类，需要435个分类器；超过大约46个类，则需要1000多个分类器。

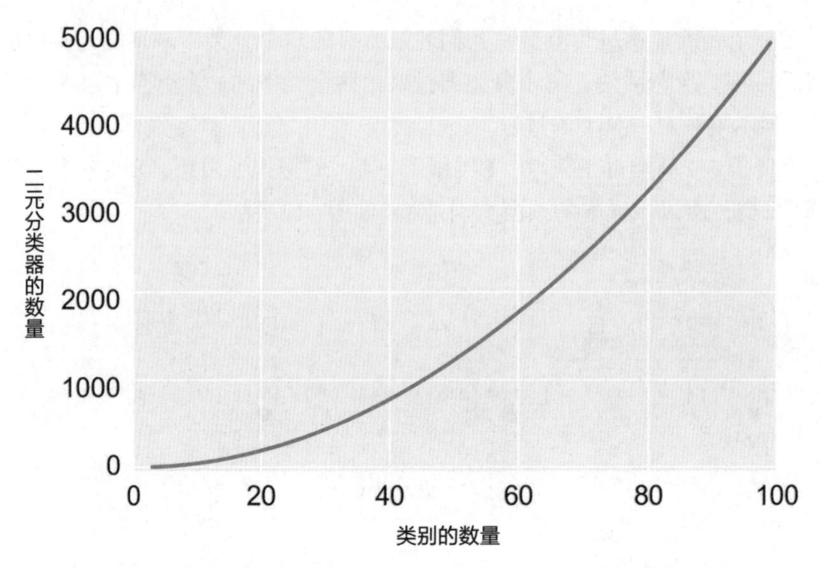


图7-13：随着类数量的增加，OvO所需的二元分类器的数量增长非常快

这些二元分类器中的每一个都必须经过训练，新样本数据需要用所有分类器进行预测，这将消耗大量的计算机内存和时间。在某些时候，也许使用一个单一的、复杂的、多元分类器会变得更加有效。

## 7.4 聚类

我们已经看到，对新样本进行分类的一种方法是将空间划分为不同的区域，然后根据区域预测一个点的所属类别。对新样本进行分类的另一种方法是将训练集数据本身分组到集群或类似的块中。假设我们的数据有相关的标签，那么如何使用标签来制作集群？

在图7-14的左图中，使用不同的颜色来区分5个不同标签的数据。对于这些很好区分的数据类型，可以通过围绕每个类型的点绘制一条曲线创建簇，如图7-14中图所示。如果我们将这些曲线向外延伸，直到它们相互碰撞，从而使网格中的每个点都由其最近的簇着色，那么可以覆盖整个平面，如图7-14右图所示。

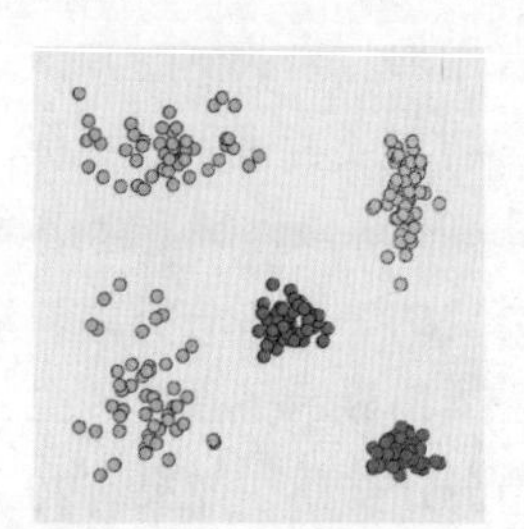 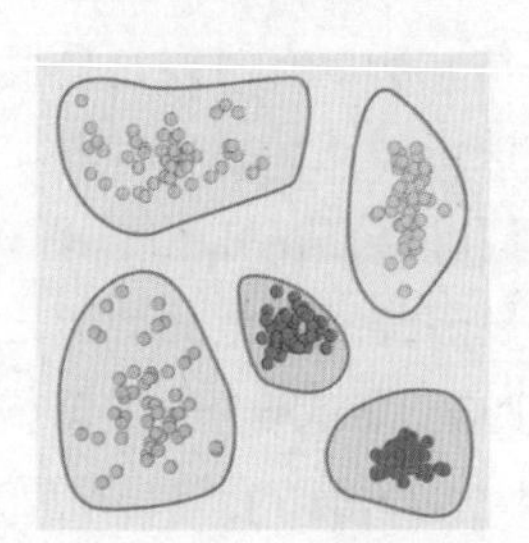 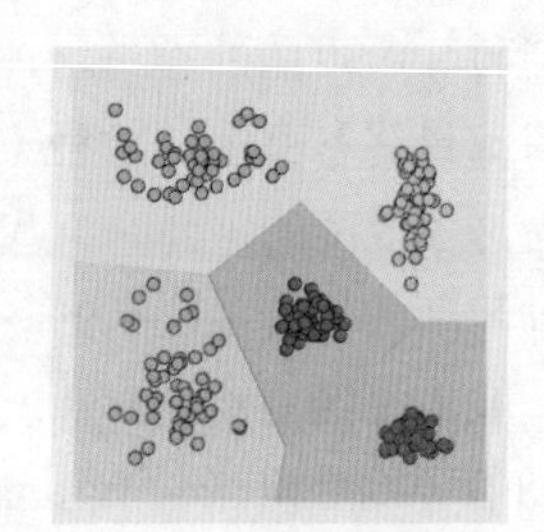

图7-14：类簇的划分。左图表示有5个类的起始数据。中图表示划分了5个簇。右图表示将类簇范围向外扩展，使整个区域每个点都分配到一个类

这个方案要求我们的训练数据有标签。在没有标签的情况下，如果能够以某种方式将未标记标签的数据自动分组到类簇中，就可以应用刚刚描述的方法。

对于没有标签的数据进行分析属于无监督学习。使用算法从未标记的数据中自动生成类簇时，必须告诉算法我们希望它划分成多少个类簇。这个“簇的数量”值通常用字母“k”表示（这是一个任意的字母，不代表任何特殊的含义）。*k*是一个超参数，或者说是我们在训练系统之前选择的一个值，通过选择*k*值告诉算法要构建多少个区域（也就是说，要将数据分成多少个类）。因为这种算法使用点簇坐标的几何平均值进行聚类，所以该算法被称为k-means聚类。

自由选择*k*值有利也有弊。拥有这种选择的好处是，如果事先知道应该有多少个类簇，算法大概率会产生想要的结果。请记住，计算机不知道类簇的边界应该在哪里，所以尽管它将类簇分成*k*个部分，但聚类结果可能并不是期望的那样。但是如果数据是明显分离的，样本被聚集在一起，在类簇之间有很大的空间，通常会得到所期望的聚类结果。类簇的边界越模糊，或者越重叠，越有可能得出不正确的结果。

预先指定*k*值的缺点是，我们可能不知道应该用多少类簇才能最好地描述数据。如果选择的类簇太少，就不会将数据划分为最接近的类。但是，如果选择了太多的类簇，最终会有相似的数据被分到不同的类中。

要考虑这一点，需要参考图7-15中的数据，其中有200个未标记的点，明显聚集成5组。

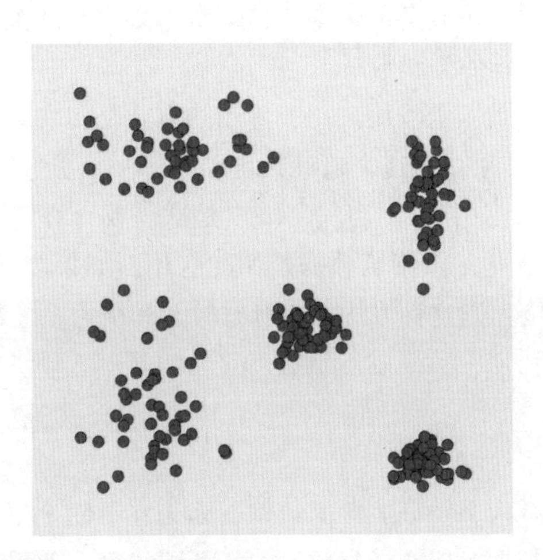

图7-15：200个未标记的点，在视觉上似乎分为5组

图7-16显示了一个聚类算法如何为不同的*k*值分割这组点。记住，在算法开始工作之前，我们需要给算法一个*k*值作为参数。

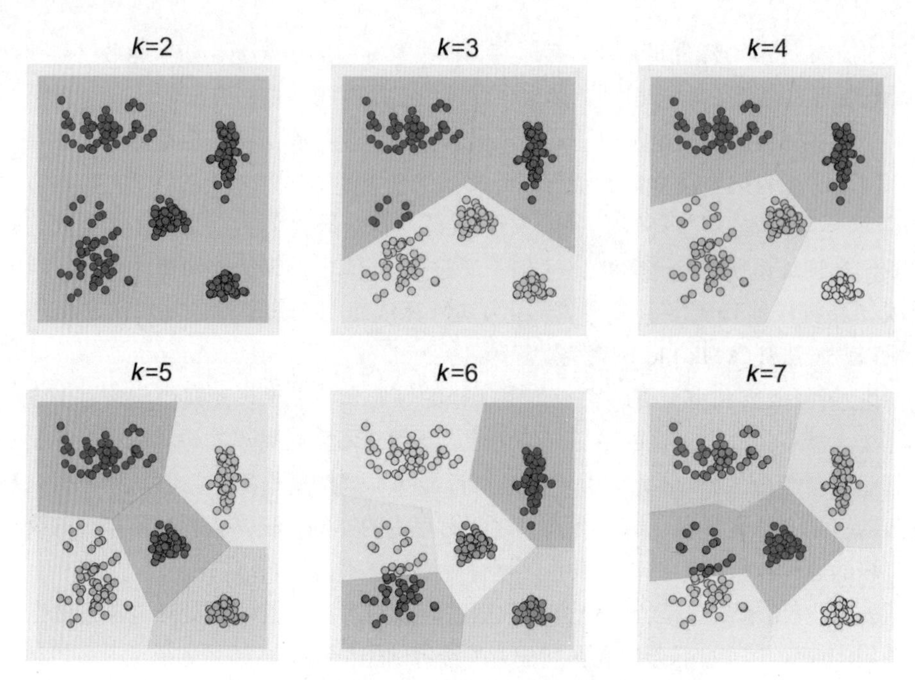


图7-16：展示图7-15中k值从2到7自动聚类的结果

毫无疑问，$k = 5$在这个数据上体现得最好，由于我们使用了一个很清晰的例子，其中的边界很容易看到。对于更复杂的数据，特别是如果它有两个或三个以上的维度，几乎不可能在聚类前确定最佳的类簇数量。

不过，这个算法也不是完全没用。一个常用的方式是多次训练聚类模型，每次使用不同的$k$值。通过可视化结果，为这个超参数自动调整一个更好的$k$值，评估每个选择的预测结果，并选用表现最好的$k$值。当然，缺点是这需要计算资源和时间。这就是为什么在聚类之前用某种可视化工具预览数据是如此有用。如果能马上确定$k$的最佳值，甚至想出一个可能值的范围，则这种方法可以节省时间和精力。

## 7.5 维度诅咒

我们一直在使用具有两个特征的数据示例，因为在平面上很容易绘制两个维度的图像。但实际上，我们的数据可以有任意数量的特征或维度。似乎拥有的特征越多，分类器的分类效果就越好。分类器需要处理的特征越多，它们应该能更好地找到数据中的边界（或聚类），这是非常有意义的。

这在一定程度上是正确的，但如果数据已经具有很多特征，再给数据添加更多的特性，会让分类结果变得更糟。在鸡蛋分类示例中，我们可以为每个样本添加更多的特征，比如鸡蛋出生时的温度、母鸡的年龄、当时窝中其他鸡蛋的数量、湿度等。但是，正如我们将看到的，添加更多的特征，通常会使系统更难而不是更容易对输入数据进行准确分类。

这种违反直觉的情况在机器学习中经常出现，以至于它拥有了一个特殊的名字：维度诅咒（贝尔曼 1957）。这个词在不同的领域有不同的含义，这里使用它在机器学习领域的含义（休斯 1968）。下面来看看这个维度诅咒是如何产生的，以及它告诉了我们哪些信息。

## 7.5.1 维度和密度

要理解维度诅咒，首先要思考分类器是如何找到作为边界的曲线或曲面的。如果只有几个点，那么分类器可以找到很多的曲线或曲面来分割数据。为了得出对未来数据预测的最好边界，我们需要更多的训练样本，然后分类器选出这个密度下表现最好的边界。图7-17直观地显示了这个过程。

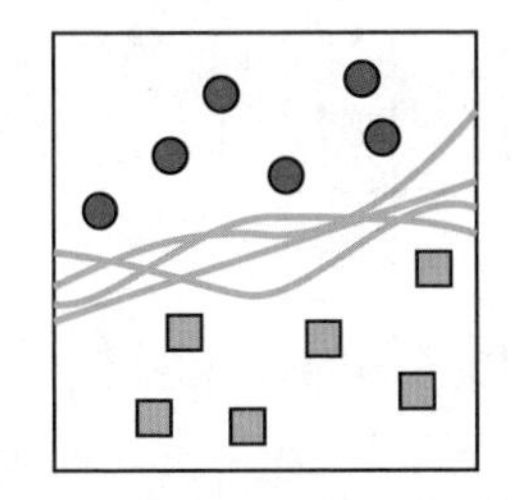
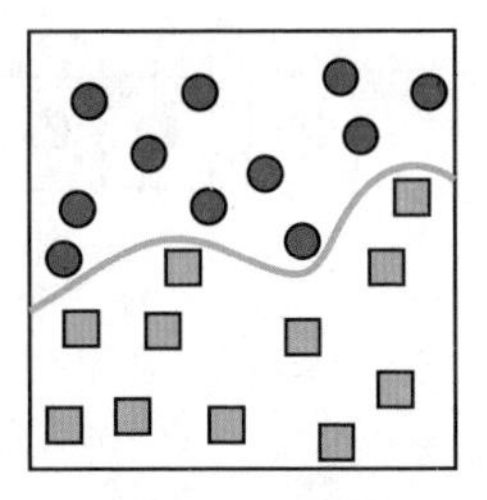

图7-17：为了找到最佳的边界曲线，我们需要一个合适的样本密度。左图只有很少的样本，所以可以构建很多不同的边界曲线。从右图可以看到，样本密度越高，越可能找到一条更好的边界曲线

从图7-17我们得出，要找到一条好的曲线，需要使用较为密集的样本集进行训练。关键是，当我们为样本添加维度（或特征）时，为了在样本空间中保持合理的密度，需要的样本数量会激增。如果样本量跟不上，即使分类器尽其所能，但因为没有足够的信息支撑，往往得不出一个好的边界。就像图7-17的左图，只能“猜测”出一个最佳边界，这可能会导致对未来数据的预测结果不佳。

让我们回到鸡蛋的例子，看看密度损失的问题。为了简单，假设我们可以将鸡蛋的所有特征（体积、长度等）的测量值缩放到0和1之间。从一个包含10个样本的数据集开始，每个样本都有一个特征（鸡蛋的重量）。由于只有一个维度来描述每个鸡蛋，我们可以将其绘制在从0到1的一维线段上。为了能看到样本覆盖这条线上每一部分的程度，将其分解成多段，看看每段包含多少样本。不同分段只是帮助我们估计密度的概念容器。图7-18将区间（0,1）划分为5个分段，并显示了一组数据如何分布在其中。

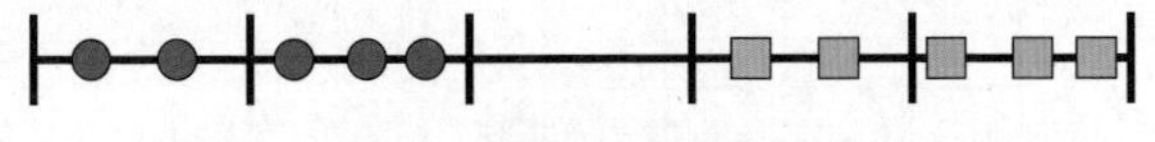

图7-18：10条数据在一维空间上的分布

图7-18中包含了10个样本与5个分段，这样设置没有特殊的数学意义，只是因为这样画起来容易。即使挑选300个鸡蛋或1700个分段，我们讨论的核心是不变的。

空间的密度是样本数除以分段数。这为我们提供了一种粗略的方法来衡量数据填充了整个空间的程度。换句话说，对于大多数输入值，是否存在对应的学习样本？如果有太多空的分段，我们就遇到问题了。在图7-18这种情况下，密度是10/5 = 2，表明每个分段（平均）有2个样本。从图7-18可以看到，这是对每个分段中平均样本数的一个较好的估计。在一维空间中，对于这个数据，密度为2时可以找到一个较好的边界。

现在我们把长度特征加入对每个鸡蛋的描述中。因为现在有两个维度，所以可以将图7-18的线段向上拉起，形成一个二维的正方形，如图7-19所示。

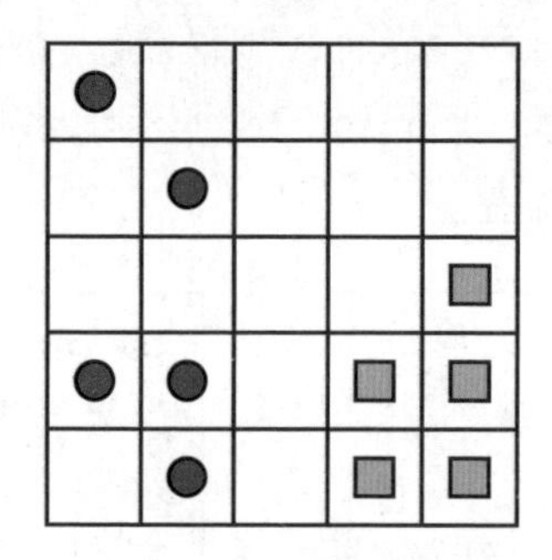

图7-19：10个样本现在都用两个测量值或维度来描述

我们像以前一样，将每条边分成5段，在正方形里有25个格子，但是仍然只有10个样本，这意味着大多数区域不会有任何数据。现在的密度是10/（5 × 5） = 10/25 = 0.4，比一维的密度2下降了很多。因此，分类器可以绘制许多不同的边界曲线来分割图7-19的数据。

现在我们添加第三个维度，比如鸡蛋产下时的温度（缩放到0到1之间的值）。为了表示这三个维度，我们把正方形从页面中拉伸出来，形成一个三维立方体，如图7-20所示。

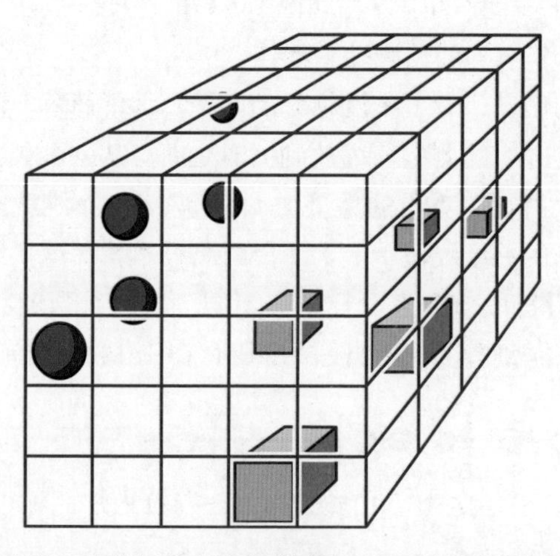

图7-20：现在10条数据由三个测量值表示，得到三维空间中绘制的数据

同样，将每个轴分成5段，现在有125个小立方体，但仍然只有10个样本。密度降到了10/（5×5×5）=10/125=0.08。换句话说，现在任何小立方体都只有8%的可能有样本。从密度2降到0.4，再降到0.08。无论数据在三维中位于何处，绝大多数空间都是空的。

任何分类器想要通过一个边界面，将这一立方体的数据分成两块，都需要做一个大胆的猜测。问题不在于分离数据有多难，而在于它太容易了。分类器不清楚如何最好地分离数据，以便系统能够达到“泛化”效果。也就是说，如何能够准确地对未来得到的数据进行分类。分类器将不得不把大量的空立方体分类为一个类别或另一个类别，但它没有足够的信息来判断空立方体应该属于哪一类。

换句话说，一旦算法投入使用，我们将无法预测新的样本会出现在空间的哪个位置。在这一点上，没有人可以回答。图7-21显示了对边界面的一个猜测，但是正如在图7-17左图中看到的那样，分类器可以通过两组样本之间过大的开放空间来拟合各种平面和曲面。但这样一来，样本中的大多数可能都不会得到很好的概括，也许这个平面太靠近红球了，或者离得太远了，又或者也许它应该是一个曲面而不是一个平面。

当我们用这个边界面来预测新数据的类别时，可以预见到必然是一个低质量的结果，这并不是分类器的错。考虑到分类器仅有的可用数据，这个平面已经是一个非常好的边界面了。问题是，由于样本的密度太低，分类器没有足够的信息得出更好的效果。每增加一个维度，样本密度就会大幅度下降，而且随着更多特征的增加，密度会继续下降。

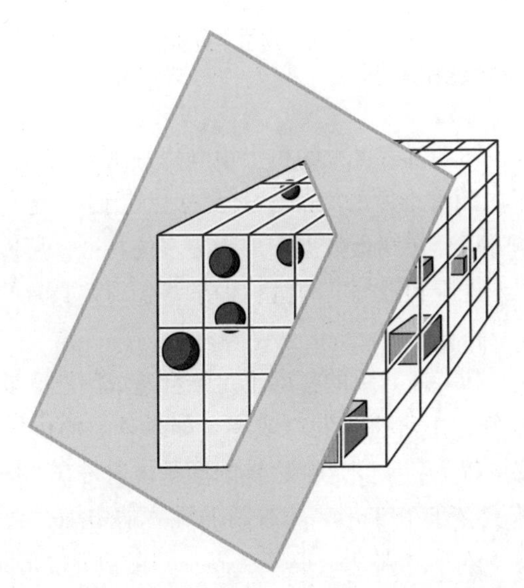

图7-21：通过立方体的一个边界表面，分离红色和蓝色样本

虽然我们很难为超过三个维度的空间画示意图，但仍可以计算其密度。图7-22显示了随着维度的增加，10个样本的空间密度。每条曲线对应不同数量的分段数。请注意，随着维度的增加，无论使用多少个分段，密度最终都会下降到0。

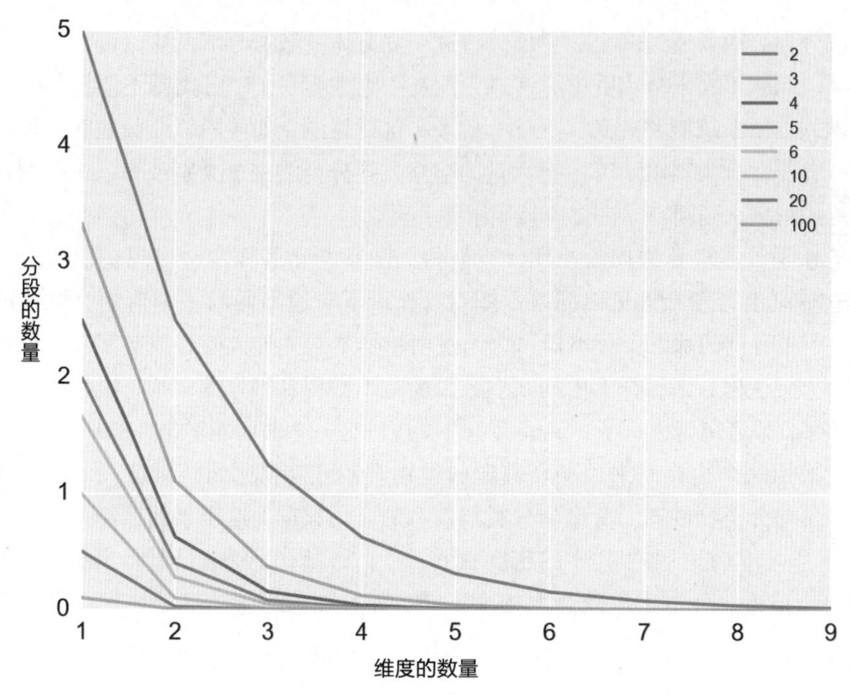


图7-22：对于固定数量的样本，随着维数的增加，展示了点的密度是如何下降的。每条彩色曲线显示了不同分段的数据随维度增加，密度的变化

如果有更少的分段，样本就有更大的机会填满每一个分段，但是不久之后，分段的数量就变得无关紧要了。随着维度的增加，密度总会趋于0。这意味着分类器最终会仅凭猜测确定边界应该在哪里。在鸡蛋数据中加入更多的特征，可以在一定程度上改善分类器，因为边界能够更好地跟随数据的位置。但最终仍需要大量的数据来满足这些新特征带来的密度要求。

有一些特殊的情况，新特征导致的密度不足不会造成问题。如果新特征是多余的，那么现有的边界已经很好，不需要改变。或者，如果理想的边界很简单，比如一个平面，那么增加维度的数量就不会改变这个边界的形状。但是在一般情况下，新的特征会使边界更加细化，带来更多细节变化。随着新的维度的增加，会导致密度逐渐下降到0，边界变得更难找到，所以分类器最终基本上是在猜测边界的形状和位置。

维度诅咒是一个严重的问题，它可能使所有的分类尝试都徒劳无功。毕竟，没有一个好的边界，分类器就不能做好分类工作。幸运的是，“非均匀性祝福”（多明戈斯2012）可以拯救这个诅咒，我们更愿意把它看作是“结构性祝福”。这个名称是通过实践得来的，通常数据的特征，即使是在非常高的维度空间中，也往往不会均匀地分布在样本空间中。也就是说，样本不是平均分布在我们所看到的直线、正方形、立方体，或者无法绘制形状的高维版本中。相反，样本往往聚集在小区域，或者分散在更简单、更低维的平面上（如凹凸不平的薄片或曲线）。这意味着训练数据和所有的新数据通常会落在相同的区域。这些区域的样本是密集的，而其余绝大部分空间是空的。这是一个好消息，因为这种现象表示如何在那些大的空白区域画出边界面并不重要，因为没有数据会出现在那里。而在样本本身实际所在的地方有良好的密度即可。

让我们看看这种理论是如何运作的。在图7-20的立方体中，我们可能会发现每个类的样本都位于同一个水平面上，而不是或多或少均匀分布在整个立方体中。这意味着，任何大概划分类簇的边界面都能很好地处理新数据，只要这些新值也倾向于落入那些水平面。图7-23展示了这个过程。

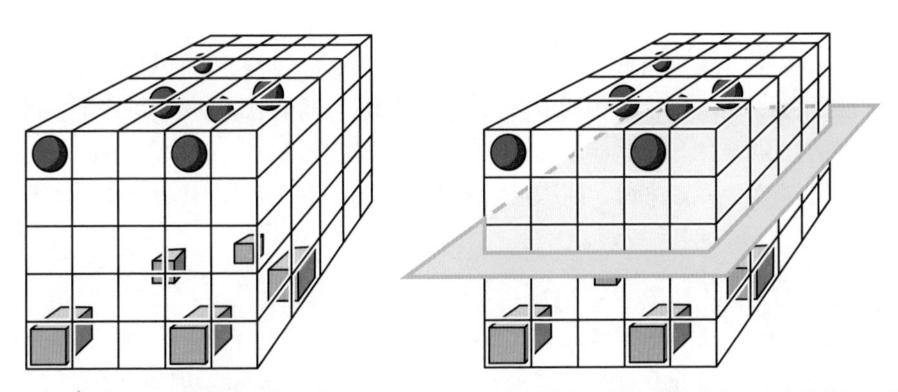

图7-23：在实践中，数据通常在样本空间中有一些结构。左图为每组样本大部分位于立方体的同一水平切片中，右图为两组点之间通过的边界面

虽然图7-23中的立方体大部分是空的，样本密度很低，但我们感兴趣的部分密度很高，仍然可以找到一个合理的边界。即使有大量的数据，维度的诅咒注定样本空间密度会很低。但结构性祝福表明，通常我们会在需要的地方获得相当高的数据密度。图7-23的右图显示了一个穿过立方体中间的边界面，这就完成了类的分离工作。但是由于样本非常好地聚集在一起，并且它们之间的空间是空的，所以几乎任何分割类的边界面都可能做得很好。

请注意，诅咒和祝福都是通过观察得到的经验，而不是可以永远依赖的确凿事实。即便如此，对于这个重要的问题，最好的解决方案通常是用尽可能多的数据填充样本空间。在第10章中，我们将介绍一些因为数据特征过多，导致分类结果不好时，用来减少数据中特征数量的方法。

维度诅咒闻名的原因之一，是因为机器学习系统在训练时需要大量数据。如果样本有很多特征（或维度），我们就需要大量的样本以获得足够的密度来得到较好的边界面。

假设我们想要足够多的样本数据来获得特定的密度，比如0.1或0.5。随着维数的增加，需要多少个样本？图7-24显示了所需样本数暴增的趋势。

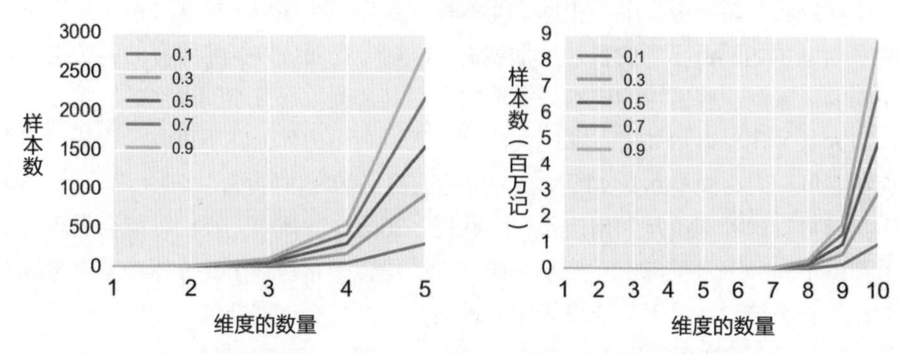


图7-24：假设在每个轴上有五个分区，需要达到不同密度的样本数

一般来说，如果维度很低，并且有大量的点，那么可能有足够的密度让分类器得到一个泛化性很强的分界面。这句话中"低"和"大量"的值取决于使用的算法和数据特征，没有硬性的规则来规定这些值。通常我们会先进行猜测，再看看算法有什么样的表现，然后进行调整。一般来说，训练数据是越多越好，我们需要尽可能获取所有数据。

## 7.5.2 高维奇异性

由于真实数据中的样本通常具有许多特征，因此我们经常在具有许多维度的空间中工作。之前介绍过，如果数据是结构化分布的，通常认为没问题：因为没有输入数据来自那里，我们会忽略大量造成不好影响的空白区域。但是，如果数据不是结构化的或聚集的呢？

在设计机器学习系统时，我们很容易看到图7-19和7-20这样的图片，我们的知觉会认为许多维度的空间就像我们习惯的空间，只是更大。但这是不对的！高维空间的特征有一个技术术语：奇异性。结果往往会向我们意想不到的方向发展。下面介绍两个关于高维几何奇异性的警示故事，以训练我们的直觉，不要在熟悉的低维空间妄下结论。这将帮助我们在设计机器学习系统时保持警觉。

### 1）立方体中球体的体积

高维空间奇异性的一个著名例子涉及立方体内球体的体积（斯普鲁伊特 2014）。背景很简单：把一个球体放入一个立方体中，然后测量这个立方体的体积被球体占据了多少。我们首先在一维、二维和三维空间中做这个实验。然后，继续到更高的维度，随着维度的增加，跟踪球体所占立方体的百分比。图7-25从一维、二维和三维开始。

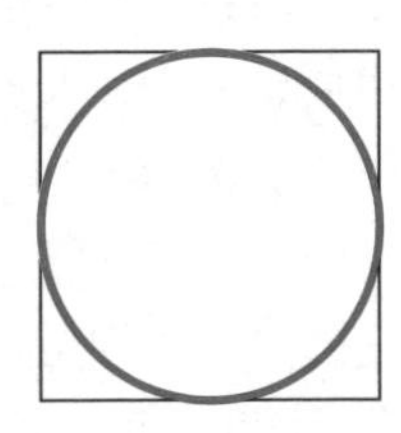

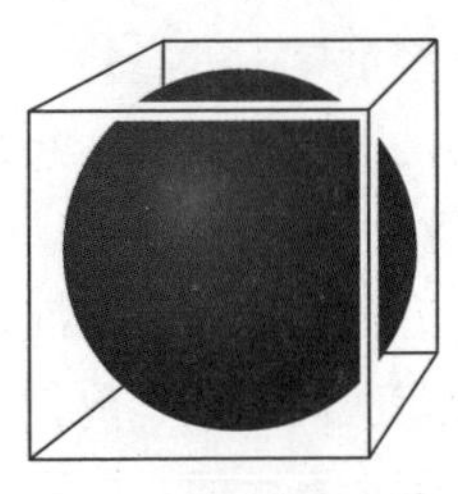

图7-25：立方体中的球体。左图的一维“立方体”是一条线段，“球体”是覆盖物体的线段。中图的二维“立方体”是正方形，“球体”是一个接触边缘的圆形。右图的一个三维立方体包围着一个球体，球体接触每个面的中心

在一维中，立方体只是一条线段，而球体是一条覆盖整个物体的线段。球体的内容与“立方体”的内容之比为1：1。在二维中，立方体是一个正方形，而球体是一个刚好接触四个边中心的圆。圆的面积除以盒子的面积约为0.8。在三维中，立方体是一个普通的三维立方体，球体在里面正好接触到六个面的中心。球体的体积除以立方体的体积约为0.5。

对于球体相对于其所在的立方体所占用的空间量，如果我们计算更高维度的球体体积和立方体体积（它们被称为超球体和超立方体），会得到图7-26的结果。可以看到，超球体所占的体积下降到了0。也就是说，当达到10个维度时，能装入封闭盒子的最大球体几乎不占用盒子的体积。

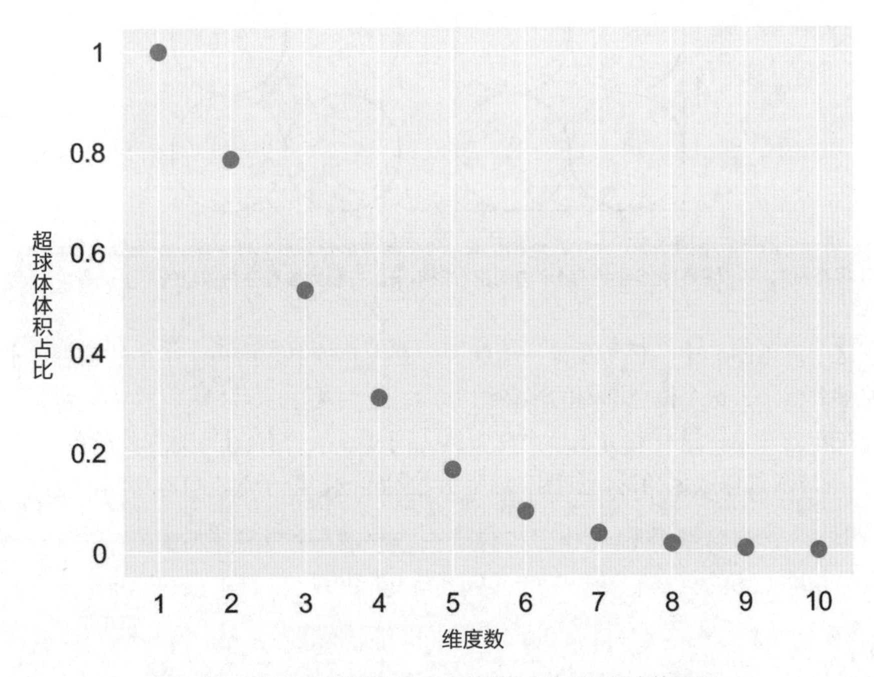


图7-26：在不同的维数下，最大的球体在盒子里所占的面积。

根据在三维世界中的经验，这不是大多数人能想象的。因为我们发现如果把一个超立方体（多维的）放在面前，并在其中放置一个最大的（相同维数的）超球体，这个超球体的体积大约为0。

这其中没有什么把戏，也没有任何问题。当我们用数学方式计算出结果时，就会发现这样的情况。我们看到了前三个维度的图示，但无法真正画出更高的维度，所以很难想象这到底是怎么发生的。但它确实是这样发生的，因为高维度是很奇异的。

### 2）将超球体打包成超立方体

为了训练我们的直觉，再来介绍将超球体打包成超立方体的另一个奇异结果。假设我们要运输一些特别昂贵的橙子，并需要确保它们不会受到任何损坏。每个橙子的形状都接近球形，所以我们决定将它们装在由充气气球保护的立方体箱子里。在箱子的每个角落放一个气球，这样每个气球都会接触到橙子和箱子的侧面。假设气球和橙子都是完美的球体。在给定大小的立方体中，能放入的最大橙子是多大？

我们想用任意维数的立方体（以及气球和橙子）来回答这个问题，所以从二维开始。箱子是一个4×4的二维正方形，4个气球每个都是半径为1的圆，放在每个角落里，如图7-27所示。

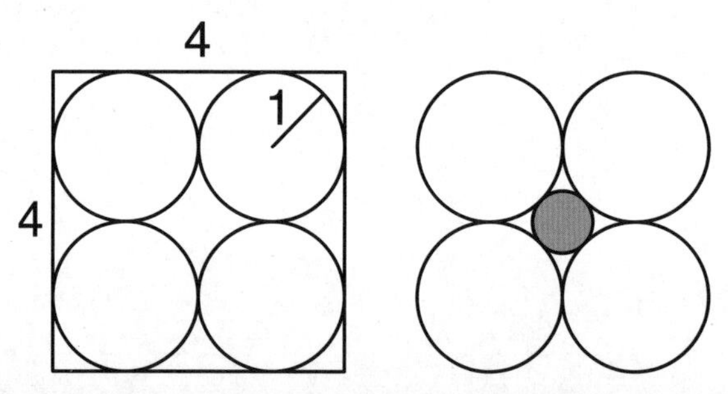


图7-27：将一个圆形二维橙子装在一个方形箱子里，每个角落都有圆形气球环绕。从左图可以看到，这4个气球的半径都是1，所以它们完全适合有4个边的正方形箱子。右图为放置在气球里的橙子示意

在这个二维图形中，橙子也是一个圆圈。在图7-27中，用一个小小的圆表示了可以放入的最大橙子，这个橙色圆圈的半径约为0.4。

现在转到三维，这样就有了一个立方体（同样，一边有4个气球）。现在可以将8个半径为1的球形气球放入角落，如图7-28所示。同样的，橙子放在气球中间的空间。

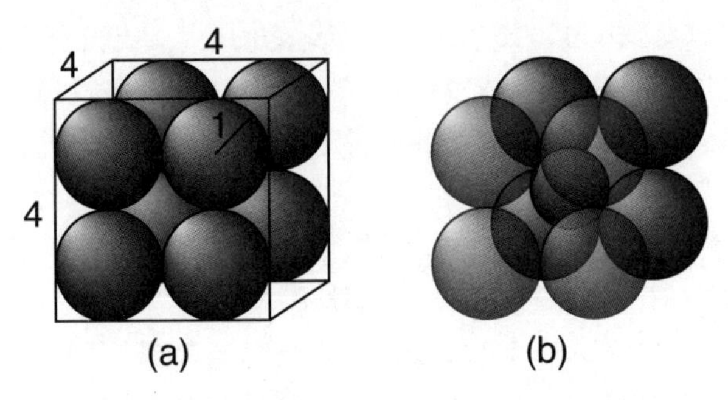


图7-28：将一个球形橙子装在一个立方体箱子里，箱子的每个角落都有球形气球。从左图可以看到，箱子的尺寸是4×4×4，8个气球的半径都是1。右图为橙子放置在气球中间的示意

另一个几何图形（这次是在三维中）告诉我们，这个橙子的半径约为0.7，这比二维案例中橙子的半径更大。因为在三维中，球体之间的中央间隙中有更多橙子的空间。我们把这个场景提升到四维、五维、六维，甚至更多维，其中有超立方体、超球体和“超橙子”。对于任意多个维度，超立方体每边总是4个单位，超立方体的每个角落总有一个超球体气球，这些气球的半径总是1。我们可以写一个公式，计算出最大“超橙子”的半径，并可以在任何维度上适应这种类似的情况（Numberphile[1] 2017）。图7-29描绘了不同维度数的“超橙子”半径。

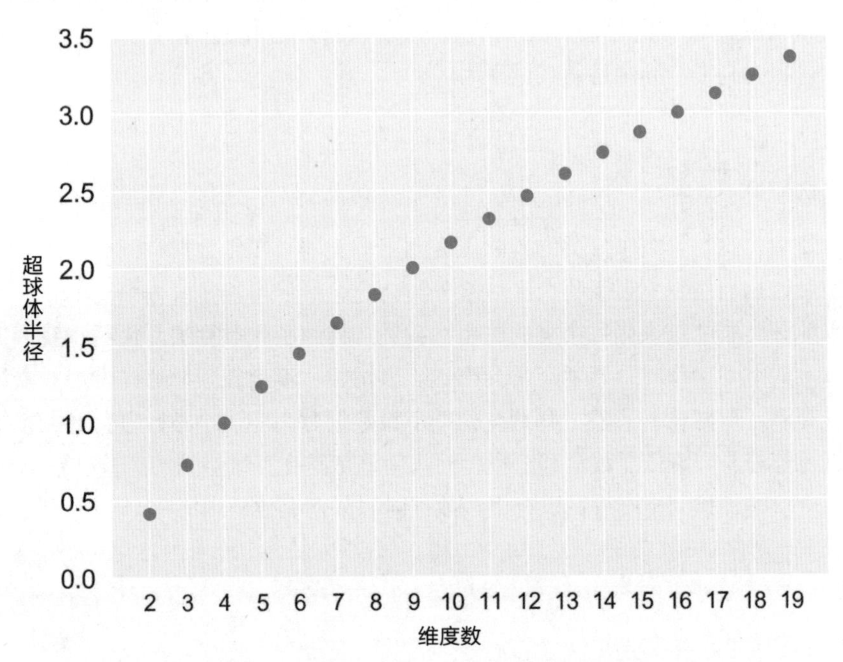


图7-29：边为4的超立方体中“超橙子”在立方体中被半径为1的超球体包围

1 油管（Youtube）上一个著名国外科普频道。

从图7-29中可以看到，在四维空间中，能运送的最大“超橙子”的半径正好是1。这意味着橙子和它周围的超气球一样大。橙子会变得很奇怪，这很难想象。

图7-29还表明，在九维空间下，“超橙子”的半径是2，所以“超橙子”的直径是4。这意味着“超橙子”和箱子本身一样大，像图7-25中三维球体一样接触立方体的每一个面。“超橙子”尽管被半径为1的512个超球面包围，每个超球面都位于这个九维超立方体的512个角落中的一个。如果橙子四面接触箱子，气球是如何保护它的？

但是事情变得更加疯狂。在十维或更高的维度上，“超橙子”的半径超过了2。“超橙子”现在比用来保护它的超立方体还要大，它似乎延伸到了立方体的侧面之外，尽管我们将其构建为既适合箱子内部，又适合仍然在每个角落的保护气球。对于有三维思维的人类来说，很难描绘出10个维度（或更多），但等式证明了这一点：橙子同时在箱子内部，并延伸到了箱子之外。这里的寓意是：当进入许多维度的空间时，直觉可能会让我们失望。了解这一点很重要，因为我们通常需要处理具有几十个或几百个特征的数据。

在处理具有三个以上特征的数据时，我们就进入了更高维度的世界，不应该用从二维和三维的经验中所知道的经验来推理。我们需要睁大眼睛，依靠数学和逻辑，而不是直觉和类比。

在实践中，这意味着当我们拥有多维数据时，要密切关注深度学习系统在训练过程中的表现，应该时刻警惕看到它奇怪的行为。第10章的技术可以减少数据中的特征数量，这可能对我们会有所帮助。在整本书中，我们将看到改进系统学习效果的其他方法，不管是因为高维奇异性还是其他原因。

## 7.6 本章总结

在本章中，我们研究了分类的机制。看到了分类器可以将数据空间分成由边界分隔的区域。新数据通过识别属于哪个区域来分类。这些区域可能是模糊渐变的，通过概率表示，因此分类器的结果是每个类的概率。我们还介绍了聚类算法。最后，我们发现当在三维以上的空间工作时，直觉经常会出错。事情往往不会像预期那样发展，高维空间很奇怪，充满了奇异性。我们了解到在处理多维数据时，应该小心行事，并在系统学习时对其进行监控，应该依靠数学和逻辑，而不应该依靠在三维空间的经验和猜测！

在下一章中，我们将看看在没有很多数据时，如何有效地训练一个学习系统。

# 第8章

# 训练和测试

本章将研究机器学习的训练过程，采用默认值或随机值初始化系统，并逐步进行改进，使其适应我们想要预测的数据。完成训练后，可以评估我们的系统对以前从未见过的新数据的预测效果，这一过程称为测试。在本章中，我们通过使用有标签的数据来训练监督分类器，进一步介绍这些概念。本章讨论的大多数技术都是通用的，它们几乎可以应用于所有类型的机器学习任务中。

## 8.1 训练

当我们用监督学习算法训练分类器时，每个样本都有一个与之匹配的标签，表示人工分配给它的类别。我们将要学习的所有样本及其标签的集合称为训练集。训练集中的样本供分类器学习，或者说训练。概括来说，训练就是我们向系统提供样本的具体特征，并要求它预测其类别。

如果分类器的预测是正确的（结果与指定的标签匹配），那么我们继续预测下一个样本。如果预测是错误的，我们就将分类器的输出结果和正确的标签反馈给它。我们将使用后面章节介绍的算法来修改分类器的内部参数，这样，如果它再次遇到这个样本，就更有可能预测出正确的结果。

我们使用分类器得到一个预测，并将其与标签进行比较。如果预测与标签不同，就更新分类器参数。然后继续下一个样本。图8-1直观地展示了这个过程。

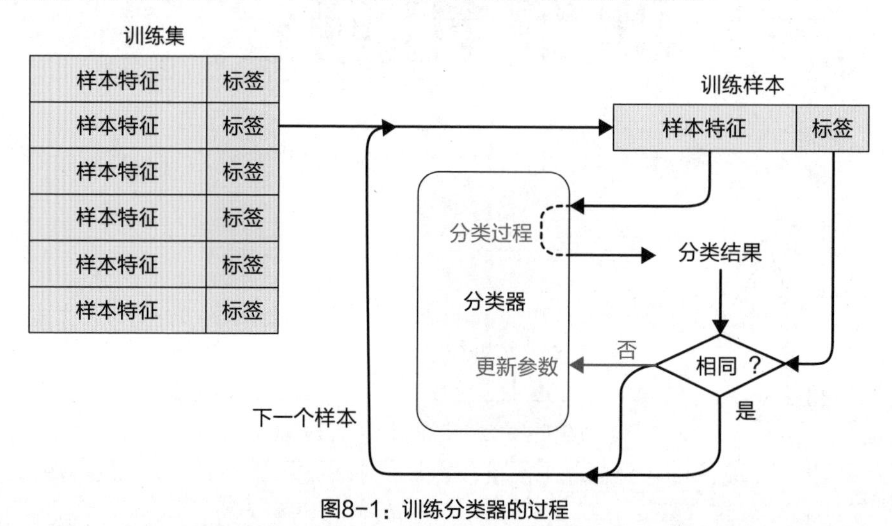


图8-1：训练分类器的过程

我们不断重复这个训练过程，分类器内部的参数也会被优化得越来越好。通常将训练集运行完一遍称为训练了一个轮次（epoch）。训练往往会持续多个轮次，因此每一个样本都会被系统多次遇到。通常，只要系统在学习中能够不断提高其在训练数据上的性能，就会继续训练。但是如果时间不够，或者遇到本章之后或第9章中讨论的问题时，我们可能就会停止训练。

现在让我们看看如何评估分类器预测结果的准确性。

## 8.2 测试

下面将从一个用随机值初始化的系统开始，使用训练集中的样本对它进行训练。训练完成后，系统将被发布或部署到实际应用中，它会不断遇到新的数据。在发布之前，需要了解分类器在新数据上是如何表现的。我们不一定要求系统具有100%的准确性，但是通常希望系统能够达到或超过我们期望的目标（一些质量阈值）。我们如何在系统发布之前评估系统的预测性能？

也许我们的系统在训练集上表现得很好，但如果仅仅根据这些数据来判断系统的准确性，通常会被误导。这是实践中的一个重要原则，所以我们要更详细地讨论一下。

假设我们要使用监督分类器对狗的图片进行分类，对于每一张图片，系统都会分配一个标签来表示狗的品种。我们的目标是发布该系统，以便人们将他们的狗照片上传到浏览器上，并能够得到浏览器返回狗的品种名称或可能的品种名称列表。

为了训练识别狗品种的系统，我们收集了1000张不同品种狗的照片，每张照片都经过人工标记。使用图8-1的训练过程，我们向系统提供这1000张狗的图片，进行一个又一个轮次的训练。在这个过程中，通常会打乱每个轮次中图片的顺序，这样就不会总以相同的顺序（规律）训练。如果该系统设计得足够好，它的识别结果会变得越来越准确，直到能够在99%的训练图片中正确地识别出狗的品种。

这并不意味着当我们把系统发布到网络上，该系统会有99%的正确性。原因是，系统可能学习了训练数据中微妙的逻辑，而这些逻辑对于一般数据来说是不具有的。例如，贵宾犬的图像如图8-2所示。

图8-2：从图片中识别狗品种的系统训练数据。第一行为输入的贵宾犬图像。第二行为系统学会将照片识别为贵宾犬的特征以红色突出显示

整理训练集时，我们没有注意到训练集中所有贵宾犬的尾巴末端都有一个小卷，其他品种的狗都没有，但是系统注意到了。训练集中的这种小特性为该系统提供了一种轻松分类贵宾犬的方法，该系统可以只寻找尾巴末端的小卷，而不用看狗四条腿的长短、鼻子的形状和其他特征。使用这个规则，可以正确地对我们所有训练集中的贵宾犬图像进行分类。我们也许会认为，系统表现得非常好（识别贵宾犬），但这不是我们想要的

过程（根据图片中狗的大部分特征，确定它是否是贵宾犬）。这时我们通常认为系统已经学会了作弊，尽管这么说可能不公平。虽然它学到的是一条捷径，但的确给了我们想要的结果。

再举一个例子，假设训练数据中所有约克郡梗犬（或约克夏犬）的照片都是狗坐在沙发上拍摄的，如图8-3所示。我们没有注意到这一点，也没有注意到另一个重要的事实：其他狗的照片中都没有沙发。系统在训练时可能会了解到这一点，如果图像中有沙发，系统可以将图像中的狗分类为约克郡梗犬。这个规则非常适用于我们的训练数据。

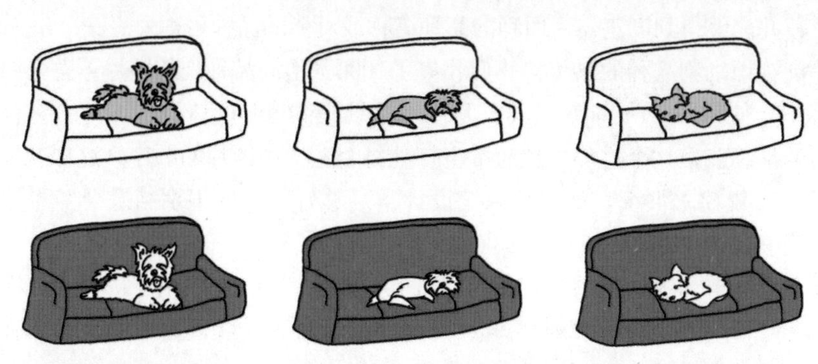

图8-3：第一行的3只约克郡梗犬（约克夏犬）在沙发上。在第二行可以看到，系统已经学会了沙发这个特征，用红色显示

假设发布该系统后，有人提交了一张照片，照片中一只大丹犬站在一个节日装饰物前，装饰物上有一串白色的球，或者提交一张西伯利亚哈士奇躺在沙发上的照片，如图8-4所示。这时，识别狗品种的系统注意到了大丹犬尾巴末端的白色球，并预测说这是一只贵宾犬，或者它注意到了沙发，忽略了狗，并预测说哈士奇是一只约克郡梗犬。

图8-4：在第一行中，一只大丹犬站在节日装饰的白色球前，一只哈士奇躺在沙发上。从第二行可以看出，系统识别到大丹犬尾巴末端的白色小球，预测它是一只贵宾犬；系统注意到了沙发，把沙发上的狗归类为约克郡梗犬

这不仅仅是一个理论问题，这一现象有个著名例子，它发生在20世纪60年代的一次会议上，一位演讲者正在演示早期的机器学习系统（米尔豪泽 2011年）。我们不太清楚数据集的细节，但包含了中间有伪装坦克的树林和没有坦克的树林的照片。演示者声称，该系统可以毫无错漏地识别出树林中隐藏的坦克图像。在当时，这是一个令人难以置信的壮举。

演讲结束时，一名观众观察到，有坦克的照片都是在晴天拍摄的，而没有坦克的照片则都是在阴天拍摄的。该系统似乎只是区分了明亮的天空和阴暗的天空，因此这个令人印象深刻的准确结果实际上与有没有坦克无关。

这就是为什么系统在训练集上的表现不足以代表现实世界中的表现。系统可能会学习到训练数据中的一些奇怪特征，然后将其作为一种规则，但系统发布后却遇到了没有这些特征的新数据。这在形式上称为过拟合，我们经常简单地把它称为作弊。我们将在第9章更细致地研究过拟合的问题。

除了训练集的性能之外，还需要一些衡量指标来评估系统在部署后的表现。如果有一种算法或公式可以利用训练过程来告诉我们它的性能，那就再好不过了，但实际上并没有。如果不进行尝试和观察，我们就无法知道系统将如何运行。就像自然科学家必须进行实验才能看清现实世界中实际发生的事情一样，我们也必须进行实验来看看系统的表现究竟如何。

### 8.2.1 测试集

想要知道一个系统在新的、从来没有见过的数据上表现好不好，唯一办法就是给它新的、没有见过的数据，并且观察它的表现，这个实验没有捷径可走。

我们将一组系统没见过的数据或样本称为测试数据或测试集。与训练集一样，我们希望测试数据能够代表系统发布后将要遇到的数据。整个过程是使用训练集对系统进行训练，直到它达到我们认为的最佳状态。然后根据测试集对其进行评估，从而了解该系统在现实世界中的表现如何。

如果系统在测试数据上的性能不够好，我们就需要改进它。由于训练数据越多，系统可能表现得更好，因此收集更多数据并再次训练系统通常是个好方法。训练更多数据的另一个好处是，可以使我们的训练集多样化。例如，系统可能会发现除了贵宾犬以外还有狗的尾巴上有小卷，或者可能会在沙发上发现除了约克郡梗犬之外的狗。这样，分类器系统就必须找到其他方法来识别这些狗，这样我们就可以避免因过度拟合而出错。

训练和测试过程的一个基本原则是：永远不把测试数据用于学习。尽管我们很容易就可以将测试数据放入训练集中，以便系统有更多的示例可供学习，但是，这样做会破坏测试数据在衡量系统准确性方面的价值。从测试数据中学习的问题在于，它变成了训练集的一部分。这意味着我们又回到了之前的状态，系统同样可以很容易地在测试数据中找到一些细节特性。如果我们再次使用测试数据来查看分类器系统的工作情况，它可能会为每个样本预测正确的标签，但这可能是作弊。如果我们从测试数据中学习，就失去了衡量系统在新数据上性能的一种特殊而有价值的作用。

由于这个原因，我们甚至在开始训练之前就将测试数据从训练数据中分离出来，并将其放在一边。只在训练结束后才使用测试数据，并一次性使用它来评估系统的性能。如果系统在测试集上表现得不够好，我们不能继续训练，接着再来测试。原因是测试集类似学校里的期末考试题，一旦它们被看到了，就不能再使用了。如果我们的系统在测试数据上的表现不佳，必须用随机值初始化一个新系统重新开始，然后用更多的数据进行训练，或者训练更长的时间。当训练完成后，我们可以再次使用测试集，因为这个新训练的系统以前从未见过测试集。如果系统表现得还不够好，就必须再次重新开始训练。

有一点非常重要，必须再次强调：当训练完成后，绝不能使用系统之前以任何方式看到过的数据进行测试。

系统从测试数据中学习的问题叫作数据泄露，也称为数据污染或脏数据。我们必须注意这一点，因为随着训练程序和分类器系统变得越来越复杂，数据泄露可能会伪装成各种方式出现（很难注意到）。我们可以通过实行数据卫生控制来避免数据泄露，即始终确保测试数据与训练数据分开，并且在训练完成后只使用一次。

我们通常通过将原始数据集拆分为两部分来创建训练与测试数据，即训练集和测试集。并且通常会设置一个分割比例，比如将大约75%的样本提供给训练集。每个样本集都是随机选择的，也有一些复杂的算法可以尝试确保每个集合都是完整输入数据的良好近似值。大多数机器学习库为我们提供了执行这种拆分过程的函数。

图8-5展示了拆分过程。

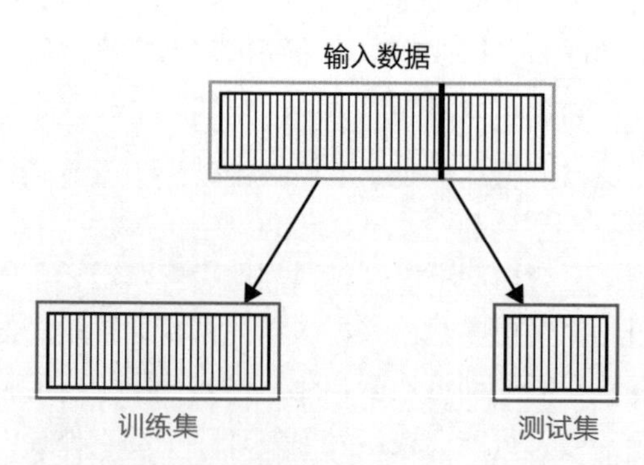


图8-5：将输入示例分成训练集和测试集，分割比通常是75：25或70：30

## 8.2.2 验证集

到目前为止的讨论中，我们对系统进行了一段时间的训练，然后停止训练并使用测试集评估其性能。如果表现不够好，需要重新开始训练。

这种策略没有什么错误，只是它的工作效率比较低。在实践中，我们通常希望在训练的过程中就对系统的性能进行粗略估计。这样，当我们认为系统可以在测试集中得出想要的表现时，就可以停止训练。

为了验证这一估计，我们将输入数据分为三组，而不是迄今为止看到的两组。我们将这个新集合称为验证数据或验证集。验证数据是另一部分数据，目的是代表在系统发布时看到的真实世界的数据。我们通常将大约60%的原始数据分配给训练集，将20%的原始数据分配给验证集，其余20%的原始数据分配给测试集来制作这三个数据集，如图8-6所示。

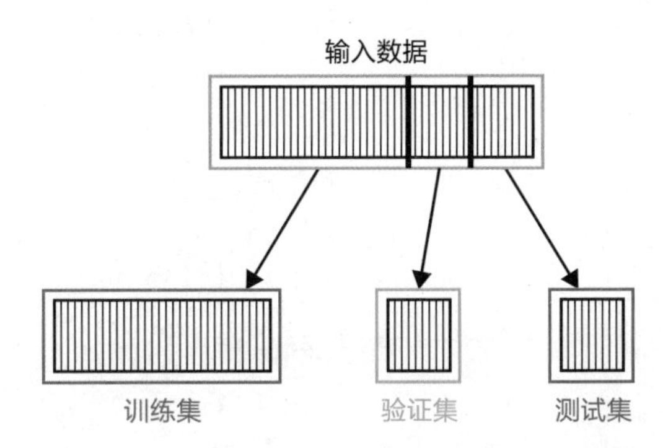


图8-6：将输入数据分成训练集、验证集和测试集

新流程：首先对系统进行一个轮次的训练，训练贯穿整个训练集，然后让系统对验证集进行预测并估计其性能。在每个训练轮次之后都进行估计，所以要重复使用验证集，这会导致验证集数据泄露，但是没关系，因为我们只将验证数据用于非正式的估计。我们使用系统在验证集上的表现来大致了解它在这段时间内的学习情况。当我们认为系统运行良好，可以发布时，再使用一次性的测试集来获得可靠的性能估计。

当我们使用自动搜索技术来尝试超参数的值时，验证集也很有帮助。超参数是我们在运行系统之前设置的变量，用来控制系统的运行方式，例如出错后应该更新多少内部值，甚至分类器应该有多复杂。对于每次尝试，我们在训练集上进行训练，并在验证集上评估系统的性能。正如前面介绍的，我们不会从验证集中学习，但会重复使用它。验证集的结果只是对系统运行情况的估计，因此我们可以决定何时停止训练。当我们认为性能达到标准时，会取出测试集并一次性使用，以便对系统的准确性进行可靠的估计。

这为我们提供了一种简便的方法，可以反复尝试不同的超参数，然后根据它们在验证集上的表现选择最好的超参数。

这种尝试不同超参数集的方法是基于训练循环的，现在让我们来看一下这个循环的简化版本。

为了运行训练循环，首先选择一组超参数来训练系统，然后用验证集评估其性能。我们获得了用这些超参数训练的系统预测新数据的性能。接下来，我们将该系统放在一边，创建一个新系统，继续使用随机值进行初始化。我们应用下一组超参数，训练并使用验证集来评估该系统的性能。我们一遍又一遍地重复这个过程，将每组超参数尝试一次，当运行完所有超参数集后，选择能提供最准确结果的超参数，运行测试集，并验证它的表现。

图8-7展示了整个过程。

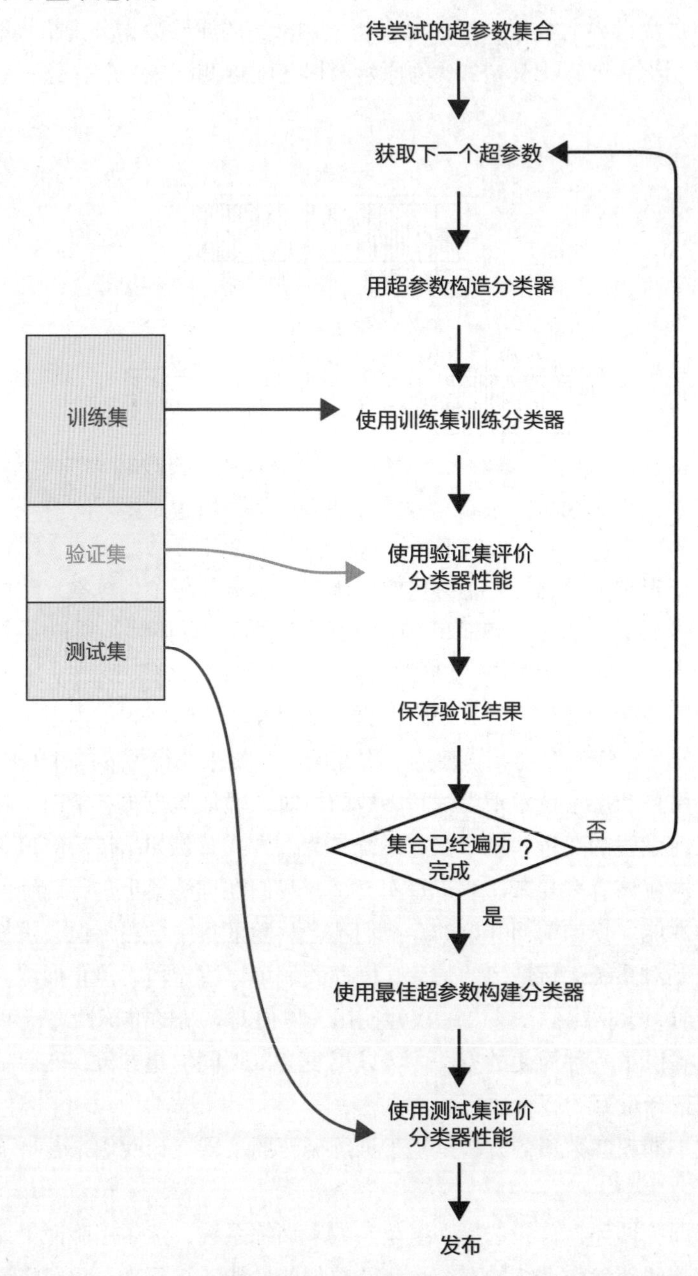


图8-7：使用验证集来评估大量不同的超参数对于分类器性能的影响。请注意，我们单独保留了一个测试集，在部署之前使用

当循环完成时，我们可能会倾向于使用验证集的评估结果作为对系统的最终评估。毕竟，分类器并没有从这些数据中学习，因为它只用于测试。我们似乎可以省去制作单独测试集的麻烦，然后在系统中运行验证集来获得性能评估。

但这将引起数据泄露，并且将扭曲我们的结论。这种泄漏是不易察觉的，就像许多数据污染问题一样。关键点在于，尽管分类器没有利用验证集去学习，但我们的整个训练和评估系统用到了，因为它使用这些数据来为分类器选择最佳的超参数。换句话说，尽管分类器没有明确地从验证集中学习，但这些数据影响了我们对分类器的选择，选择了一个在验证集上表现最好的分类器。或者说，我们对分类器在验证集方面的了解"泄露"到了选择的过程中。

这很难察觉，并且很难解决，这类事情很容易被忽视或错过，这就是为什么我们必须警惕数据污染的原因。否则，我们可能会认为该系统比实际情况更好，导致发布后系统相比较我们的预期来说不够好。为了能很好地评估系统在全新数据上的表现，没有捷径可走，只能在新数据上测试。这也是为什么我们总是把测试集保存到最后的原因。

## 8.3 交叉验证

在上一节中，我们提取了几乎一半的训练数据，并将其用于验证和测试。但是，如果样本集很小，无法获得更多数据，又该怎么办呢？例如，我们正在研究"新视野"号宇宙飞船在2015年航行时拍摄的冥王星及其卫星的照片，想建立一个分类器安装在未来的宇宙飞船上，以识别它们正在观察的地形。我们的数据集是有限的，不会变得更大，因为短期内没有新的冥王星特写照片。所以我们拥有的每一张照片都是很珍贵的，想让分类器从拥有的每张照片中尽可能地学习。这时，如果仅仅是为了评估分类器的性能，而把一些图像剔除训练集将会产生巨大的代价。

如果我们愿意接受对系统性能的估计，而不是对其进行可靠的评估，那么就不必留出测试集了。我们完全可以对每一条输入数据进行训练，并且仍然可以预测系统在新数据上的表现。此时需要注意，这样只会得到对系统精度的估计，不会像真正使用测试集那样可靠，但是当样本很珍贵时，这种权衡是值得的。

支撑完成这项工作的技术称为交叉验证或循环验证。虽然有不同类型的交叉验证算法，但它们都有相同的基本结构（施奈德 1997）。接下来，我们将介绍一个不需要创建专用测试集的训练过程。

交叉验证的核心思想是，我们可以运行一个循环，从头开始重复训练同一个系统，然后对其进行测试。每次都会将整个输入数据拆分为一次性训练集和一次性验证集。交叉验证的关键是，每次在循环中都会以不同的方式构建这些集合，可以将所有数据用于训练（不过，并不是同时使用所有数据来训练的）。

首先构建分类器的一个新实例，并且将输入数据拆分为临时训练集和临时验证集。

在临时训练集上训练我们的系统，并使用临时验证集对其进行评估，并为我们提供了分类器性能的评估分数。现在再次进行循环，但这一次，我们将训练数据拆分为不同的临时训练集和验证集。在对循环中的每一次迭代都这样做时，所有评估分数的平均值就是我们对分类器整体性能的估计。

交叉验证的直观总结如图8-8所示。

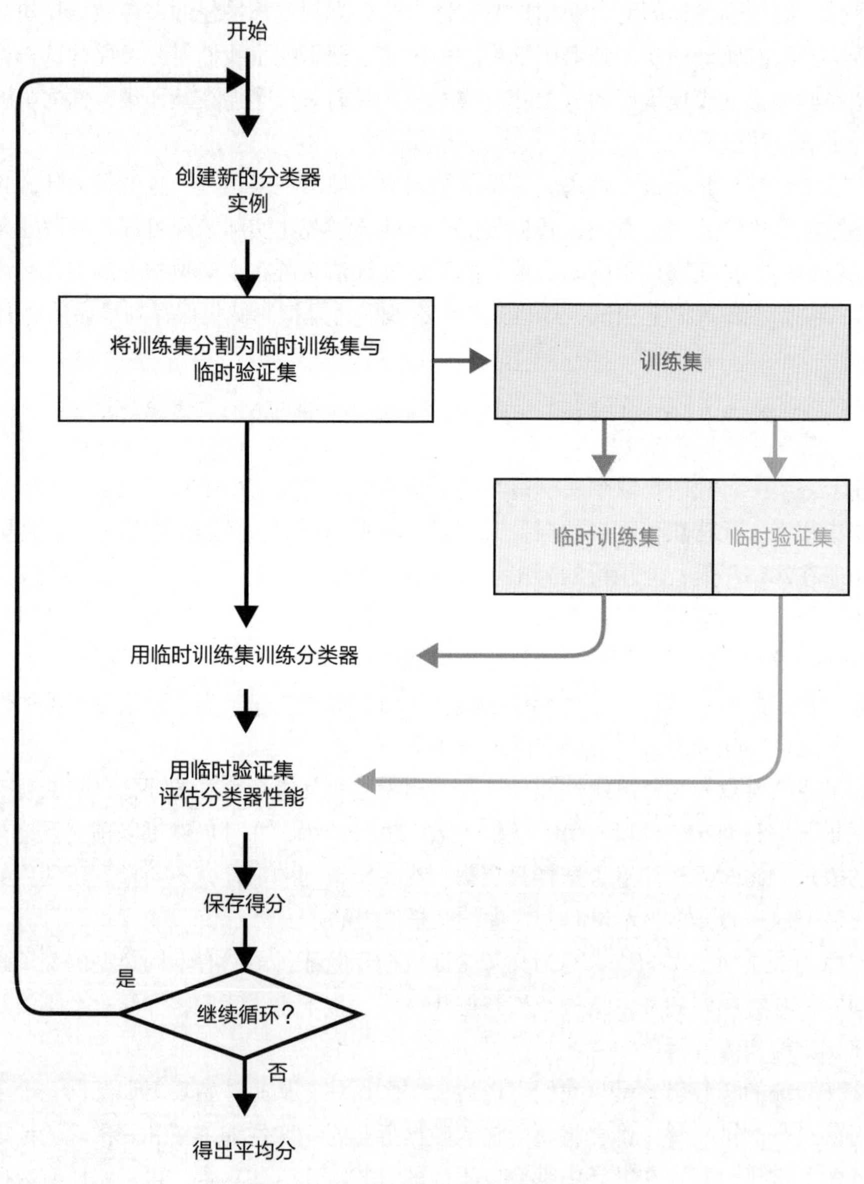


图8-8：使用交叉验证来评估系统的性能

通过使用交叉验证，我们可以对所有的训练数据进行训练（尽管不是在每次通过循环时都使用所有的数据），但是仍然可以从每次循环保留的验证集中获得系统质量的客观测量。该算法不存在数据泄露问题，因为每次通过循环，我们都会创建一个新的分类器，并且该分类器的临时验证集包含的数据对于分类器来说都是全新的数据，因此使用它来评估该分类器的性能是公平的。这种技术的缺点是：我们对系统精度的最终估计不如从一个独立的测试集中得到的那样可靠。

我们有很多种不同的算法可用于构建临时训练集和验证集，在下一节中，将介绍一种常用的方法。

## 8.4 k-Fold交叉验证法

k-Fold交叉验证是最常用的构建交叉验证临时数据集的方法。这里的字母*k*不是单词首字母的缩写，而是代表一个整数（例如，我们可能运行“2倍交叉验证”或“5倍交叉验证”），通常，*k*的值是我们想要的循环次数。

在交叉验证循环开始之前，我们将训练数据分成一系列大小相等的小组。每个样本都属于一个组，并且所有组的大小都相同（如果我们不能将训练数据分成大小相等的部分，那么最后一个组的样本数量可以略少一点）。

如果将这些小组看作是“群组”或“一些同等大小的块”，那就好理解了，但这里我们用“褶层”来描述这个概念。这个词表示的是一种少见的意义，指的是页面上折痕（或末端）之间的部分。想象一下，我们把训练集中的所有样本都写在一张长纸上，然后把它折叠成固定数量的等分。每次弯曲纸张时，都会产生折痕，折痕之间的部分称为褶层，如图8-9所示。

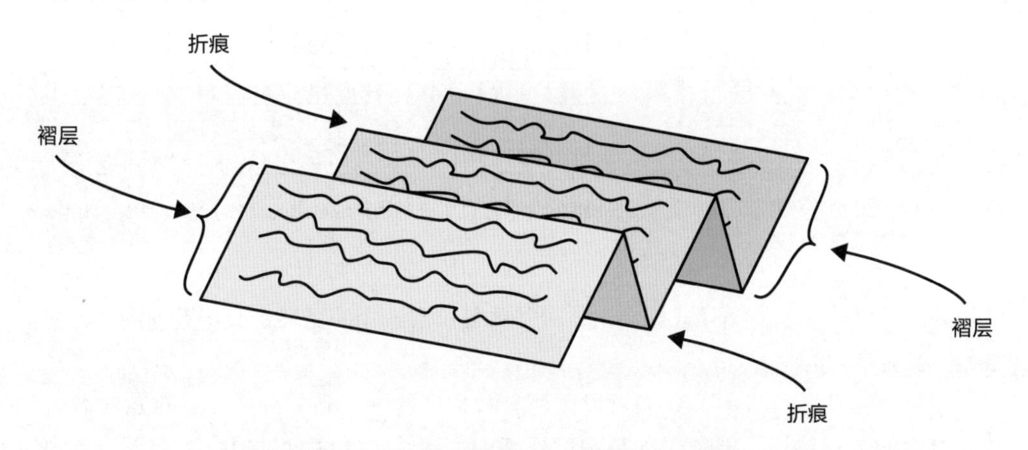


图8-9：为k-Fold交叉验证创建折痕，这里有4个折痕和5个褶层

要从训练数据中构建大小相等的“褶层”，可以将图8-9展平，创建更典型的五褶图，如图8-10所示。

训练集
5个褶层
褶层1（F1）
褶层2（F2）
褶层3（F3）
褶层4（F4）
褶层5（F5）

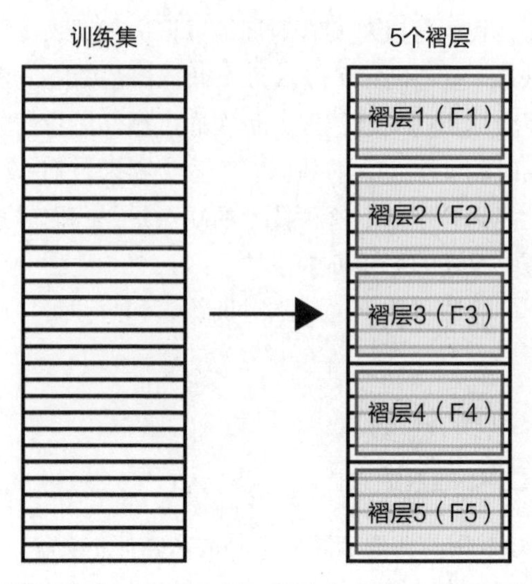

图8-10：将训练集分成5个同样大小的“褶层”，命名为“褶层1”到“褶层5”

让我们使用这5个褶层来看看循环是如何进行的。第一次通过循环时，我们将褶层2到褶层5中的样本作为临时训练集，将褶层1中的样本作为临时验证集。也就是说，我们用褶层2到褶层5中的样本训练分类器，然后用褶层1中的样本对其进行评估。

下一次循环时，从用随机数初始化的新分类器开始，我们将褶层1、3、4和5中的样本用于临时训练集，将褶层2中的样本用于临时验证集。我们像往常一样用这两套数据集进行训练和测试，并继续使用剩下的褶层。图8-11直观地展示了这个过程。

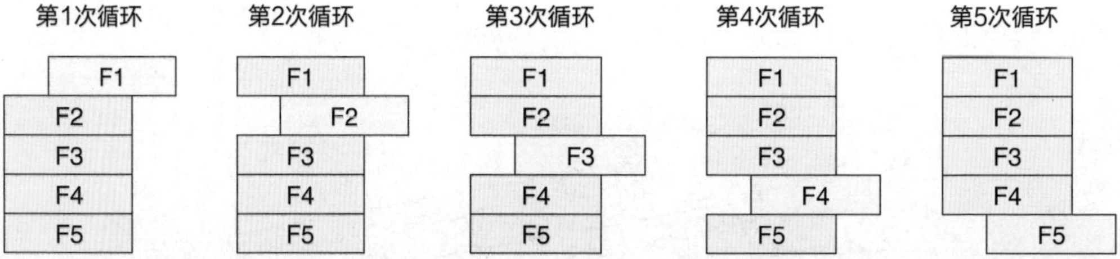

第1次循环
F1
F2
F3
F4
F5
第2次循环
F1
F2
F3
F4
F5
第3次循环
F1
F2
F3
F4
F5
第4次循环
F1
F2
F3
F4
F5
第5次循环
F1
F2
F3
F4
F5

图8-11：在循环中每一遍都选择1个褶层充当验证集（蓝色）并使用其他褶层（红色）进行训练。如果循环5次以上，就重复这个模式

我们可以选择重复循环任意多次，只需重复这层选择的循环，或将数据混合，使集合始终具有不同的内容。

在可选的最后一步中，我们可以用所有数据训练一个新的分类器，这意味着将无法对其性能进行估计。但是，如果我们仔细观察训练，并注意过拟合（在下一章中讨论），通常可以假设在所有数据上训练系统，性能最差也不会低于从交叉验证中获得的最差性能（我们希望它至少会好一点）。

当数据有限时，交叉验证是一个很好的选择。我们必须多次重复训练与验证轮次，因为最终得到的性能测量只是一个估计，这是交叉验证的缺点。但我们的确获得了使用所有数据进行训练的能力，从输入集中获得更多数据，并使用它来改进分类器。

本节我们讨论了k-Fold交叉验证在分类器中的使用，该方法广泛适用于几乎任何类型的机器学习算法。

## 8.5 本章总结

本章的主要内容是训练一个监督学习分类器系统，并评估它的性能，判断它是否满足发布条件。本章专注于训练分类器，首先将数据分成了两部分：一个训练集和一个测试集。我们了解了过拟合和数据泄露的问题，还了解了如何使用验证集来大致了解系统在每个训练轮次的学习情况。最后，我们研究了交叉验证，这是一种通常用于小型数据集的技术，用于在训练中估计系统的性能。

在下一章中，我们将仔细研究欠拟合与过拟合问题。

# 第9章

# 过拟合与欠拟合

从有限的示例数据中学习到一门学科的一般规则，无论对人还是计算机都是一项艰巨的挑战。一方面，如果我们对示例数据的细节不够关注，那么在评估新数据时，制定的规则将过于笼统，没有多大用处。另一方面，如果我们过于关注示例数据中的细节，那么制定的规则就会过于具体，在评估新数据时也会做得很糟糕。

这些现象分别称为欠拟合与过拟合。两者中更常见、更麻烦的是过拟合，如果不加以控制，它可能会导致我们得到一个几乎无用的系统。我们通常使用一些统称为正则化的技术来控制过拟合。

在本章中，我们将探讨过拟合和欠拟合现象形成的原因，以及如何解决这些问题。最后，再介绍如何使用贝叶斯方法将直线拟合到一组数据点。

## 9.1 找到一个好的拟合

如果系统在训练数据中学习得非常好，但是在遇到新数据时表现不佳，我们称为过拟合了。如果系统没有很好地从训练数据中学习，并且在遇到新数据时表现不佳，我们称为欠拟合了。由于过拟合问题通常比欠拟合问题更难解决，所以我们首先研究过拟合。

### 9.1.1 过拟合

首先用一个比喻来讨论过拟合问题。假设我们被邀请参加一个大型露天婚礼，在婚礼现场我们几乎不认识任何人。整个下午，我们在聚会中与其他客人互相介绍和闲聊，并努力地记住别人的名字，所以每次遇到一个新人，我们都会在他的外表和名字之间建立某种心理联系。现在我们遇到了一个叫沃尔特的人，他留着海象般的大胡子。于是我们在脑海中想象沃尔特是一只海象，并试图让这张想象中的图片留在脑海中。后来，我们又遇到了一个叫艾琳的人，并注意到她戴着漂亮的绿松石耳环。于是我们在脑海中想象她的耳环变形了，变成了艾琳。我们对遇到的每个人都建立类似的心理形象，因此，当再次遇到同样的人时，就很容易想起他们的名字。到目前为止，我们脑海中的系统运行良好。

当天晚上在婚礼上，我们又遇到了很多新朋友。有一次，我们见到了一个留着海象大胡子的人，便微笑着说："又见面了，沃尔特！"结果却得到了对方一个困惑的表情，原来他是鲍勃，一个我们以前从没见过的人。同样的事情可能会反复发生，我们可能会被介绍给一个戴着漂亮耳环的人，但这是苏珊，而不是艾琳。我们的心理画面误导了我们。这并不是说我们没有正确地学习人名，因为我们确实学习了，但是其规则只对原始团队中的人有效，当遇到更多的人时，规则就会出现问题。

为了将一个人的外表与他们的名字联系起来，我们需要在这两个概念之间建立某种联系。这种联系越牢固，我们就越能在新的环境中更好地识别那个人，即使他们戴着帽子、眼镜或其他会改变他们外表的东西。还是以婚礼为例，我们通过将人名与一个独有的特征联系起来，记住他们的名字。问题是，当我们遇到其他具有相同特征的人时，就无法确定这是不是一个新人。

在婚前派对上，我们自认为已经学习得很好了，因为当使用训练数据（婚礼上的人的名字）评估我们的表现时，得到了大部分正确的结果。如果把重点放在成功的次数上，就可以说我们达到了很高的训练精度。如果把重点放在失败的次数上，可以说我们的训练错误（或训练损失）率很低。但当我们去接待处，需要评估新数据（我们遇到的其他人的名字）时，我们的泛化准确率很低，或者概括误差（或概括损失）很高。

在第8章中出现过一个同样的问题。系统错误地将沙发上的哈士奇识别为约克郡梗犬，因为系统将沙发作为识别沙发上狗的唯一特征。

对人和狗的识别错误都是由于过拟合造成的。换句话说，我们学会了如何对面前的数据进行分类，但是在数据中使用了特定的细节特征，而不是学习可以适用于新数据的一般规则。

机器学习系统非常容易过拟合。有时我们也会说它们擅长作弊。如果输入数据中有一些“非重点特征”，恰好又有助于系统获得正确的结果，系统就会发现并利用这个“非重点特征”。就像第8章中的案例，一个系统本应解决在树木照片中找到伪装坦克的难题，但它可能只是采取了简单（作弊）的方法，只需要注意天空是晴朗还是多云就可以做到了。

我们可以采取两种措施来控制过拟合。首先，当规则变得过于具体时，我们可以捕捉到这一时刻，并停止学习过程。其次，使用正则化方法，我们可以通过鼓励系统尽可能长时间地学习一般规则来延迟过拟合的开始。稍后将讨论这两种方法。

### 9.1.2 欠拟合

与过拟合相反的是欠拟合。欠拟合与过拟合的区别是：过拟合是由于使用过于精细的规则而导致的，而欠拟合则是使用过于模糊或通用的规则而导致的。在婚礼派对上，我们可能会“学习”到1条规则“穿裤子的人叫沃尔特”。尽管这对一条特定的数据来说是准确的，但这条规则不足以很好地概括所有数据。

在实践中，欠拟合的问题一般比过拟合简单得多。我们通常只需使用更多的训练数据就可以解决欠拟合的问题。通过更多的数据，系统可以学习出更好的规则来理解每一条数据。

## 9.2 检测和解决过拟合

如何知道系统何时开始出现过拟合现象呢？假设我们使用验证集来估计每个训练轮次后系统的泛化误差（完成训练时，像往常一样使用一次性测试集来获得更可靠的泛化误差）。系统对验证数据的预测所产生的错误称为验证误差。这是对系统发布时会产生误差的估计，称为泛化误差。当验证误差趋于平缓，或者开始变得更糟，而训练误差正在改善时，就开始过拟合了，这是我们停止学习的信号。图9-1直观地显示了这个过程。

在图9-1中，进入过拟合区域时，训练误差会继续减少，而验证误差会上升。这是因为系统仍在从训练数据中学习，但是系统正在学习特定独属于该训练数据的信息，而不是一般规则。正是验证集的性能让我们看到了这种情况的发生，因为验证误差（估计的泛化误差）越来越严重。继续训练的时间越长，当系统发布时，它的性能就越差。

让我们看看这个问题的实际情况。假设一家商店的店主订阅了一项背景音乐的服务。该公司提供各种不同节奏的音乐列表，并且给店主一个控制端，她可以随时调整音

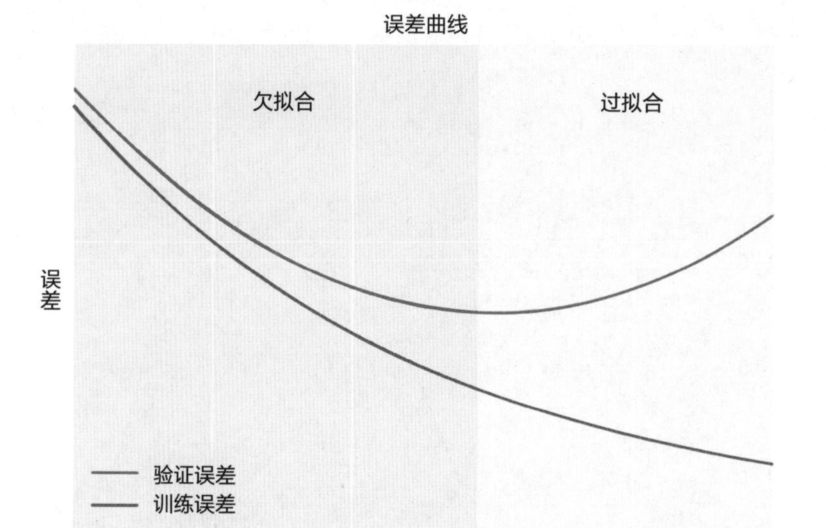


图9-1：在训练开始时，训练误差和验证误差都稳定下降。但在某一点后，验证误差开始增加，而训练误差继续减少，这表明系统过拟合了

乐的节奏。店主发现自己每天都需要多次对音乐的节奏进行调整，而不是在每天早晨设定一次就可以了。对音乐的节奏进行调整已经成为一件非常分散店主注意力的事了。因此，店主委托我们来建立一个系统，可以按照她想要的方式全天自动调整音乐节奏。

第一步是收集数据。第二天早上，我们坐在控制装置的对面观察。每次她调整音乐节奏时，我们都会记录调整的时间和新的节奏。我们收集的数据如图9-2所示。

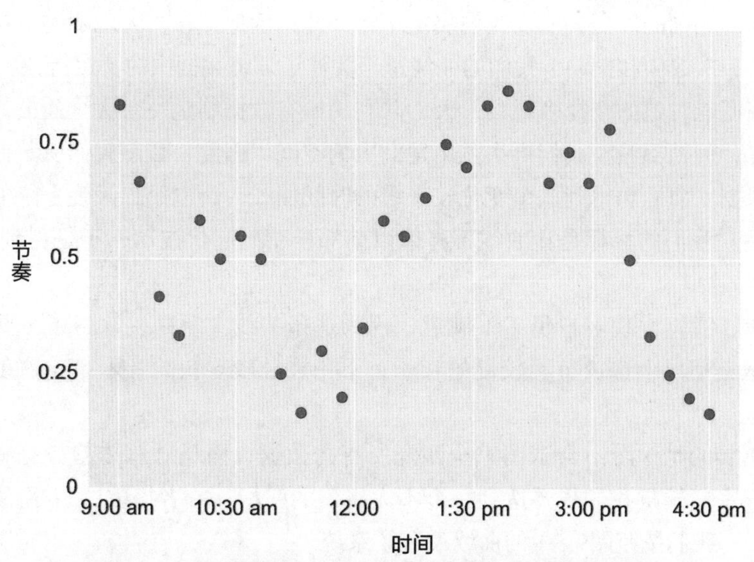


图9-2：记录的数据显示了店主每天调整音乐的节奏与调整时间

晚上回到实验室，我们用曲线拟合记录的数据，如图9-3所示。

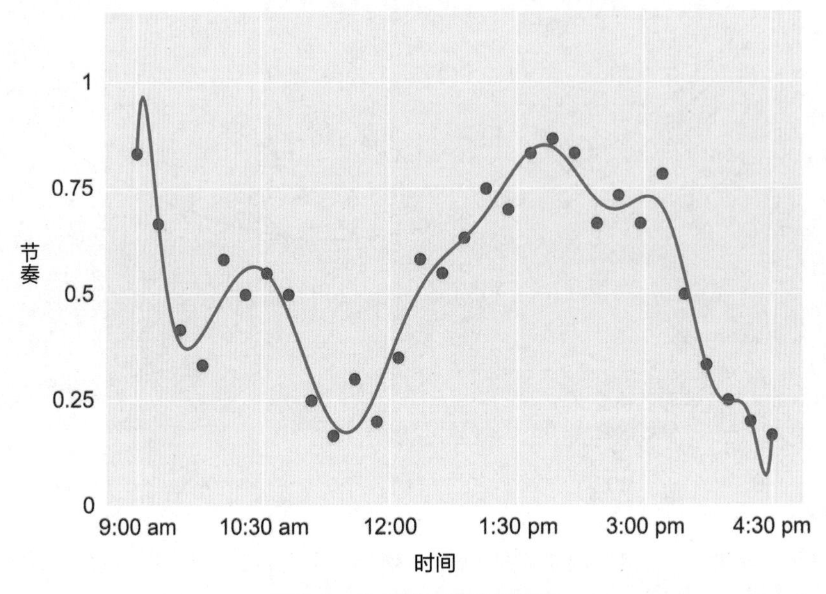


图9-3：拟合图9-2数据的曲线

这条曲线非常曲折，但我们认为这是一个很好的解决方案，因为它很好地拟合了店主的选择。第二天早上，我们发布了按照这个模式开发的系统。到了中午，店主开始抱怨，因为音乐的节奏变化太频繁、太剧烈了，这会分散顾客的注意力！

由于上述曲线过于精确地匹配了观测值，我们称该曲线过度拟合了数据。实际上，我们测量数据当天，店主的选择是基于当天播放的特定歌曲。因为该服务并不是每天在同一时间播放相同的歌曲，所以我们决定不再如此精确地拟合当天观测的数据。为了适应数据的每一次起伏和摆动，我们的曲线过于关注了训练数据中的特定特征。

如果我们能对她的选择多观察几天，并利用所有数据制定一个更全面的计划，一定会做得更好，但她不希望我们再次占用她商店的空间。因此，目前我们所掌握的数据就是全部的数据。我们想得到一个变化较平缓的时间曲线，所以第二天晚上降低了数据匹配的准确性。我们的目标是让曲线不再像以前那样精确起伏波动，于是得到了图9-4中的平缓曲线。

第三天，我们发现客户仍然不满意，因为这条曲线太粗糙，忽略了一些重要的特征，比如她希望早上播放节奏较慢的音乐，下午播放较欢快的音乐。与这条曲线明显不符。

我们想要的是一个不会试图完全匹配所有的数据，而是对总体趋势有一个好的概括的解决方案。于是我们想要达到一个不太精确的匹配，或者松散的、“刚刚好”的匹配。第三天，我们按照图9-5中的曲线设置了系统。

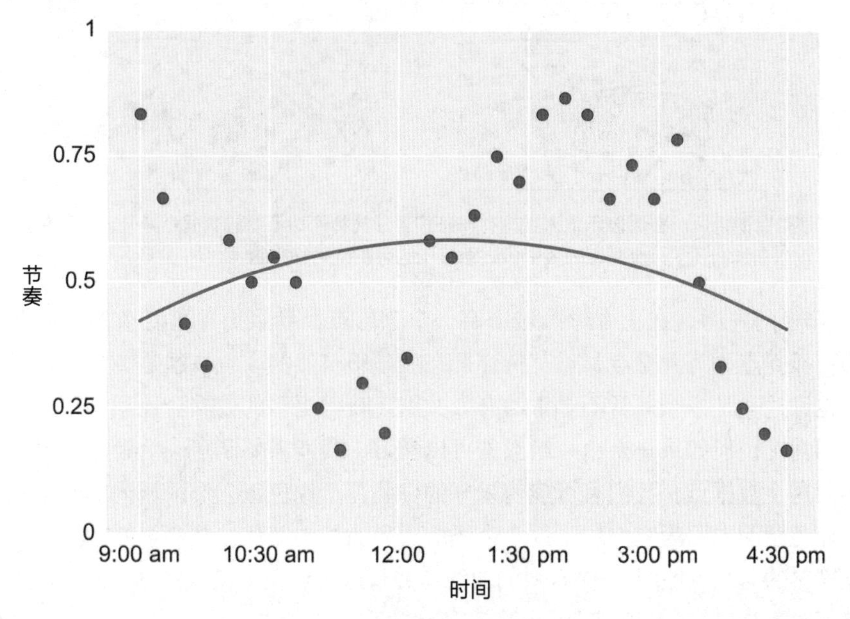


图9-4：匹配节奏、时间的平缓曲线

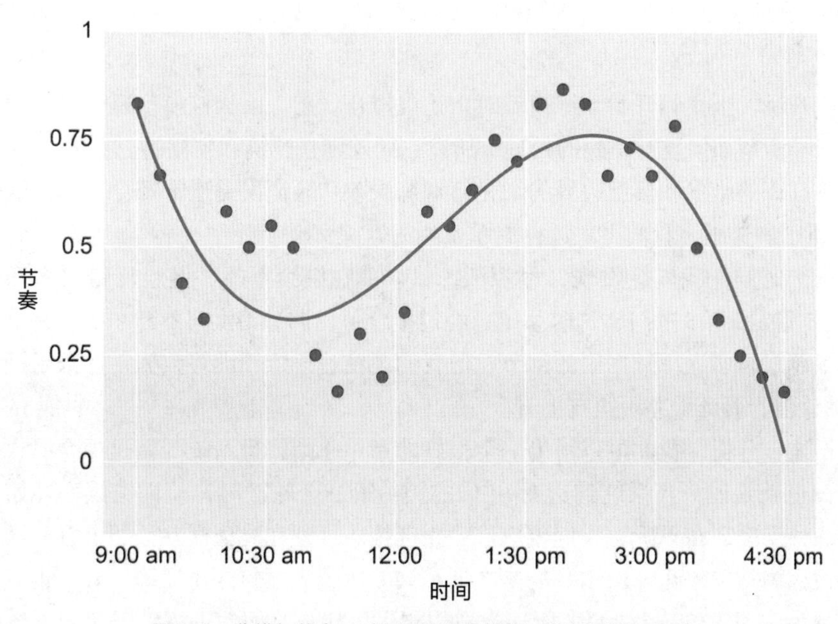


图9-5：曲线与节奏、时间匹配得足够好，但不是过于完美

终于，客户对这种曲线和一天中选择的歌曲节奏感到满意了。我们在欠拟合和过拟合之间找到了一个很好的折中方案。在这个例子中，找到最佳曲线靠的是个人喜好因素，但是稍后我们将看到如何通过算法来找到欠拟合和过拟合之间的最佳平衡。

图9-6显示了另一个过拟合的例子，这次的任务是对两类二维（2D）点进行分类。

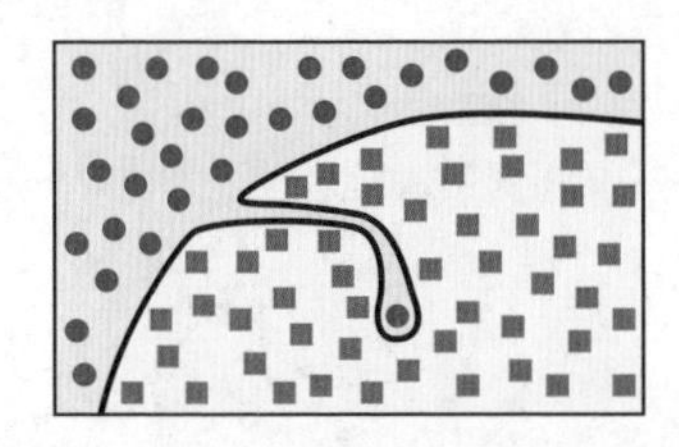
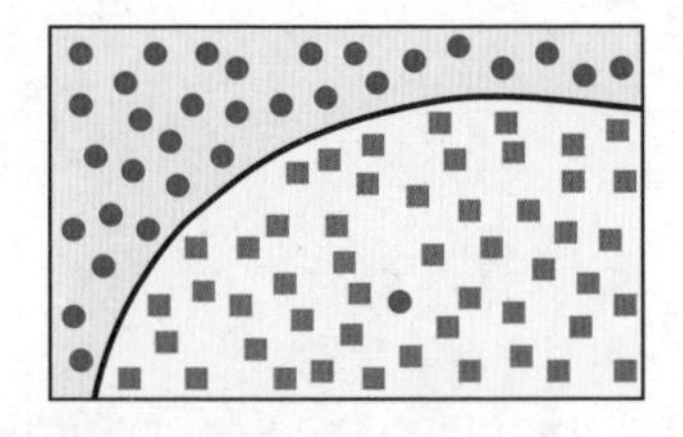

图9-6：过度拟合的情况。左图表示输入数据有一条边界曲线将两组不同的数据点分开，为了包括一个奇怪的数据点，这条曲线出现了一个奇怪的突变。右图表示的可能是更好的曲线

图9-6中的左图，在正方形区域中有一个圆形点，导致出现了复杂的边界曲线。我们将这种孤立点称为异常点，对其持怀疑态度是很自然的。也许这是测量或记录错误的原因，也许这只是一个非常不寻常的有效数据。获得更多的数据会让我们更好地理解这种奇怪的情况，但如果只有这一组数据可以学习，我们需要制定一个策略。通过绘制边界来容纳这个数据点，我们有可能将未来的一些位于棕色正方形区域内的数据点错误地分类为蓝色圆圈，因为它们位于这个奇怪的边界曲线的蓝色一侧。最好的选择是使用一条略微简单的曲线，即图9-6中右图的曲线，并将这一点视为错误数据。

接下来，我们将介绍如何防止过度拟合的发生。

## 9.2.1 提前停止

一般来说，当我们开始训练模型时，是欠拟合状态。因为该模型还没有学习到足够的数据来弄清楚如何进行正确的处理，所以它的规则是笼统和模糊的。

随着训练的增多和模型边界的细化，训练误差和验证误差通常都会下降，这个过程如图9-1所示。这里，我们再次进行展示，如图9-7所示。

在某个时候，我们会发现，尽管训练错误率在继续下降，但验证错误率开始上升（可能会先稳定一段时间），这时系统已经过拟合了。训练错误率不断减少，是因为系统学习到了越来越多训练数据中的细节。但我们现在过于依赖训练数据，导致了泛化误差（或其估计值，验证误差）正在上升。

根据这一分析，我们可以得出一个很好的指导原则：当系统开始过拟合时，立刻停止训练。也就是说，当系统到达图9-7中的大约第28个轮次时，验证错误率开始上升，即使训练错误率还在下降，我们也应该停止训练。这种在验证误差开始上升时结束训练的技术被称为提前停止。由于我们是在训练误差达到零之前停止训练过程，也可以将这个概念视为“紧急停止”。综上所述，我们想尽可能长时间地训练，只有当系统到达了验证误差的最低的时刻时停止，此时还未出现过拟合。

在实践中，我们的误差变化很少像图9-7中理想化的曲线那样平滑。它们往往包含波动，甚至可能在短时间内走向“相反”的方向，所以很难找到准确的停止时刻。大多数用于提前停止的库函数都提供了一些变量，我们提供这些误差曲线，这样它们就可以检测验证误差何时真正开始上升，而不仅仅是瞬间增加。

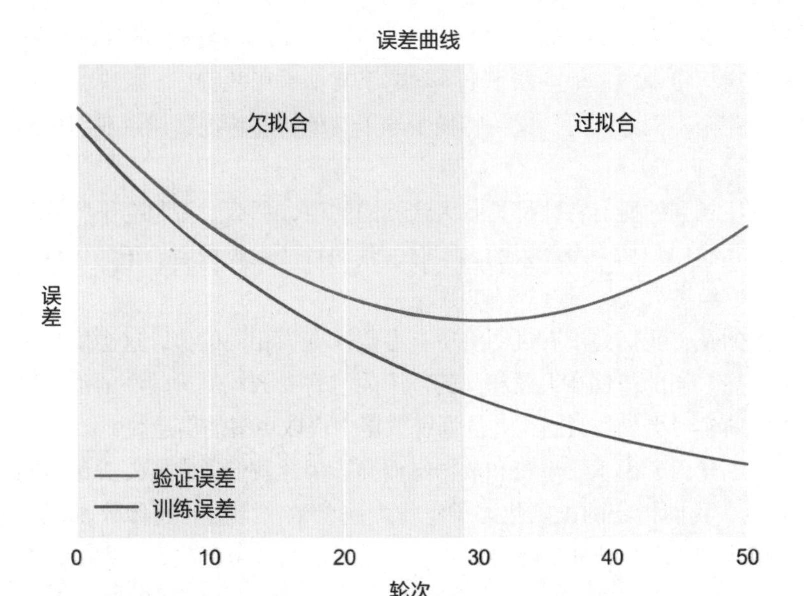


图9-7：为了方便，再次展示图9-1的过程

## 9.2.2 正则化

我们总是想尽可能多从训练数据中提取信息，并且为了避免过拟合，当验证误差开始上升时立刻（提前）停止训练。但如果可以延迟过拟合现象的发生，就可以训练更长的时间，并能够继续减少训练误差和验证误差了。

我们可以参考在烤箱里烹饪火鸡的例子。如果我们只是把火鸡放在平底锅里用大火烹饪，火鸡的外皮很快就会烧焦。假设我们想把火鸡烹饪得更入味（更长时间），又不把它烧焦，用铝箔把火鸡包起来是个好办法。铝箔纸延缓了火鸡被烧焦的时间，让我们可以更久地烹饪。

延迟过拟合开始的诸多技术统称为正则化方法，或简称为正则化。需要注意，系统并不知道它是否已经过拟合，当我们要求系统从训练数据中学习时，它会尽可能地从这些数据中学习。系统不知道什么时候会从“对输入数据的良好了解”跨越到“对特定输入数据的过于具体地了解”，所以控制权在我们手中。

一种常用的正则化方法（延迟过拟合开始的时间）是控制分类器使用的参数值。通过将所有参数控制为较小的数字，可以防止其中任何一个参数占主导地位，使得分类器更不容易依赖于数据中的特例，或者说狭隘的特征。这也是正则化可以延迟过拟合的原因。

要理解这一点，请回想一下我们在婚礼上记住人名的例子。当我们记住留着海象胡子的沃尔特的名字时，“海象胡子”这个特征占据了我们对沃尔特所有印象的主导地位。我们从对他的观察中可以了解到的其他特征包括：他是个男人、身高将近六英尺、留着一头灰色长发、笑容满面、声音低沉、穿着一件带棕色纽扣的深红色衬衫等。但是，我们把注意力集中在了他的胡子上，忽略了其他有用的特征。后来，当看到一个留着海象胡子的完全不同的人时，这一特征主导了其他所有特征，导致我们把那个人误认为是沃尔特。

如果我们注意到的所有特征都具有大致相同的值，那么“海象胡子”就没有机会占据主导地位。当我们记住一个新人的名字时，其他特征也很重要。正则化技术确保了没有一个参数或一组参数支配所有其他参数。

需要注意的是，我们并没有试图将所有参数设置为相同的值，这会使它们变得毫无作用。我们只想它们的值都在大致相同的范围内。将参数控制为较小的值可以让系统在过拟合发生之前学习更长的时间，并从训练数据中提取更多的信息。

最佳的正则化因子因学习系统和数据集而异，因此我们通常需要尝试一些值，并找到最有效的值。我们指定的正则化因子将作为超参数来应用，超参数通常写为小写的希腊字母 λ (lambda)，有时也会使用其他字母表示。通常 λ 值越大，意味着正则化程度越高。

控制参数值为较小的数字，通常也意味着分类器的边界曲线不会像加入正则化之前那样复杂和扭曲。我们可以使用正则化参数 λ 来选择想要的边界的复杂程度。λ 的值越高，边界越平滑；λ 的值越小，边界越能精确地适应系统所学习到的数据。

在后面的章节中，我们将研究具有多层处理的学习体系结构。这样的系统可以使用额外的、专门的正则化技术，例如随即舍弃、批归一化、分层范数和权重正则化，这些技术可以帮助我们控制一些情况下的过拟合。这些方法设计的初衷都是为了防止网络中的任何元素主导结果。

## 9.3 偏差和方差

偏差与方差是统计学中的概念，与欠拟合、过拟合密切相关，我们在讨论欠拟合、过拟合时经常会谈到偏差和方差。可以说，偏差衡量的是系统持续学习错误特征的倾向，而方差衡量的是系统学习无关紧要特征的倾向。从另一个角度来看，偏差大意味着系统对某种类型的学习效果不好，方差大意味着系统太依赖于特定的数据。

本节我们将用2D曲线的图示方法来讨论偏差与方差这两个概念。这些曲线是回归问题的解决方案，比如之前介绍的商店背景音乐的任务，即随着时间的推移设置商店背景音乐的节奏。或者，就像在分类问题中一样，曲线可以是平面的两个区域之间的边界曲线。偏差和方差的思想不限于任何一种类型的算法，也不限于2D数据。使用2D曲线来介绍主要是为了方便绘制图表。接下来，让我们尝试为一组包含噪声的数据找到良好的曲线拟合，并且理解偏差和方差如何被用于评价曲线（算法的表现）。

## 9.3.1 匹配基础数据

假设一位从事大气研究的朋友来找我们寻求帮助。几个月来，她每天都在同一时间测量山顶的风速，测量数据如图9-8所示。

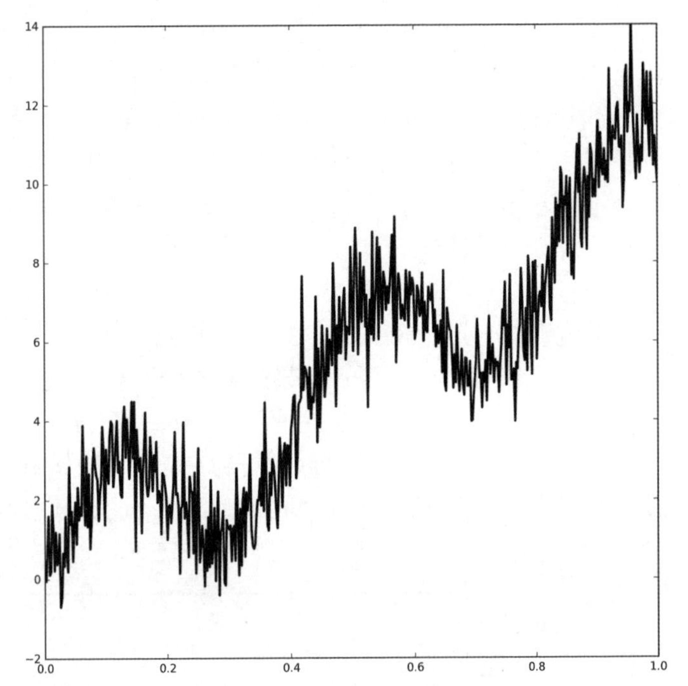


图9-8：从事大气研究的朋友测量的风速随时间变化的图表。在这些数据中，有一个清晰的基础曲线，但也有大量的噪声

从事大气研究的朋友认为，测量的数据是理想化曲线和噪声的结合，理想化曲线每年都是一样的，但噪声是不可预测的，也是日常波动的原因。图9-9显示了理想化的曲线和噪声，当它们加在一起时，形成了图9-8的样子。

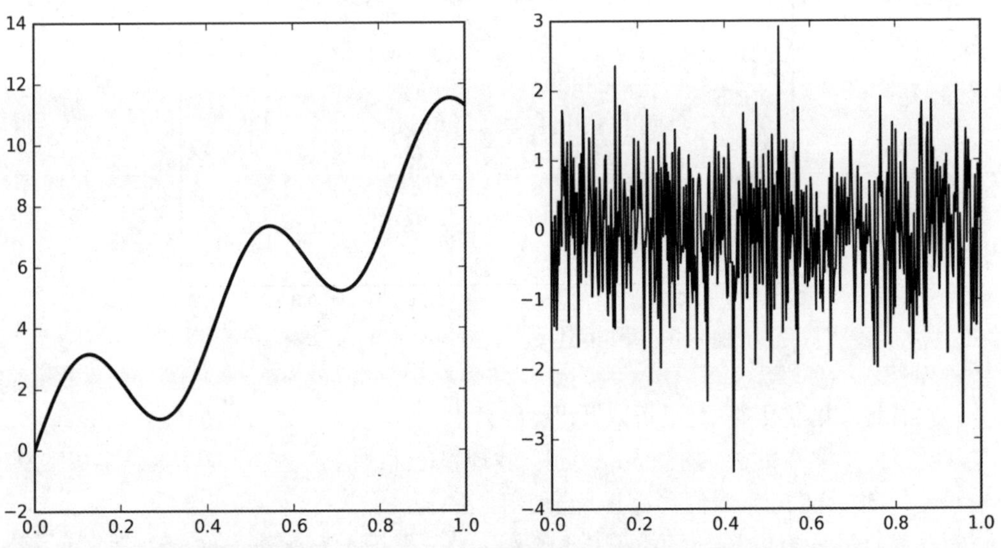


图9-9：图9-8中的数据分成两部分。左图表示我们寻求的潜在“理想化”曲线。右图表示大自然添加到理想化曲线上的噪声。理想化曲线与噪声结合构成了嘈杂的实测数据

我们从事大气研究的朋友认为，她可以很好地用模型来描述噪声（也许她的模型遵循我们在第2章中看到的均匀分布或高斯分布）。但她对噪声的描述是基于统计学生成的，所以不能用来修正日常测量值。换句话说，如果她知道图9-9右侧的噪声的确切值，就可以将图9-8中的测量值减去噪声值，从而得到目标，即图9-9左侧的干净曲线。但她不知道这些噪声值，虽然她有一个统计模型，可以生成很多噪声曲线，比如图9-9右边的曲线，但没有基于实际测量数据的特定值。

有一种方法可以清理嘈杂的数据。根据图9-8中的噪声数据，并尝试为其拟合一条平滑的曲线（毕晓普 2006）。通过选择曲线的复杂度，控制其起伏程度，从而拟合数据，我们希望获得与包含噪声的数据形状大致符合的曲线，但不要求曲线真正地、精确地匹配到每个点，这是找到潜在平滑曲线的一个好方法。

有很多方法可以将平滑曲线拟合到有噪声的数据中。图9-10显示了一条这样的曲线，右端的高频摆动是这种方法的典型特征，它在数据集末端附近通常会有一些高频抖动。

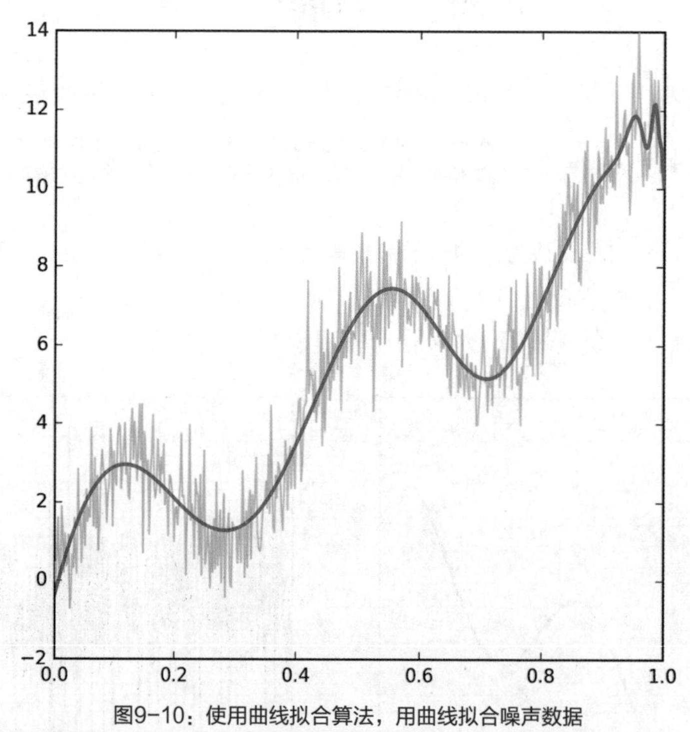

图9-10：使用曲线拟合算法，用曲线拟合噪声数据

这看起来并不困难。但是可以做得更好吗？

让我们把偏差和方差的概念应用到寻找理想化曲线的问题上。这个灵感来自第2章中讨论的自采样法，但我们实际上不会使用自采样法。

让我们根据原始嘈杂数据，制作50个版本的子集，每个子集只包含随机选择的30个点，不包含替换过程。这些精简数据集中的前5个如图9-11所示。

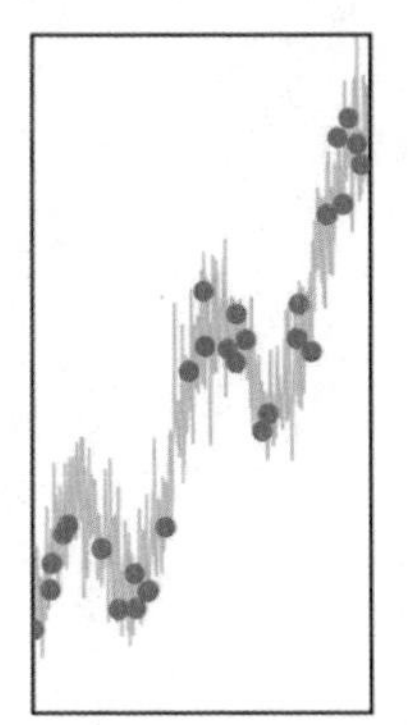 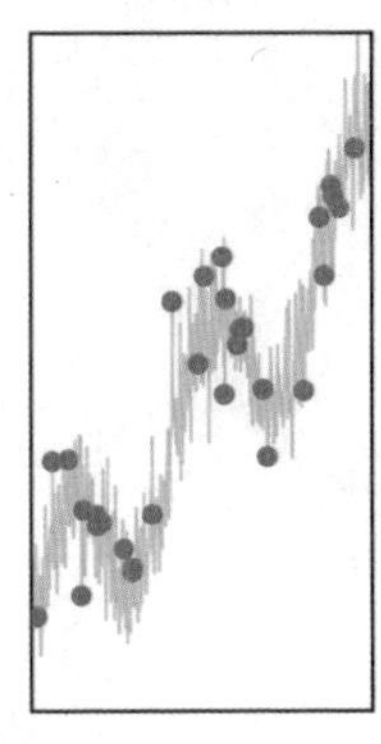 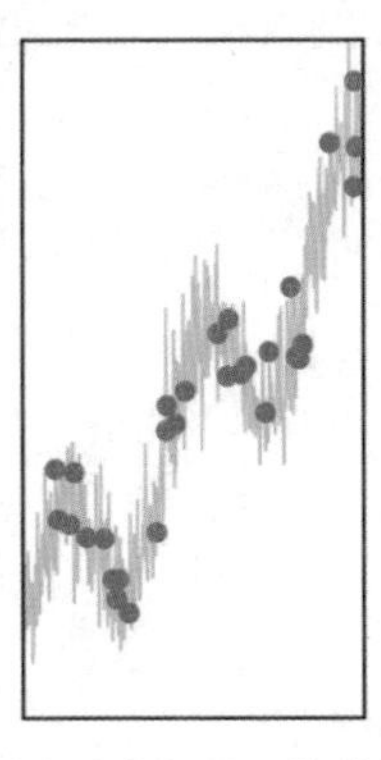 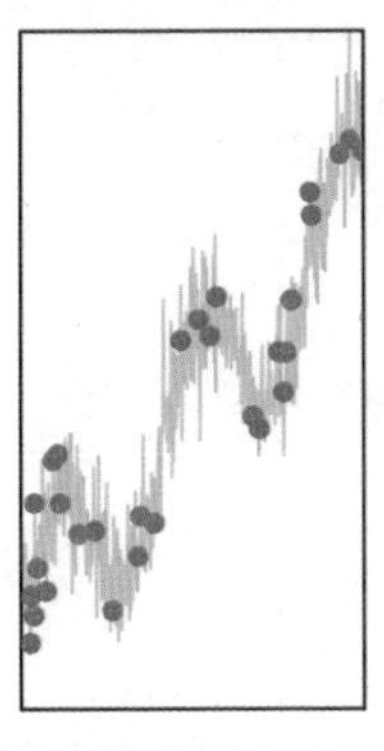 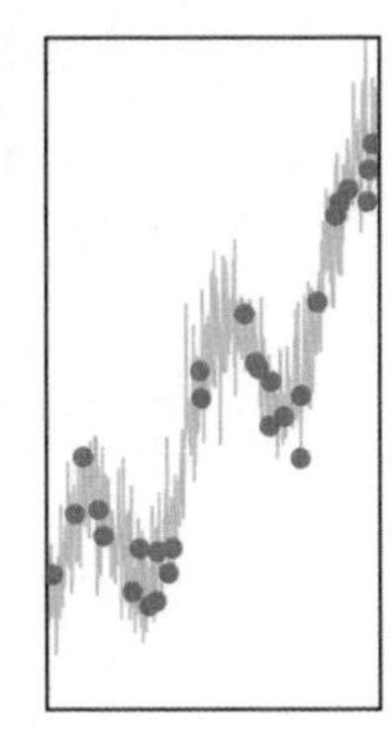

图9-11：制作了50个版本的噪声数据。每个版本包括从原始数据中选择的30个样本，不包含替换过程。前5组选择的点显示为绿点，原始的、有噪声的数据显示为灰色，以供参考

让我们试着用简单曲线和复杂曲线来匹配这些点，并通过计算偏差和方差来比较结果。

## 9.3.2 高偏差与低方差

首先用简单、平滑的曲线拟合数据。因为提前选择了简单平滑的特点，所以我们得到的所有曲线看起来都差不多。拟合图9-11中5组数据的曲线如图9-12所示。

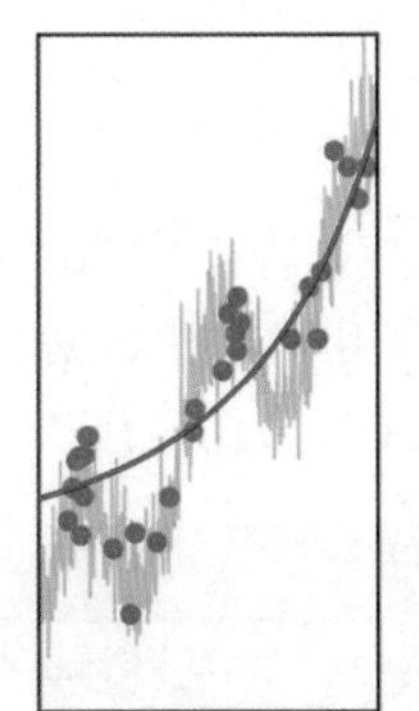 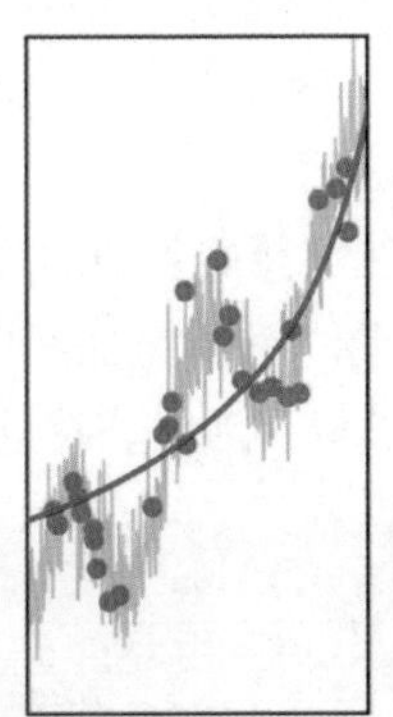 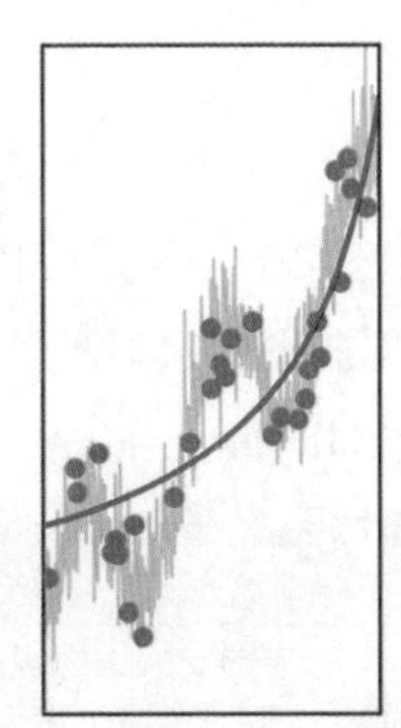 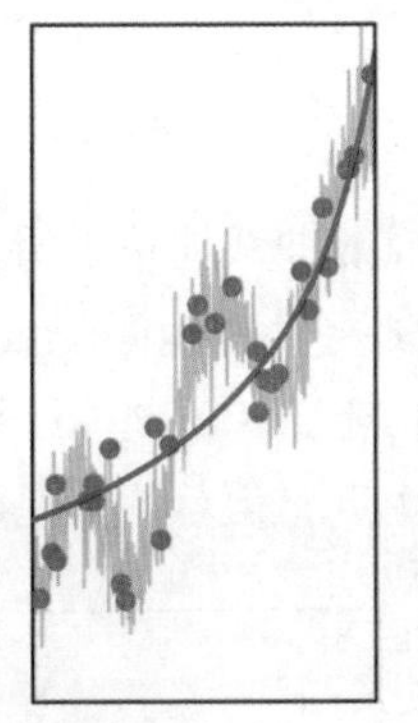 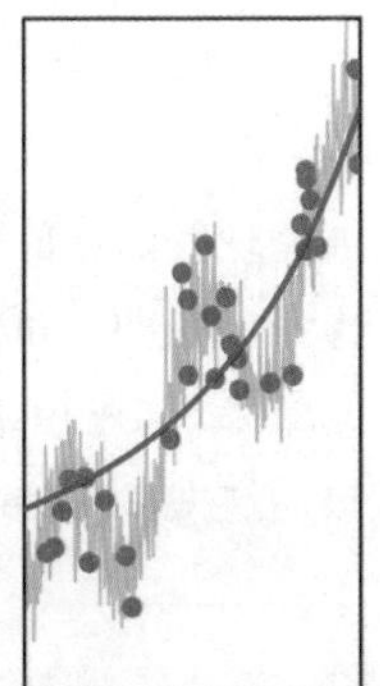

图9-12：对图9-11中的前5组点进行简单的曲线拟合

正如我们预期的那样，这些曲线都很简单且很相似，所以说这组曲线体现了高偏差。这里的偏差指的是简单曲线相对于数据点的偏差。由于曲线非常简单，每一条曲线都缺乏灵活性，最多只能通过几个点。

方差是指曲线之间的变化或差异。为了查看这些高偏差曲线的方差，我们可以将所有50条曲线叠加在一起展示，如图9-13所示。

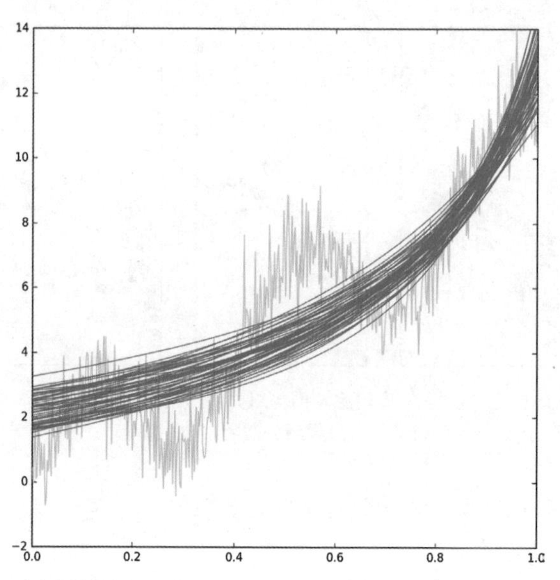


图9-13：通过原始数据得到的50个包含30个样本点的拟合曲线，相互重叠展示

不出所料，曲线非常相似，说明它们表现出低方差。综上所述，这组曲线有很高的偏差，因为它们的形状都差不多，但方差很低，因为各个曲线没有受到样本数据足够的影响。

## 9.3.3 低偏差与高方差

现在试着放宽对曲线简单平滑的约束，这使我们能够使用复杂的曲线拟合数据，这样每一条曲线都能更精准地匹配数据。图9-14显示了将这些拟合曲线应用于前5组数据的效果。与图9-12相比，这些曲线更加曲折，有多个波峰和波谷。尽管曲线仍然没有直接通过太多的样本点，但总的来说离样本点更近了。

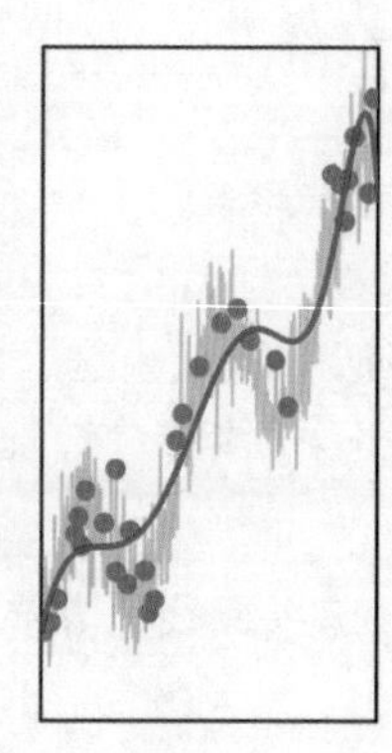
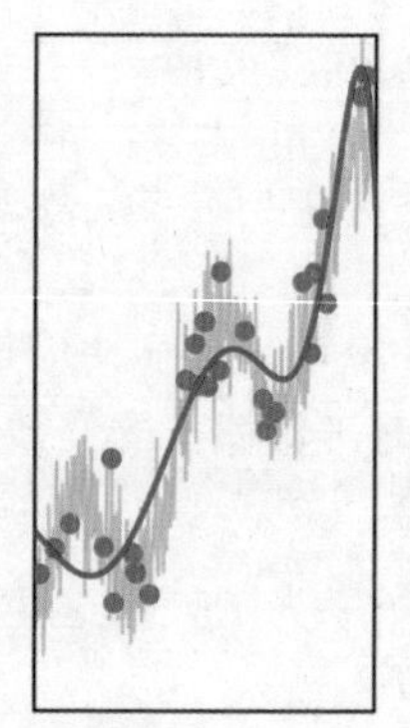
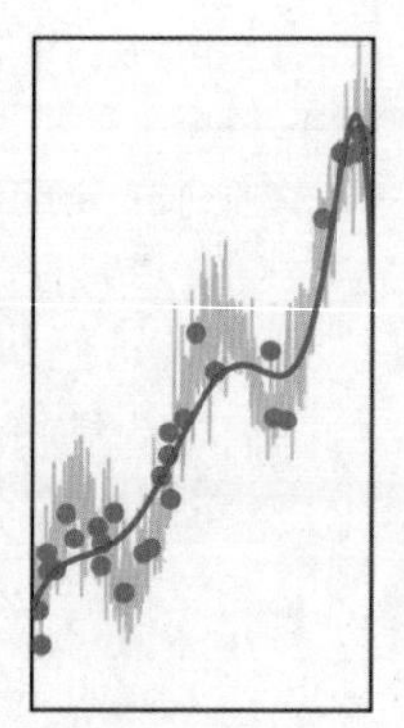
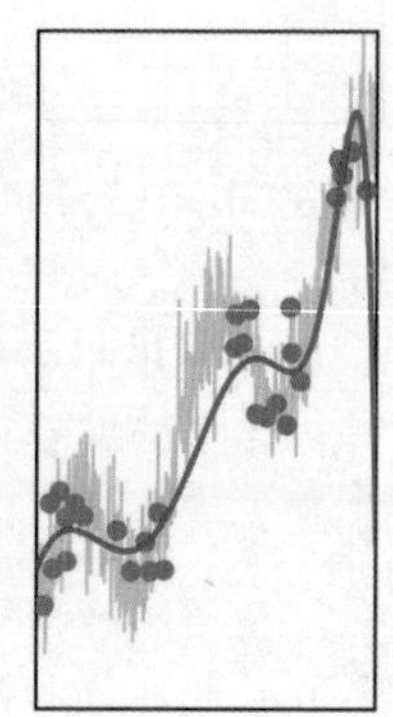

图9-14：通过噪声数据中为前5组点创建的复杂曲线

由于这些曲线受样本点的影响更大，所以形状更加复杂、灵活。因为对曲线形状的限制较少，所以我们认为该曲线集合的偏差较小。另外，通过将所有50条曲线叠加在一起，我们可以看到它们彼此之间有很大的不同，如图9-15所示。因为曲线在开始和结束时会急剧偏离，图9-15右侧显示一个扩展了垂直尺度的版本，以涵盖这些大的摆动。

这些曲线并不都遵循相同的形状，因此它们具有较低的偏差。这些曲线彼此之间有很大的不同，并且每条曲线都受到其样本数据点的强烈影响，因此曲线具有很高的方差。

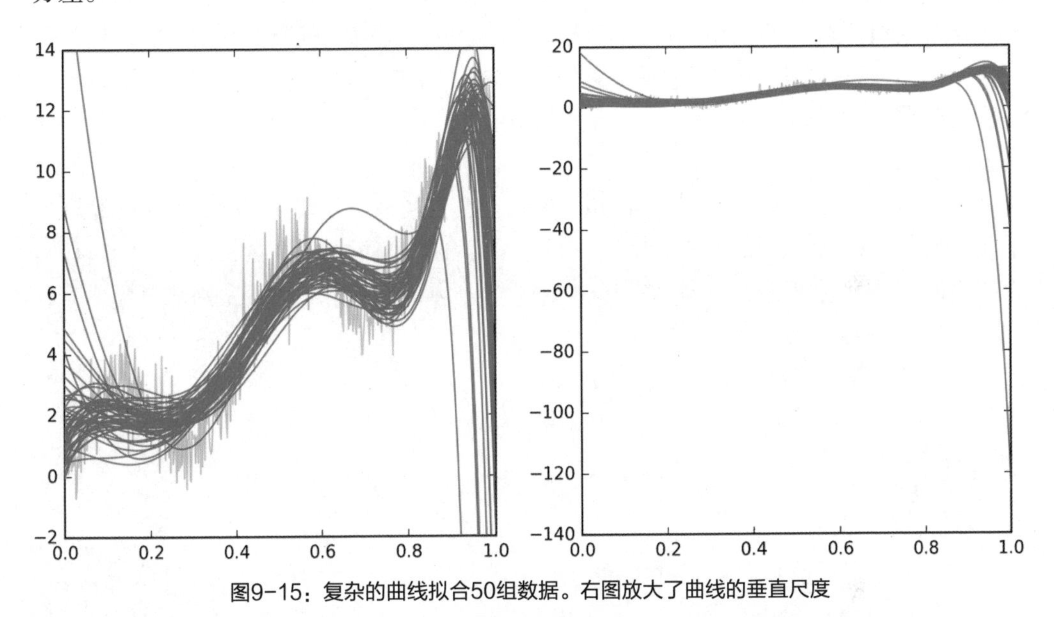


图9-15：复杂的曲线拟合50组数据。右图放大了曲线的垂直尺度

## 9.3.4 比较曲线

我们来回顾一下到目前为止的曲线拟合实验。

从事大气研究的科学家朋友要求我们提供一条与她收集的数据中潜在的理想化曲线相匹配的曲线。于是我们从她的原始嘈杂数据中随机提取数据，为样本集创建了50个子集。当我们用简单、平滑的曲线来拟合这些子集中的点时，曲线总是会错过大多数据点。这组曲线具有很高的偏差，或者说它们更倾向于我们赋予的特征（平滑而简单）。因为这些曲线受到数据点的影响不大，所以这组曲线的方差很低。

另外，当我们选用复杂且包含更多的起伏的曲线时，这些曲线同样能够拟合数据，并且更接近大多数据点。因为曲线更多地受到数据的影响，而不是受到我们预先赋予特征的影响，所以这组曲线的偏差很低。但曲线的高适应性意味着它们彼此之间都有显著的差异。换句话说，这组曲线具有较高的方差。

因此，我们说第一组曲线具有高偏差和低方差，第二组曲线具有低偏差和高方差。

理想情况下，我们希望这些拟合曲线具有低偏差（曲线的形状更多受实际数据的影响）和低方差（不同的曲线都会与原始的、有噪声的数据产生大致相同的匹配）。不幸的是，在大多数实际情况下，当其中一个指标下降时，另一个指标将会上升。这意味着我们要为每种特定情况找到最佳的偏差-方差权衡（之后再讨论这个问题）。

需要注意，偏差和方差是一组曲线的属性，讨论单个曲线的偏差和方差是没有意义的。偏差和方差作为描述算法模型的复杂性或性能指标，经常出现在机器学习领域的讨论中。

接下来介绍偏差和方差是如何帮助我们描述欠拟合和过拟合的。在训练开始时，当系统试图找到正确的方法来拟合训练数据时，会产生一些还不完善的规则。如果这些规则是不同类型数据之间的边界，那么它们将体现为曲线的形式。如果我们在多个相似但不同的数据集上训练，得到了形状简单且彼此相似的曲线，就表明它们具有高偏差和低方差。

随着训练的进行，每个数据集的拟合曲线都变得越来越复杂。它们的形状已经较少受先决条件的影响了，所以它们的偏差很低。因为曲线与训练数据紧密匹配，所以它们有较高的方差。当我们让系统训练过长时间时，高方差曲线开始过于紧密地拟合训练数据，导致了过拟合的产生。

图9-16用图形显示了偏差和方差的权衡。

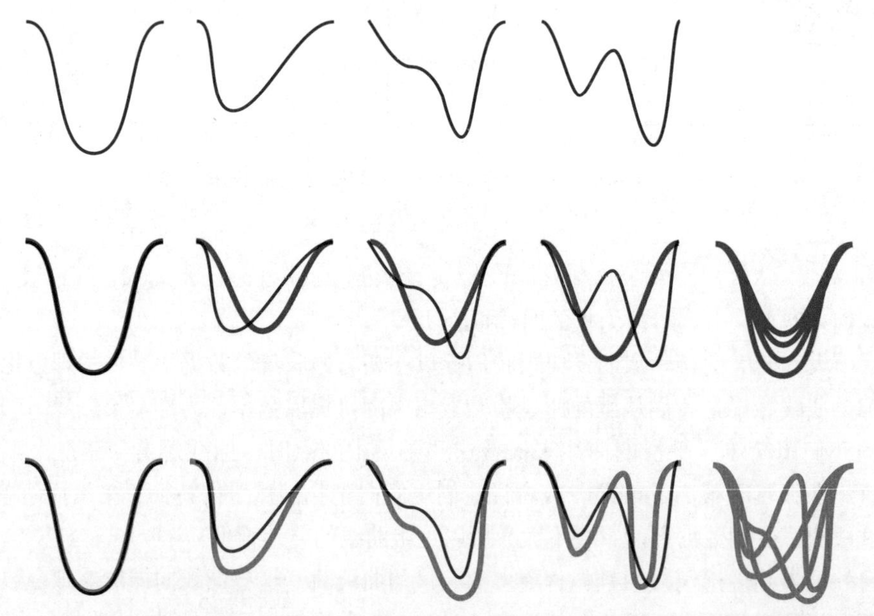

图9-16：第一行为想要拟合的四条曲线。中间一行表示使用高偏差和低方差的曲线拟合的结果。最后一行表示使用低偏差和高方差的曲线拟合结果。底部两行中最右边的图像显示了叠加的四条拟合曲线

在中间一行，高偏差为我们提供了美观、简单的曲线（避免了过拟合），但低方差意味着它们无法很好地匹配数据。在最下面的一行中，低偏差可以使曲线更好地匹配数

据，但高方差意味着曲线可能与原始数据匹配度过高（这有过拟合的风险）。

一般来说，偏差和方差在本质上没有谁比谁好，所以我们不需要总是试图找到偏差或方差尽可能低的解决方案。在一些应用中，高偏差或高方差是可以接受的。例如，我们知道训练集完全代表了未来的所有数据，那么就不必在乎方差，而是尽可能以较低的偏差为目标，因为我们想要的正是完美地匹配训练集。如果我们知道训练集不能很好地代表未来的数据（但它是我们目前仅有的），可以不在乎偏差，因为匹配这个糟糕的数据集并不重要，但我们希望得到较低的方差，这样算法至少有机会对未来的数据做一些合理的准备。

总的来说，考虑到我们正在使用的特定算法和数据，就需要在这两种衡量标准之间找到合适的平衡，以制定适合特定项目的目标。

## 9.4 用贝叶斯方法拟合直线

偏差和方差是描述一系列曲线与数据拟合程度的有效方法。回顾第4章中对频率论和贝叶斯方法的讨论，我们可以说偏差和方差本质上是频率论的观点，这是因为偏差和方差的概念依赖于从数据源中提取多个值。我们不太依赖任何一条曲线，但是使用所有曲线的平均值，可以找到每条曲线近似的“真实”答案。这些概念非常符合频率论者的思想。

相比之下，贝叶斯方法则认为拟合的结果只能用概率的方式来描述。我们列出所有可能的匹配数据的方法，并为每种方法附上一个概率。随着收集更多的数据，逐渐消除了其中的一些影响，从而使剩下的影响概率更大，但我们从来没有得到一个单一的、绝对的答案。

下面将基于《模式识别与机器学习》（毕晓普 2006）中的一个可视化示例，继续进行讨论。在讨论中，我们将使用贝叶斯方法来找到图9-8中表示含噪声的大气数据的一个很好的近似值。用直线而不是复杂的曲线来拟合数据，是因为这样可以用二维图形和图表来展示这个过程。事实上，这也是为了保证我们绘制的简单图表不包含高维度图形。

使用贝叶斯方法进行曲线拟合，可以使用复杂的曲线或空间中的曲面，甚至可以使用数百维度的形状。但我们仍使用直线，是因为这样可以使图示保持简单。

我们将同时处理多条线，因此最好能找到一种简便的方法来表示包含不同线组合，而不必全部绘制出来。

我们的诀窍是用两个数字来描述每一条直线。第一个数字表示直线和水平线倾斜的角度，这给了我们一条任意方向的线。第二个数字规定直线上下移动的幅度。

第一个数字是斜率，水平线的斜率为0。当直线顺时针旋转时，斜率会增加；当直线逆时针旋转时，斜率会减小，如图9-17所示。

当直线与图9-17中的正方形对角线完全重合时，斜率为1或-1。当它旋转到更陡的方向时，斜率会迅速增加，达到垂直时斜率为无穷大。我们可以采取措施来避免这个问题，但这会使讨论变得更加复杂。因此，为了简单，我们将注意力限制斜率在-2和2之间的直线上，这些直线位于图9-17中的绿色区域。

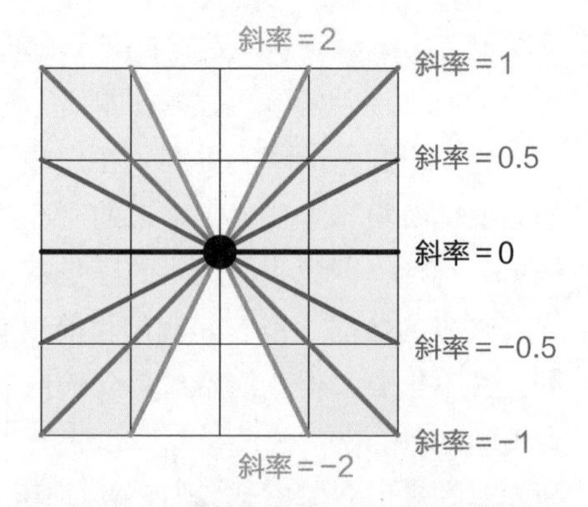


图9-17：水平线的斜率为0。随着直线顺时针旋转，斜率增加。当直线逆时针旋转，斜率减小。我们将使用斜率在浅绿色区域的线

描述直线的第二个数字是*Y*轴截距。它的作用是将整个直线作为一个整体向上或向下移动。这个数字告诉我们当*X*为零时直线的*Y*值。换句话说，它是直线与*Y*轴交叉或截断时的值。图9-18表示了这个概念。同样为了简单，我们把焦点限制在*Y*截距在[-2,2]范围内的线上，在图9-18中用绿色区域表示。

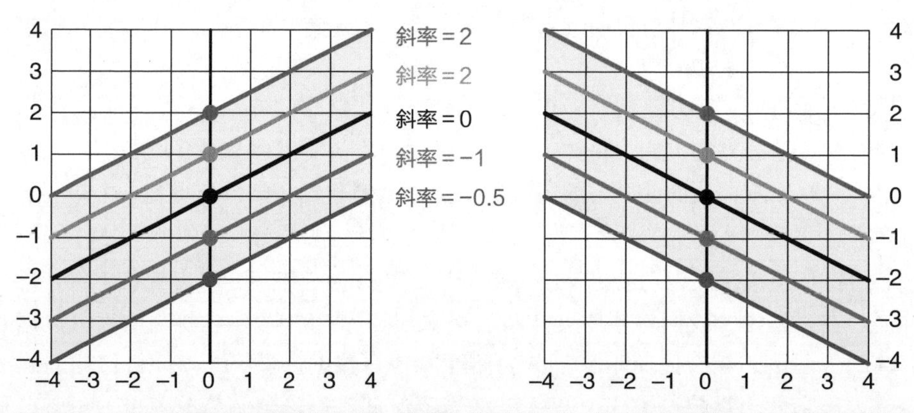


图9-18：*Y*截距为直线穿过*Y*轴时的*Y*值，不管它的斜率如何，将只使用*Y*截距在−2和2之间的线

任何给定的直线，我们都可以通过测量它的方向以获得其斜率的值，并通过观察它与*Y*轴相交的位置以获得*Y*截距的值。这就是我们描述这条线所需要的一切。可以将其显示为新2D网格中的一个点，其中横轴代表斜率，纵轴代表*Y*截距，我们称之为SI图。SI图比普通的*XY*图有所不同。我们也可以说，SI图显示了SI空间中的直线，*XY*图显示了*XY*空间（也称为笛卡尔空间）中的直线。

图9-19显示了*XY*和SI图中的几条线。

数学家将这两种看待同一事物的不同方式称为双重表示，关于这一点有太多知识可以介绍，但现在我们将聚焦于讨论如何使用贝叶斯方法拟合线。

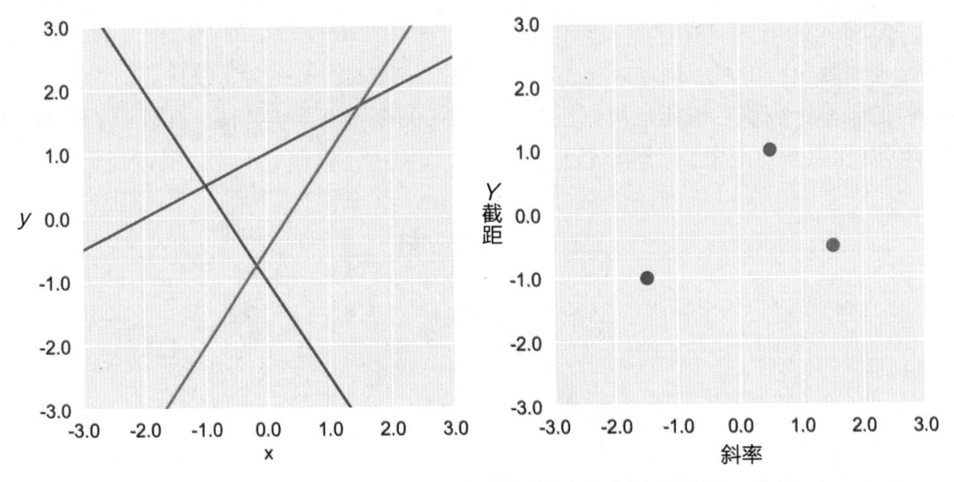


图9-19：*XY*空间中的三行。右图为每条线在SI空间中绘制为一个点

当我们在SI空间中沿一条线排列一组点时，会发生一些有趣的事情。当我们在*XY*空间中画出它们对应的线时，都在同一个*XY*点相交，如图9-20所示。每当我们的SI点位于一条线上时，在*XY*空间中都会出现这种情况。

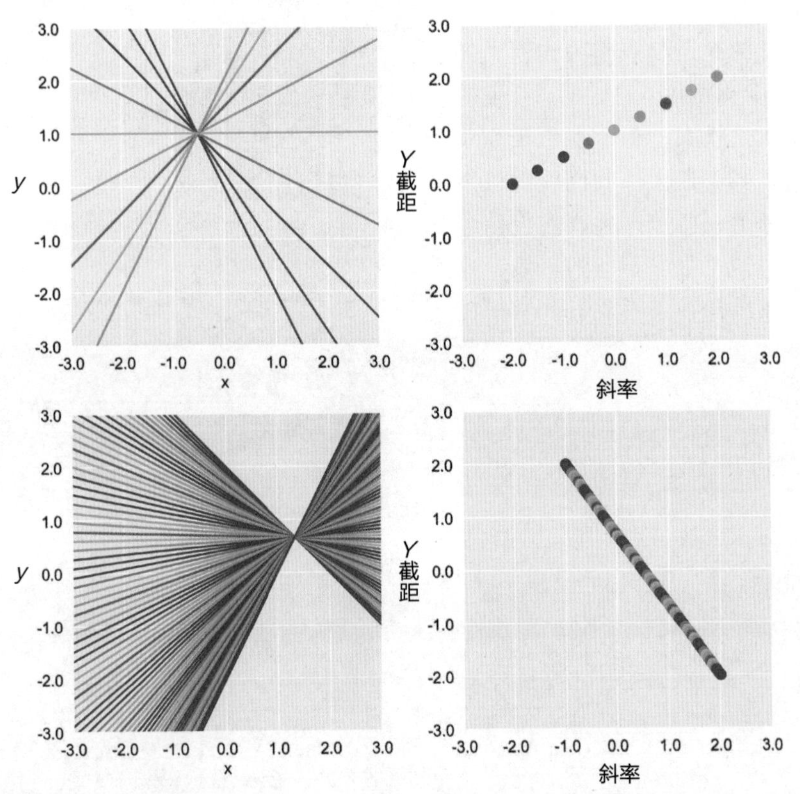


图9-20：沿直线在SI空间中放置点的两个示例。它们对应的线将始终在*XY*空间中的一个点处相交

为数据寻找最佳拟合线时，我们知道它可能无法通过所有的点。但是我们希望它尽可能地接近每一个点，因此，不是在SI空间中放置点，而是为每条可能的线分配一个从0到1的概率，表明它可能是我们正在寻找的线的概率有多大。图9-21显示了这个过程（在图9-21和后面的图中，我们将根据需要放大概率值，以便它们更容易理解）。

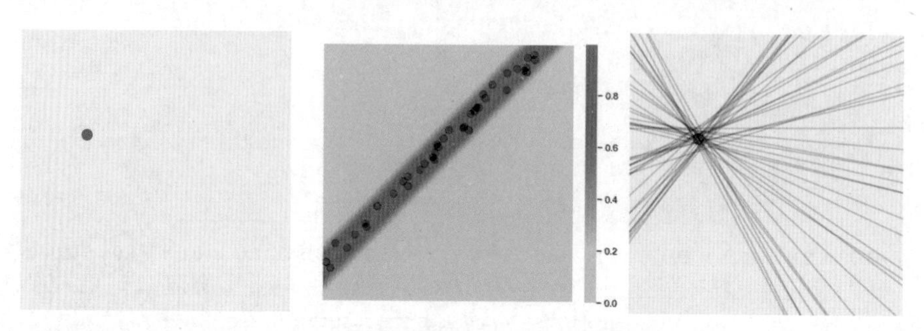


图9-21：左图表示*XY*空间中的一个点。中间表示SI图中的每个点都被分配了一个从0到1（蓝色到紫色）的概率，告诉我们这条线离该点有多近（我们用黑点展示一些具有代表性的线条）。右图表示将中间图中的黑点绘制为它们在*XY*空间中的线。需要注意，它们都通过或者非常接近左图的红点

现在回到最初的问题：为一组有噪声的数据找到最佳直线拟合。用SI空间中任意的高斯凸点作为先验，如图9-22的左上角所示。这表明，任何一条线都可能是答案，但那些位于亮紫色区域的线概率最大。我们根据概率在图中选择了一些点，并在右上角绘制它们。得到了很多不同的直线，这表示我们在选择线条时具有非常模糊的先验。

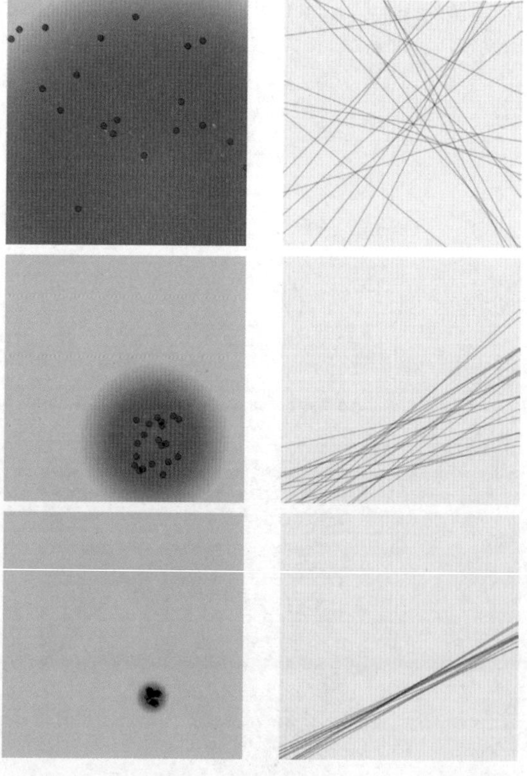

图9-22：左上角表示SI空间中的先验，以及从该概率分布中选择的一些点。右上角表示在*XY*空间中绘制为线的那些点。第2行和第3行与第1行类似，但先验范围较小

从图9-22可以看到，随着先验的减小，将得到更精准的线条选择范围。因此，我们希望贝叶斯方法能够遵循这种变化，最终给一个较小的后验（或先验），从而产生一个较小的可以拟合数据的直线集合。

现在我们已经准备好使用贝叶斯方法来匹配我们的数据了，如图9-23所示。

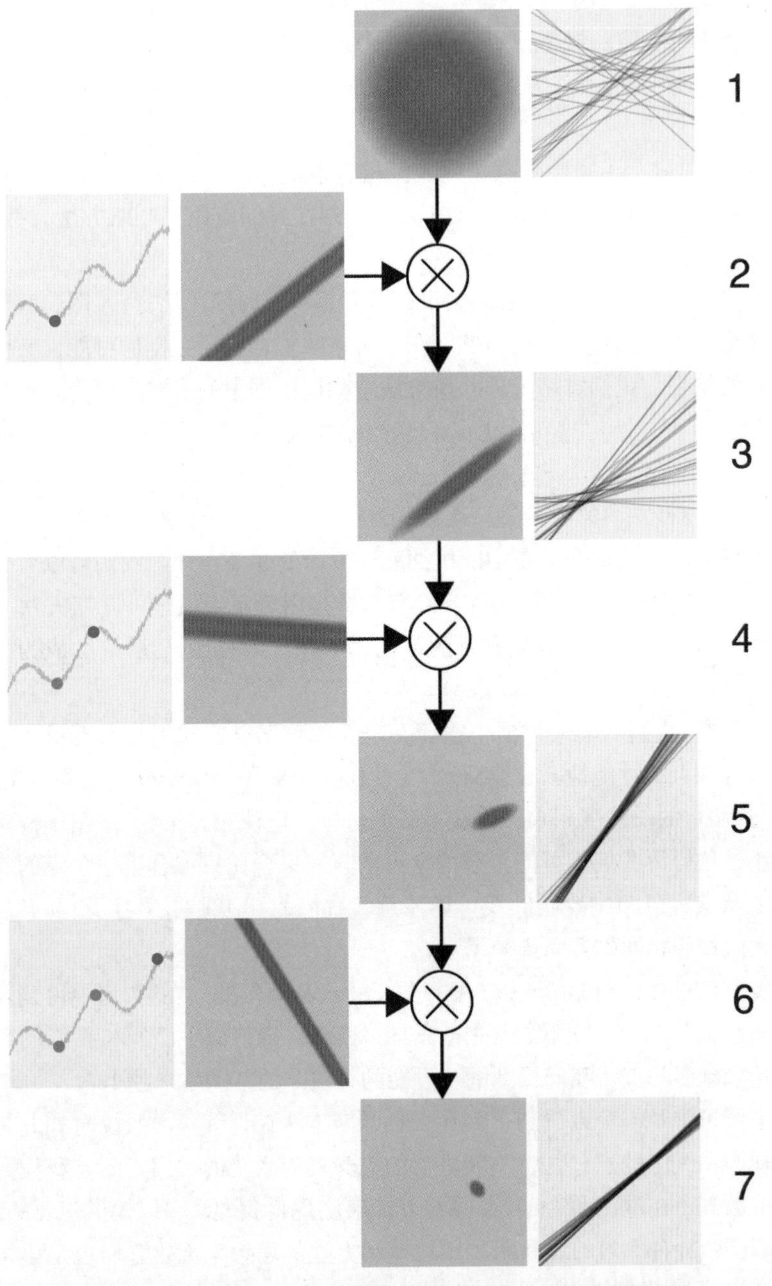


图9-23：用贝叶斯方法拟合数据的一条直线（受毕晓普 2006启发）

下面逐行介绍图9-23表示的过程。第1行展示了我们对拟合数据直线分布的先验的初始猜测。任意选择一个中心位于坐标系正中间的高斯函数，这种先验意味着我们猜测数据很可能由一条水平的直线拟合，该直线的Y截距为0。也就是说，它是X轴本身。但高斯函数一直延伸到边缘（在图中的任何位置概率都不是0），所以用任何直线都是可以的。我们可以通过查看数据，选择一个更好的起点。但起点的选择过程不必过于复杂，因为每个位置都有一定的概率，所以这是一个可以接受的起点。

第1行右侧的图像显示了从先前的图像中随机抽取的20条线，其中概率更大的线更有可能被抽中。

第2行的左图显示了噪声数据集以及随机选取的一个点，显示为红色。穿过（或靠近）该点的所有线的似然度图显示在其右侧。现在我们应用贝叶斯方法，并将第1行中的先验乘以第2行中的似然度。

结果是第3行的左图。这是后验结果，或者是将先验图（第1行左图，我们认为这条线的概率有多大）中的每个点与似然度图（每条线拟合这段数据的可能性有多少）中的对应点相乘的结果。我们省略了贝叶斯方法中除以证据率的步骤，因为正在缩放图片以覆盖整个颜色范围，所以这实际上是后验的缩放版本。为了简单，我们还是把它称为后验。

请注意，第3行左图的后验是一个新的2D分布，由一个新的概率范围表示。在它的右边，我们可以看到从这个分布中随机抽取并展示的20条直线。我们可以看到在图的顶部附近有一个很大的空位，而在第1行没有。这是因为系统通过贝叶斯方法了解到了，穿过该空间的线都不可能与我们看到的数据相匹配。第3行的后验继续成为下一个数据点的先验。

在第4行中，我们从输入数据中选择一个新的数据点，并用红点表示。它的右边是每条直线拟合该点的可能性。在第5行中，我们再次应用贝叶斯方法，并将先验（第3行的后验）与第4行的似然度相乘，以获得新的后验。请注意，第5行左图中概率分布的尺寸已经缩小，这告诉我们，可能拟合两个点的直线集合比只拟合第一个点的集合要小。右边展示了从这种分布中绘制的线。请注意，我们的算法刚刚学习了2个点，但这一组直线已经大致按照相同的方向排列了！

再次重复该过程，在第6行中使用一个新的点和似然度，在第7行中得到新的后验概率和一组直线。第7行后面的线条看起来非常相似，趋势似乎已经与我们的数据吻合。通过使用越来越多的点，我们得到的“可能的直线”的范围越来越小。

从这个例子中我们可以看到，为什么贝叶斯方法在训练学习系统时如此有用。将训练的数据视为曲线上的点，并将不断进化的先验视为系统的输出。随着我们为系统提供更多的样本数据（在本例中为点），系统就能够实现自我微调，以提供想要的结果。

再看看图9-21右下角的线条图，用偏差和方差的思想来优化它们也是可行的，但也许并不像贝叶斯方法那样有效。在贝叶斯方法中，这些线不是一系列接近真实答案的线。相反，贝叶斯认为所有这些线都是准确或正确的，但概率不同。计算这些线的偏差和方差是可行的，但相比于高效的贝叶斯方法没有太大意义。

频率分析法和贝叶斯方法都允许我们将直线（或曲线）拟合到数据中。它们只是采取了不同的思想，使用了不同的机制，给了我们两种不同的找到答案的方法。

## 9.5 本章总结

在本章中，我们研究了系统失去泛化性的几种可能。当一个学习系统因为曲线与数据不太拟合而表现不佳时，就是欠拟合了。当一个系统在新数据上表现不佳，但在训练数据上表现出色时，就是过拟合了，这是因为该系统已经学习了太多训练数据的“非常规特质”。我们也看到了如何通过观察训练和验证性能，以及使用正则化方法来防止过拟合。在本章结束时，还介绍了偏差和方差与过拟合的关系，并了解了如何使用贝叶斯方法将直线拟合到噪声数据中。

在使用数据来训练算法之前，需要对数据进行预处理，下一章将介绍如何在不改变数据含义的情况下对其进行调整，以达到最高效的学习效果。

# 第10章

# 数据预处理

机器学习算法的好坏，很大程度上取决于训练数据的好坏。在现实世界中，我们的数据可能来自有噪声的传感器，或者有缺陷的计算机程序，甚至是通过不完整或不准确的纸质数据转录而来。在使用数据来训练算法之前，我们总是需要对数据进行审查，并解决其中存在的问题。

为了解决训练数据中存在的问题，人们发明了一些方法，这些方法被称为数据预处理或数据清洗技术。其主要思想是数据在用于训练算法之前进行处理，这样我们的系统才能最有效地利用数据来学习。

要确保数据能够适用机器学习算法，通常需要对数据进行调整，例如对数值数据进行缩放或对不同的类别进行组合。这项工作至关重要，因为数据的特定结构及所涵盖的数值范围会对算法提取特征的过程产生重要的影响。

本章的目标是了解如何在不改变数据含义的情况下对其进行调整，以达到最高效的学习效果。我们从确保数据清洁、适用于训练算法的技术开始介绍，然后介绍检查数据内容的技术。这些技术保障了机器学习能够达到最好的效果。这包括一些简单的转换，比如用数字替换字符串，或者采取更进一步的操作，比如对数据进行缩放。最后，我们将介绍如何减少训练数据的大小，使算法能够更快地运行和学习。

## 10.1 基本数据清洗

本节从一些简单有效的数据清洗方法开始。我们的目标是确保数据中不包含空格、数值错误或其他错误。

如果数据是文本形式的，那么我们需要确保其中没有印刷错误、拼写错误或不可见字符等。例如，我们有一组动物的照片和一个用于描述它们的文本文件，并且系统是区分大小写的，那么就需要确保每只长颈鹿都被正确地拼写为了“giraffe”，而不是“girafe”或“Giraffe”。我们希望数据中每次提到“giraffe”时都使用相同的字符串来表示，而不是“beautiful giraffe（漂亮的长颈鹿）”或“giraffe-extra tall（非常高的长颈鹿）”等。

我们应该避免训练数据中的意外重复，这会影响系统对数据的理解。如果训练数据中包含了一条重复数据，系统会将其解释为多个不同的样本，这些样本恰好具有相同的值，因此该样本可能会产生过高的影响。

我们需要确保没有任何排版错误。比如数字缺少一个小数点，会导致指定的值变成了1000而不是1.000。又比如数字前面多了一个负号等情况。一些手工录入的数据中有空格或问号也是常见的问题，这意味着人们没有输入任何有意义的数据。一些计算机维护的数据可能会包括类似NaN（非数字）的数据，这是一个占位符，表示计算机想要显示数字，但没有有效的数字来显示。更麻烦的是，当缺少一些数值数据时，人们有时会输入0或-1之类的数据。在系统开始从数据中学习之前，我们必须找到并解决这些问题。

我们需要确保数据的格式能够被系统正确地理解。例如，我们可以使用科学记数法的方式来写非常大或非常小的数字。但这种方式没有权威的格式，不同的系统可能会使用不同的形式对这种数据进行表示，而其他读取数据的系统（比如深度学习中经常使用的库函数）可能会对它们进行错误的理解。比如在科学记数法中，0.007的值通常打印为7e-3或7E-3。当我们提供数据7e-3作为输入时，系统可能会误解为$(7 \times e)-3$，其中e是欧拉常数，其值约为2.7。结果计算机认为7e-3意味着我们要求它首先将7和e的值相乘，然后减去3，得到的值大约是16，而不是0.007。我们需要审查这类数据，以便系统能够正确地理解输入的数据。

对于数据缺失的问题，需要我们根据具体情况做出主观判断。比如，如果一个样本缺少一个或多个特征，可以手动或使用算法修补缺漏，但最好是直接删除该样本。

最后，我们需要找出与其他数据明显不同的数据。这些异常值可能只是输入错误（比如被遗忘的小数点），也可能是人为错误的结果（比如复制粘贴时出的错），或者有人忘记从电子表格中删除数据。当不知道异常值是真实数据还是某种错误时，我们必须根据自己的判断来决定是保留还是删除它。这是一个主观的决定，完全取决于数据的具体意义，以及我们对数据的理解程度和想用它做什么。

尽管这些步骤看起来很简单，但在实践中，执行这些步骤可能是一项繁重的工作，这取决于数据量、复杂性以及数据的异常比例。有许多工具可以帮助我们清洗数据，有些是独立的工具，有些工具内置在机器学习库中，还有些商业服务机构会收取一定的费用来帮助我们清洗数据。

牢记“错误的输入必然导致错误的输出”这句经典的计算机格言。换言之，只有数据质量好，我们的结果才会好。因此，从优质的训练数据开始是至关重要的，这意味着我们要努力使训练数据尽可能清洁。

现在我们已经介绍了这些最基本却最重要的数据清洗方法，下面将介绍如何使数据适应学习系统的问题上。

## 10.2 数据一致性

以系统学习为目的对数据进行预处理，意味着在不影响数据间相互关联的前提下，对数据进行转换。下面我们将介绍几种转换方式，用于将所有数据缩放到指定的范围，或者删减一些多余的数据，从而减少学习系统的计算量。在数据转换中必须始终遵守一个重要的原则：只要以某种方式转换了训练数据，那么也必须以同样的方式转换其他所有的数据。

下面介绍为什么这一点如此重要。当我们对训练数据进行任意转换时，通常会修改或组合这些值，以提高系统的学习效率和准确性。图10-1直观地显示了这个过程。

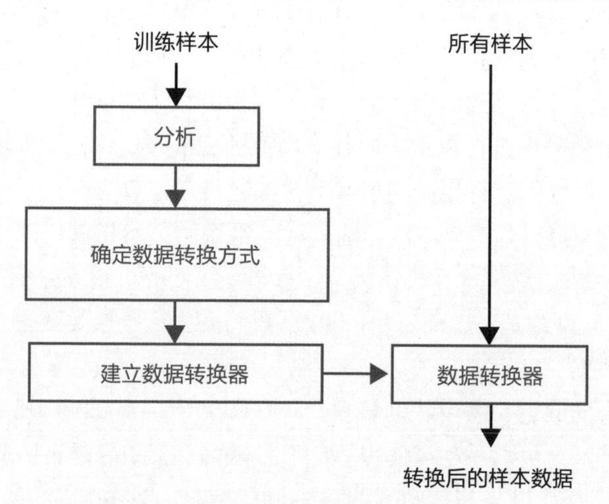


图10-1：训练和评估的预处理流程

由图10-1可知，首先通过审查整个训练集来确定数据转换的方式，然后再通过转换训练数据来更好地训练学习系统，同时也将对系统发布后的所有新数据使用相同的转换过程。重点是，只要系统还在使用，就必须对所有新数据进行相同的转换，然后才能将其提供给系统。这个步骤很重要，是不能省略的。

事实上，我们也需要在所有评估数据上重复使用相同的转换。通常数据转换的过程一旦被定义好，就会在机器学习中不断地自动执行。下面通过一个直观的例子来概括地看待这个问题。

假设我们想训练一个用来区分奶牛和斑马照片的分类器。我们收集了大量的这两种动物的照片作为训练数据。这两种动物的照片之间最明显的区别是它们的黑白花纹不同。为了确保学习系统注意到这些元素，我们决定将每张照片都裁切成小块来凸显动物的皮毛，然后用这些裁切后的纹理块进行训练。这些裁切后的照片就是学习系统看到的数据。图10-2展示了奶牛和斑马照片裁剪后的效果。

图10-2：左图为奶牛的一小块纹理照片；右图为斑马的一小块纹理照片

假设已经训练并发布了系统，但我们忘记了告诉人们这个预处理（数据转换）步骤，即把每个图像裁剪为小块纹理。在不知道这些重要信息的情况下，用户很可能会向系统提供奶牛或斑马的完整图片，并要求系统识别每一张图片中的动物，如图10-3所示。

图10-3：左图为完整的奶牛照片；右图为完整的斑马照片。如果系统的训练数据是我们裁切后的图片，此时它可能会被照片中额外的细节误导

人类通常可以从这些照片的皮毛花纹中辨别分类。但系统可能会被腿、头、地面和其他细节误导，从而降低预测结果的准确性。图10-2的转换后数据和图10-3的未转换数据之间的差异，可能会导致系统在训练数据上表现得很出色，但在现实数据中却给出错误的结果。为了避免这种情况，我们必须以相同的方式裁切所有的新数据，即由图10-3中的数据得到与图10-2中的训练数据类似的结果并交给系统来进行辨别。

忘记以转换训练数据的方式转换新数据是一个很容易犯的错误，这通常会导致算法表现不佳，有时甚至变得毫无效果。我们需要记住的规则是：一旦确定转换方式，在转换训练数据的同时需要记录转换方式，在处理更多的新数据时，都必须首先用这种方式转换这些数据。稍后我们再来看看它在实践中是如何使用的。

## 10.3 数据类型

通常数据库中会包含不同类型的数据，如浮点数、字符串、表示类别的整数等，我们将以不同的方式处理不同的数据类型。因此，通过审查数据来组合拆分这些原有类型，得到我们需要的一些独特类型是非常有必要的。最常见的分类方式是基于一种数据是否可以排序的特点。尽管在进行深度学习时很少使用显式排序，但是这种排序是很方便的。

我们的每个样本都由一个值列表组成，每个值都称为特征。样本中的每个特征可以划分为两种类型：数值型或分类型。

数值型数据是指可以用数字来表示的数据，包括整型、浮点型、双精度浮点型等。数值型数据也称为定量数据，可以进行排序，表明事物之间的大小、优劣关系等。

分类型数据指的是只能归于某一类别的非数字型数据，通常是用于描述标签的字符串，如奶牛或斑马。我们定义并命名这两种数据类型，分别对应可以进行排序的数据和不能进行排序的数据。

序列数据是具有已知顺序的数据（因此得名），所以我们可以对其进行排序。字符串可以按字母顺序排序，同样也可以按其含义排序。例如，我们可以把彩虹的颜色看作序列数据，因为在彩虹中有一个自然的颜色顺序，从红色到橙色再到紫色。要按彩虹顺序对颜色名称进行排序，我们首先需要使用一个程序来理解彩虹中颜色的顺序。序列数据的另一个例子是描述不同年龄段的人的字符串，如婴儿、青少年和老年人。这些字符串也有一个自然的顺序，所以我们也可以通过某种自定义方式对它们进行排序。

标量数据是没有自然排序的分类数据。例如，夹子、订书机和卷笔刀等桌面物品的列表，袜子、衬衫、手套和圆顶礼帽等服装图片的集合，它们没有自然或内置的排序。需要人工定义一个顺序，就可以将标量数据转化为有序数据。例如，我们可以定义衣服的顺序应该是从头到脚，所以之前的例子将形成圆顶礼帽、衬衫、手套和袜子的顺序，从而可以将我们的图片转化为有序的数据。我们为标量数据创建的顺序不必有任何特定的意义，只需定义并在使用中保持一致即可。

机器学习算法需要使用数字作为输入参数，所以我们需要在训练之前将字符串数据（以及任何其他非数字数据）转换为数字。以字符串为例，我们可以列出训练数据中的所有字符串，并为每个字符串分配一个从0开头的唯一数字。许多类库为我们提供了内置函数来创建和应用这种转换。

## 10.4 独热编码

有时我们需要将整数转换为列表。假设有一个包含10个类的分类器，其中类3表示烤面包机，类7表示圆珠笔，依此类推。当我们为其中一个对象的照片分配标签时，会查阅这个类别列表，并给它标记正确的数字。当系统做出预测时，同样会输出一个由10个数字组成的列表。每个数字表示系统对输入属于相应类别的置信度。

这意味着我们需要将标签（一个整数）与分类器的输出（一个列表）进行比较。但构建分类器时，总是将列表与列表进行比较，因此需要一种方法将标签转化为列表。

我们想要的列表形式的标签正是从输出中得到的列表。假设我们正在给烤面包机的图片匹配标签，希望系统的输出是一个由10个值组成的列表，在类3的位置上置信度为1，表示完全确定图像表示的是烤面包机；其他每个类型的位置上置信度都是0，表示图像不是其他类型。因此，标签的列表形式也是这样：10个数字，除了类3的位置是1，其余都是0。

我们可以将类别3、类别7或其他任何类别的标签转换为这种列表。这种列表被称为独热编码，其含义是列表中只有一个条目是“热”的或被标记的。有时我们也称这个列表为虚拟变量。当我们在训练期间向系统提供类标签时，通常是提供独热编码列表或虚拟变量，而不是提供一个整数来表示类别。

下面通过具体实例来了解独热编码的应用。图10-4(a)显示了1903年绘儿乐蜡笔（绘儿乐 2016）首发套装中的8种颜色。假设这些颜色在数据中以字符串显示，作为标签提供给系统的独热编码显示在最右边的列中。

| 数据中的颜色 | 给每个颜色分配一个整数标签 | 每个颜色的独热编码 |
|---|---|---|
| 红色 | 红色 → 0 | 红色 → [**1**, 0, 0, 0, 0, 0, 0, 0] |
| 黄色 | 黄色 → 1 | 黄色 → [0, **1**, 0, 0, 0, 0, 0, 0] |
| 蓝色 | 蓝色 → 2 | 蓝色 → [0, 0, **1**, 0, 0, 0, 0, 0] |
| 绿色 | 绿色 → 3 | 绿色 → [0, 0, 0, **1**, 0, 0, 0, 0] |
| 橙色 | 橙色 → 4 | 橙色 → [0, 0, 0, 0, **1**, 0, 0, 0] |
| 棕色 | 棕色 → 5 | 棕色 → [0, 0, 0, 0, 0, **1**, 0, 0] |
| 紫色 | 紫色 → 6 | 紫色 → [0, 0, 0, 0, 0, 0, **1**, 0] |
| 黑色 | 黑色 → 7 | 黑色 → [0, 0, 0, 0, 0, 0, 0, **1**] |
| (a) | (b) | (c) |

图10-4：1903年绘儿乐蜡笔首发的8种颜色的独热编码。(a)表示使用8个字符串来表示。(b)表示为每个字符串分配一个从0到7的值。(c)表示每当字符串出现在数据中时，用一个包含8个数字的列表替换它，除了对应该字符串的位置上的值为1，其他所有数字都是0

这样，我们就将蜡笔的8种颜色数据转换为另一种形式。下面我们来看看一些会改变数据值的转换方式。

## 10.5 归一化与标准化

我们经常会遇到样本中不同特征的值跨越不同范围的情况。例如，假设我们收集了一群非洲丛林大象的数据，并用四个特征值来描述每头大象。

1）以小时表示的年龄(0,420,000)；

2）以吨为单位的重量(0,7)；

3）以厘米为单位的尾巴长度(120,155)；

4）年龄与历史平均年龄的差值，以小时为单位(-210,000,210,000)。

这些特征值明显跨越了不同的数字范围。一般来说，由于我们使用的算法具有依靠数值计算的性质，较大的数字可能比较小的数字对学习系统的影响更大。特征4中的值不仅很大，而且还有负值。

为了达到最佳的学习效果，我们希望所有的数据都具有数值上的大致可比性，或者符合大致相同的分布范围。

### 10.5.1 归一化

转换数据的第一个常见方法是归一化每个特征值。“归一”在日常生活中经常表示“一致”，但它在不同领域也可能会有专门的技术含义。此处我们使用这个词在统计学中的意义，即将数据缩放到某个特定范围时，数据就被归一化了。最常用的归一化范围是(-1,1)或(0,1)，这取决于数据及其含义（例如，谈论数量为负的苹果或数值为负的年龄是没有意义的）。每个机器学习库都提供了相关函数来实现这一过程，我们只需要调用它们就可以了。

图10-5显示了用于示例的二维数据集。之所以选择吉他形状，是因为有助于观察在移动这些点时的形状变化。我们还为不同点设置了不同的颜色，更能够清晰地看到每个点是如何移动的，除此之外这些颜色没有其他特定含义。

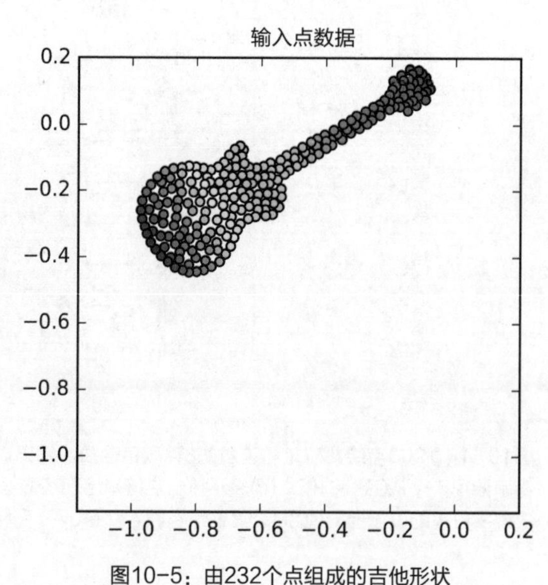


图10-5：由232个点组成的吉他形状

通常，这些点是测量的结果值，比如一些人的年龄和体重，或者歌曲的节奏和音量。为了保持通用性，让我们将这两个特性称为*x*和*y*。

图10-6显示了将吉他形状数据中的每个特征点归一化到坐标轴上的(-1,1)范围的结果。

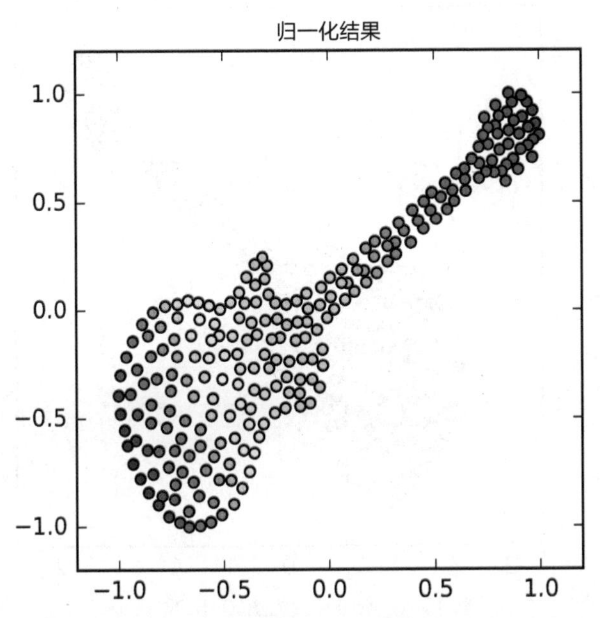


图10-6：在每个轴上将图10-5的数据归一化到范围(−1,1)后的数据。形状的倾斜是因为它更多地沿着*Y*轴而不是*X*轴缩放

在图10-6中，*x*值按比例从-1缩放到1，*y*值也对应从-1缩放到1。这个操作产生的吉他形状有点歪斜，因为它沿垂直方向缩放比水平方向缩放得多。只要起始数据的不同维度跨越不同的范围，就会发生这种情况。在我们的示例中，*x*数据最初的范围约为(-1,1)，*y*数据的范围为(-0.5,0.2)。当归一化这些值时，我们不得不将*y*值缩放得比*x*值更大，这导致在图10-6中看到的偏斜。

## 10.5.2 标准化

另一个常见转换是对每个特征进行标准化，这是一个包含两步的转换过程。首先，将每个特征的所有数据加（或减）一个固定值，使所有特征的平均值为0（这一步骤也称为平均归一化或平均减法）。二维数据集将会左右和上下移动，从而使平均值位于(0,0)上。然后，并不是将每个特征归一化或缩放到-1和1之间，而是按使其标准差（此步骤也称为方差归一化）为1的标准进行缩放。回想一下第2章的内容，我们知道这意味着该特征中约68%的值介于-1到1的范围内。

在二维数据集的示例中，*x*值被水平缩放，直到*X*轴上约68%的数据在-1和1之间，然后$y$值被垂直缩放直到$Y$轴上也是如此。这意味着，数据点将可能出现在每个轴的范围(-1,1)之外，因此我们的标准化结果与归一化结果不同。图10-7显示了对图10-5中的起始数据标准化的结果。

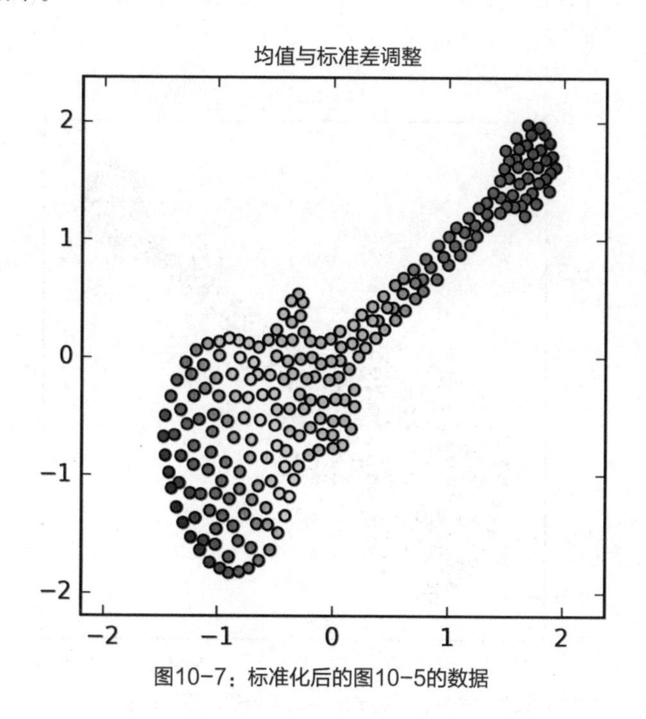


图10-7：标准化后的图10-5的数据

由图10-7可见，当原始形状不符合正态分布时，类似标准化的转换可能会扭曲或以其他方式改变原始数据的形状。大多数类库都提供了归一化或标准化函数，这使得对输入数据进行归一化或标准化以满足算法要求变得很方便。

## 10.5.3 记录转换过程

归一化和标准化的过程都有相应的参数控制，这些参数决定了如何完成数据转换工作。大多数库函数支持对数据进行分析，以找到这些参数，然后使用它们来应用转换。因为我们需要使用相同的参数来转换未来的数据，所以这些库函数提供了一种方法来保留这些参数，以便以后可以再次应用相同的转换。

换言之，当系统接收到一批新的数据进行预测时，无论是用于评估系统的准确性，还是在线上进行实际预测，我们都不会再次分析这些数据来寻找新的归一化或标准化参数，而是直接应用与为训练数据相同的归一化或标准化参数。

这一步骤的原因是，新的数据未经归一化或标准化。也就是说，它不会在两个轴上都分布在(-1,1)范围内，或者它的平均值不会是(0,0)，并且在每个轴上都有68%的数据分布在(-1,1)范围内。所以，我们通过对新数据使用相同的转换来解决这个问题。

## 10.6 其他转换方式

有些转换过程是基于单变量的（univariate），这意味着它们一次只处理一个特征，每个特征都独立于其他特征（单变量的名称来源于uni与variate的组合，意思是同一个变量或特征）。也有些转换是多变量的（multivariate），这意味着它们需要同时处理多个特征（多变量的名称源于multi和variate的组合）。

下面参考归一化来理解单变量和多变量的转换过程。归一化通常被作为一个单变量转换器来使用，它将每个特征视为一组单独的待处理数据。也就是说，如果它将二维点缩放到(0,1)的范围，将所有$x$值缩放到该范围，然后独立地缩放所有$y$值。这两组特征不会以任何方式交互，因此$x$值的缩放方式根本不取决于$y$值，反之亦然。图10-8直观地显示了这一理想情况，适用于具有三个特征的数据的归一化转换。

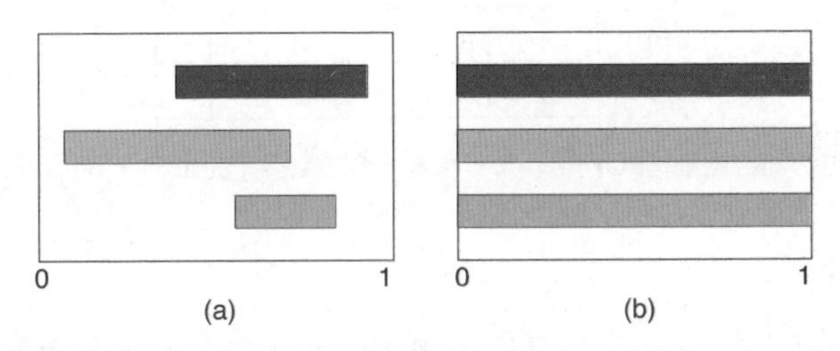


图10-8：应用单变量转换时，每个特征独立于其他特征进行变换。这里将三个特征归一化到范围(0,1)。图(a)表示三个特征的起始范围；图(b)表示三个范围中的每一个都被独立地缩放到范围(0,1)

相比之下，多变量转换则是一次分析多个特征，并将它们视为一个整体。最常见的方法是将所有特征作为一个整体来处理。如果以多变量的方式缩放三个颜色条，我们就将它们作为一个整体移动和缩放，直到它们共同填充范围(0,1)，如图10-9所示。

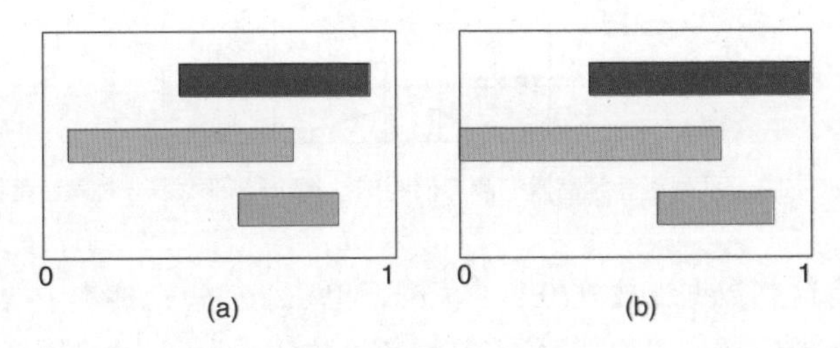


图10-9：使用多变量变换，同时处理多个特征，并归一化到范围(0,1)。图(a)表示三个特征的起始范围。图(b)将条形图作为一个整体移动和缩放，使得它们的集合的最小值和最大值范围在(0,1)范围内

我们可以根据数据和应用程序来选择以单变量或多变量的方式进行数据转换。例如，当我们缩放$x$和$y$样本时，图10-6中的单变量版本是有意义的，因为它们本质上是独立的。但假设我们的特征数据表示的是在不同时间进行的温度测量数据，就可以将所有的特征放在一起，作为一个整体来分析，因为它们的分布范围就是我们正在使用的温度范围。

### 10.6.1 切片处理

给定一个数据集，我们需要考虑如何切片要转换的数据。一般有三种方法，分别是按样本、按特征或按元素对数据进行切片或提取。这些方法分别称为样本切片、特征切片和元素切片。

下面按这个顺序来介绍切片转换数据的方法。假设数据集中的每个样本都是一个数字列表，于是可以将整个数据集展示为2D网格，其中每行包含一个样本，该行中的每个元素都是一个特征，如图10-10所示。

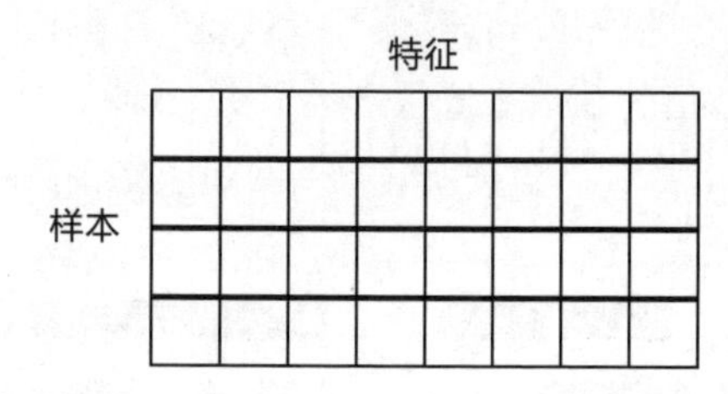


图10-10：接下来讨论的数据集是2D网格。每行都是一个包含多个特征的样本，这些特征构成了每一列

### 10.6.2 样本切片

当数据样本所有的特性代表同一属性的不同数值时，适合使用样本切片方法。例如，输入数据包含一些音频片段，比如一个人对着手机说的话。每个样本中的特征是按时间排列的音频音量，如图10-11所示。

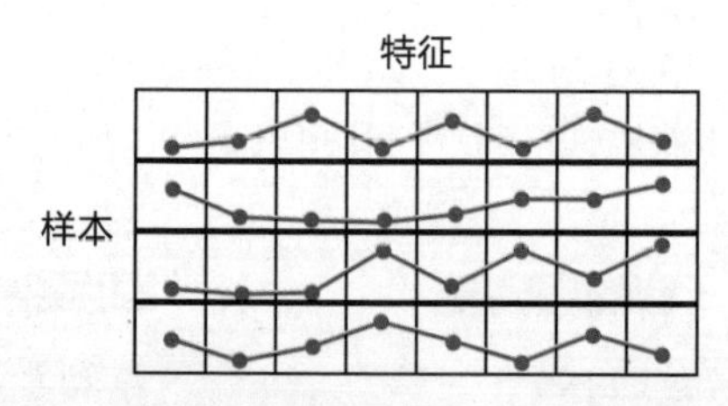


图10-11：每个样本由一系列短音频音量的测量值组成。每个特征代表当时声音音量的瞬时测量值

如果我们想将这些数据缩放到(0,1)的范围，单独缩放每个样本中的所有特征就可以了，最响亮的音量数值被设置为1，最安静的音量数值被设置为0。因此，我们一次只处理一个样本，不受其他样本的影响。

### 10.6.3 特征切片

当数据样本的每个特征代表不同的属性值时，适合使用特征切片方法。

假设我们每天晚上都进行天气数据测量，并记录温度、降雨量、风速和湿度。这为我们提供了每个样本的四个特征，如图10-12所示。

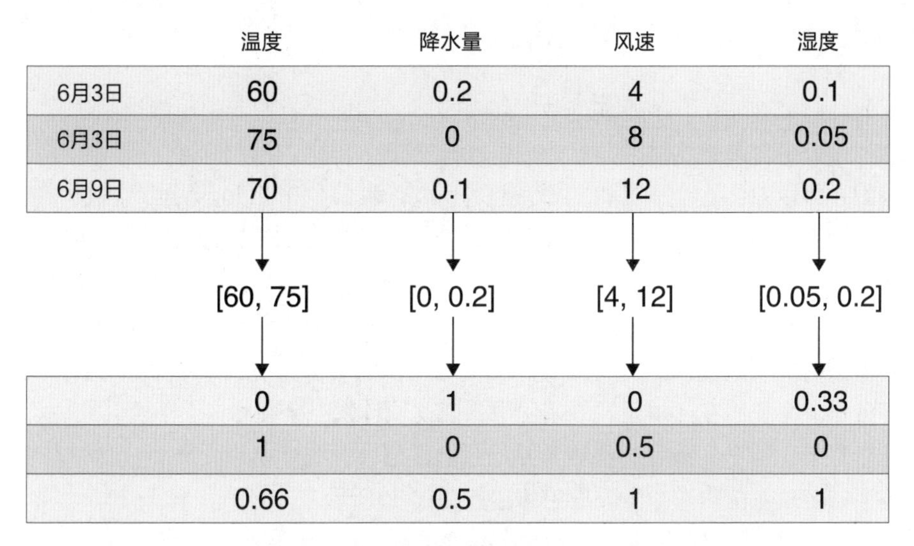


图10-12：按特征切片方式处理数据时，我们将独立地分析每一列。前三行表示原始数据，中间表示每个特征的分布范围，下面三行表示缩放后的数据特征值

对这些数据使用样本切片进行缩放是没有意义的，因为每个特征的含义和计量单位不同。我们无法将风速和湿度放在一起比较，但可以将所有的湿度值放在一起分析，温度、降雨量和风速也是如此。换句话说，我们需要依次转换每个特征。

当我们按特征切片方式处理数据时，特征值的每一列都构成了一个处理单元。

## 10.6.4 元素切片

元素切片的方式则是将图10-10网格中的每个元素视为一个独立的实体，并将相同的转换独立地应用于网格中的每一个元素。当所有的特征都代表同一个属性，我们想改变它的单位时，就适合使用元素切片。

例如每个样本对应一个有八个成员的家庭，每个特征表示八个人中每个人的身高。测量人员以英寸为单位测量了家庭成员的身高，但是我们想要以毫米为单位的身高数据。此时只需要将网格中的每个特征值乘以25.4，即可将英寸转换为毫米。按行还是沿列计算都无关紧要，因为每个元素都是以相同的方式处理的。

在处理图像时，我们经常使用按元素切片的处理方式。图像数据中的每个像素值都在(0 ~ 255)的范围内。通过元素切片处理，将整个输入数据中的每个像素值除以255，得到从0到1的数据。

大多数函数库都提供了这些切片方式，供我们选择和使用。

## 10.7 逆变换

至此，已经介绍了一些不同的数据转换方式。然而，有时我们想撤销或还原这些转换，这样可以更容易地将结果与原始数据进行比较。

例如，假设我们在交通部门工作，因为所在的城市位于北方，所以气温经常降到零度以下。城市中有一条高速公路正在施工。管理人员注意到，道路车流量似乎随着温度的变化而变化，因为在较冷的日子里，更多的人选择待在家里。为了计划道路工程和其他施工方案，管理人员想通过温度预测每天早高峰通勤的汽车数量。由于测量和处理数据需要一些时间，我们决定在每天凌晨测量温度，然后预测第二天早上7点到8点之间路上的车流量。系统将在冬季正式开始使用，因此预计气温会在冰点上下（0摄氏度）。

几个月来，每个凌晨我们都测量并记录温度值，并统计第二天早上7点到8点之间通过道路上特定位置的汽车数量。原始数据如图10-13所示。

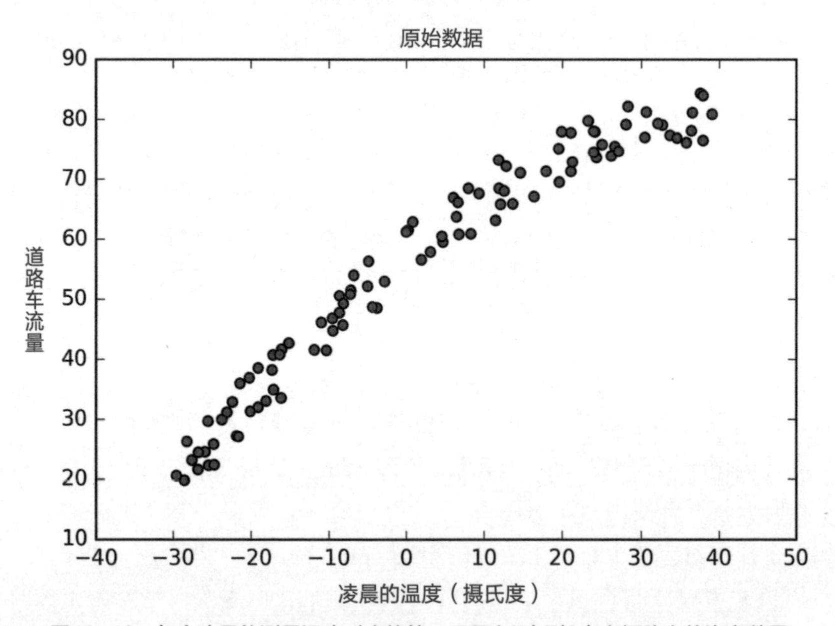


图10-13：每个凌晨的测量温度对应的第二天早上7点到8点之间路上的汽车数量

我们希望将这些数据提供给一个机器学习系统，该系统将学习温度和车流量之间的关系。系统发布后，我们输入一个由一个特征组成的样本（以摄氏度为单位的温度值），然后可以得到一个数字，告诉我们预计道路上的汽车数量。

假设使用的回归算法在输入数据分布于(0,1)范围时效果最好。我们可以在两个轴上将数据归一化为(0,1)，如图10-14所示。

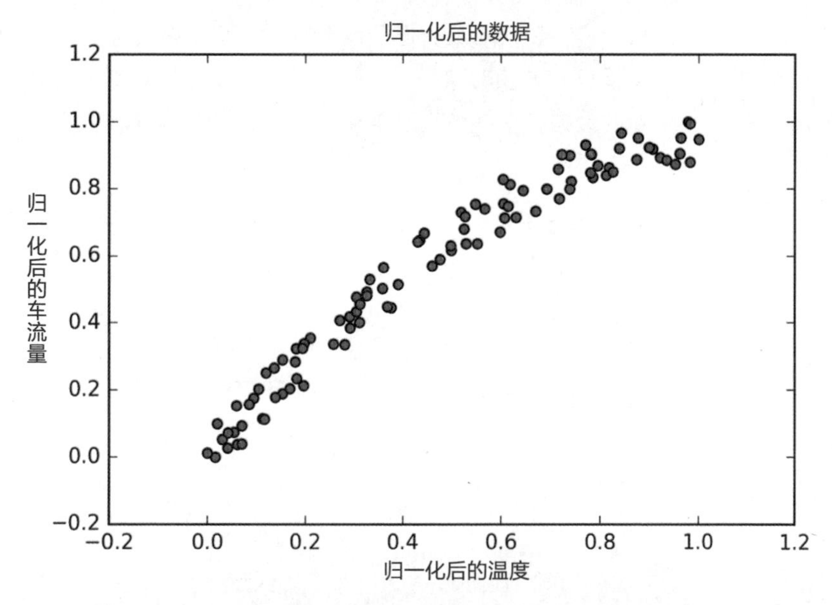


图10-14：将两个特征范围归一化为(0,1)，使得数据更适合训练

图10-14看起来与图10-13相似，只是现在的特征范围（和数值）都是从0到1分布的，体现在纵横坐标值上。

前面介绍了记录这种转换过程的重要性，因为我们需要将其应用于未来的数据转换中。接下来从三个步骤看这些过程，为了方便，我们使用面向对象的思想，将数据转换过程理解为包含参数的对象。

第一步，为每个坐标轴（特征）创建一个转换对象，这个对象能够执行相应的数据转换（也称为数据映射）。

第二步，将输入数据提供给该对象进行分析。它找到特征的最小和最大的值，并使用它们来创建转换，将输入数据转换或缩放到(0,1)范围。我们用温度数据创建第一个转换对象，用车辆数量数据创建第二个转换对象，如图10-15所示。

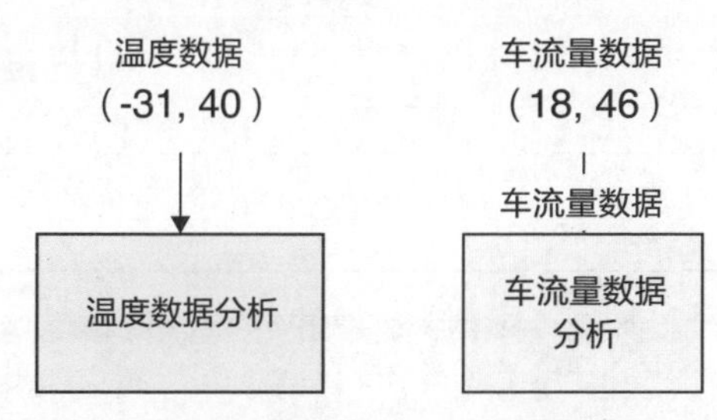


图10-15：构建转换对象。左图表示将温度数据输入到一个转换对象中，用一个带颜色的矩形表示。该对象分析数据以找到其最小值和最大值，并在内部保存这些数值。此时原始数据没有发生改变。右图表示我们为车流量创建了另一个转换器

到目前为止，我们只创建了转换对象，但还没有应用它们，数据还没有进行转换。

第三步，再次将数据提供给转换对象，但这一次，我们使用转换对象来转换原始数据。得到的结果是一组新的数据，这些数据已被转换到(0,1)范围。图10-16为转化数据的过程。

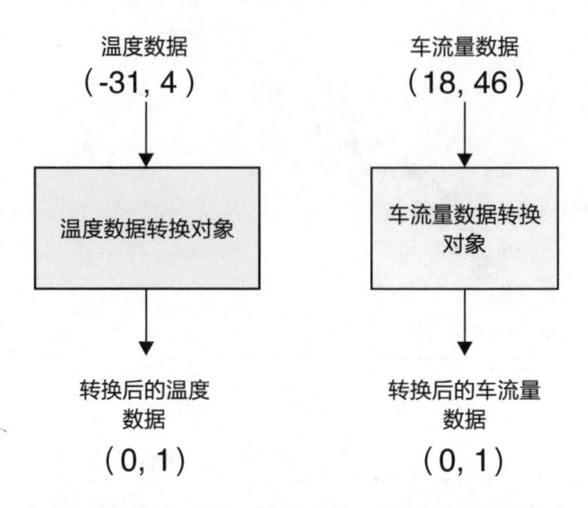


图10-16：每个特征都经过了转换对象的转换。转换对象的输出将进入学习系统

现在已经准备好训练数据了，接下来将转换后的数据提供给学习算法，并让它找出输入和输出之间的关系，如图10-17所示。

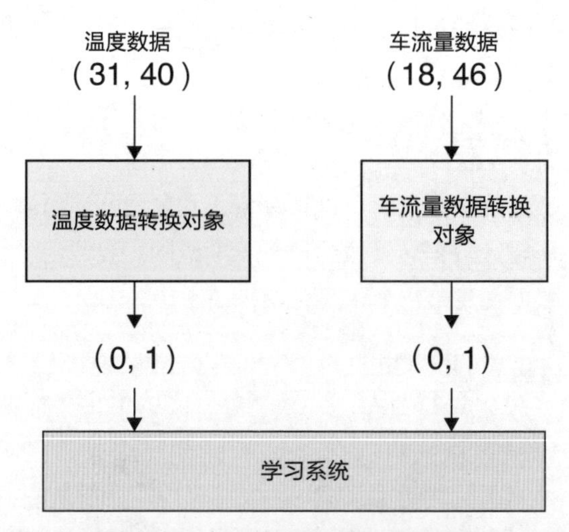


图10-17：从转换数据中学习的示意图

假设系统已经训练完成，它根据温度数据预测汽车数量时表现得很好。

第二天，我们将系统发布到网站上。当天凌晨的温度测量值为-10摄氏度。管理人员打开系统，在温度输入框中输入“-10”，然后单击了“预测车流量”按钮，并等待结果的输出。

这时问题出现了。我们不能直接将“-10”输入到经过训练的系统中，因为图10-17所期望的数字在0到1的范围内。我们需要用训练系统时对温度应用的转换方式来转换“-10”。例如，如果原始数据集中的“-10”变成了“0.29”，这时我们就应该输入“0.29”，而不是“-10”。

这就是将转换过程保存为对象的价值所在。我们可以简单地使用该对象对新数据使用与训练数据相同的转换，现在将其应用于这个新数据。如果在训练期间“-10”被转换成了“0.29”，那么在发布之后“-10”也会被转换成“0.29”。

假设已经正确地将温度转换成了0.29，系统输出的值为0.32的交通密度。这对应从车流量数据所转换的一些结果，这个值在0到1之间，因为这是我们训练的车流量的数据范围。我们如何还原这种转换，并将其变成实际的车流量呢？

在任何机器学习库中，每个转换对象都对应一个函数来反转或还原其转换，为我们提供逆变换过程。此时将还原迄今为止一直在应用的归一化转换。如果对象将车流量39转换为标准化值0.32，则逆变换就会将标准化值0.32转换回车流量39，如图10-18所示。这是系统展示给管理人员的预测值。

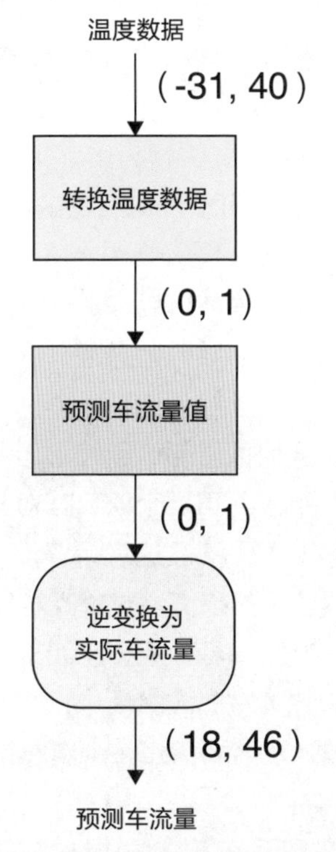


图10-18：向系统输入一个新的温度值时，使用为温度变换对象对它进行变换，转换成从0到1的数字。得出的预测值通过车流量转换对象的逆变换，从一个按比例缩放的数字转换成实际车流量

这时可能会出现的另一个问题，我们获得新的样本值可能会在原始输入范围之外。假设我们在一个凌晨得到了-50摄氏度的超低温数据，这远远低于原始数据中的最小值。结果是，转换后的值是一个负数，超出了(0,1)的范围。如果遇到了一个炎热的夜晚，也会发生同样的事情，转换对象给了我们一个正温度，但它会大于1，再次超出(0,1)的范围。

其实这两种情况都没关系，我们将输入值缩放到(0,1)是为了尽可能有效地进行训练，同时通过检查控制数据异常。一旦系统训练完成，就可以给它任何值作为输入，系统会计算出相应的输出。当然，我们仍然需要注意预测数据，如果系统预测明天的车流量为负数，是不能根据这个结果制定方案。

## 10.8 交叉验证中的信息泄露

前面我们已经介绍了如何对训练集进行数据转换，然后保存该转换对象，并将其应用于所有其他数据。如果我们不严格遵守这一原则，就可能会出现信息泄露，导致未经转换的数据意外地泄漏（参与）到系统运行中，影响整个过程。这意味着系统不会按照我们想要的方式进行数据转换。更糟的是，这种泄漏可能会导致评估系统对测试数据的性能时得到不正确的结果，我们可能会得出“系统性能足够好，已经可以发布”的结论，但当它在实际使用时性能也许会很差。

信息泄露是一个具有挑战性的问题，因为引起它的原因可能是不明显的。下面使用一个例子来介绍交叉验证过程中是如何出现信息泄露的。在第8章中已经介绍了一部分交叉验证的内容，众多函数库提供的一些函数支持快速、正确地进行交叉验证，所以我们不必编写实现代码，通过调用函数库就可以完成这项工作。要了解背后的原理，下面我们将介绍一个看似合理的方法是如何导致信息泄露的，并介绍这个问题的修复方法。这将有助于我们更好地预防、发现和修复系统和算法中的信息泄露问题。

回想一下，在交叉验证中，我们留出起始训练集的一个褶层（一部分）作为临时验证集。然后建立一个新的学习系统，并用剩余的数据对其进行训练。完成训练时，使用褶层中的数据作为验证集来评估学习系统。这意味着，每个学习轮次中，我们都有一个新的训练集（排除褶层后的数据）。如果需要对数据进行转换，我们只需要从用作训练集的数据中构建转换对象。然后，将该转换应用于当前训练集，并将相同的转换应用于对应的验证集。需要注意的是，因为在交叉验证中，每次通过循环都会创建一个新的训练集和验证集，所以每个训练轮次也需要构建一个新转换对象。

让我们看看如果做错了会发生什么。图10-19的左侧展示了起始样本集。对它们进行分析以产生转换参数（由红圈显示），然后由转换对象（标记为“T”）应用该转换。为了显示变化，我们将转换后的样本涂成红色，就像转换对象一样。

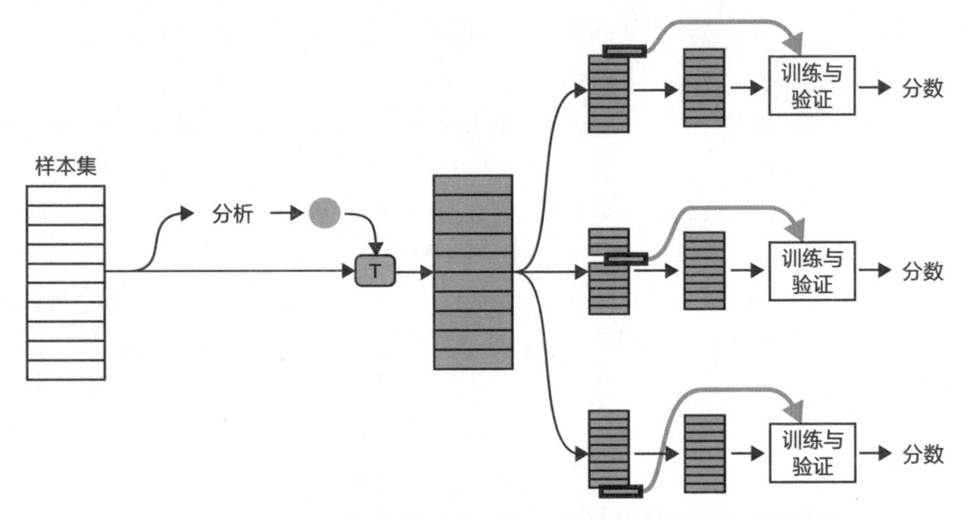


图10-19：进行交叉验证的错误方法，基于所有原始训练数据构建转换过程

下面进入交叉验证。在这里，训练分为了多个轮次，所以我们展示了几个训练轮次，每个轮次都包含不同的验证褶层。每个轮次的训练中，我们排除验证褶层中的数据，用剩余的样本数据进行训练，然后使用验证褶层中的数据作为验证集，进行测试并得到分数。

问题是，当我们分析输入数据以构建转换对象时，需要分析每个褶层中的数据。要了解为什么这是一个问题，让我们再仔细地观察一个更简单、更具体的场景。

假设我们要应用的转换是将训练集中的所有特征值作为一个整体，缩放到0到1的范围。也就是说，我们将通过样本切片方式进行多变量归一化。假设在第一个褶层中，最小和最大的特征值分别为0.01和0.99。在其他褶层中，最大值和最小值占据较小的范围。图10-20显示了五个褶层中每个褶层包含的数值范围。我们将分析所有褶层中的数据，并从中构建转换对象。

在图10-20中，数据集显示在左侧，分为五个褶层。在每个框中，显示该褶层的数值范围，左边是0，右边是1。顶部褶层的特征值范围从0.01到0.99。其他褶层的值都在这个范围之内。当我们将所有褶层作为一个整体进行分析时，第一个褶层的范围占主导地位，因此只将整个数据集拉伸了一个很小的范围。

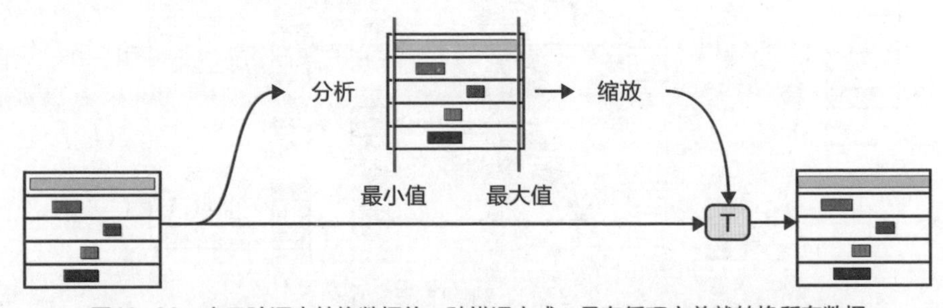


图10-20：交叉验证中转换数据的一种错误方式，是在循环之前就转换所有数据

现在进行下一个轮次的交叉验证。我们的输入数据是图10-20最右边的五个变换褶层。我们将第一个褶层提取并作为验证褶层，然后使用其余的褶层数据进行训练，最后通过验证褶层的数据进行测试。但是在这里出现了一个问题，训练数据的转换受到了验证数据的影响。这违反了我们的基本原则，应该只使用训练数据来创建转换对象。在这个例子中，我们创建变换对象时使用了验证数据。所以，从这一步骤开始，验证数据已经泄漏到了转换对象参数中，而它不应该影响这些参数。

为训练数据构建转换对象的正确方法是从样本中删除验证数据，然后以剩余数据构建转换对象，该转换对象将同时应用于训练数据和验证数据。图10-21直观地展示了这一过程。

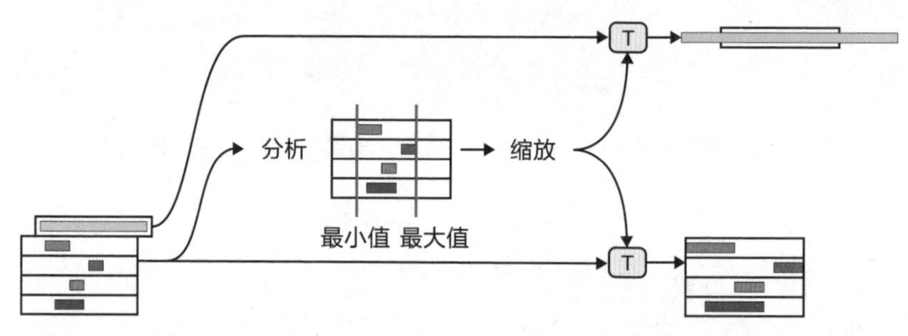


图10-21：交叉验证中正确进行数据转换的方法是首先移除验证褶层样本，然后根据剩余的数据计算转换对象参数

现在，我们可以将该转换对象应用于训练集和验证集了。请注意，这里的验证集数据转换后将会远远超出(0,1)的范围，这没关系，因为该数据的确与训练集相差很大。

为了修复交叉验证的过程，我们需要在每个轮次中都应用这种转换，并为每个训练集计算一个新的转换参数。图10-22显示了正确的过程。

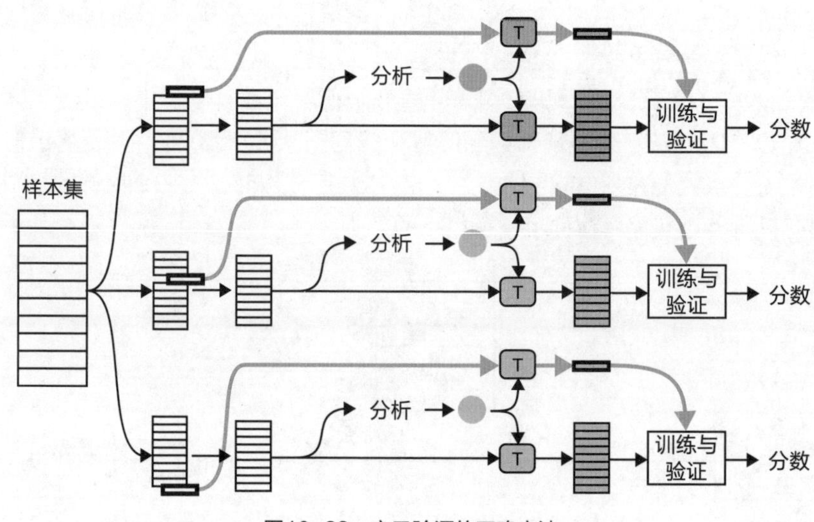


图10-22：交叉验证的正确方法

我们在分析数据时将去除验证褶层，然后将得到的转换对象应用于该次训练的所有褶层（包含训练集与验证集）。不同的颜色表明，每次通过循环，我们都会构建和应用不同的转换对象。

本节我们讨论了交叉验证背景下的信息泄漏，并通过一个很好的例子介绍了如何解决这个棘手的问题。幸运的是，一些函数库中的交叉验证函数都已经避免了这个问题，所以当我们使用这些函数时，不必担心这个问题。但当我们自己编写代码实现时，就需要格外注意了。信息泄露往往是不明显的，它可能以意想不到的方式出现在系统中。重要的是，在构建和应用转换对象时，我们始终需要仔细考虑任何可能会引起信息泄露的地方。

## 10.9 收缩数据集

在之前的章节中一直研究如何转换数据中的数值，以及如何通过切片方式确定参与每次转换的数值。下面介绍一种不同的转换方法，它不仅可以用于转换数据，还可以进行数据收缩。我们将得到一个比原始训练集更小的新数据集，这通常是通过删除或组合每个样本中的特征来实现的。

数据收缩有两个好处：加快训练速度和提高训练准确性。我们在训练过程中需要处理的数据越少，训练速度就越快，这是理所当然的。训练得更快，意味着我们可以在给定的时间内进行更多的训练轮次，从而得到一个更准确的系统。

下面将介绍几种收缩数据集的方法。

### 10.9.1 特征选择

如果训练数据中包含了冗余、不相关或没有任何帮助的特征，那么我们就应该移除它们，这样系统就不会在对它们的学习上浪费时间。我们称这个过程为特征选择，有时也称为特征过滤。

下面通过一个包含多余数据的例子来介绍这个过程。假设我们通过观察数据中大象的尺寸、品种和其他特征，来人工标记大象的数据。由于某种不可追溯的原因，我们有一个特征字段表示大象头的数量。因为每头大象都只有1个头，所以这个特征的值永远都是1。因此，这些数据不仅毫无用处，还会让我们的训练变慢，这时就应该从数据中删除该特征字段。

我们可以将这一做法推广到删除任何无用的、对训练贡献较小或贡献最小的特征。继续观察大象的数据，数据包含了每个大象的身高、体重、最近的活动地点、身长、耳朵大小等特征值。但假设对于大象这个物种，身长和耳朵大小可能密切相关，如果是这样，我们可以删除（或过滤掉）其中任何一个字段，并且仍然可以通过剩余的数据特征进行有效的训练。

许多函数库提供的工具可以预估从数据库中删除每个特征字段的影响。然后，我们可以通过这些信息来收缩数据，在不牺牲过多准确性的前提下加快学习速度。因为特征选择是数据转换的一种，所以我们从训练集中删除的任何特征也必须从未来的所有数据中删除。

### 10.9.2 降维

减少数据集的大小的另一种方法是特征组合，组合后的一个特征可以替代两个或多个特征的作用。我们称这种方法为降维，其中维度是特征的数量。

这种方法的关键在于，数据中的一些特征可能是密切相关的，但不是完全多余的。如果这种关系很牢固，我们就有可能将这两个特征合并为一个新特征。这种方法的一个常见例子是体重指数(BMI)，这是一个人的身高和体重组合成的单一数字。一些衡量健康状况的指标可以只用BMI来计算。例如，帮助人们决定是否需要减肥的图表可以方便地按年龄和BMI进行索引（疾病预防控制中心 2017）。

下面将介绍一个工具，它可以在对结果影响最小的前提下自动选择和组合特征。

## 10.10 主成分分析

主成分分析(PCA)是一种用于降低数据维度的数学技术。让我们通过观察PCA对吉他形状数据的影响来介绍PCA的作用。

图10-23显示了吉他形状的原始数据。和之前一样，点的颜色只是为了更方便地观察数据被转换前后的位置，没有其他特定意义。

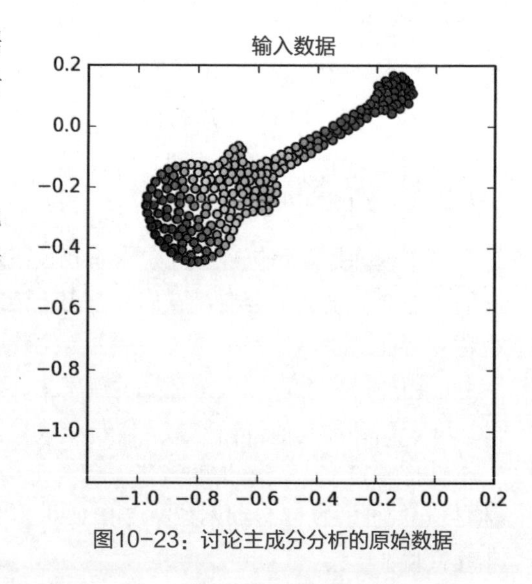

图10-23：讨论主成分分析的原始数据

我们的目标是将这些二维数据压缩为一维数据。也就是说，将每对$x$和$y$值组合起来，根据这两个值创建一个新的数值，就像BMI指数组合了身高和体重一样。

我们先将数据进行标准化。图10-24显示了将每个维度的平均值转换为0，并将标准差转换为1之后的结果。

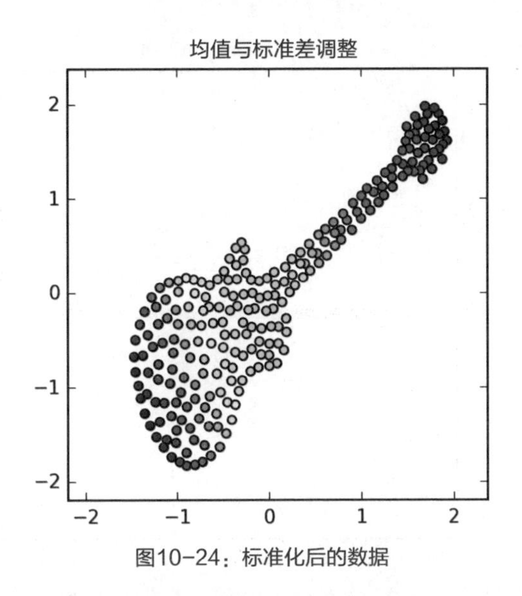

图10-24：标准化后的数据

接下来我们尝试将二维数据减少到一维。为了加深理解，首先在省略一个关键步骤的前提下完成这个过程，然后再来介绍这一关键步骤。

首先，在X轴上绘制一条水平线，我们称之为投影线。然后将把每个数据点投影或移动到距离投影线上最近的点。因为线是水平的，所以我们只需要向上或向下移动数据点，就可以到达距离投影线上最近的点。

将图10-24中的数据投影到水平投影线上的结果如图10-25所示。

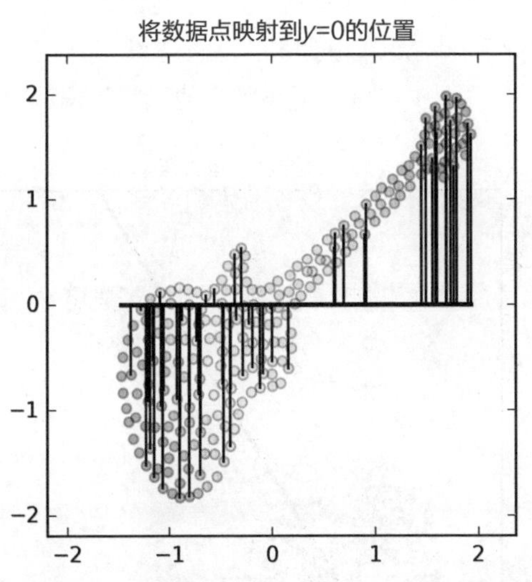

图10-25：通过将吉他形状的数据移动到距离投影线上最近的点来投影吉他的每个数据点。为了清晰，只显示了大约25%的点所移动的路径

所有点处理后的结果如图10-26所示。

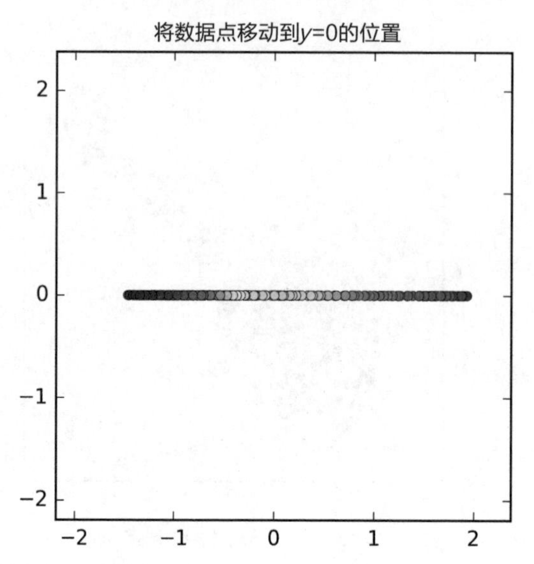


图10-26：按照图10-25的过程，所有的点都移动到投影线上。每个点只由它的X坐标描述，所以现在我们得到了一个一维数据集

这是我们想要的一维数据集，不同点的差异仅在于它们的x值（y值总是0，所以它无关紧要）。但这是一种糟糕的组合特征的方式，因为我们直接丢弃了y值，这就像简单地使用体重而忽略身高来计算BMI指数一样。

为了改善这种情况，下面详细介绍一下刚刚跳过的关键步骤。这次我们不仅仅使用水平投影线，而是将该线进行一定的旋转，直到它与数据最大方差方向重合。我们可以把这条线想象成对应投影后点的分布范围最大的一条线，任何实现PCA的函数库都可以自动为我们找到这一条线。图10-27显示了对应吉他形状数据的这条线。

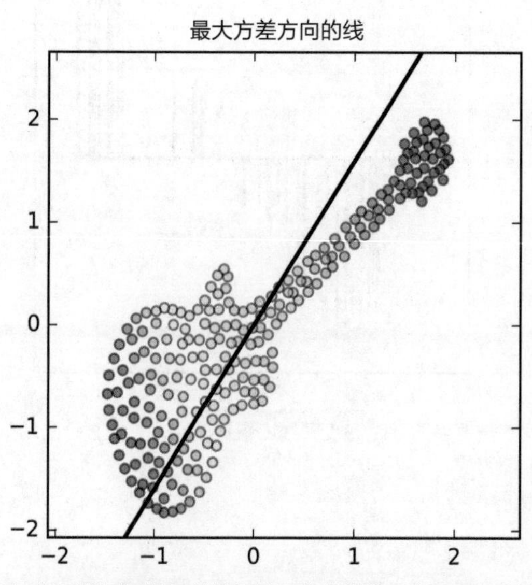


图10-27：粗黑线是通过原始数据的最大方差线。也是最适合的投影线

现在继续这个过程。通过将每个点移动到距离投影线上最近的点来将其投影到投影线上。和以前一样，我们通过垂直于直线移动直到与直线相交来实现这一点。图10-28显示了这个过程。

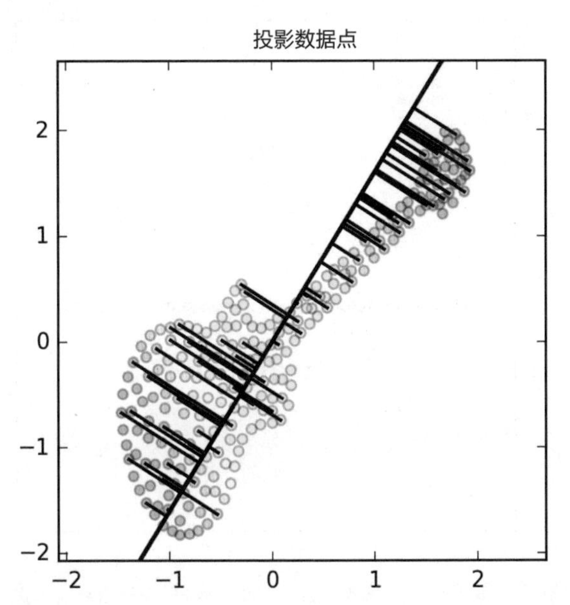


图10-28：将吉他形状的数据投影到投影线上，方法是将每个点移动到距离线上最近的点。为了更清楚，只显示了大约25%的点所移动的路径

投影点如图10-29所示。注意，它们都位于在图10-27中的最大方差线上。

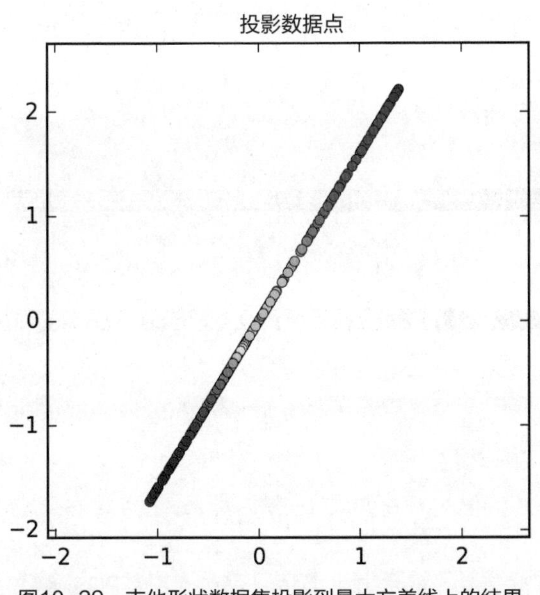


图10-29：吉他形状数据集投影到最大方差线上的结果

为了方便，我们可以将这条线旋转到X轴上，如图10-30所示。现在，数据与y坐标又不相关了，因为我们只有一维数据，数据中包括了每个点原始x和y值的组合信息。

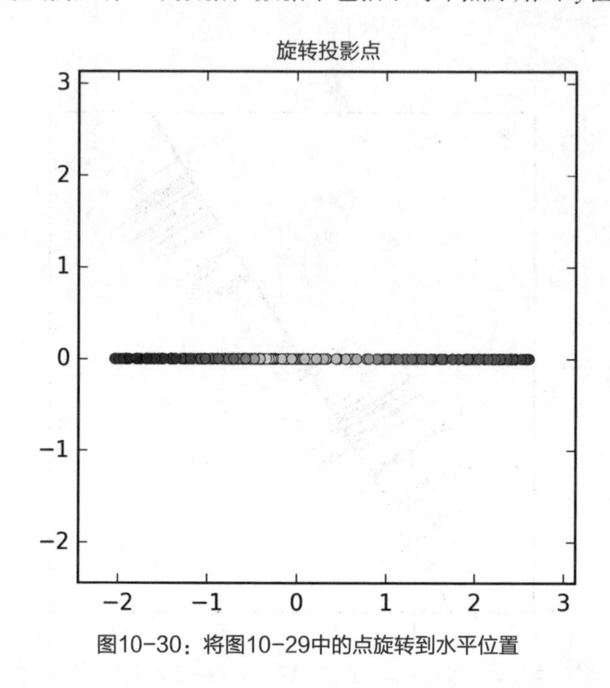

图10-30：将图10-29中的点旋转到水平位置

尽管图10-30中的直线看起来与图10-26中的直线大致相似，但它们是不一样的，因为这些点沿X轴的分布不同。换句话说，每个点在这两条直线中对应不同的值，因为现在是通过将原始点投影到倾斜的线上而不是水平线上来计算的。图10-31显示了将两个投影结果放在一起的对比。PCA得出的结果分布更广，并且每个点的位置也不同。

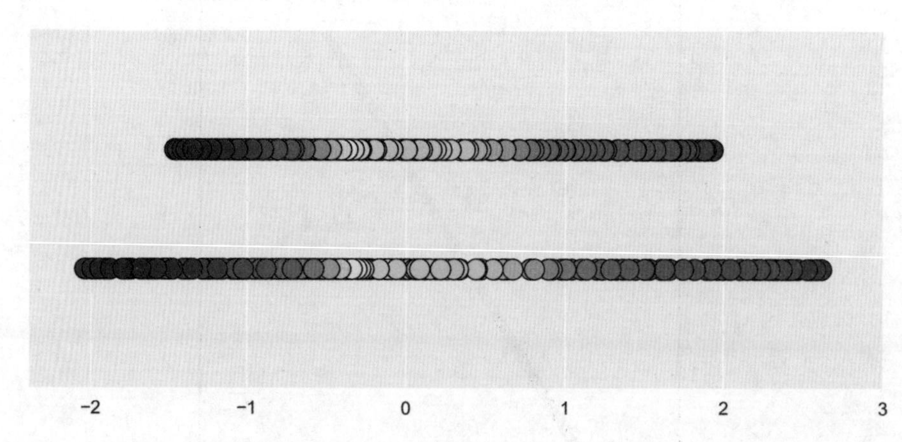

图10-31：图10-26中投影到$y=0$的结果（上图）与图10-30中使用PCA算法的结果（下图）

我们刚刚讨论的所有步骤都是由机器学习库在调用其PCA函数时自动执行的。

这种投影方法创建的一维数据的好处在于，每个投影后点的值（$x$值）都是原始二维数据中该点的$x$值与$y$值组合。我们将数据集降低了一个维度，这样做的同时保留了尽可能多的信息。现在算法只需要处理一个特征，而不是原始的两个，所以会运行得更快。当然，因为我们舍弃了一些信息，所以准确性可能会受到影响。有效使用PCA的技巧是选择可以组合的维度，同时保持系统的性能在接收范围内。

如果数据包含3个维度，我们可以想象将一个平面放置在数据空间中，并将每个数据点投影到该平面上。此时函数库的工作是找到那个最佳平面的方向。这将使我们的数据从三维转换为二维。如果想再转换为一维，可以想象将数据投影到穿过数据空间的直线上。在实践中，我们可以在任何维度的数据中使用这种技术，甚至可能会将数据的维度减少几十个或更多。

这种算法的关键问题是：我们应该收缩多少个维度？应该组合哪些维度？它们应该如何组合？我们通常使用字母k来表示PCA完成工作后数据中剩余的维度数量，因此，在吉他数据的例子中，k的值是1。我们可以称k为算法的参数，通常也称它为整个学习系统的超参数。不过字母k经常被机器学习中的许多算法所引用，所以当我们看到对k的引用时，一定要注意上下文环境。

数据收缩得太少意味着我们的训练和评估效果不会得到太大的提升，但压缩得太多意味着有可能丢失了本应保留的重要信息。为了选择超参数k的最佳值，我们通常会尝试几个不同的值，看看它们的效果，然后选择一个看起来最有效的值。我们也可以使用许多函数库提供的超参数搜索技术来进行自动选择。

同样的，无论我们使用什么样的PCA转换来收缩训练数据，也必须对所有未来的数据使用同样的收缩方式。

## 10.10.1 简单图像的PCA处理

图像是一种重要而特殊的数据。让我们将PCA应用于一组简单的图像。

图10-32显示了一组从数万张这样的图片的庞大数据集中挑选的6张图像。如果这些灰度图像的一个方向上包含1000个像素，则每个图像都包含1000 × 1000 = 100万个像素。有什么比用一百万个数字来表示它们更好的方法吗？

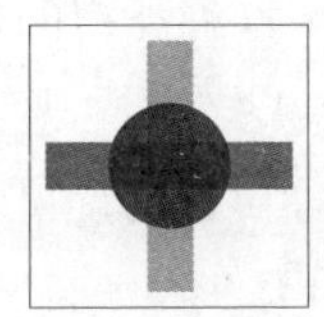
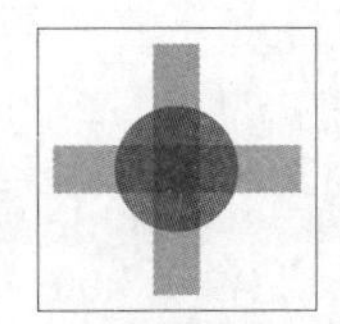

图10-32：需要处理的6张图片

先观察一下，图10-32中的每幅图像都可以由图10-33中的三幅图像组合创建，每幅图像按不同的透明度处理，然后叠加在一起。

图10-33：按不同的透明度处理这三个图像并叠加来创建图10-32中的6张图像

例如，可以通过添加20%透明度的圆、70%透明度的竖条和40%透明度的横条来创建图10-32中的第一幅图像。我们通常称这些表示透明度的比例因子为权重。图10-34显示了6张起始图像中每个图像的权重。

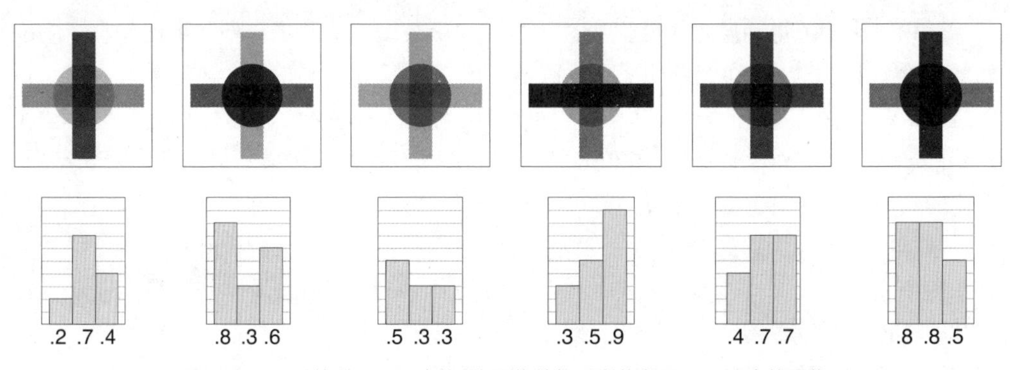


图10-34：调整图10-33中的3张图像的权重以恢复图10-32中的图像

图10-35显示了通过调整权重和组合图形以恢复第一幅原始图像的过程。

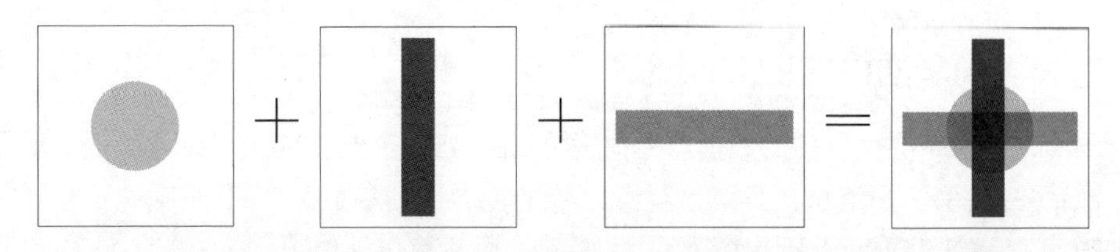

图10-35：通过调整图10-33中的图像权重并组合来恢复图10-32中的第一幅图像

通常，我们可以用3个匹配效果最佳的权重分量来表示这种类型的任何图像。要重建任何输入图像，我们只需要3张更简单的图片（每张100万像素）加上表示该特定图像权重的三个数字。如果我们有1000张图像，实际来存储每张图像总共需要1000兆（1000×100万）字节。但使用这种压缩形式，只需要3.001兆字节。

对于这些简单的图像，我们很容易找到3个原始几何图形。但是，当对于众多实际的图片来说，这通常是不可能的。

好消息是我们可以使用前面讨论过的投影技术。我们可以仿照将一组点投影到一条直线上创建一组新的点的方法，将一组图像进行投影，来创建一个新的图像。这个过程比在吉他点上遵循的投影过程更抽象，但概念是一样的。让我们跳过处理机制，专注于观察结果来了解PCA是如何处理图像的。

我们再来观察图10-32中的6张原始图像，这些是灰度图像，而不是矢量图。我们让PCA找到一个最适合表示所有图像的灰度图像，就像对角线最接近于代表吉他中的所有点一样。然后，可以将每个原始图像表示为包含该图像的一个组合，组合中包含按一定权重的数值缩放。图10-36显示了这一过程。

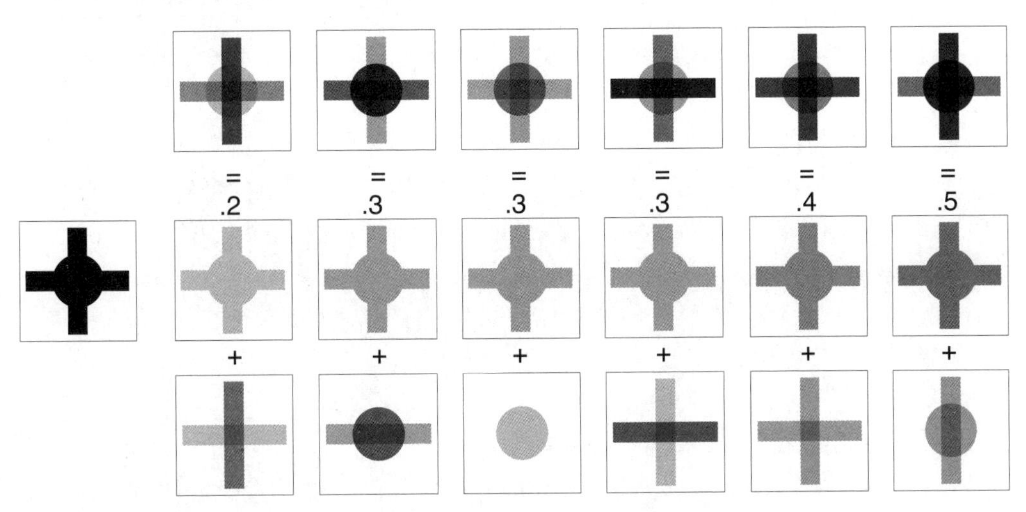


图10-36：对图10-32中的图像使用PCA

图10-36的顶部显示了图10-32的原始图像。

现在我们使用PCA找到了一个与图10-28中的线相对应的图像。也就是在某种意义上，一个从所有输入图像中分析得到的图像，假设它显示在图10-36的左侧，用黑色显示了覆盖在一起的竖条、横条和一个圆圈。我们称之为共享图像，这不是一个正式的术语，但在这里很形象。

现在，用共享图像的带权重版本和其他图像的组合来表示图10-36顶部的每个图像。为此，我们在每个输入图像中找到权重最小的像素，并将共享图像乘以该权重。该权重显示在中间一行中每个图像的上方，中间一行的每个图像都是共享图像乘以该权重得到的。如果我们用图中第一行的原始图像减去每个带权重的公共图像，就会得到它们的差异。我们可以将其写成“原始图像-共享图像 = 差异”，或者等效地，“原始图像 = 共享图像 + 差异”。

然后我们再次运行PCA，这次将图10-36的底部一行的6张图像再次进行投影，以创建一个与所有图像最匹配的新图像。和以前一样，我们可以将每张图片表示为普通图片的带权重版本加上差异的总和。图10-37显示了这个过程。在这个过程中，我们假设PCA创建了两个重叠框的图像作为最佳匹配图像。

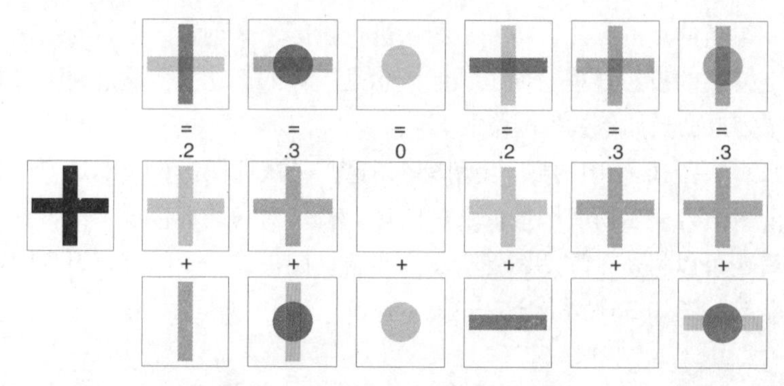

图10-37：在图10-36的最后一行使用PCA

在最下面一行的其中两张图片中发生了一些有趣的事情。左边的第2列就想匹配第1行的图像是一个圆形和水平框，但第2行中我们试图用一对带权重的交叉框来匹配它。为了匹配顶部的图像，我们需要添加一些圆圈，但同时要减去刚刚添加的竖条。这意味着需要将底部图像中的相应数据设置为负值。如果我们试图显示组合后的图像，这里必须注意，如果通过将下面的两个图像相加来重建顶部图像，则底部行红色区域中的负值会抵消中间行垂直框中的正值，最终这些图像的总和与顶部的圆形和水平框相匹配。同样的道理也适用于最右边一列中的水平框。

图10-38总结了我们到目前为止的两个步骤。

在这个例子中只使用了两次PCA，但实际上我们可以重复这个过程几十次或几百次。

我们只需要一些共享图像的集合和分配给每个常见图像的权重，就可以重建每个起始图像。由于共享图像是由所有变换过程共享的，我们可以将它们视为共享资源。然后，可以通过引用该共享资源以及相应共享资源的权重列表来重建每个图像。

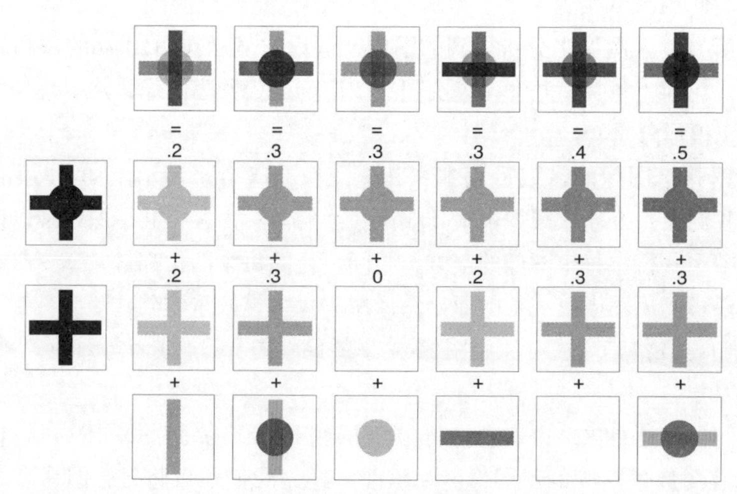

图10-38：将每个起始图像（第1行）表示为两个带权重的分量图像（第2行和第3行）的总和，再加上剩下的部分（最后1行）

我们称每个共享图像都是一个组件，在每一步中得到的共享图像是主要组件（因为它是所有组件中最好的，就像图10-28中的线是最好的线一样），通过分析输入图像来找到这些主要成分。因此，这个算法被命名为主成分分析。

包含的分量越多，每个重建的图像与原始图像的匹配就越准确。通常我们的目标是在满足每个重建的图像都符合质量要求时，产生较少的分量。

在这个讨论中，大多数权重都是正值，但我们也看到了一些应该减少而不是相加的分量图像，因此它们产生了负权重。最终当所有分量相加在一起时，得到了表示的原始图像。

接下来看看仅仅通过两个组件表示的图像效果是怎么样的。图10-39显示了原始的6幅图像和图10-38中间两个组件重建的图像。

这些重建结果也许并不完美，但它们是一个好的开始，尤其是对于仅有的两个组件而言。因此，我们有了一个由两幅图像组成的共享资源池（每个图像需要100万个像素表示），然后每个原始图像可以仅通过两个权重值来描述。这个方案的好处在于，算法不需要实际计算共享图像的像素值，只需要使用这些描述每个输入图像的权重（如果愿意，也可以重建图像）。就学习算法而言，每个图像只用两个数字来描述，这意味着算法将消耗更少的内存，运行的速度更快。

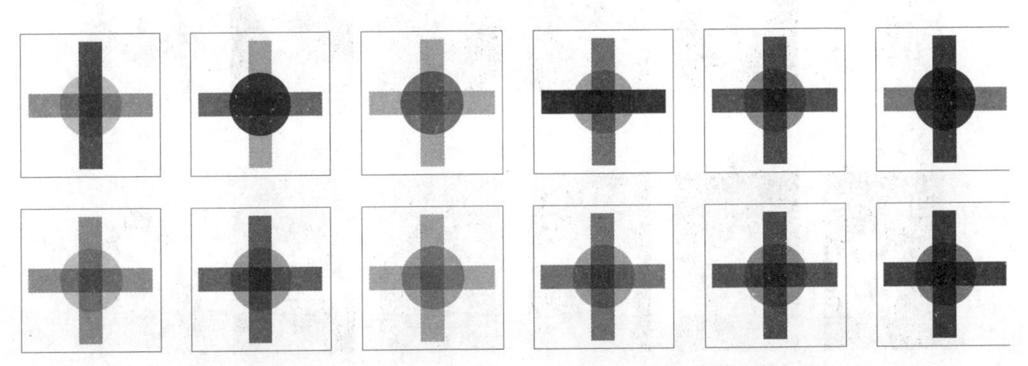

图10-39：开始的6幅图像（上图），以及从图10-35重建的图像（下图）

在这个例子中，跳过了一个步骤，就是通常使用PCA时，首先应该标准化处理所有的图像。在下一个例子中将包含这一步骤。

## 10.10.2 真实图像的主成分分析

上一节中的图像是为了简洁而人为设计的，下面将PCA应用于真实图片。

首先，从图10-40中显示的6张哈士奇照片开始。为了更容易理解处理过程，这些图像都只有45 × 64像素。这些图像经过了人工校准，其中眼睛和鼻子在每张图像中的位置大致相同。这样处理后，不同图像对应位置的像素有较大概率表示同一部位。例如，中心正下方的像素可能是鼻子的一部分，左上角附近的像素很可能是耳朵，以此类推。

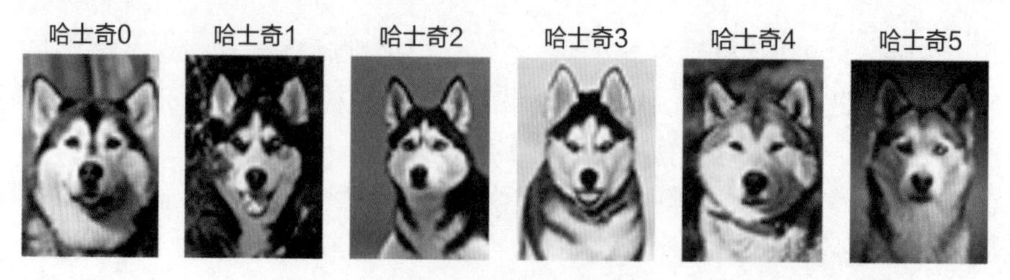


图10-40：原始的哈士奇图像

训练数据集仅由6只狗的图片组成，数量并不足够，所以使用数据增强的思路来扩大我们的数据集，这是一种扩大数据集的常见策略。在这种情况下，我们随机地抽取一张图像，进行复制，在每个轴上水平和垂直随机移动10%，或者顺时针或逆时针旋转5度，又或者从左到右翻转。然后，将转换后的图像附加到训练集中，再不断重复这个过程。我们使用这种创建变体的技术构建了一个包含4000个哈士奇图像的训练集，图10-41显示了前2行图像。

图10-41：每行显示了一组新的图像，这些图像是通过平移、旋转和水平翻转每个原始图像而创建的

由于我们想在这些图像上运行PCA，所以第一步是对它们进行标准化。这意味着我们需要分析4000张图像中的每一张图像相同的像素，并将集合调整为零均值和单位方差分布（特克和彭特兰 1991）。最初生成的6张图像的标准化版本，如图10-42所示。

图10-42：标准化后的前六只哈士奇图像

从使用PCA找到12幅共享图像开始，并期望每张共享图像以适当的权重组合时，可以最好地重建原始图像。PCA得到的每个共享图像（投影或分量）在技术上都被称为特征向量（eigenvector），这个术语来自德语eigen，意思是“自己”（或“自我”），加上数学用来表示对象类型“向量（vector）”组成的。当我们创建特定类型对象的特征向量时，通常会通过将前缀eigen与我们正在处理的对象相结合来，创建一个有辨识度的名称。图10-43显示了12个“eigendog”图像。

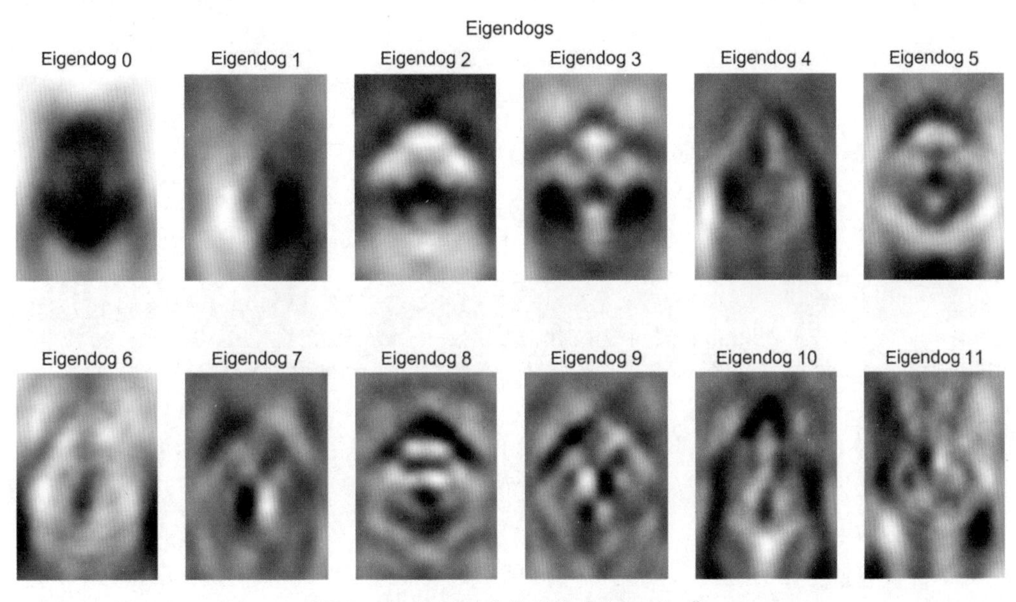


图10-43：PCA产生的12个“eigendog”

观察“eigendog”图像可以了解PCA是如何分析图像的。第一张“eigendog”是一个大污点，对应每张图像中狗出现的位置颜色较暗，这是最接近于每个原始图像的共享图像。第二张“eigendog”为我们提供了对第一个“eigendog”的改进，显示了一些左右阴影的差异。

下一张“eigendog”提供了额外的细节，后面的也都是如此。因此，第一张“eigendog”捕捉到了最广泛、最常见的特征，后面每张“eigendog”都恢复更多的细节。

PCA不仅能够创建图10-43中的“eigendog”，还能够将任何图片作为输入，并告诉我们要应用于每个“eigendog”图像的权重。这样，当加权图像相加在一起时，我们就可以获得输入图像的最佳近似值。

下面介绍通过将这12张“eigendog”与其相应的权重相结合，可以在多大程度上恢复原始图像。图10-44显示了PCA为每个输入图像找到的权重。通过缩放图10-43中的每张个“eigendog”图像及其相应的权重，然后将结果相加，来重建狗的图像。

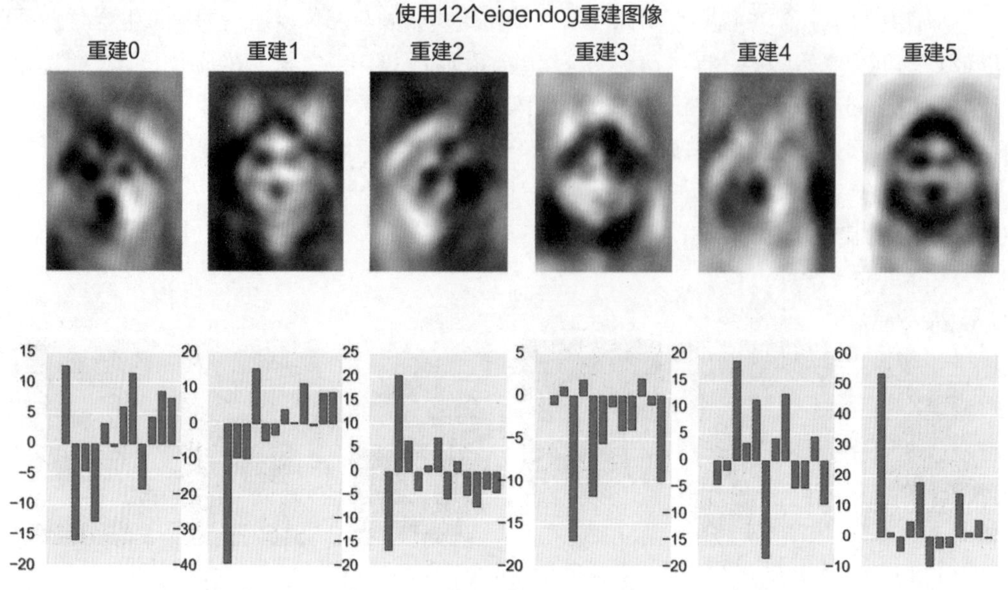


图10-44：从一组12张“eigendog”中重建原始图像。第一行表示重建后的图像。最后一行表示应用于图10-43中“eigendog”的权重。请注意，最后一行的垂直刻度并不完全相同

图10-44中恢复的图像并不是太好。使用PCA仅用12张共享图像来表示训练集中的所有4000张图像，尽管它已经尽了最大努力，但这些结果相当模糊。不过，我们的确是走在正确的方向上。

下面试着使用100张“eigendog”。前12张“eigendog”图像看起来和图10-43中的图像一样，但随后它们变得更加复杂和详细。重建第一组6只狗的结果，如图10-45所示。

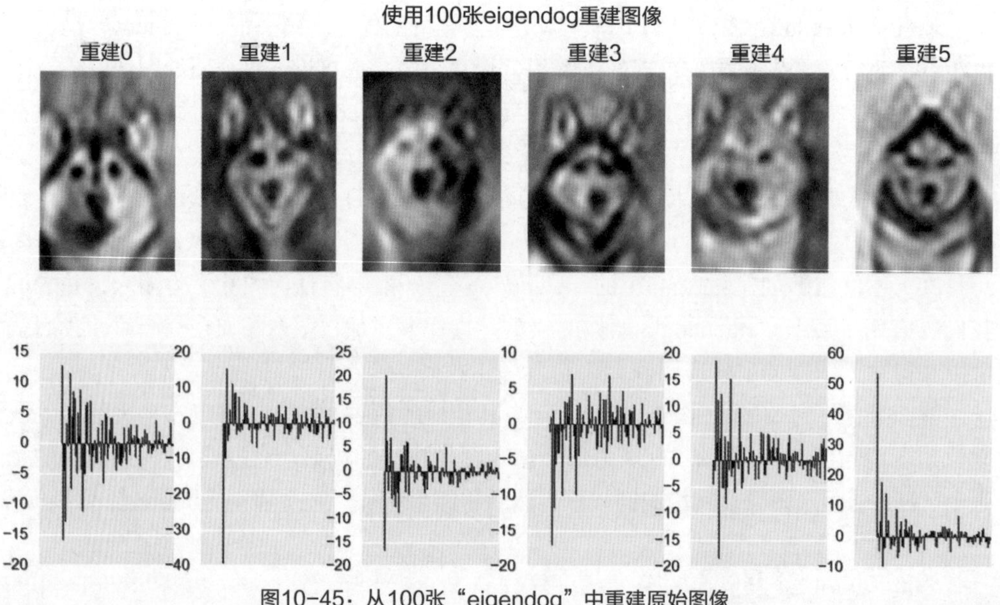


图10-45：从100张“eigendog”中重建原始图像

原始图像的效果更好了！它们看起来更像狗的图像了。但是100张“eigendog”似乎还是不够。

接下来把“eigendog”的数量增加到500张，然后再试一次，结果如图10-46所示。

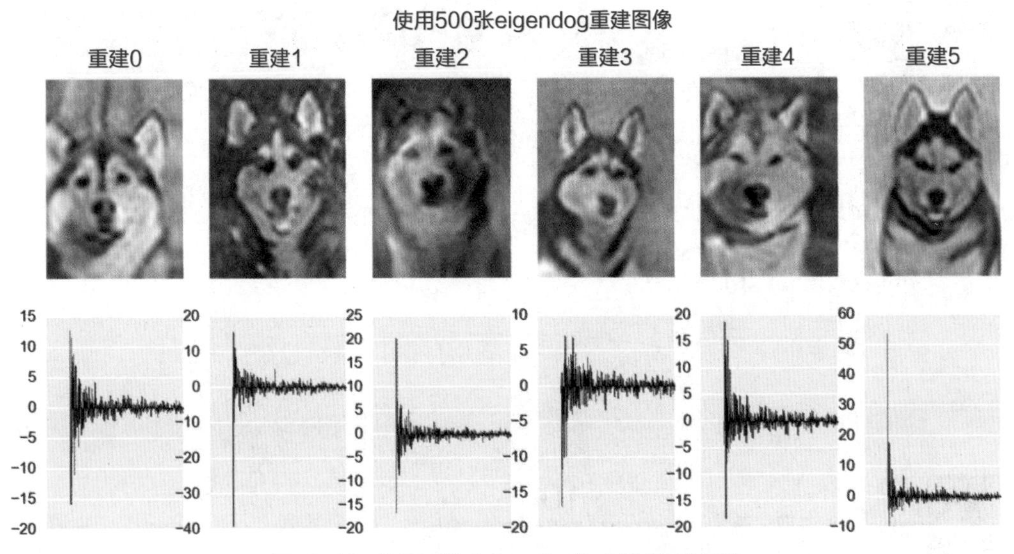


图10-46：从500张“eigendog”中重建原始图像

这些重建的图像看起来非常棒。虽然还不完美，但我们很容易辨认出它们就是图10-42中的6张标准化图像。这些图像是将不同数量的500张共享图像按照不同的权重组合而成的，这说明在匹配原始图像方面做得很好。前6张图片是如此，如果我们查看全部的4000张图像中的任何一张，它们看起来都是如此。随着我们继续增加“eigendog”的数量，结果会继续改善，图像越来越清晰，噪声也越来越小。

在每个权重图中，获得最大权重的“eigendog”图像是最开始时得到的那张。当我们沿着列表往后看时，每张新的“eigendog”的权重通常比之前的略低，因此它对整体结果的贡献较小。

PCA在这里的价值并不是重建原始数据集的图像，而是支持使用“eigendog”的表示方式来减少深度学习系统需要处理的数据量，如图10-47所示。一组原始图像进入PCA，生成了一组“eigendog”。然后，我们想分类每只狗的图像并再次进入PCA，得到该图像的权重。这些是输入分类器的参数。

正如我们前面提到的，可以只使用图像的100或500个权重来训练分类器，而不是使用每个图像的所有像素来训练分类器。分类器并不会去学习100万像素的完整图像，甚至不会去学习“eigendog”。它只学习了每个图像的权重列表，这就是在训练过程中用于分析和预测的数据。当我们想对一张新图像进行分类时，也只是提供它的权重，分类器会返回给我们一个类别。这可以节省大量计算，从而节省时间，并可以提高最终结果的质量。

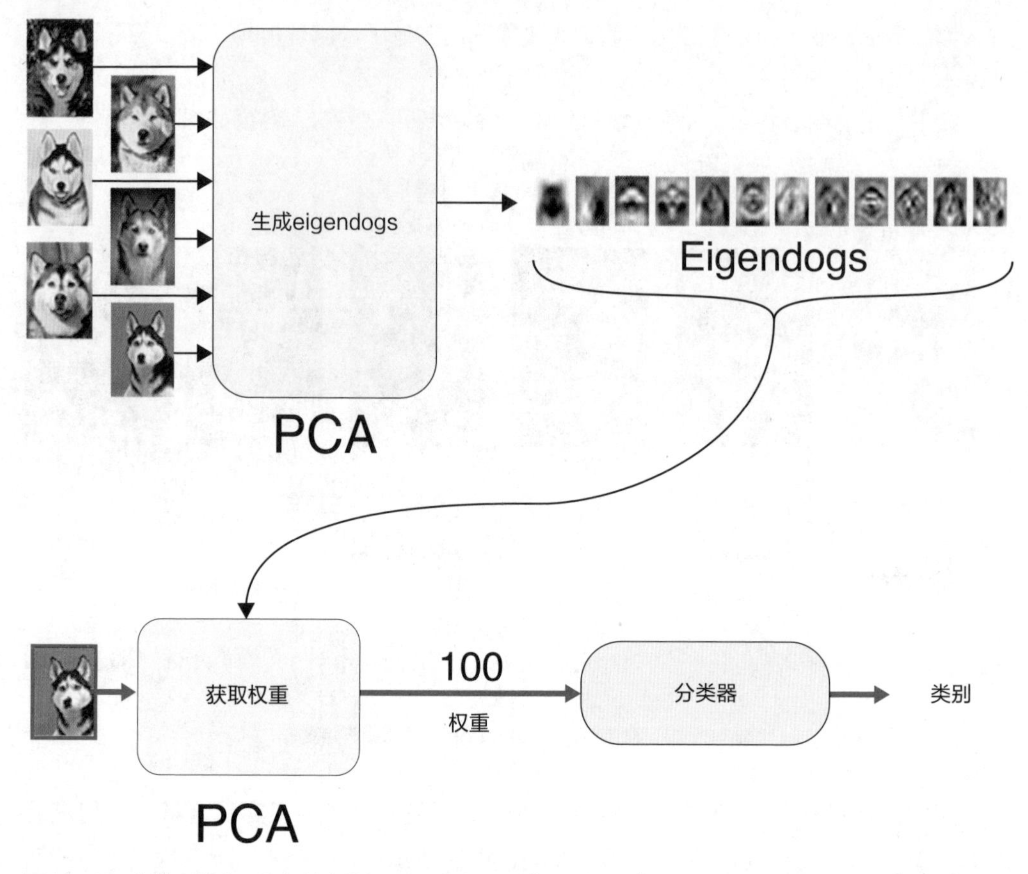


图10-47：在第一行中，我们首先使用PCA构建一组“eigendog”，然后在下一行中，找到分类器的每个输入的权重，分类器仅使用这些权重来查找输入的类别

总之，我们交给分类器的数据并不是每个输入图像，而是它的权重。然后分类器根据这些权重计算出结果是哪个类别。通常，我们只需要几百个权重就可以表示具有数千甚至数百万个特征的输入样本。

## 10.11 本章总结

在本章中，我们研究了数据预处理的方法。在使用数据进行训练之前检查数据并确保其整洁是很重要的，只要数据是整洁的，我们就可以通过多种方式对其进行转换，以更好地适应算法。这些转换仅根据训练数据构建。重要的是，必须对提供给算法的每一个新样本进行与训练数据相同的转换过程，不管是验证数据、测试数据或是用户提供的真实数据都是这样。

在下一章中，我们将深入研究分类器，并研究这项工作中一些最主要的算法。

# 第11章

# 分类器

本章将介绍4种重要的分类算法，它们是建立在第7章中的分类基础知识上。我们经常使用这些算法来研究和理解数据。在某些情况下，我们甚至可以直接根据它们建立最终的分类系统。在其他情况下，我们可以利用从这些方法中获得的思路来设计深度学习分类器，并在之后的章节中介绍。

我们将继续使用二维数据来介绍分类器算法，并且只使用两个类别，因为这很容易绘制和理解，但现代分类器能够处理任何维度（或特征）和包含大量类别的数据。现在的函数库只需几行代码就可以将这些算法用于数据。

## 11.1 常见分类器

在介绍具体的算法之前，把分类器分成两种主要的方法：有参算法和无参算法。

有参算法通常需要预先对数据进行学习，然后寻找最佳的分类参数。例如，如果我们认为数据遵循是正态分布，就可以寻找用于拟合它的平均值和标准差。

无参算法则是让数据引领方向，因为只有对数据进行了分析之后，才能找出一些方法来表示不同的类别。例如，我们可能会查看所有数据，并试图找到一个将其划分为两个或更多类的边界。

实际上，这两种方法更具概念性而非严格性。例如，可以说，简单地选择一种特定的学习算法意味着我们已经对数据做出了假设。也可以说，必须通过分析数据来了解数据本身。这些都是正确的理解，我们将基于它们来进行后续的讨论。

首先，从两个无参分类器开始介绍。

## 11.2 k-最近邻算法

从一个无参算法开始，该算法被称为k-最近邻（kNN）。开头的字母k代表的不是一个单词缩写，而是一个数字，我们可以为其选择任何大于或等于1的整数。因为我们需要在算法运行之前确定这个值，所以它是一个超参数。

在第7章中，介绍了一种称为k-均值聚类的算法（k-means）。尽管名称相似，但该算法和k-最近邻算法是不同的技术。最关键的区别是k-均值聚类算法聚类学习的是未标记的数据，而k-最近邻算法则是学习有标记的数据。换句话说，k-均值聚类和k-最近邻分别属于无监督学习和有监督学习。

k-最近邻的训练速度很快，因为它的训练过程只是将每个传入样本保存下来。关键部分是在训练完成后，一个新的样本到传入后的分类步骤。我们将k-最近邻对新样本进行分类的核心思想用图形的方式展现了出来，如图11-1所示。

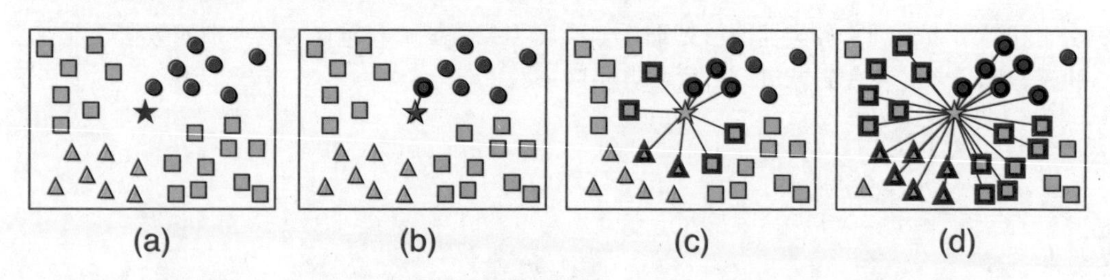


图11-1：为了对一个显示为星形的新样本的类，找到它最近的k个“邻居”

在图11-1(a)中，一个新样本点（用星形表示）位于包含三个类（圆圈、正方形和三角形）的一组数据样本中。为了确定新样本的类别，查看与其最近的k个样本（邻居），并对它们的类别进行统计，统计数量最多的类别将会成为新样本的类别。算法为新样本分配的类别取决于与其直线距离最近的k个样本的类别。在图11-1(b)中，将k设置为1，这意味着我们希望使用与其最近样本的类别。在这种情况下，最近的是一个红色的圆圈，所以这个新样本被分类为一个圆圈。在图11-1(c)中，将k设置为9，因此我们查看与其最近的9个样本。在这里找到了3个圆圈、4个正方形和2个三角形。因为正方形的数量比任何其他类别都多，所以新样本将被归类为正方形。在图11-1(d)中，将k设置为25，现在我们有6个圆圈、13个正方形和6个三角形，所以新样本再次被归类为正方形。

综上所述，k-最近邻接受一个新样本进行评估时，同时需要接受一个k值。然后，它将会找到与新样本最接近的k个样本，并将为新样本分配k个最近样本中具有最大代表数的类别。在处理特殊情况时可能会使用一些额外的方法，但这是k-最近邻最基本的思想。

需要注意的是，k-最近邻不会在数据样本之间创建显式边界，这里也没有样本所属区域的概念。k-最近邻是一种按需算法，因为它在训练阶段不处理样本。在训练时，k-最近邻只需将样本存储在其内部即可。

因为使用k-最近邻算法很简单，而且训练的速度非常快，所以很有吸引力。但是，k-最近邻可能需要占用大量内存，因为它保存了所有输入样本，使用大量内存可能会影响算法的速度。另一个问题是搜索k个最近邻居带来的计算成本，这导致了新点的分类通常很慢（与将介绍的其他算法相比）。每次想对一条新数据进行分类时，我们都必须找到它的k个最近的邻居，这需要大量计算。当然，有很多方法可以增强算法以加快速度，但它仍然是一种相对缓慢的分类方法。k-最近邻分类所需的时间对于实时系统或网站等对分类速度要求很高的应用程序来说，可能并不友好。

k-最近邻算法的另一个问题是，它依赖于样本附近有很多邻居（毕竟，如果最近的邻居都离得很远，那么它们就不能很好地代表其他样本）。这意味着我们需要大量地训练数据。如果我们有很多特征（也就是说，数据有很多维度），那么k-最近邻很快就会陷入维度诅咒。在第7章中讨论过这一点，随着空间维度的增加，如果我们不显著增加训练样本的数量，那么任何局部邻域中的样本数量都会下降，这使得k-最近邻更难获得附近的点。

接下来对k-最近邻进行一些测试。图11-2中，展示了一个由二维数据构成的“微笑”数据集，该数据集分为两类，分别为蓝色和橙色。在这张图和后面的类似图中，数据都是由点组成的。由于点很难被观察，所以我们在每个点周围画一个实心圆圈作为视觉辅助。

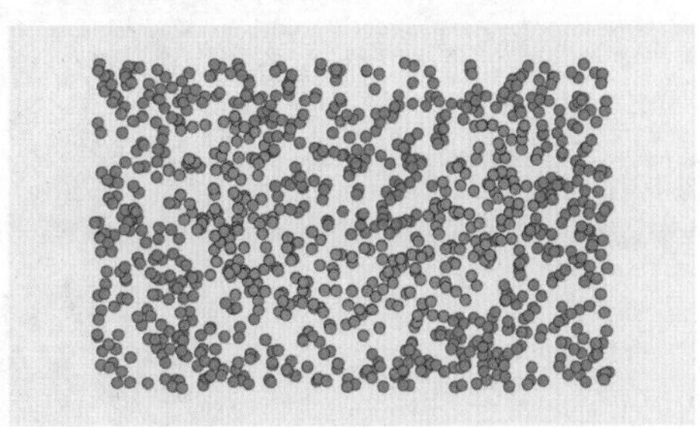

图11-2：二维的“微笑”数据集。有两个类别，蓝色和橙色

使用不同k值的k-最近邻对每个店进行分类，结果如图11-3所示。

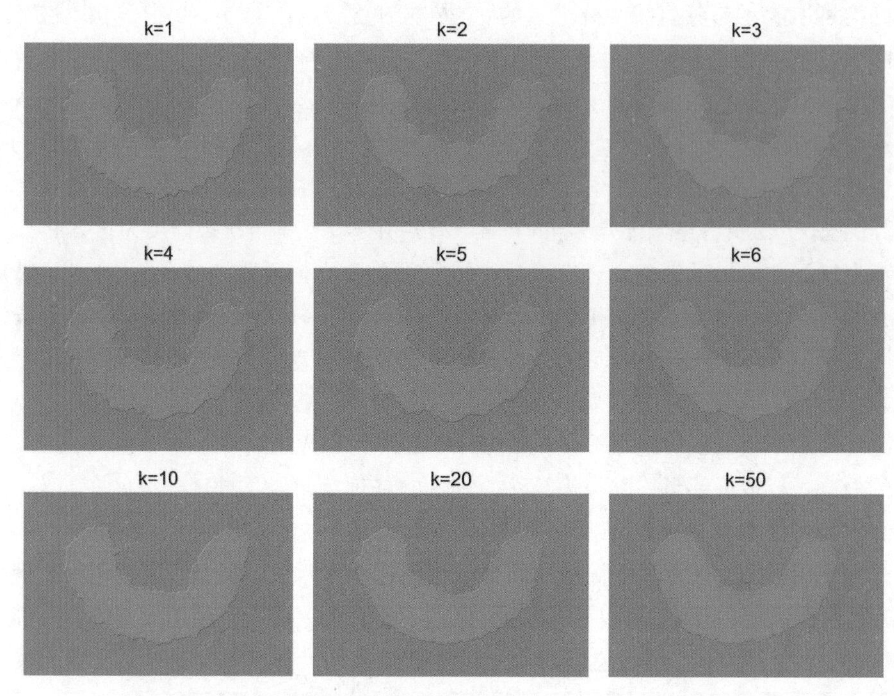


图11-3：k-最近邻算法使用不同的k值对矩形中的每个点进行分类的结果

尽管k-最近邻不会产生明确的分类边界，但我们可以看到，当k很小时，算法只将样本点与较少的邻居进行比较，所有样本点会被分割成具有粗糙的边界的区域。随着k越来越大，使用了更多的邻居进行比较，类别的边界会变得平滑，因为我们对新样本周围的环境有了更好的整体了解。

为了进一步测试k-最近邻，我们给数据添加一些噪声，这样边缘就不那么容易被找到了。图11-4显示了图11-2添加噪声后数据。

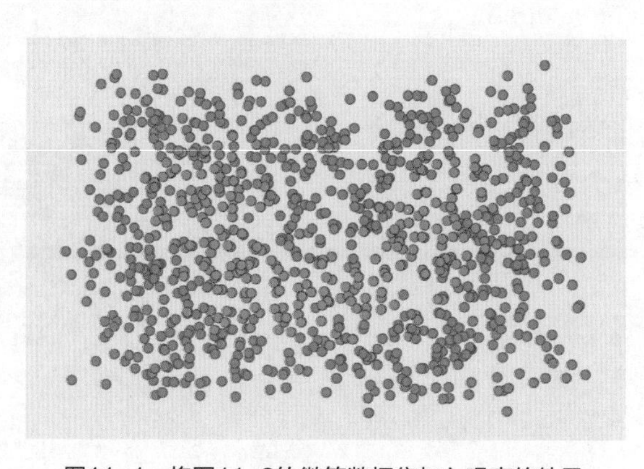

图11-4：将图11-2的微笑数据集加入噪声的结果

对应不同k值的分类结果如图11-5所示。

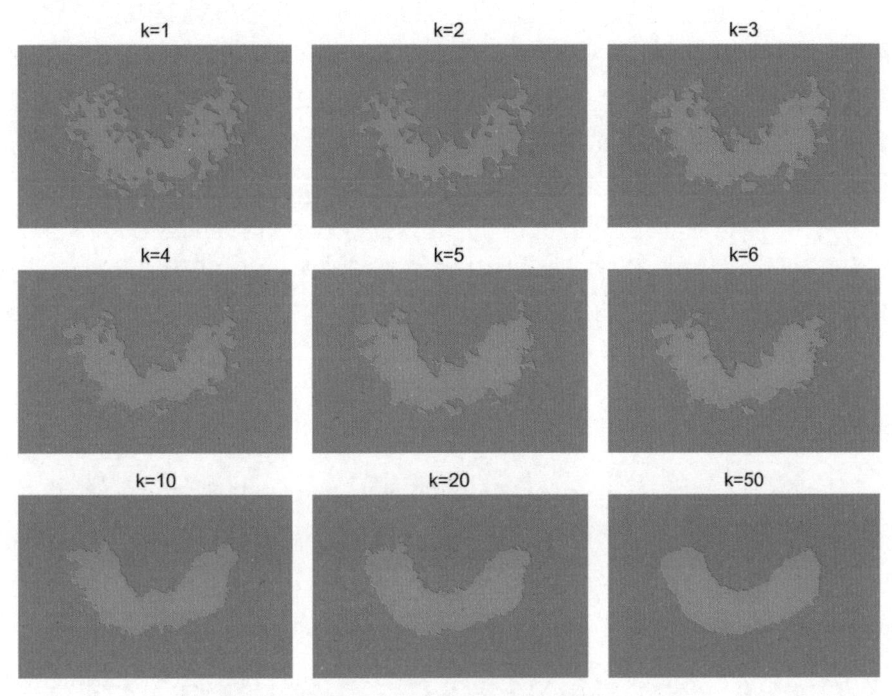


图11-5：使用k-最近邻给平面上的点指定一个类

由图11-5可见，在存在噪声的情况下，较小的k值会导致边界更加不规则。在这个例子中，我们必须将k设置为50，才能看到相对平滑的边界。另外，随着k的增加，微笑形状会收缩，因为边界处会被更多的背景点侵蚀。

因为k-最近邻不显示表示类之间的边界，所以它可以处理任何类型的边界或任何类的分布。为了看到这一点，我们在微笑数据中添加一些眼睛，创建同一类的三个不相连的集合。产生的噪声数据如图11-6所示。

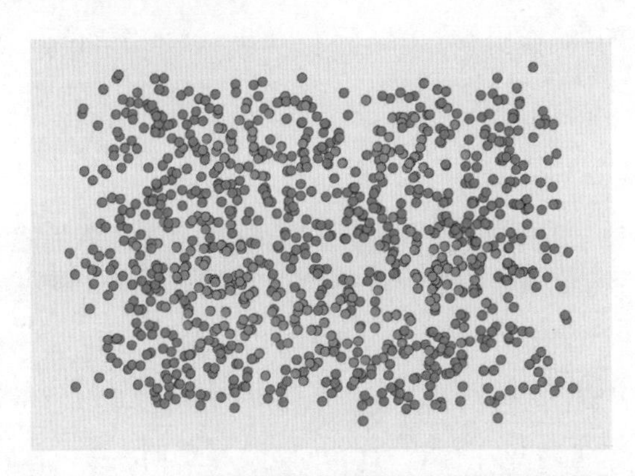

图11-6：由一个微笑和两只眼睛组成的带噪声的数据集

基于不同k值的分类结果如图11-7所示。

在该例子中，k的值约为20时看起来效果最好。k值太小会产生过于粗糙的边缘和嘈杂的结果，但k值太大会开始侵蚀特征。正如通常的情况一样，为任何给定的数据集找到最佳超参数都是一个反复实验的过程。我们可以使用交叉验证来对每个结果的质量进行自动评分，这在有很多维度的情况下特别有用。

k-最近邻是一个很好的无参算法。它很容易理解和实现，而且当数据集不太大时，训练非常快，新数据的分类也不会太慢。但是当数据集变大时，k-最近邻就不那么吸引人了。因为每个样本都需要存储，所以内存需求会增加，其次，因为搜索量变得更多，所以分类变得更慢。多数无参算法都存在这些问题。

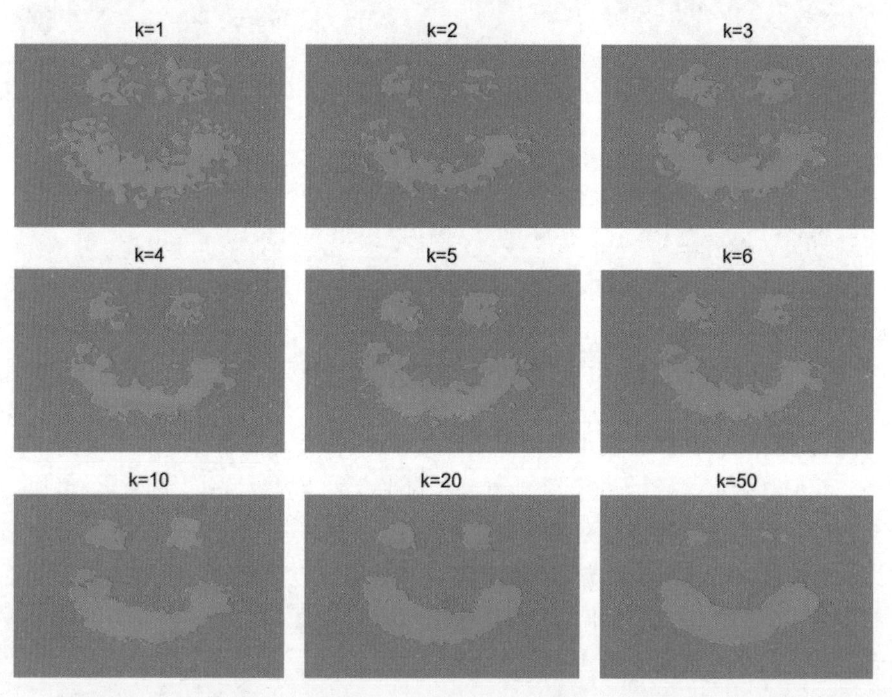


图11-7：k-最近邻不会在样本簇之间创建边界，所以即使当一个类被分成不连续的多部分时，它也能工作

# 11.3 决策树

接下来介绍另一种无参分类方法，被称为决策树。该算法根据样本集中的点建立数据结构，然后用于对新点进行分类。接下来先介绍决策树的结构，然后再介绍如何构建它。

## 11.3.1 决策树概览

我们可以用一个常见的室内游戏“20个问题”来说明决策树背后的基本思想。在这个游戏中，一个玩家（出题者）会想到一个特定的目标对象，通常是一个人、一个地方或一件事。然后，另一个玩家（猜测者）会问一系列答案为“是”或“否”的问题。如果猜测者能够在20个或更少的问题内正确猜出目标对象，他就获胜。这个游戏经久不衰的一个原因是，用如此少量的简单问题（也许令人惊讶的是，通过20个答案为“是”或“否”问题，我们可以区分100多万个不同的目标）将大量可能的人、地点和事物缩小到一个特定的例子。

我们可以用图形的形式绘制一个典型的20个问题游戏，如图11-8所示。

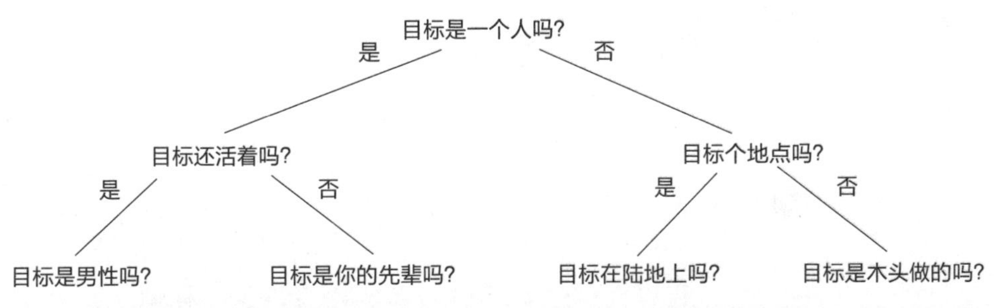


图11-8：20个问题的结构树。请注意，在每个问题之后都有两个选择，一个是“是”一个是“否”

我们将图11-8这样的结构称为树，因为它看起来像一棵倒置的树。树结构有一系列相关的术语，值得我们去了解。树中的每个分裂点都是一个节点，连接节点的每条线都是一条链路、边或分支。按照树的类比，顶部的节点是根节点，底部的节点是叶子节点或末端节点。根节点和叶子节点之间的节点称为内部节点或决策节点。

如果一棵树的左右形状完全对称，就称它是平衡树，否则它就是不平衡的树。在实践中，几乎所有的树在开始时都是不平衡的，但如果系统需要，可以通过算法使它们更接近平衡。每个节点都有一个深度值，这个数字表示从该节点到达根节点需要经过的最小节点数。根节点的深度为0，其正下方的节点的深度为1，依此类推。

图11-9显示了带有标签的树。

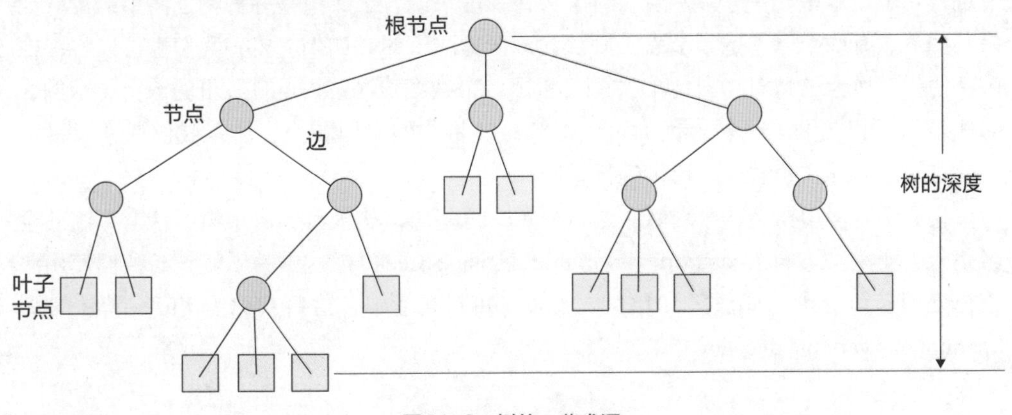


图11-9：树的一些术语

树结构中使用与家族相关的术语也是很常见的，尽管这些抽象的树不需要两个节点共同生成子节点。每个节点（除了根节点）上面都只有一个节点，我们称之为该节点的父节点。父节点正下方的节点是其子节点。我们有时会区分直接连接到父节点的直属子节点和与直属子节点深度相同但通过一系列其他节点连接到父级的远程子节点。如果我们把注意力集中在一个特定的节点上，那么这个节点及其所有子节点就被称为子树。共享同一直接父节点的节点称为同级节点。

图11-10用图形显示了其中的一些思想。

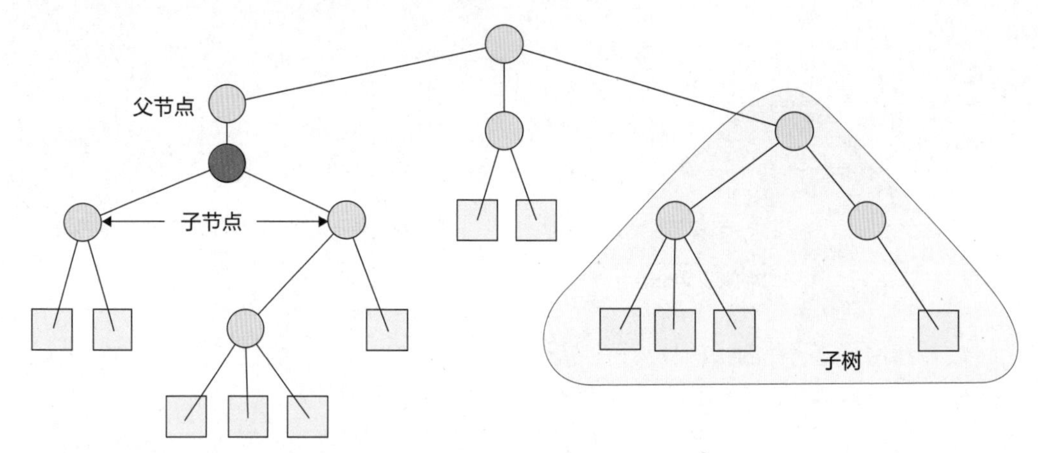


图11-10：对树结构使用家族相关的术语。绿色节点的父节点在其上方，子节点在其下方

理解这些词汇后，我们再回到20个问题的游戏中。

## 11.3.2 决策树构建

图11-8所示的20个问题树的一个有趣的特性是它是二叉树，每个父节点都有两个子节点，一个表示是，一个表示否。对于一些算法来说，二叉树是一种特别简单的树。如果某些节点有两个以上的子节点，则认为该树是浓密的。如果需要，我们也可以将一棵浓密的树转换为二叉树。图11-11左侧显示了一个试图猜测某人生日月份的浓密树示例，右侧显示了相应的二叉树。因为可以很容易地将它们来回转换，所以我们通常以最清晰、最简洁的形式绘制二叉树来进行讨论。

我们可以使用树结构来对数据进行分类，这些树结构被称为决策树，这个算法的全名是分类变量决策树（categorical variable decision trees）。这是为了将其与我们使用决策树处理连续变量的算法区分开来，比如在回归问题中，这些被称为连续变量决策树（continuous variable decision trees）。

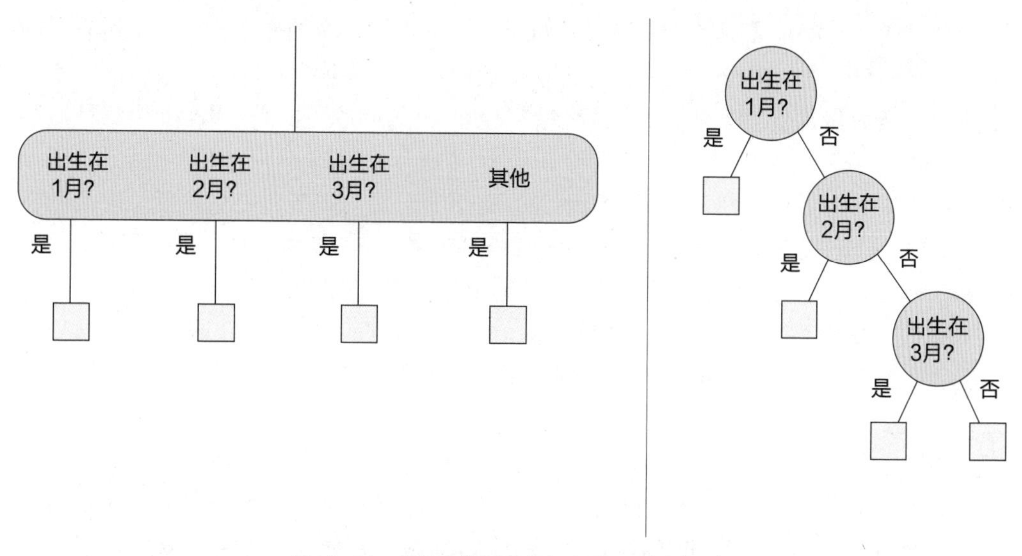


图11-11：将浓密的树（左）变成二叉树（右）

继续当前的分类任务。为了简单，从现在开始，我们将把算法称为决策树，或者简称为树。这种树的例子如图11-12所示。

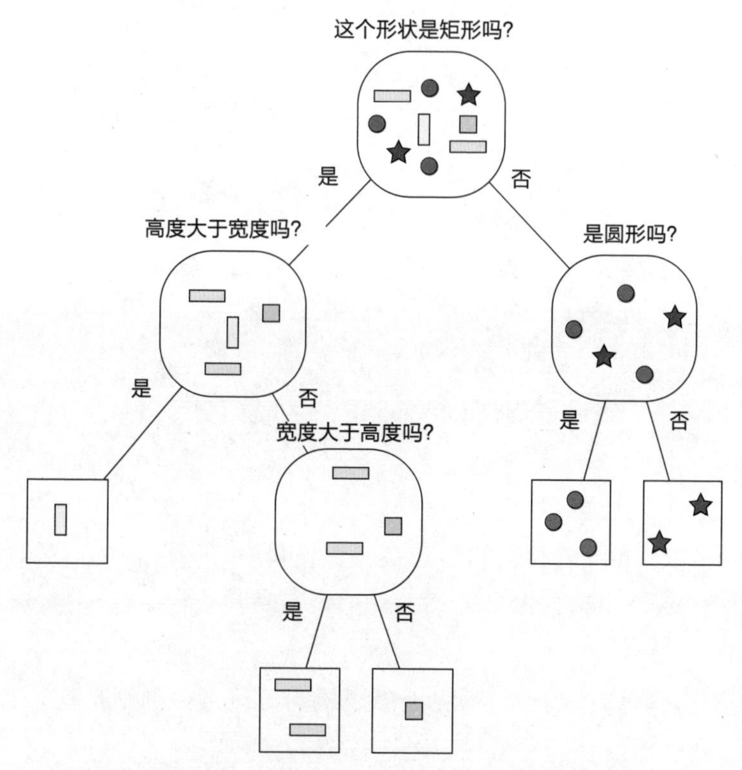


图11-12：分类决策树。每个类都用不同的形状和颜色表示

在图11-12中，我们从根节点开始，根节点包含不同类别的样本，可以通过它们的形状（和颜色）进行区分。为了构建树，我们使用某种决策问题将每个节点的样本分成两组，从而做出决策。例如，在根节点应用的决策问题可能是："这个形状是矩形吗？"对左边子节点的决策问题可能会是："高度大于宽度吗？"我们很快就会看到如何进行决策。这个例子的目标是不断地拆分每个节点，直到节点中只剩下一个类的样本。这时，我们就声明该节点是一个叶子节点，并停止分裂。在图11-12中，我们将起始数据划分为五个类。记住在每个节点上应用的决策问题是至关重要的。现在，当一个新的样本来临，我们可以从根节点开始，应用根节点的决策问题，然后应用对应子节点的决策问题，以此类推。当最终到达一个叶子节点时，我们就确定了该样本所属的类。

决策树一开始并不是健全的。我们基于训练集中的样本来构建决策树时，当在训练过程中到达一个叶子节点时，需要尝试新的训练样本是否与该叶子节点中的所有其他样本具有相同的类。如果是这样，我们将样本添加到叶子节点中，就完成了。否则，我们会根据一些特征调整决策标准（决策问题），以便区分节点中当前样本和以前的样本。然后我们使用这个决策标准来继续拆分节点。提出的决策标准将与节点一起保存，此时我们将至少创建两个子节点，并将每个样本分配给适当的子节点，如图11-13所示。

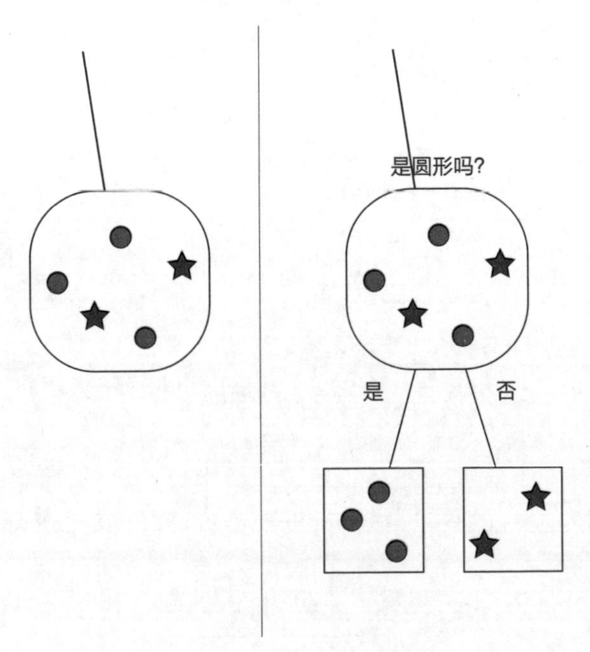


图11-13：在一个新的循环样本到来后拆分一个节点

当完成训练后，评估新样本的过程很容易。我们只需要从根节点开始，沿着树往下走，根据每个节点对该样本特征的决策，在每个节点上遵循适当的决策分支。当到达一个叶子节点时，我们会判定该样本属于该叶子节点对应的类别。

这是一个理想化的过程。在实践中，如果出于效率或内存的原因，我们选择不再拆分一些叶子节点，那么决策可能是不完美的，并且叶子节点可能包含了不同类的对象。例如，如果在一个叶子节点中包含80%的样本来自a类和20%的样本来自b类，我们可能会得出新样本有80%的概率属于a类，20%的概率属于b类。如果只需要一个类，我们将控制80%的概率选择a类，其他20%的概率选择b类。

制作决策树的过程一次只处理一个样本。在这种技术的普通版本中，我们不会同时考虑整个训练集，而是试图找到可以对样本进行分类的最小或最平衡的树。一次考虑一个样本，并根据需要拆分树中的节点来处理该样本。然后，我们对下一个样本做同样的事情，以此类推，在不考虑任何其他数据的情况下做出决定。这有利于进行有效的训练。

该算法仅根据之前看到的数据和当前正在处理的数据做出决策。它并没有试图根据迄今为止所看到的情况来规划或制定未来策略。我们称之为贪婪算法，因为它专注于最大化即时、短期收益。

决策树在实践中有时比其他分类器更受欢迎，因为它得出的结果是可解释的。当算法为样本分配一个类别时，我们不必解释一些复杂的数学或算法过程。相反，我们可以通过识别过程中的每一个决策节点来充分解释最终结果。这在现实生活中也许很重要。

例如，假设我们在银行申请贷款，但被拒绝了。当我们询问原因时，银行可以向我们展示沿途进行的每一次决策。这个算法的工作机制是透明的，请注意，这并不意味着它们是公平或合理的。该银行可能提出了对一个或多个社会群体有偏见的决策标准，或者取决于似乎无关紧要的标准。仅仅因为他们能够解释自己做出决策的原因并不能使过程或结果令人满意。古时候的立法者似乎都更喜欢强制执行透明度的法律，因为这很容易解释。而做到公平性则困难得多。透明性固然很好，但这并不意味着一个系统的结果符合我们的期望。

决策树有时会做出错误的决定，因为它们特别容易过拟合。下面再来看看其中的原因。

### 11.3.3 过拟合树

下面通过几个例子来讨论树构建过程中的过拟合。

图11-14中的数据显示了一组清晰分离的数据，表示两个类。大致遵循这种几何形状的数据集通常被称为双月数据集，可能是因为半圆让人想起了月亮。

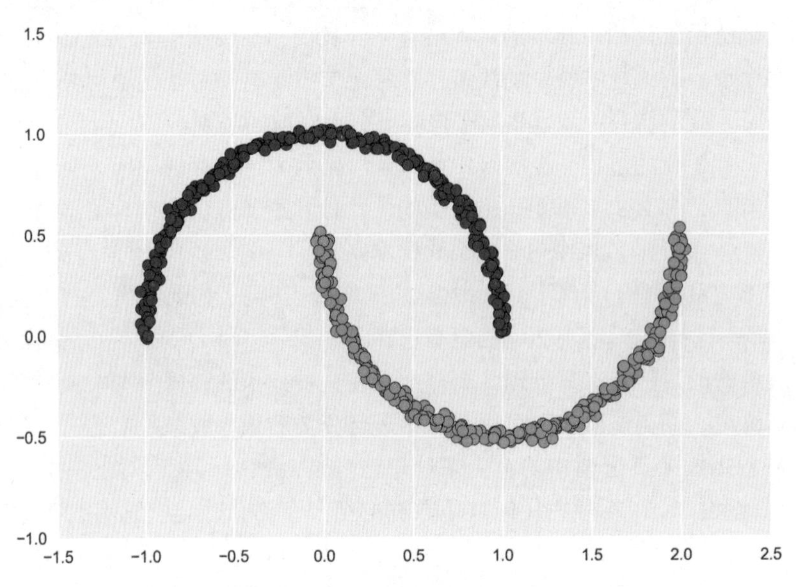


图11-14：构建决策树的600个起始数据点，排列成双月结构。这些二维点代表两个类别，分别用蓝色和橙色来表示

构建树的每一步都可能涉及到拆分叶子节点，用一个决策节点和两个叶子节点替换它，从而使树的内部节点和叶子节点都增加一个。我们经常通过叶子节点的数量来判断树的规模。

图11-15显示了为这些数据构建决策树的过程。

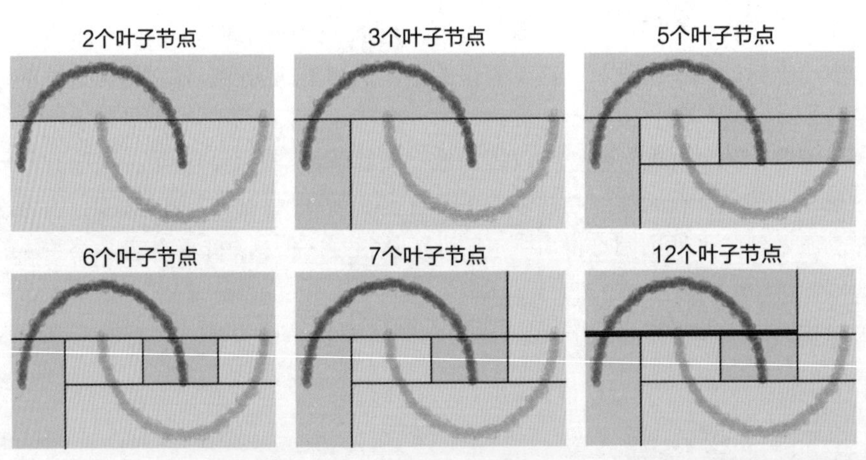


图11-15：为图11-14中的数据构建决策树。请注意，树从大块开始，逐渐细化为更小、更精确的区域

在图11-15中，我们在每个图像上叠加显示了数据集，仅供参考。在本例中，每个节点都对应于一个矩形区域。树仅以一个根节点开始（在此不显示它），根节点对应于覆盖整个区域的外框。随后，训练过程接收了橙色曲线顶部附近的一个橙色点。这不在

蓝色类中，所以用水平切口将根节点切分成两个框，如图11-15左上角所示。下一个进入训练的点是蓝色曲线左侧附近的一个点。它落在了橙色的框里，所以我们把橙色框垂直切成两个框，现在总共有三个叶子节点，如第一行中间的图所示。图中的其余部分显示了随着更多样本的到来而进化的树。

此处需要注意，区域是如何随着树的生长而逐渐细化以响应更多的训练数据。

这棵树只需要12个叶子节点就可以正确地对每个训练样本进行分类。最终的树和原始数据一起，效果如图11-16所示。这棵树非常适合该数据。

图11-16中有两个水平的薄矩形，它们包含了两个橙色样本，并设法使区域处于了蓝色点的间隔之中（样本是每个圆心的点）。这就是过拟合，因为任何落入这些矩形的新样本都将被归类为橙色，尽管它们几乎完全处于蓝色区域。

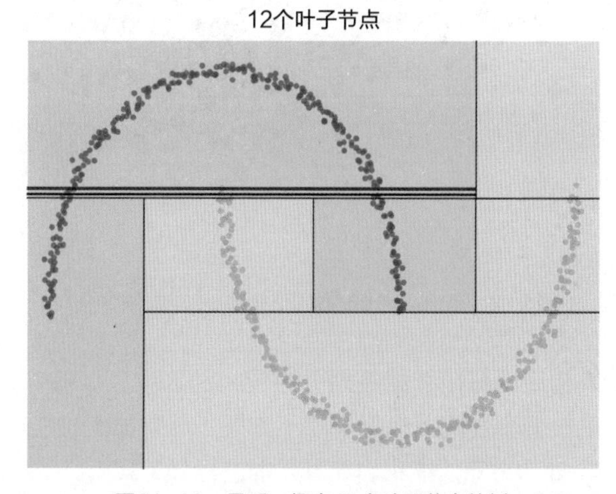


图11-16：最后一棵有12个叶子节点的树

因为决策树对每个输入样本都非常敏感，所以它们有严重的过拟合趋势。事实上，决策树几乎总是会出现过拟合，因为每个训练样本都会影响树的结构。我们可以参照图11-17了解这一点。我们运行了两次与图11-16相同的算法，但在每种情况下，都使用了70%不同的、随机选择的输入数据。

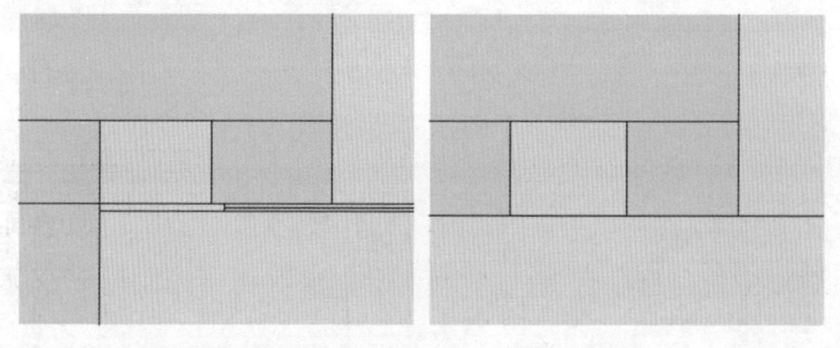

图11-17：决策树对它们的输入非常敏感。左图是从图11-14中随机选择了70%的样本，并训练了一棵树。右图是相同的过程，也是随机选择70%的样本来训练的结果

这两个决策树是相似的，但绝对不相同。当数据不那么容易分离时，决策树过拟合的趋势会更加明显。现在让我们来看一个例子。

图11-18显示了另一对双月数据集，但这一次我们在分配它们的类别后，给样本添加了很多噪声。这两个类不再有一个明显的边界了。

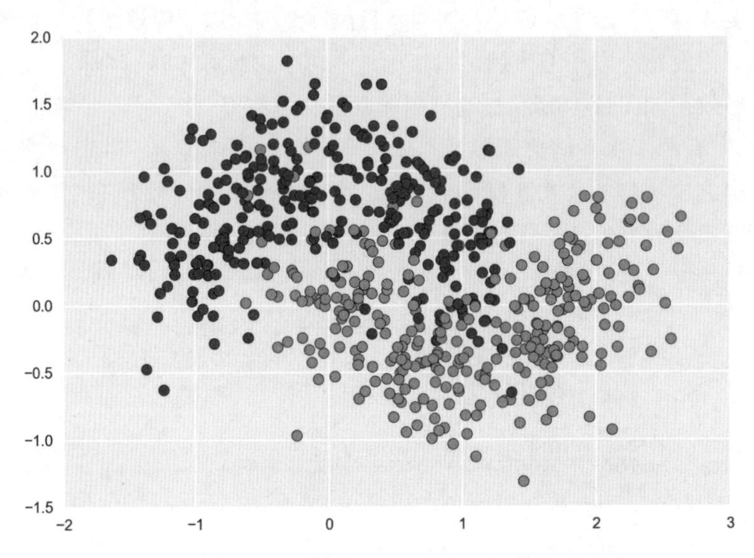


图11-18：构建决策树的600个样本，包含噪声的集合

使用这个数据集构建的树刚开始是划分为较大的区域，但随着算法分割节点以匹配有噪声的数据，很快就会变成一组复杂的小方框，结果如图11-19所示。在这种情况下，决策树需要100个叶子节点才能正确地对样本进行分类。

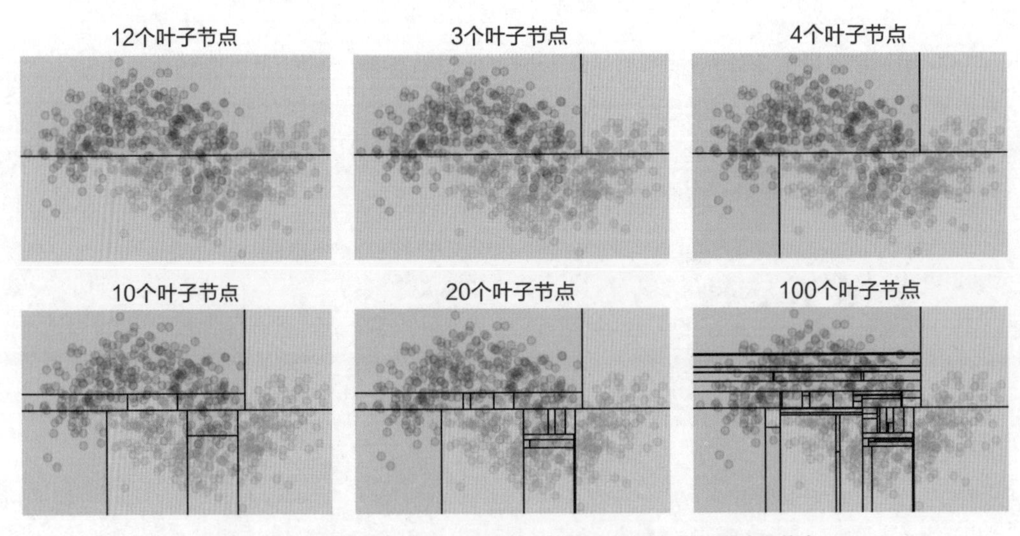


图11-19：树的建立过程。请注意，第二行使用了大量的叶子节点

图11-20显示了最后建立的树和原始数据的分布。

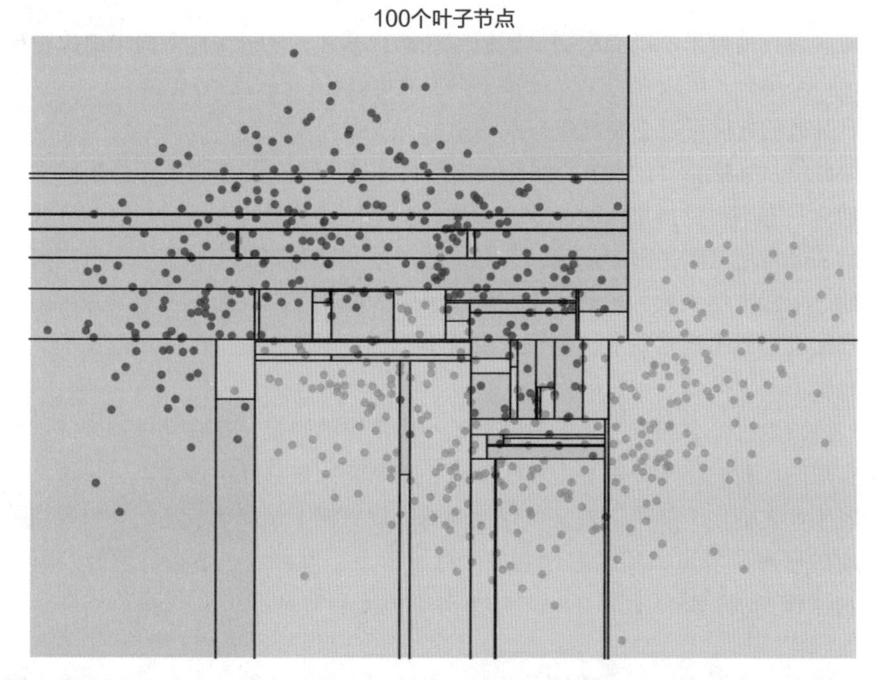


图11-20：使用包含噪声的数据构建一棵有100个叶子节点的树。注意有很多小方框被用来到处捕捉一些奇怪的样本

这里有很多过拟合的地方。尽管我们预计右下角的大多数样本是橙色的，左上角的大部分样本是蓝色的，但是基于这个特定的数据集，这个树已经拟合出了很多异常数据。未来落入这些小框的样本很可能会被错误分类。

下面重复使用图11-18中的随机70%的数据来构建决策树，结果如图11-21所示。

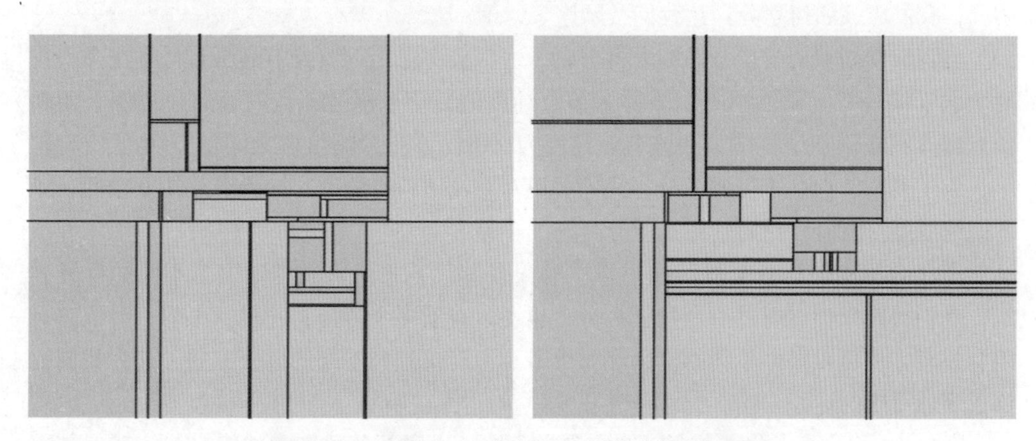

图11-21：用图11-18中随机70%的样本构建的2棵树

得到的结果有相似之处，但这些树有很大的不同，包括很多小框，它们只是为了对少数样本进行分类，这就是过拟合的影响。

尽管这对决策树来说可能很糟糕，但是在第12章中，通过将许多简单的决策树组合成一组或一个集合，可以创建不受过拟合影响的更健壮、高效的分类器。

还有其他的方法可以控制过拟合。

正如在图11-15和图11-19中的那样，决策树训练的最初几步往往会产生较大的、一般的形状。只有当树变得很深时，才会得到一些小框，这些小框是过拟合的症状。减少过拟合的一个常用策略是限制深度，在树构建时限制它的深度。如果一个节点离根节点的步数超过了限定的步数，我们就直接将其声明为叶子节点，而不再对其进行拆分。另一种策略是设置最小样本要求，这样就永远不会拆分样本数量少于一定数量的节点，无论它们包含了多少类。

另一种减少过拟合的方法是通过剪枝缩小决策树的规模，这是通过移除或修剪叶子节点来实现的。我们将审查每一个叶子节点，并判断如果移除了该节点，决策结果的总误差会发生什么变化。如果误差是可以接受的，就从树中移除该节点；如果我们移除了一个节点的所有子节点，那么它就变成了叶子节点，可以进一步进行剪枝判断。剪枝可以使决策树变浅，这还提供了额外的好处，就是可以使我们在对新数据进行分类时更快。

深度限制、设置每个节点的最小样本要求和剪枝都简化了树，但由于它们以不同的方式进行，通常会给我们带来不同的结果。

### 11.3.4　拆分节点

在结束决策树的讨论之前，先回想节点拆分的过程，许多机器学习库为我们提供了拆分算法的选择。当我们考虑一个节点时，有两个问题需要问：第一，它需要拆分吗？第二，我们应该如何划分？让我们按顺序来讨论。

当我们判断一个节点是否需要拆分时，通常会考虑给定节点中的所有样本在多大程度上属于同一类。我们用一个被称为节点纯度的数字来描述节点内容的一致性。如果所有样本都在同一个类中，则该节点纯度为100%。其他类别的样品越多，纯度值就越小。为了判断节点是否需要拆分，我们可以对照阈值检查纯度。如果节点纯度较低，或者说纯度低于阈值，我们就将其拆分。

现在介绍如何拆分节点。如果样本有很多特征，我们可以尝试很多不同的拆分方式。我们可以只尝试通过一个特征拆分，也可以查看多个特征，并对其中的一些值进行组合处理，也可以根据不同的特征在每个节点上自由选择不同的拆分方式。这为我们提供了多种可能的拆分方式。

图11-22显示了一个节点，该节点包含不同大小和颜色的圆圈的组合。让我们试着

在一个子节点上得到所有的红色圆圈，在另一个子节点中得到所有的蓝色圆圈。当我们只看数据面积时（通常是新数据拆分时的第一步），红圈似乎是最大的。让我们尝试使用基于每个圆的半径进行拆分。图11-22显示了使用三个不同的半径值对圆进行拆分的结果。

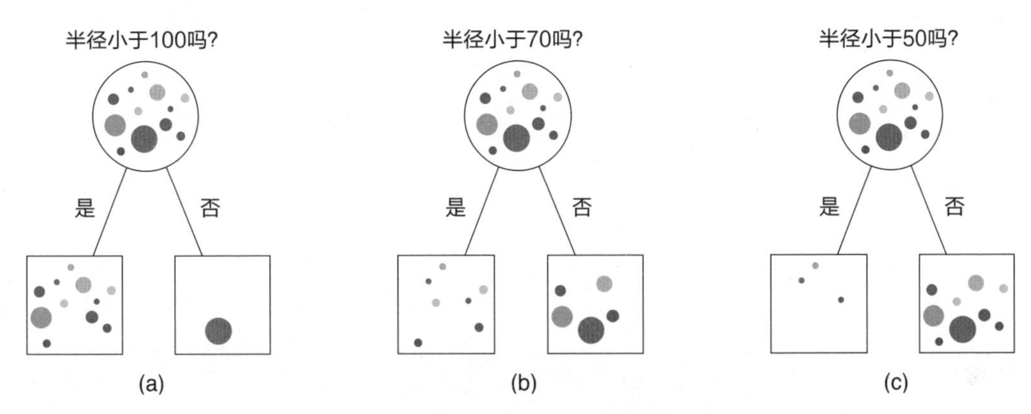


图11–22：根据节点内圆半径的不同值拆分节点

在本例中，半径值为70会产生节点纯度最高的结果，所有蓝色对象都在一个子对象中，所有红色对象都在另一个子对象中。使用这个拆分方式时，我们将同时记录正在拆分的特征（半径）和拆分的值（70）。

由于我们可能会根据样本的任意特征来拆分节点，因此需要一些方法来评估拆分结果，以便选择最佳拆分方案。下面介绍评估这些结果的两种常见方法。

在第6章中熵是一种复杂性的衡量标准，或者说需要多少比特来传递一些信息。信息增益（IG）评估通过将节点的熵与每个候选拆分方式产生的子节点的熵进行比较得出结果。

为了评估一项测试，信息增益将该测试产生的所有新的子节点的熵相加，并将该结果与父节点中的熵进行比较。一个节点纯度越高，其熵就越低，所以如果一次拆分得到了纯度较高的子节点，它们的熵之和就小于它们的父节点。在尝试了多种拆分节点的方式后，我们选择了熵减少最大（或信息增益最大）的拆分方案即可。

另一种常用的评估拆分的方法是基尼系数（Gini impurity）。该技术所使用的数学方法旨在最大限度地降低样本错误分类的概率。例如，假设一个叶子节点包含10个a类样本和90个b类样本，如果一个新样本被分配到了这个叶子节点上，而我们判断它属于b类，那么我们有10%的概率是错的。基尼系数将测量多个候选拆分中每个叶子节点上的这些误差。然后选择错误分类概率最小的拆分方式。

一些函数库提供了更多评估标准来对不同拆分方式的质量进行评分。与许多其他选择一样，我们通常会尝试一些拆分方式，并选择最适合数据的选项。

# 11.4 支持向量机

下面我们来介绍有参算法：支持向量机（SVM）。我们将继续使用二维数据和2个类别进行图示（VanderPlas 2016），但与大多数机器学习算法一样，这个算法很容易应用于任何维度和任意数量类别的数据。

## 11.4.1 基础算法

首先，从两个点簇开始，每个点簇对应一个类别，如图11-23所示。

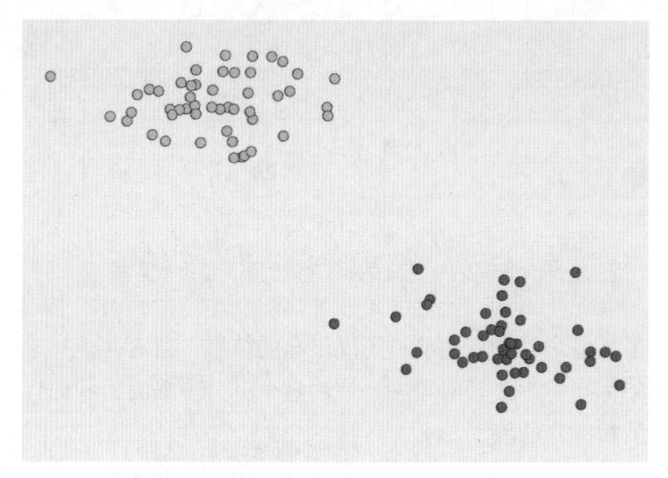

图11-23：初始数据集由两组二维样本点组成

我们想在两个点簇之间找到一个边界，为了简单，使用一条直线作为边界。但直线如何确定？存在许多直线可以将这个点簇分开。三条候选直线如图11-24所示。

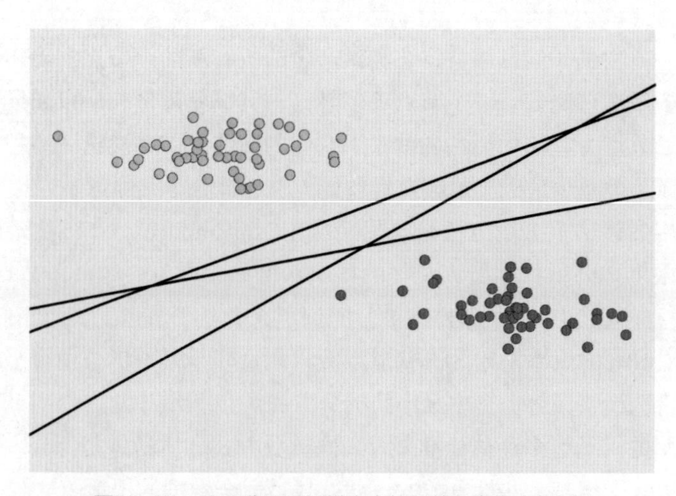

图11-24：用于分开两组样本点的无数条直线中的3条

我们应该选择哪条线作为分类边界呢？这个问题的一种思路是考虑可能出现的新数据。一般来说，我们希望将任何新样本分类到其最接近的样本类别中。

为了评估边界线在多大程度上实现了这一目标，计算它距离任意类中最近样本的距离。我们可以用这个距离来绘制一个围绕这条线的对称边界。图11-25显示了对这几条直线的评估过程。

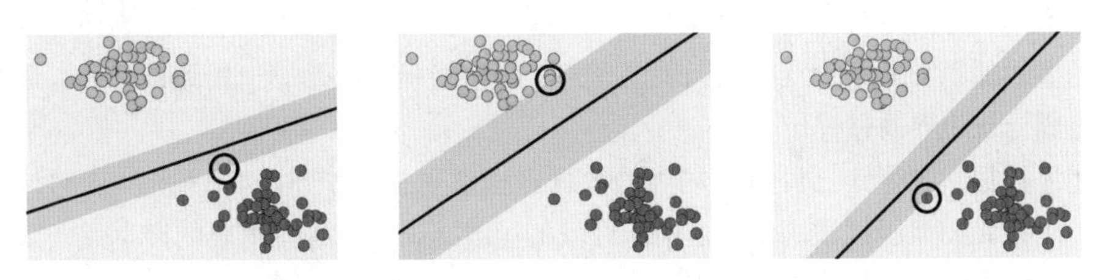

图11-25：可以通过找到每条线到最近的数据点的距离来给每条线计算一个评估结果

在图11-25中，我们在离直线最近的样本周围绘制一个圆圈。在左图中，一些更接近右下角点簇的新样本将被错误地分类到左上角的点簇中。右图中也会出现同样的情况。中间图中的线相对来说要好得多，但它更偏向于右下角的点簇。因为我们希望每个新样本都能够被分配到最接近的样本类，所以边界线要能够正好穿过两个点簇的中间。

有一种算法可以帮助我们找到这条边界线，它就是支持向量机（support vector machine），简称SVM（史坦华斯 2008）。在这里，单词support可以被认为是“最近的”，vector可以理解为“样本”，machine是“算法”的同义语。支持向量机可以得到两个点簇中最近的点距离最远的边界线。因此，支持向量是最接近的样本，支持向量机是寻找它们的算法。

通过支持向量机计算，在图11-23中的两个点簇的最佳边界线，如图11-26所示。

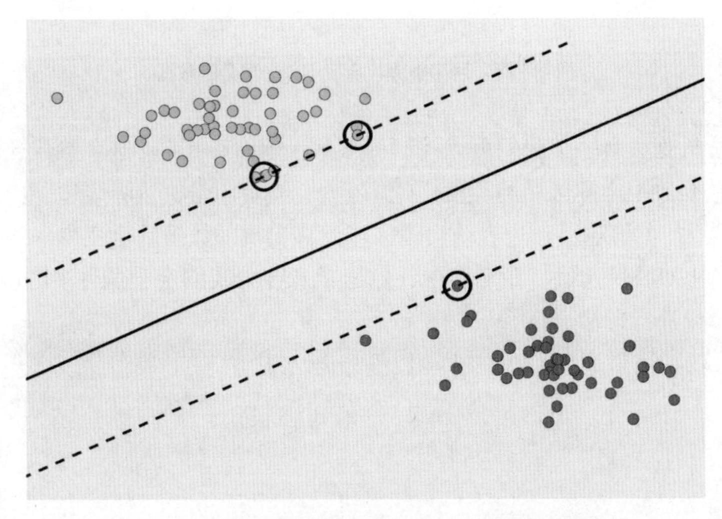

图11-26：支持向量机算法找到与所有样本距离最大的线

下面介绍支持向量机是如何找到这条线的。

在图11-26中，被圈出的样本是距离边界线最近的样本或支持向量。该算法的首要任务是定位这些圈出的点，一旦找到它们，算法就会在它们的中间附近找到直线。在分隔两组点的所有直线中，选择距离每组中每个样本最远的直线，因为它与支持向量的距离最大。图11-26中的虚线，就像支持向量周围的圆圈一样，只是视觉辅助，让我们更清楚地看到支持向量机找到的边界线是尽可能远离所有样本的直线。从直线到通过支持向量的虚线的距离称为边距。我们可以理解支持向量机算法是通过找到具有最大边距的线来完成寻找边界的过程。

如果数据包含噪声，并且不同类的数据点出现重叠，如图11-27所示。这时该怎么办呢？现在我们无法创建一条穿过中间区域的边界线，通过这些重叠的样本点簇如何找到最佳边界？

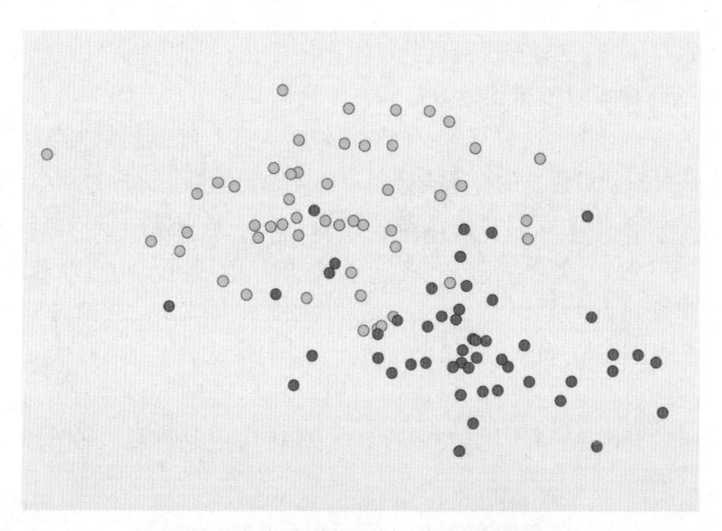

图11-27：两个类簇包含了一部分重叠的数据

支持向量机算法有一个我们可以控制的参数，通常称作C。这个参数控制算法允许数据存在于直线边距之间区域的程度。C值越大，支持向量机边界线边距内允许出现的数据就越多越大；C值越小，边界线边距区域允许出现的数据就会变少。我们通常会使用试错法来寻找C的最佳值。在实践中，这通常意味着我们会尝试许多C值，并通过交叉验证对其结果进行评估。

图11-28显示了C值为100,000的重叠数据分类结果。

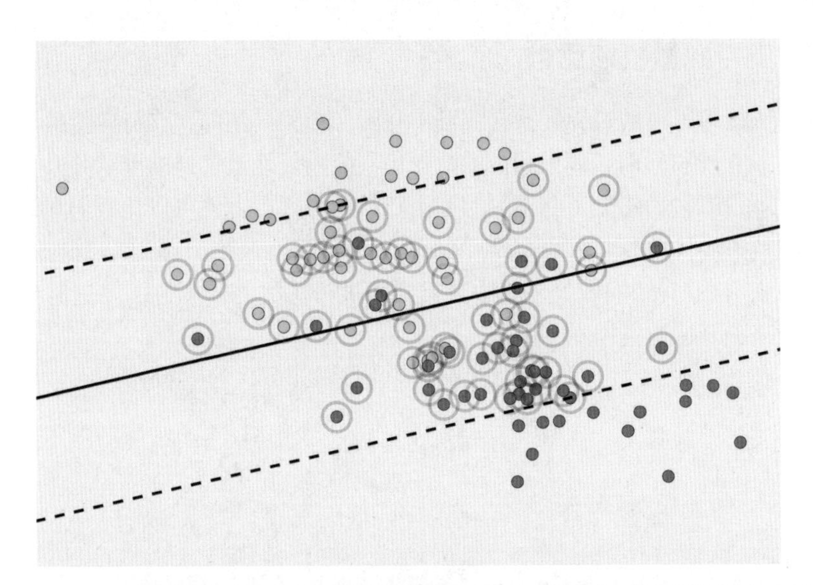

图11-28：C值代表了支持向量机对侵入线边距区域的点有多敏感。这里C值是100,000

把C值降到0.01时，这让更少的点进入了线周围的边距区域，如图11-29所示。

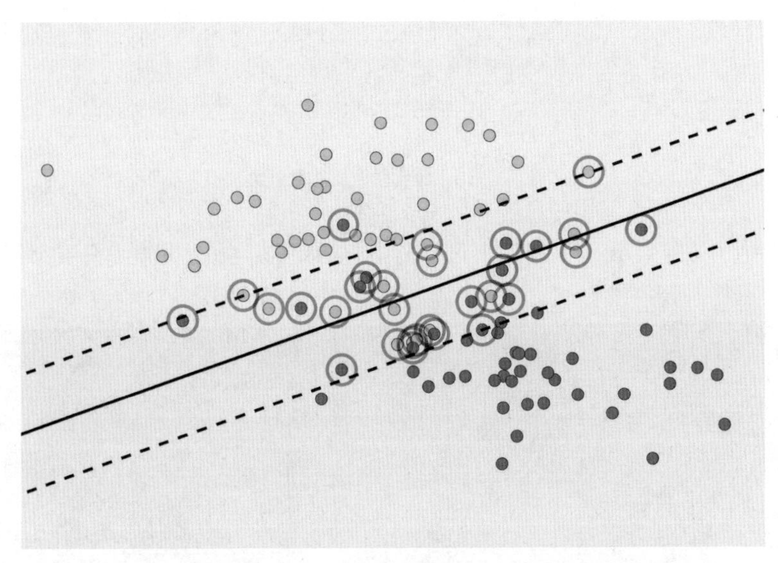

图11-29：与图11-28相比，将C值降低到0.01可以减少边距内的点数

图11-28和图11-29中的线条不同。应该使用哪一条取决于我们想要从分类器中得到什么。如果我们认为最佳边界来自点重叠区域附近的细节，那么需要一个小的C值，这样只看边界附近的点。如果我们认为这两个点集合的总体形状是该边界的更好描述符，那么就需要C的值越大，包括更多的那些更远的点。

## 11.4.2 支持向量机核函数

有参算法能够得出的边界形状与算法本身密切相关，例如，支持向量机只能得出线性边界，比如直线和平面。如果我们的数据集不能明显地被这样的形状分开，那么支持向量机似乎就没有多大用处了。不过有一个巧妙的方式，也许可以让我们在这种情况下使用一个线性边界代替有弯曲的边界进行分类。

假设我们有图11-30的数据，其中一类样本被另一类的样本包围。这时我们无法使用一条直线来分开这两类样本。

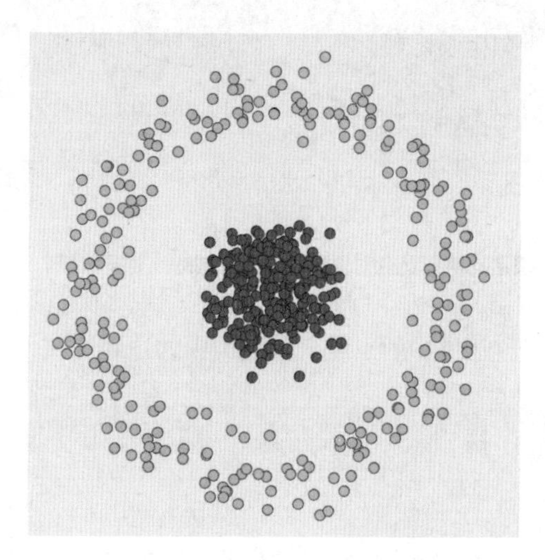

图11-30：包含两个类的数据集

巧妙的地方来了，我们根据每个点与图中心的距离，把数据集提升一个维度，从而暂时将每个点提升到三维空间。图11-31显示了这个过程。

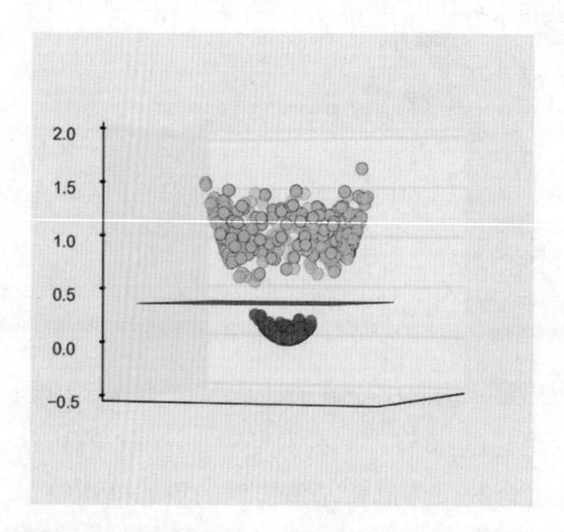


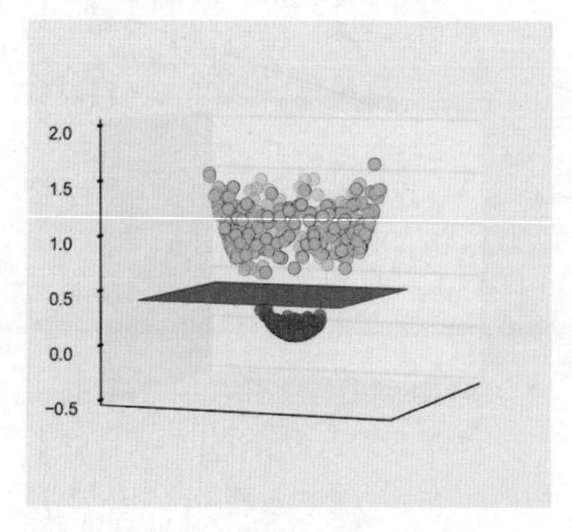


图11-31：如果将图11-30中的每个点向上提升一个基于它与粉色数据点中心的距离的量，就会得到两个不同的点簇

图11-31在两个点簇之间绘制一个平面（直线的二维版本）。事实上，我们可以像以前一样使用支持向量和边距的概念来确定平面。图11-32突出显示了两组点之间平面的支持向量。

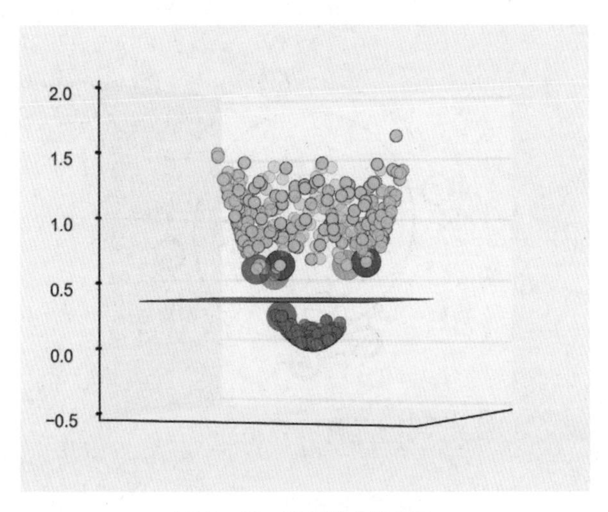


图11-32：平面的支持向量

现在，平面上方的所有点都可以归纳到一个类中，而下方的所有点也可以归纳到另一个类中。

将从图11-32中找到的支持向量显示在原始二维图中，俯视图效果如图11-33所示。

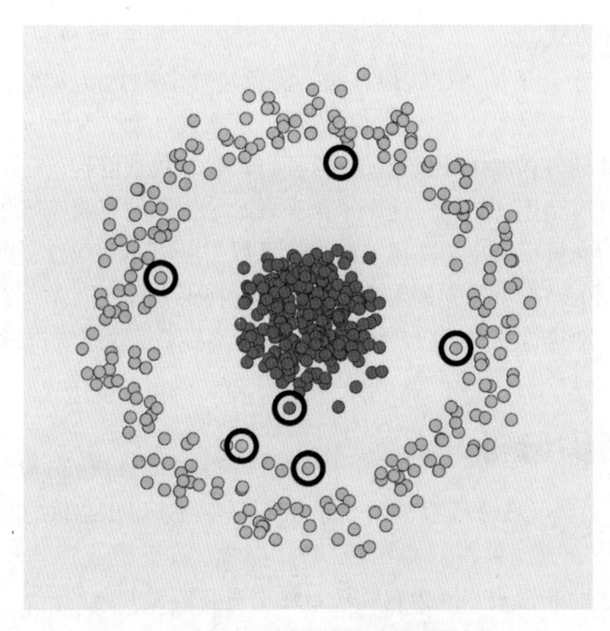

图11-33：图11-32的俯视图

将该边界在平面中展示，效果如图11-34所示。

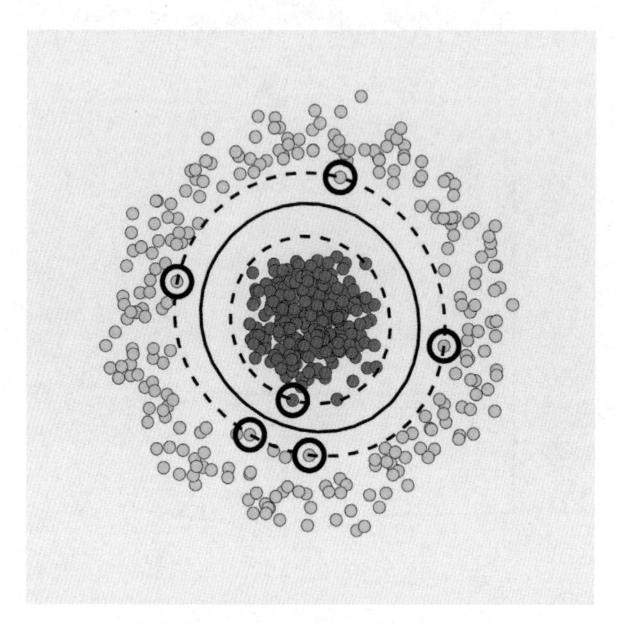

图11-34：图11-30中的数据，带有支持向量、显示边距的虚线和由平面创建的边界

在这种情况下，我们找到了正确的方法来处理这些数据，那就是观察数据形状，然后对数据进行升维转换，从而找到边界将其拆分。但是，当数据有很多维度时，我们可能无法直观地观察数据，所以无法确定转换方式。幸运的是，在实际场景中，我们不必人工寻找这些转换方式。

通常要找到一个合适的数据转换方法，需要进行多次尝试，然后从中选择最有效的。但多次尝试带来的巨大计算量使这种方法过于缓慢，无法实际应用。幸运的是，我们可以以一种巧妙的方式加快寻找速度。这种方式是个数学概念，它是支持向量机算法的核心。数学家有时会用“技巧”这个术语来表示一个特别有效或巧妙的想法。在这种情况下，优化支持向量机的数学技巧被称为核函数（毕晓普 2006）。核函数可以让算法在不进行实际尝试的情况下找到数据转换方法，这在很大程度上提升了效率。所有常用的函数库都包含自动执行的核函数，所以我们甚至不必手工执行（拉施卡 2015）。

## 11.5 朴素贝叶斯

下面介绍另一个有参分类器，它经常被用于需要快速得出结果的场景中，即使结果不是最准确的。

这个分类器速度非常快，因为它是从对数据进行假设开始的。它基于第4章中介绍的贝叶斯方法。

贝叶斯方法从先验或者我们的经验值开始。通常，当我们使用贝叶斯方法时，会通过评估新数据来改善先验，并且将得到的后验用作新的先验。但是，如果我们只使用先验，会得到什么呢？

朴素贝叶斯分类器就采用了这种方法，之所以被称为朴素，是因为我们对先验做出的假设并不是基于数据。也就是说，我们对数据进行了未经考虑的或朴素的描述。我们只是假设数据具有一定的结构，如果设想正确，那么就会得到好的结果。数据与假设的偏离越大，结果就会越糟糕。朴素贝叶斯之所以受欢迎，是因为这个假设通常可以被证明是正确的，或者几乎正确的。有趣的是，我们在计算中从不真正去检查假设是否合理，就好像我们确信它是对的一样。

在朴素贝叶斯常见的形式中，我们假设样本的每个特征都遵循高斯分布。第2章中著名的钟形曲线，它具有光滑、对称的形状，在中心有一个波峰，这是我们的先决条件。当我们查看所有样本中的某个特征时，只需尽可能地将其与高斯曲线相匹配。

如果这个特征真的遵循高斯分布，那么这个假设会产生很好的拟合。朴素贝叶斯的伟大之处在于，这个假设总是可以超预期地发挥作用。

使用满足先验的数据，看看它的实际效果。图11-35显示了通过从两个高斯分布创建的数据集。

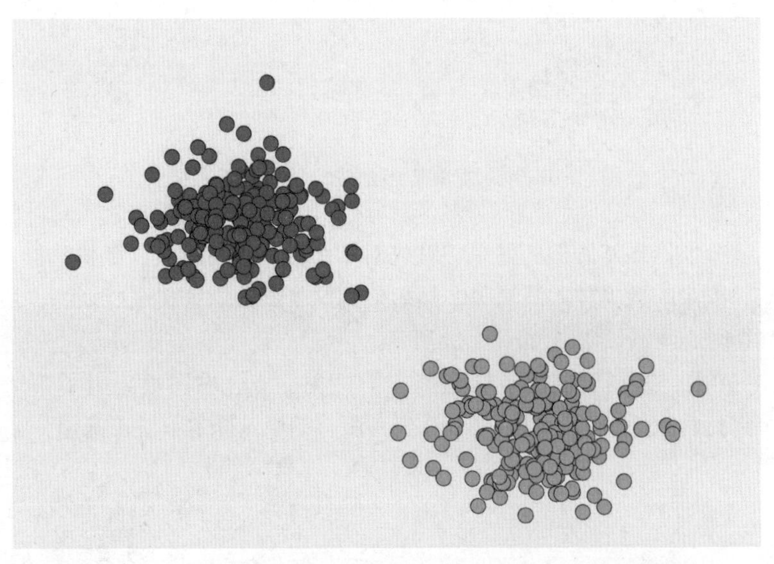

图11-35：用一二维数据训练朴素贝叶斯，包含两个类，红色类和蓝色类

当我们将这些数据提供给朴素贝叶斯分类器时，它假设每组特征都遵循高斯分布。也就是说，它假设红点的$x$坐标、$y$坐标都遵循高斯分布，并且它对蓝色点的$x$和$y$坐标进行了相同的假设。然后，它试图将最好的四个高斯分布拟合到数据中，在图11-36中创建了两个“山峰”。

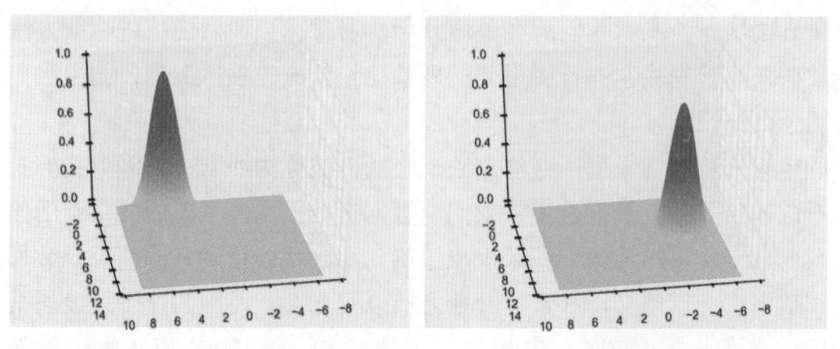


图11-36：朴素贝叶斯对每个类的*x*和*y*特征进行高斯拟合。左图表示红色类的高斯分布；右图表示蓝色类的高斯分布

将得到的高斯分布与原始数据点进行叠加，从上到下俯视，可见它们已经形成了非常接近的匹配，效果如图11-37所示。这并不奇怪，因为我们生成数据集的方式与朴素贝叶斯分类器所期望的分布完全相同。

图11-37：将数据集覆盖在图11-36的高斯分布上

为了了解分类器在实践中的效果，首先对训练数据进行拆分，随机选择70%的数据放入训练集，剩余的数据放入测试集。然后使用这个新的训练集进行训练，最后再次叠加得到的高斯分布与测试集，如图11-38所示。

在图11-38中，左图绘制出了所有属于第一类的点，右图绘制出了第二类的所有点，保持了它们的原始颜色。我们可以看到，所有的测试样本都被正确地分类了。

图11-38：测试数据为原始数据集排除了70%训练数据的结果

下面再介绍一个新的例子，它不满足样本的所有特征都遵循高斯分布的先验条件。图11-39显示了包含噪声的双月数据集。

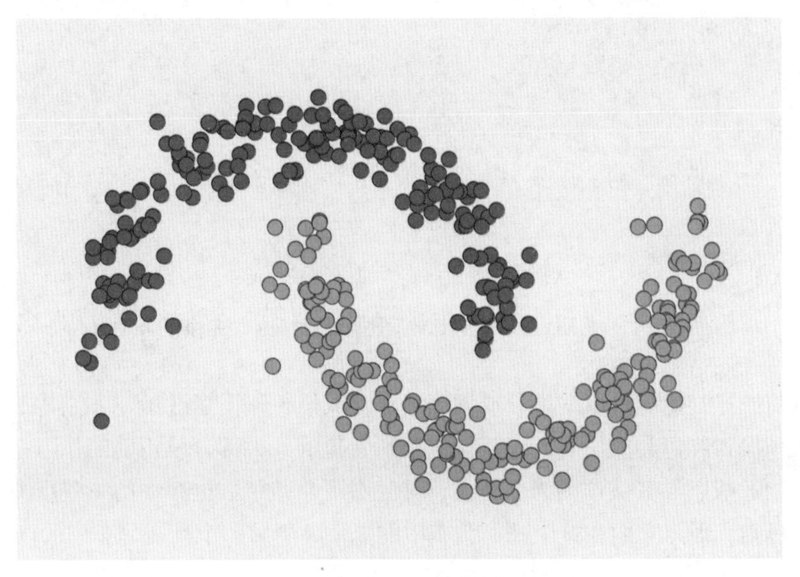

图11–39：包含噪声的双月数据集

当将这些样本交给朴素贝叶斯分类器时，它像往常一样假设红色*x*值、红色*y*值、蓝色*x*值和蓝色*y*值都遵循高斯分布。它尽可能找到了最好的高斯分布，如图11-40所示。

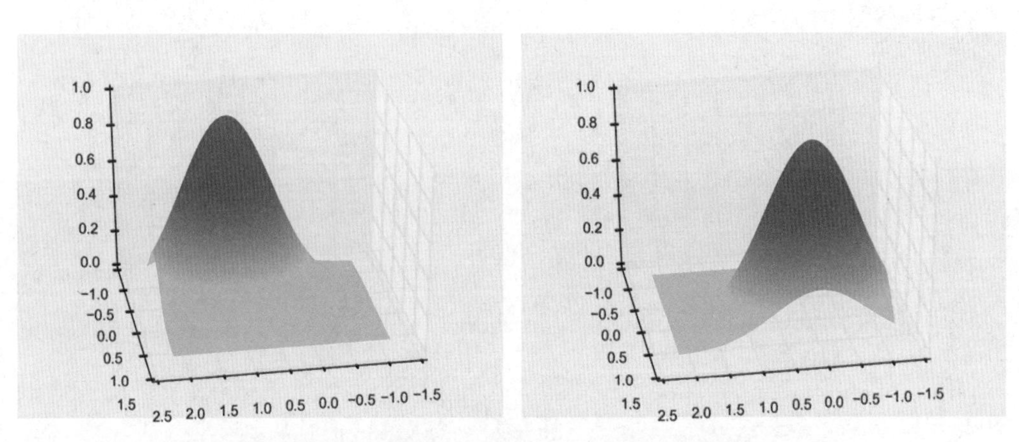


图11–40：根据图11–39的双月数据集拟合高斯分布

当然，这个拟合与数据并不匹配，因为它们不满足我们对先验的假设。从图11-41中可以看出，这个匹配并不是特别糟糕，但距离我们的期望还很远。

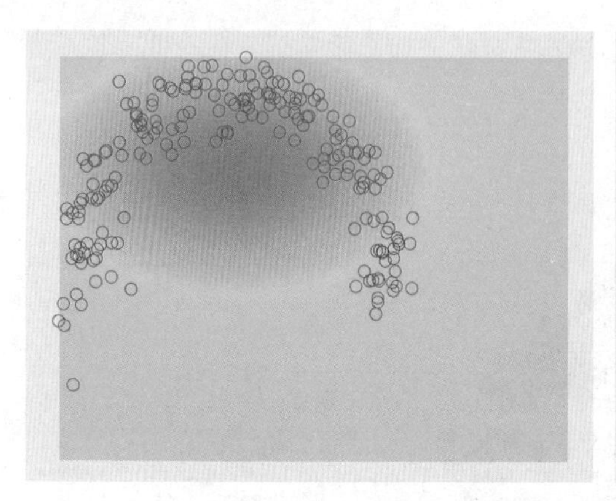
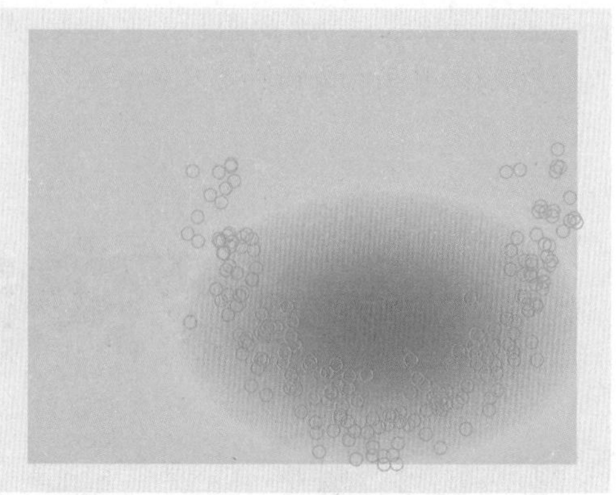

图11-41：将图11-39的训练数据叠加在图11-40的高斯分布图上

和以前一样，把双月数据集分成训练集和测试集，训练集占70%。在图11-42的左图中，算法预测为红色类的所有点。正如我们所希望的，大部分是正确的，但左上角红色数据集中的一些点没有被预测为红色类，并且右下角蓝色数据集中的一些点被错误地预测为了红色类，因为它们在这个高斯分布中的概率高于另一个高斯分布中的概率。

在图11-42的右图对于另一个高斯分布，情况正好相反。换句话说，算法对大多数点进行了正确的分类，但也对一些点进行了错误的分类。

我们不必对错误的分类结果感到太惊讶，因为数据没有遵循朴素贝叶斯所做的假设，令人惊讶的是朴素贝叶斯在这种情况下仍然表现得很好。一般来说，朴素贝叶斯通常在各种数据中都表现得很好，这可能是因为许多真实世界的数据都遵循高斯分布的原因。

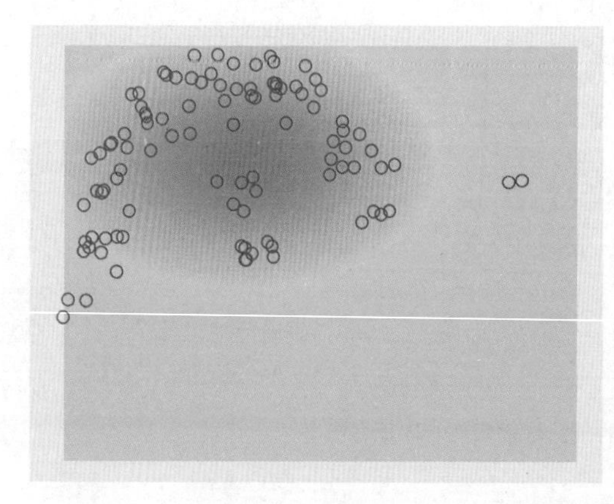
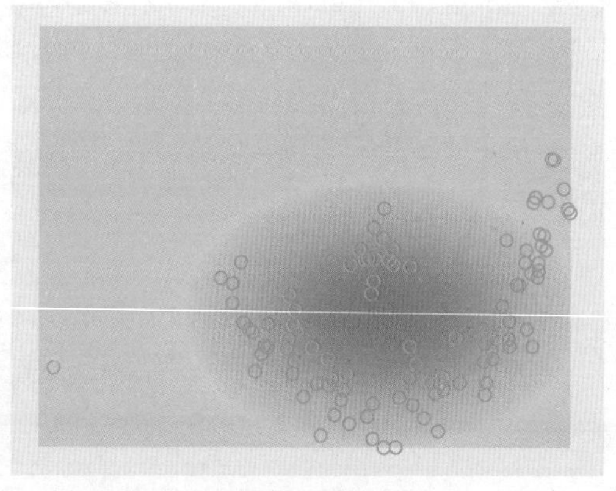

图11-42：根据图11-39中的数据训练的朴素贝叶斯分类器对测试数据的预测

因为朴素贝叶斯速度很快，所以当我们试图对数据进行分类时，经常会使用它。如果它表现得很好，我们就没有必要去考虑更复杂的算法了。

## 11.6 分类器的对比

目前介绍了四种常用的分类算法。大多数机器学习库都提供了这些算法，当然还有许多其他算法。下面介绍这四种分类器的优点和缺点。

k-最近邻方法非常灵活，它无须显式表示的边界，因此可以处理由训练数据中的样本形成的任何类型的复杂结构。k-最近邻的训练速度很快，因为它通常只需要保存每个训练样本。另一方面，它预测速度很慢，因为算法必须为我们想要分类的样本搜索最近的训练样本（有很多高效的方法可以加快搜索速度，但这仍然需要时间）。因为该算法节省了训练过程，所以可能会消耗大量内存。如果训练集规模大于可用内存，则操作系统通常需要在硬盘驱动器（或其他外部存储器）上保存数据，这可能会显著降低算法的速度。

决策树训练速度很快，而且预测速度也很快。它可以处理类之间细微的边界，尽管这可能需要更深的树。由于它们容易出现过拟合，对结果往往有不利的影响（通过收缩树来解决这个问题，这样就不会造成过拟合）。在实践中我们对决策树具有较强的吸引力，因为它易于解释。有时即使它的结果不如其他分类器精确，人们仍然会使用决策树，因为它的决策过程是透明的或易于理解的。需要注意的是，这并不意味着分类结果是公平的，甚至不意味着结果是正确的，仅仅因为它是人类可以理解的。

支持向量机是一种可以进行快速预测的有参算法。一旦训练完成，它就不会占用过多内存，因为它只存储样本区域之间的边界。支持向量机可以使用核函数来找到比线性边界（直线、平面和高维平面）复杂得多的分类边界。另一方面，训练时间将随着训练集规模的扩大而增加。支持向量机预测结果的准确率与参数C相关，参数C决定了边界的边距。我们可以使用交叉验证法来尝试不同的C值，并选出最好的一个。

朴素贝叶斯训练与预测速度都很快，并且其结果是可以解释的（尽管它们比决策树或k-最近邻结果抽象）。该方法不需要调整参数，如果我们需要处理的类本身就被很好地分离，那么朴素贝叶斯先验通常会产生较好的结果。当我们的数据遵循高斯分布时，该算法尤其有效，当数据具有许多特征时，它也能很好地工作，因为这些数据的分离方式往往是符合朴素贝叶斯的假设的（范德普拉斯 2016）。在实践中，我们经常在分析数据集的初期时使用朴素贝叶斯进行分类，因为它支持快速训练和预测，并且可以让我们对数据的结构有一些了解。如果预测质量很差，我们可以转向更复杂的分类器（即需要更多时间或内存的分类器）。

我们在这里介绍的算法在实践中经常被使用，尤其是分析数据的初期，因为它们通常很容易直接应用和可视化展示。

## 11.7 本章总结

本章中，介绍了两种类型的分类器。当分类器对要分类的数据结构上没有特殊要求时，它是非参数的。k-最近邻算法就是这样的一种，它可以根据与待分类样本最接近的样本为其分配一个类。决策树也是非参算法，它基于从训练数据中学习到的一系列决策逻辑来分类。

另一方面，有参分类器对数据的结构有一个期望。最基本的支持向量机只能寻找线性边界，如直线或平面，这些边界将训练数据分为不同的类。朴素贝叶斯分类器假设数据具有固定的分布，通常是高斯分布，然后尽力将该分布拟合到数据中的每个特征。

在下一章中，将介绍如何将多个类分类器组合在一起，以生成超出其单个算法性能的集成分类器。

# 第12章

# 集成学习

任何人都有可能会犯错误，算法同样如此。有时，我们相信算法得出了正确的答案，但有时也可能因为各种原因，对算法的结果有些怀疑。如何提高我们对算法结果的信任度？

这已经不是一个新问题了。20世纪60年代到70年代，阿波罗飞船依靠指挥舱中的一种计算机进行绕月飞行，依靠登月舱中的另一种计算机进行着陆。这些计算机的指令构成了飞船每一个动作的关键部分，因此宇航员信任它们的输出是至关重要的。这些计算机使用集成电路制造，这在当时是相对较新的。尽管宇航员们把自己的生命托付给了这些软件和硬件，但总是对结果有些怀疑。他们是如何防范可能导致任务失败甚至致命的错误或故障呢？

这些计算机的设计者用冗余的思想解决了这个问题。计算机中的每个电路板都被冗余制造了两份，所以共产生了三套副本。三个系统总是同步地运行，这种技术被称为“三模冗余”。每个计算机都采用相同的输入，并各自计算出独立的结果，最终的产出由多数票决定（塞鲁齐 2015）。这样，如果这三个系统中的任何一个受损，仍然可以得出正确的答案。

我们可以在机器学习中采纳并扩展这一理念。像阿波罗飞船的工程师一样，我们可以制作多个学习算法并同时使用它们。在机器学习中，一组相似的学习算法被称为一个算法集合。和阿波罗飞船上的计算机一样，集合的输出是其成员投票的结果。但不同于阿波罗飞船采用完全相同的软件和硬件，我们通常会在不同的数据上训练每个学习算法，使每个算法都不同。这可以保证一个学习算法犯的错误不太可能被其他算法以完全相同的方式重现。通过这种方式投票有助于剔除个别错误的结果。

第11章中介绍了决策树在训练时很容易过拟合，这可能导致系统发布后出现错误。本章将介绍如何将许多决策树组合成一个集合。组合的结果是一种集成算法，它享有决策树的简单性和透明度，但可以极大避免决策树的问题。让我们先简单讨论一下集成算法是如何得出最终结果的。

## 12.1 投票

有时对人类和计算机来说，做决定都是件很困难的事。在一些人类社会活动中，我们可以通过汇集许多人的意见来避免决策中的个人偏见。如公司财务决策由董事会做出，团队领导人由普选产生。在这些情况下，我们的策略是使用多个独立选民的共识，来避免单一个人特有的判断错误。尽管这不能保证一定能做出好的决定，但有时它可以帮助我们避免任何一个人的特定偏见或错误的判断所造成的问题。

算法也存在偏见。当使用学习算法做出决策时，它们的预测结果基于各自的训练数据。如果这些数据包含偏见、遗漏、代表性不足、代表性过高或任何其他类型的系统性错误，这些错误也会被灌输给学习算法，从而可能会产生深远的影响。例如，当我们使用机器学习来评估住房或企业贷款、确定大学录取人数或对求职者进行预筛选时，训练数据中的任何不公平或偏见都会导致系统得出不公平或存在偏见的结果，过去的错误会在现在以及未来不断重复。

避免这些问题的一种方法是创建多个使用不同数据集训练的学习算法。例如，我们可以使用不同来源的不同训练集来训练每个算法。由于在实践中通常很难获得大量的数据，因此我们通常会从公共训练数据中提取不同的子集进行训练。

当我们在这些不同的数据集上训练了一群学习算法后，通常会使用每个算法来评估每个新的输入，然后让学习算法投票以决定最终结果。

要做到这一点，典型方法是使用多数投票机制（RangeVoting.org网站 2020）。简单地说，每个学习算法为其预测结果投一票，获得的票数最多的预测结果就是赢家（如果票数相等，算法可以随机选择其中一个票数相等的条目，也可以尝试进行另一轮投票）。尽管多数投票机制并不完美，但当用于机器学习算法集成时，它具有简单、快速的特点，并且通常会产生可接受的结果（国家标准实验室 2020）。

多数投票机制的一种常用变体是加权多数投票。在这里，每一张选票都有一定的权重，这是一个告诉我们投票对结果有多大影响的数字。另一种变体是要求每个算法提供它们对自己的结果的置信度，置信度更高的算法可以比那些置信度稍低的算法产生更大的影响。

下面通过介绍这些概念来深入研究决策树的集成。

## 12.2 决策树的集成

将多个决策树集成可以在减少决策树缺点的同时，利用其优势。为了使下面的讨论具体化，让我们集中讨论决策树分类算法。

下面将介绍集成决策树的三种常用技术，它们的结果显著优于单个决策树。

### 12.2.1 装袋算法

装袋算法的集成技术是自引导算法的组合，顾名思义，这种技术是基于第2章的自引导思想。介绍了如何使用自引导通过评估从起始数据中提取的许多小子集来估计一些统计学指标。在这种情况下，我们再次创建许多由训练集构建的小集合，并且使用它们来训练决策树集合。

从原始训练样本集开始，我们可以通过从原始样本中挑选项目，使用替换采样来构建多个新的样本集或自引导。这意味着我们可以多次采集同一个样本，图12-1显示了这个过程。需要注意，每个样本都对应一个类别（以颜色显示），这样我们就可以使用它们进行训练。

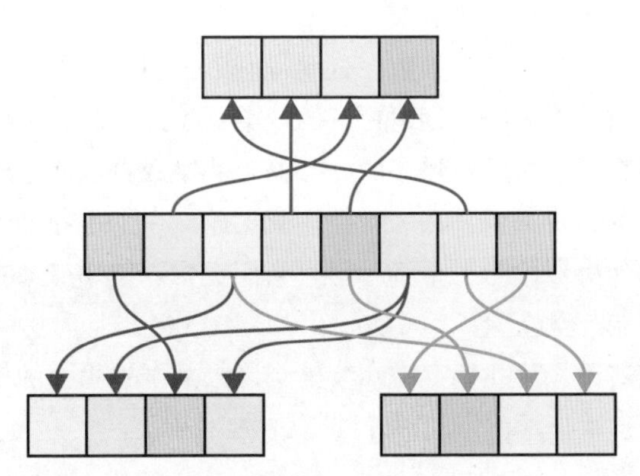

图12-1：从一组样本（中间一行）创建三个自引导（最上面一行以及最下面一行）

在图12-1的中间一行，有一个由八个样本组成的起始集合，包含五个类。从这个集合中选择样本，我们可以得到许多新的集合，在这种情况下，每个集合包含四个样本，这是装袋算法的第一步。由于我们使用替换采样，因此任何给定的样本都可能出现多次。

现在，让我们为每个自引导创建一个决策树，并根据自引导中的数据对其进行训练。这些决策树的集合被称为集成算法。

当训练完成后，评估一个新的样本时，需要将新样本提供给集合中的所有决策树，每棵树产生一个预测结果。我们将预测的类别视为多数投票机制中的选票，投票最终会产生赢家或平局。假设我们有一个包含五棵决策树的小集合，图12-2显示了系统发布后评估新样本的过程，并将其分配给四个字母类中的一个。

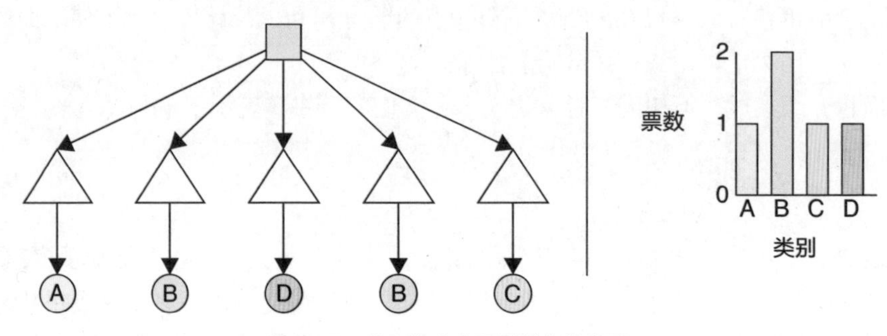


图12-2：使用集合来预测样本的类别

图12-2的左图的顶部是一个未知类别的新样本到达集成算法。样本提供给每一棵决策树（显示为三角形），每一棵决策树都会产生一个预测类，标记为A到D。因为每棵树都是在不同的自引导数据上训练的，所以每棵树预测的结果有所不同。图12-2的右图用这些预测的类别进行了一次多数投票选举。在这个例子中，最流行的类是B，所以这个类最终获胜，成为了集成算法的输出。

这个集成算法只需要指定两个参数，分别是每个自引导中包含的样本数，以及要创建多少棵决策树。通过分析表明，创建更多的分类器（此时为决策树）可以使集成算法的预测结果更好，但在某些时候，过多的分类器会使集成算法的速度变慢，并且预测结果的改善也不明显。这就是集成算法的收益递减定律。一个很好的经验法则是使用与数据类数量大致相同的分类器（博纳布 2016），我们也可以使用交叉验证法来搜索任何给定数据集的最佳分类器数量。

在结束装袋算法之前，让我们考虑几个基于这些基本思想上的技术。这些技术的中心思想是在训练过程中给决策树增加额外的随机性。

### 12.2.2 随机森林

在第11章中介绍当需要将决策树的节点一分为二时，我们可以使用任意特征（或特征集）来将元素拆分到子节点。如果仅基于一个特征进行拆分，那么我们需要选择要使用的特征以及评估该特征的价值。为了比较不同的拆分方式，可以使用第11章中介绍的指标，例如信息增益或基尼杂质。

在构建决策树时，经常通过按每个特征进行拆分来寻找最佳拆分方式，我们也可以使用一种称为特征装袋的技术。为一个节点寻找最佳拆分方式时，我们首先使用无替换采样创建该节点上样本特征的随机子集。现在，我们准备只基于这些特征来寻找最佳拆分方式，而无须考虑没有被采样的特征。

接下来，当我们决定拆分另一个节点时，再次选择一个全新的特征子集，并再次仅使用这些特征来确定新的拆分方式，如图12-3所示。

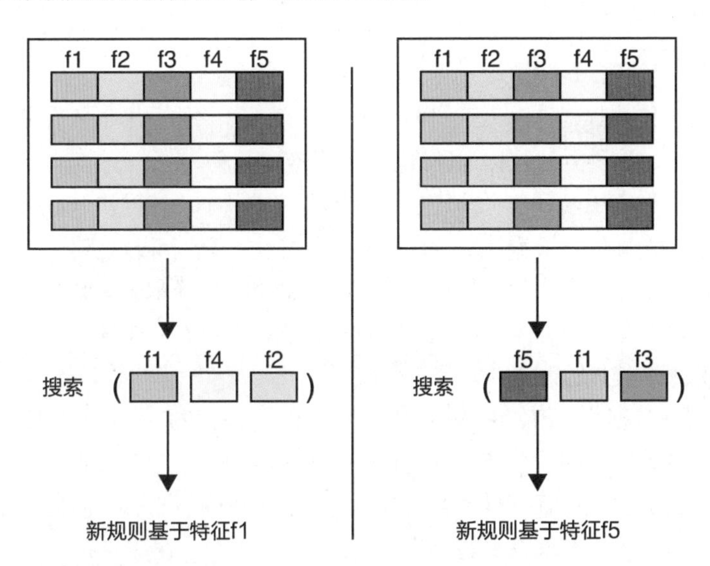


图12-3：通过特征装袋确定拆分一个节点时使用哪个特征（f1到f5），此时显示了两个节点

图12-3的左图从五个可用的特征中随机抽取三个特征，并搜索最佳特征进行拆分。右图也是同样的做法，只是再次随机选择了三个特征，这给了我们一个不同的拆分方案。这里的核心思想是，通过随机选择少数特征，可以避免在训练中对每棵树的这个节点做出相同的选择，从而增加决策的多样性。

当以这种方式构建集成时，我们称结果为随机森林。“随机”指的是在每个节点随机选择的特征，而“森林”指的是由此产生的决策树集合。

要创建一个随机森林，也需要提供两个参数，与装袋算法相同，分别是每个自引导的大小和需要构建的决策树的数量。我们还可以指定在每个节点上要抽取的特征比例，可以将其表示为百分比。许多函数库已经提供了各种算法来帮助我们选择这个百分比。

### 12.2.3 极端随机树集成

下面介绍另一种方法，在构建集合时随机化对树的构建。通常，当拆分一个节点时，会基于拆分效果选择它包含的特征（或者我们正在构建随机森林，则考虑它们的随机子集），然后我们会找到最佳特征对应的分界值。正如之前介绍的，我们使用类似信息增益的指标来比较不同的拆分方式。

如果根据节点中的特征随机选择分界值，而不是为每个特征找到最佳分界值，也可以得到一个集成，我们称之为极度随机化树的集成，或极端随机树集成。

尽管看起来这注定会给决策树带来稍差的结果，但是由于决策树容易过拟合，这种分界值的随机选择可以牺牲一点精度来减轻过拟合。

## 12.3 助推法

之前介绍的技术都是针对决策树的，本节将介绍另一种适用于所有类型学习系统的构建集成的方法，这种方法被称为助推法（沙佩尔 2012）。

助推法是一种常用的算法，因为它可以将许多体量小、速度快、准确性稍差的学习系统组合成一个准确的学习系统。为了使事情具体化，我们继续使用决策树作为示例。我们通过使用二元分类器来简化讨论，二元分类器将每个样本分配给两个类中的一个，下面将使用这种简单分类器来构建集合。首先，假设我们有一个准确性很差的分类器，然后通过实验来对其进行改进。

假设有一个数据集，其中的样本包含两个类，同时还有一个完全随机的二元分类器。不管样本的特征如何，分类器都会将样本随机分配给这两个类中的一个。如果样本在训练集中平均分配，则任何样本都有50%的机会被正确预测。我们称之为完全随机，因为得到正确答案的概率取决于偶然性。

现在假设我们可以稍微调整二元分类器，使其准确率上升一点。例如，图12-4显示了两个类的数据集，一个是完全随机的二元分类器，另一个是比完全随机的准确率高一点的二元分类器。

图12-4(b)中的学习系统是完全随机的，每个类中有一半的元素被错误地分配。这是一个几乎不可用的分类器。图12-4(c)中的学习系统的可用性略高于图12-4(b)中的分类器，因为边界线的轻微倾斜意味着它的准确率稍微高一点。

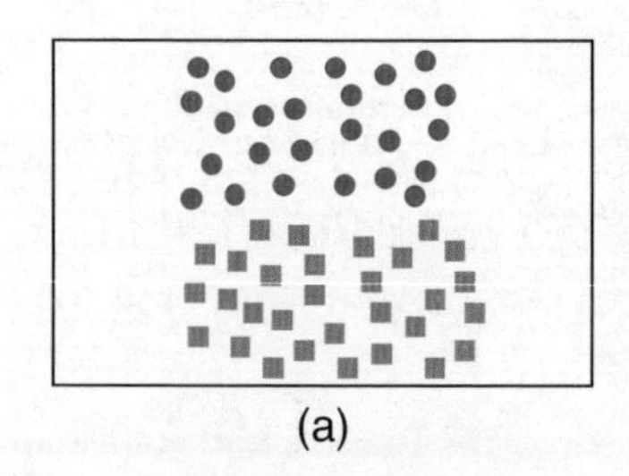


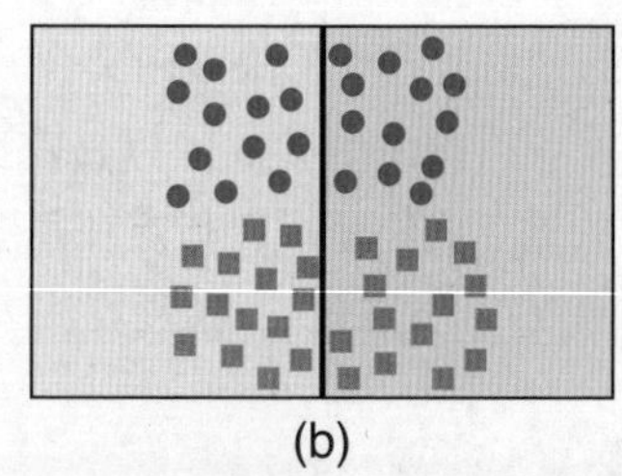


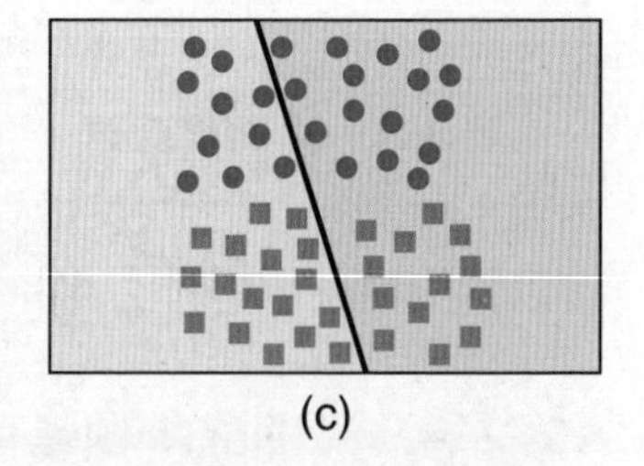


图12-4：(a)训练数据，(b)一个完全随机的分类器，(c)一个同样很糟糕，但比(b)好一点的分类器

我们称图12-4(c)中的分类器为弱学习系统。在这种情况下，弱学习系统是指比完全随机的准确率稍微高一点的系统。也就是说，它在工作中分配正确的类别的概率超过了

50%，但可能只是刚好超过。助推的好处在于，我们可以将这个弱学习系统作为一个整体的一部分，通过集成从而促使准确率产生巨大的提升。

事实上，一个弱二元学习系统对我们同样有用，即使它的准确率比完全随机还低。因为我们只有两个类。如果一个分类器正确的概率低于50%（也就是说，它出现错误的概率更大），那么我们可以调换输出类，然后它就会比完全随机做得更好，而不是更糟了。结论是，只要二元学习系统不是完全随机的，我们就可以使用它。

最常用的弱分类器是只有一个单位深度的决策树。也就是说，整棵树只由一个根节点及其两个子节点组成，这个只有一个单位深度的决策树通常被称为决策树桩。因为它通常会比完全随机表现得好，所以我们用它作为弱分类器的一个例子。它具有体积小、速度快等特点，而且准确率比完全随机高一点。

与弱学习系统相比，强学习系统是一个在大多数情况下都能得到正确标签的分类器。学习系统越强，其正确率就越高。

助推法背后的思想是将多个弱分类器组合成一个像强分类器一样的集合。请注意，这些弱分类器只是一个开始。我们也可以使用很多强分类器组成集合，但使用弱分类器更常见，因为它们通常运行更快。

下面通过一个例子介绍助推法是如何工作的。图12-5显示了属于两个不同类别的样本的训练集。

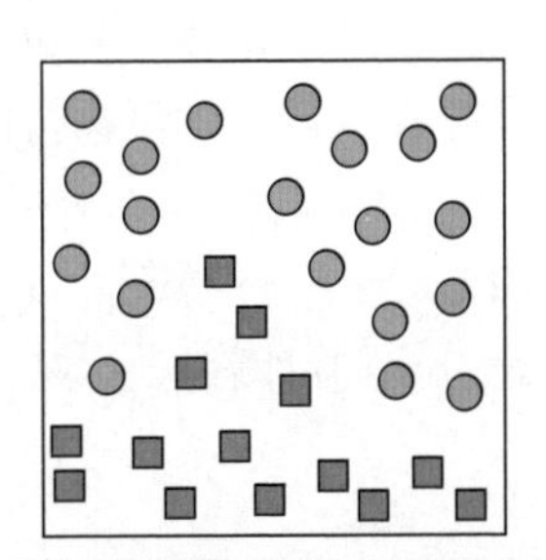

图12-5：使用助推法分类的样本集合

对于这些数据，使用什么分类器比较合适？一个快速简单的分类器只需要在二维数据集上绘制一条直线。我们可以看到，没有一条直线能够完美地分离这些数据，因为圆形样本在三面上围绕着方形样本。

虽然我们无法用一条直线分离这些数据，但可以用多条直线，所以让我们使用直线作为弱分类器。图12-6显示了一个这样的分类器的边界线。我们用直线A作为分类器的名称及其定义的边界线。

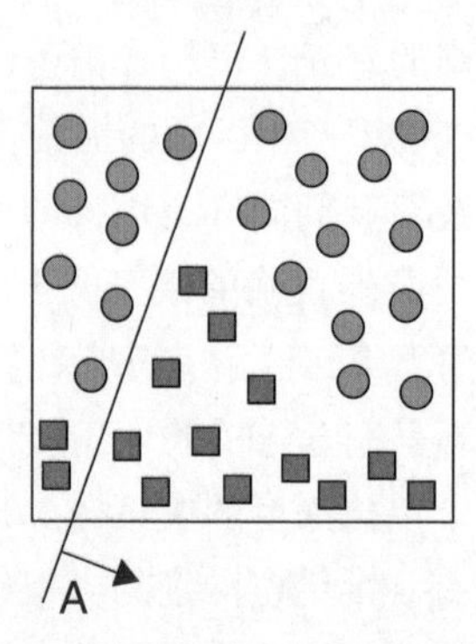


图12-6：在样本中放置一条名为A的直线，尝试将两个大类分开

在这个分类器中，箭头指向的一侧被分类为正方形，另一侧被分类为圆形。使用第3章中评价准确性的指标，我们发现该学习系统的准确性通过计算(TP + TN)/(TP + TN + FP + FN) = (12 + 8)/(12 + 8 + 12 + 2) = 20/34，结果约为59%。这是一个典型的弱学习系统，仅比完全随机(50%)要好，但也没好太多。

为了使用助推法，还需要添加更多的直线分类器（即更多的弱分类器），以便最终由直线分类器分割形成的每个区域都包含单个类的样本。在添加了另外两个直线分类器之后，如图12-7所示。

分类器B的准确率约为73%，分类器C的准确率只有12%左右。这就足够了，因为我们仅通过调换C分配的标签（也就是说，只是将箭头指向另一个方向），它的准确率就达到了88%！

图12-7中的三条线或边界一起形成了七个不重叠的区域。该图显示出了每个区域仅包含一类样本。通过观察这些区域，我们可以得到一种仅使用三个分类器的输出来确定样本类别的方法。

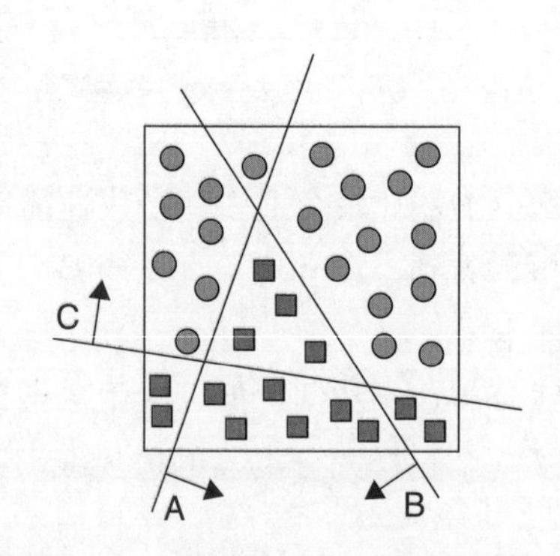


图12-7：在图12-6中增加了两条直线

把三个边界叠加在一起，并用指向每个区域的分类器来标记该区域。结果如图12-8所示。

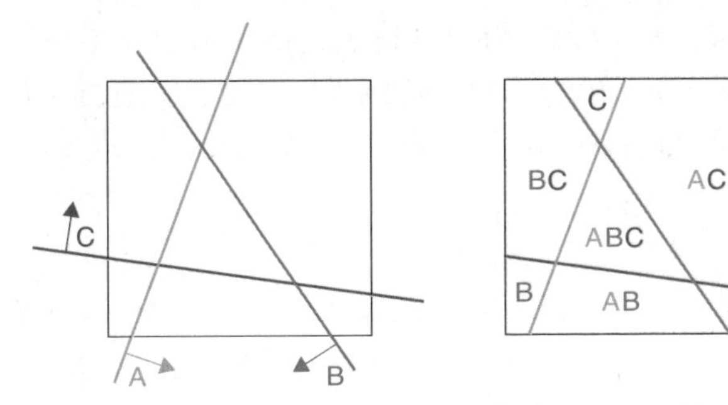


图12-8：左图显示了名为A、B和C的三条直线。右图显示了将每个区域都标有分类器名字的结果，分类器的名字位于直线的正向一侧

当分类器得到一个新的样本时，通常每个分类器都返回一个结果。现在，如果样本位于分类器边界的正向侧（即图12-8中箭头所指的一侧），则将它们设置为返回1，否则返回0。

下面将每个区域中所有三个分类器的结果相加。

例如，考虑顶部中心的区域，即图12-8中标记为C的区域。它在分类器C的正向一侧，所以获得了1分。它在A和B的反向一侧，因此A和B都贡献0分，所以三个输出之和是1分。底部的区域，标记为AB，则是从分类器A和B中各获得1分，从C中获得0分，总共为2分。这些分数和区域一起显示在了图12-9中。

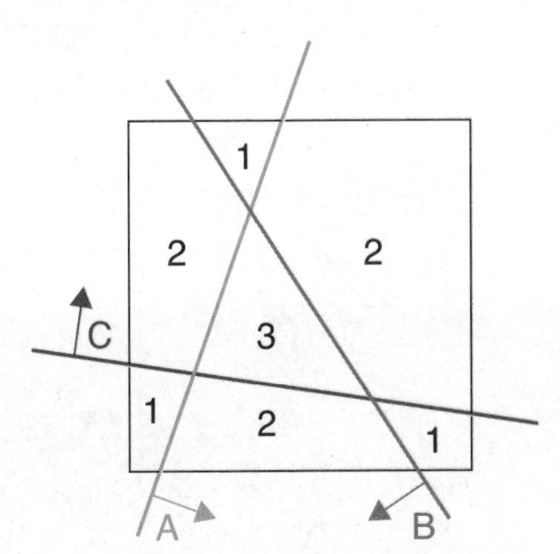


图12-9：七个区域的综合得分。图12-8中的每个字母为该区域赢得1分

此刻，几乎已经创建了一个新分类器，之后还有两个步骤。首先，将每个分类器输出的1分替换为更合适的值。其次，找到一个阈值，这样就可以将每个区域中的总分转化为一个类别。

回顾一下本章前面对加权多数投票的介绍。如果一个区域在一条线的正侧，那么这条线就是在为该地区投票。我们可以为每个分类器分配自己的投票权重，而不是简单地通过每个分类器得到1分。例如，如果分类器A、B和C的投票权重为2、3和-4，并且一个点位于A和C的正向侧、B的负向侧，则A贡献2，B贡献0（因为该点位于B线的负侧），C贡献-4，总计2 + 0 + (-4) = -2。

通过助推法，我们可以找到每个分类器的投票权重。与其讨论内部机制，不如让我们直接用可视化的方式展示结果，这样就可以直观地看到它们的效果。

在图12-10中，显示了每个受分类器分数影响的区域。深色区域获得了分类器的分数，而浅色区域则没有（因此浅色区域中的分类器分数为0）。在这里，我们分别对A、B和C使用权重1.0、1.5和-2。回想一下，C线指向了“错误”的方向，给C的权重一个负值会使分类器C的决策发生逆转。

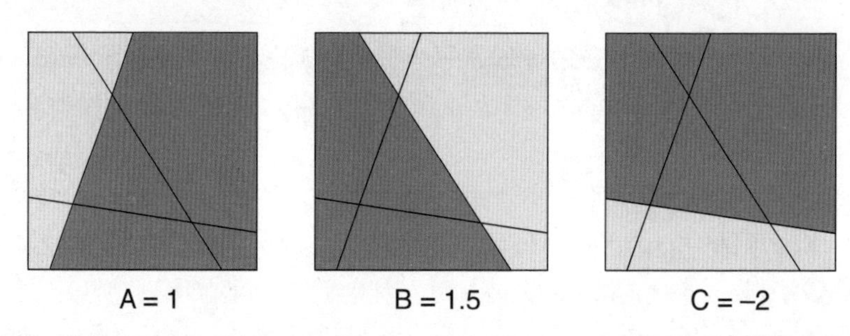


图12-10：我们给每个分类器的正向区域分配一个数值。每条线的深色区域获得与该线相关联的权重

所有这些数字的总和如图12-11所示。蓝色区域的总分是正数，红色区域的总分是负数。这些正好对应于数据集中圆圈和方块的位置。正区域的任何样本都是正方形，负区域的任何样本都是圆形。

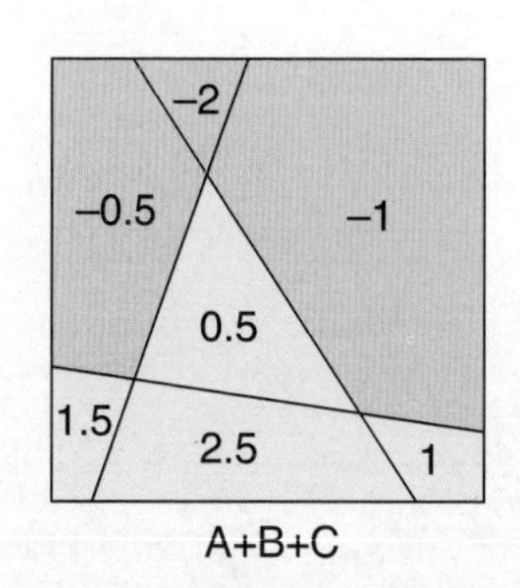


图12-11：将图12-10中的数字相加

当接收到新样本时，我们将其发送给每个分类器（也就是说，我们根据其对应的直线边界对其进行分类）。对于发现样本位于其直线正侧的分类器，我们将其投票按权重求和。将所有分类器的输出相加后，可以确定样本的得分是正的还是负的，这告诉了我们样本属于哪个类。这时我们已经正确地对数据进行了分类！

下面再介绍另一个例子，图12-12显示了一组新的数据。

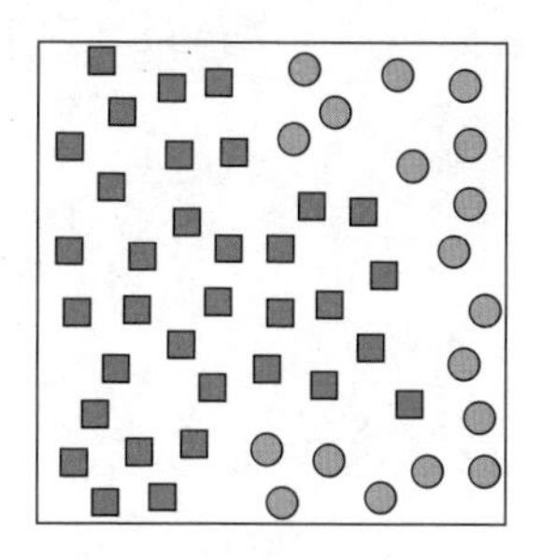

图12-12：使用助推法对另一组数据进行分类

对于这个数据，我们尝试使用四个分类器。图12-13显示了用于助推法的四个弱分类器。

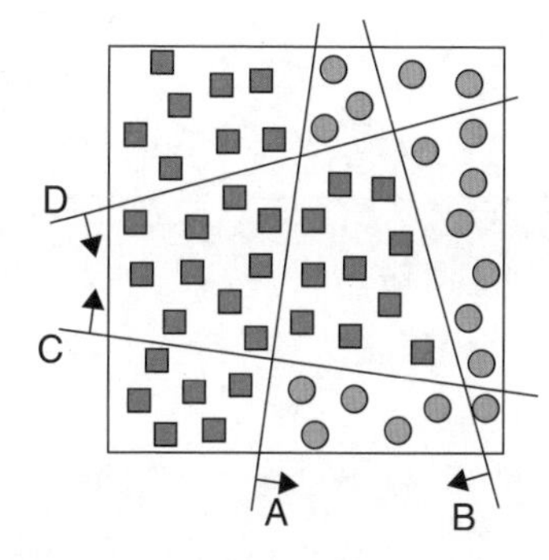


图12-13：对图12-12的数据进行分类的四条直线

和以前一样，该算法为这些学习者分配权重。分别使用分类器A、B、C和D的权重为-8、2、3和4来说明结果。图12-14显示了分类器的权重促进了深色区域的得分，而几乎没有对浅色区域的得分做贡献。

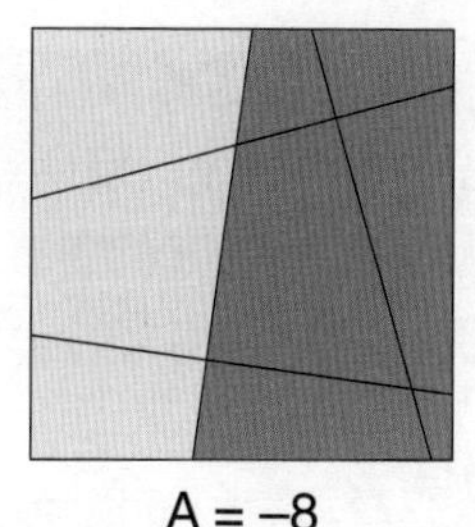

A = −8

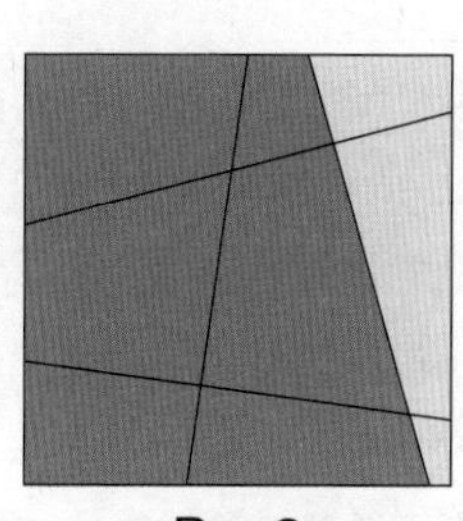

B = 2

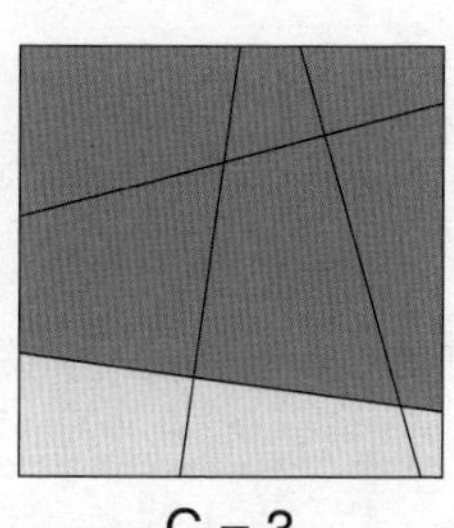

C = 3

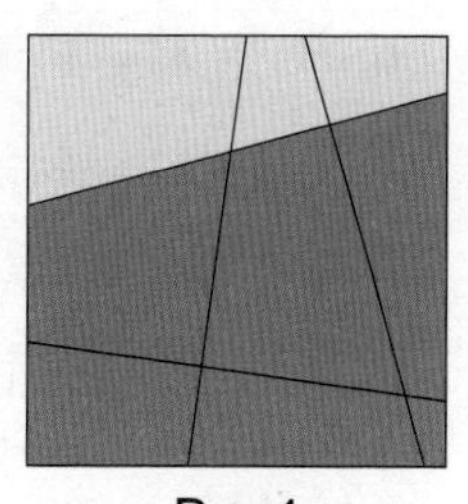

D = 4

图12-14：每个学习器对应的区域

图12-15显示了每个区域的总分，正和负区分了这两种类型。我们找到了一种方法，将四个弱学习系统结合起来，正确地对图12-13中的数据进行了分类。

助推法的好处在于，它集成了简单快速但准确率不高的弱分类器，通过为它们找到权重，使这个集成最终成为了一个强分类器。

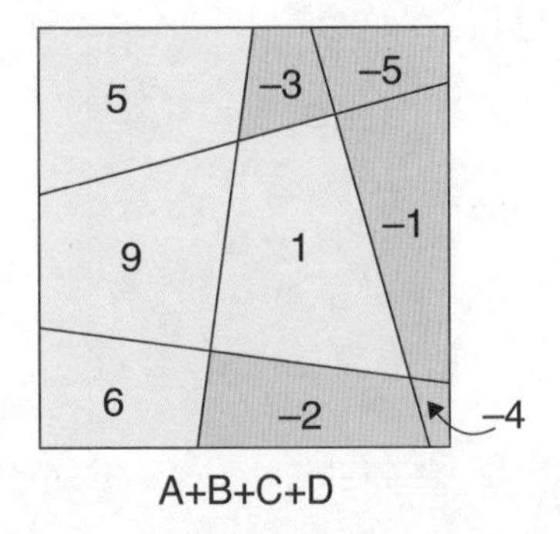


图12-15：图12-14中各区域得分之和。正区域以蓝色显示，它们正确地对图12-13中的数据进行了分类

需要提供的唯一超参数是我们想使用多少弱分类器。助推法就像装袋算法一样，一个来源于经验的参数值是从与类的数量一样多的分类器开始（博纳瓦 2016）。这意味着前面的例子已经属于高标准了，因为我们对两个类使用了三到四个分类器并正确地对数据进行分类。正如机器学习中的许多事情一样，最好的参数值是通过试错找到的。

助推法首次被提出是作为自适应增强算法的一部分（弗罗因德 1997；夏皮雷 2013）。尽管助推法可以与任何学习算法配合使用，但它在决策树中特别受欢迎。事实上，它与前面介绍的决策树桩（只有一个根节点及其两个直属子节点的决策树）配合得很好。可以将图12-7和12-13中使用的分界线视为决策树桩，因为它们只有一个判断：线的一侧或另一侧。

值得注意的是，助推法并不能改进所有的分类算法。助推法仅可以涵盖二元分类，例如之前的例子（富梅拉 2008；卡卡 2016）。这就是助推法在决策树分类器中如此受欢迎和成功的主要原因。

## 12.4 本章总结

集成学习是多个学习系统的集合。集成学习的一般步骤是，构建多个类型相似但训练数据不同的学习系统，让它们同时评估一个输入。然后再让它们为每个结果（确定的类）投票，投票最多的获胜者被确定为集成学习算法的输出类。这种思想是，个体学习系统的任何错误基本上都会被其他学习系统投票否决。

助推法是一种利用许多弱学习系统构成一个整体，从而使它们像强学习系统一样的工作方式正确地区分数据。

本章结束了对机器学习技术的讨论。从第13章开始，为深度学习算法提供支撑的神经网络。接下来介绍的方法有助于深度学习，因为它们能帮助理解数据，并选择最佳的算法和网络来处理这些数据，并产生有用的结果。

# 第三部分

# 深度学习的基础

# 第 13 章

# 神经网络

彼此连接的计算单元组成的网络是深度学习算法的基础。这种网络的基本单元是一个个小型计算过程，这种计算过程被称为人工神经元，通常也简称为神经元。神经元结构的灵感来自人类生物神经元，生物神经元是构成大脑和中枢神经系统的神经细胞，在很大程度上负责我们的认知能力。

本章将介绍人工神经元的概念，以及如何将它们排列成网络。然后，将它们分组成层，从而创建深度学习网络。本章还研究了处理这些人工神经元输出的各种方法，以便让它们产生最有用的结果。

# 13.1 生物神经元

在生物学中，神经元一词表示分布在每个人体内的各种复杂细胞。这些细胞都有相似的结构和行为，但它们专门用于处理许多不同的任务。生物神经元的工作和交流过程包含了复杂的生物学原理，也包含了化学、物理、电学、时间和空间等机制。神经元的简化图如图13-1所示。

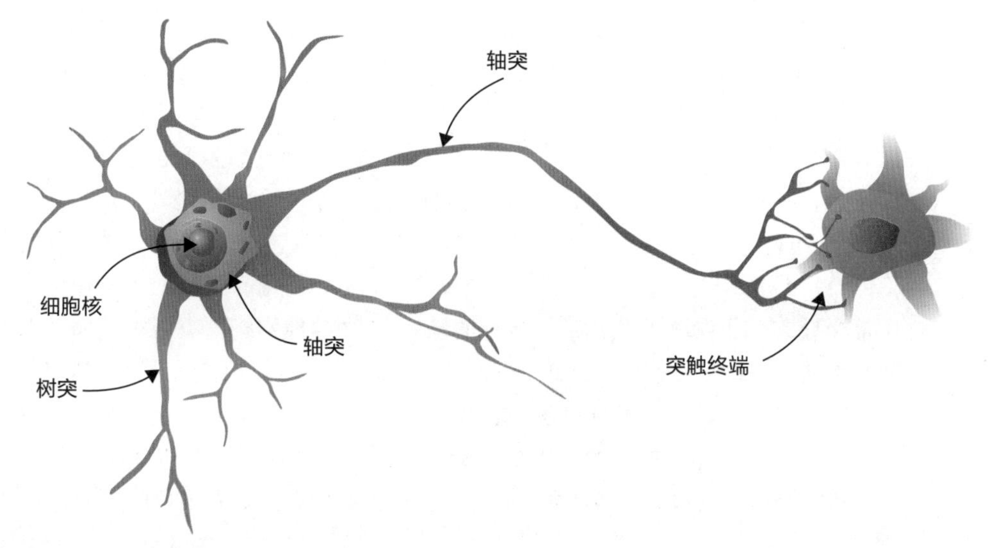


图13-1：一个高度简化的生物神经元草图（红色），显示了几个主要结构。这个神经元的输出被传送到另一个神经元（蓝色），只显示了其中一部分（维基百科2020b）

神经元是信息处理机制。信息通过一种化学物质（被称为神经递质）的形式传入，这些化学物质暂时结合或附着在神经元中的胞体位点上。下面我们用最通用的术语来概括接下来会发生什么。

与胞体结合的化学物质会导致电信号进入神经元的胞体，这些电信号中的每一个都区分正或负。在短时间间隔内到达神经元胞体的所有电信号将被相加在一起，然后与阈值进行比较。如果总数超过该阈值，一个新的信号会沿着轴发送到另一个神经元，导致特定量的神经递质释放到环境中。然后，这些信息与其他神经元结合，并重复这个过程。

通过这种方式，信息在大脑和中枢神经系统中的密集连接的神经元网络中不断传播和修改。如果两个神经元在物理上足够接近，其中一个可以接收另一个释放的神经递质，就认为它们是连接的，尽管它们可能实际上没有接触。有一些证据表明，神经元之间的特定连接模式与神经元本身一样对感知和辨认至关重要。一个人的神经元连接图也被称为连接体，连接体就像指纹或虹膜图案一样独特。

尽管真实的神经元及其周围环境极其复杂和微妙，但它的基本工作机制非常吸引人。对此，一些科学家试图通过在硬件或软件中创建大量简化的神经元及其环境来模仿或复制人类的大脑，希望能出现有趣的结果。不过到目前为止，还没有产生被大多数人认为是智慧的结果。

但是可以用特定的方式将简化的神经元连接起来，用于解决诸多问题。这些都是本章和本书其余部分关注的重点。

## 13.2 人工神经元

在机器学习中使用的“神经元”是科学家受到生物神经元的启发而创造出来的，就像肖像图是照着人体画的一样。人工神经元与生物神经元有一些相似之处，但只是在最表层的意义上。真实神经元中几乎所有的细节都在“复刻”这一过程中丢失了，留给我们的人工神经元更多是对真实神经元的浅层次模仿，而不是简化的副本。

这经常会导致一些误解，尤其是在流行的媒体上，“神经网络”有时被用作“电子大脑”的同义词，好像它离智力、意识、情感，也许还有统治世界和消灭人类只有很短的一步了。但事实上，我们使用的神经元是从生物的神经元中抽象和模仿而来的，以致于许多人更喜欢用这种名称来称呼它们。但不管是好是坏，神经元这个词和神经网络这个短语，以及所有相关的术语显然都会一直存在，所以我们在这本书中也使用了它们。

### 13.2.1 感知器

人工神经元的历史可以说始于1943年，当时出现了一篇论文，以数学形式对神经元的基本函数进行了大规模简化的抽象，并描述了如何将该对象的多个实例连接到网络中。这篇论文的最大贡献是，它在数学上证明了这样的网络可以实现任何用数理逻辑语言表达的思想。由于数学逻辑是机器计算的基础，这意味着神经元可以进行数学运算。这是一个重大突破，因为它在数学、逻辑、计算和神经生物学领域之间架起了一座桥梁。

基于这一认识，1957年出现了以感知器作为神经元的简化数学模型。图13-2是具有四个输入的单个感知器的图示。

感知器的每个输入都由一个浮点数表示。每个输入都乘以一个被称为权重的对应浮点数。这些乘法运算的结果全部加在一起。最后，我们将结果与阈值进行比较。如果求和的结果大于0，感知器将产生+1的输出，否则为-1（在某些版本中，输出为+1和0，而不是+1和-1）。

尽管感知器是真实神经元的一个大大简化的版本，但它已被证明是深度学习系统的一个有效的基础模块。

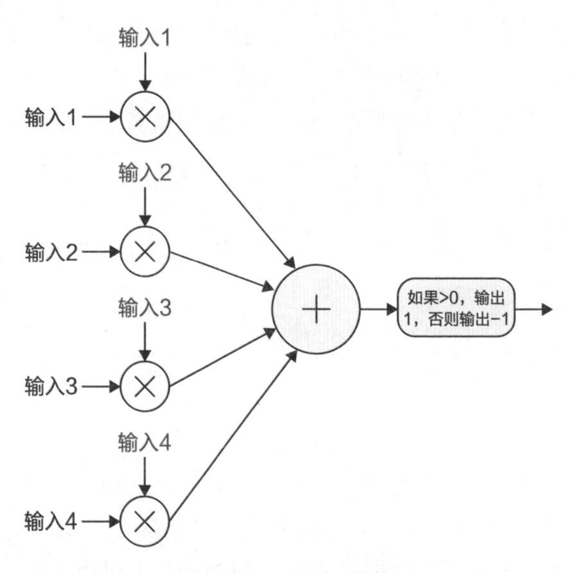


图13-2：四输入感知器

感知器是机器学习历史中非常有趣的一部分，让我们来看看其发展过程中几个关键历史事件，更多信息可以在互联网中找到。

感知器的原理在软件中得到验证后，1958年康奈尔大学建造了一台基于感知器的计算机。这是一架冰箱大小的金属丝包裹的木板，被称为MarkI感知器。Mark I被用于图像处理，由一个包含400个光电管组成的网格构成，支持以20乘20像素的分辨率对图像进行数字化（像素这个词当时还没有被创造出来）。感知器每个输入端的权重是通过旋转一个叫作电位计的电子元件旋钮来设定的。为了使学习过程自动化，电位计连接了电动机，这样设备就可以通过转动自己的旋钮来调整其权重，从而改变计算结果，并因此改变它的输出。该理论保证，输入正确的数据，系统就可以学会分离两种不同类别的图像，即线性分类。

不幸的是，没有多少实际的问题涉及线性分类，而且事实证明，很难将该技术推广到更复杂的数据结构中。经过几年停滞不前的进展，一本书最终证明了最初的感知器技术从根本上是有限的。它表明，缺乏进展并不是因为缺乏想象力，而是感知器结构理论有局限性的结果。大多数实际的问题，甚至一些非常简单的问题，都被证明超出了感知器的处理能力。

这个结果似乎为许多人关上了感知器的大门，人们普遍开始认为感知器方法是一条死胡同。热情、兴趣和资金都枯竭了，大多数人把他们的研究方向转移到了其他问题。这一时期大致从20世纪70年代持续到90年代，被称为人工智能的冬天。

尽管人们普遍认为明斯基和佩珀特关于感知器的书关闭了感知器的大门，但事实上，它只是表示了在当时的环境下使用感知器的局限性。一些人认为，否定整个思想是一种过度反应，如果换一种应用方式，感知器可能仍然是一个非常有用的工具。当研究人员花了大约十五年的时间将感知器组合成更大的结构并展示它们的训练成果时，这一观点最终取得了重大成果。这些组合很容易突破任何单个单元的限制。随后的一系列论文表明，精心排列多个感知器，再加上一些小的改动，可以解决很多复杂而有趣的问题。

这一发现重新激发了人们对该领域的兴趣，很快，对于感知器的研究再次成为热门话题，并产生了源源不断的有趣结果，从而产生了我们今天使用的深度学习系统。感知器仍然是许多现代深度学习系统的核心组成部分。

## 13.2.2 现代人工神经元

我们在现代神经网络中使用的神经元只是从最初的感知器中稍微概括出来的。其中有两个变化：一个在输入端，另一个在输出端。这些修改后的结构有时仍被称为感知器，但几乎不会有任何混淆，因为旧版本的感知器已经不再被使用。我们更多时候称它们为神经元。让我们介绍一下这两个变化。

图13-2的感知器的第一个变化是为每个神经元额外提供一个输入，我们称之为偏差。这个数字不是来自前一个神经元的输出。相反，它是一个直接加到所有加权输入总和中的数字。每个神经元都有它自己的偏差。图13-3显示了我们最初的感知器，其中包括了偏差。

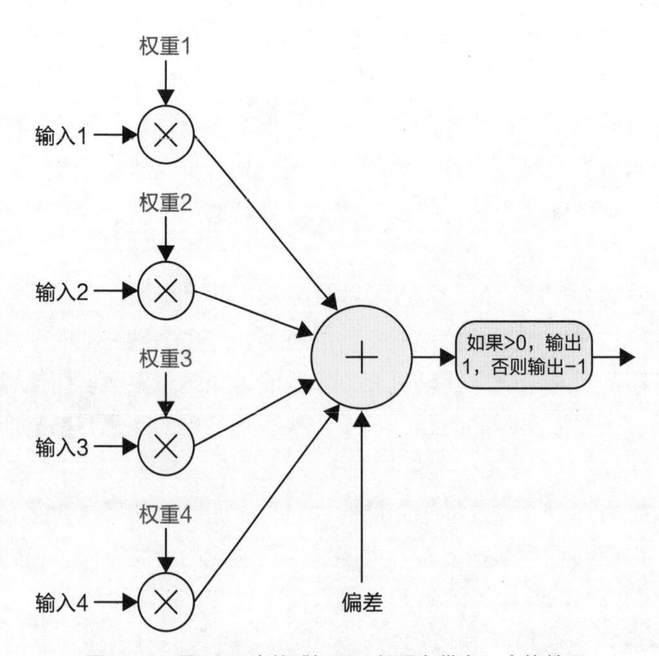


图13-3：图13-2中的感知器，但现在带有一个偏差项

我们对图13-2的感知器的第二个更改是在输出端。该图中的感知器根据阈值0比较结果，然后产生-1或1（或0或1）。我们将通过用一个数学函数代替比较步骤来概括这一点，该函数以上一步的结果（包括偏差）作为输入，并返回一个新的浮点值作为输出。因为生物神经元的输出被称为其激活，所以我们将计算人工神经元的输出函数称为激活函数。图13-2所示的比较步骤就是一个激活函数，但它很少被使用。在本章的后面，我们将介绍各种激活函数，这些函数已经在实践中被证明是有用的。

## 13.3 绘制神经元

让我们来明确一些大多数人工神经元绘图都会使用的惯例。在图13-3中，明确地显示了每个神经元的权重，并且还包含了一些乘法步骤来显示权重如何乘以输入。这在页面上占据了很大的空间。当我们用大量的神经元绘制图表时，所有这些细节会形成一个杂乱而密集的图形。因此，实际上在所有的神经网络图示中，权重都是隐含的。

有一个值得强调的地方：在神经网络图中，没有绘制权重以及它们与输入相乘的步骤。但我们需要知道它们在哪里，并在心中将它们包括在图表中。如果我们需要显示所有权重，通常会将权重的名称标记在输入导线中。图13-4显示了图13-3以这种样式绘制的结果。

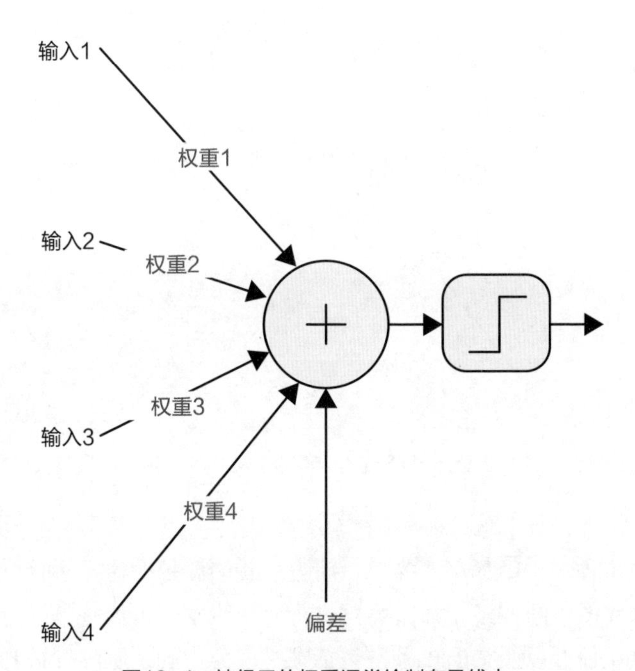


图13-4：神经元的权重通常绘制在导线中

在图13-4中，我们还将末尾的阈值比较更改为了一个小图片。这是一个表示激活函数的步骤图示，它旨在给我们一个视觉提醒，任何激活函数都可以放入这个步骤。因此，这个步骤需要一个输入数字，并且输出一个新的数字，其转换过程由我们选择的激活函数决定。

我们通常会再次简化图示。这一次，我们通过将偏差作为一个输入，来简化图示。这不仅使图表更简单，而且使公式也更简单，在这种情况下，也表示了更高效的算法。这种简化被称为“偏差技巧”（技巧一词来自数学，它是一个补充术语，有时用于巧妙地简化问题）。我们没有改变偏差的值，而是将偏差设置为始终为1，并在将其与其他输入相加之前乘以它的权重。图13-5显示了标签的这种变化。尽管偏差值总是1，但其权重可以改变，但我们通常忽略细节，只谈论偏差的值。

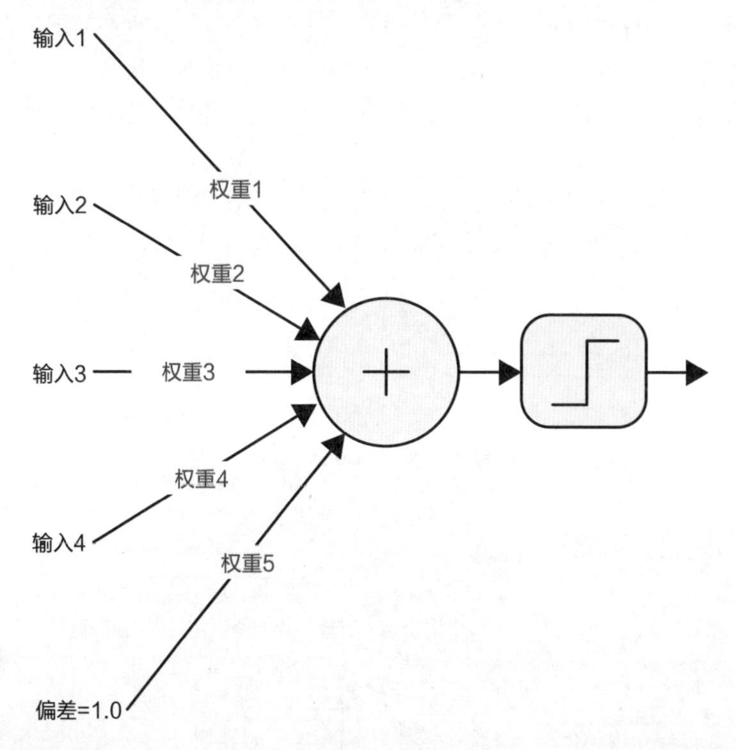


图13-5：偏差技巧的图示。这次没有像图13-4那样明确地显示偏差项，而是假设它是另一个具有权重的输入

我们希望人工神经元图尽可能简单，因为当我们开始构建网络时，会同时显示许多神经元，所以这些图中的神经元都需要再进行两个步骤进行简化。首先，我们去除偏差的展示。我们默认偏差以及它的权重是包括在神经元中的，但没有必要把它显示出来。其次，各输入参数的权重也经常被省略，如图13-6所示。权重对我们来说是神经元中最重要的部分，原因是它们是我们在训练中唯一可以改变的东西。尽管这样，它们依然被大多数图示省略了。

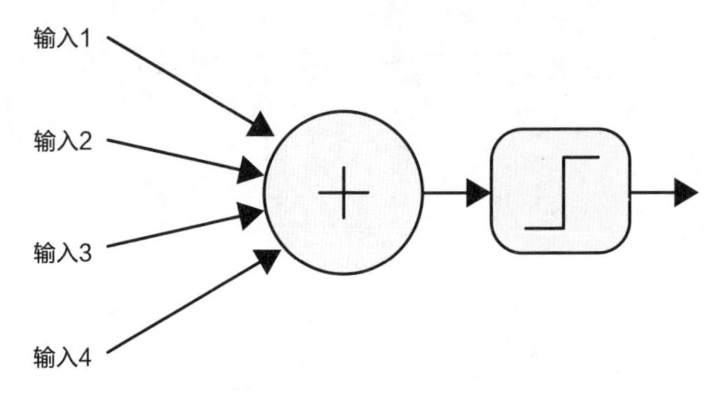


图13-6：人工神经元的典型图示。偏差和权重没有显示，但它们确实存在

像生物神经元一样，人工神经元可以连接到网络中，每个输入来自另一个神经元的输出。当将神经元连接到网络中时，同时会绘制“导线”将一个神经元的输出连接到一个或多个其他神经元的输入，如图13-7所示。

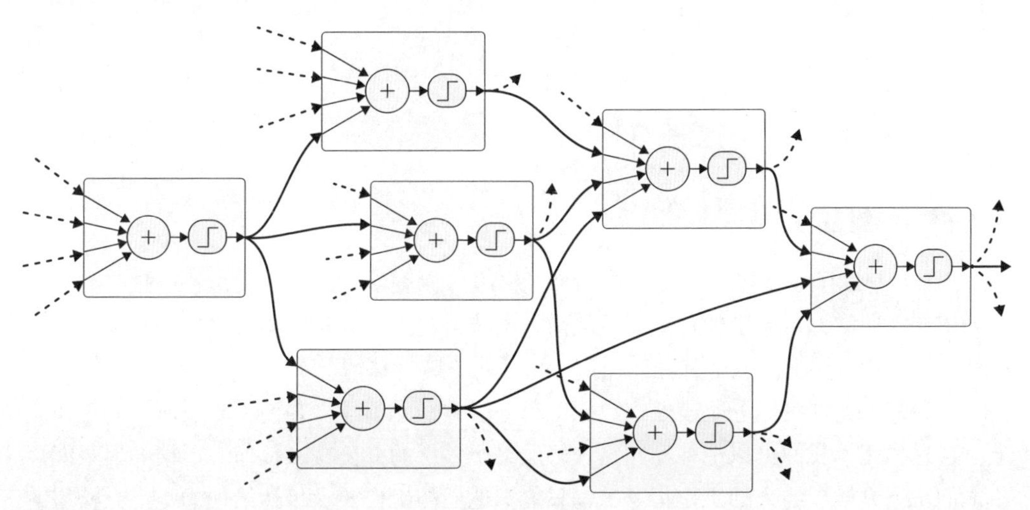

图13-7：人工神经元网络的一部分。每个神经元从其他神经元接收输入。虚线显示了这个小网络的外部连接

图13-7是一个神经网络，目标是产生一个或多个值作为输出。下面将介绍如何以有意义的方式解释输出端的结果。

通常会在图示中省略权重，但在讨论中，有也会提及这个概念。接着来看看对于权重名称的常见约定。图13-8显示了6个神经元。为了方便，我们将每个神经元用一个字母标记，每个权重对应于一个特定神经元的输出在到达另一特定神经元的过程中的变化方式，每一条连接在图中都显示为一条线。为了命名权重，我们将输出神经元的名称与输入神经元的名称结合起来。例如，将A的输出乘以D的权重称为AD。

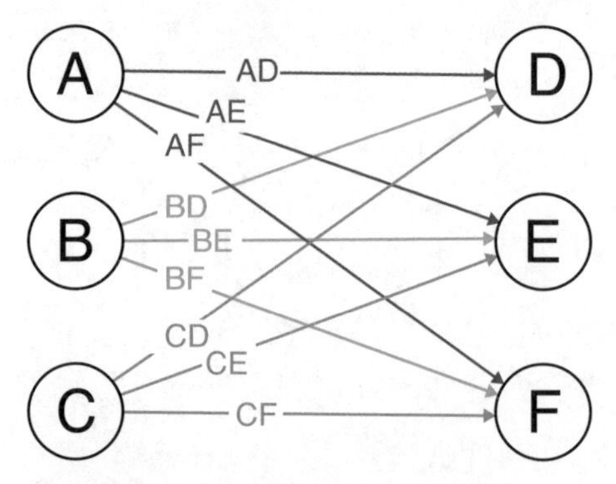


图13-8：权重的常见命名方式是组合输出神经元与输入神经元的名称

从实际结构的角度来看，我们将权重绘制在每个神经元内部，或是为其提供输入的导线上，都没有区别。不同的作者为了更好地介绍相关技术，会默认使用其中一种，但我们应该了解这两种表示方法。

在图13-8中，我们将从神经元A到神经元D的权重命名为AD。一些作者将其反过来写DA，因为这与我们通常写方程的方式更直接匹配。检查一下在这样的图表中使用的顺序是非常重要的。

## 13.4 前馈网络

图13-7显示了一个没有明显结构的神经网络。深度学习的一个关键特征是将神经元排列成层。通常，每层中的神经元只从前一层获得输入，并且只将输出发送到下一层，神经元不与同一层上的其他神经元通信（也存在一些特殊情况）。

这种结构允许我们分阶段处理数据，每一层神经元都建立在前一阶段所做的工作之上。通过类比，我们可以把神经网络理解成一个多层的办公楼。任何一层楼的人只能接收他们正下方楼层的人的工作指令，也只能把他们的工作要求传达给他们正上方楼层的人。在这个类比中，每一层楼都是一层神经网络，而人就是这层上的神经元。

我们认为这种类型的结构通常会逐层次处理数据。有证据表明，人类的大脑结构正是分层处理任务的，包括视觉和听觉等感官数据的处理。但在这里，与其说计算机模型模拟了真实生物学的结构，倒不如说前者从后者那里得到了灵感。

令人惊讶的是，将神经元组成一系列的层，可以产生很多有价值的结果。正如我们之前所介绍的，单个人工神经元几乎不能做任何事情。它接受一堆数字输入，对它们进行加权，将结果相加，然后将结果传递给一个小函数。这个过程可以形成线性转换，该线性转换可以对数据进行分类。但是，如果我们将成千上万的小单元组装成层，并使用一些巧妙的算法来训练它们，那么，通过合作，它们就能够识别语音，识别照片中的人脸，甚至能够在逻辑和技能游戏中击败人类。

神经网络的关键在于组织结构。随着研究的进展，人们已经开发出了许多组织神经元层的方法，从而形成了一组常见的层结构。最常见的网络结构顺序排列神经元，使信息只朝一个方向流动。因为数据始终向前流动，所以称之为前馈网络。前面的神经元向后面的神经元提供或传递值。设计深度学习系统的艺术在于选择正确的层结构和正确的超参数。为了为任何给定的应用程序构建高效的架构，我们需要了解神经元之间的关系。下面就介绍神经元层之间是如何交流的，以及如何在学习开始前设置初始权重。

## 13.5 神经网络图

我们通常将神经网络表示为图。人们对图的研究非常广泛，以至于它已经成为一个数学领域，被称为图论。本节将介绍图的基本思想，因为这就是组织神经网络所需要的技术。尽管通常使用层来构建神经网络，但让我们先从一些通用图开始，如图13-9所示。

图由节点（也称为顶点或元素）组成，此处显示为圆圈。在本书中，我们经常会将神经网络中的一个或多个神经元称为节点。节点通过带箭头的线（边，也称为圆弧、导线或简单的直线）连接。当图中的信息流方向一致时（几乎总是从左到右或从下到上），箭头通常会被省略。信息沿着一个方向流动，将一个节点的输出作为输入传递给其他节点。由于信息在每条边上只向一个方向流动，所以也称这种图为有向图。

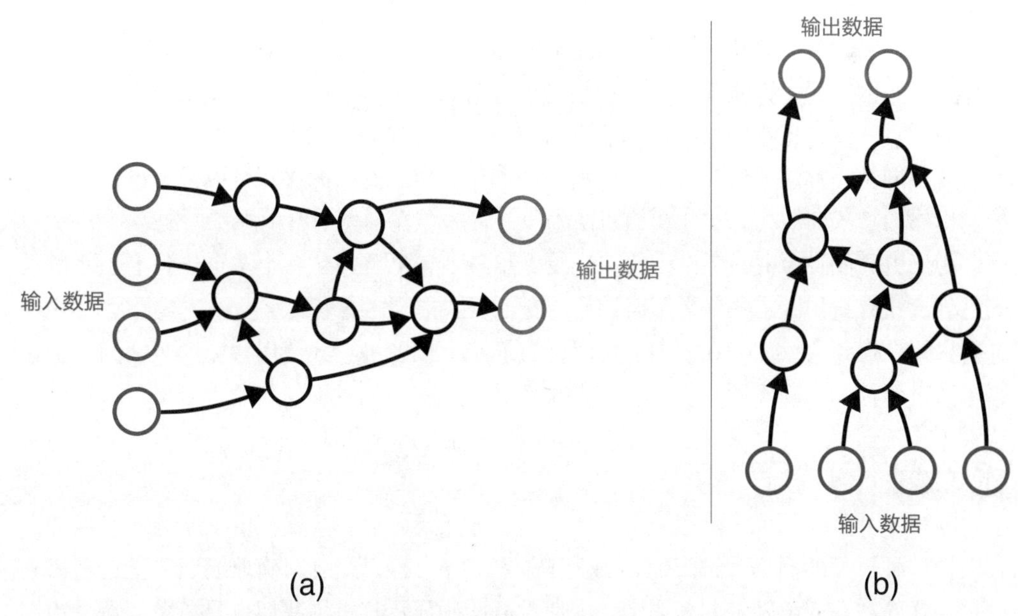


图13-9：两个绘制成图的神经网络。数据沿着箭头从一个节点流向另一个节点。当边没有用箭头标记时，数据通常从左到右或从下到上流动。(a)是从左向右流动。(b)是自下而上流动

最常见的过程是，首先将数据输入一个或多个输入节点，然后数据按固定方向不断流动，到达新的节点，直到到达一个或多个输出节点。一旦数据流出某个节点，就不会再次返回到该节点。这种图就像一个小工厂，原材料从一端进入，通过机器对其进行操作和组合，最终在一端生产出一种或多种成品。

在图13-9(a)中，左边的节点（靠近输入的节点）在右边的节点（靠近输出的节点）之前。在图13-9(b)中，下面的节点（靠近输入的节点）在上面的节点（靠近输出的节点）之前。有时，即使图是从左到右绘制的，也会使用这种下/上之类的表述，这可能会令人困惑，使用“靠近输入”和“靠近输出”更便于理解。

如果数据从一个节点流到另一个节点（假设它从A流到B），那么节点A是B的祖先或父节点，节点B是A的后代或子节点。

神经网络中的一个常见规则是没有环路。这意味着，来自一个节点的数据无论通过哪条路径都无法返回到这个节点。这类图的正式名称是有向无环图（directed acyclic graph或DAG，发音与“drag”类似）。这里的单词“directed”意味着边上有箭头；单词“acyclic”的意思是没有环路或循环。规则总有例外，但那属于个例，在第19章中讨论递归神经网络(RNN)时，我们将看到一个这样的例外。

有向无环图在机器学习在内的许多领域都很受欢迎，因为它们比具有循环的图更容易理解、分析和设计。包含循环将会引入反馈的概念，即节点的输出返回到其输入。试过将麦克风靠近扬声器的人都知道反馈失控的速度有多快。有向无环图的非循环性质自然避免了反馈问题，这使我们免于处理这个复杂的问题。

回想一下，数据只从输入向输出流动的图或网络结构被称为前馈。在第14章中，介绍训练神经网络的关键步骤将会包括临时翻转箭头，将特定类型的信息从输出节点发送回输入节点。尽管正常的数据流仍然是前馈的，但当我们向后推送数据时，通常称之为反馈或反向传播算法。我们保留“反馈”一词用于表示图中的循环可以使节点接收自己的输出作为输入的情况。正如我们所说的，通常避免在神经网络中进行反馈。

为了解释图13-9中的工作模式，让我们想象信息沿着边从一个节点流到下一个节点的过程。只有我们做出一些常用假设的情况下，这幅图才有意义。

尽管在提到数据如何在图中传输时，我们经常以各种形式使用“流动”一词，但这与水通过管道的流动不同。水在管道中流动是一个连续的过程，新的水分子每时每刻都从管道中流过而图（以及它们所代表的神经网络）是离散的，信息是一个一个地到达的，就像发短信一样。

图13-5中，可以通过在每个边上（而不是神经元内部）放置权重来绘制神经网络，我们把这种类型的网络图称为加权图。正如图13-6一样，很少明确地绘制权重，因为它们是隐含的。在任何神经网络图中，即使没有明确显示权重，我们也要清楚，每个边上都有一个唯一的权重值，当数据沿着该边从一个神经元移动到另一个神经元时，该数据会乘以权重。

## 13.6 初始化权重

训练神经网络的过程包括逐步优化权重值，当我们为权重指定初始值时，该过程就开始了。我们应该如何选择这些起始值？事实证明，在实践中，如何初始化权重将对我们的网络训练速度产生很大影响。

研究人员已经得出了如何选择权重初始值的有效理论，被证明最有用的几种算法都是以主要研究者的名字命名的，LeCun均匀初始化器、Glorot均匀初始化器（或Xavier均匀初始化器）和He均匀初始化器都基于从均匀分布中选择初始值（乐村等人 1998；格鲁特和本希奥 2010；贺等人 2015）。类似命名的初始化方法都是从正态分布中提取它们的值，这很容易理解。

幸运的是，我们无须深入这些算法背后的数学概念。现代深度学习库提供了这些方案的实现，以及它们的变体。因为这些库默认使用的技术效果都很好，所以我们很少需要明确选择如何初始化权重。

## 13.7 深度神经网络

神经网络中一种常见的组织神经元的方式是将它们放置在一系列的层中，这已经被证明是既灵活又非常有效的。通常，一个层中的神经元彼此之间没有连接，它们的输入来自上一层，输出则进入下一层。

事实上，“深度学习”一词就是从这个结构中产生的。如果我们将许多层并排绘制，就可以认为这个结构很“宽”。如果将它们垂直绘制，我们站在底部向上看，可以认为这个结构很“高”。如果我们站在顶部向下看，可能会认为这个结构很“深”。这就是深度学习的概念：一个垂直绘制的一系列层组成的神经网络。

分层组织神经元的好处是我们可以逐层处理数据。早期层处理原始输入数据，每个后续层都能够使用来自前一层神经元的输出来处理更宏观的数据。例如，当我们处理一张照片时，第一层通常着眼于单个像素；下一层则是观察一组像素；后一层观察多个像素组，依此类推。早期的层可能会注意到一些像素比其他像素暗，而后期的层可能注意到一团像素看起来像一只眼睛，而再往后的层可能还会注意到一组形状，得出整个图像表示的是一只老虎。

图13-10显示了一个使用3层的深度学习网络的例子。

图13-10是垂直绘制图层的，输入层几乎总是绘制在底部，而收集结果的输出层几乎总是在顶部。

在图13-10表示的神经网络中，所有的3个层都包含神经元。在实际系统中，我们通常也会使用许多其他类型的层，可以将它们组合在一起作为支持层，在后面的章节中将展示许多这样的层。当计算网络中的层数时，通常不会计算这些支持层，因此图13-10将被描述为一个由三个层组成的深层网络。

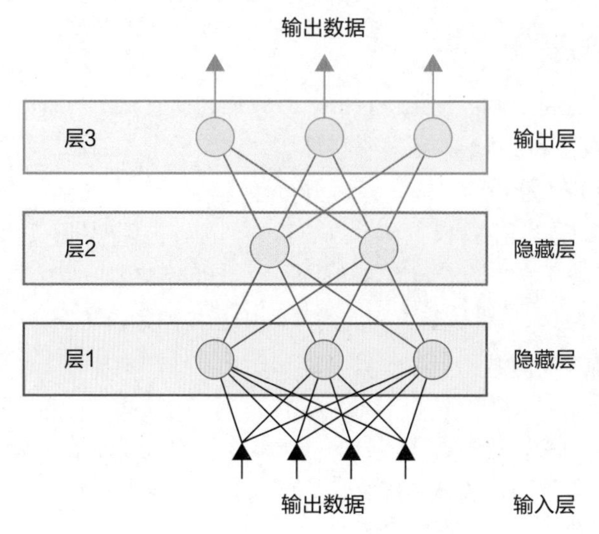


图13-10：3层深度学习网络

最上面包含神经元的层（图13-10中标记为第3层）称为输出层。

我们可能会认为图13-10中的第1层是输入层，但事实并非如此。在约定成俗的术语中，输入层对应于网络的底部，在图13-10中标记为“输入层”。这个“层”中没有神经元，相反，它只是输入数据所在的位置。输入层属于支持层的一种，它没有神经元，因此当我们计算网络中的层时，是不包括输入层。计算出的层数被称为网络的深度。

如果从图13-10的顶部向下看，我们只能看到输出层。如果从底部往上看，我们只能看到输入层。中间的层对我们来说是不可见的。输入层和输出层之间的每一层都被称为隐藏层。

有时神经网络的结构是从左向右绘制的，如图13-11所示。

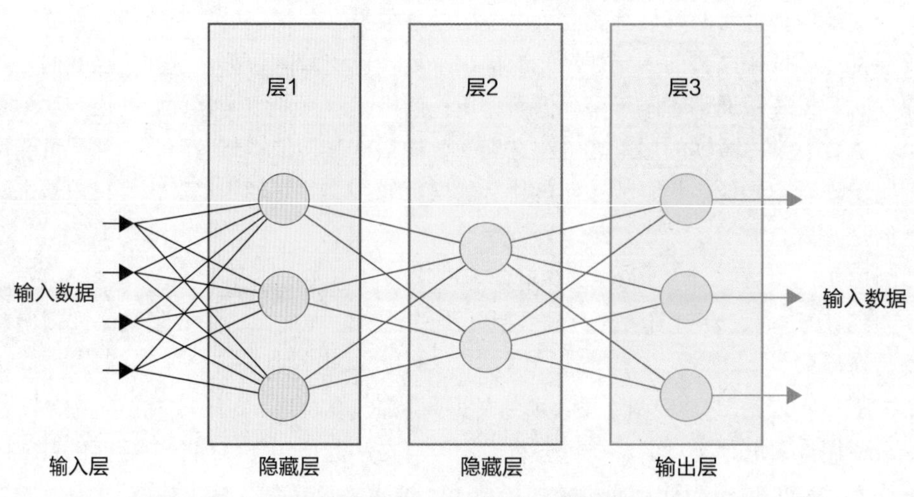


图13-11：与图13-10相同的深层网络，但绘制时数据从左向右流动

即使以这种方式绘制，我们仍然可以使用表示垂直方向的术语。比如，第二层“在”第一层之上，“在”第三层之下。如果我们理解“上面”或“更高”指的是更接近输出的层，而“下面”或“更低”指的则是更接近输入的层，那么无论图表是如何绘制的都可以保持事物的正确性。

## 13.8 全连接层

全连接层（也称为FC、线性或密集层）是一组神经元，每个神经元都从前一层上的每个神经元接收输入。例如，如果一个全连接层中有三个神经元，而前一层中有四个神经元，那么全连接层中的每个神经元都有四个输入，对应前一层的每个神经元，所以总共有12（$3 \times 4 = 12$）个连接，每个连接都有相关的权重。

图13-12(a)显示了一个具有三个神经元的全连接层的示意图，它位于一个具有四个神经元的层之后。

图13-12(b)显示了用于全连接层的示意性简写。可以理解成符号的顶部和底部都有两个神经元，垂直线和对角线是它们之间的四个连接。在符号旁边，我们确定层中有多少神经元，比如在这里使用了数字3。全连接层也是我们定义激活函数的位置。如果一个层只由全连接层组成，它也被称为全连接网络，或者，在早期术语中，被称为多层感知器（MLP）。

在后面的章节中，将介绍许多其他类型的层，它们帮助我们以有效的方式组织神经元。例如，卷积层和池化层已被证明对图像处理任务非常有效。

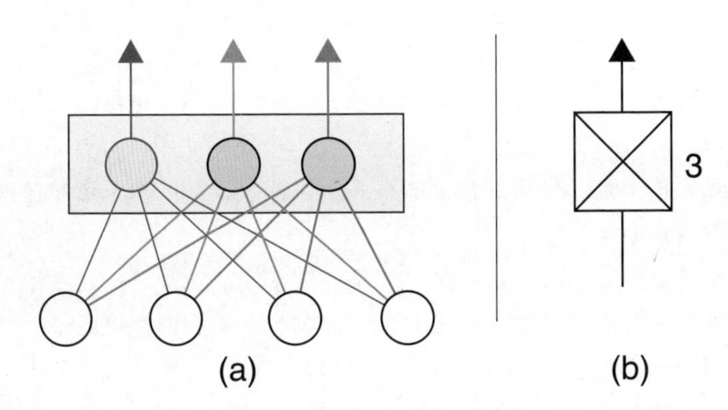


图13–12：全连接层。(a)表示由有色神经元组成一个全连接层。该层中的每个神经元都接收来自前一层中每个神经元的输入。(b)表示全连接层示意图的符号

# 13.9 张量

我们已经知道，深度学习系统是由一系列层构建的。尽管任何神经元的输出都是一个数值，但我们通常会概括讨论整个层的输出。理解这个输出数字集合的关键在于理解它的形状。接下来让我们看看这意味着什么。

如果该层包含单个神经元，则该层的输出仅为单个数字，可以将其描述为带有一个元素的数组或列表。从数学上讲，可以称之为零维数组。数组中的维数表示需要使用多少索引来标识元素。由于单个数字不需要索引，因此该数组的维数为零。

如果一层中有多个神经元，那么可以将它们集体输出的描述为所有输出值的列表。因为需要一个索引来标识此列表中的特定输出值，所以这是一个一维(1D)数组。图13-13(a)显示了这样一个包含12个元素的数组。

我们经常将数据组织成类似盒子的形状，例如，系统的输入是黑白图像，它可以表示为二维矩阵，由x坐标和y坐标索引，如图13-13(b)所示。如果它是彩色图像，那么它可以表示为3D矩阵，由x坐标、y坐标和颜色通道索引，如图13-13(c)所示。

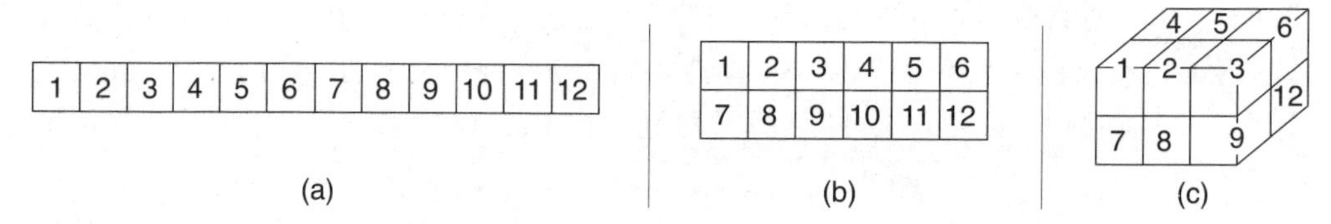


图13-13：三个张量，每个张量有12个元素。(a)表示1D张量，是一个列表。(b)表示二维张量，是一个网格。(c)表示3D张量，是一个立方体网格。在这些情况下，以及在更高维度的情况下，不会存在缺失或多出的元素

我们经常将1D形状称为数组、列表或向量，也经常使用术语网格或矩阵描述二维形状，同样的可以将3D形状描述为立方体或块。我们也经常使用具有更多维度的数组，但没有为其创建新术语，而是使用一个术语来表示以任意维数的盒子形状排列的任何数字集合：张量（发音为ten'-sir）。

张量是一个具有给定维数和每个维度大小的数字块。它没有空缺，也没有突出的部分。张量一词在数学和物理的某些领域有着更复杂的含义，但在机器学习中，我们使用这个词来表示组织成多维的数字集合。总之，维度的数量和每个维度的大小决定张量的形状。

学习神经网络时我们经常提到网络的输入张量（意味着所有的输入值）和输出张量（意味着所有的输出值）。内部（或隐藏）层的输出没有特殊的名称，我们通常说“第3层输出的张量”，指的是第3层神经元产生的多维数字阵列。

## 13.10 防止坍缩

本章前面介绍过激活函数，本节我们再详细介绍它。

每个激活函数虽然只是整体结构的一小部分，但对神经网络而言至关重要。在没有激活函数的情况下，网络中的神经元终将结合并坍缩成单个神经元的等效物。而且，正如之前介绍的，一个神经元的计算能力非常小。

下面介绍一个网络在没有激活函数的情况下是如何坍缩的。图13-14显示了一个具有两个输入（A和B）和3层共计5个神经元（C到G）的小网络。每个神经元都从上一层的神经元接收输入，每个连接都有1个权重，总共有10个权重，如图13-14中红色数字。

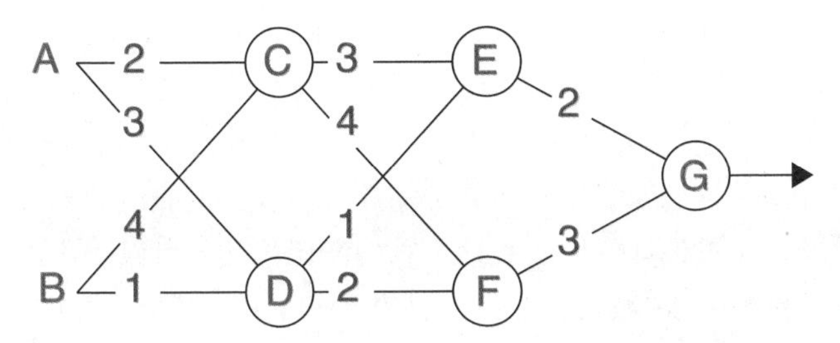


图13-14：一个由2个输入、5个神经元和10个权重组成的小网络

暂时假设这些神经元没有激活函数，我们可以将每个神经元的输出写成其输入的加权和，如图13-15所示。在图13-15中，使用了数学惯例，尽可能省略乘法符号，即2A是2×A的简写。

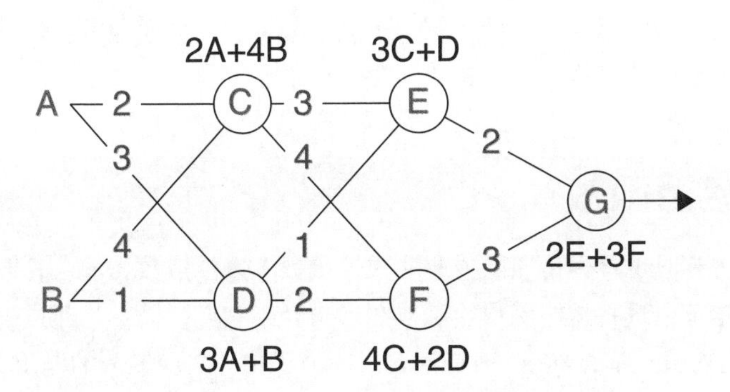


图13-15：每个神经元都标有其输出值

图中C和D的输出只取决于A和B，类似地，E和F的输出只依赖于C和D的输出，这意味着它们最终也只取决于A和B。同样的论点也适用于G。如果我们从G的表达式开始，分解成E和F，然后分解成C和D，最终得到了一个关于A和B的综合表达式。如果进行类似的简化，最终将发现G的输出是78A+86B。我们可以将其写成具有两个新权重的单个神经元，如图13-16所示。

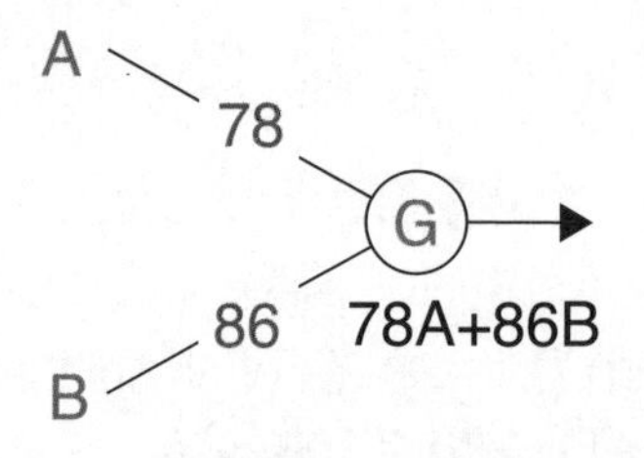


图13-16：该网络与图13-14中的网络完全相同

图13-16中的G的输出与图13-14中的G输出完全相同。我们的整个网络已经坍缩成了一个神经元。

无论神经网络有多大或多复杂，如果没有激活函数，那么它永远等同于一个神经元。如果我们希望该网络能够比一个神经元做更多的事情，这将是个坏消息。

在数学概念中，全连接网络已经坍缩了，因为它只使用了加法和乘法，这属于线性函数的范畴。线性函数可以像我们刚才看到的那样组合，但非线性函数有所不同，不能通过这种方式组合。通过设计使用非线性运算的激活函数，可以防止这种坍缩。我们有时也会把激活函数称为非线性函数。

有许多不同类型的激活函数，每种函数都会产生不同的结果。一般来说，之所以存在这种多样性，是因为在某些情况下，某些函数可能会遇到数值问题，使训练运行得比较慢，甚至完全没有进展。如果发生这种情况，我们可以替换激活函数来解决这个问题（当然每种激活函数都有自己的优缺点）。

在实践中，我们通常只选用一部分激活函数，当阅读文献和查看他人的网络时，有时会看到更罕见的激活函数。下面介绍一下大多数主要函数库通常提供的激活函数，然后将最常见的激活函数汇总在一起。

## 13.11 激活函数

激活函数（有时也称为传递函数或非线性函数）以浮点数为输入，并返回新的浮点数作为输出。本节通过将这些函数绘制成图形来介绍它们，而不是通过公式或代码。水平轴或*X*轴是输入值，垂直轴或*Y*轴是输出值。为了找到对应输入的输出，我们沿着*X*轴定位输入，并直接上下移动，直到到达曲线，这就是输出。

理论上，可以对网络中的每个神经元应用不同的激活函数，但实际上，通常对每一层中的所有神经元分配相同的激活函数。

### 13.11.1 直线函数

首先介绍由一条或多条直线组成的激活函数，图13-17显示了一些直线。

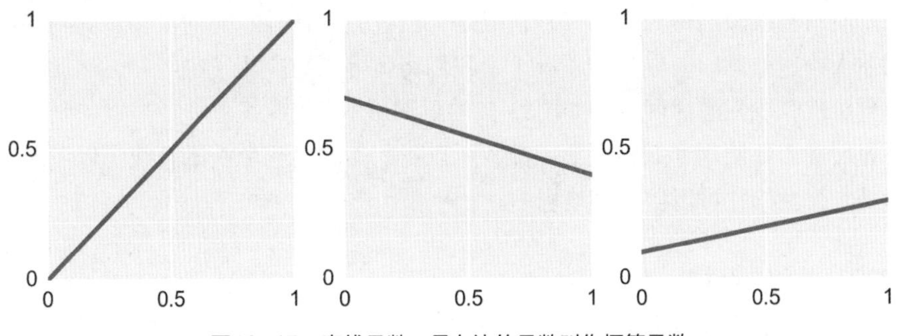


图13-17：直线函数。最左边的函数叫作恒等函数

首先分析图13-17中左图，如果我们在X轴上定位任何一点，并垂直向上移动，直到触碰到直线，会发现Y轴上的交点的值与X轴上的值相同。该曲线的输出或y值始终与输入或x值相同，称之为恒等函数。

图13-17中的其他图像也是直线，但它们倾斜角度不同。我们把任何只有一条直线的函数称为线性函数，或者称为线性曲线（概念可能会有些混淆）。

这些线性的激活函数是不能防止网络坍缩，当激活函数是一条直线时，从数学概念上讲，它只做乘法和加法运算，这意味着它是一个线性函数，网络仍然可能会坍缩。这些直线激活函数通常只出现在两种特定情况下。

第一个应用是在网络的输出神经元上。这样没有坍缩的风险，是因为输出层后面没有神经元了。图13-18的上图显示了这个概念。

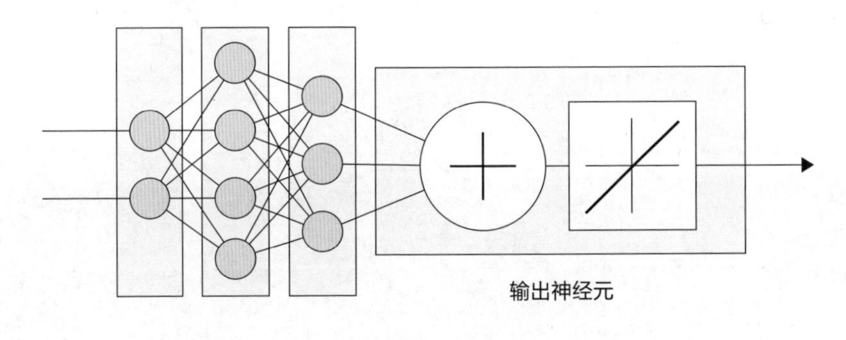


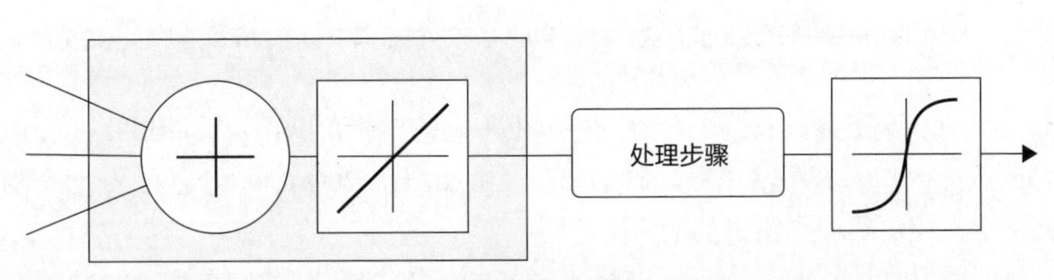


图13-18：使用恒等函数作为激活函数。上图表示在输出神经元上使用恒等函数作为激活函数。下图表示在求和步骤使用恒等函数，并且在输出与非线性激活函数之间插入一个处理步骤

可以使用直线激活函数的第二种情况是，当我们想在神经元的求和步骤与其激活函数之间插入一些处理时。在这种情况下，我们将恒等函数应用于神经元，然后执行处理步骤，再执行非线性激活函数，如图13-18的下图所示。

因为通常需要使用非线性激活函数，所以我们需要抛弃单一的直线。以下所有激活函数都是非线性的，可以防止网络坍缩。

### 13.11.2 阶跃函数

我们尽量避免使用一条直线，但也不必只从曲线中选择。我们的目标函数需要是单值的，正如第5章中所讨论的，这意味着如果沿着$x$轴从$x$的任何值向上看，上方都只有一个$y$的值。线性函数的一个简单变体是将一条直线分解为几个部分，它们甚至不必连接上。在第5章中，这意味着它们不是连续的。

图13-19显示了这种函数的一个示例，我们称之为阶跃函数。在这个例子中，如果输入从0到刚好小于0.2，它会输出值0，但如果输入值从0.2到刚好小于0.4，则输出为0.2，依此类推。这些突变并不违反我们的规则，即曲线对于每个输入$x$值只有一个$y$输出值。

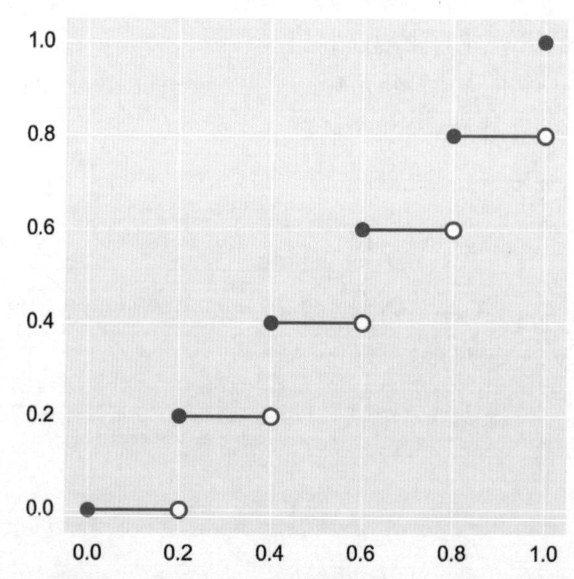


图13-19：该曲线由多条直线组成。实心圆表示$y$值是有效的，而空心圆表示该点不包含在函数中

最简单的阶跃函数只有一个台阶，所以也称它为单步阶跃函数。图13-2的原始感知器使用阶跃函数作为其激活函数。阶跃函数通常如图13-20(a)所示。它在某个阈值前输出相同的值，超出阈值则输出其他的值。

当输入恰好达到阈值时，不同的人有不同的理解。在图13-20(a)中，显示了阈值处的值是台阶右侧的值，用实心圆表示。

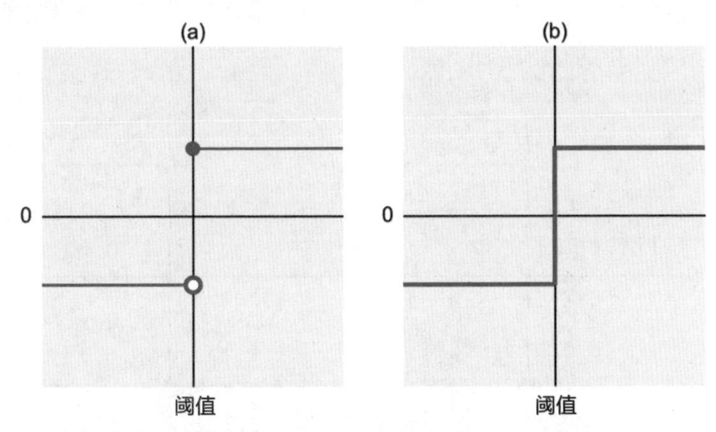


图13-20：阶跃函数有两个固定值，阈值$x$的左右各有一个

有些人对输入正好处于阈值时会发生什么描述地很随意，图13-20（b）绘制的图像，以强调函数的“步骤”。这是一种含糊的绘制图像的方法，因为当输入正好处于阈值时，我们不知道想要什么值，但这是一个经常出现的图示（通常用于我们不在乎在阈值处使用哪个值，所以可以选择我们喜欢的任何值）。

几个流行阶跃函数都有自己的名称，单位阶跃函数在阈值的左侧为0，在右侧为1，如图13-21的左图所示。

如果单位阶跃函数的阈值是0，那么它具体的名称为海维赛德阶跃函数，如图13-21的右图所示。

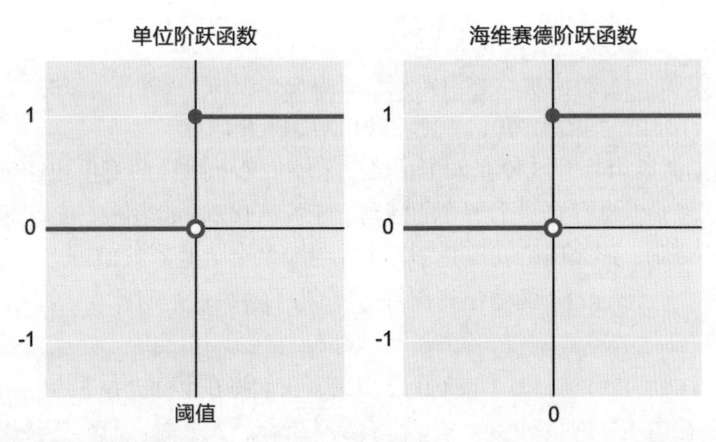


图13-21：左侧表示一个单位阶跃函数，它在阈值左侧的值为0，在右侧的值为1。右侧表示一个海维赛德阶跃函数，它是阈值为0的单位阶跃函数

最后，如果有一个海维赛德阶跃函数（阈值为0），但左边的值是-1而不是0，则称之为负号函数，如图13-22所示。符号函数有一个流行的变体，其中恰好为0的输入值被分配为0的输出值。这两种变体通常都被称为“符号函数”，因此当差异很重要时，值得注意的是要弄清楚所指的是哪一种。

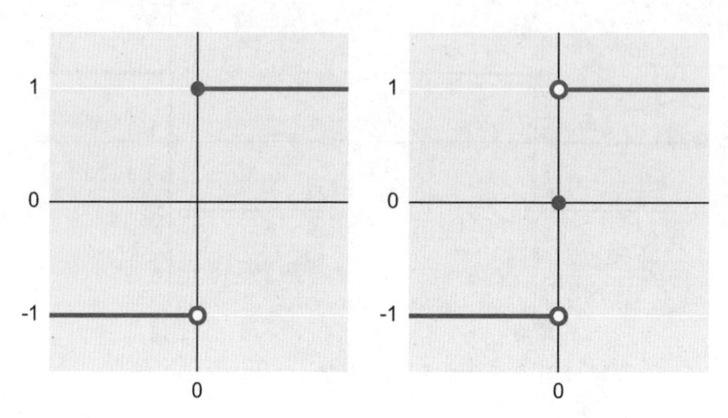


图13-22：符号函数的两个版本。左侧表示小于0的值分配-1的输出，其他值都是1。右侧像左侧一样，除了正好为0的输入得到值0

## 13.11.3 分段线性函数

如果一个函数由几个部分组成，每个部分都是一条直线，被称为分段线性函数。这仍然是一个非线性函数，因为将这些线段放在一起，不会形成一条直线。

也许最流行的激活函数是一种称为整流函数或线性整流函数的分段线性函数，缩写为ReLU（注意e是小写的）。这个名字来自一个叫作整流器的电子部件，它可以用来防止负电压从电路的一个端传递到另一个端（库法尔特 2017）。当电压为负时，物理整流器将其调整为0，整流线性函数对输入的数值也做同样的事情。

ReLU图像如图13-23所示。它由两条直线组成，但由于有折点，所以它不是线性函数。如果输入小于0，则输出为0，否则，输出与输入相同。

因为ReLU激活函数是一种在人工神经元末端加入非线性的简单快速转换的函数，所以它很受欢迎。但也存在一个潜在的问题，正如第14章中介绍的，如果输入的变化没有导致输出的变化，那么网络就停止学习了。对于每个负值，ReLU的输出都为0。如果输入从-3变为-2，那么ReLU的输出将保持为0。为了解决这个问题，一些ReLU变体很快出现了。

尽管存在这个问题，ReLU（或leaky ReLU，我们将在下面介绍）在实践中通常也表现良好，人们在构建新网络时经常将其作为默认选择，尤其是对于全连接层。除了这些激活函数在实践中运行良好之外，ReLU（利默和施坦查克 2017）还有完善的数学概念支撑，尽管我们在这里不会探究它们。

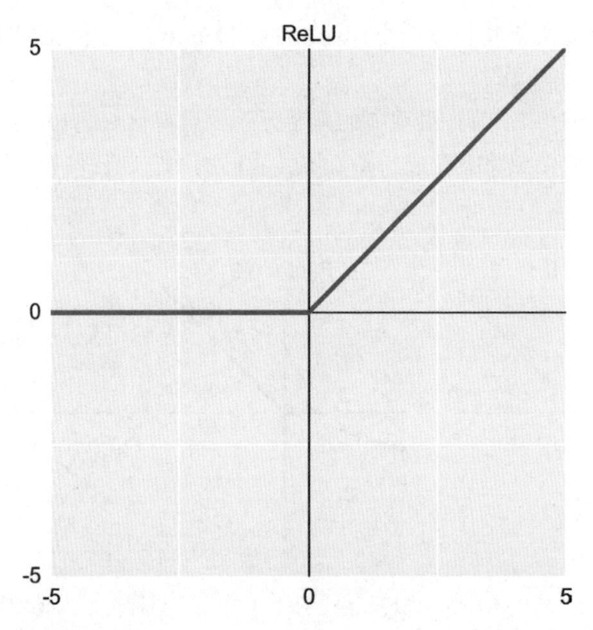

图13-23：整流线性函数。对于所有负输入，它输出0，否则输出与输入相同

leaky ReLU会更改负值的输出。该函数不是为任何负值输出0，而是输出按因子10缩小的输入，如图13-24所示。

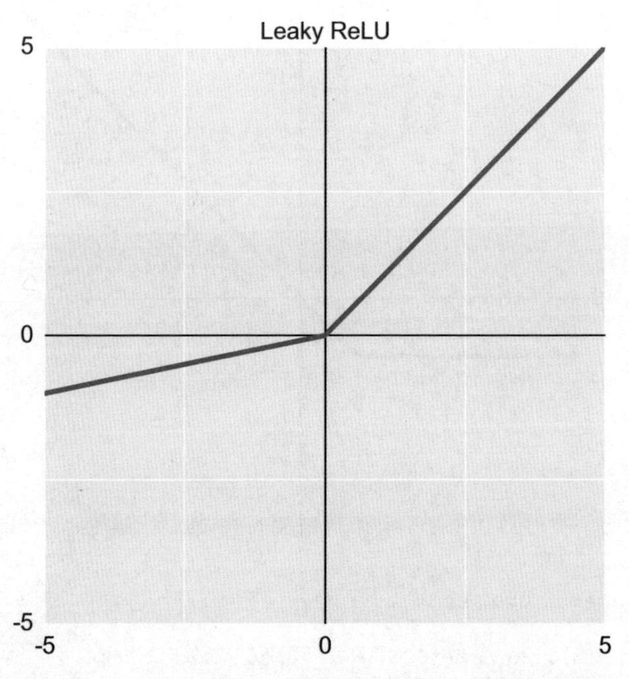

图13-24：leaky ReLU类似于ReLU，但是当$x$为负时，它返回一个按比例缩小的$x$值

当然，没有必要总是将负值缩小10倍，带参数的ReLU允许我们选择负数的缩放比例，如图13-25所示。

当使用带参数的ReLU时，最重要的是千万不要选择恰好为1.0的参数，因为这样就失去了转折，函数的图象将会变成一条直线，我们应用它的任何神经元都会与紧随其后的神经元一起坍缩。

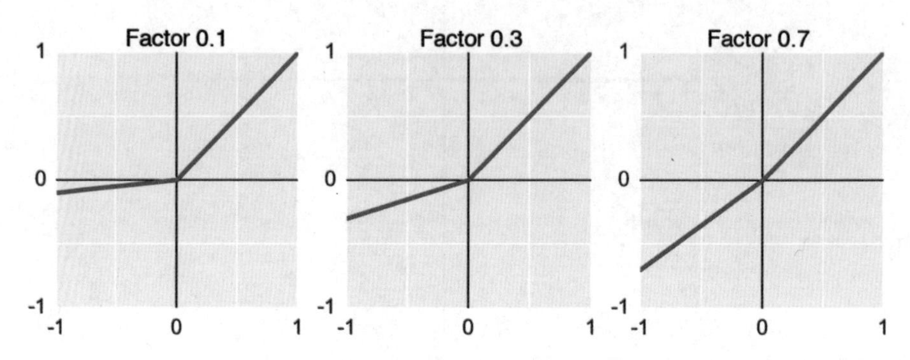


图13-25：带参数ReLU类似于leaky ReLU，但是可以指定小于0的x值的斜率

基本ReLU的另一个变体是移位ReLU，将转折点部分向下和向左移动，图13-26显示了移位ReLU的例子。

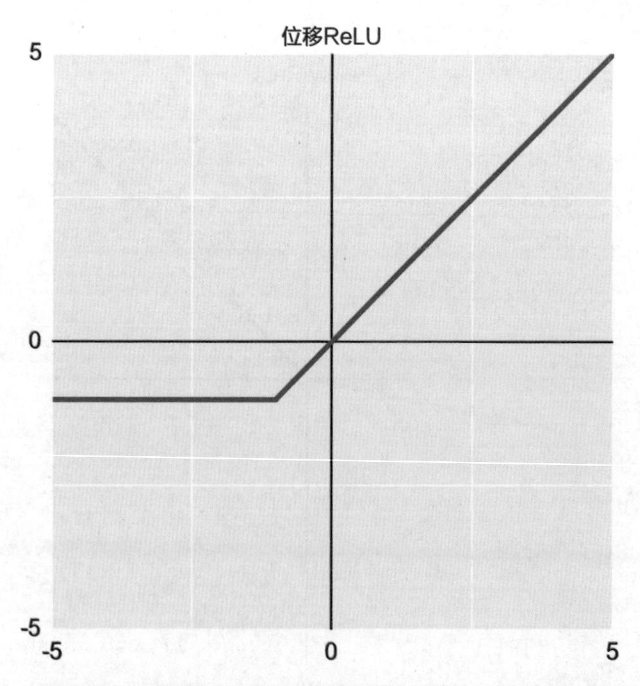


图13-26：移位ReLU将ReLU函数的转折处向下和向左移动

我们可以用一个被称为Maxout的激活函数来概括ReLU的各种变体（古德费洛等人2013）。Maxout允许定义一组直线，函数在每个点的输出是所有线中在该点对应的最大值。图13-27显示了只有两条线的Maxout，这形成了一个ReLU，以及另外两个使用更多线来创建更复杂形状的示例。

基本ReLU的另一个变化是，在通过标准ReLU运行之前，在输入中附加一个小的随机值。这个函数被称为噪声ReLU。

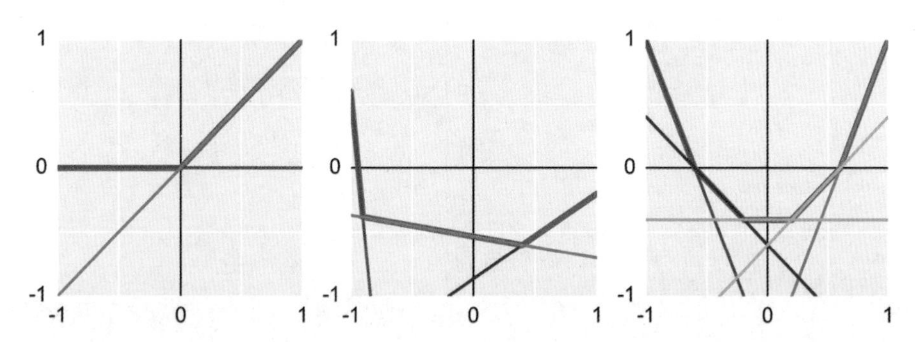


图13-27：Maxout函数允许用多条直线建立一个函数。粗红线是每组线在同一位置的最大输出

## 13.11.4 平滑函数

正如第14章中介绍的，神经网络训练的一个关键步骤是计算神经元输出的导数，这必然涉及神经元的激活函数。

在上一节中介绍的激活函数（线性函数除外）通过使用多条直线创建一个带转折的函数来保证它们的非线性。从数学上讲，在两条直线之间的转折处没有导数，因此函数不是线性的。

如果这些转折阻碍了导数的计算，而导数是训练网络所必需的，那么为什么像ReLU这样的函数会生效并且如此流行？事实证明，有一些数学技巧可以处理像ReLU中一样的转折点，并且仍然可以产生导数（奥本海姆和纳瓦卜 1996）。这些技巧并不适用于所有函数，但前面介绍的函数允许使用这些技巧，因为它们被提出时就是基于这些数学思想。

除了使用经过处理的多条直线之外，还有一种方法是使用平滑函数作为激活函数。该函数在每个地方都有导数，也就是说，它们到处都是光滑的。下面介绍几个流行的平滑激活函数。

softplus函数是ReLU的平滑版本，如图13-28所示。

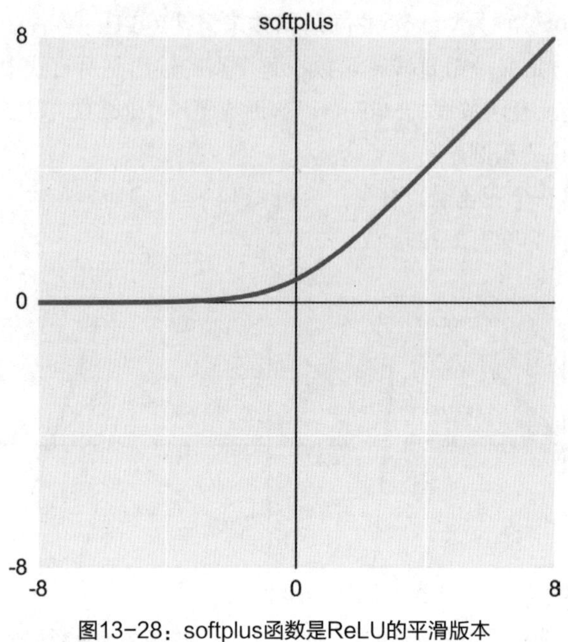

图13-28：softplus函数是ReLU的平滑版本

我们也可以使用移位ReLU的平滑版本，被称为指数ReLU，或ELU，如图13-29所示。

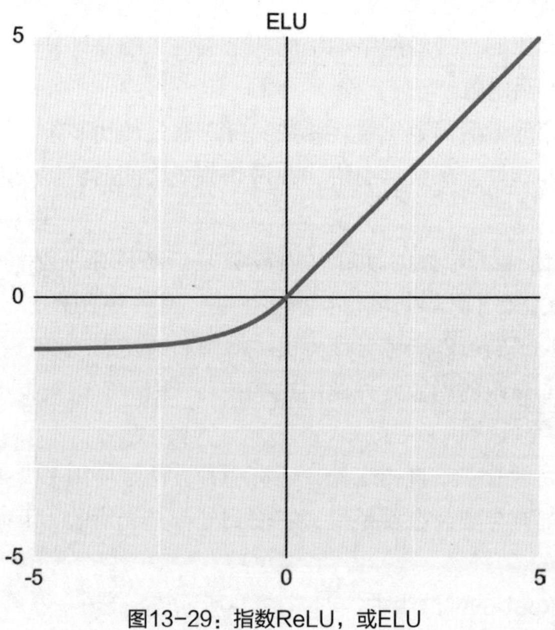

图13-29：指数ReLU，或ELU

另一种平滑ReLU的方法叫作swish函数（拉马钱德兰、琐法与李 2017）。图13-30显示了它的图像。它本质上是一个ReLU，但是在0的左边有一个小的平滑的凸起，然后就保持平坦了。

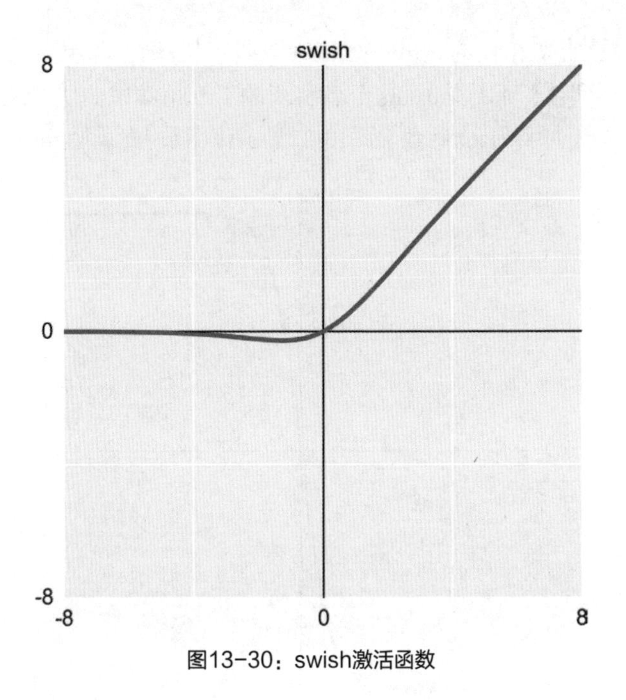

图13-30：swish激活函数

另一个常用的平滑激活函数是sigmoid函数，也被称为logistic函数或logistic曲线，这是海维赛德阶跃函数的平滑版本。sigmoid函数的名称来源于曲线与S形的相似性，而其他名称则代表其数学特征。图13-31显示了该函数。

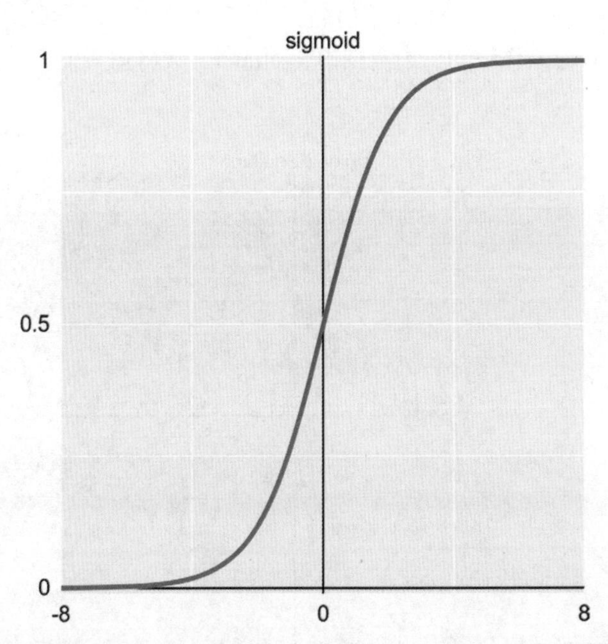

图13-31：S形sigmoid函数也称为logistic函数或logistic曲线。对于负的输入，其值为0；对于正的输入，其值为1。对于约-8至8范围内的输入，它在两者之间平滑过渡

与sigmoid函数密切相关的是另一个称为双曲正切的数学函数。这很像sigmoid函数，但负值被映射到-1，而不是0。这个名字来源于三角学中曲线的起源，该名字有些长，所以通常被简单地写成tanh函数。图13-32显示该函数。

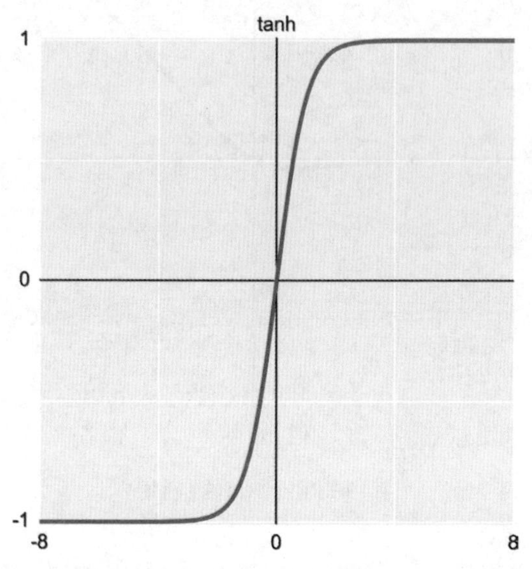


图13-32：tanh表示的双曲正切函数是S形的，类似于图13-31中的sigmoid函数。主要区别在于，对于负的输入，它返回的值为-1，过渡带稍窄

sigmoid函数和tanh函数都将从负无穷到正无穷的整个输入压缩为小范围的输出值。Sigmoid函数将所有输入压缩到(0,1)范围内，而tanh函数将输入值压缩到(-1,1)范围内，如图13-33所示。

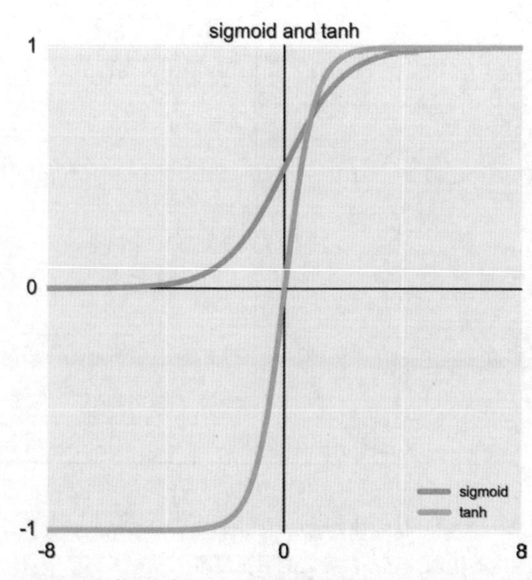


图13-33：sigmoid函数（橙色）和tanh函数（青色），均绘制在-8至8的输入范围内

另一个平滑激活函数使用正弦波曲线（西茨曼 2020），如图13-34所示。这会像tanh函数一样将输出压缩到(-1,1)范围内，但对于远离0的输入，不会趋向平稳（或停止变化）。

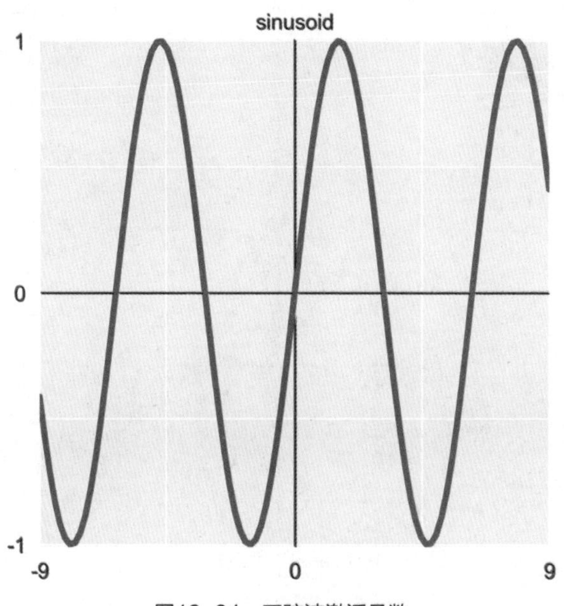


图13-34：正弦波激活函数

## 13.11.5 激活函数图像总结

图13-35总结了本章讨论过的激活函数。

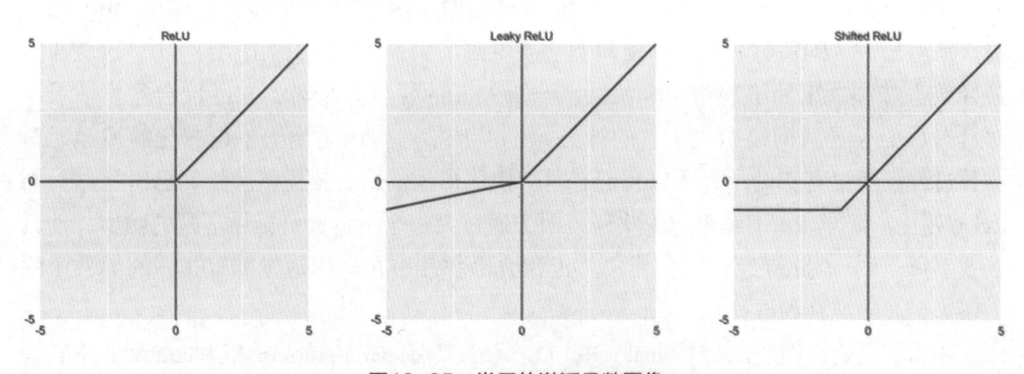


图13-35：常用的激活函数图像

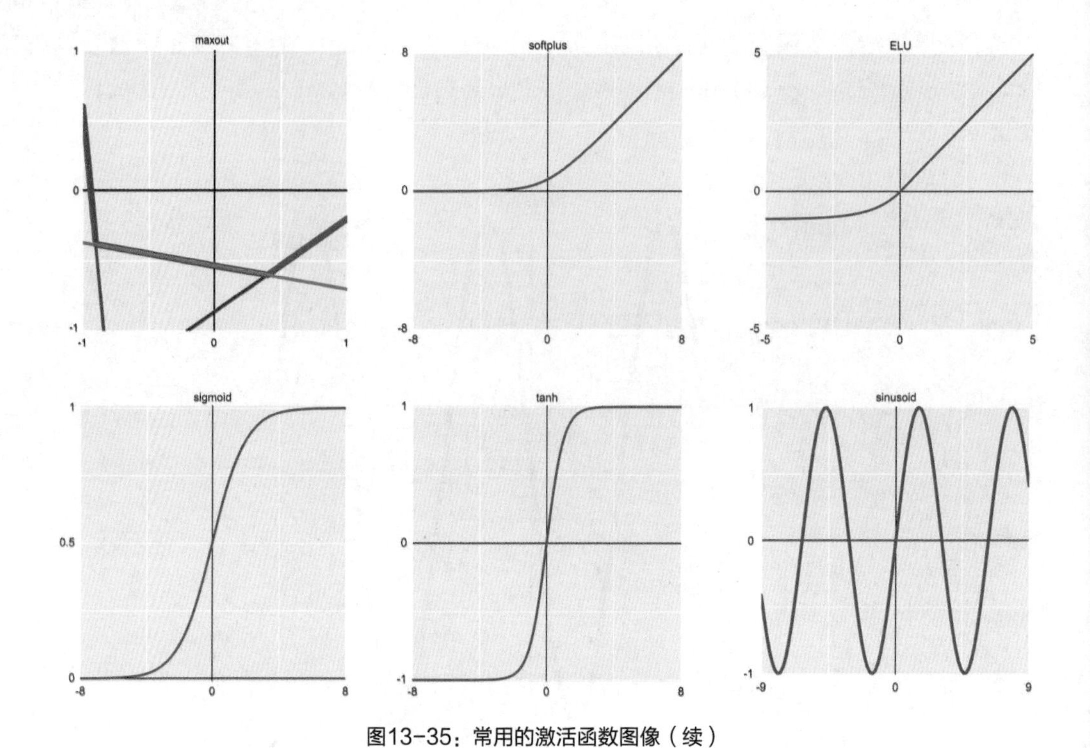


图13-35：常用的激活函数图像（续）

## 13.11.6 比较激活函数

ReLU曾经是最流行的激活函数，但近年来，leaky ReLU越来越流行。实践证明包含leaky ReLU的神经网络通常训练得更快。

这是因为原生ReLU有一个问题，就是当ReLU的输入为负值时，其输出为0。如果输入是一个很大的负数，那么即便我们适当更改了它，ReLU的输出仍然是0，这意味着其导数也是零。正如第14章中介绍的，当神经元的导数为零时，它不仅会停止学习，而且有可能会导致网络中先于它的神经元也停止学习。因为输出不再变化的神经元对学习过程已经没有帮助了，所以我们有时会使用形象的语言描述该神经元已经死亡。与ReLU相比，leaky ReLU越来越受欢迎，因为通过为每个负输入值提供不同的输出，使其导数不再是0，因此神经元不会死亡。正弦波函数几乎在任何地方都有非零的导数（除了在每个波的波峰和波谷）。

介绍了最受欢迎的ReLU和leaky ReLU，紧随其后的是sigmoid函数和tanh函数。它们的吸引力在于函数的平滑性质，并且输出被限制在(0,1)或(-1,1)范围内。经验表明，当它的所有输出值都在一个有限的范围内时，网络的学习效率最高。

没有确切的理论告诉我们哪种激活函数在特定网络的特定层中最有效，我们通常会从使用熟悉的激活函数开始，如果学习的进展太慢，再尝试其他选择。

在许多情况下，一些经验法则给了我们一个良好的建议。一般来说，经常将ReLU或leaky ReLU应用于隐藏层上的大多数神经元，特别是全连接层。对于回归网络，通常在最后一层不使用激活函数（如果必须指定一个，我们会使用线性激活函数，这相当于没有改变输出），因为我们关心具体的输出值。当只对两个类进行分类时，我们只有一个输出值，经常应用sigmoid函数将输出清楚地导向到一个类或另一个类。对于具有两个以上类的分类网络，我们经常使用一种稍微不同的激活函数，将在下面详细介绍。

## 13.12 Softmax函数

当且仅当用于分类的神经网络的输出神经元有2个或多个时，我们经常会采用一种操作。这种操作不是我们一直在使用的激活函数，因为它同时将所有输出神经元的输出作为输入，并一起处理，然后为每个神经元产生一个新的输出值。虽然它不是一个激活函数，但它的意义与激活函数类似，值得我们将其纳入本节讨论。

这项技术被称为softmax函数。Softmax函数的目的是将来自分类网络的原始数据转化为类别概率。

重点是softmax函数可以取代任何用于输出神经元的激活函数。也就是说，我们不给输出神经元指定任何激活函数（或者应用线性函数），然后将这些输出值输入到softmax函数中。

这个机制涉及到神经网络预测的数学原理，此处不讨论这些细节。图13-36展示softmax函数的总体思路：输入分数、输出概率。

每个输出神经元都输出一个值或分数，该值或分数对应于网络认为输入属于该类的程度。在图13-36中，我们假设数据中有三个类，分别命名为A、B和C，这3个输出神经元中的每一个都为其类打分。分数越大，系统就越确定输入属于该类。

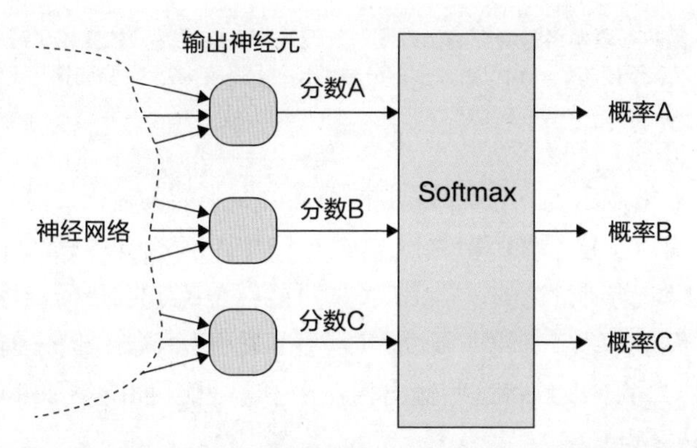


图13-36：softmax函数获取网络的所有输出并同时修改它们，将分数变成了概率

如果一个类的分数比其他类的分数大，这意味着网络认为输入属于该类的可能性更大。但这些分数并不是为了以方便的方式进行比较而设计的，例如，如果A的分数是B的2倍，这并不意味着A的可能性是B的2倍，而只是意味着A更有可能。因为像“2倍可能性”这样的结果比较具体，所以使用softmax函数将输出分数转化为概率。现在，如果A的softmax函数输出是B的两倍，那么A的可能性确实是B的2倍。这是查看网络输出的一种非常有用的方法，几乎总是在分类网络的末尾使用softmax函数。

想让输出代表概率，需要满足2个条件：每个值都在0和1之间，并且所有值加起来等于1。如果我们只是独立地修改网络的每个输出值，就无法获知其他值，也不能确保它们加起来刚好等于1。但当我们将所有输出交给softmax函数时，它可以同时调整所有值，使其总和为1。

下面通过图13-37看看softmax函数的运行情况。

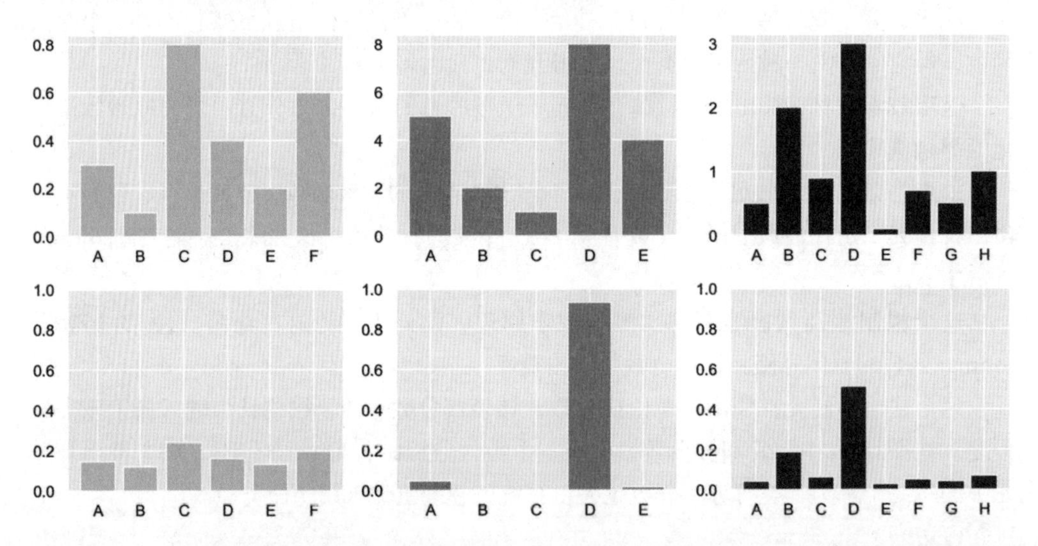


图13-37：softmax函数获取网络的所有输出并同时修改它们，结果是分数变成了概率。第一行表示来自分类器的分数；第二行表示通过softmax函数根据分数得出的概率结果。需要注意，上排的图表的垂直比例不同

图13-37的左上角显示了具有6个输出神经元的分类器的输出，我们将其标记为A到F。在本例中，所有六个值都在0和1之间。从这个图中，我们可以看到B类的值是0.1，C类的值为0.8。正如之前所讨论的，得出C类的可能性是B类的8倍的结论是错误的，因为这些是分数，而不是概率。我们可以说，C类比B类更有可能，但任何更多的细节都需要一些数学运算。为了有效地将这些输出相互比较，我们可以应用softmax函数来进行数学运算，并将其转换为概率。

在图13-37的左下角的图表中显示了softmax函数的输出。这些是属于6个类别中每一个类别的输入的概率。值得注意的是，像C和F这样的大数值会被缩小很多，但像B这样

的小数值几乎没有缩小。这是0和1之间的分数如何转化为概率的自然结果。但按大小排列的条形图仍然与分数相同（C最大，然后是F，接着是D，依此类推）。从当前图表中softmax函数产生的概率可以看出，C类的概率约为0.25，B类的概率为0.15。我们可以得出结论，输入属于C类的可能性是B类的1.5倍多一点。

图13-37的右侧两行显示了另外两个神经网络运用softmax函数之前和之后的输出。这三个例子表明，softmax函数的输出取决于输入是否都小于1。图13-37中的输入范围从左到右分别为(0,0.8)、(0,8)和(0,3)。softmax函数保留了其输入的排序（也就是说，如果我们将输入从最大到最小排序，则它们在输出上匹配类似的排序）。但是，当一些输入值大于1时，最大的值往往更突出。我们说softmax函数放大了具有最大值的输出的影响，有时也会说softmax函数弱化了其他值，使最大的值更明显地支配了其他值。

图13-37显示了输入范围对softmax函数的输出产生了很大的影响。softmax函数还有一个有趣的行为，这取决于输入值是全部小于1、全部大于1还是混合出现。

在图13-37的最左边，所有的输入都小于1，在(0,0.8)的范围内。

在中间的图中，输入值都大于1，范围为(0,8)。请注意，在输出中，D的值（对应于8）明显主导了所有其他值。softmax函数放大了输出之间的差异，从而更容易将D选为最大值。

在图13-37的最右边，既有小于1又有大于1的值，总体在(0,3)的范围内。这里的放大效果介于左图和中图之间，左图的所有输入都小于1，中图的所有输入均大于1。

在所有情况下，softmax函数都会返回概率，每个概率都在0到1之间，并且总和为1。输入的顺序始终保持不变，因此从最大到最小的输入序列也是从最大到最小的输出序列。

## 13.13 本章总结

真实的生物神经元是复杂的神经细胞，通过极其复杂的化学、电学和机械过程来处理信息。尽管它与人工神经元之间存在巨大的差距，但生物神经元为人工神经元的简单计算结构提供了灵感。人工神经元将每个输入值乘以相应的权重，再将结果相加，并传递给激活函数。可以把人工神经元组装成网络，通常，这些网络是DAG，它们是有向的（信息只在一个方向上流动），是非循环的（没有神经元接收自己的输出作为输入），并且它们是图状的（神经元彼此连接）。输入数据从一端进入，输出结果显示在另一端。

接着介绍了如果在构建网络时不小心，整个网络最终会坍缩成一个神经元。我们通过使用激活函数来防止这种情况的出现，激活函数是一个简单函数，它获取每个神经元的输出并将其转换为新的数值。这些函数被设计成非线性的，意味着它们不能仅仅通过加法和乘法等运算来描述。正是这种非线性特征使网络无法等效为单个神经元。在本章最后介绍了一些更常见的激活函数，以及softmax函数如何将我们从神经网络获得的输出分数转化为每个类的概率。

未经训练的深度学习系统与经过训练并准备部署的系统之间的唯一区别在于权重的数值。训练或学习的目标是找到最佳权重的值，以便网络的输出对于绝大部分的样本是正确的。由于权重最初使用随机数赋值，所以我们需要一些有效的方法在训练的过程中不断优化这些权重。在第14章和第15章中，将通过观察两种关键算法来了解神经网络是如何学习的，这两种算法可以逐渐优化起始权重，将网络的输出转化为准确、有用的结果。

# 第14章

# 反向传播算法

正如上一章所介绍的，神经网络是神经元的集合，每个神经元都独立完成自己的计算任务，然后将结果传递给其他神经元。我们如何才能有效地训练神经网络并得到想要的结果呢？

答案是使用反向传播算法，简称反向传播。如果没有反向传播，现今深度学习就不会被广泛使用，因为我们无法在合理的时间内训练大型网络。每个现代深度学习库都提供了稳定高效的反向传播算法的实现。尽管大多数人不会自己去实现反向传播，但理解原理很重要，因为很多深度学习系统都依赖于它。

大多数反向传播算法的介绍都是以数学公式呈现的，比如一组带有相关论述过程的方程组（富勒 2010）。和往常一样，我们将省略这些数学公式，转而关注概念。本章将讨论反向传播的核心，也是本书最详细的部分。第一次读本章，你可以简略阅读，了解反向传播过程中发生了什么以及如何发生的即可。然后，如果有必要，你可以再次跟着本章按照个人的学习步骤来仔细思考。

## 14.1 训练过程概述

神经网络通过不断降低结果的误差来实现学习过程。首先为误差定义一个名称，可以称为“成本”“损失”或“惩罚值”。在训练过程中，神经网络将不断降低这个数值，使输出值更加接近我们想要的结果。

### 14.1.1 降低误差

假设有一个分类器，它将每个输入标识为五个类中的一个，编号为从1到5。具有最大输出值的类是网络对输入数据的预测。一开始，分类器是全新的，没有经过训练，所以所有的权重都被初始化称为小的随机值。图14-1显示了对第一个输入样本进行分类的网络。

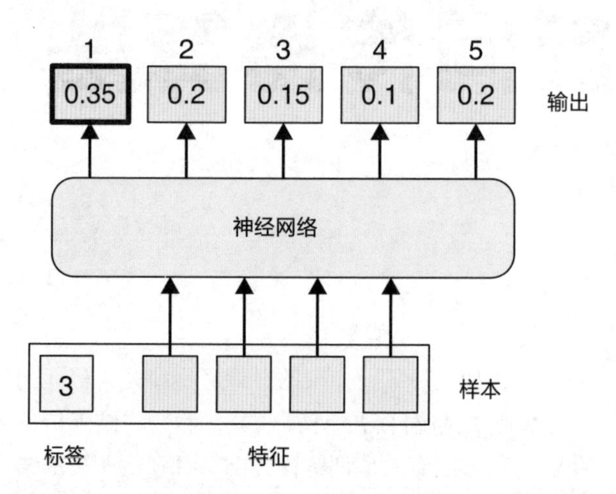


图14-1：神经网络预测该样本为第1类，但我们想让它预测为第3类

在这个例子中，神经网络已经预测了样本属于类别1，因为最大输出0.35来自输出1（我们假设在网络的末端有一个softmax层，确保输出概率加起来为1）。不幸的是，该样本被标记为属于类别3，神经网络没有得到期待的正确答案。神经网络包含了数千甚至数百万个权重，而它们目前都是随机的初始值，因此，输出也只是随机值。即使网络预测了这个样本为类别3，那也只是巧合罢了。

当预测与该样本的标签不匹配时，我们可以用一个数值来描述这个答案的错误程度。例如，如果一个神经网络给第3个分类结果的分数更高，我们认为神经网络表现得比其他类分配最高的分数要更准确（或错误更少）。我们把这个描述标签和预测之间的不匹配程度的数字称为“误差值”，或者“误差”，有时还称为“惩罚值”或者“损失”（“损失”这个词与“误差”作为同义词可能比较奇怪，不过我们可以想象成有多少信息因为答案有“误差”而“丢失”，可能会有助于理解）。

误差（或损失）可以是任何浮点型数值，但是通常把它设置为正数。误差越大，神经网络对这个输入标签的预测就越“错误”。误差为0意味着神经网络100%正确地预测了样本的标签。在理想状态下，神经网络会把训练集中的每个样本的误差都降到零。但实际上，通常只能尽量使其接近零。

虽然在本章中，我们着重于减少特定样本（或样本组）的误差，但最终目标是最小化整个训练集的总误差，这通常就是单个误差的总和。

我们选择的衡量误差的方式对引导神经网络学习的过程有重大影响。然而，这种想法似乎有点落后，因为误差只会告诉神经网络不要做什么。这就像是一句关于雕刻的伪名言：要雕刻一头大象，你只需把一块石头中所有看起来不像大象的东西切掉（Quote Investigator网站 2020）。

在本例中，我们将从一个初始的神经网络开始，然后使用“误差”来剔除所有不想要的影响。换句话说，我们并不是真正去教导神经网络如何找到正确的答案，相反，是通过给错误答案分配一个正的“误差”值来避免它。神经网络减少整体误差的唯一方法就是避免出现错误答案，这也是它的学习目标。更明确的表述是：为了得到期望的响应，我们需要避免那些不想要的影响。

如果我们想同时降低几个误差项，那就为每个误差项计算一个误差值，并将它们相加得到总误差。例如，我们希望分类器预测正确的类，并为其分配一个至少是第2名两倍大的分数。我们可以计算代表这两种期望的数值，并将它们的总和用作误差项。神经网络将误差降到零（或尽可能接近零）的唯一方法是改变其权重，以实现这两个分类目标。

一个流行的误差修正方式来源于实验观察。当网络中的权重都在小范围内时，学习过程通常是最有效的，例如[-1,1]。为了确保这一点，我们可以设置一个误差项，当权重离这个范围较远时，该误差项的值增大，称为正则化。为了使误差最小化，神经网络将通过学习来保持较小的权重。

上述内容都引出了这样一个问题，即神经网络究竟如何才能降低学习误差？这也是本章的重点。

为了易于理解，我们将仅使用一个误差项来表示神经网络预测和标签之间的不匹配。我们的第一个神经网络学习算法只是一个思想实验，因为它的速度慢得离谱。但是，这个实验的思路构成了我们在本章稍后讨论的高效技术的概念基础。

### 14.1.2 一种缓慢的学习算法

下面继续使用监督学习来训练分类器。我们将给神经网络一个样本，并将系统的预测与样本的标签进行比较。如果神经网络得出了正确的答案，即预测到了正确的标签，我们就不会改变任何事情，继续下一个样本俗话说，“If it ain't broke, don't fix it.”（如果东西没坏，就不要把它修得更糟）。但是，如果特定样本的结果不正确，我们将尝试改进。

下面以一种简单的方式进行改进。我们将从整个网络中随机选择一个权重，并暂时冻结其他权重值不变。假设我们已经知道当前权重对应的误差值，然后创建一个以零为中心的小随机值，将其称为m，并与权重值相加，然后再次重新评估同一样本。这种对一个权重的改变会在网络的其余部分产生连锁反应，依赖于当前神经元输出的每个神经元的输出也会发生变化。结果是一组新的预测值，因此该样本有了新的误差。

如果新的误差比以前的误差少，证明我们的方向选对了，将保持这种更改。如果结果没有变得更好，那么我们需要撤销更改。现在我们随机选择另一个权重，修改另一个随机量，重新评估网络，看看是否想保持这种变化。再选择另一种权重并修改，不断重复。

我们可以继续微调权重，直到误差有了一定程度的改善，就认为已经足够，或者由于其他原因我们决定停止。此时，可以继续选择下一个样本并再次调整权重。当训练集中的所有样本都用完，也可以一遍又一遍地（可能以不同的顺序）复用它们。我们的想法是，每一个小的改进都能让神经网络更准确地预测每个样本的标签。

使用这种技术，神经网络会慢慢改善，当然这个过程中也可能会出现反复。例如，后面训练的样本可能会将神经网络在前一样本训练中所作的改进再修改回来。

如果有足够的时间和资源，可以预计神经网络最终会改进到能够尽可能准确地预测每个样本的程度。这句话中最重要的一个词是“最终”。正如“水最终将沸腾”或“仙女座星系最终将与我们的银河系相撞”（NASA 2012）一样。尽管这些概念是正确的，但这种技术绝对不实用。现代神经网络可能拥有数百万个权重，试图用这种算法为所有权重找到最佳值是不现实的。

木章的目标是利用这个思想设计一个更加实用的算法。

在开始之前，由于我们专注于调整权重，每个神经元的偏差权重也会自动被调整，这要归功于在第13章中看到的偏差技巧。这意味着我们不必单独考虑偏差，从而降低工作量。

接下来将介绍如何改进这个超级缓慢的权重调整算法。

### 14.1.3 梯度下降

上一节的算法改进了神经网络，但速度很慢。效率低的一个主要原因是，对权重调整有一半的概率是朝着错误方向进行的。例如我们本该减少权重，却为它增加了一个值，反之亦然。这就是为什么误差增大时，我们不得不撤消更改。另一个问题是，逐一对每个权重进行调整，需要评估大量的样本。下面就来解决这些问题。

如果事先知道应该把每个权重进行加强还是减弱，就可以把训练速度提高一倍。我们可以从误差相对于该权重的梯度中得到确切的信息。回想一下第5章中介绍的梯度，它告诉我们曲面的高度是如何随着每个参数的变化而变化的。让我们把这个思想运用到实际例子中。

和以前一样，除了正在调整的权重，我们暂时保持神经网络中其他参数不变。如果用水平轴表示该权重的值，用垂直轴表示该权重下神经网络的误差。这些元素组合在一起形成了一条被称为误差曲线的图形。在这种情况下，我们可以通过找到该权重下误差曲线的斜率来找到在任何特定权重值下误差的梯度（或导数）。

如果权重正上方的梯度是正的（也就是说，当我们向右移动时，误差曲线呈向上趋势），那么增加权重的值（向右移动）会导致误差增加。所以此时减少权重的值（向左移动），会使误差下降。如果误差的斜率为负值，则情况相反。

图14-2显示了两个例子。

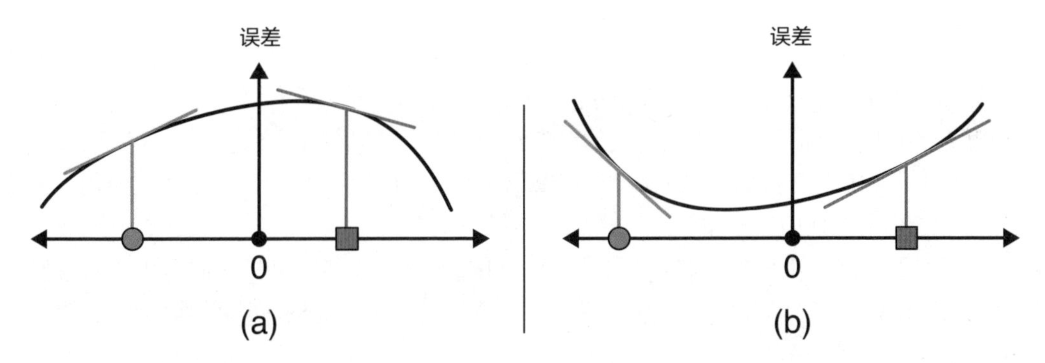


图14-2：梯度告诉我们，对于两条不同的误差曲线，减小或增加权重时，误差（黑色曲线）会发生什么变化

神经网络中，因为每个权重对最终误差的影响不同，所以每个权重的误差曲线也是不同的。但是，如果能找到特定权重的梯度，就避免了调整权重时的尝试过程（尝试应该增大还是减少权重，以及带来了误差的增加还是减少）。如果能找到所有权重的梯度，就可以同时调整所有权重，而不是一个接一个地调整。如果能够同时调整每个权重，使用其特定的梯度来显示是将其变大还是变小，就得到了一种改善神经网络的高效方法。

我们称使用梯度的概念来调整每个权重，从而降低误差值的方法为梯度下降算法。

在深入研究梯度下降之前，首先明确该算法的假设。在得到某一样本的错误预测后，同时对每个权重进行独立调整，不仅会降低该样本的误差，还会降低整个训练集的误差，进而降低在网络发布后遇到的所有数据的误差。这是一个大胆的假设，因为我们已经注意到改变一个权重会在网络的其他部分产生连锁反应。改变一个神经元的输出会改变使用该值的所有神经元的输入，从而改变整体输出，这也会改变它们的梯度。如果我们运气不好，一些具有正梯度的权重调整完可能具有负梯度，反之亦然。这意味着，如果我们持续根据计算出的梯度来改变这些权重，可能会使误差更大，而不是更小。为了解决这个问题，我们通常会对每个权重进行微小的调整，并且希望改善效果能够弥补过程中出现的错误。

## 14.2 快速开始

下面分两步来调整网络的权重，进而减少总体误差。第一步为反向传播算法，简称反向传播。我们访问每个神经元，计算并将神经网络误差相关的数值存储在神经元内部。一旦每个神经元都有了这个数值，就可以用它来更新该神经元的权重了。第二步为更新步骤或优化步骤。它通常不被认为是反向传播的一部分，但有时人们也会将这两个步骤放在一起，并将整个过程称为反向传播。本章只关注第一步，第15章侧重于优化步骤。

在本章的讨论中，我们将忽略激活函数。它们的非线性性质对神经网络的工作至关重要，但该性质引入了许多与反向传播本质无关的细节。尽管在任何反向传播的实现中都肯定会考虑到激活函数，但为了更清晰简洁地讨论，暂时忽略它们。

基于这种简化，我们可以观察到，当神经网络中的任一神经元的输出发生变化，最终的输出误差会发生成比例的变化。

接下来再进一步分析。我们只关心神经网络中两种类型的值，它们是权重（我们可以随意设置和更改）和神经元输出（它们是自动计算的，无法直接控制）。除了第一层，神经元的输入值都是前一个神经元的输出乘以输出所经过的边的权重得到的结果。每个神经元的输出都是所有加权输入的总和。如果没有激活函数，神经元输出的变化都与输入的变化或输入的权重成比例。如果输入本身是恒定的，那么神经元的输出发生变化（从而影响最终误差）的唯一途径是其输入边上的权重发生变化。

想象一下，若改变一个神经元的输出值，作为结果的神经网络的误差会发生什么变化？如果没有激活函数，网络中唯一的运算就是乘法和加法。如果把计算过程写下来，结果将证明最终误差的变化总是与神经元输出的变化成正比。

最终误差的变化是神经元的输出变化乘以某个数值得到的。这个数值有多种名称，但最流行的是用小写的希腊字母 δ (delta)表示，有时也会使用大写的 Δ 。数学家经常使用 δ 字符来表示某种类型的“变化”，所以这是一个简洁的名称。

每个神经元都有一个与之相关的 δ ，这是用当前样本评估当前神经网络的结果，是一个实数，可以大也可以小，可以正也可以负。假设神经网络的输入没有变化，如果冻结网络的其余部分，只将一个神经元的输出变化为特定的量，我们可以将该变化乘以神经元的 δ ，看看整个网络的输出将如何变化。

为了说明这个观点，先了解神经元的输出。在该值出现之前向其输出中添加一些任意的数字，下页图14-3以图形展示了这个过程，其中字母m（表示修改）表示该额外值。

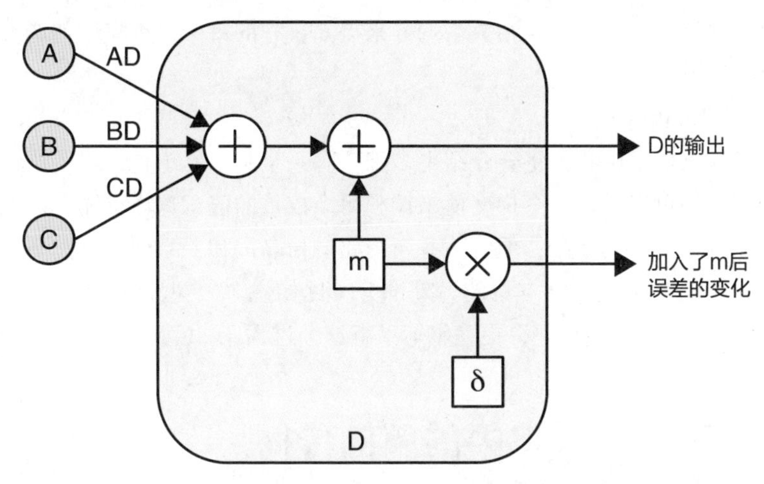


图14-3：计算一个神经元输出值的变化引起的整个神经网络最终误差的变化

m会改变输出值，因此最终误差的变化是m乘以神经元的δ。

在图14-3中，通过将值m放在神经元内直接更改输出。同样，也可以通过改变其中一个输入来改变输出。与图14-3的逻辑相同，我们可以将m加到来自神经元B的输出值上，如图14-4所示。重点是D的输出因m而改变了。由于我们仍然只是通过m改变输出，所以可通过乘以与图14-3中相同的δ值来找到最终误差的变化。

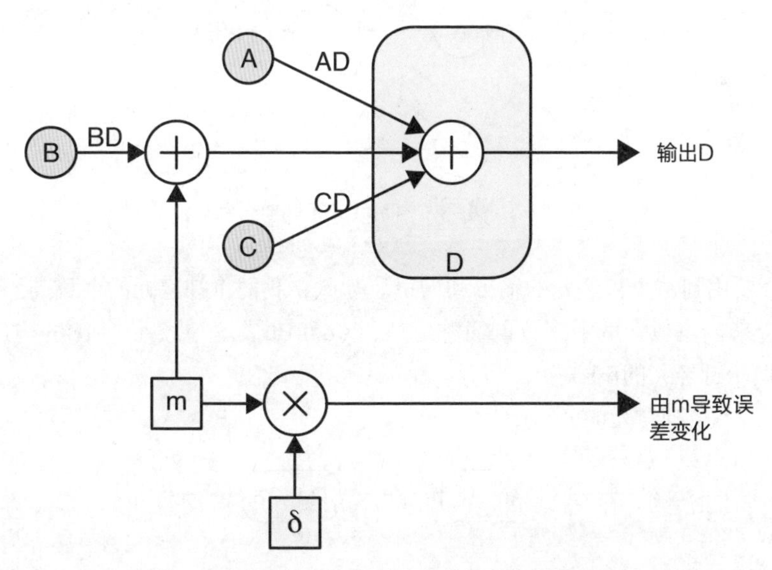


图14-4：图14-3的一个变体，其中将m添加到B的输出上（在它乘以BD的权重之后）

图14-3和图14-4说明我们可以通过调整网络中任意一个神经元的输出或权重，来改变神经网络最终的输出。

我们可以通过与每个神经元相关联的δ来得知，它的每个权重应该朝增大方向还是减小方向进行调整。

接下来再看一个例子。

请注意，这个例子中我们将会介绍更多细节。一个基本思想是，误差会给每个权重一个梯度值，然后可以使用这个梯度值来调整每个权重的值，这样整体误差就会减少。这方面的机制并不是特别复杂，但有一些新思路、新名词和一系列细节需要介绍。如果感觉太难了，可以先浏览一下本章的另外部分（比如说，“大型神经网络中的反向传播算法”一节），然后再回到这里，更完整地了解这个过程。

## 14.3 微型神经网络中的反向传播

为了掌握反向传播算法，首先需要构建一个微型神经网络，这个网络被用于将2D点分为2个类，分别为类1和类2。如果这些点可以用一条直线分开，那么我们只需要一个神经元就可以完成这项工作。我们使用一个小网络，因为它可以验证一般原理。首先观察该神经网络，并给所有有关的部分设置名称。这将使以后的讨论更简单，更容易理解。图14-5显示了微型神经网络，以及8个权重的名称。为了简单，我们将在神经元C和D之后省略通常的softmax步骤。

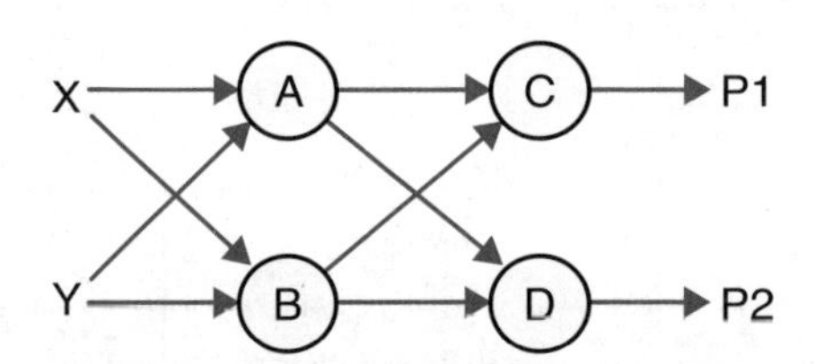


图14-5：具有4个神经元的简单神经网络

最后，要用到每个神经元的输出和增量。为此，我们将神经元的名称与想要使用的数值相结合来创建包含两个字母的简称。所以Ao和Bo表示神经元A和B的输出，Aδ和Bδ表示这两个神经元的δ值。

图14-6展示了神经元的值。

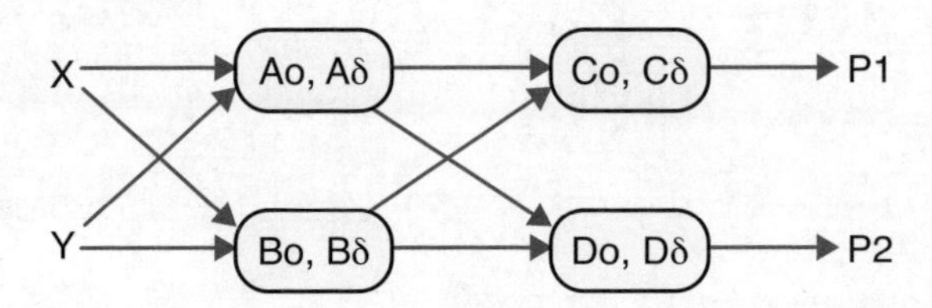


图14-6：简单神经网络，包含每个神经元的输出和增量值

我们可以观察当神经元输出发生变化时，是如何导致误差变化的。我们将神经元A的输出因m的变化而发生的变化标记为Am，将网络的最终误差标记为E，并将由此产生的误差变化标记为Em。

现在，我们可以更精确地了解当神经元的输出发生变化时，误差会如何变化。如果神经元A的输出变化了Am，那么将这个变化乘以Aδ就会得到误差的变化。也就是说，变化Em由Am × Aδ得出。我们认为Aδ的作用是乘以或缩放神经元A输出的变化，从而使误差发生相应的变化。图14-7展示了本章中使用的数学原理，即用于可视化神经元输出的变化通过其增量进行缩放以产生误差变化的过程。

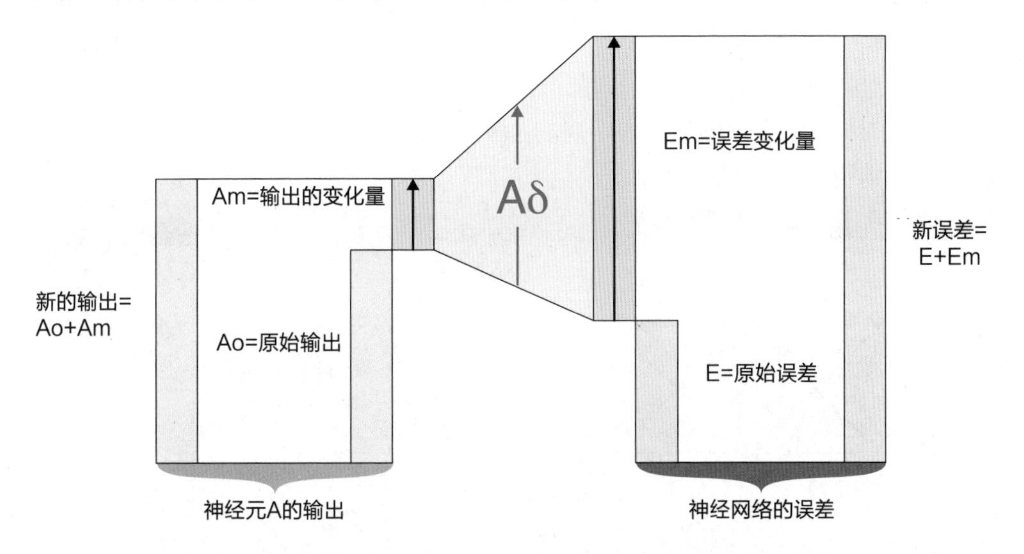


图14-7：示意图直观展示了一个神经元输出变化如何改变神经网络误差

在图14-7的左侧，从神经元A开始。A的起始输出是Ao，输出经过了Am的变化，变为了新的输出Ao + Am。Am框内的箭头表示这种变化是正的。这个变化乘以Aδ，得到误差的变化Em。我们将这个运算显示为一个梯形，说明Am被放大了。将Em添加到误差E的前一个值上，得到了新的误差E + Em。在这种情况下，Am和Aδ都是正的，因此误差Am × Aδ的变化也是正的，所以最终误差增加了。当Am或Aδ中的一个（但不是两者同时）为负时，误差将会减小。

现在我们已经介绍了一些专业名词，接下来开始反向传播算法的介绍。

## 14.3.1 寻找输出神经元的增量

反向传播就是找到每个神经元的δ值。为此，我们在网络的末端找到误差的梯度，然后将这些梯度向后传播或移动到起点。所以，我们从最后一层（输出层）开始。

### （1）计算网络误差

在微型网络中，神经元C和D的输出分别给了输入数据属于类1或类2的概率。在理想情况下，属于类1的样本将为P1产生1.0的值，为P2产生0.0的值，这意味着系统确信它属于类1，同时确信它不属于类2。如果系统不太确定，可能会得到P1 = 0.8和P2 = 0.2，这告诉我们样本更有可能属于类1。

我们想用一个数值来表示神经网络的误差。为此，将P1和P2的值与此样本的标签进行比较。进行比较的最简单方法是，如果标签经过独热编码，正如第10章中介绍的那样。回想一下，独热编码会生成一个与类的数量一样长的列表，除了与正确类对应的条目中的值为1，其他都是0。在示例中，只有两个类，所以标签是：（1,0）表示类1中的样本，（0,1）表示类2中的样本。有时这种形式的标签也称为目标。

我们把对P1和P2的预测组成一个列表：(P1,P2)。现在可以用第6章介绍的交叉熵来进行比较。图14-8展示了这个方法。

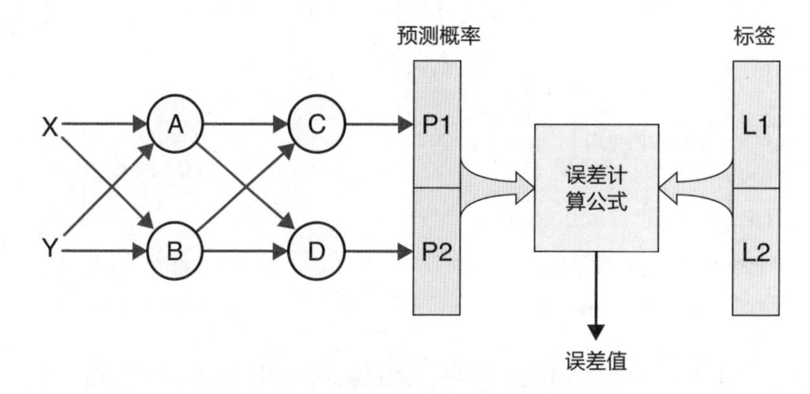


图14-8：从样本中找到误差

每个深度学习库都提供了内置的交叉熵函数，可以帮助我们在像这样的分类器中计算误差。除了计算网络的误差外，该函数还提供了一个梯度计算功能，计算如果增加其四个输入中的任何一个，误差将如何变化。

使用误差梯度，可以查看输出层中每个神经元的值，并确定我们希望该值变得更大还是更小。稍后，我们将向导致误差减小的方向调整每个神经元的参数。

### （2）误差曲线

观察误差曲线，还可以在其中绘制某一特定输出的梯度。绘制出误差曲线后，通常只需要观察误差的斜率就可以知道梯度。

接下来我们看看误差如何随着预测P1的变化而变化。假设目前P1的值是-1，如下页图14-9所示。

在下页图14-9中，用橙色的点标记了P1 = -1的位置，并用绿线画出了曲线在P1点的导数。由导数（或梯度）可知，如果要使P1增大（也就是说，从-1点沿曲线向右移动），神经网络中的误差将减小。

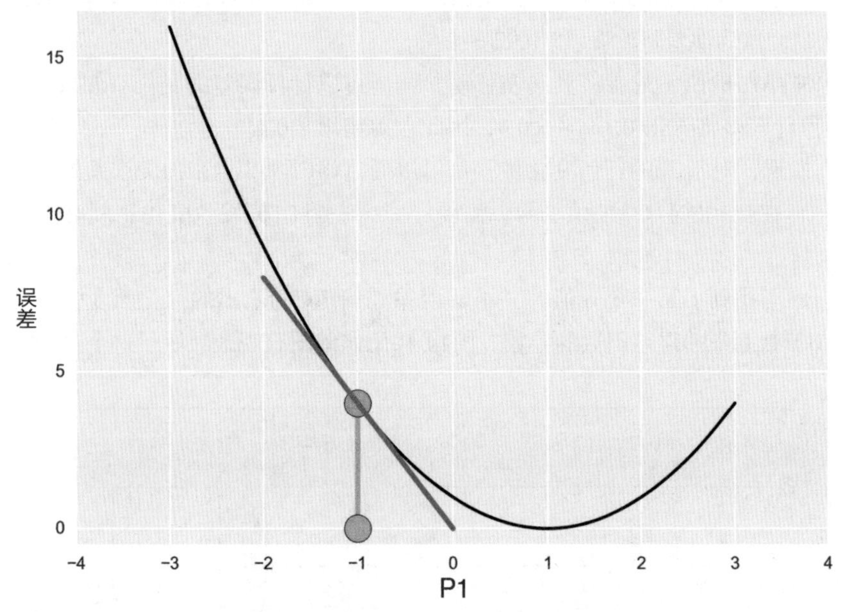


图14−9：误差如何随P1值的变化而变化

如果我们明确知道代表误差的黑色曲线，就不需要计算梯度了，因为只需要找到曲线的最小值对应的P1就可以了。不幸的是，我们无法通过数学方法得出黑色曲线（这里绘制它只是为了参考）。但是，我们可以换一种思路，现在已经有了足够的信息，可以在任何位置找到曲线的导数。

由图14-9中的导数可知，如果我们稍微增加或减少P1，误差会如何变化。在改变了P1之后，可以在它的新位置找到导数并重复这个过程。只要我们遵守微调的原则，导数或梯度就能准确地预测P1每次变化后的新误差。调整幅度越大，预测就越不准确。

我们可以在图14-9中看到这个特性。假设我们将P1从-1向右移动一个单位，根据导数，期望误差为0。但在P1 = 0时，误差（黑色曲线的值）实际上大约为1。这是因为我们把P1移动得太远了。为了便于展示清晰的数字，我们有时会做出大幅度的调整，但在实践中，通常会对于权重进行微调。

让我们使用导数来预测由于P1的变化而导致的误差数值的变化。图14-9中绿线的斜率是多少？左端位于（-2,8）左右，右端位于（0,0）左右，因此，每向右移动一个单位，直线就会下降大约四个单位，斜率为-4/1或-4。如果P1变化0.5（即从-1变为-0.5），误差将下降0.5 × -4 = -2。

请记住，我们的目标是找到Cδ，而刚刚已经得到了！讨论中的P1只是神经元C的输出Co的另一个名称。我们发现，当P1 = -1时，Co（或P1）中1个单位的变化将导致误差中-4的变化。正如所讨论的，在P1发生如此大的变化后，我们不应该对这个预测有太大的信心。但对于微调来说，比例是正确的。例如，如果将P1增加0.01，预计误差将变化$-4 \times 0.01 = -0.04$，对于P1如此小的变化，预测的误差变化应该非常准确。如果我们将P1增加0.02，预计误差将改变$-4 \times 0.02 = -0.08$。

如果减小P1的值，或者将其向左移动，同样可以计算误差的变化。如果P1从-1变化到-1.1，预计误差将变化$-0.1 \times -4 = 0.4$，因此误差将增加0.4。

我们发现，对于Co的任何变化量，都可以通过将Co乘以-4来预测误差的变化。这正是我们一直在寻找的！Cδ的值为-4。需要注意，一旦P1值发生变化，就必须重新计算Cδ的值。

我们刚刚找到了第一个δ值，并了解误差如何随C的输出的变化而变化。它只是在P1（或Co）处测量的误差函数的导数。图14-10用误差图直观地展示了这个过程。

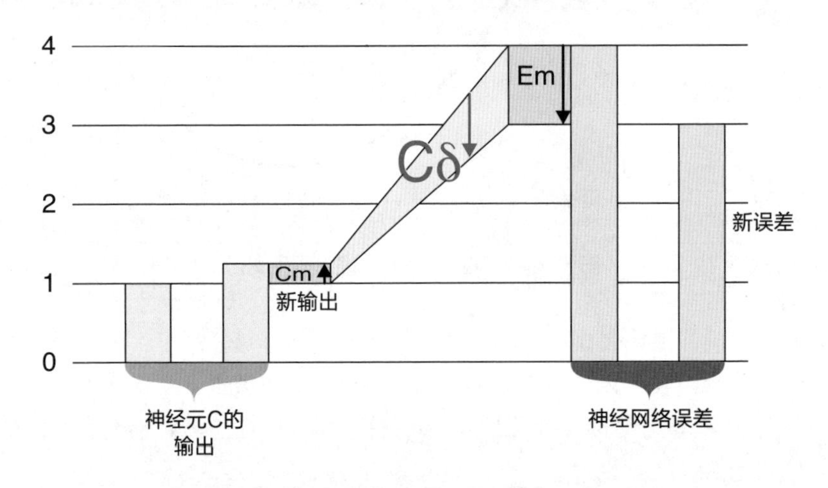


图14-10：误差图展示了神经元C输出的变化引起的误差变化

原始输出是图14-10最左边的绿色柱状图。假设由于其中一个输入权重的变化，C的输出增加了Cm。这通过将其乘以Cδ来放大，给了误差Em的变化。也就是说，$Em = Cm \times C\delta$。这里，Cm的值约为1/4（Cm框中的向上箭头告诉我们变化为正），Cδ的值为-4（该框中的箭头告诉我们值为负）。因此$Em = -4 \times 1/4 = -1$。最右边的新误差是上原始误差加上Em的结果，即4 +（-1）= 3。

在这一点上，我们还没有对这个δ值做任何事情，现在的目标只是找到神经元的δ，稍后将使用它们来更改权重。

### （3）求出Dδ值

接下来对P2重复整个过程，得到神经元D的Dδ值。

在下页图14-11的左侧，展示了P1的误差曲线，用于将其他所有权重移动到更好的值，P1的误差曲线现在最小约为2。

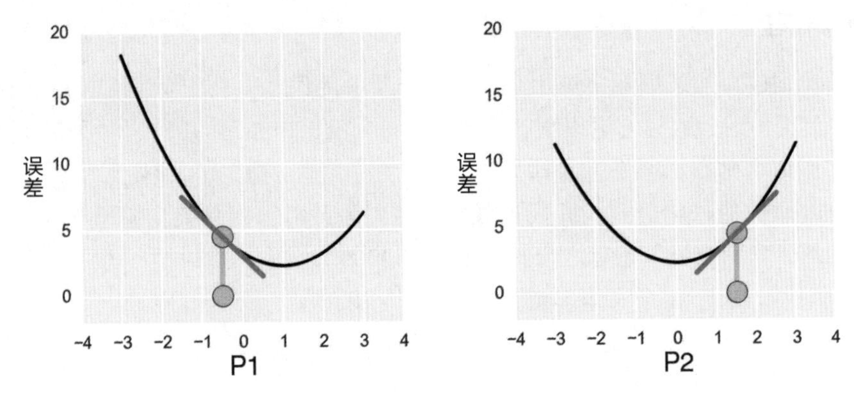


图14-11：左图表示不同P1值的误差曲线。右图表示不同P2值的误差曲线

如果我们使用P1的新值和误差曲线，将P1向右移动约0.5，将导致误差增加约-1.5的结果（减少1.5），因此Cδ约为-1.5/0.5 = -3。如果不改变P1，改变P2会发生什么?

我们通过观察图14-11的右图发现，将P2向左移动0.5（这次向左，朝向碗底最小值的方向移动），将导致误差增加约-1.25，因此D δ 约为-1.25/-0.5 = 2.5。结果为正，说明将P2向右移动会导致误差上升，因此我们希望将P2向左移动。

这里有一些细节值得观察。首先，尽管两条曲线都是碗状的，但碗的底部对应的权重值不同。第二，因为P1和P2的当前值位于各自碗底部的相反侧，所以它们的导数具有相反的符号（一个是正的，另一个是负的）。

最重要结果是，我们目前无法将误差降至0。在本例中，误差曲线的取值永远不会低于2。这是因为每条曲线只被用于改变一个权重值，而另一个值是固定的。因此，即使P1的值为1，其曲线为最小值，结果仍会有误差，因为P2不在其理想值0，反之亦然。这意味着，如果我们只更改这两个值中的一个，就无法将误差值降到0。将误差值降到0是理想的情况，但一般情况下，我们的目标是每次对每个权重进行微调，直到将误差降到尽可能小的值。对于某些网络，可能永远无法达到0。

需要注意，即使能做到，我们可能也不希望将误差值降到0。正如第9章中看到的，当网络过拟合时，其训练误差会继续减少，其处理新数据的能力会变得更差。我们真正希望的是在不出现过拟合的情况下尽可能地减少误差。在非正式的讨论中，通常会说，我们希望将错误率减少到零，但我们应该理解，与其继续训练，最终出现过拟合，不如在误差将至一定阈值后就停止训练。

稍后我们将看到，只要进行一些微小的改进，就可以同时调整网络中的所有权重。然后再次计算误差，以找到新的曲线，找到新的导数和 δ 值，再进行另一次调整。通常只调整一次权重，然后评估另一个样本，再次调整权重，以此类推，而不是在每个样本上采取多个调整步骤。

### （4）测量误差

前面提到过，交叉熵经常被用来计算分类器中的误差。在本章的讨论中，让我们使用一个更简单的公式，它可以很容易地找到每个输出神经元的δ。这种误差计算方式被称为二次成本函数，或平方差损失（MSE）（尼尔森 2015）。和往常一样，我们不会讨论这个函数的数学公式。我们选择它，是因为可以很容易找到输出神经元的δ，即神经元的值和相应标签条目之间的差（承炫 2005）。图14-12以图形方式显示了这个过程。

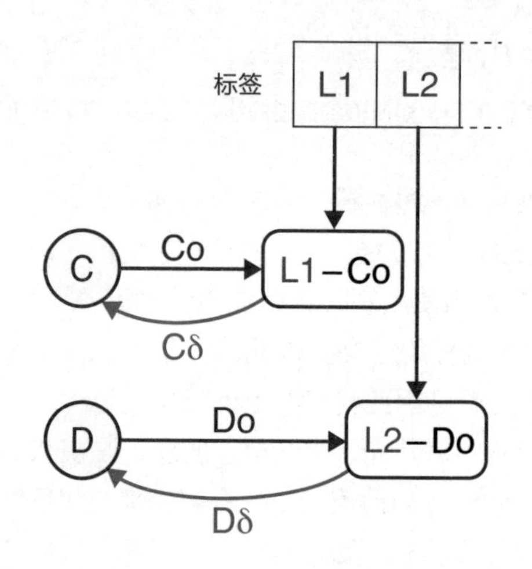


图14-12：使用平方差损失函数时，任一输出神经元的δ等于标签中的值减去该神经元的输出（红色）。我们将δ值与其神经元一起保存

请记住，Co和P1是同一个值的两个名称，Do和P2也一样。

当第一个标签为1时，我们观察Co（或P1）的变化。如果Co = 1，那么C δ = 1-Co = 0。即Co的任何变化都会乘以0，最终输出误差没有变化。

现在假设Co = 2，那么差值C δ = 1-Co = -1。这说明，对Co的改变会使误差改变相同的量，但符号相反。如果Co的值比较大，如Co = 5，那么1-Co = -4，说明Co的任何变化都会导致误差变化-4倍。为了方便，我们将使用较大的数值来举例，但请记住，导数只能准确地预测微调时的结果。

同样的思想也适用于神经元D及其输出Do（或P2）。

现在已经完成了反向传播的第一步，找到了输出层中所有神经元的δ值。我们从图14-12中发现，输出神经元的δ取决于标签中的值和神经元的输出。当我们改变进入神经元的权重值时，它的δ也会改变，所以δ是一个临时值，随着网络或其输入的每次更改而更改。这也是每个样本只调整一次权重的另一个原因。因为必须在每次更新后重新计算所有的δ，所以我们不妨先评估一个新的样本，并利用它提供的额外信息。

请记住，我们的目标是找到权重的δ值。当知道一个层中所有神经元的δ值时，就可以更新输入该层的所有权重。让我们来看一下如何做到这一点。

## 14.3.2 使用δ来调整权重

我们已经看到了如何为输出层中的每个神经元找到一个δ值。神经元输出的变化必须来自输入的变化，而输入的变化又可以来自前一个神经元输出的改变，也可以来自将该输出连接到该神经元的权重。

为了方便理解，假设一个神经元的输出或权重调整了+1。图14-13显示了权重AC变化了+1带来的所有变化，即在神经元C接收到神经元A的输出之前将其与Cδ相乘，这导致网络的误差产生了Ao×Cδ的相应变化。相反，减去该值会导致误差产生-Ao×Cδ的变化。因此，如果我们想通过从中减去Ao×Cδ来减少网络的误差，可以将权重AC的值调整-1来实现这一点。

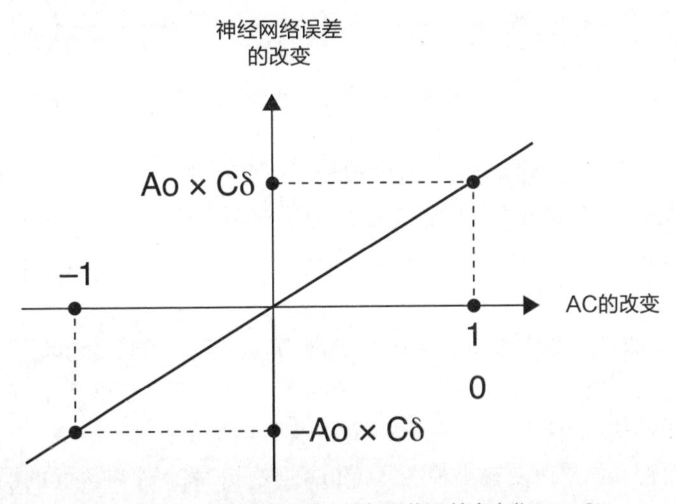


图14-13：当AC变化1时，神经网络误差会变化Ao×Cδ

我们可以用图表的形式直观地总结这个过程。把神经元的输出画成从神经元向右的箭头，使用神经元向左的箭头绘制三角形，如图14-14所示。

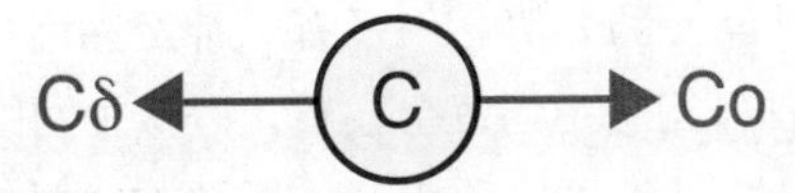


图14-14：神经元C有一个输出Co，用向右的箭头表示，还有一个增量Cδ，用向左的箭头表示

根据这一惯例，下页图14-15总结了找到权重AC或AC-(Ao×Cδ)更新值的整个过程。在这样的图表中显示减法是不直观的，因为如果有一个带有两个输入箭头的“负”

节点，则不清楚从另一个节点减去哪个值（也就是说，如果输入是x和y，我们是在计算x-y还是y-x呢）。为了回避这个问题，我们通过找到Ao × Cδ，乘以-1，然后将结果与AC相加，来计算AC-(Ao × C δ )。

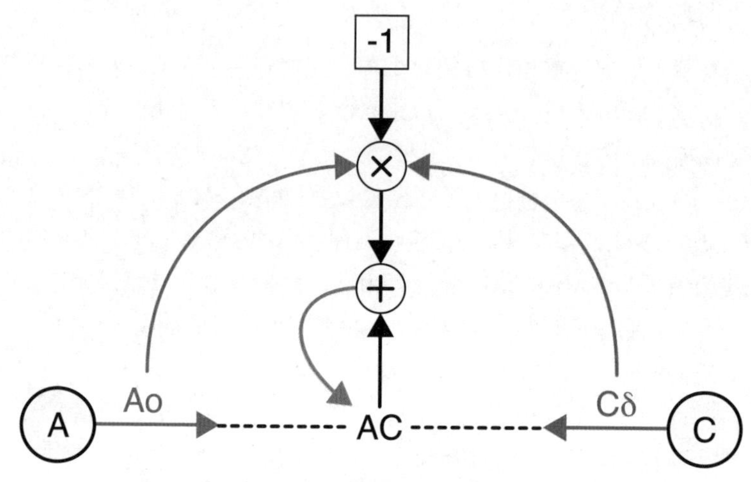


图14-15：将权重AC的值更新为新值AC−(Ao × Cδ)

图14-15从神经元A的输出Ao和输出神经元C的δC开始，将它们相乘（在图的顶部）。我们想从AC的当前值中减去这个值，为了在图中清楚地显示这一点，将乘积乘以-1，然后将其添加到权重AC中。绿色箭头是更新步骤，在更新步骤中，这个结果成为AC的新值。

图14-15表示的过程非常重要。为了减少网络的误差，我们已经改变了进入输出神经元的权重。我们可以将其应用于进入输出神经元的所有四个权重（即AC、BC、AD和BD），再通过微调这4个权重，就可以逐步训练神经网络了！

就输出层而言，如果改变输出神经元C和D的权重，将每个神经元的误差减少1，预计总误差将减少2。我们可以预测这一点，因为同一层的神经元不依赖彼此的输出。C和D都在输出层，所以C不依赖Do，D不依赖Co，它们只依赖于前几层神经元的输出，但现在我们只关注改变C和D权重的效果。

值得高兴的是我们知道如何调整进入输出层的边的权重，但其他权重呢？应用这项技术需要计算出前面所有神经元的 δ 值。一旦有了神经网络中每个神经元的δ值，我们就可以根据图14-15来调整神经网络中的每个权重，以减少网络误差。

这就是反向传播的巧妙之处，可以利用某一层的神经元δ值来得到其前一层的神经元 δ 值。接下来让我们看看如何实现。

## 14.3.3 其他神经元的δ值

现在我们有了输出神经元的δ值，并可以利用它们来计算前一层上的神经元的δ值。在简易模型中，这一层是包含神经元A和B的隐藏层。现在我们来研究神经元A及其与神经元C的连接。

如果A的输出值Ao由于某种原因发生了变化，会发生什么情况？假设它上升了Am。图14-16展示了包含AC和Cδ的变化过程。

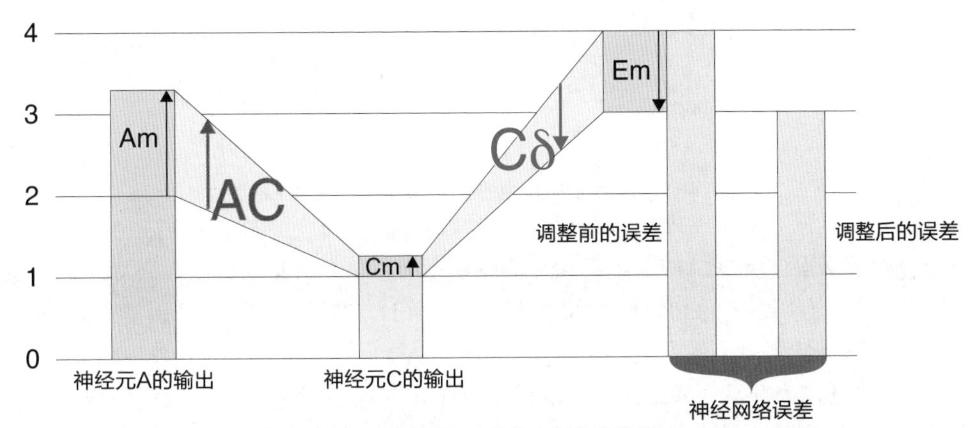


图14-16：改变神经元A的输出所产生的结果

我们按照从左到右的顺序观察图14-16，A的变化记为Am，乘以权重AC，然后加入了神经元C的输出，将C的输出提高了Cm。最后，Cm乘以Cδ就得到了神经网络输出误差的变化。

现在我们有了一个从神经元A到神经元C再到最终输出的操作链。链的第一步将Ao的变化（即Am）乘以权重AC，得到Am × AC，得到了Cm，即C的输出变化。我们从前面知道，如果把Cm的值乘以Cδ，形成Cm × Cδ，就得到最终误差的变化。

综上所述，由A的输出Am变化而引起的误差变化为Am × AC × Cδ。我们已经找到了A的增量Aδ = AC × Cδ！

下页图14-17直观地说明了这一点。

神奇的地方出现了，神经元C消失了，它已经不在图14-17中了。我们只需要知道它的增量Cδ，并且从中可以得到A的增量Aδ。有了Aδ，我们就可以更新输入神经元A的所有权重吗？不，还需要等一下。

因为，现在只有Aδ的一部分，而不是完全的Aδ。

在讨论开始时说要重点关注神经元A和C，这是前提。但回想图14-8中神经网络的其余部分，我们可以看到神经元D也使用了A的输出。如果Ao因Am而改变，那么D的输出也将被改变，这将影响神经网络的误差。

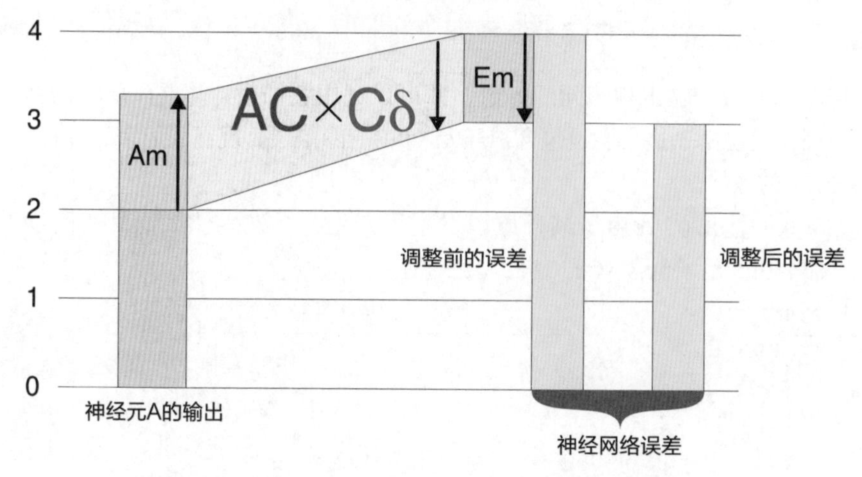


图14-17：将图14-16中的操作合并成一个更简洁的图表

为了确定因神经元A的输出变化是如何引起神经元D的变化，并最终导致神经网络的误差变化的，我们可以将神经元C替换为神经元D，并重复刚才的分析。如果Am只引起了Ao的变化，则由D的变化引起的误差变化为AD × Dδ。

图14-18同时显示了A的这两个输出。这个数字与我们之前看到的这类数字略有不同。这里，A的变化对由C的变化引起的误差的影响，由从图的中心向右移动的路径示出。由于D的变化，A的变化对误差的影响由从图的中心向左移动的路径表示。

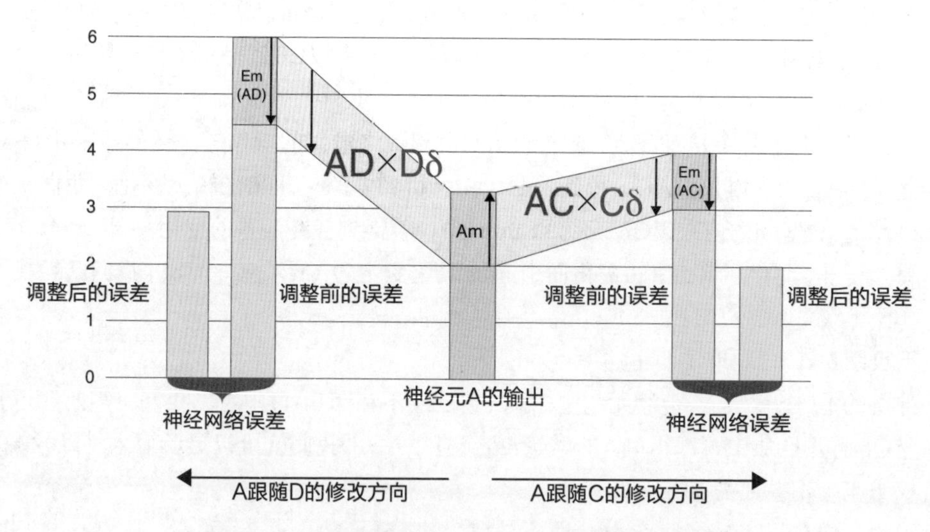


图14-18：神经元A的输出同时被神经元C和神经元D使用

图14-18显示了误差的两个单独变化。由于神经元C和D互不影响，它们对误差的影响是独立的。为了确定误差的总变化，我们只需将两个变化值相加。下页图14-19显示了误差等于因神经元C和D的变化而产生变化的总和。

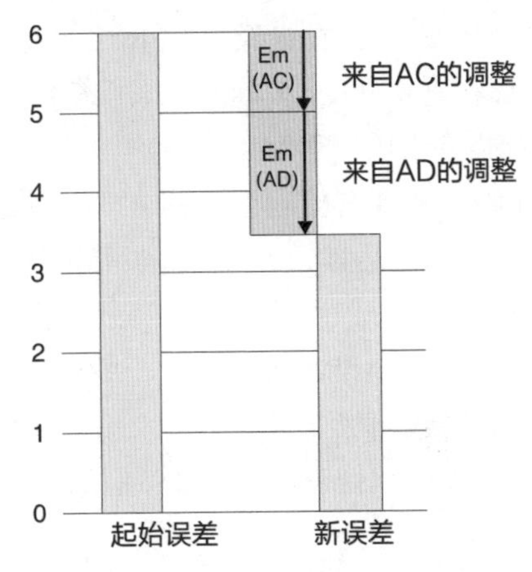


图14-19：当神经元A的输出同时被神经元C和神经元D使用时，神经网络误差的变化等于两者变化之和

现在我们已经研究了从A到输出的所有路径，终于可以得到Aδ的值。图14-19中的最终误差是累加得到的，我们可以把影响Am的因素加起来，即Aδ = (AC × Cδ) + (AD × Dδ)。

现在我们已经得到了神经元A的δ值，接下来可以对神经元B重复这一过程来找到它的δ值。

实际上，刚刚做的远比只为神经元A和B找到δ要多得多。我们已经找到了为任何网络中的每个神经元找到δ的方法，无论它有多少层或有多少神经元！这是因为我们所做的一切只涉及一个神经元，下一层中使用其值作为输入的所有神经元的δ值，以及连接它们的权重。只要有这些值，我们就可以发现神经元的变化对网络错误的影响，即使输出层相隔几十层。

为了直观地总结这一点，我们扩展一下刚刚的例子，将输出和δ绘制在向右的箭头和向左的箭头中，包括权重，如图14-20所示。于是我们认为向右的箭头表示权重乘以神经元的输出值的过程，向左的箭头表示权重乘以δ值，取决于方向的不同。

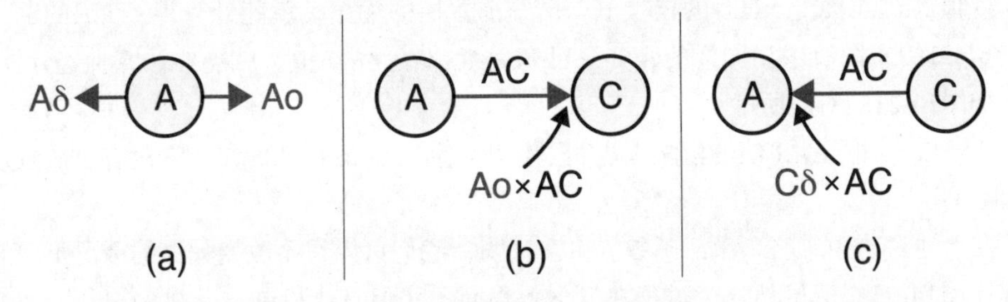


图14-20：绘制与神经元A相关的图例。(a)用向右箭头表示输出Ao，用向左的箭头表示输出Aδ。(b)Ao在被C使用时需要乘以AC。(c)Cδ在被A使用时需要乘以AC

我们也可以换种方式理解图14-20。在神经元A和C之间有一个赋有权重的连接。如果箭头向右，那么A的输出Ao在进入神经元C前需要乘以权重AC。如果箭头向左，那么C的增量Cδ在进入神经元A前需要乘以权重AC。

当我们评估样本时，使用从左到右的前馈绘图方式，神经元A的输出值通过乘以权重，传递到C。结果是Ao × AC到达神经元C，并与其他输入值相加，如图14-20(b)所示。

接下来在计算Aδ时，从右向左画出方向。然后，离开神经元C的Cδ值通过乘以权重，传递到A。结果是值Cδ × AC到达神经元A，并与其他输入值相加，如图14-20(c)所示。

现在，我们对样本输入的处理和任意神经元的δ值的计算（记住，忽略了激活函数）做一个总结，如图14-21所示。

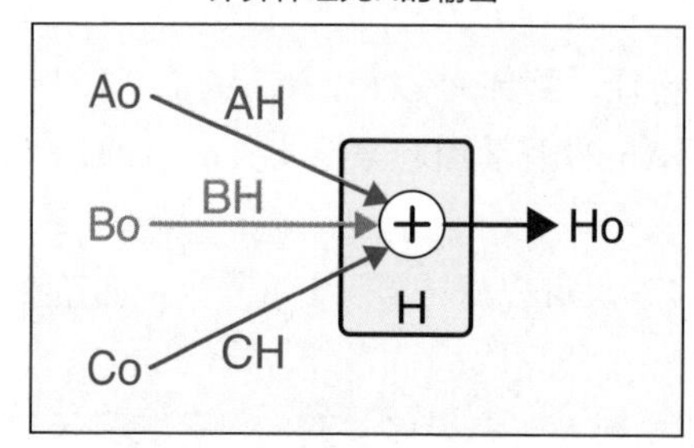


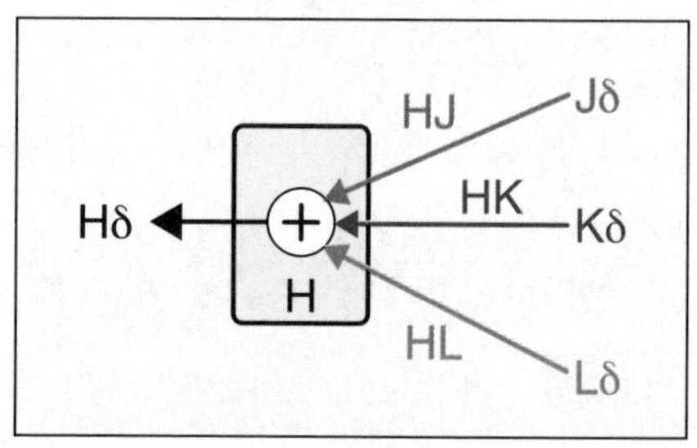


图14-21：左图表示为计算神经元H的输出Ho，用每个连接的权重乘以前置神经元的输出，并将结果相加。右图表示计算神经元H的δ值Hδ，用每个连接的权重乘以后续神经元的δ值，并将结果相加。与之前一样，我们暂时不考虑激活函数

这是令人愉快的对称结构。它还揭示了一个重要的理论：计算δ值通常与计算输出值一样高效。即使传入连接的数量与传出连接的数量不同，所涉及的计算量在两个方向上仍然相近。

需要注意，图14-21只需要神经元H的前置神经元的输入值和后续神经元的δ值，以及这些值经过连接传入H时的权重值。已知前置层的输出，就能计算神经元H的输出，如图14-21的左图所示。同样的，如果已知后续神经元的δ值，就能够计算神经元H的δ值，如图14-21的右图所示。

Hδ对后续神经元δ值的依赖也表明了输出层神经元的特殊性在于它没有“后续层”的δ值可用。

在上述讨论中忽略了激活函数。事实证明，我们可以在不改变大局的情况下将它们体现在图14-21中。虽然这个过程在概念上很简单，但具体机制涉及很多细节，我们就不在这里赘述了。

反向传播算法的核心就是找到神经网络中的每个神经元的δ值。接下来，让我们来了解一下它在大型神经网络中是如何工作的。

## 14.4 大型神经网络中的反向传播算法

上一节介绍的反向传播算法，能够计算网络中每个神经元的δ值。因为这种计算取决于后续神经元的δ值，而输出神经元没有任何δ值，并且输出神经元的变化是由损失函数直接驱动的，所以我们将输出神经元视为一种特殊情况。一旦找到了某一层（包括输出层）的所有神经元δ值，就可以后退一层（朝向输入层），并找到该层上所有神经元的δ值。然后再次后退，计算所有的δ值，再次后退，以此类推，直到到达输入层。一旦有了每个神经元的δ值，我们就可以调整进入该神经元的权重值，从而达到神经网络的训练效果。

接下来了解使用反向传播算法为更大型的神经网络中的所有神经元寻找δ值的过程。

图14-22展示了一个具有4层的网络，仍然有2个输入和输出，但现在有3个隐藏层，分别包含2个、4个和3个神经元。

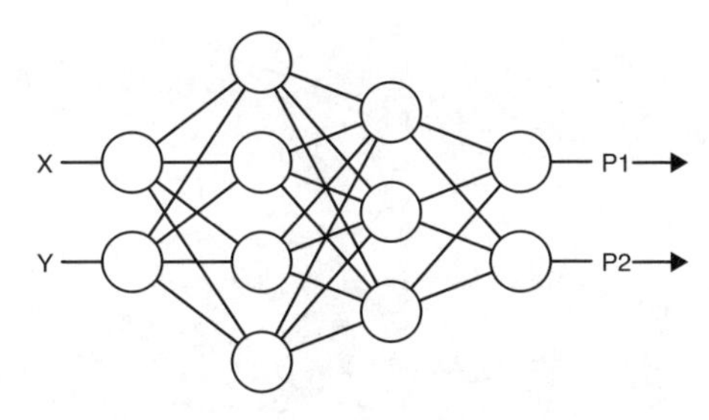


图14-22：具有2个输入、2个输出和3个隐藏层的分类神经网络

从评估样本开始，我们将样本的特征值X和Y提供给输入层，最终神经网络输出了预测值P1和P2。

现在，我们可以通过在第一个输出神经元（输出层）中找到误差来开始反向传播，如下页图14-23的上部所示。

图14-23输出层上方的神经元给出了P1的预测值（即样本在类1中的可能性）。根据P1和P2的值以及样本原标签，可以计算神经网络输出中的误差。因为假设神经网络没能完美地预测这个样本，所以误差是大于零的。

使用误差、标签以及P1和P2的值，可以计算该神经元的δ值。如果使用平方差损失函数，这个δ就是标签的值减去神经元输出的值，如图14-12所示。但如果使用其他损失函数，它可能会更复杂，所以我们只讨论一般情况。

我们得到了该神经元的δ值，然后对输出层中的所有其他神经元重复这个过程，如下页图14-23的下部所示。这就完成了输出层的计算，现在输出层中的每个神经元都有了一个δ值。

这时，可以开始调整进入输出层的权重，但我们通常首先找到所有的神经元δ值，然后同时调整所有的权重。接下来，将按照典型顺序进行介绍。

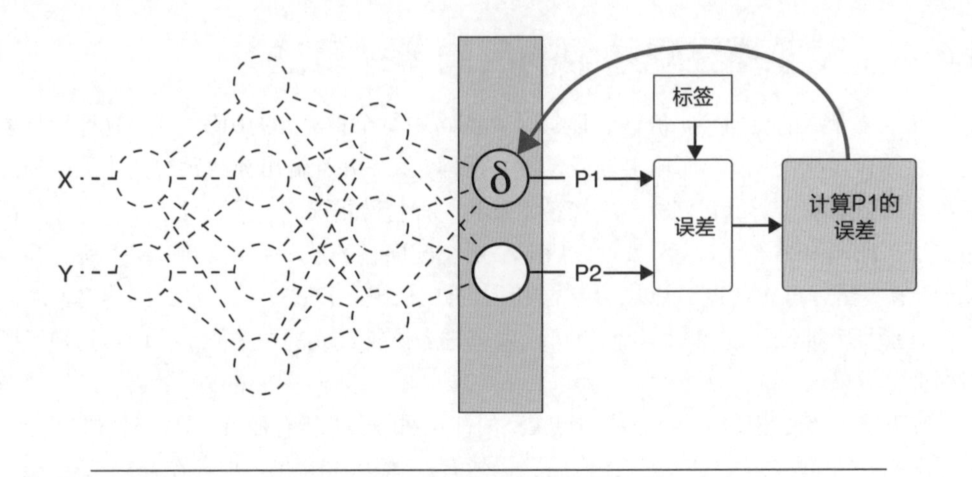


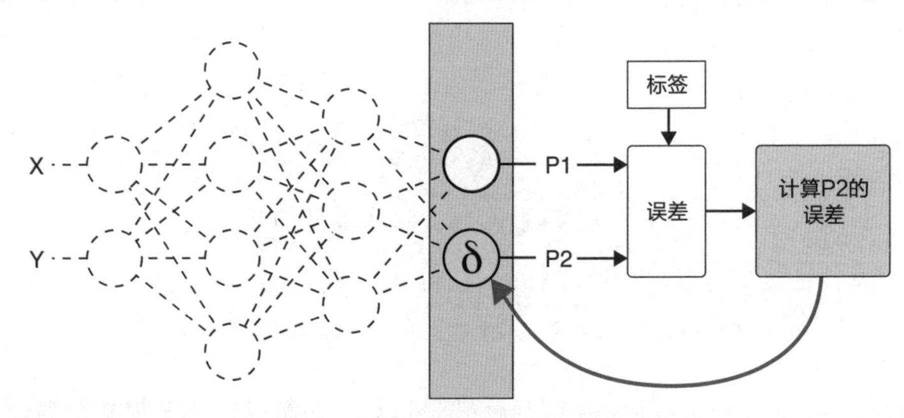


图14-23：为两个输出神经元寻找δ值的过程

向后移动一步，到第3个隐藏层（这一层有3个神经元）。首先为最上面的神经元找到δ值，如图14-24左图所示。

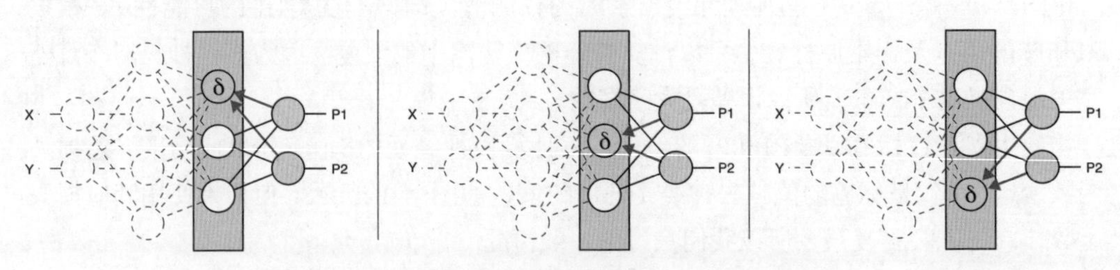


图14-24：使用反向传播算法求得第3层神经元的δ值

为了得到该神经元的δ值，我们按图14-18的方法首先获取单个误差，然后按图14-19将它们相加，得到最终结果。

现在只需在这一层中，对每个神经元应用相同的过程。完成了这一层中3个神经元的计算后，再后退一步，开始计算前面一层的4个神经元的δ值。为了找到这一层中每个神经元的δ值，我们只需要使用该神经元输出的每个神经元的权重，乘以刚刚计算的后面一层每个神经元的δ值。

此时其他层无关紧要，我们也不用关心输出层。

图14-25展示了如何计算第2个隐藏层中4个神经元的δ值。

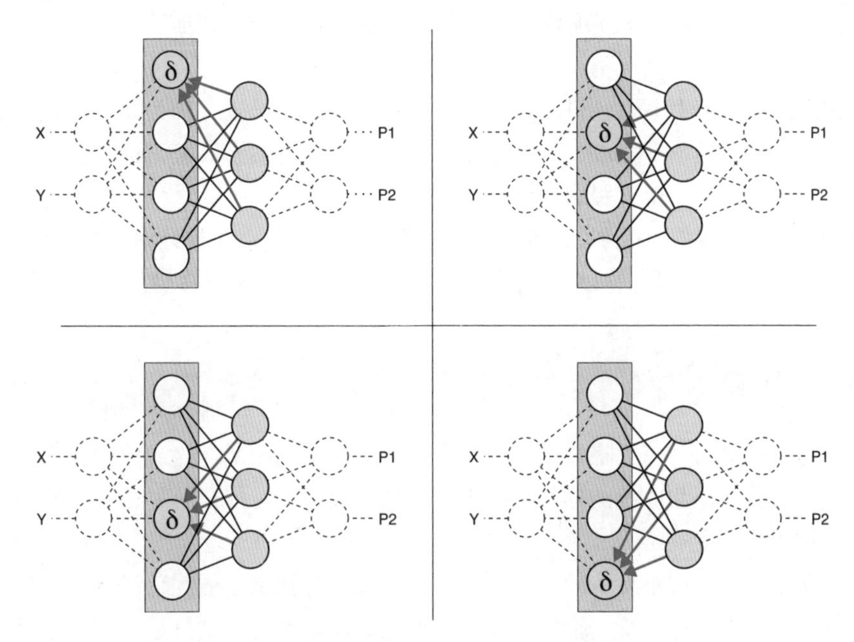


图14-25：使用反向传播算法找到第2个隐藏层的δ值

在得到这一层4个神经元的δ值之后，该层的计算结束，我们再后退一步。第1个隐藏层中包含两个神经元，每个都与后续层的4个神经元相连。再强调一次，我们只关心最近的后续层神经元的δ值和连接两层的权重值。对每个神经元，只要找到该神经元输出对应的所有神经元的δ值，将其乘以权重，并将结果相加即可，如图14-26所示。

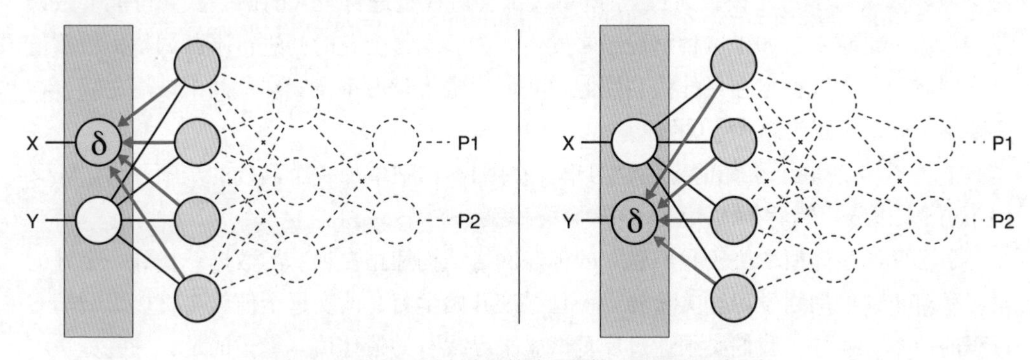


图14-26：使用反向传播算法寻找第一个隐藏层的δ值

当图14-26完成时，已经找到了神经网络中每个神经元的δ值。

现在来调整权重。我们通过神经元之间的连接，使用图14-15中的方法对每个权重进行调整，赋予它们一个新的改进值。

图14-23至图14-26显示了该算法被称为反向传播的原因。我们从任何一层获取δ值，并将其δ值（或梯度）信息依次向后传播，边往后移动一层边修改。正如之前介绍的，计算每一个δ值的过程都很快。即使我们把激活函数的步骤加进去，也不会增加太多的计算成本。

当我们使用GPU等并行硬件时，反向传播将变得非常高效，因为我们可以使用GPU同时乘以整个层的所有δ值和权重。这种并行性极大地提高了效率，这是反向运算使学习在大型神经网络中变得实用的关键原因。

现在计算出所有的δ值，可以开始更新权重了。这就是训练神经网络的核心过程。

在结束讨论之前，我们再来了解一下每个权重每次应该调整多少。

## 14.5 学习率

正如之前介绍的，一次将权重调整太多往往会带来问题。当输入值的变化十分微小时，导数可以精确预测曲线的形状。如果大幅修改权重，可能会跳过误差的最小值，甚至导致误差增加。

另一方面，如果调整权重的幅度太小，可能只会得到微小的优化结果，这需要我们花费更多的时间来训练系统。尽管如此，这种低效通常也比一个总是对误差反应过度的系统要好。

在实践中，我们使用一个被称为学习率的超参数来控制每次反向传播期间权重的调整幅度，该超参数通常由小写希腊字母η(eta)表示。这是一个介于0和1之间的数字，它控制了每个神经元在调整权重时的调整量。

当我们将学习率设置为0时，权重不会进行调整，神经网络也不会改变，也永远不会学习。如果将学习率设置为1，系统每次都会对权重进行较大的调整，并可能导致误差增加而不是减少。如果这种情况经常发生，神经网络会花时间进行不断调整，权重值会来回波动，无法稳定在最佳值。因此，我们通常将学习率设置在这两个极端之间。在实践中，通常设置为略大于0的值。

下页图14-27展示了如何应用学习率。在图14-15中增加一个额外的步骤，将-(Ao × Cδ)的值乘以η，然后再加入到AC中。

学习率的最佳值取决于我们建立的神经网络结构和正在训练的数据。找到一个好的学习率对于神经网络学习至关重要。一旦系统开始学习，改变这个值就会直接影响学习过程的效率。通常，我们必须通过反复试验来寻找η的最佳值。幸运的是，一些算法可以自动为学习率赋予良好的起始值，而另一些算法则支持随着学习的进展微调学习率。

根据一般经验，如果没有特定的学习率要求，通常会从0.001左右的值开始，训练网络一段时间，观察它的学习情况。然后，从训练结果中确定需要提高或降低它，并再次训练，寻找最佳学习率。第15章将更详细地研究控制学习率的技术。

下面将介绍学习率的选择是如何影响反向传播算法的性能，进而影响学习效率的。

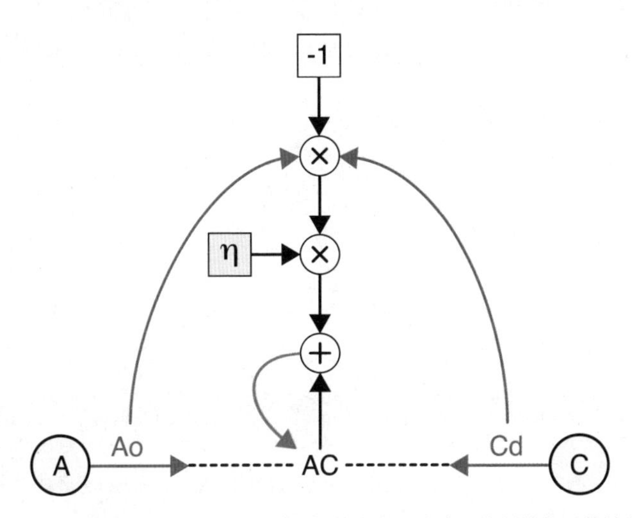


图14-27：学习率通过控制每次更新时权重的变化量来实现控制神经网络的学习速度

### 14.5.1 构建二分类器

我们可以通过建立一个分类器来找到双月数据集中两个类之间的边界。首先使用大约1500个点的训练数据，如图14-28所示。

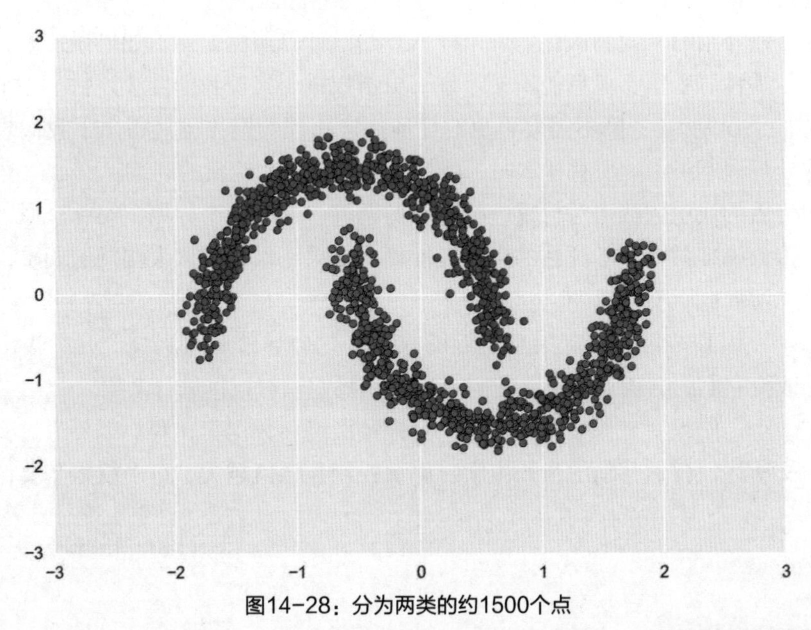


图14-28：分为两类的约1500个点

因为只有两个类，所以我们设计一个二分类器就够了。这样只需要一个输出神经元，不再需要对整个标签进行独热编码并处理多个输出。如果输出值接近0，则输入样本在一个类中。如果输出值接近1，则输入在另一个类中。

我们的分类器有两个隐藏层，每个层有四个神经元。这样设计主要是为了构建一个足够复杂的网络来进行讨论。图14-29的两层神经元之间完全连接。

在这个神经网络中，隐藏层中的神经元使用ReLU激活函数，而输出神经元则使用sigmoid激活函数。

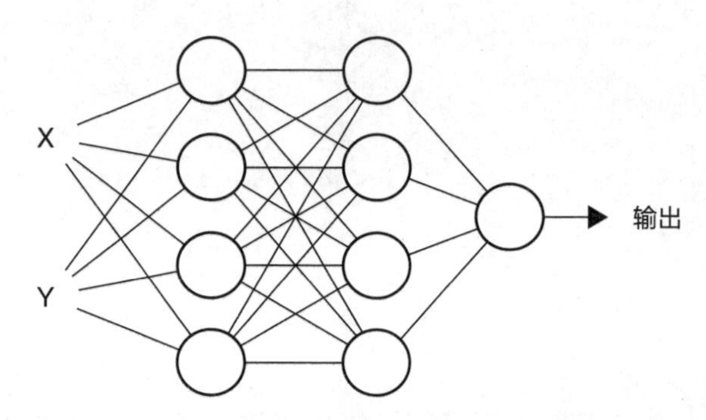


图14-29：有2个输入、2个各包含4个神经元隐藏层和1个输出神经元的二分类器

我们的神经网络中有多少权重？2个输入每个都有4个输出，第1层和第2层之间的权重数量为4 × 4 = 16个，最后有4个进入输出神经元的权重。这样权重的数量为（2 × 4）+（4 × 4）+ 4 = 28（个）。9个神经元都包含一个偏差项，所以该神经网络有28 + 9 = 37个权重。它们将被初始化为很小的随机数。我们的目标是使用反向传播算法来调整这37个权重，使最后神经元输出的数字始终与该样本的标签相匹配。

正如之前介绍的，我们从评估一个样本开始，计算预测误差。如果误差不为零，就使用反向传播计算 δ 值，然后使用学习率 η 更新权重。接着我们继续评估下一个样本。请注意，如果误差为0，则不需要再更改任何内容，因为网络已经得出了我们想要的答案。每次处理训练集中的所有样本时，就已经完成了一个轮次的训练。

反向传播的成功依赖于对权重进行微小的调整。这有两个原因，第一个原因已经讨论过了，因为梯度只在我们评估的点附近准确。如果一次进行太大幅度的调整，可能会发现误差在增加，而不是减少。

第二个原因是神经网络起始点附近的权重变化会导致后续层神经元的输出发生变化，从而改变它们的 δ 值。为了防止陷入混乱，我们只对权重进行微调。

但“微小”的程度是什么？对于每一个神经网络和数据集，我们都要通过实验来确定。如前文所述，权重移动的步长由学习率 η 控制，该值越大，每个权重需要调整的幅度越大。

## 14.5.2 选择学习率

本节我们将从使用一个较大的学习率开始讨论，比如0.5。图14-30显示了神经网络为测试数据计算的边界，两类训练数据使用不同的背景色。

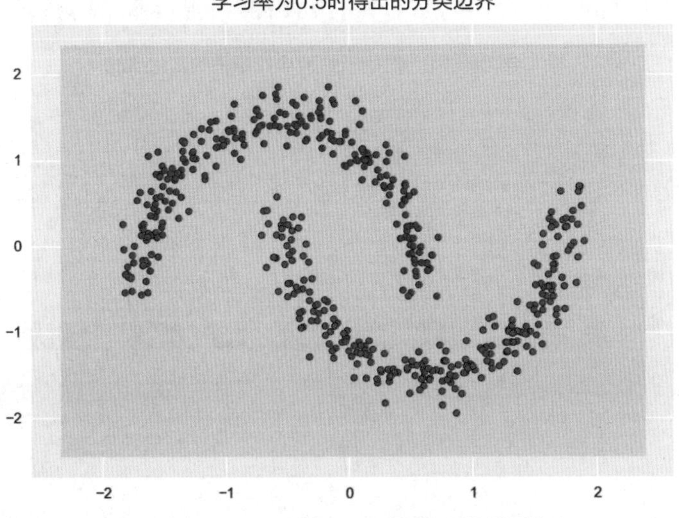


图14-30：神经网络使用0.5的学习率计算的边界

此时我们可以看到，根本没有任何边界！所有数据都被归为一类，由浅橙色背景表示（红色与紫色表示训练数据的原始类别，并不是神经网络的分类结果）。如果我们记录每个训练周期后的准确率和错误率（或损失）变化，将得到图14-31的结果。

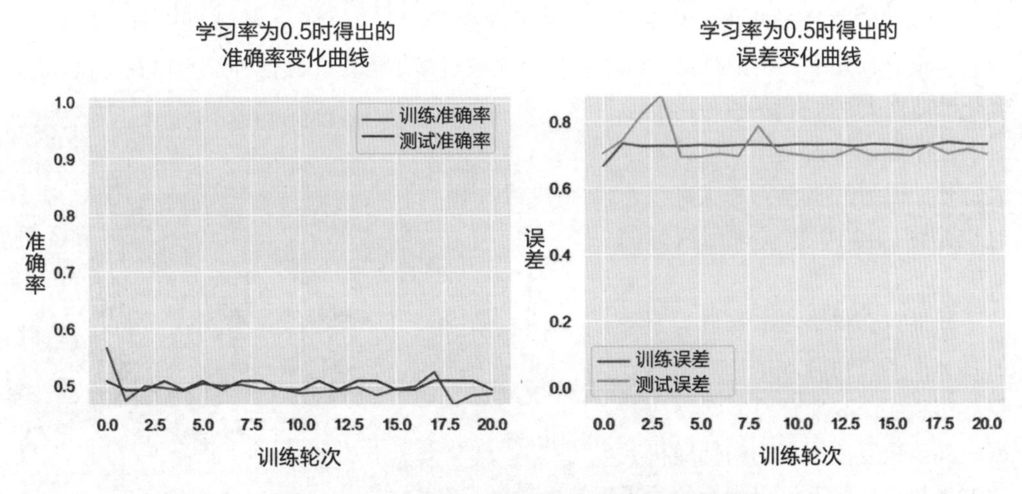


图14-31：学习率为0.5的半月形数据的准确性和损失

结果看起来很糟糕。不出所料，准确率只有0.5左右意味着一半的点被错误分类。但这并不令我们意外，因为红点和蓝点的数量大致呈平均分配。如果像上面那样把它们分成一个类，一半的分类将是错误的。错误率（或误差）从一开始就很高且不会下降。即便网络训练了数百个轮次，它也会像这样继续下去，不会有任何改善。

权重值又会怎样呢？图14-32展示了训练期间所有37个权重的值。

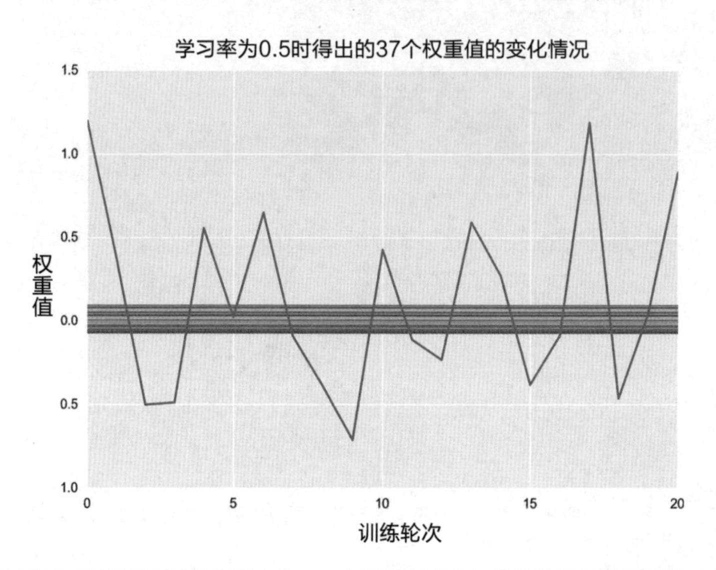


图14-32：学习率为0.5时神经网络的权重变化。一个权重不断变化并总是超出其理想范围，而其他权重的变化太小，无法在图中显示

图中显示了一个不断振荡的权重值。该权重是进入输出神经元的权重之一，我们试图通过调整它来影响输出，从而达到匹配标签的效果。但这个权重不断上升，然后下降，再上升，几乎每次都跳得太远了，然后又被过多地修正。其他神经元也在变化，但变化的范围太小，无法在图中看到。

这个结果令人失望，但并不令人意外，因为0.5的学习率太高了，这也是图14-32中出现来回反弹的原因。

如果我们将学习率降低为原来的10%，变成稍合理的0.05（尽管仍然很大），不改变神经网络或数据，甚至重复使用相同的伪随机数序列来初始化权重，得到新的边界如图14-33所示。

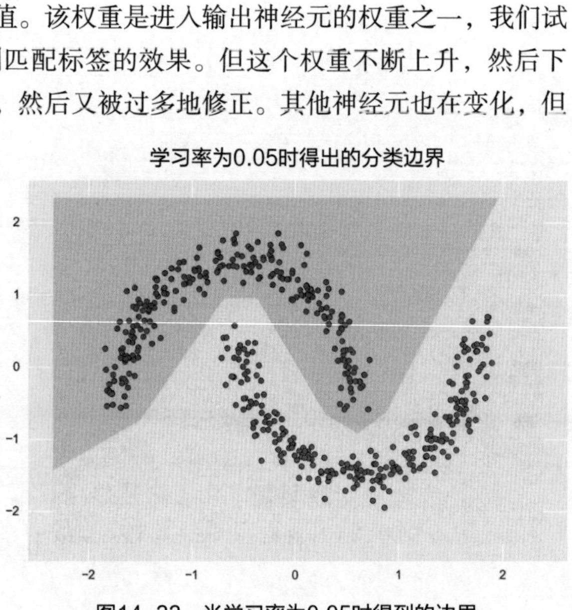

学习率为0.05时得出的分类边界

图14-33：当学习率为0.05时得到的边界

这个结果好多了！从图14-34可以发现，大约16个学习周期之后，神经网络在训练集和测试集上都达到了100%的准确率。较小的学习率使神经网络得到了极大的改进。

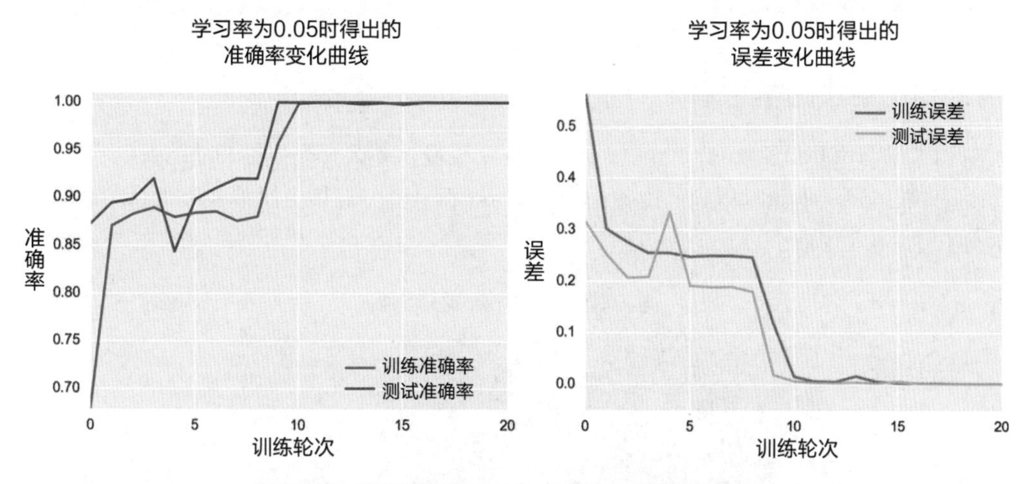


图14-34：当学习率为0.05时，神经网络的准确率和误差

这向我们展示了为神经网络和数据的每一个组合调整学习率的重要性。如果神经网络停止学习了，我们有时可以通过降低学习率来改善结果。

权重又会如何变化呢？图14-35展示了该变化过程。

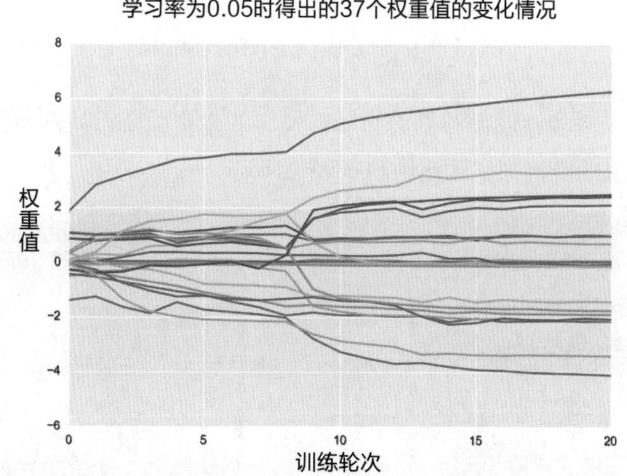


图14-35：学习率为0.05时，神经网络的权重随着训练轮次的变化情况

总的来说这次结果好了很多，因为很多权重都在变化，在变大的同时抑制或减缓学习。我们通常希望权重在一个小范围内，一般是[-1,1]。在第15章介绍正则化时，我们会学习一些实现方法。

图14-33和图14-34展示的训练很成功。神经网络只用了16个轮次就做到了对数据进行完美分类，既快又好。在还没有GPU的2014年末，一台iMac不到10秒就可以完成16个轮次的训练。

## 14.5.3 更小的学习率

如果学习率降低到0.01，会使权重变化更加缓慢，那么会产生更好的结果吗？

图14-36展示了此时得到的决策边界。边界似乎比图14-33更简单，但也将集合完美地分开了。

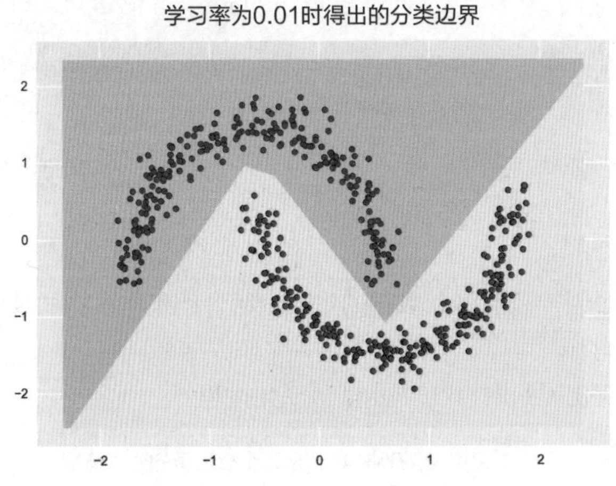


图14-36：学习率为0.01时的分类边界

图14-37展示了准确率和误差。因为学习速度非常慢，所以神经网络需要大约170个轮次才能达到100%的准确率，远超图14-35中的16个。

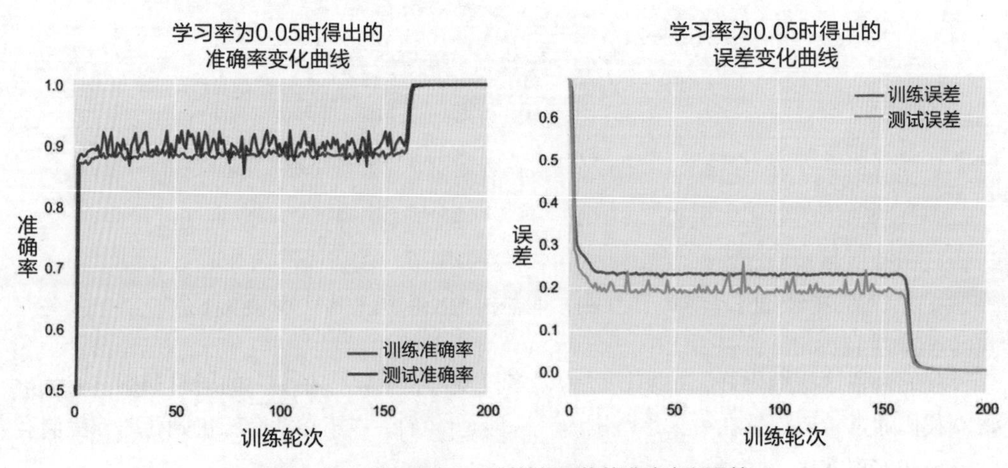


图14-37：学习率为0.01时神经网络的准确率和误差

这些图表显示了一种有趣的学习行为。在最初的调整后，训练和测试的准确率都达到了90%左右，并在那里保持平稳。与此同时，损失也趋于平稳。随后在170个轮次左右，情况再次迅速改善，准确率攀升至100%，误差降至零。

这种交替提升和停滞的现象并不罕见，在图14-34中可以看到第3到第8个周期之间的平稳期。这种停滞是由于权重值处在误差曲面上几乎平坦的区域，导致其梯度接近零，因此其更新幅度非常小。

尽管权重可能会停留在局部最小值，但更常见的情况是陷入马鞍形的平坦区域，就像第5章所介绍的（多芬等人 2014）。有时，权重调整到梯度（或导数）足够大的区域需要很长时间，才能产生良好的学习效果。由于该权重的调整对神经网络的其余部分有级联效应，所以当一个权重开始调整时，其他权重也会开始调整。

随着时间的推移，权重值的变化几乎总是遵循相同的模式，如图14-38所示。有趣的是，在训练过程中，至少有一些权重不是平坦的或处于平稳状态，它们在变化，但变化很慢。该系统正在变得更好，但在170个轮次之前，这些微小的步骤不会出现在性能图中。

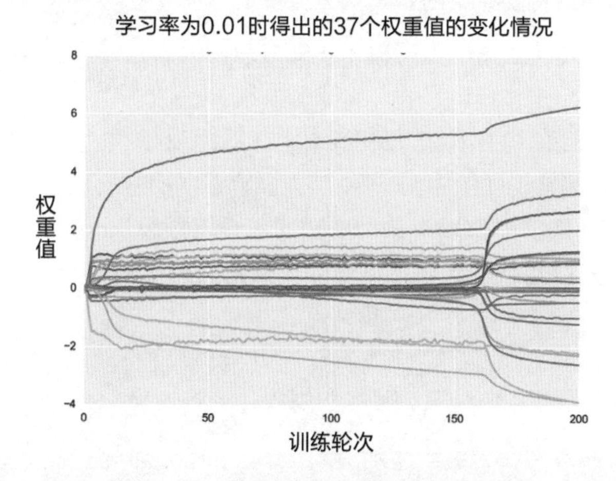


图14-38：学习率为0.01时权重变化过程

那么，将学习率降低到0.01有什么好处吗？在本例中几乎没有。0.05的学习率已经让这个神经网络对训练和测试数据进行完美的分类了。对于这个特定的神经网络和数据的组合，更小的学习率只是意味着神经网络需要更长的学习时间。这项研究展示了神经网络对所选学习率的敏感程度。我们希望找到一个不大不小、恰到好处的取值（派尔 1918）。

作为几乎所有深度学习神经网络的一部分，我们需要对学习率进行实验，找到在特定网络和数据上表现最好的一个值。值得高兴的是，第15章将介绍能够以复杂的方式自动调整学习率的算法。

## 14.6 本章总结

本章主要介绍了反向传播算法。我们知道神经网络的误差是如何随每个权重的变化而变化的。如果能确定每个权重值应该增加还是减少，就可以减少误差。

为确定权重的调整方向，每个神经元都被分配了一个初始δ值，用来描述权重值和最终误差的变化。这使我们能够确定如何改变每个权重，以减少误差。

δ值的计算是从最后一层开始，逐渐传播到第1层的。因为我们每计算一次神经元δ值所需的梯度信息，就反向传播一层，因此得名“反向传播算法”。反向传播算法可以在GPU上实现对多个神经元并行计算。

需要牢记的是，反向传播算法传播的是误差梯度，也就是误差如何随权重变化而变化的信息。一些作者将反向传播算法说成是误差的传播，就是因为忽视了这一点。我们反向传播的是梯度信息，这些信息告诉了我们应该如何调整权重以改善网络的输出。

现在我们知道了每个权重是应该调整得更大还是更小？我们需要决定实际做出多大的改变？这正是下一章将要介绍的。

# 第 15 章

# 优化器

训练神经网络通常是一个非常耗时的过程，任何能加速这个过程的方法都将受到我们的欢迎。本章将介绍一系列优化神经网络的方法，这些方法旨在通过提高梯度下降的效率来加快学习速度。我们的目标是使梯度下降运行得更快，并避免一些可能导致其陷入困境的问题。这些方法还自动完成了一些寻找最佳学习率的工作，包括可以随着时间的推移自动调整学习率的算法。这些方法统称为优化器。每个优化器都有其优点和缺点，为了在训练神经网络时做出正确的选择，我们需要了解它们。

让我们先绘制一些能够直观地表示误差的图形，并观察误差是如何变化的。这些图形将帮助我们建立一些与后面介绍的算法相关的基础知识。

## 15.1 用二维曲线表示误差

从几何思想的角度来思考系统中的错误是比较直观的，所以我们经常将误差绘制为二维曲线。

为了熟悉这种二维误差曲线，我们参考一个将两个类的样本拆分为排列在一条线上的点的示例。负值处的点属于一类，零及正值方向的点属于另一类，如图15-1所示。

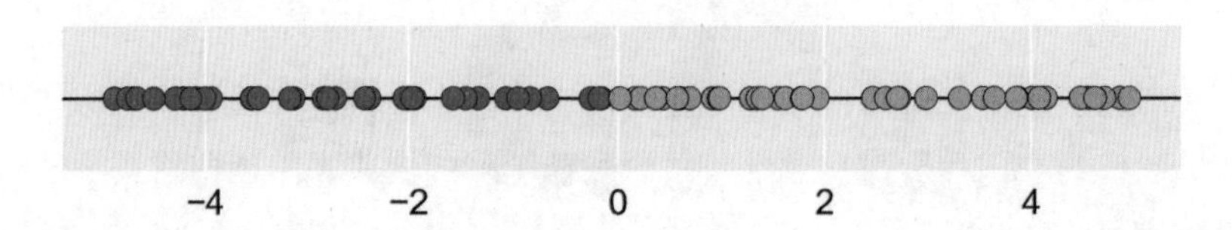


图15-1：一条线上的两类点。0值左边的点为类0，用蓝色表示；其他点为类1，用黄色表示

让我们为这些样本构建一个分类器。在本例中，边界仅包含一个数字。该数字左侧的所有样本都分配给类0，右侧的所有样本则分配给类1。想象如果我们沿着这条线移动这个分界点，就可以计算出被错误分类的样本数量，并称之为误差。我们可以将结果总结为一张图，其中X轴显示了每个潜在的分界点，与该点相关的误差绘制为其上方曲线中的一个点。图15-2显示了这个过程。

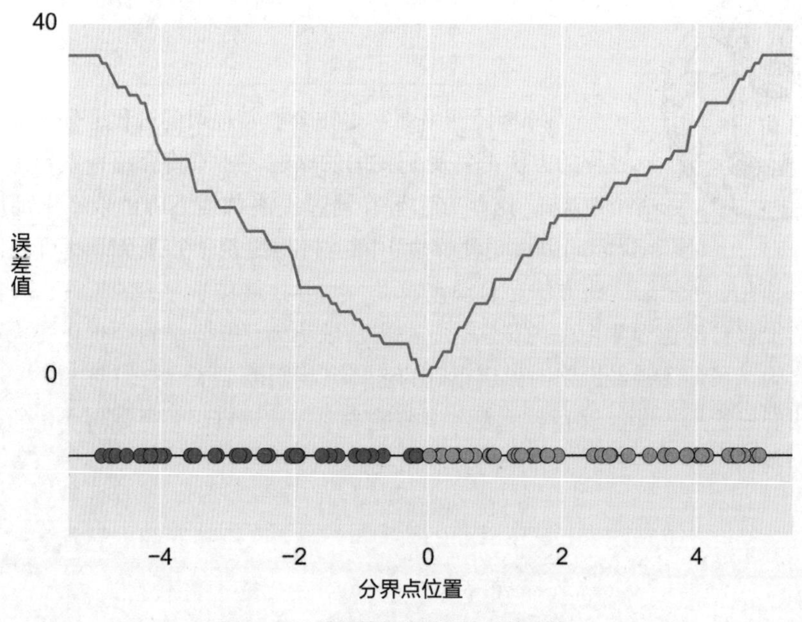


图15-2：绘制简单分类器的误差函数

根据第14章介绍的使用平滑误差函数曲线计算梯度（从而应用反向传播算法）的方法，我们可以对图15-2的误差曲线进行平滑处理，如下页图15-3所示。

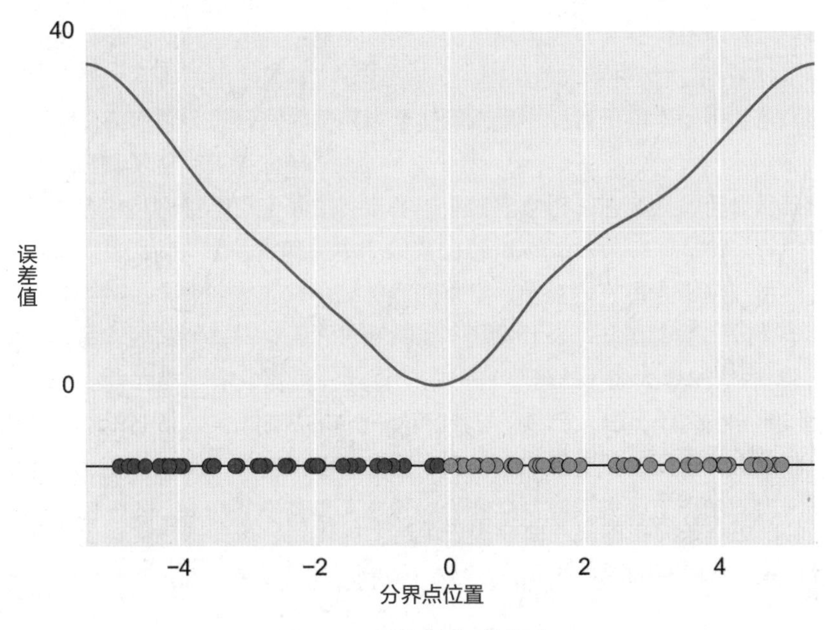


图15-3：图15-2的平滑版本

对于这组特定的随机数据，边界点为0或者0左边一点时，误差是0。因此不管从哪里开始，我们都希望分类器最终在0这一点结束。

我们的目标是找到一种方法来定位任何误差曲线的最小值。如果能做到，就可以将其应用于神经网络的所有权重，从而减少整个神经网络的误差。

## 15.2 调整学习率

使用梯度下降来训练系统时，最关键的超参数是学习率，通常用小写希腊字母η(eta)表示，取值范围在0.01至0.0001之间。η取较大的值会带来更快的学习，但可能会导致我们过度调整神经元的参数，从而错过误差的最佳取值（波谷）。η取较小的值（接近0，但始终为正）会导致学习速度减慢，并可能陷入局部的波谷（局部最优解），即使附近有更深的波谷（全局最优解），它们也可能永远无法到达。下页图15-4以图形方式概括了这些现象。

许多优化器都包含一个重要思想，那就是我们可以通过改变学习率来提高学习效率。这种思想类似于使用金属探测器在海滩上寻找埋藏的金属。我们首先要迈出大步，在海滩上寻找大致的位置，但当探测器亮起，我们会采取越来越小的移动步伐来确定金属物体的详细位置。同样，我们通常在深度学习过程的早期沿着误差曲线迈出大步，同时寻找低谷。随着时间的推移，越来越接近它的最低点，采取的学习率也越来越小，最终找到那个山谷。

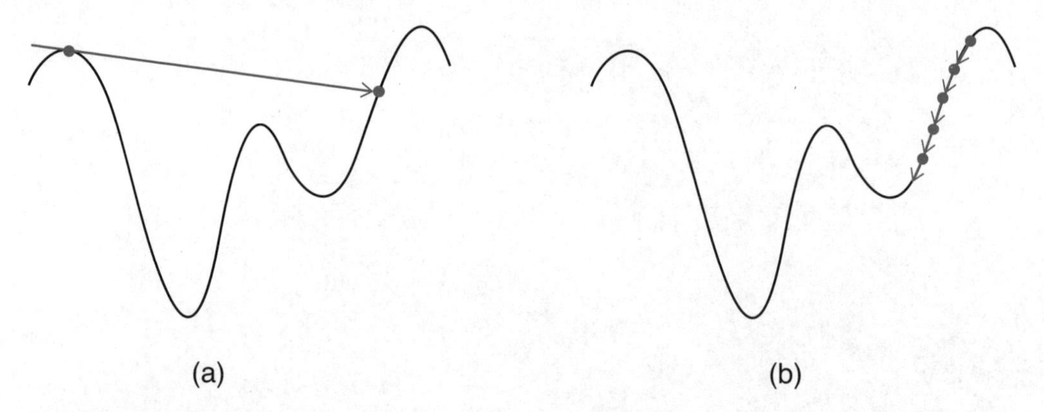


图15-4：学习率η的影响。(a)当η太大时，可能会跳过一个深谷从而错过它。(b)当η太小时，可能会慢慢下降到局部最小值，无法进入更深的山谷

我们可以用一条简单的误差曲线来表示这个优化器，该曲线包含一个孤立的具有负高斯曲线形状的谷值，如图15-5所示。

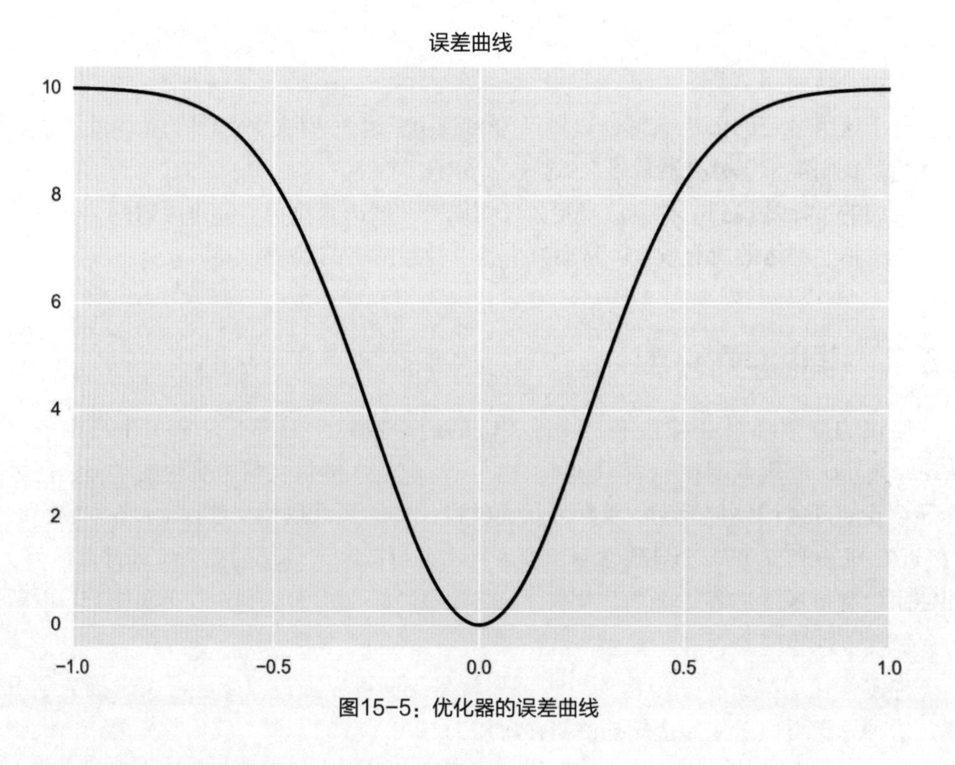


图15-5：优化器的误差曲线

该误差曲线的部分梯度如下页图15-6所示。

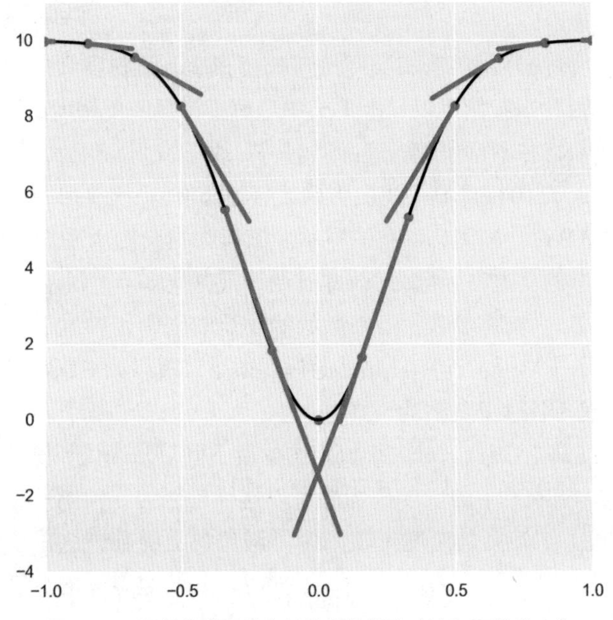

图15-6：误差曲线及其上某些点的梯度（按0.25倍缩小）

为了清晰展示，图15-6中的坡度已缩小到其实际值的25%。我们可以看到，该曲线小于0的输入值，梯度为负；而大于0的输入数值，梯度为正。当输入为0时，处于碗的最底部，因此那里的梯度为0，仅绘制为一个点。

## 15.2.1 恒定大小的更新

首先来观察使用恒定的学习率时会发生什么？换句话说，总是用相同的η值来缩放梯度，该值在整个训练过程中保持不变。

图15-7显示了恒定大小更新的基本步骤。

假设神经网络中有某个权重，它的起始值为w1，更新一次后变成了w2，如图15-7左图所示。它对应的误差是误差曲线上位于其正上方的点，记为B。现在我们想将权重再次更新为一个更好的值w3。

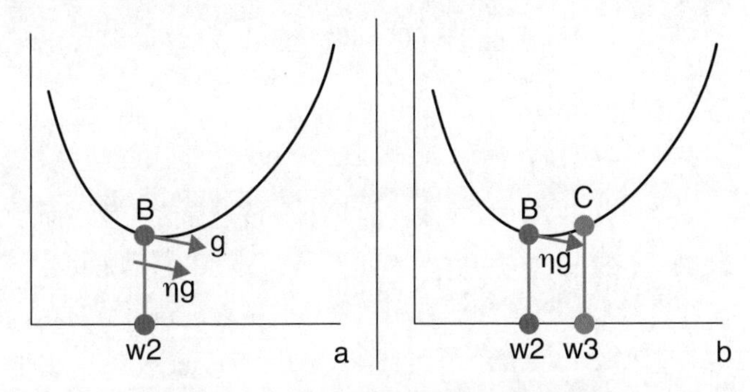

图15-7：恒定学习率梯度下降法的求解步骤

为了更新权重，我们找到了B点在误差曲面上的梯度，如标记为g的箭头所示。经过学习率η的缩放后，我们获得了标记为$\eta g$的新箭头。因为$\eta$在0到1之间，所以新箭头$\eta g$与g的方向相同，但长度小于等于g。

在图15-7中，梯度g显示的箭头实际上与梯度相反。正梯度和负梯度沿着同一条线指向相反的方向，因此当我们可以从上下文中理解正梯度或负梯度的选择时，通常会简单地表示梯度。我们将在本章中遵循这一惯例。

为了得到w3，即新的权重值，我们将缩放后的梯度值$\eta g$叠加到w2中。这意味着将箭头$\eta g$的尾部放在B处，如图15-7右图所示。该箭头指向的水平位置就是权重w3的新值，其值在误差面上的正上方标记为C。此时调整得有些多了，误差反而增加了一点。

接下来看一下在一个带有单一山谷形状的误差曲线中，梯度下降是如何应用的。图15-8的左上图展示了学习的起点。此处的梯度很小，所以第一次调整使权重值向右移动了一点。新的误差比开始时减小了一点。

我们设$\eta$=1/8（即0.125）。对大小恒定的梯度下降算法来说，这是一个非常大的$\eta$值，通常会设为1/100或更小的值。我们之所以这样是因为它使图片更清晰。较小的值也是以类似的方式工作，只是速度更慢。为了避免视觉混乱，这些图形的轴上没有数值，因为我们更感兴趣的是定性分析将要发生的事，而不是具体的数值。

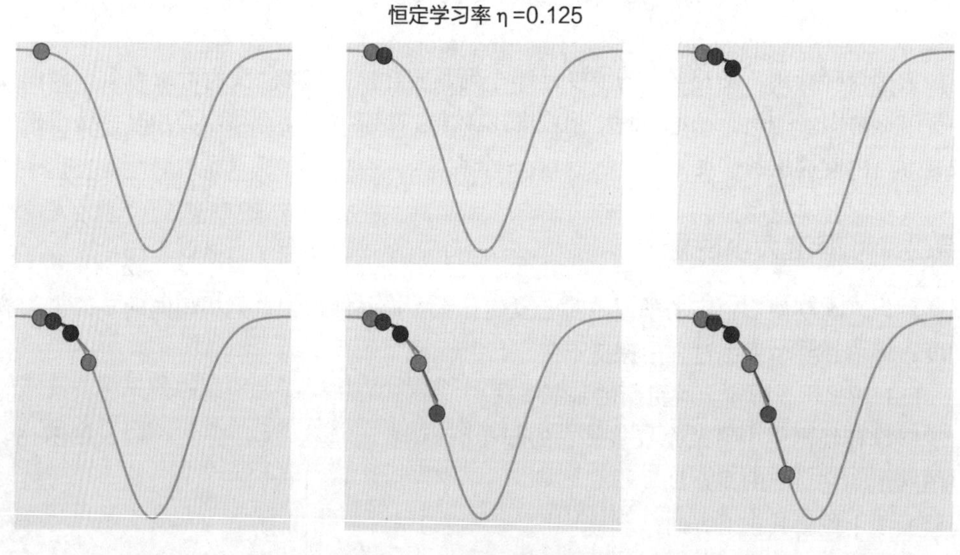


图15-8：以恒定的学习率学习

第一次调整时权重改变的并不是该点梯度的值，而是它的1/8。这让点移动到曲线更陡峭、梯度更大的位置，因此下一次更新会移动得更远一点。每走一步我们都使用在上一个点绘制梯度的颜色来表示到达的位置，画出新的点。

下页图15-9展示了图15-8中的起点经过六次学习向右移动的过程，以及每个点的误差。

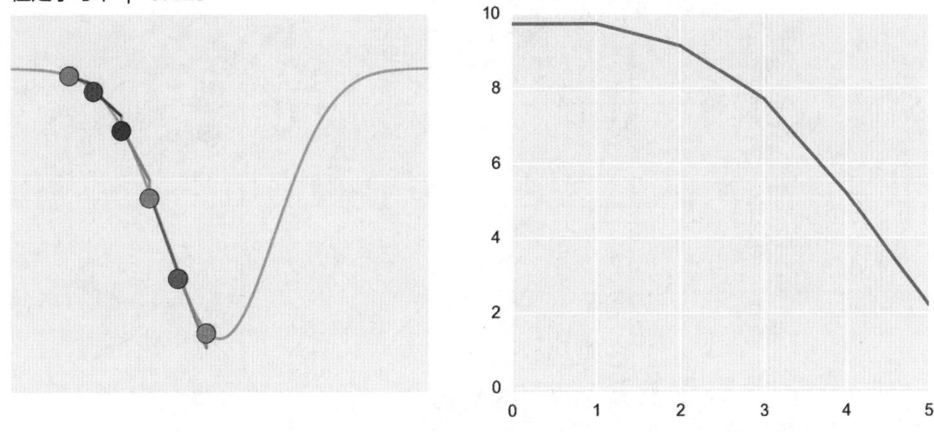


图15-9：左图展示图15-8中最后图像的特写，右图展示左侧六个点对应的误差

继续这个过程是否会到达谷底并降到0误差呢？图15-10展示了这个过程的前15个步骤。

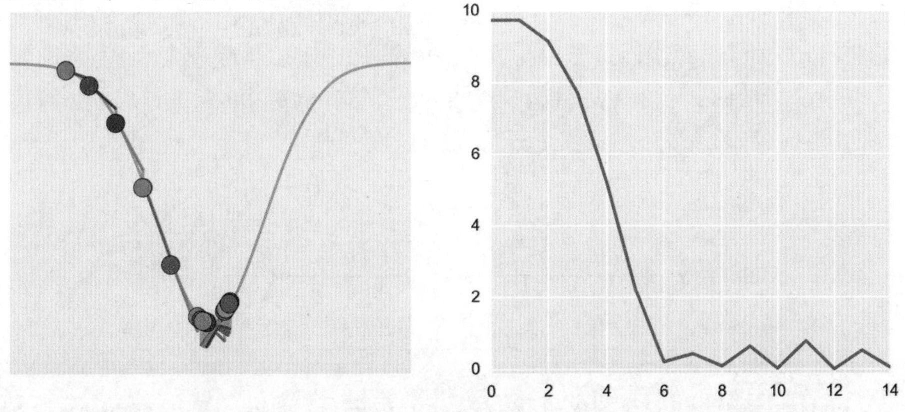


图15-10：左图表示以恒定学习率学习的前15个步骤，右图表示这15个点对应的误差

误差的确接近了谷底，但接着又爬上了右边的山。不过没关系，因为此时的梯度指向左下方，所以又将沿着山谷往回走，直到再次越过底部到达左侧的某个地方，然后掉头，再次越过底部到达右侧，如此往复。误差始终在谷底反复横跳。

这样看来误差永远也到不了0。这个问题在对称的山谷中尤其明显，因为误差将会在最小值的左右两边来回跳跃。当学习率恒定时，这种情况经常会发生。这种反弹之所以会发生，是因为当误差接近谷底时，我们本想小步前进，但学习率是一个常数，导致步子太大了。

我们可能会想，图15-10中的反弹问题是不是为学习率过大造成的。下页图15-11展示了 η 取一些较小值时前15步的情况。

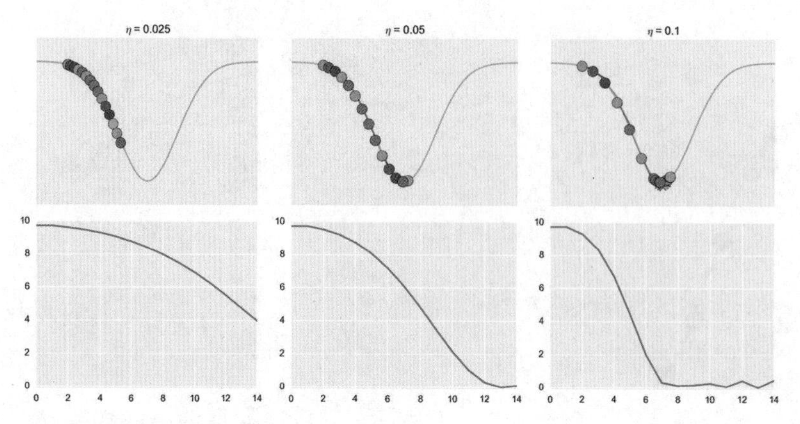


图15-11：用更小的学习率走15步。第1行展示学习率为0.025（左）、0.05（中）和0.1（右）的情况。第2行展示了第1行中各点的误差

图15-11尽管反弹较小，但较小的步伐并不能解决这一问题。不过，提高学习率会使弹跳问题变得更糟，如图15-12所示。

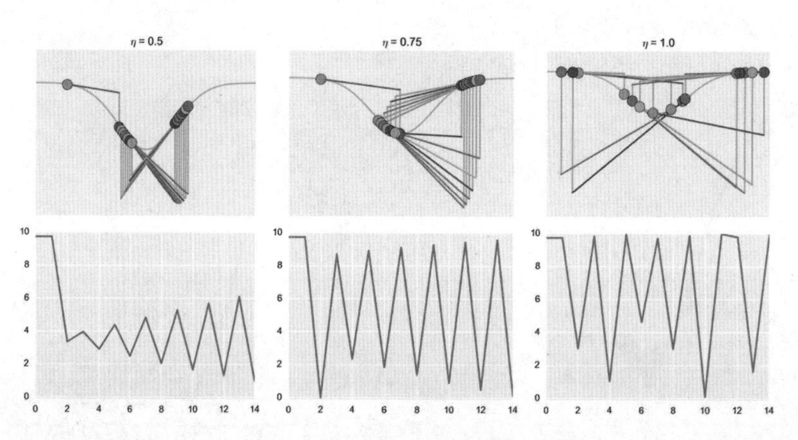


图15-12：第1行展示学习率为0.5（左）、0.75（中）、1.0（右）时的训练过程。第2行展示第1行图中各点的误差

较高的学习率也会导致直接跳过有最低值的山谷。在图15-13中，从绿点开始，跳过了所处（并且希望留在）的山谷，进入了一个最小值稍大的新山谷，这是我们不希望看到的。

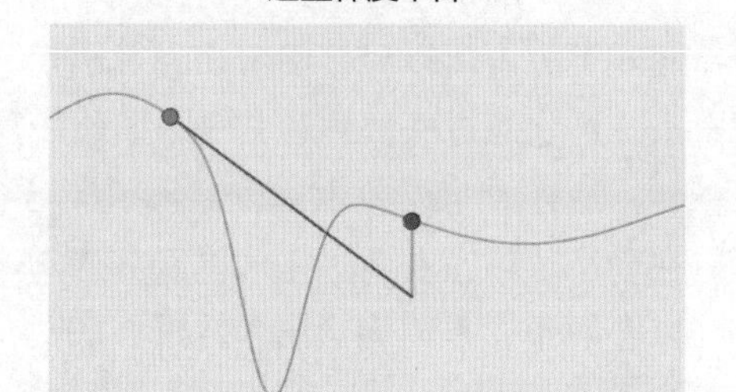


图15-13：通过一个大步直接越过了山谷，最终到达一个比最小值稍大的山谷

有时，这样的大跳跃可以让我们从一个浅的山谷移动到一个更深的山谷。如此大的学习率，也可能让我们在山谷周围跳跃很多次，永远到不了最小值。找到一个合理适度的学习率，避免越过山谷或在底部反复横跳似乎并不容易，一个很好的替代方法是边走边改变学习率。

## 15.2.2 随着时间的推移改变学习率

在学习开始时，为了加快速度，可以使用较大的η值。在学习快结束时可以使用较小的η值，以免在谷底来回跳动。

一个使学习率η从大逐渐变小的简单方法，是在每次更新后将学习率乘以一个接近1.0的浮点数，比如0.99。假设初始学习率为0.1，第一步之后，它将是$0.1 \times 0.99 = 0.099$。下一步，它将是$0.099 \times 0.99 = 0.09801$。图15-14展示了使用几个不同的数作为乘数进行多步学习时，η的变化情况。

这些曲线最简单的表示方法是采用指数形式，被称为指数衰减曲线。每一次与η相乘的值叫作衰变参数，通常是一个非常接近1的数字。

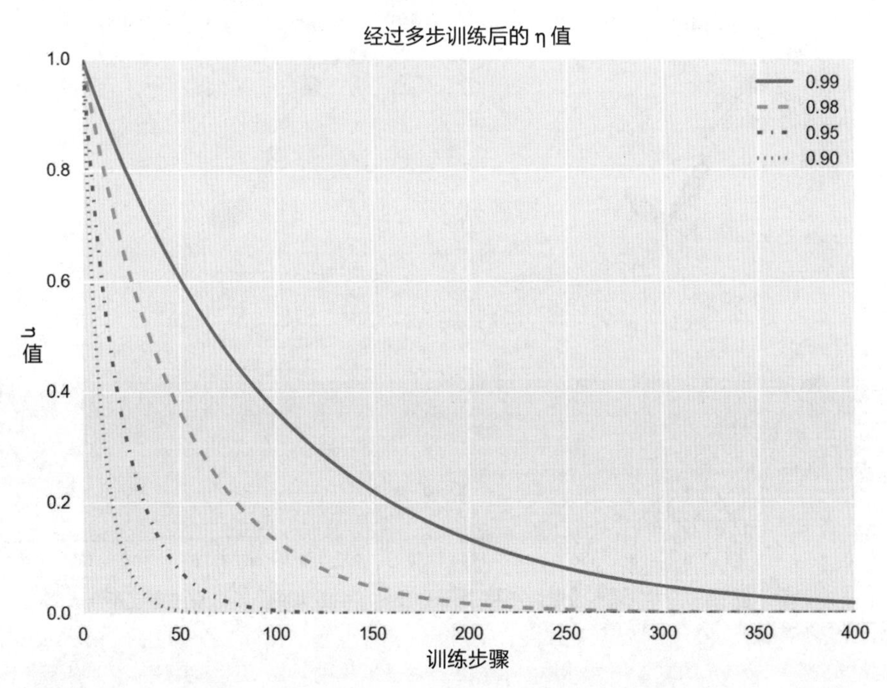


图15-14：从学习率η = 1.0开始，这些曲线展示了每次更新后学习率乘以给定值的下降情况

让我们将逐渐下降的学习率应用于误差曲线的梯度下降。与前面一样，从1/8的学习率开始。为了使衰减参数的效果易于显示，我们将其设置为比较低的0.8。这意味着每一步的学习率只有前一步的80%。下页图15-15展示了前15步的结果。

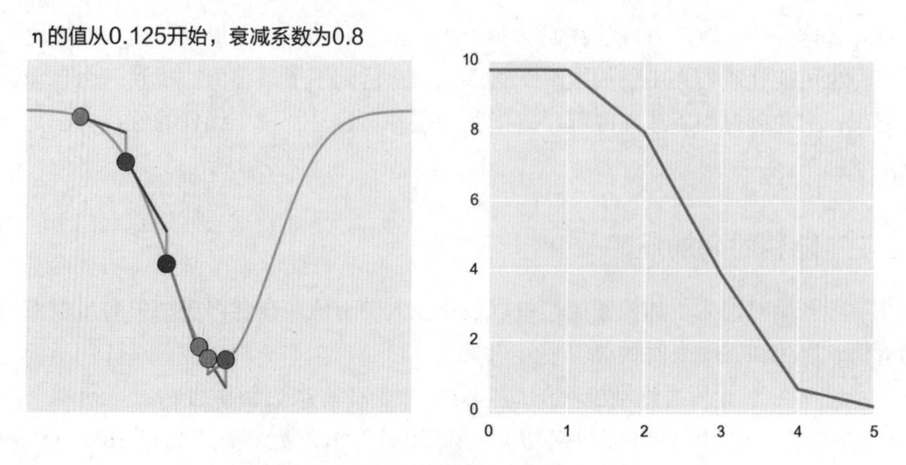


图15-15：使用收缩学习率的前15个步骤

将其与使用恒定步长的“反弹”结果进行比较，图15-16显示了15个步骤的恒定和收缩步长的结果。

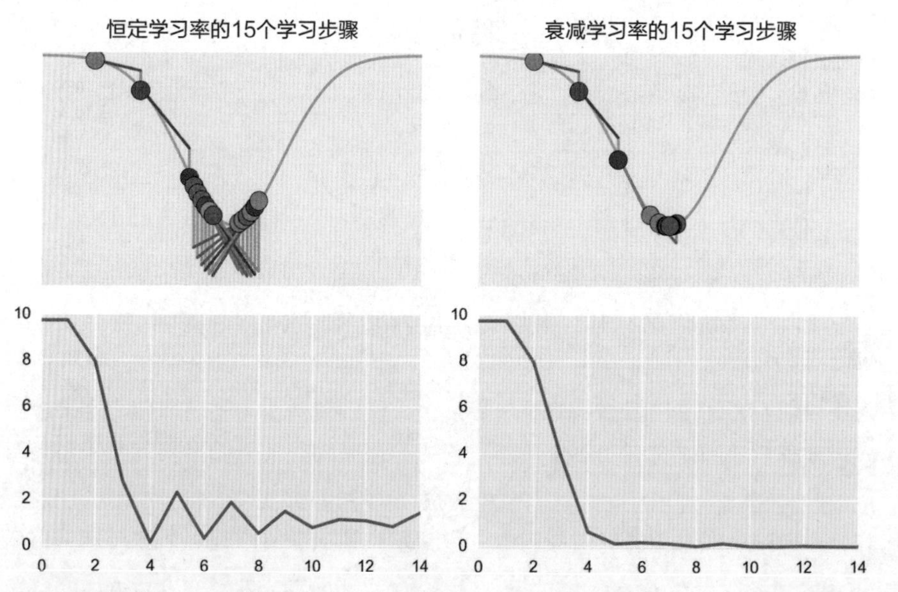


图15-16：左图表示图15-10中的恒定步长，右图表示图15-15中的衰减步长。请注意，不断收缩的学习率是如何帮助我们高效地进入谷底的

不断缩小的步长很好地降落在谷底，并保持在那里。

### 15.2.3 衰减调整策略

衰减技术很有吸引力，但也带来了新挑战。首先，我们必须确定衰减系数的值。其次，衰减操作可能不需要在每次更新后都执行。为了解决这些问题，我们可以尝试一些降低学习率的策略。

任何随时间改变学习率的方法都称为衰减调整策略（本希奥 2012）。衰减调整策略通常用轮次数而非样本数来表示。因为我们要完成对训练集中的所有样本的训练，然后改变学习率，并再次对所有样本进行训练。

最简单的衰减调整策略是在每个学习轮次后对学习率执行衰减操作，正如刚才介绍的。图15-17(a)显示了调整策略。

另一种常见的调整方法是将所有衰减都推迟一段时间，这样权重就有机会从起始随机值调整到一个接近最小值的值。然后将该方法应用于所选的调整策略之中。图15-17(b)显示了这种延迟指数衰减方法，将图15-17(a)的指数衰减调整策略推迟了几个周期。

第三种方法是每隔一段时间执行一次衰减。图15-17(c)所示的间隔衰减法，也称为固定步长衰减法，即在某个固定次数后，比如每4或10个周期，降低学习率。这样就能避免快速衰减的风险。

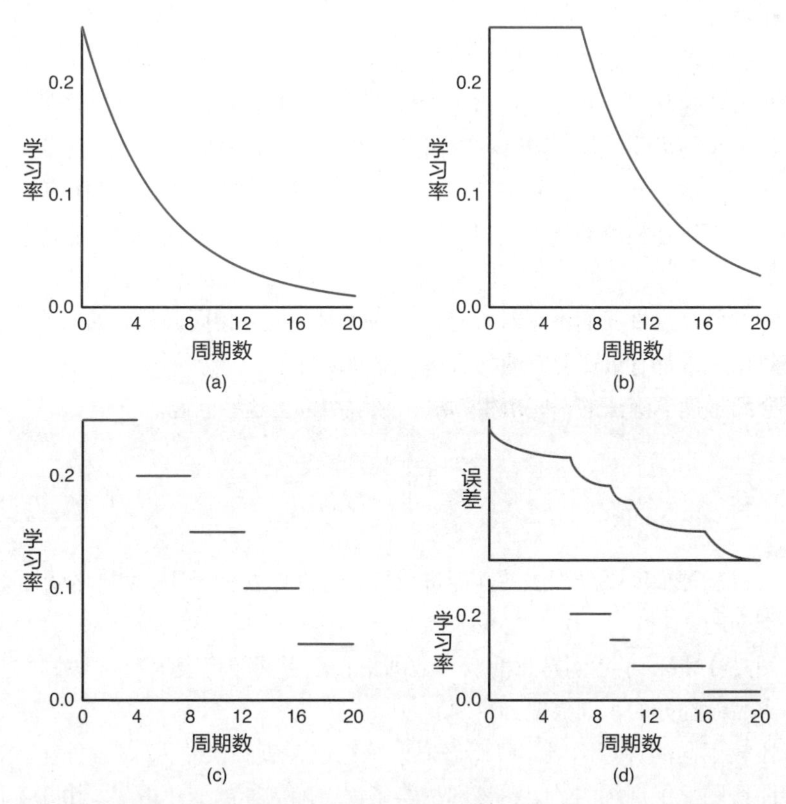


图15-17：学习率随时间降低的衰减调整策略。(a)表示指数衰减，每个轮次后学习率都降低。(b)表示延迟指数衰减。(c)表示间隔衰减，某个固定轮次（此处为4）后，降低学习率。(d)表示基于误差的衰减，当误差停止下降时，降低学习率

还有一种方法是监控神经网络的误差，只要误差还在下降，就保持现有的学习率。当神经网络停止学习时，再进行衰减调整，这样就能以更小的步长进入更小的误差范围。这种基于误差的衰减如图15-17（d）所示。

我们还能很容易地设计出很多替代方案，比如当误差减少一定数量或百分比时才进行衰减调整，或从中减去一个很小的值而不是乘以一个接近1.0的数（只要保持学习率为正即可。如果学习率为0，系统会停止学习；如果学习率为负值，系统误差就会上升）。我们甚至可以随时间的推移提高学习率。这种激进的手段取决于总损失在每个周期后是如何变化的（奥尔 1999），若误差下降，就稍微提高学习率，如1%到5%。我们认为，如果进展顺利，误差正在减少，就可以迈出大步。但如果误差上升，增加很多，就大幅降低学习率，甚至将其减半。这样就可以立即停止增长，以免其远离之前的较好误差。学习率调整策略的缺点是必须提前确定参数（Darken、章和穆迪 1992）。但有时这些参数可以被设置成像学习率一样的超参数。大多数深度学习库都提供自动搜索取值范围的程序，可以确定一个或多个超参数的最佳值。

一般来说，简单地调整学习率的策略效果就很好，并且大多数机器学习库都提供这些函数可供选择（卡帕斯 2016）。

在大多数机器学习系统中，随着时间变化而学习率降低是一个常见的操作。我们希望在早期阶段快速学习，在前期过程中大步前进，寻找最低限度。然后降低学习率，能够逐渐迈出更小的步伐，最终降落在我们发现的任何山谷的最低部分。

我们很自然地想到，是否有一种方法可以不依赖于训练前设定的调整策略而控制学习率？当然，可以在检测到当误差接近最小值、谷底或在反复横跳时，自动调整学习率作为响应。

更有趣的是，也许我们不想对所有权重的学习率进行相同调整。如果能够调整更新策略，使每个权重都有最适合它的学习率，那就太好了。

下面介绍梯度下降法的一些衍生算法，来解决以上这些问题。

## 15.3 更新策略

本节将对三种梯度下降算法的性能进行比较。在这些例子中，我们使用了之前介绍过的二分类问题。

下页图15-18展示了我们熟悉的双月数据集，用不同颜色表示不同类别。这300个样本点是本章后续部分的示例数据。

为了比较不同的神经网络，我们需要训练它们，直到误差为0或者停止改进。我们将用误差曲线图显示训练的结果，该图描绘了误差随周期的变化情况。由于不同算法差异很大，图中的轮次数在一个很大的范围内发生变化。

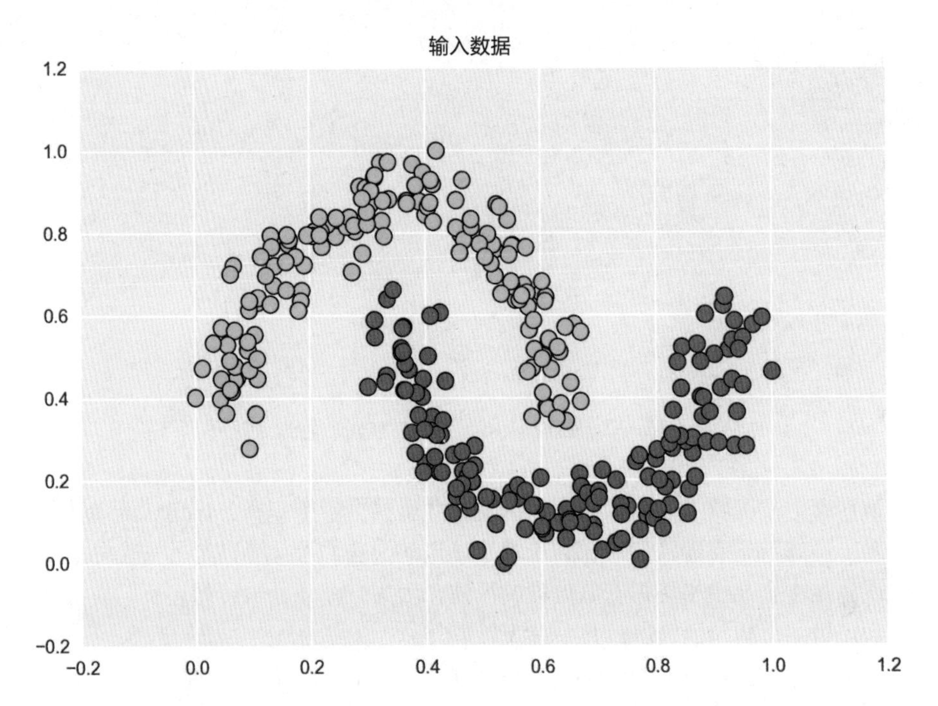


图15-18：本章后续部分的示例数据：300个点分为两类，每类有150个点

为了对这些点进行分类，我们构建一个带有3个完全连接的隐藏层（分别有12、13、13个神经元）和一个输出层（2个神经元）的神经网络，来预测样本属于每一类的可能性。输出值较大的类别作为神经网络的预测结果。为了保持一致，用到恒定学习率时η为0.01。神经网络如图15-19所示。

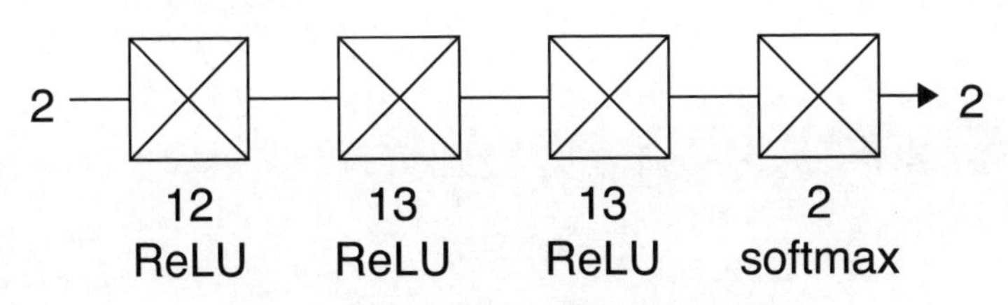


图15-19：由4个层组成的完全连接神经网络

### 15.3.1 批量梯度下降法

在评估完所有样本后，每个轮次更新一次权重，就是批量梯度下降（也称为批次梯度下降）。在这种方法中，在系统上运行整个训练集，积累错误差值，然后使用来自所有样本的组合信息将所有权重更新一次。

下页图15-20展示了使用批量梯度下降法进行典型训练的误差。

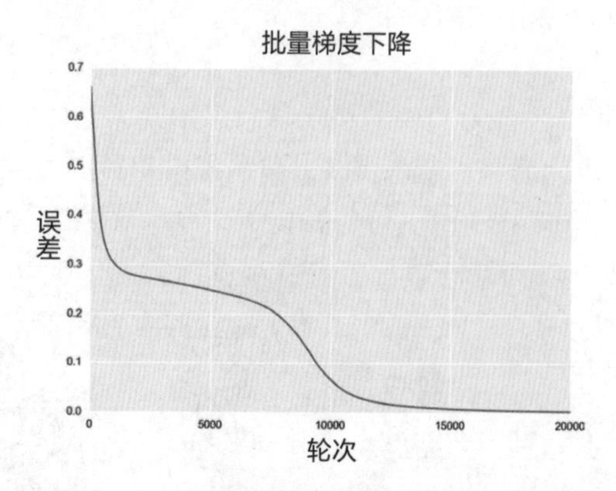


图15-20：使用批量梯度下降法进行训练的误差

批量梯度下降的效果令我们高兴。误差一开始就下降了很多，说明误差是从陡峭的表面开始下降的。接着曲线变得较为平滑。这里的误差面可能是鞍部的一个几乎平坦的区域，或者是一个几乎平坦但有点坡度的区域，因为误差还在继续缓慢下降。最终，该算法找到了另一个陡峭的区域，并一直降到了0。

批量梯度下降的误差曲线看起来非常平稳，但要将该网络和数据的误差降至接近0，需要大约20000个轮次，这可能需要很长时间。让我们通过放大前400个轮次来更深入地了解从一个轮次到下一个轮次发生了什么，如图15-21所示。

看来批量梯度下降确实进展顺利。这是有道理的，因为它在每次更新时都使用来自所有样本的错误。

批量梯度下降通常会产生平滑的误差曲线，但在实践中存在一些问题。如果我们的样本数量超过了计算机内存的容量，那么分页或从较慢的存储介质中检索数据的成本可能会变得较大，从而使训练变得异常缓慢。当我们处理数百万个样本的庞大数据集时，这确实是一个问题。从较慢的内存（甚至硬盘驱动器）反复读取样本需要花费大量时间。这个问题存在解决方案，但可能涉及大量工作。

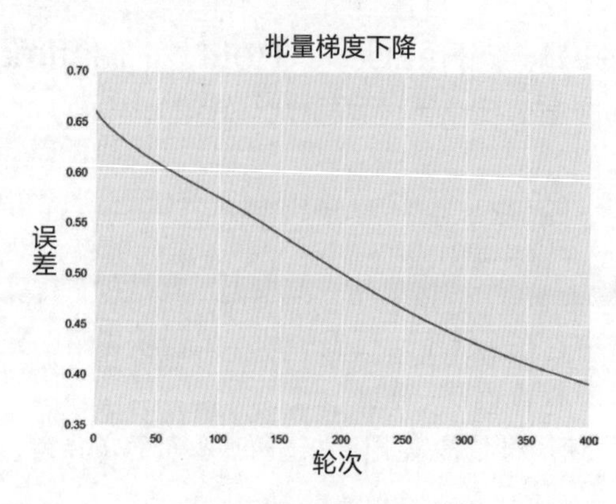


图15-21：图15-20中批量梯度下降法的前400个轮次

与这个内存问题密切相关的是，必须保留所有的样本，以便我们可以在每个轮次中一遍又一遍地运行它们。我们也可以说批量梯度下降是一种离线算法，因为它严格根据存储和访问的数据工作。我们可以想象，即使将计算机与所有网络断开连接，它仍然可以继续从所有训练数据中学习。

## 15.3.2 随机梯度下降法

让我们来看另一种极端情况：在每次评估样本后更新权重。这被称为随机梯度下降法，简称SGD。之所以使用“随机”这个词，是因为训练样本被随机地输入神经网络，所以我们无法预测权重在两个样本之间将如何变化。

因为每个样本都会更新权重，所以300个样本的数据集会在每个周期内更新300次权重。因为每个样本都会更新权重，所以误差变化会很大。由于图中是按轮次数绘制误差曲线，没有显示这种小规模的波动，但是我们仍然可以看到它随训练轮次发生的变化。

图15-22显示了采用随机梯度下降法使用该数据进行训练的神经网络误差情况。

该图与图15-20中的批量梯度下降法的大致形状相同，因为两次训练使用的神经网络和数据是相同的。

第225个轮次的巨大峰值显示了随机梯度下降法是多么不可预测。样本排序和神经网络权重更新方式导致误差从接近0的值变为了接近1的值。换句话说，它从每个样本都几乎完全正确分类，到完全错误，然后又回到了几乎完全正确分类（尽管这需要几个轮次，如高峰右侧的小曲线所示）。如果我们在学习过程中观察或者使用自动算法来监控误差，可能会倾向于在高峰时停止训练。然而，误差在高峰后的几个周期就已恢复，回到了接近0。该算法不愧是“随机”算法。

我们从图中可以看出，随机梯度下降法在短短400个周期内误差就降到0。图15-22只截取了第400周期以前的部分，因为之后的曲线保持为0。将其与图15-20中批量梯度下降法所需的大约20000个周期进行比较，效率的提高十分显著（鲁德 2017）。

下面我们逐一比较每个算法需要更新多少次权重才能使误差降至0。批量梯度下降法在每批样本之后更新权重，所以20000个周期意味着更新了20000次权重。随机梯度下降法每300个样本更新权重。因此，在400个周期中执行了300 × 400 = 120000次更新，比批量梯度下降法多6倍。这个比较的意义是：等待结果的真实时间并不完全由周期数决定，因为单个周期的时长可能会有很大不同。

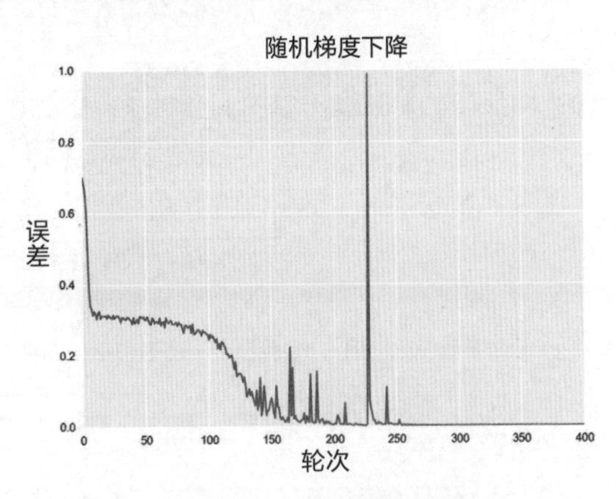


图15-22：随机梯度下降法

随机梯度下降法被称为在线算法，因为它不需要存储样本，甚至不需要在各个周期保持一致，只需在读取每个样本时进行处理并更新神经网络。

随机梯度下降法会产生带噪声的结果，如图15-22所示。这既有好处也有坏处，好处是在搜索最小值时，随机梯度下降法可以从误差曲线的一个区域跳到另一个区域。坏处是随机梯度下降法可能会越过一个较小的误差值，把时间花在某个误差值较大的山谷里。学习率随时间降低肯定有助于解决跳跃问题，但这一过程仍然充满噪声。

误差曲线中的噪声使我们很难知道系统何时在学习，何时开始过拟合。我们可以看到许多轮次的滑动窗口，但可能只知道，在它发生很久之后，就已经超过了最小误差。

### 15.3.3 小批次梯度下降法

因为批量梯度下降法每个轮次更新一次权重，而随机梯度下降法每个样本更新一次权重，由此我们可以找到一个介于两者之间的折中办法，这个办法被称为小批次梯度下降法，简称mini-batch SGD。该算法在一定数量样本后更新权重，即从训练集中抽取的一组样本数量，这个数量比批量样本数量（训练集中的样本数量）小得多，所以我们称其为小批次。

小批次的数量通常是2的n次方，大约在32到256之间。如果有GPU，这个值能充分利用GPU的并行处理能力。当然这只是为了提高效率，小批次可以定为任意值。

图15-23显示了小批量为32个样本的结果。

这确实是两种算法的完美结合。曲线是平滑的，像批量梯度下降法但又不完全一致。误差在大约5000个周期降到0，介于随机梯度下降法所需的400个周期和批量梯度下降法所需的20000个周期之间。下页图15-24展示了前400个周期的情况。

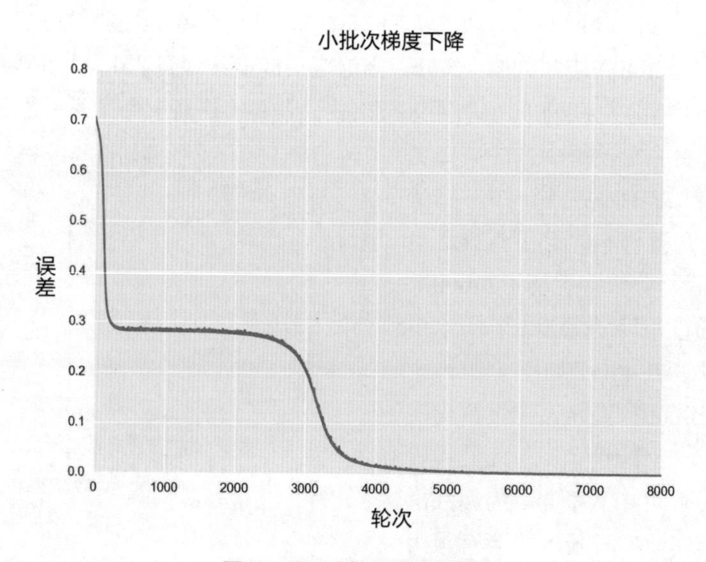


图15-23：小批次梯度下降法

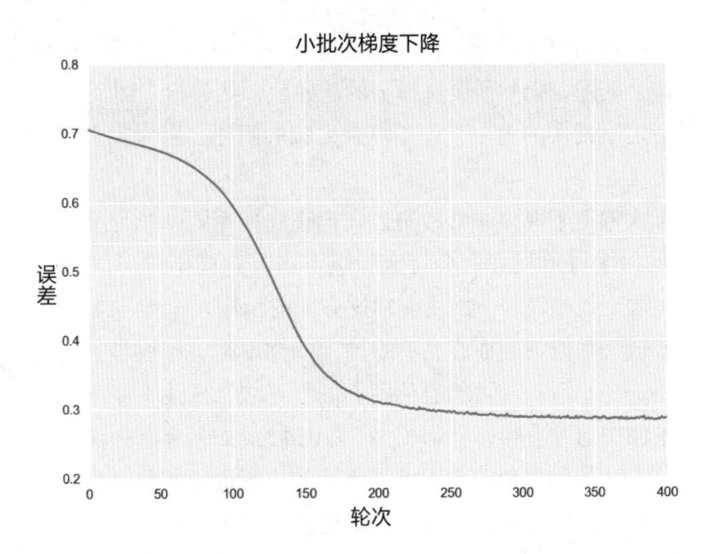


图15-24：展示了图15-23前400个周期的变化，显示了训练开始时的大幅下降

小批次梯度下降法执行了多少次更新？300个样本的小批次值为32，所以每个轮次包含大约10个小批次（理想情况下，我们希望小批次能够整除样本数，但实际上无法控制数据集的大小，所以通常会在最后留下一个不足数的小批次）。因为每个轮次更新10次权重，乘以5000个周期，得到50000次更新。这也正好介于批量梯度下降法的20000次更新和随机梯度下降法的120000次更新之间。

小批次梯度下降法比随机梯度下降法的噪声小，便于跟踪误差。该算法可以使用GPU并行处理小批次中的所有样本，使效益得到巨大提升。它的训练速度比批量梯度下降法快，在实践中也比随机梯度下降法更有吸引力。

基于这些原因，小批次梯度下降法在实践中很流行，而“普通”随机梯度下降法和批量梯度下降法使用相对较少。事实上，大多数时候，当文献中提到随机梯度下降法，甚至梯度下降法时，作者指的就是小批次梯度下降法（鲁德 2017）。“批量”与“小批次”混用会造成理解上的困难。不过因为真正的批量梯度下降法现在很少被使用，所以提到“批量梯度下降法”和“批量”一般都是指“小批次梯度下降法”和“小批次”。

## 15.4 梯度下降的变体

小批次梯度下降是一种非常重要的算法，但它并不完美。让我们回顾一下小批次梯度下降的一些问题，以及解决这些问题的几种方法。从这里开始，我们将小批次梯度下降称为SGD（本节的组织灵感来自鲁德 2017）。

首先我们要知道学习率 $\eta$ 的值是预先指定的。正如之前介绍的，一个太小的 $\eta$ 值可能会导致学习时间过长，并陷入局部极小值；一个太大的 $\eta$ 值可能帮助我们跨过局部极小值，但在全局最小值时可能会陷入反弹的困境。就算我们试图通过衰减策略来随时间改变 η 值来避免这个问题，仍然需要选择 η 的起始值，然后指定调整策略的超参数。

我们还必须指定小批次的大小，这不算是太难的问题，因为通常会选择与GPU或其他硬件最匹配的值。

接下来为小批次梯度下降做一些改进。我们正在使用同一学习率更新所有权重，现在可以为系统中的每个权重找到一个特定的学习率，这样不仅可以朝着最好的方向移动，而且可以最大限度地移动。下面将介绍这方面的示例。

当误差表面形成鞍状时，表面在所有方向上的梯度都可能很小，因此在局部，它几乎（但不完全）是一个平台。这可能会使我们的学习缓慢到几乎停止。研究表明，深度学习系统的误差平面中通常有很多鞍部（多芬 2014）。如果有办法在这些情况下摆脱困境，或者最好能从一开始就避免陷入困境。水平的位置也是如此，我们希望避免陷入梯度降至0的平坦区域。为此，我们希望避免梯度降至0的区域，当然除了正在寻找的最小值。

下面介绍一些可以解决这些问题的梯度下降法的变体。

## 15.4.1 动量

考虑在一个XY平面上的权重，平面之上的图形是用这些权重值训练系统所产生的误差曲面。我们可以把误差曲面想象成一幅地形图，把寻找最小误差值的任务想象成跟随一滴水寻找最低点。

图15-25是第5章的一张图，展示了这种训练过程。

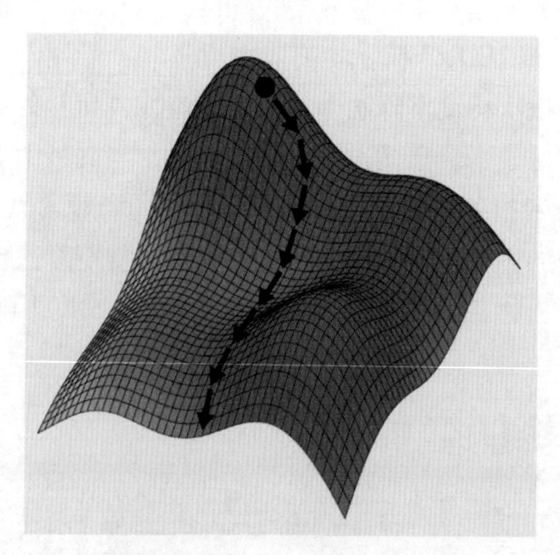

图15-25：沿误差曲面滚下的一滴水，这是第5章的一张图

这里所说的水滴，可以理解为一个小球沿着误差曲面滚动。在真实世界中，以这种方式滚下山的球具有的某种惯性，描述了它对其运动状态变化的阻抗程度。如果小球以一定的速度沿给定的方向滚动，除非受到干扰，否则将继续以这种方式移动。

有一个与这个例子相关的概念，称为球的动量，从物理角度来看有点抽象。虽然是不同的概念，但有时深度学习的研究中会将惯性称为动量，而将要介绍的算法就是如此。

这个概念使得图15-25中的球从顶峰落下并进入图中的鞍部后，能够穿过平坦区域。如果球的运动是只由梯度确定，当它到达图中附近的“平原”时，会停止移动（或者接近“平原”，球将缓慢爬行）。但是球的动量（更确切地说是惯性）会让它继续向前滚动。

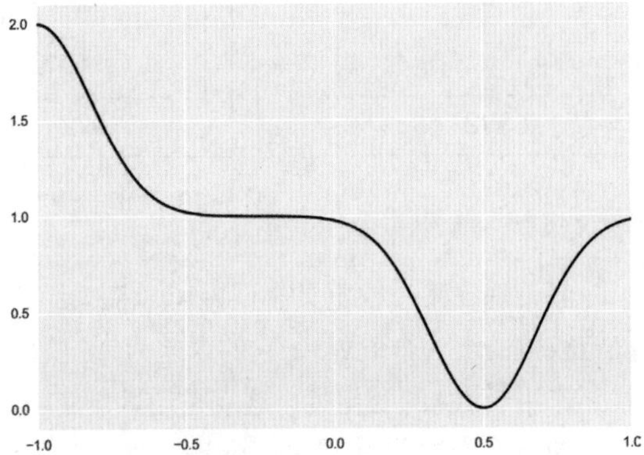

假设从图15-26左侧附近滚下山后，到达了值为-0.5左右开始的平坦区域。

图15-26：一条误差曲线，它在山峰和山谷之间有一段平坦区域

如果是普通的梯度下降，当梯度为0时，会停在高原上，如图15-27左图所示。但是如果加入动量，球会持续运动一段时间。它确实也会减速，但幸运的话，会继续滚动足够远，直到到达下一个山谷。

动量梯度下降法（钱 1999）就是基于这一思想。首先计算出每一步权重的期望变化值，然后加入通过上一步的值计算出的动量。如果给定某一步的变化值是0或者接近0，但上一步仍有一些较大的变化值，而这些已有的运动状态，使小球能够越过平坦区域。

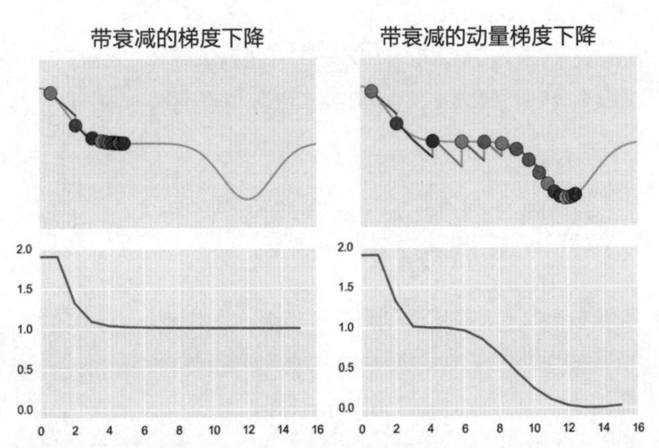


图15-27：图15-26误差曲线上的梯度下降。左图表示带衰减的梯度下降，右图表示带衰减的动量梯度下降

图15-28直观地展示了这个过程。

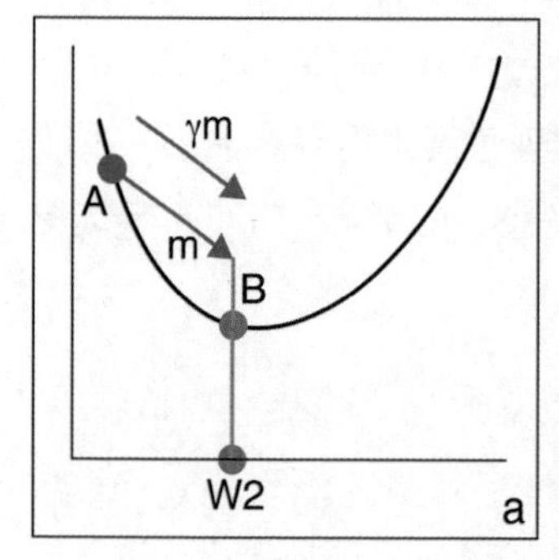

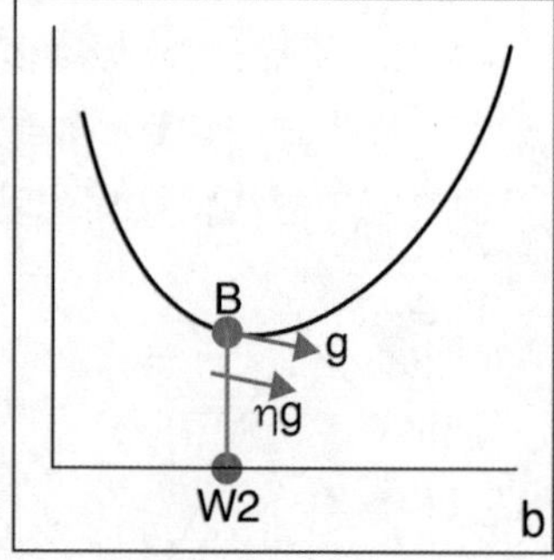

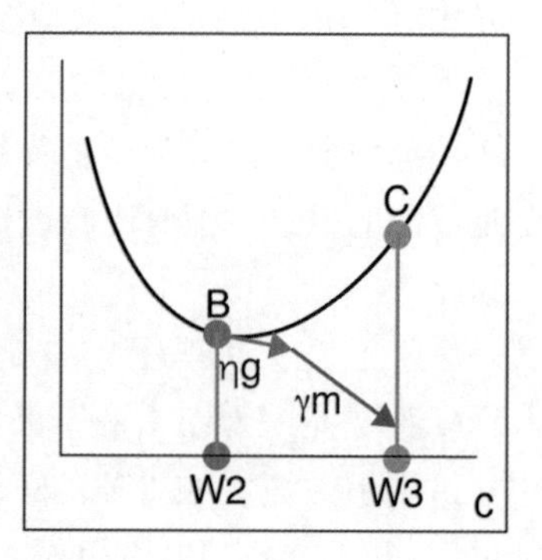


图15-28：动量梯度下降法确定步长的过程

假设现在某个权重具有误差A，将权重值更新为W2，得到了误差B。我们现在想要确定权重的下一个值W3，它的误差为C。要确定C，先要确定A到B的变化量，也就是要找到作用于点A的变化量。这就是动量，使用m标记，如图15-28(a)所示。

动量m需要乘以比例因子γ(gamma)，得到一个新箭头γm。比例因子有时也称为动量比例因子，它是一个从0到1的值。γm与m方向相同，长度相同或更短。然后在B点找到学习率与梯度的乘积ηg，如图15-28(b)所示。一切就绪，我们将比例动量γm和梯度变化量ηg加到B上，就是将γm的尾部与ηg的头部相接，如图15-28(c)所示。

下面用这个方法，看看权重和误差是如何随时间变化的。图15-29显示的是之前的对称山谷和训练步骤。在图中，我们使用指数衰减调整策略和动量。与图15-15中的顺序一样，但每一步的变化量包括动量，或者是经缩放上一步的变化量。我们可以看到从每个点引出两条线（一条是梯度，另一条是动量）。两条线的总和就变成了新的变化。

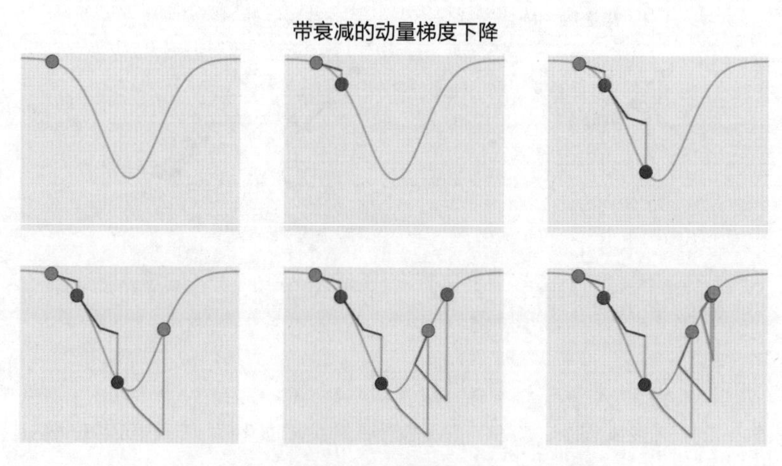


图15-29：用指数衰减调整策略和动量进行学习

在每一步中，我们首先找到梯度，并乘以学习率 η 的当前值。然后找到上一步的变化量乘以 γ，并将这两个变化量加到权重值上。最终得出这一步的变化量。

图15-30着重展示了网格中第六步，以及沿途各点的误差。

有趣的事发生了。当球到达山谷右侧时，它会继续向上滚动，即使此刻的梯度指向下方。正如我们所期望的那样，再减速，接着沿斜坡返回并超过底部，但比以前低一点，然后减速并再次下降，以此类推，直到最终沉入山谷底部。

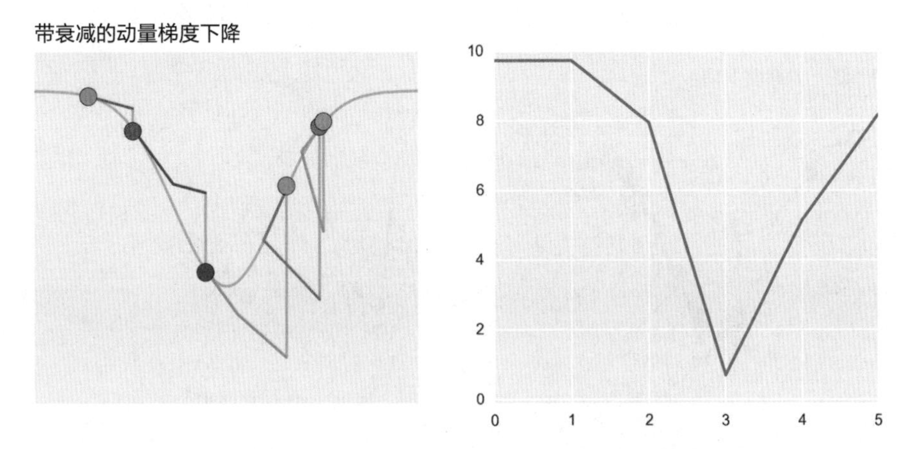


图15-30：图15-29的最后一步，以及每个点的误差

如果动量太大，球可能直接飞到另一边，完全飞出；如果动量太小，球也可能无法越过途中遇到的高原。图15-31显示了图15-26中的误差曲线。在该图中，我们使用 γ 值来缩放动量，这样球就可以通过高原，但仍可以陷入谷底部的最小值。

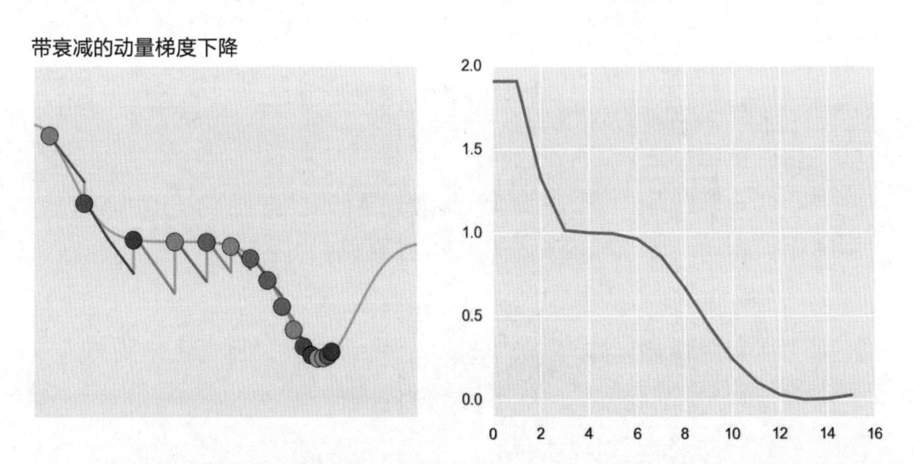


图15-31：可以使用足够的动量越过一个局部最小值，但太大的动量会导致无法很好地落在最低点

找到合适的动量是另一项任务，这需要靠我们的经验、直觉、反复试验，以及特定神经网络的表现和正在处理的数据。我们也可以使用超参数搜索算法来确定它。

把这些技术组合在一起（确定梯度并乘以当前的学习率 $\eta$，加上之前用 $\gamma$ 缩放的变化量），就确定了新的位置。如果将 $\gamma$ 设为0，那么就没有了动量，就变成“正常”（或“普通”）的梯度下降了。如果 $\gamma$ 设为1，就直接叠加最后一次变化量。我们通常使用0.9左右的值作为比例因子。在图15-29和图15-31中，将 $\gamma$ 值设为0.7，以便更好地表示这个过程。

图15-32显示了使用学习率衰减和动量学习的15个步骤。球从左侧开始向下滚动，一直到右边再向下滚，再滚到左边，以此类推，每次爬升的幅度都会小一点。

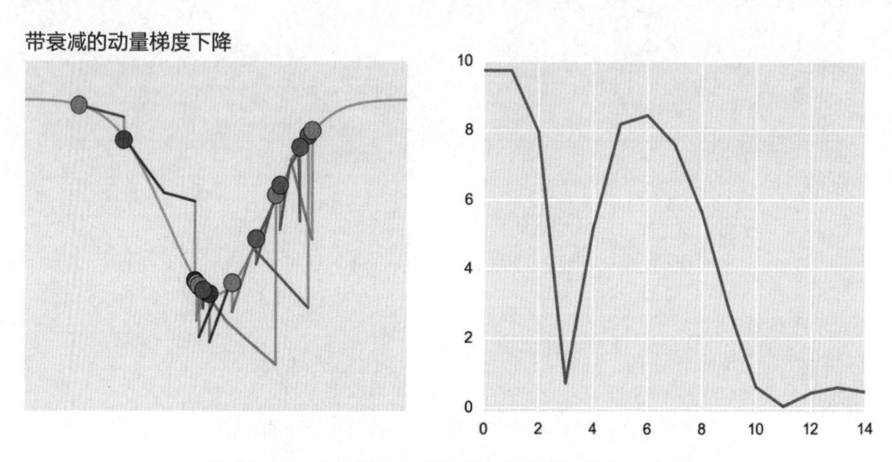


图15-32：用动量和衰减学习率进行学习的前15个步骤

动量帮助我们越过平坦的区域，走出鞍部。它还有一个额外好处，可以帮助我们快速滑下陡坡，所以即使学习率很低，也能提高一定效率。

图15-33显示了在图15-18数据集（双月数据集）进行训练的误差曲线。

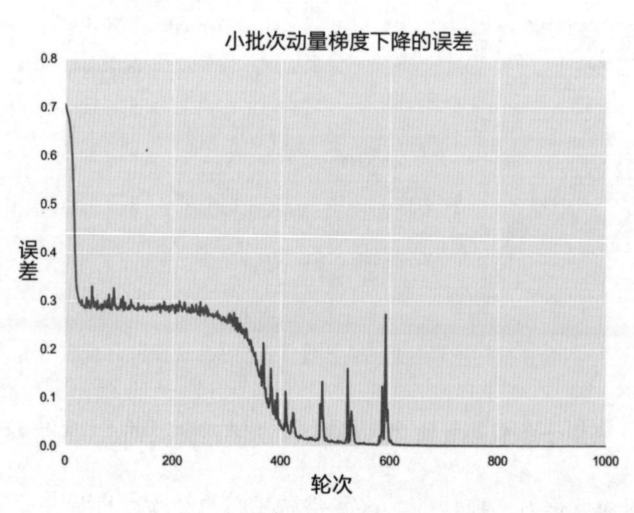


图15-33：带动量的小批次梯度下降法对双月数据集进行训练的误差曲线。只用了600多个周期就达到了零误差

在这里，我们使用带动量的小批次梯度下降法，比图15-23的小批次梯度下降法的曲线更嘈杂，因为动量有时会越过想去的地方，导致误差曲线中出现峰值。对同样的数据，图15-23单独使用小批次梯度下降法时，误差需要约5000个周期才能达到0误差。带动量的小批量梯度下降法只需600多个周期就达到了目标。

动量有助于更快地学习，这是件好事，但也带来了一个新问题：如何确定动量值γ。正如之前介绍的，我们可以靠经验和直觉确定这个值，或者将其视为一个超参数以搜索最佳值。

## 15.4.2 内斯特罗夫动量

动量让我们追溯过去寻找信息来帮助训练，现在让我们展望未来。关键思想是，不仅使用当前位置的梯度，还要考虑预期位置的梯度。然后我们就可以使用某些“来自未来的梯度”了。

因为我们无法真正地预测未来，所以需要估计下一步的位置，并使用那里的梯度。这个思想是，如果误差曲面相对平滑且估计得好，那么在估计的下一个位置找到的梯度接近标准梯度下降法所预测位置的梯度，无论是否考虑动量都是这样。

为什么来自未来的梯度是有用的？假设我们从山谷的一侧滚下，接近谷底后越过谷底，最终到达另一边的某个地方。动量带着我们在另一边爬了几步，当动量逐渐抵消后速度会变慢，直到转身再下来。但是如果能预测到我们会出现在较远的另一边，那么现在就可以将该点的梯度纳入计算。未来向左的动量会使我们移动更少的距离，而不是向右移动那么远，所以我们不会越过太远，最终将会更接近谷底。

换言之，如果下一步的方向与上一步相同，我们就可以迈得更大点；如果下一步会让我们后退，就可以迈一小步。我们把它分解成几个步骤，来防止在估计和现实之间的混淆，如图15-34所示。

假设从A点的权重开始，在最近一次更新后，到达B点，如图15-34(a)所示。和动量一样，在A点施加的变化指向了B点（箭头m），用γ来缩放它。

图15-34(b)开始是新的部分。我们不是寻找B点的梯度，而是首先将缩放后的动量加到B上得到“预测的”误差P。这是对下一步结束后在误差曲面上所处位置的估计。图15-34(c)我们找到P点的梯度g，同样缩放得到ηg。现在，我们将缩放动量γm和缩放梯度ηg加到B中，找到图15-34(d)中的新点C。

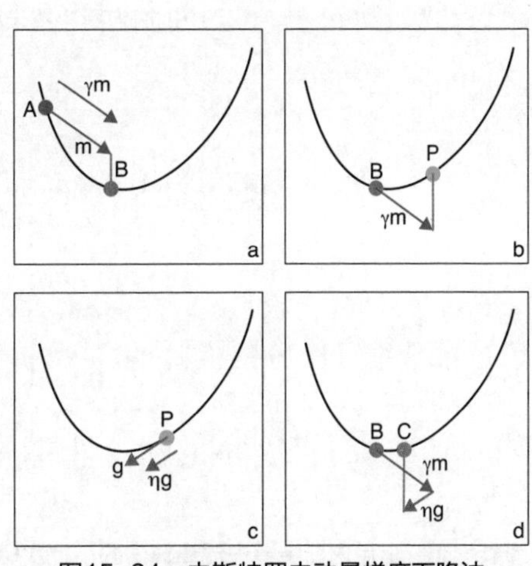


图15-34：内斯特罗夫动量梯度下降法

需要注意，我们根本没有使用B点的梯度，这个过程中只需要指向B的缩放动量和预测点P的缩放梯度。还需要注意，图15-34(d)中的C点比P点更靠近底部，正常的动量可以到达P点。但通过展望未来，看到山谷的另一边，我们就能利用向左的梯度来防止走得太远。为了纪念提出这种方法的研究者，它被称为内斯特罗夫动量算法，或者内斯特罗夫加速梯度算法（内斯特罗夫 1983）。该算法算是之前介绍的动量技术的增强版本。虽然仍然需要为 $\gamma$ 确定一个值，但无须确定任何新参数。这是一个很好的算法，它在不增加太多工作量的情况下提高了性能。

图15-35展示了应用内斯特罗夫动量算法前15步的结果。

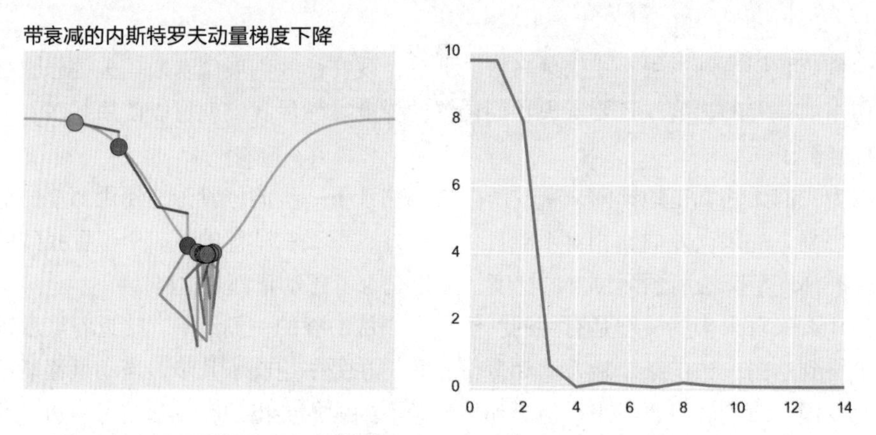


图15-35：运行内斯特罗夫动量算法的前15点。它在大约7步内找到并停留在谷底

图15-36展示了使用内斯特罗夫动量算法进行标准测试形成的误差曲线。它使用了与图15-33中仅带有动量时完全相同的模型和参数，但噪声更小，效率更高，在约425个周期时误差降至0，而不是常规算法所需的大约600个周期。

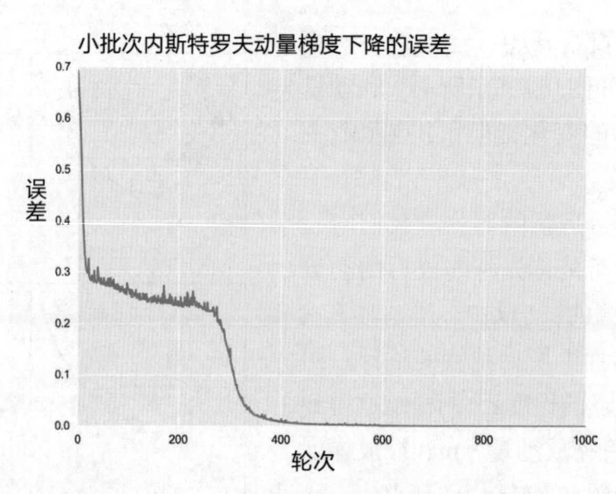


图15-36：运用内斯特罗夫动量算法的小批次梯度下降法的误差，系统在425个轮次前后达到零误差。图中显示了1000个轮次

当我们使用动量梯度下降法时，都可以考虑运用内斯特罗夫动量算法。它不需要额外的参数，但通常学习速度更快，噪声更小。

### 15.4.3 AdaGrad算法

目前为止，介绍的两类动量算法，有助于穿过平坦区域并减少过调量。我们一直用相同的学习率更新神经网络中所有的权重。本章之前，我们曾介绍为每个权重单独定制学习率 η 的想法。

一些相关的算法采用这种思想，它们的名字都以Ada开头，代表适应性（adaptive）。

首先介绍自适应梯度算法（adaptive gradient learning，简称AdaGrad）（杜基，哈赞和辛格 2011）。顾名思义，该算法将调整每个权重的梯度大小。换句话说，AdaGrad算法提供了一种在逐个权重的基础上执行学习率衰减的方法。对于每个权重，AdaGrad算法采用在更新步骤中使用的梯度，取其平方，并添加到该权重的运行总和中，然后将梯度除以这个总和，得到用于更新的值。

因为梯度是先平方再累加，所以累加的值总是正的。随着时间推移，累加和越来越大。为了防止其增长失控，我们用变化量除以累加和，所以各权重的变化量随着时间推移越来越小。

这种方法听起来很像学习率衰减，即随着时间的推移，权重的变化量越来越小。不同之处在于，学习率衰减是根据各权重历史值计算的唯一值。

因为AdaGrad算法可以自动有效地动态计算每个权重的学习率，所以确定起始学习率并不像之前算法那样重要。最大的好处是AdaGrad算法将我们从微调误差率的工作中解放出来。我们可以将学习率 η 设置为0.01这样小的值，再让自适应梯度从该值开始运行。

图15-37显示了自适应梯度在测试数据上的表现。

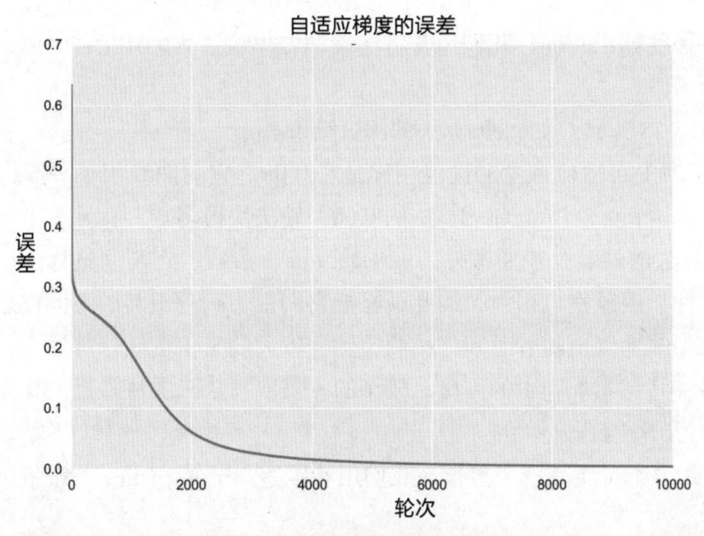


图15-37：自适应梯度的测试结果

与其他大多数曲线的大致形状相同，但AdaGrad算法需要更长时间才能将误差降到0。因为梯度的累加和会随着时间的推移变大，最终将新梯度除以该累加和后会得到接近0的梯度。越来越小的更新量是AdaGrad算法误差曲线在消除最后的误差时如此之慢的原因。

我们也可以通过其他算法来避免这个问题。

### 15.4.4 Adadelta和RMSProp算法

AdaGrad算法的问题是，随着时间推移，更新每一步时的权重梯度越来越小，因为累加和越来越大。

为了解决这一问题，可以使用梯度的衰减和取代开始后的梯度平方和。我们可以将其视为每个权重的最新梯度的动态列表，每次更新权重时，都会将新的梯度值添加到列表的末尾，并将最老的梯度值从开头删除。为了找到新梯度值，我们首先将列表中的所有梯度值根据它们在列表中的位置乘以一个倒序权重（最新的梯度乘以一个较大值，而最老的梯度乘以一个较小值），再将得到的所有值相加。这样得到的最新梯度在很大程度上取决于上一个最近的梯度，它也在较小程度上受到较老梯度的影响（鲁德 2017）。

通过这种方式，梯度列表的总和（以及我们得到的新梯度值）可以根据我们最近应用的梯度上下浮动。

这种方法被称为Adadelta算法（蔡勒 2012），即英文单词“adaptive（自适应）”。和“AdaGrad（自适应梯度）”算法一样，delta指的是希腊字母 δ，数学家经常用它来指代变化。该算法使用每个梯度的加权和自适应地改变每个步骤的权重更新量。

由于Adadelta算法会单独调整权重的学习率，因此在陡坡上的权重会逐渐减慢调整速度，这样它就不会变化太快，但当权重位于较平坦的部分时，可以迈出更大的步伐。

和自适应梯度算法一样，我们通常将起始学习率设置为0.01左右的值，然后让算法开始对其进行调整。

下页的图15-38显示了Adadelta算法的测试结果。

这与图15-37中自适应梯度的性能相比是有利的。它的曲线相对平滑，在2500个训练轮次之后误差达到0，比AdaGrad算法的8000个轮次快得多。

Adadelta算法的缺点是需要额外的 γ（gamma）参数。它与动量算法使用的参数 γ 有一定的相关性，但差别也很大，因此最好把它们视为碰巧重名的不同概念。这里用 γ 值表示，列表中的梯度值随着时间缩减的比例。较大的 γ 值更能让算法“记住”更远的梯度值，并增加其在累加和中的占比。较小的 γ 值使算法只关注最近的梯度。通常我们将这个 γ 值设为0.9左右。

Adadelta算法还需要另一个参数，我们用希腊字母 ε（epsilon）命名。这是一个用来保持数值稳定的极小值。大多数库为了使算法尽可能正常工作，都会将 $\varepsilon$ 设置为经过精心选择的默认值，因此除非有特定需要，否则我们一般不更改它。

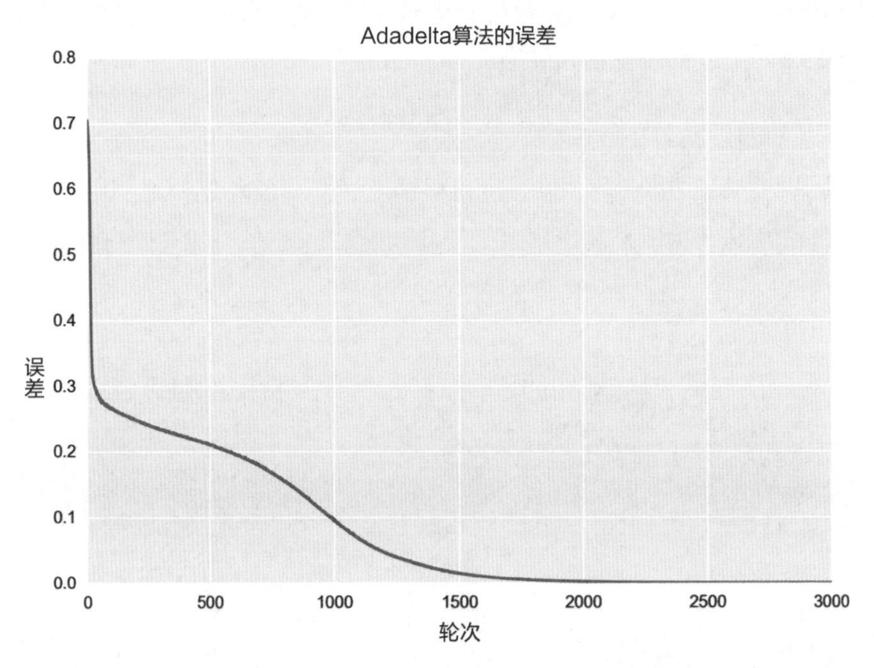


图15-38：Adadelta算法对测试数据进行训练的结果

还有一种与Adadelta算法非常相似，但使用的数学原理略有不同的算法，我们称为RMSprop算法(欣顿，斯里瓦斯塔瓦与斯沃斯基 2015)。该名称来源于它使用均方根运算（通常缩写为RMS）来确定添加（或传播，因此名称中包含“prop”）到梯度的调整值。

RMSprop和Adadelta几乎是同时提出的算法，并且工作方式相似。RMSprop算法也使用一个名为 $\gamma$ 的参数来控制“记忆”的程度，常用的起始值约为0.9。

## 15.4.5 Adam算法

前面介绍的算法都有一个共同的思想，即保存每个历史权重平方梯度的列表，然后将列表中的值（或带权重的值）累加起来构建比例因子，每次更新时的梯度都要除以这个总和。Adagrad算法在构建比例因子时，该列表中所有的元素权重相等，而Adadelta算法和RMSprop算法则认为较早的元素不太重要，因此它们在总和中占比较小。

在将梯度放入列表之前求其平方，是一种高效的数学运算。当我们对一个数字进行平方后，结果总是正的。这意味着我们不知道列表中的原始梯度是正的还是负的。为了避免丢失这些方向信息，还需要保留第二个不进行平方计算的梯度列表。然后就可以使用这两个列表来得到缩放因子。

这是一种被称为自适应矩估计(adaptive moment estimation)的算法，简称Adam算法（金马，巴 2015）。

图15-39展示了Adam算法的效果。

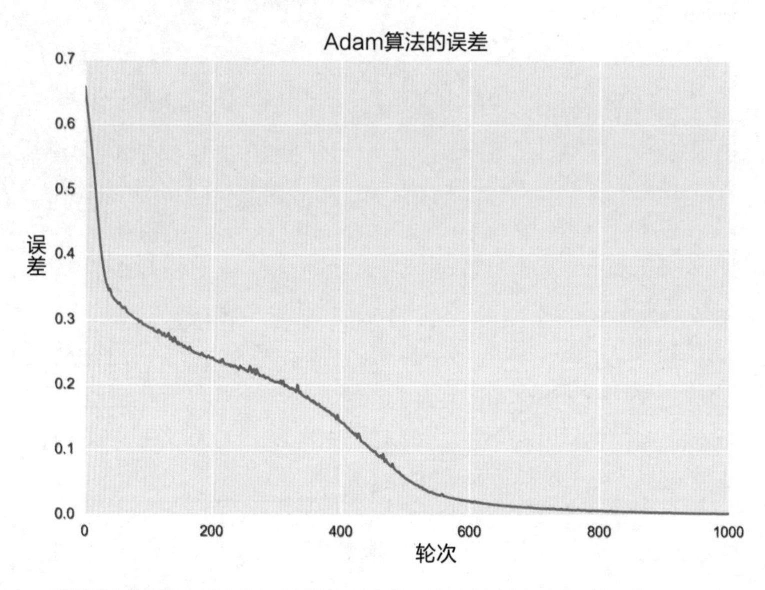


图15-39：Adam算法在测试集上的表现。该算法在大约900个轮次达到0误差，优于Adadelta算法的2500个轮次和Adagrad的8000轮次。图中展示了1000个轮次

Adam算法的表现非常棒，它的误差曲线只包含轻微的噪声，在约900个周期时误差达到0值，比Adagrad算法或Adadelta算法快得多。Adam算法的缺点是有两个参数必须在学习开始时设定。这些参数以希腊字母β(beta)命名，念作“beta1”和“beta2”，写作β1和β2。Adam算法的提出者在论文中建议将β1设为0.9、将β2设为0.999，这样通常非常有效。

## 15.5 优化器的选择

我们并没有列出所有已经被提出和研究的优化器，更多的优化器正在被不断地提出，其中每个都有自己的长处和短处。我们的目标是介绍一些比较流行的技术，并了解它们是如何实现训练加速的。

下页图15-40总结了我们使用内斯特罗夫动量和Adagrad、Adaddelta、Adam三种自适应算法对小批次梯度下降的双月数据集的训练结果。

在这个简单的测试案例中，内斯特罗夫动量小批量SGD是明显的赢家，Adam紧随其后。在更复杂的情况下，AdaGrad自适应算法通常表现得更好。

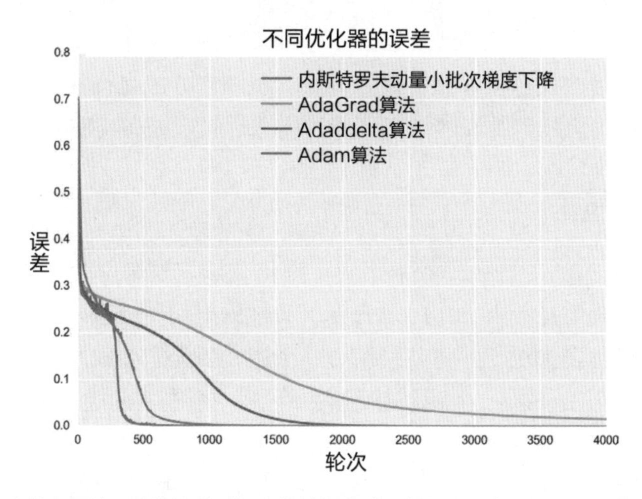


图15-40：之前介绍的四种算法随时间变化的损失或误差展示。本图只显示了前4000个周期

在各种各样的数据集和神经网络中，我们讨论的最后三种自适应算法（Adadeta、RMSprop和Adam）通常表现非常相似（鲁德 2017）。研究发现，在某些情况下，Adam算法的表现比其他几个略好，所以我们通常会首先选用它（金马，巴 2015）。

为什么有这么多优化器？找到并坚持使用最好的一个不是很明智吗？事实证明，我们不仅没有“最佳”优化器，更不可能得到适用于所有情况的最佳优化器。在某些情况下，没有“最好的”优化器，只有“更好的”优化器。这个结论以有趣的名字闻名，即“没有免费的午餐定理”（沃尔珀特 1996；沃尔珀特和麦克雷迪 1997）。这表示，没有任何一个优化器总是比任何其他优化器表现得更好。

请注意，“没有免费的午餐定理”并不是说所有的优化器都是等同的。正如本章介绍的，不同的优化器确实表现不同。这个理论只是告诉我们，没有一个优化器总是比其他优化器好。

尽管没有一个优化器是所有情况下的最佳选择，但我们可以为神经网络和数据的任何特定组合找到最佳优化器。大多数深度学习库都提供了支持自动搜索的函数，可以尝试多个优化器，并为每个优化器搜索最佳参数选择。无论我们是自己选择优化器及其值，还是使用搜索的结果，都需要记住：最佳选择可能因神经网络和数据集而异。一旦我们对其中任何一个进行了重大更改，就应该考虑更换一个更好的优化器是否能使训练更高效。这里有一个实用的建议：从使用包含默认参数的Adam算法开始。

## 15.6 正则化

无论选择什么优化器，网络都可能受到过拟合的影响。正如第9章介绍的，过拟合是训练时间过长的自然结果。这个问题会导致神经网络对训练数据的学习非常好，以至于它只能适应这些数据，一旦遇到新数据，它的表现就会很差。

延迟过拟合开始的技术被称为正则化方法。正则化方法允许我们在过拟合发生之前训练更多的轮次，这意味着神经网络有更多的训练时间来提高其性能。

## 15.6.1 Dropout

Dropout（随机失活）是一种较常用的正则化方法，通常以舍弃层的形式应用于深度网络中（斯里瓦斯塔瓦等人 2014）。舍弃层又称为附属层或额外层，因为它自己不进行任何计算。我们称之为层，并将其绘制为一个层，因为它在概念上很方便，并且可以在网络的绘图中包括Dropout。但我们并不认为它是一个真实的层（隐藏的或其他的），当描述一个特定网络有多少层时，也不计算它。

Dropout（舍弃层）是一个占位符，告诉网络在前一层运行该算法。它只在训练期间被添加进来，部署网络时会禁用或删除该机制。

舍弃层的任务是暂时断开前置层的某些神经元。我们用一个参数来描述受影响神经元的百分比，在每批次开始时，它随机确定前置层中其输入和输出暂时与神经网络断开的神经元的百分比。由于需要断开，这些神经元不再参与任何正向计算，且优化器不会更新它们的权重。当该批次处理完毕且其余的权重更新后，我们断开的神经元及其所有连接都将恢复。

在下一批次开始时，该层再随机确定并暂时移除一组神经元，每个训练轮次都重复该过程。图15-41以图形的方式展示了这个过程。

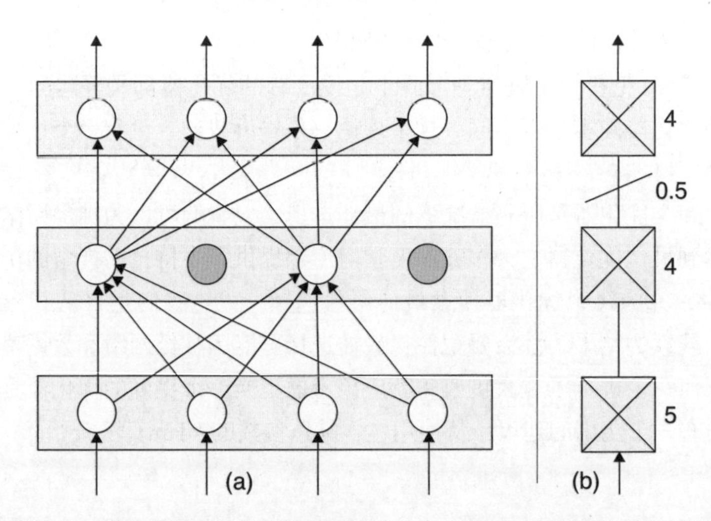


图15-41：展示Dropout的运作过程。(a)在评估该批次之前，中间层四个神经元有50%的概率被断开。(b)单个舍弃层的简图是对角线斜线。右侧标示出被选择断开的神经元的比例。由于舍弃适用于其前置层，在本例中，我们将其应用于三个完全连接层的中间层

Dropout通过防止任何神经元过度专业化来延迟过拟合。假设照片分类系统中的一个神经元高度专业化，可以检测猫的眼睛。这对识别猫的照片很有用，但系统对分类其他照片可能没用。如果网络中的所有神经元都专门在训练数据中找到一两个特征，那么它们可以在这些数据上表现出色，因为它们发现了被训练来定位的特殊细节。但是，出现新的数据时，整个系统的表现会很糟糕，这些数据缺少了这些神经元专门检测的特定线索。

Dropout帮助我们避免这种过度专业化。当一个神经元断开连接时，剩余的神经元必须调整其权重来弥补。因此，过度专业化的神经元被释放出来执行一个更普遍有用的任务，我们通过Dropout推迟了过拟合的发生时间。训练过程中，舍弃在所有神经元中是随机发生的。

## 15.6.2 BatchNorm

本节将介绍的另一种正则化技术称为BatchNorm（批归一化），简称批规范（约费与塞盖迪 2015）。与Dropout类似，BatchNorm可以通过一个没有神经元的层实现。不同之处在于，BatchNorm实际上执行了一些计算，尽管其中不需要指定参数。

BatchNorm将修改来自某一层的值。这似乎有些奇怪，因为训练的目的就是让神经元输出代表正确结果的值。那又为什么要修改这些输出呢?

回想一下之前介绍过的激活函数，如leaky ReLU和tanh，在0值附近具有最大的影响。为了使这些函数发挥最大的作用，我们可以控制它们的输入数据分布在以0为中心的小范围内。这就是BatchNorm通过缩放和移动一个层的所有输出的作用。由于BatchNorm将神经元的输出移动到接近0的小范围内，任何神经元都不太可能持续学习一个特定的细节，并产生足以影响所有其他神经元的巨大输出，因此我们能够延迟过拟合的出现。BatchNorm以这种方式在整个小批次的训练过程中缩放和移动上一层的所有值，使它们具有最佳的输出值。

我们通常在激活函数之前应用BatchNorm层，这样修改后的值将对应激活函数中受影响最大的区域。实际上，这意味着进入BatchNorm层的神经元不设激活函数（或者说如果必须指定，那就是设为没有任何作用的线性激活函数）。这些值通过BatchNorm层，然后输入到想要应用的激活函数中。

该过程如下页图15-42所示。像BatchNorm这样的正则化步骤的图标是一个内部为黑色实心圆，表示圆圈中的值被转换为一个较小的区域。后续章节中还有其他类似的正则化步骤，也用相同的图标表示。文本（或附近的标签）标识为应用了哪种正则化。

和Dropout一样，BatchNorm推迟了过拟合的发生时间，让神经网络可以训练更长的时间。

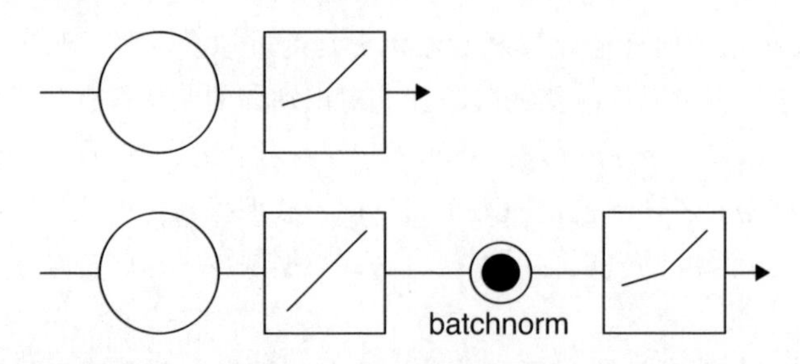


图15-42：BatchNorm层的应用。上图表示一个神经元后面跟着一个leaky ReLU激活函数。下图表示带有BatchNorm层的相同神经元。激活函数被替换为线性函数，接着是BatchNorm层（用内部为黑色实心圆的圆圈表示），然后是leaky ReLU

## 15.7 本章总结

优化器是调整权重以促进神经网络学习的过程，核心思想是从每个权重的梯度调整开始。我们认为该梯度可以引导到误差表面上的最低点，因此这种思想被命名为梯度下降。这个过程中最重要的参数是学习率。一种常见的技术是根据时间衰减原则，随着时间的推移降低学习率。

在本章中，我们介绍了几种有效的优化器技术，比如可以在每个轮次（批量梯度下降法）、每个样本（随机梯度下降法，简称SGD）或小批次样本（小批次梯度下降法或小批次SGD）后调整权重的方法。小批次梯度下降法是迄今为止最常用的技术，在本领域内常简称为SGD。我们也可以利用动量来提高各种梯度下降的效率。还可以随时间计算每个权重特有的自适应学习率来改进学习。最后，为了防止过拟合，我们可以使用一种正则化技术，如Dropout（随机失活）或BatchNorm（批归一化）。

由完全连接的层组成的深度神经网络可以做一些神奇的事情。如果我们以不同的方式构建神经元来创建层，并添加一点支持计算，它们的能力就会显著增强。在接下来的几章中，我们将研究这些新层，以及如何使用它们来分类、预测，甚至生成图像、声音等。

# 第四部分

# 进阶知识

# 第 16 章 卷积神经网络

本章主要围绕卷积的深度学习技术进行介绍。在实际应用中，卷积已经成为图像分类、图像处理和图像生成的常用方法。卷积非常易于在深度学习中使用，因为它可以很容易地被封装在卷积层中。本章将介绍卷积背后的关键思想，以及在实践中使用卷积的相关技术。我们将介绍如何把一系列操作组合成一个层次结构，从而将一系列简单的操作转变为处理各种复杂数据的强大工具。

为了使介绍更具体化，本章重点讨论卷积在图像处理方面的应用。一些使用了卷积的模型在这个领域取得了较好的效果。它们有些擅长基础的分类任务，比如判断一幅图像是花豹还是猎豹，或者是行星还是玻璃珠。有些可以识别照片中的人（孙、王和唐 2014）。或者检测和分类不同类型的皮肤癌（埃斯特瓦等人 2017）。甚至有些可以修复损坏的照片（如沾染灰尘、模糊或具有划痕）（毛、沈和杨 2016），并可以将照片中的人按照年龄和性别进行分类（莱维亚和哈斯纳 2015）。基于卷积的神经网络在其他许多应用中也很有效，例如自然语言处理（布里茨 2015），它们可以计算出句子的结构（卡尔什布伦纳、格雷芬斯泰特和布伦森 2014），或者将句子分成不同的类别（基姆 2014）。

## 16.1 初识卷积

在深度学习中，图像被表示为三维张量，包含高度、宽度和通道数，张量中的每个元素表示每个像素的值。灰度图的每个像素只有一个值，因此只有一个通道。RGB模式的彩色图像有三个通道（红色、绿色和蓝色）。我们有时会使用术语“深度”或“纤维数”代指张量中的通道数。但“深度”更多被用来代指深度神经网络中的层数，而“纤维数”目前并没有被广泛接受。为了避免概念混淆，本书将图像的3个维度（或三维张量）称为高度、宽度和通道数。用深度学习术语来说，经过神经网络处理的每个图像都是一个样本，图像中的每个像素都是一个特征。

张量通过一系列卷积层时，它的宽度、高度和通道数通常会发生改变。如果一个张量恰好有1个或3个通道，我们就可以把它当成一个图像来处理。如果一个张量有其他通道数，比如14或512，最好不要将其看作图像，这表明我们不应将该张量的单个元素称为像素，因为这是个图像领域的术语，可以直接称其为元素。图16-1直观地显示了这些概念。

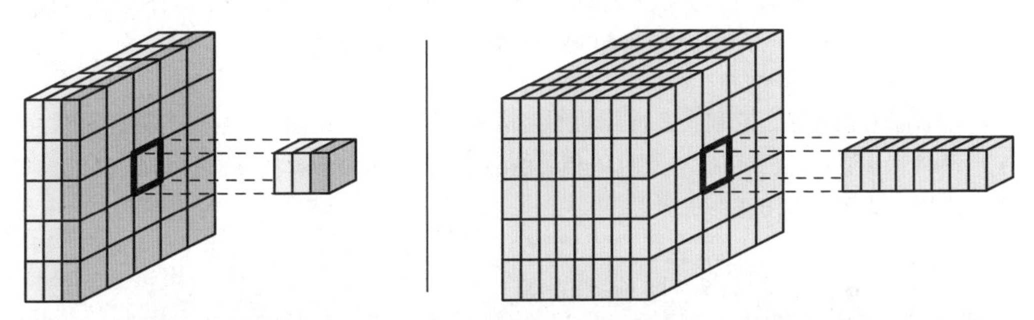

图16-1：左图表示张量有1或3个通道时，我们可以称其是由像素组成的。右图表示对于具有任意数量通道的张量，通道中的单个切片被称为元素

卷积层起到核心作用的神经网络通常被称为卷积神经网络（convolutional neural network），有时也简称为CNN（孟莫特 2015）。

### 16.1.1 颜色检测

为了介绍卷积的概念，我们以处理彩色图像为例，每个像素包含3个数字，分别表示红色、绿色和蓝色的像素值。假设我们要输出一个灰度图，其高度和宽度与彩色图像相同，但其像素中的白色数值对应原始输入像素中的黄色数值。

为了简单，我们假设RGB值是从0到1的数字（实际上它们取值范围为0到255）。那么纯黄色像素的红色值和绿色值均为1，蓝色像素值为0。随着红色值和绿色值的减少或蓝色值的增加，像素的颜色距离黄色的差距越来越大。

我们希望将每个输入像素的RGB值组合成一个从0到1的数字，用来替代输入中的“黄色”值。下页图16-2展示了一种实现方法。

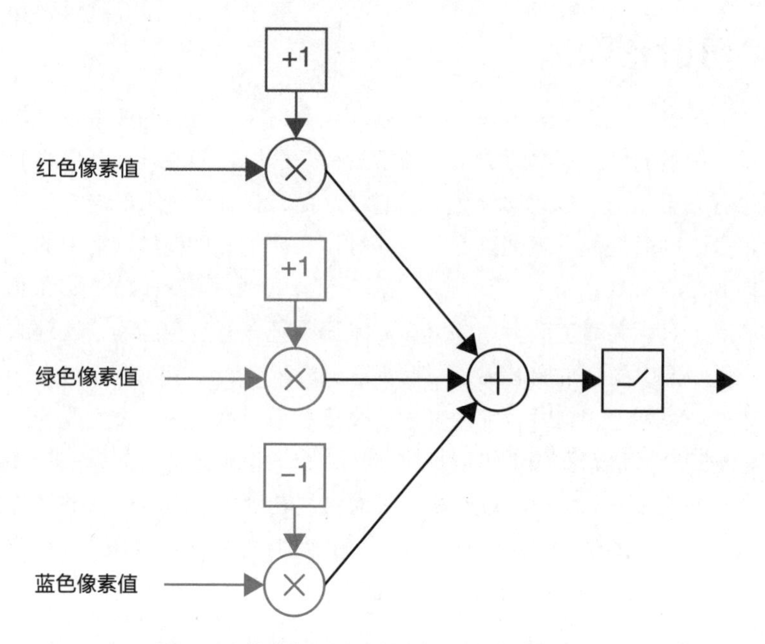


图16–2：将黄色探测器表示为一个简单神经元

这看起来很眼熟，它和人工神经元的结构一样。当我们将图16-2解释为神经元时，+1、+1和-1是3个权重值，与颜色值相关的数字是3个输入。图16-3显示了如何将该神经元应用于图像中的任意一个像素。

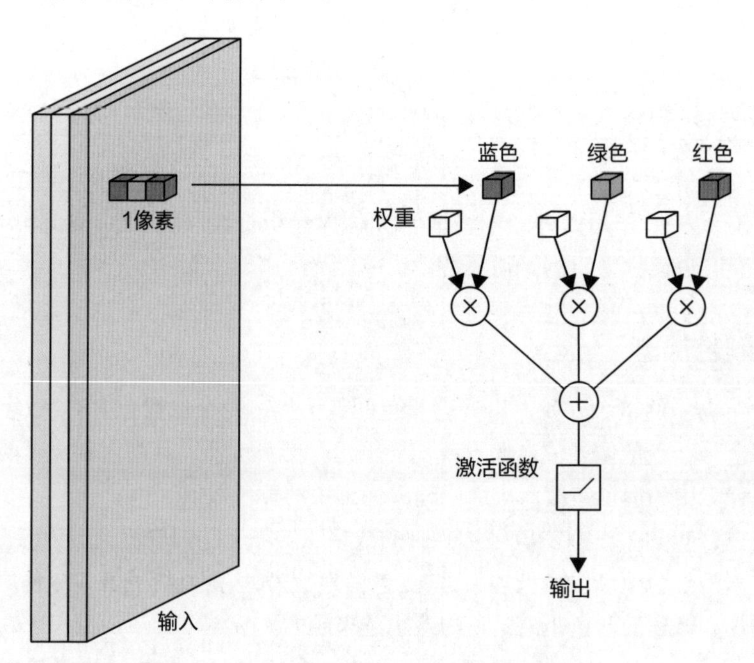


图16–3：将黄色探测器表示为一个简单神经元

这个操作可以为每个输入的像素创建一个输出值。结果是一个宽度和高度相同，但只有一个通道的新张量，如图16-4所示。

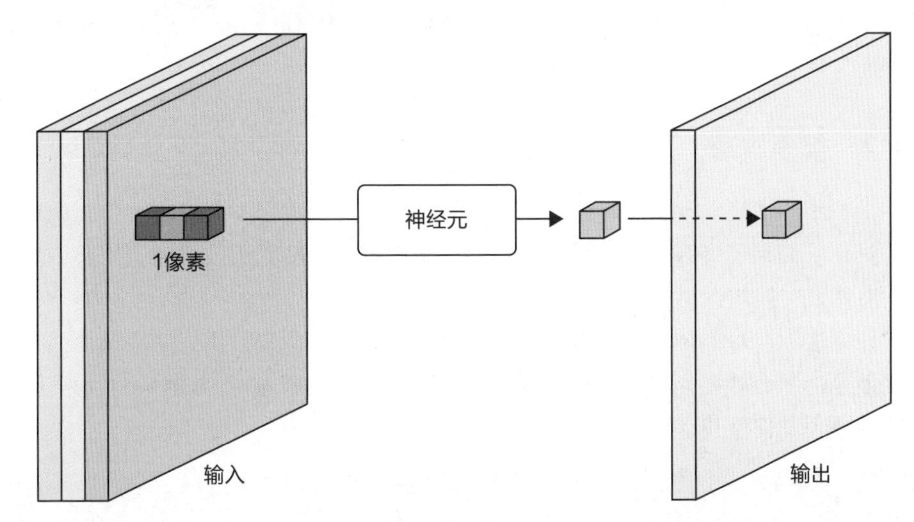


图16-4：神经元为每个输入像素计算一个输出张量，其宽度和高度与输入像素相同，但只有一个通道

设想一下，我们首先用这个神经元处理图片最左上角的像素，然后处理右边相邻的像素，依次右移，直到本行末尾，然后跳转到第2行、第3行来重复这个过程，直到所有像素都处理完。我们将这一过程称为用神经元扫描输入。

图16-5以一张黄色青蛙的图片为例展示了这个处理的结果。正如所预期的，输入像素中的黄色越多，其对应输出中的白色就越多。神经元正在识别或检测输入中的黄色。

图16-5：检测并处理黄色的一个应用示例。右图的白色值，取决于左图相应像素的黄色值

当然，这种处理方式不限于黄色，我们可以构建一个小神经元来检测任何颜色。此时，我们认为神经元正在过滤输入。在这种情况下，权重有时被统称为过滤器。从数学角度来说，权重也会被称为过滤内核或内核。将整个神经元称为过滤器也是很常见的。所以过滤器这个词不仅指代神经元，还可以包含它的权重，通常要结合上下文来确定它的实际含义。

这种将输入数据扫描进过滤器的操作称为卷积运算（奥本海姆和纳瓦卜 1996）。我们认为上页图16-5的右图是彩色图像与黄色检测过滤器进行卷积运算的结果，也可以说是用过滤器卷积图像的结果。有时我们会将这些概念结合到一起，将过滤器（无论是整个神经元，还是仅指其权重）称为卷积核。

## 16.1.2 权重共享

在上一小节，我们设想了将输入图像扫描进神经元的过程，并对每个像素执行完全相同的操作。如果更进一步，我们可以创建一个由相同神经元组成的巨大网格，同时作用于所有像素。换句话说，我们可以并行处理这些像素。

在该方法中，每个神经元都有相同的权重。我们设想这些权重存储在某个共享内存中，而不是为每个神经元在单独的空间中重复存储相同的权重，如图16-6所示。我们认为这些神经元是权重共享的。

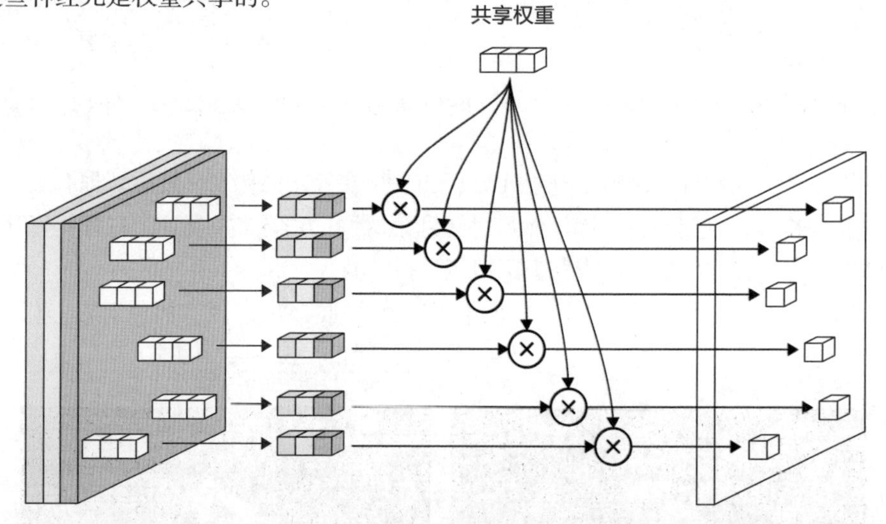


图16-6：将神经元同时作用于每个输入像素。每个神经元从共享内存中获取并使用相同的权重

权重共享的思想为我们节省了内存。在黄色检测器的示例中，权重共享可以更便捷地改变检测的颜色。我们只需改变共享内存中的一个设置，而无须改变数以千计（或更多）的神经元的权重。

我们可以在GPU上实现这个方案，它能够同时执行许多相同序列的操作。权重共享节省了宝贵的GPU内存，并将其释放出来用于其他用途。

## 16.1.3 大一点的卷积核

到目前为止，我们一直将图像通过扫描输入神经元（或使用权重共享来并行处理），一次处理一个像素，并将该像素值作为输入。在许多情况下，当前被处理像素的周边像素值也是有意义的。通常我们需要考虑该像素的8个近邻像素，也就是说，应该同时处理以该像素为中心的3 × 3方框中的像素值。

图16-7展示了3种可以用于该3 × 3权重块的不同处理，分别是模糊处理、检测水平边缘和检测垂直边缘。

为了处理每幅图像，我们用3 × 3权重块的中心依次对准每个像素，并将其盖住的9个值乘以相应的权重，将结果累加后的和作为该像素的输出值。让我们看看如何用神经元实现这个过程。

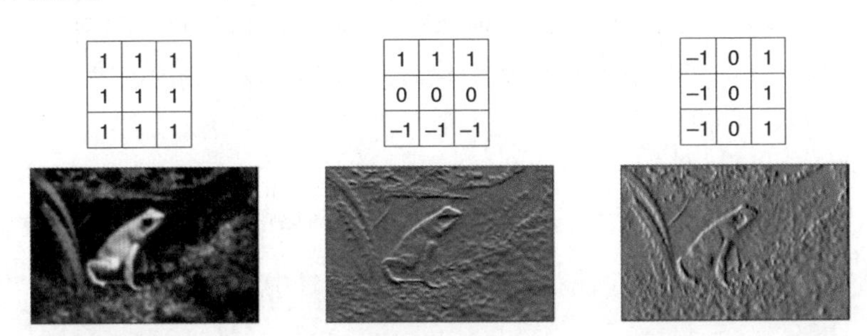


图16-7：通过在图像上移动一个3 × 3的权重块来处理图16-6中青蛙的灰度图。从左到右依次为：模糊处理、检测水平边缘和检测垂直边缘

为了简单，我们继续使用灰度输入。把图16-7中的数字块看作权重(或者卷积核)。在该场景中，将一个有9个权重的网格覆盖在对应的9个像素值上。每个像素值乘以相应的权重，累加后经过激活函数处理，最终得到输出值，如图16-8所示。

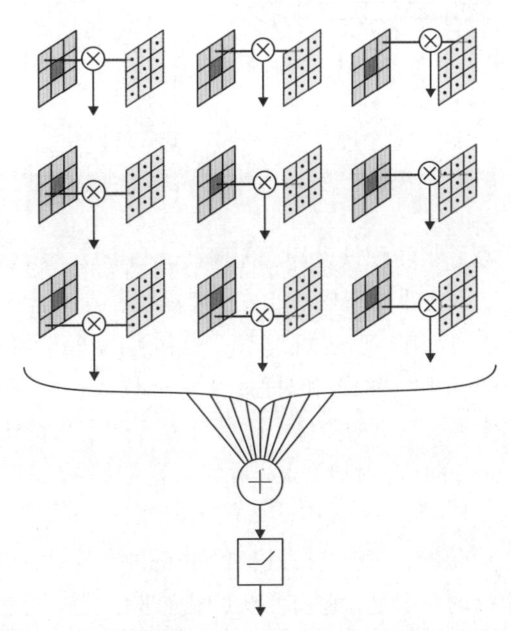

图16-8：用3 × 3的卷积核（蓝色）处理灰度输入（红色）

此图显示了处理单个像素（暗红色）的过程。我们将卷积核的中心对准目标像素，并将输入中的9个值分别乘以对应的卷积核权重值，将9个结果相加，然后通过一个激活函数处理该累计和。

这个处理方案中，构成神经元输入的像素形状称为神经元的局部感知域，或者更直白地说是神经元的覆盖范围。在上页的图16-8中，每个神经元的覆盖范围是一个边长为3个像素的正方形网格，而我们前面介绍的黄色探测器的覆盖范围只有一个像素。当卷积核的覆盖范围大于单个像素时，我们有时会通过调用空间卷积核来强化特征。

需要注意，图16-8中的神经元和其他神经元一样。它接收9个数字作为输入，并用每个数字乘以相应的权重，将结果相加，并通过一个激活函数处理该数字。它不知道也不关心这9个数字来自输入样本的一个正方形区域，它甚至不关心数据是否来自图像。

我们用这个3×3的卷积核与图像进行卷积，与之前一样，使用卷积核依次扫描每个像素。对于每个输入像素，我们设想将3×3的权重网格的中心对准每个像素，运用内积计算，并得到单个输出值，如图16-9所示。我们认为卷积核的中心对准的像素是锚点（或参考点、零点）。

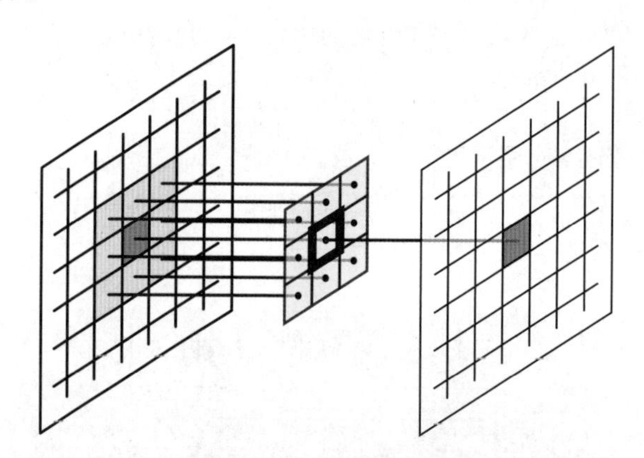

图16-9：对灰度图应用3×3滤波器，创建新的单通道图像

我们可以按照个人喜好将卷积核设计成任何尺寸和形状的覆盖区域。在实践中，常见的卷积核尺寸都很小，因为小卷积核的计算速度更快。我们通常将卷积核设计成边长为奇数个像素的小方块（通常在1到9之间），因为这样可以找到卷积核的中心，并将锚点对准卷积核的中心。这使一切保持简单和对称，更易于理解。

接下来让我们付诸实践。下页的图16-10显示了用3×3卷积核计算7×7输入样本的结果。请注意，如果将卷积核的中心对准输入样本的角落或边缘像素，其覆盖范围将超出输入样本，并且神经元将缺少一部分输入值，这个问题稍后再讨论。现在，让我们只局限于将卷积核完全落在图像上的位置，这意味着输出图像的像素数只有5×5。

我们研究空间卷积核的原因是，它们可以对图像进行模糊处理或边缘检测。但为什么这样的技术对深度学习有效果呢？为了回答这个问题，让我们更仔细地看看卷积核。

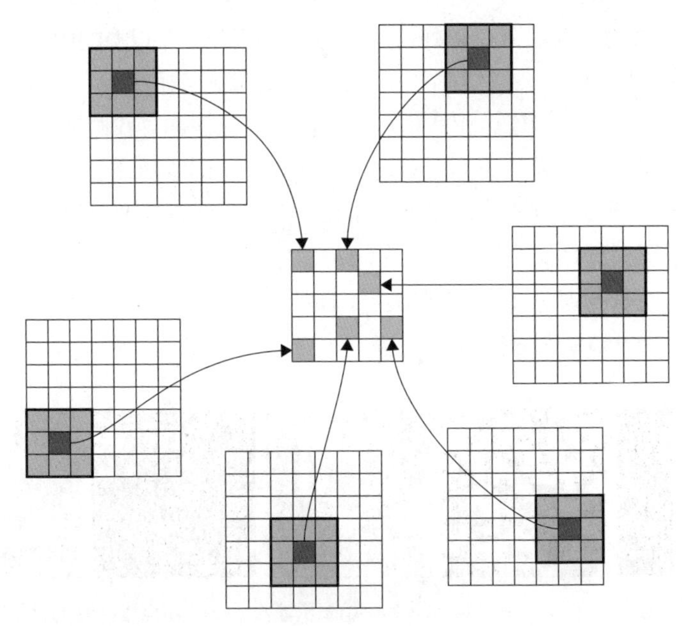

图16-10：为了用卷积核卷积图像，我们将其在图上移动，并在每个位置应用卷积运算。暂时不考虑该图形的角和边的区域

### 16.1.4 卷积核和特征

一些研究蟾蜍的生物学家认为，动物视觉系统中的某些细胞对特定类型的视觉模式很敏感（埃韦特等人 1985）。理论上，蟾蜍是在寻找与它喜欢吃的动物形状相似或动作相似的物体。过去人们认为蟾蜍的眼睛会吸收所有进入的光线，并将大量信息传送到大脑，大脑通过筛选信息以寻找食物。但现在新的假设是，蟾蜍的眼睛中的细胞将独立完成这个检测过程中的一些早期步骤（例如检测物体边缘），只有当它们“认为”自己看到了猎物时，才会反应并将信息传递给大脑。

该理论已经扩展到了人类的视觉系统，并得到一个令人吃惊的假设，即一些独特的神经元可以被精确地微调，以至于只对特定人的照片做出反应。得出这一结论的研究向人们展示了87幅不同的图像，包括人、动物和地标。在一名志愿者身上发现了一种特殊的神经元，只有当志愿者看到女演员詹妮弗·安妮斯顿的照片时，这种神经元才会被激活（基罗加 2005）。更奇怪的是，该神经元只对安妮斯顿的单人照片有反应，不包括她和其他人的合影。

神经元以精确模式进行匹配的观点并没有被普遍接受，现在我们不讨论神经科学和生物学研究。我们只是在寻找灵感，而让神经元执行检测工作的思想似乎就是一个很好的灵感。

与卷积操作相关的是，我们可以使用卷积核来模拟蟾蜍眼睛中的细胞。卷积核还可以挑选特定的模式，接着将发现传递给后续的卷积核以检测更大的模式。这个过程中用到的一些术语与之前看到的术语相呼应。“特征”这个词一直用来指代样本中包含的一个值。但在卷积神经网络中，“特征”也指卷积核试图检测的输入中的特定结构，如边缘、羽毛或鳞状皮肤。我们说卷积核是在“寻找”特征，如寻找眼镜或者跑车。因为其用途，卷积核有时也被称为特征检测器。当一个特征检测器扫描过整个输入时，我们说它的输出是一个特征图（这里的图来自数学语言）。特征图逐像素地告诉我们，该像素周围的图像与卷积核所寻找的目标的匹配程度。

让我们看看特征检测是如何工作的。图16-11展示了使用卷积核在二维图像中识别短的、孤立的、垂直白色条纹的过程。

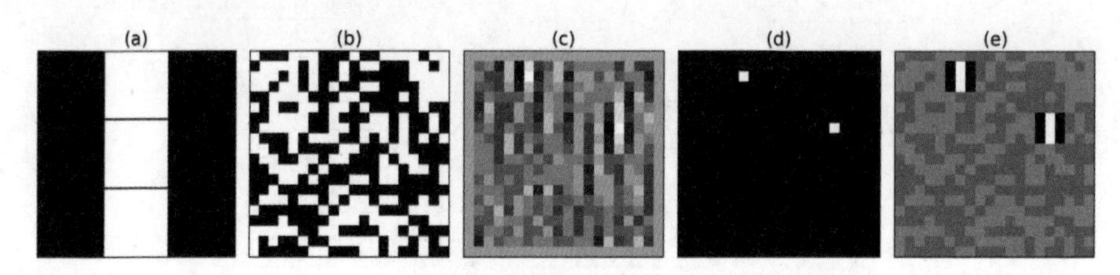


图16-11：卷积的二维模式匹配。(a)表示卷积核，(b)表示输入，(c)表示缩放至[0,1]显示的特征图，(d)表示值为3的特征图，(e)表示在(d)中的白色像素周围的(b)的邻域

图16-11(a)为一个3 × 3的卷积核，值分别为-1（黑色）和1（白色）。图16-11(b)为仅由黑白像素组成的带噪声的输入图像。图16-11(c)显示了卷积核应用于对输入图像中每个像素后的结果（最外层边框除外）。这里的值范围是从-6到 + 3，再将其缩放到[0,1]进行显示。该图中的值越大，卷积核和像素（及其邻域）之间的匹配越好。值为 + 3意味着卷积核与该像素处的图像完全匹配。

图16-11(d)为图16-11(c)的带阈值版本，其中值为 + 3的像素显示为白色，其他所有像素均为黑色。最后，图16-11(e)为图16-11(b)的噪声图像，其中突出显示了图16-11(d)中白色像素周围的3 × 3像素网格。我们可以看到，卷积核在图像中找到了与其模式匹配的那些像素位置。

让我们看看为什么会这样。在图16-12的最上面一行展示了卷积核和一个3 × 3的图像块，以及逐像素计算的结果。

$$\begin{bmatrix} -1 & 1 & -1 \\ -1 & 1 & -1 \\ -1 & 1 & -1 \end{bmatrix} \times \begin{bmatrix} 1 & 1 & 0 \\ 0 & 0 & 0 \\ 1 & 0 & 1 \end{bmatrix} = \begin{bmatrix} -1 & 1 & 0 \\ 0 & 0 & 0 \\ -1 & 0 & -1 \end{bmatrix} \Rightarrow -3 + 1 = -2$$

$$\begin{bmatrix} -1 & 1 & -1 \\ -1 & 1 & -1 \\ -1 & 1 & -1 \end{bmatrix} \times \begin{bmatrix} 0 & 1 & 0 \\ 0 & 1 & 0 \\ 0 & 1 & 0 \end{bmatrix} = \begin{bmatrix} 0 & 1 & 0 \\ 0 & 1 & 0 \\ 0 & 1 & 0 \end{bmatrix} \Rightarrow 3$$

图16-12：将卷积核应用于两个图像片段。从左到右，每行显示卷积核、输入和结果。最后一个数字是最右边3 × 3网格的总和

考虑图中第1行中间的像素。黑色像素（此处显示为灰色）的值为0，不会影响输出。白色像素（此处显示为浅黄色）的值为1，根据卷积核的值，乘以1或-1。上图中，只有1个白色像素（第1行中间）与滤镜中的1匹配。这给出了$1 \times 1 = 1$的结果。其他3个白色像素与-1匹配，得到3个$-1 \times 1 = -1$的结果。将这些值相加得到$-3 + 1 = -2$。

下图中的图像与卷积核完全匹配。卷积核上的三个权重1都处在白色像素的位置上，输入中没有其他白色像素。结果是3分，表示完全匹配。

图16-13展示了另一个卷积核，这次是寻找对角线。我们在同一个图像上应用它，结果被黑色包围的由3个白色像素组成对角线出现在了两个地方。

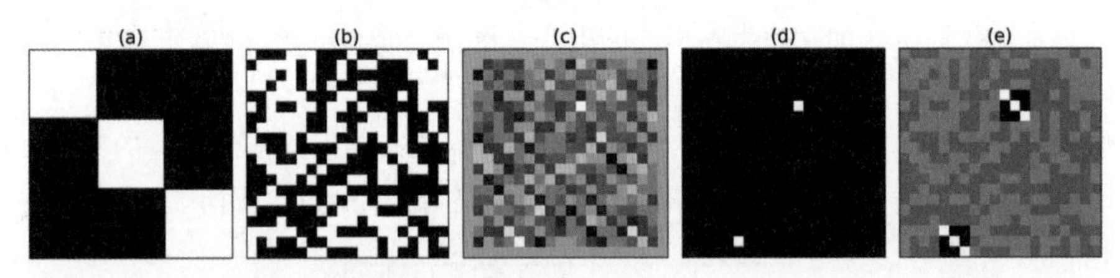


图16-13：另一个卷积核及其在随机图像上的结果。(a)表示卷积核，(b)表示输入，(c)表示特征图，(d)表示值为3的特征图，(e)表示在(d)中的白色像素周围的(b)的邻域

我们通过将图像扫描进卷积核并计算每个像素的输出值，可以识别许多不同的简单图案。实践中的卷积核和像素值都将是实数（不仅仅是0和1），因此可以设计更复杂的匹配模式，识别更复杂的特征（斯内夫利 2013）。

如果我们获取一组卷积核的输出，并提供给另一组卷积核，就可以识别出模式的模式，即把第2组输出结果提供给第3组卷积核，就可以识别模式的模式。这个过程从检测一组边界到一组形状，比如椭圆和矩形，最终可以匹配到某个特定对象对应的图案。以这种方式应用连续的卷积核组，加上即将介绍的另一种被称为池化的技术，可以极大地扩展支持检测的模式种类。因为这些卷积核是分层运行的，每个卷积核的检测模式都是之前所有卷积核检测模式的组合。这样的层次让我们可以检测非常复杂的特征，比如朋友的脸、篮球的纹路或者孔雀羽毛末端的眼睛图案。

如果必须手动计算出卷积核，对图像进行分类的任务将是不切实际的。在一个由8个卷积核组成的用来识别图片是一只小猫或是一架飞机的网络中，该如何确定正确的权重呢？该如何解决这个问题？怎样确定何时有最好的卷积核？在第1章介绍的专家系统中，人们试图手动完成这类特征工程。尝试人工解决这类简单的问题尚且是一项艰巨的任务，要解决真正具体的问题，比如区分猫和飞机，似乎是完全遥不可及。

卷积神经网络的美妙之处在于，它们既实现了专家系统的目标，又无须手动计算卷积核的值。我们在前面几章中介绍的学习过程（包括测量误差、反向传播梯度，然后改善权重），将会训练卷积神经网络来找到它所需的卷积核。训练过程将会修改每个卷积核的值（即每个神经元的权重），直到网络产生与我们的目标相匹配的结果。换句话说，训练会调整卷积核中的值，直到找到正确答案。训练可能同时作用于成百上千个卷积核上。

这看起来很神奇。权重从赋值随机数开始，卷积神经网络需要寻找什么样的模式来区分钢琴、杏子和大象，然后学习将哪些数字放入卷积核以识别这些模式？

这个过程甚至可以在一瞬间实现，很了不起。事实上，这是经常在广泛的应用中产生高度准确的结果，是深度学习的重大发现之一。

### 16.1.5 填充

接下来，我们将详细介绍当卷积核的中心对准输入张量的角或边上的元素时会发生什么的问题。

假设我们对10 × 10的输入应用一个5 × 5的卷积核，卷积核位于张量的中间，如图16-14所示。那么很容易计算结果，从输入中取出25个值，并将其应用于卷积运算。

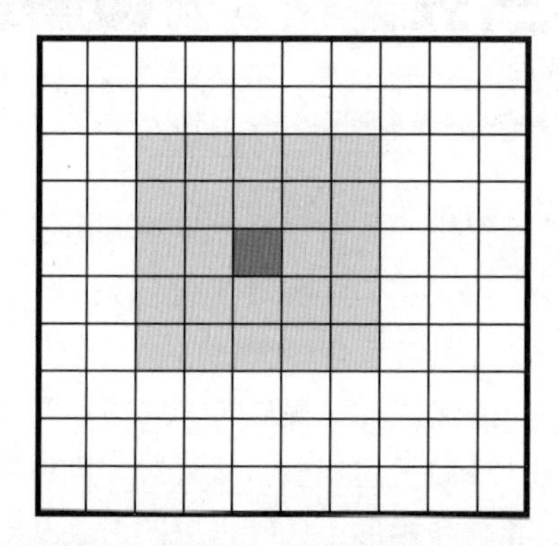

图16-14：位于张量中间某处的5 × 5卷积核。亮红色像素是锚点，较亮的像素组成了感知域

但是，如果卷积核的中心处于或者接近输入边缘，如图16-15所示。该怎么办呢？

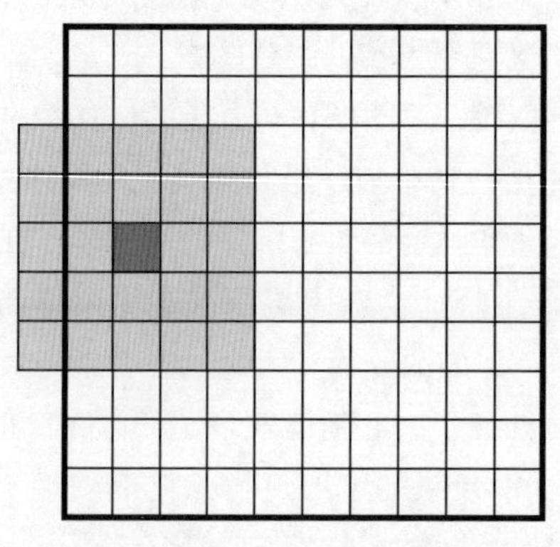

图16-15：在边缘附近，卷积核的感知域可能会从输入边缘脱落。这些缺失的元素如何处理？

卷积核的覆盖范围超出了输入的边缘，而那里没有任何输入元素。当卷积核缺少部分输入时，应当如何计算它的输出值?

下面介绍两种解决方案。第一种是不允许这种情况，因此我们只能将覆盖范围放置在全部位于输入图像内的位置。无法放置卷积核的输入元素都会被忽略，导致输出的高度和宽度都将变小。图16-16展示了这个结果。

虽然简单，但这是一个糟糕的解决方案。之前介绍过，通常会按顺序组合使用许多卷积核。如果我们每次都牺牲一圈或多圈元素，那么输入在神经网络中的每一步都会丢失信息。

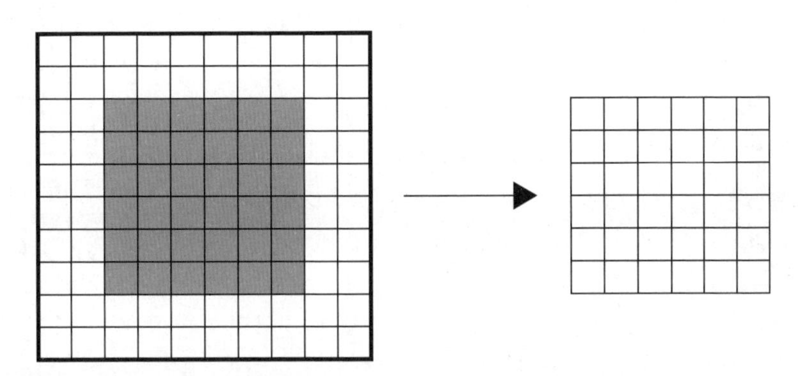

图16-16：通过不让卷积核走那么远来避免超出边缘的问题。对于5×5的卷积核，我们只能将卷积核的中心对准蓝色标记元素，将10×10的输入减少到6×6的输出

第二种是使用一种称为填充的技术，它能够在卷积之后保持一个宽度和高度与输入相同的输出图像。具体方法是卷积前在输入的外部添加一层额外元素组成的边框，如图16-17所示。所有这些元素都具有相同的值，如果所有新元素都是0，就称之为0填充技术。我们在实践中几乎总是用0来填充，所以通常说的填充指的就是0填充，如果打算使用除0之外的值，会明确说明。

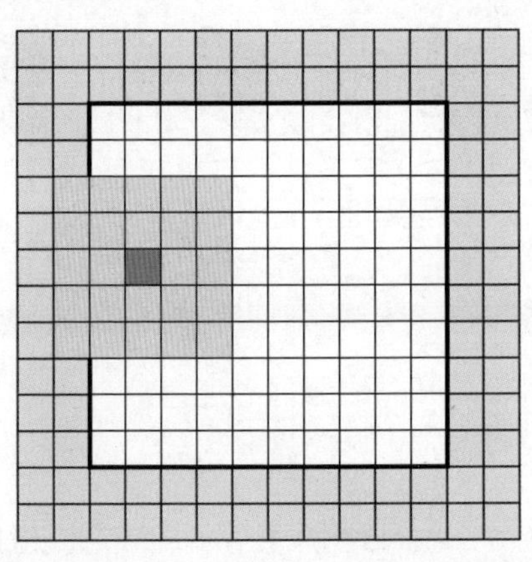

图16-17：解决超出边缘问题的更好方法，是在输入边界的周围添加填充或者额外的元素（浅蓝色）

边框的厚度取决于卷积核的尺寸。我们通常使用刚好足够的填充，以便卷积核的中心可以对准输入的每个元素。如果不想从边缘丢失信息，则每个卷积核都需要填充输入。

大多数深度学习库都支持自动计算填充，并将其作为默认值使用。

## 16.2 多维卷积

目前为止，我们只考虑了有一个颜色信息通道的灰度图像。但大多数彩色图像有3个通道，代表每个像素的红色、绿色和蓝色分量。下面介绍如何处理彩色图像。一旦我们可以处理3个通道的图像，就可以处理任意数量通道的张量。

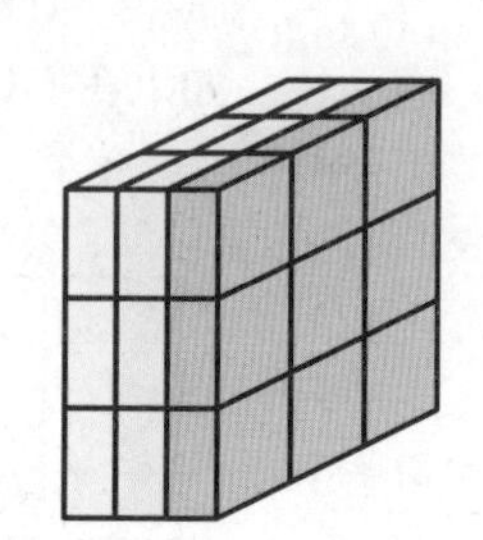

图16-18：当对3通道图像使用卷积核时，卷积核也需要3个通道。这是一个面积为3×3的3通道卷积核。我们用颜色对这些通道的值进行区分，以显示它们将乘以哪个通道的输入值

为处理具有多个通道的输入，卷积核（可以具有任何尺寸）需要具有相同数量的通道。这是因为输入中的每个值都需要在卷积核中有一个对应的值。对于RGB图像，卷积核需要3个通道。因此，面积为3×3的卷积核也需要有3个通道（3层），共包含27个权重值，如图16-18所示。

像之前一样，将此卷积核应用于3通道彩色图像，但现在卷积核是一个块（或三维张量）的概念。

以图16-18的卷积核为例，它有3×3的面积和3个通道，可以用来处理有3个颜色通道的RGB图像。对于每个输入像素，我们像以前一样将卷积核的中心对准该像素，将图像中的27个数字与卷积核中的27个参数进行匹配计算，如图16-19所示。

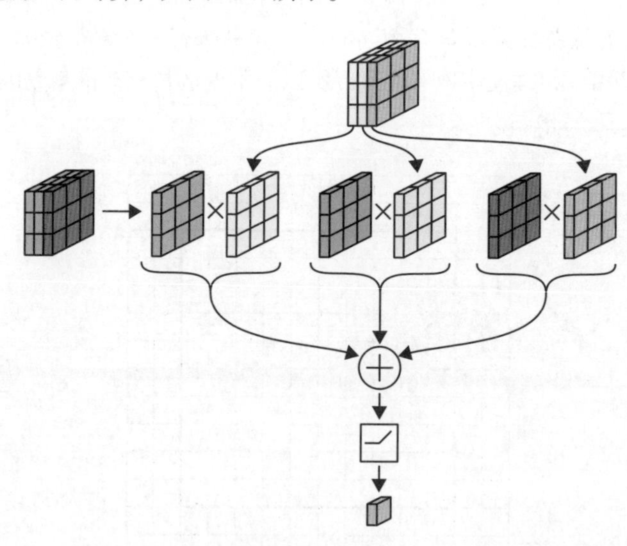

图16-19：用3×3×3的卷积核处理一幅RGB图像。我们可以想象，每个通道都被卷积核中对应的通道过滤

上页图16-19的输入有3个通道，因此卷积核也有3个通道。我们可以理解为：图16-19中红色、绿色和蓝色通道分别被它们在卷积核中对应的通道进行卷积。在实践中，我们将输入和卷积核都视为3 × 3 × 3的块，并且27个输入值都与其对应的卷积核参数一一相乘。

这个思路可以推广到任何数量的通道。为了确保每个输入值都有一个对应的卷积核值，我们可以将该属性定义为数学规则：每个卷积核必须具有与其卷积的张量相同的通道数。

## 16.3 多重卷积核

现在一次只用一个卷积核，但这在实践中很少见。通常，我们将几十个或几百个卷积核打包进一个卷积层中，并同时（独立地）将其应用到该层的输入中。

为了查看总体情况，假设有一张黑白图像，并希望识别像素中几个低级特征，如垂直条纹、水平条纹、孤立点和加号。我们可以为每个特征创建一个卷积核，并对每个输入独立运行，每个卷积核用1个通道产生了1个输出图像。我们将这4个输出组合起来，得到一个4通道的张量，如图16-20所示。

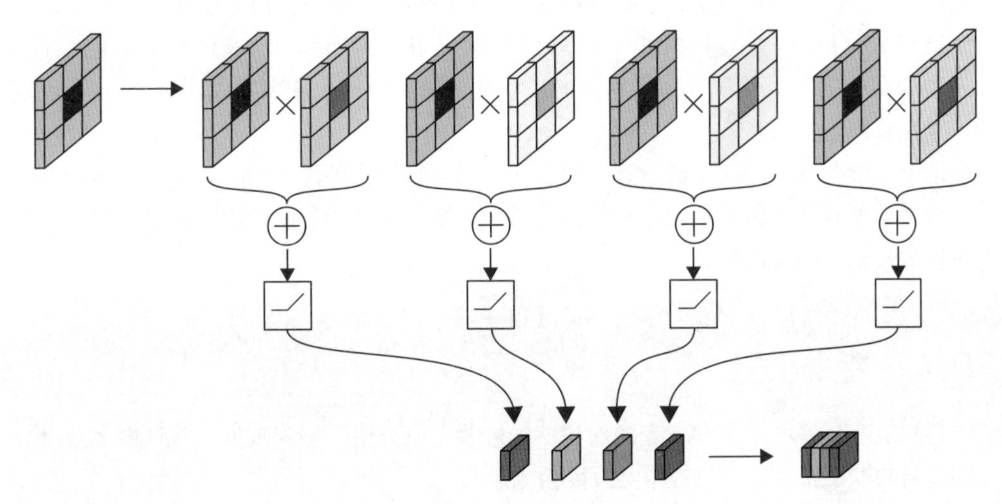

图16-20：在同一输入（灰色）上运行多个卷积核（彩色），每个卷积核在输出中创建自己的通道。然后将其组合起来，创建了一个具有4个通道的输出张量

我们现在有了一个4通道的输出张量，而不是1个通道的灰度图像，或者3通道的彩色图像。如果我们使用7个卷积核，那么输出的是一个有7个通道的新图像。这里需要注意的关键是，输出张量对于应用的每个卷积核都只有1个通道。

一般来说，卷积核可以有任何形状尺寸，我们可以将任意数量的卷积核应用于任何输入图像，如下页图16-21所示。

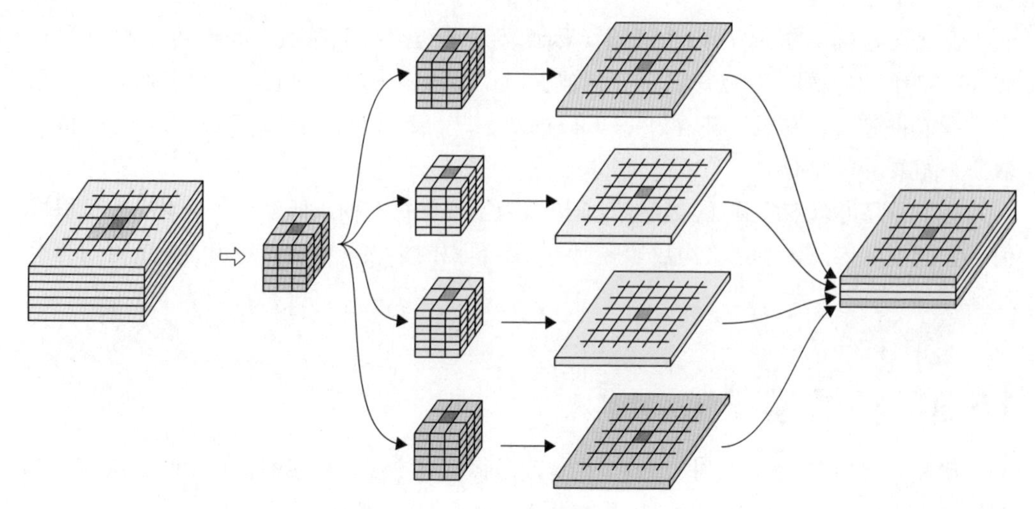

图16-21：当我们将输入与卷积核匹配时，每个卷积核必须有和输入相同数量的通道。输出张量的通道数对应于卷积核的数量

最左边的输入张量有7个通道。我们使用了4个不同的卷积核，每个卷积核都是3 × 3的覆盖范围，所以每个卷积核都是一个3 × 3 × 7的张量。每个卷积核的输出都是包含1个通道的特征图。输出张量是将这4个特征图叠加得到的，所以它有4个通道。

虽然原则上，每个卷积核可以有不同的尺寸形状，但实际上，我们几乎总是对任何给定卷积层中的每个卷积核使用相同的尺寸和形状。例如，在图16-21中，所有卷积核的尺寸形状都是3 × 3。

把上一节和本节的两个数学规则组合在一起，我们将得出：第一，卷积层中的每个卷积核必须具有与其过滤的张量相同的通道数。第二，卷积层的输出张量具有和该层中卷积核数量相同的通道数。

## 16.4 卷积层

卷积层就是一堆聚集在一起的卷积核，被独立地应用于输入张量，并且输出被组合以创建新的输出张量。该过程不会改变输入。

当我们在代码中创建一个卷积层时，通常会指定卷积核的数量、尺寸、形状，以及其他可选的细节，比如是否使用填充以及使用什么激活函数。函数库会自动处理其他的事情。最重要的是，训练过程改进了每个卷积核中的参数值，这样卷积核就能学习到那些能产生最佳结果的值。

在绘制深度学习系统示意图时，通常会体现每个卷积层中使用了多少卷积核、它们的尺寸形状以及激活函数。因为我们会在输入周围使用相同的填充，所以通常只提供一个同时适用于宽度和高度填充的填充值。

像完全连接层中的权重一样，卷积层中卷积核的值也是随机值开始，并随着训练而改进。如果我们慎重地选择这些随机初始值，训练通常会更高效。大多数函数库都提供了多种初始化方法，一般来说，使用默认值通常就会取得很好的效果，所以我们很少需要显式选择初始化算法。

如果确实想选择一种方法，首先推荐使用HE算法（何 2015，卡帕斯 2016）。若这个算法不可用，或者在特定的情况下无法取得好的结果，Glorot算法也是一个不错的选择（格洛罗和本希奥 2010）。

下面将继续介绍两种特殊类型的卷积，并理解它们独特的作用。

## 16.4.1 一维卷积

卷积核的一个有趣特例是一维卷积，就是只扫描输入的高度和宽度中的一个，不扫描另一个（斯内夫利 2013）。这是一种流行的文本处理技术，文本可以表示为一个网格，其中每个元素包含一个字母，每一行包含完整的单词（或固定数量的字母）（布里茨 2015）。一维卷积示例，如图16-22所示。

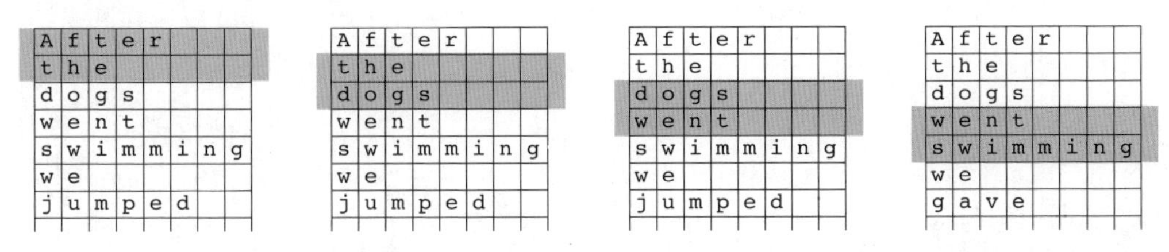


图16-22：一维卷积的示例：卷积核只向下移动

这里，我们创建一个卷积核，它的宽度和输入宽度相同，高度则只有两行。卷积核首先处理输入前两行中的所有内容，然后向下移动并处理接下来的两行。我们不会水平移动卷积核。一维卷积这个名字正是来源于单一的运动方向或维度。

像之前一样，我们可以让多个卷积核沿着网格向下滑动，也可以对任意维数的输入张量执行一维卷积，但要确保卷积核本身只在一个维度内移动。一维卷积并没有什么特别之处，它只是一个只朝单一方向移动的卷积核。这种技术强调卷积核的有限移动性。

一维卷积这个名字和另一种完全不同的技术名字很相似，下一小节将介绍另一个特殊的卷积核。

## 16.4.2 1×1卷积

当张量流经网络时，我们希望减少它的通道数。这是因为我们认为某些通道包含冗余信息。这并不少见，例如用来识别照片中主要对象的分类器，可能有十几个或更多的卷积核来寻找不同种类的眼睛（人眼、猫眼、鱼眼等）。如果分类器最终要把所有目标归为“生物”类，那就没有必要关心找到的是哪种眼睛，只要知道输入图像中的特定区域有一只眼睛就足够了。

假设有一个卷积层包含了检测12种不同眼睛的卷积核，那么该层的输出张量将至少有12个通道，每个卷积核对应一个。如果我们只关心是否能识别出眼睛，可以修改卷积层，将这12个通道组合或压缩成仅1个通道，来识别某个位置是否有一只眼睛。

这不需要引入新技术，只需要一次处理一个输入元素，因此创建了一个1 × 1的卷积核，如图16-6所示。我们要确保卷积核比输入通道少11个，于是得到了一个宽度和高度与输入相同的张量，但是多个通道被压缩成了一个通道。

我们不必做任何特殊的事情就可以实现这一点。神经网络通过学习来调整权重，最终实现正确的预测，如果我们想将所有表示眼睛的通道合并，神经网络同样也会学习如何去做。

图16-23显示了如何使用这些卷积核，将一个有300个通道的张量压缩成一个具有相同宽度和高度但只有175个通道的新张量。

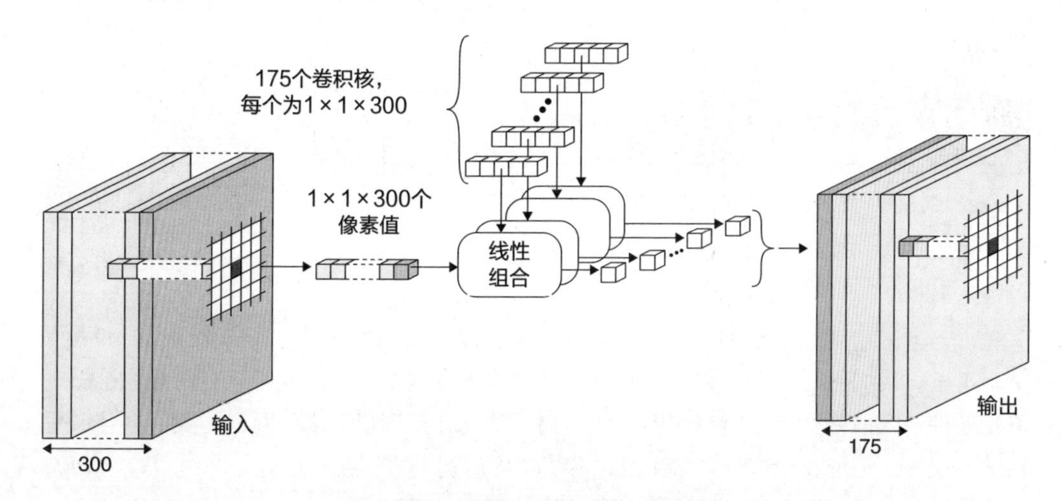


图16-23：应用1 × 1卷积进行特征约简

这种技术有专属名称，通常写作1 × 1卷积核。我们经常用来执行1 × 1卷积（林、陈和严 2014）。

第10章介绍了通过数据预处理方式来节省处理时间和内存的思想。1 × 1卷积可以在神经网络内部对数据进行动态压缩重组，而不是在数据进入网络前预先完成处理工作。如果神经网络产生的信息可以被压缩或删除，那么1 × 1卷积就可以找到并压缩或删除这些数据。我们可以在任何位置甚至在神经网络中实现这一点。

当通道具有相关性时，1 × 1卷积特别有效（坎齐亚尼、帕兹克和库鲁奇埃洛 2016；库鲁奇埃洛 2017）。这意味着前一层上的卷积核已经创建了彼此同步的结果。因此，当结果中的一个上升时，其他结果也会上升或下降。这种相关性越好，我们就越有可能去除一些通道，并且几乎不会损失信息。1×1的过滤器非常适合这项工作。

上一节已经介绍过，1×1卷积与一维卷积相似，尽管这些名词指的是不同的技术。当遇到这两个名词中的任何一个时，我们都需要花点时间来确保能够正确理解其含义。

## 16.5 更改输出大小

上一节介绍了如何使用1×1卷积来改变张量中的通道数，我们也可以通过一些方法改变输入的宽度和高度。这样至少有两个优点：首先，如果能够使流经网络的数据量变小，就可以使用更简单的神经网络，从而达到节省时间、计算资源和能源的效果。其次是减少宽度和高度可以使一些操作（如分类）更高效，甚至更准确。

### 16.5.1 池化

之前介绍的是将卷积核应用到每一个像素或一个区域的像素。如果底层像素与卷积核的值匹配，则卷积核匹配到了要寻找的特征。但是，如果某些特征元素出现在稍微偏差的地方，与卷积核就不匹配了。如果卷积核正在匹配的模式中有一个或多个片段稍微偏离了位置，卷积核将不会检查周边区域并进行匹配。不解决这个问题，将会对我们的任务带来较大的影响。例如，在一页文本中寻找大写字母T。由于打印过程中的一个微小的机械误差，一列像素不小心向下移动了一个像素的距离。

但我们仍然想找到字母T，查找的过程如图16-24所示。

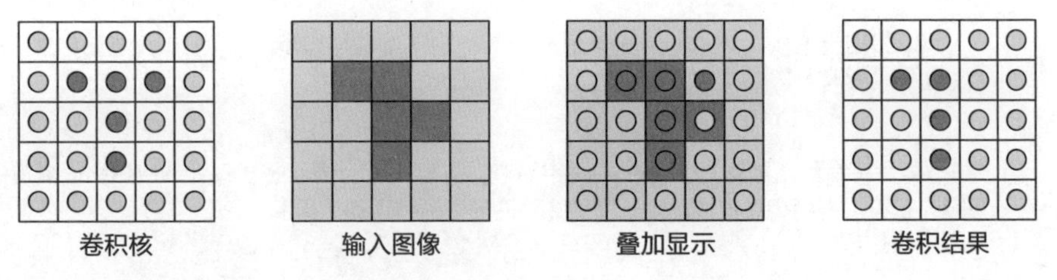


图16-24：从左到右分别表示一个5×5的寻找字母T的卷积核、一个印刷错误的T、图像与卷积核覆盖显示以及卷积的结果。卷积核不会得出匹配了字母T的结果

首先来看中心区域匹配字母T的5×5卷积核，用蓝色代表1，黄色代表0。从概念上来说，蓝色的区域是希望“看到”图像中的蓝色像素，而黄色的区域是不关心它们看到了什么。

这个5 × 5卷积核有个很形象的名字，我们称为“精确匹配卷积核”。它的右边是要检查的印刷错误的文本图像。在右边，是将卷积核覆盖在图像上。最右边是卷积计算的结果。当卷积核和输入都是蓝色时，输出也将是蓝色。由于卷积核右上角的元素没有找到所期望的蓝色像素，所以整个卷积核会报告没有匹配，或者弱匹配。

如果卷积核右上角的元素可以检查周边区域并注意到正下方的蓝色像素，它就可以匹配输入图像了。实现该点的一种思想是让每个卷积核元素“看到”更多的输入。最常使用的方法是让卷积核的视野模糊一点。

在图16-25的第一行，我们选择了卷积核的一个元素并将其视野模糊处理。如果卷积核在这个较大的模糊区域中任何位置找到蓝色像素，它就会报告识别到了蓝色；如果卷积核中所有的位置都是这样，那我们就创建了一个“模糊匹配卷积核”。由于这种改造，右上角的蓝色卷积核元素现在与两个蓝色像素重叠，并且由于其他蓝色元素也与蓝色像素重叠，因此卷积核报告了与输入匹配的结果。

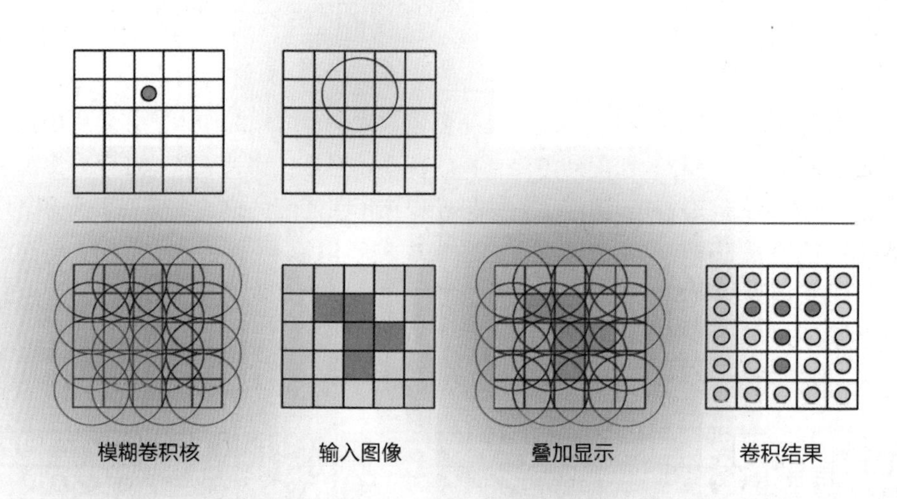


图16-25：第1行表示将卷积核替换为视野更大、更模糊的版本。第2行表示将模糊处理应用到每个卷积核元素，会得到模糊卷积核。将模糊卷积核应用于图像，将匹配印刷错误的字母T

不幸的是，我们不应该通过这种方式对卷积核进行模糊处理。如果通过模糊处理来修改卷积核的值，训练过程将会变得混乱，因为这将会改变网络试图学习的值。不过我们可以对输入进行模糊处理，当输入是图片时，这很容易实现，同样可以模糊处理任何张量。因此，与其将模糊卷积核应用于原始输入，不如反过来，将普通卷积核应用于模糊输入。

下面图16-26的第一行显示了印刷错误的字母T中的一个像素，以及该像素模糊后的版本。将这种处理方式应用于所有像素之后，我们就可以将普通卷积核应用于这种模糊图像。现在卷积核的每个蓝点都能看到下面的蓝色，匹配成功！

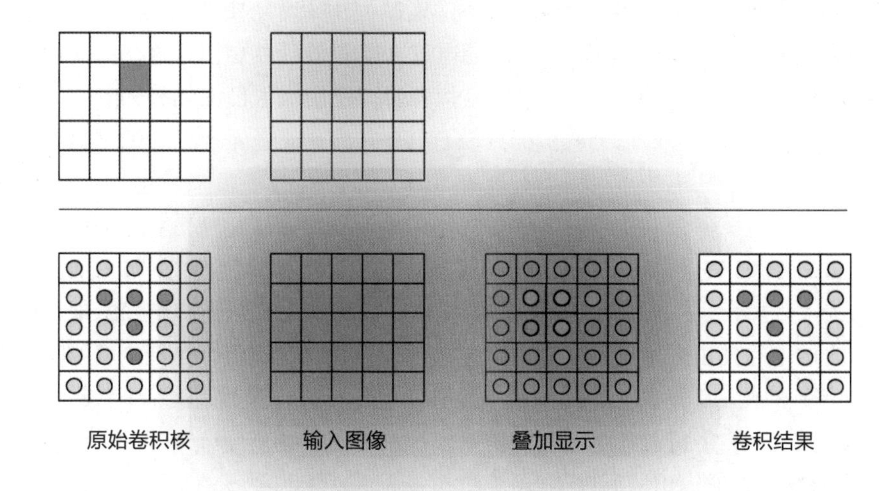


图16-26：第一行表示对输入中的一个像素进行模糊处理的效果。第二行表示将原始卷积核应用于模糊图像的匹配过程，结果表示卷积核与印刷错误的字母T匹配成功

以此为灵感，我们可以总结一种模糊处理张量的技术，这种技术被称为池化，或下采样。下面介绍如何对单通道的小张量进行数值池化。假设我们有一个宽度和高度均为4的张量，如图16-27(a)所示。

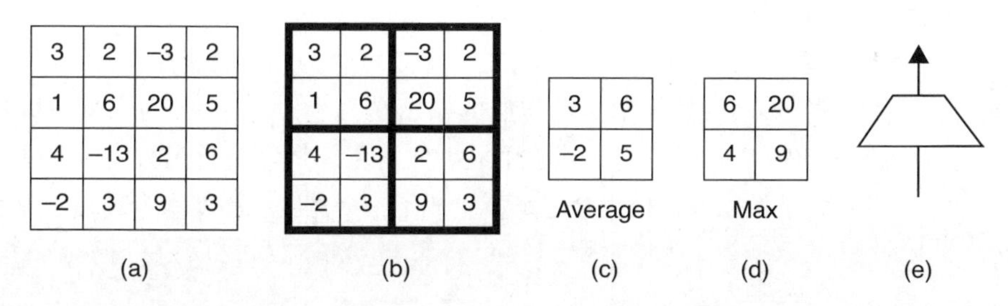


图16-27：张量的池化或下采样。(a)表示输入张量；(b)表示将(a)划分成2 × 2的块；(c)表示平均值池化的结果；(d)表示最大值池化的结果；(e)表示池化层图标

我们把这个张量的宽度和高度重新划分成2 × 2的块，如图16-27(b)所示。要将输入张量模糊处理，图像在与所有元素都为1的卷积核卷积计算后，将会变得模糊。这种卷积核称为低通卷积核，或者为箱式卷积核。

要将箱式卷积核应用于张量，我们可以使用所有元素都是1的2 × 2卷积核。要应用这个卷积核，我们只需要将输入张量中每个2 × 2块中的4个数字相加。因为我们不希望数值无限制地增长，所以将相加的结果除以4，得到该块的平均值。该平均值现在代表整个块，所以我们只保存该值，并继续对其他3个块进行相同处理。结果得到一个大小为2 × 2的新张量，如图16-27(c)所示。这种技术被称为平均值池化。

还有另一种池化方法：不是计算平均值，而是使用每个块中的最大值，称为最大值池化，如上页图16-27(d)所示。我们通常会通过一个小的计算层执行这些池化操作。上页图16-27(e)展示了这种池化层的图标。经验表明，使用最大值池化的神经网络比使用平均值池化的学得更快，所以当我们提到没有其他限定词汇的池化时，通常指的是最大池化。

当我们连续应用多个卷积层时，池化的作用就显现出来了。就像将卷积核作用于模糊输入一样，如果第1层卷积核的结果值不在预期位置，池化可以帮助第2层卷积核找到它们。假设有2个连续的层，第2层有1个卷积核，它将从第1层寻找1个强匹配，匹配的要求是输入的值是其正上方值的接近一半（接近但不到达，这可能是特定动物颜色的特征）。上页图16-27(a)中的原始4×4张量中没有任何位置符合这种匹配模式。在第3行第3列的值2上方有个值20，但2还远不到20的一半。第4行第4列有个值3，上面有个值6，但6不是一个符合条件的输出。所以第2层卷积核将无法匹配到要找的东西。这很可惜，因为第4行第3列有个值9，在其上方很近的位置有个值20，这是卷积核想要匹配的。问题是20和9并不是直接相邻的关系。

通过最大值池化，我们得到的结果中，20在9的正上方。池化操作告诉了第2层在右上角2×2的块中有20的强匹配，因为在20正下方的块中匹配到了9。这就是要寻找的模式，卷积核会告诉我们它匹配到了一个好的结果。

目前我们只讨论了一个通道的池化，当张量有多个通道时，需要对每个通道应用相同的池化过程，如图16-28所示。

我们从高度和宽度均为6的输入和0填充的单通道张量开始。卷积层有3个卷积核，每个卷积核生成一个6×6的特征图。卷积层的输出是大小为6×6×3的张量。接着池化层处理了该张量的每个通道，并对其应用最大值池化，将每个通道的特征图减小到3×3。然后，这些特征图像同样被组合起来，生成了一个宽度和高度均为3的3通道输出张量。

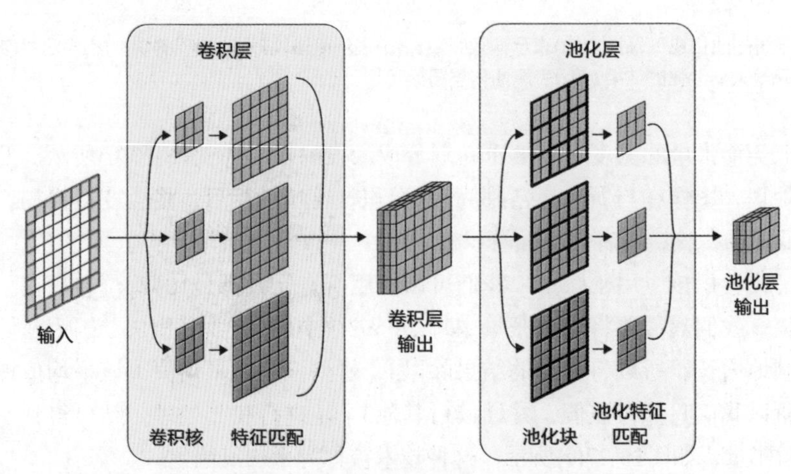


图16-28：使用多个卷积核的池化或下采样

我们使用图像和卷积核来举例，意味着跨越卷积核边界的特征可能会被遗漏，或者最终出现在合并张量中的未匹配元素中。当我们使用原始输入和卷积核匹配时，这个问题将大大减少。

池化是一种有效的处理方法，它将卷积核从要求其输入精准地位于正确位置上解放出来。数学家把这种位置的变化称为平移或移位，如果某个运算对某种变化不敏感，就称之为相对于该运算的不变性。结合这些，我们有时会说，池化允许卷积具有平移不变性，或移位不变性（张 2019）。

池化还有一个额外的好处，即减少了流经网络的张量的大小，从而减少了内存需求和学习时间。

## 16.5.2 跨步前进

我们已经介绍了池化技术在卷积神经网络中的作用。虽然单独的池化层很常见，但我们也可以通过将池化步骤直接捆绑到卷积过程中来节省时间。这种组合操作比两个不同的层快得多。这两个过程产生的张量稍有不同，但经验表明，组合操作产生的结果通常与顺序操作的结果一样有效。

在卷积过程中，我们首先将卷积核应用于输入图像的左上角像素（假设输入是有填充的）。卷积核将产生一个输出，然后向右走一步，产生另一个输出，再向右移动一步，以此类推，直到到达该行的右边缘。然后向下移动一行，再向左侧移动，并重复这个过程。

但是没有必要逐步地移动，假设卷积核向右移动或跨过1个以上的像素，或者向下移动1个以上的像素，那么输出将会小于输入。通常只有在任一维度上使用大于1的步长时，才使用“跨步”这个词。

为了使“跨步”更形象，可以把输出设想为一张宽度和高度不确定的白纸。当卷积核从左向右移动时，将产生一系列输出，这些输出被一个接一个从左向右地放进存储位置。当卷积核向下一行移动时，新的输出存入新一行的单元格中。

现在假设卷积核的每次水平移动不是向右1个像素，而是3个像素。或许在每次垂直向下移动2行，而不是1行。我们每次仍然记录一个元素的输出。这个过程如图16-29所示。

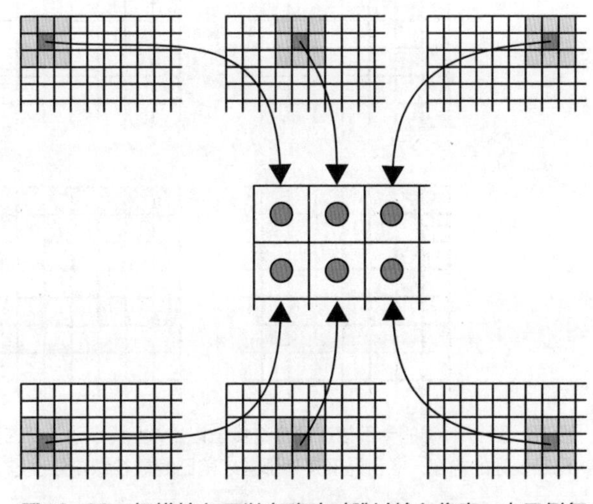
图16-29：扫描输入可以在移动时跳过输入像素。本示例每次水平移动向右3个像素，每次垂直向下移动2个像素

上页的图16-29使用了3个像素的水平步长和2个像素的垂直步长，通常我们会为两个方向指定相同的步长值。2个像素的步长可以看作是在水平和垂直轴向上隔一个像素评估一个像素。这将导致输出维度是输入的一半，意味着输出维度相当于以步长为1扫描输入，再通过2 × 2的块进行池化。图16-30显示了两个不同步长的卷积核落在输入中的扫描位置。

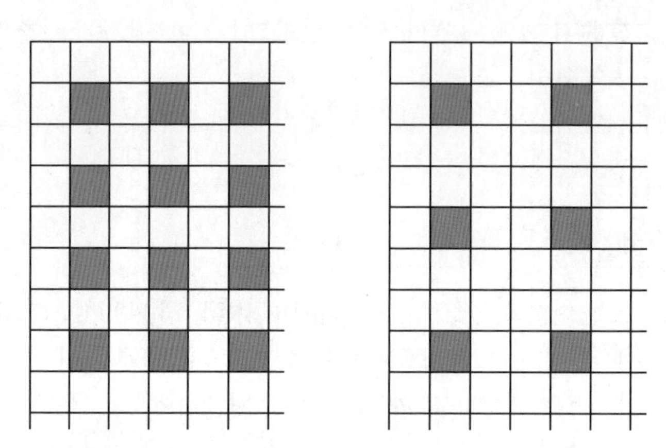

图16-30：步长的示例。左图表示两个方向上步长为2，意味着卷积核在水平和垂直方向上每隔一个像素卷积一次。右图表示两个方向上步长为3，意味着每3个像素卷积一次

将卷积核每次移动1个像素时，3 × 3的卷积核会多次处理相同的输入元素。但当“跨步”前进时，卷积核仍然可以多次处理一些元素，如图16-31所示。

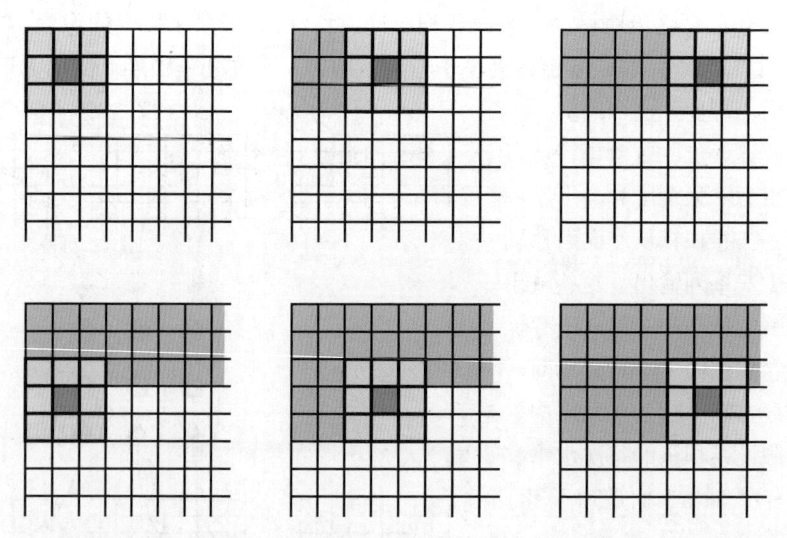

图16-31：3 × 3的卷积核在每个维度上以2个步长移动，从左到右，从上到下。灰色元素显示了到目前为止已经处理的内容。绿色元素是指那些之前已经被卷积核处理过，但正在被再次处理的元素

重复处理输入值没有问题，但如果想节省时间，需要尽可能少地进行计算。这时就可以使用适当的步长来防止输入元素被多次处理。例如，如果在一幅图像上移动一个3×3的卷积核，我们可能会在两个方向上都使用3作为步长，这样就不会有像素被多次处理，如图16-32所示。

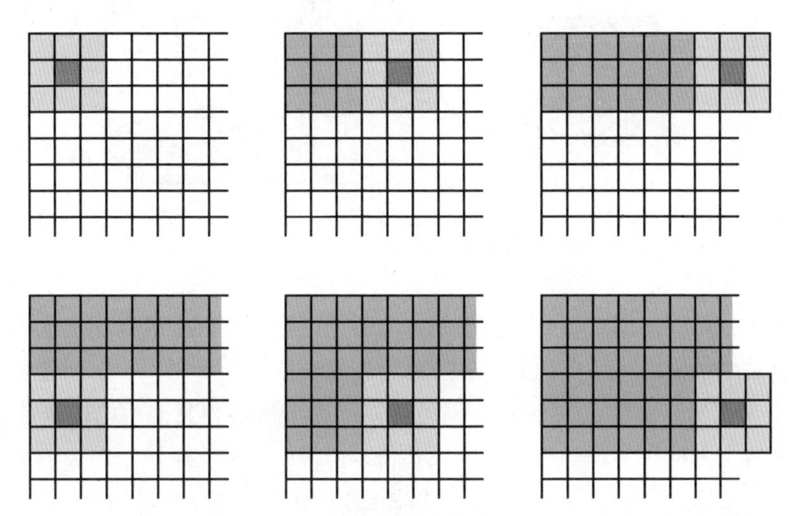

图16-32：与图16-31相似，但是现在每个维度上的步长为3。每个输入元素只会被处理一次

图16-32中的步长产生的输出张量的高度和宽度分别为输入张量的1/3。在图16-32中，卷积核只计算了6次，就处理了一个9×6的输入像素块。这样我们就创建了一个没有显示池化层的3×2输出块。如果不使用步长的概念，独立处理每个像素，卷积核就要计算7×4=28次来覆盖相同的区域，我们接着还要对卷积核的输出进行池化操作。

由于两个原因，跨步卷积比普通卷积后进行池化更快。第一个原因是，卷积核的计算次数变少了；第二个原因，则是无须计算池化步骤。类似填充概念，设置步长可以（通常是）在任何卷积层上执行，而不仅仅是第1层。

跨步学习的卷积核通常不同于普通卷积后池化的卷积核。这意味着我们不能对一个训练好的网络用跨步卷积代替成对的卷积和池化（反之亦然），并期望工作一切正常。如果想改变神经网络架构，必须对其进行重新训练。

大多数情况下，使用跨步卷积训练的最终结果与卷积和池化得到的结果大致相同，只是时间更短。但有时，对于给定的数据集和体系结构，后者可能会更有效。

### 16.5.3 转置卷积

我们已经介绍了如何使用池化或者跨步卷积来减少输入的大小。相反，也可以增加输入的大小，和减少一样，放大张量增加了它的宽度和高度，但不会改变通道的数量。

就像下采样一样，我们可以通过将其构建到卷积层中，将一个单通道的层放大。

一个明显的上采样层通常只是根据需要的次数复制输入张量值。例如，如果想把一个张量的宽度和高度都放大两倍，那么每个输入元素就会变成一个2 × 2的小正方形，如图16-33所示。

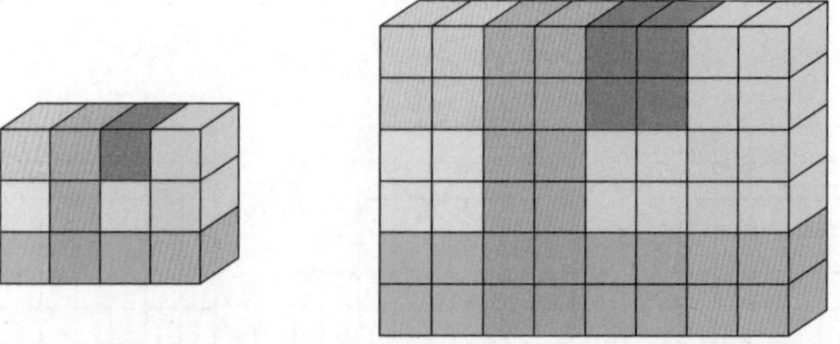

图16-33：在每个方向上对张量进行两倍上采样。左图表示输入张量，这个张量的每个元素将在垂直和水平方向上复制两次。右图表示输出张量，通道数量不变

目前为止，可以使用跨步卷积将下采样与卷积结合起来，也可以把上采样和卷积结合起来。这种增加输入大小的组合步骤被称为转置卷积、微步卷积、空洞卷积或扩张卷积。转置这个词来自数学运算转置。稍后将介绍这个术语和其他术语的来源。需要注意，也有人将上采样和卷积的组合称为反卷积，但最好避免使用该术语，因为它已经被用来代指不同的概念（赛勒等人 2010）。按照上面的例子，使用转置卷积这个术语。

让我们看看转置卷积是如何放大张量的（迪穆兰和维辛 2016）。假设有一个宽度和高度为3 × 3的起始输入（需要注意的是，转置卷积不会改变通道数），我们希望用3 × 3的卷积核处理它，并最终得到一个5 × 5的图像。一种方法是用两圈0来填充输入，如图16-34所示。

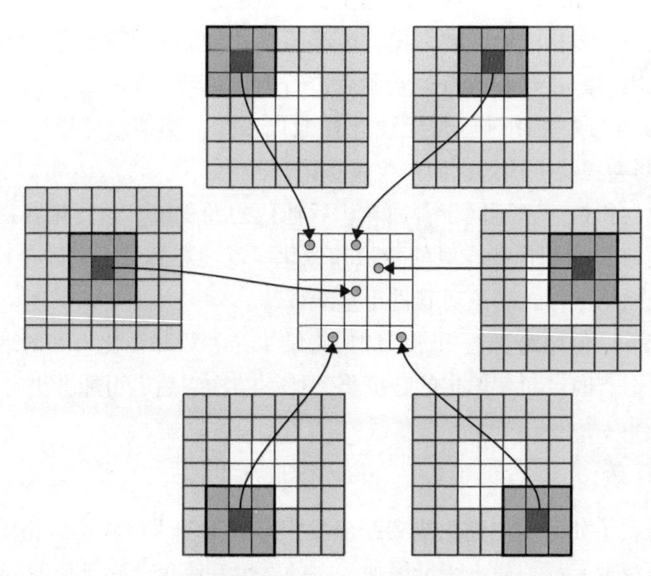

图16-34：原始的3 × 3输入在外围网格中显示为白色，周围填充了两圈0。3 × 3卷积核现在生成了一个5 × 5的结果

如果在输入端增加更多圈的0，就会得到更大的输出，但是在5 × 5内核的周围会有0环。这样用处不是太大。

放大输入的另一种方法是在卷积前将其扩张，在每个输入元素的周围及其之间插入填充。让我们尝试在原始的3 × 3图像的每两个元素之间插入一行或一列0，并像之前一样在外部填充两圈0。结果是，3 × 3的输入现在有9 × 9的维度，尽管其中有很多条目是零。当我们在这个网格上应用3 × 3卷积核时，将得到一个7 × 7的输出，如图16-35所示。

原始的3 × 3输入图像用外围网格中的白色像素显示。我们在每个像素之间插入了一行和一列的0（用蓝色像素表示），然后用两圈0填充。当这个网格与3 × 3卷积核（红色）卷积运算后，我们得到了一个7 × 7的结果显示在中间。

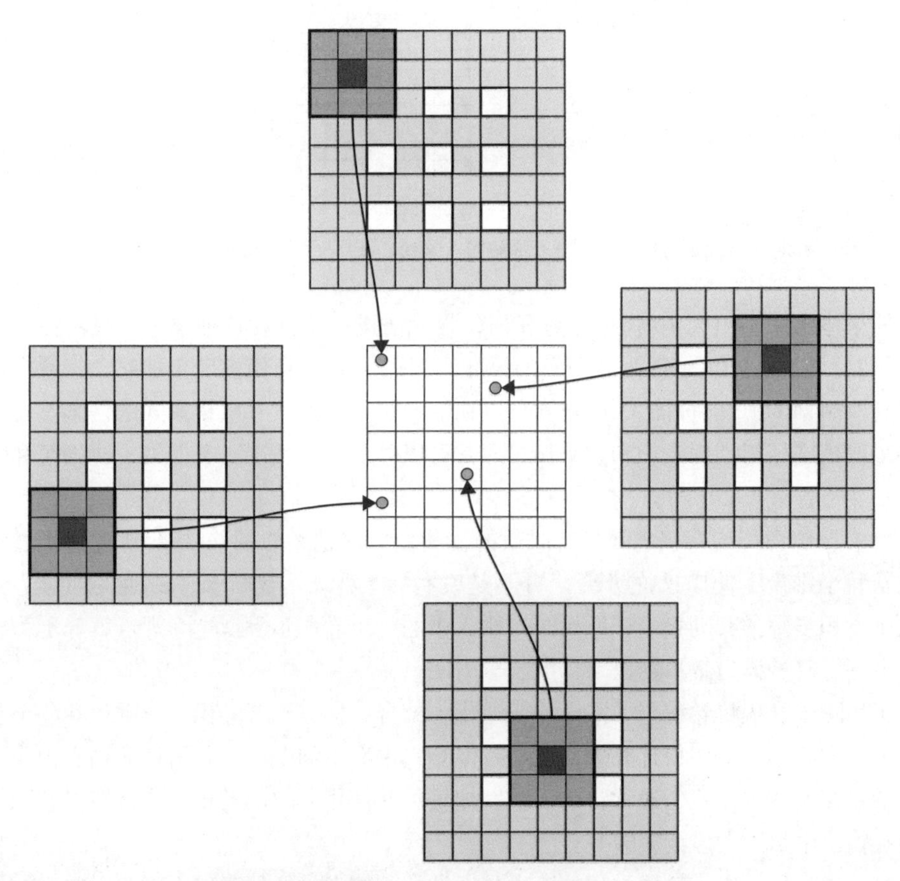

图16-35：转置卷积，将3 × 3的输入卷积为7 × 7的结果

图16-35显示了空洞卷积和扩张卷积的名称来源。我们在每个原始输入元素之间插入了由0组成的行和列，这样可以使输出增大，如下页图16-36所示。3 × 3的输入变成了11 × 11的输入，而输出是9 × 9。

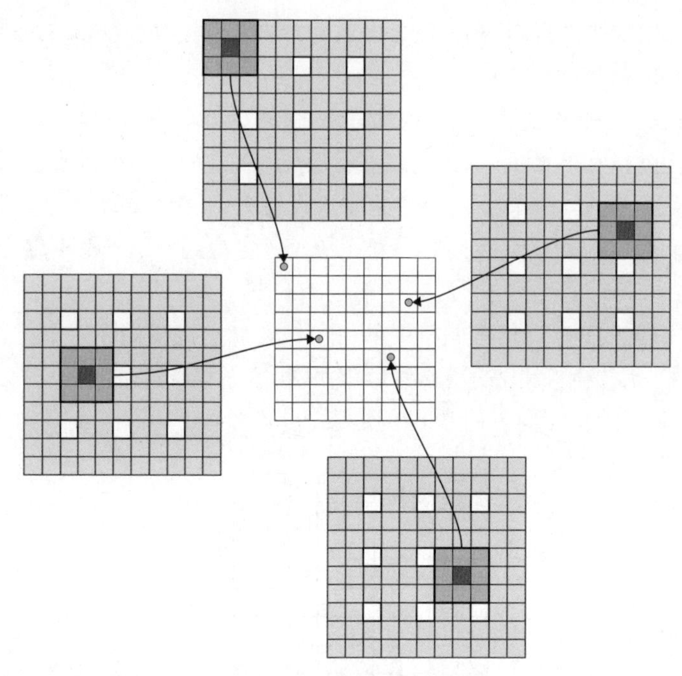

图16-36：与图16-35相同的设置，只是在原始输入像素之间插入了2行和2列，在中间产生9 × 9的结果

如果输出中不出现由0构成的行和列，将无法进一步推动这种技术。我们在输入中插入了2行和2列的0，是因为卷积核的尺寸为3 × 3。如果卷积核尺寸是3 × 3，最多可以使用4行和4列的0。这种插入0的技术可以在输出张量中产生一些棋盘式的伪影。但是，如果采取措施仔细处理卷积和上采样，通常可以避免这些情况（奥德纳、迪穆兰和欧拉 2018；艾特肯等人 2017）。

转置卷积和跨步卷积之间是有联系的。我们可以把类似图16-36的转置卷积过程想象成在每个维度上使用1/3的步长。并不是说实际上移动了1/3个元素，而是11 × 11网格中三个卷积步骤的移动相当于原始3 × 3输入中的一个卷积步骤。这个观点解释了为什么这个方法有时被称为微步卷积。

正如跨步卷积将卷积与下采样（或池化）结合一样，转置卷积（或微步卷积）将卷积与上采样相结合，使得计算效率更高。但是其中有个问题，可以增加的输入大小是有限制的。在实践中，我们通常将输入维度加倍，并使用3 × 3的卷积核进行转置卷积，而不会在输出中引入太多无关的0。

与跨步卷积一样，转置卷积的输出与标准卷积加上采样的输出不同，因此，如果卷积神经网络是使用卷积加上采样训练的，我们不能使用一个转置卷积层替换这两个层，并使用相同的卷积核。

由于效率的提高和结果的相似性，转置卷积比卷积加上采样更加常用（施普林伯格等人 2015）。

目前，已经介绍了许多基本工具，从不同类型的卷积到填充和如何改变输出大小。在下一节，我们将把这些放在一起，创建一个完整的简单卷积神经网络。

## 16.6 卷积核的层次结构

许多真实的视觉系统似乎都是按层次排列的（塞尔 2014）。从广义上讲，许多生物学家认为视觉系统中的处理是在一系列层中进行的，每个后续的层都在比之前的层在更高的抽象级别上工作。

本章我们从生物学中获得了灵感，现在再来尝试一下。

回到对蟾蜍视觉系统的讨论上来。第1层接受光的细胞可能会寻找“与虫子相同颜色的斑点”，下一层可能会将前一层形成的虫子颜色的斑点组合，再下一个可能会寻找上一层得到的看起来像有翅膀的虫子形状的组合等，直到顶层，它可能会寻找“苍蝇”（这些特征完全是虚构的，只是为了说明这个思想）。

这种思想在概念上很好，因为它允许我们根据图像特征的层次，运用卷积核来构建对图像的分析。这从实现角度来看也很好，因为这是一种灵活高效的图像分析方法。

### 16.6.1 简化假设

为了说明层次结构的作用，我们将用卷积神经网络来解决一个识别问题。为了讨论这个概念，我们将简化一些案例。这些简化不会改变正在论证的原则，只是让图片更容易绘制和解释。

首先，使用二进制图像，它只有黑色和白色，没有灰色阴影（为了清晰，我们分别用米黄色和绿色绘制0和1）。在实际应用中，输入图像的每个通道通常要么是[0,255]范围内的整数，要么是[0,1]范围内的实数。

其次，卷积核的元素也是二进制的，卷积核在输入中只进行精确匹配。在真实网络中，卷积核元素也是使用实数，并根据需要在不同程度上匹配输入，输出也是由不同的实数表示。

第三，手动创建所有的卷积核。换句话说，我们将自己做特征工程。当研究专家系统时，我们说它们最大的问题是需要人们手动构建特征，而接下来就是这样做的！我们这样做只是为了简化本次讨论。在实践中，卷积核每个权重的值是通过训练来调整的。由于现在不是在讨论训练步骤，我们将使用手工创建的卷积核（可以把它们看作是训练产生的卷积核）。

第四，不使用填充，这也只是为了简单。最后，我们使用边长只有12个像素的小输入图像作为示例，这足以展示，又可以在页面上画清楚一切。

有了这些简化，我们就可以开始进行本节的讨论了。

## 16.6.2 寻找面具

假设我们在一个收藏了大量艺术品的博物馆工作，工作任务就是管理好这一切。现在的其中一个任务是找到所有与图16-37中的简单面具相似的面具。

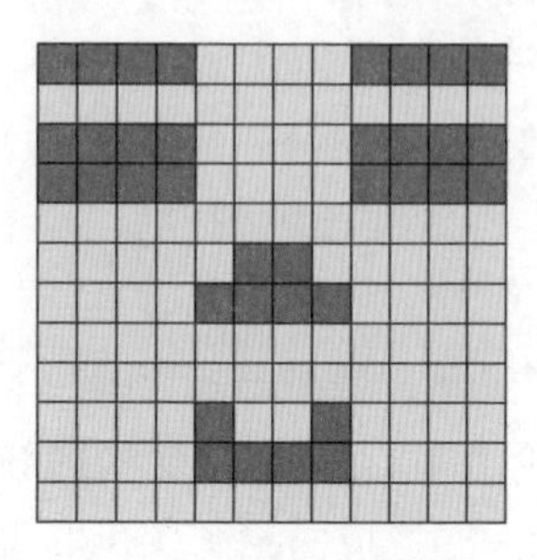

图16-37：12×12网格上的简单二进制面具

假设我们拿到了图16-38中间的新面具（候选），要想确定它是否与原始面具（参考）大致“相同”，可以将两个面具叠放起来，看看它们是否匹配，如图16-38所示。

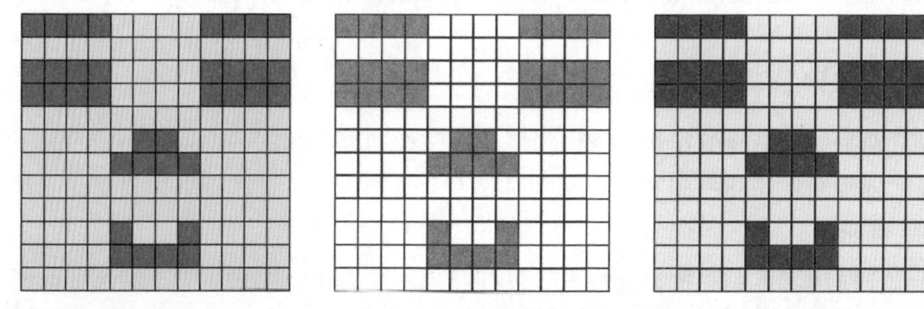

图16-38：相似性测试。左边是原始面具（或参考），中间是新的面具（候选），为了看它们是否接近，我们可以把它们叠放在一起

在这种情况下，这是一个完美的匹配，很容易被识别到。但是，如果候选与参考略有不同，一只眼睛向下移动了一个像素，如图16-39所示。

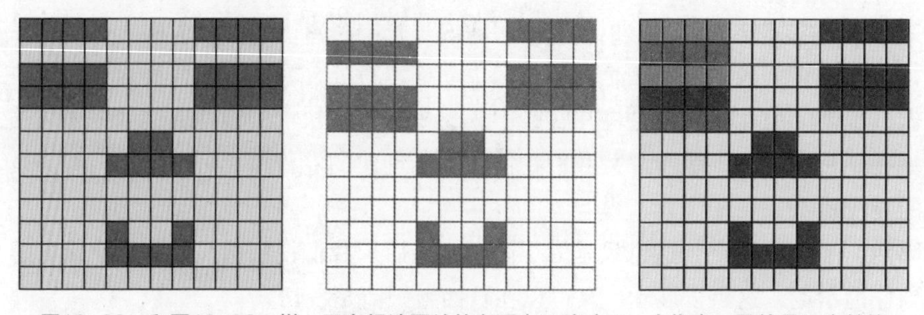

图16-39：和图16-38一样，只有候选图片的左眼向下移动了一个像素。叠放是不完美的

假设我们仍然想接受这个候选图片，因为它具有与参考图片相同的所有特征，并且它们大多在正确的位置。但是叠放图显示它们并不完全相同，所以简单地逐像素比较是不可行的。

在这个简单的例子中，我们可以想出很多方法来检测接近的匹配，但让我们使用卷积来确定图16-39这样的候选是“像”参考图片的。如前所述，我们将手工设计卷积核。为了描述我们的层次结构，最简单的方法是反向工作，从卷积的最后一步反推到第一步。

我们从描述参考面具开始，然后确定候选图片是否具有与参考相同的特征。假设参考物的特征是左上角与右上角各有一只眼睛，中间有一个鼻子，鼻子下面有一张嘴巴。该描述完全适用于图16-38和图16-39中的两个候选对象。

我们可以用图16-40左上角网格中的卷积核来形式化这个描述。这将是我们最后一个卷积核，通过一系列卷积处理一张候选图片，最终生成一个3 × 3的张量（我们将很快看到这是如何发生的），若张量匹配该卷积核，就找到了一个成功的匹配，和一个可接受的候选图片。带“×”的方格表示“不在乎”。例如，假设候选面具的一个脸颊上有花纹，这个花纹落入了鼻子右侧的“×”中。这并不影响我们的决定，因为我们很明确地表示不关心那个方格里有什么。

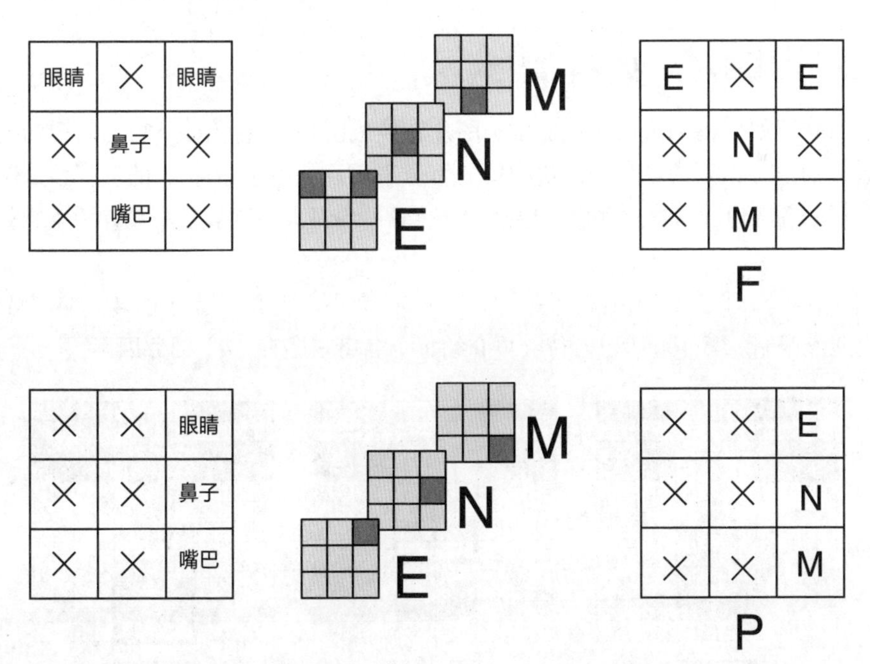


图16-40：面具识别卷积核，用于找到一个正面或侧面的面具。左图表示特征描述；中图表示左边网格描述的张量的分解版本；右图表示卷积核的透视图

因为卷积核只包含值1（绿色）和0（米黄色），所以我们无法直接制作图16-40左上图的卷积核。相反，由于它在寻找3种不同的特征，我们需要将其重新绘制为具有3个通道的卷积核，并将其应用于具有3个通道的输入张量。一个输入通道告诉我们眼睛在输入中的位置，下一个通道告诉我们鼻子的位置，最后一个通道告诉我们嘴巴的位置。左上图对应一个3×3×3的张量，如第一行中间的图所示。我们将通道交错排列，这样就可以显示每个通道。

我们将不同通道的卷积核交错进行绘制，是因为如果将张量绘制为实心块，将无法看到N（鼻子）和M（嘴巴）通道上的大多数值。交错版本是有用的，但当我们在下面的讨论中比较张量时，它会变得太复杂。相反，让我们绘制张量的“透视图”，如右上角所示。当我们通过张量的通道来观察，用该单元格中所有通道的名称来标记每个单元格。

由于这个卷积核正在寻找一张正面的面具，标记为F。我们也可以制作另一个卷积核来寻找面具的侧面，标记为P。本节不会匹配任何与P匹配的候选图片，将它展示出来仅仅是为了体现这个过程的一般性。在图16-40的卷积核之前运行的层将告诉我们它们在哪里发现了眼睛、鼻子和嘴巴。我们使用图16-40中的信息来识别这些面部特征的不同排列，只需使用不同的卷积核即可。

## 16.6.3 寻找眼睛、鼻子和嘴巴

下面介绍如何将一张12×12的候选图片转换成图16-40卷积核所需的3×3的输出。我们可以通过一系列的卷积加池化的层的组合来实现。由于图16-40的卷积核试图匹配眼睛、鼻子和嘴巴，所以这些卷积层必须产生这些特征。下面我们将设计检索它们的卷积核。

图16-41展示了三个卷积核，每个都有4×4的大小。它们被标记为E4、N4和M4，分别用来匹配眼睛、鼻子和嘴巴。待会再介绍每个名字末尾有“4”的原因。

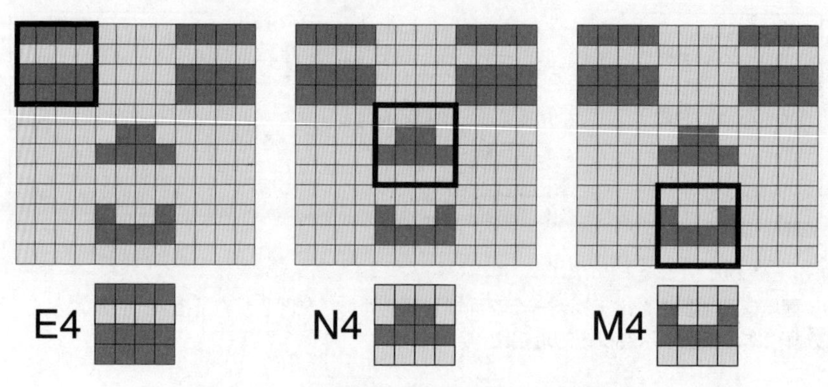


图16-41：检测眼睛、鼻子和嘴巴的三个卷积核

我们可以直接将这三个卷积核应用于任何候选图像。由于图像是12 × 12，并且没有经过填充，所以输出将是10 × 10。如果将其池化为3 × 3，就可以将图16-40的卷积核应用到图16-41卷积核的输出中，来确定候选图像是面具的正面，还是面具的侧面，或者两者都不是。

但是应用4 × 4卷积核需要大量的计算。更糟糕的是，如果我们想寻找另一个特征（比如眨眼），就必须构建另一个卷积核，并将其应用于整个图像。我们可以在此之前引入另一个卷积层，使系统更加灵活，速度也更快。

图16-41中的E4、N4和M4卷积核有哪些特点？如果我们把每个4 × 4的卷积核想象成一个2 × 2的卷积核组成的网格，那么只需要4类2 × 2的卷积核就可以组成所有3个卷积核了。图16-42的第1行显示了这四个小块，以及如何将它们组合起来制作匹配眼睛、鼻子和嘴巴的卷积核。我们将其分别称为T、Q、L和R。

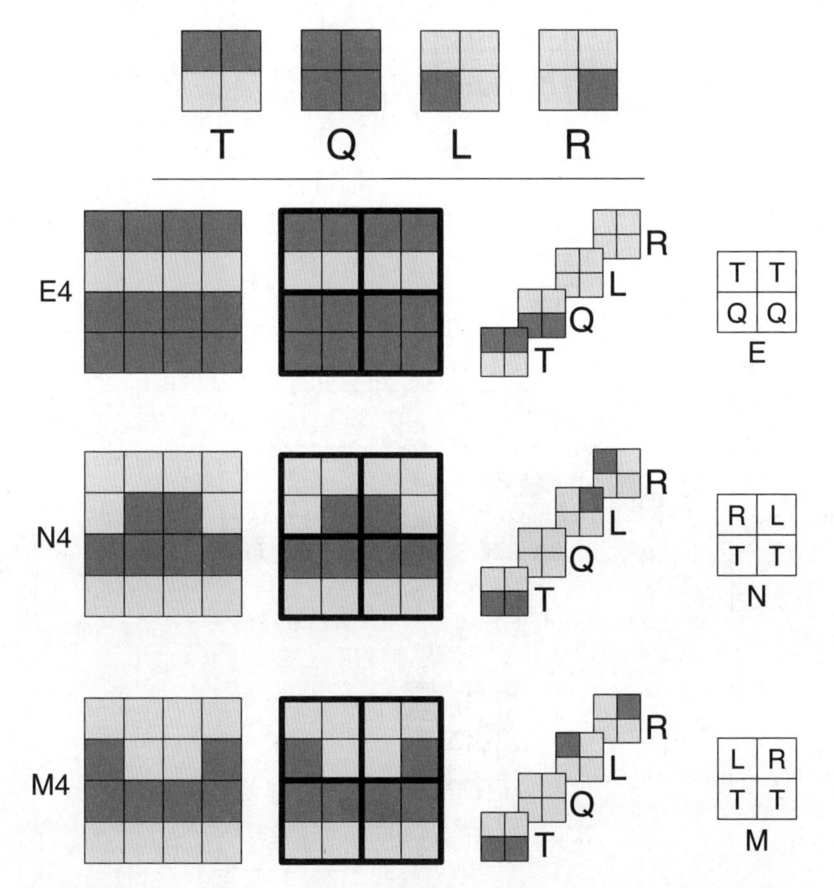


图16-42：第1行表示2 × 2卷积核T、Q、L和R。第2行表示卷积核E4，被分成4个较小的块以及这些块的张量形式。最右侧显示了2 × 2区块在4个卷积核下的透视图。第3和第4行表示卷积核N4和M4

我们从匹配眼睛的卷积核E4开始，将4×4卷积核分成4个2×2的卷积核。E4一行中的第3幅图展示了我们所期望作为输入的4个通道，T、Q、L和R的交错排列。为了更方便地表示张量，我们使用了图16-40中看到的透视图，得到一个新的卷积核，大小为2×2×4。这是我们真正想用来检测眼睛的卷积核，所以去掉了“4”，只称之为E。

N和M卷积核是通过对T、Q、L和R进行细分和组合的相同过程创建的。现在我们想象一下在候选图像上运行小的T、Q、L和R卷积核，它们将匹配图案像素。

然后，E、N和M卷积核寻找T、Q、L和R模式的特定排列，F和P卷积核寻找E、N和M模式的特定排列。因此，我们有一系列卷积层，每个输出作为下一层的输入，如图16-43所示。

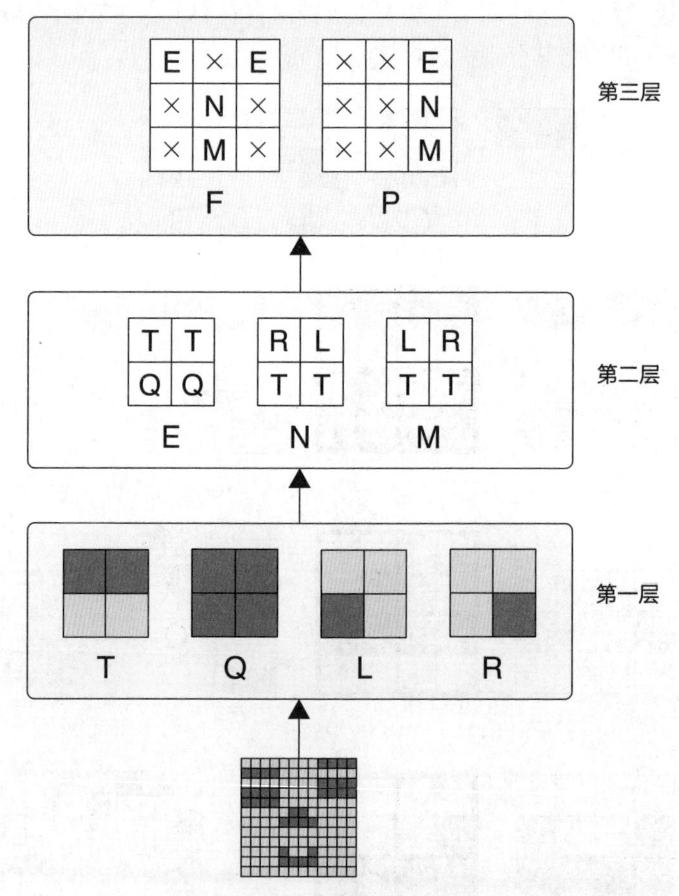


图16-43：使用3层卷积来分析候选输入

现在有了3个卷积层，可以从底部开始处理输入。在此过程中，我们将看到池化层的位置。

### 16.6.4 应用卷积核

从上页图16-43的底部开始，应用第1层的卷积核。图16-44显示了在12 × 12候选图像上扫描T卷积核的结果。因为T是2 × 2，没有中心，所以可以把它的锚点放在左上角。因为没有填充，卷积核是2 × 2，所以输出是11 × 11。在图16-44中，每个精确匹配的位置都用浅绿色标出，其他用粉色标出。我们将这个输出称为T图。

现在，要确保即使T并不与参考面具完全重合，E、N和M卷积核仍能成功找到T匹配。正如上一节介绍的，使卷积核对输入中的小偏差具有鲁棒性的方法是使用池化。让我们使用最常见的池化形式，最大值池化，池化块采用2 × 2结构。

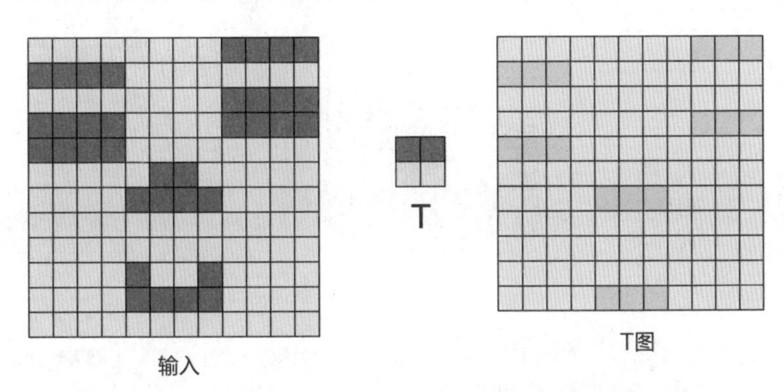


图16-44：用2 × 2卷积核对12 × 12的输入图像进行卷积，产生了11 × 11的输出，即特征图，我们称之为T图

图16-45显示了应用于T图的最大值池化。对于每个2 × 2的块，如果块中至少有一个绿色值，则输出为绿色（回想一下，绿色元素的值为1，红色为0）。当池化块超过输入的右侧和底部时，只需忽略缺失的部分，并将池化应用于实际存在的值。我们称池化结果为T池。

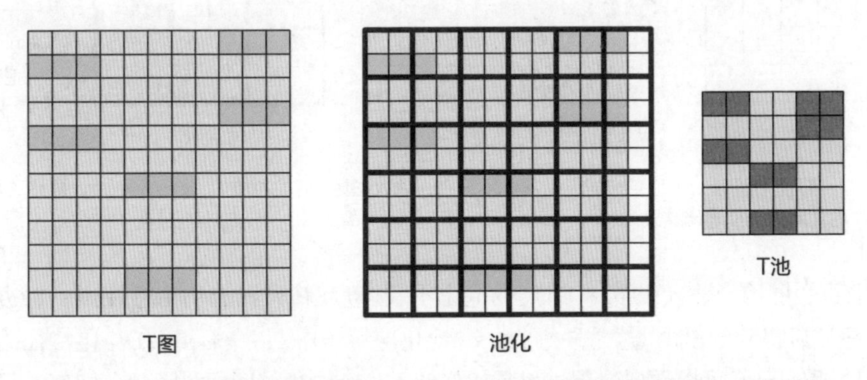


图16-45：将2 × 2最大值池化块应用于T图，生成了T池张量。绿色表示1，粉色表示0

T池左上角的元素告诉我们T卷积核是否匹配输入左上角的四个像素中的任何一个。在本例中它匹配到了，所以该元素变成绿色（也就是说，它被赋值为1）。

接下来用第1层其他3个卷积核（Q、L和R）重复这个过程，结果如图16-46所示。4个T、Q、L和R卷积核一起产生了具有四个特征图的结果，每个特征图在池化之后是6×6。图16-40的E、N和M卷积核预期的输入张量为4个通道。为了将这些单独的输出组合成一个多通道张量，我们可以将它们叠加起来，如图16-47所示。同样的，我们用透视图把它绘制成二维网格，得到了一个4通道的张量，这正是第2层所期望的输入。

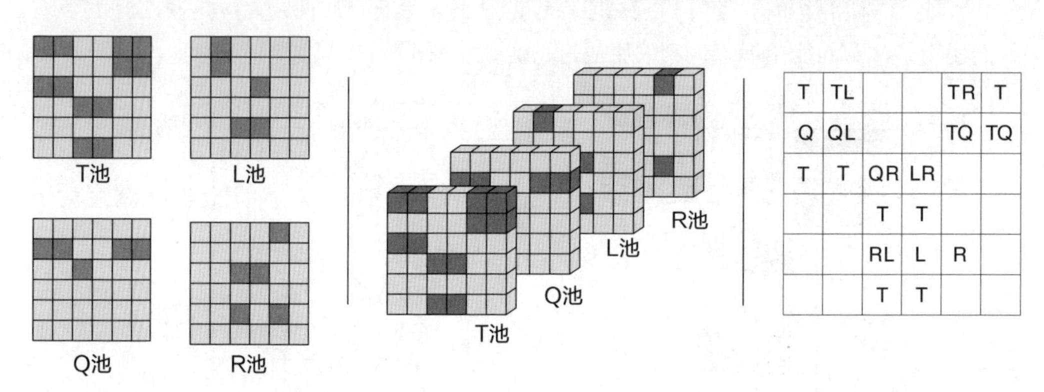


图16-46：左图表示将4个第1层中的卷积核应用于候选图像，并进行池化的结果；中图表示将输出叠加成一个张量；右图表示在透视图中画出6×6×4的张量

现在我们向上移动到第2层卷积核，从图16-47中的E开始。

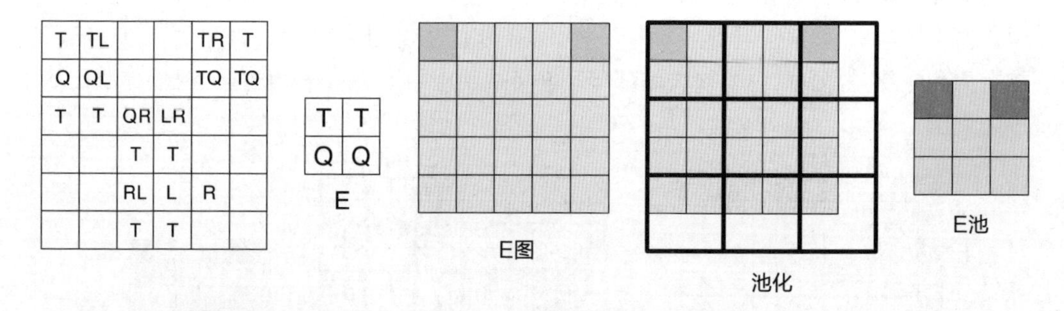


图16-47：应用E卷积核。像以前一样，从左到右分别是输入张量、E卷积核（均为透视图）、应用该卷积核的结果、池化网格以及池化结果

图16-47展示了输入张量（第1层的输出）和E卷积核，两者均为透视图。右边是应用E卷积核后得到的E图，这是一个将2×2池化应用于E图，最后得到E池化特征图的处理过程。我们已经可以看到池化过程是如何使下一个卷积核匹配眼睛的，即使一只眼睛不在参考面具中的位置。

对于N和M卷积核，我们可以遵循相同的过程，为第2层产生一个新的输出张量，如图16-48所示。

现在有了一个3 × 3的3通道张量，正好适合在图16-40中为F和P创建的卷积核。我们已经准备好进入第3层了。

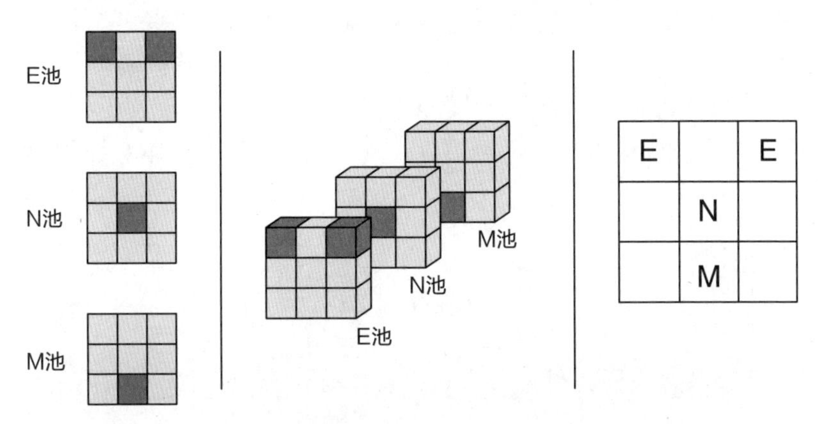


图16-48：计算E、N和卷积核的输出，然后叠加成具有三个通道的张量

最后一步很简单，我们只需将F和P卷积核应用到整个输入中，因为它们的大小是相同的（也就是说，不需要在图像上扫描卷积核）。像往常一样，我们用一个池化层跟踪这些卷积核，结果是1 × 1 × 2形状的张量。如果该张量中第1个通道的元素是绿色的，那么F匹配，候选图像应该被认为与参考图像匹配。如果是米黄色，候选图像就不匹配。

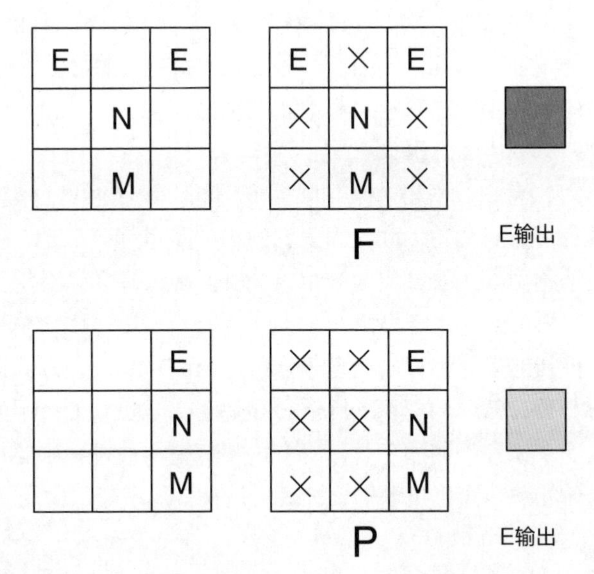


图16-49：将F和P卷积核应用于第2层的输出张量。在该层中，每个卷积核的大小与输入相同，因此该层会产生大小为1 × 1 × 2的输出张量

任务结束了！仅使用了3个卷积层，就描述了候选图像与参考图像是否匹配。我们发现，候选图像的一只眼睛低了一个像素，但仍然足够接近参考图像，应该接受这个结果。

我们通过创建卷积序列和层次结构，解决了这个识别匹配的问题。每个卷积层都使用前一卷积层的结果。第1层寻找像素的特征，第2层寻找这些图案的特征，第3层寻找更大的特征，对应面具的正面或侧面。即使一个重要的像素块稍微移动了一点，池化也使神经网络能够识别该候选图像。

图16-50显示了整个神经网络。因为所有神经元的层都是卷积层，所以我们称之为全卷积网络。

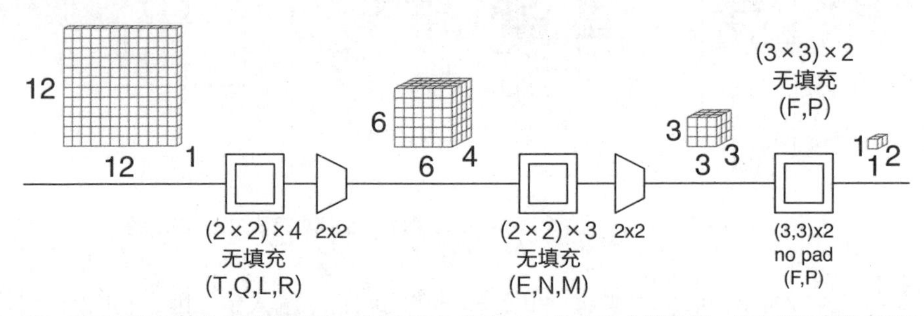


图16-50：用于评估面具的全卷积网络。我们还展示了输入、输出和中间张量。带有嵌套框的图标是卷积层，梯形是池化层

在图16-50中，嵌套正方形的图标代表卷积层，梯形代表池化层。如果想匹配更多类型的面具，我们可以在最终图层中添加更多卷积核。这让我们可以匹配任何想要的眼睛、鼻子和嘴巴的特征，而几乎不需要额外的成本。池化减小了神经网络中张量的大小，也减少了网络的计算量。这意味着有池化的神经网络不仅比没有池化的更健壮，而且消耗的内存更少，运行速度更快。

随着我们的努力，卷积核变得越来越强大。例如，眼睛卷积核E正在处理一个4 × 4的区域，尽管它本身只有2 × 2的尺寸，因为它的每个张量元素都是2 × 2卷积的结果。通过这种方式，层次结构中处于较高层的卷积核具有匹配大型和复杂特征的功能，即使它们只使用了小型卷积核（因此速度很快）。

较高层的卷积核能够以多种方式组合较低层输出的结果。假设我们想对一张照片中不同种类的鸟进行分类，低层的卷积核可能会寻找羽毛或喙，而高层的卷积核能够结合不同类型的羽毛或喙来识别不同的鸟类，所有这些都只需通过一张照片即可实现。我们有时会说，使用这种卷积和池化技术来分析输入是在应用一套层次结构。

## 16.7 本章总结

本章介绍了关于卷积的相关内容。卷积计算就是使用一个卷积核（也就是一个有权重的神经元）扫描输入的方法。卷积核每次应用于输入时，都会产生一个单一的输出值。卷积核可能仅使用单个输入元素进行计算，也可能有一个较大的感知域并同时计算多个像素的值。如果卷积核的感知域大于1×1的范围，那么在输入中将会有卷积核“溢出”边缘的地方，这些地方需要填充原本不存在的输入数据。如果不把卷积核应用在这样的地方，输出的宽度或高度（或两者）就会比输入小。为了避免这种情况，我们通常用足够多的0来对输入进行环绕填充，以便卷积核可以应用在每个输入元素上。

我们也可以将许多卷积核打包在一个卷积层中。在这样的层中，通常每个卷积核都具有相同的感知域和激活函数。每个卷积核的通道数与输入相同，输出的通道数与图层中的卷积核数相同。如果想改变张量中的通道数，通常使用1×1卷积层。

如果想改变张量的宽度和高度，我们可以执行下采样（减少1个或2个维度）或上采样（增加1个或2个维度）。为了进行下采样，我们可以使用池化层，从输入中找到块的平均值或最大值。为了进行上采样，我们可以使用上采样层来复制输入元素。这些技术中的任何一种都可以与卷积相结合。要进行下采样，我们使用跨步卷积，即卷积核水平、垂直或两者都移动超过1的步长。为了进行上采样，我们使用微步卷积，或转置卷积，在输入元素之间插入由0构成的行和（或）列。

本章还介绍了通过在一系列下采样层中应用卷积，创建一个在不同比例下工作的卷积核体系。这也意味着系统具有平移不变性的特性，即它能够找到所识别的图案，即使这些图案并不完全在预期的位置。

在下一章中，我们将研究真正的卷积神经网络，并且看看卷积核是如何工作的。

# 第17章 卷积网络实践

在上一章中，我们讨论了卷积神经网络的相关问题，并介绍了一个非常简单的例子。

本章将介绍两个真正用于图像分类的卷积神经网络：第一个用来识别灰度手写数字；第二个用来给1000个不同的类别分配概率，从而识别每张照片中的主要物体。

## 17.1 手写数字分类

对手写数字进行分类是机器学习中的一个著名问题（乐村等人 1989），这个问题著名是因为有一个数据充足且免费使用的MNIST数据集。该数据集包含60000个0到9之间的手写数字图像，它们是显示在28 × 28像素的黑色背景上的灰度图像。这些图像是从人口普查员和学生那里收集到的，工作内容是识别每张图像中的数字。

我们将为这项工作设计一个简单的卷积神经网络，它已经被纳入了Keras机器学习库中（乔列特 2017）。图17-1以简单传统的形式展示了其架构。

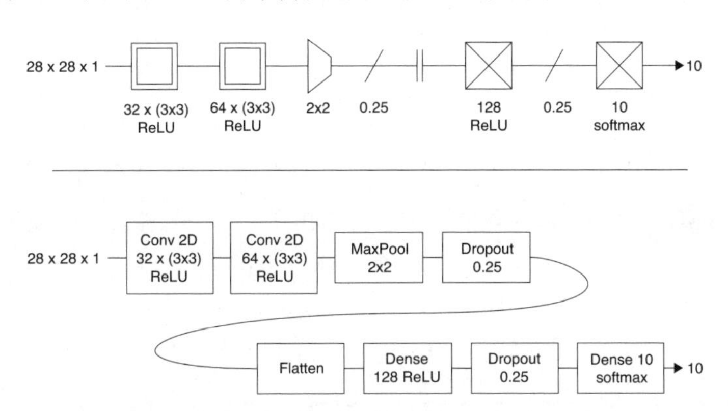


图17-1：对MNIST数字进行分类的卷积神经网络。输入图像尺寸为28 × 28 × 1。两个卷积层之后是池化层、随机失活层和展平层，然后是全连接层、另一个随机失活层和最终的全连接层，最终层产生的10个输出将通过softmax函数给出每个数字的概率。第1行表示简图形式；第2行表示传统形式

卷积神经网络的输入是MNIST图像，以28 × 28 × 1（1指的是单一灰度通道）的三维张量形式提供。尽管在最后有两个全连接层和各种辅助层（如随机失活层、展平层和池化层），我们仍然称之为卷积神经网络，因为是卷积层主导了分类工作。第一个卷积层在输入上运行了32个卷积核，每个卷积核的大小为3 × 3。每个卷积核的计算结果输出之前要通过ReLU激活函数。

当不指定步长时，卷积核将在每个方向上逐像素移动。我们也没有使用任何填充，正如图16-10所示，每次卷积都会丢失一圈像素。这种情况没关系，因为所有MNIST图像在数字周围都有4个黑色像素的边框（不是所有图像都有这个边框，但大多数都有）。

第1层的输入张量是28 × 28 × 1，因此第1个卷积层中的每个卷积核都具有1个通道。因为我们有32个卷积核，在输入端没有任何填充，且卷积核有一个3 × 3的感知域，所以第1个卷积层的输出是26 × 26 × 32。第2个卷积层包含64个具有3 × 3感知域的卷积核。系统知道输入有32个通道（因为前一层有32个卷积核），所以每个卷积核被构建为3 × 3 × 32形状的张量。因为这一层依然没有使用填充，所以在输入的外部又失去了一圈像素，得到了一个24 × 24 × 64的输出张量。

虽然可以使用跨步卷积来减小输出的大小，但这里我们使用了一个显式的最大值池化

层，其块大小为$2 \times 2$。这意味着，对于输入中每个不重叠的$2 \times 2$块，该层仅输出块中最大的一个值。因此，该层的输出是大小为$12 \times 12 \times 64$的张量（池化不会改变通道的数量）。

接下来是一个随机失活层，用斜线表示。正如第15章中介绍的，随机失活层本身实际上不做任何处理。相反，它告知系统将随机失活应用到前面包含神经元的最近一层。随机失活的前一层是池化层，但它没有神经元，因此我们继续向前发现了一个具有神经元的卷积层。在训练期间，随机失活算法将应用于该卷积层（随机失活仅在训练期间应用，其他时候将被忽略）。在每次训练之前，这个卷积层中有1/4的神经元被暂时禁用，这有助于防止神经网络过拟合。按照惯例，即使没有神经元，我们通常也将随机失活视为一个层。值得注意，由于随机失活层向前寻找具有神经元的最近层，我们也可以将它放在池化层的左侧，这个操作不会对卷积神经网络带来任何改变。按照惯例，我们在卷积后进行池化时，通常将这两层放在一起。

现在继续介绍网络中卷积后面的部分，并且准备输出值。我们通常会在分类结束时使用这些步骤或类似的步骤。第2个卷积层的输出是一个三维张量，但是我们想把它输入到一个全连接层，全连接层需要一个列表（或一维张量）作为输入。需要一个用两条平行线表示的展平层，它接受任意维数的输入张量，并将所有元素首尾相连地放在一起，将其重组为一维张量。该列表是从张量中的第1行开始组成的，取第1个元素，并将其64个值放在列表的开头。然后转到第2个元素，并将其64个值追加在列表的末尾。继续对行中的每一个元素执行此操作，然后对下一行执行，依此类推，如图17-2所示。张量中的任何值都不会在这次重排中丢失。

上页图17-1展平层将生成一个$12 \times 12 \times 64 = 9216$个数字的列表。这个列表进入一个由128个神经元组成的全连接（或密集）层。这一层会受到随机失活的影响，在训练过程中，每个轮次的训练开始时，1/4的神经元会暂时断开连接。

该层的128个输出将进入有10个神经元的最终全连接层。该层的10个输出被softmax函数转换成了概率。从最后一层出来的10个数字给出了神经网络对输入图像属于10个可能类别中每一个概率的预测，对应数字0到9。

我们用标准MNIST训练数据对这个神经网络进行了12个轮次的训练。它在训练和验证数据集上的准确性如下页图17-3所示。

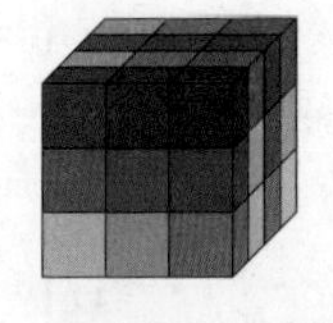

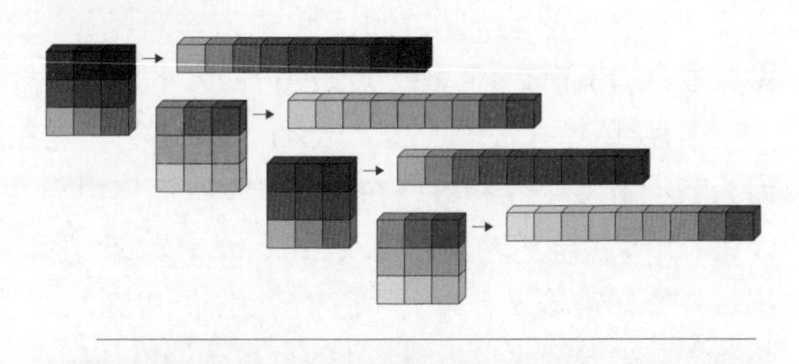

图17-2：展平层的作用。上图表示输入张量；中图表示将每个通道变成一个列表；下图表示将张量的元素一个接一个地放入列表，最终形成一个大列表

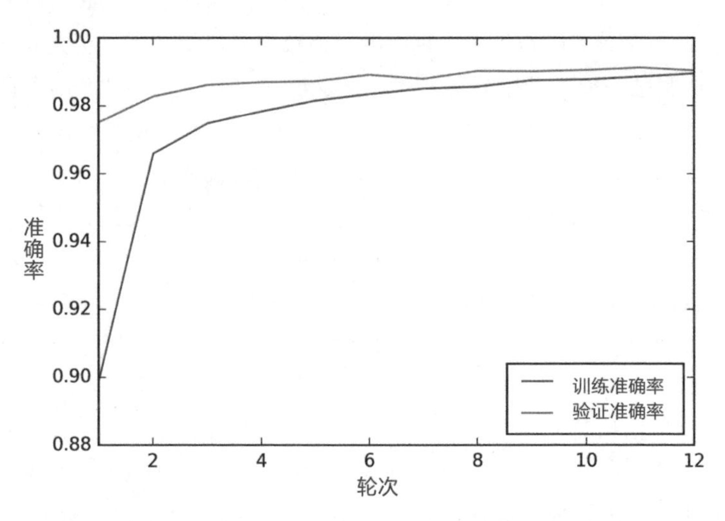


图17-3：图17-2为卷积网络的训练表现。训练了12个轮次，由于训练和验证曲线没有太大偏差，我们成功地避免了过拟合，并且在两个数据集上都达到了约99%的准确率

曲线显示了卷积神经网络在训练和验证集上都达到了约99%的准确率。由于曲线没有太大偏差，成功避免了过拟合。

下面我们来看一些预测。图17-4显示了MNIST验证集中的部分图像，并用网络给出最大概率的数字来标记。在这一小部分例子中，它做得非常好。

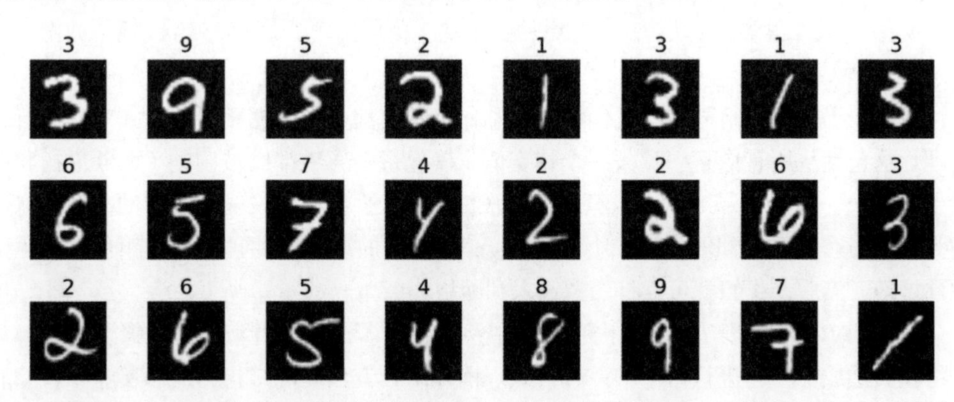


图17-4：这是从MNIST验证集中随机选择的24幅图像。每个图像都标有卷积网络输出中概率最大的数字。卷积网络完成了所有24个数字的正确分类

我们仅仅使用了两个卷积层，该系统就达到了99%的准确率。

## 17.2 VGG16

接下来介绍一个规模更大、功能更强的卷积神经网络，叫作VGG16。它被训练来分析彩色照片，并通过给1000个不同的类别分配概率来识别每张照片中的主要物体。

VGG16是在一个著名的数据集上训练的，该数据集经常被用于相关竞赛。2014年的ILSVRC2014竞赛是一项公开挑战赛，其目标是建立一个神经网络，用于在提供的图像数据库中对照片进行分类（鲁萨科夫斯基等人 2015）。ILSVRC是图像网络大规模视觉识别挑战（Image Net Large Scale Visual Recognition Challenge）的首字母缩写，因此图像数据库通常被称为ImageNet数据库。ImageNet数据库可以在线免费获取，因为不断更新，其规模不断扩大（李飞飞等人 2020），目前仍被广泛用于训练和测试新网络。

最初的ImageNet数据库包含120万张图片，每张图片都被人工标记为1000个类别中的一个，用于描述照片中最突出的物体。ILSVRC竞赛实际上包括几个子挑战，每个都会独立产生获胜者（ImageNet 2020）。其中一个分类任务的获胜者是名为VGG16的卷积神经网络（西蒙尼扬和西塞曼 2014）。VGG是视觉几何小组（Visual Geometry Group）的首字母缩写，该小组开发了这个神经网络。VGG16中的“16”指的是该神经网络有16个计算层（也有一些不做计算的辅助层）。

VGG16在赢得比赛时打破了准确率的记录，即使多年过去了，它仍然很受欢迎。很大程度上是因为它在图像分类方面仍然做得很好（即使与更新、更复杂的系统相比），并且它结构简单，易于修改和实践。作者公布了所有的权重以及他们对训练数据进行预处理的过程。更好的是，每个深度学习库都支持我们用自己的代码创建一个支持训练的VGG16实例。得益于这些优秀品质，VGG16经常作为我们在图像分类的项目的应用。

下面介绍VGG16的体系架构。VGG16大部分的计算工作是由一系列卷积层完成的，网络中包含很多计算层，一些展平层和完连接层出现在了网络的最后，如图17-1所示。

数据在提供给网络之前，我们必须用和作者预处理训练数据相同的方式对其进行预处理。这包括从所有像素中减去一个特定值来确保每个通道都已被调整（西蒙尼扬和西塞曼 2014）。为了更好地讨论流经网络和张量的形状，我们假设输入图像的高度和宽度均为224，这匹配了卷积网络所训练的ImageNet数据的维度，并且假设其颜色已被正确地预处理。然后，我们就可以将图像输入到网络。

我们把VGG16架构呈现为许多由6个层组成的组。这些组严格来说是概念上的，只是将相关层放在一起进行讨论的一种方式。前几组具有相同的结构：2到3层卷积，然后是池化层。第1组如图17-5所示。

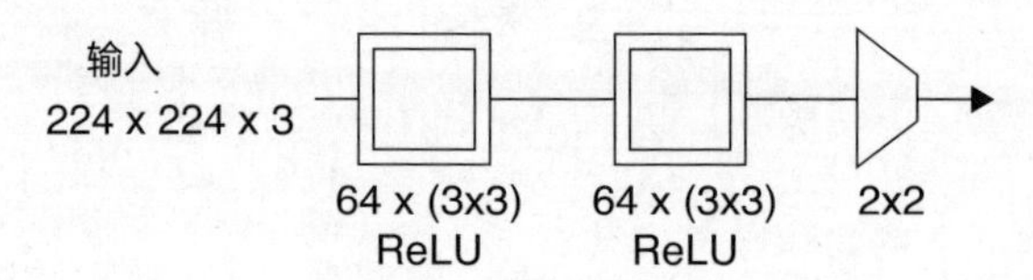


图17-5：VGG16的第1组。我们将输入张量与64个卷积核进行卷积运算，每个卷积核的大小为3 × 3。然后用64个新的卷积核再次进行卷积。最后，使用最大值池化将输出张量的高度和宽度减少一半

我们在进行卷积运算前都对其输入应用0填充，因此卷积不会损失宽度或高度。最大值池化步骤使用大小为2 × 2的池化块。

VGG16中的所有卷积层都使用默认的ReLU激活函数。

即使应用不同的卷积核，池化在帮助卷积核识别图案方面依然有很好的效果。出于和第16章匹配面具时使用池化相同的原因，我们在这里也应用池化。

上页图17-5中第1组输出是112 × 112 × 64的张量。值112来自已经减半的224 × 224的输入维度，值64来自第2个卷积层中的64个卷积核。

第2组和第1组一样，只是现在每个卷积层用了128个卷积核。图17-6显示了这些层。该组的输出大小为56 × 56 × 128。

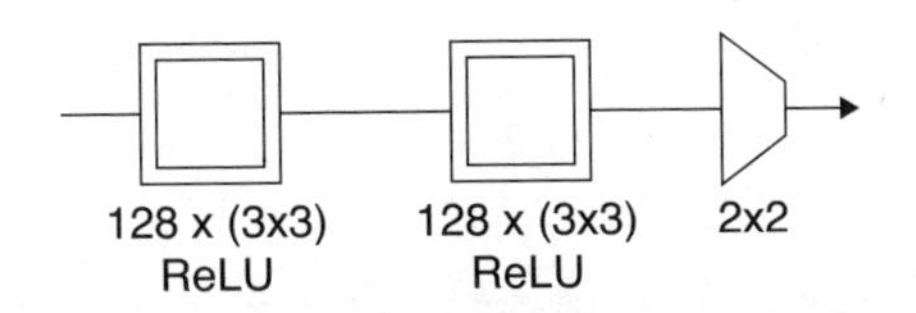


图17-6：VGG16的第2组与图17-5的第1组类似，只是每个卷积层使用了128个卷积核，而不是64个卷积核

第3组延续了每个卷积层中卷积核数量加倍的模式，但它也重复填充卷积组三次，而不是两次。图17-7展示了第3组。最大池化后的张量大小为28 × 28 × 256。

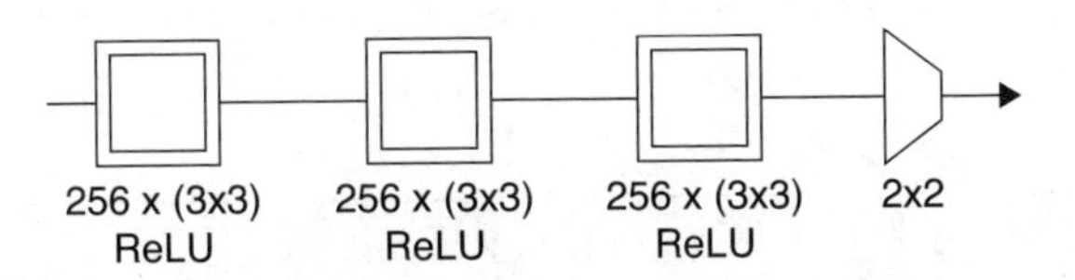


图17-7：VGG16的第3组将卷积核数量再次增加一倍，达到了256个，并重复使用卷积3次，而不是之前的2次

神经网络的第4组和第5组相同。每个组由3对填充和512个卷积核的卷积，再接一个最大值池化层所构建。这些层的结构如图17-8所示。第4组得到的张量大小为28 × 28 × 512，第5组中最大值池化层之后的张量大小为14 × 14 × 512。

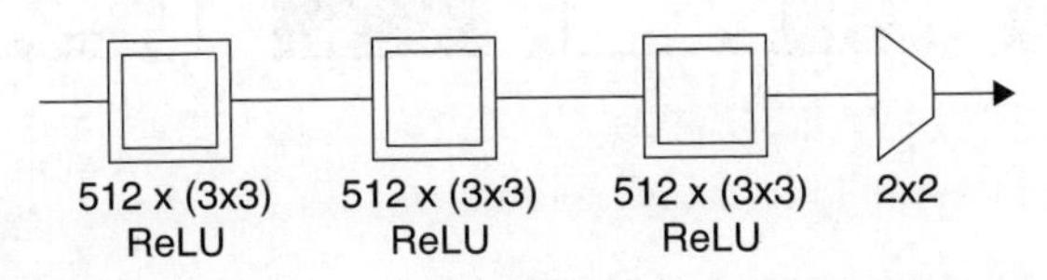


图17-8：VGG16的第4组和第5组相同。它们各有3对填充和卷积，接着是一个2 × 2的最大值池化步骤

神经网络的卷积部分结束了，现在来总结一下。和图17-1的MNIST分类器一样，我们首先展平来自第5组的张量。然后，让其经过两层4096个神经元的全连接层，其中每个神经元都有50%的概率随机失活。最后，输出将进入一个有1000个神经元的全连接

层，并且结果将被输入到softmax函数中，生成包含1000个概率的输出，每一个概率代表VGG16被训练识别的一个类。图17-9显示了这种分类网络典型的最后步骤。

输出
1000
4096
ReLU
0.5
4096
ReLU
0.5
1000
softmax

图17-9：VGG16中最后的处理步骤。展平图像，使用让其穿过两个随机失活的全连接层，接着穿过带softmax函数的层。结果是一个包含1000个概率的列表，对应图像属于每个类的概率

图17-10集中展示了整个架构。

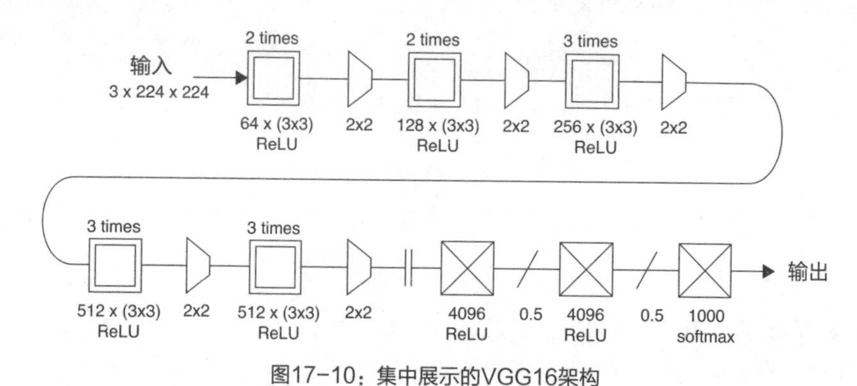


图17-10：集中展示的VGG16架构

这个网络运行的效果很好。图17-11显示了4张用手机摄像头在西雅图附近拍摄的照片。

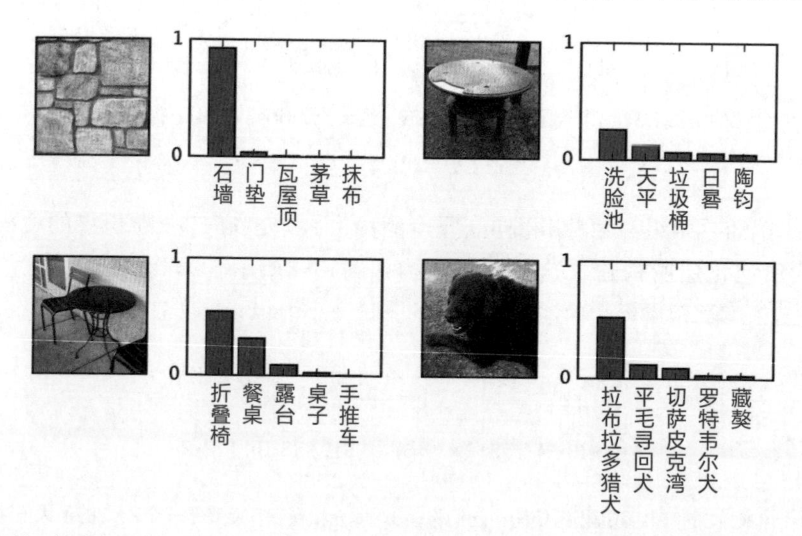


图17-11：这4张照片是在一个阳光明媚的日子里，在西雅图附近拍摄的。图17-10的卷积神经网络在识别这些图像方面做得很好

卷积网络从未见过这些图像，但它依然处理得很好。甚至右上方模棱两可的圆形物体也被赋予了切合实际的标签。

下面通过查看VGG16的卷积核来仔细了解它内部发生了什么。

## 17.3 图解卷积核（1）

VGG16在分类方面取得的成功归功于其卷积层内的卷积核。卷积核对我们很有吸引力，我们想看看它们究竟是如何学习的。卷积核归根结底就是一大堆我们很难理解的数字，通过创建能够使卷积核发挥作用的图像来间接地可视化卷积核，而不是试图以某种方式理解一堆数字。换句话说，如果我们想要对一个卷积核进行可视化，可以找到一张使该卷积核输出最大值的图片。这张图片向我们展示的正是卷积核在寻找的内容。

我们可以用一个基于梯度下降（第14章中介绍的算法，是反向传播的一部分）的方法来做到这一点。这里我们翻转梯度下降来创建梯度上升算法，用它来增加梯度并增加系统的误差。在第14章的训练过程中，我们使用系统的误差来创建梯度，并通过反向传播将其向后传递，这使我们能够改变每一层网络的权重，以达到减少误差的效果。现在要进行卷积核可视化，我们将完全忽略网络的输出及其误差。我们唯一关心的是输出是不是我们想要可视化的特定卷积核（或神经元）的特征图。前面介绍过，当卷积核检测到它要寻找的特征时，会产生一个很大的输出值，因此如果将卷积核与给定输入图像运算的所有输出值相加，结果会告诉我们卷积核想要寻找该图像的程度有多大。我们可以使用特征图中所有值的总和来替换网络的错误。

图17-12展示了这个思想。

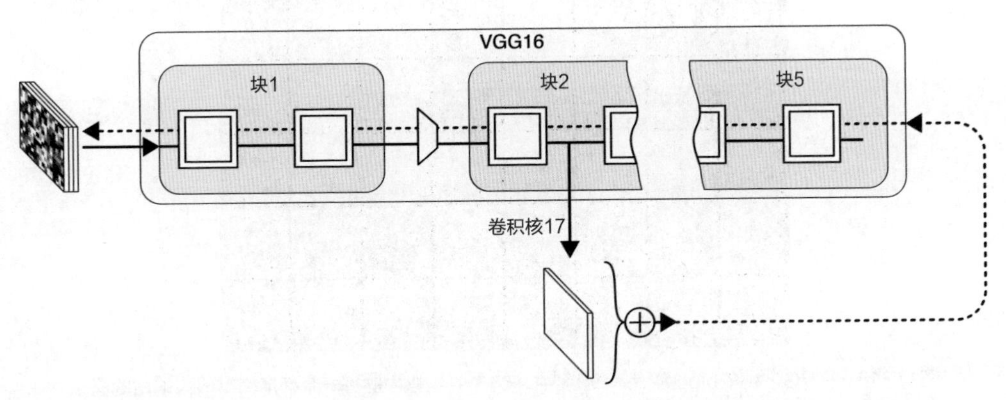


图17-12：可视化卷积核。特征图中所有值的总和作为网络的误差

对于这个可视化过程，我们在最后一次卷积后省略了VGG16的一些层。首先输入一个由随机数像素组成的图片，并将想要可视化的卷积核应用于核图，再把卷积运算的输出作为“误差”。接下来是关键的部分，使用该误差来计算梯度，但这个梯度后续不会

用于调整权重。我们保持网络本身及其所有权重都不变，只是不断计算梯度，并将其反推直到输入层，该层保存了输入图像的像素值。这里的梯度告诉了我们如何改变这些像素值可以减少网络误差（这是卷积核的输出）。但此时我们想尽可能多地激励神经元，使输出尽可能大，所以通过改变像素值来增加误差，而不是减少它。这使得图片比以前更能激励我们选定的神经元。

通过反复操作之后，我们将调整最初的随机像素值，使卷积核输出最大的值。通过观察以这种方式不断修改后的输入，会看到一张使神经元产生巨大输出的图片，这张图片向我们展示的就是卷积核在寻找的内容（或者至少给出了一个大致的方向）（蔡勒和弗格斯 2013）。我们将在第23章中再次使用这个可视化过程来介绍深梦系统。

因为输入图像是随机值构成的，所以每次运行该算法时，都会得到不同的特征图。得到的图片大致相同，是因为它们都是基于让相同的卷积核产生最大输出的思想得到的。

图17-13就用这种方法得到的一些图像，显示了VGG16的第2个卷积层中的第1个块或组中的64个卷积核生成的图片（我们用block1_conv2表示该层，其他层也有类似的名称）。图17-13和其他类似的图增强了颜色饱和度，使结果更易于理解。

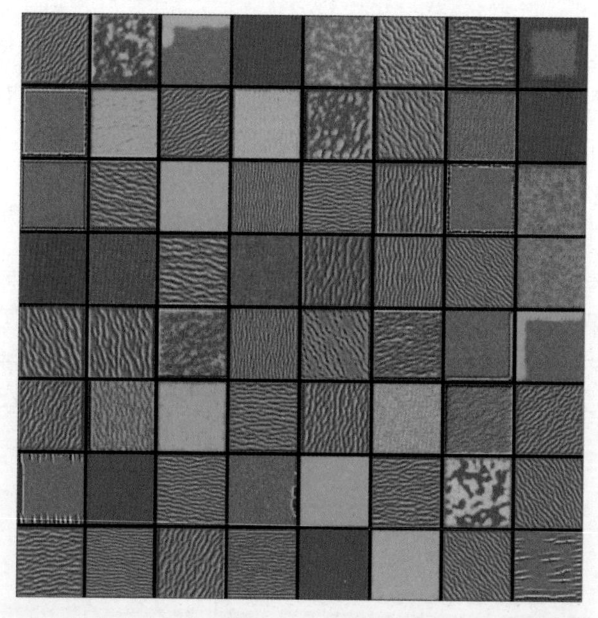

图17-13：在VGG16的block1_conv2层中，64个卷积核中的每一个都能获得最大输出的图像

可以看到，似乎很多卷积核都在寻找不同方向的边缘。这些图案过于抽象，我们还无法轻易解读。

接下来进到第3个块，看看第1个卷积层的前64个卷积核。下页的图17-14显示了对这些卷积核激励最大的图像。

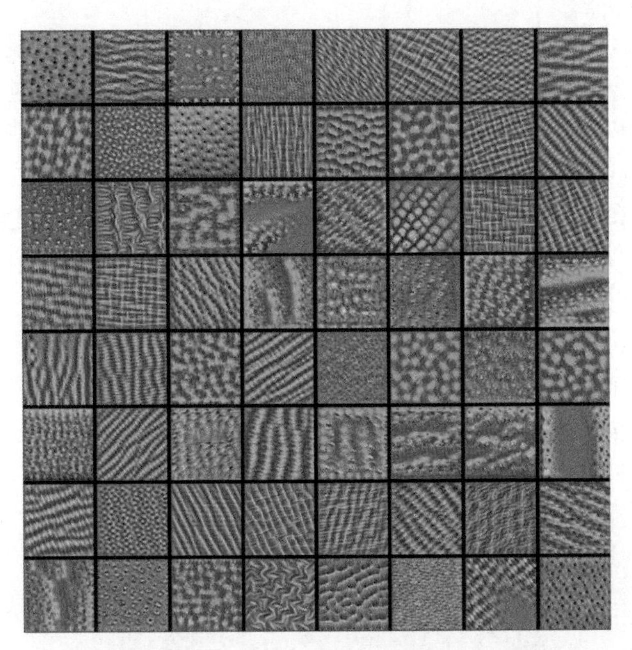

图17-14：VGG16的block3_conv1层中的前64个卷积核得到最大响应的图像

现在我们能够看清了！这里的卷积核正在寻找结合了上一层简单图案的更复杂的纹理。继续往下看，图17-15为第4个块第1个卷积层中的前64个卷积核。

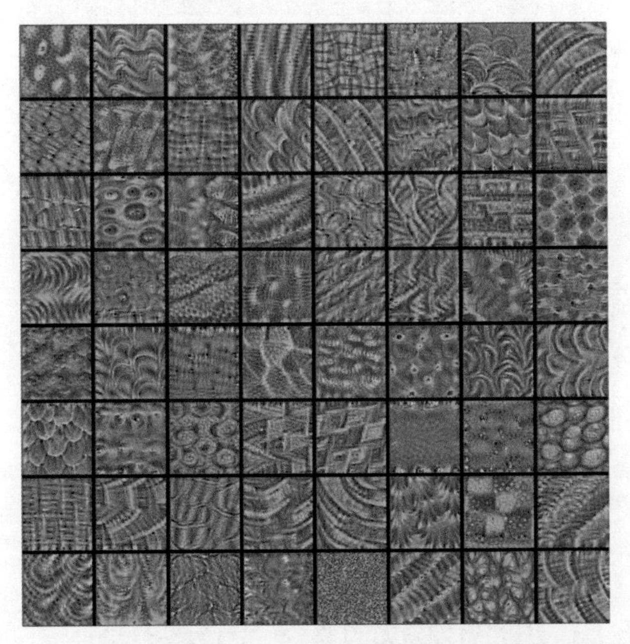

图17-15：VGG16的block4_conv1层前64个卷积核获得最大响应的图像

这些就是VGG16所学到的内容。我们可以看到它发现的一些特定的结构，以便对图像中的对象进行分类。卷积核似乎在寻找涉及许多不同类型的流动或连锁纹理的图案，就像我们在动物和周围世界的其他表面上发现的那样。

我们可以在这里真正看到卷积层次结构的作用。每一层卷积都在前一层的输出中寻找特征，从条纹和边缘等低级细节逐渐向上发展，形成复杂而丰富的几何结构。

为了细致观察，进一步查看其中一些卷积核输出的特写镜头。图17-16显示了前几层的9个图案的放大版本。

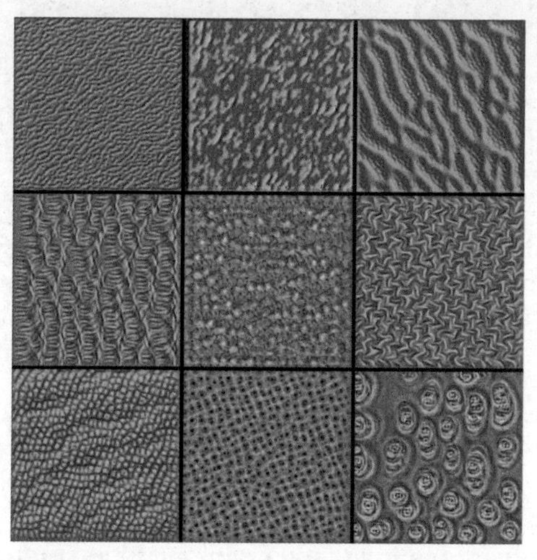

图17–16：一些手动选择的图像的特写，这些图像触发了VGG16前几层的最大卷积核输出

图17-17显示了在最后几层触发卷积核最大输出的图案。这些图案既美丽又令人兴奋，它们给我们一种生物特征的感觉，可能是VGG16根据大量动物图像训练的。

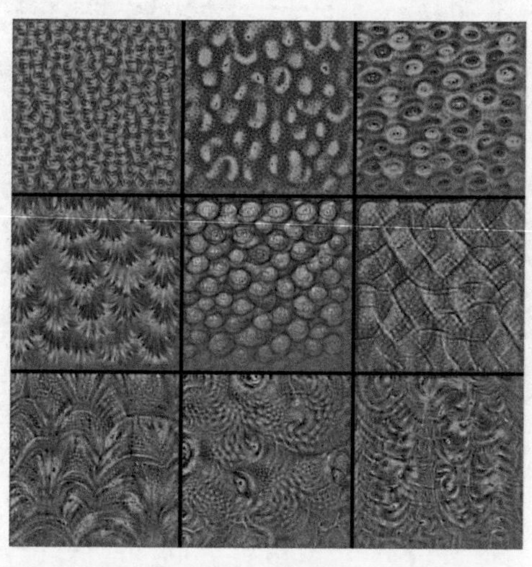

图17–17：一些手动选择的图像的特写，这些图像触发了VGG16最后几层的最大卷积核输出

## 17.4 图解卷积核（2）

可视化卷积核的另一种方法是通过VGG16卷积图像，并查看该卷积核生成的特征图。也就是说，将一个图像输入VGG16，让它在网络中运行，与之前一样忽略网络的输出。相反，我们提取感兴趣的卷积核的特征图，并将其绘制成图片。这是可行的，因为每个特征图都有一个单一的通道，所以我们可以将其绘制为灰度图像。

下面试一试图17-18显示的鸭子图像，这是本节中所有可视化的起始图像。

图17-18：用来可视化卷积核输出的鸭子图像

为了获得对事物的感性认识，图17-19显示了网络第1个卷积层上第1个卷积核对该图片的输出。因为卷积核的输出只有一个通道，所以我们可以将其绘制成灰度图。这里我们选择使用从黑色到红色再到黄色的热力图。

图17-19：VGG16中block1_conv1层的卷积核0对图17-17中鸭子图像的响应

这个卷积核正在寻找图像中对象的边缘。右下方尾巴处顶部较亮、底部较暗的边缘位置，就是从卷积核获得的非常大的输出，而左下方的边缘则获得了非常低的输出。较小的变化导致较小的输出，而恒定颜色的区域具有中等的输出。

图17-20显示了第1块的第1个卷积层中前32个卷积核的输出。

block1_conv1

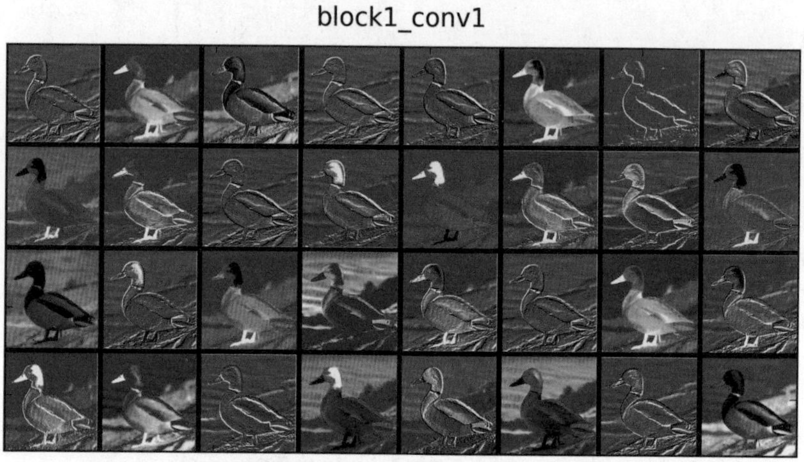

图17-20：VGG卷积层block1_conv1中前32个卷积核的输出

其中，很多卷积核似乎都在寻找边缘，但也有一些似乎在寻找图像的特定特征。下面再看一下从该层所有的64个卷积核中人工挑选的8个卷积核输出的特写，如图17-21所示。

图17-21：VGG16的第一个卷积层block1_conv1中人工挑选的8个卷积核输出的特写

第1行的第3张图片好像是在匹配鸭子的脚，也可能只是对亮橙色的东西感兴趣。第2行最左边的图像看起来像是在寻找鸭子后面的波浪和沙子，尽管它右边的图像似乎对蓝色波浪的反应更强烈。对其他输入进行更多的实验，有助于我们弄清这些事情，但是能单从一幅图像中得到什么也是很有趣的。

接下来深入网络到卷积层的第3块。这里的输出边长为第1个块的输出的四分之一，因为它们经过了2个池化层。我们预计它们正在寻找多个特征。图17-22显示了第3块中第1个卷积层的输出。

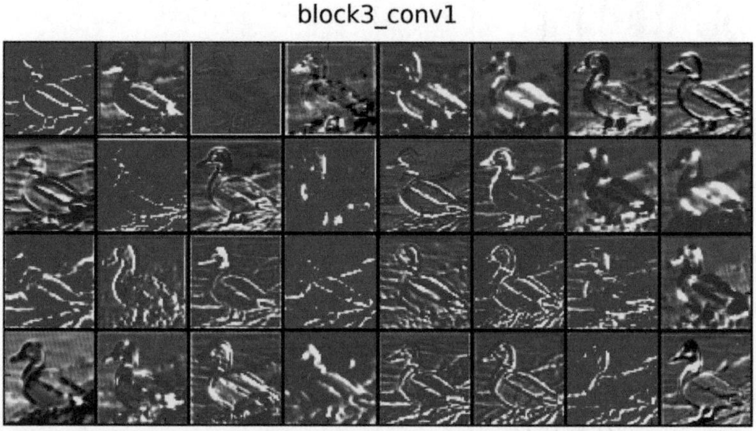

block3_conv1

图17-22：VGG卷积层block3_conv1中前32个卷积核的输出

有趣的是，即使是在第3组卷积中，许多卷积核似乎仍在寻找边缘。这表明注重边缘是VGG16的一个重要特点，因为它可以划分出图像显示的内容。许多其他特征也很明亮。

接下来直接跳到最后一个块。图17-23显示了第5块中第1个卷积层的前32个卷积核的输出。

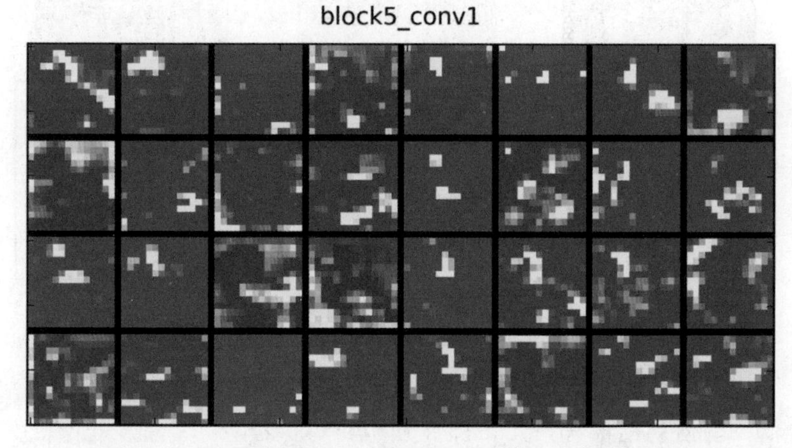


图17-23：VGG卷积层区block5_conv1中前32个卷积核的输出

正如我们所料，这些图像甚至更小，因为他们又通过了另外两个池化层，每个维度的大小都减少为原来的二分之一。此时，鸭子的图案几乎看不到了，因为系统已经组合了前面几层的特征。有些卷积核几乎没有反应，它们可能负责寻找鸭子图像中不存在的高级特征。第23章将介绍几个在卷积网络中使用卷积核响应的创造性应用。

## 17.5 对抗样本

虽然VGG16在预测许多图像正确标签的方面做得很好，但仍可以以人眼无法检测到的微小幅度改变图像，来欺骗分类器使其分配错误的标签。事实上，这个过程会干扰任何分类器的结果。

干扰卷积网络的诀窍是创建一个新的图像，我们称它为对抗样本。这个图像是通过给起始图像添加一个对抗性扰动（简称为扰动）来创建的另一个图像，扰动与要分类的图像大小相同，通常具有非常小的值。如果把扰动加到原始图像上，变化通常很小，以至于大多数人即使在最细微的细节上也察觉不到任何差异。但如果让VGG16对扰动图像进行分类，它通常无法给出正确的答案。有时可以使用一个单一的扰动，它会干扰某个特定类别中所有图像的结果，我们称之为普遍扰动（穆萨维德周尼等人 2016）。

接下来看看它的实际效果。图17-24的左边是一个老虎的图像。该图像中的所有像素值都在0到255之间。系统可以正确地将其归类为老虎，置信度约为80%，其他相关动物（如虎猫和美洲虎）的置信度较低。

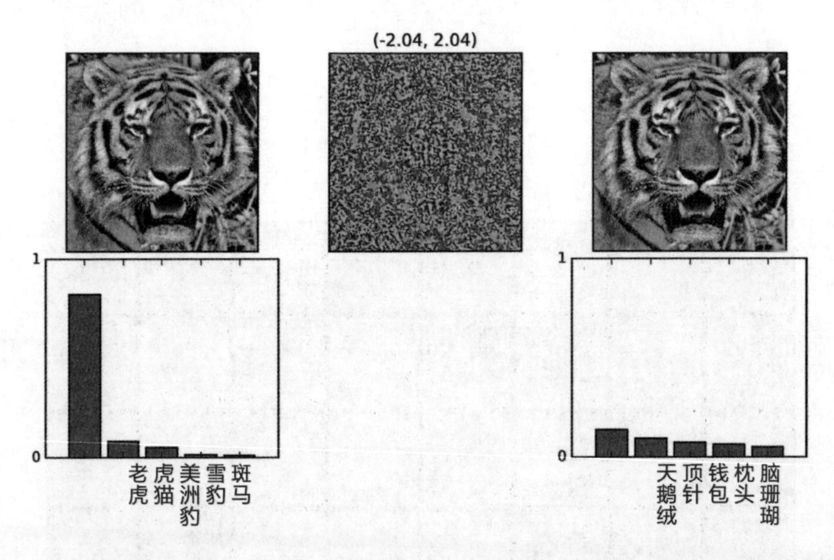


图17-24：对图像的对抗性扰动。左图表示输入和VGG16的前5类。中间表示对抗性扰动，其像素值在约[-2,2]的范围内，但此处显示的是缩放到[0,255]的范围，因此可以看到它们。右侧表示图像和原（未缩放）对抗性扰动加在一起的结果和新的前5个分类

图17-24的中间展示了一张通过生成对抗样本算法计算出来的图像。此图中的所有值都在[-2,2]的范围内，我们将该图的这些值缩放到了[0,255]范围内，以便更容易看到。

图17-24的右上角显示了老虎和原始对抗扰动相加的结果，因此老虎的每个像素都被改变了一个在[-2,2]范围内的值。在我们看来，老虎似乎没变，连细细的络腮胡子看起来都一样。它下面的图是VGG16对这张新图片的前5类预测。该系统对图像做出了完全不同的预测，没有一个接近正确的类别。除了最低概率类的脑珊瑚，系统甚至不认为这个图像是动物。

图17-24中的对抗性扰动在我们看来可能是随机的，但事实并非如此。这张图片是为了推翻VGG16对老虎图像的预测而特别计算出来的。

有许多不同的方法来计算对抗性扰动（罗贝尔，布伦德尔和贝特格 2018）。不同方法为给定图像创建的扰动值范围可能会有很大差异，因此为了找到最小的扰动，我们通常需要尝试一些不同的方法。我们可以通过计算对抗样本来实现不同的目标（罗贝尔和布伦德尔 2017b）。例如，我们可以实现一个只会导致输入被错误分类的扰动，也可以实现使输入归为期望的特定类的扰动。为了制作图17-24，我们使用了一种算法，该算法旨在扰乱卷积神经网络的前7个预测。也就是说，它先从卷积神经网络中获取起始图像和前7个预测，并产生对抗性扰动。当我们将扰动添加到输入并将其交给卷积神经网络时，其新的前7个预测中没有一个包含以前的前7预测中的任何一个。

我们必须仔细构建对抗性扰动算法，这意味着它们在利用卷积网络中的一些不易察觉的地方。

我们可能会找到一种方法来构建抵抗这些扰动的卷积网络，但是卷积神经网络可能天生就容易受到这些微妙的图像处理的影响（吉尔默等人 2018）。对抗性样本的存在表明卷积神经网络仍然会给我们带来意外，我们不应该认为卷积神经网络是万无一失的。关于卷积神经网络内部的情况，还有更多需要了解的内容。

## 17.6 本章总结

本章介绍了两个真正的卷积神经网络：一个小规模的用于分类手写MNIST数字，一个大规模的用于分类照片。虽然MNIST卷积网络很小，但它能够以99%的准确率对手写数字进行分类。

本章还介绍了VGG16的结构及其卷积核的两种不同类型的可视化。我们看到，这个网络中的卷积核从寻找简单的结构（如边缘）开始，逐渐形成复杂而漂亮的生物特征。最后，我们发现，卷积网络作为图像分类器，很容易被人类察觉不到的微小调整的像素值所欺骗。

在下一章中，将介绍如何构建神经网络，并找出如何将输入压缩成更小的表示，然后再将其展开以生成接近原始内容的结果。

# 第18章 自编码器

本章将介绍一种特殊的学习架构，叫作自编码器。标准自编码器是一种压缩输入的机制，通过自编码器的处理，数据将占用更少的磁盘空间，并且通信速度会更快，就像我们使用MP3编码器压缩音乐或使用JPG编码器压缩图像一样。自编码器之所以得名，是因为它可以通过训练，自动学习如何用最好的方法编码或表示输入数据。在实践中，自编码器通常用于两种工作：去除数据集中的噪声以及寻找降低数据集维数的方法。

本章首先介绍如何在保留我们所关心的信息的前提下压缩数据。然后，介绍一个微型自编码器，并讨论它是如何工作的，并介绍数据如何表示等关键思想。接着我们构建一个更大的自编码器，并仔细地观察其数据表示。自编码器具有巧妙的结构，这使我们能够将自编码器的后半部分用作独立的数据生成器。我们可以向生成器输入随机输入，并获得看起来像训练数据但实际上是全新的数据。

通过增加卷积层来扩展网络的可用性，能够直接处理图像和其他二维数据。我们将训练一个基于卷积的自编码器来对带颗粒的图像进行去噪，从而得到干净的输入。本章最后将介绍可变自编码器，它为编码数据创建了更好的组织表示。这使得它的后半部分更容易被用作生成器，因为我们可以更好地控制它生成想要的数据。

## 18.1 编码简介

压缩文件在许多计算过程中都很有用。许多人听MP3格式的音乐，这种编码可以在极大地压缩音频文件的同时，保证音质仍然接近原文件（维基百科 2020b）。我们经常使用JPG格式查看图像，这种格式可以将图像文件压缩20倍的同时看起来仍然接近原始图像（维基百科 2020a）。在这两种情况下，压缩文件是原始文件的近似值。压缩文件的程度越大（即保存的信息越少），就越容易发现原始版本和压缩版本之间的差异。

我们将压缩数据或减少存储数据所需内存的行为称为编码。编码器是日常计算机运行所需的重要部分。MP3和JPG编码器接收输入数据并对其进行编码，然后就可以解码或解压缩该文件，以恢复或重建原始文件。压缩文件越小，恢复后的文件与原始文件的匹配就越差。

MP3和JPG编码器结构不同，但都属于有损编码。接下来介绍无损和有损编码的含义。

在前几章中，我们将“损失”作为误差的同义词，因此神经网络的误差函数也被称为损失函数。在本节中，这个词的侧重点略有不同，指的是数据经过压缩然后解压缩的差异部分。原始数据和解码数据之间的差异程度越大，损失越大。

输入数据损失或毁坏与数据压缩是不同的概念。例如，第6章介绍了如何使用摩斯电码来表示信息。将字母翻译成摩斯电码符号不会有任何损失，因为我们可以从摩斯版本中准确地重建原始信息。将信息转换或编码成摩斯电码是一种无损转换，我们只是改变格式，就像改变一本书的字体或字体颜色。

为了了解损失发生的原因，假设我们在山里露营，在附近的山上，我们的朋友正在享受她的生日。我们没有收音机或电话，但两边都有镜子，可以通过镜子反射阳光，来回发送摩斯电码，在群山之间进行交流。假设我们想发送一条“HAPPY BIRTHDAY SARA BEST WISHES FROM DIANA”的信息（为了简单，发送时将省略标点符号），算上空格，共42个字母。为了减少挥动镜子的次数，我们决定去掉元音字母，改为发送“HPP BRTHD SR BST WSHS FRM DN”。现在只剩下了28个字母，我们用原来2/3的时间就可以发送这条信息了。

通过这种压缩方法，得到的编码数据丢失了一些信息（元音），我们认为这是一种有损压缩方法。

我们不能笼统地说编码具有损失是好是坏。如果有损失，那么我们能容忍的损失程度取决于信息和它周围的环境。例如，假设我们的朋友萨拉（Sara）和她的朋友苏瑞（Suri）一起露营，碰巧她们是同一天的生日。在这种情况下，“HPP BRTHD SR”是模棱两可的信息，因为她们不知道我们在祝福谁。

一个简单的测试编码是有损还是无损的方法是考虑它是否可逆，或反向运行并生成原始数据。在标准摩斯电码中，我们可以把字母变成点画线模式，然后再变回字母，这个过程中没有任何损失。但是当删除信息中的元音，那些字母就永远消失了。我们通常会通过猜测补全它们，并且可能会出错。去掉元音会产生一个不可逆的压缩过程。

MP3和JPG都是压缩数据的有损过程。事实上，它们损失很大。但是这两种压缩标准都是经过精心设计的，只丢弃“正确”（可以被丢弃的）的信息，因此在大多数日常情况下，我们无法区分压缩后的数据和原始数据。

这是通过仔细研究每种数据的属性及其感知方式来实现的。例如，MP3标准不仅基于一般声音的特性，还基于音乐和人类听觉系统的特性。同样，JPG算法不仅专门针对图像中的数据结构，而且还基于人类视觉系统的特性。

在一个理想的完美世界里，压缩文件可能会很小，其解压缩后的数据与对应的原始数据也可以完全匹配。但在现实世界中，我们会用解压缩图像的还原性来换取文件大小。一般来说，压缩文件越大，解压缩后的文件与原始文件匹配得越好。从信息论的角度来看，这是有意义的，一个较小的文件比一个较大的文件包含更少的信息。当原始文件有冗余时，我们可以利用它在较小的文件中进行无损压缩（例如，使用ZIP格式压缩文本文件）。但总的来说，压缩通常意味着会出现一些损失。

有损压缩算法的设计者精心选择并丢弃了特定类型文件中对我们来说最不重要的信息。对于一个人来说，“什么是重要的”这个问题通常会有争议，这也导致了各种不同的有损编码器（例如音频的FLAC和AAC、图像的JPEG和JPEG2000）的出现。

## 18.2 混合表示

在本章的后面，我们将找到多个输入的数字表示，然后将其混合，以创建包含每个输入的新数据。混合表示数据有两种通用方法。第一种为内容混合，就是将两段数据的内容相互混合在一起。例如，将牛和斑马的图像混合在一起，会给我们带来类似图18-1的内容。

图18-1：牛和斑马的内容混合图像。将每幅图像缩放50%并将结果相加，我们就可以看到两幅图像的叠加，而不是一只半牛半斑马的动物

这种混合的结果是两个图像的组合，而不是半牛半斑马的动物。为了得到混合在一起的动物，我们将使用第二种方法，称为参数混合或表示混合。在这里，我们使用描述感兴趣的事物参数。通过混合两组参数，根据参数的性质和用于创建对象的算法，可以创建混合事物本身的结果。

例如，假设有两个圆，每个圆由中心、半径和颜色来描述，如图18-2所示。

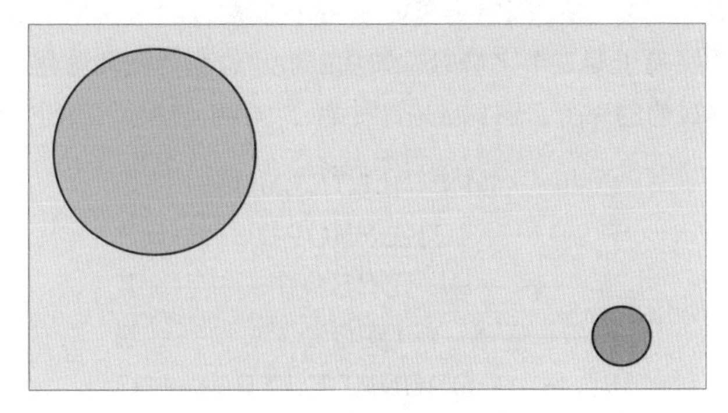

图18-2：想要混合的两个圆

如果我们进行参数混合（也就是说，将代表圆心x分量的两个值以及y的两个值混合在一起，同样地，半径和颜色的两个值也混合在一起），将得到一个介于两者之间的圆，如图18-3所示。

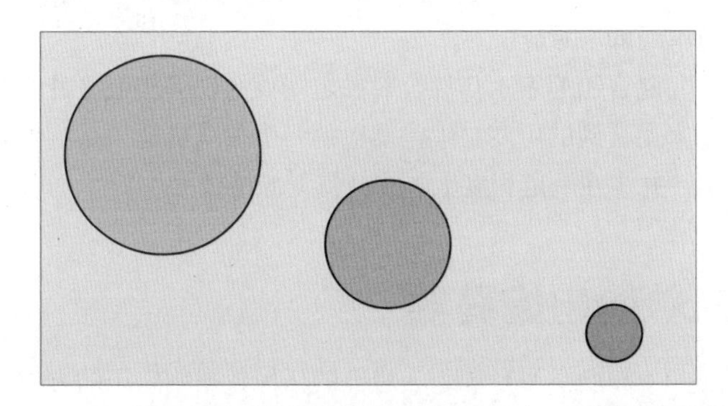

图18-3：两个圆的参数混合意味着混合它们的中心、半径和颜色参数

这对于未压缩的对象很有效。但如果用压缩后的对象来尝试该方法，很少会得到合理的中间结果。问题在于，压缩后的形式可能与我们需要有意义地混合对象的内部结构没有什么共同点。例如樱桃（cherry）和橘子（orange）这两个词的发音，这些声音是我们的目标。我们可以通过让两个人同时说出单词来将这些声音混合在一起，从而创建图18-1中牛和斑马混合的音频版本。

我们也可以把这些声音转换成书面语言作为一种压缩形式。如果说樱桃（cherry）这个词需要半秒钟，那么使用流行的128Kbps设置压缩成MP3，需要大约8000个字节（AudioMountain网 2020）。如果使用Unicode UTF-32标准（每个字母需要4个字节），那么书面形式只需要24个字节，远小于8000个字节。由于字母是从具有给定顺序的字母表中提取的，我们可以通过混合字母表中的字母来混合表示。虽然这对于字母没什么意义，但是按这个流程来，稍后会有一个版本对我们起作用。

"cherry"和"orange"的第一个字母分别是C和O。在字母表中，这些字母跨越的区域是CDEFGHIJKLMNO。正中间是字母I，也是我们混合的第一个字母。当字母表中第一个字母出现的顺序晚于第二个字母时（如从E到A），我们就倒着数。当跨度中的字母数为偶数时，选择靠前的一个。图18-4是这种混合为我们提供的IMCPMO序列。

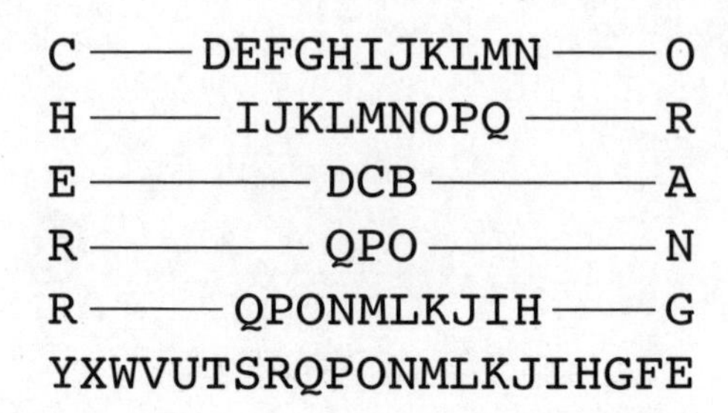


图18-4：通过找到字母表中每个字母的中点来混合书写单词cherry和orange

我们想要的是混合未经压缩的数据，使结果听起来像cherry和orange声音的混合。imcpmo这个词肯定不能实现这个目标，另外，它是没有意义的一串字母，与任何水果甚至英语中的任何单词都不对应。

在这种情况下，混合压缩表示与混合对象之间没有任何相似之处。我们将看到，自编码器（包括本章末尾看到的可变自编码器）的一个显著特征，是它们确实允许我们对数据进行混合压缩，并（在一定程度上）支持恢复原始数据。

## 18.3 最简单的自编码器

我们可以构建一个深度学习系统，为想要的任何数据制定压缩方案。关键思想是在网络中创建一个转换，这个转换的输出必须用更少的数据来表示原本的输入。毕竟，这就是压缩的意义所在。

例如，输入是不同动物的灰度图像，每张图像以100 × 100的分辨率保存。每个图像有100 × 100 = 10000个像素，所以输入层有10,000个数字。我们希望找到仅用20个数字来表示这些图像的最佳方式。

一种方法是建立一个网络，只有一层！如图18-5所示。

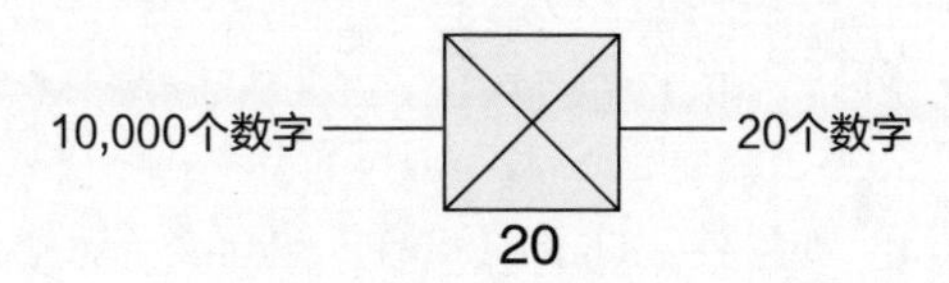


图18-5：第一个编码器是一个密集或全连接的单一层，将10,000个输入转换成了20个数字

输入是10,000个元素，进入只有20个神经元的全连接层。对于任何给定的输入，这些神经元的输出都是图像的压缩结果。换句话说，只用一层，就构建了一个编码器。

现在真正的挑战是能够用这20个数字恢复原始的10,000个像素值或者接近它们的值。为此，在自编码器之后增加解码器，如图18-6所示。在这种情况下，只添加一个有10,000个神经元的全连接层，每个输出像素对应一个神经元。

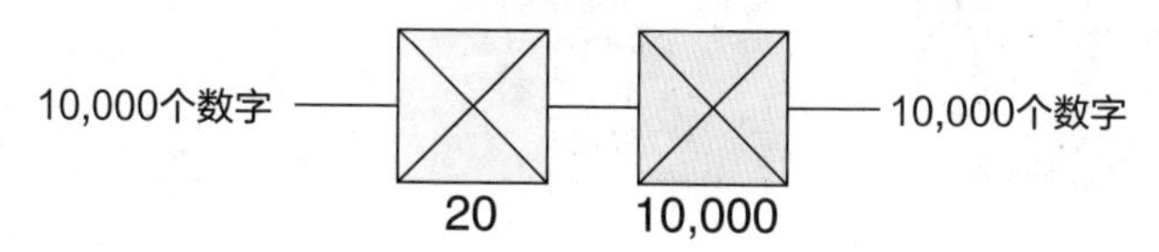


图18-6：自编码器（蓝色）将10,000个输入转换成20个数字，然后解码器（米黄色）将这些变量转换回10,000个像素值

因为在一开始有10,000个元素，中间变成了20个，最后又还原了10,000个，所以我们可以形象地认为这个过程创造了一个瓶颈，如图18-7所示。

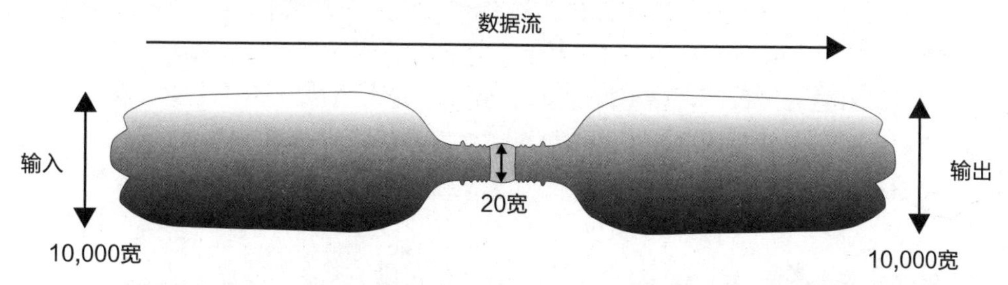


图18-7：图18-6的网络中间是一个瓶颈，因为它的形状像一个顶部狭窄的瓶子

现在我们可以开始训练系统了。每个输入图像同时也是输出的目标。这个微型自编码器试图找到最佳方法，将输入压缩成20个数字，并且这些数字可以解压以匹配原始目标，也就是输入本身。瓶颈处的压缩表示被称为编码，或潜在变量（潜在意味着这些值是输入数据中固有的，只是等待我们去发现它们）。通常，我们使用深层网络中间的一个小层来制造瓶颈，这一层通常被称为潜在层或瓶颈层。这一层神经元的输出是潜在的变量，其思想是，这些值以某种方式表示图像。

这个网络没有类别标签（与分类程序一样）或目标（与回归模型一样）。除了希望压缩再解压缩的输入外，没有任何其他关于系统的信息，所以自编码器属于半监督学习。它有点像监督学习，因为我们给系统明确的目标数据（输出应该与输入相同）；它也有点不像监督学习，因为我们在输入上没有任何手动确定的标签或目标。

下面继续用老虎图像训练图18-6中的微型自编码器，来看看它是如何工作的。我们重复地输入老虎的图像，并激励系统输出老虎的全尺寸图像，尽管在瓶颈处压缩到只有20个数字。损失函数将原始老虎的像素与自编码器输出的像素进行比较，并将差异相加，因此像素差异越大，损失越大。我们训练它直到其停止学习，下页图18-8显示了训练结果。最右侧显示的每个误差值是原始像素值减去相应的输出像素值（像素被缩放到范围[0,1]）。

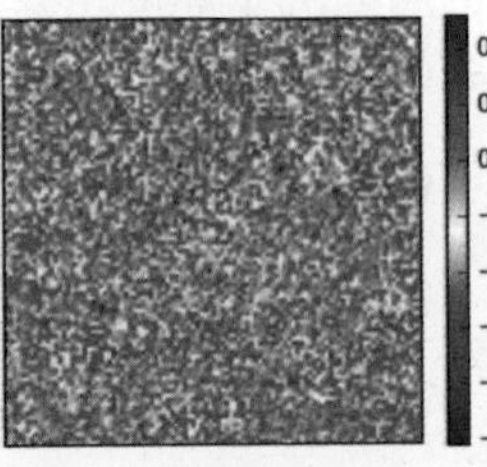


图18-8：用老虎图像训练图18-6的自编码器。左图表示输入的老虎图像；中图表示输出；右图表示原始老虎和输出老虎之间的逐像素差异（像素在［0,1］范围内）。考虑到瓶颈处只有20个数字，自编码器似乎完成了一项惊人的工作

这太棒了!系统输入了一张由10,000个像素值组成的图片，并将其压缩到20个数字，现在它似乎又恢复了整个图片，直到细细的胡须。所有像素中最大的误差约为1/100，看起来我们找到了一种非常棒的压缩方法!

但是，这其实是假的。如果系统暗中不做些什么，是没办法从仅有的20个数字重建老虎图像的。在这种情况下，暗中做的事情是指网络已经记住了图像，它只需设置所有10,000个输出神经元来获取这20个输入数字，并重建原始的10,000个输入值。更直白地说，网络只是记住了老虎，根本没有压缩任何东西。这10,000个输入分别进入瓶颈层的20个神经元，需要20 × 10,000 = 200,000个权重，然后这20个瓶颈结果全部进入输出层的10,000个神经元，需要另外200,000个权重，这样就还原了老虎的图片。基本上可以说，我们找到了一种只用400,000个数字就能存储10,000个数字的方法。这可真是太好了!

事实上，这些数字大多是无关紧要的。请记住，每个神经元都有一个随传入的权重一起增加的偏差。输出神经元主要依赖于其偏置值，而不太依赖于输入。为了测试这一点，图18-9显示了给自编码器一段楼梯图片的结果。它在对楼梯的压缩和解压上面没有表现得很差。相反，它基本上完全忽略了楼梯，而是把记忆中的老虎给了我们。输出也不完全是之前输入的老虎，如最右边的图像所示。如果我们只看输出，很难看到任何关于楼梯的特征。

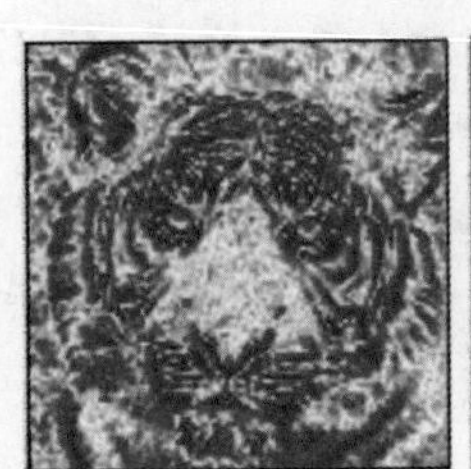


图18-9：左图展示了用带有楼梯的老虎图像训练的微型自编码器；中图的输出是老虎；右图表示输出图像与原始老虎的区别

上页图18-9右边的误差栏显示该误差比图18-8大得多，但老虎看起来仍然和原来的很像。让我们对网络主要依赖于偏置值的想法进行一个着重测试。向自编码器输入像素值全部为零的图像，那么它就没有任何输入值可以使用了，现在只有偏置值会影响输出。图18-10显示了结果。

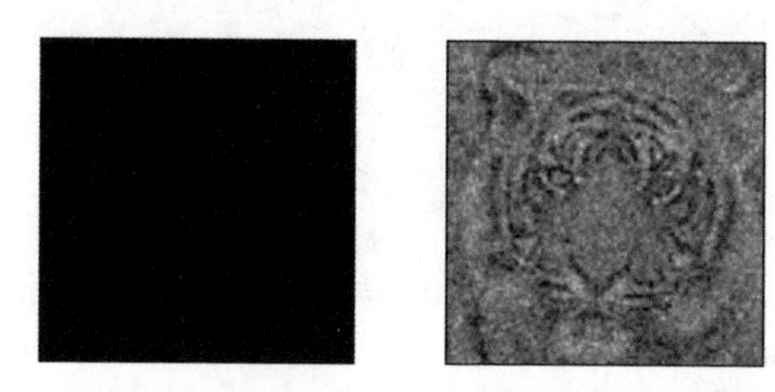
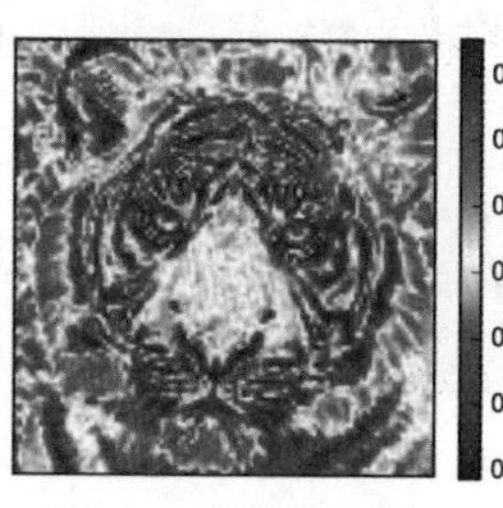


图18-10：当我们给微型自编码器一片纯黑图片，它使用偏置值给了我们一个低质量但可识别的老虎。左图表示纯黑色输入。中间表示输出。右图表示输出和原老虎的区别。请注意，差异范围从0到差不多1，不同于图18-9的约为-0.4到0

无论我们向网络输入什么，都会得到某个版本的老虎作为输出。自编码器已经被训练得每次都生成老虎。

对这种自编码器的更全面的测试是使用一堆图像训练它，然后看看它压缩的效果如何。下面用一组25张照片再试一次，如图18-11所示。

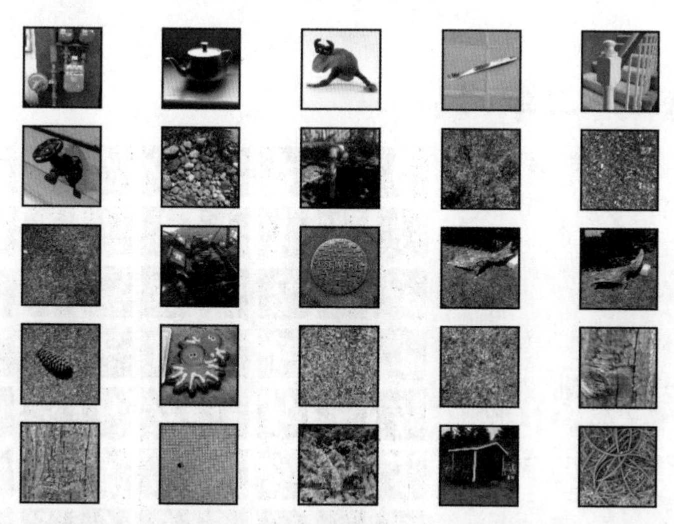

图18-11：除了老虎，我们还用25张照片来训练微型自编码器。在训练过程中，每个图像分别旋转90度、180度和270度

我们不仅对每张图像进行训练，还对每张旋转90度、180度和270度的图像进行训练，从而使数据量变得更大。我们的训练集是老虎（和它的三个旋转）和图18-11的100张旋转图像，共计104张图像。

现在系统正试图记住如何用20个数字来表示所有104张图片，所以它做得不好也就不足为奇了。图18-12显示了当我们要求自编码器对老虎图像进行压缩和解压缩时，它会生成什么。

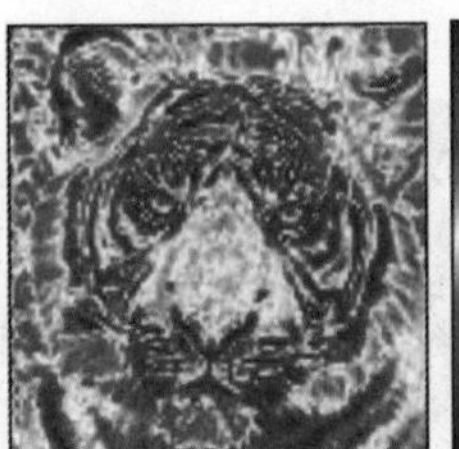


图18-12：用图18-11的100幅图像（每幅图像加上它的旋转版本）以及老虎的四次旋转训练了图18-6的自编码器。左图是我们给它用来训练的老虎图像，中图是它生成的输出

现在系统无法作弊了，但输出的结果看起来一点也不像老虎，一切又回到了正常的方向。由于对输入图像的旋转版本进行了训练，可以在结果中看到一点四向旋转对称性。我们可以通过增加瓶颈层或潜在层的神经元数量来做得更好。我们想尽可能多地压缩输入，为瓶颈增加更多的值应该是最后的手段，即想要用尽可能少的值去做最好的工作。

让我们考虑一个比目前用得更复杂的、有两个密集层的架构来改善压缩效果。

## 18.4 更好的自编码器

在本节中，我们将探讨各种自编码器架构。为了比较它们，我们将使用第17章介绍的MNIST数据集。概括地说，这是一个包含0到9的手绘数字灰度图片组成的大型免费数据集，以28 × 28像素的分辨率保存。图18-13显示了MNIST数据集的一些典型数字图像。

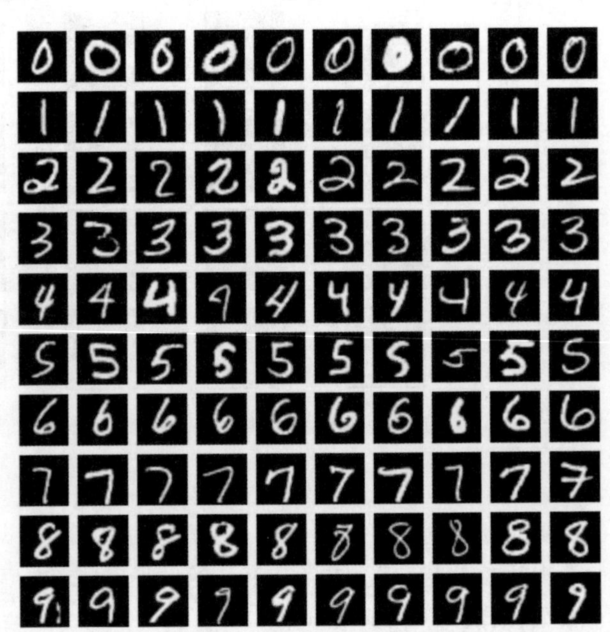

图18-13：来自MNIST数据集的手写数字样本

为了在这些数据上运行简单的自编码器，我们需要改变图18-6的输入和输出大小，以适应MNIST数据。每幅图像有28 × 28 = 784个像素，因此，输入和输出层现在需要784个元

素，而不是10,000个。让我们先将二维图像展平成一个大列表，然后再将其输入网络，瓶颈依然保持20。图18-14显示了新的自编码器。

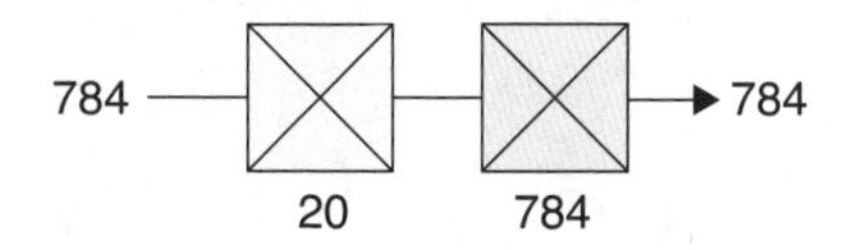


图18-14：MNIST数据的自编码器

将其训练50个轮次（也就是说，将所有60,000个训练样本训练50次），部分结果如图18-15所示。

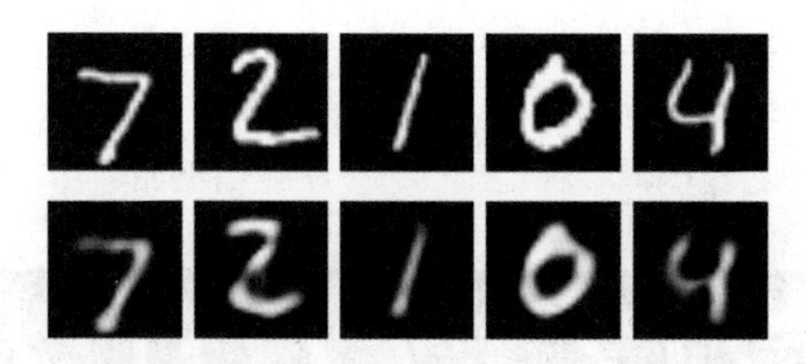

图18-15：通过图18-14中训练好的自编码器运行MNIST数据集中的5个数字，它使用了20个潜在变量。第1行表示5条输入数据；第2行表示重建的图像

图18-15的结果相当惊人。仅有2层神经网络学会了如何获取784像素的每个输入，并将其压缩到只有20个数字，然后将其还原为784像素。尽管输出的数字图像是模糊的，但可以识别。我们尝试将潜在变量的数量减少到10个，情况变得更糟，如图18-16所示。

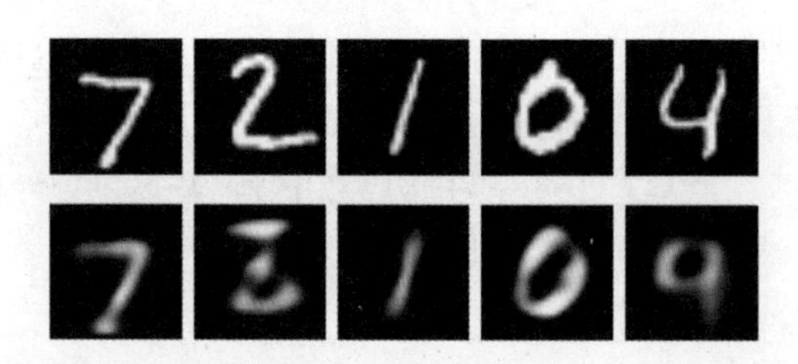

图18-16：第1行表示原始的MNIST图像；第2行表示使用10个潜在变量的自编码器的输出

情况越来越糟了，2似乎被咬了一口变成了3，4似乎变成了9。但这就是我们把这些图像压缩到10个数字的结果，目前这还不足以帮助系统完全代表输入。

得到的经验是，自编码器需要有足够的计算能力（即足够的权重）来计算如何对数据进行编码，还需要有足够的潜在变量来找到有用的输入压缩表示。

接下来介绍更深层次的模型是如何表现的。我们可以用任何类型的层来构建编码器和解码器，根据数据，还可以制作有很多层的深度自动编码器，也可以制作只有几层的浅层自动编码器。现在，让我们继续使用完全连接层，添加更多层来创建更深层次的自动编码器。我们将从几个大小不断减小的隐藏层构建编码器级，直到达到瓶颈，然后从多个大小不断增加的隐藏层构造解码器，直到它们达到与输入相同的大小。

图18-17显示了这种方法，有3个编码层和3个解码层。

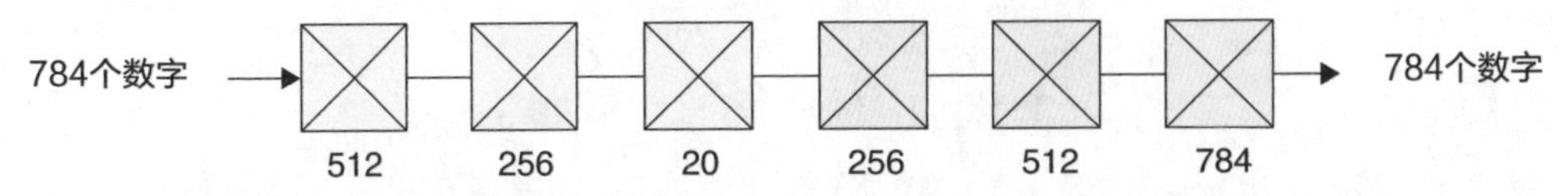


图18-17：由全连接（或密集）层构建的深度自编码器。蓝色图标表示3个编码器层，黄米色图标表示3个解码器层

构建这些全连接层时，将神经元数量减少（然后增加）2的倍数（例如从512到256），通常效果很好，但不必强制要求这样设计。

让我们像训练其他自编码器一样训练50个轮次，结果如图18-18所示。

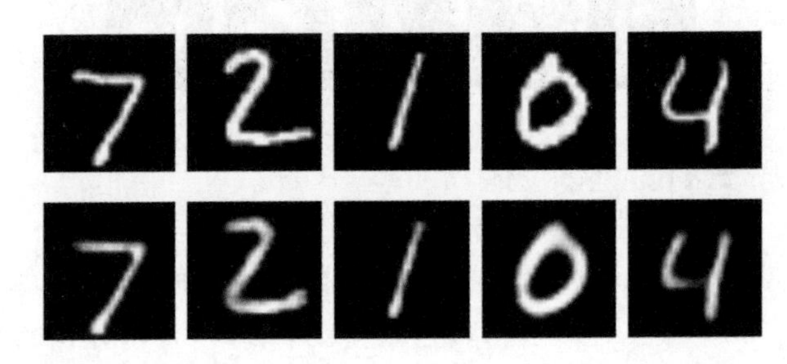


图18-18：来自图18-17的深度自编码器的预测。第1行表示来自MNIST测试集的图像；第2行表示当显示测试数字时，经过训练的自编码器的输出

结果只是稍有模糊，但它们与原始数据基本吻合。我们将这些结果与图18-15进行比较（图18-15也使用了20个潜在变量），会发现这些图像更清晰。在这个例子中，通过提供额外的计算能力来找到这些变量（在编码器中），并提供额外的能力将它们转换回图像（在解码器中），我们从20个潜在变量中获得了更好的结果。

## 18.5 探索自编码器

接下来让我们更仔细地观察图18-17的自编码器网络产生的结果。

### 18.5.1 探索潜在变量

我们已经介绍了潜在变量是输入数据的编码压缩结果，但是还没有研究潜在变量本身。下页的图18-19显示了由图18-17中的网络生成的20个潜在变量的直方图，以及解码器从中构建的图像。

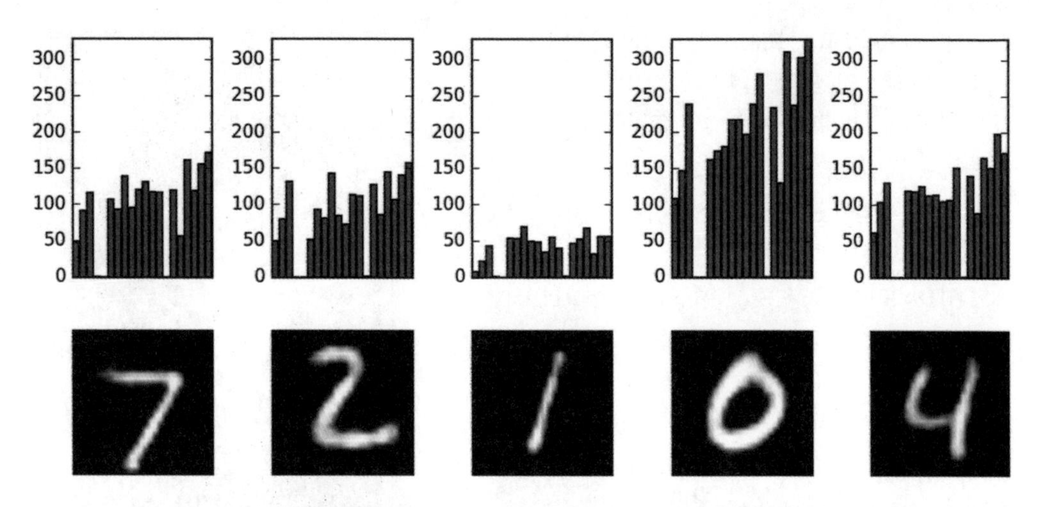


图18-19：第1行展示来自MNIST数据集的5幅图像通过图18-17中的神经网络产生的潜在变量，第2行展示潜在变量解压缩得到的数字图像

图18-19的潜在变量直方图在形状上有些类似，从这个意义上说，潜在变量通常与产生它们的输入数据没有任何明显的联系。现在网络已经找到了私有的、高度压缩的形式来表示其输入，而这种形式对我们的理解来说往往毫无意义。例如，我们可以在图表中看到几个一致的空缺（在位置4、5和14），但是从这组图像中没有明显的理由说明为什么这些输入的值是0（或接近0）。通过查看更多数据肯定会加深理解，但总的来说，这个问题依然存在。

潜在变量往往都具有这些神秘本质，而我们也几乎不会去直接理解这些数值。稍后，我们将通过混合和平均等方式来处理这些潜在变量，但不会关心这些数字代表什么。它们只是网络通过训练得到的私有表达形式，可以让网络尽可能地压缩和解压缩每个输入数据。

## 18.5.2 参数空间

虽然我们通常不关心潜在变量中的数值，但通过比较相似和不同的输入产生的潜在变量仍然很有趣。例如，如果给系统输入两个几乎相同的数字7的图像，这些图像会被压缩成几乎相同的潜在变量吗？或者他们可能相差很大？

为了回答这些问题，继续使用图18-17中的简单深度自编码器。但是，与其让编码器的最后一级成为一个由20个神经元组成的全连接层，不如把它简化为两个神经元，这样就只有两个潜在变量。重点是可以将两个变量绘制成（x,y）对。当然，如果只用两个潜在变量恢复图像，结果会非常模糊，但我们此时的目的是能够看到这些简单潜在变量的结构，所以这种简化是值得的。

在图18-20中，我们对10,000幅MNIST图像进行编码，并找到每幅图像的两个潜在变量，然后将其绘制成一个点。每一个点都用颜色编码，代表它的输入图像的标签。我们通过图18-20来对潜在变量进行空间可视化图示，或者更简单的潜在空间的图示。

图18-20可见潜在变量并不是完全随机分配的数值，相反，相似的图像被赋予相似的潜在变量。数字0、1和3对应的图片似乎有明显的区域划分。许多其他数字对应的图片似乎在左下角混合在一起了，并且被分配了相似的值。图18-21显示了该区域的特写视图。

这不是一个完全混乱的结果。0有他们自己的范围，虽然其他数字有点混乱，但可以看到它们似乎都属于定义明确的区域。

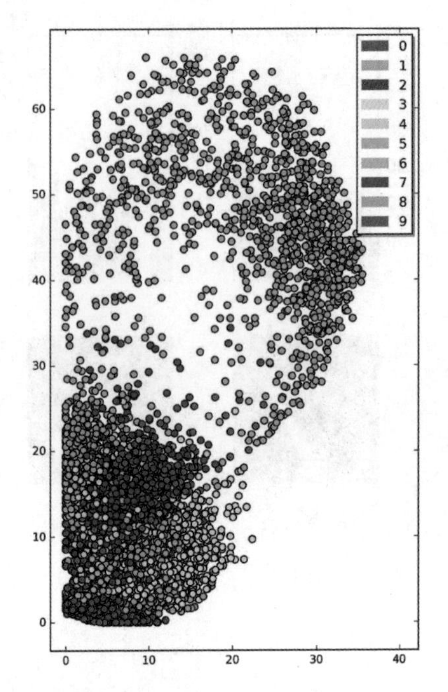


图18-20：在训练了一个只有两个潜在变量的深度自编码器之后，我们展示了分配给10,000个MNIST图像的每个潜在变量

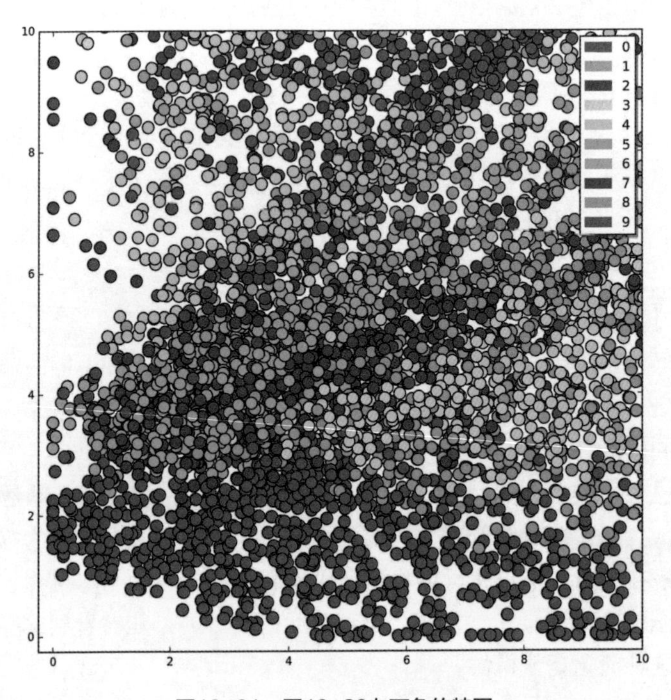


图18-21：图18-20左下角的特写

虽然我们预计解压后的图像会很模糊，但仍根据这些二维潜在值来制作图片。我们可以从图18-20看到，第1个潜在变量（在X轴上绘制的）取值从0到大约40，第2个潜在变量（在Y轴上绘制的）取值从0到大约70。

下面按照图18-22的方法制作一个解码图像的网格。我们可以制作一个沿着每个轴从0到55的方框（在Y轴上有点短，但是在X轴上有点长），同时在这个网格内选取（x,y）点，然后将这两个数字输入解码器，生成一张图片。然后可以在相应的网格中画出那个（x,y）位置的图片。我们发现每个轴上的不同取值都可以产生一个有意义的图像，但其中有些还是略难辨认。

下页的图18-23展示了结果。

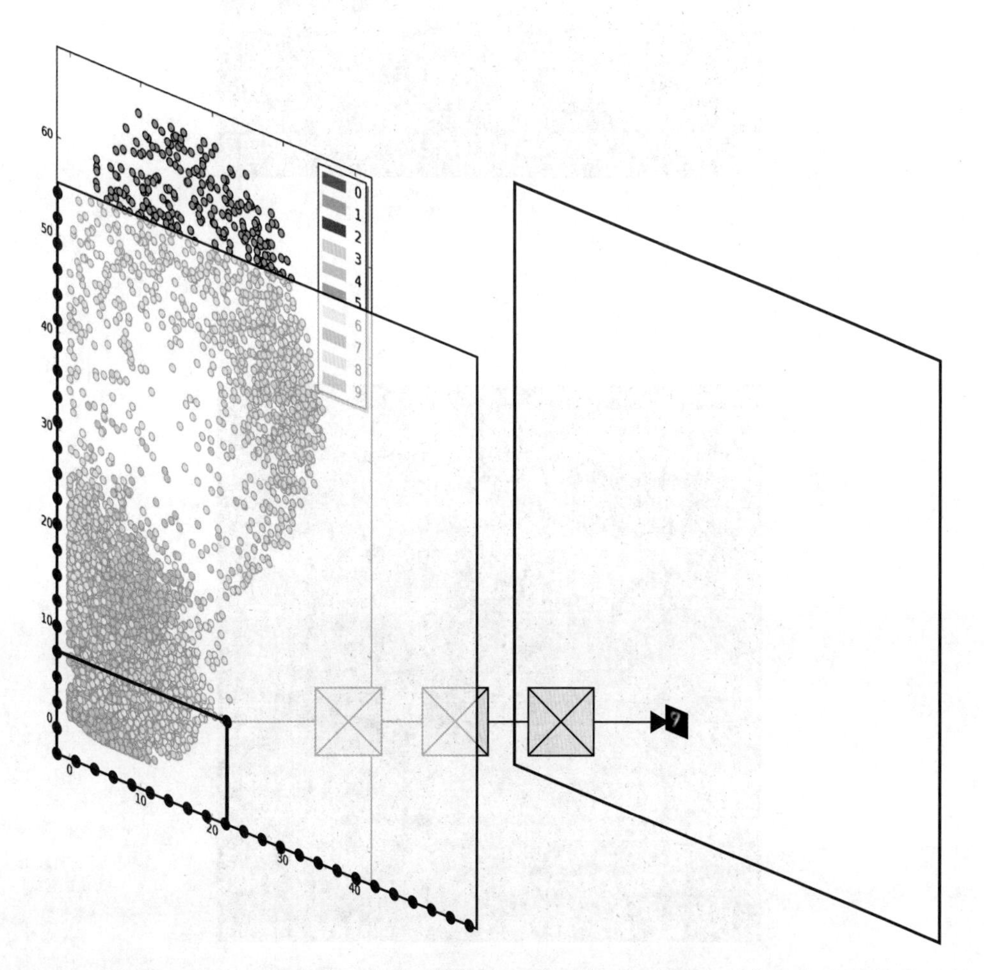


图18-22：通过解码图18-20中的（x,y）对，制作一个图像网格。左图选择一对大约（22,8）的（x,y），通过解码器传递这两个数字，在右边创建一个微小的输出图像

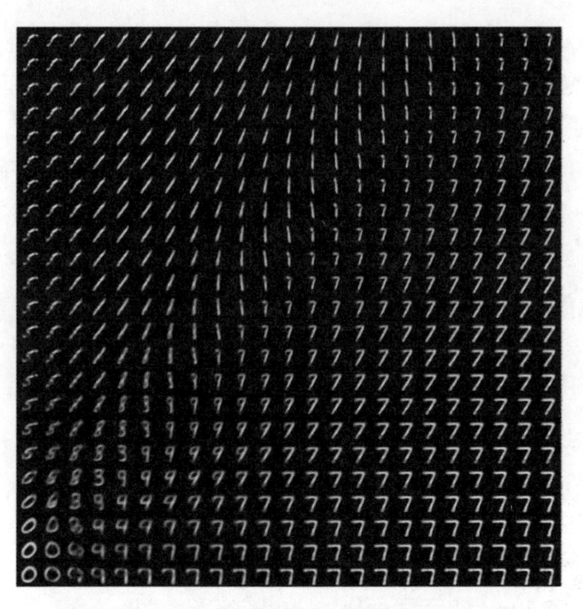

图18-23：图18-22范围内的潜在变量生成的图像

不出所料，数字1的分布在顶部。令人惊讶的是，数字7占据了右侧。同样的，让我们看看左下角的特写图像，如图18-24所示。

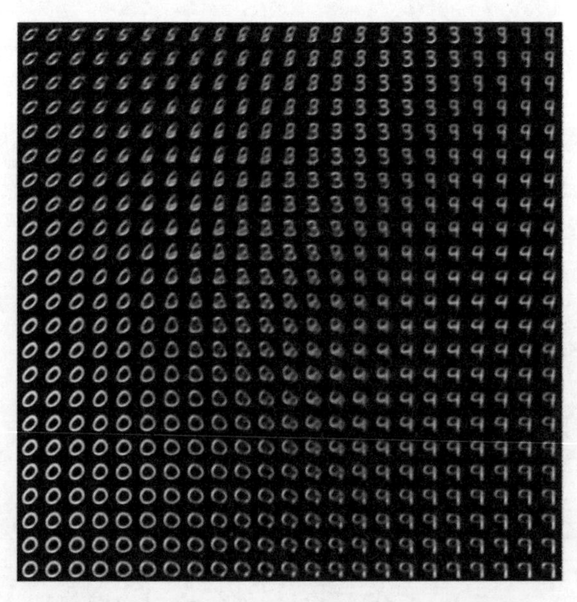

图18-24：图18-23中潜在变量的特写范围图像

图18-24中的很多数字是模糊的，难以清晰辨认。这不仅是因为使用了一个非常简单的编码器，而且与我们只将输入数据编码成了两个潜在变量有很大的关系。随着潜在变

量的增加，解压后的图片将变得更加清晰和易于分辨，但这样我们将不能画出那些高维空间的图示。通过这个简单的例子，我们明白了即使输入数据被极致压缩到只有两个潜在变量，系统也会以将相似数字分布在一起的方式分配这些潜在变量的值。

下面再详细介绍这个空间结构。图18-25显示了我们将沿着A、B、C、D四条有向直线获取的（x,y）值提供给解码器，生成的图像。

这表明编码器给相似的图像分配了相似的潜在变量，并且似乎构建了不同图像的簇，图像的每个变化都在自己的区域内。当我们开始增加潜在变量的数量后（现在潜在变量只有少得离谱的2个），编码器也将继续产生聚集区域，但它们变得更加明显，不同类别数据的重叠将会更少。

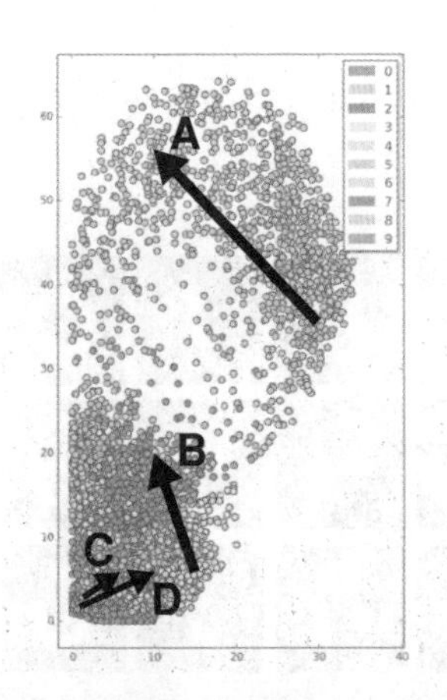


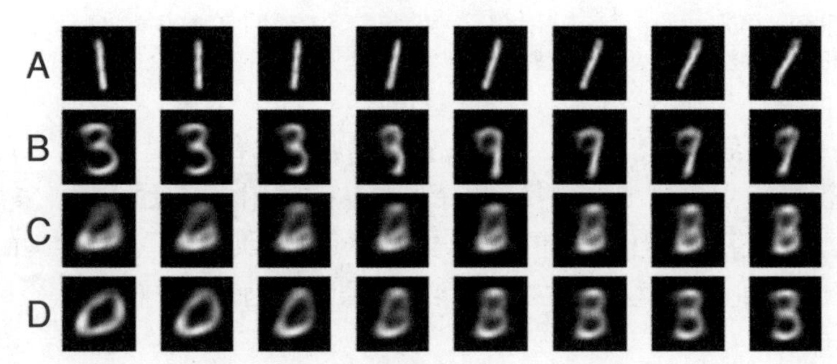


图18-25：对于每个箭头，从开始到结束采取了8个等距步长，产生了8个（x,y）对。这些对的解码图像显示在相应的行中

## 18.5.3 混合潜在变量

刚刚我们已经了解了潜在变量的内在结构，现在使用它进行另一个分析。让我们将几对潜在变量混合在一起，看看是否得到一个中间图像。换句话说，让我们对图像进行参数混合，就像之前讨论的那样，其中潜在变量是需要混合的参数。

实际上，我们在图18-25中也是这样做的，将两个潜在变量从箭头的一端混合到另一端。但是使用的自编码器只有两个潜在变量，所以无法很好地表示图像，结果大多是模糊不清的。现在让我们使用更多的潜在变量，了解这种混合或插值在更复杂的模型中的具体表现。

回到图18-17的深度自编码器的原始版本，它有20个潜在变量。我们挑出成对的图像，找到每一幅图像的潜在变量，然后简单地将每一对潜在变量取平均值。也就是说，第一幅图像（其潜在变量）是一个有20个数值的列表，第二幅图像也是有20个数值的列表。我们将每个列表中的第1个数字混合在一起，然后是第2个数字，以此类推，直到有一个20个数字的新列表。这是我们将要交给解码器的一组新的潜在变量，解码器通过解码产生一个图像。

图18-26展示了以这种方式混合的5对图像。正如我们所期望的，系统不是简单地将图像内容混合在一起（就像图18-1对牛和斑马所做的那样）。相反，自编码器试图找到具有两种输入质量的中间图像。

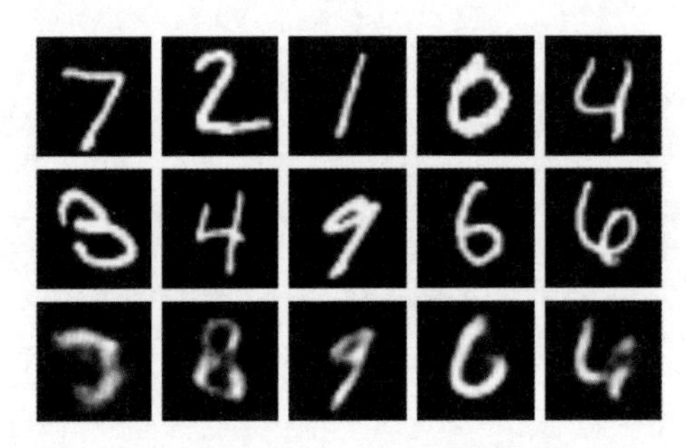

图18-26：在深度自编码器中混合潜在变量的例子。第1行表示来自MNIST数据集的5幅图像；第2行表示另外5幅图片；第3行表示将上面两幅图像的潜在变量平均后解码得到的图像

这些结果并不是毫无意义的，例如，在第2列中，2和4之间的混合看起来有点像8。这是有道理的，因为图18-23向我们显示了在只有2个潜在变量的图中，2、4和8很接近，因此在有20个潜在变量的20维图中，它们仍然可能彼此接近，这是合理的。

让我们更仔细地观察这种潜在变量的混合。图18-27显示了3对具有6个等距的插值步长的新数字。

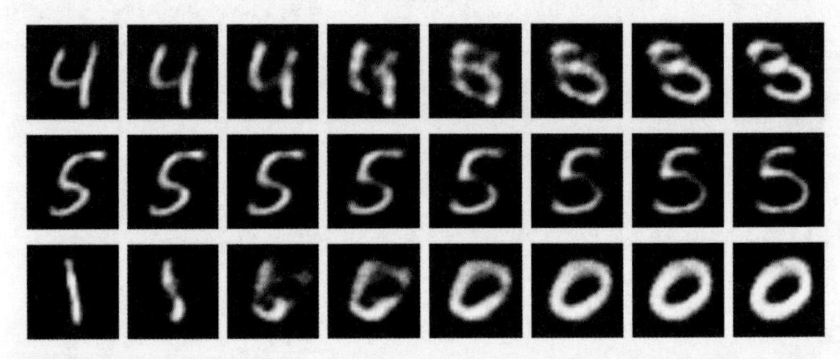

图18-27：每一行中，我们以不同的权重混合了最左边和最右边图像的潜在变量

上页的图18-27每行的最左边和最右边是MNIST数据中的图像。我们为每个端点找到了20个潜在变量，创建了6个等间距的潜在变量混合，然后通过解码器解码这些混合的潜在变量。结果显示系统似乎在从一个图像过渡到另一个图像，但它没有生成非常合理的中间数字。即使第2行从5到5时，中间值在过渡的过程中也几乎被分成了两部分。第1行和第3行中间附近的一些混合图像看起来根本不像任何数字，虽然左右两端的图片是可以辨认的，但混合起来的潜在变量很快就失去了具体含义。在这个自编码器中混合潜在变量可以平滑地将图像从一个数字转换成另一个数字，但中间是奇怪的形状，而不是某种混合的数字。我们已经看到，有时这是由于混合的原始潜在变量中间存在类型分布密集的复杂区域，不同的数字被编码成了相似的潜在变量。一个更大的可能性是底层概念就是如此，这些例子甚至可能没有错，因为如果我们能得出一个数字，部分为0，部分为1，它应该是什么样子？也许0应该变薄？也许1应该蜷缩成一个圆圈？因此，尽管这些混合物看起来不像数字，但它们是合理的混合结果。

这些潜在值的插值可能会落在附近没有数据的潜在空间区域。换句话说，我们要求解码器根据在潜在空间中没有任何相邻的潜在变量的值来重建图像。解码器虽然产生了输出，并且输出具有附近区域的一些特性，但解码器本质上是在猜测。

### 18.5.4 基于新输入的预测

下面，我们将尝试使用这个在MNIST数据上训练的深度自编码器来压缩然后解压缩老虎图像。我们将老虎图像缩小到28×28像素，以匹配网络的输入大小。

老虎是神经网络从未见过的东西，因此它完全没有能力处理这些数据。所以它试图“看到”图像中的一个数字，并产生相应的输出，如图18-28所示。

看起来算法试图找到一个结合了几个不同数字的点，中间的斑点与老虎不太匹配，但确实找不到匹配的理由。

利用从数字中获得的信息来压缩和解压缩老虎图像，就像试图用削笔器的零件来制作吉他一样。即使我们尽力而为，也不太可能做出一把好吉他。自编码器只能对它所训练的数据类型进行有意义地编码和解码，因为它只为表示该数据的潜在变量创造了意义。当我们将完全不同的东西提供给它时，它虽然会输出结果，但结果通常不会太好。

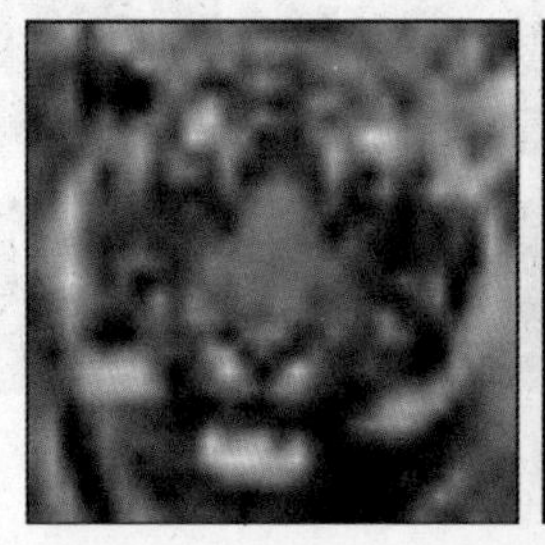
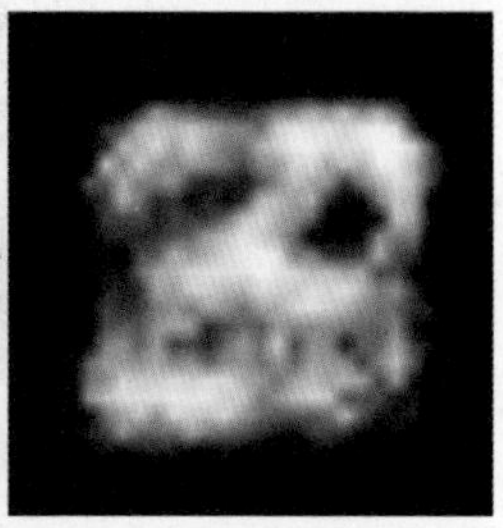

图18-28：使用20个潜在变量的深度自编码器，在MNIST手写数字数据集上训练，压缩再解压缩图18-8的老虎图像的28×28像素版本

自编码器的基本概念有几种变体。因为处理的是图像，而卷积天然是处理这类数据的方法，所以让我们使用卷积层构建一个自编码器。

## 18.6 卷积自编码器

我们刚刚介绍过，在编码和解码阶段可以使用任何类型的网络层。由于运行示例使用了图像数据，所以这里我们使用卷积层，即构建一个卷积自编码器。

我们可以设计一个编码器，通过多层卷积逐步缩小原始的28 × 28像素MNIST图像，直到它只有7 × 7。所有的卷积都将使用3 × 3卷积核和零填充。图18-29从一个包含16个卷积核的卷积层开始，然后是一个2 × 2的最大池化层，这给了我们一个14 × 14 × 16的张量（可以在卷积过程中使用跨步，但是为了清晰，在这里忽略了这些步骤）。然后我们应用另一个包含8个卷积核的卷积，接着是池化，产生一个7 × 7 × 8的张量。最后的编码器层使用3个卷积核，在瓶颈处产生了一个7 × 7 × 3的张量。因此，我们的瓶颈用了7 × 7 × 3=147个潜在变量代表784个输入。

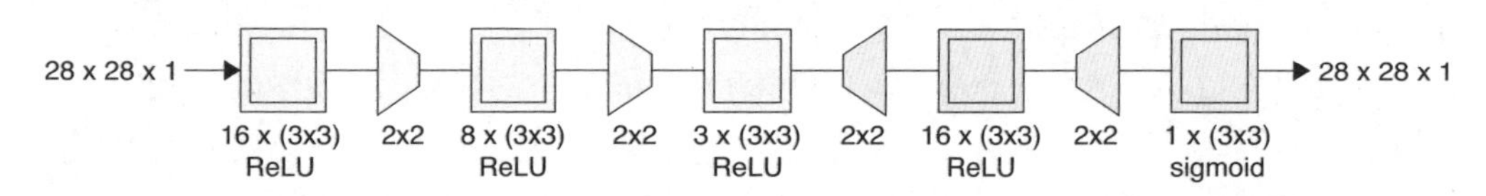


图18-29：卷积自编码器的结构。在编码阶段（蓝色）有3个卷积层。前两层后面各有1个池化层，所以第3个卷积层结束时，有一个7 × 7 × 3的中间张量。解码器（米黄色）使用卷积和上采样将瓶颈张量增长回28 × 28 × 1的输出

我们的解码器将反向运行这个编码过程。第一个上采样层生成14 × 14 × 3的张量，接下来的卷积和增采样生成一个28 × 28 × 16的张量，最后的卷积生成一个形状为28 × 28 × 1的张量。

由于有147个潜在变量，加上卷积层的能力，我们应该会得到比以前只有20个潜在变量的自编码器更好的结果。和以前一样，训练这个网络50个轮次。该模型在此时仍在改进，但为了与以前的模型进行比较，在50个轮次之后停止了。

图18-30显示了测试集中的5个例子，以及通过卷积自编码器后的解压缩版本。

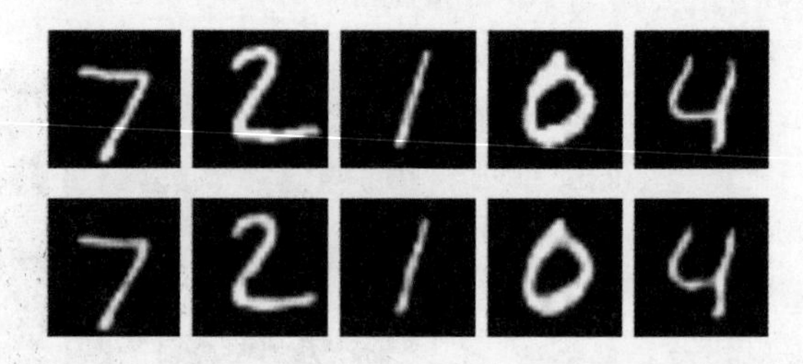

图18-30：第1行表示MNIST测试集中的5个元素，第2行表示卷积自编码器以上面的图像作为输入生成的图像

这些结果非常好。尽管最终的解码图与原始图像不完全相同，但已经非常接近了。为了做更多的探索，我们试着给解码器加一点噪声。由于潜在变量是大小为7 × 7 × 3的张量，因此噪声值需要是相同形状的三维形式。将只显示数字块最上面一层的7 × 7切片，结果如图18-31所示。

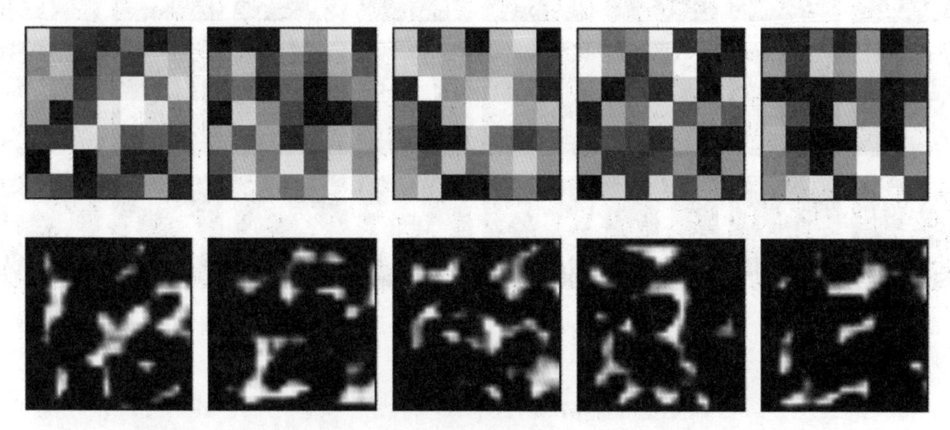

图18-31：将随机输入张量传递给卷积神经网络的解码阶段生成的图像

这只会生成随机斑点图像，不过对随机输入来说，这是一个意料之中的输出。

### 18.6.1 混合潜在变量

对卷积自编码器中的潜在变量进行混合处理，可以观察它们的结构。在图18-32中，使用与图18-26相同的图像显示网格。我们在前两行中找到了每幅图像的潜在变量，然后将它们平均混合，并且对插值变量进行解码，并得到了最后1行。

结果令人相当兴奋，因为我们感觉混合出的图像终于有些像数字了。然而7和3中间的数字还是有些难分辨。

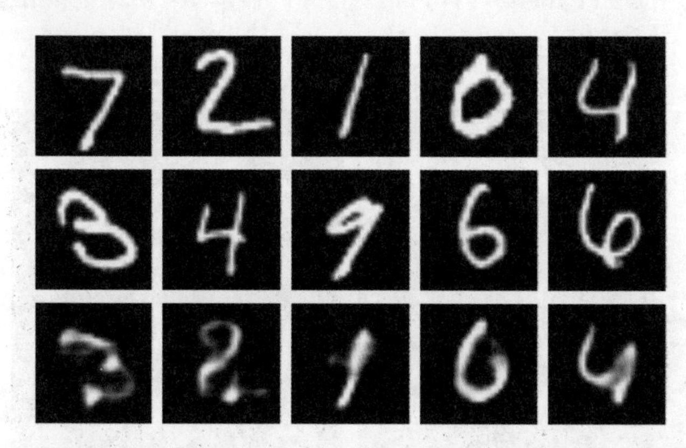

图18-32：在卷积自编码器中混合潜在变量。前2行表示MNIST数据集中的样本，最后1行表示每张图片中潜在变量平均混合的结果

在图18-27中使用相同的3个混合中的多个步骤，结果如图18-33所示。

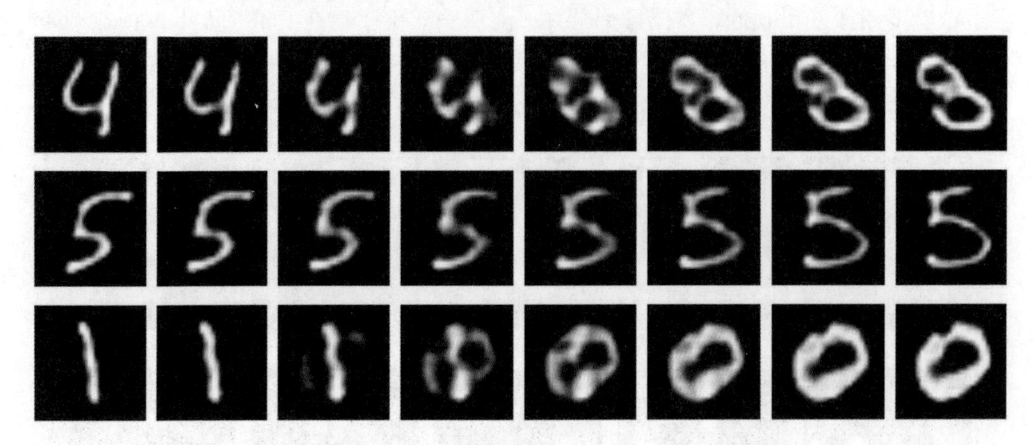

图18-33：混合两个MNIST测试图像的潜在变量，然后解码

每行的最左和最右端是通过对MNIST图像进行编码和解码而创建的图像，中间是混合它们的潜在变量然后解码的结果。这看起来并不比更简单的自编码器好多少。因此，在仅仅增加潜在变量的情况下，我们在试图使用远离系统训练样本的输入进行重构时仍然会遇到麻烦。

## 18.6.2 基于新输入的预测

让我们把低分辨率的老虎图像输入卷积神经网络来重复前面那个测试，结果如图18-34所示。

如果眯着眼睛看，老虎的眼睛周围、嘴巴两侧和鼻子周围的主要黑暗区域都被保留了下来。有些相似了。

与早期的全连接层自编码器一样，卷积自编码器试图在数字的潜在空间中找到一只老虎，所以我们不应该指望它做得有多好。

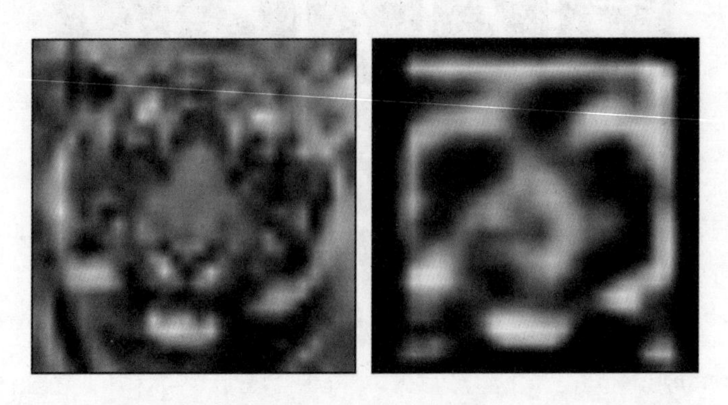

图18-34：应用于卷积自编码器的低分辨率老虎图像以及结果，它不是很像老虎

## 18.7 去噪

自编码器的一个常见用途是去除样本中的噪声。一个常见的应用是去除有时出现在计算机生成的图像中的斑点（巴科等人 2017；柴塔尼亚 2017）。当我们通过计算机快速生成图像而没有细化结果时，可能会产生这些看起来像静电或雪花的明暗斑点。

让我们看看如何使用自编码器来去除图像中的亮点和暗点。再次使用MNIST数据集，但这一次，我们给图像添加一些随机噪声。为每个像素加上一个从平均值为0的高斯分布中选取的随机值（有正有负），然后将结果值缩放到0到1的范围内。图18-35显示了应用这种随机噪声的一些MNIST训练图像。

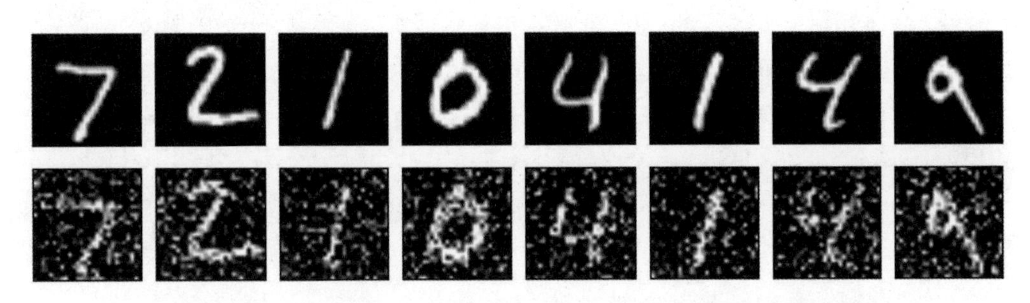

图18-35：第1行表示MNIST训练数字，第2行表示带有随机噪声的相同数字

我们的目标是给经过训练的自编码器输入图18-35第2行中带噪声的数字，并使其返回像图18-35第一行一样的干净版本。我们希望编码器学会通过消除噪声，保留输出中重要的特征。

我们将使用总体结构与图18-29相同的自编码器，但卷积核数量不同（乔列特 2017）。图18-36展示了其架构。

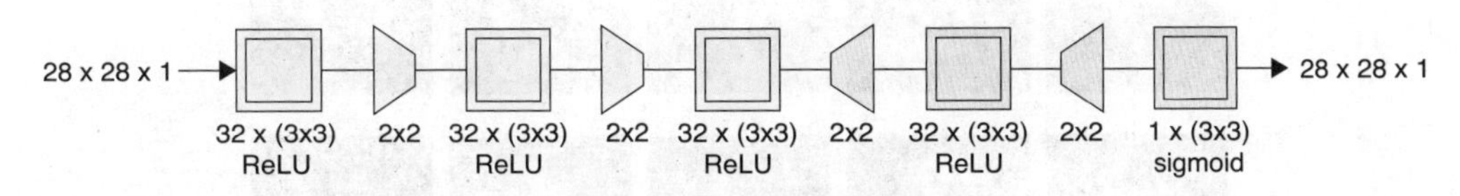


图18-36：去噪自编码器的架构

为了训练自编码器，我们将提供有噪声的图像输入和相应的干净无噪声版本作为希望它生成的目标。我们将对60,000个训练图像进行训练100个轮次。

图18-35中解码步骤结束时（即第3次卷积后）的张量大小为7×7×32，共计1568个数字，所以这个模型中的“瓶颈”实际上大于输入。如果目标是压缩，这就不是一个好的选择，但这里我们试图消除噪声，所以潜在变量的数量并不是一个很大的问题。

让我们来看看它的表现如何。下页的图18-37显示了一些噪声输入和自编码器的输出，它很好地清理了噪声。

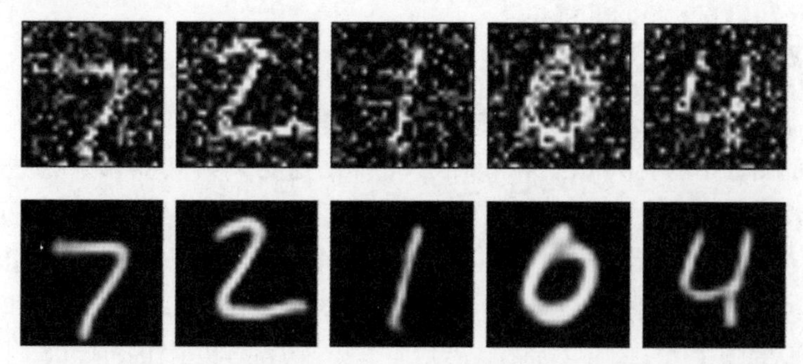

图18-37：第1行展示了添加噪声的数字；第2行展示了图18-36模型去噪后的相同数字

第17章介绍了上采样和下采样层正在逐渐被跨步和转置卷积替代。让我们按照这一趋势来简化图18-36的模型，制作成图18-38的效果，它现在由5个卷积层的序列组成。前2个卷积使用跨步代替显式下采样层，后2个层使用重复代替上采样层。我们假设每个卷积层都有0填充。

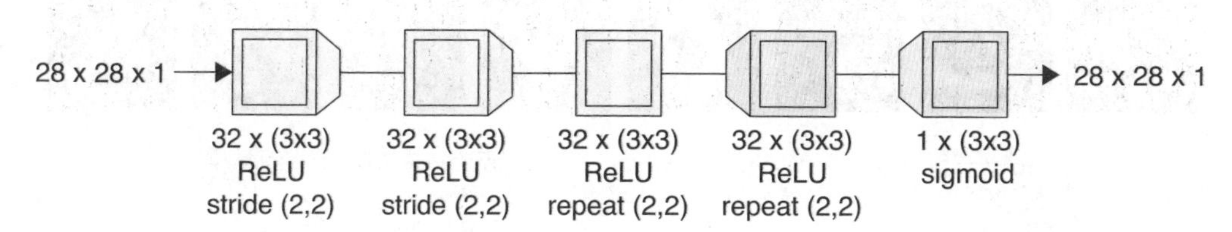


图18-38：图18-36的自编码器，但在卷积层内部使用了下采样和上采样，如附在卷积图标上的楔形所示

显示结果如图18-39所示。

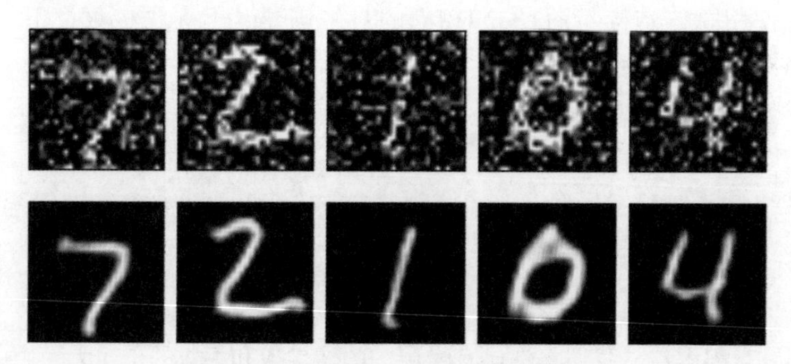

图18-39：图18-38的去噪模型的结果

我们看到输出与目标非常接近，尽管有一些小的差异（例如0的左下角）。第1个模型如图18-36所示，带有上采样和下采样的显式层，在不支持GPU的2014年末产的iMac上，每次迭代大约需要300秒。图18-38的简单模型每次迭代只需约200秒，减少了大约1/3的训练时间。

我们需要更仔细的问题陈述、测试和对结果的审查，以决定这两个模型中的哪个更好。

# 18.8 可变自编码器

到目前为止，介绍的自编码器的目的都是试图找到最有效的方法来压缩输入，以便后面可以解压复原。可变自编码器（VAE）与那些网络具有相同的总体架构，但是在聚集潜在变量和填充潜在空间方面做得更好。

VAE也不同于我们之前介绍的自编码器，因为它引入了一些不可预测性。以前的自编码器只具有确定性，也就是说，给定相同的输入，它们总是生成相同的潜在变量，这些潜在变量总是可以恢复相同的输出。但是VAE在编码阶段使用概率思想（即随机数），如果在系统中多次运行相同的输入，每次的输出都会略有不同，所以我们说VAE是不确定的。

为了展示具体性，我们继续用图像（和像素）为例来研究VAE，但是与所有其他机器学习算法一样，VAE可以应用于任何类型的数据，包括声音、天气、电影偏好，或者任何其他可用数字表示的数据。

## 18.8.1 潜在变量的分布

在之前介绍的自编码器中，我们没有对潜在变量的结构施加任何条件。图18-20中的全连接编码器似乎很自然地将潜在变量分布到从（0,0）的公共起点向右上方辐射的斑点。这种结构不是我们的设计目标，它是因所构建网络的性质而出现的。当我们将瓶颈简化为两个潜在变量时，图18-38中的卷积网络产生了类似的结果，如图18-40所示。

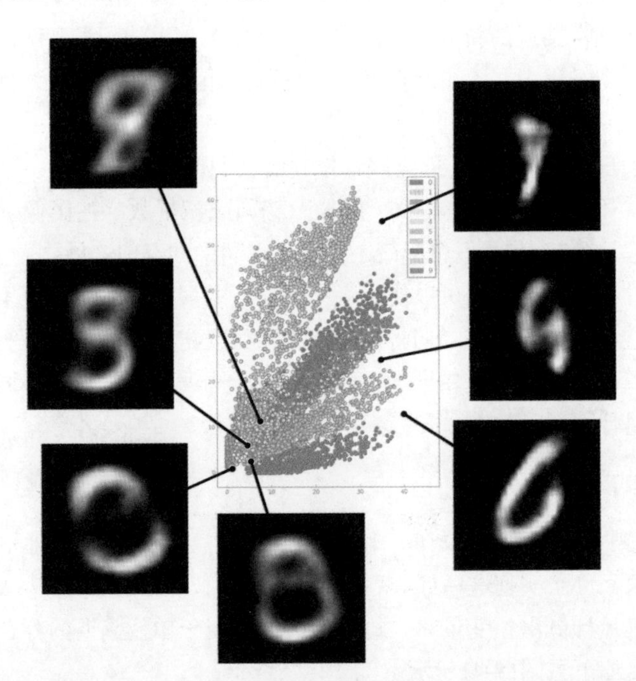

图18-40：图18-38网络产生的潜在变量，瓶颈是两个潜在变量。这些样本来自密集混合和稀疏区域

图18-40中包含一些没有样本的空白区域，也包含一些样本密集分布的区域，以及一些不同类别的样本混杂的区域。图中还显示了从密集和稀疏区域中选择的潜在变量生成的解码图像。

在图18-22中，我们可以选择任何一对潜在变量，并通过解码器运行这些值来生成图像。图18-40显示我们在密集区域或未被占据的白色区域中选取这些点，通常会得到看起来不像数字的图像。现在我们想找到一种方法，使任何一对输入总是（或几乎总是）能产生一个可以辨认的数字。

理想情况下，如果每个数字都有自己的独立分布区域，不同数字之间分布的区域不重叠，且没有任何明显的空白空间，那就太好了。对于空白区域，我们的确无能为力，因为这些地方没有输入数据。但是我们可以试着把混合区域分开，让每个数字占据它自己的平面区域。

下面介绍可变自编码器是如何很好地实现这些目标的。

## 18.8.2 可变自编码器结构

VAE是由两个不同的团队（金马和韦林 2014；雷森德、穆罕默德和韦斯特拉2014年）同时但独立地提出的。详细理解这项技术需要一些数学知识（迪尔 2016），因此，我们采取一种概括的方法。因为目的是掌握方法的要点，而不是其精确的机制，所以我们将跳过或者忽略一些细节。

我们的目标是创建一个生成器，该生成器可以接收随机潜在变量，并产生与具有类似潜在值的输入非常接近的新输出。潜在变量的分布是由编码器和解码器在训练期间一起创建的，在这个过程中，除了确保潜在变量可以让我们重建输入之外，还希望潜在变量服从3个性质。

第1个性质是所有的潜在变量应该聚集到潜在空间的一个区域，这样我们就能知道随机值的范围。第2个是由相似输入（即显示相同或相近数字的图像）产生的潜在变量应该聚集在一起。第3个是我们希望最小化潜在空间中的空白区域。

为了满足这些标准，我们可以使用一个更复杂的误差项，当系统生成不符合规则的潜在样本时，它会进行惩罚。我们将学习的最终目的定义为使误差最小化之后，系统开始按照我们想要的方式构建潜在样本，体系结构和错误项被设计为协同工作。接下来介绍这个误差项是什么样子的。

### （1）潜在变量的聚类

首先讨论将所有潜在变量放在一个空间区域的想法，我们可以通过在误差项中加入一个规则或约束条件来实现这一点。

约束条件是：计算潜在变量时，每个值形成近似于单位高斯的分布。高斯曲线是著名的钟形曲线，如下页图18-41所示。

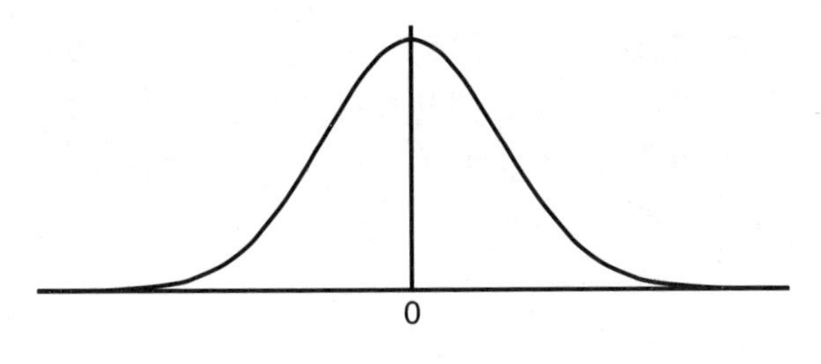


图18-41：高斯曲线

当我们将两个高斯分布相互呈直角放置时，会在平面上方得到一个凸起，效果如图18-42所示。

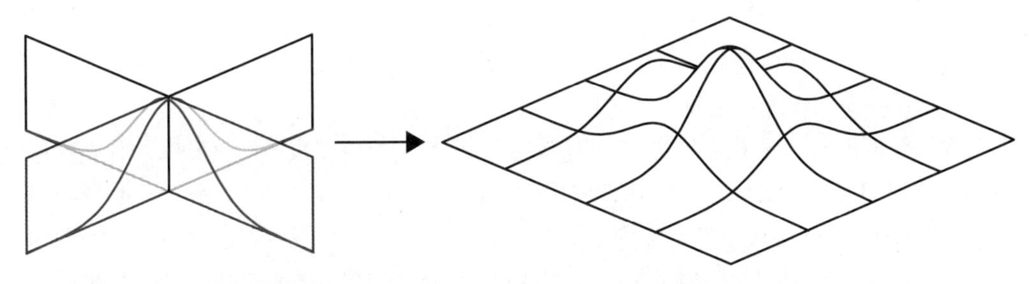

图18-42：在三维中，将两个高斯分布成直角放置，它们共同在平面上方形成一个凸起

图18-42显示了二维分布的三维可视化。我们可以通过在Z轴上叠加另一个高斯分布来创建图中的三维分布。如果把生成凸起的大小想象成密度，那么这个三维高斯分布就像一个蒲公英，它的中心是密集的，但向外移动时，会变得更稀疏。

通过类比，我们可以想象任意维度的高斯分布，只需说每个维度的密度在其轴上遵循高斯分布。我们告诉VAE学习潜在变量的值，这样，当观察大量训练样本的潜在变量并计算每个值出现的次数时，每个变量的计数将会形成一个高斯分布，其平均值（或中心）为0，标准偏差（即其分布）为1，如图18-43所示。在第2章中，这意味着我们为这个潜在变量产生的值中，大约有68%的值落在-1到1之间。

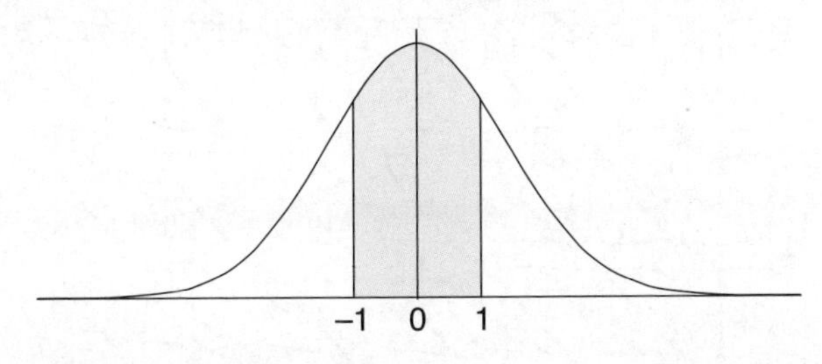


图18-43：高斯分布由平均值（或中心位置）和标准偏差（包含其约68%面积的对称距离）来描述。这里的中心值是0，标准偏差值是1

完成训练时，我们知道潜在变量将按照这种模式分布。如果从这个分布中选择新值输入解码器（更大概率会在其中心附近或凸起的区域内选择每个值，而不是在边缘），很有可能会生成一组潜在值，它非常接近从训练集中学习到的值。因此我们可以创建一个与训练集类似的输出。这自然也会使样本保持在同一个区域，因为它们都试图匹配中心为0的高斯分布。

图18-43让潜在变量落在单位高斯分布内，是我们很少实现的理想情况。变量与高斯分布的匹配程度和系统重新创建输入的准确性之间存在权衡（弗兰斯 2016）。在训练过程中，系统将自动学习如何权衡，并努力保持潜在变量的高斯特性，同时能够很好地重构输入。

### （2）将数字聚集在一起

我们的下一个目标是让所有相同数字图像的潜在值聚集在一起。为了做到这一点，还需要使用一个包含随机性的巧妙技巧。

首先假设已经实现了这个目标。我们将从一个特定的角度来了解这意味着什么，这将告诉我们如何真正实现它。例如，假设一组表示数字2的图像的每一组潜在变量与另一组数字2的图像的潜在变量非常接近。不过，我们可以更进一步假设一些数字2的图像在左下角有一个圈。因此，我们除了将所有数字2的图像聚集在一起之外，还可以将所有带圈的数字2的图像聚集在一起，将所有没有圈的数字2聚集在一起，这些聚集的区域充满了带圈或不带圈的数字2的潜在变量，如图18-44所示。

图18-44：数字2组成的网格，相邻之间彼此相似。我们希望这些数字2的潜在变量大致遵循这种分组

现在让我们深入这个想法。无论每个标记为数字2的图像的形状、样式、线条粗细和倾斜度等如何，都将为该图像分配与标记为数字2的其他图像相近的潜在变量，这些图像显示的形状和样式大致相同。我们可以把所有有圈的、无圈的、用直线画的、用曲线画的、用粗笔画的、用细笔画的、高的……数字2集合在一起。这就是使用大量潜在变量的主要价值，让我们将这些特性的所有不同组合聚集在一起，这在二维空间中是不可能的。我们在一个区域表示直的、没有圈的数字2，在另一个区域则表示厚的、弯曲的、没有圈的数字2，以此类推，直到覆盖所有组合。

如果我们必须识别所有特征，这个方案就不太实用了。但是VAE不仅学习了不同特征，而且在学习过程中会自动为特征创建不同的分组。像往常一样，我们只需要输入图像，系统就会完成剩下的所有工作。

这种“接近度”标准是在潜在空间中衡量的，每个潜在变量都有一个维度。在二维空间中，每组潜在变量在平面上创建一个点，它们的距离（或“接近度”）是它们之间的直线长度。我们可以将这个想法推广到任意数量的维度，所以总能找到两组潜在变量之间的距离，即使每组变量有30个甚至300个值，只需要测量连接它们的直线的长度。

我们希望系统将相似的输入聚集在一起，但是，也希望每个潜在变量形成一个高斯分布，这两个标准可能会产生冲突。通过引入一些随机性，我们可以告诉系统“通常”为相似的输入聚集潜在变量，“通常”也将这些变量沿着高斯曲线分布。下面介绍随机性是如何实现这一点的。

### （3）引入随机性

假设系统有一个表示数字2的图像输入，像往常一样，编码器为它找到了潜在变量。在将这些数据交给解码器生成输出图像之前，我们给每个潜在变量添加一点随机性，并将这些修改后的值传递给解码器，如图18-45所示。

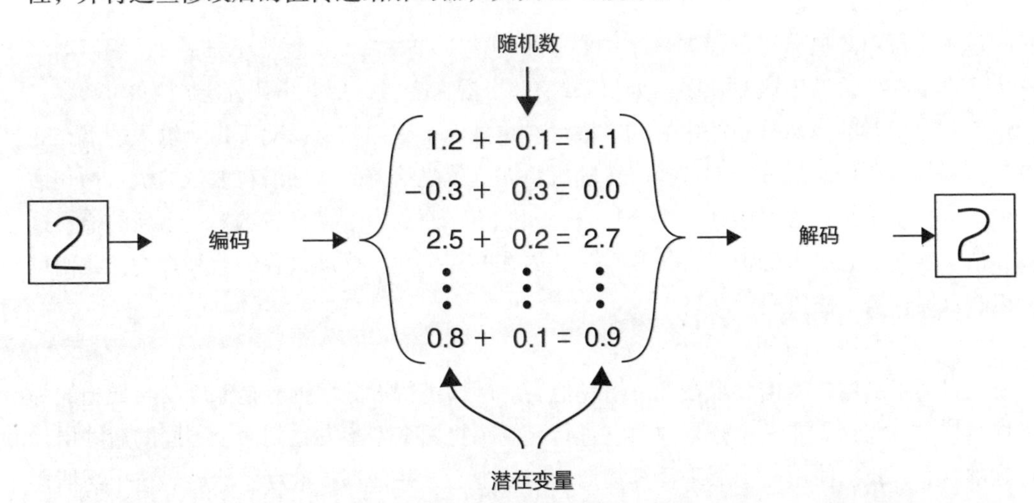


图18-45：增加编码器输出随机性的一种方法是在每个潜在变量传递给解码器之前，给它们添加一个随机值

因为我们假设所有相似的示例都聚集在一起，所以从扰动潜在变量生成的输出图像将与输入相似（但不同），因此衡量图像之间差异的误差值也将很低。然后，我们可以制作很多新的表示数字2的图像，就像输入的图像一样，只需将不同的随机数添加到同一组潜在值中。

这就是聚集完成后的工作方式。为了首先完成聚集，我们要在训练过程中，当这个扰动输出与输入不太匹配时，给网络一个很大的误差分数。因为系统希望最小化误差，所以它知道接近输入的潜在值应该生成接近输入的图像。结果是类似输入的潜在值将聚集在一起。

但是刚刚介绍的方式在实践中是无法使用的，如果只是像图18-45那样添加随机数，我们将无法使用第14章介绍的反向传播算法来训练模型。问题是因为反向传播算法需要计算流经网络的梯度，但是像图18-45这样的数学运算并不能以需要的方式计算梯度。没有反向传播算法，整个学习过程就无法实现。

VAE使用了一个巧妙的思想来解决这个问题，用一个类似的做同样的工作但可以计算梯度的概念来代替添加随机值的过程。正是这一点替换让反向传播再次起作用，这被称为重参数化技巧（reparameterization）。

了解这个技巧是非常重要的，因为当我们阅读关于VAE的文章时，它经常会出现（还涉及其他数学技巧，但我们不会深入探讨）。重参数化的主要思想是：不像图18-45那样，为每个潜在变量凭空挑选一个随机数并添加进去，而是从概率分布中选择一个随机变量。这个值现在成为了我们的潜在变量（多尔施 2016）。换句话说，我们不是向一个潜在值中添加一个随机偏移量来创建新的潜在值，而是使用该潜在值来控制随机数生成过程，该过程的结果成为新的潜在值。

在第2章中，我们知道概率分布可以提供随机数，不同随机数的概率不同。在这种情况下，我们主要使用高斯分布。这意味着，当需要一个随机值时，最有可能在凸起高的地方附近得到，而离凸起中心越远的数字概率越低。

由于每个高斯分布都需要一个中心（平均值）和一个扩散度（标准差），编码器将为每个潜在变量产生这对数字。如果系统有8个潜在变量，那么编码器会产生8对数字，用于每个变量的高斯分布的中心和扩散度。一旦有了它们，那么对于每个输入的潜在变量，我们就可以从其分布中选择一个随机数，这就是给解码器的潜在变量的值。换句话说，我们不是给现有的潜在变量添加一个随机值，而是为潜在变量选择一个新的值，这个值非常接近它原来的位置，但具有一些内在的随机性。扰动过程的这种重构让我们可以将反向传播算法应用于网络。

下页的图18-46显示了这个想法。

自动编码器的结构要求在计算潜在值后对网络进行拆分。拆分是深度学习架构的一种新技术，它只需要一个张量并对它进行复制，将两个副本发送到两个不同的后续层。分割之后，我们使用一个层来计算高斯分布的中心，并计算扩散度。然后对这个高斯样本进行采样，得到新的潜在值。

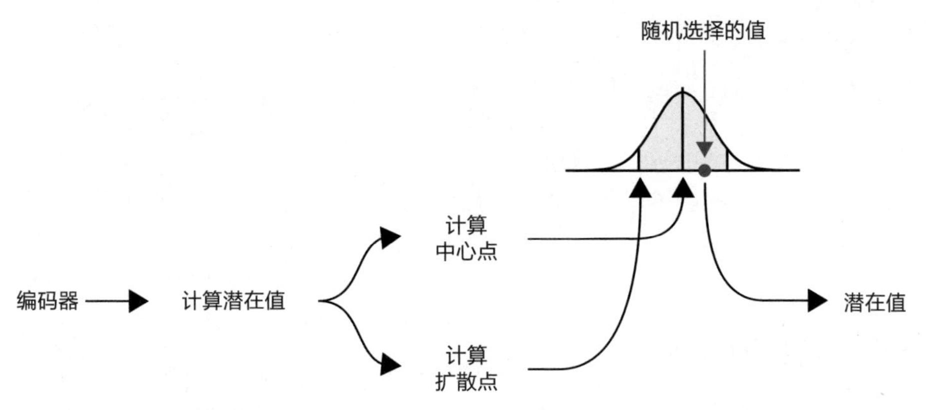


图18-46：使用计算出的潜在值来获得高斯凸起的中心和扩散度。然后从高斯分布中挑选一个数字，作为新的潜在值

剩下部分是两个图之间的位置。为了应用图18-46的采样思想，我们为每个潜在变量创建一个高斯分布并对其进行采样。然后，将所有新采样的潜在值输入到一个合并或组合层，该层的目的是将所有输入逐个放置形成单个列表（在实践中，我们通常将采样和合并步骤组合到一个层）。图18-47展示了如何处理3个潜在值的瓶颈。

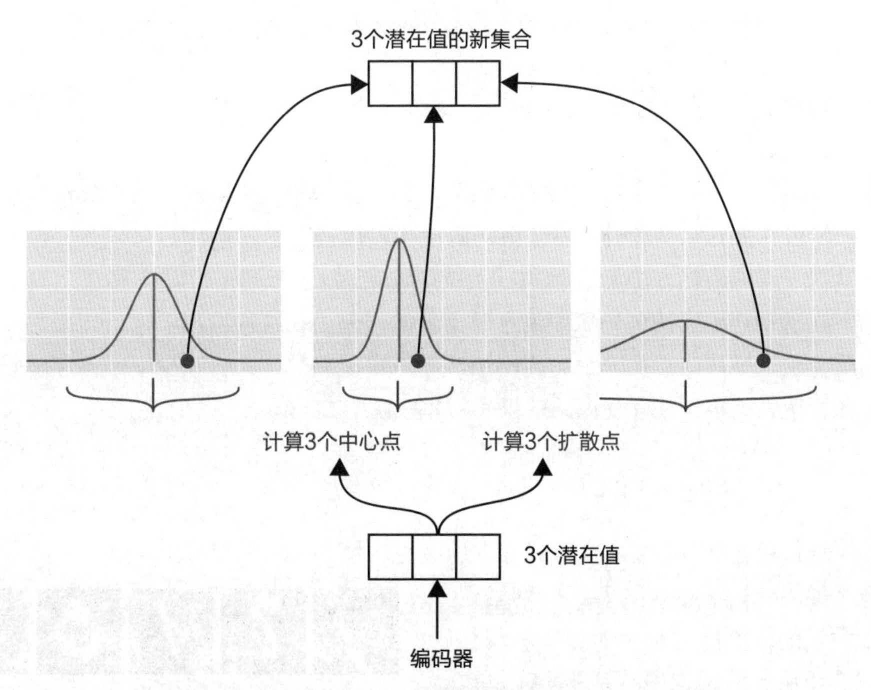


图18-47：描绘了3个潜在变量的VAE分解和合并采样步骤

在上页的图18-47中，编码器的第1部分以3个潜在变量的瓶颈结束，对于每个潜在变量，我们计算一个中心和扩散点。然后对这3个不同的高斯凸起进行随机采样，并将

这些选定的值进行合并或组合，以形成为该输入计算的最终潜在变量。这些变量是编码器部分的输出。

在学习过程中，网络需要计算每个高斯分布的中心和扩散度。这就是为什么我们之前说过，每次将样本发送到已部署的VAE（也就是学习完成后），会得到一个略有不同的结果。编码器是确定性的，包括分割。但是系统会从高斯分布中为每个潜在变量选择一个随机值，所以每次的输出都不一样。

## 18.9 探索VAE

图18-48展示的VAE体系结构，就像图18-17中全连接层构建的深度自编码器，但有两个变化（为了简单，我们选择全连接层而不是卷积层）。

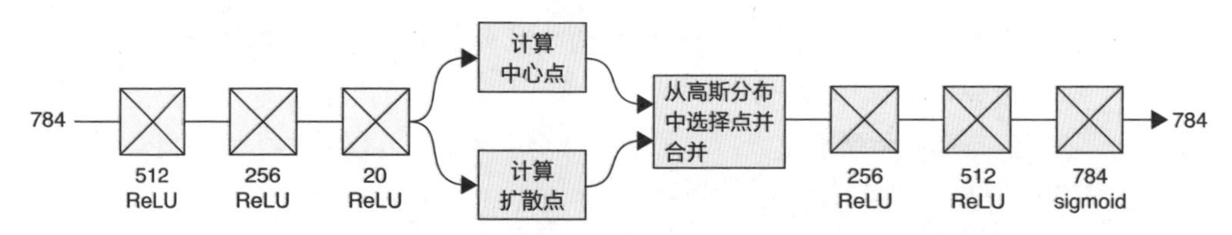


图18-48：用于MNIST数据的VAE体系结构。我们使用20个潜在变量

第1个变化是，现在编码器的末尾有了拆分—选择—合并过程。第2个变化是我们使用了新的损失或误差函数。

新损失函数的另一项工作是衡量编码和解码阶段的全连接层之间的相似性。毕竟，无论编码阶段在做什么，我们都希望解码阶段可以撤销它。

衡量这一点的最佳方法是第6章中介绍的库尔巴克-莱布勒（或KL）散度。这测量的是使用不同于最佳编码的编码压缩信息时产生的误差。在这种情况下，最佳编码器与解码器相反，反之亦然。总的来说，当网络试图减少误差时，它将减少编码器和解码器之间的差异，使其更接近相互镜像的效果（阿尔托萨尔 2020）。

### 18.9.1 使用MNIST样本

下面来看看这个VAE输入MNIST样本后会生成什么，结果如图18-49所示。

毫无疑问，这是很好的匹配。网络正在使用大量的计算能力来生成这些图像！但我们已经从它的架构中看到，VAE每次输入相同的图像都会产生不同的输出。我们从这个测试集中获取表示数字2的图像，并在VAE上运行8次，结果如图18-50所示。

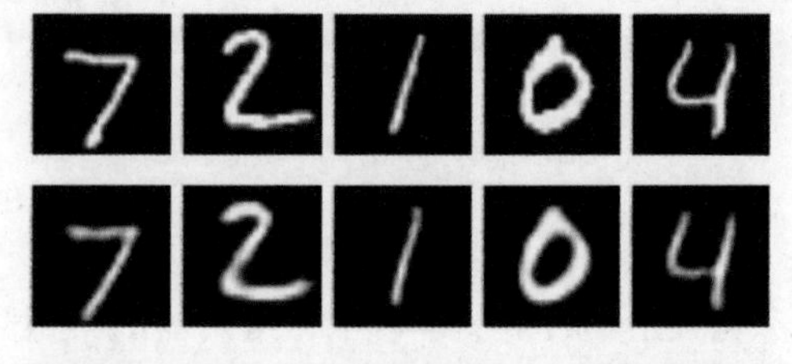

图18-49：图18-48的VAE预测。第1行表示输入MNIST数据，第2行表示可变自编码器的输出

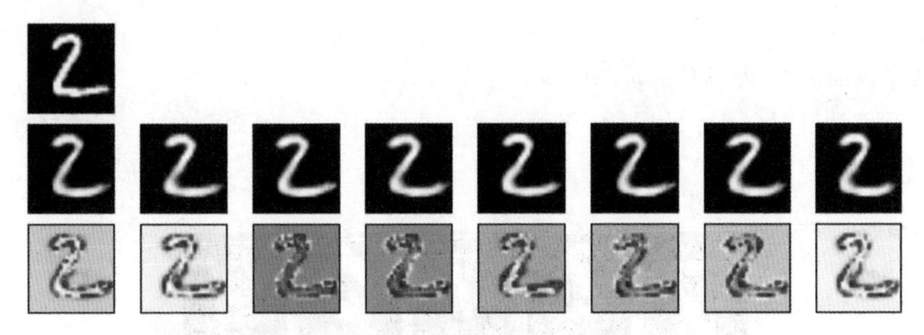

图18-50：VAE每次看到相同的输入会产生不同的结果。第1行表示输入图像，第2行表示对输入进行8次处理后的VAE输出，第3行表示输入和每个输出之间的逐像素差异。增加亮红色意味着更大的正差异，增加亮蓝色意味着更大的负差异

这8个来自VAE的结果彼此非常相似，但我们可以看出有明显的差异。

图18-50中的8幅图像，给编码器输出的潜在变量增加额外的噪声。也就是说，在解码阶段之前，我们向潜在变量添加一些噪声。这可以很好地衡量训练图像在潜在空间中是如何聚集在一起的。

让我们尝试添加一个随机值，该值最多为每个潜在变量数值的10%。图18-51显示了在潜在变量中加入适度噪声的结果。

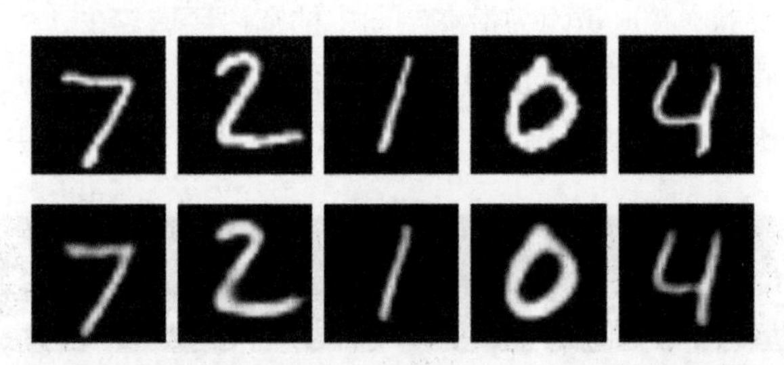

图18-51：向VAE编码器输出的潜在变量添加10%的噪声。第1行表示输入来自MNIST的图像，第2行表示编码器产生的潜在变量加上噪声后的解码器输出

添加噪声似乎根本不会改变图像，因为添加了这些噪声后的图像仍然非常“接近”原始输入。现在让我们加大噪声，加入一个达到潜变量值的30%的随机数字，结果如图18-52所示。

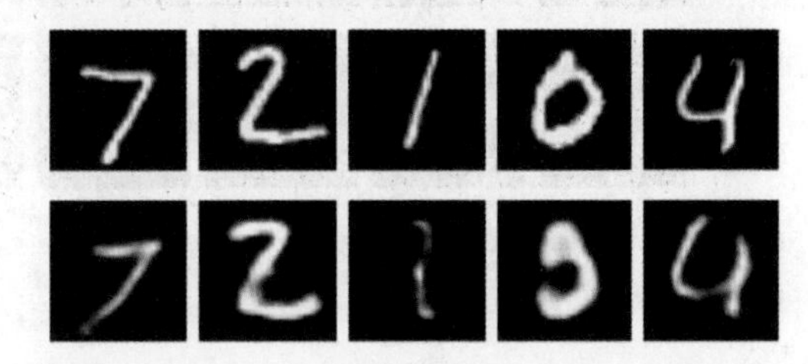

图18-52：扰动潜在变量高达30%。第1行表示MNIST输入图像，第2行表示VAE解码器的结果

即使有很多噪声，结果图像看起来仍然像数字。例如，虽然数字7的变化很大，但它变成了弯曲的7，而不是随机的斑点。

让我们尝试混合数字的参数，来看看它效果。图18-53显示了之前看到的5对数字的平均混合。

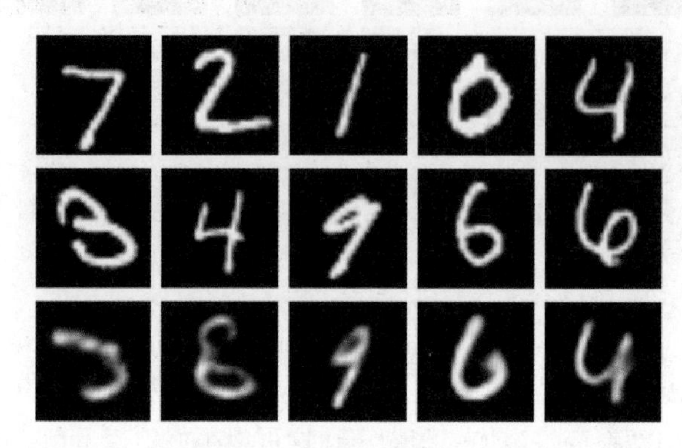

图18-53：混合VAE的潜在变量。前2行表示MNIST输入图像，第3行表示每幅图像潜在变量的平均混合的解码结果

有趣的是，它们看起来或多或少都像数字（最左边的图像就数字而言是最差的，但仍然是一个连贯的形状）。这是因为潜在空间中的空白区域较少，中间值不太可能落在远离其他数据的区域（从而产生奇怪的非数字图像）。

让我们来看一些线性混合。图18-54显示了之前看到的3对数字的中间步骤。

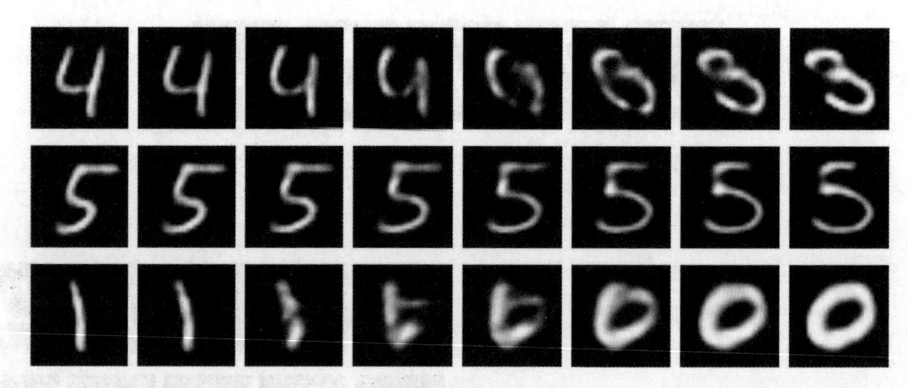

图18-54：VAE中潜在变量的线性插值。每行最左边和最右边的图像是VAE针对特定输入的输出，中间的图像是混合潜在变量的解码版本

第2行的数字5看起来很棒，从一个版本到另一个版本都在数字5的空间中移动。第1行和第3行存在很多不是数字的图像。它们可能正在穿过潜在空间中的空白区域，但正如之前介绍的，不能说它们在某种意义上是错误的，毕竟，谁都不知道部分介于4和3之间的图像应该是什么样子。

在系统中再次运行老虎图像，但是这样做是完全不应该的，因此我们不应该期待任何有意义的结果，如图18-55所示。

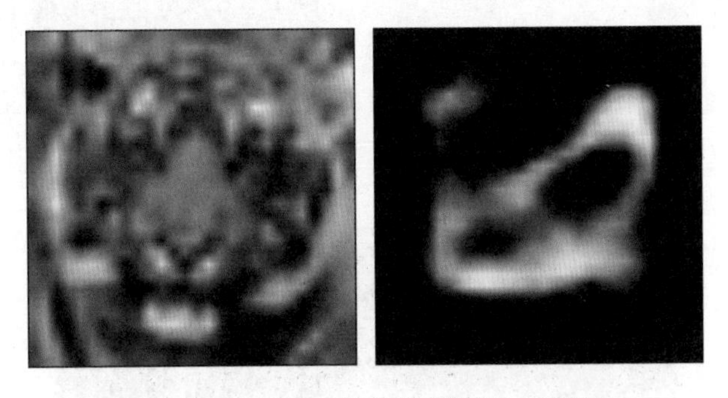

图18-55：通过VAE运行低分辨率的老虎图像

VAE创造了一个连贯的结构，但它仍然不太像一个数字。

### 18.9.2 使用两个潜在变量

为了与其他自编码器进行比较，我们只用两个潜在变量（而不是一直在使用的20个）训练了VAE，并将其绘制在图18-56中。

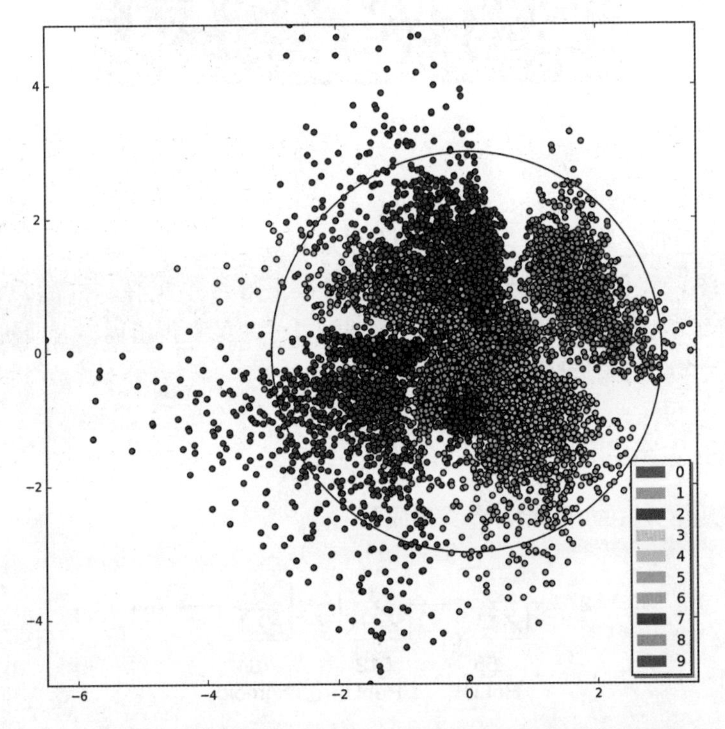


图18-56：用两个潜在变量训练VAE中10,000个MNIST图像后潜在变量的分布

这是一个超出想象的结果。所有潜在变量都试图保持高斯分布，这里用一个黑色圆圈表示，它看起来填充得很好。不同的数字通常都聚集得很好，中间部分有些混乱，但是这只使用了两个潜在变量。奇怪的是，表示数字2的图像似乎形成了两个簇。为了了解发生了什么，我们使用图18-22的方法和图18-56的潜在变量，制作一个与两个潜在变量相对应的图像网格。获取网格上每个点的x和y值，并将其作为潜在变量输入解码器。我们的取值范围是每个轴从-3到3，如图18-56中的圆，结果如图18-57所示。

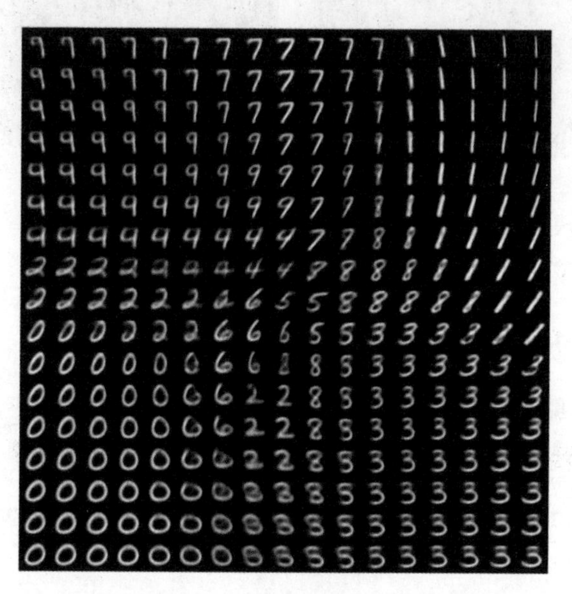

图18-57：将x和y坐标视为两个潜在变量的VAE输出。每个轴从-3到3

没有圈的数字2被分组在靠近中下的位置，有圈的数字2则被分组在左边中间的位置。系统认为它们非常不同，所以不需要彼此靠近。

从这张图，我们可以看到这些数字已经被很好地聚集在了一起。这是一个比图18-23更有组织性和统一性的结构。在一些地方，图像变得模糊，但即使只有两个潜在的变量，大多数图像是与数字匹配的。

### 18.9.3 产生新的输入

图18-58使用VAE的解码部分作为生成器。

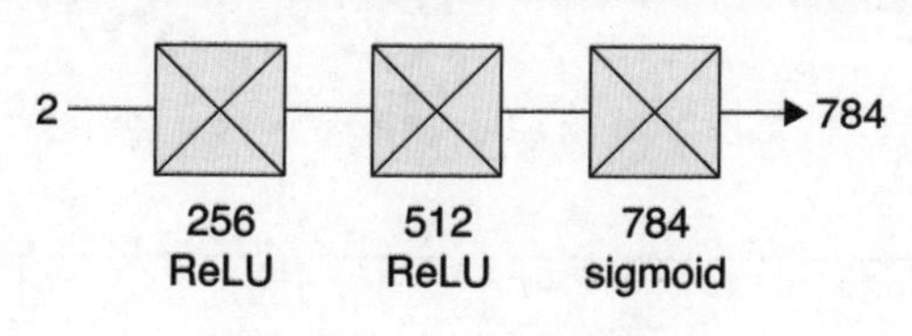


图18-58：VAE的解码部分

我们继续使用这个只有两个潜在变量的VAE版本，从以（0,0）为中心、半径为3的圆中随机选取80个随机（x,y）对，将它们输入解码器，并将得到的图像聚集到图18-59中。

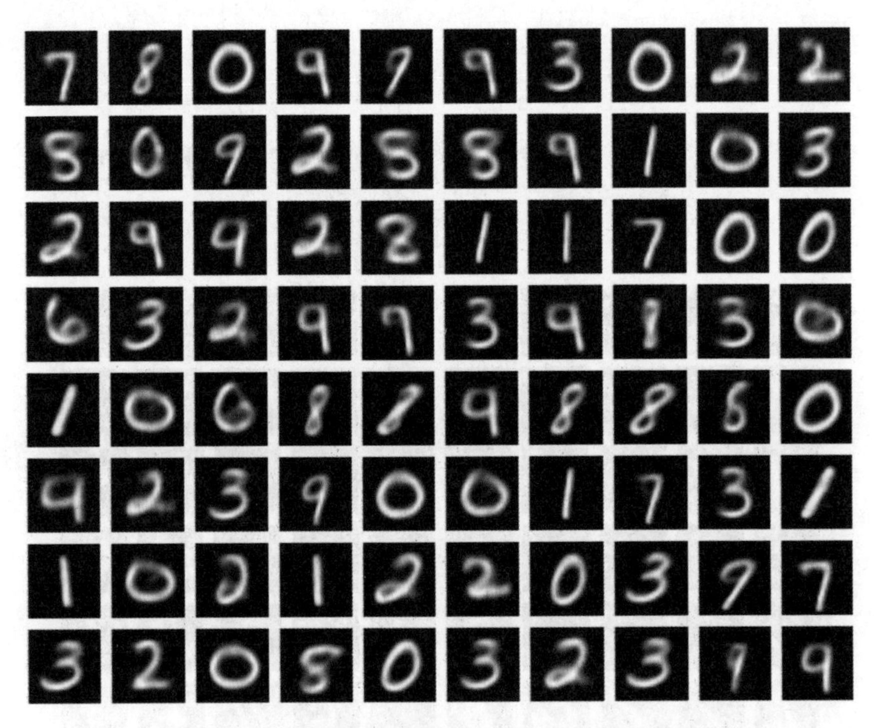

图18-59：当出现随机潜在变量时，VAE解码器生成的图像

大部分数字看起来都很棒。只是有些形状比较奇怪，也有些是模糊的，但总的来说，大多数图像是可识别的数字。许多糊状的形状似乎来自数字8和1的边界，导致出现了窄而薄的数字8。

这些数字大多是模糊的，因为我们只使用了两个潜在变量。让我们通过训练并使用一个有更多潜在变量的更深层的VAE让图片变得更清晰。图18-60展示了新的VAE，这个架构是基于MLP自编码器，它是Caffe机器学习库的一部分（希亚和谢尔哈默 2020；多纳休 2015）。MLP代表多层感知器，或仅由全连接层构建的网络。

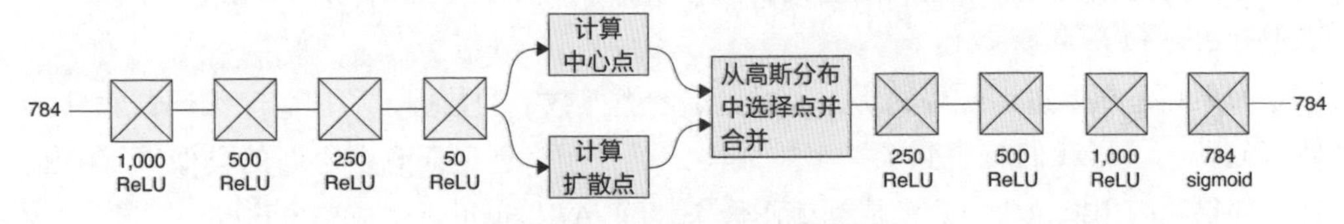


图18-60：更深层次的VAE架构

现在我们用50个潜在变量对这个系统进行25个轮次的训练，然后生成了另一个随机图像网格。和以前一样，我们只使用了解码器部分，如图18-61所示。

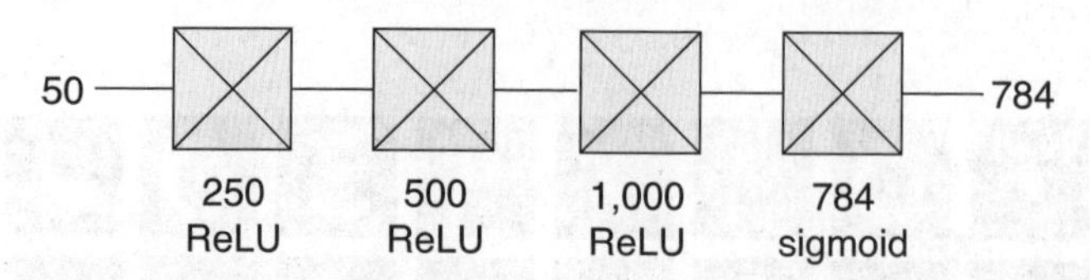


图18-61：只使用更深层VAE的解码器部分生成新的输出，输入50个随机数来生成图像

结果如图18-62所示。

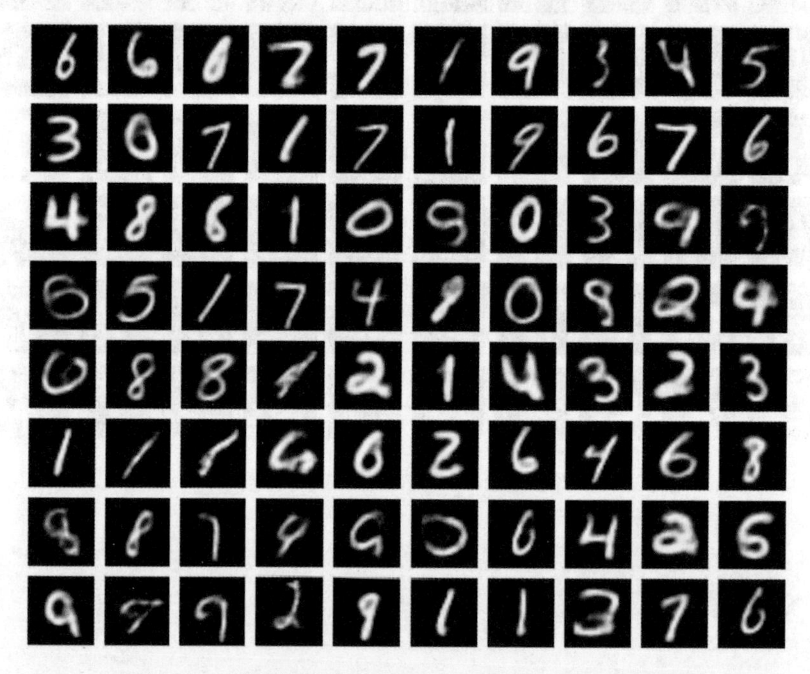

图18-62：当提供随机潜在变量时，由更大的VAE产生的图像

这些图像的边缘明显比图18-59中的图像清晰。在大多数情况下，我们已经从纯粹随机的潜在变量中生成了完全可识别和可信的数字，尽管仍出现了一些不太像数字的奇怪图像。可能是因为数字之间的空白区域，或者不同数字相互靠近的区域造成形状的奇怪混合。

如果只是想通过训练好的VAE生成更多的类似数字的数据，可以忽略编码器而只保留解码器，这样我们就得到了一个生成器，可以用来创建任意多个新的类似数字的图像。如果我们用拖拉机、家禽或河流图像来训练VAE，也可以生成更多这样的图像。

## 18.10 本章总结

本章介绍了自编码器如何用潜在变量来表示一组输入。通常这些潜在变量比输入中的值少，我们就说自编码器通过一个瓶颈来压缩输入。因为一些信息会在这个过程中丢失，所以这是一种有损压缩。

我们将选择的潜在变量直接输入到经过训练的自编码器的后半部分（可将这组层视为一个生成器），能够生成与输入类似但全新的输出数据。

自编码器可以使用多种网络层构建。本章介绍了由全连接层和卷积层构建网络的示例。我们还研究了由全连接层构建并经过训练的自编码器生成的二维潜在变量的结构，并发现它具有惊人的组织结构。我们尝试从这些潜在变量的填充区域挑选的新的潜在变量对输入生成器，通常会产生模糊的输出（因为只有两个潜在值），但看起来与输入有些相似。本章还介绍了混合潜在变量，它本质上是在端点之间创建一系列中间潜在变量。在瓶颈处使用的潜在变量越多，这些插值输出就越好。然后介绍了自编码器可以被训练去除输入图像的噪声，我们只需告诉它生成噪声输入的干净值。最后，我们研究了可变自编码器，它在聚集相似输入和填充潜在空间区域方面做得更好，但代价是在过程中引入了一些随机化。

自编码器通常用于去噪和简化数据集，但人们已经找到了创造性的方法将其用于多种任务（例如创作音乐和修改输入数据），以帮助网络更好、更快地学习（拉费尔 2019）。

# 第19章 循环神经网络

在本书的大部分内容中，我们都将每个样本视为一个独立的实体，与任何其他样本无关，这对普通图片类样本来说没有问题。如果我们需要对一张图像进行分类，并确定图片中有一只猫，那么前一张或后一张图片中有一只狗、松鼠或飞机都无关紧要，因为这些图像彼此独立。但是，如果一张图片是电影的一帧，那么结合前后其他图像来观察是必要的，例如，我们可以追踪暂时被遮挡住的物体。

我们将相互之间顺序非常重要的多个样本称为序列数据。人类语言中的词语流是一种重要的序列数据，这将是本章介绍的重点。

能够理解并处理序列数据的算法通常也能够生成或创建新的序列数据。经过训练的系统可以生成故事内容（多伊奇 2016a）、电视剧本（多伊奇 2016b）、舞曲旋律（斯特姆 2015b）、复调旋律（LISA实验室 2018）和复杂歌曲（约翰逊 2015，奥布莱恩和罗曼 2017）。我们也可以为流行音乐（舒、乌尔塔孙和菲德勒 2016）、民间音乐（斯特姆 2015a）、说唱（巴拉 2018）或乡村音乐（穆卡梅 2020）创作歌词（克里尚 2016）。我们可以将语音转化为文本（盖特吉 2016；格拉费斯、穆罕默德和欣顿 2013），并为图像和视频编写字幕（卡尔帕西和李 2013；毛等人 2015）。

本章将介绍一种基于记忆序列元素的方法来处理序列数据。建立的模型被称为循环神经网络（recurrent neural networks，简称RNNs或RNN）。

处理序列数据时，输入的每个元素都被称为记号。记号表示一个单词或者一个单词的片段，一个度量或者可以用数值表示的任何其他元素。本章使用语言作为最常见的数据来源，并且我们关注整个单词，因此直接使用记号表示单词。

## 19.1 处理语言

研究自然语言的领域一般称为自然语言理解（natural language understanding，NLU），实际上，现今的大多数算法都不关心对其处理的语言的任何实际理解。相反，他们从研究数据中提取统计数据，并将这些统计数据作为回答问题或生成文本等任务的基础。这些技术通常称为自然语言处理（natural language processing，NLP）。

在第16章和第17章中介绍了卷积神经网络（CNN），CNN不需要对图片有任何实际的理解就可以识别其中的物体，它只是处理由图片像素构成的统计数据。同样，NLP也不需要理解它们所处理的语言，只是用数值表示单词，并在这些数值之间找到有用的统计关系。

从根本意义上说，这些系统甚至不知道存在语言这样的东西，也不知道它们操纵的对象具有任何语义。系统只是使用统计数据来生成在特定情况下可以接受的输出，系统甚至对它在做什么或输出对我们可能意味着什么都没有一丝理解。

### 19.1.1 常见的NLP任务

我们通常将自然语言处理算法的应用称为一个NLP任务。以下是一些常见的NLP任务：

1）情感分析：给出像影评这样包含评论者个性的文本，确定整体情感是积极的还是消极的。

2）机器翻译：把给定的文字翻译成另一种语言。

3）问答系统：回答关于文本内容的问题，比如谁是主人公或者发生了什么事情。

4）总结或释义：提供一个简短的文本概述，并强调要点。

5）文本生成：给定一些起始文本，在这个基础上续写更多的文本。

6）逻辑流程：如果一句文本首先断言一个前提，而后面的文本基于该前提断言一个结论，那么确定这个结论在逻辑上是否遵循该前提。

在本章和下一章中，我们主要关注两个任务：翻译和文本生成。其他任务与它们有很多共同之处（拉杰普卡尔，希亚和良 2018；罗伯茨，拉费尔和阿扎赛尔 2020）。特别是，有益于人机合作的逻辑流程非常困难（FullFact新闻机构 2020）。

翻译任务至少需要我们想要翻译的文本，以及指定源语言和目标语言。我们可能还需要了解一些语境，以帮助理解惯用语和其他语言特征，它们会随着时间的推移而变化。

文本生成通常以起始文本或提示内容开始，算法将其作为文本的开端，然后开始构建。通常情况下，它一次只生成一个单词。有了最开始的提示，它就能预测下一个单词，然后将这个单词添加到提示的末尾，系统再使用这个新的、更长的提示来预测后面的下一个单词。我们可以无休止地重复这个过程，来生成一个句子、一篇文章或一本书。这种技术称为自回归，因为算法通过自动将之前的输出附加在一起并将其用作输入来预测或回归序列中的下一个单词。使用自回归的系统被称为自回归系统。更普遍地说，用算法创建文本被称为自然语言生成（natural language generation，NLG）。

翻译和文本生成都使用了一个被称为语言模型的概念。这种计算逻辑将一个序列的单词作为输入，并告诉我们该序列是一个格式良好的句子的可能性有多大。请注意，它不会告诉我们这是一个写得特别好的句子，甚至不会告诉我们它是否有意义或正确。我们通常将经过训练的神经网络称为语言模型（尤拉夫斯基 2020）。

### 19.1.2 文本数值化

为了构建能够翻译和生成文本的系统，首先必须将文本转换成对计算机能够识别的形式。像往常一样，我们会把一切都变成数值，有两种常用的方法可以做到这一点。

首先是基于字符的转换方法，把文本中可能出现的所有符号进行编号。人类语言中最广泛的编码字符列表叫作Unicode。最新版本的Unicode13.0.0包含154种人类书面语言和143859个不同的字符（Unicode联盟 2020）。我们可以给这些语言中的每个字符分配一个从0到大约144000的唯一数字。本章将简单介绍并展示一些使用英语文本中最常见的89个字符生成文本的例子。

另一种是基于单词的转换方法，我们对文本中可能出现的所有单词进行编码。编码世界上所有语言的所有单词是一项非常艰巨的任务。本书用英语作为示例，但即使这样也没有明确的单词个数统计。一般现代英语词典大约有30万个单词（词典网 2020）。想象一下，我们翻阅词典，并给每个单词分配一个从0开始的唯一数值，这些单词及其对应的数值就构成了词汇编码表。本章的大多数示例都采用了基于单词的转换方法。

现在可以为任何英语文本创建计算机能够识别的数值了。我们将这个数值列表输入经过训练的自回归网络，网络为我们生成更多的文本。想象一下，网络通过输入文本的数值列表来预测下一个单词的数值，然后该单词的数值被附加到输入的列表之后，再预测下一个单词，该单词对应的数值又被附加到输入列表之后，以此类推。为了得到它对应的文本，可以将每个数值转换回对应的单词。在接下来几节的讨论中，我们将转换数值为已知的文本，并以单词而不是数值的形式来说明输入和输出。虽然单个数值是可行的，但是我们有更丰富的方法来表示单词，包括上下文以及它们在句子中的使用方式。

### 19.1.3 微调和下游网络

前面章节已经介绍了如何在通用数据集上训练一个神经网络系统，然后将其进行优化。例如，我们可以增强一个通用图像分类器，使其能够识别树叶形状，并告诉我们它们来自哪种树。这个过程被称为迁移学习，通常包括保持现有的网络不变，在网络的末尾添加一些新的层，并训练这些层。这样，新的层就可以利用现有网络，从每幅图像的输出中提取所有信息了。

在自然语言处理（NLP）中，我们认为从通用数据集学习的系统是预训练的。在想要学习一种新型的专业语言（如法律、诗歌或工程中使用的语言）时，需要用新的数据对网络进行微调。与迁移学习不同，我们通常会在微调时修改网络中的所有权重。

如果不想重新训练系统，可以创建另一个模型来获取现有模型的输出，并将其转化为对我们更有用的东西，这在本质上接近于迁移学习。在这里，现有语言模型被冻结，其输出被送入一个新的模型。我们将第2个模型称为下游网络，它将会执行下游处理任务。一些语言模型的设计目的就是为其输入文本创建丰富、密集的摘要，以便用于驱动各种下游任务。

微调和下游网络这两种方法有一些概念区别，但在实践中，许多系统会将这两种技术中的一些概念融合在一起。

## 19.2 全连接预测

正如上一节所讨论的，我们把语言视为序列数据。为了对处理这样的序列有一种总体上的认知，让我们暂时抛开语言，只关注数值。我们将建立一个微小的网络，学习从序列数据中提取几个数字，并产生下一个数字。我们将以最简单的方式做到这一点，只需两层，第1层是由5个神经元组成的完全连接层，第2层是由单个神经元组成的全连接层，如图19-1所示。我们将在第1层上使用斜率为0.1的leaky ReLU激活函数，在输出层上不使用任何激活函数。

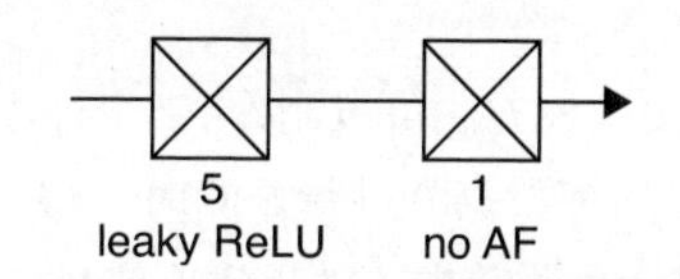


图19-1：一个用于序列预测的微型网络

### 19.2.1 测试网络

本小节，我们将使用一个合成数据集来测试这个微型网络，该数据集是通过将一组正弦波叠加在一起创建的。前500个样本如下页图19-2所示。

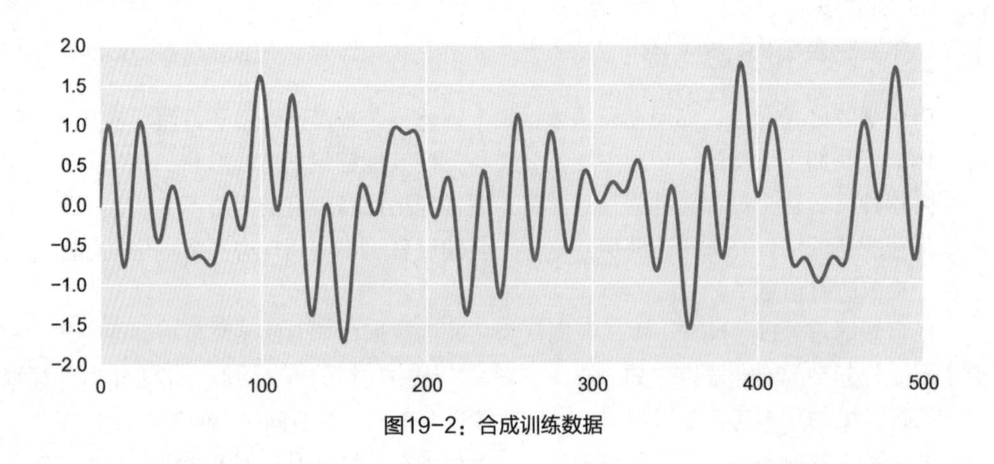

图19-2：合成训练数据

为了训练网络，我们从数据集获取前5个值，并要求微型网络生成第6个值。然后取数据集第2到6个值，并要求它预测第7个值。也就是说，我们使用滑动窗口来选择每组输入，如图19-3所示。

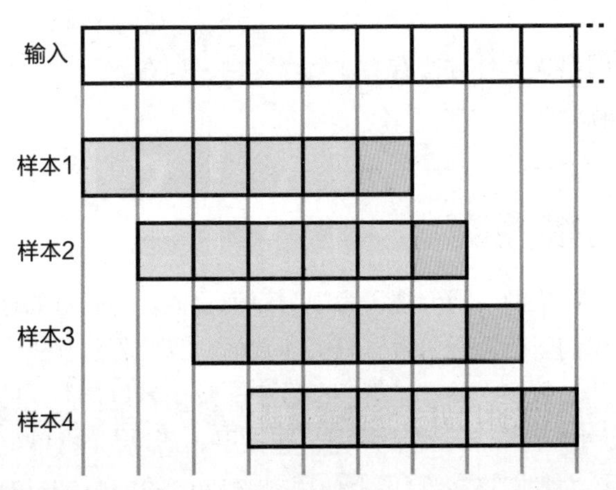

图19-3：使用滑动窗口从训练数据的5元素序列中创建训练样本，显示为蓝色。想要为每个样本预测的值是红色

利用最开始的500个值，按这种方法可以制作495个样本。我们用这些样本训练了微型网络50个轮次。当再次运行训练数据并进行预测时，得到下页图19-4左边的结果，蓝色显示原始训练数据，橙色显示预测数据。效果还不错！

现在我们用数据集后面的250个测试数据运行这个网络。测试数据和预测如下页图19-4右侧所示。尽管预测并不完美，但考虑到网络这么小，结果还是相当不错的。

不过，这是一个简单的数据，因为它非常平滑。下面再尝试一个更真实的数据集（Kaggle数据集 2020），它由1749年至2018年每月记录的太阳黑子平均数量组成。下页图19-5显示了使用与图19-4相同排列的输入和输出。波峰和波谷对应大约11年的太阳周期。虽然没有完全匹配度到波峰波谷的极值，但这个微型网络似乎很好地预测了数据的总体起伏趋势。

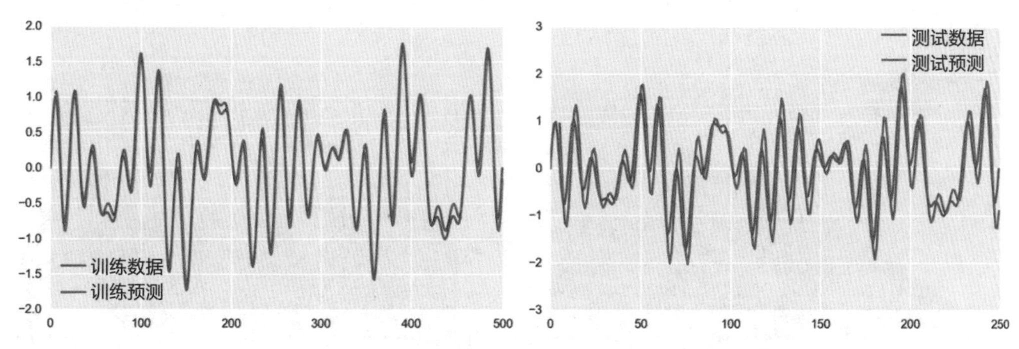


图19-4：左图表示训练数据和预测，右图表示测试数据和预测

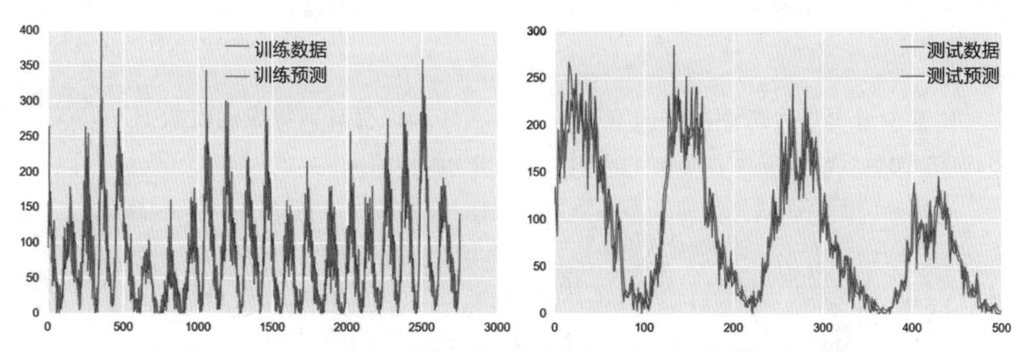


图19-5：左图表示太阳黑子训练数据和预测结果，右图表示测试数据和预测结果

不过，这个微型网络还无法创作人们喜爱的小说。为了了解原因，我们将数据更改为带编码的单词。文本使用查尔斯狄更斯的小说《双城记》（狄更斯 1859）的前6章。为了简化处理，我们去掉了所有标点符号，并将所有内容转换成了小写。

因为要在单词级别工作，所以需要为将要使用的每个单词分配一个数值。我们没有必要直接给整本字典都分配数值，那样会漏掉文中所有的人名和地名。相反，让我们从这本书本身建立词汇表，给书中第一个单词编码为0，然后逐个单词编码。每遇到一个以前没见过的单词，就将它编码为下一个可用的数字。这部小说的开头部分共包含17,267个单词，但只有3458个不重复的单词，所以单词的值从0到3457。

现在小说前6章的每个单词都对应一个数值，我们把数据集分成训练集和测试集。在训练数据中，大约有3000个不重复的单词。为了不让网络预测它没有训练过的单词数值，我们删除了测试集中所有数值高于这个值（3000）的数据。也就是说，测试数据仅由训练数据中存在的单词序列组成。

重复之前的测试，并将5个连续数字的窗口输入图19-1的微型网络，从输出中得到对下一个单词的预测。让它训练50个轮次，但误差很快就停止改进了，训练提前结束在第

8个轮次，结果如图19-6所示。蓝色线表示单词数值。从左边的训练数据中可以看到，随着我们深入书籍内容，单词数值逐渐增加。橙色线表示系统根据每组5个输入预测的单词数值。

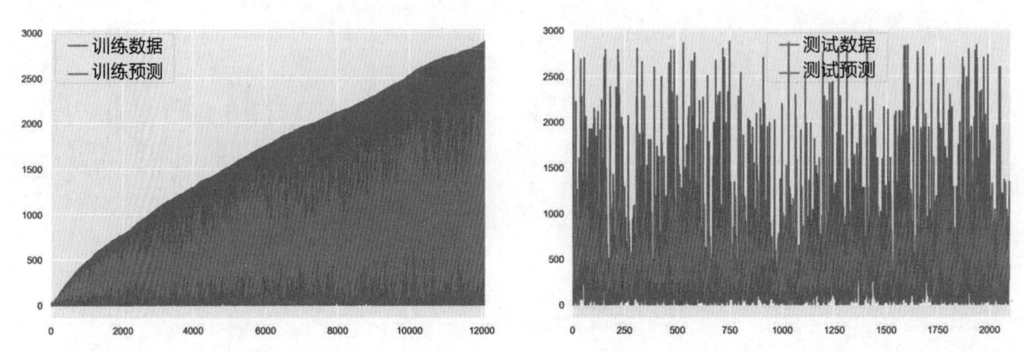


图19-6：左图表示《双城记》前六章约12,000个单词的训练和预测，右图表示大约2000个单词的测试数据和预测

在这个过程中，微型网络表现得一点也不好，说明与训练或测试数据不匹配。图19-7的测试过程的特写更容易看到测试数据和预测的结构。

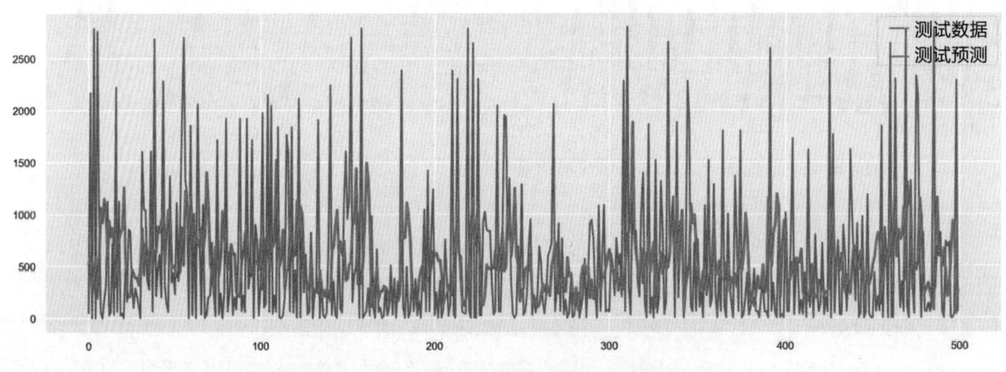


图19-7：图19-6中500条测试数据和预测的特写

这些预测似乎总是大致跟随目标，但数值相差甚远。

### 19.2.2 失败的原因

我们把这些生成的数值还原成文字。以下是典型的摘录：

pricked hollows mud crosses argument ripples loud want joints upon harness followed side three intensely atop fired wrote pretence（一堆没有任何意义的英文单词）。

即使增加一些标点符号，这也不会是合格的文学作品。这里存在一些问题，首先，这个微型网络显然没有足够的能力完成这项工作。我们需要更多的神经元，也许需要很多层，才能获得接近可读的文本。

然而，即使是更大的由完全连接层构成的网络也很难能完成这项任务，因为它们无法捕捉到文本的结构，这也被称为语义。语言的结构与之前的曲线和太阳黑子数据的结构有着本质的差别。考虑五个单词组成的串“Just yesterday,I saw a”（就在昨天，我看到了一个），这个文本片段可以用任何名词作结尾。但是据估计，英语中的名词数量至少达到数万个（麦克雷 2018）。网络怎么可能猜到我们想要哪一个呢？一个解决办法是把窗口扩大，这样网络就有更多的前置词，也许可以做出更明智的选择。例如，给定输入“I've been spending my time watching tiger svery closely.Just yesterday,I saw a”（我一直在密切关注老虎。就在昨天，我看到了一个），大多数英语名词将会因为不太可能出现而被合理地排除。

我们尝试扩大图19-1的微型网络，第一层有20个神经元。先给它20个元素，让它预测第21个，结果如图19-8所示。

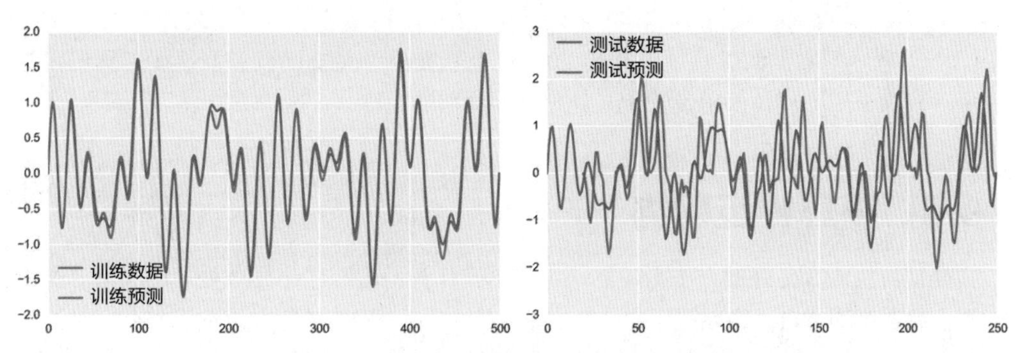


图19-8：使用20个元素的窗口预测正弦波数据的扩大网络

虽然训练数据还算可以，但测试结果还是差很多。为了处理来自这个更大窗口的所有信息，我们需要一个更大的网络。窗口越大意味着网络越大，这意味着它需要更多的训练数据、更多的内存、更多的计算能力、更多的训练消耗和更多的训练时间。

还有一个更大的问题，仅通过使用更大的网络是无法改善的。问题是，即使是预测中的一个微小错误也可能会输出人们根本无法理解的文本。为了了解这一点，让我们随意看一下被编码为1003和1004的单词，这些数值对应单词keep（保持）和flint（燧石）。这两个词看起来完全不相关，但在书的开头出现了这段话：“he had only to shut himself up inside, keep the flint and steel sparks well off the straw.”（他只需要把自己关在里面，让燧石和钢铁的火花远离稻草）。单词the已经作为本书第三个单词出现了，由于keep和flint都还没有出现过，所以当我们给书中的单词编码时，keep和flint被分配了连续的数字。

假设网络根据某些输入，预测出的下一个单词的数值是1003.49。我们需要把它变成一个整数来表示对应的单词。最近的整数是1003，对应的是keep。但是如果系统预测的值稍稍变大，如1003.51，那么最接近的整数是1004，对应的是flint。这两个词完全不相关，这表明，即使是预测中一个微小的数值误差也会产生无意义的输出。

由图中网络的预测，可以看到许多误差，这些误差对曲线和太阳黑子数据来说似乎并不太可怕，但会对语言数据的结构造成严重破坏。在这个问题上投入更多的计算能力的确会减少这种破坏，但永远无法解决这个问题。

图19-1的微型网络还有另一个缺陷，它不会跟踪输入中单词的位置。假设我们得到了一段文本“Bob told John that he was hungry”，代词“he”指的是谁？答案显然是“Bob”。但是语序很重要，因为如果我们得到的文本是“John told Bob that he was hungry”，那么“he”就将指代“John”。对准确性的要求将鼓励我们用更大的网络进行预测，但当单词到达第1层时，就失去了其隐含的顺序。后来的层将没有机会找出“he”这个词该对应谁。

为了解决这些以及许多其他的问题，我们需要一个比全连接层和由单个数值表示的单词更复杂的方法。我们可以尝试使用卷积神经网络（CNN），并且已经有一些关于使用CNN处理序列数据的工具（陈和吴 2017；范登奥德等人 2016），但这些工具仍在改进中。现在介绍一些被明确设计用来处理序列数据的工具。

## 19.3 循环神经网络

处理自然语言更好的方法是建立一个将语言作为一个有序序列来处理的网络。这种网络也是本章的重点，称为循环神经网络（RNN）。这类网络建立在以前没有介绍过的几个概念上，所以先来介绍它们，并用它们来构建一个循环神经网络。

### 19.3.1 状态

循环神经网络包含了一种称作“状态”的思想。这是对系统（如神经网络）在任何给定时间的描述。例如，在预热烤箱的过程中，烤箱呈现出三种独特的状态：关闭、预热、保持期望温度。状态还可以包含附加信息。例如，当烤箱预热时，我们可以将三条信息添加进烤箱的状态中：它的当前状态（如预热）、当前的温度以及它的目标温度。所以，状态可以表示系统的当前状态，以及任何其他便于记忆的信息。

因为状态如此重要，下面再用另一个例子来看看它的巧妙之处。

假设你在一家冰淇淋店工作，正在学习如何制作简单的圣代。在这个例子中，你扮演了系统的角色，在头脑中建立的食谱就是你的状态。

在得到任何指示之前，你的起始状态或初始状态应该是“一个空杯子”。假设你有一个空杯子，那么你的起始状态如下页图19-9最左边所示。

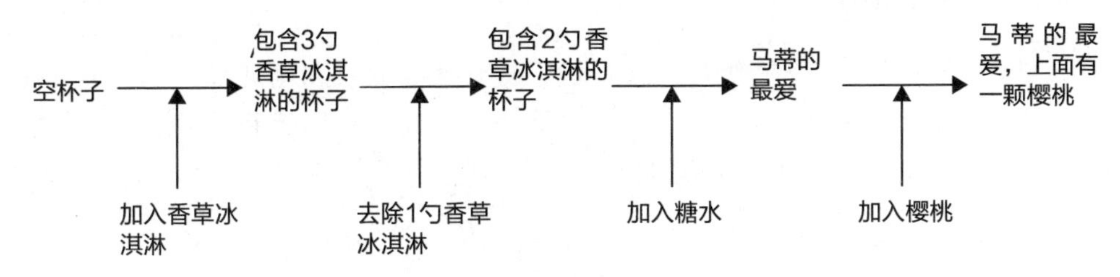

图19-9：学习制作甜点时，你的状态（或食谱）会发生变化

当经理说第1步放一些香草冰淇淋，你更新内部食谱（或状态）为“1个杯子，里面有3勺香草冰淇淋”。你在杯子里放了3勺冰淇淋。

经理说太多了，你应该去掉1勺。你照做了，并更新状态为“1个杯子，里面有2勺香草冰淇淋”。

经理又说倒上足够的巧克力糖水来覆盖冰淇淋。你照做了，并更新状态为“1个杯子，里面有2勺香草冰淇淋，上面覆盖着巧克力糖水”。但这让你想起了朋友马蒂，因为这是他最喜欢的甜点，所以，你扔掉所拥有的描述来简化状态，现在只记得“马蒂的最爱”。

最后，经理说你应该在顶部放一个樱桃。所以，你把状态更新为“马蒂的最爱，上面有1颗樱桃”。恭喜你，现在你的圣代已经完成了！

其中有一些东西我们可以从这个故事和状态的概念中去除。

首先，你的状态不仅仅是当前状况的快照或者所得到的信息列表，它可能是以压缩或修改的形式包含了这两个概念。例如，你没有记住放入3勺冰淇淋，然后取出1勺，而是记住放入了2勺。

其次，在每一步接收到新信息后，都更新状态并生成输出。输出取决于你收到的输入和内部状态，但外部观察者看不到你的状态，因此他们可能不理解你的输出是如何由你刚刚收到的输入产生的。事实上，外部观察者通常看不到系统的内部状态，有时我们也将系统的状态称为隐藏状态。

最后，输入的顺序很重要。这个例子中最重要的细节是，数据是一个序列，而不仅仅是一堆输入，因此它不同于本章开头的简单全连接层。如果先把巧克力糖水倒进杯子里，你将会做出完全不同的甜点，而且可能不会在状态中想起你的朋友马蒂。

我们将每个输入称为时间步长。在输入表示时间上的事件时，是非常有意义的。其他序列可能没有时间分量，比如描述河流从源头到终点连续点的深度的序列。在这里，句子中的单词在我们阅读时有时间顺序，但这种想法在印刷时并不适用。然而，时间步长一词被广泛用于指代序列的每个连续元素。

### 19.3.2 卷起图表

如果我们有一长串输入要处理，像上页图19-9这样绘图会占用页面上大量的空间。因此，通常以更紧凑的形式绘制类似这样的示意图，如图19-10所示。我们在单词之间加了连字符，表示每个小短语都可以理解为一个信息块。

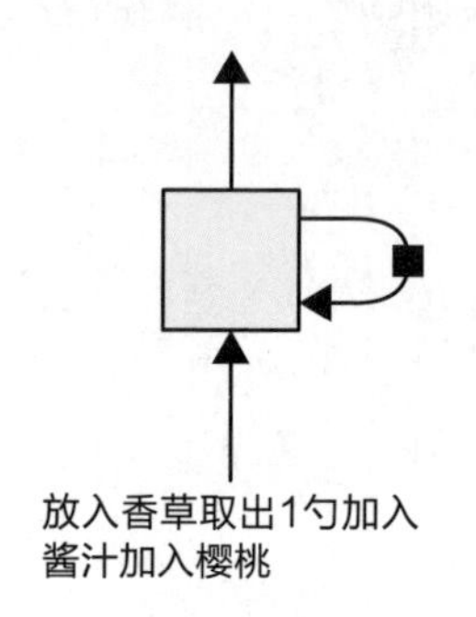


图19-10：图19-9的被卷起版本

右边的循环表示一个输入和下一个输入之间的状态。每次输入后，系统（由大的浅蓝色方框表示）都会创建一个新的状态，该状态从系统中输出并进入黑色方块。这个方块叫作延迟，我们可以把它想象成一小段记忆。当下一个输入到达时，系统将状态从延迟中取出，并计算输出和新状态。新状态再次从系统中出现，并保存在延迟中，直到下一个输入到达。延迟的目的是明确每个时间步长中产生的状态不会立即以某种方式再次使用，而是保持到需要处理下一个输入。

我们说图19-9的图表是该过程的展开版本，图19-10的更紧凑的版本称为卷起或被卷起版本。

在深度学习中，我们通常将所有内容打包成一个循环单元来实现状态的管理和展示输出的过程，如图19-11所示。“循环”一词指的是我们反复使用状态记忆的事实，尽管其内容通常会随着输入的不同而变化（注意，与“递归”这个词不同，它们听起来很相似，但意思却完全不同）。该单元的工作通常由多个神经网络管理。像往常一样，当我们训练将下页图19-11作为其中一层的完整网络时，这些网络将学习如何来完成它们的工作。

即使一个单元的内部状态通常是私有的，但一些网络也可以很好地利用这些信息。所以这里我们将导出的状态显示为虚线，表明它是可用的，如果不需要，可以忽略它。

我们经常将一个循环单元放到独立的层上，并称之为循环层，由循环层控制的网络称为循环神经网络（RNN）。这个术语也经常用于循环层本身，有时甚至用于循环单元，因为它们内部有神经网络。我们通常要从上下文正确理解作者的意图。

循环单元的内部状态将被保存为张量。因为这个张量通常只是一维的数字列表，所以我们有时会提到循环单元的宽度或大小，指的就是状态中存储元素的数量。如果网络中的所有单元都有相同的宽度，我们将其称为网络的宽度。

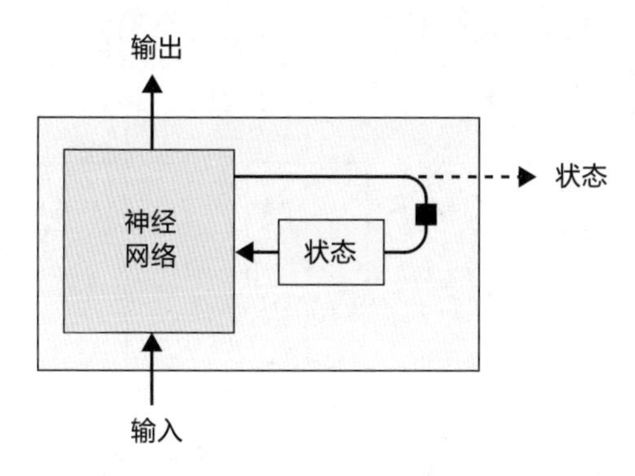


图19-11：一个循环神经单元。如果需要，可以将隐藏状态输出到单元外部

图19-12的左侧显示了通常在展开图中使用的循环单元格的图标。右侧显示了单元格放置在层中时的图标，为了方便，我们将其卷起。在循环层中，我们通常不绘制该单元的内部状态。

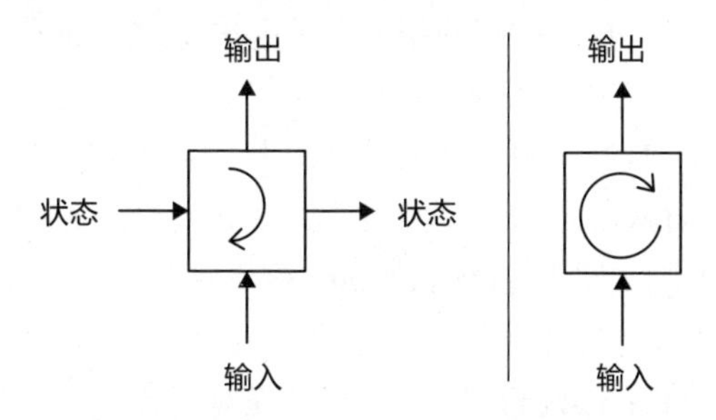


图19-12：左图表示循环单元的图标，右图表示循环层的图标

我们可以使用图19-11中的基本循环单元来建立语言模型。假设标有“神经网络”的方框中有一个小的神经网络，由任何层构建而成。我们可以将单词序列（以数值形式）输入该单元。处理每个单词之后，该单元将生成一个输出，预测下一个进入的单词，并更新其内部状态以记住已经进入的单词。为了复现本章开始的实验，我们可以连续输入5个单词，忽略前4个单词的输出。在第5次输入后的输出将是对第6个单词的预测。如果正在训练并且预测不正确，那么像之前一样，我们使用反向传播和优化算法来改进单元内神经网络的权重值，并继续训练。我们目标是，最终网络将变得非常擅长理解输入和控制状态，从而能够做出良好的预测。

## 19.3.3 实践循环单元

下面介绍循环单元如何预测单词序列中的下一个单词。我们可以通过展开图看到输入和可能的输出，如下页图19-13所示。

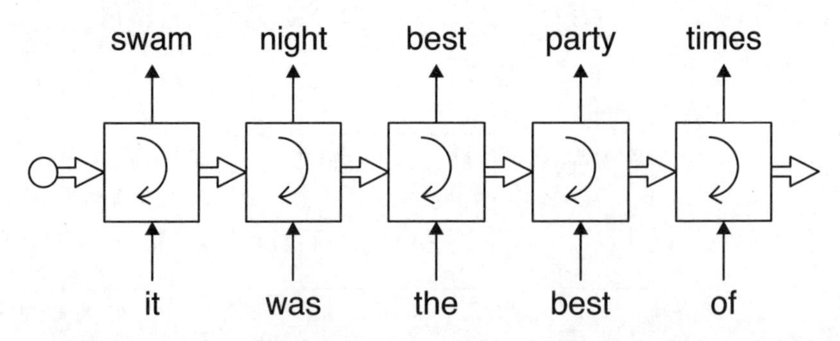


图19-13：预测单词的循环单元，图表是展开的形式。预测从单元顶部出来，而状态由粗的水平箭头指示

从第1个单元开始，该单元的隐藏状态已初始化为某种通用状态，表示尚未学到任何东西，那就是最左边的圆圈。第一个单词为it，该单元考虑输入及其隐藏状态，并预测下一个单词swam。单元告诉我们，以it开头的句子最有可能延续到单词swam，但忽略这个输出，因为我们只关心第5个单词之后的预测。

现在是关键部分，循环神经网络使用在训练中学习到的信息，更新了其隐藏状态，它接收单词it作为输入，并产生单词swam作为输出。

现在是文本的第2个单词was。同样，单元参考其隐藏状态和输入，并产生新的输出预测night，完成了短语it was night。单元更新了其隐藏状态，以记住接收到it，接着是was，然后预测night。同样，我们忽略了对night的预测。

一直持续到第5个单词of。如果是训练刚开始的时候，系统可能会生成类似jellyfish的单词，完成句子it was the best of jellyfish。但是在对原始文本进行足够的训练后，循环单元内部的网络将学会在隐藏状态内如何表示it was the best of这句话里的连续单词，因此单词times的可能性很高。

## 19.3.4 训练循环神经网络

假设开始训练图19-13中的循环单元，给它输入5个单词，然后通过比较单元的最终预测与文本的下一个单词来计算误差。如果预测与文本不匹配，与之前一样运行反向传播算法和优化器。首先在图表最右边的单元中找到梯度，接着将它传播到左边的前一个单元，然后将梯度再次传播到前面的单元，以此类推。按顺序应用反向传播算法是很重要的，因为这是连续的处理步骤。

但我们不能真正将优化应用于图19-13中的每个框，因为这些框都是同一个循环单元！我们的系统更像是图19-11独立构成的一个实例，而不是相同的循环单元重复拼接使用的展开列表。如果我们不得不反复对同一层应用反向传播算法，可能会造成参数的混乱。为了解决这个问题，我们使用了反向传播的一种特殊变体，称为基于时间的反向传播（BPTT）。它将处理这些细节问题，这样我们就可以简单理解图19-13，以便进行训练了。

BPTT允许有效地训练循环单元，但不能完全解决训练问题。假设在使用BPTT时，计算了图19-13最右边循环单元中特定权重的梯度。当我们向左传播梯度时，会发现前一个单元中相同权重的梯度更小。这意味着，当我们将梯度向左推，反复穿过同一个单元，同样的过程将重复，梯度将变得越来越小。如果梯度每次减小60%，那么仅仅传播8个循环单元之后，它就会降到不足原来的1/1000。随着向后移动，梯度将变得更小，这是很常见的。每传播一步，它就不可避免地以同样的百分比变小。

这是个不好的消息，因为当梯度变小时，学习速度会减慢，如果梯度变为零，学习就会完全停止。这不仅对停止学习的循环单元不利，对之前每一层的神经元也不利，因为它们也失去了提升的机会。在达到网络可能的最小误差之前，整个学习过程可能会陷入停顿。

这种现象被称为梯度消失问题（霍克赖特等2001；帕斯卡努、米科洛维奇和本希奥2013）。如果在展开图中每反向传播一步时梯度变大，也会出现类似的问题。经过同样的8个步骤后，每一步增长60%的梯度在到达第1个单元时几乎是原来的43倍，这就是所谓的梯度爆炸问题（R2RT博客 2016）。这些都是会阻碍网络学习的严重问题。

## 19.3.5 长短期记忆与门控循环网络

我们可以用一个更高级的循环单元（称为长短期记忆，简称LSTM）来避免梯度消失和爆炸问题。长短期记忆这个名字可能让人困惑，但它指的是内部状态将会经常变化，可以认为是短时记忆。但有时我们可以选择将一些信息长期保存在状态中。将其看作是一种选择性持续短期记忆可能会有助于理解。长短期记忆的框图如图19-14所示。

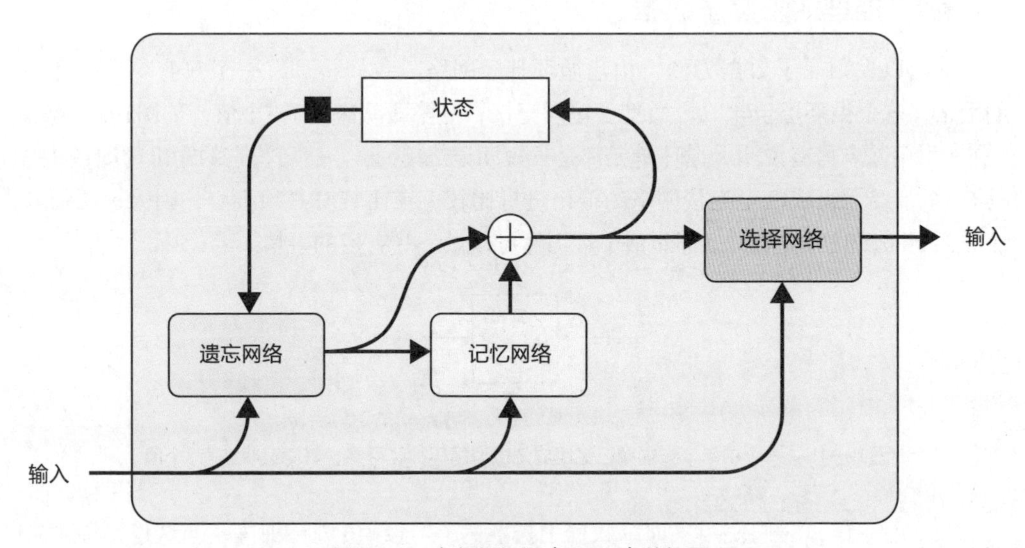


图19-14：长短期记忆（LSTM）的框图

长短期记忆使用3个内部神经网络。第1个网络用来从状态中移除（或忘记）不再需要的信息；第2个网络向单元中插入想要记住的新信息；第3个网络将某个内部状态作为单元的输出。

按照惯例，“忘记”一个数值只意味着将其改为0，记住一个新数字仅仅意味着将其添加到状态存储器中的适当位置。

长短期记忆不需要重复自身的拷贝，就像图19-11中的基本循环单元一样，因此它避免了梯度消失和爆炸的问题。我们可以将这个长短期记忆单元独立放在一个层上，用常规的反向传播和优化来训练其中的神经网络。一个真正的长短期记忆实现具有许多我们在这里跳过的细节，但它们遵循这个一般流程（霍克赖特等人 2001；欧拉 2015）。

事实证明，长短期记忆是实现循环单元的好方法，因此当人们提到循环神经网络时，通常指的就是一个LSTM网络。循环神经网络还有一种流行的变体，即门控循环单元（gated recurrent unit，GRU）。我们也经常会在网络中同时尝试长短期记忆和门控循环单元，看看哪一个在特定任务中表现更好。

## 19.4 使用循环神经网络

用循环单元（无论是长短期记忆单元、门控循环单元还是其他单元）构建网络很容易。我们只要在网络中放置一个循环层，并像往常一样进行训练就可以了。

### 19.4.1 处理太阳黑子数据

下面以太阳黑子数据为例，构建循环神经网络。我们将训练一个只有一个循环层的网络，这个循环层包含一个微型长短期记忆，其隐藏状态只有3个值，如图19-15所示（在本书中除非另有说明，循环单元都是长短期记忆单元）。然后将它的输出与图19-1中具有5个神经元组成的全连接网络的输出进行比较。在比较时必须小心，因为这两种方法非常不同，但这两个网络都非常小且仍然可以做一些有趣的事情。

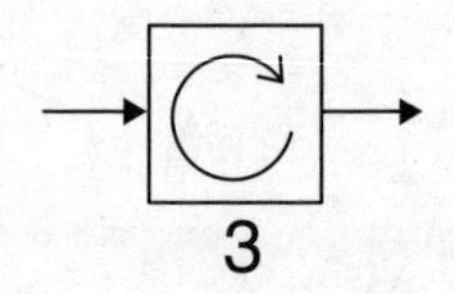


图19-15：一个由单个长短期记忆组成的微型循环神经网络，其隐藏状态有3个值

像以前一样，我们使用从训练数据中提取的5个连续值进行训练。与全连接层（一次接收所有5个值）相反，循环神经网络在5个连续步骤中每次只获取1个值，结果如下页图19-16所示。记住我们关于不同结构比较的警告，这个微型循环神经网络的结果看

起来非常像全连接网络的结果，如图19-5所示（在训练期间计算的损失值和总误差也大致相同）。

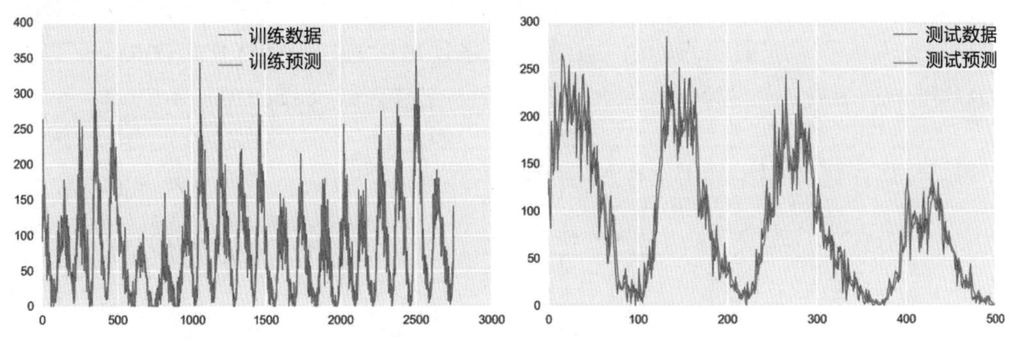

图19-16：用图19-15的微型循环神经网络预测太阳黑子数据的结果

### 19.4.2 生成文本

这个预测结果令我们很满意，所以再尝试下一个挑战，使用循环神经网络生成文本。对于这个例子，我们提供给系统一个字母序列，并要求它预测下一个字母，而不是像之前做的那样预测下一个单词。这是一个容易得多的任务，因为字母比单词少得多，使用标准英语键盘上的89个字符作为字符集。幸运的是，与基于单词的方法相比，使用字母可以使用更小的网络。

下面根据夏洛克福尔摩斯短篇小说集中的人物序列训练循环神经网络，并让它预测下一个人物（多伊尔 1892）。

训练循环神经网络需要权衡取舍，使用的单元越多，每个单元的隐藏状态就越多，窗口越长，网络可以处理和保存的信息就越多，这可能会得到更好的预测。但是使用更少、更小的单元和更小的窗口可以使系统更快，所以我们可以在任何给定的时间跨度内处理更多的训练样本。像往常一样，对于任何给定的系统和数据，我们都需要一些实验来确定最佳选择。

经过一番实验，我们确定了图19-17的网络。这当然还有改进空间，但是它已经很小，并且对本次讨论来说已经足够好了。输入窗口有40个字符长。每个长短期记忆单元包含128个状态记忆元素。最终的全连接层有89个输出，每个可能的字符对应一个输出。最后一个全连接层之后的小方框是本章和下一章中softmax激活函数的简写。因此，这个网络的输出是89个概率的列表，每个概率对应一个可能的字符。我们每次都会选择最有可能的字母。

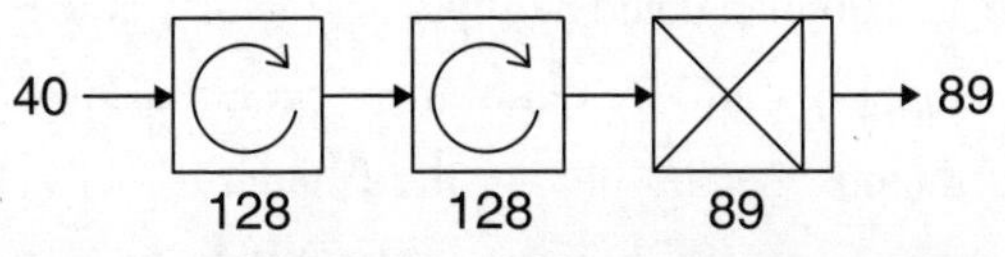

图19-17：一次处理一个字母的小型循环神经网络

为了创建训练集，我们将初始源素材分割成大约50万个40个字符长的重叠字符串，每三个字符切取一次。

训练完成后，我们可以通过自回归生成新文本，将最后一个输出添加到先前输入的末尾，并删除该先前输入的第一个条目，来创建新的40个字符长的输入（陈等人 2017）。我们想重复多少次就重复多少次。4字符窗口的概念如图19-18所示。

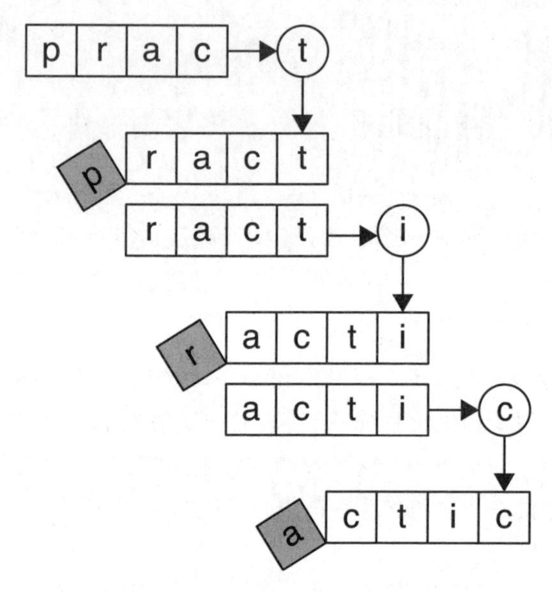


图19-18：使用自回归一次生成一个字符的文本

为了观察网络的进展，每个训练轮次后使用网络生成了一些文本。我们从原材料中的随机位置选取40个连续字符作为种子开始训练。以下是第一个训练轮次后的结果（种子显示为红色）：

er price." "If he waits a little longer wew fet ius ofuthe henss lollinod fo snof thasle, anwt wh alm mo gparg lests and and metd tingen, at uf tor alkibto-Panurs the titningly ad saind soot on ourne" Fy til, Min, bals' thid the

从某种意义上说，这已经非常好。生成的“单词”与实际英文单词大小相符，虽然它们不是真的单词，但这是个好的开始。也就是说，它们不是随机字符串，其中许多甚至很容易地发音。这仅仅是在1个训练轮次之后。当50个轮次后，情况有了很大改善。这是对一个新的随机种子的响应。

nt blood to the face, and no man could hardly question off his pockets of trainer, that name to say, yisligman, and to say I am two out of them, with a second. "I conturred these cause they not you means to know hurried at your little platter.' " 'Why shoubing, you shout it of them," Treating, I found this step-was another write so put." "Excellent!" Holmes to be so lad, reached.

现在情况好多了，这些单词大多是真实存在的。尽管还有些不在词典里的单词，如conturred和shoubing，但它们看起来也可能是真的单词。

需要注意，系统根本不知道什么是单词，它只知道字母在其他字母序列之后的概率。对于这样一个简单的网络来说，是非常了不起的。通过运行它，我们可以生成任意多的文本。它不会变得更加连贯，但也不会变得更加不连贯。

一个具有更大长短期记忆、更多长短期记忆或两者兼有的更大模型，将以更多的训练时间为代价，为我们提供越来越可信的结果（卡尔帕西 2015）。

## 19.4.3 其他架构

我们可以将循环单元合并到其他类型的网络中，从而扩展已经介绍过的某类网络的功能。还可以联合多个循环单元，来执行超出任一单元所能完成的序列操作。下面来介绍几个例子。

### （1）CNN-LSTM网络

我们可以将LSTM单元与CNN混合，创建一个名为CNN-LSTM网络的混合体。这对于像视频帧分类这样的工作是非常好的。卷积层负责查找和识别对象，而循环层负责跟踪对象如何从一帧移动到下一帧。

### （2）深度循环神经网络

使用循环单元的另一种方法是将许多单元堆叠成一行，我们称之为深度循环神经网络。我们只需要从一层的单元中获取输出，并将其用作下一层单元的输入。下页的图19-19分别以卷起和展开的形式绘制了一种连接3个层的方法。像往常一样，每层上的循环神经网络单元都有自己的内部权重和隐藏状态。

这种体系架构的吸引力在于，每个循环神经网络都可以专门用于特定的任务。例如，在图19-19中，第1层可能会将输入句子翻译成一种抽象的通用语言；第2层可能会将其改写成特定字符的声音；第3层可能会将其翻译成不同的目标语言。通过单独训练每个长短期记忆，我们获得了专业化的优势，例如独立于其他层更新或改进每一层的自由。如果真的更换一个长短期记忆，我们通常需要在整个网络上进行一些额外的训练，以确保各层顺利地一起工作。

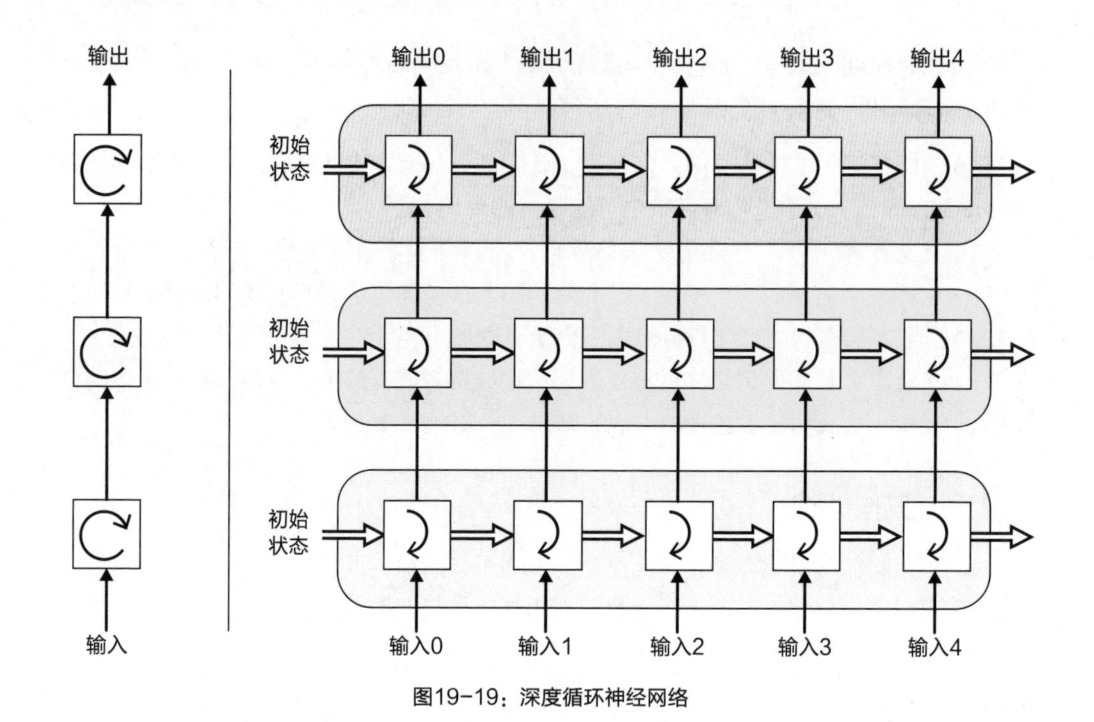


图19-19：深度循环神经网络

## （3）双向循环神经网络

接下来回到翻译任务上来，考虑这个问题的难点，以句子“I saw the hot dog train.”为例。我们可以找到至少6种不同的方式来解释它（看到一只温暖的狗、一只漂亮的狗、一只热狗的日常锻炼，以及看到一辆拉着这3种东西中某一种的火车）。有些解释比其他解释更愚蠢，但它们都是有效的。翻译的时候我们怎么选择？

另一句著名的话：“I saw the man on the hill in Texas with the telescope at noon on Monday”，这句话有132种不同的解释（穆尼 2019）。除了单词本身，说话方式也会造成意义上的巨大差异。通过强调“I didn't say he stole the money”的每个词，可以产生7个完全不同的含义（布赖恩特 2019）。语言歧义是电影《动物饼干》中格劳乔马克斯经典台词的核心：“One morning I shot an elephant in my pajamas. How he got into mypajamas, I'll never know”（一天早上，我射杀了一头穿着我睡衣的大象。我永远也不会知道它是怎么穿上我的睡衣的）（赫尔曼 1930）。

一种处理复杂度的方法是在翻译时同时考虑一个句子中的多个单词，而不是每次只考虑1个单词。举个例子，“I cast my fate to the wind, The cast on my arm is heavy, and The cast of the play is all here.”这些句子说明英语单词cast是一个同音异义词（一个单词有多个不同意思）。语言学家称之为一词多义，这是许多语言的特征（文森特和法尔库姆 2017）。这三个涉及cast的句子分别翻译成葡萄牙语，为“Eu lancei meu destino ao vento”“O gesso no meu braço é pesado”和“O elenco da peça está todo aqui”。

单词cast分别翻译为lancei、gesso和elenco（谷歌 2020）。在这些例子中，选择正确的葡萄牙语单词的唯一方法是，我们必须了解原句中cast后面和前面的单词。

译者注：英文原著以葡萄牙语为例，不利于读者理解。这三个有单词cast的句子翻译成中文，分别为“我将命运抛之脑后。”“我手上的石膏很重。”和“这出戏的演员都到齐了。”单词cast分别翻译为“抛向”“石膏”和“演员”（谷歌 2020）

如果是实时翻译，那么我们仅根据目前听到的单词，无法确定该使用哪种翻译。在这种情况下，我们所能做的就是猜测，或者等待更多的单词，再努力追赶。但如果处理整句话，比如翻译一本书或一个故事时，已经有了前后所有的单词。

一种参考使用句子后面单词的方法是把单词按照逆序输入到循环神经网络中，例如“wind the to fate my cast I”。但这通常不能解决问题，因为有时可能也需要前面的单词，我们真正想要的是前面和后面的单词都参考。

通过创建两个独立的循环神经网络，我们可以依靠现有的工具和一点小技巧实现这一点。第1个按正序（或自然顺序）获取单词，第2个按逆序获取单词，如图19-20所示。我们称之为双向循环神经网络，或双循环神经网络（舒斯特和帕利瓦尔 1997）。

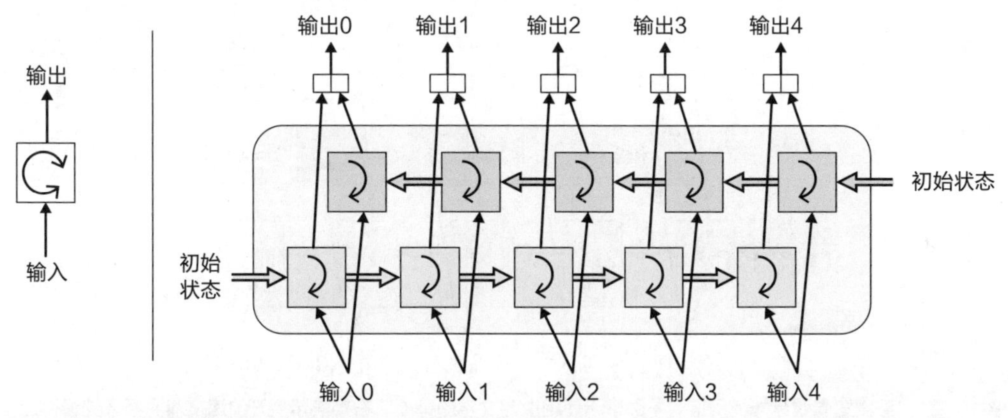


图19-20：双向循环神经网络或双循环神经网络。左图表示该层的图标，右图表示展开的双循环神经网络图

图19-20同时将句子以正序输入到下面的循环单元中，以逆序输入到上面的循环单元中。也就是说，我们给下面的单元“输入0”的同时给上面的单元“输入4”。接着，我们将“输入1”提供给下面的单元的同时将“输入3”提供给上面的单元，以此类推。一旦所有单词都被处理了，每个循环单元就会为每个单词产生一个输出。将这些输出简单地连接起来，就是双向循环神经网络的输出。如果想立即将这些输出解释为单词，可以进一步处理它们。

我们可以把很多双向循环神经网络叠加成1个深度双向循环神经网络。下页的图19-21显示了具有3个双向循环神经网络层的网络。左边是该层的示意图，右边是每一层的展开图。这个图有3层，每层包含2个独立的循环单元。

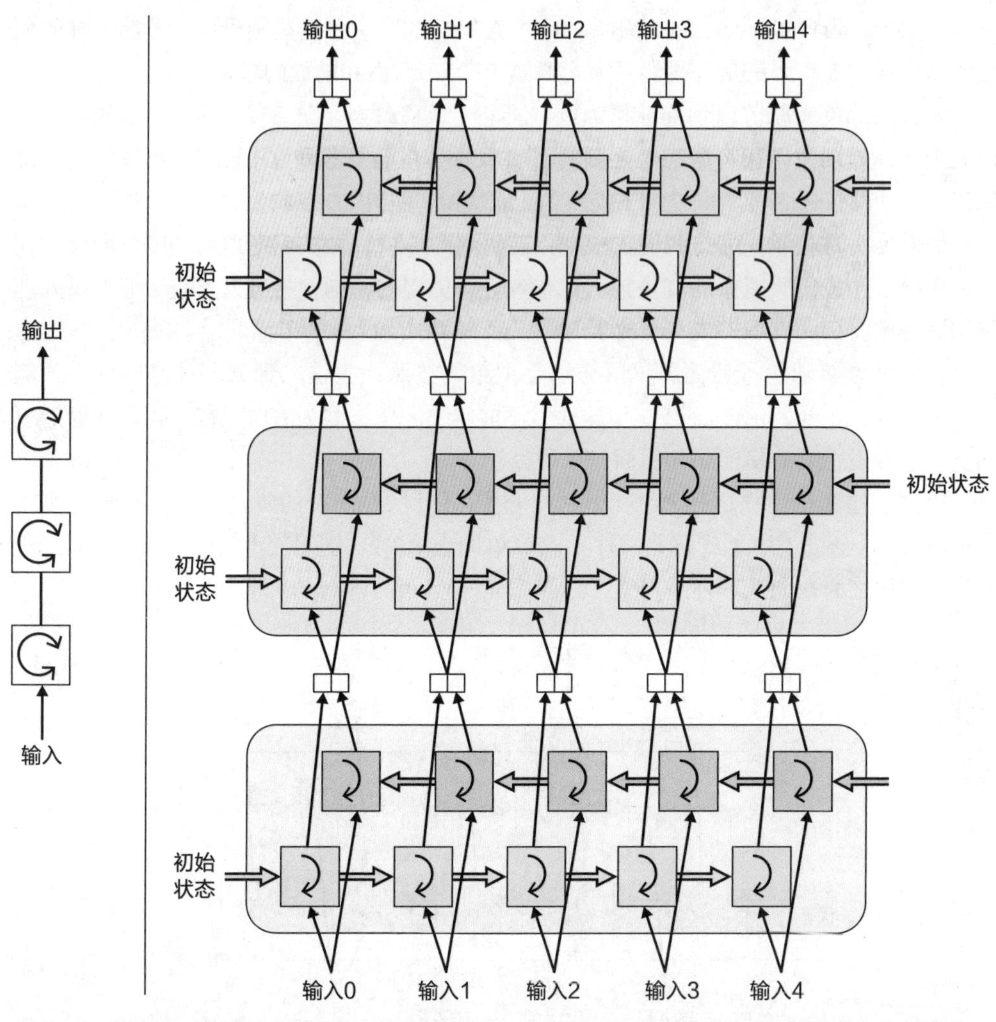


图19-21：深度双向循环神经网络。左图表示使用说明文字的框图，右图表示展开的深度双向循环神经网络

深度双向循环神经网络的价值在于，每一个双向循环神经网络都可以针对不同的任务进行独立训练，如果我们发现（或训练）了另一个性能更好的双向循环神经网络，则可以用它来替换。

## 19.5 Seq2Seq

不同的语言使用不同的词序，这是任何翻译系统都面临的挑战。一个经典的例子是，英语中的形容词通常放在名词之前，而法语则不那么简单。例如，“I love my big friendly dog”翻译成“J' adore mon gros chien amical”。这里chien对应dog，但形容词gros和amical（对应于big和friendly），分别在前后包围着名词。

这意味着我们应该同时翻译整个句子，而不是一次翻译一个单词。当输入和输出的句子长度不同时，这更有意义。我们以5个单词的英语句子“My dog is eating dinner”为例。葡萄牙语只需要四个单词：“Meu cachoro está jantando”，而苏格兰盖尔语需要六个词：“Tha mo chù ag ithe dinnear”（谷歌 2020）。

因此，与其逐字逐句地处理，不如把一个完整的序列转换成另一个完整的长度可能不同的序列。将一个完整序列转换成另一个序列的通用算法称为seq2seq（序列到序列）（苏茨克维，温亚尔斯和列 2014）。下面详细介绍一下seq2seq。

seq2seq的关键思想是使用两个循环神经网络，我们将其视为编码器和解码器。让我们看看训练结束后系统是如何工作的，像往常一样，每次将1个单词输入编码器，但忽略其输出。当整个输入处理后，我们获取编码器的最终隐藏状态并将其交给解码器。解码器使用编码器的最终隐藏状态作为自己的初始隐藏状态，并使用自回归生成输出序列，如图19-22所示。

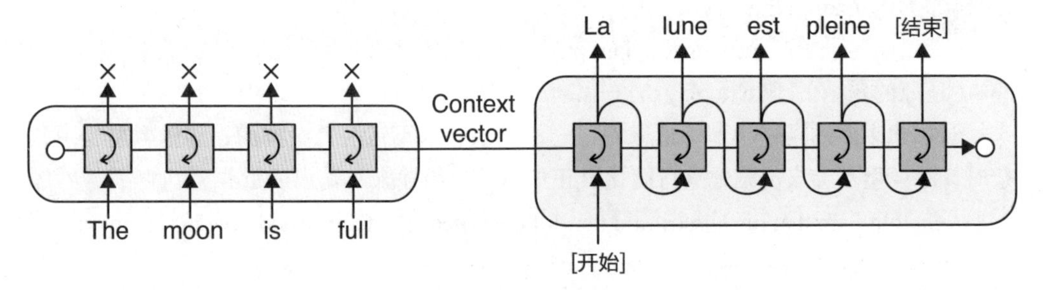


图19-22：seq2seq的架构。左边的编码器处理输入，并将其隐藏状态发送给右边的解码器，后者生成输出

在图19-22中，我们通过将每个解码器单元的输出送入下一个解码器单元的输入来显示自回归步骤。这看起来很熟悉，是因为它的基本结构与第18章介绍的自动编码器相同。在该应用中，我们以前称之为潜在向量，现在称为上下文向量。

下面更仔细地看看这些循环神经网络中的每一部分，以及它们是如何翻译句子的。

编码器从其隐藏状态设置为某个初始值开始。它读取第一个单词，更新其隐藏状态，并计算输出值。我们忽略了过程输出值，因为我们唯一关心的是编码器内部不断变化的隐藏状态。

处理完最后一个单词后，编码器的隐藏状态将用于初始化解码器的隐藏状态。

与其他循环神经网络一样，解码器需要输入。按照惯例，我们给解码器一个特殊的起始标记。这可以用任何我们喜欢的方式来写，只要它明显是特殊的，而不是输入或输出的正常词汇表的一部分即可。常见的惯例是用方括号或尖括号内的大写字母表示，例如“开始”。与词汇表中的所有单词一样，这个特殊的标记也有自己唯一的数值表示。

现在解码器有了输入，就开始更新隐藏状态（最初是来自编码器的最终隐藏状态）并生成一个输出值。我们需要关注这个输出，因为它是翻译的第一个单词。

现在，我们使用自回归进行其余的翻译。解码器接收前一个输出单词作为输入，更新其隐藏状态，并生成新的输出。这种情况一直持续到解码器确定不需要生成单词为止。这时它将生成另一个特殊的标记（如“结束”）来标记这一点，并停止。

我们已经训练了一个seq2seq模型，并可以将英语翻译成荷兰语（休斯 2020）。两个循环神经网络的状态都有1024个元素。训练数据包括约50,000个荷兰语句子及其英语翻译（凯利 2020）。我们用了约4万个句子进行训练，其余的用于测试，共训练了10个轮次。在下面两个例子中，我们提供了一个英语句子，由seq2seq翻译为荷兰语，以及谷歌翻译提供的由荷兰语翻译回英语的句子。

（原英语句子）do you know what time it is

（荷兰语句子）weet u hoe laat het is

（还原的句子）Do you know what time it is

（原英语句子）i like playing the piano

（荷兰语句子）ik speel graag piano

（还原的句子）i like to play the piano

对如此小型的网络和训练集来说，这个结果相当不错！另一方面，当输入变得更复杂时，小模型不会太优雅地进行简化，正如以下这组输入和输出所示：

John told Sam that his bosses said that if he worked late, they would give him a bonus

hij nodig had hij een nieuw hij te helpen

he needed a new he help

seq2seq有很多优点。它的概念很简单，在许多情况下都能很好地运行，并且很容易在现有的库中实现（乔列特 2017；罗伯逊 2017）。但seq2seq在上下文向量的形式上有一个内在的限制，就是编码器在最后一个单词之后的隐藏状态是固定有限的大小。这个向量必须包含句子的所有内容，因为它是解码器获得的唯一信息。

如果给编码器一个句子，开头是“The table has four sturdy”，那么我们设想一个合理的内存量可以保留关于序列中每个单词的足够信息，它可以记住我们在谈论一个桌子，下一个单词应该是legs。但是不管将编码器设定为可存储多少种隐藏状态，总有一个句子比它更长。例如，假设我们的句子是“The table, despite all the long-distance moves, the books dropped onto it, the kids running full-speed into it, serving variously as a fort, a stepladder, and a doorstop, still had four sturdy”，下一个单词仍应该是legs，但是隐藏状态必须变得更大才能记住足够的信息来解决这个问题。

不管隐藏状态有多大，总是会出现更大的句子，需要更多的记忆，这称为长期依赖问题（霍克赖特等 2001；欧拉 2015）。下页的图19-23显示了一个展开的seq2seq图，其中输入有许多单词（卡里姆 2019）。一个能够记住所有这些信息的上下文向量需要很大，每个循环神经网络中都有相应的庞大神经网络来管理和控制它。

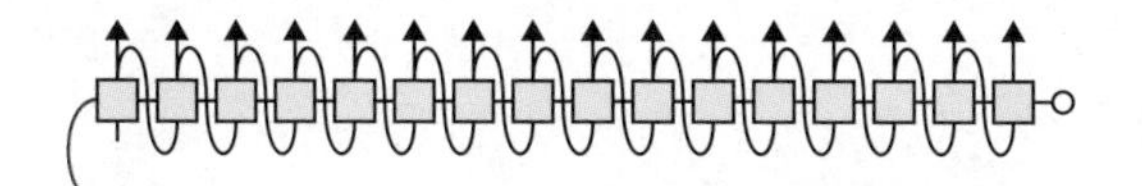
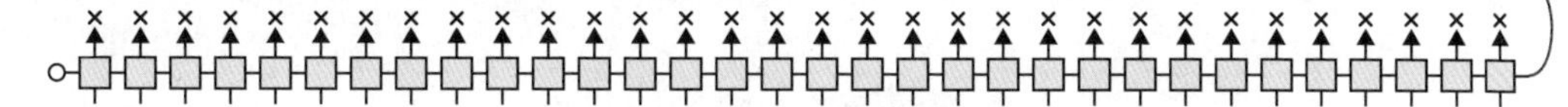


图19-23：在发送到解码器之前对一个很长的输入句子进行编码

也许依靠一个上下文向量来表示输入中的每一条有用信息并不是最好的方法。seq2seq架构忽略了编码器除最后一个状态之外的所有隐藏状态。对于长输入，那些中间隐藏的状态可以保存信息，并在到达句子末尾时将其遗忘。

对单个上下文向量的依赖加上一次训练一个单词的需要，是循环神经网络架构的大问题。尽管它们在许多应用中很有用，但这些都是严重的缺点。

尽管存在这些问题，循环神经网络仍然是处理序列的一种流行方法，尤其是在序列不太大的情况下。

## 19.6 本章总结

本章介绍了很多关于处理语言和序列的内容。我们可以用全连接层来预测序列的下一个元素，但它们有很多问题，这是因为没有关于输入的记忆。我们了解了如何使用带有本地或隐藏内存的循环单元来维护单个上下文向量中所有内容的记录，该向量随每个输入而修改。还介绍了一些使用循环神经网络的例子，以及如何使用两个循环神经网络来构建一个名为seq2seq的翻译器。虽然seq2seq很简单，且可以做得很好，但它有两个缺点是所有循环神经网络系统共有的。第一，系统依靠一个上下文向量来承载关于句子的所有信息。第二，网络一次只能训练1个单词。

尽管存在这些问题，但循环神经网络仍是一个流行且强大的工具，可用于处理任何类型的序列数据，从语言到地震资料、歌词和病史。

下一章，将介绍另一种处理序列的方法，可以避免循环神经网络的限制。

# 第20章 注意力机制和Transformer模型

第19章介绍了如何使用循环神经网络来处理序列数据。尽管循环神经网络功能强大，但也有一些缺点。因为关于输入的所有信息都将被表示在一个状态内存或上下文向量中，所以每个循环单元内的网络都需要努力将这些数据压缩到可用空间中。无论状态内存有多大，需要存储的内容总是可能会超限，所以必然会有一些丢失。

另一个关键问题是，在循环神经网络的训练中，每次只输入一个单词。对于大型数据集来说，这种处理方法非常缓慢。

还有一种处理序列数据的方法，即使用一个称为注意力机制的小型网络，它没有状态存储器，并且支持并行训练和应用。多个注意力网络可以组合成更大的结构，称为Transformer模型，可以作为处理自然语言的模型，用来执行翻译等任务。Transformer模型的构建块可以用于构建其他更强大的语言模型，包含文本生成器或其他体系结构。

本章将介绍一种比使用单个数值表示单词更强大的表示方法，并逐步发展到使用Transformer块来执行许多NLP任务的注意力机制和现代体系结构。

## 20.1 嵌入

第19章介绍过要使用比单个数值更好的方法来改进单词表示方式。它的价值在于允许我们以有意义的方式来表示每个词语，例如，可以通过该表示方式找到和一个单词相似的另一个单词，或者融合两个单词并找到一个介于两者之间的单词。这种表示方式是发展注意力机制的关键，也是Transformer模型的基础。

我们将这种表示方式或技术称为词嵌入技术（当用于更通用的场景时，也可以简称为嵌入）。这有点抽象，让我们先用一个具体的例子来了解其中的关键思想。

假设你在一部电影中扮演一名动物饲养者，正在与一位脾气暴躁的导演合作。今天你要拍摄一个人类英雄被一些动物追逐的镜头。导演要求你提供一种动物，来拍摄一场可怕的追逐。你打电话给你的助手，让他们准备一个清单。他们把这些动物排列成了一张图表，横轴代表每只成年动物的最高平均奔跑速度，纵轴代表其平均体重，如图20-1所示。

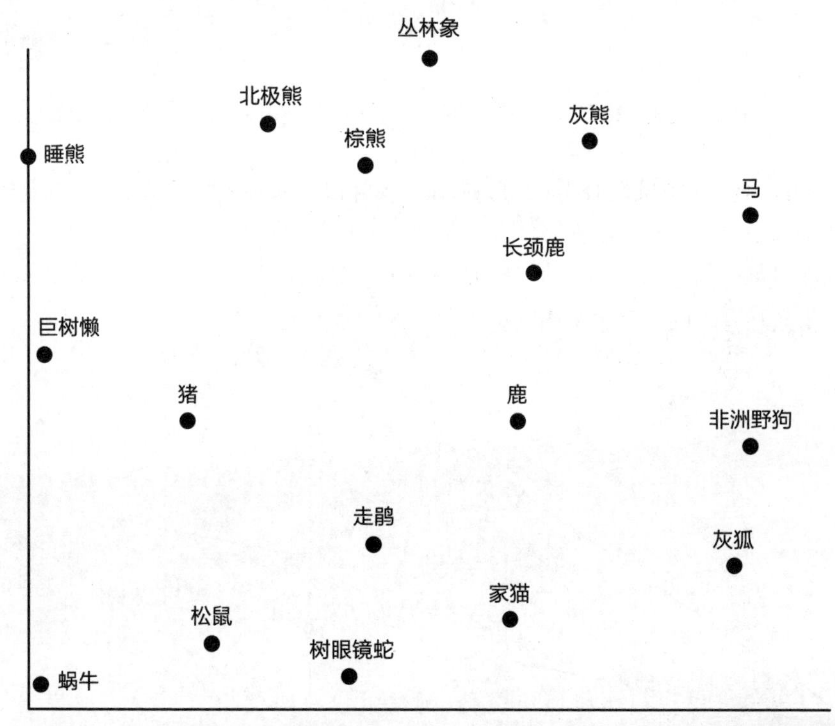


图20-1：一组动物，大致按照水平方向的最高速度和垂直方向的成年体重排列，但未显示轴标签，数据来自（赖斯纳 2020）

由于打印机的工作异常，助手拿给你的图表丢失了坐标轴上的标签，所以现在你有了一张二维动物图表，但不知道坐标轴代表什么意思。

导演甚至连图表都不看，她说："马！我就要马。只要它们，其他都不行！"你把马带进来了，然后排练这个场景。

不幸的是，导演很不高兴。“不，不，不！”她说。“这些马太焦虑不安、太快了。它们像狐狸一样！给我一些不像狐狸的马！”

怎样才能满足这个要求？她到底是什么意思？幸运的是，你可以按照她的要求对着图表进行比较，只需组合箭头就可以了！

现在你只需要用箭头做两件事：加和减。如果要将箭头B添加到箭头A中，请将B的尾部放在A的头部。新箭头A + B从A的尾部开始，到B的头部结束，如图20-2的中间所示。

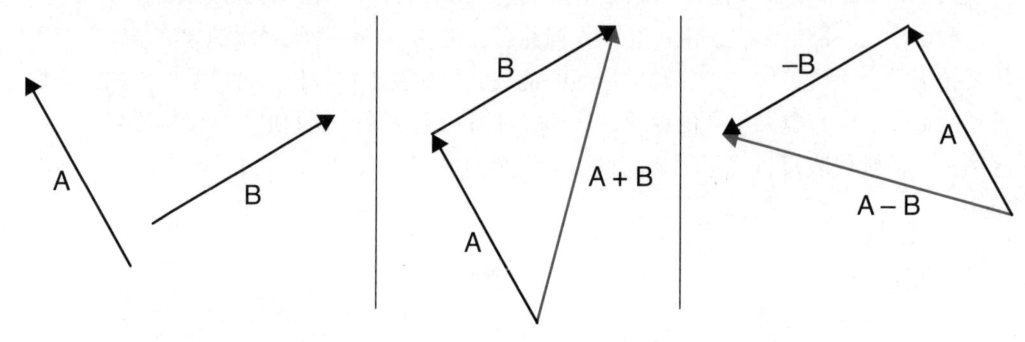


图20-2：箭头计算。左图表示两个箭头，中图表示A + B之和，右图表示A-B的差

A减B，只需将B翻转180度，形成-B，然后将A和-B相加。结果从A的尾部开始，到-B的头部结束，如图20-2所示。

现在你可以满足导演的要求了，从马身上去除狐狸的特质。首先从图表左下角画一个箭头指向马，再画一个箭头指向狐狸，如图20-3所示。

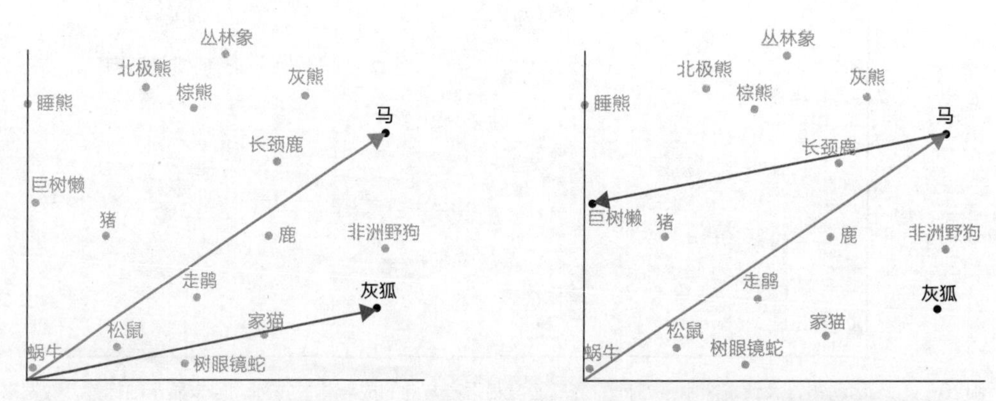


图20-3：左图表示从左下角指向马和狐狸的箭头，右图表示用箭头马减去箭头狐狸会给得到巨树懒

现在，我们根据导演的要求从马中减去狐狸，就是用箭头马减去箭头狐狸。按照图20-2的规则，这意味着将狐狸箭头翻转，并将其尾部放在箭头马的头部。最终得到图20-3的右图。

我们得到了巨树懒，这是导演想要的。我们甚至可以把它写成一个小公式：马-狐狸 = 巨树懒（至少，按照图表是这样的）。

然而导演把咖啡扔在了地上。“不，不，不！虽然巨树懒看起来很棒，但它们几乎不会动！快一点！给我像走鹃一样的巨树懒！”

要满足这个荒谬的要求，我们需要从左下角将箭头对准走鹃，如图20-4左侧所示。并将其添加到指向巨树懒的箭头的头部，得到棕熊。也就是说，马-狐狸 + 走鹃 = 棕熊，如图20-4所示。

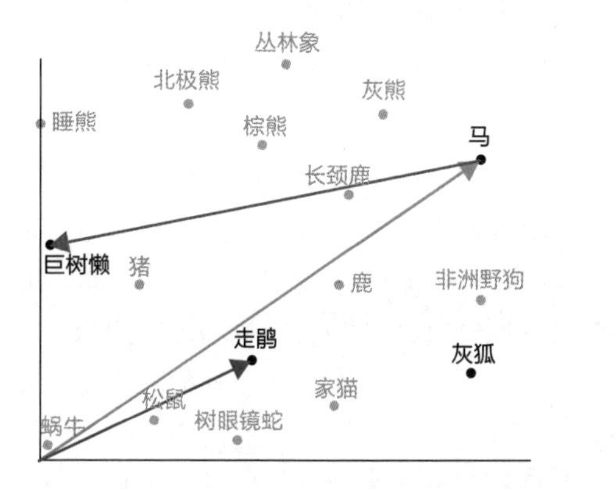


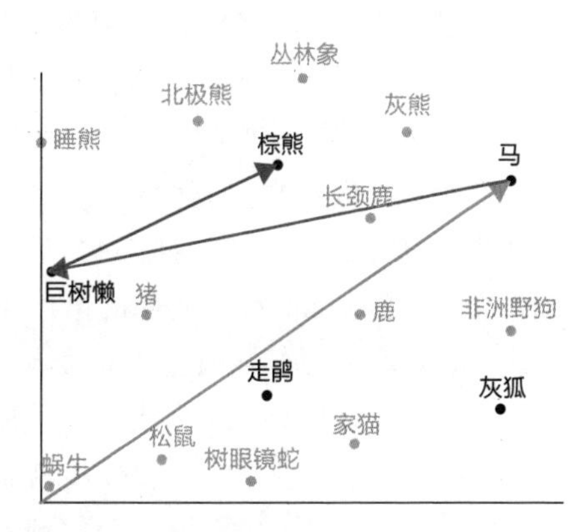


图20-4：左图表示画一个箭头指向走鹃，右图表示巨树懒 + 走鹃 = 棕熊

你给了导演一组棕熊（我们称为熊侦探），导演戏剧性地转动着眼睛说：“终于找到了！像马一样，但不像狐狸那样紧张不安，并且像走鹃一样快。这就是我需要的！”最终他们与熊一起拍摄了追逐场景，后来这部电影获得了巨大的成功。

这个故事有两个关键因素，第一个关键因素：图表中的动物是以一种有效的规则排列的。尽管我们不知道这种规则是什么，也不知道数据的轴代表了什么。

第二个关键因素：我们根本不需要轴，只需加上或减去指向图表本身元素的箭头，就可以在图表中导航。也就是说，我们并没有试图找到一匹“速度较慢的马”。相反，我们对动物本身进行了严格的研究，它们的各种属性都是隐含的。我们把狐狸的敏捷性从马这样的大型动物身上去掉，于是得到了一个又大又慢的动物。

这与处理语言有什么关系？

### 20.1.1 词嵌入技术

为了把刚刚介绍的应用到单词上，我们用单词来代替动物。现在不只使用两个轴，我们将把单词放在数百维的空间中。

我们使用一种算法来实现这一点，该算法将计算出这个空间中每个轴的含义，因为它需要将每个单词放置在适当的点上。该算法不是为每个单词分配一个数值，而是为单词分配一整列数值，用于在一个巨大的高维空间中表示其坐标。

该算法被称为词嵌入技术，这个过程是将单词嵌入到高维空间中，从而创建词嵌入。

嵌入器将自行设计构建空间的方案，找到每个单词在嵌入空间中的坐标，并使相似的单词互相接近。例如，如果嵌入器看到了很多以“我刚喝了一些”开头的句子，那么接下来出现的任何名词都将被解释为某种饮料，并放在其他饮料旁边。如果它看到了“我只是吃了一个红色的”，那么接下来的任何名词都将被解释为红色和可食用的东西，并被放在其他红色和可食用的东西附近。同样的道理也适用于数十种甚至数百种其他关系，无论是明显的还是隐含的。由于空间有如此多的维度，坐标轴可以具有任意复杂的含义，所以一个单词可以同时属于许多基于看似无关特征的类簇。

这个想法既抽象又强大，下面我们将用一些实际的例子来理解它。我们使用已经被嵌入到300维空间中的684,754个单词的预训练嵌入，尝试了一些“单词计算”表达式（来源于互联网 2020）。我们的第1个测试非常著名：“国王-男人＋女人”（ElBoukkouri 公司 2018）。该系统将女王作为最有可能的结果返回，这非常贴切，我们可以想象，嵌入器在一个轴上得到了一些贵族感，在另一个轴中得到了一些性别感。其他测试也很接近，但并不完美。例如，“柠檬-黄色＋绿色”的最匹配词是生姜，不是预期的酸橙。同样，对于“小号-阀＋滑动”，我们预想的萨克斯是最有可能的结果，但返回中长号结果的概率最大。

在数百（甚至数千）个维度的空间中训练嵌入器的美妙之处在于，它可以在更高效地使用空间的同时代表大量的关系。

刚才介绍的“单词计算表达式”是嵌入空间的有趣演示，它使我们能够有意义地对单词执行计算操作，如比较、缩放、相加，这些对本章中的算法都很重要。

有了词嵌入，我们就能很容易将其整合到几乎所有网络中。我们指定一个数字列表形式的词嵌入，而不是给每个单词指定一个数值。因此，系统将不再需要处理0维张量（单个数值），而是处理一维张量（数值列表）。

这巧妙地解决了第19章中提到的问题：接近目标但不完全正确地预测得到的是无稽之谈。现在我们可以容忍少量不精确的存在了，因为现在相似的词彼此接近。例如，给语言模型一个短语“巨龙走近并发出强大的”，我们期待下一个词是“咆哮”。该算法可能会预测出一个接近“咆哮”但并不完全准确的张量，如得到“怒吼”或“响声”。在这里我们不会得到一些无关的东西，比如“水仙花”。

下面的图20-5展示了提供给标准单词嵌入器的6组每组4个相关的单词。2个单词的嵌入越相似，这对单词的得分就越高，其交叉点就越暗。从左上角到右下角的对角线是对称的，因为单词的比较顺序并不重要。

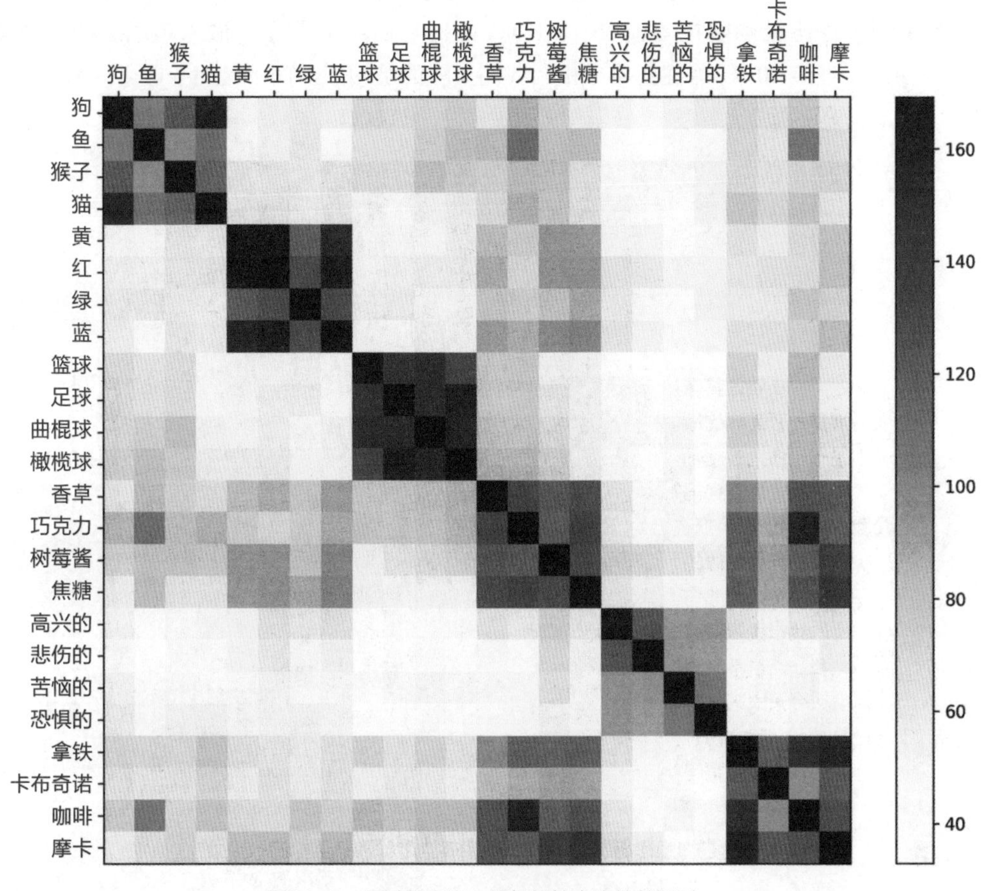

图20-5：通过单词嵌入的相似性来比较单词对

从图20-5中可以看到，每个单词都与自己最匹配，而且与相关单词的匹配度比不相关单词的匹配度更高。因为我们通常会将相关单词用在一起，所以图表体现了它们的相似性。然而也有一些奇怪之处。例如，为什么“鱼”与“巧克力”和“咖啡”的匹配高于平均水平，为什么“蓝色”与“太妃糖”更搭配？这可能是由于该嵌入器使用特定训练数据形成的结果。

咖啡饮料和果酱之间的关联度很好，这可能是因为人们点的咖啡饮料中有果酱糖浆。颜色和口味之间也有某种关系。

许多经过预训练的单词嵌入器都可以免费下载，并可以轻松使用到几乎任何库中。我们可以简单地导入它们，并立即得到任何单词的词嵌入向量。GLoVe（米科洛维奇等人 2013a；米科洛维奇等人 2013b）和word2vec（彭宁顿、索赫尔和曼宁 2014）嵌入器已经被应用于许多项目中了。最近的fastText（Facebook开源 2020）项目提供了157种语言的嵌入。

我们还可以嵌入整个句子，这样可以将它们作为一个整体进行比较，而不是逐个单词进行比较（塞拉等人 2018年）。图20-6显示了十几个嵌入句子之间的比较（TensorFlow框架 2018）。注意本书中，我们关注的是词嵌入而不是句子嵌入。

图20-6：比较句子嵌入

## 20.1.2 ELMo模型

词嵌入比给单词分配单个数值有很大的进步。尽管词嵌入功能强大，我们之前描述的创建方法有一个问题，就是多义词。

第19章介绍许多语言都有含义不同但书写和发音方式相同的单词。如果想要理解单词，我们就需要区分这些意思。一种实现方法是为单词的每个含义都赋予专属嵌入，所以“cupcake”（纸杯蛋糕）只有一个词义和一个嵌入。但“train”有两个嵌入，一个用于名词（火车），另一个用于动词（训练）。“train”的这两种含义完全不同，只是碰巧使用了相同的字母序列来表示。这带来两个挑战：第一，必须为每个意义创建唯一的嵌入。第二，当这些词被用作输入时，必须选择正确的嵌入。要解决这些挑战，需要考虑每个词的上下文。这样做的算法被称为“Embedding from Language Models”（语言模型中的嵌入），但它更为人所知的是首字母缩写ELMo（彼得斯等人 2018），这也是儿童电视节目《芝麻街》中一个玩偶的名字。我们认为ELMo生成了语境化的单词嵌入（contextualized word embeddings）。

ELMo的架构类似一对图19-20所示的双向循环神经网络，但各部分的组织方式不同。在标准的双向循环神经网络中，我们会将两个反向运行的循环神经网络连接起来。

ELMo改变了这一点，虽然使用了两个向前运行和两个向后运行的循环神经网络，但它们是按方向分组的。每个组都是一个两层深的循环神经网络，如图19-21所示。ELMo的架构如图20-7所示。传统的做法是用红色绘制ELMo图，因为《芝麻街》的ELMo是一个红色的玩偶。

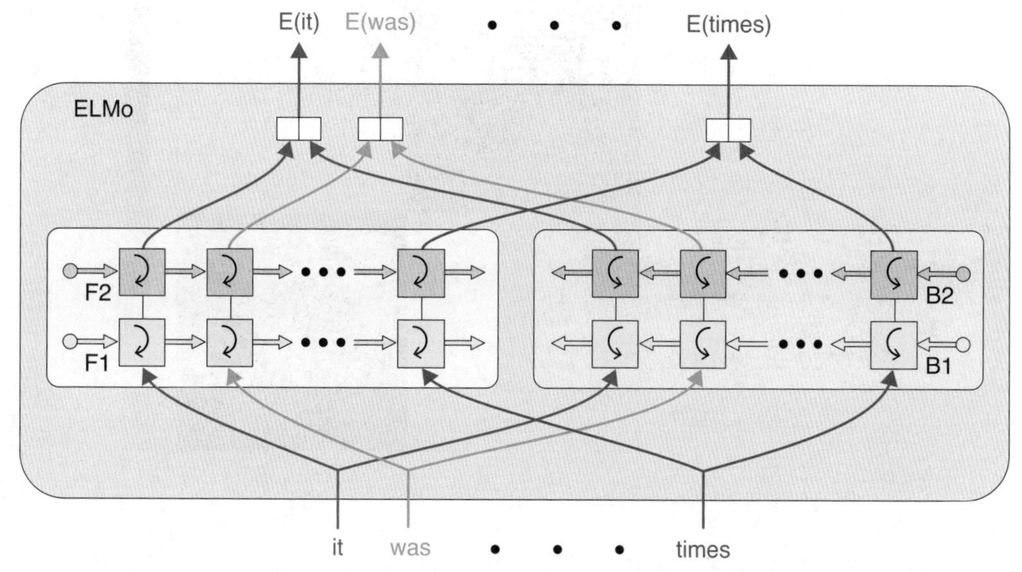


图20-7：ELMo展开形式的结构。输入文本在底部，每个输入元素的嵌入在顶部

这种结构意味着每个输入单词都将变成两个新张量，一个来自参考前面单词的前向网络，一个来自参考后面单词的反向网络。将这些结果连接在一起，我们可以得到考虑句子中所有其他单词的语境化单词嵌入。

各种经过训练的ELMo均可以免费获取（Gluon库 2020）。一个经过预训练的ELMo，可以很容易在任何语言模型中使用。我们把整个句子输入ELMo，然后根据每个单词的上下文，就可以得到一个语境化的单词嵌入。

下页的图20-8展示了4个使用同音词train作为动词的句子和4个使用train作为名词的句子。将这些数据输入一个标准的ELMo模型，该模型基于包含10亿个单词的数据库进行训练，每个单词都被置于一个1024维的空间（TensorFlow框架 2020a）。我们使用ELMo提取了单词train在每个句子中的嵌入，并将其与其他句子中单词train的嵌入进行比较。尽管每个句子中单词的书写方式相同，但ELMo能够根据单词的上下文识别正确的嵌入。

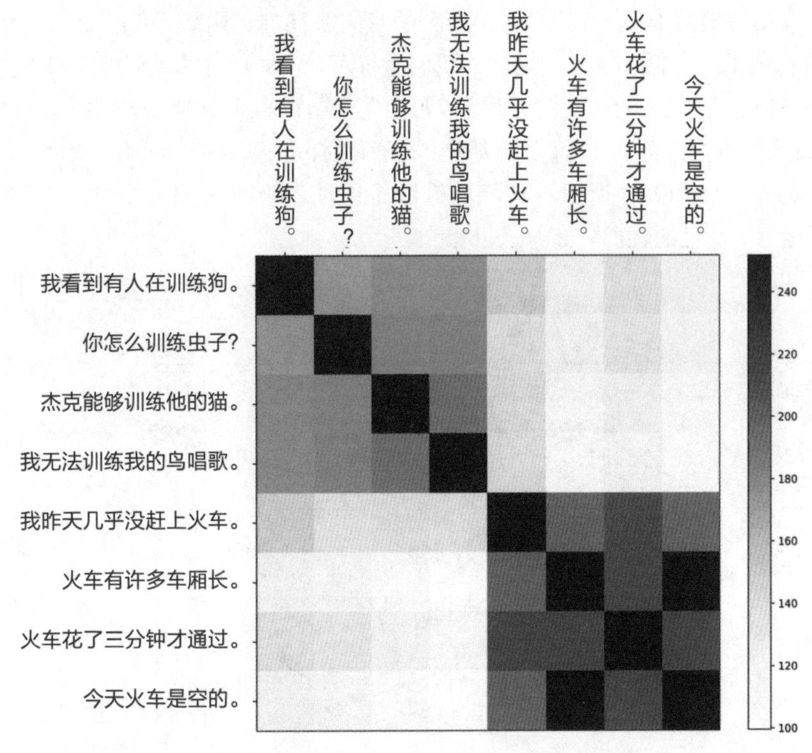

图20-8：ELMo比较不同句子中单词train的用法得出的嵌入

我们通常将ELMo等嵌入器作为深度学习系统中单独的一层，通常是语言处理网络的第一层。嵌入器图标意在表示嵌入单词空间，并将单词放入该嵌入空间表示，如图20-9所示。

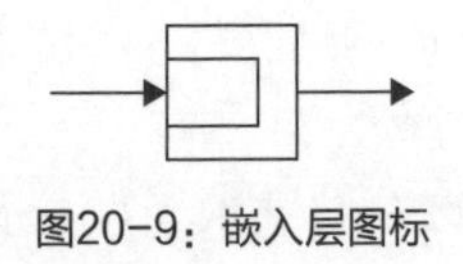
图20-9：嵌入层图标

ELMo及其变体，如通用语言模型微调（Universal Language ModelFine-Tuning，简称ULMFiT）（霍华德和鲁德 2018）通常在通用数据库上进行训练，如来自互联网的书籍和文档。当需要它们完成某些特定的实际任务（如医疗或法律应用）时，我们通常会用这些领域的其他例子来调整它们。其结果是包含这些领域专业语言的一系列嵌入，与根据其在行业术语中的特殊含义进行聚类。我们将在本章后面详细介绍如何在构建的系统中使用嵌入，这些网络将依赖于注意力机制。

## 20.2 注意力机制

第19章介绍了通过参考句子中的所有单词来改进翻译的方法。但在翻译一个特定的单词时，并不是句子中的每个单词都同等重要，有的甚至与该单词根本不相关。

例如，翻译“I saw a big dog eat his dinner.”这句话。翻译“dog”时，是不需要参考句子中的任何其他单词，但要正确翻译代词“his”，则需要将其与“big dog”这两个单词联系起来。

如果能计算出句中其他哪些单词会对正在翻译的单词产生影响，我们就可以只关注这些单词而忽略其他单词，这将大大节省内存和计算时间。若能以不依赖序列的方式处理单词，甚至可以并行处理。

用于完成这项工作的算法被称为注意力机制，或自注意机制（巴赫达瑙、京贤洲和本吉奥 2016；苏茨克维、温亚尔斯和乐 2014；京贤洲等人 2014）。注意力机制让我们能够把算法资源集中在计算重要的部分。

现代的注意力机制通常是基于一种被称为查询、键、值（Query、Key、Value，简称QKV）的技术。这些术语来自数据库领域，在本语境中似乎有些难以理解。因此，我们将使用一组不同的术语来描述这些概念，然后在最后回到查询、键和值的原本概念。

### 20.2.1 形象比喻

我们从一个比喻开始，假设你需要买一些油漆，颜色的要求是“浅黄色加一点深橙色”（light yellow with a bit of dark orange）。

镇上唯一的一家油漆店里，值班店员是油漆部的一名新手，对颜色并不熟悉。你认为需要将几种标准颜料混合在一起才能得到想要的颜色，但不知道该选择哪种颜料和每种颜料的用量。

店员建议你将想要的颜色描述与每罐油漆上的颜色名称进行比较，有些名字可能比其他名字更匹配。店员在一个空罐子上放了一个漏斗，建议你根据罐子的名称与描述的相符程度把架子上的每罐油漆倒进漏斗中。也就是说，你将想要的描述“浅黄色带一点深橙色”与每个罐子标签上的内容进行比较，匹配越好，就往漏斗中倒入越多的油漆。

下页的图20-10形象地用6罐油漆展示了这个示例。图中分别显示了每一种颜色的名字，及其与想要的颜色描述的匹配程度。我们在“阳光黄”和“爱橘色”中找到了很好的搭配，由于匹配到了单词“with”（两个颜色描述的英文中都有这个单词），所以“水鸭蓝”也得到了一定的匹配值。

在这个例子中有3件事需要关注：第一，你的要求是“浅黄色带一点深橙色”；第二，每罐油漆上都有描述，比如“阳光黄”或“醇厚蓝”；第三，每个罐子里都有颜料的含量。在本例中，你将自己的要求与每个罐子的描述进行比较，以确定是否匹配。匹配得越好，在最后的混合物中使用该罐的比例就越多。

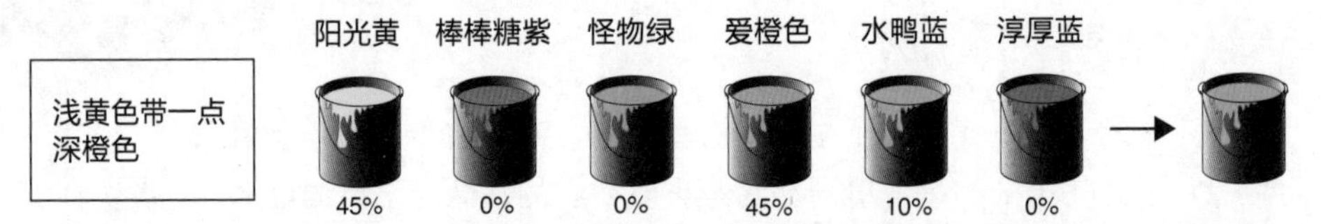


图20-10：给定一个颜色描述（左），根据每罐油漆的名称与描述的匹配程度（中）来组合其中的一些油漆，获得最终结果（右）

简而言之，这就是注意力机制。即给定一个请求，将其与每个可选项的描述进行比较，并根据描述与请求的匹配程度，将该项的部分内容添加进去。

第1篇关于注意力机制的论文作者，将此过程与数据库中使用的常见事务类型进行了比较。在数据库语言中，我们通过向数据库发送查询请求来查找某些内容。在该过程中，数据库中的每个对象都有一个描述键，该键可能与对象的实际值不同。需要注意，这里的“值”指的是对象的内容，无论是单个数字还是更复杂的东西。

数据库系统将查询（或请求）与每个键（或描述）进行比较，并使用分数确定最终结果中包含多少该对象的值（或内容）。因此，请求、描述和内容对应查询、键和值（或更常见的是QKV）。

## 20.2.2 自注意力机制

图20-11以抽象的形式展示了注意力机制的基本原理。这里有5个输入单词，3个彩色框分别代表一个小型神经网络，将单词的张量表示形式转换成新的张量（通常，这些网络都只有一个全连接层）。本例中，单词dog是需要翻译的单词。因此，一个神经网络（红色）将单词dog的张量转换为一个表示查询的新张量。另外两个小型神经网络将单词dinner的张量转换为新张量，对应键（来自蓝色网络）和值（来自绿色网络）。

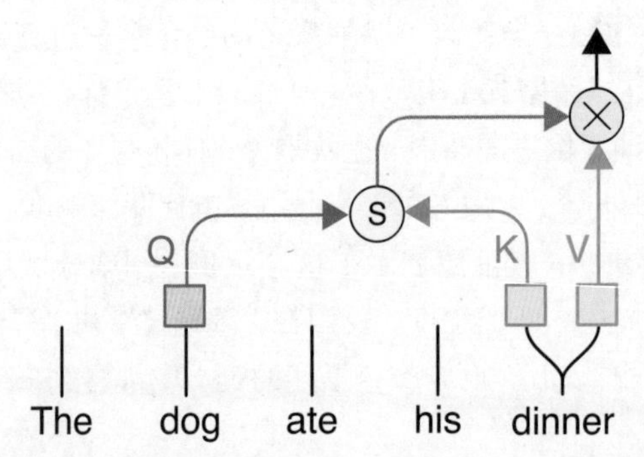


图20-11：注意力的核心步骤是使用单词dog进行查询，以确定单词dinner的相关性。每个框代表一个小型神经网络，并将其输入转换为查询、键和值

在实践中，我们将对单词dog的查询与句子中每个单词的键进行比较，包括单词dog本身。在本例子中，我们将重点放在与单词dinner的比较上。

我们比较查询和键，以确定它们有多相似，用一个小的评分函数（圆圈中的字母S表示）来实现它。在不涉及数学公式的情况下，该函数比较两个张量并生成一个数字。两个张量越相似，这个数字就越大。评分函数通常被设计为生成一个介于0和1之间的数字，值越接近1表示匹配越好。

我们使用评分函数的输出来缩放单词dinner张量的值，查询和键匹配越多，缩放步骤的输出就越大，单词dinner的值就越多。

我们看看将这一基本步骤同时应用于输入中的所有单词时是什么样子。继续研究单词dog的翻译，总体结果是所有输入单词的单个缩放值的总和，如图20-12所示。

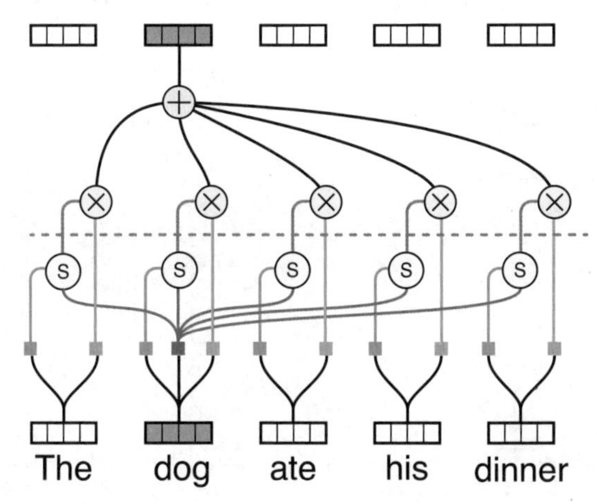


图20-12：利用注意力机制同时确定句子中所有5个单词对单词dog的贡献。QKV颜色编码与图20-11相符。所有数据都会向上流动

图20-12中有几点需要注意。第一，过程只涉及3个神经网络，每个神经网络计算查询张量、键张量和值张量。我们使用相同的“输入到查询”网络（图中红色）将每个输入转换为其查询，相同的“输入到键”网络（图中蓝色）将每个输入转换为其键，相同的“输入到值”网络（图中绿色）将每个输入转换为其值。我们只需要对每个单词应用一次这个转换。

第二，在得出分数之后和值缩放之前有一条虚线，这表示应用于分数的softmax步骤，然后是除法。这两个操作可以防止分数中的数字变大或变小。softmax还将夸大相近匹配的影响。

第三，将包括单词dog张量本身在内的所有缩放值相加，得到一个新的单词dog张量。我们通常会发现单词本身的得分最高，这并不是一件坏事，因为在这种情况下，对翻译单词dog最重要的单词就是dog本身。但有时，其他词会更重要，例如，当词序发生变化时，当一个单词没有直接翻译必须依赖其他单词时，或者当我们试图解析一个代词时。

第四，图20-12的处理同时应用于输入句子中的所有单词。也就是说，每个单词都被视为查询，整个过程对该单词独立执行，如下页图20-13所示。

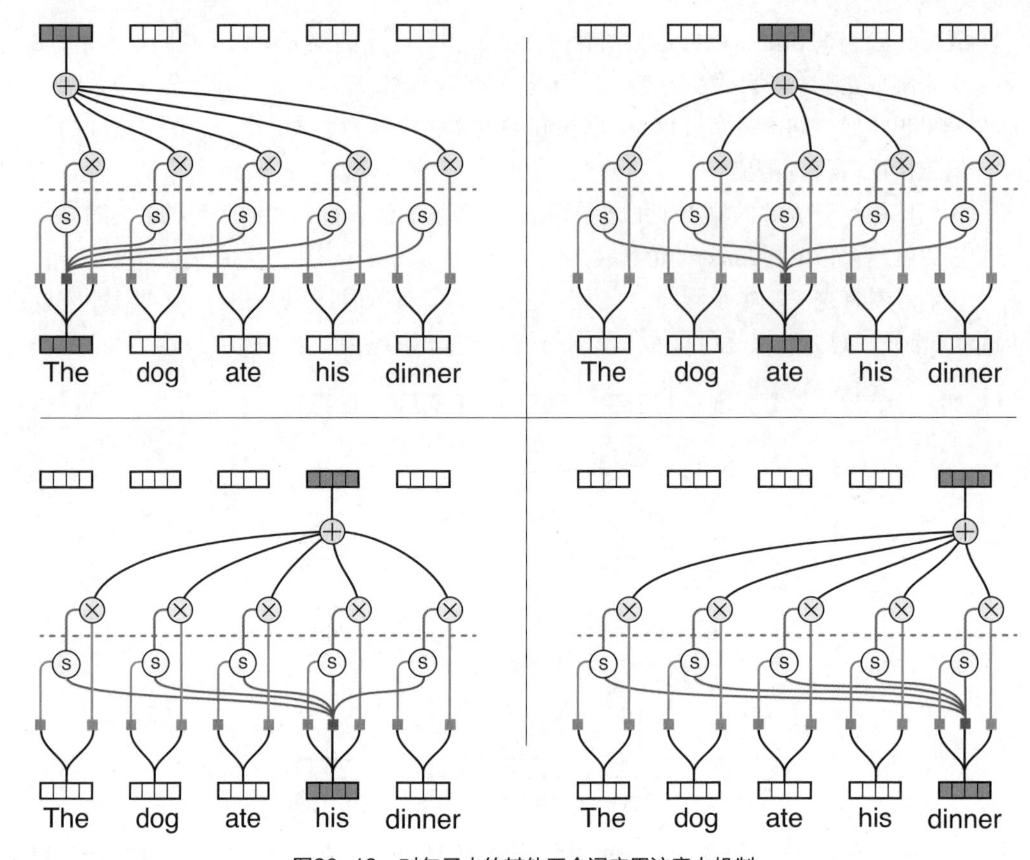

图20-13：对句子中的其他四个词应用注意力机制

最后一点是对我们一直注意的事情的一个明确重述。图20-12和图20-13中，无论句子的长度如何，所有处理都可以在4个步骤中并行完成。第1步将输入转换为查询、键和值张量；第2步对所有查询和键进行评分；第3步使用分数对值进行缩放；第4步将缩放后的值相加，为每个输入生成新的输出。

这些步骤都不取决于输入的长度，因此只要有足够的内存和计算能力，处理长句子所需的时间与处理短句子所需的时间相同。

我们称图20-12和图20-13的过程为自注意机制，因为这里的注意力机制使用相同的输入集来计算所有内容：查询、键和值。也就是说，我们正在查找有多少输入应该关注自身。

当我们把自注意放在一个深层网络中，使其单独成为一层时，通常也会简称它为关注层。它的输入是数值形式的单词列表，输出也是一样。

驱动注意力的引擎是评分函数和将输入转化为查询、键和值的神经网络。下面将详细地介绍一下。

评分函数将查询与键进行比较，返回一个从0到1的值，两个值越相似，评分越高。

因此，我们认为相似的输入需要在评分函数中具有相似的值。现在我们可以看到词嵌入的实用价值了。第19章对《双城记》的讨论，我们按照文本的顺序给每个单词分配了一个数值，给单词keep和单词flint分配了数值1003和1004。如果只比较这些数值，它们会得到很高的相似性分数，但是对于大多数句子，这不是我们想要的。如果使用单词keep的查询值，我们通常希望它与retain、hold和reserve等同义词的键类似，而不是flint、preposterous或dinosaur等不相关词的键。词嵌入是指为相似的词（或以相似方式使用的词）赋予相似的表示方式的技术。

对词嵌入进行微调，让其输入的单词转化为有用的形式，可以在所在句子的上下文中对它们进行有意义的比较，是神经网络的工作。可以做到这一点的原因是，这些单词已经被嵌入进一个相似单词彼此靠近的空间中了。

同样地，神经网络的工作是将输入转化为数值，这些数值以某种方式表示，能够有效地对它们进行缩放和组合。把两个嵌入的单词混合在一起，就能得到一个介于它们之间的单词。

### 20.2.3 Q/KV注意力机制

在图20-12的自注意网络中，查询、键和值都来自相同的输入，这就产生了“自注意”这个名称。

自注意力机制一个常用的变体使用一个网络进行查询，另一个网络用于获取键和值。这与“油漆店”的比喻更接近，我们在这里输入了查询，而油漆店有键和值。我们称这种变化为Q/KV网络，斜线表示查询来自一个网络，键和值来自另一个网络。当将注意力机制添加到seq2seq这样的网络时，有时会使用这个版本，其中查询来自编码器，键和值来自解码器，因此它有时也称为编码器-解码器注意力层。结构如图20-14所示。

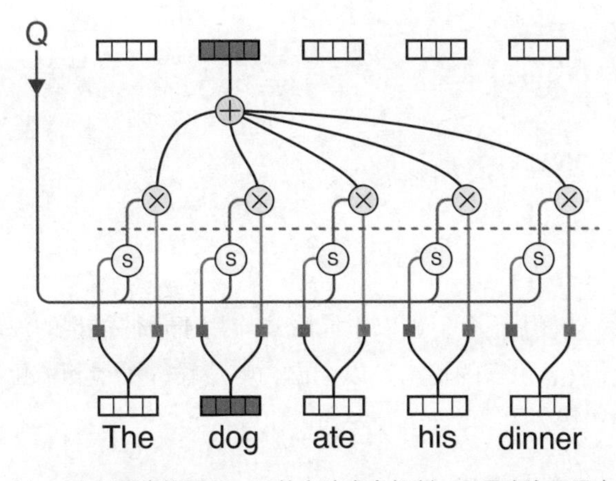


图20-14：Q/KV层类似图20-12的自注意力机制，只是查询不是来自输入

## 20.2.4 多头注意力机制

我们已经介绍了注意力的概念是识别相似的单词，并将它们组合起来，但判断单词是否相似的标准可以是不同的。我们可能会认为名词是相似的，或颜色相似，或类似上下的空间概念，或像昨天和明天的时间概念。哪一项是最佳选择呢?

当然，没有最佳答案。事实上，我们经常希望同时使用多个标准来比较单词。例如，写歌词时，我们可能希望对具有相似含义、最后一个音节中相似声音、相同音节数和音节中相同重音模式的单词对给予高分。撰写关于体育的文章时，我们可能会想说，同一个团队中角色相同的球员彼此相似。

同时运行多个独立的注意力网络，我们就可以根据多个标准对单词进行评分，其中每个网络都被称为头部。通过独立初始化每个头部，我们希望在训练期间，每个头部将学会根据同时有效且不同于其他头部使用的标准来比较输入。我们还可以添加额外的处理，明确激励不同的头部关注输入的不同方面。这种思想被称为多头注意力机制，我们可以将其应用于图20-12的自注意力网络和图20-14的Q/KV网络。

每个头部都是一个独特的注意力网络。头部越多，我们可以关注输入的不同方面就越多。多头注意力层的示意如图20-15所示。我们通常将多个头部的输出合并到一个列表中，并通过一个全连接层运行该列表。这使得整个多头网络的输出与输入具有相同的形状。该方法可以很容易地逐个放置多个多头网络。

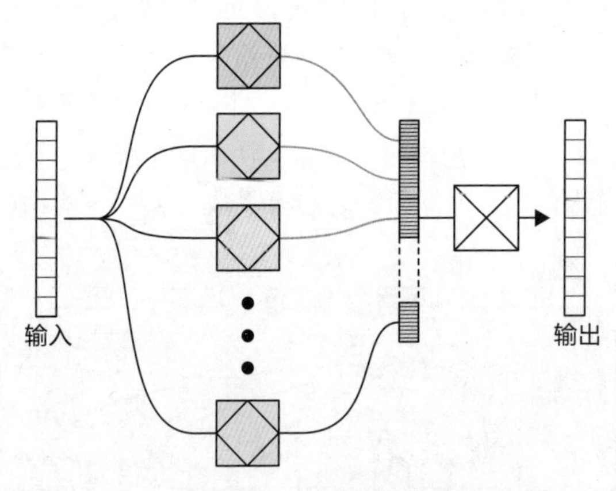


图20-15：一个多头注意力层

注意力机制是一个通用概念，可以不同形式应用于任何类型的深层网络。例如，在CNN中，我们可以缩放卷积核的输出，以突出为响应输入中最相关位置而生成的值（刘等人 2018；张等人 2019）。

### 20.2.5 层图标

图20-16展示了不同类型注意力层的图标。多头注意力层被画成一个小的三维方框，代表一堆注意力网络。Q/KV注意力层是在菱形内放置一条短线表示Q输入，并在相邻侧引入K和V输入。

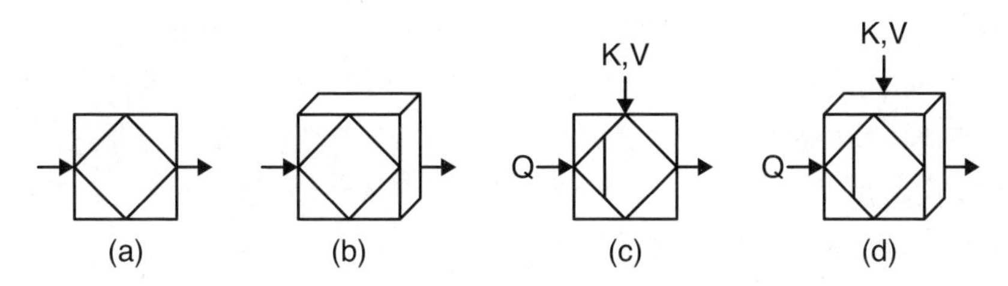


图20-16：注意力层图标。(a)自注意力层，(b)多头自注意力层，(c)Q/KV注意力层，(d)多头Q/KV注意力层

## 20.3 Transformer模型

有了词嵌入技术和注意力机制，我们已经准备好兑现之前的承诺，彻底替换循环神经网络。

现在我们的目标是构建一个基于注意力网络而不是循环神经网络的翻译器。关键思想是，注意力层将学习如何根据单词之间的关系，将输入转化为翻译结果。

这一方法首次被提出是在一篇题为*Attention Is All You Need*（《你所需要的注意力机制》）的论文中（瓦斯瓦尼等人 2017）。作者称其基于注意力机制的模型为Transformer（一个模棱两可的名字，但现在已经在该专业领域语言中广泛应用）。Transformer模型工作得非常好，因此现在我们有了一类新的语言模型，它不仅可以并行训练，而且在各种任务中都优于循环神经网络。

为了完全取代循环神经网络，Transformer使用了另外3个尚未介绍过的思想。现在来介绍一下，了解之后，才能实际开始介绍Transformer架构。

### 20.3.1 跳跃连接

本节要介绍的第1个新思想被称为残差连接或跳跃连接（何 2015），它的目的在于减少深层网络层所需的工作量。

假设你正在画布上用颜料画一幅肖像画，几周后，肖像画完成了，把它交给雇主想得到他们的认可。他们很喜欢这幅画，但他们后悔当时手上戴了一枚不够漂亮的戒指，并希望换成另一枚更喜欢的戒指。你能解决这个问题吗？

一种方法是邀请雇主回到工作室，在一块空白画布上从头开始画一幅全新的肖像画，这次他们的手指上将戴着新戒指。但这需要大量的时间和精力。如果他们允许的话，还有一个更快捷的方法：拿出你画的肖像画，小心翼翼地把新戒指覆盖画在旧戒指上。

现在我们单独考虑深层网络中的一个层，一个张量输入后，该层会做一些处理来改变输入张量。如果只需要少量地改变或只在某些位置改变输入，那么花费资源来处理张量中不需要改变的部分将是浪费。就像这幅画一样，该层只计算它想要做的改变时，会更加高效。然后，它可以将这些变化与原始输入结合起来，生成输出。

这个思想在深度学习网络中非常有效。基于它可以构建更小、更快的层，甚至可以改善反向传播算法中梯度流，这让我们可以构建几十层甚至数百层的网络。

该机制如图20-17左侧所示。我们像往常一样给某个层一个输入张量，让它计算变化，然后将该层的输出添加到其输入张量中。

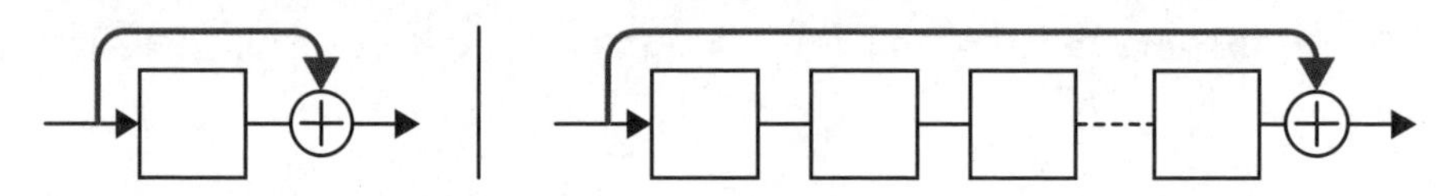

图20-17：左图表示跳跃连接，显示为红色；右图表示可以在多个层之间建立一个跳跃连接

图中将输入传输到加法节点的额外线条称为跳跃连接，或按照其数学解释称为残差连接。

我们也可以在顺序的多个层之间建立一个跳跃连接，如图20-17右侧所示。

跳跃连接之所以有效，是因为每一层都在参与网络计算的同时试图减少自己对最终误差的影响。跳跃连接是网络的一部分，因此该层知道它不需要处理张量中不需要改变的部分。这使层的工作更简单，使其更小、更快。跳跃连接还改善了网络的梯度流，允许我们创建由几十层组成的深层网络。跳跃连接已被证明在各种神经网络中都有很大的实用价值。

在下一小节，我们将了解Transformer模型使用跳跃连接不仅是为了提高效率和速度，还因为它们允许Transformer模型巧妙地跟踪输入中每个元素的位置。

## 20.3.2 Norm-Add

在介绍Transformer的架构前，还要介绍的第2个思想实际上更多的是概念和符号的简化。在Transformer中，通常对层的输出应用一个称为层归一化或层规范化的正则化步骤，如下页图20-18（瓦斯瓦尼等人 2017）左侧所示。层规范化属于第15章介绍的正则化技术，例如随机失活和批归一化，它们通过保持网络中的权重值不会变得太大或太小来帮助控制过拟合。层规范化学习用于调整层中的权重值，以便它们近似高斯分布的形状，平均值为0，标准偏差为1。

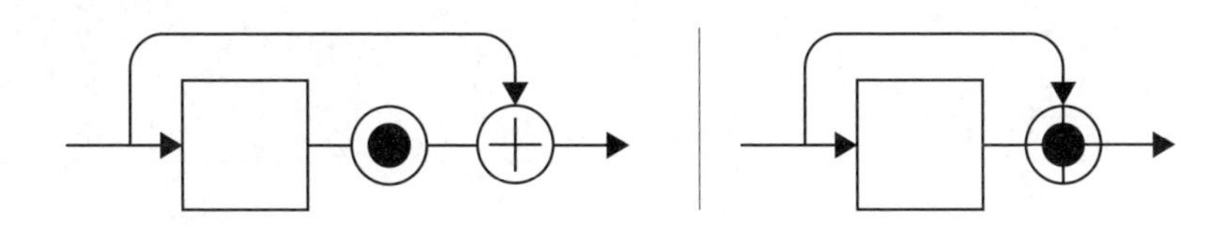

图20-18：左图表示层归一化，然后是跳跃连接的相加步骤；右图表示Norm-ADD的组合图标。这是在左边网络视觉和概念上的简化

层规范化对于Transformer来说非常重要，执行层规范化的方式非常灵活。一种常用的方式是将层规范化放在跳跃连接的相加步骤之前，如图20-18所示。因为这两个操作总是成对出现，为了方便，我们将它们组合成一个称为Norm-ADD的操作。Norm-ADD图标是层规范化和求和图标的组合，如图20-18右侧所示。这是对层规范化和跳跃连接相加这两个独立步骤的简化图示。

人们已经对不同的层规范化方式进行了大量的实验，例如在层之前（瓦斯瓦尼等人2017），或在相加节点之后（TensorFlow框架 2020b）。不同的方式在细节上有所不同，但在实践中，这些方式都具有一定的意义。

## 20.3.3 位置编码

在介绍Transformer之前，我们要讨论的第3个技术，是为了解决在将循环神经网络从系统中移出后，将失去每个单词在开始句子中的位置信息的问题。这一重要信息是循环神经网络结构所固有的，因为单词逐个出现，使得循环单元的隐藏状态能够记住单词的顺序。

但正如我们所见，注意力机制混合了多个单词的表达。后续阶段中如何能知道每个单词在句子中的具体位置？

答案是将每个单词的位置或索引插入到单词本身的表示中。当单词的表示被处理时，位置信息会包含在其中，这个过程称为位置编码。

一种简单的位置编码方法是在每个单词的末尾附加几个比特的空间来保存位置信息，从0开始往上编码，如下页图20-19的左侧所示。但某些时候，我们可能会得到一个长句子，它需要的比特数比提供的多。这会带来麻烦，因为我们不能为每个单词分配一个唯一的数字表示位置编码。如果存储空间太大就会造成浪费，而且会影响计算速度。这种方法很难实现，我们需要引入一些特殊机制来处理这些位置编码（蒂鲁文加丹2018）。

一种更好的位置编码方法是使用一个数学函数，为序列中的每个位置创建一个唯一的向量。假设词嵌入的长度为128个元素，然后给这个函数每个单词的索引（大小不限），该函数将返回给我们一个128元素的新向量，并以某种方式描述每个单词的位置。简单来说，它将索引转换为一组唯一的值列表。我们期望网络学会将这些列表中的每一个与单词在输入中的位置关联。

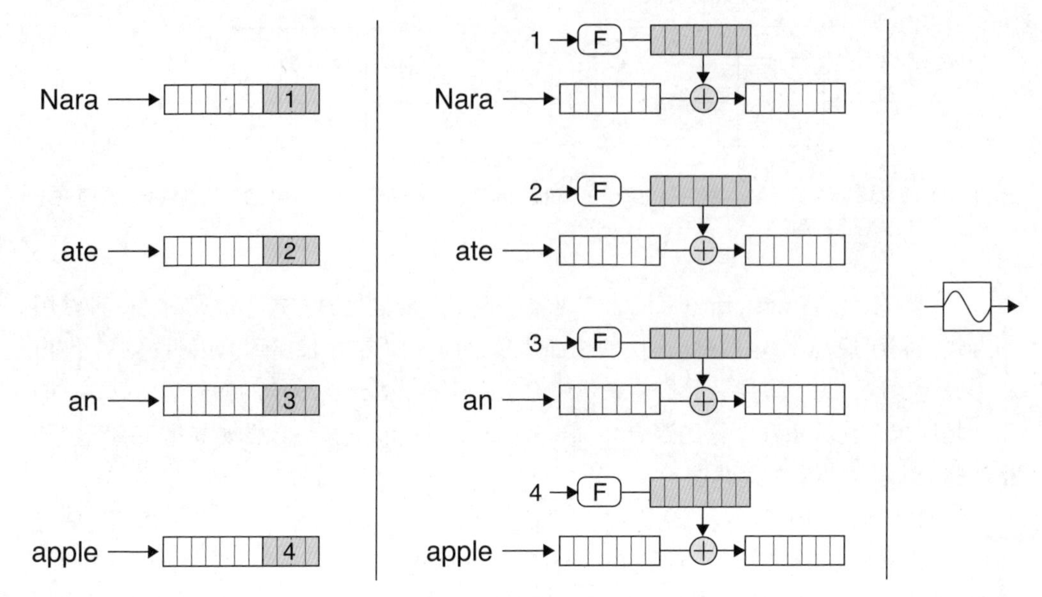


图20-19：跟踪句子中每个单词的位置。左图表示为每个单词添加索引；中图表示用函数F将每个索引转换为向量，然后将其添加到单词的表示中；右图表示位置编码嵌入层图标

我们可以直接将这两个向量相加，而不是将向量附加到单词的表示中，如图20-19的中图所示。在这里，我们直接将编码中每个元素的数字添加到词嵌入的相应数字中，这种方法的好处在于，不需要任何额外的比特空间或特殊处理。这种形式的位置编码被称为位置嵌入，它与之前ELMo等算法中介绍的词嵌入相似。图的右侧展示了该过程的图标（源自“瓦斯瓦尼等人 2017”）。

在每个词嵌入中添加位置信息，而不是附加位置信息，这似乎有点奇怪，因为它会改变单词的表示形式。此外，随着注意力网络处理这些值，位置信息似乎也容易丢失。

事实证明，位置嵌入通常只影响单词向量一端的几个比特位（瓦斯瓦尼等人 2017；卡泽姆内贾德 2019）。此外，Transformer也可以学会在处理过程中区分每个单词的表示和位置信息，以便对它们进行单独解释（Tensorflow框架 2019a）。

为什么在处理过程中位置嵌入不会完全丢失呢？毕竟，注意力机制通过神经网络改变了其输入，将其转换为Q/KV值，接着混合这些值。这个过程中位置信息肯定会被扰乱和丢失。

这个问题的巧妙解决方案是内置于Transformer架构中的一些机制，Transformer网络将每个操作（最后一个除外）封装在一个跳跃连接中。嵌入信息永远不会丢失，因为它在每个处理阶段后都会被重新添加。下页的图20-20说明了位置嵌入和Norm-add跳跃连接在结构上的相似性。简而言之，每一层都可以任何方式更改其输入向量，然后重新添加位置嵌入，以便在下一层使用。

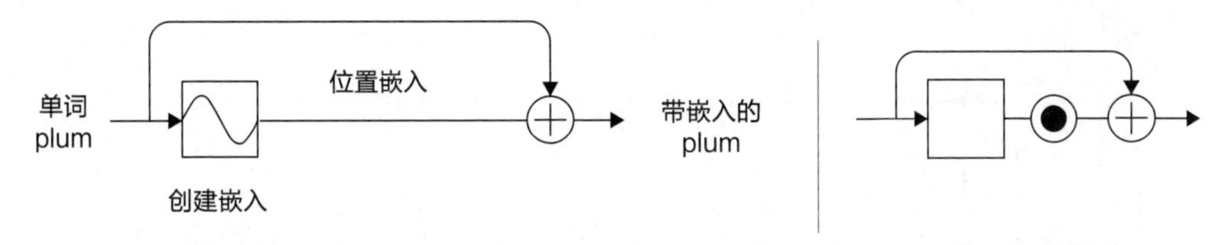


图20-20：左图表示创建一个位置嵌入并将其添加到单词中；右图表示在处理后，Norm-ADD操作隐式地将单词的嵌入信息加回

## 20.3.4 构建Transformer模块

现在我们已经准备好了构建Transformer模块所需的部件和技术，接下来将继续使用单词翻译作为运行示例。

需要注意的是，这里的Transformer是指受Transformer原论文（瓦斯瓦尼等人 2017）中的架构启发的各种网络。我们在本次讨论中将使用通用版本。

Transformer模块的示意如图20-21所示。标记为E和D的方框是围绕注意力层构建的重复层（或块）序列，稍后将详细介绍这两种方框类型。主要过程是，编码器（由编码器块构建，用字母E标记）接受一个句子作为输入，解码器（由解码器块构建，用字母D标记）接受来自编码器的信息并生成新的输出（该图的结构在某些方面让人想起展开的seq2seq图，但这里没有循环单元）。

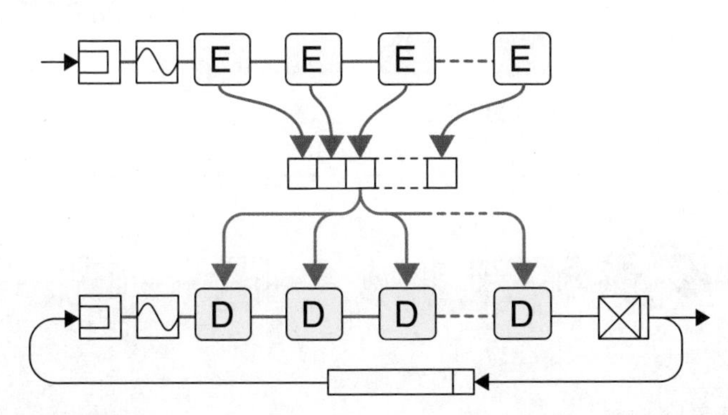


图20-21：Transformer模块示意。对输入进行编码，然后解码。解码器的输出以自回归的方式反馈到输入端。虚线代表未绘出的重复元素

编码器和解码器都是从词嵌入开始，然后是位置嵌入。解码器包含我们常用的全连接层，在结尾有softmax函数，用于预测下一个单词。解码器是自回归的，因此它将每个输出字附加到不断增长的输出列表中（如图20-21底部的框所示），该列表将成为解码器生成下一个单词的输入。解码器包含多头Q/KV注意网络，如图20-14所示。它们从编码器块的输出接收它们的键和值，如图20-21中图所示。其中编码器输出被传递到解码器块。这说明了为什么Q/KV注意力机制也称为编码器-解码器注意力机制。

更仔细地观察图20-21中的示意，从编码器开始，如图20-22所示。

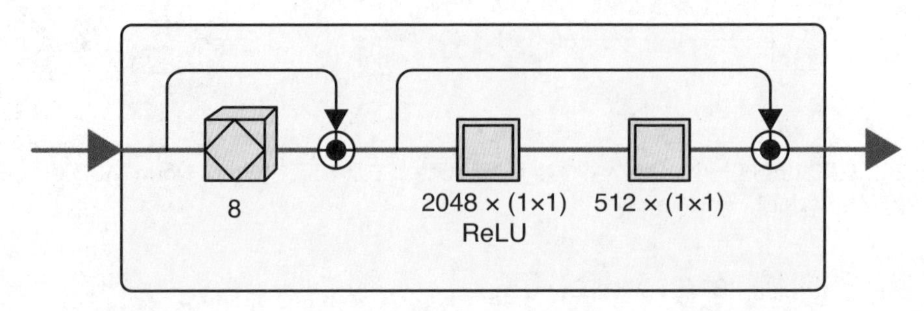


图20-22：Transformer的编码器示意。请注意，第一个是自注意力层

图20-22中的编码器框图从一个多头（8头）自注意力层开始。因为该层应用了自注意力机制，所以查询、键和值都可以从到达框图的一组输入集中获取。这种多头注意力被一个Norm-ADD跳跃连接所包围，以使数字看起来像高斯分布，并保留位置嵌入。接下来是两个层，通常统称为点式前馈层。虽然最初的Transformer论文将其描述为一对经过修改的全连接层（瓦斯瓦尼等人 2017），但我们可以更方便地将其视为两层1 × 1卷积（科米亚克 2017；辛加尔 2020；张等人 2020）。它们将学习调整多头注意力层的输出以消除冗余，并关注对后续处理最有价值的信息。第一个卷积使用ReLU激活函数，而第二个卷积没有激活函数。与往常一样，这两个步骤被打包在一个Norm-ADD跳跃连接中。

现在看看解码器示意，如图20-23所示。

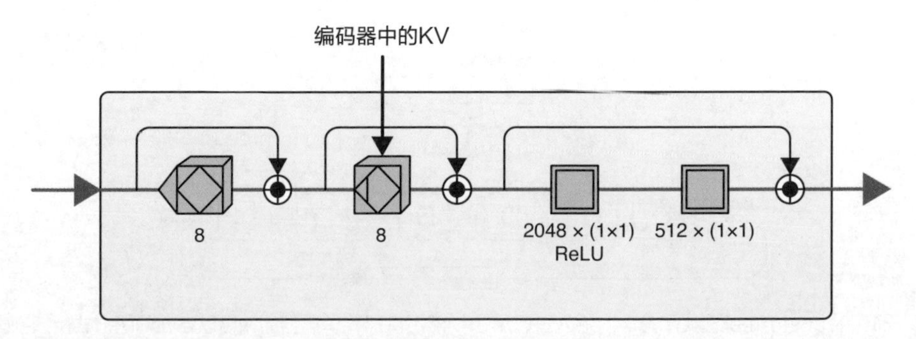


图20-23：Transformer的解码器示意。需要注意，第1个注意力层是自注意力层，而第2个是Q/KV注意力层。自注意力层左侧的三角形表示该层使用了掩蔽

图20-23的解码器总体来看很像是有额外注意力层的编码器块。下面再浏览一下各层。就像编码器示意图一样，从多头自注意力层开始。层的输入是Transformer迄今为止所有的输出单词。如果刚开始，这个句子只包含[开始]标记。和其他自注意力层一样，这里的目的是查看所有输入单词，并找出哪些与其他单词最密切相关。它被打包在一个末尾有Norm-ADD节点的跳跃连接中。训练期间，在这个自注意力步骤中添加了一个额

外的细节，叫作掩蔽（图20-23中用一个小三角形表示），我们将在稍后再介绍它。

自注意力层之后是一个多头Q/KV注意力层。查询（或Q）向量来自前一个自注意力层的输出，键和值来自所有编码器块的串联输出。这一层也被包装在一个末尾有Norm-ADD节点的跳跃连接中。该阶段使用前一个注意力网络的输出选择来自编码器的键，然后和与其相对应的值混合。最后是一对1 × 1卷积，与编码器块模式相同。

现在我们可以把这些片段组合起来，图20-24显示了Transformer模型的整体结构。

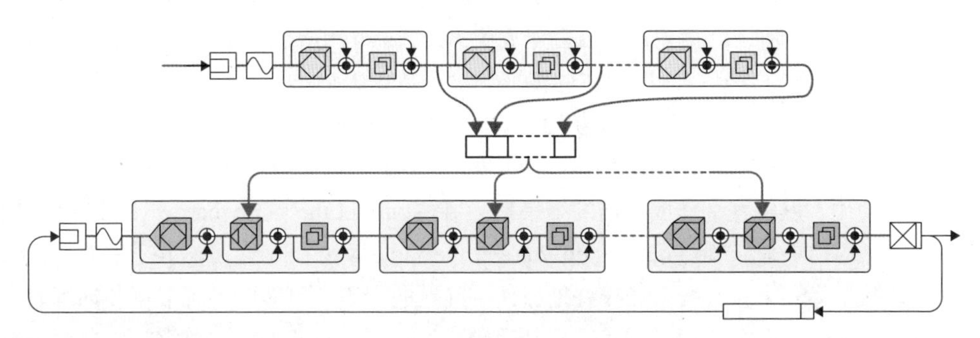

图20-24：一个完整的Transformer结构。显示为两个堆叠框的图标表示两个连续的1 × 1卷积，其中虚线代表未绘出的重复元素

下面介绍每个解码器块中第1个注意力层的细节。正如我们提到的，作为Transformer核心的注意力机制的一个重要价值是它允许进行大量并行计算。无论注意力块被给予5个还是500个单词，它都会在相同的时间内运行。

假设我们正在训练系统，用于预测句子中的下一个单词。我们可以给它提供整个句子，让它预测第1个单词、第2个单词、第3个单词等，所有这些都是并行的。

但这样存在一个问题，假设句子是“My dog loves taking long walks”。我们可以将“My dog loves taking long”输入系统，然后让它预测第7个单词walks。但因为正在执行并行训练，我们希望它使用相同的输入同时预测前面的每个单词。也就是说，我们还希望它能根据输入“My dog loves taking long”来预测第5个单词long。

这太简单了，因为单词long已经给出了！系统会发现要做的就是直接返回第5个单词，这与学习如何预测它完全不同。我们想将“My dog loves taking long”输入系统并预测第5个单词，它应该只看到“My dog loves taking”。当预测这个词的时候，我们想把它隐藏或掩藏起来。同样，要预测第4个单词，它应该只看到“My dog loves”，要预测第3个单词，它应该只看到“My dog”，依此类推。

简而言之，Transformer将运行5个并行计算，来预测5个不同的单词，但只给每个计算要预测单词之前的单词。

实现这一点的机制称为掩蔽。我们在解码器块的第一个自注意力层中添加了一个额外步骤，用于掩蔽或隐藏每个预测步骤不应该看到的单词。因此，预测第1个单词的计算不会看到输入单词，预测第2个单词的计算只会看到单词“My”，预测第3个单词的计算只会看到“My dog”，依此类推。由于存在这个额外步骤，解码器块中的第一个注意力层有时被称为掩蔽多头自我意力层，这太拗口了，所以我们通常将其称为掩蔽注意力层。

## 20.3.5 运行Transformer模块

下面介绍一个正在执行翻译的Transformer模型。我们大致按照图20-24的架构训练一个Transformer模块，可将葡萄牙语翻译成英语（TensorFlow框架 2019b）。使用了包含50000个训练示例的数据集，按现在的标准，这个数据集很小但足以证明这些思想，同时也具备在家用计算机上进行训练的实际规模（凯利 2020）。

我们向训练好的Transformer输入一个葡萄牙语问题：“você se sente da mesma maneira que eu?”使用谷歌将其翻译成英语的结果是：“do you feel the same that way I do?”我们的系统翻译的结果是：“do you see, do you get the same way i do?”虽然并不完美，但考虑到训练数据集较小，系统已经很好地抓住了问题的本质，更多的训练数据和训练时间肯定会改善结果。图20-25显示了解码器最终的八头Q/KV注意力层中每个输出单词对输入单词的注意力热图。和往常一样，单元格越亮，注意程度越高。需要注意，一些输入单词被预处理器分解成多个标记。在更大数据集上和用更长时间训练的Transformer，可以产生与循环神经网络一样或更好的结果，并且可以并行训练。它们不需要内部状态有限、能耗尽内存的循环单元，也不需要多个神经网络来学习如何控制这些状态。这些都是巨大的优势，也解释了为什么在许多应用中Transformer模块可以用来取代循环神经网络。

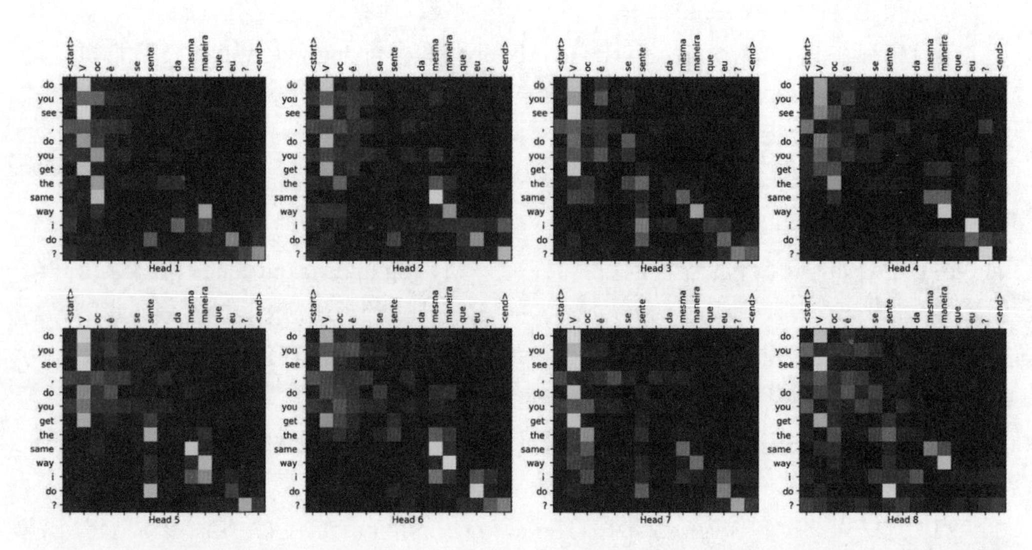


图20-25：将葡萄牙语“voc ê se sente da mesma maneira que eu?”翻译成英语时，解码器最终的8头Q/KV注意层中每个头的热图

Transformer的一个缺点是，注意力层所需的内存将随着输入的大小而急剧增长。有很多方法可以调整注意力机制和Transformer模型，以在不同情况下降低这些成本（塔伊等人 2020）。

## 20.4 BERT和GPT-2

图20-24的Transformer模型由编码器和解码器组成，编码器用于分析输入文本并创建一系列描述文本的上下文向量，解码器使用该信息自回归生成输入的翻译。

构成编码器和解码器的块并不是特定用于翻译任务的，它们都是一个或多个注意力层，后面跟着一对1 × 1卷积。这些块可以用作通用处理器，用于计算序列元素（尤其是语言）之间的关系。让我们看一下最近的两种体系结构，在翻译以外使用Transformer模块的情况。

### 20.4.1 BERT

我们使用Transformer模块创建一个通用语言模型，它可以用于第19章开头列出的任何任务。

该系统称为Transformer的双向编码器表示（Bidirectional Encoder Representations from Transformers），但更常见的名字是首字母缩写BERT（德夫林等人 2019）(《芝麻街》中的另一个玩偶也叫BERT，与之前介绍的ELMo一样）。BERT的结构首先是一个词嵌入器和位置嵌入器，然后是多个Transformer编码器块。基本架构如图20-26所示（在实践中，其他细节有助于训练和性能，例如随机失活层）。该图显示了许多输入和输出，很明显BERT正在处理一个完整的句子。为了保持一致及清楚，我们在块内只使用一条线，但并行操作仍是支持的。我们用黄色线条绘制BERT图，因为《芝麻街》中的BERT是一个黄色玩偶。

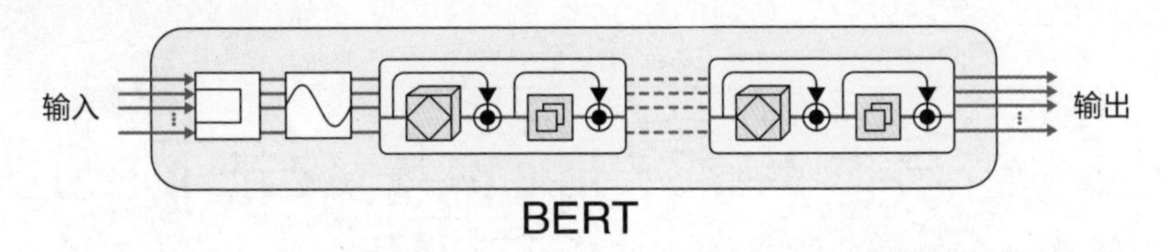


图20-26：BERT的基本结构，虚线代表更多未绘制的编码器块

BERT的原始“大型”版本名副其实，拥有3.4亿个参数。该系统在维基百科和超过10,000本书上进行了训练（朱等人 2015）。目前有24个经训练的原始BERT系统版本（德夫林等人 2020）可在线免费获取，还有越来越多在基础上的变体和改进版本（拉贾塞卡兰 2019）。

BERT接受了2项任务的训练。第1个被称为下一句预测（NSP）。在该任务中，一次给BERT两个句子（用一个特殊的标记来区别它们），我们要求它确定第2个句子是否能合理地跟在第1个句子后面。第2个任务是向系统输入一些已经删除部分单词的句子，要求它填补空白。语言教育者称之为完形填空任务（泰勒 1953）。这个任务是视觉过程的语言模拟，称之为闭包，用于描述人类填补图像空白的倾向。闭包的原理示意如图20-27所示。

图20-27：演示闭包原理。这样不完整的形状通常会被人类视觉系统填充以创建对象

BERT能够很好地完成这些任务，因为与之前介绍的基于循环神经网络的方法相比，BERT的注意力层从输入中提取了更多的信息。第1个循环神经网络模型是单向的，从左到右读取输入。然后它们演变成了双向的，最终发展到ELMo，它可以说是浅双向的，浅指的是架构在每个方向上只使用了两层。由于注意力机制的原因，BERT能够确定每个单词对其他单词的影响。BERT是“深度双向”的，但将其视为“深度包容”可能更有用，因为它将同时考虑每个单词。当我们使用注意力机制时，方向的概念实际上并不适用。

接下来看一下BERT。我们从12个编码器块的预训练模型开始（麦考密克和瑞安 2020），然后对其进行微调，以确定输入句子是否符合语法（沃斯塔特、辛格和鲍曼 2018；沃斯塔特、辛格和鲍曼 2019）。这是一个能得到肯定或否定答案的分类问题，因此，下游模型应该是某种类型的分类器。让我们用一个由全连接层组成的简单分类器。组合模型如图20-28所示。

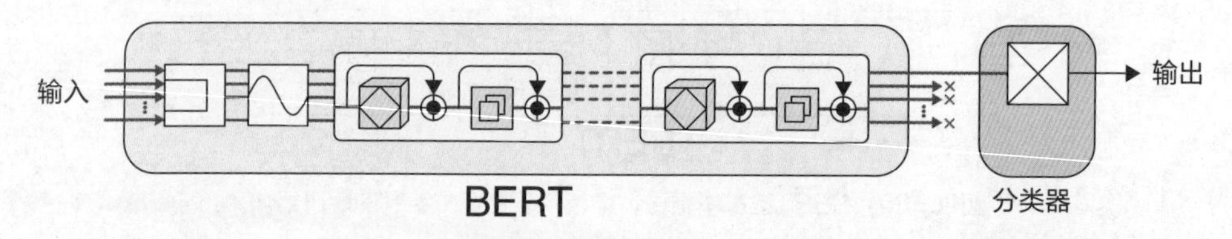


图20-28：在最后有一个小型下游分类器的BERT。虚线代表另外十个存在但未绘出的相同编码器块

经过4个轮次的训练之后，这里有6个运行测试数据的结果，前3个符合语法，后3个不符合语法。BERT对所有6个问题都给出了正确答案。

- Chris walks, Pat eats broccoli, and Sandy plays squash.

- There was some particular dog who saved every family.
- Susan frightens her.
- The person confessed responsible.
- The cat slept soundly and furry.
- The soundly and furry cat slept.

在大约1000个句子的测试集中，这个小型BERT正确判断了大约82%的数据。一些BERT变种模型在这项任务上的正确率超过了88%（王等人 2019；王等人 2020）。

再尝试另一个叫作情感分析的任务。我们将把简短的电影评论分为正面评论和负面评论。这些数据来自一个名为SST2有近7000个电影评论的数据集，每个评论都被标记为正面或负面（索赫尔等人 2013a；索赫尔等人 2013b）。

在这个任务中，我们使用了一个名为“DistillBERT”的BERT工具（倩等人 2020；阿拉马尔 2019）（术语“distilling”是指仔细修剪一个经过训练的神经网络，使其更小更快而不损失太多性能）。这是一个分类任务，我们可以重用图20-28中的模型。

以下是测试数据中的6个示例（没有迹象表明它们指的是什么电影）。DistillBERT正确地将前3条评论归类为正面，将后3条归类为负面（这些评论都是小写的，逗号被视为它们自己的标记）。

a beautiful, entertaining two hours（美丽、有趣的两小时）

this is a shrewd and effective flm from a director who understands how to create and sustain a mood（这是一部高明且达到预期的电影，导演知道如何创造和维持情绪）

a thoroughly engaging , surprisingly touching british comedy（一部引人入胜、出人意料的英国喜剧）

the movie slides downhill as soon as macho action conventions assert themselves（一旦大男子主义占据上风，这部电影就会一落千丈）

a zombie movie in every sense of the word mindless, lifeless, meandering, loud, painful, obnoxious（一部僵尸电影，从任何意义上来说，它都是愚蠢的、枯燥的、漫长曲折的、喧闹的、痛苦的、令人厌恶的）

it is that rare combination of bad writing , bad direction and bad acting the trifecta of badness（糟糕的剧本、糟糕的导演和糟糕的演技罕见地结合在一起，形成了糟糕的三重形象）

在测试集的1730篇评论中，DistillBERT正确预测了其中约82%的评论。综上所述，基于BERT体系结构的模型通过使用一系列编码器块而统一起来。它们创建一个句子的嵌入，捕获足够的信息，以便下游应用程序可以对其执行广泛的操作。通过一个合适的下游模型，BERT可以用来执行第19章开头提到的许多NLP任务。

也可以让BERT进行语言生成任务，但这很难（米什拉 2020；曼西莫夫等人 2020）。更好的解决方案是使用解码器块，下一节将详细介绍。

## 20.4.2 GPT-2

我们已经了解了Transformer如何使用一系列解码器块来完成翻译任务，还可以使用一系列解码器块来生成新文本。

与图20-24中的完整Transformer模型不同，因为现在没有接收KV值的编码器部分，因此我们将每个解码器块中的Q/KV多头注意力层移除，只留下掩蔽自注意力层和一对1 × 1卷积。首个实现这一点的大型系统被称为Generative Pre-Training model 2，简称GPT-2（拉德福德等人 2019）。GPT-2的结构如图20-29所示。

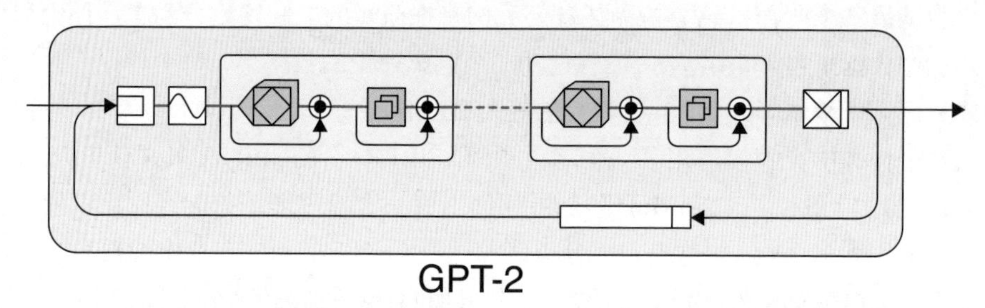


图20-29：GPT-2的框图，由不带Q/KV层的Transformer解码器块组成。虚线代表更多重复、相同的解码器块。注意，因为这些是解码器块，所以每个块的第一个多头注意力层是掩蔽注意力层

与BERT一样，我们对每个输入单词先进行标记嵌入，再进行位置嵌入。像以前一样，每个解码器块中的自注意力层都使用了掩蔽，因此当计算任何给定单词的注意力时，只能使用该单词及其之前的单词信息。

最初的GPT-2发布了几种不同尺寸大小的模型，其中最大的一种通过48个解码器块（每块有12个头）一次处理512个标记，共有15.42亿个参数。GPT-2是在一个名为WebText的数据集上训练的，该数据集包含约800万个文档，共约40GB的文本（拉德福德等人 2019）。

我们通常从预训练模型开始使用GPT-2，然后通过提供一个额外的数据集进行微调，并在该过程中调整所有权重（阿拉马尔 2018）。

到目前为止，本章使用一个种子来启动每个文本生成器，但这只是其中一种启动方法。更简单的方法是只用一般性的指导和提示来启动系统，这称为0样本应用，因为系统输入了0个样本（或示例），以用作新文本的模型。

假设我们现在构建了一个系统来建议我们每天穿什么。0样本场景可能从说明开始"Describe today's outfit"，然后是提示"Today I should wear："生成器从那里开始。它没有可供参考的例子或背景，因此可能建议穿一套盔甲、宇航服或一张熊皮。或者，我们可以提供一个或多个示例（或样本）。在单样本场景中，可能会给出说明"Describe today's outfit"，然后是示例"Yesterday I wore a blue shirt and black pants"，并以提示"Today I should wear："作为提示，我们的想法是，在提示之前提供的文本有助于引导系

统进入我们想要的输出类型。在这种情况下，熊皮就不太可能出现了。

如果给系统2到3个样本，通常称之为少样本场景（这些数字没有明确的界限）。为了提供想要的输出，人们通常更喜欢需要提供尽可能少样本的生成器。

接下来以一个中型的、经过预训练的GPT-2模型为例（冯普拉顿 2020），介绍GPT-2的应用。我们不对模型进行任何微调，因此系统将仅基于其核心训练数据生成文本。我们采用0样本方法，除启动提示之外不给它任何信息。“I woke up this morning to the roar of a hippopotamus”。下面是逐字记录的系统输出：

> I woke up this morning to the roar of a hippopotamus. I was in the middle of a long walk, and I saw a huge hippopotamus. I was so excited. I was so excited. I was so excited. I was so excited.

此时，系统不断重复“I was so excited”（我太激动了）。那不是生成器的故障，而是我们的问题。这个系统正在生成符合语法规则的输出，这就是我们训练它的目的。输出的问题在于，尽管它强调了激动，但这没有意义。一句话的结尾恰好又回到了同一句话的开头，陷入了一个循环。现在的系统不知道这样的输出是无聊的或没有意义的。

为了使输出更合理，人们通常会对这个问题进行消除，去掉认为无意义的输出特征。让我们来看两个这样的变种模型（维贾亚库马尔等人 2018；邵等人 2017）。

首先，消除这种重复。如果系统重复生成同一组单词，我们就惩罚它。这被称为n-gram惩罚，因为n个单词的序列被称为n-gram（保卢斯和索赫尔 2017；克莱因等人 2017）。让我们简化系统，只惩罚重复生成单词的情况。

其次，与其总是选择概率最高的单词，不如让我们随机挑选几个，看看会得到什么结果。也就是说，对于每个单词，我们将在此基础上生成更多的单词。沿着几条路径走了一段时间后，我们对每一条路径进行评分，以确定哪一条路径的表现最好。使用该分支的第一个单词作为预测词，并扔掉该分支的其余部分和所有其他分支。然后，我们对下一个单词重复这个过程，再下一个单词，依此类推。这被称为波束搜索（罗素和诺维格 2009），会将更长的序列连接在一起。我们将根据概率从几个最可能的单词中选择，而不是总选择概率最高的单词，有助于降低输出的可预测性。这被称为提高单词选择过程的温度（0度表示总是选择最可能的选项）。

有了这两个变化，下面尝试使用相同的起始句子再次生成文本。以下是逐字记录的结果：

> I woke up this morning to the roar of a hippopotamus. “Oh, my God,” I said. “I'm so sorry. I didn't mean to hurt you. It's just that I don't know how to deal with it. You know what I mean? I'm not going to let you hurt me, okay? You're my friend, and I love you so much. And I want you to know that you're not alone in this. We've been together for a long time now, so it's not like there's anything we can do about it, but I can't help but feel sorry

for you, because I know you'll never be alone with me again.

现在好多了！我们可以通过使用更多的处理技术来不断改进输出（韦勒克等人 2020），但这已经相当不错了，特别是考虑到所用的是精简的GPT-2模型。

为了进行比较，接下来重温第19章中相同的夏洛克福尔摩斯故事。我们从一个小的、经过预培训的GPT-2开始，根据这些故事对它进行了微调（伍尔夫 2019），然后给出了提示“I asked Holmes to explain”。

I asked Holmes to explain.

“It is very simple really,” he replied. “The short answer is, of course, that the law does not apply to these matters, and that the case should be left entirely in the discretion of the Crown Prosecution and the police. But the long answer is that the case clearly does not rest with us, and that it is very much in the power of the police to prevent it.

“You remember, Watson, that it was upon this very day that the young man, Mr. Latimer, picked up that long revolver which he used to brand me. The revolver which he used to brand me, is probably the best known weapon in the world. You remember, Watson, that I said at the time that it was better not to know than to hate the fear of it. Now, we have heard, and we must not let ourselves be drawn into a dilemma. The matter has been suffciently complicated, and it is not necessary that the facts should be remarked upon in this fashion. The man who does not know is not himself a danger to himself. Let us take the man who does.

这些结果是符合语法的，甚至引用了自身。我们可以将此输出与基于字符的自回归循环神经网络得到的结果进行比较。

GPT-2可以很好地完成其他很多任务，比如运行完形填空测试、根据提示预测超过50个单词、回答关于文本的问题、总结文档以及将一种语言翻译为另一种语言等。

### 20.4.3 生成器讨论

GPT-2显示，如果通过48个解码器层（每个层有12个注意力头）一次处理512个标记，也就是共包含15亿个参数，我们可以生成一些非常好的文本。如果将参数量再次增加呢？即根本不修改基本架构，只是增加更多的参数量。

这正是GPT-2的后续计划，也被称为GPT-3。GPT-3的框图通常与图20-29的GPT-2相似（除了一些效率改进）。GPT-3在96个解码器层上一次处理2048个标记，每层有96个注意力头，总计1750亿个参数（布朗等人 2020）。1750亿个参数！训练这只庞然大物估计需要GPU运行355年，估计成本为460万美元（阿拉马尔 2018）。

GPT-3使用公共爬虫数据集进行训练（公共爬虫 2020）。它来自书籍和网络，大约有一万亿个单词。在删除重复和清理数据库后，仍有约4200亿个单词（拉费等人 2020）。

GPT-3能够创建大量不同类型的数据。它作为一种beta测试向公众提供了一段时间，但现在是一种商业产品（斯科特 2020）。在beta测试期间，人们将GPT-3用于许多应用，比如为网页布局编写代码、编写实际的计算机程序、参加虚构的就业面试、用浅显易懂的语言重写法律文本、创作看起来像法律语言的新文本，当然，还可以用于小说和诗歌等创造性写作（休斯顿 2020）。

所有这些强力工具是一个大杂烩。对这样一个系统进行微调需要大量资源，而且会变得越来越困难，因为这需要找到原始数据中不是专属任务的数据。

如果越大越好，那么更大会更好吗？GPT-3的研究人员估计，我们可以通过一个用1万亿个标记训练的有1万亿个参数的模型（至少从NLP类型任务的角度来看），提取了解任何文本所需的信息（卡普兰等人 2020）。这些数字是粗略的预测，可能差得很远，但有趣的是，在某个时刻，一堆解码器块（以及一些支持机制）可以从一段文本中提取几乎所有所需的信息。我们很快就会知道答案，因为其他拥有海量资源的大公司肯定会在庞大数据集上训练巨型文本生成器。训练这些巨型系统是一个只有大富豪才能玩的“游戏”。

简单地说，我们可以在GPT-3工具（沃尔顿 2020）的驱动下，玩一个基于文本的在线交互式幻想游戏。该系统接受了各种类型的训练，从幻想、赛博朋克到间谍故事。也许玩这个系统最有趣的方式就是把AI当作即兴伙伴，同意系统给我们的任何选项。让AI设定流程，并投入其中。

生成的文本通常可以在短时间内保持良好的效果，但当我们仔细观察时，它的表现如何呢？最近的一项研究要求包括GPT-3在内的许多语言生成器根据法律和历史等人文学科、经济学和心理学等社会科学以及物理学和数学等STEM（科学、计划、工程及数学）学科的主题，执行57项任务（亨德里克斯等人 2020）。大多数输出与人类的表现相差甚远，这些系统在道德和法律等重要社会问题上表现尤其糟糕。

这并不令人惊讶，因为这些系统只是在根据它们归属于一起的概率生成单词，从真正意义上说，它们根本不知道自己在说什么。

我们在这里看到的那些文本生成器实际上没有常识。更糟糕的是，它们盲目地重复从训练数据中关于性别、种族、社会、政治、年龄和其他偏见中大量继承下来的刻板印象和偏见。文本生成器不知道准确性、公平性、善意或诚实。它们不知道自己是否在陈述事实或捏造事实。它们只是根据训练数据的统计数据生成单词，并延续在那里发现的所有偏见和限制。

### 20.4.4 数据中毒

在第17章中介绍过，对抗性扰动攻击可以导致卷积神经网络产生错误的结果。NLP算法也容易受到故意攻击，我们称之为数据中毒。

数据中毒背后的思想是操纵NLP系统的训练数据，使系统产生不准确的结果，可能是连贯的文本，也可能只是一些触发词或短语。例如，我们可以在训练数据中插入句子或短语，暗示草莓是由水泥制成的。如果这些故意添加的“中毒”数据没有被发现，假设该系统后来被用于为超市或建筑承包商生成库存订单，他们可能会发现库存总是会出现意料之外的错误。

这非常令人担忧，因为NLP系统通常是在数百万或数十亿个单词的大型数据集上训练的，没有人能够仔细检查数据库集中是否有误导性的短语。即使人们仔细阅读了整个训练集，中毒数据也可以被设计成不直接提及它们的目标，这基本上无法被检测出来，其影响也难以预料。

回到前面的例子，中毒数据可以让系统相信草莓是由水泥制成的，但根本不会提及水果或建筑材料。这称为隐藏数据中毒，很难检测和预防（瓦拉赫等人 2020）。

另一种攻击是基于伪良性的方式修改训练数据。假设我们正在使用一个将新闻标题分为不同类别的系统，任何给定的标题都可以被巧妙改写，这样明面上的意思就不会改变，但新闻将被错误分类。例如，最初的句子“Turkey is put on track for EU membership（土耳其有望成为欧盟成员国）”将被正确归类为“世界”。如果编辑将标题重新表述为主动语态：“EU puts Turkey on track for full membership（欧盟使土耳其步入正式成员国的轨道）”，这将被错误地归类为“商业”（许、拉米雷斯和维拉马查尼 2020）。

数据中毒的危害尤其严重，原因有几个。首先，它可以由与构建或训练NLP模型的组织无关的人来发起。由于大量的训练数据通常来自网络等公共来源，投毒者只需要在公共博客或其他可能被收集和使用的地方发布操纵性短语。其次，数据中毒可以在任何特定系统使用之前，甚至在它被构思之前就已经发生了。

我们无法估计有多少训练数据已经中毒，正在等待激活，就像《满洲候选人》（弗兰肯海默 1962）中的潜伏特工一样。最后，与针对CNN的对抗性攻击不同，中毒数据将直接从内部损害NLP系统，使其影响成为训练模型的固有部分。

当我们使用一个被破坏的系统来做出重要决策时，比如评估入学论文、解读医疗记录、监控社交媒体的欺诈和操纵，或者搜索法律记录，那么数据中毒可能会导致结果出现错误，进而改变人们的生活。在将任何NLP系统用于此类敏感应用程序之前，除了检查它是否存在偏见和历史成见，我们还必须分析它是否存在数据中毒的情况，并证明它只有在明显没有偏见或中毒的情况下才是安全的。不幸的是，目前还没有对这些问题进行鲁棒测试或认证的方法。

## 20.5 本章总结

本章从词嵌入开始，在高维空间中为每个单词分配一个代表其含义的向量，介绍了ELMo如何基于上下文来捕捉单词的多种含义。

接着介绍了注意力机制，它能同时在输入中找到看起来相关的单词，并构建描述这些单词的向量组合。

随后，介绍了Transformer模型，Transformer完全弃用了循环单元，并用多个注意力网络取代它们。这种改变使我们能够进行并行训练，具有巨大的实用价值。

最后，介绍了如何使用多个Transformer编码器块来构建高质量编码系统BERT，以及如何使用多个解码器块来构建高质量文本生成器GPT-2。

下一章，我们将把注意力转向强化学习。强化学习提供了一种通过评估神经网络的猜测来训练神经网络的方法，而不是期望它们预测一个正确的答案。

# 第21章

# 强化学习

机器学习系统有许多种训练方式。当我们有一组带标签样本时，可以使用监督学习来训练系统为每个样本预测正确的标签。当我们不能提供任何标签时，可以使用无监督学习，让数据本身发挥最大作用。但有时我们处于这两个极端之间，也许有一些希望系统学习的东西，但它不像样本标签那样清晰。也许我们只知道如何区分好一点的解决方案和差一点的解决方案。

例如，我们可能正在尝试教一种新的人形机器人如何用两条腿走路，并不知道它应该如何平衡和移动，但希望它是直立的，不要摔倒。如果机器人试图用腹部滑行，或用单腿跳跃，我们可以告诉它这不是正确的方法。如果它开始用双腿着地，然后向前迈进，我们可以告诉它现在是正确的，并可以继续探索这些行为。这种奖励进步的策略称为强化学习（reinforcement learning，简称RL）（苏顿和巴罗 2018）。该术语描述了一种通用的学习方法，而不是特定的算法。

本章将介绍这个领域的一些基本思想。关键的思想是强化学习将算法分成一个采取行动的实体和另一个对该行动做出反应的实体。为了进行更具体的介绍，我们使用强化学习来学习如何玩一个简单的单人游戏，然后挖掘该技术的细节。从一个有一些缺陷的简单算法开始，然后将进行两次升级，使其成为一个能够有效学习且高效的算法。

## 21.1 基本思想

假设你正在和一个朋友玩跳棋游戏，现在轮到你了，这时，你可以移动你的一个棋子，而你的朋友必须等待。在强化学习中，你就是行动者或代理人（简称代理），因为你有行动选择权。其他的一切，包含棋盘、棋子、规则，甚至你的朋友，都将被归为环境。这些角色不是固定的，当轮到你的朋友移动棋子时，他就是行动者或代理人，其他一切，包含棋盘、棋子、规则，甚至你，都是环境的一部分。

当行动者或代理人选择一个动作时，他们改变了环境。在跳棋游戏中，你是代理，所以你移动自己的一个棋子，也许是移除对手的一些棋子，结果将导致环境有了改变。强化学习中，在代理采取行动后，会得到一份反馈（也称为回报），就是我们告诉了他们这个行动有多"好"。反馈或回报通常是一个数字，反馈可以代表任何想要的东西。例如，跳棋游戏中，赢了游戏的一步棋会被分配一个巨大的正回报，而输了游戏的一步棋会被分配一个巨大的负回报。在这两者之间，越是看起来能带来胜利的一步棋，回报就越大。

通过反复试验，代理可以发现在不同情况下哪些行为比其他行为更好，从而可随着经验的积累逐渐做出越来越好的选择。这种方法尤其适用于我们还不知道该做什么的情况。例如，我们考虑在一个又高又繁忙的办公楼里调度电梯的问题，即使只计算出轿厢空置时应该去哪里也很难。轿厢总是回到第1层吗？有人在顶层等待吗？他们是在顶层和底层之间均匀分布地等候吗？也许这些策略应该随时间的推移而改变，所以在清晨和午饭后，轿厢应该在1楼，等待人们从街道过来，但在下午晚些时候，它们应该更高，准备帮助人们下楼回家。对于我们应该如何为一栋特定的建筑设计电梯调度算法，没有明确的答案。因为这取决于该建筑的平均交通模式（该模式本身可能取决于时间、季节或天气）。

这是理想的强化学习问题，实际上电梯的控制系统可以尝试一种引导空轿厢的策略，然后利用环境的反馈（如等待电梯的人数、平均等待时间、电梯轿厢密度等）来帮助它调整策略，使其在测量指标上尽可能好地运行。

强化学习可以帮助我们解决不知道最佳结果的问题。我们可能没有一个像游戏获胜条件那样清晰的衡量标准，只有更好和更差的结果。这就是关键思想，我们可能找不到任何客观一致的"正确"或"最佳"答案。相反，我们正试图根据测量的指标和所拥有的信息找到最佳答案。在某些情况下，我们甚至可能不知道在这个过程中做得有多好。例如，在一个复杂游戏中，我们可能直到决出输赢之前，都无法判断是领先还是落后。在这种情况下，我们只能根据任务完成后的最终结果来评估行动。

强化学习为不确定性建模提供了一个很好的方法。在基于规则的简单游戏中，原则上可以评估任何棋局并选择最佳棋步，前提是其他玩家也总是这样做。但在现实世界中，其他玩家的举动会让我们大吃一惊。在处理真实世界时，某些时候需要电梯的人比其他时候多，我们需要在遇到意外时能够继续表现良好的策略。强化学习在这种情况下是一个很好的选择，下面通过一个具体的例子来更详细地了解强化学习。

## 21.2 学习新游戏

下面介绍如何使用强化学习来训练系统玩“井”字游戏（也称为“X”和“O”游戏）。游戏中，玩家在3×3的格子中交替放置一个“X”或“O”，最先在一排（任何方向，行、列或对角线）获得3个相同符号的就是赢家。在图21-1的示例中，我们用“O”，计算机学习者用“X”。

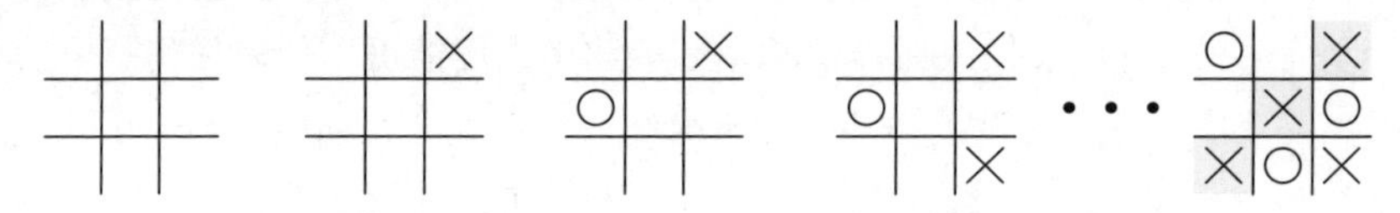

图21-1：一次“井”字游戏（从左到右），X为先手

这个游戏是在与环境对抗的情况下进行的，环境可能会被另一个了解游戏或明白规则的程序模拟。代理则不知道游戏规则，不知道如何输赢，甚至不知道如何采取行动，但我们的代理不会完全被蒙在鼓里。在每轮代理开始时，环境都会向其提供两条重要信息：当前的棋盘和可落子位置列表，如图21-2的步骤1和2所示。

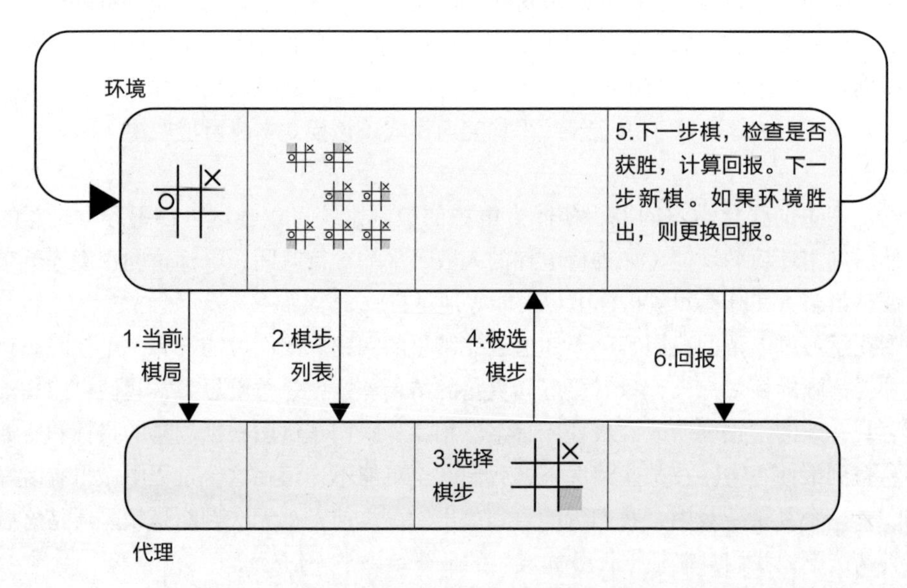


图21-2：“井”字游戏中玩家和环境之间的基本信息交换循环

在步骤3中，代理根据喜欢的方式下一步棋。例如，它可以随机挑选，或者查阅在线资源，或者使用自己对以前游戏的记忆。强化学习面临的挑战是如何设计一个代理，

使它能够利用现有资源出色地完成任务。

一旦代理下了一步棋，它会在步骤4中将其传达给环境。然后，环境遵循步骤5，首先在所选单元格中放置“X”来下一步棋。然后，环境会检查代理是否获胜，如果获胜，就给一个高额回报，否则，它会根据这步棋对代理的好处来计算回报。现在，环境模拟另一个玩家来下棋，如果赢了，它会把回报改得很低，如果游戏因环境或代理的落子而结束，我们称该回报为最终回报。在步骤6中，环境将回报（有时称为回报信号）发送给代理，以便其可以了解所选择的棋步有多好。如果没分出胜负，我们回到循环，代理可以再走一步。

在某些情况下，我们不会给代理提供可用棋步的列表。这可能是因为要列出的内容太多，或者有太多的变化。接着我们可能会给代理一些指导，甚至根本没有指导。开始学习时，它可能会做出无用或可怕的动作，但使用下面的技术，我们希望代理逐渐学会做出好的棋步。在本讨论中，为了简化概念，假设代理有一个可行方案列表以供选择。

## 21.3 强化学习的结构

下面重新组织并将“井”字游戏示例概括为更抽象的描述，这将使我们能够接受回合制游戏以外的情况。我们将把事情分为3个步骤，依次讨论。

在开始之前，先介绍一下术语。在训练开始时，我们将环境置于初始状态。在棋盘游戏中，这是一个新游戏开始的设置。在电梯示例中，这可能是将所有电梯轿厢放置在一楼。一个完整的训练周期（例如一场比赛从开始到结束）称为一个episode。我们通常希望通过大量的episode来训练代理。

### 21.3.1 步骤1：代理选择操作

首先从图21-3开始。

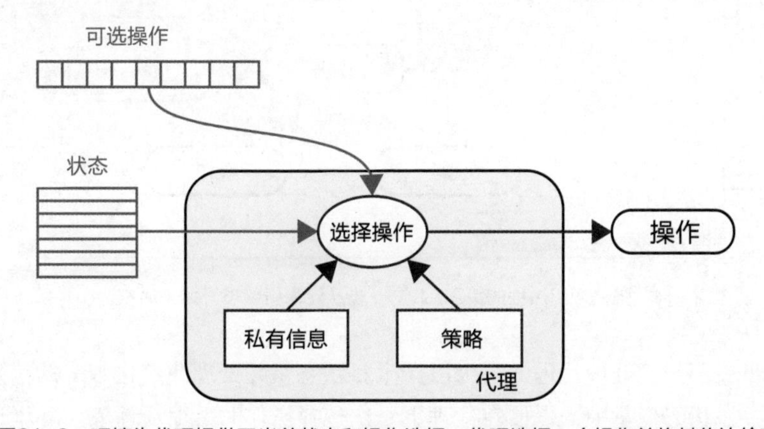


图21-3：环境为代理提供了当前状态和操作选择。代理选择一个操作并将其传达给环境

环境是代理所有行为都发生在其中的范围，环境完全由一组数字来描述，这些数字统称为环境状态（状态变量或简称为状态）。这可能是一个很短的列表，也可能是一个很长的列表，取决于环境的复杂性。在棋盘游戏中，状态通常由棋盘上所有标记的位置，加上每位玩家持有的所有游戏资产（如游戏币、道具、隐藏卡牌等）组成。

然后代理选择一个可用操作。我们经常将其拟人化，讨论代理如何“想要”达到某种结果，比如赢得一场比赛或者调度电梯以便不需要等太久。基本强化学习中，在环境告诉代理采取行动之前，它处于空闲状态。然后，代理使用一种称为策略的算法，根据代理可以访问的所有私有信息（包括它从以前的训练周期中学到的信息），从我们给它的操作列表中选择一个操作。

我们通常认为代理的私有信息是一个数据库，它可能包含对可能策略的描述，或者某种在特定状态下所采用行动和回馈回报的历史记录。相比之下，该策略是一种通常由一组参数控制的算法。当代理开始游戏并搜索改进的操作选择策略时，参数通常会随着时间的推移而变化。

通常我们不会考虑代理将执行什么操作。代理所选操作将被报告给环境，环境负责执行该操作，这是因为环境负责保存状态。我们回到电梯的示例，如果代理指示轿厢从13楼移动到8楼，那么代理不会更新状态以将轿厢放置在8楼。因为这个过程可能会出问题，比如机械故障导致轿厢卡住。代理只是告诉环境它想做什么，环境来试图实现并保持状态，所以它总是可以正确反馈当前状态。在“井”字游戏中，状态包含棋盘上“X”和“O”标记的当前分布。

### 21.3.2　步骤2：环境做出反应

图21-4显示了强化学习概述的第2步。

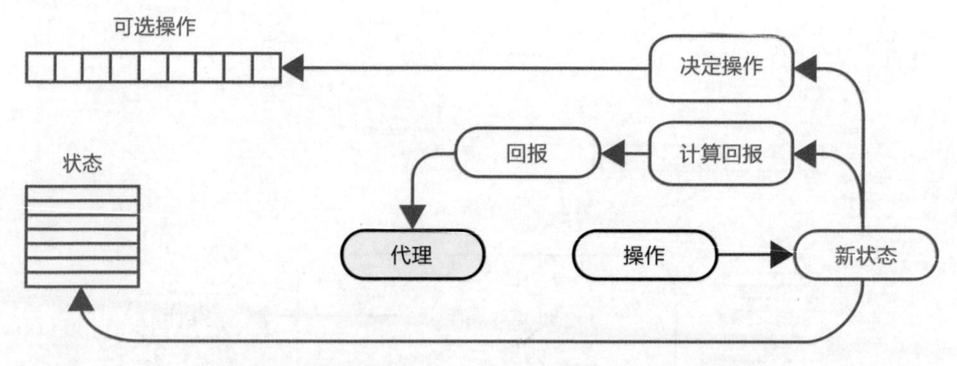


图21-4：强化学习过程的第2步。这一步从计算新状态开始（最右边）

在这一步中，环境处理代理的行为以产生新状态，并处理此变化带来的信息。环境将新状态保存在状态变量中，以便在代理下一次选择操作时反馈新环境。环境还使用新状态来确定代理在下一步可选择的操作。状态和可用操作都被新版本完全取代。最后，环境提供一个回报信号，告诉代理它最后选择的行为有多“好”。“好”的含义完全取决于整个系统在做什么。在游戏中，好的行为是获得更有利位置，甚至胜利的行为。在电梯调度系统中，好的行为可能是那些最小化等待时间的行为。

### 21.3.3 步骤3：代理自我更新

图21-5显示了强化学习概述的第3步。

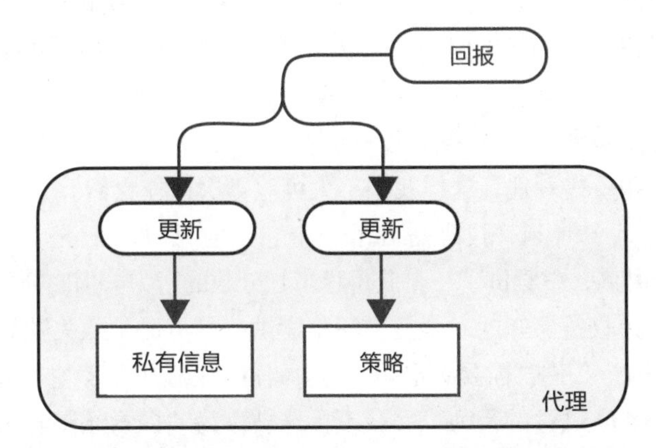


图21-5：强化学习过程的第3步，代理根据回报进行自我更新

在这一步中，代理使用回报值来更新其私有信息和策略参数，以便下次出现这种情况时，能够利用从这一选择中学到的知识。在步骤3之后，代理可能会静静地等待，直到环境告诉它再次采取行动，或者，它可以立即开始计划下一步行动。这对于某些实时系统特别有用，在这些系统中，回报优先于新状态的完整计算工作。

代理通常会以某种方式处理回报，以从中获取尽可能多的信息，而不是简单地将每个回报隐藏在其私有信息中。这甚至可能涉及更改其他操作的值，例如，如果我们刚刚赢得了一场比赛并获得了最终回报，那么可能会想把回报分配到使获胜的每一次行动中。

强化学习的目标是发现如何帮助代理在这种情况下从反馈中学习，以选择能给其带来最佳回报的行动。无论是赢得游戏、安排电梯、设计疫苗还是移动机器人，我们都希望创造一种能够从经验中学习的代理，使其尽可能善于操纵环境，从而带来积极的回报。

### 21.3.4 回到全局

现在我们已经了解了整个方法，下面再介绍一些重要问题。当代理更新其策略时，它可以访问状态的所有参数，或者只访问其中的一些参数。如果代理能够看到整个状态，我们说它具有完全可观测性，否则它只有有限可观测性（或部分可观测性）。我们通常只给代理有限可观测性的一个原因是，某些参数的计算代价可能非常高，并且不确定它们是否与结果相关。因此，我们尝试禁止代理访问这些参数，以查看这样做是否会影响代理的性能。如果排除它们没有坏处，我们就可以将它们完全排除在外，以节省算力，或者在必要时让它们可见并参与计算。另一个部分可观察性的例子是，如果我们想训练系统玩纸牌游戏（如扑克），是不会向系统透露对手手里有什么牌。

一旦开始用刚刚介绍的方法使用反馈来训练代理，我们会发现面临两个实际的问题。首先，当获得最终回报（也许因为赢得或输掉一场比赛）时，我们希望这个过程中的每个行为都能分享一些回报。假设系统玩了一个游戏，并做出一个胜利的举动。最后一步得到了很好的反馈，但是中间步骤是必不可少的，我们应该记住是因为它们导致了胜利。这样如果再次遇到那些中间棋局或场景，系统将更有可能选择导致获胜的行为。分配最终回报的方式被称为“信用分配”问题。出于同样的原因，如果系统输了，会让导致失败的举动承担一些责任，这样我们不太可能再次选择它们。

第二，假设在某个时刻，代理看到了一个它以前见过的情况（例如游戏棋局），并且在较早的某个时刻，它尝试了一个获得相当好分数的行为。但它还没有尝试其他可能的行为，它应该选择收益已知的安全行为还是尝试一些可能导致失败或更大成功的新行为？每次选择行为时，我们都需要决定是想用新的行为冒险并探索它可能带来的后果，还是利用已经学到的和尝试过的行为稳妥行事，这被称为“探索还是利用”问题。设计强化学习系统的部分任务，是思考我们如何平衡这些已知和未知、保证和风险的问题。

### 21.3.5 理解回报

为了让代理尽可能出色地表现，我们应该遵循一个策略，以引导代理选择提供最高回报的行为。所以我们值得花时间去理解回报的本质，以及如何明智地使用回报。现在开始吧。

我们把回报分为两类，即时回报和长期回报。即时回报是我们目前关注的，正如图21-2中环境在执行一个行为动作后立即将这些信息传递回代理。长期回报更常见，指的是总体目标，比如赢一场比赛。

我们想把每一个即时回报与在特定游戏或剧集中获得的所有其他回报联系起来。有很多方法可以解释回报以及它们对我们应该意味着什么。来看看一种常用的方法，这种方法被称为“折现未来回报”（discounted future reward，简称DFR）。这是解决信用分配问题的一种方式，或者确保所有促使我们成功的行为都能分享最终的胜利。

为了了解折现未来回报是如何运作的，需要深入理解一下回报过程。想象一下，我们是一个正在玩游戏的代理。游戏结束后，可以将我们为该游戏收集的回报排列在一个列表中，按照获得回报的顺序一个接一个，同时也会保存获得这些回报的动作。把所有的回报加起来，我们得到了该游戏的总回报，如下页图21-6所示。

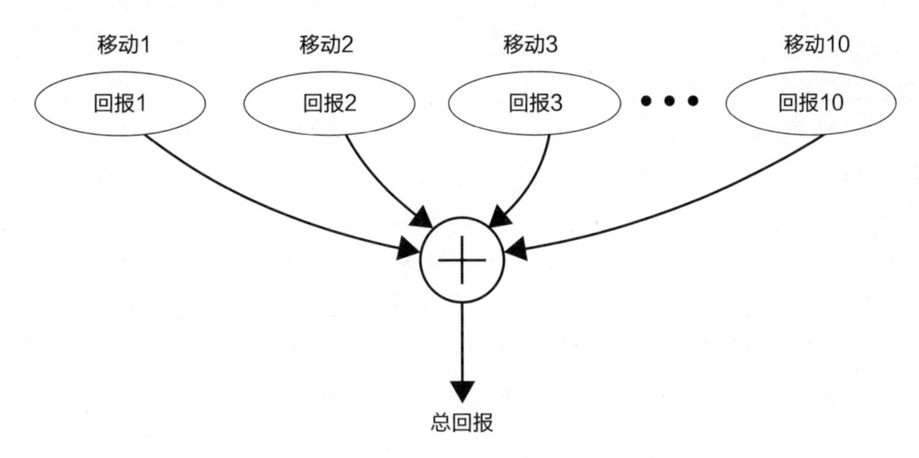


图21-6：与任何一个游戏相关联的总回报是从该游戏的第一步到最后一步的所有回报之和

我们可以把这个列表的任何一部分加起来，比如前5个条目，或者最后8个。下面从第5步开始，将所有回报相加，直到游戏结束，如图21-7所示。

图21-7显示了与游戏第5步相关的“总未来回报”（total future reward，简称TFR）。这是总回报的一部分，来自第5步和其后的所有步骤。

游戏的第1步是特殊的，它的总未来回报和游戏的总回报是一样的。因为回报总是0或正值，所以每次行动后的总未来回报等于或小于行动之前的总未来回报。

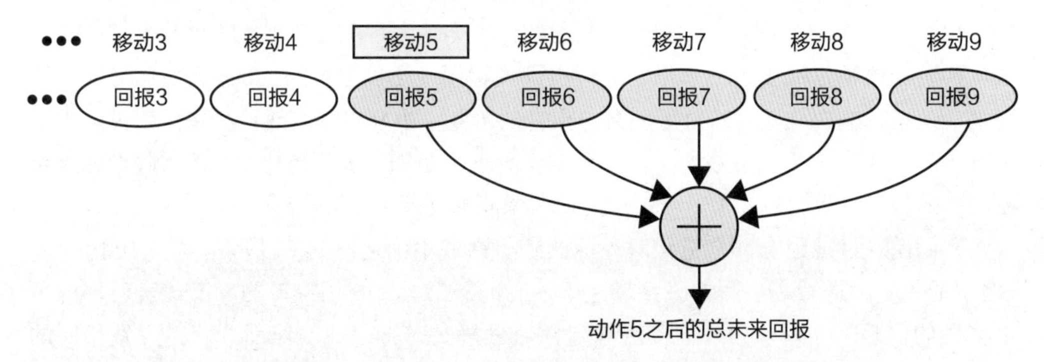


图21-7：任何动作的总未来回报是该动作和到该游戏结束前所有其他动作的回报之和

总未来回报很好地描述了一个特定的动作对刚刚完成的游戏的贡献，但它并不能很好地预测这个动作在未来的游戏中影响多大，即使它们以完全相同的动作序列开始。这是因为真实的环境是不可预测的。如果我们在玩多人游戏，是不能确定其他玩家在下一个游戏中的行为是否与上一个游戏相同。如果他们采取不同的行动，那么这可以改变游戏的轨迹，因此也可以改变我们获得的奖励，甚至可以改变我们的输赢。即使我们在玩单人纸牌，每次也需要洗牌，或者一个伪随机数的计算机游戏，所以即使玩的方式和过去完全一样，我们也不能确定未来会发生什么。

即时回报相对来说更可靠。想象两种即时回报，第1种在环境响应前就会告诉我们刚刚采取的行动的质量。例如，在“井”字游戏中，如果代理在某个单元格中放置“X”，它们可以立即获得回报，描述在环境响应前玩家的获胜准备情况。这种回报是完全可以预测的。如果我们以后再面对同样的环境，做出同样的举动，得到的回报也是一样的。

第2种回报告诉我们，在环境响应后，刚刚采取的行动的质量，所以回报会受到环境的影响。这种类型的回报不像响应前的回报那样可预测，因为每次采取行动时，环境可能会以不同的方式响应。例如，假设我们正在训练代理如何使用遥控器打开设备。它可能拿起遥控器，按下电源按钮，然后把遥控器放回原位，连续做100次同样的事情，可以获得高额回报。但一直以来，电池都在消耗，当代理第101次重复这个过程时，设备不会打开。如果代理因按下按钮而获得回报，也就是说，在环境响应之前，代理会获得一大笔回报，因为它做了正确的事情。如果回报是开启设备，也就是环境响应后，第101次，代理将获得低回报，甚至可能是0，因为设备未能开启。

当一件事连续工作100次，但第101次失败时，这是一个意外。

正确地处理意外是很重要的，因为大多数环境都是不可预测的。一般来说，我们采取的每一个行动都是为了带来一个结果。即使不能确定会发生什么，等待看到结果也是理解我们的行动是否是一个好选择的重要组成部分。

我们认为，现实环境及其不可预测的因素是随机的，相比之下，完全可预测的环境（例如完全基于逻辑的游戏）是确定性的。不可预测性（或随机性）的数量可以变化，如果不可预测性很低（也就是说，环境在很大程度上是确定性的），那么我们可能会很有信心地说，刚刚获得的回报可能会在未来的游戏中重复出现，或者几乎会出现。由于不可预测性非常高（也就是说，在一个很大程度上是随机的环境中），必须假设如果重复同样的行为，我们对未来回报所做的任何预测都仅仅是估计。

我们用“折现因子”来量化对环境的随机性或不确定性的估计。这是一个介于0和1之间的数字，通常用小写希腊字母 $\gamma$（gamma）书写。我们选择的 $\gamma$ 值代表对环境可重复性的信心。如果认为环境接近确定性，且每次对给定的动作都会获得大致相同的回报，那么我们将 $\gamma$ 设置为接近1的值。如果认为环境是混乱和不可预测的，我们将 $\gamma$ 设置为接近0的值。我们需要以一种有原则的方式，将意想不到的东西融入所学的回报中。一种方法是创建一个总未来回报的修正版本，说明我们对游戏将以同样的方式继续进行的信心有多大。我们通常把这种改良总未来回报的高值附加在我们感到自信的动作上，而把低价值附加在其他动作上。

我们可以使用折现因子来创建一个总未来回报的版本，称为“折现未来回报”（discounted future reward，简称DFR）。不像总未来回报那样把行动后的所有回报加起来，从即时回报开始，然后将后续回报的值乘以 $\gamma$，以减少未来每一步的值，得到相应的回报。未来一步的回报乘以 $\gamma$ 一次，之后的回报乘以 $\gamma$ 2次方，以此类推。这说明我们认为未来的回报越来越不可靠。该技术如下页图21-8所示。

需要注意，在图21-8中，每个连续值与γ相乘的次数比前一个值多一次。这个增加的乘法会对每个回报贡献的数额产生显著影响。

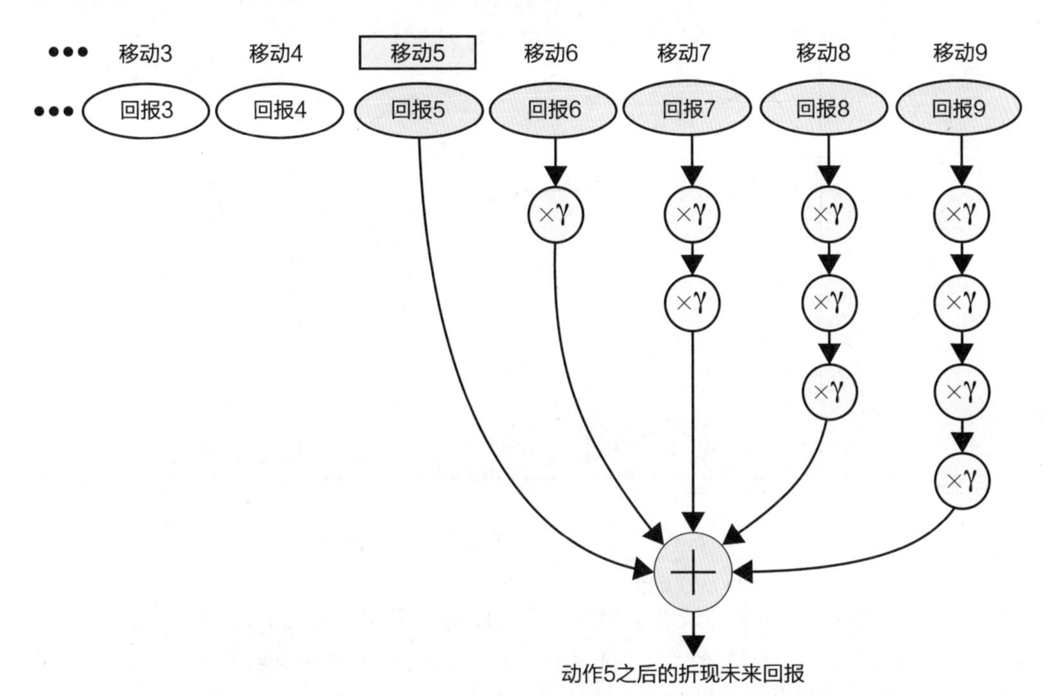


图21-8：折现未来回报是通过将即时回报、乘以γ后的下一个回报、之后的回报乘以γ两次等相加得到的

接下来看看实际效果。我们可以考虑游戏中开局动作的回报和使用γ折扣后的未来回报。图21-9显示了一个有10个动作的假想游戏的一组即时回报。

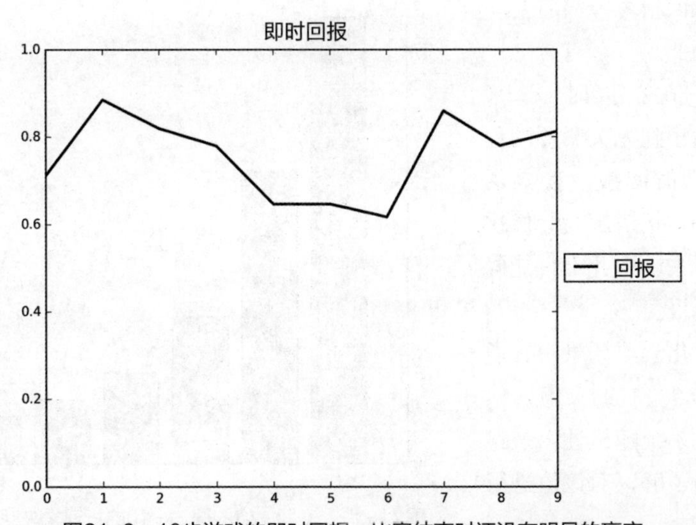


图21-9：10步游戏的即时回报。比赛结束时还没有明显的赢家

根据图21-8对这些回报应用不同的未来折扣，得到了图21-10的曲线。需要注意，随着折现因子 $\gamma$ 的降低，回报下降到0的速度有多快。这意味着我们对未来的预测不太确定。

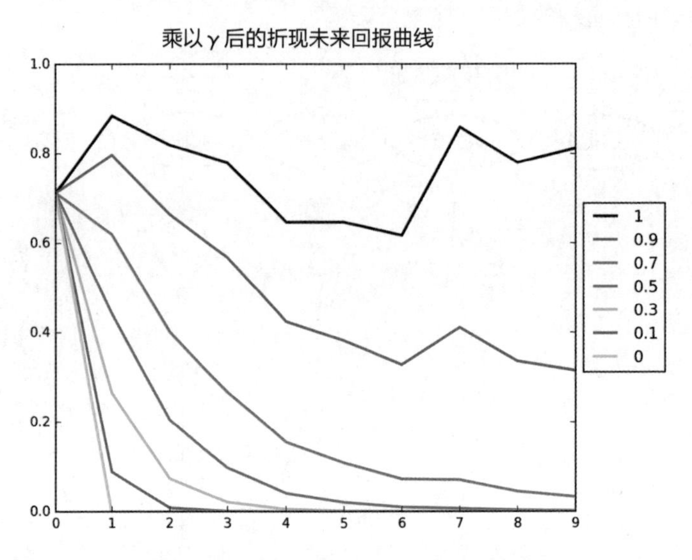


图21-10：图21-9中的回报按不同的 $\gamma$ 值折现

如果将图21-10中每条曲线的值相加，就可以得到不同 $\gamma$ 值的第1步的未来回报。这些折现未来回报如图21-11所示。需要注意，当我们认为未来越来越不可预测时（也就是说，$\gamma$ 变得越来越小），折现未来回报也变得越来越小，因为我们对获得未来的回报不太有信心。

当 $\gamma$ 值接近1时，未来回报不会减少很多，所以折现未来回报接近总未来回报。换句话说，如果再次使用这一步，我们获得的总回报可能与将要获得的总回报相似。

但是当 $\gamma$ 值接近0时，未来回报就会被缩小到无关紧要的程度，只剩下即时回报。换句话说，我们几乎不相信游戏会像这次一样继续下去，因此唯一能确定就是即时回报。

在许多强化学习场景中，通常选择0.8或0.9左右的 $\gamma$ 值，然后随着我们对系统随机性以及代理学习情况的了解，对该值进行调整。

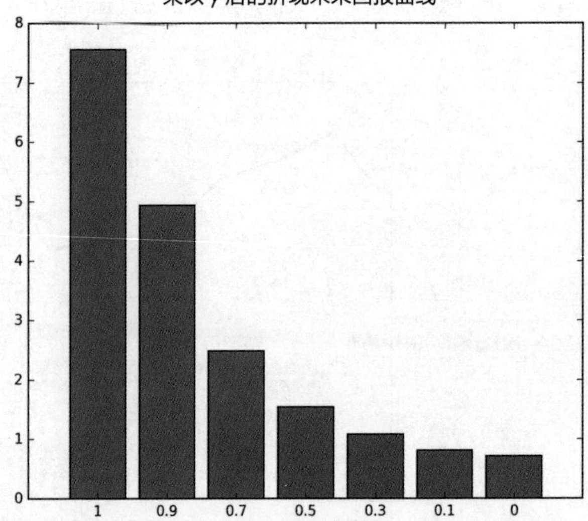


图21-11：不同 $\gamma$ 值的图21-10的折现未来回报（折现未来回报）

到目前为止，我们一直在介绍原则和思想，但仍没有介绍代理选择动作时使用的特定算法。为了介绍这种算法，我们从环境描述开始。

## 21.4 Flippers

接下来我们将研究学习游戏的实际算法。为了保持对算法而不是游戏的关注，我们把“井”字游戏简化成一个新的单人游戏，称之为Flippers。

我们在3 × 3的正方形网格上玩翻转游戏（Flippers），每个单元格包含一个围绕一根横杆旋转的小瓷片，如图21-12所示。

每个瓷片的一面是空白的，另一面有一个点。每次移动时，玩家推动一个瓷片将其翻转。如果它现在显示一个点，翻转后这个点就会消失，反之亦然。

游戏开始时，瓷片处于随机状态。当出现在3个蓝点排列成垂直的一列或水平的一行，而所有其他的瓷片显示空白时，游戏就获胜了。这可能不是对智力要求太高的游戏，但有助于我们让算法变得清晰。

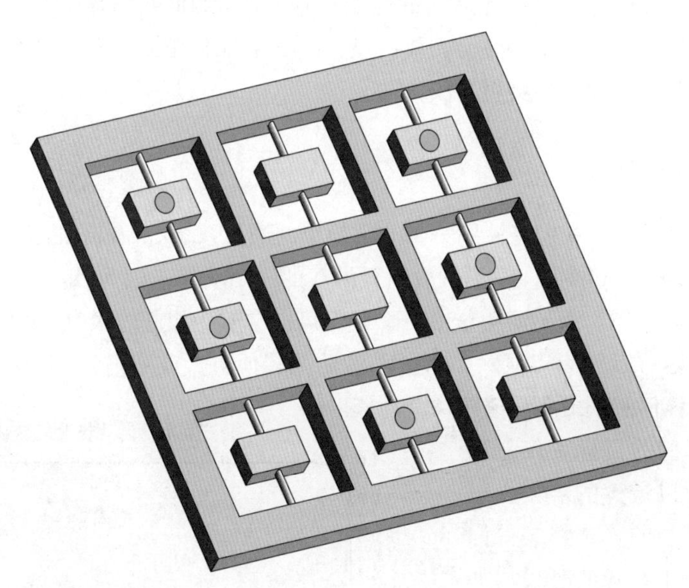

图21-12：翻转游戏的棋盘。瓷片的一面是空白的，另一面有一个点。游戏中的一个动作包括翻转（或旋转）一个瓷片

从一个随机棋盘开始，并希望能够以最少的翻转次数获得胜利。因为斜线不算胜利，所以有六种不同的棋局满足获胜条件，3个横排的情况，或者3个纵排的情况。

图21-13展示了一个示例游戏，以及显示移动的符号。从左到右来看游戏过程，除最后一块以外的每块棋盘都显示了该移动的起始配置，其中一个单元以红色突出显示，那是将要被翻转的单元格。

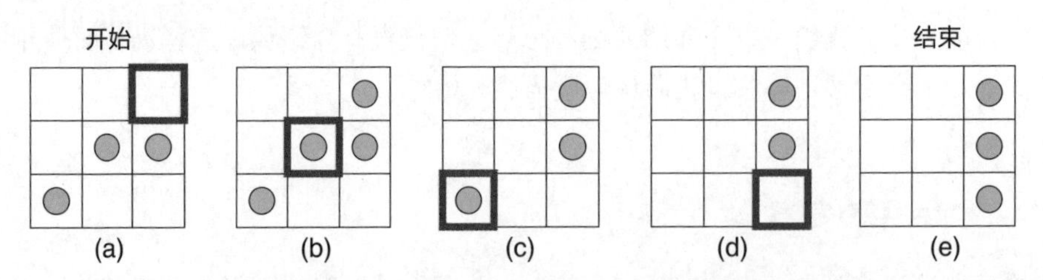


图21-13：玩Flippers游戏。(a)显示三个点初始棋盘，红色方块显示了我们打算翻转的瓷片；(b)生成的棋盘类似于(a)，但右上角的瓷片已经从空白变成点状，我们将要做的是翻转中间的瓷片；(c)至(e)显示游戏中的后续步骤，棋盘(e)是获胜的棋盘

现在我们以这个游戏为例，介绍如何使用强化学习来获得胜利。

# 21.5 L-Learning

下面我们将利用到目前为止所介绍的内容来构建一个完整的用来玩Flippers的学习系统，称之为L-learning，这个初始版本的性能会非常差，因此我们将在下一节中改进该算法。其中L代表“糟糕”（lousy）。需要注意，L-learning是帮助我们获得更好东西的垫脚石，而不是出现在文献中的实用算法。

## 21.5.1 基础知识

为了让示例简化，我们将使用一个非常简单的回报系统。在Flippers游戏中的每一个动作后都会立即获得0回报，除了最后赢得游戏的一个动作。因为Flippers游戏是如此简单，每一局都可以赢。为了证明这一点，我们可以拿起一块起始棋盘，翻转所有现在显示点的瓷片，这样就没有点显示出来了。然后翻转任意行或列中的3个瓷片，我们就获胜了。因此，任何游戏最多只需要12个动作。

然而，我们的目标不仅是赢得比赛，还要以最少的步数赢得比赛。最终获胜的一步将获得回报，回报取决于游戏的时长。如果一步就能赢得比赛，回报是1；如果需要更多步数，这个最终回报会随着步数而快速下降。这条曲线的具体公式不重要，它快速下降且总是变小这一事实才重要。图21-14显示了最终回报对游戏长度曲线的图表。

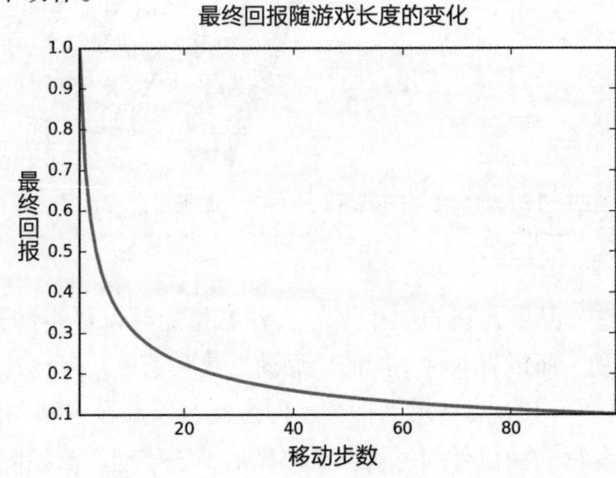


图21-14：在Flippers中，获胜回报从立即获胜的1开始，随着赢得游戏所需的移动次数而迅速下降

系统的核心是一个数字网格，我们称之为L表。L表的每一行代表棋盘的一种状态，每一列都代表了我们可以针对该棋盘采取的9项行动中的一项。表格中每个单元格的内容都是数字，我们称之为L值，如图21-15所示。

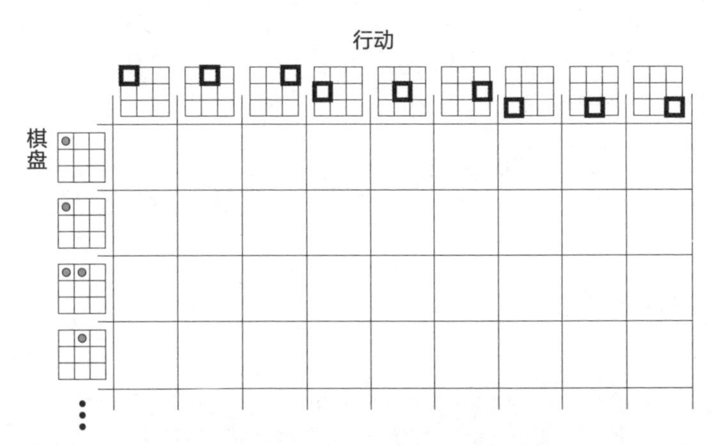


图21-15：L表的一行，对应Flipper板上512种可能的空白和圆点图案，一列对应9种可能的动作

这张表很大，该棋盘有512种可能的配置，因此只需要512行。每行有9列，总计$512 \times 9 = 4608$个单元格。我们将使用L表来帮助系统选择每个棋盘的最高回报动作。为了做到这一点，我们在表的每个单元格中填入一个分数，一个基于经验的数字，会告诉我们相应的棋步有多好。

在学习到了好的棋步时，会将这些值保存到L表中，然后在玩的时候读取这些值以指导我们选择棋步。在开始给L表赋值前，用0将每个单元格进行初始化。当玩游戏时，我们会记录所有下过的棋步，游戏结束后，回顾整个游戏，并确定每个棋步的值。然后将这个值与该棋步单元格中已经存在的数字相结合，为该棋步生成一个新值（稍后我们将讨论其机制）。这称为更新规则。

玩游戏时（无论是在学习阶段，还是以后的真实游戏），通过查看棋盘上初始棋步的对应行来选择一个动作。我们使用策略来选择该行中的哪些操作。

让我们把这些步骤具体化，首先，在每场游戏（或训练周期）之后，我们需要确定想要分配给下过的每步棋的分数。我们使用前面介绍过的总未来回报（TFR）。回想一下，总未来回报来自于所有棋步及其回报组成的排列，然后将该步之后的所有回报累加起来。

我们玩游戏时，整个过程中的每个动作都会立即获得0的回报，但最后一个动作会根据游戏的长度获得正回报，游戏越短，回报越大。这意味着整个过程中每个行动的总未来回报都与最后回报相同。

其次，我们选择一个简单的更新规则，即在每场游戏后，计算每个单元的总未来回报并替换之前的内容。换句话说，这个游戏中，每一步的总未来回报值会变成单元格的新值，该单元格位于我们选择棋步时查看的棋盘行和选取的棋步列的交叉点。

这个简单的更新规则有助于我们熟悉L-learning系统的工作原理。因为它没有把新经验和以前学到的东西结合起来，所以这条规则是该算法性能不佳的一个重要原因。

既然L表中已经有了值，我们需要一个策略能够根据给定的棋盘状态采用哪一步。假设我们选择对应于行中最大L值的棋步。如果多个单元格具有相同的最大值，就随机选择一个。图21-16以图形方式显示了这一点。

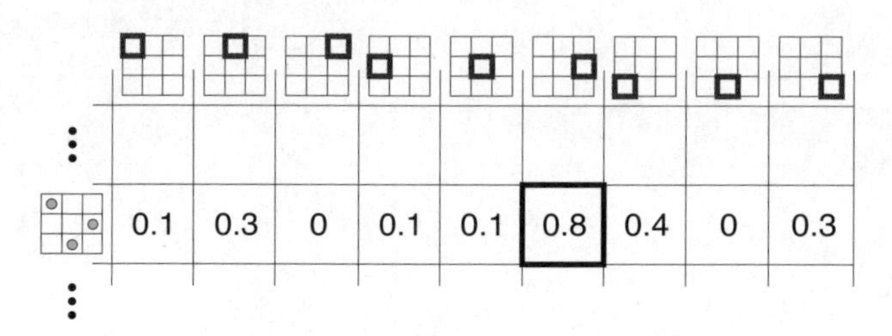


图21-16：策略步骤，图中所示为选择一个棋步来响应棋局

图21-16中有一行L表，列出了可以采用的可能棋步，以响应最左边显示的棋局状态。每一列都包含在该棋局状态下执行该棋步时产生的最近计算的总未来回报。在L-learning中，选择最大值，意味着我们将翻中间右边的瓷片。

## 21.5.2 L-Learning算法

我们已经介绍了L-learning需要的所有步骤，现在要把它们组合成一个能用但很糟糕的强化学习算法。我们用一块私有内存启动代理，该内存有一个用0填充的512乘9的表，用来代表L表。

第1局第1步，代理看到一个棋局。它在L表中找到该棋局的行，扫描该行的9个单元格以寻找得分最大的棋步。因为都是0，代理随机选择一个。这种情况在相当长的一段时间内会经常发生，因为代理会看到许多以前从未见过的棋局。

游戏结束时，代理希望将最终回报分配给所有使其获胜的棋步。要做到这一点，在游戏进行时，系统需要维护一个按顺序排列的走过每步棋的列表。

如果每个单元格保存的不仅仅是所选的棋步，我们稍后会发现该列表更有价值。考虑到这种需求，假设每次落子后，代理都会保留一个小数据包，包括起始棋局、代理采取的操作、收到的即时回报以及该操作产生的棋局。图21-17直观地显示了这一点。代理将这些包保存在一个列表中，该列表在游戏开始时为空，每下一步后增加一个包。

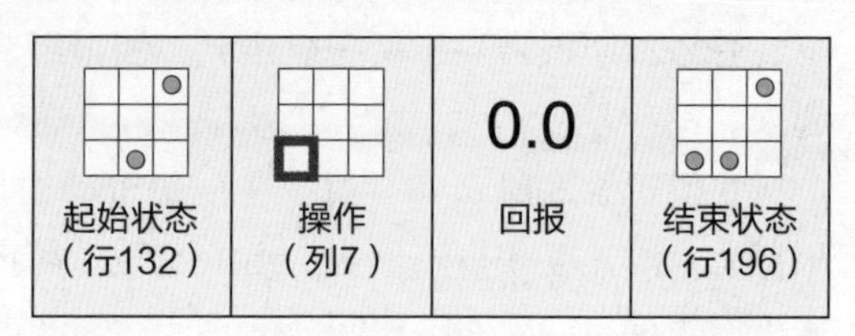


图21-17：每走完一步棋，都会在一个不断增长的列表末尾添加一个由4个值组成的包：起始状态、选择的棋步、获得的回报，以及走完这一步后环境返回的最终状态

如果用一个固定的方案为棋局上各点的配置分配一个数字（即L表的一行），并为9个单元格各分配一个数字，那么我们可以用数字来表示列表的每个部分。只要保持一致，分配这些数字的方式并不重要。

为了走好第一步，我们查看L表中与起始棋局相对应的行，以及行中的9个数字。因为这是第1步，表中所有的值都是0。根据策略随机选择一列，这就是我们要下的棋步。

环境将会翻转那块瓷片，要么让点出现，要么让它消失。然后环境会给出回报和新的棋局。我们将记录一个小数据包来代表这步棋：开始的棋盘状态、刚刚采用的棋步、得到的回报，以及由此产生的新棋局状态。我们把这个包追加在棋步列表的末尾。

因为是玩单人游戏，环境自己不会采取下棋，它向我们发出反馈，就是环境在告诉我们采取新的棋步。作为回应，我们重复刚才介绍的选择棋步的过程。查看当前的棋盘，在L表中找到它的行，选择其中最大的单元格，并将其作为我们的动作。我们得到了回报和新的状态，在列表中追加了一个由4个项组成的包来描述这步棋。

这样一直持续到游戏结束，我们从最后一个反馈中得到了唯一的非0回报。这是基于游戏步数的最终回报，如图21-14所示。有了最后的非0回报，表示游戏结束了，意味着是时候从我们的经验中学习了。

我们首先从棋步列表中查看包。从概念上讲，棋盘状态和结束棋步，以及它们的回报排列在一起，如图21-18所示。我们逐个观察每步棋，把该步棋之后的所有回报相加，找到其总未来回报。图21-18中的计算非常无趣，因为所有的即时回报都是零。但这里的步骤值得一看，因为稍后会有非0的即时回报。

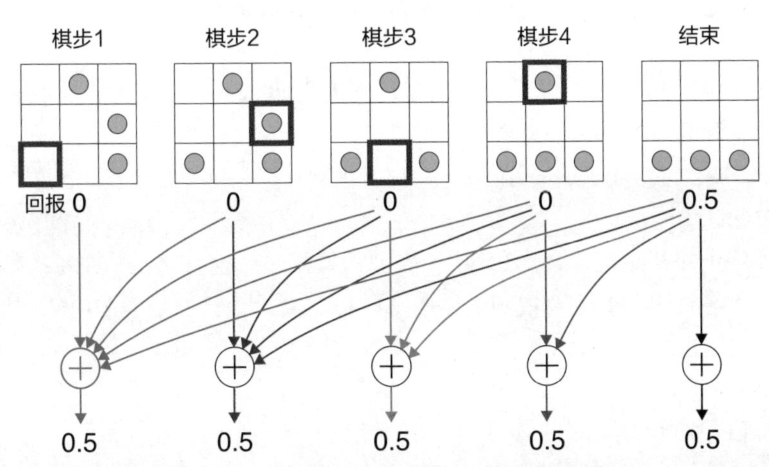


图21-18：找到每一步的总未来回报。我们将每一步的即时回报（显示在正下方）与所有后续步骤的即时回报相加。在游戏中，除了最后的回报，所有的即时回报都是0，这些总和都是一样的

然后，使用简单的更新规则和制作的棋步列表，将每步棋的总未来回报放入对该棋盘相应棋步的L表单元格中，如下页图21-19所示。

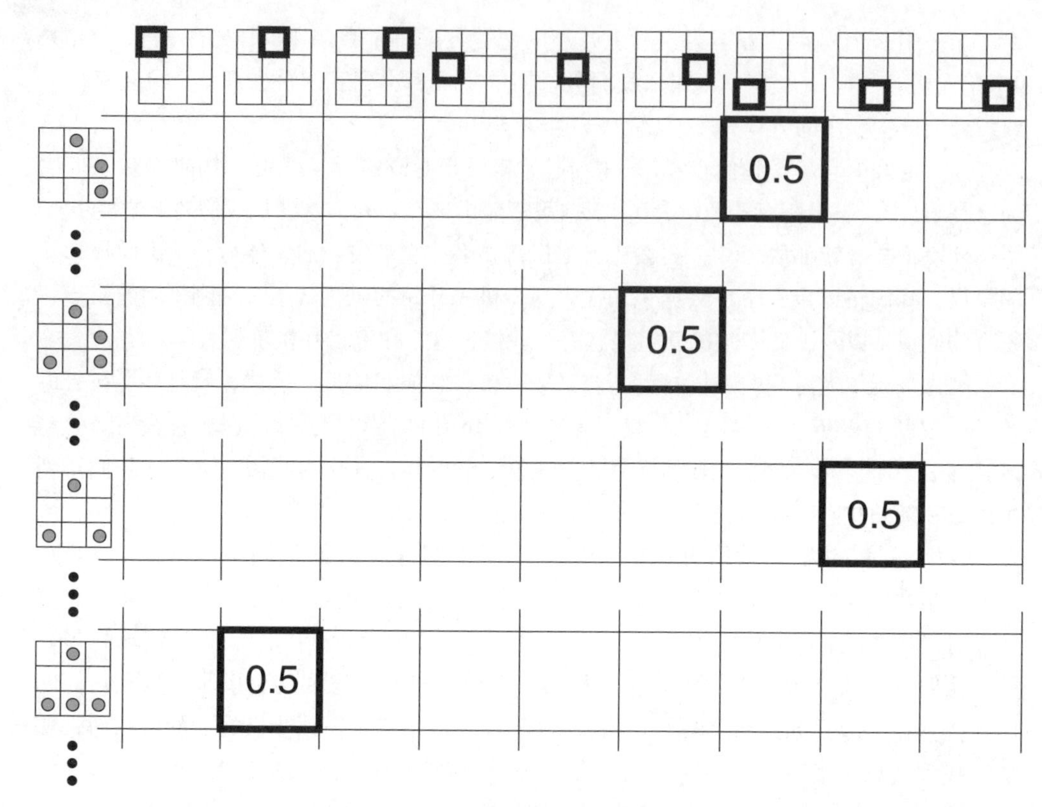


图21-19：用在游戏中采用的各棋步的新总未来回报更新L表。我们找到与寻找下步棋时查到的棋盘相对应的行，以及与采用行动相对应的列。新总未来回报取代了以前单元格里的分数

如果想了解更多，我们可以回到这个过程的开始，从一个空的棋步列表开始新游戏。完成后，计算每个动作的总未来回报值，并将其存储在相应的单元格中（覆盖之前的内容）。需要注意，我们不会在每场游戏后重置L表，所以随着游戏次数增加，总未来回报会被逐渐填满。

当训练停止并开始比赛时，我们用L表来选择棋步。也就是说，在每次行动前，都会看到一个棋盘，因此我们会找到表格的那一行，找出该行中最大的L值，然后选择与该列相对应的操作。

### 21.5.3 性能测试

接下来介绍系统运行得如何。我们从玩了3000次翻转游戏开始，这样L表就可以很好地填满。下页的图21-20显示了在3000次训练后从头到尾玩的一个翻转游戏，这不是个很好的结果。有一个简单的两步的解决方案，任何人都可能会发现，先翻转左列中行的单元，然后是左上角的单元（或按另一个顺序）。相反，算法似乎是随机迂回的，直到它在6步之后最终找到一个解决方案。

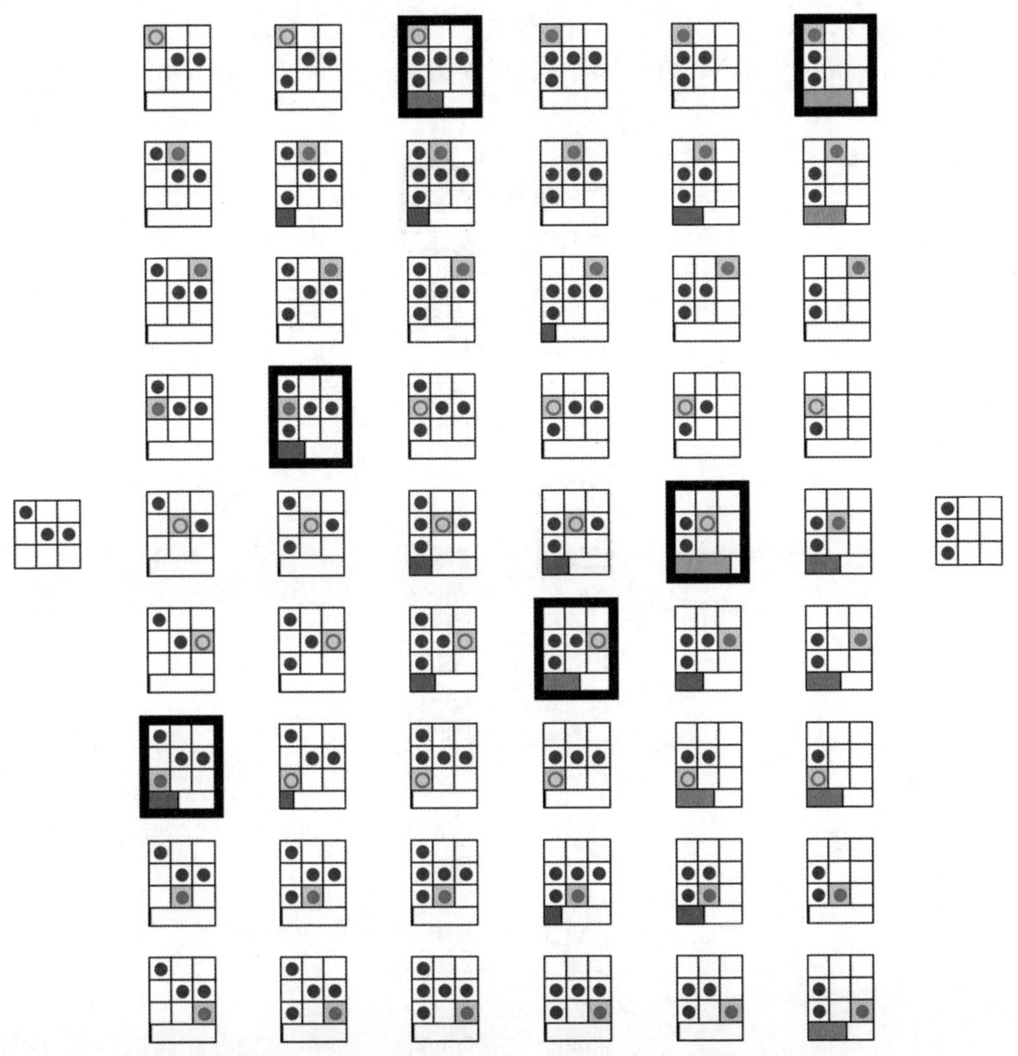

图21-20：用L表算法训练3000次后玩一个翻转游戏，游戏过程从左到右显示

图21-20的排列将L表的行排成列显示，以更好地适应页面。现在图21-20的每个列代表一种棋盘配置（或状态）；每个行用红色突出显示9个可能操作；黑色粗框显示代理从该列表中所选的操作；在右侧的列中显示操作后的新棋盘；阴影单元格显示采用的棋步。如果棋步导致点出现，则显示为实心红点。如果导致点消失，它会显示为带轮廓的红点。每个棋盘下面的彩色条显示它在表中的L值，更长更绿的条对应更大的L值。

右侧棋盘的L值比左边的大，这是因为这些棋盘有时是随机选择游戏的起始棋盘。如果我们选择了一步（或者仅仅几步）好棋并立即获胜，那么最终回报是巨大的。

下面回到游戏中来，从最左边的位置开始，算法第一步是翻转左下角的单元格，引入一个新点。根据该结果，它翻转了最左列中间的方格，再次引入了一个点。然后接着翻转左上角的方块，去掉那里的点。游戏以这种方式进行，直到找到解决方案。

我们希望算法会随着更多的训练而改进，事实确实如此。图21-21显示了与图21-20相同的游戏，训练长度增加了1倍至6000次。

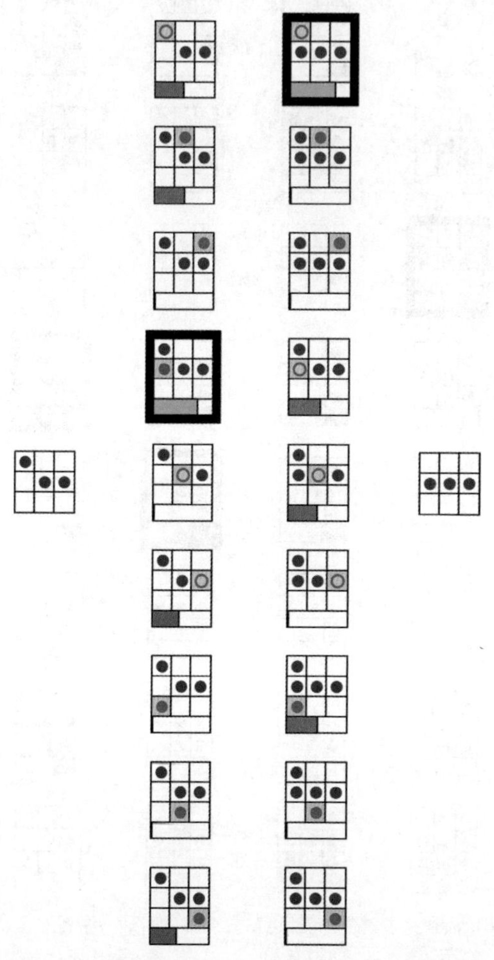

图21-21：6000次训练后玩和图21-20一样的游戏

这次效果很好，该算法正确地找到了更简单的答案。

我们似乎已经创造了一个伟大的学习和游戏算法，那为什么要用表示糟糕的“L”给这个算法贴上标签呢？它似乎工作得很好。

因为它只能够在环境保持完全可预测的情况下才能正常工作。在本章前面介绍了不可预测的环境，实际上，大多数环境都是不可预测的。基于逻辑的单人游戏，比如我们一直介绍的翻转游戏，是少数几个具有完全确定性的活动之一。如果目标只是在完全确定的环境中玩单人游戏，在该环境中，我们能够完美地执行每一个预期的动作，并且环境每次都做出相同的响应，那么这个算法就没有那么糟糕。但这种确定性游戏很少，例如，一旦有了第2个玩家，就有了不确定性，游戏变得不可预测。在任何环境不是完全确定的情况下，L-learning算法都会陷入困境。

让我们看看这是为什么，然后来介绍如何修复它。

### 21.5.4 不可预测性

因为在计算机上玩翻转游戏时没有对手，所以我们有一个完全确定的系统，每走一步都保证会得到同样的结果。但在现实世界中，即使是单人活动也会发生不可预测的事件。电子游戏会给我们带来随机惊喜，割草机可能会撞到岩石并跳到一边，或者互联网连接可能会断断续续并导致我们错过拍卖中的中标竞价。

既然处理不可预测性如此重要，让我们在翻转游戏中引入一些人工随机性，看看L-learning算法如何响应。随机模型采取了一辆大卡车的形式，它经常从游戏区驶过，使棋盘发生摇晃，有时，这足以导致一个或多个随机瓷砖自发翻转。当然，即使面对这样的意外，我们仍然想玩好游戏并取得胜利，但是L-learning系统却束手无策。

这是策略和更新规则的结合造成了这个问题。需要记住，在开始学习之前，每个单元格都以0开始。当一场游戏最终获胜时，根据游戏长度，每步棋都会得到相同的分数，如图21-19所示。当继续玩训练游戏再遇到那个棋盘时，我们选择具有最大值的单元。

假设正在进行一场训练游戏，我们看到一个曾经遇到并用两步获胜的起始棋局。每一步的L表值都很高，所以我们选择第1个高分数的走法，并准备在下一个翻转中获胜。但在第1次翻转后，大卡车隆隆驶过，摇晃着棋盘，翻转了1个瓷片。从这个棋盘开始，我们最终需要很多步才能赢。所以，与没有卡车经过时相比，最终由这一步产生的总未来回报要少。

问题在于，这个较小的值会覆盖导致这场漫长游戏的每个单元格中之前的值。换句话说，因为“大卡车”事件，我们走的每步棋的L值都会降低。特别是，那个仅仅再需一步就取得胜利的伟大起手现在得分很低。当我们在后面游戏中再次遇到这个棋盘时，可能会发现其中一个单元格的值比之前“绝招”的单元格大。换句话说，这种一次性的随机事件将导致我们不再走迄今为止发现的最好棋步。仅仅因为一次随机事件，我们就“忘记”了这是一个“绝招”，把它记忆成了一个糟糕的举动，如此低的分数使得我们不太可能再选择这一步。

接下来看看这个问题的实际情况。图21-22显示了一个没有不可预测事件的例子。从一块有3个点的棋盘开始，我们发现表中的最大值是0.6，对应的是中心方块的翻转。我们下了那步棋，假设下一步也是精心选择的，用两步获得了胜利。0.7的回报取代了第一步的0.6，巩固了这一步的地位。

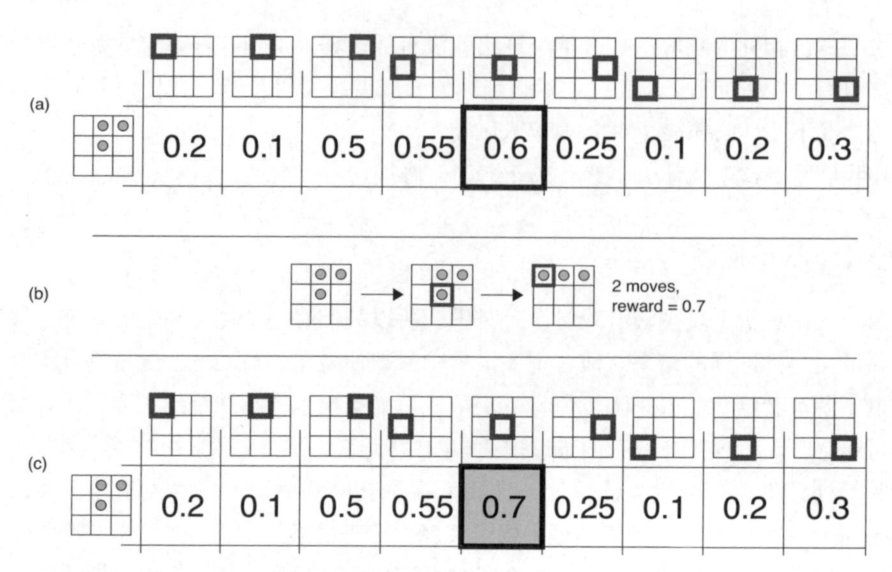


图21-22：没有意外时，我们的算法运行良好。(a)起始棋盘在L表中的行，(b)游戏只用了两步就赢了，(c)值0.7会覆盖所有导致此成功的表中单元格的先前值

图21-23则引入了隆隆作响的卡车。就在我们翻转中间瓷片后，卡车晃动了棋盘，导致右下方瓷片翻转了。这让我们走上了一条全新的道路。假设算法在4步后最终取得胜利，一共是5步，导致这次获胜的每一格都得到了0.44的回报。

这太可怕了，我们一下子就"忘记"了最好的一步。在这个例子中，另外两步现在有了更好的分数。下次遇到这个棋盘时，分数为0.55的单元格将被选中，这不会让我们像以前一样离胜利只有一步之遥。换句话说，最好的一招现在被遗忘了，我们总是会下出更差的一招。

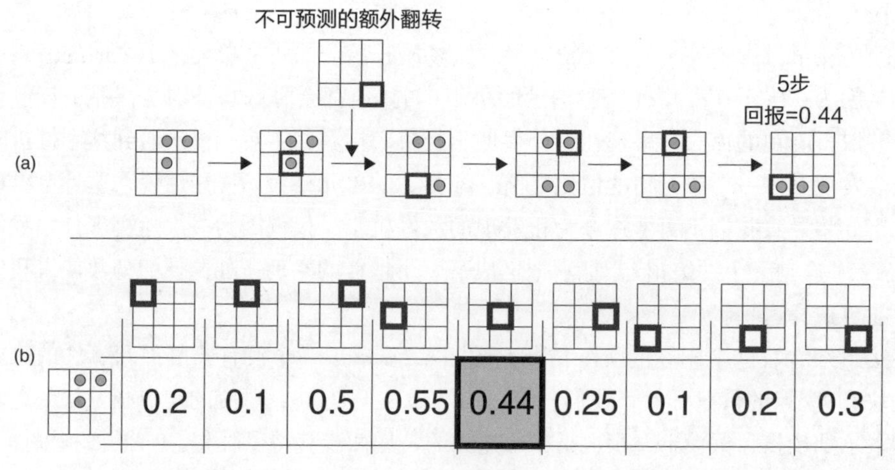


图21-23：(a)当一辆卡车隆隆驶过时，它翻转了右下角的方块，导致游戏用了五步获胜；(b)0.44的新回报会覆盖0.6的旧值，该单元格不再是该行中得分最高的单元格

某天卡车可能会再次隆隆驶过，帮我们记住这个单元格，但这可能在很长时间内都不会发生。在这之前，我们每次都会在这个棋局下出臭棋。当卡车经过并再次纠正这步棋时，别的棋步又可能会出错。L表几乎总是不如它该有的样子，因此，平均而言，由L-learning驱动的游戏越长，我们得到的回报越低。仅仅因为一个意外，就可能导致我们忘了如何玩好这个游戏。

这就是为什么我们称这个算法很糟糕的原因。

但我们并没有失去一切，研究这个算法是因为这个糟糕的版本可以改进。算法的大部分思想都很好，我们只需要修复它在不可预测性面前的失败情况就可以了。从现在起，假设当我们玩Flippers时，那辆大卡车可能会呼啸而来，以偶尔翻转随机瓦片的形式产生不可预测性。在下一节中，将介绍如何优雅地处理这种不可预测的事件，并生成一个运行良好的改进学习算法。

## 21.6 Q-Learning

无须付出太多努力，就可以将L-learning升级为如今普遍使用的更有效的算法，称为Q-learning（Q代表“质量”）（瓦特金斯 1989；伊登，尼特尔和范乌菲伦 2020）。Q-learning看起来很像L-learning，但它会用Q值填充Q表。最大的改进是Q-learning在随机或不可预测的环境中表现良好。

为了从L-learning升级到Q-learning，我们进行了3处升级，改进了计算Q表单元格中新值的方式、更新现有值的方式，以及用于选择操作时使用的策略。

Q表算法从两个重要原则开始。首先，从一开始就考虑到预计结果中将存在不确定性。第二，边玩边制定新的Q表值，而不是等待最终回报。这个思想让我们可以处理持续很长时间的游戏（或进程），或者可能永远不会得出结论的游戏（就像前面调度电梯的例子）。通过不断更新，即使我们从未获得最终回报，也能够开发出有用的价值表。

为了实现这一点，需要从上一节开始升级L-learning的超级简单回报政策。除最后一步之外，我们不会总是回报零，相反，会立即返回评估每一步质量的回报。

### 21.6.1 Q值和更新

确定Q值的方法是一种即使不知道游戏会如何结束也能估算总未来回报的方法。为了获得Q值，我们把即时回报和其他所有即将到来的回报加在一起。到目前为止，这只不过是总未来回报的定义。其中的变化在于，现在我们使用下一个状态的回报来确定未来回报。

图21-17每一步都会保留4条信息：开始状态、选用的棋步、得到的回报以及之后的新状态。我们可以用哪个新状态来获得其他未来回报。

关键在于要注意到下一步棋从新状态开始，并且遵循策略，我们将始终选择其单元格具有最大Q值的动作。如果该单元格的Q值是总未来回报，那么将该单元格的值与即时回报相加，就得到当前单元格的总未来回报。这是有效的，因为我们的策略保证，对于任何给定的棋局状态，总是选择Q值最大的单元。

如果下一个状态中的多个单元格具有相同的最大值，那么到达该状态时选择哪个并不重要。我们现在关心的是下一步棋带来的总未来回报。

图21-24直观地展示了这个思想。需要注意，在这一步中计算的值不是最终的Q值，但几乎就等同于它。

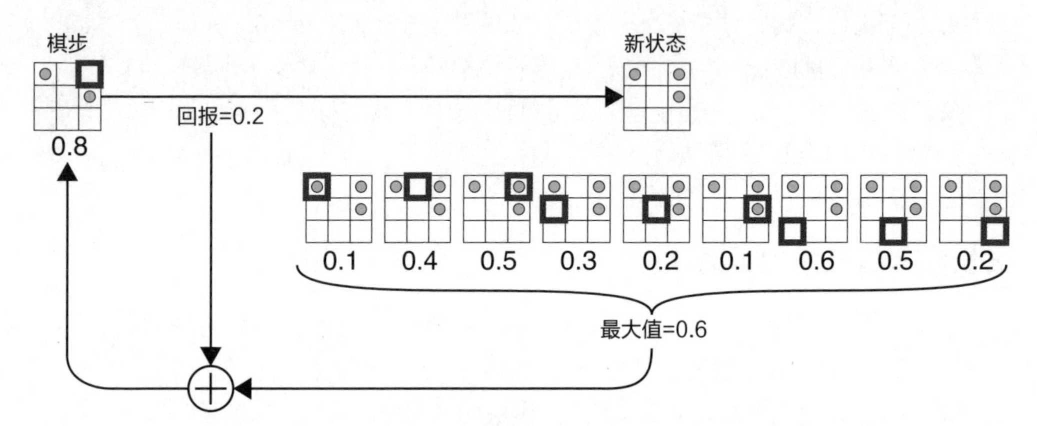


图21-24：计算单元格新Q值过程的一部分。新值是另外两个值的总和。第1个值是采取单元格对应棋步的即时回报，这里是0.2；第2个值是属于新状态的所有棋步中最大的Q值，这里是0.6

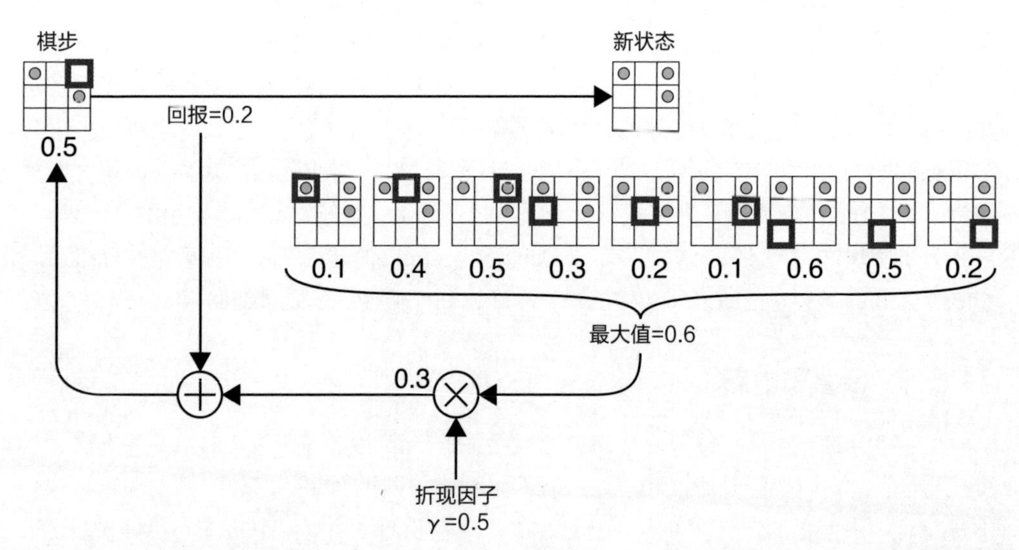


图21-25：为了确定Q值，我们修改了图21-24，引入折现因子γ，该因子根据我们认为未来回报不会被未来不可预测事件改变的信心来减少未来回报

需要注意，图21-8所示的折现未来回报中的许多乘法是由该方案自动处理的，这

里明确包括第一次乘法。计算下一个状态单元格的Q值时，要考虑超过这个值的状态的乘法。

现在已经计算了一个新值，如何更新当前值呢？我们在L-learning期间面对不确定性，简单地用新值替换当前值是一个糟糕的选择。但是我们必须以某种方式更新单元的Q值，否则系统永远无法得到提高。

Q-learning解决这个难题的方法是用新旧值的混合值来更新单元的值。我们需要指定一个0和1之间的数字，作为参数的混合量，通常用小写希腊字母α（alpha）表示。在α = 0的极值处，单元格的值完全不变；在α = 1的另一个极值处，新值将完全取代旧值。介于0和1之间的α值将这两个值混合在一起，如图21-26所示。

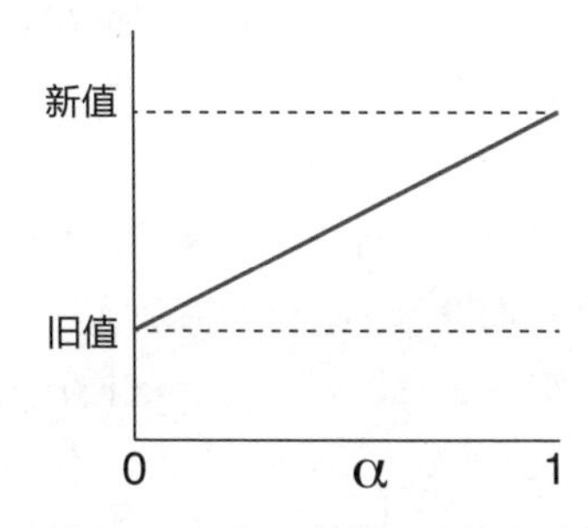


图21-26：α(alpha)的值可以从旧值(当α = 0时)平滑地混合到新值(当α = 1时)或介于两者之间的任何值

参数α也被称为学习率，由人工来设置。需要注意的是，这与反向传播算法的更新步骤使用了相同术语，但通常情况下，上下文会清楚地表明所指的是哪个“学习率”。

实践中，我们通常将α设置为接近1的值，例如0.9甚至是0.99。这些接近1的值会导致新值极大影响了储存在单元格中的值。例如，当α = 0.9时，存储在单元格中的新值是旧值的10%加新值的90%。但即使是0.99的值也与1有很大的不同，因为有时记住旧值的1%通常就足以产生影响。

下面利用α值来训练系统，看看它是如何工作的，并可以根据结果调整该值，并再次尝试，重复这个过程，直到找到看起来效果最好的α值。我们通常会自动执行这种搜索，这样就不必亲自动手尝试。

目前为止，我们一直忽略了一个问题，就是所有的讨论是建立在下一个状态有正确的Q值的情况，即使我们还没有到达那里。但是这些正确的Q值来自哪里呢？如果已经有了正确的Q值，那我们为什么还要做这些呢？

这些都是实际的问题，我们介绍完新的策略规则后再来解决这些问题。

### 21.6.2 Q-Learning策略

策略规则告诉了我们在给定环境状态时应该选择哪种操作。我们在学习时使用这个策略，后来在玩实际的游戏时也使用此策略。在L-learning中使用的策略是始终选择表中与当前棋局对应行中具有最高L值的操作，这是有道理的，因为我们已经知道这是可以带来最高回报的行为。但这一策略忽略了“探索还是利用”这一问题，L-learning使我们坚定地站在直接利用的这边。在一个不可预测的环境中，这有时能给我们带来最好回报，其他时候可能不会带来最好回报。如果能有一个机会做出完全未经尝试的动作，可能效果会更好。

尽管如此，也并不想随意选择棋步，因为我们确实偏爱那些明知会带来高回报的操作。我们只是不想每次都这样。Q-learning选择了一条中间道路。我们几乎总是选择Q值最高的棋步，现在不是总选择Q值最高的棋步，其他时候会从其他值中选择一个。接下来看看两个常用的策略。

首先要介绍叫作epsilon-greedy或epsilon-soft（epsilon指希腊小写字母ε，所以它们有时表示为ε-greedy和ε-soft）的算法，这两个算法几乎相同。我们选择0和1之间的某个数字ε，但通常是一个非常接近0的较小数字，如0.01或更小。

每次我们排好队准备选择一个操作时，都会从均匀分布中选择介于0和1之间的随机数。如果随机数大于ε，那么我们就选择行中Q值最大的动作。出现随机数小于ε的偶然情况时，我们从该行其他操作中随机选择一个。这样，我们通常会选择最有希望的那个，但很少会选择其他行动中的一个，接下来再来看看它的作用。图21-27以图形的形式展示了这个思想。

另一个要研究的策略叫作softmax，其工作方式类似第13章介绍的softmax层。当我们将softmax应用于一行中的Q值时，它们会被转换为总和是1的形式。这样我们可将结果值视为离散的概率分布，然后根据这些概率随机选择一个单元格。

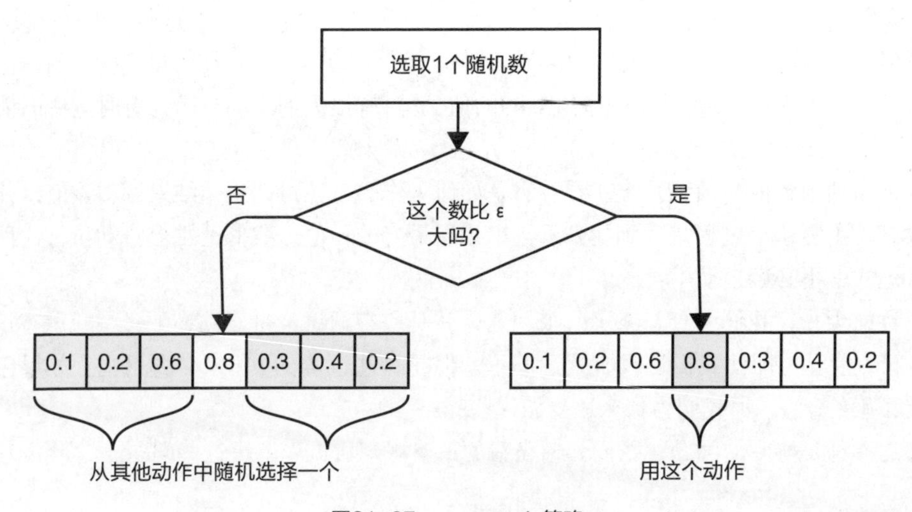


图21-27：ε-greedy策略

这样，通常会得到得分最高的动作，很少会得到第2高的分数，更少见的是得到得分第3高的分数，以此类推。下页的图21-28展示了这个思想。

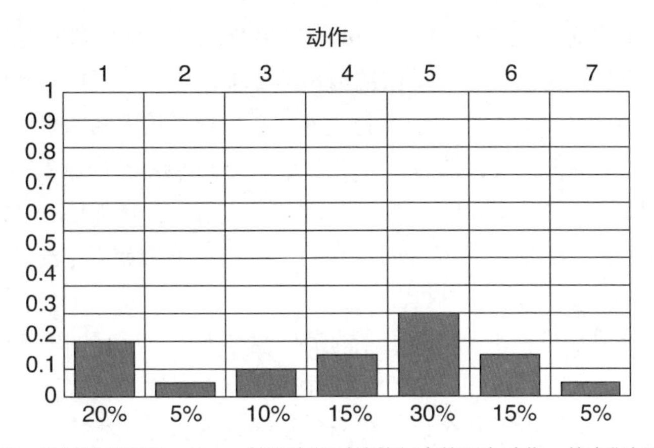


图21-28：选择动作前的softmax策略会临时缩放行中的所有动作，使它们加起来为1

该方案的一个吸引人的特点是，选择每个动作的概率总是反映与给定状态相关的所有动作的最新Q值。因此，这些值随着时间推移而变化，选择行动的概率也随之变化。

softmax执行的特定计算有时会导致系统无法稳定在一组良好的Q值上。另一种选择是mellowmax策略，它使用了略有不同的数学方法（阿萨季和利特曼 2017）。

## 21.6.3 策略总览

我们可以用几句话和一张图表来总结Q-learning策略和更新规则。换句话说，需要下棋时，我们使用当前状态确定Q表的适当行，然后，根据策略（epsilon-greedy或softmax）从该行中选择一个操作。采用该行动后会得到回报和新状态。现在要更新Q值，以反映从回报中学到的东西。我们查看新状态下的Q值，并选择最大的一个，再根据所认为的环境不可预测程度将其折扣后，添加到刚刚获得的即时回报中，将新的值与当前Q值混合，生成新的Q值并保存。图21-29总结了该过程。

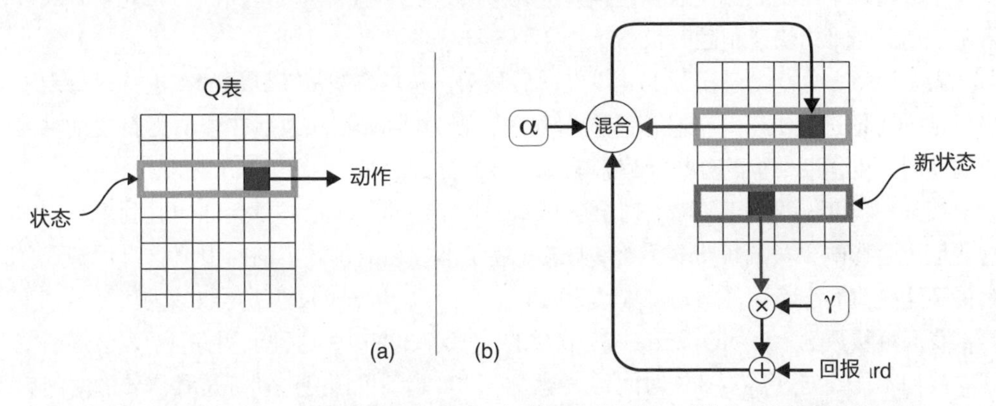


图21-29：Q-learning策略和更新程序。(a)选择一个动作；(b)为该动作找到新的Q值

当我们开始下棋时，如图21-29(a)所示。查看Q表中当前状态的行，并使用策略选择一个动作，这里显示为红色。该动作被传达给环境，环境以回报和新状态做出回应。图21-29(b)找到Q表中与新状态相对应的行，并在那里选择最大的回报（这假设在到达新状态时将选择最大的动作，我们知道这并不总是如此。将在介绍SARSA算法时回到这个问题）。现在将该回报乘以$\gamma$折现，然后将其添加到这一步的即时回报中，为最初选择的动作赋予新的值。我们使用$\alpha$混合旧值和新值，结果值被放入Q表中原始动作的单元格中。

策略参数$\varepsilon$、学习率$\alpha$和折扣因子$\gamma$的最佳值必须通过反复试验来确定。这些因素密切依赖于正在执行任务的具体性质、环境性质以及正在处理的数据。经验和直觉通常提供了很好的起点，但是没有什么比传统的反复试验更能为任何特定的学习系统找到最佳的价值了。

### 21.6.4 房间里的大象

我们之前说过要回来解决需要准确的Q值来评估更新规则的问题，但这些值本身是由更新规则使用其之后的值来计算的，以此类推。每一步似乎都取决于下一步的数据。我们如何能使用尚未被创建的数据呢?

该问题有个简单的答案：忽略它。令人难以置信的是，我们可以从全为0的Q表开始学习。起初系统表现得很混乱，因为Q表中没有任何东西能帮助它选择一个而不是另一个单元格。它随机选择其一，并按其行动。结果状态中的所有行动都是零，因此无论$\alpha$和$\gamma$取什么值，更新规则都会保持单元格的分数为零。

系统在玩游戏的初期看起来混乱而愚蠢，总是做出糟糕的选择，错过明显的正确操作。但最终，系统“偶然”取得了胜利。胜利会得到一个正数回报，该回报会更新制胜棋步的Q值。一段时间后，我们该采取的行动就包含了一些高额回报，因为Q-learning的步骤中展望了下一个状态。这种连锁反应在整个系统中继续缓慢地回溯，因此新游戏进入了先前总是可以快速制胜的状态。

需要注意，这些信息实际上并没有向后移动。每场游戏从头到尾都在进行，每走一步后都会立即进行更新。信息似乎向后移动，因为Q-learning包括在评估更新规则时需要向前看一步，下一步的分数能够影响这一步的分数。

在某种程度上，由于策略有时会尝试新的棋步，每一步最终都会通向胜利之路，而这些值也会影响更早的棋步。最终，Q表充满了准确预测每一步的回报值。再玩游戏只会提高这些值的准确性，这种过程称为收敛。我们说Q-learning算法是收敛的。

我们可从数学上证明Q-learning是收敛的（梅洛 2020），这种证明保证Q表会逐渐变好。我们不能确定这需要多长时间，表越大，环境越不可预测，训练过程需要的时间就越长。收敛速度还取决于系统试图学习的任务性质、提供的反馈，当然还有我们为策略变量$\varepsilon$、学习率$\alpha$和折现因子$\gamma$选择的值。和往常一样，没有任何方法能替代反复试验以了解任意具体系统的特定特性。

需要注意，Q-learning算法很好地解决了前面讨论的两个问题。即使环境没有提供，信用分配问题要求我们确保制胜棋步得到回报。更新规则的本质就是要考虑到这一点，将获胜棋步的回报从制胜的最后一步向后传播到第一步。该算法还通过使用epsilon-greedy或softmax策略来解决探索利用难题。它们都喜欢选择已被证明是成功的棋步（利用），但有时也会尝试其他棋步，只为了看看它们会带来什么（探索）。

## 21.6.5 Q-Learning的作用

下面把Q-learning付诸实践，看看它能否在不可预测的环境中学会如何玩翻转游戏。衡量算法性能的一种方法是让训练好的模型玩大量的随机游戏，看需要多长时间。算法在发现好的棋步和消除坏的棋步方面做得越好，每局取胜所需的棋步就越少。

最长的游戏是所有9个单元格都显示点的游戏，我们必须翻转6个单元格才能获得胜利。因此，我们希望算法用6步或更少的步数赢得每场游戏。

为了解训练对算法的影响，我们来看看不同训练量的系统赢得游戏时的步数图。图21-30显示了在一个具有相当程度不可预测性的环境中，从512种可能的点和空白模式开始玩游戏的结果。每个初始棋局都玩了10次，共5120场。我们砍掉了所有超过100步的游戏棋局。

将$\alpha$设为0.95，因此每个单元格在更新时仅保留其旧值的5%。这样就不会完全失去以前学到的东西，但我们期望新值比旧值更好，因为它们在选择下一步时将基于改进的Q表值。为了选择棋步，我们使用相对较高的$\varepsilon$为0.1的$\varepsilon$-greedy策略，鼓励算法每10步探索一次新棋步。

下面模拟在每一步后卡车有1/10的概率经过，每次翻转一个随机瓷片的方式，引入了许多不可预测性。折现系数$\gamma$设为0.2，这个低值表示，由于这些随机事件的影响，我们只有20%的把握未来会以同样的方式发展。将其设置得比已知的噪声水平（10%）更高，因为我们预计大多数玩得好的游戏只有3或4步长，所以它们遇到随机事件的可能性小于10步或更多步的游戏。

$\alpha$、$\gamma$和$\varepsilon$的这些值基本上都是有根据的猜测，特别是$\gamma$的选择是基于对随机事件发生频率的了解，而我们很少能提前知道。在真实情况下，我们会通过试验来找到最适合这个游戏和噪声量的参数。

图21-30显示了仅训练300场的系统在获得游戏胜利时的步数分布，该算法仅用少量训练就能找到许多快速获胜的情况。

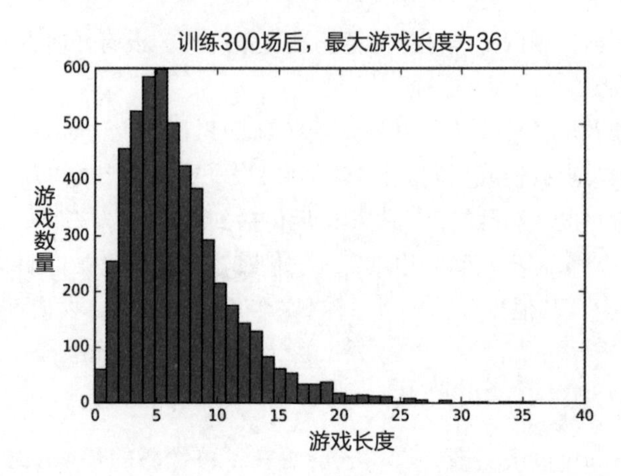


图21-30：使用已训练300场的Q表，需要0到40步才能获胜的游戏数量（我们在512个起始棋局上各玩了10次）

“即时胜利”在第1列，对应0步。这些游戏的起始棋局只有3个点，排列成垂直的列或水平的行。由于有6种可能的获胜游戏配置，并且所有棋盘配置都各玩了10次，因此我们会遇到开始即获胜的棋盘有60次。

图21-30中没有达到100步截止线的情况，我们可以看出算法并未陷入长期循环。这种循环可能是两种状态无限交替，或是一长串状态的循环。翻转游戏是可能出现循环的，基本的Q-learning算法中没有明确阻止系统进入循环的任何设置。

我们认为，当系统“发现”循环不会获得胜利，也因此不会带来任何回报时，将学会避免它们。如果在某个时刻，它确实通过棋步或随机引入的翻转返回到之前访问过的状态，相对较高的 $\varepsilon$ 值意味着它很有可能最终选择一个新棋步，从而朝着一个新方向前进。

我们把训练的游戏数量提高到3000，如图21-31所示。

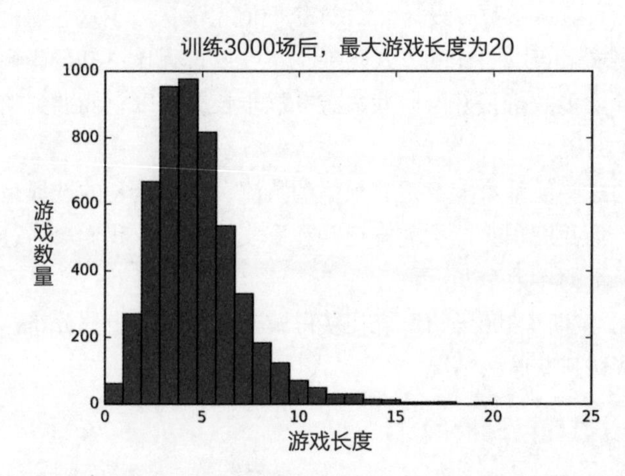


图21-31：根据3000场游戏训练的Q表，玩5120次游戏产生的不同长度的游戏数量

算法进步了很多，最长的游戏现在只有20步，大多数都是10步或更少。我们很高兴看到大部分结果集中在了4步和5步附近。

接下来看看在这3000次训练后玩的一个典型游戏。图21-32从左到右地显示了游戏的过程，该算法需要8步才能获胜。

图21-32并不是一个令人高兴的结果。通过观察起始棋盘，我们至少可以找到4种不同的方式，用4步就能赢得这场比赛。例如，翻转左下角的方格，然后翻转中间列和最右列中的3个点。但是算法似乎是随机翻转瓷片，它最终遇到了一个解决方案，但这绝对不是一个优雅的结果。

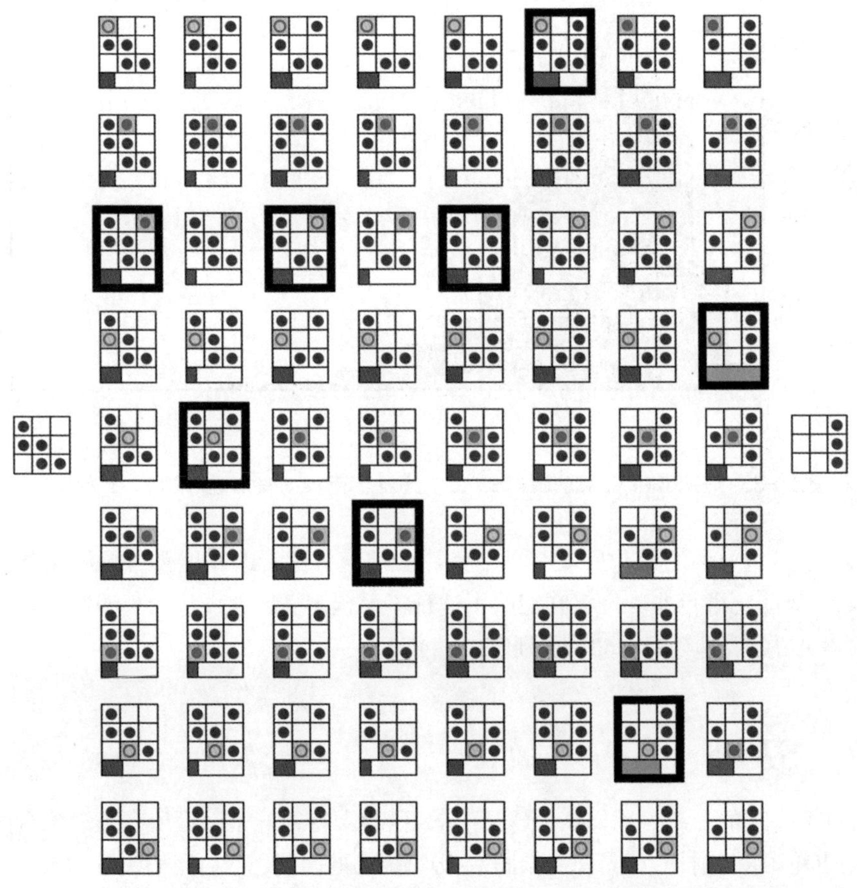

图21-32：3000次训练后的Q-learning玩一个翻转游戏

如果对算法进行更多次训练，我们预计其性能会有所提高。再训练3000次（共6000次），看看需要不同步数的游戏数量，得到图21-33的结果。

与图21-31的结果相比，经过3000次训练后，最长的游戏从20步减少到了18步，只用3步和4步的较短比赛变得更多。

该图表明算法在学习，但玩游戏时它实际表现如何呢？事实上，该算法在能力上有了巨大的飞跃。

图21-34显示了与图21-32完全相同的游戏，后者需要8个动作才能获胜。现在只需要4步，这是这个棋局的最小数量（尽管有不止一种方法可以实现）。

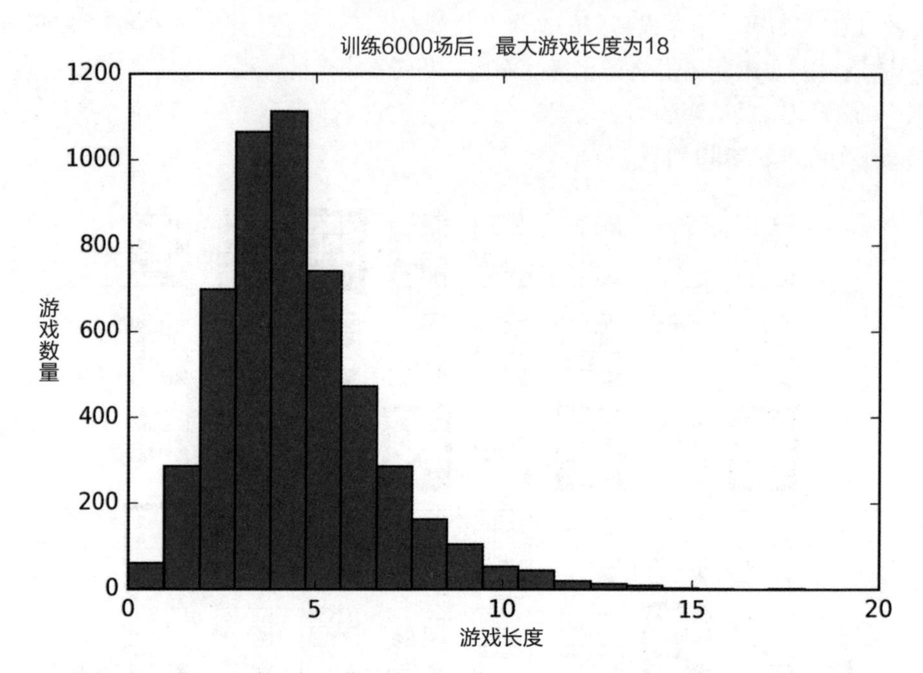


图21–33：在用6000场游戏训练Q表之后，需要一定步数才能赢得5120场游戏的数量

即使在这种10%的棋步后就有一个瓷片会被随机翻转的高度不可预测的学习环境中，Q-learning也做得非常好。它克服了这种不可预测性，并设法为大多数游戏找到了理想的解决方案，即使只有6000次训练。

## 21.7 SARSA

通过上一节的介绍，我们认为Q-learning已经做得很好了，但还有个缺陷会降低它所依赖的Q值的准确性。这是在介绍图21-29时提到的问题，当时我们注意到未来回报是基于最有可能的下一步的分数，尽管这不一定是将要采用的棋步。换句话说，更新规则假设下一步选择得分最高的棋步，并且它对新Q值的计算也是基于这个假设。这不能说是个不合理的假设，因为epsilon-greedy和softmax策略通常会选择最有回报的棋步。但如果其中一项策略选择了其他棋步，这种假设就错了。

当策略选择了更新规则使用的棋步之外的任何棋步，计算将使用错误的数据，我们为该棋步计算的新值的准确性会降低。幸好我们可以解决这个问题。

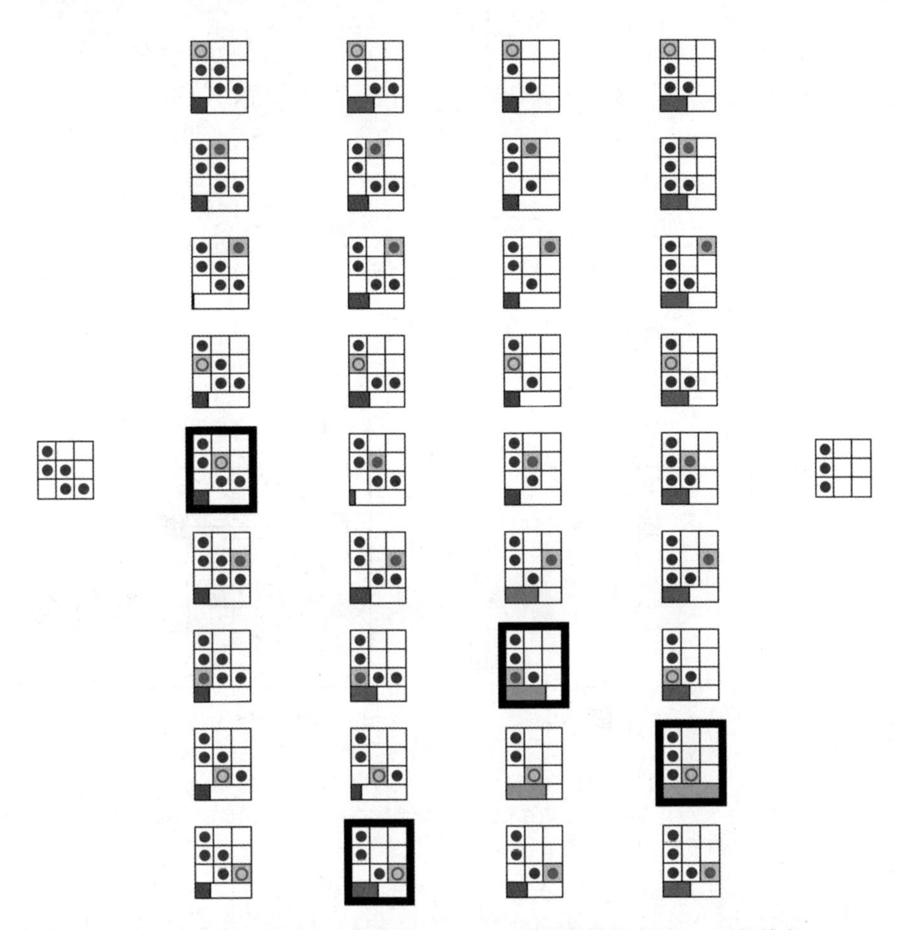

图21-34：由于更多次的训练，Q-learning更有效地解决图21-32的游戏

## 21.7.1 SARSA算法

想要保留Q-learning的所有优点，同时要避免出现在选择下一步时，我们实际上没有选择得分最高的棋步，但仍用这个下一步的Q值来计算该步的Q值这个问题。我们可以使用一种名为SARSA的新算法（鲁默里和尼兰詹 1994）对Q-learning进行修改来实现这一点，这是“状态-行动-回报-状态-行动”（State-Action-Reward-State-Action）的缩写。从图21-17开始，介绍了“SARS”部分，当时我们保存了开始状态（S）、行动（A）、回报（R）和结果状态（S）。这里需要新增的是结尾的额外动作“A”。

SARSA通过策略（而不仅仅是选择最大的那个）选择下一个单元格，并记住棋步的选择（这是结尾额外的“A”），修复了从下一个状态选择错误单元格的问题。当要走新的一步时，我们选择之前计算并保存的棋步。

换句话说，已经改变了应用棋步选择的策略。我们不是在某一步开始时选择棋步，而是在上一步时选择并记住它。这让我们在构建新的Q值时，使用真正采用的棋步的值。

这两个变化（移动棋步选择步骤和记住选择的棋步）都是SARSA区别于Q-learning的地方，但它们可以在学习速度上产生很大的差异。

下面介绍使用SARSA的3个步骤。第1步如图21-35所示。因为是第1步，我们使用策略为这一步选择一个动作，如图21-35(a)。这是我们唯一一次这样做。一旦选择了行动，我们就用政策来选择第2步的行动。我们从环境中获得回报，并更新刚刚选择的动作Q值，如图21-35(b)所示。

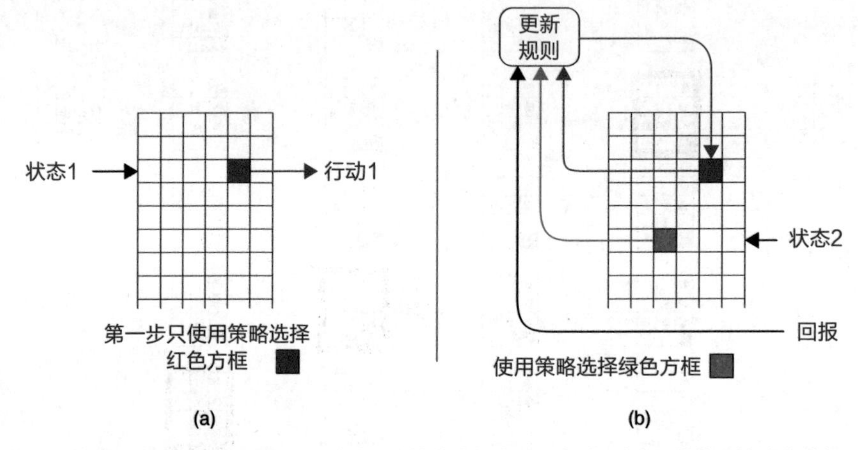


图21-35：在游戏的第一步使用SARSA。(a)用政策来选择当前的行动；(b)仍然使用策略来选择下一个行动，并用下一个行动的Q值更新当前的Q值

第2步如图21-36所示。现在使用上次选择的动作，然后选择到达第3步后将使用的动作。

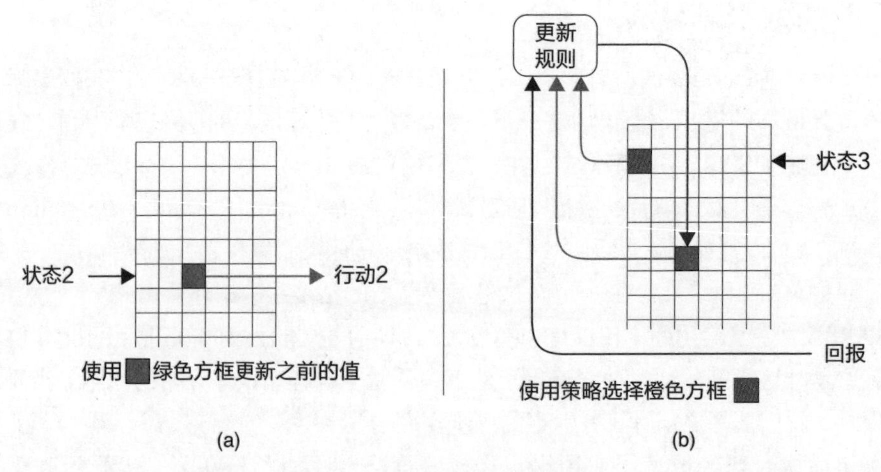


图21-36：使用SARSA的第2步。(a)做出上次选择的动作；(b)选择下一个动作，并使用其Q值来更新当前动作的Q值

第3步如图21-37所示。我们再次采取之前确定的行动，并确定下一步，即第4步的行动。

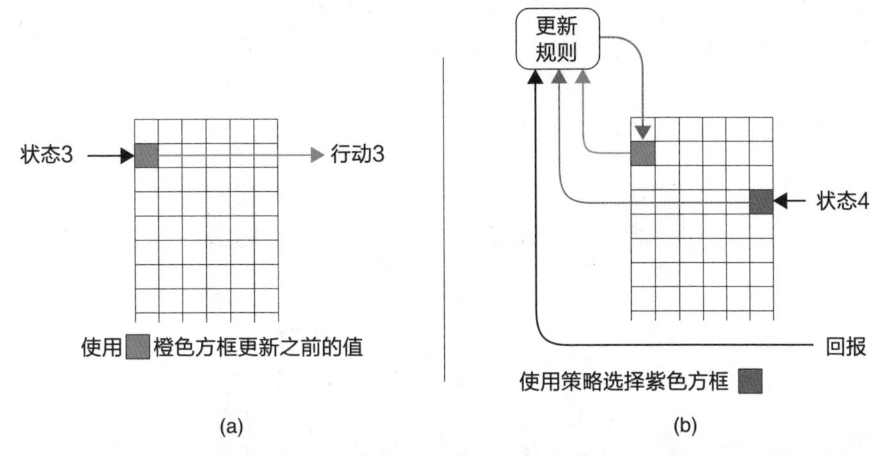


图21-37：使用SARSA的第3步。(a)采用第2次中确定的行动；(b)为第4步选择一个动作，并使用其Q值来改善当前动作的Q值

幸运的是，我们可以证明SARSA也可以收敛。和以前一样，我们不能保证这需要多长时间，但它通常比Q-learning更快地开始产生好的结果，并在之后迅速提高。

## 21.7.2 SARSA的作用

下面看看SARSA在翻转游戏中的表现，我们使用与Q-learning相同的方法。图21-38显示了使用SARSA进行3000次训练后，在5120场游戏中所需的步数。对于该图及之后的图，我们继续使用与Q-learning相同的参数：学习率 $\alpha$ 为0.95，每一步后引入概率为0.1的随机翻转，折扣因子 $\gamma$ 为0.2，用 $\varepsilon$ 为0.1的 $\varepsilon$ -greedy策略选择棋步。

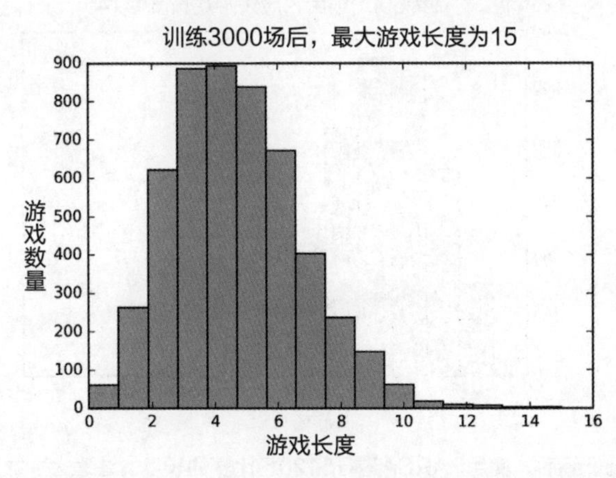


图21-38：在3000场游戏的训练后，使用SARSA进行5120场比赛的长度。需要注意，只有少数游戏需要超过6步的上限

这看起来很棒，大多数值聚集在4步左右，最长的游戏只有11步，很少有超过8步的。

接下来看一个典型的游戏。图21-39从左到右地显示了正在进行的游戏，该算法需要7步才能获胜。这并不可怕，但我们知道它可以更快地解决。

通常，更多的训练应该会带来更好的表现。和以前一样，将训练增加一倍，达到6000次。

图21-40显示了6000次训练后，5120场比赛的长度。

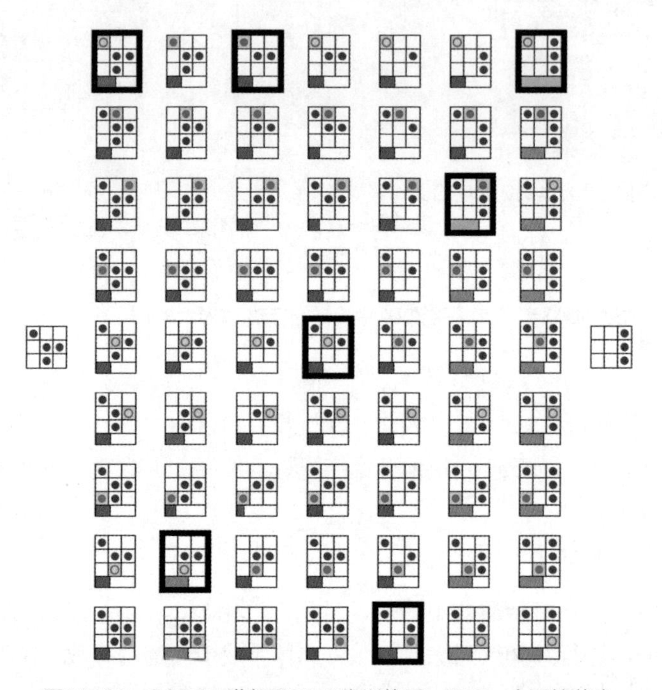

图21-39：SARSA进行了3000次训练后，玩了一个翻转游戏

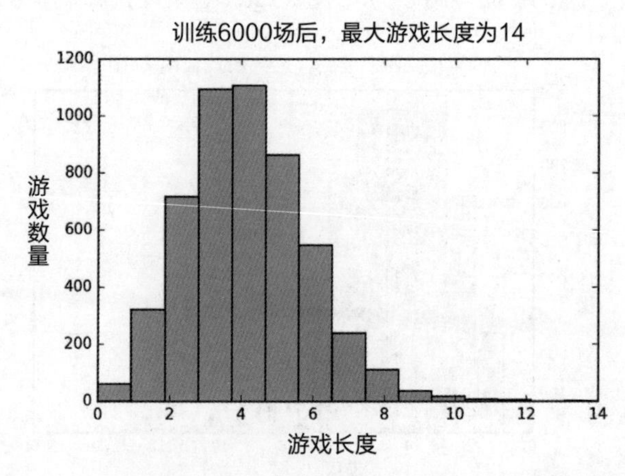


图21-40：经过6000场训练后，使用SARSA进行5120场比赛的长度。注意大多数游戏都缩短了很多，而且没有一个游戏陷入循环

最长的游戏获胜步数已经从15步下降到了14步，这并不值得大惊小怪，但是长度为3和4的短游戏的数量现在更加明显，需要超过6步的游戏并不多。

图21-41显示了与图21-39相同的游戏，在后者中需要7步才能获胜。现在只需要3步，也是这个棋盘的最小值（尽管同样，只用3步就能赢的方法不止一种）。

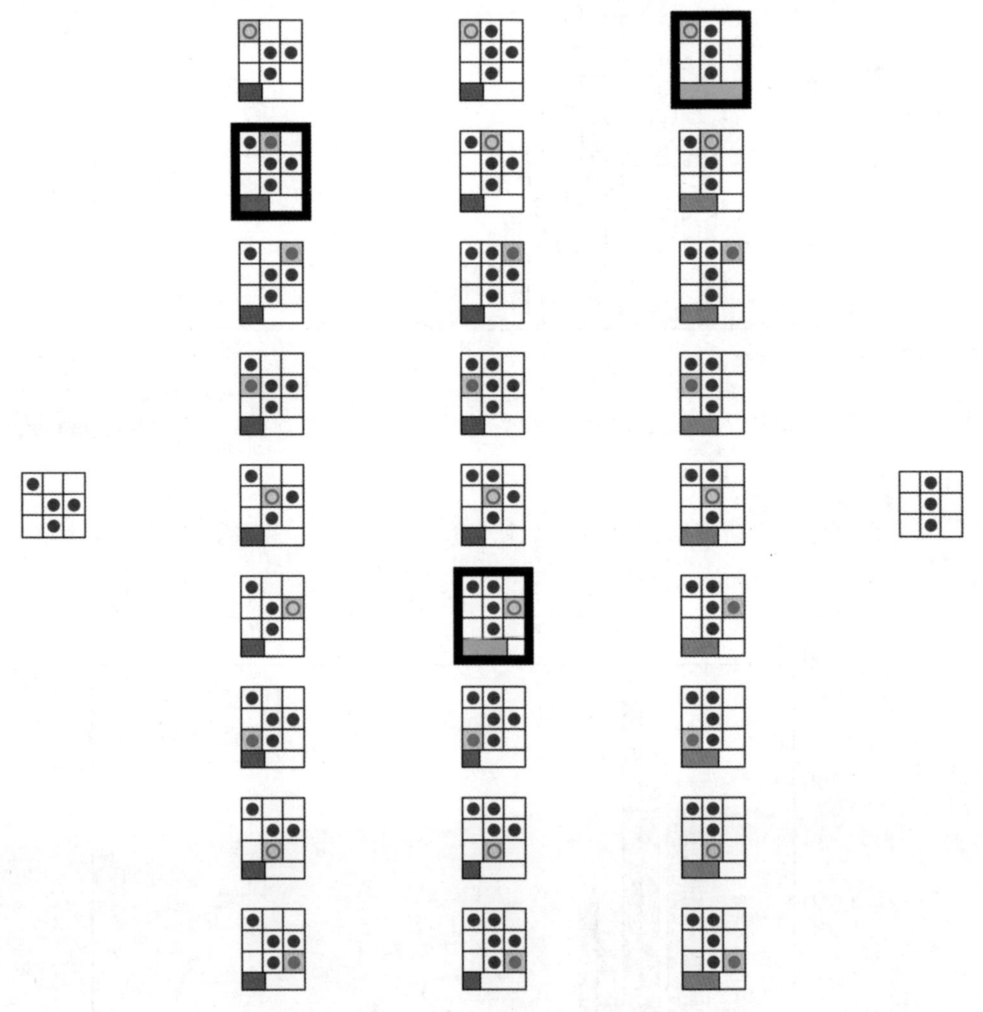

图21-41：与图21-39相同的游戏，多训练3000次后

## 21.7.3 Q-Learning与SARSA的比较

我们比较一下Q-learning和SARSA算法。下页的图21-42显示了在Q-learning和SARSA进行了6000次训练后，所有5120场可能比赛的长度。这些结果与之前的图略有不同，因为它们是由新的算法运行生成的，所以随机事件不同。

它们大致相当，但Q-learning的一些游戏比SARSA的最长12步还要长。

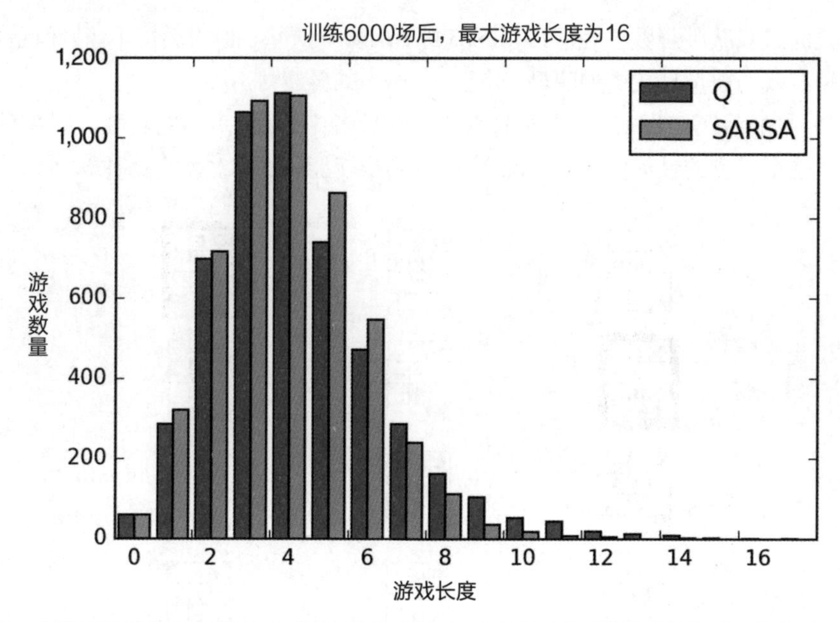


图21-42：比较Q和SARSA在6000次训练后的比赛长度。SARSA最长的游戏是11步，而Q-learning则高达18步

更多的训练会有所帮助，我们将训练长度增加了10倍，每种算法6万次。结果如图21-43所示。

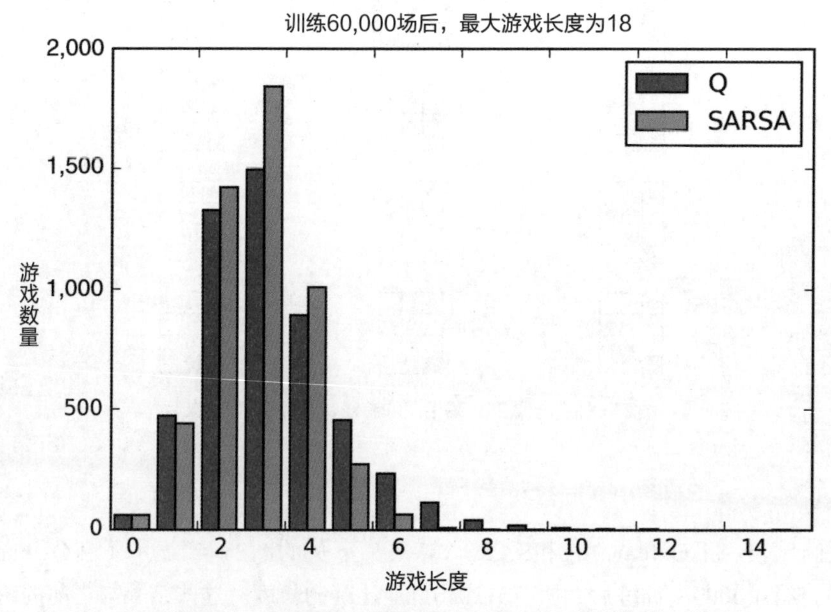


图21-43：与图21-42相同的训练场景，但现在我们已经训练了60,000场

在这个级别的训练中，SARSA在翻转游戏上做得非常好，几乎所有游戏都是6步或更少（极少数游戏需要7步）。Q-learning的整体表现稍差，需要多达16步来解决其中一些游戏，但它也主要集中在4步及以下的区域。

对于这个简单的游戏，比较Q-learning和SARSA的另一种方法是在越来越长的训练后绘制平均游戏步数长度。这让我们了解到它们学习如何有效地赢得比赛。图21-44显示了我们的翻转游戏。

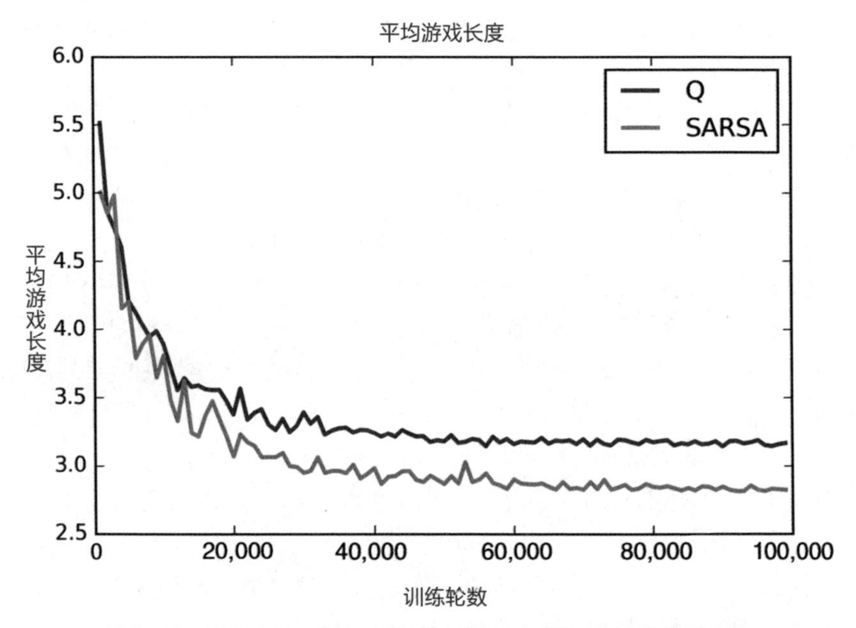


图21-44：从1到100,000次（以1000为增量）训练后的平均游戏步数

这里的趋势很容易看出，两种算法都会快速下降，然后趋于平稳，但在有噪声的开局后，SARSA总是表现得更好，最终几乎每场游戏都节省半步（也就是说，一般它每两场比赛少用一步）。当达到10万次训练时，这两种算法似乎都停止了改进，似乎每个算法的Q表都已经稳定下来。随着时间的推移，由于环境引入的随机翻转，它们会发生一些变化。

所以，尽管Q-learning和SARSA都可以很好地学习玩翻转游戏，但是SARSA的游戏通常会更短。

## 21.8 纵观全局

下面回顾一下强化学习的全貌。

强化学习中有环境和代理的概念。环境为代理提供了两个数字列表（状态变量和可用行动）。代理使用其策略，考虑这两个列表以及它在内部保存的所有私有信息，从操作列表中选择一个值，并将其返回给环境。作为回应，环境还给代理一个数字（回报）和两个新的列表。

将列表解释为棋盘和棋步是很好的例子，因为它让我们从学习玩游戏的角度来思考Q-learning。但代理不知道这是在游戏，也不知道有规则，或者什么都不知道。它只知道有两个数字列表，从其中一个列表中选择一个值，响应是一个回报值和两个新的列表。值得注意的是，这个小过程可以做很多有趣的事情，但如果我们可以找到一种方法即使用一组数字来描述环境以及在那个环境下的行为，甚至找到一种粗略的方法来区分好的行为和坏的行为，那么这个算法就可以学习如何执行高质量的动作。

这适用于简单的翻转游戏，但是这些Q表在实践中有多实用呢？翻转游戏有9个正方形，每个正方形可以有1个点，也可以没有，所以游戏需要一个512行9列（4608个单元格）的Q表。“井”字游戏有9个正方形，每个正方形可以是空白、“X”或“O”这三个符号之一。这个游戏的Q表需要20,000行9列（180,000个单元格）。

这太大了，但对现代计算机来说还不算大得离谱。但如果我们想要一个更有挑战性的游戏呢？不如假设我们在4×4，而不是3×3的棋盘上玩“井”字游戏。这样的棋局有4300多万个，所以表有4300万行9列，或者说少于3.9亿个单元格。即使对现代计算机来说，这也变得相当大了。让我们再迈一步，在5×5的棋盘上玩“井”字游戏。这似乎并不离谱，然而，该棋盘有将近8500亿个状态。如果我们雄心勃勃地在13×13的棋盘上玩，会发现状态的数量比可见宇宙中原子的数量还要多（比利亚努埃瓦 2009）。事实上，这大约等同十亿个宇宙中的原子数量。

为这款游戏存储Q表显然是不可能的，但这是一件完全合理的事情。更合理地说，我们可能想玩围棋。围棋的标准棋盘是一个19×19区间的网格，每个交叉点可以是空的，是黑棋，也可以是白棋。这像“井”字游戏的棋盘，但大得不可思议。我们需要一个表，其行标签需要173位数字，这样的数字不仅不切实际，而且无法理解。

然而，这是DeepMind团队用来构建AlphaGo的基本策略，AlphaGo以击败人类世界冠军而闻名（DeepMind团队 2020）。他们通过强化学习和深度学习的结合实现了这一点。这种深度强化学习方法的关键之一是消除Q表的显式存储。我们可以把表想象成一个函数，它以棋盘状态作为输入，并返回一个步数和Q值作为输出。正如我们所看到的，神经网络非常擅长学习如何预测这样的事情。

我们可以建立一个深度学习系统，以相同的棋盘为输入，并预测表保持不变时每一步的Q值。经过足够的训练，这个网络可以变得足够精确，我们可以放弃Q表，只使用网络。训练这样一个系统可能很有挑战性，但我们完全可以做到，并且效果很好（姆尼等人 2013；马蒂斯 2015）。深度强化学习已被广泛应用于电子游戏、机器人甚至医疗保健等各种领域（弗朗索瓦斯拉维特等人 2018）。这也是AlphaZero背后的核心算法，AlphaZero可以说是有史以来围棋游戏的最佳玩家（西尔弗等人 2017；哈萨比斯和西尔弗 2017；克雷文和佩奇 2018）。

强化学习比监督学习更有优势，因为它不需要手动标注的数据集，标注通常是一个耗时且代价昂贵的过程。另一方面，它要求我们设计一种算法来创造回报，引导代理走向期望的行为。在复杂的情况下，这可能是一个难以解决的问题。

这必然是一个庞大主题的深层概述。关于强化学习的更多信息可以在专门的参考文献中找到（弗朗索瓦斯拉维特等人 2018；苏顿和巴罗 2018）。

## 21.9 本章总结

本章介绍了强化学习的一些基本思想。这个基本思想是把算法分成行动主体和包含其他一切在内的环境。代理会得到一个选项列表，并使用策略选择一个选项。环境执行该动作以及后续效果，然后向代理返回描述该动作质量的回报。通常，回报描述了代理在某种程度上成功改善环境的程度。

我们用一个简单的算法将这些思想应用到单人游戏Flippers中，该算法将回报记录在表中，并使用一个简单策略尽可能地选择回报最高的棋步。我们发现这不能很好地处理现实世界的不可预测性，所以将该方法改进为具有更好更新规则和学习策略的Q-learning算法。

然后，我们通过预先选择下一步以再次改进该方法，得到了SARSA算法。它们学会了更好地玩翻转游戏。

实践中有大量算法属于强化学习的范畴，而且不断有更多的算法出现。这是一个充满活力的研发领域。

下一章将介绍一种训练生成器的强力方法，可以很好地生成图像、视频、音频、文本和其他类型的数据，以至于我们无法可靠地将生成的数据与训练集中的数据区分开。

# 第22章 生成对抗网络

有些算法可以生成数据，它可以创作出与输入相似的绘画、歌曲和雕塑。本章我们将探讨一种全新的数据生成算法，被称为生成对抗网络（Generative Adversarial Network，简称GAN）。它基于一个巧妙的策略，让两个不同的深层神经网络相互对抗，最终让一个网络创建新的样本，这些样本不是来自训练数据但与训练数据非常相似，以至于另一个网络将无法分辨差异。

生成对抗网络实际上是一种用于训练网络来生成新数据的方法。那个经过训练的生成器和其他生成器一样，是一个神经网络，这时用来训练它的方法已经不再重要了。但按惯例经常将用生成对抗网络方法训练出的生成器也称为生成对抗网络，不是以它的作用来命名，而是以它的学习方法命名，这有点奇怪。总之，我们使用生成对抗网络技术来训练生成器，它通常被称为生成器，但也经常被称为生成对抗网络。

让我们开始讨论生成对抗网络方法，首先来看看一个2人团队如何通过互相帮助学习来伪造筹码，一个负责伪造，另一个负责鉴别。然后可以用神经网络代替这2个人，其中1个网络制造伪造品方面的能力也变得越来越强，另一个鉴别伪造品的能力将变得越来越强。当训练过程结束时，生成器能够制作出我们喜欢的任意多的不同种类的筹码，而检测器将无法可靠地区分伪造的筹码和真实的筹码。

## 22.1 伪造筹码

将生成对抗网络类比于伪造操作，以便于介绍其核心思想。我们将在典型示例的基础上进行修改，以更好地揭示其中的关键思想。

故事始于2个共谋者，格伦和道恩。格伦的名字以G开头，因为他扮演了生成器（Generator）的角色，在这个例子中他要做的是伪造筹码。道恩的名字以D开头，因为她扮演了鉴别器（Discriminator）的角色，在这个例子中的任务是确定任何给定的筹码是真的还是格伦伪造的。随着时间的推移，格伦和道恩都会进步，从而推动另一方也进步。

作为生成器，格伦整天坐在屋里，一丝不苟地制作金属模板和印制筹码。道恩是行动中质量控制者。她的工作是把一堆真筹码和格伦制造的假筹码混在一起，并分辨出彼此。在他们的文化背景下，伪造筹码的处罚是终身监禁，所以他们必须要制作出没人能辨别真伪的筹码。假设他们想要伪造的筹码叫作太阳币，并且伪造10000张太阳币筹码。

需要注意的是，所有的10000张太阳币筹码都不太一样。至少，每个筹码都有唯一的序列号。真正的筹码随着人们的使用，会被磨损、折叠、拉拽、撕扯、弄脏，由于崭新的筹码会引人瞩目，因此格伦和道恩希望生产出与使用中所有其他破旧筹码一样的筹码，这样它就能融入使用，不会引起任何人的注意。

在真实情况下，格伦和道恩肯定会从研究真筹码开始，仔细研究每一个细节，尽可能地学习。但我们只是用他们的操作作为一个比喻，所以加入一些限制，使这种情况更好地匹配本章专门讨论的算法。首先，我们把事情简化，只关心筹码的一面。其次，在开始之前，我们不会给格伦和道恩每人拿一大堆筹码来研究。事实上，假设道恩和格伦都不知道真正的10000张太阳币筹码是什么样子的，很明显，这会让事情变得更加困难。最后，我们假设格伦从与真实的10000张筹码尺寸一样的一叠白纸开始。

他们每个人都遵循一个日常惯例，格伦利用他目前掌握的所有信息进行一些伪造。一开始，他什么都不知道，所以他可能只是在纸上溅上不同颜色的墨水或画一些脸或数字，他基本上只是随便画些东西。每天快结束时，道恩取出准备好的一叠真正的10000张太阳币筹码，她用铅笔在每张筹码的背面轻轻地写下“真的”这个词。然后她收集了格伦当天的成果，并在每个伪造筹码的背面轻轻地写下“假的”这个词，然后她把它们混在一起。图22-1展示了这个过程。

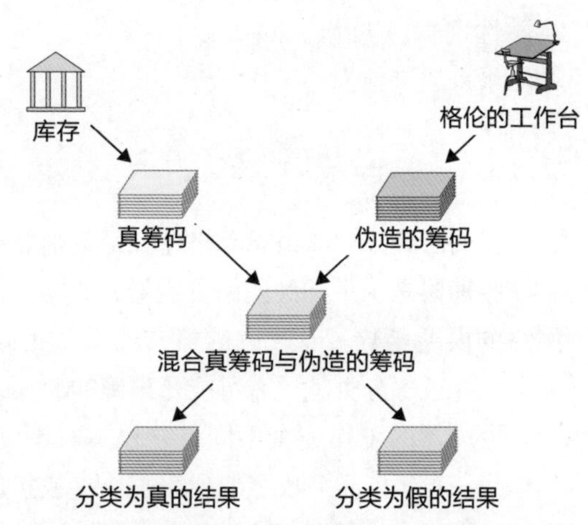


图22-1：道恩准备好真实的筹码，然后从格伦那里拿到伪造的筹码，并将其分为真的和假的

现在道恩开始做她的工作，她逐个浏览每个筹码，不看背面就把每张都归类为真的或假的。假设她不断问自己，“这张筹码是真的吗？”若回答“是”是对该筹码的肯定回应，回答“否”是对该筹码的否定回应。

道恩仔细地将她最初的筹码分成两堆：真的和假的。由于每张筹码可能是真的也可能是假的，因此有4种可能性，如图22-2所示。

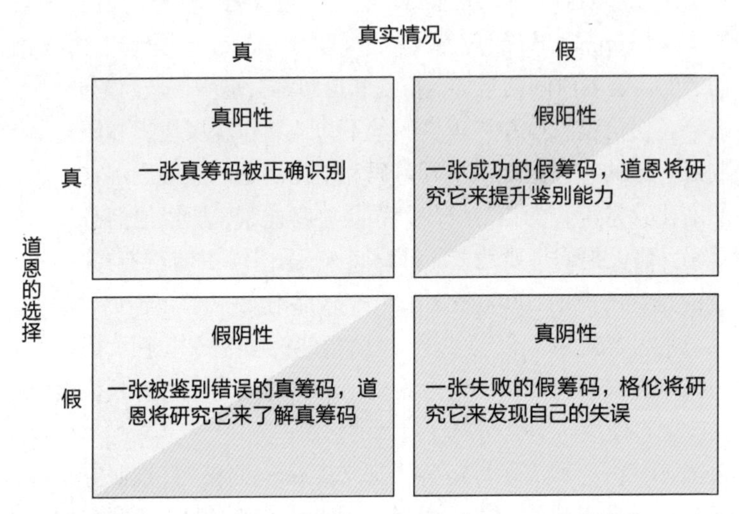


图22-2：当道恩鉴别筹码时，可能是真的或假的，她可能会宣布它是真的或假的。这给了我们4种组合

当道恩鉴别筹码时，如果筹码是真的并且她认为是真的，那么她的“肯定”决定是准确的，我们得到真阳性（TP）结果。如果筹码是真的，但她的决定是“否定”的（她认为是假的），那么就是假阴性（FN）结果。如果筹码是假的，但她认为是真的，那就是假阳性（FP）结果。最后，如果筹码是假的，并且她正确地识别出它是假的，那就是真阴性（TN）结果。除了真阳性以外的所有情况下，道恩或格伦中的一人都需要用这个结果来改进他们的工作。

## 22.1.1 从经验中学习

我们已经提到，道恩和格伦只是鉴别器和生成器的形象指代。

鉴别器是一个神经网络分类器，它将每个输入分为真的或假的。当预测错误时，该网络的误差函数具有很大的值。然后，我们用反向传播和优化等常规方法来训练鉴别器，这样下次分类就更有可能是正确的。

生成器的工作完全不同，它根本看不到训练数据。相反，我们给它一个随机输入（比如一个有几百个数字的列表），从中生成产生一个输出。如果鉴别器认为输出是真实的（即来自训练集），那么生成器就逃过了伪造惩罚，不需要进行改进。但如果鉴别器鉴别出输出是假的（也就是合成的，或来自生成器），那么生成器会得到一个很大的误差信号，我们使用反向传播来对它进行优化，这样鉴别器看到新生成的数据时就不太可能认为是假的了。每次运行生成器，我们都会给它新的随机起始值。生成器有一个艰巨的任务，把这个数字列表转换成可以愚弄鉴别器的输出。例如，这个输出可以是一首听起来像是巴赫写的歌、一段听起来像人的演讲、一张看起来像人的脸，或者10000张伪造的太阳币。

我们怎么才能训练这样一个系统呢？生成器永远看不到它试图模拟的数据，因此无法从中学习。它只知道什么是错的。

最有效的方法是反复试验。就像之前介绍的，从完全未经训练的生成器和鉴别器开始，给鉴别器一些数据，它基本上只是将每条数据分配给一个随机类。与此同时，生成器正在随机输出。它们都在失败，基本上都在产生无意义的输出。

然而，鉴别器开始慢慢地学习，因为我们给它正在分类的数据赋予了正确的标签。当鉴别器变得更好时，生成器会尝试对其输出进行一系列不同的变化，直到有输出能够通过鉴别器（也就是说，鉴别器认为给它的是真实的数据，而不是来自生成器）。生成器将其视为迄今为止最好的工作。然后鉴别器继续提升，反过来，生成器也继续提升。随着时间的推移，每个网络中的微小改进不断累积，直到鉴别器对真实数据和生成数据之间的差异非常敏感，而生成器非常擅长将这些差异变得尽可能小。

## 22.1.2 训练生成器网络

图22-2显示了道恩对每张筹码做出决定后可能出现的4种情况。接下来让我们更仔细地了解一下如何训练鉴别器和生成器以使它们互相促进。需要注意，本讨论旨在涵盖这些概念，因此每次只处理1个样本。在实践中，我们通常以更复杂但更有效的方式实现这些训练过程（例如，通过小批次训练而不是每次1个样本）。我们用流程图的形式更仔细地介绍图22-2中的4种可能性。

从真阳性开始，鉴别器将输入端的真筹码正确地报告为真的。因为这正是我们希望鉴别器在这种情况下要做的，所以没有什么要学习的。图22-3显示了这个过程。

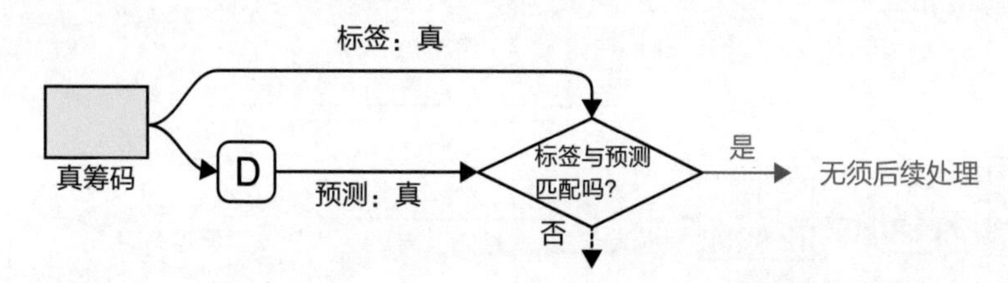


图22-3：在真阳性（TP）情况下，鉴别器（D）收到一张真筹码，并正确地预测它是真的。结果什么都不需要处理

接下来是假阴性，即鉴别器错误地宣布一张真筹码是假的。因此，鉴别器需要了解更多关于真筹码的信息，这样才不会重复这个错误。图22-4显示了这种情况。

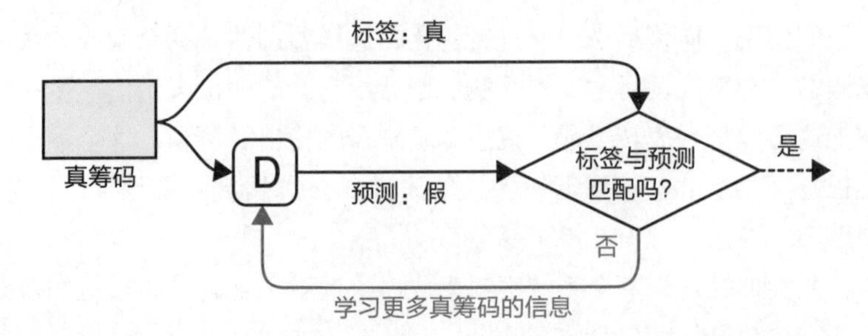


图22-4：筹码是真的，但鉴别器说是假的，这样就得到了假阴性结果（FN）。鉴别器需要更多地了解真筹码，这样才不会重蹈覆辙

假阳性发生在鉴别器被生成器欺骗并宣称伪造的筹码为真时。在这种情况下，鉴别器需要更仔细地研究筹码，找出任何错误或不准确之处，这样它就不会被再次愚弄了。图22-5显示了这个过程。

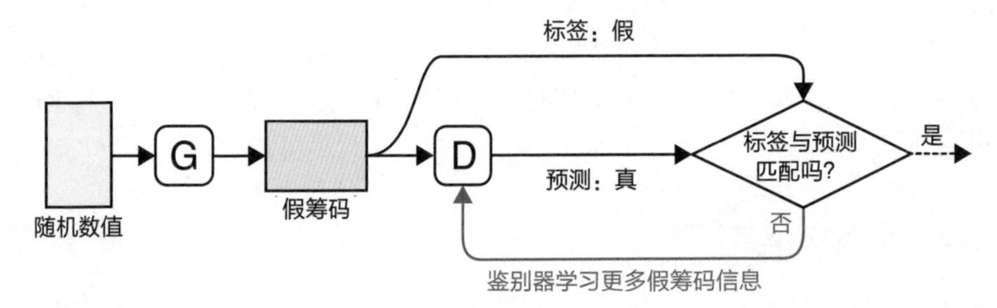


图22-5：假阳性（FP），鉴别器从生成器收到一张假筹码，但将其归类为了真筹码。为了迫使生成器变得更好，鉴别器从它的错误中学习，这样这种特定的赝品就不会再次通过

最后，真阴性是鉴别器正确地鉴别出一张假筹码。在这种情况下，生成器需要学习如何提高其输出，如图22-6所示。

请注意，在这4种可能性结果中，其中1种结果（TP）对任一网络都没有影响，其中2种结果（FN和FP）将使鉴别器提高识别真假筹码的能力，最后1种结果（TN）将促使生成器学习以避免重复错误。

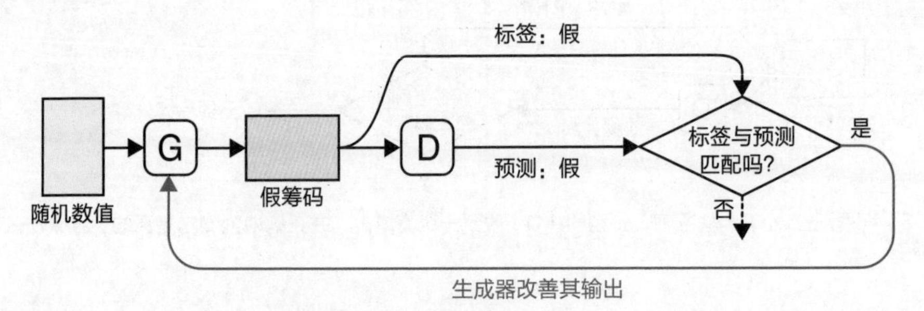


图22-6：在真阴性（TN）中，我们给鉴别器一张来自生成器的假筹码，鉴别器正确地将其识别为假。在这种情况下，生成器得知其输出不够好，必须提高伪造技能

## 22.1.3 学习过程

现在，我们将上一节中的反馈循环组装成一个训练鉴别器和生成器的步骤。通常，我们将会不断地重复这4个训练步骤，在每一步中，给鉴别者一张真的或假的筹码，然后根据它的反应，按照4个流程图之一进行操作。

首先训练鉴别器，接着训练生成器，然后再次训练鉴别器，再次训练生成器。这个思想是针对其中一个或另一个网络需要学习的3种情况中的每一种进行测试。使生成器学习的真负向情况会重复学习两次，原因我们稍后将讨论。图22-7总结了这4个步骤。

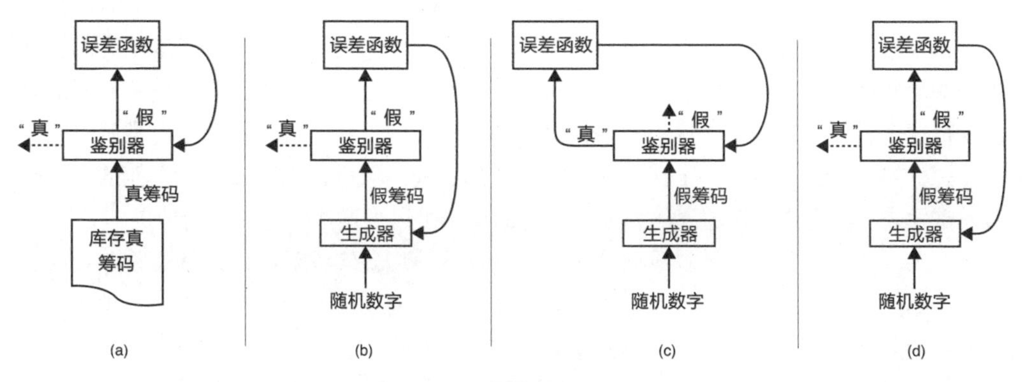


图22-7：一轮学习的四个步骤

首先，在图22-7(a)部分，尝试从假阴性中学习。我们给鉴别器一张真筹码，如果它错误地将其归类为假，就告诉鉴别器要从这个错误中吸取教训。

其次，在图22-7(b)部分，寻找真阴性。我们给生成器一些随机数，来生成一张假筹码，然后交给鉴别器。如果鉴别器发现是假筹码，就告诉生成器，生成器试图改善输出以生成更好的假筹码。

第三，在图22-7(c)部分，寻找假阳性。给生成器一批新的随机值，让它生成一张新的假筹码，交给鉴别器。如果鉴别器被骗了并说筹码是真的，鉴别器就需要从错误中吸取教训。

最后，在图22-7(d)部分，重复第2步的真阴性测试。给生成器新的随机数，来生成一张新的假筹码，如果鉴别器发现了它，生成器就将进行学习。

重复生成器学习步骤2次的原因是，实践表明，在许多情况下，最有效的学习计划是以大致相同的速度更新2个网络。因为鉴别器将会从2种类型的错误中学习，而生成器只从1种错误中学习，所以我们将生成器的学习机会提升为2倍，使生成器与鉴别器以大致相同的速度进行学习。

通过这一过程，鉴别器越来越擅长识别真筹码和发现假筹码中的错误，反过来生成器也越来越擅长发现如何制造无法被识别的假筹码。这对网络合在一起构成了一个生成对抗网络。我们可以把这两个网络描绘成一场“学习之战”（盖特吉 2017）。随着鉴别器越来越擅长识别假筹码，生成器也必须相应地越来越擅长制造假筹码，然后促进鉴别器的提升，再促进生成器越的提升。

我们最终目标是拥有一个本质上尽可能好的鉴别器，对真实数据的每个方面都有深刻而广泛的了解，同时还拥有一个生成器，它仍然可以使生成的伪造品通过鉴别器的鉴别。这表示伪造品尽管与真实的不同，但在统计上无法与它们区分开来。

### 22.1.4 理解对抗性

根据前面的描述，生成对抗网络（GAN）这个名字可能看起来很奇怪，因为刚才描述的两个网络似乎是合作的，而不是对抗的。对抗性这个词来自于我们以稍微不同的方式看待这个过程。与描述的道恩和格伦之间的合作不同，我们可以想象道恩是警方的一名侦探，格伦独自工作。为了让这个比喻起作用，我们假设格伦有办法知道他的哪些假筹码被发现了（也许他在道恩的办公室里有同伙，可以把这些信息转发给他）。

如果把伪造者和侦探想象成彼此对立的，那么他们确实在对抗，这就是关于生成对抗网络的原始论文中的措辞（古德费洛等人 2014）。对抗的观点只是提供了一种研究它们的不同角度，并不改变建立或训练网络的方法（古德费洛 2016）。

“对抗”一词来自一个被称为博弈论的数学分支（沃森 2013），在该分支中，将鉴别器和生成器视为欺骗和检测游戏中的对手。

博弈论领域致力于如何通过研究竞争对手使自己的优势最大化（陈、陆和韦赫特 2016；迈尔斯 2002）。生成对抗网络训练的目标是让每个网络发挥其最大能力，尽管其他网络有能力阻止它。博弈论学者称这种状态为纳什均衡（古德费洛 2016）。

现在我们知道了训练的一般技术，接下来如何来构建鉴别器和生成器。

## 22.2 实现生成对抗网络

当我们研究生成对抗网络时，研究的是3个不同的网络，分别是鉴别器、生成器、生成器和鉴别器的组合。图22-7介绍了其中的2个结构，(a)部分中只有鉴别器，在(b)到(d)部分将生成器和鉴别器结合在一起。正如之后要介绍的，当训练完成，我们想要生成新数据时，要丢弃鉴别器，只使用生成器本身。

从上下文中可以清楚地看到我们正在讨论这些网络中的哪一个。当有人提到生成对抗网络时，他们通常指的是经过对抗训练的生成器，所以生成对抗网络实际上是一种训练方法，它产生了一个独立的生成器，可以像训练生成器一样使用它。

背景已经介绍完了！现在让我们构建和训练一个生成对抗网络。

### 22.2.1 鉴别器

鉴别器是3种模型中最简单的，如图22-8所示。它将一个样本作为输入，其输出是一个单一的值，该值表示网络对输入为真的判断。

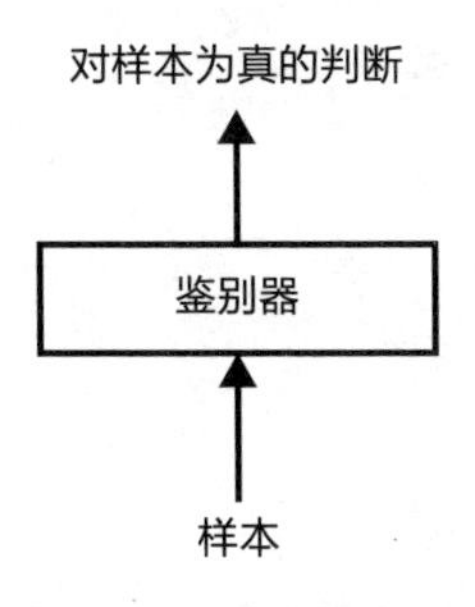


图22-8：鉴别器的框图

我们对制作鉴别器没有特殊的要求，它可以是浅层或深层网络，也可以使用任何类型的层，比如全连接层、卷积层、循环层和Transformer等。在伪造筹码的例子中，输入是一张筹码的图像，输出是反映网络决策的数值。值为1表示鉴别器确定输入的是真筹码；值0表示鉴别器确定是假筹码；0.5的值意味着鉴别器不能分辨真假。

### 22.2.2 生成器

生成器接受一堆随机数作为输入，生成器的输出是一个合成样本。框图如图22-9所示。

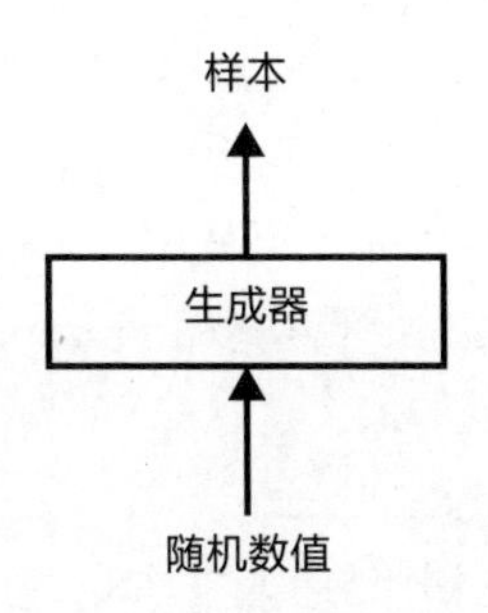


图22-9：生成器的框图

在伪造筹码的例子中，输出将是一个图像。

图22-9中生成器的损失函数本身并不重要，在某些实现中，甚至从未定义过损失函数。正如下一节介绍的，将生成器连接到鉴别器来训练生成器，因此生成器将从组合网络的损失函数中学习。

与鉴别器一样，构建生成器的方式没有任何特殊要求，可以使用任何需要的层。一旦生成对抗网络完全训练好了，我们通常会丢弃鉴别器，保留生成器。毕竟，鉴别器的目的是训练生成器，以便我们可以使用它来生成新数据。当生成器与鉴别器断开连接时，就可以使用生成器生成无限量的新数据，供我们以任何方式使用。

现在有了生成器和鉴别器的框图，我们可以更仔细地观察实际的训练过程。有了这些，我们将研究这2种网络的实现。然后实际去会训练它们，并看其表现如何。

### 22.2.3 训练生成对抗网络

下面将介绍如何训练生成对抗网络。我们将展开图22-7所示的学习回合中的4个步骤，以显示训练过程。

首先来寻找假阴性，我们可以向鉴别器提供真钞，如图22-10所示。在这一步中不涉及生成器。误差函数旨在若鉴别器将真钞报告为假时惩罚它。如果发生这种情况，误差会通过鉴别器驱动反向传播步骤，更新其权重，从而更好地识别真钞。

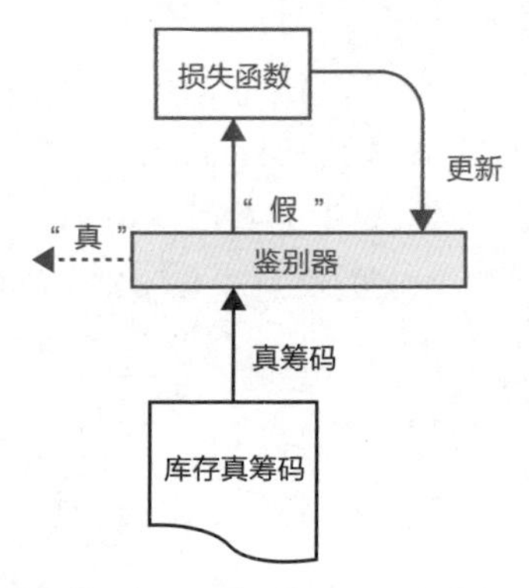


图22-10：在假阴性步骤中，鉴别器连接到一个误差函数，该函数将惩罚它将真筹码归类为假筹码的行为

然后来寻找真阴性，在这一步中，我们使用一个模型，从随机数进入生成器开始，如图22-11所示。生成器的输出是一张假筹码，并送入鉴别器。如果这张假筹码被正确识别为假的，误差函数将具有较大的值，这意味着生成器被发现在制造假筹码。

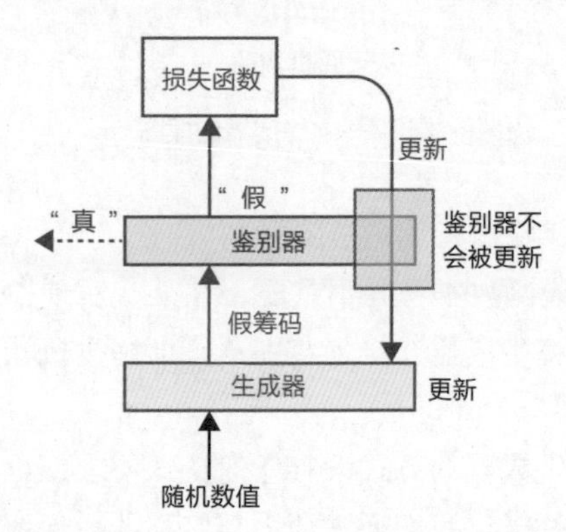


图22-11：在真阴性步骤中，随机数值被输入到生成器，生成器生成一张假筹码。如果鉴别器将其标记为假，我们将忽略鉴别器，只更新生成器

图22-11中用灰色显示了鉴别器的更新步骤，但标记为“更新”的箭头显然直接穿过了鉴别器。这里的更新箭头结合了反向传播和优化，反向传播计算每个权重的梯度，优化步骤根据权重的梯度更新权重。在图22-11中，我们希望对生成器进行优化，这意味着需要确定其梯度。但由于反向转播按照从网络末端向起点的方向计算梯度，所以在生成器中找到梯度的唯一方法是首先计算鉴别器的梯度。虽然在两个网络中都找到了梯度，但我们只改变生成器中的权重。在此将跳过鉴别器的更新，这意味着即使计算了其梯度，鉴别器的权重也不会改变。这确保了在任何时刻，我们将只要训练生成器或鉴别器。

更新（改善）生成器的权重可以让它学会更好地欺骗鉴别器。现在来寻找假阳性。我们生成一张假筹码，如果鉴别器将其归类为真，就对其进行惩罚，如图22-12所示。

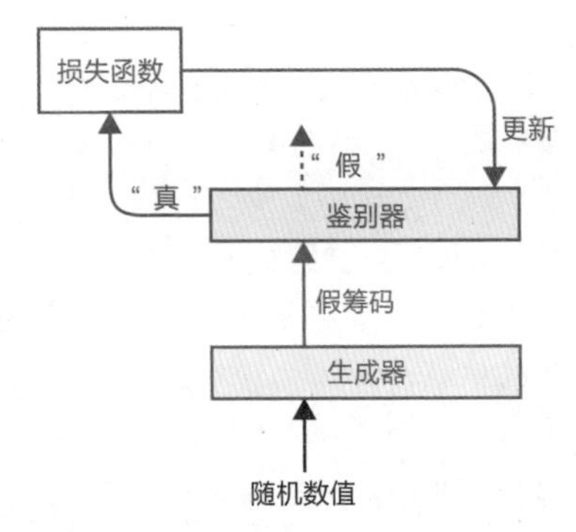


图22-12：在假阳性步骤中，我们给鉴别器一张假筹码，如果它将其归类为真，那么将更新鉴别器以更好地发现假筹码

最后，重复图22-11的真阴性步骤，这样鉴别器和生成器在每轮训练中都有2次更新机会。

## 22.3 生成对抗网络的作用

至此，对生成对抗网络的理论已经介绍完了，现在让我们构建一个生成对抗网络系统并对其进行训练。我们将挑选一些非常简单的数据，这样就可以在二维平面中绘制有意义的过程插图。

我们把训练集中的所有样本想象成某个抽象空间中由点组成的结构，毕竟，每个样本最终都是一个数字列表，可以将它们视为一个空间中的坐标，这个空间的维度与数字的维度相同。“真实”样本集将是符合高斯分布的二维点，每个样本都是该分布中的一个点。第2章中高斯曲线的中心有一个大的凸起，所以我们预计大多数点都在凸起附近，离凸起越远，点就越少。我们把二维区域的中心定在（5,5），其标准差定为1，如图22-13所示。

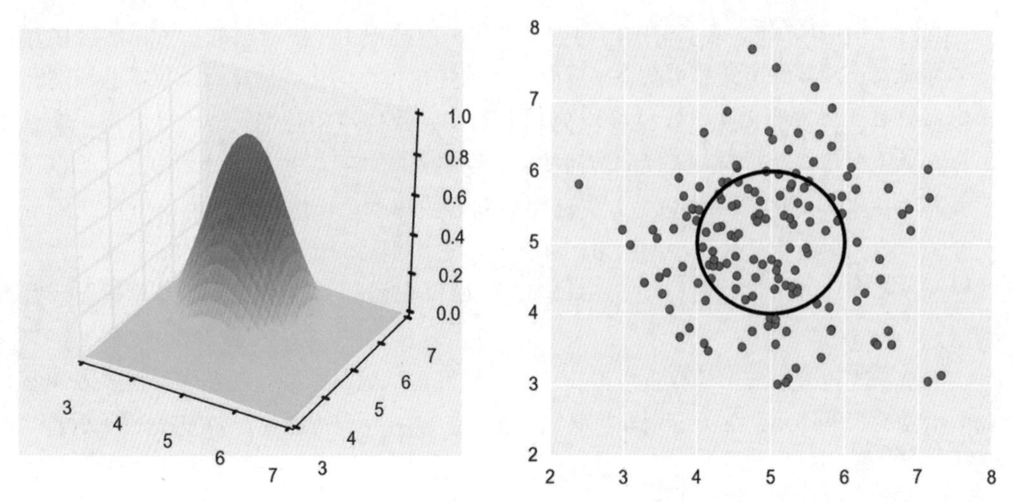


图22-13：初始分布是以（5,5）为中心的高斯凸起，标准偏差为1。左图表示三维中的点；右图用一个圆圈表示了高斯分布中距离中心一个标准差的位置，以及从该分布中随机抽取的一些有代表性的点

生成器将会学习如何将给定的随机数转化为近似属于这个分布的点。我们的目标是尽可能提升生成器的转换效果，以至于鉴别器无法区分真正的点和生成器生成的点。换句话说，我们希望生成器接收随机数并产生输出点，这些输出点可能是从以（5,5）为中心的原始高斯凸起中抽取随机点的结果。

图22-14仅给出一个点，鉴别器很难确定它是从高斯分布中提取的原始样本，还是生成器创建的合成样本。

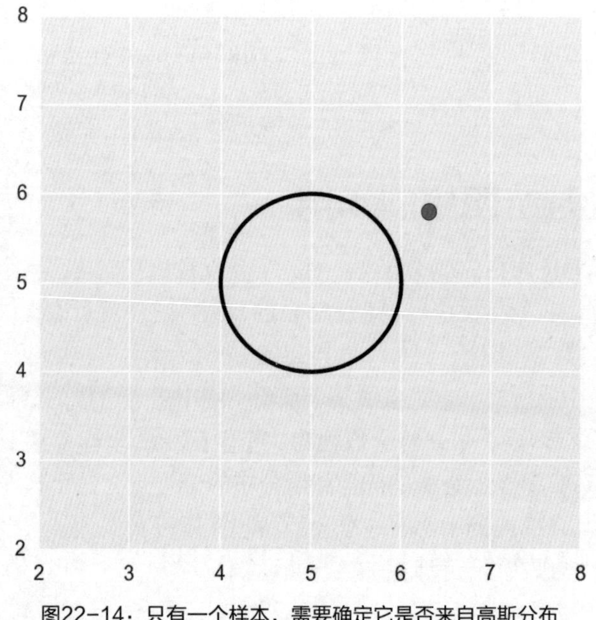


图22-14：只有一个样本，需要确定它是否来自高斯分布

我们可以使用第8章介绍的小批次思想来简化鉴别器。不必在系统中每次生成1个样本，而是每次可以生成许多样本，通常是32到128之间的2的n次方。同时生成一批点，鉴别器更容易确定它们是否是从高斯云中提取的。图22-15显示了生成器可能产生的几组点。从图中很容易看出，这些点不太可能来自原始的高斯分布。

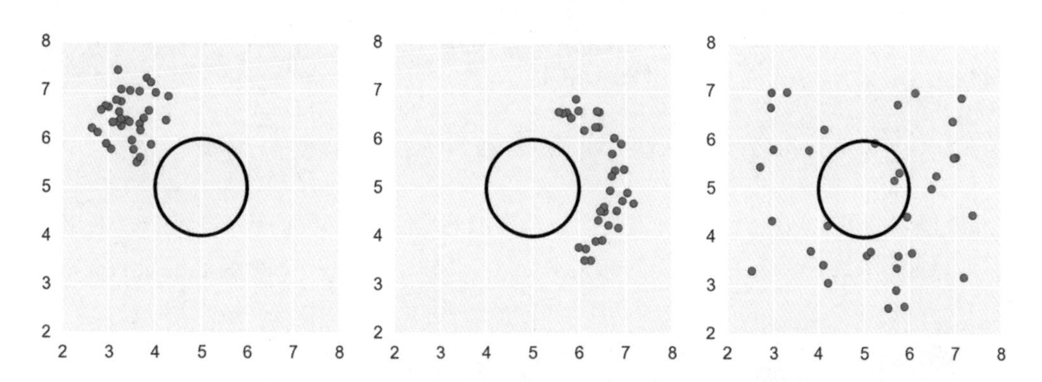


图22-15：一些点的集合不太可能是从初始高斯分布中抽取随机值的结果

图22-15中的点不太像是原始高斯分布的一部分。我们希望生成器生成的点更像图22-13右图中的点，而不是图22-15中的点，所以希望鉴别器将图22-15中的点集归类为伪造品。

## 22.3.1 构建鉴别器和生成器

现在我们来构建鉴别器和生成器网络。因为原始分布（二维高斯分布）非常简单，所以网络也可以很简单。

不过在深入研究这种机制之前，要先提醒大家，生成对抗网络以挑剔和敏感著称，众所周知，它们很难训练（阿乔利奥斯等人 2018）。生成器或鉴别器架构的微小变化，甚至某些超参数（如学习率或随机失活率）的微小变化，都可能使一个原本表现很差的生成对抗网络变得优秀，反之亦然。更需要注意的是，我们必须同时训练2个而不是1个网络，并让它们一起工作，因为要搜索和微调的超参数的数量可能会变得非常多（博亚诺夫斯基等人 2019）。基于以上因素，当我们构建生成对抗网络时，使用想要学习的特定数据进行实验，并尽可能快地摸索出好的设计和好的超参数是至关重要的。

下面的介绍已经跳过了许多尝试过的死胡同和表现不佳的模型，直接跳到了适合这个数据集的模型。我们很有可能通过进一步的改变，或甚至只在正确的地方做一些小的调整，就可以显著地改进所展示的架构（也就是说，它们可以更快、更准确地学习）。

我们从一个简单的生成器开始，如图22-16所示。

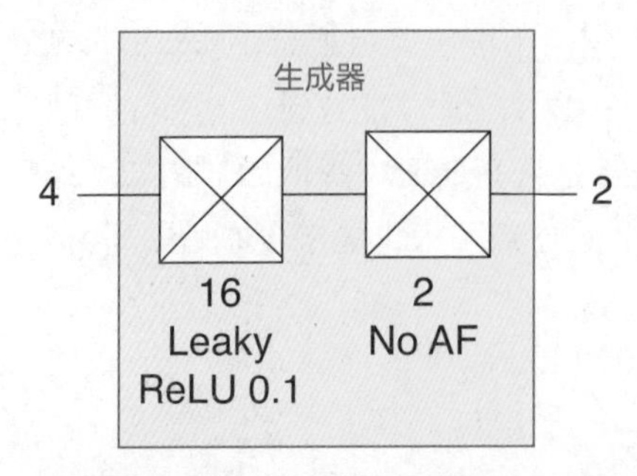


图22-16：一个简单的生成器。它接收四个随机数，并计算出（x,y）值

该模型的输入是从0到1的范围内均匀选择的4个随机值。我们从一个有16个神经元和一个leaky ReLU激活函数的全连接层开始（第13章中leaky ReLU函数类似于正常的ReLU，但是它不是返回0表示负值，而是用一个小数字来进行缩放，比如0.1）。

接下来是另一个只有两个神经元且没有激活函数的全连接层，生成的两个值是点*x*和*y*坐标。

我们对这共有18个神经元的2层结构要求很高，想让它们学习如何将一组4个均匀分布的随机数转换成一个二维点，该点可能从中心在（5,5）且标准偏差为1的高斯云中绘制，但永远不会告诉它任何关于该目标的信息。我们只会在“一批”点与我们预计的匹配不符时才告诉它，并让神经元找出它们哪里出了问题以及如何纠正。

鉴别器如图22-17所示。

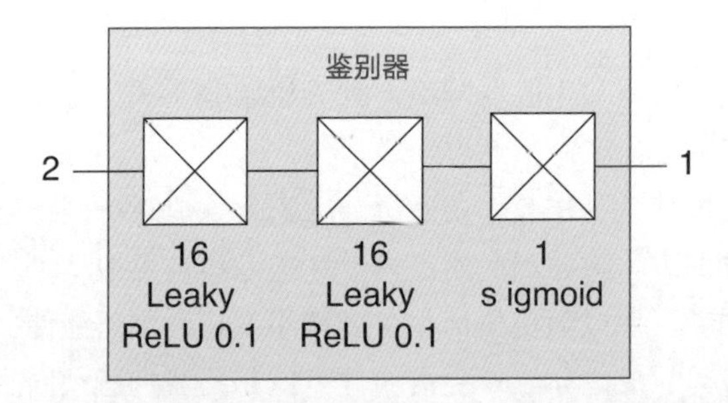


图22-17：一个简单的鉴别器，接受一个（x,y）点，并告诉我们它是真的还是假的

鉴别器的前两层与生成器的起始层结构相同，每个都是由16个神经元和一个leaky ReLU激活函数组成的全连接层。最后是只由1个神经元和sigmoid激活函数组成的全连接层。输出是一个数字，表示网络确信输入来自与训练数据相同的数据集的程度。

最后，我们将生成器和鉴别器放在一起，形成组合模型，有时也称为生成-鉴别模型。图22-18显示了这种组合。

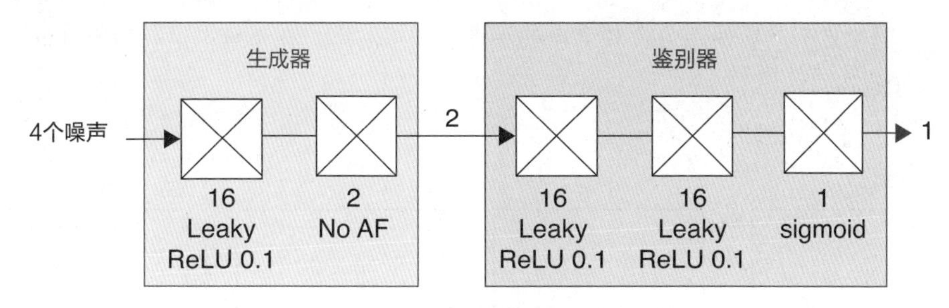


图22-18：将生成器和鉴别器组合在一起

由于生成器在其输出端呈现一个（x,y）对，而鉴别器在其输入端呈现一个（x,y）对，因此这两个网络可以完美地结合在一起。生成器的输入是一组4个随机数，鉴别器的输出告诉我们生成器创建的点有多大可能来自训练集的分布。

重要的是图22-18中标记为“生成器”和“鉴别器”的模型不是图22-16和图22-17中模型的副本，但它们实际上是完全相同的模型，只是一个接一个地连接在一起，形成一个大模型。换句话说，只有一个生成器模型和一个鉴别器模型。当制作图22-18的组合模型时，只是将这两个现有模型连接在一起。现代深度学习库让我们利用共享组件为这种应用程序制作多个模型。在这些不同的配置中使用相同的模型是有意义的，因为组合模型需要使用最新版本的生成器和鉴别器。

## 22.3.2 训练网络

当使用图22-18的组合模型训练生成器时，又不想同时训练鉴别器。我们在图22-11中看到了这一点，在更新步骤中将鉴别器显示为灰色。我们需要通过鉴别器进行反向传播，因为它是网络的一部分，但我们只对生成器中的权重应用更新步骤。

要注意的是，我们希望以交替的方式训练鉴别器和生成器。如果我们将反向投影应用于图22-18的整个网络，那么将同时更新鉴别器和生成器中的权重。因为我们希望以大致相同的速率分别训练这2个模型，所以需要告诉训练过程，此时只更新生成器中的权重。

控制层是否应该更新权重的机制是特定于算法的，但一般来说，它们使用冻结、锁定或禁用等术语来阻止给定层的更新。然后，在希望这些层能够学习时，我们可以解冻、解锁或启用更新。

为了总结训练过程，我们从训练集中的少量数据开始。然后按照图22-7中的4阶段，交替训练鉴别器和生成器。

## 22.3.3 测试网络

为了训练生成对抗网络，我们制作了一个训练集，从起始的高斯分布中挑选了

10000个随机点。然后使用包含32个点的小批量训练网络，在系统中运行所有10000个点构成一个批次。

训练15个批次后的结果如图22-19所示。

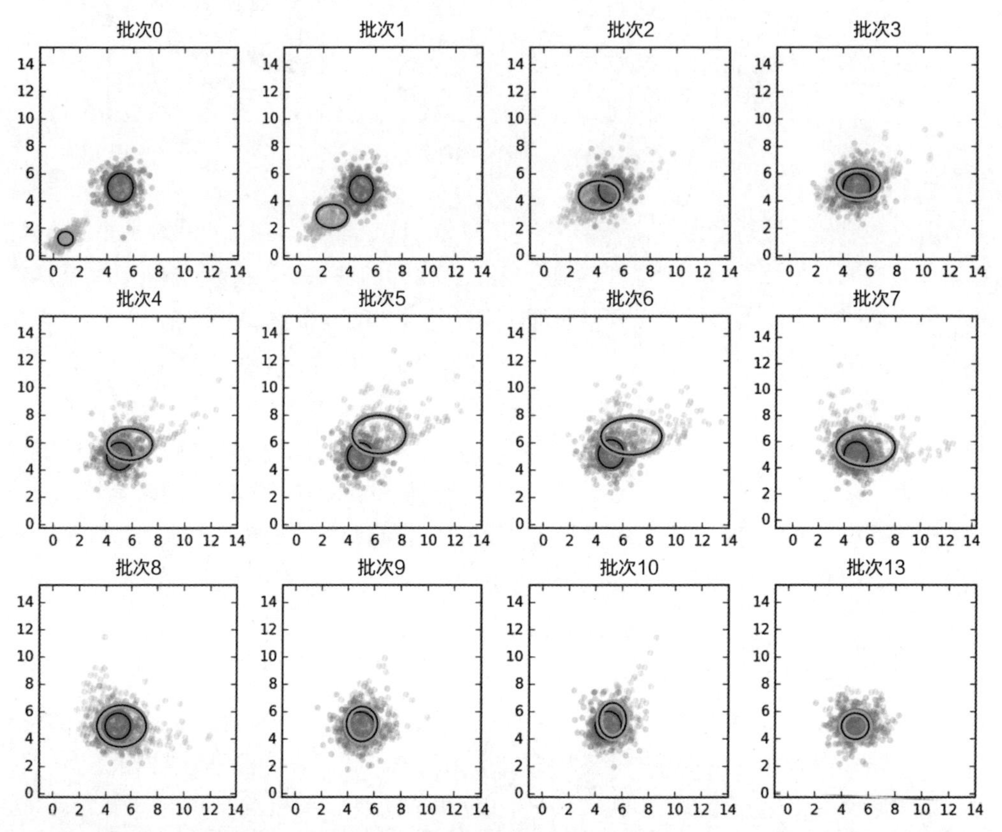


图22-19：简单生成对抗网络的应用。蓝色点是原始数据集，橙色点是由生成器产生的。这些图的顺序为从左到右，从上到下

起始高斯分布以蓝色点显示，蓝色圆圈显示其平均值和标准差。生成对抗网络学习到的分布以橙色显示，椭圆显示生成的小批量点的中心和标准差。这些图显示了0到10个训练轮次后的结果，然后是第13个轮次。

可以看到生成对抗网络生成的点开始是沿着西南-东北方向模糊的条状，大致以（1,1）为中心。每训练一个周期，它们都更接近原始数据的中心和形状。在第4轮次前后，生成的样本越过了中心，变得越来越椭圆而不是圆形。但它们回来并纠正了这两个方面，直到匹配在第13周期看起来非常好。

图22-20显示了鉴别器和生成器的损失曲线。

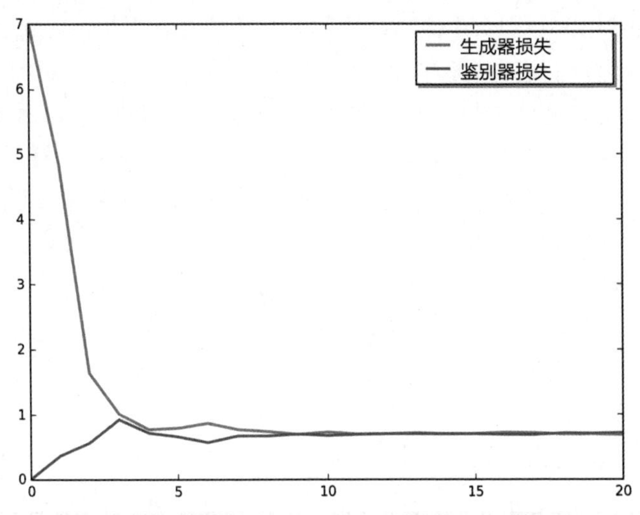


图22-20：生成对抗网络的损失曲线。它们似乎达到并保持在略高于0.5的理想值

理想情况下，鉴别器将稳定在0.5左右，这意味着它永远无法确定输入是来自真实数据集还是由生成器生成的。在这个小例子中，生成器与鉴别器的损失最终非常接近。

## 22.4 深度卷积生成对抗网络

之前介绍过，可以使用任何喜欢的架构来构建鉴别器和生成器。到目前为止，我们的简单模型是由全连接层组成的，在小的二维数据集上，这些层表现良好。但如果想处理图像，那么我们可能更喜欢使用卷积层，因为正如第16章介绍的，它们非常适合处理图像。由多个卷积层构建的生成对抗网络被称为深度卷积生成对抗网络（Deep Convolutional Generative Adversarial Network，简称DCGAN）。

下面在前几章介绍的MNIST数据上训练一个深度卷积生成对抗网络。我们将使用吉尔登布拉特提出的模型（吉尔登布拉特 2020）。生成器和鉴别器如图22-21所示。

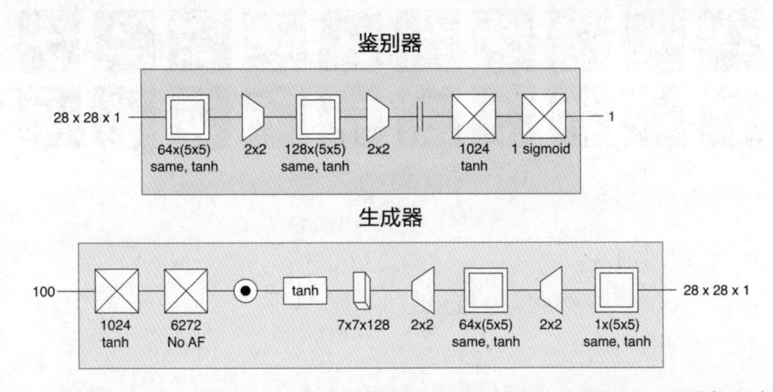


图22-21：上图表示用MNIST数据集训练的深度卷积生成对抗网络的鉴别器。下图表示对应生成器

在这个网络结构的鉴别器中使用显式下采样（或池化）层，在生成器中使用上采样（或跨步）层，而不是将它们作为卷积步骤的一部分。生成器中带点的圆是一个BatchNorm层，用于防止输出值过大。鉴别器和组合生成鉴别器都用标准二进制交叉熵损失函数和内斯特罗夫SGD优化器进行训练，学习率设为0.0005，动量设为0.9。

生成器中的第2个全连接层使用了6272个神经元，这个数字看起来很神秘，但是它为生成器和鉴别器提供了等量的数据。鉴别器中第2个下采样层的输出具有7×7128的形状，即6272个元素。为生成器的第2个全连接层提供6272个值，我们可以为其第一个上采样层提供相同形状的张量。换句话说，鉴别器卷积部分的末端是形状为7×7×128的张量，因此我们向生成器卷积部分的开头提供形状为7×7×128的张量。

鉴别器和生成器都遵循大致相同的步骤，但顺序相反。经过一个轮次的训练后，生成器生成的结果非常难以理解。图22-22显示了它们的输出。

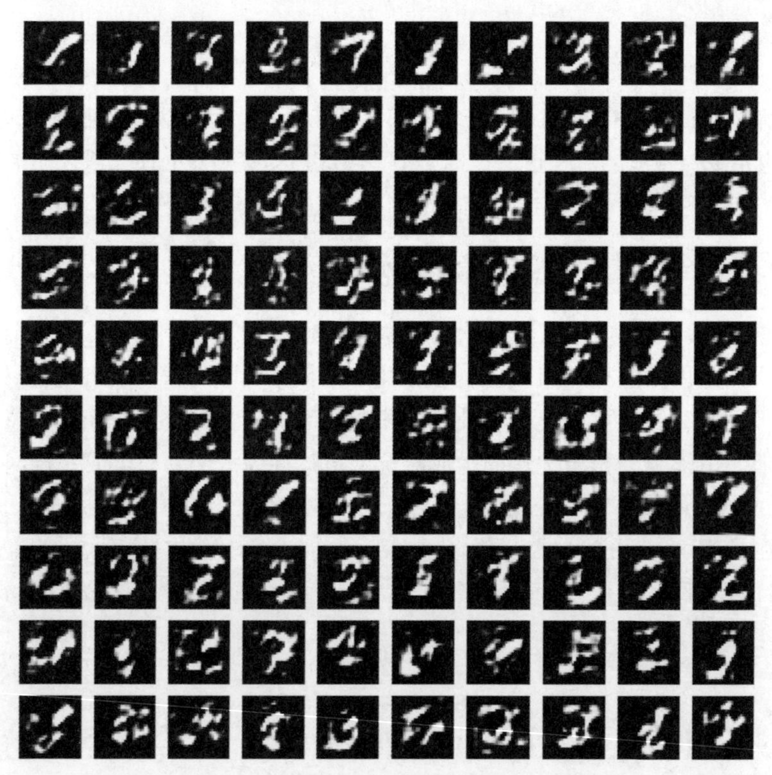

图22-22：经过一个训练轮次后，生成器上的点分布

经过100个轮次的训练，生成器生成了图22-23所示的结果。我们本可以训练更长时间因为鉴别器有时仍在识别生成器的输出，但这似乎是一个值得观察的地方，因为它显示了生成器的训练进度。

图22-23：在MNIST数据集上训练100个轮次后，图22-21的深度卷积生成对抗网络的输出

当我们再考虑这个过程时，这是一个惊人的结果。生成器从未见过数据集，它不知道MNIST的数据是什么样的。它所做的只是随机创建28×28的数字网格，然后接收反馈，告诉它这些网格中的值有多好或多坏。随着时间的推移，它产生了看起来像数字的网格，虽然有一些错配，但大多数数字很容易识别。

我们对生成对抗网络的基本讨论即将结束。现在，有必要回顾一下一些实用的建议。我们之前提过，由于其特定的架构和训练变量，生成对抗网络非常敏感。一篇著名的论文研究了深度卷积生成对抗网络，发现了一些似乎能带来好结果的经验法则（拉德福德梅茨和钦塔拉 2016）。与之前一样，实验是成功的关键。微小的改变可能会造成非常大的差异，也许会使学习效率高的生成对抗网络变成根本不学习的生成对抗网络。

## 22.5 挑战

实践也许是使用生成对抗网络最大的挑战，因为它们对结构和超参数都很敏感。玩猫捉老鼠的游戏需要双方始终势均力敌。如果鉴别器或生成器中的任何一个比另一个好得太快，另一个将永远无法赶上。正如之前介绍的，获得所有这些值的正确组合对于获得性能良好的生成对抗网络至关重要，但确定这种组合可能具有挑战性（阿尔乔夫斯基和博图 2017；阿乔利奥斯等人 2017）。在训练新的深度卷积生成对抗网络时，我们通常建议遵循前面给出的经验法则，来提供一个好的起点。

生成对抗网络的一个理论问题是，目前没有证据表明它们会收敛。第13章的感知器，它在两组线性可分数据集之间找到了分界线。我们可以证明，如果有足够的训练时间，感知器总会找到那条分界线，但对于生成对抗网络来说，这样的证明是找不到的。我们所能说的是，当找到合适的超参数时，许多生成对抗网络似乎在大多数情况下都能获得良好的性能，但除此之外，我们无法做任何保证。

### 22.5.1 大样本训练

当我们试图训练生成器生成大图像（例如1000×1000像素）时，基本的生成对抗网络结构可能会遇到问题。有了所有训练数据，鉴别器将很容易将生成的伪造品与真实图像区分开来。但生成器试图调整输出像素时可能会导致误差梯度的变化，进而导致输出在几乎随机地变动，而不是更接近于匹配输入（卡拉斯等人 2018）。除此之外，还有一个实际问题，那就是需要足够的计算能力、内存和时间来训练和生成大量这样的大样本。回想一下，每一个像素都是一个特征，所以1000×1000像素的图像有100万个特征（如果是彩色照片，则有300万个）。

因为我们希望最终生成的高分辨率图像经得起仔细鉴别的，所以需要使用一个大型的训练集。处理大量巨幅图像所需的时间将快速增加，即使是最快的硬件也可能无法在要求的时间内完成这项工作。

一种构建大图像的实用方法被称为渐进生成对抗网络（Progressive GAN，简称ProGAN）（卡拉斯等人 2018）。这种技术首先将训练集中的图像调整为较小的尺寸，例如边长为512像素，然后128像素，再然后64像素，以此类推，一直降到边长为4像素。然后构建一个小型生成器和鉴别器，每个都只有几层卷积。用4×4的图像训练这些小型网络，当它们表现良好时，在每个网络的末端再添加几个卷积层，并逐渐融入它们的贡献直到网络在处理8×8的图像中表现良好。然后在每个网络的末端增加更多的卷积层，并在16×16的图像上训练它们，以此类推。

通过这种方式，生成器和鉴别器能够随着训练不断成长。这意味着，当我们努力达到边长为1024像素的全尺寸图像时，已经有了一个可以很好生成和识别边长为512像素的图像的生成对抗网络。我们不需要对较大的图像进行太多额外的训练，直到系统也能很好地处理它们。这个过程比一开始只使用全尺寸图像训练花费的时间要少得多。

### 22.5.2 模态崩溃

有一个有趣的方法可以利用生成对抗网络训练中的漏洞。回想一下，我们希望生成器学会欺骗鉴别器，它能以对欺骗人类几乎无效的方式成功地完成这项任务。

假设我们正在尝试训练生成对抗网络来生成猫的图片，生成器成功创建了一个被鉴别器鉴别为真的图片。然后，生成器每次都生成这张图像，无论我们使用什么随机值输入，总能得到这张图像。而鉴别器将告诉我们，它得到的每张图像似乎都是真实的，所以生成器完成了它的目标，停止了学习。

这是神经网络的一个特点，它可能会提供隐蔽的解决方案来实现我们的要求，但不一定能输出我们想要的结果。生成器完全满足了我们的要求，因为它将随机数字变成了全新的样本，鉴别器也无法将其与真实样本区分开来。问题是，生成器制作的每个样品都是相同的，这是一种非常隐蔽的成功。

这种反复产生一个成功输出的问题被称为模态崩溃（modal collapse，modal指的是一种模式或一种工作方式，而不是"model"）。如果生成器只停留在输出单个样本中（在本例中，是一张猫的图片），这种情况被描述为完全模态崩溃（full modal collapse）。更常见的是系统会产生几组相同输出，或输出只具有微小变化时，这种情况称为部分模态崩溃（partial modal collapse）。

图22-24显示了深度卷积生成对抗网络在使用一些选择不当的超参数进行3个轮次的训练后的运行结果。

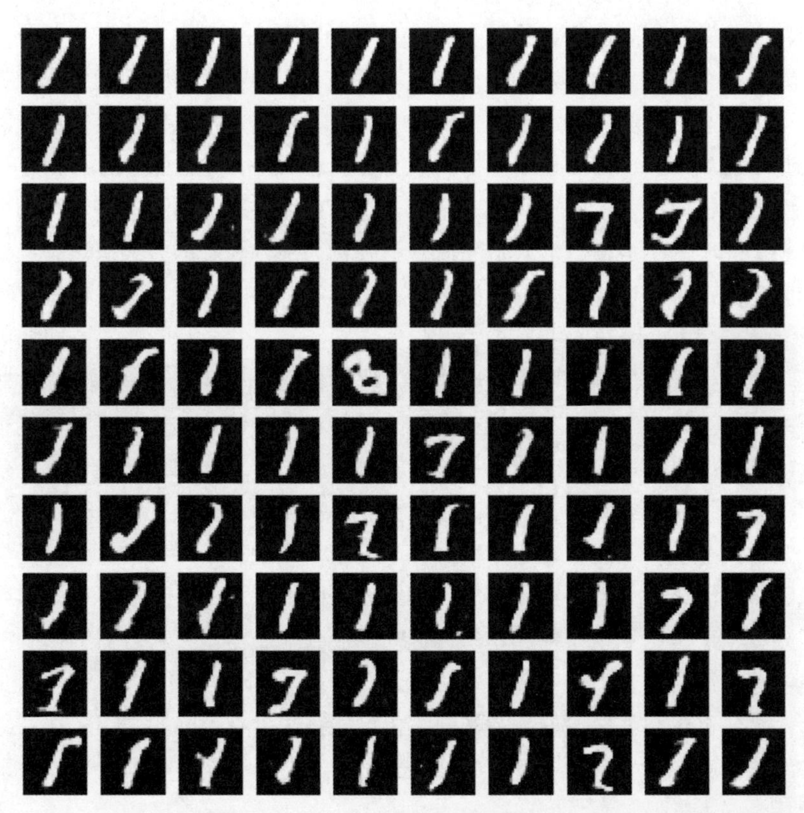

图22-24：仅经过3个轮次的训练，这个深度卷积生成对抗网络就显示出明显的模态崩溃迹象

很明显，系统正在走向模式崩溃，在这种情况下，它输出的1比其他的都多。虽然我们有解决这个问题的方案，但目前最好的建议是使用小批次训练，就像之前介绍的那样。然后，我们可以用一些附加项来扩展鉴别器的损失函数，以测量小批次生成的输出的多样性。如果输出分成几组，它们都相同或几乎相同，鉴别器可以给结果分配更大的误差。然后生成器将变得多样化，因为该操作将减少误差（阿尔乔夫斯基，钦塔拉和博图 2017）。

## 22.5.3 使用生成的数据训练

生成对抗网络最常见的用途是训练一个可以欺骗鉴别器的生成器，然后，再舍弃鉴别器，只留下生成器，它能够创建任意多的新数据，所有这些数据似乎都来自原始数据集。因此，我们可以制作无限数量的猫或帆船的新图像，或者口语短语，或者木火中的烟雾。

使用生成或合成的数据来训练另一个神经网络很有诱惑力。毕竟，庞大的数据集是训练神经网络所需要的。但这是一种非常冒险的做法，因为经过训练的生成器很少是完美的。我们很难做出一个足够健壮的鉴别器来注意到生成器输出中的每个细节。生成器的输出可能总有某种形式的轻微错误，以至于鉴别器无法注意到，或者为其分配了非常低的损失。另一个问题是生成器的输出可能不完整，正如模态崩溃示例中介绍的，生成器的结果可能不会覆盖整个输入范围。例如，负责以特定艺术家风格生成新绘画的生成器可能总是生成风景画、肖像画或静物画，但真正艺术家的作品主题范围会更广。

训练生成对抗网络中，我们很难完全抓住每个可能出现的问题。尽管我们可能努力尝试构建一个完美的生成器，但它似乎总能够找到另一种隐蔽的方式来满足我们期望的标准，同时仍然产生与期望不太一样的数据，也可能标准本身就没有我们想象得那样明确或广泛。

简而言之，生成器的输出可能包含能通过鉴别器的错误和偏差。如果用这些数据训练一个新系统，它将会继承那些可能完全不知道的错误和偏差。这些差异可能很微小，但仍会影响实践结果。这可能会造成一种危险的情况，即我们相信已经训练了一个能够做出重要决策的强大神经网络，而没有意识到它有盲点和偏见。在将经过训练的网络用于关键安全或医疗应用，或者在招聘面试、学校招生或发放银行贷款等重要场合中使用它们时，我们可能会因为没有意识到的长期错误而做出有严重缺陷或不公平的决定。数据集的偏差、错误、偏见、误判和其他常见问题成为生成器创建新数据的基础。毕竟有好的数据才有好的结果。

简而言之，在优秀数据上训练神经网络仍可能会产生有缺陷的结果，在有缺陷的数据上训练网络必然会产生缺陷更严重的结果。坚决不使用合成或生成的数据来训练神经网络通常是个好主意。

## 22.6 本章总结

本章介绍了如何用两个较小的网络来构建一个生成对抗网络。生成器将学习如何创建与给定数据集中的数据相似的新数据，鉴别器将学习如何区分生成器的输出与给定数据集中的真实数据。它们都在训练中互相学习，提高各自的技能。当训练完成时，鉴别器将无法找到合成数据和真实数据之间的任何差异。此时，我们通常会抛弃鉴别器，将生成器用于需要任意数量新数据的应用中。

生成对抗网络的训练是交替进行的，因此生成器和鉴别器的学习速度大致相同。随后介绍了如何构建一个简单的具有全连接层的生成对抗网络，来学习如何在二维空间中生成数据点，接着构建了卷积生成对抗网络来学习从MNIST生成新的图像数据。

因为生成对抗网络的训练难度相当高，所以还介绍了卷积生成对抗网络训练中的一些经验法则，遵循这些法则通常会给我们带来一个良好的开端。在训练期间可以通过不断增加规模来生成大的输出，可以使用小批量训练来避免模态崩溃，在模态崩溃下生成器总是生成相同输出（或少量相同输出）。

最后，简要地考虑了用合成数据训练的危险性。

# 第23章

# 创意应用

已经到了本书的结尾部分。在结束之前，让我们放松一下，来介绍一些有趣的深度学习应用。本章将介绍一些使用神经网络进行艺术创作的创造性案例。我们将探讨两种基于图像的应用，深梦系统（deep dreaming）可以将图像转化为狂野迷幻的艺术作品，神经风格迁移（neural style transfer）可以将照片转换为像是不同艺术家风格的绘画。最后，我们快速介绍一下文本生成，并使用深度学习来生成更多文本。

# 23.1 深梦系统

在深梦系统中，将使用之前可视化卷积核的思想来创作艺术。我们通过修改图像以激发不同的卷积核，导致图像以迷幻的模式输出。

## 23.1.1 刺激卷积核

在第17章中，将卷积神经网络中的卷积核进行了图像化或可视化。深梦系统和神经风格迁移都建立在可视化技术的基础上，所以需要更仔细地了解它。我们再次使用第17章中的VGG16来作为案例（西蒙尼扬和西塞曼 2020），它也可以被替换为任何经过训练的用于图像分类的CNN。我们唯一感兴趣的是卷积阶段，所以尽管使用的是第17章中描述的网络，但本章的图中仅显示卷积和池化层，如图23-1所示。

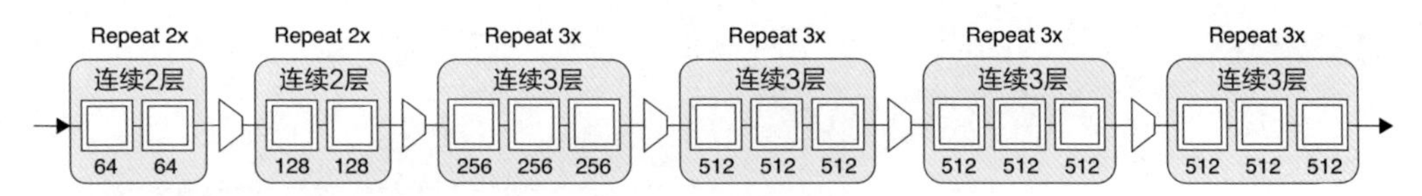

图23-1：VGG16的简图，仅显示了卷积层和池化层

我们省略了VGG16的最后几个阶段，因为它们的工作是帮助网络预测输出的正确类别。在本章的应用中，我们不关心网络的输出，唯一感兴趣的是通过网络运行图像，以便卷积层中的卷积核评估它们的输入。我们的目标是通过修改起始图像，使其尽可能地激发一些选定的层。例如，如果中间有几个像素较暗，这可能会导致寻找眼睛的卷积核稍微有所反应。我们的目标就是修改这些像素，使它们越来越多地激发卷积核，这意味着它们看起来会越来越像眼睛。

要实现这一点，不需要引入任何新的技术，只要选择想要最大化的卷积核输出即可。我们可以只选择一个卷积核，或者从网络的不同部分选择几个卷积核。选择使用哪些卷积核完全是取决个人的和艺术性的。通常，我们随机寻找尝试不同的卷积核，直到输入图像以我们喜欢的方式变化。

下面介绍各个步骤，假设我们在3个不同的层上各选择一个卷积核，如图23-2所示。首先，向网络提供一个图像，并对其进行处理。

我们从选择的第1个卷积核中提取特征图，将其所有值相加，并将其乘以所选择权重来确定其影响有多大。虽然使用了“权重”一词，但它不是指网络内部的权重，这只是在深梦系统处理过程中用来控制每个卷积核影响的一个值。我们将其与其他所选卷积核的影响加权求和。现在我们把3个结果加起来，结果是用于描述所选卷积核对输入图像的响应有多强的单一数值，根据每层卷积核的影响程度进行加权得来。我们称这个数字为多重卷积核损失，或多层损失。

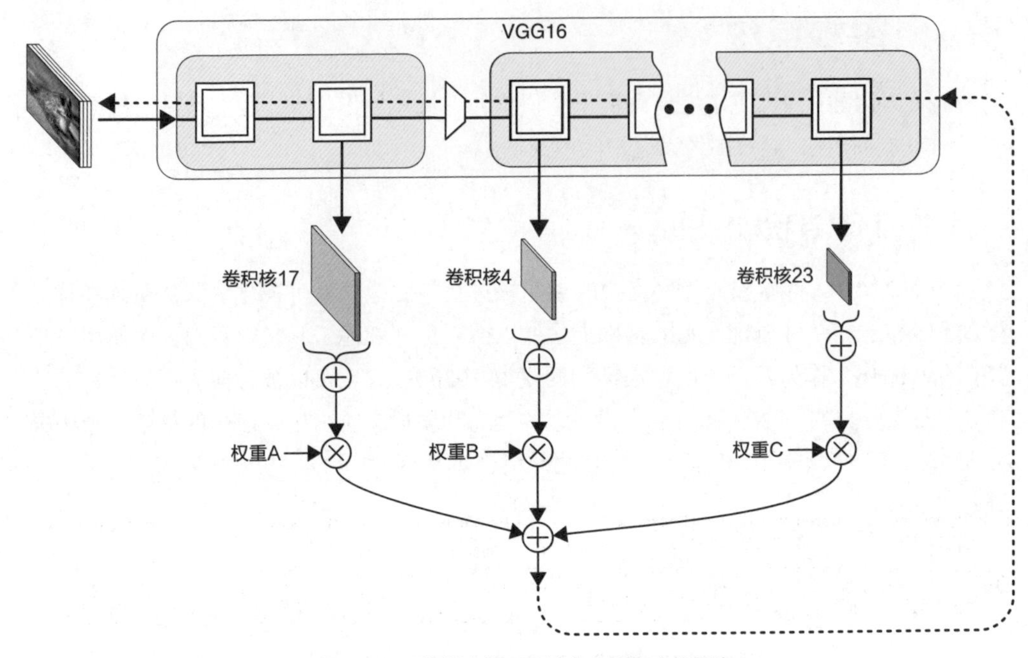


图23-2：深梦算法使用了从多个层构建的损失

现在棘手的部分来了，多重卷积核的损失成为了网络的“误差”。在前面的章节中，我们使用误差来驱动反向传播，它从最后1层开始计算所有网络权重的梯度，直到第1层。然后，用这些梯度来修改网络的权重，以最小化误差。但这不是我们在本章要做的。相反，我们希望误差（卷积核响应）尽可能大。因为没有训练过程，所以我们无法改变网络权重。相反，我们通过修改像素本身的数值来实现这一点。

因此，从这个误差开始，我们与之前一样使用反向传播来确定网络中所有权重的梯度，但在到达第1层后，又后退一步到达输入层，该层保存的是输入像素本身。接着与之前一样使用反向传播来确定像素的梯度。毕竟，更改输入像素会导致网络计算的值发生变化，从而导致误差发生变化。就像在典型的训练中通过改变网络权重以减少误差那样，我们也可以使用相同的反向传播算法来确定如何改变像素值来增加这个误差。

与之前一样，现在应用优化步骤。由于没有训练过程，我们也不需要修改网络权重。但是可以通过输入层的梯度来修改输入像素的颜色值，以便最大限度提高误差，或者更强烈地刺激我们选择的卷积核。

通常像素颜色无须进行太大的调整，就可以放大对卷积核的刺激，以产生更大的误差。我们用误差来寻找输入层像素上的新梯度，使它们更能够激发卷积核。不断重复循环，图像的变化将越来越大。

由于这是一个艺术化的过程，我们通常在每次更新（或每几次更新）后观看输出，并在看到喜欢的内容时停止这个过程。

### 23.1.2 测试我们的算法

用图23-3中的青蛙作为起点，开始测试这个算法。

图23-3：一只青蛙的照片

图23-4显示了青蛙图像的一些“深梦”变换效果，它们是通过使用反复试验选择的一些卷积核（及其权重）得到的。

图23-4：从起始青蛙图像（左上角）产生的一些“深梦”效果

图23-4中可以看到很多眼睛，因为我们选择的一些卷积核对眼睛有反应。如果选择了对马和鞋有反应的卷积核，那么会在图像中看到许多马和鞋。

图23-5显示了用狗的图像开始的结果。图像的变化大多是更精细的纹理，因为狗的图像的边长大约有1000个像素，是网络训练图像大小的4倍多。在右下方输出结果之前，狗的图像被缩放到网络训练数据的大小（224×224）。

图23-5：关于一只狗的“深梦”

这种技术最初的名字是为纪念电影《盗梦空间》而命名的“盗梦术”（莫尔德温采夫、奥拉赫和季卡 2015），但它更经常被称为深梦。这个名字是一个诗意的暗示，网络正在“梦见”原始图像，得到的图像展示了网络梦到了什么。深梦之所以流行，不仅是因为它创建了狂野的图像，还因为使用现代深度学习库并不难实现（博纳科尔索 2020）。

刚才描述的基本算法已经有了许多变体（季卡 2015），但它们只触及表面。我们可以设想一种方案能自动确定层上的权重，甚至将权重应用于每层上的各个卷积核。我们可以在添加激活映射之前“屏蔽”它们，以便忽略一些区域（如背景），或者可以屏蔽对像素的更新，以使原始图像中的某些像素根本不会因响应一组层输出而改变，而是会因响应另一组层输出而改变很多。我们甚至可以对输入图像的不同区域应用不同的图层和权重组合。用深梦方法来创作艺术，为新发现留下了很大空间。

深梦没有“正确”或“最佳”的方法。这是一个创造性的处理过程，我们可以遵循自己的审美观、直觉或猜测来寻找吸引图像。我们也很难预测网络、层和权重的任何特定组合会产生什么结果，因此这个过程需要耐心和大量的实验。

## 23.2 神经风格迁移

我们可以使用深梦技术的变体来做一些有趣的事情，比如将一位艺术家的风格转移到另一幅图像上。这个过程被称为神经风格迁移。

### 23.2.1 表现风格

人们经常会赞美艺术家独特的视觉风格。绘画风格的特征是什么？这是一个大问题，因为“风格”可以包括某人的世界观，也包括他们的题材、构图、材料和工具等多种选择。本章我们集中关注视觉风格，但即使以这样的方式缩小范围，也很难准确识别“风格”对一幅画意味着什么，但可能会说，它指的是如何使用颜色和形状来创建形式，及其在画布上的类型和分布（艺术故事 2020；维基百科 2020）。

与其试图完善这一描述，不如让我们看看能否找到一些看起来差不多，同时也可用于深度卷积网络的层和卷积核来形式化的东西。

本节的目标是拍摄一张我们想要修改风格的图片，它被称为基础图像，以及另一张我们想要匹配其样式的图片，称为风格参考。例如，青蛙可以作为基础图像，任何绘画都可以作为风格参考。我们希望用它们来创建一个新的图像，称为生成图像，它具有以风格参考的风格表示的基础图像的内容。

首先，我们做一个大胆的断言，可以通过查看图像（如一副画）产生的层激活效果，并找到以大致相同的方式激活的成对层，来描述图像的风格。这个想法来自2015年发表的一篇开创性论文（盖蒂斯，埃克和贝特格 2015）。我们忽略细节从概念上介绍，该过程从通过深度卷积网络运行风格参考开始。与深梦系统一样，我们忽略了它的输出，而只关注卷积核。

给定层中的所有卷积核输出都具有相同的尺寸，因此我们可以轻松地将它们进行比较。从层中的第1个激活映射（也就是第1个卷积核的输出）开始，我们将其与第2个卷积核生成的激活映射进行比较，并为这对卷积核生成一个分数。如果两个映射非常相似（也就是说，卷积核在相同的地方激活），我们就给这对映射分配高分，如果映射差别很大，就给这对映射分配低分。然后再将第1个映射与第3个映射进行比较，并计算其分数，再将第1个映射与第4个映射进行比较，并计算它们的分数，依此类推。再从第2个映射开始，并将其与层中的其他映射进行比较。我们可以将结果组织在一个2D网格中，长和宽的单元格数量都与层中卷积核的数量相同。网格中每个单元的值告诉我们该层中映射对的分数。这个网格被称为格拉姆矩阵（Gram matrix）。我们将为每层制作一个这样的格拉姆矩阵。

现在可以更正式地重申风格的概念，图像的风格由所有层的格拉姆矩阵表示。也就是说，每种风格都产生自己特定形式的格拉姆矩阵。

下面验证这个说法是否属实。图23-6显示了毕加索1907年的一幅著名自画像。其中有很多风格，比如大块的颜色和浓重的深色线条。我们运行VGG16，并保存每一层的格拉姆矩阵。我们也称其为风格矩阵，并将其保存为该图像的风格表示。

图23-6：毕加索1907年的自画像

由于格拉姆矩阵可以代表风格，我们可以使用它们来改变随机噪声的起始图像。通过网络运行带噪声的输入图像，并计算其格拉姆矩阵，我们称其为图像矩阵。如果风格矩阵确实以某种方式代表了毕加索画像的风格，那么如果可以改变噪声图像中像素的颜色，使图像矩阵最终接近风格矩阵，那么噪声图像应该呈现出绘画的风格。

通过网络运行噪声，计算每一层的图像矩阵，并将其与我们为该层保存的风格矩阵进行比较。我们将这两个矩阵之间的差异相加，所以它们的差异越大，结果就越大。我们将所有层的这些差异加在一起，就是网络的误差。与深度学习一样，用这个误差来计算整个网络的梯度，包括开始时的像素，但只修改像素的颜色。与深梦系统不同，我们现在的目标是将误差最小化，从而改变像素，使其颜色产生类似于风格图像的格拉姆矩阵。

图23-7显示了该过程的结果。在这个可视化过程中，我们将每一层的误差计算为该层之前所有层（包括该层）中所有矩阵的误差之和。

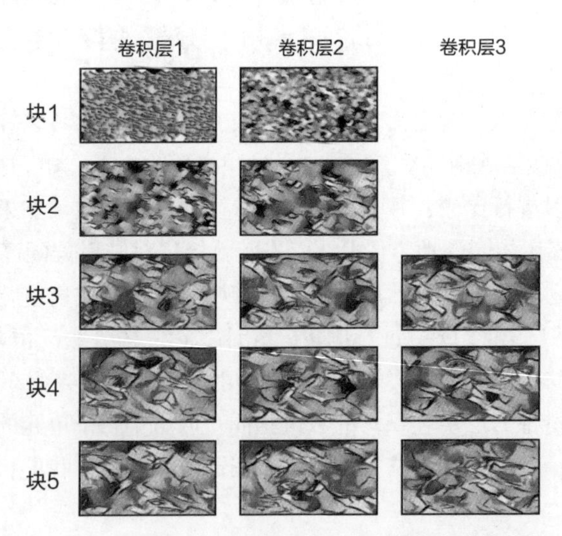


图23-7：获得噪声以匹配VGG16中的格拉姆矩阵的结果

可见生成的效果非常好。块3的3个卷积层正在生成与图23-6中的原始风格参考非常相似的艺术作品。色斑显示出相似的颜色渐变，在一些不同颜色的区域之间有暗线，甚至有笔触纹理。

格拉姆矩阵确实抓住了毕加索的绘画风格，但这是为什么呢？没人真正知道答案（李等人 2017）。我们用不同的方法记录格拉姆矩阵所估量的运算，但这并不能帮助我们理解为什么这项技术捕捉到了称之为风格的难以捉摸的想法。关于神经风格迁移的原始论文（盖蒂斯；埃克和贝特格 2015）和更详细的后续论文（盖蒂斯，埃克和贝特格 2016）都没有解释作者是如何想到这个想法的，以及为什么它能如此有效。

## 23.2.2 表现内容

在深梦系统中，我们从一幅图像开始，通过改变像素来操纵它。如果我们尝试用神经迁移做同样的事情，从图像而不是噪声开始，那么图像很快就会丢失。将格拉姆矩阵之间的差异最小化会导致输入图像发生巨大变化，使其朝着我们想要的风格移动，但在此过程中往往会丢失原始图像的内容。

为了解决这个问题，我们仍然可以从噪声开始，因为它工作得很好（由图23-7可见），再添加第2个误差项来保留原始图像的本质。除了因输入与风格参考不匹配（由格拉姆矩阵的差异来衡量）而造成风格损失之外，我们还会因惩罚输入与基础图像（我们想要风格化的图片）不匹配而造成内容损失。通过从噪声开始，将这两个误差项相加（也许侧重点不同），会使噪声中的像素发生变化，从而使它们同时更紧密地匹配我们想要修改的图片颜色和想要显示的风格。

避免内容损失很容易。使用基础图像，例如图23-3中的青蛙，并在输入网络运行。然后保存每个卷积核的激活映射。从那时起，每当我们向网络输入一个新图时，内容损失就是任何给定输入的卷积核响应和从基础图像获得的响应之间的差异。毕竟，如果所有的卷积核对输入的响应方式都与起始图像相同，那么输入就是起始图像（或者非常接近的图像）。

## 23.2.3 风格和内容

总而言之，通过网络提供风格参考，并在每层之后保存每对卷积核的格拉姆矩阵。接下来，找到一个想要风格化的基础图片，输入网络运行它，并保存每个卷积核产生的特征映射。

使用这些保存的数据，我们可以创建一张图片的风格化版本。我们可以从噪声开始，并将其输入到网络，如图23-8所示。

让我们从内容损失开始。在最左边的浅蓝色圆角矩形中，从第1个卷积层上的卷积核收集特征映射，并计算这些映射与从基础图像（如青蛙）中保存的映射之间的差异。然后对第2个卷积层的特征映射进行同样的操作。我们可以对所有层都这样做，但是对于该图和后面的例子，在2层之后就停止了（这与个人的选择和实验指导有关）。将所有这些差异或内容损失加在一起，并按一定的值将总和进行缩放，这样就可以控制图片内容对我们最终对输入图像的颜色所做的更改的影响程度。

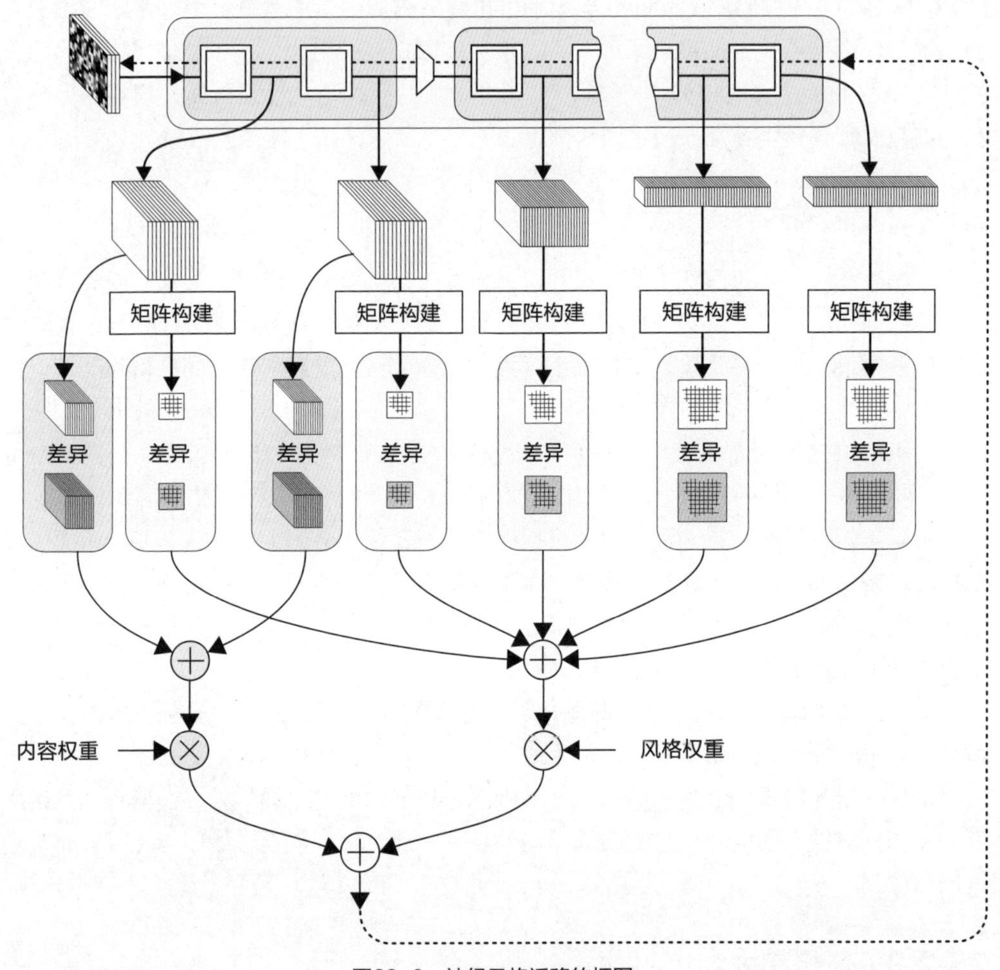


图23-8：神经风格迁移的框图

现在再来谈谈风格。在每一层的浅黄色圆角矩形中计算格拉姆矩阵，它告诉我们每个卷积核的输出与其他卷积核输出的一致程度。然后，将这些矩阵与之前保存的风格矩阵进行比较。最后，将所有这些差异相加，以获得风格损失，并根据某个值对其进行缩放，以便在修改像素颜色时控制风格的影响程度。

内容和风格损失的总和就是总误差。像深梦系统一样，计算整个网络的梯度，反向传播直到输入像素，保持网络中的权重不变，然后修改像素值使总误差最小化，因为我们希望输入与之前保存的内容和风格信息相匹配。结果是原始噪声缓慢变化的同时更像原始图像，并且具有风格的卷积核关系。

与深梦系统一样，我们可以直接利用现代深度学习库实现神经风格迁移（肖莱 2017；马宗达 2020）。

### 23.2.4 测试算法

本节将展示神经风格迁移算法在实践中的效果，再次使用VGG16作为网络并计算损失。

图23-9显示了9幅图像，每幅都有独特的风格，这些是我们的风格参考图片。

图23-9：9幅不同风格的画作，作为我们的风格参考。从左到右，从上到下，它们是文森特梵高的《星月夜》、J.M.W.特纳的《米诺陶战舰的倾覆》、爱德华蒙克的《呐喊》、毕加索的《坐着的裸女》、毕加索的《自画像1907》、爱德华霍普的《夜游者》、本书作者的《中士克罗齐》、克洛德莫奈的《睡莲、黄色和淡紫色》以及瓦西里·康丁斯基的《构图七》

我们把这些风格运用到青蛙身上，结果如图23-10所示。

图23-10：将图23-9中的9种风格应用到青蛙（顶图）的照片中

应用效果很成功，这些图像值得我们仔细观察，因为它们中有很多细节。从整体来看每个风格参考的调色板都被转移到青蛙照片上，但值得注意的是纹理和边缘，以及色块的形状。这些图像不仅仅是颜色偏移的青蛙，或者两个图像的某种叠加或混合。相反，这些是不同风格的高质量、详细的青蛙图像。为了更清楚地看到这一点，图23-11显示了每只青蛙相同的放大区域。

这些图像明显不同，但都符合它们所基于的风格。接下来再介绍另一个例子，图23-12显示了应用于城镇照片的风格。

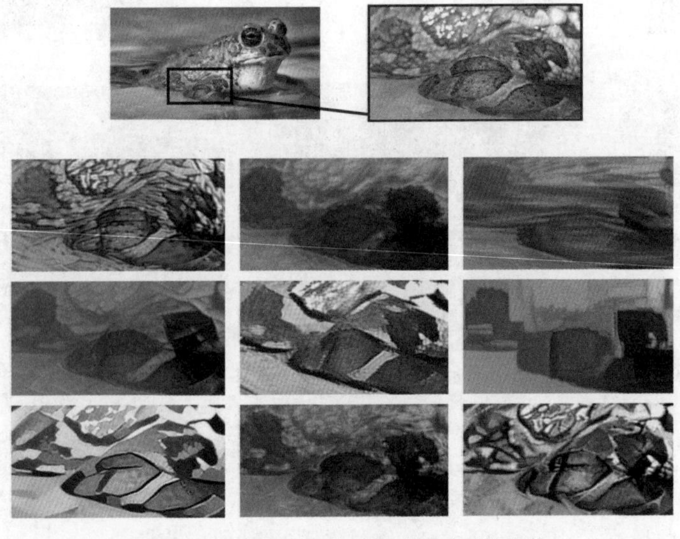

图23-11：图23-10中9种风格的青蛙的细节

考虑到每幅图像都是从随机噪声开始的，这些图像就更加引人注目。对于每幅图像，我们将内容损失权重设为0.025，将风格损失权重设为1，因此风格对像素变化的影响是内容的40倍。在这些例子中，一点点内容就能发挥很大作用。

图23-10到23-12为神经风格迁移的基本算法产生了极好的结果。该技术已经在许多方面进行了扩展和修改，以提高算法的灵活性、生成结果的类型以及艺术家可以用来创建想要结果的控制范围（征等人 2017）。它甚至已经被应用到完全包围观看者的视频和球形图像（鲁德，多索维茨基和布罗克斯 2018）。

与深梦系统一样，神经风格迁移是一种通用算法，允许大量的变化和探索，肯定还有许多有趣而美丽的艺术效果有待发现。

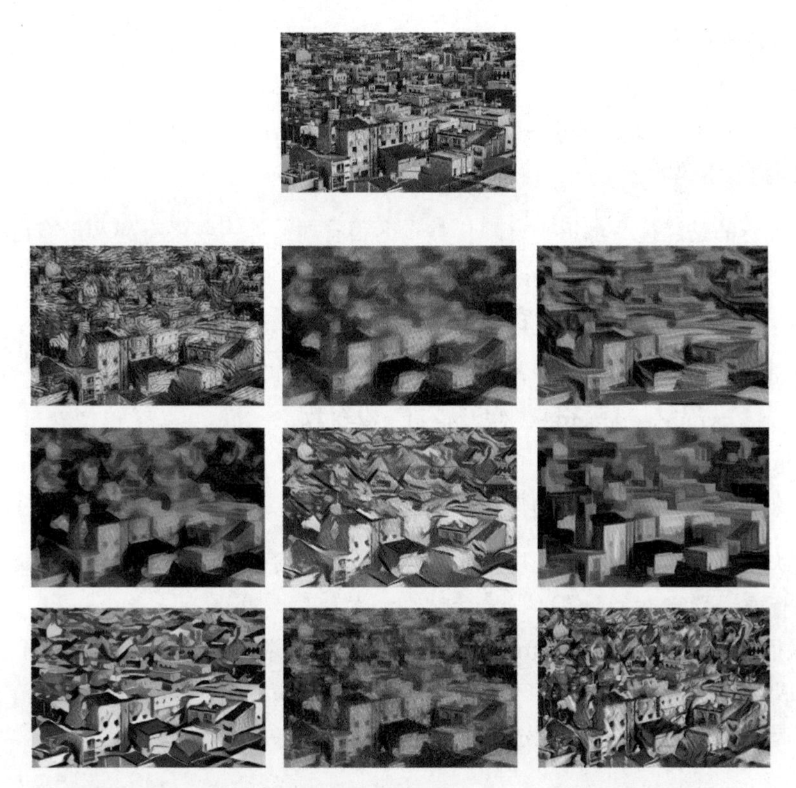

图23-12：将图23-9中的9种风格应用到上方（顶部）看到的城镇照片

## 23.3 生成本书更多内容

为了尝试有趣的应用，我们通过RNN程序运行本书第1版的文本（本节除外），并逐字生成新的文本，正如第19章所介绍的。全文约42.7万字，取自约1.03万字的词汇表。为了学习文本，我们使用了一个由两层LSTM构建的网络，每层有128个单元。

该算法通过自回归的方式处理其输出，根据到目前为止创建的文本，确定下一个最有可能的单词，然后是下下一个最有可能的单词，然后是下一个，以此类推，直到停止运行。以这种方式生成文本就像在键入文本时，通过反复选择手机建议的3个或4个单词中的一个来创建消息的游戏（洛文森 2014）。

下面是250次训练迭代后从输出中手动选择的几个句子。包括标点符号在内，它们在此完全按照生成的原样呈现：

- The responses of the samples in all the red circles share two numbers, like the bottom of the last step, when their numbers would influence the input with respect to its category.（所有红色圆圈中样本的响应共享两个数字，就像最后一步的底部一样，此时它们的数字会影响其类别的输入。）
- The gradient depends on the loss are little pixels on the wall.（梯度取决于墙上小像素的损失。）
- Let's look at the code for different dogs in this syllogism.（让我们看看这个三段论中不同狗的编码。）

令人惊讶的是，这些都近乎合理！整句话很有趣，但一些最有趣和最有诗意的部分在训练开始后不久就出来了，当时系统只生成了片段。以下是仅仅10个训练轮次之后手工挑选的一些摘录，同样是按照它们生成的原样呈现：

- Set of Lewisohn apply, we + the information.（一套路易斯适用，我们 + 信息。）
- Suppose us only parametric.（假设我们只有参数。）
- The usually quirk （alpha train had we than that to use them way up）.［通常的怪癖（阿尔法训练让我们更容易使用它们）。］

这些大多是不连贯的，但是从这些合成的短语中我们可以提炼出一点真理：这本书的主要目标之一肯定是“+ 信息”。

RNN很棒，但是基于Transformer的生成器更好。在这本书的当前版本上，我们对GPT-2生成器的一个中型实例进行了微调（同样，本节除外）。以下是一些精选的输出片段，都是根据它们的创作范围选择的（第2组似乎是图片的标题）。

- This is the neural network that's been hailed as the queen of artficial neurons. It's no surprise that her name is Christine, but it does speak volumes about the state of the feld.（这就是被誉为人工神经元女王的神经网络。她的名字叫克里斯汀并不奇怪，但这确实充分说明了这个领域的现状。）
- We can chain together several of these versions into a single tensor of a classifer that is essentially a jack-in-the-box.（我们可以将这些版本链接到一个分类器的单个张量中，这个分类器本质上是一个玩偶盒。）
- Let's use a small utility to take a shortcut that will let us make word predictions on thefly,

even if we aren't the right person online or offline.（我们用一个小工具来走一条捷径，让我们在运行中做单词预测，即使我们在线上或线下都不是正确的人选。）

- In this view, a 1 in this range is a perfect integer, while a 0 in this range is a hyper-realized string of numbers. The approach we adopted in Chapter 6 is to treat all 0's as incomplete, and all 1's as incomplete, since we still have some information about the system we're evaluating.（在这个视图中，这个范围内的1是一个完美的整数，而这个范围内的0是一个超级实现的数字串。我们在第6章中采用的方法是将所有0视为不完整，将所有1视为不完整，因为我们仍然有一些关于正在评估的系统的信息。）
- Figure 10-7：A grid of negative images that don't have labels.（图10-7：没有标签的消极图像网格。）
- Figure 10-10：A deep learning system learns how to create and remove license plates from a dataset.（图10-10：深度学习系统学习如何从数据集中创建和删除车牌。）

## 23.4 本章总结

本章首先介绍了深梦系统，这是一种调整图像的方法，它刺激网络中选定的卷积核，从而创造出狂野、迷幻的图像。然后介绍了神经风格迁移。使用这种技术，可以慢慢地改变随机噪声的输入，使其同时更像输入图像和风格参考，例如不同画家的作品。最后，我们使用了一个小型RNN和一个Transformer模型从这本书的手稿中产生新的文本。生成似乎熟悉或合理的新文本，这很有趣!

## 23.5 最后的思考

本书只介绍了深度学习的基本概念。这个领域正以惊人的速度发展，每一年，新的突破似乎都超越了人们对计算机能够识别、分析和合成的所有期望。

本书重点介绍了深度学习的技术背景。重要的是要记住，当我们以影响人类的方式使用这些系统时，需要考虑的不仅仅是算法（奥尼尔 2016）。由于其出色的表现，深度学习系统正在被广泛和快速地部署，通常很少人会监督或考虑它们对社会的影响。

如今，深度学习系统正被用来影响或决定工作机会、学校录取、监禁判决、个人和商业贷款，甚至是医疗测试的解释。深度学习系统也控制着人们在新闻和社交媒体订阅源中看到的内容，这不是为了建立一个健康和知情的社会，而是为了增加提供这些订阅源的组织的利润（奥尔洛夫斯基 2020）。“智能扬声器”和“智能显示器”（也包含麦克风和摄像头）中的深度学习系统会不间断地监听和观察家中的人，有时会将获得的数据发送到远程服务器进行分析。过去的人们害怕这种持续的监视，但现在人们愿意为这些设备付费，并愿意把它们放在私人空间中，如家中的卧室。深度学习正被用来挑出学校中潜在的问题儿童、评估在边境口岸回答问题的人的诚实程度，以及通过人脸识别来鉴别抗议和其他集会中的人们。这些算法从令人讨厌一直到可以深刻改变生活。

深度学习系统依赖于训练和算法，我们不断地发现训练数据中的偏见、成见和错误，让它们不至于被最终算法延续甚至强化。深度学习系统还远远达不到人类和其他生物打交道时所期望的那种准确性和公平性。我们的算法完全缺乏共鸣和同情。它们对特殊情况毫无感觉，也不知道自己的决定会带来什么样的快乐或痛苦。它们无法理解爱、善良、恐惧、希望、感激、悲伤、慷慨、智慧或我们彼此珍视的任何其他品质。它们不能钦佩、哭泣、微笑、悲伤、庆祝或后悔。

深度学习有望帮助个人和社会，但是任何工具也都可以被用作武器，使工具所有者受益，而对受影响者不利。通常，机器学习系统的问题实际上是不可见的，因此任何系统错误都可能在很长一段时间内不被发现。即使问题被发现了，可能也需要巨大的社会和政治行动来追究通过销售或使用这些系统而受益的组织的责任，甚至需要付出更多的努力才能修正这些错误。

机器学习的另一个危险是它们需要大量的训练数据。这为一些组织创造了一个市场，这些组织除了收集、组织和出售人们生活的私人历史信息外，还包括他们的友谊和家庭关系到喜欢去哪里和什么时候旅行、喜欢吃什么食物、正在服用什么药物，以及DNA中包含的信息。这些数据可以用来骚扰、恐吓甚至威胁个人。

对海量数据的需求也意味着，随着组织变得越来越大（通常也越来越不负责），它可以收集的数据越来越多，它的算法也变得越来越强大，这使得他们的决策更有影响力，但这也意味着它们可以收集更多的数据，从而巩固组织在反馈回路中的力量。这样一个系统中的每一个缺陷都会被放大，由于其规模，对个人的负面影响可能会被运行这些系统的人完全忽视。总的来说，这类组织的唯一竞争对手将是同等规模的其他组织，它们提供的系统拥有自己庞大的数据库，其中包含自己的偏见和错误，这将导致我们今天熟悉的有偏见的庞然大物之间的斗争。这种持续的权力集中在自由社会中是一种危险的力量，因为它不受有力的控制和管理。

深度学习已经产生了一些算法，这些算法使得人们能够模仿任何知名人士的外貌，从艺人到政治家，并生成图像、音频和视频，这些图像、音频和视频似乎真实地描绘了那个人在使用该软件时所说的话或做的任何事情。现代社会已经开始依赖捕获的音频、照片和视频来执行合同、调解冲突、致敬或羞辱公众人物、影响选举以及在法庭上作为证据。这个时代的即将结束，让我们回到了依赖照片、录音和视频之前的时代，道听途说、记忆和观点取代了客观的历史记录。如果没有可靠的视听证据来记录某人的真实言行，房间里最响亮或最有说服力的声音将决定舆论、选举和法庭的许多结果，而不管事实如何，因为客观事实将越来越难找到。

深度学习是一个令人着迷的领域，我们刚刚开始了解它将如何影响文化和社会。学习算法的范围和影响肯定会继续扩大。它们有机会帮助人们更幸福、社会更公平和更相互理解、环境更健康和更多样化来创造巨大的利益。争取这些积极的应用是很重要的，即使它们削减了公司利润。

我们应该记住，像所有的工具一样，始终使用深度学习来发挥人类的最大潜能，让世界对每个人来说都是一个更美好的地方。

# 参考文献

在创作过程中，笔者参考了很多网络、书籍以及一些重要的在线付费网站资料。为了方便读者访问查阅，笔者一般尽可能地使用网上的参考资料。在撰写本书时，这些网络资料的链接都是可用的。但是互联网不是稳定不变的，其中一些链接可能会发生改变或者失效。如果你发现某个链接不能使用时，建议使用搜索引擎查找想查找的参考文献的标题和（或）作者姓名，通常你会发现它只是迁移到了一个新的地方。如果确实找不到，也可以尝试在*Wayback Machine*（网址为*https://archive.org/web/*）上找到笔者保存的副本。

如果你是以电子书的形式阅读本书，只需点击链接即可。如果你是阅读纸质版的书，可以在浏览器中输入这些链接地址，但更好的方法是在*No Starch Press*出版社的网站访问本章的在线副本，链接网址为：*https://nostarch.com/deep- learning-visual-approach/*。

## 第1章

Bishop, Christopher M. 2006. *Pattern Recognition and Machine Learning*. New York: Springer-Verlag. Available at *https://docs.google.com/viewer?a=v&pid=*

*sites&srcid*
*=aWFtYW5kaS5ldXxpc2N8Z3g6MjViZDk1NGI1NjQzOWZiYQ.*
Goodfellow, Ian, Yoshua Bengio, and Aaron Courville. 2017. *Deep Learning.* Cambridge, MA: MIT Press. Available at *https://www.deeplearningbook.org/.*
Saba, Luca, Mainak Biswas, Venkatanareshbabu Kuppili, Elisa Cuadrado Godia, Harman S. Suri, Damodar Reddy Edla, Tomaž Omerzu, John R. Laird, Narendra N. Khanna, Sophie Mavrogeni, et al. 2019. "The Present and Future of Deep Learning in Radiology." *European Journal of Radiology* 114 (May): 14–24.

## 第2章

Anscombe, F. J. 1973. "Graphs in Statistical Analysis." *American Statistician* 27, no. 1 (February): 17–21.
Banchoff, Thomas F. 1990. *Beyond the Third Dimension: Geometry, Computer Graphics, and Higher Dimensions*. Scientific American Library Series. New York: W. *H. Freeman.*
Brownlee, Jason. 2017. "How to Calculate Bootstrap Confidence Intervals for Machine Learning Results in Python." *Machine Learning Mastery* (blog). Last updated on August 14, 2020. *https://machinelearningmastery.com/calculate-bootstrap -confidence-intervals-machine-learning-results-python/.*
Efron, Bradley, and Robert J. Tibshirani. 1993. *An Introduction to the Bootstrap*. Boca Raton, FL: Chapman and Hall/CRC, Taylor and Francis Group.
Matejka, Justin, and George Fitzmaurice. 2017. "Same Stats, Different Graphs: Generating Datasets with Varied Appearance and Identical Statistics Through Simulated Annealing." In *Proceedings of the 2017 CHI Conference on Human Factors in Computing Systems* (Denver, CO, May 6–11): 1290–94. *https://www.autodesk.com/ research/publications/same-stats-different-graphs.*
Norton, John D. 2014. "What Is a Four Dimensional Space Like?" Lecture notes. Department of History and Philosophy of Science, University of Pittsburgh, PA. *https://www.pitt.edu/~jdnorton/teaching/HPS_0410/chapters/four_dimensions/ index. html.*
Teknomo, Kardi. 2015. "Bootstrap Sampling Tutorial." Revoledu. *https://people .revoledu.com/kardi/tutorial/Bootstrap/index.html.*
ten Bosch, Marc. 2020. "*N*-Dimensional Rigid Body Dynamics." *ACM Transactions on Graphics* 39, no. 4 (July). *https://marctenbosch.com/ndphysics/NDrigidbody.pdf.*

Wikipedia. 2017a. "Anscombe's Quartet." Last modified June 21, 2020. *https://en.wikipedia.org/wiki/Anscombe%27s_quartet*.

Wikipedia. 2017b. "Random Variable." Last modified August 21, 2020. *https://en.wikipedia.org/wiki/Random_variable*.

## 第3章

Glen, Stephanie. 2014. "Marginal Distribution." Statisticshowto.com. February 6, 2014. *http://www.statisticshowto.com/marginal-distribution/*.

Jaynes, Edwin Thompson. 2003. *Probability Theory: The Logic of Science*. Cambridge, UK: Cambridge University Press.

Kirby, Roger. 2011. *Small Gland, Big Problem*. London, UK: Health Press.

Kunin, Daniel, Jingru Guo, Tyler Dae Devlin, and Daniel Xiang. 2020. "Seeing Theory." Seeing Theory. Accessed September 16, 2020. *https://seeing-theory.brown.edu/#firstPage*.

Levitin, Daniel J. 2016. *A Field Guide to Lies: Critical Thinking in the Information Age*. New York: Viking Press.

Walpole, Ronald E., Raymond H. Myers, Sharon L. Myers, and Keying E. Ye. 2011. *Probability and Statistics for Engineers and Scientists*, 9th ed. New York: Pearson.

Wikipedia. 2020. "Sensitivity and Specificity." Last updated October 20, 2020. *https://en.wikipedia.org/wiki/Sensitivity_and_specificity*.

## 第4章

Cthaeh, The. 2016a. "Bayes' Theorem: An Informal Derivation." *Probabilistic World*. February 28, 2016. *http://www.probabilisticworld.com/anatomy-bayes-theorem/*.

Cthaeh, The. 2016b. "Calculating Coin Bias with Bayes' Theorem." *Probabilistic World*. March 21, 2016. *http://www.probabilisticworld.com/calculating-coin-bias-bayes-theorem/*.

Genovese, Christopher R. 2004. "Tutorial on Bayesian Analysis (in Neuroimaging)." Paper presented at the Institute for Pure and Applied Mathematics Conference, University of California, Los Angeles, July 20, 2004. *http://www.stat.cmu.edu/~genovese/talks/ipam-04.pdf*.

Kruschke, John K. 2014. *Doing Bayesian Data Analysis: A Tutorial with R, JAGS, and Stan*, 2nd ed. Cambridge, MA: Academic Press.

Stark, P. B., and D. A. Freedman. 2016. "What Is the Chance of an Earthquake?" UC

Berkeley Department of Statistics, Technical Report 611, October 2016. *https://www.stat.berkeley.edu/~stark/Preprints/611.pdf*.

VanderPlas, Jake. 2014. "Frequentism and Bayesianism: A Python-Driven Primer." Cornell University, Astrophysics, arXiv:1411.5018, November 18, 2014. *https://arxiv.org/abs/1411.5018*.

## 第5章

3Blue1Brown. 2020. 3Blue1Brown home page. Accessed September 1, 2020. *https://www.3blue1brown.com*.

Apostol, Tom M. 1991. *Calculus, Vol. 1: One-Variable Calculus, with an Introduction to Linear Algebra*, 2nd ed. New York: Wiley.

Berkey, Dennis D., and Paul Blanchard. 1992. *Calculus*. Boston: Houghton Mifflin Harcourt School.

## 第6章

Bellizzi, Courtney. 2011. "A Forgotten History: Alfred Vail and Samuel Morse." Smithsonian Institution Archives. May 24, 2011. *http://siarchives.si.edu/blog/forgotten-history-alfred-vail-and-samuel-morse*.

Ferrier, Andrew. 2020. "A Quick Tutorial on Generating a Huffman Tree." *Andrew Ferrier* (tutorial). Accessed November 12, 2020. *https://www.andrewferrier.com/oldpages/huffman_tutorial.html*.

Huffman, David A. 1952. "A Method for the Construction of Minimum-Redundancy Codes." In *Proceedings of the IRE* 40, no. 9. *https://web.stanford.edu/class/ee398a/handouts/papers/Huffman%20-%20Min%20Redundancy%20Codes%20-%20IRE52.pdf*.

Kurt, Will. 2017. "Kullback-Leibler Divergence Explained." *Probably a Probability* (blog), Count Bayesie. May 10, 2017. *https://www.countbayesie.com/blog/2017/5/9/kullback-leibler-divergence-explained*.

Longden, George. 1987. "G3ZQS' Explanation of How FISTS Got Its Name." FISTS CW Club. Accessed September 1, 2020. *https://fists.co.uk/g3zqsintroduction.html*.

McEwen, Neal. 1997. "Morse Code or Vail Code?" The Telegraph Office. *http:// www.telegraph-office.com/pages/vail.html*.

Pope, Alfred. 1887. "The American Inventors of the Telegraph, with Special References to the Services of Alfred Vail." *The Century Illustrated Monthly Magazine*

35, no. 1 (November). *http://tinyurl.com/jobhn2b.*

Serrano, Luis. 2017. "Shannon Entropy, Information Gain, and Picking Balls from Buckets." *Medium*. November 5, 2017. *https://medium.com/udacity/shannon-entropy-information-gain-and-picking- balls-from-buckets-5810d35d54b4*. Seuss, Dr. 1960. *Green Eggs and Ham*. Beginner Books.

Shannon, Claude E. 1948. "A Mathematical Theory of Communication." *Bell Labs Technical Journal* (July). *http://people.math.harvard.edu/~ctm/home/text/others/shannon/entropy/entropy.pdf.*

Stevenson, Robert Louis. 1883. *Treasure Island*. Project Gutenberg. Available at *https://www.gutenberg.org/ebooks/120.*

Thomas, Andrew. 2017. "An Introduction to Entropy, Cross Entropy and KL Divergence in Machine Learning." *Adventures in Machine Learning* (blog). March 29, 2017.

Twain, Mark. 1885. *Adventures of Huckleberry Finn (Tom Sawyer's Comrade)*. Charles L. Webster and Company. Available at *https://www.gutenberg.org/ebooks/32325.*

Wikipedia. 2020. "Letter Frequency." Wikipedia. Last modified August 31, 2020. *https://en.wikipedia.org/wiki/Letter_frequency.*

## 第7章

Aggarwal, Charu C., Alexander Hinneburg, and Daniel A. Keim. 2001. "On the Surprising Behavior of Distance Metrics in High Dimensional Space." Conference paper presented at the International Conference on Database Theory 2001 in London, UK, January 4–6, 2001. *https://bib.dbvis.de/uploadedFiles/155.pdf.*

Arcuri, Lauren. 2019. "How to Candle an Egg." *The Spruce* (blog). April 20, 2019. *https://www.thespruce.com/definition-of-candling-3016955.*

Bellman, Richard Ernest. 1957. *Dynamic Programming*. Princeton, NJ: Princeton University Press.

Domingos, Pedro. 2012. "A Few Useful Things to Know About Machine Learning." *Communications of the ACM* 55, no. 10 (October). *https://homes.cs.washington.edu/~pedrod/papers/cacm12.pdf.*

Hughes, G. F. 1968. "On the Mean Accuracy of Statistical Pattern Recognizers." *IEEE Transactions on Information Theory* 14, no. 1: 55–63.

Nebraska Extension. 2017. "Candling Eggs." Nebraska Extension in Lancaster County, University of Nebraska-Lincoln. *http://lancaster.unl.edu/4h/embryology/candling.*

Numberphile. 2017. “Strange Spheres in Higher Dimensions.” YouTube. September 18, 2017. *https://www.youtube.com/watch?v=mceaM2_zQd8.*
Spruyt, Vincent. 2014. “The Curse of Dimensionality.” *Computer Vision for Dummies* (blog). April 16, 2014. *http://www.visiondummy.com/2014/04/curse-dimensionality-affect-classification/.*

## 第8章

Muehlhauser, Luke. 2011. “Machine Learning and Unintended Consequences.” *LessWrong* (blog). September 22, 2011. *http://lesswrong.com/lw/7qz/machine_learning_and_unintended_consequences/.*
Schneider, Jeff, and Andrew W. Moore. 1997. “Cross Validation.” In *A Locally Weighted Learning Tutorial Using Vizier 1.0.* Department of Computer Science, Carnegie Mellon University, Pittsburgh, PA, February 1, 1997. *https://www.cs.cmu.edu/~schneide/tut5/node42.html.*

## 第9章

Bishop, Christopher M. 2006. *Pattern Recognition and Machine Learning*. New York: Springer-Verlag.
Bullinaria, John A. 2015. “Bias and Variance, Under-Fitting and Over-Fitting.” *Neural Computation, Lecture 9* (lecture notes), University of Birmingham, United Kingdom. *http://www.cs.bham.ac.uk/~jxb/INC/l9.pdf.*
Domke, Justin. 2008. “Why Does Regularization Work?” *Justin Domke's Weblog* (blog). December 12, 2008. *https://justindomke.wordpress.com/2008/12/12/why-does-regularization-work/.*
Domingos, Pedro. 2015. *The Master Algorithm*. New York: Basic Books.
Foer, Joshua. 2012. *Moonwalking with Einstein: The Art and Science of Remembering Everything*. New York: Penguin Books.
Macskassy, Sofus A. 2008. “Machine Learning (CS 567) Notes.” (PowerPoint presentation, Bias-Variance. Fall 2008. *http://www-scf.usc.edu/~csci567/17-18-bias-variance.pdf.*
Proctor, Philip, and Peter Bergman. 1978. “Brainduster Memory School,” from *Give Us A Break*, Mercury Records. *https://www.youtube.com/watch?v=PD2Uh_TJ9X0.*

## 第10章

Centers for Disease Control and Prevention. 2020. "Body Mass Index (BMI)." CDC.gov. June 30, 2020. *https://www.cdc.gov/healthyweight/assessing/bmi/.*

Crayola. 2020. "What Were the Original Eight (8) Colors in the 1903 Box of Crayola Crayons?" Accessed on September 10, 2020. *http://www.crayola.com/faq/your-history/what-were-the-original-eight-8-colors-in-the-1903-box-of-crayola-crayons/.*

Turk, Matthew, and Alex Pentland. 1991. "Eigenfaces for Recognition." *Journal of Cognitive Neuroscience* 3, no. 1. *http://www.face-rec.org/algorithms/pca/jcn.pdf.*

## 第11章

Bishop, Christopher M. 2006. *Pattern Recognition and Machine Learning*. New York: Springer.

Raschka, Sebastian. 2015. *Python Machine Learning*. Birmingham, UK: Packt Publishing.

Steinwart, Ingo, and Andreas Christmann. 2008. *Support Vector Machines*. New York: Springer.

VanderPlas, Jake. 2016. *Python Data Science Handbook*. Sebastopol, CA: O'Reilly.

## 第12章

Bonab, Hamed, R., and Fazli Can. 2016. "A Theoretical Framework on the Ideal Number of Classifiers for Online Ensembles in Data Streams." In *Proceedings of the 25th ACM International Conference on Information and Knowledge Management (CIKM), 2016* (October): 2053–56.

Ceruzzi, Paul. 2015. "Apollo Guidance Computer and the First Silicon Chips." Smithsonian National Air and Space Museum, October 14, 2015. *https://airandspace.si.edu/stories/editorial/apollo-guidance-computer-and-first-silicon-chips.*

Freund, Y., and R. E. Schapire. 1997. "A Decision-Theoretic Generalization of On-line Learning and an Application to Boosting." *Journal of Computer and System Sciences* 55 (1): 119–39.

Fumera, Giorgio, Roli Fabio, and Serrau Alessandra. 2008. "A Theoretical Analysis of Bagging as a Linear Combination of Classifiers." *IEEE Transactions on Pattern Analysis and Machine Intelligence* 30, no. 7: 1293–99.

Kak, Avinash. 2017. "Decision Trees: How to Construct Them and How to Use Them for Classifying New Data." RVL Tutorial Presentation at Purdue University, August 28, 2017. *https://engineering.purdue.edu/kak/Tutorials/DecisionTreeClassifiers.pdf.*

RangeVoting.org. 2020. "Glossary of Voting-Related Terms." Accessed on September 16, 2020. *http://rangevoting.org/Glossary.html.*

Schapire, Robert E., and Yoav Freund. 2012. *Boosting Foundations and Algorithms.* Cambridge, MA: MIT Press.

Schapire, Robert E. 2013. "Explaining Adaboost." in *Empirical Inference: Festschrift in Honor of Vladimir N. Vapnik.* Berlin, Germany: Springer-Verlag. Available at *http://rob.schapire.net/papers/explaining-adaboost.pdf.*

## 第13章

Clevert, Djork-Arné, Thomas Unterthiner, and Sepp Hochreiter. 2016. "Fast and Accurate Deep Network Learning by Exponential Linear Units (ELUs)." Cornell University, Computer Science, arXiv:1511.07289, February 22, 2016. *https://arxiv.org/abs/1511.07289.*

Estebon, Michele D. 1997. "Perceptrons: An Associative Learning Network," Virginia Institute of Technology. *http://ei.cs.vt.edu/~history/Perceptrons.Estebon.html.*

Furber, Steve. 2012. "Low-Power Chips to Model a Billion Neurons." *IEEE Spectrum* (July 31). *http://spectrum.ieee.org/computing/hardware/lowpower-chips-to-model-a-billion-neurons.*

Glorot, Xavier, and Yoshua Bengio. 2010. "Understanding the Difficulty of Training Deep Feedforward Neural Networks," In *Proceedings of the 13th International Conference on Artificial Intelligence and Statistics (AISTATS), 2010* (Chia Laguna Resort, Sardinia, Italy): 249–56. *http://jmlr.org/proceedings/papers/v9/glorot10a/glorot10a.pdf.*

Goldberg, Joseph. 2015. "How Different Antidepressants Work." WebMD Medical Reference (August). *http://www.webmd.com/depression/how-different-antidepressants-work.*

Goodfellow, Ian J., David Warde-Farley, Mehdi Mirza, Aaron Courville, and Yoshua Bengio. 2013. "Maxout Networks." In *Proceedings of the 30th International Conference on Machine Learning (PMLR)* 28, no. 3: 1319–27. *http://jmlr.org/proceedings/papers/v28/goodfellow13.pdf.*

He, Kaiming, Xiangyu Zhang, Shaoqing Ren, and Jian Sun. 2015. "Delving Deep into Rectifiers: Surpassing Human-Level Performance on ImageNet Classification." Cornell

University, Computer Science, arXiv:1502.01852, February 6, 2015. *https://arxiv.org/abs/1502.01852.*

Julien, Robert M. 2011. *A Primer of Drug Action*, 12th ed. New York: Worth Publishers.

Khanna, Asrushi. 2018. "Cells of the Nervous System." *Teach Me Physiology* (blog). Last modified August 2, 2018. *https://teachmephysiology.com/nervous-system/components/cells-nervous-system.*

Kuphaldt, Tony R. 2017. "Introduction to Diodes and Rectifiers, Chapter 3 - Diodes and Rectifiers." In *Lessons in Electric Circuits, Volume III. All About Circuits.* Accessed on September 18, 2020. *https://www.allaboutcircuits.com/textbook/semiconductors/chpt-3/introduction-to-diodes-and-rectifiers/.*

LeCun, Yann, Leon Bottou, Genevieve B. Orr, and Klaus-Rober Müller. 1998. "Efficient BackProp." In *Neural Networks: Tricks of the Trade*, edited by Grégoire Montavon, Genevieve B. Orr, and Klaus-Rober Müller. Berlin: Springer-Verlag. 9–48. *http://yann. lecun.com/exdb/publis/pdf/lecun-98b.pdf.*

Limmer, Steffen, and Slawomir Stanczak. 2017. "Optimal Deep Neural Networks for Sparse Recovery via Laplace Techniques." Cornell University, Computer Science, arXiv:1709.01112, September 26, 2017. *https://arxiv.org/abs/1709.01112.*

Lodish, Harvey, Arnold Berk, S. Lawrence Zipursky, Paul Matsudaira, David Baltimore, and James Darnell. 2000. *Molecular Cell Biology*, 4th edition. New York: W. H. Freeman; 2000. *http://www.ncbi.nlm.nih.gov/books/NBK21535/.*

McCulloch, Warren S., and Walter Pitts. 1943. "A Logical Calculus of the Ideas Immanent in Nervous Activity." *Bulletin of Mathematical Biophysics* 5, no. 1/2: 115–33. *http://www.cs.cmu.edu/~./epxing/Class/10715/reading/McCulloch.and.Pitts.pdf.*

Meunier, David, Renaud Lambiotte, Alex Fornito, Karen D. Ersche, and Edward T. Bullmore. 2009. "Hierarchical Modularity in Human Brain Functional Networks." *Frontiers in Neuroinformatics* (October 30). *https://www.frontiersin.org/articles/10.3389/neuro.11.037.2009/full.*

Minsky, Martin, and Seymour Papert. 1969. *Perceptrons: An Introduction to Computational Geometry*. Cambridge, MA: MIT Press.

Oppenheim, Alan V., and S. Hamid Nawab. 1996. *Signals and Systems*, 2nd ed. Upper Saddle River, NJ: Prentice Hall.

Purves, Dale, George J. Augustine, David Fitzpatrick, Lawrence C. Katz, Anthony-Samuel LaMantia, Jomes O. McNamara, and S. Mark Williams. 2001. *Neuroscience*, 2nd edition, Sunderland, MA: Sinauer Associates. *http://www.ncbi.nlm.nih.gov/books/*

*NBK11117/*.

Ramachandran, Prajit, Barret Zoph, and Quoc V. Le. 2017. "Swish: A Self-Gated Activation Function." Cornell University, Computer Science, arXiv:1710.05941, October 27, 2017. *https://arxiv.org/abs/1710.05941*.

Rosenblatt, Frank. 1962. *Principles of Neurodynamics: Perceptrons and the Theory of Brain Mechanisms*. Washington, DC: Spartan.

Rumelhart, David E., Geoffrey E. Hinton, and Ronald J. Williams, 1986. "Learning Representations by Back-Propagating Errors." *Nature* 323, no. 9: 533–36. *https://www.cs.utoronto.ca/~hinton/absps/naturebp.pdf*.

Serre, Thomas. 2014. "Hierarchical Models of the Visual System." (Research notes), Cognitive Linguistic and Psychological Sciences Department, Brain Institute for Brain Sciences, Brown University. *https://serre-lab.clps.brown.edu/wp-content/uploads/2014/10/Serre-encyclopedia_revised.pdf*.

Seung, Sebastian. 2013. *Connectome: How the Brain's Wiring Makes Us Who We Are*. Boston: Mariner Books.

Sitzmann, Vincent, Julien N. P. Martel, Alexander W. Bergman, David B. Lindell, and Gordon Wetzstein. 2020. "Implicit Neural Representations with Periodic Activation Functions." Cornell University, Computer Science, arXiv:2006.09661, June 17, 2020. *https://arxiv.org/abs/2006.09661*.

Sporns, Olaf, Giulio Tononi, and Rolf Kötter. 2005. "The Human Connectome: A Structural Description of the Human Brain." *PLoS Computational Biology* 1 no. 4 (September 2005). *http://journals.plos.org/ploscompbiol/article/file?id=10.1371/journal.pcbi.0010042&type=printable*.

Timmer , John.2014."IBM Res earchers Make a Chip Full of Artificial Neurons." *Ars Technica*.August 7,2014.*https://arstechnica.com/science/2014/08/ibm-researchers-make*

*-a-chip-full-of-artificial-neurons/*.

Trudeau, Richard J.1994. *Introduction to Graph Theory*, 2nd ed. Garden City, NY: Dover Books on Mathematics.

Wikipedia. 2020a."History of Artificial Intelligence." Last modified September 4, 2020. *https://en.wikipedia.org/wiki/History_of_artificial_intelligence*.

Wikipedia. 2020b. "Neuron." Last modified September 11, 2020.*https://en.wikipedia .org/wiki/Neuron*.

Wikipedia. 2020c. "Perceptron." Last modified August 28, 2020.*https://en.wikipedia .org/wiki/Perceptron*.

## 第14章

Dauphin, Yann, Razvan Pascanu, Caglar Gulcehre, Kyunghyun Cho, Surya Ganguli, and Yoshua Bengio. 2014. "Identifying and Attacking the Saddle Point Problem in High-Dimensional Non-Convex Optimization." Cornell University, Computer Science, arXiv:1406.2572, June 10, 2014. *http://arxiv.org/abs/1406.2572*.

Fullér, Robert. 2010. "The Delta Learning Rule Tutorial." Institute for Advanced Management Systems Research, Department of Information Technologies, Åbo Academi University, November 4, 2010. *http://uni-obuda.hu/users/fuller.robert/delta.pdf*.

NASA. 2012. "Astronomers Predict Titanic Collision: Milky Way vs. Andromeda." *NASA Science Blog*, Production editor Dr. Tony Phillips, May 31, 2012. *https://science.nasa.gov/science-news/science-at-nasa/2012/31may_andromeda*.

Nielsen, Michael A. 2015. "Using Neural Networks to Recognize Handwritten Digits." In *Neural Networks and Deep Learning*. Determination Press. Available at *http://neuralnetworksanddeeplearning.com/chap1.html*.

Pyle, Katherine. 1918. *Mother's Nursery Tales*. New York: E. F. Dutton & Company. Available at *https://www.gutenberg.org/files/49001/49001-h/49001-h.htm#Page_207*.

Quote Investigator, 2020. "You Just Chip Away Everything That Doesn't Look Like David." Quote Investigator: Tracing Quotations. Accessed October 26, 2020. *https://quoteinvestigator.com/tag/michelangelo/*.

Seung, Sebastian. 2005. "Introduction to Neural Networks." 9.641J course notes, Spring 2005. MITOpenCourseware, Massachusetts Institute of Technology. *https://ocw.mit.edu/courses/brain-and-cognitive-sciences/9-641j-introduction-to-neural-networks-spring-2005/*.

## 第15章

Bengio, Yoshua. 2012. "Practical Recommendations for Gradient-Based Training of Deep Architectures." Cornell University, Computer Science, arXiv:1206.5533. *https://arxiv.org/abs/1206.5533v2*.

Darken, C., J. Chang, and J. Moody. 1992. "Learning Rate Schedules for Faster Stochastic Gradient Search." In *Neural Networks for Signal Processing II, Proceedings of the 1992 IEEE Workshop* (September): 1–11.

Dauphin, Y., R. Pascanu, C. Gulcehre, K. Cho, S. Ganguli, and Y. Bengio. 2014. "Identifying and Attacking the Saddle Point Problem in High-Dimensional Non-convex Optimization." Cornell University, Computer Science, arXiv:1406.2572, June 10, 2014. *http://arxiv.org/abs/1406.2572.*

Duchi, John, Elad Hazan, and Yoram Singer. 2011. "Adaptive Subgradient Methods for Online Learning and Stochastic Optimization." *Journal of Machine Learning Research* 12, no. 61: 2121–59. *http://jmlr.org/papers/v12/duchi11a.html.*

Hinton, Geoffrey, Nitish Srivastava, and Kevin Swersky. 2015. "Neural Networks for Machine Learning: Lecture 6a, Overview of Mini-Batch Gradient Descent." (Lecture slides). University of Toronto, Computer Science. *https://www.cs.toronto.edu/~tijmen/csc321/slides/lecture_slides_lec6.pdf.*

Ioffe, Sergey, and Christian Szegedy. 2015. "Batch Normalization: Accelerating Deep Network Training by Reducing Internal Covariate Shift." Cornell University, Computer Science, arXiv:1502.03167, March 2, 2015. *https://arxiv.org/abs/1502.03167.*

Karpathy, Andrej. 2016. "Neural Networks Part 3: Learning and Evaluation." (Course notes for Stanford CS231n.) Stanford CA: Stanford University. *http://cs231n.github.io/neural-networks-2/.*

Kingma, Diederik. P., and Jimmy L. Ba. 2015. "Adam: A Method for Stochastic Optimization." Conference paper for the 3rd International Conference on Learning Representations (San Diego, CA, May 7–9): 1–13.

Nesterov, Y. 1983. "A Method for Unconstrained Convex Minimization Problem with the Rate of Convergence o(1/k2)." *Doklady ANSSSR* (trans. as *Soviet Mathematics: Doclady*) 269: 543–47.

Orr, Genevieve. 1999a. "Learning Rate Adaptation." In *CS-449: Neural Networks.* (Course notes.) Salem, OR: Willamette University. *https://www.willamette.edu/~gorr/classes/cs449/intro.html.*

Orr, Genevieve. 1999b. "Momentum." In *CS-449: Neural Networks*. (Course notes.) Salem, OR: Willamette University. *https://www.willamette.edu/~gorr/classes/cs449/intro.html.*

Qian, N.1999. "On t he Momentum Termin Gradient Descent Learning Algorithms." *Neural Networks* 12(1): 145–51. *http: /www.columbia.edu/~nq6/publications/momentum.pdf.*

Ruder, Sebastian. 2017. "An Overview of Gradient Descent Optimization Algorithms." Cornell University, Computer Sciences, arXiv:1609.04747. June 15, 2017. *https://arxiv.org/abs/1609.04747.*

Srivasta,Nitish,Geoffrey Hinton,Alex Krizhevsky,and Ilya

Sutskever. 2014. "Dropout: A Simple Way to Prevent Neural Networks from

Overfitting." *Journal of Machine Learning Research* 15 (2014): 1929–58. *https://jmlr.org/papers/ volume 15/srivastava14a*
*.old/srivastava14a.pdf.*

Wolpert, David H. 1996. "The Lack of A Priori Distinctions Between Learning Theorems." *Neural Computation* 8, 1341–90. *http://citeseerx.ist.psu.edu/viewdoc/ download?doi=10.1.1.51.9734&rep=rep1&type=pdf.*

Wolpert, D. H., and W. G. Macready. 1997. "No Free Lunch Theorems for Optimization." *IEEE Transactions on Evolutionary Computation* 1, no. 1: 67–82. *https://ti.arc.nasa.gov/m/profile/dhw/papers/78.pdf.*

Zeiler, Matthew D. 2012. "ADADELTA: An Adaptive Learning Rate Method." Cornell University, Computer Science, arXiv:1212.5701. *http://arxiv.org/abs/1212.5701.*

## 第16章

Aitken, Andrew, Christian Ledig, Lucas Theis, Jose Caballero, Zehan Wang, and Wenzhe Shi. 2017. "Checkerboard Artifact Free Sub-pixel Convolution: A Note on Sub-pixel Convolution, Resize Convolution and Convolution." Cornell University, Computer Science, arXiv:1707.02937, July 10, 2017. *https://arxiv.org/abs/1707.02937.*

Britz, Denny. 2015. "Understanding Convolutional Neural Networks for NLP," *WildML* (blog), November 7, 2015. *http://www.wildml.com/2015/11/understanding-convolutional-neural-networks-for-nlp/.*

Canziani, Alfredo, Adam Paszke, and Eugenio Culurciello. 2017. "An Analysis of Deep Neural Network Models for Practical Applications." Cornell University, Computer Science, ArXiv:1605.07678, April 4, 2016. *https://arxiv.org/abs/1605.07678.*

Culurciello, Eugenio. 2017. "Neural Network Architectures." *Medium: Towards Data Science*, March 23, 2017. *https://medium.com/towards-data-science/neural-network-architectures-156e5bad51ba.*

Dumoulin, Vincent, and Francesco Visin. 2018. "A Guide to Convolution Arithmetic for Deep Learning." Cornell University, Computer Science, arXiv:1603.07285, January 11, 2018. *https://arxiv.org/abs/1603.07285.*

Esteva, Andre, Brett Kuprel, Roberto A. Novoa, Justin Ko, Susan M. Swetter, Helen M. Blau, and Sebastian Thrun. 2017. "Dermatologist-Level Classification of Skin Cancer with Deep Neural Networks." *Nature* 542 (February 2): 115–18.*http://cs.stanford.edu/people/esteva/nature/.*

Ewert, J. P. 1985. "Concepts in Vertebrate Neuroethology." *Animal Behaviour* 33, no.

1 (February): 1–29.

Glorot, Xavier, and Yoshua Bengio. 2010. "Understanding the Difficulty of Training Deep Feedforward Neural Networks." In *Proceedings of the 13th International Conference on Artificial Intelligence and Statistics* (Sardinia, Italy, May 13–15): 249–56. *http://jmlr.org/proceedings/papers/v9/glorot10a/glorot10a.pdf.*

He, Kaiming, Xiangyu Zhang, Shaoqing Ren, and Jian Sun. 2015. "Delving Deep into Rectifiers: Surpassing Human-Level Performance on ImageNet Classification." Cornell University, Computer Science, arXiv:1502.01852, February 6, 2015. *https://arxiv.org/abs/1502.01852v1.*

Kalchbrenner, Nal, Edward Grefenstette, and Phil Blunsom. 2014. "A Convolutional Neural Network for Modelling Sentences." Cornell University, Computer Science, arXiv:1404.2188v1, April 8, 2014. *https://arxiv.org/abs/1404.2188.*

Karpathy, Andrej. 2016. "Optimization: Stochastic Gradient Descent." Course notes for Stanford CS231n, Stanford, CA: Stanford University. *http://cs231n.github.io/neural-networks-2/.*

Kim, Yoon. 2014. "Convolutional Neural Networks for Sentence Classification." Cornell University, Computer Science, arXiv:1408.5882, September 3, 2014. *https://arxiv.org/abs/1408.5882.*

Levi, Gil, and Tal Hassner. 2015. "Age and Gender Classification Using Convolutional Neural Networks." IEEE Workshop on Analysis and Modeling of Faces and Gestures (AMFG), at the IEEE Conference on Computer Vision and Pattern Recognition (CVPR) (Boston, June). *http://www.openu.ac.il/home/hassner/projects/cnn_agegender/.*

Lin, Min, Qiang Chen, and Shuicheng Yan. 2014. "Network in Network." Cornell University, Computer Science, arXiv:1312-4400v3, March 4, 2014. *https://arxiv.org/abs/1312.4400v3.*

Mao, Xiao-Jiao, Chinhua Shen, and Yu-Bin Yang. 2016. "Image Restoration Using Convolutional Auto-encoders with Symmetric Skip Connections." Cornell University, Computer Science, arXiv:16.06.08921v3, August 30, 2016. *https://arxiv.org/abs/1606.08921.*

Memmott, Mark. "Do You Suffer from RAS Syndrome?" *'Memmos': Memmott's Missives and Musings*, NPR, 2015. https://www.npr.org/sections/memmos/2015/01/06/605393666/do-you-suffer-from-ras-syndrome.

Odena, Augustus, Vincent Dumoulin, and Chris Olah. 2016. "Deconvolution and Checkerboard Artifacts." *Distill*. October 17, 2016. *https://distill.pub/2016/deconv-checkerboard/.*

Oppenheim, Alan V., and S. Hamid Nawab. 1996. *Signals and Systems*, 2nd ed. Upper Saddle River, NJ: Prentice Hall.

Quiroga, R. Quian, L. Reddy, G. Kreiman, C. Koch, and I. Fried, 2005. "Invariant Visual Representation by Single Neurons in the Human Brain." *Nature* 435 (June 23): 1102–07. *https://www.nature.com/articles/nature03687*.

Serre, Thomas. 2014. "Hierarchical Models of the Visual System." In Jaeger D., Jung R. (eds), *Encyclopedia of Computational Neuroscience*. New York: Springer. *https://link.springer.com/referenceworkentry/10.1007%2F978-1-4614-7320-6_345-1*.

Snavely, Noah. "CS1114 Section 6: Convolution." Course notes for Cornell CS1114, Introduction to Computing Using Matlab and Robotics, Ithaca, NY: Cornell University, February 27, 2013. *https://www.cs.cornell.edu/courses/cs1114/2013sp/ sections/S06_convolution.pdf*.

Springenberg, Jost Tobias, Alexey Dosovitskiy, Thomas Brox, and Martin Riedmiller. 2015. "Striving for Simplicity: The All Convolutional Net." Cornell University, Computer Science, arXiv:1412.6806, April 13, 2015. *https://arxiv.org/abs/1412.6806*.

Sun, Y., X. Wang, and X. Tang. 2014. "Deep Learning Face Representation from Predicting 10,000 Classes." Conference paper, for the *2014 IEEE Conference on Computer Vision and Pattern Recognition* (Columbus, OH, June 23–28): 1891–98.

Zeiler, Matthew D., Dilip Crishnana, Graham W. Taylor, and Rob Fergus. 2010. "Deconvolutional Networks." Conference paper for the Computer Vision and Pattern Recognition conference (June 13–18). *https://www.matthewzeiler.com/mattzeiler/deconvolutionalnetworks.pdf*.

Zhang, Richard. 2019. "Making Convolutional Networks Shift-Invariant Again." Cornell University, Computer Science, arXiv:1904.11486, June 9, 2019. *https://arxiv.org/abs/1904.11486*.

## 第17章

Chollet, François. 2017. "Keras-team/Keras." GitHub. *https://keras.io/*.

Fei-Fei, Li, Jia Deng, Olga Russakovsky, Alex Berg, and Kai Li. 2020. "Download." ImageNet website. Stanford Vision Lab. Stanford University/Princeton University. Accessed October 4, 2020. *http://image-net.org/download*.

ImageNet. 2020. "Results of ILSVRC2014: Classification + Localization Results." Stanford Vision Lab. Stanford University/Princeton University. Accessed October 4, 2020. *http://image-net.org/challenges/LSVRC/2014/results*.

LeCun, Y., B. Boser, J. S. Denker, D. Henderson, R. E. Howard, W. Hubbard, and L. D. Jackel. 1989. "Backpropagation Applied to Handwritten Zip Code Recognition." *Neural Computing* 1(4): 541–51. Available at *http://yann.lecun.com/exdb/publis/pdf/lecun-89e.pdf.*

Moosavi-Dezfooli, Seyed-Mohsen, Alhussein Fawzi, Omar Fawzi, and Pascal Frossard. 2017. "Universal Adversarial Perturbations." Cornell University, Computer Science, arXiv:1610.08401, March 9, 2017. *https://arxiv.org/abs/ 1610.08401.*

Rauber, Jonas, and Wieland Brendel. 2017. "Welcome to Foolbox Native." Foolbox. *https://foolbox.readthedocs.io/en/latest.*

Rauber, Jonas, Wieland Brendel, and Matthias Bethge. 2018. "Foolbox: A Python Toolbox to Benchmark the Robustness of Machine Learning Models." Cornell University, Computer Science, arXiv:1707.04131, March 20, 2018. *https://arxiv.org/abs/1707.04131.*

Russakovsky, Olga, et al. 2015. "ImageNet Large Scale Visual Recognition Challenge." Cornell University, Computer Science, arXiv:1409.0575, January 30, 2015. *https://arxiv.org/abs/1409.0575.*

Simonyan, Karen, and Andrew Zisserman. 2015. "Very Deep Convolutional Networks for Large-Scale Image Recognition." Cornell University, Computer Science, arXiv:1409.1556, April 10, 2015. *https://arxiv.org/abs/1409.1556.*

Zeiler, Matthew D., and Rob Fergus. 2013. "Visualizing and Understanding Convolutional Networks." Cornell University, Computer Science, arXiv: 1311.2901, November 28, 2013. *https://arxiv.org/abs/1311.2901.*

## 第18章

Altosaar, Jann. 2020. "Tutorial: What Is a Variational Autoencoder?" *Jaan Altosaar* (blog). Accessed on September 30, 2020. *https://jaan.io/what-is-variational-autoencoder-vae-tutorial/.*

Audio Mountain. 2020. "Audio File Size Calculations." AudioMountain.com Tech Resources. Accessed on September 30, 2020. *http://www.audiomountain.com/tech/audio-file-size.html.*

Bako, Steve, Thijs Vogels, Brian McWilliams, Mark Meyer, Jan Novák, Alex Harvill, Prdeep Sen, Tony DeRose, and Fabrice Rousselle. 2017. "Kernel-Predicting Convolutional Networks for Denoising Monte Carlo Renderings." In *Proceedings of SIGGRAPH 17, ACM Transactions on Graphics* 36, no. 4 (Article 97). *https://s3-us*

*-west-1.amazonaws.com/disneyresearch/wp-content/uploads/20170630135237/Kernel-Predicting-Convolutional-Networks-for-Denoising-Monte-Carlo-Renderings-Paper33.pdf.*

Chaitanya, Chakravarty R. Alla, Anton Kaplanyan, Christoph Schied, Marco Salvi, Aaron Lefohn, Derek Nowrouzezahrai, and Timo Aila. 2017. "Interactive Reconstruction of Monte Carlo Image Sequences Using a Recurrent Denoising Autoencoder." In *Proceedings of SIGGRAPH 17, ACM Transactions on Graphics* 36, no. 4 (July 1). *http://research.nvidia.com/publication/interactive-reconstruction-monte-carlo-image-sequences-using-recurrent-denoising.*

Chollet, François. 2017. "Building Autoencoders in Keras." *The Keras Blog*, March 14, 2017. *https://blog.keras.io/building-autoencoders-in-keras.html.*

Doersch, Carl. 2016. "Tutorial on Variational Autoencoders." Cornell University, Statistics, arXiv:1606.05908, August 13, 2016. *https://arxiv.org/abs/1606.05908.*

Donahue, Jeff. 2015. "mnist_autoencoder.prototxt." BVLC/Caffe. GitHub. February 5, 2015. *https://github.com/BVLC/caffe/blob/master/examples/mnist/mnist_autoencoder.prototxt.*

Dürr, Oliver. 2016. "Introduction to Variational Autoencoders." Presentation at Datalab-Lunch Seminar Series, Winterthur, Switzerland, May 11, 2016. *https://tensorchiefs.github.io/bbs/files/vae.pdf.*

Frans, Kevin. "Variational Autoencoders Explained." (Tutorial) Kevin Frans website, August 6, 2016. *http://kvfrans.com/variational-autoencoders-explained/.*

Jia, Yangqing, and Evan Shelhamer, 2020. "Caffe." Berkeley Vision online documentation, Accessed October 1, 2020. *http://caffe.berkeleyvision.org/.*

Kingma, Diederik P., and Max Welling, "Auto-Encoding Variational Bayes." Cornell, Statistics, arXiv:1312.6114, May 1, 2014. *https://arxiv.org/abs/1312.6114.*

Raffel, Colin. 2019. "A Few Unusual Autoencoders." Slideshare.net. February 24, 2019. *https://www.slideshare.net/marlessonsa/a-few-unusual-autoencoder-colin-raffel.* Rezende, Danilo Jimenez, Shakir Mohamed, and Daan Wierstra. 2014. "Stochastic Backpropagation and Approximate Inference in Deep Generative Models." In *Proceedings of the 31st International Conference on Machine Learning (ICML), JMLR: W\&CP* 32 (May 30). *https://arxiv.org/abs/1401.4082.*

Wikipedia. 2020a. "JPEG." Accessed on September 30, 2020. *https://en.wikipedia.org/wiki/JPEG.*

Wikipedia. 2020b. "MP3." Accessed on September 30, 2020. *https://en.wikipedia.org/wiki/MP3.*

## 第19章


Barrat, Robbie. 2018. "Rapping-Neural-Network." GitHub, October 29, 2018. *https://github.com/robbiebarrat/rapping-neural-network.*

Bryant,Alice.2019."A Simple Sentence with Seven Meanings." *VOA Learning English: Everyday Grammar* (blog). May 16, 2019. *https://learningenglish.voanews.com/a/a-simple-sentence-with-seven-meanings/4916769.html.*

Chen, Yutian, Matthew W. Hoffman, Sergio Gómez Colmenarejo, Misha Denil, Timothy P. Lillicrap, Matt Botvinick, and Nando de Freitas. 2017. "Learning to Learn Without Gradient Descent by Gradient Descent." Cornell University, Statistics, arXiv:1611.03824v6, June 12, 2017. *https://arxiv.org/abs/1611.03824.*

Chen, Qiming, and Ren Wu. 2017. "CNN Is All You Need." Cornell University, Computer Science, arXiv:1712.09662, December 27, 2017. *https://arxiv.org/abs/1712.09662.*

Chollet, Francois. 2017. "A Ten-Minute Introduction to Sequence-to-Sequence Learning in Keras." *The Keras Blog*, September 29, 2017. *https://blog.keras.io/a-ten-minute-introduction-to-sequence-to-sequence-learning-in-keras.html.*

Chu, Hang, Raquel Urtasun, and Sanja Fidler. 2016. "Song from PI: A Musically Plausible Network for Pop Music Generation." Cornell University, Computer Science, arXiv:1611.03477, November 10, 2016. *https://arxiv.org/abs/1611.03477.*

Deutsch, Max. 2016a. "Harry Potter: Written by Artificial Intelligence." *Deep Writing* (blog), Medium. July 8, 2016.*https://medium.com/deep-writing/harry-potter-written-by-artificial-intelligence-8a9431803da6.*

Deutsch, Max. 2016b. "Silicon Valley: A New Episode Written by AI." *Deep Writing* (blog), Medium, July 11, 2016. *https://medium.com/deep-writing/silicon-valley-a-new-episode-written-by-ai-a8f832645bc2.*

Dickens, Charles. 1859. *A Tale of Two Cities*. Project Gutenberg. *https://www.gutenberg .org/ebooks/98.*

Dictionary.com. 2020. "How Many Words Are There in the English Language?" Accessed October 29, 2020.*https://www.dictionary.com/e/how-many-words-in-english/.*

Doyle, Arthur Conan. 1892. *The Adventures of Sherlock Holmes*. Project Gutenberg. *https://www.gutenberg.org/files/1661/1661-0.txt.*

Full Fact. 2020. "Automated Fact Checking." Accessed October 29, 2020. *https://*

*fullfact.org/automated.*

Geitgey, Adam. 2016. "Machine Learning Is Fun Part 6: How to Do Speech Recognition with Deep Learning." Medium. December 23, 2016. *https://medium .com/@ageitgey/machine-learning-is-fun-part-6-how-to-do-speech-recognition-with-deep*
*-learning-28293c162f7a.*

Google. "Google Translate." 2020. *https://translate.google.com/.*

Graves, Alex, Abdel-rahman Mohamed, and Geoffrey Hinton, "Speech Recognition with Deep Recurrent Neural Networks." *2013 IEEE International Conference on Acoustics, Speech and Signal Processing (ICASSP)*, Vancouver, BC, Canada, May 26–31. *https://www.cs.toronto.edu/~fritz/absps/RNN13.pdf.*

Heerman, Victor, dir. 1930. *Animal Crackers*. Written by George S. Kaufman, Morrie Ryskind, Bert Kalmar, and Harry Ruby. Paramount Studios. *https://www.imdb.com/ title/tt0020640/.*

Hochreiter, Sepp, Yoshua Bengio, Paolo Frasconi, and Jürgen Schmidhuber. 2001. "Gradient Flow in Recurrent Nets: The Difficulty of Learning Long-Term Dependencies." in S. C. Kremer and J. F. Kolen, eds. *A Field Guide to Dynamical Recurrent Neural Networks*. New York: IEEE Press. *https://www.bioinf.jku.at/ publications/older/ch7.pdf.*

Hughes, John. 2020. "English-to-Dutch Neural Machine Translation via Seq2Seq Architecture." GitHub. Accessed October 29, 2020. *https://colab.research.google .com/github/hughes28/Seq2SeqNeural Machine T ransl at or/ blob/master/Seq2Seq EnglishtoDutchTranslation.ipynb#scrollTo=8q4ESVzKJgHd.*

Johnson, Daniel. 2015. "Composing Music with Recurrent Neural Networks." *Daniel D. Johnson* (blog). August 3, 2015. *https://www.danieldjohnson.com/2015/08/03/ composing-music-with-recurrent-neural-networks/.*

Jurafsky, Dan. 2020. "Language Modeling: Introducing N-grams." Class notes, Stanford University, Winter 2020. *https://web.stanford.edu/~jurafsky/slp3/slides/LM_4. pdf.*

Kaggle. 2020. "Sunspots." Dataset, Kaggle.com. Accessed October 29, 2020. *https:// www.kaggle.com/robervalt/sunspots.*

Karim, Raimi. 2019. "Attn: Illustrated Attention." Post in *Towards Data Science* (blog), Medium, January 20, 2019. *https://towardsdatascience.com/attn-illustrated-attention -5ec4ad276ee3.*

Karpathy, Andrej, and Fei-Fei Li. 2013. "Automated Image Captioning with ConvNets and Recurrent Nets." Presentation slides, Stanford Computer Science Department, Stanford University. *https://cs.stanford.edu/people/karpathy/sfmltalk.pdf.*

Karpathy, Andrej. 2015. "The Unreasonable Effectiveness of Recurrent Neural Networks." *Andrej Karpathy blog*, GitHub, May 21, 2015. *http://karpathy.github.io/2015/05/21/rnn-effectiveness/.*

Kelly, Charles. 2020. "Tab-Delimited Bilingual Sentence Pairs." Manythings.org. Last updated August 23, 2020. *http://www.manythings.org/anki/.*

Krishan. 2016. "Bollywood Lyrics via Recurrent Neural Networks." *From Data to Decisions* (blog), December 8, 2016. *https://iksinc.wordpress.com/2016/12/08/bollywood-lyrics-via-recurrent-neural-networks/.*

LISA Lab, 2018. "Modeling and Generating Sequences of Polyphonic Music with the RNN-RBM." Tutorial, Deeplearning.net. Last updated June 15, 2018. *http://deeplearning.net/tutorial/rnnrbm.html#rnnrbm.*

Mao, Junhua, Wei Xu, Yi Yang, Jiang Wang, Zhiheng Huang, and Alan Yuille. 2015. "Deep Captioning with Multimodal Recurrent Neural Networks (m-RNN)." Cornell University, Computer Science, arXiv:1412.6632, June 11, 2015. *https://arxiv.org/abs/1412.6632.*

McCrae, Pat. 2018. Comment on "How Many Nouns Are There in English?" Quora. November 15, 2018. *https://www.quora.com/How-many-nouns-are-there-in-English.* Moocarme, Matthew. 2020. "Country Lyrics Created with Recurrent Neural Networks." *Matthew Moocarme* (blog). Accessed October 29, 2020. *http://www.mattmoocar.me/blog/RNNCountryLyrics/.*

Mooney, Raymond J. 2019. "CS 343: Artificial Intelligence: Natural Language Processing." Course notes, PowerPoint slides, University of Texas at Austin. *http://www.cs.utexas.edu/~mooney/cs343/slides/nlp.ppt.*

O'Brien, Tim, and Irán Román. 2017. "A Recurrent Neural Network for Musical Structure Processing and Expectation." Report for CS224d: Deep Learning for Natural Language Processing, Stanford University, Winter 2017. *https://cs224d.stanford.edu/reports/O%27BrienRom%C2%B4an.pdf.*

Olah, Christopher. 2015. "Understanding LSTM Networks." *Colah's Blog*, GitHub, August 27, 2015. *http://colah.github.io/posts/2015-08-Understanding-LSTMs/.*

Pascanu, Razvan, Tomas Mikolov, and Yoshua Bengio. 2013. "On the Difficulty of Training Recurrent Neural Networks." Cornell University, Computer Science, arXiv:1211.5063, February 16, 2013. *https://arxiv.org/abs/1211.5063.*

R2RT. 2016. "Written Memories: Understanding, Deriving and Extending the LSTM."

*R2RT* (blog), July 26, 2016. *https://r2rt.com/written-memories-understanding-deriving-and-extending-the-lstm.html.*

Rajpurkar, Pranav, Robin Jia, and Percy Liang. 2018. "Know What You Don't Know: Unanswerable Questions for SQuAD." Cornell University, Computer Science, arXiv:1806.03822, June 11, 2018. *https://arxiv.org/abs/1806.03822.*

Roberts, Adam, Colin Raffel, and Noam Shazeer. 2020. "How Much Knowledge Can You Pack into the Parameters of a Language Model?" Cornell University, Computer Science, arXiv:2002.08910, October 5, 2020. *https://arxiv.org/abs/2002.08910.*

Robertson, Sean. 2017. "NLP from Scratch: Translation with a Sequence to Sequence Network and Attention." Tutorial, PyTorch. *https://pytorch.org/tutorials/intermediate/seq2seq_translation_tutorial.html.*

Schuster, Mike, and Kuldip K. Paliwal. 1997. "Bidirectional Recurrent Neural Networks." *IEEE Transactions on Signal Processing*, 45, no. 11 (November). *http://citeseerx.ist.psu.edu/viewdoc/download?doi=10.1.1.331.9441&rep=rep1&type=pdf.*

Sturm, Bob L. 2015a. "The Infinite Irish Trad Session." *High Noon GMT* (blog), Folk the Algorithms, August 7, 2015. *https://highnoongmt.wordpress.com/2015/08/07/the-infinite-irish-trad-session/.*

Sturm, Bob L. 2015b. "'Lisl's Stis': Recurrent Neural Networks for Folk Music Generation." *High Noon GMT* (blog), Folk the Algorithms, May 22, 2015. *https:/highnoongmt.wordpress.com/2015/05/22/lisls-stis-recurrent-neural-networks-for-folk-music-generation/.*

Sutskever, Ilya, Oriol Vinyals, and Quoc V. Le. 2014. "Sequence to Sequence Learning with Neural Networks." Cornell University, Computer Science, arXiv:1409.3215, December 14, 2014. *https://arxiv.org/abs/1409.3215.*

Unicode Consortium. 2020. Version 13.0.0, March 10, 2020. *https://www.unicode.org/versions/Unicode13.0.0/.*

van den Oord, Äaron, Sander Dieleman, Heiga Zen, Karen Simonyan, Oriol Vinyals, Alex Graves, Nal Kalchbrenner, Andrew Senior, and Koray Kavukcuoglu. 2016. "WaveNet: A Generative Model for Raw Audio." Cornell University, Computer Science, arXiv:1609.03499, September 19, 2016. *https://arxiv.org/abs/1609.03499.*

Vicente, Agustin, and Ingrid L. Falkum. 2017. "Polysemy." *Oxford Research Encyclopedias: Linguistics*. July 27, 2017. *https://oxfordre.com/linguistics/view/10.1093/acrefore/9780199384655.001.0001/acrefore-9780199384655-e-325.*

## 第20章

Alammar, Jay. 2018. "How GPT3 Works - Visualizations and Animations." *Jay Alammar: Visualizing Machine Learning One Concept at a Time* (blog). GitHub. Accessed November 5, 2020. *http://jalammar.github.io/how-gpt3-works-visualizations-animations/.*

Alammar, Jay. 2019. "A Visual Guide to Using BERT for the First Time." *Jay Alammar: Visualizing Machine Learning One Concept at a Time* (blog). GitHub. November 26, 2019. *http://jalammar.github.io/a-visual-guide-to-using-bert-for-the-first-time/.*

Bahdanau, Dzmitry, Kyunghyun Cho, and Yoshua Bengio. 2016. "Neural Machine Translation by Jointly Learning to Align and Translate." Cornell University, Computer Science, arXiv:1409.0473, May 19, 2016. *https://arxiv.org/abs/1409.0473.*

Brown, Tom B., et al., 2020. "Language Models Are Few-Shot Learners." Cornell University, Computer Science, arXiv:2005.14165, July 22, 2020. *https://arxiv.org/pdf/2005.14165.pdf.*

Cer, Daniel, et al. 2018. "Universal Sentence Encoder." Cornell University, Computer Science, arXiv:1803.11175 April 12, 2018. *https://arxiv.org/abs/1803.11175.*

Cho, Kyunghyun, Dzmitry Bahdanau, Fethi Bougares, Holger Schwenk, and Yoshua Bengio. 2014. "Learning Phrase Representations Using RNN Encoder–Decoder for Statistical Machine Translation." In *Proceedings of the 2014 Conference on Empirical Methods in Natural Language Processing (EMNLP)* (Doha, Qatar, October 25–29, 2014): 1724–34. *http://emnlp2014.org/papers/pdf/EMNLP2014179.pdf.*

Chromiak, Michał. 2017. "The Transformer—Attention Is All You Need." *Michał Chromiak's Blog*, GitHub, October 30, 2017. *https://mchromiak.github.io/articles/2017/Sep/12/Transformer-Attention-is-all-you-need/.*

Common Crawl. 2020. Common Crawl home page. Accessed November 15, 2020. *https://commoncrawl.org/the-data/.*

Devlin, Jacob, Ming-Wei Chang, Kenton Lee, and Kristina Toutanova. 2019. "BERT: Pre-training of Deep Bidirectional Transformers for Language Understanding." Cornell University, Computer Science, arXiv:1810.04805, May 24, 2019. *https://arxiv.org/abs/1810.04805.*

Devlin, Jacob, Ming-Wei Chang, Kenton Lee, Kristina Toutanova. 2020. "Google-Research/bert." GitHub. Accessed November 5, 2020. *https://github.com/google-research/bert.*

El Boukkouri, Hicham. 2018. "Arithmetic Properties of Word Embeddings." *Data from the Trenches* (blog), Medium, November 21, 2018. https://medium.com/data-from-the-trenches/arithmetic-properties-of-word-embeddings-e918e3fda2ac.

Facebook Open Source. 2020. "fastText: Library for Efficient Text Classification and Representation Learning." Open source software. Accessed November 5, 2020. *https://fasttext.cc/.*

Frankenheimer, John, dir. 1962. *The Manchurian Candidate*, written by George Axelrod, based on a novel by Richard Condon., M. C. Productions. *https://www .imdb. com/title/tt0056218/.*

Gluon authors. 2020. "Extracting Sentence Features with Pre-trained ELMo." Tutorial, Gluon, Accessed November 5, 2020. *https://gluon-nlp.mxnet.io/examples/sentence_embedding/elmo_sentence_representation.html.*

He, Kaiming, Xiangyu Zhang, Shaoqing Ren, and Jian Sun. 2015. "Deep Residual Learning for Image Recognition." Cornell University, Computer Science, arXiv:1512.03385, December 10, 2015. *https://arxiv.org/abs/1512.03385.*

Hendrycks, Dan, Collin Burns, Steven Basart, Andy Zou, Mantas Mazeika, Dawn Song, and Jacob Steinhardt. 2020. "Measuring Massive Multitask Language Understanding." Cornell University, Computer Science, arXiv:2009.03300, September 21, 2020. *https://arxiv.org/abs/2009.03300.*

Howard, Jeremy and Sebastian Ruder. 2018. "Universal Language Model Fine-Tuning for Text Classification." Cornell University, Computer Science, arXiv:1801.06146, May 23, 2018. *https://arxiv.org/abs/1801.06146.*

Huston, Scott. 2020. "GPT-3 Primer: Understanding OpenAI's Cutting-Edge Language Model." *Towards Data Science* (blog), August 20, 2020. *https://towards datascience. com/gpt-3-primer-67bc2d821a00.*

Kaplan, Jared, Sam McCandlish, Tom Henighan, Tom B. Brown, Benjamin Chess, Rewon Child, Scott Gray, Alec Radford, Jeffrey Wu, and Dario Amodei. 2020. "Scaling Laws for Neural Language Models." Cornell University, Computer Science, arXiv:2001.08361, January 23, 2020. *https://arxiv.org/abs/2001.08361.*

Kazemnejad, Amirhossein. 2019. "Transformer Architecture: The Positional Encoding." *Amirhossein Kazemnejad's Blog*, September 20, 2019. *https://kazemnejad .com/blog/transformer_architecture_positional_encoding/.*

Kelly, Charles. 2020. "Tab-Delimited Bilingual Sentence Pairs." Manythings.org. Accessed November 6, 2020. *http://www.manythings.org/anki/.*

Klein, Guillaume, Yoon Kim, Yuntian Deng, Jean Senellart, and Alexander M. Rush.

2017. "OpenNMT: Open-Source Toolkit for Neural Machine Translation." Cornell University, Computer Science, arXiv:1701.02810, March 6, 2017. *https://arxiv.org/abs/1701.02810.*

Liu, Yang, Lixin Ji, Ruiyang Huang, Tuosiyu Ming, Chao Gao, and Jianpeng Zhang. 2018. "An Attention-Gated Convolutional Neural Network for Sentence Classification." Cornell University, Computer Science, arXiv:2018.07325. December 28, 2018. *https://arxiv.org/abs/1808.07325.*

Mansimov, Elman, Alex Wang, Sean Welleck, and Kyunghyun Cho. 2020. "A Generalized Framework of Sequence Generation with Application to Undirected Sequence Models." Cornell University, Computer Science, arXiv:1905.12790, February 7, 2020. *https://arxiv.org/abs/1905.12790.*

McCormick Chris, and Nick Ryan, 2020. "BERT Fine-Tuning Tutorial with PyTorch." *Chris McCormick* (blog). Last updated March 20, 2020. *https://mccormickml.com/2019/07/22/BERT-fine-tuning/.*

Mikolov, Tomas, Kai Chen, Greg Corrado, and Jeffrey Dean. 2013a. "Efficient Estimation of Word Representations in Vector Space." Cornell University, Computer Science, arXiv:1301.3781, September 7, 2013. *https://arxiv.org/abs/1301.3781.*

Mikolov, Tomas, Ilya Sutskever, Kai Chen, Greg Corrado, and Jeffrey Dean. 2013b. "Distributed Representations of Words and Phrases and Their Compositionality." Cornell University, Computer Science, arXiv:1310.4546, October 16, 2013. *https://arxiv.org/abs/1310.4546.*

Mishra, Prakhar. 2020. "Natural Language Generation Using BERT Introduction." *TechViz: The Data Science Guy* (blog). Accessed November 6, 2020. *https://prakhartechviz.blogspot.com/2020/04/natural-language-generation-using-bert.html.*

Paulus, Romain, Caiming Xiong, and Richard Socher, 2017. "A Deep Reinforced Model for Abstractive Summarization." Cornell University, Computer Science, arXiv:1705.04304, November 13, 2017. *https://arxiv.org/abs/1705.04304.*

Pennington, Jeffrey, Richard Socher, and Christopher D. Manning. 2014. "GloVe: Global Vectors for Word Representation." in *Proceedings of the 2014 Conference on Empirical Methods in Natural Language Processing (EMNLP)* (October): 1532–43. *https://nlp.stanford.edu/pubs/glove.pdf.*

Peters, Matthew E., Mark Neumann, Mohit Iyyer, Matt Gardner, Christopher Clark, Kenton Lee, and Luke Zettlemoyer. 2018. "Deep Contextualized Word Representations." Cornell University, Computer Science, arXiv:1802.05365. March 22, 2018. *https://arxiv.org/abs/1802.05365.*

Radford, Alec, Jeffrey Wu, Rewon Child, David Luan, Dario Amodei, and Ilya Sutskever. 2019. "Language Models Are Unsupervised Multitask Learners." OpenAI, San Francisco, CA, 2019. *https://cdn.openai.com/better-language-models/language_models_are_unsupervised_multitask_learners.pdf.*

Raffel, Colin, Noam Shazeer, Adam Roberts, Katherine Lee, Sharan Narang, Michael Matena, Yanqi Zhou, Wei Li, and Peter J. Liu. 2020. "Exploring the Limits of Transfer Learning with a Unified Text-to-Text Transformer." Cornell University, Computer Science, arXiv:1910.10683, July 28, 2020. *https://arxiv.org/abs/1910.10683.*

Rajasekharan, Ajit. 2019. "A Review of BERT Based Models." *Towards Data Science* (blog), June 17, 2019. *https://towardsdatascience.com/a-review-of-bert-based-models-4ffdc0f15d58.*

Reisner, Alex. 2020. "What's It Like to Be an Animal?" SpeedofAnimals.com. Accessed November 6, 2020. *https://www.speedofanimals.com/.*

Russell, Stuart, and Peter Norvig. 2009. *Artificial Intelligence: A Modern Approach*, 3rd ed. New York: Pearson Press.

Sanh, Victor, Lysandre Debut, Julien Chaumond, and Thomas Wolf. 2020. "DistilBERT, a Distilled Version of BERT: Smaller, Faster, Cheaper and Lighter." Cornell University, Computer Science, arXiv:1910.01108, March 1, 2020. *https://arxiv.org/abs/1910.01108.*

Scott, Kevin. 2020. "Microsoft Teams Up with OpenAI to Exclusively License GPT- 3 Language Model." *Official Microsoft Blog*, September 22, 2020. *https://blogs.microsoft.com/blog/2020/09/22/microsoft-teams-up-with-openai-to-exclusively-license-gpt-3-language-model/.*

Shao, Louis, Stephan Gouws, Denny Britz, Anna Goldie, Brian Strope, and Ray Kurzweil. 2017. "Generating High-Quality and Informative Conversation Responses with Sequence-to-Sequence Models." Cornell University, Computer Science, arXiv:1701.03185, July 31, 2017. *https://arxiv.org/abs/1701.03185.*

Singhal, Vivek. 2020. "Transformers for NLP." *Research/Blog*, CellStrat, May 19, 2020. *https://www.cellstrat.com/2020/05/19/transformers-for-nlp/.*

Socher, Richard, Alex Perelygin, Jean Y. Wu, Jason Chuang, Christopher D. Manning, Andrew Y. Ng, and Christopher Potts. 2013a. "Deeply Moving: Deep Learning for Sentiment Analysis—Dataset." Sentiment Analysis. August 2013. *https://nlp.stanford.edu/sentiment/index.html.*

Socher, Richard, Alex Perelygin, Jean Y. Wu, Jason Chuang, Christopher D. Manning, Andrew Y. Ng, and Christopher Potts. 2013b. "Recursive Deep Models for Semantic

Compositionality Over a Sentiment Treebank." Oral presentation at the Conference on Empirical Methods in Natural Language Processing (EMNLP) (Seattle, WA, October 18–21). *https://nlp.stanford.edu/~socherr/EMNLP2013_RNTN.pdf.*

spaCy authors. 2020. "Word Vectors and Semantic Similarity." spaCy: Usage. *https://spacy.io/usage/vectors-similarity.*

Sutskever, Ilya, Oriol Vinyals, and Quoc V. Le. 2014. "Sequence to Sequence Learning with Neural Networks." Cornell University, Computer Science, arXiv:1409.3215, December 14, 2014. *https://arxiv.org/abs/1409.3215.*

Tay, Yi, Mostafa Dehghani, Dara Bahri, and Donald Metzler. 2020. "Efficient Transformers: A Survey." Cornell University, Mathematics, arXiv:2009.0673, September 1, 2020. *https://arxiv.org/abs/2009.0673.*

Taylor, Wilson L. 1953. "'Cloze Procedure': A New Tool for Measuring Readability." *Journalism Quarterly*, 30(4): 415–33. *https://www.gwern.net/docs/psychology/writing/1953-taylor.pdf.*

TensorFlow authors. 2018. "Universal Sentence Encoder." Tutorial, TensorFlow model archives, GitHub, 2018. *https://colab.research.google.com/github/tensorflow/hub/blob/master/examples/colab/semantic_similarity_with_tf_hub_universal_encoder.ipynb#scrollTo=co7MV6sX7Xto.*

TensorFlow authors, 2019a. "Why Add Positional Embedding Instead of Concatenate?" *tensorflow/tensor2tensor* (blog). May 30, 2019. *https://github.com/tensorflow/tensor2tensor/issues/1591.*

TensorFlow authors. 2019b. "Transformer Model for Language Understanding." Documentation, TensorFlow, GitHub. *https://colab.research.google.com/github/tensorflow/docs/blob/master/site/en/tutorials/text/transformer.ipynb.*

TensorFlow authors. 2020a. "Elmo." TensorFlow Hub, November 6, 2020. *https://tfhub.dev/google/elmo/3.*

TensorFlow authors. 2020b. "Transformer Model for Language Understanding." Tutorial, TensorFlow Core documentation. Last updated November 2, 2020. *https://www.tensorflow.org/tutorials/text/transformer.*

Thiruvengadam, Aditya. 2018. "Transformer Architecture: Attention Is All You Need." *Aditya Thiruvengadam* (blog), Medium. October 9, 2018. *https://medium.com/@adityathiruvengadam/transformer-architecture-attention-is-all-you-need-aeccd9f50d09.*

Vaswani, Ashish, Noam Shazeer, Niki Parmar, Jacob Uszkoreit, Llion Jones, Aidan N. Gomez, Łukasz Kaiser, and Illia Polosukhim. 2017. "Attention Is All You Need."

Cornell University, Computer Science, arXiv:1706.03762v5, December 6, 2017. *https://arxiv.org/abs/1706.03762v5*.

Vijayakumar, Ashwin K., Michael Cogswell, Ramprasath R. Selvaraju, Qing Sun, Stefan Lee, David Crandall, and Dhruv Batra. 2018. "Diverse Beam Search: Decoding Diverse Solutions from Neural Sequence Models." Cornell University, Computer Science, arXiv:1610.02424. October 22, 2018. *https://arxiv.org/abs/ 1610.02424*.

von Platen, Patrick. 2020. "How to Generate Text: Using Different Decoding Methods for Language Generation with Transformers." *Huggingface* (blog), GitHub, May 2020. *https://huggingface.co/blog/how-to-generate*.

Wallace, Eric, Tony Z. Zhao, Shi Feng, and Sameer Singh. 2020. "Customizing Triggers with Concealed Data Poisoning." Cornell University, Computer Science, arXiv:2010.12563, October 3, 2020. *https://arxiv.org/abs/2010.12563*.

Walton, Nick. 2020. "AI Dungeon: Dragon Model Upgrade." *Nick Walton* (blog) July 14, 2020. *https://medium.com/@aidungeon/ai-dungeon-dragon-model-upgrade-7e8ea579abfe* and *https://play.aidungeon.io/main/home*.

Wang, Alex, Amanpreet Singh, Julian Michael, Felix Hill, Omer Levy, and Samuel R. Bowman. 2019. "GLUE: A Multi-Task Benchmark and Analysis Platform for Natural Language Understanding." Cornell University, Computer Science, arXiv:1804.07461, February 22, 2019. *https://arxiv.org/abs/1804.07461*.

Wang, Alex, Amanpreet Singh, Julian Michael, Felix Hill, Omer Levy, and Samuel R. Bowman. 2020. "GLUE Leaderboards." GLUE Benchmark. Accessed November 6, 2020. *https://gluebenchmark.com/leaderboard/submission/zlssuBTm5XRs0aSKbFYGVIVdvbj1/-LhijX9VVmvJcvzKymxy*.

Warstadt, Alex, Amanpreet Singh, and Sam Bowman. 2018. "CoLA: The Corpus of Linguistic Acceptability." NYU-MLL. *https://nyu-mll.github.io/CoLA/*.

Warstadt, Alex, Amanpreet Singh, and Sam Bowman. 2019. "Neural Network Ability Judgements." Cornell University, Computer Science, arXiv:1805.12471, October 1, 2019. *https://arxiv.org/abs/1805.12471*.

Welleck, Sean, Ilia Kulikov, Jaedeok Kim, Richard Yuanzhe Pang, and Kyunghyun Cho. 2020. "Consistency of a Recurrent Language Model with Respect to Incomplete Decoding." Cornell University, Computer Science, arXiv:2002.02492, October 2, 2020. *https://arxiv.org/abs/2002.02492*.

Woolf, Max. 2019. "Train a GPT-2 Text-Generating Model w/ GPU." Google Colab Notebook, 2019. *https://colab.research.google.com/drive/1VLG8e7YSEwypxU-noRNhsv5dW4NfTGce#scrollTo=-xInIZKaU104*.

Xu, Lei, Ivan Ramirez, and Kalyan Veeramachaneni. 2020. "Rewriting Meaningful Sentences via Conditional BERT Sampling and an Application on Fooling Text Classifiers." Cornell University, Computer Science, arXiv:2010.11869, October 22, 2020. *https://arxiv.org/abs/2010.11869.*

Zhang, Aston, Zachary C. Lipton, Mu Li, and Alexander J. Smola. 2020. "10.3: Transformer." In *Dive into Deep Learning. https://d2l.ai/chapter_attention-mechanisms/transformer.html.*

Zhang, Han, Ian Goodfellow, Dimitris Metaxas, and Augustus Odena. 2019. "Self-Attention Generative Adversarial Networks." Cornell University, Statistics, arXiv:1805.08318. June 14, 2019. *https://arxiv.org/abs/1805.08318.*

Zhu, Yukun, Ryan Kiros, Richard Zemel, Ruslan Salakhutdinov, Raquel Urtasun, Antonio Torralba, and Sanja Fidler. 2015. "Aligning Books and Movies: Towards Story-Like Visual Explanations by Watching Movies and Reading Books." Cornell University, Computer Science, arXiv:1506.06724, June 22, 2015. *https://arxiv.org/abs/1506.06724.*

## 第21章

Asadi, Kavosh, and Michael L. Littman. 2017. "An Alternative Softmax Operator for Reinforcement Learning." In *Proceedings of the 34th International Conference on Machine Learning* (Sydney, Australia, August 6–11). *https://arxiv.org/abs/ 1612.05628.*

Craven, Mark, and David Page. 2018. "Reinforcement Learning with DNNs: AlphaGo to AlphaZero." CS 760 course notes, Spring, School of Medicine and Public Health, University of Wisconsin-Madison. *https://www.biostat.wisc.edu/~craven/cs760/lectures/AlphaZero.pdf.*

DeepMind team. 2020. "Alpha Go." *DeepMind* (blog). Accessed October 8, 2020. *https://deepmind.com/research/alphago/.*

Eden, Tim, Anthony Knittel, and Raphael van Uffelen. 2020. "Reinforcement Learning." University of New South Wales. Accessed October 8, 2020. *http://www.cse.unsw.edu.au/~cs9417ml/RL1/algorithms.html.*

François-Lavet, Vincent, Peter Henderson, Riashat Islam, Marc G. Bellemare, Joelle Pineau, "An Introduction to Deep Reinforcement Learning." Cornell University, Machine Learning, arXiv:1811.12560, December 3, 2018. *https://arxiv.org/abs/1811.12560.*

Hassabis, Demis, and David Silver. 2017. "AlphaGo Zero: Learning from Scratch."

*DeepMind* (Blog), October 18, 2017. *https://deepmind.com/blog/alphago-zero-learning-scratch/.*

Matiisen, Tambet. 2015. "Demystifying Deep Reinforcement Learning." Computational Neuroscience Lab, Institute of Computer Science, University of Tartu, December 15, 2015. *https://neuro.cs.ut.ee/demystifying-deep-reinforcement-learning/.*

Melo, Francisco S. 2020. "Convergence of Q-Learning: A Simple Proof." Institute for Systems and Robotics, Instituto Superior Técnico, Portugal. Accessed October 9, 2020. *http://users.isr.ist.utl.pt/~mtjspaan/readingGroup/ProofQlearning.pdf.*

Mnih, Volodymyr, Koray Kavukcuoglu, David Silver, Alex Graves, Ioannis Antonoglou, Daan Wierstra, and Martin Riedmiller. 2013. "Playing Atari with Deep Reinforcement Learning." NIPS Deep Learning Workshop, December 19, 2013. *https://arxiv.org/abs/1312.5602v1.*

Rummery, G. A., and M. Niranjan. 1994. "On-Line Q-Learning Using Connectionist Systems." Engineering Department, Cambridge University, UK, September 1994. *http://citeseerx.ist.psu.edu/viewdoc/download?doi=10.1.1.17.2539&rep=rep1&type=pdf.*

Silver, David, et al. 2017. "Mastering the Game of Go Without Human Knowledge." *Nature* 550 (October 19, 2017): 354–59. *https://www.nature.com/articles/nature24270.epdf.*

Sutton, Richard S., and Andrew G. Baro. 2018. *Reinforcement Learning: An Introduction*, 2nd ed. Cambridge, MA: MIT Press. Available at *http://www.incompleteideas.net/book/the-book-2nd.html.*

Villanueva, John Carl. 2009. "How Many Atoms Are There in the Universe?" *Universe Today*, July 30, 2009. *http://www.universetoday.com/36302/atoms-in-the-universe/.*

Watkins, Christopher. 1989. "Learning from Delayed Rewards." PhD thesis, Cambridge University, UK. *http://www.cs.rhul.ac.uk/~chrisw/new_thesis.pdf.*

## 第22章

Achlioptas, Panos, Olga Diamanti, Ioannis Mitliagkas, and Leonidas Guibas. 2018. "Representation Learning and Adversarial Generation of 3D Point Clouds." Cornell University, Computer Science, arXiv:1707.02392, June 12, 2018. *https://arxiv.org/abs/1707.02392v1.*

Arjovsky, Martin, and Léon Bottou. 2017. "Towards Principled Methods for Training Generative Adversarial Networks." Cornell University, Statistics, arXiv:1701.04862,

January 17, 2017. *https://arxiv.org/abs/1701.04862v1.*

Arjovsky, Martin, Soumith Chintala, and Léon Bottou. 2017. "Wasserstein GAN." Cornell University, Statistics, arXiv:1701.07875, December 6, 2017. *https://arxiv .org/abs/1701.07875v1.*

Bojanowski, Piotr, Armand Joulin, David Lopez-Paz, and Arthur Szlam. 2019. "Optimizing the Latent Space of Generative Networks." Cornell University, Statistics, arXiv 1717.05776, May 20, 2019. *https://arxiv.org/abs/1707.05776.*

Chen, Janet, Su-I Lu, and Dan Vekhter. 2020. "Strategies of Play." In *Game Theory*, Stanford Department of Computer Science, Stanford University, Stanford, CA. Accessed October 6, 2020. *https://cs.stanford.edu/people/eroberts/courses/soco/ projects/1998-99/game-theory/Minimax.html.*

Geitgey, Adam. 2017. "Machine Learning Is Fun Part 7: Abusing Generative Adversarial Networks to Make 8-bit Pixel Art." Medium. February 12, 2017. *https:// medium.com/@ageitgey/abusing-generative-adversarial-networks-to-make-8-bit -pixel-art-e45d9b96cee7#.v1o6o0dyi.*

Gildenblat, Jacob. 2020. "KERAS-DCGAN." GitHub. Accessed October 6, 2020. *https://github.com/jacobgil/keras-dcgan.*

Goodfellow, Ian J., Jean Pouget-Abadie, Mehdi Mirza, Bing Xu, David Warde-Farley, Sherjil Ozair, Aaron Courville, and Yoshua Bengio. 2014. "Generative Adversarial Networks." Cornell University, Statistics, arXiv:1406.2661, June 10, 2014. *https:// arxiv.org/abs/1406.2661.*

Goodfellow, Ian. 2016. "NIPS 2016 Tutorial: Generative Adversarial Networks." Cornell University, Computer Science, arXiv:1701.00160, December 31, 2016. *https:// arxiv.org/abs/1701.00160.*

Karras, Tero, Timo Aila, Samuli Laine, and Jaakko Lehtinen. 2018. "Progressive Growing of GANs for Improved Quality, Stability, and Variation." Cornell University, Computer Science, arXiv:1710.10196, February 26, 2018. *https://arxiv .org/abs/1710.10196.*

Myers, Andrew. 2002. "CS312 Recitation 21: Minimax Search and Alpha-Beta Pruning." Computer Science Department, Cornell University. *https://www.cs .cornell.edu/courses/cs312/2002sp/lectures/rec21.htm.*

Radford, Alec, Luke Metz, and Soumith Chintala. 2016. "Unsupervised Representation Learning with Deep Convolutional Generative Adversarial Networks." Cornell University, Computer Science, arXiv:1511.06434, January 7, 2016. *https://arxiv.org/ abs/1511.06434.*

Watson, Joel. 2013. *Strategy: An Introduction to Game Theory*, 3rd ed. New York: W.W. Norton and Company.

## 第23章

The Art Story Foundation, 2020. "Classical, Modern, and Contemporary Movements and Styles." Art Story site. Accessed October 7, 2020. *http://www.theartstory.org/section_movements.htm*.

Bonaccorso, Giuseppe. 2020. "Neural_Artistic_Style_Transfer." GitHub. Accessed October 7, 2020. *https://github.com/giuseppebonaccorso/keras_deepdream*.

Chollet, François. 2017. *Deep Learning with Python*. Shelter Island, NY: Manning Publications. *https://github.com/fchollet/deep-learning-with-python-notebooks/blob/master/8.3-neural-style-transfer.ipynb*.

Gatys, Leon A., Alexander S. Ecker, and Matthias Bethge. 2015. "Neural Algorithm of Artistic Style." Cornell University, Computer Science, arXiv:1508.06576, September 2, 2015. *https://arxiv.org/abs/1508.06576*.

Gatys, Leon A., Alexander S. Ecker, and Matthias Bethge. 2016. "Image Style Transfer Using Convolutional Neural Networks." in *Proceedings of the 2016 IEEE Conference on Computer Vision and Pattern Recognition* (Las Vegas, NV, June 27–30). *https://pdfs.semanticscholar.org/7568/d13a82f7afa4be79f09c295940e48ec6db89.pdf*.

Jing, Yongcheng, Yezhou Yang, Zunlei Feng, Jingwen Ye, and Mingli Song. 2018. "Neural Style Transfer: A Review." Cornell University, Computer Science, arXiv:1705.04058v1, October 30, 2018. *https://arxiv.org/abs/1705.04058*.

Li, Yanghao, Naiyan Wang, Jiaying Liu, and Xiaodi Hou. 2017. "Demystifying Neural Style Transfer." Cornell University, Computer Science, arXiv:1701.01036, July 1, 2017. *https://arxiv.org/abs/1701.01036*.

Lowensohn, Josh. 2014. "I Let Apple's QuickType Keyboard Take Over My iPhone." *The Verge* (blog), September 17, 2014. *https://www.theverge.com/2014/9/17/6337105/breaking-apples-quicktype-keyboard*.

Majumdar, Somshubra. 2020. "Titu1994/Neural-Style-Transfer." GitHub, Accessed October 7, 2020. *https://github.com/titu1994/Neural-Style-Transfer*.

Mordvintsev, Alexander, Christopher Olah, and Mike Tyka. 2015. "Inceptionism: Going Deeper into Neural Networks." *Google AI Blog*, June 17, 2015. *https://research.googleblog.com/2015/06/inceptionism-going-deeper-into-neural.html*.

O'Neil, Cathy. 2016. *Weapons of Math Destruction*. New York: Broadway Books.

Orlowski, Jeff. 2020. The Social Dilemma. Exposure Labs, Argent Pictures, and Netflix. Accessed October 7, 2020. *https://www.thesocialdilemma.com/the-film/.*

Ruder, Manuel, Alexey Dosovitskiy, and Thomas Brox. 2018. "Artistic Style Transfer for Videos and Spherical Images." Cornell University, Computer Science, arXiv:1708.04538, August 5, 2018. *https://arxiv.org/abs/1708.04538.*

Simonyan, Karen, and Andrew Zisserman. 2020. "Very Deep Convolutional Networks for Large-Scale Visual Recognition." *Visual Geometry Group* (blog), University of Oxford. Accessed October 7, 2020. *http://www.robots.ox.ac.uk/~vgg/research/very_deep/.*

Tyka, Mike. 2015. "Deepdream/Inceptionism - recap." *Mike Tyka* (blog), July 21, 2015. *https://mtyka.github.io/code/2015/07/21/one-month-after-deepdream.html.*

Wikipedia authors. 2020. "Style (visual arts)." Wikipedia. September 2, 2020. *https://en.wikipedia.org/wiki/Style_(visual_arts).*

# 图片来源

在本书所使用的图中，来自*Wikimedia*和*Wikiart*的作品被认为不受版权限制；来自*Pixabay*的图片由知识共享*CC0*许可证授权，该许可证是允许他人分发作品的公共版权；未经授权的图片是笔者提供的。

## 第1章

图1-3，香蕉

*https://pixabay.com/en/bananas-1642706*

图1-3，猫

*https://pixabay.com/en/cat-2360874*

图1-3，照相机

*https://pixabay.com/en/photography-603036*

图1-3，玉米

*https://pixabay.com/en/pop-corn-785074*

## 第10章

图10-3，奶牛

*https://pixabay.com/en/cow-feld-normande-800306*

图10-3，斑马

*https://pixabay.com/en/zebra-chapman-steppe-zebra-1975794*

图10-40，哈士奇

*https://pixabay.com/en/husky-sled-dogs-adamczak-1105338*

图10-40，哈士奇

*https://pixabay.com/en/husky-dog-outdoor-siberian-breed-1328899*

图10-40，哈士奇

*https://pixabay.com/en/dog-husky-sled-dog-animal-2016708*

图10-40，哈士奇

*https://pixabay.com/en/dog-husky-friend-2332240*

图10-40，哈士奇

*https://pixabay.com/en/green-grass-playground-nature-2562252*

图10-40，哈士奇

*https://pixabay.com/en/husky-dog-siberian-husky-sled-dog-2671006*

## 第16章

图16-5和16-7，青蛙

*https://pixabay.com/en/frog-toxic-yellow-netherlands-1463831*

## 第17章

图17-17至图17-22，鸭子

*https://pixabay.com/en/duck-kaczor-animal-wild-bird-duck-268105*

图17-23，老虎

*https://pixabay.com/photos/tiger-animal-wildlife-mammal-165189/*

## 第18章

图18-1，奶牛

*https://pixabay.com/en/cow-feld-normande-800306*

图18-2，斑马

*https://pixabay.com/en/zebra-chapman-steppe-zebra-1975794*

图18-8及贯穿本章的该图，老虎

*https://pixabay.com/photos/tiger-animal-wildlife-mammal-165189/*

## 第23章

图23-3及贯穿本章的该图，青蛙

*https://pixabay.com/en/waters-nature-frog-animal-swim-3038803/*

图23-5，狗

*https://pixabay.com/photos/labrador-retriever-dog-pet-1210559/*

图23-6、图23-7、图23-9，巴勃罗·毕加索,《自画像*1907*》

*https://www.wikiart.org/en/pablo-picasso/self-portrait-1907*

图23-9，文森特·梵高,《星夜》

*https://commons.wikimedia.org/wiki/File:VanGogh-starry_night_ballance1.jpg*

# 索引

## 符号



## A

## B

## C

## D

# E

# F

## G

## H



## I

## J



## K



## L

## M

## N

## O



## P

# Q

## R



## S

# T

## U

## V



## W



## X



## Y



## Z

《图说深度学习：用可视化方法理解复杂概念》原书使用了New Baskerville字体、Futura字体和Dogma字体。这本书由位于伊利诺伊州东皮奥里亚的Versa印刷公司印刷装订。使用了70#白色涂层（哑光）纸，已经森林管理委员会（FSC）认证。

这本书使用了聚氨酯反应胶的完美装订，聚氨酯反应胶是目前最耐用的装订胶。其卓越的灵活性可防止书脊在打开或平压时破裂。

这本书的封面由在一对三折的科学博览会展示板上贴上几十张黄色的便利贴构成，每一张便利贴都标有一张闪亮的星形贴纸。手稿是通过MacBook Pro和iMac编写的，使用vi文本编辑器生成了Markdeep文件。最终编辑是通过Microsoft Word、Adobe Acrobat和Adobe InDesign共同完成的。书内人物最初是用彩色笔手绘的，然后通过Adobe Illustrator和Photoshop进行了重新绘制。计算机生成的图形是通过Jupyter Notebook上的Python代码制作的。本书使用了一些著名的Python库，包括scikit-learn、scikit-image、numpy、scipy、pandas、matplotlib、TensorFlow和PyTorch等。